高等机械系统动力学
——疲劳与断裂

李有堂　著

U0287326

科 学 出 版 社
北　京

内 容 简 介

本书为适应现代机械产品和结构的动力学分析及动态设计需要，结合作者多年的科研和教学实践撰写而成。本书主要阐述高等机械系统动力学的疲劳与断裂。全书共6章，主要内容包括损伤、疲劳与断裂概述，金属损伤理论，金属疲劳理论，金属断裂理论，特殊问题断裂理论，以及动态问题的数值方法等。

本书可供机械制造领域的工程技术人员、科研工作者和相关专业的研究生参考。

图书在版编目（CIP）数据

高等机械系统动力学. 疲劳与断裂 / 李有堂著. -- 北京 : 科学出版社, 2024. 6. -- ISBN 978-7-03-078833-7

Ⅰ. TH113

中国国家版本馆 CIP 数据核字第 2024K74T01 号

责任编辑：裴 育 陈 婕 / 责任校对：任苗苗

责任印制：肖 兴 / 封面设计：蓝正设计

科学出版社 出版

北京东黄城根北街 16 号

邮政编码：100717

http://www.sciencep.com

三河市骏杰印刷有限公司印刷

科学出版社发行 各地新华书店经销

*

2024年6月第 一 版 开本：720 × 1000 1/16

2024年6月第一次印刷 印张：42 3/4

字数：862 000

定价：298.00 元

（如有印装质量问题，我社负责调换）

前 言

固体材料的破坏是包含材料损伤、疲劳和断裂的综合物理现象。为了探究固体材料破坏的本质，不能仅从纳观、微观、细观或宏观角度单独分析，而必须串通各个物质层次进行综合分析。从原子层次到宏观层次，尺度跨越数亿倍，这种微-细观结构可能的位形数量是可想而知的。解决固体破坏问题的困难不仅在于大跨尺度引起的复杂性，不同的环境、载荷和材料类型使破坏的形式和机制也各不相同，因此固体材料的破坏是一个持续了 300 多年的科学难题。现代设备的全寿命管理，需要尽可能准确地计算机械产品的设计和使用寿命。因此，从损伤、疲劳和断裂的角度系统研究固体材料的破坏是现代机械设计的必然要求。

针对现代机械产品设计的动力学分析和动态设计要求，作者结合多年的科学研究与教学实践，参考国内外学术文献，撰写了关于高等机械系统动力学的系列专著。该系列专著包括机械系统动力学的原理与方法、结构与系统、检测与分析、疲劳与断裂四部分。其中，《高等机械系统动力学——原理与方法》于 2019 年 11 月由科学出版社出版，主要阐述机械系统动力学的数学基础和力学基础，讨论系统运动稳定性、刚性动力学、弹性动力学和塑性动力学的基本原理和研究方法；《高等机械系统动力学——结构与系统》于 2022 年 6 月由科学出版社出版，主要讨论齿轮、凸轮、轴承等典型机构的动力学问题，重点阐述转子动力学的方法、模型、分析与控制问题；《高等机械系统动力学——检测与分析》于 2023 年 5 月由科学出版社出版，主要讨论机械振动测试与信号分析、旋转机械参数的测试与识别、机械设备的故障监测与分析方法、旋转机械的故障机理与诊断、发动机动力学和机床动力学等内容。

本书是高等机械系统动力学系列专著的疲劳与断裂部分。全书共 6 章。第 1 章概述损伤、疲劳与断裂的定义和分类。第 2 章介绍金属损伤理论，主要内容包括损伤理论基础、脆性与韧性损伤理论、蠕变损伤理论、疲劳损伤理论、各向同性损伤理论、各向异性损伤理论、细观损伤理论。第 3 章介绍金属疲劳理论，主要内容包括材料的弹塑性本构关系、材料的多轴循环应力-应变特性、多轴循环应力-应变关系、多轴疲劳裂纹的扩展机理与损伤参量、多轴疲劳损伤累积模型、多轴疲劳寿命预测方法、疲劳裂纹的扩展特性、高温多轴疲劳特性。第 4 章介绍金属断裂理论，主要内容包括线弹性裂纹理论、复合型裂纹的脆断理论、弹塑性断裂理论、裂纹尖端弹塑性高阶场、金属材料裂纹动态扩展理论、裂纹的快速传播与止裂问题。第 5 章讨论特殊问题断裂理论，主要内容包括 V 形切口问题、界面裂纹及动态扩展、双材料界面动态裂纹扩展、异弹界面裂纹的断裂分析等。第 6 章介绍动态问题的数值方法，主要内容包括有限元法、V 形切口问题的有限元法、断裂动力学问题的无限相似单元法、动力学问题的边界元法等。

本书相关研究工作得到了国家自然科学基金(71461018)、教育部“长江学者和创新团队发展计划”(IRT1140，IRT_15R30)、兰州理工大学“红柳一流学科”发展计划和研究生课程思政示范项目的支持，在此表示感谢！

由于作者水平有限，书中难免存在不妥之处，恳请广大读者批评指正。

作　者

2023 年 10 月于兰州理工大学

目　　录

第 1 章　损伤、疲劳与断裂概述

1.1　缺口效应与应力集中

1.1.1　缺口效应

工程构件进行切槽、钻孔、攻丝等加工时，在加工部位施加外力容易引起应力集中，从而被破坏，即具有缺口效应。缺口效应表现在三个方面：①缺口的应力集中效应，即应力达到材料的屈服强度时，引起缺口根部附近区域的塑性变形；②缺口的应力状态效应，即缺口改变了缺口前方的应力状态，使材料所承受的应力由原来的单向拉伸改变为两向或三向拉伸；③缺口的强化效应，即试样的屈服应力比单向拉伸时要高，使塑性材料得到强化。

缺口敏感度是指缺口效应影响的程度，用有缺口时的强度与无缺口时的强度之比来表述。缺口敏感度随材料性质不同而异，也受温度、缺口形状、载荷速度等因素的影响。缺口的存在改变了构件的受力条件，造成应力状态的变化，不利于材料的塑性变形，会使材料趋向脆性状态，甚至处于脆性状态，同时还会在试样上缺口的根部引起应力集中。因此，缺口是造成应力状态变化和应力集中，降低材料韧性的一个脆化因素。在脆性状态下，当平均应力较低时，缺口尖端的最大应力有可能达到材料的断裂抗力，促进裂纹的生成和扩张，从而引起脆性断裂，即缺口使脆性状态下的材料强度降低。

对于塑性好的材料，在拉伸时整体金属能均匀变形，应力集中不明显；对于塑性差的材料(如铸铁件)，整体变形能力差，应力不能均匀释放，而在薄弱截面产生应力集中(如零件的不通孔或台肩处)。在弹性范围内，应力集中程度不仅与缺口尖锐度相关，还与缺口深度相关。尖锐度和深度相同的缺口，会在试样内引起更大的应力集中效应。

1.1.2　应力集中

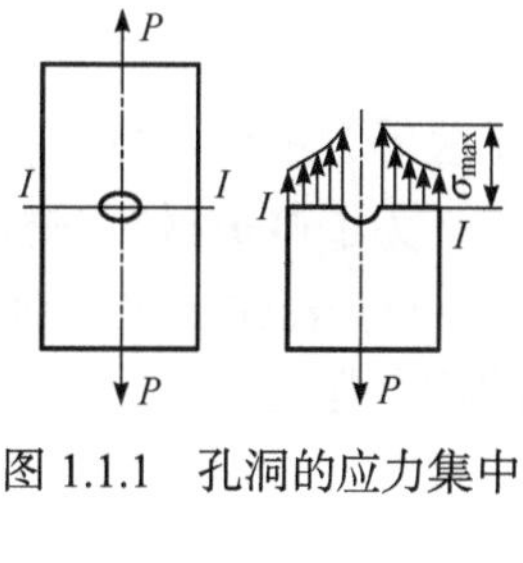

图 1.1.1　孔洞的应力集中

应力集中是指结构或构件局部区域的最大应力比平均应力大的现象，多出现于尖角、孔洞、缺口、沟槽和有刚性约束处及其邻域。如图 1.1.1 所示的带圆孔的板条，它承受轴向拉伸，在圆孔附近的局部区域内的应力急剧增大，而在距离这一区域稍远处的应力迅速减小且趋于均匀。应力集中程度通常用峰值应力和不考虑应力集中时的应力(名义应力)的比值，即应力集中系数表示。在 $I—I$ 截面上，孔边最大应力$\sigma_{\max}$与同一截面上的平均应力σ之比可表示为

$$K=\frac{\sigma_{\max}}{\sigma} \tag{1.1.1}$$

式中，K 为理论应力集中系数，其大小可反映应力集中的程度，其值大于 1。在应力集中区域，应力的最大值(峰值应力)与物体的几何形状和加载方式等因素有关，截面尺寸改变越剧烈，应力集中系数就越大。在无限大平板的单向拉伸情况下，圆孔边缘的理论应力集中系数 K=3；在弯曲情况下，对于不同的圆孔半径与板厚比值，K=1.8～3.0；在扭转情况下，K=1.6～4.0。局部增大的应力随着与峰值应力点间距的增大而迅速衰减。因此，零件上应尽量避免带尖角的孔或槽，在阶梯杆截面的突变处应采用圆弧过渡。

应力集中对构件强度有显著的影响，通常会使材料产生疲劳裂纹，还会引起脆性材料的断裂。对于由脆性材料制成的构件，应力集中现象将一直保持到最大局部应力达到强度极限之前。因此，在设计脆性材料构件时，应考虑应力集中的影响。对于由塑性材料制成的构件，应力集中对它在静载荷作用下的强度几乎没有影响。在研究塑性材料构件的静强度问题时，通常不考虑应力集中的影响。应力集中对构件的疲劳寿命影响很大，因此无论是脆性材料的疲劳问题还是塑性材料的疲劳问题，都必须考虑应力集中的影响。

应力集中受多种因素的影响，不仅与物体形状、外形结构、材料性质等内在因素有关，还与温度、湿度等外界应用环境存在不可忽略的关系。零件的加工方法也可能导致应力的改变，如回火不当引起二次淬火裂纹、电火花和线切割加工产生的微裂纹导致某部位的应力集中等。

确定应力集中的方法有理论分析方法、试验研究方法和数值计算方法等。理论分析方法将复变函数引入弹性力学，用保角变换将一个不规则分段光滑的曲线变换到单位圆上，导出复变函数的应力表达式及其边界条件，进而获得一定条件下应力集中的精确解。试验研究方法主要包括电测法、光弹性法、散斑干涉法、云纹法等。数值计算方法主要包括有限元法、边界元法等。通过有限元法、边界元法等方法可计算出构件的最大应力，从而获得应力集中的情况。

为了避免材料或构件因应力集中而造成破坏，工程上主要采取以下措施。

(1) 表面强化。对材料表面进行喷丸、滚压、氮化等处理，以提高材料表面的疲劳强度。

(2) 避免尖角。将棱角改为过渡圆角，并适当增大过渡圆弧的半径。

(3) 改善零件外形。曲率半径逐步变化的外形有利于降低应力集中程度，采用流线型线或双曲率型线效果较好。

(4) 孔边局部加强。在孔边采用加强环或局部加厚均可使应力集中程度下降，下降程度与孔的形状和大小、加强环的形状和大小以及载荷形式有关。

(5) 适当选择开孔位置和方向。开孔的位置应尽量避开高应力区，并应避免因孔间相互影响而造成应力集中系数增大，对于椭圆孔，其长轴应平行于外力的方向，这样可降低峰值应力。

(6) 提高低应力区应力。减小零件在低应力区的厚度，或在低应力区增设缺口和圆孔，使应力由低应力区向高应力区的过渡趋于平缓。

(7) 减小残余应力。峰值应力超过屈服极限后卸载，就会产生残余应力，合理地减小残余应力也可降低应力集中程度。

1.1.3 应变集中

受力构件在形状尺寸突然改变处出现应变显著增大的现象，即应变集中。通常情况下，应变集中处就是应力集中处。应变集中程度通常以应变集中系数，即某横截面上的局部最大应变与该截面名义应变之比来描述，名义应变由名义应力和材料的应力-应变关系确定。当应力和应变都在弹性范围内时，应力与应变呈线性关系，应变集中系数与应力集中系数相等。弹性范围内的应力集中系数 K 取决于构件的形状尺寸，而与材料的应力-应变关系无关。在弹性范围内，用弹性理论或光弹性方法确定的应力集中系数就是理论应力集中系数 K。

在塑性范围内，应力与应变不再呈线性关系，因有屈服阶段，应力集中现象有所缓和，塑性应力集中系数比弹性范围内的理论应力集中系数小，塑性应变集中系数则比弹性范围内的理论应力集中系数大。

1.2 损伤及其描述

1.2.1 损伤及描述方案

损伤是指材料由于承受荷载及其他作用的影响,其力学性能逐步劣化的现象。冷热加工过程中荷载与温度的变化、化学和射线的作用以及其他多种环境因素的影响，使材料内部产生微观的或宏观的缺陷，造成材料强度减弱，材料寿命缩短，材料刚度在一定程度发生变化，从而引起材料内部内力重新分布使得材料力学性能变差。损伤的类型众多，主要有疲劳损伤、塑性损伤和蠕变损伤等。

材料中微观损伤的数目众多，且形态各异，即使对于一个基本单元也难以描述。在连续损伤力学中，引进一些抽象的损伤变量来表示损伤。损伤演变时因塑性变形或孔洞萌生存在能量的不可逆耗散，从热力学的角度而言，损伤的演变表示物质内部结构的不可逆变化过程，因此损伤变量是一种内变量，而带有损伤变量的材料本构方程可用带有变量的不可逆过程热力学定律来研究。

在连续损伤力学中，应变本构方程和损伤演变方程可以是耦合的，也可以是非耦合的，由此形成三种不同的描述方法。

(1) 独立处理方法。该方法将应变本构方程、损伤演变规律和裂纹扩展规律处理成各自独立的，并将损伤和断裂分成两个阶段来处理，如图 1.2.1(a)所示。

(2) 应变-损伤不耦合方法。该方法将损伤和断裂都归为损伤现象统一处理，但损伤演变规律和应变本构方程不耦合，如图 1.2.1(b)所示。

(3) 应变-损伤耦合方法。该方法将损伤和断裂都归为损伤现象统一处理，且损伤演变规律和应变本构方程耦合，如图 1.2.1(c)所示。

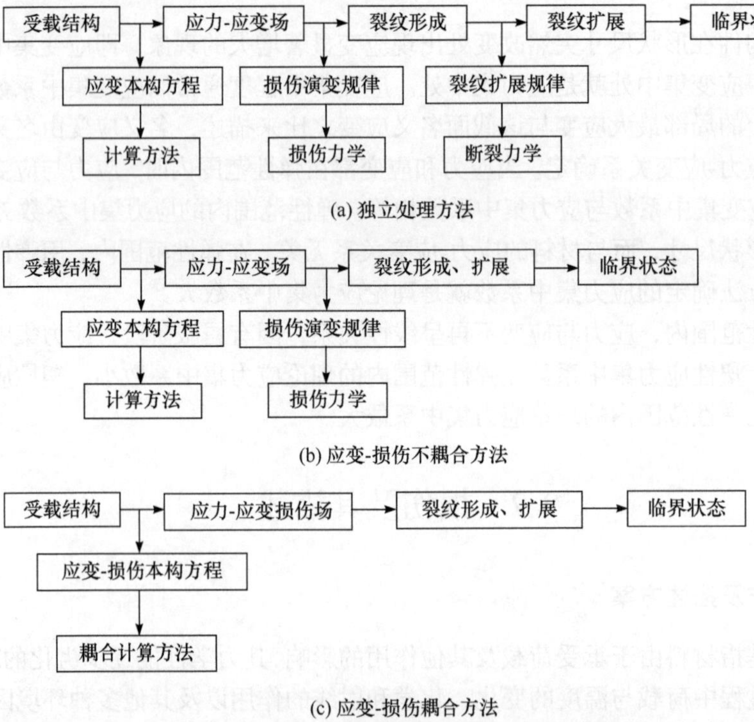

图 1.2.1 连续损伤力学的描述方法

1.2.2 损伤变量、有效应力和有效应变

材料在损伤过程中，其内部微裂纹、孔隙之间会存在相互作用，此时并不存

在某一个孤立的控制损伤发展状态的裂纹，也难以了解这些微裂纹的具体形状、尺度和分布及其相互影响，更无法确定各裂纹尖端附近的应力场。损伤力学的研究中，将含有众多分散的微裂纹区域看成局部均匀场，在这个场内，考虑全部裂纹的整体效应，需要找出一个能够表达这个均匀场的场变量，称为损伤变量，用它来描述材料的损伤状态。从热力学的观点来看，损伤变量是一种内部状态变量，能反映物质结构的不可逆变化过程。

根据不同的损伤机制，应选择不同的损伤变量。若材料内的损伤没有方向性，则称为各向同性损伤，此时描述损伤状态只需用一个标量场即可，即各个方向的损伤变量的数值都相同。考虑到损伤的各向异性，损伤变量可以是矢量、二阶张量、四阶张量，甚至是八阶张量。具体损伤变量的形式应根据所研究问题的类型及其相应的损伤机制来决定。物质是多种多样的，损伤类型也不同，即使是同一物质，外因不同造成的损伤也会不同。受各种物理和化学因素的影响，如受载、承受高温、受到辐射或腐蚀而造成的各种物理的或化学的变化，结构变化、相变化、成分变化都属于损伤的内容。

在损伤力学中，要想建立损伤理论，需要定义一个可以描述损伤演变的变量，即损伤变量。损伤变量是描述物质结构某种不可逆变化的一种定量表示，可作为热力学内变量。损伤变量一般不能像弹性变形或塑性变形那样直接测量，需要由中间量确定。

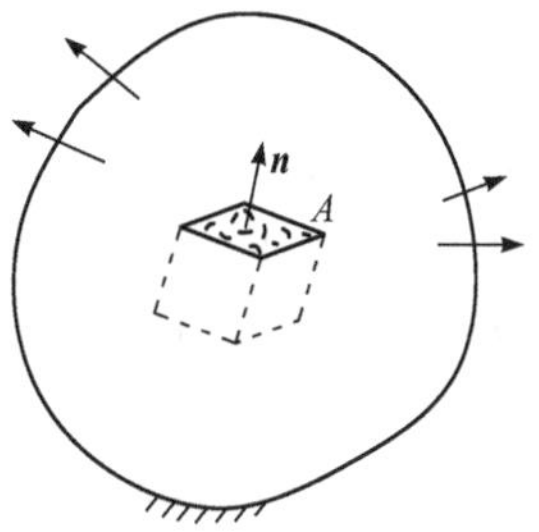

图 1.2.2　受损伤物体及其构元

对于图 1.2.2 所示的受损伤物体，将物体剖开并从中截取一材料构元，其尺度等同于连续介质力学中的单元体，但带有一定程度的损伤，将 $\boldsymbol{n}$ 方向的损伤变量定义为

$$D_{\mathrm{n}} = \frac{A - \tilde{A}}{A} = 1 - \psi \tag{1.2.1}$$

式中，A 为通过构元外法线为 $\boldsymbol{n}$ 的截面的原面积；$\tilde{A}$ 为受损后的有效面积；$\psi=\tilde{A}/A$ 是另一种损伤变量的定义方式。在无损状态下，$\tilde{A}=A$，$D_{\mathrm{n}}=0$。理论上，可取 $\tilde{A}=0$ 为极限失效状态，此时 $D_{\mathrm{n}}=1$。通常以 D_{c} 表示材料实际的临界损伤变量，对于金属材料，$0.2 \leqslant D_{\mathrm{c}} \leqslant 0.8$。

若以 $\boldsymbol{t}$ 表示截面 A 的单位面力矢量，则有

$$\boldsymbol{t} = \sigma \boldsymbol{n} \tag{1.2.2}$$

假设损伤时截面方向不变，则有效面积 $\tilde{A}$ 上的单位面力和应力间的关系为

$$\tilde{\boldsymbol{t}} = \tilde{\sigma}\boldsymbol{n} \tag{1.2.3}$$

式中，$\tilde{\sigma}$ 为有效应力。

截面上总受力不变，有

$$tA = \tilde{t}\tilde{A} \tag{1.2.4}$$

由式(1.2.4)和式(1.2.1)可得

$$\tilde{\boldsymbol{t}} = \frac{\boldsymbol{t}}{1-D_{\mathrm{n}}} \tag{1.2.5}$$

将式(1.2.2)和式(1.2.3)代入式(1.2.4)，可得

$$\left(\tilde{\sigma} - \frac{\sigma}{1-D_{\mathrm{n}}}\right)\boldsymbol{n} = \boldsymbol{0} \tag{1.2.6}$$

由式(1.2.6)可得有效应力 $\tilde{\sigma}$ 与 Cauchy(柯西)应力 σ 的关系为

$$\tilde{\sigma} = \frac{\sigma}{1-D_{\mathrm{n}}} \tag{1.2.7}$$

一般情况下，存在于物体内的损伤(微裂纹、孔洞)具有方向性。当损伤变量 D_{n} 与法线 $\boldsymbol{n}$ 方向相关时，为各向异性损伤；当损伤变量 D_{n} 与法线 $\boldsymbol{n}$ 方向无关时，为各向同性损伤，此时的损伤变量为标量 D。

在损伤力学中，定义了有效应力 $\tilde{\sigma}$ 后，假定损伤状态下的应变仅与有效应力有关，则在计算应变时，假定在外力作用下，受损伤材料的本构关系可采用无损伤时的形式，只要把其中的 Cauchy 应力简单地换算成有效应力即可，这一假设称为应变等价性假设。因此，在一维线弹性问题中，若以 ε 表示损伤弹性应变，则有

$$\varepsilon = \frac{\tilde{\sigma}}{E} = \frac{\sigma}{E(1-D)} = \frac{\sigma}{\tilde{E}} \tag{1.2.8}$$

式中，$\tilde{E}$ 为损伤弹性模量，$\tilde{E} = E(1-D)$。由式(1.2.8)可得到

$$D = 1 - \frac{\tilde{E}}{E} \tag{1.2.9}$$

式(1.2.9)是通过材料弹性模量的变化来定义损伤变量的形式。利用式(1.2.9)，可以借助材料的拉伸试验，逐级测量弹性模量的变化来研究材料的损伤演变。

损伤变量 D 也可采用其他的定义方式，例如，在大塑性变形时，可选用材料密度的改变量或孔洞体积分数 f 来定义 D。若定义

$$\tilde{\varepsilon} = (1-D)\varepsilon \tag{1.2.10}$$

其中 $\tilde{\varepsilon}$ 为有效应变，则可得到应力等价性假设为

$$\sigma = E\tilde{\varepsilon} \tag{1.2.11}$$

在外加载荷作用下，受损材料中的本构关系可采用无损时的形式，只要将其中的应变ε换成$\tilde{\varepsilon}$即可。在建立计算模型时，与有效应力及应变等价性假设相对应的是以应变为基本变量的弹塑性损伤方程，与有效应变及应力等价性假设相对应的是以应力为基本变量的弹塑性损伤方程。

1.3　疲劳及其描述

疲劳是指材料、零件和构件在循环加载下，在某一点或某些点产生局部的永久性损伤，并在一定循环次数后形成裂纹或使裂纹进一步扩展直至完全断裂的现象。

1.3.1　疲劳破坏机理与疲劳特征

疲劳破坏是一种损伤累积的过程。疲劳破坏与静力破坏的不同之处主要表现为：①在循环应力远小于静强度极限的情况下破坏就可能发生，但不是立刻发生的，而是要经历一段时间，甚至很长的时间；②疲劳破坏发生前，材料没有显著的变形，塑性材料(延性材料)也是如此。

疲劳产生过程包括三个阶段：疲劳裂纹萌生阶段、宏观裂纹扩展阶段和瞬时断裂阶段。

(1) 在疲劳裂纹萌生阶段，裂纹形成主要有以下形式。①滑移带开裂产生裂纹：金属在循环应力长期作用下，即使应力低于屈服应力，也会发生循环滑移并形成循环滑移带。②相界面开裂产生裂纹：很多疲劳源是由材料中的第二相或夹杂物引起的，形成了第二相、夹杂物和基体界面开裂，或第二相、夹杂物本身开裂的疲劳裂纹。③晶界开裂产生裂纹：由于多晶体材料晶界的存在和相邻晶粒的不同取向性，位错在某一晶粒内运动会受到晶界的阻碍作用，在晶界处发生位错塞积和应力集中的现象；在循环应力不断作用下，晶界处的应力集中得不到松弛，应力峰越来越高，当超过晶界强度时就会在晶界处产生裂纹。在循环加载下，物体的最高应力通常产生于表面或近表面区，该区存在的驻留滑移带、晶界和夹杂逐渐发展成为严重的应力集中点，并首先形成微观裂纹。此后，微观裂纹沿着与主应力约 45°的最大剪应力方向扩展，裂纹长度在 0.05mm 以内，发展为宏观裂纹。

(2) 在宏观裂纹扩展阶段，宏观裂纹基本上沿着与主应力垂直的方向扩展。

(3) 在瞬时断裂阶段，当宏观裂纹扩大到物体残存截面不足以抵抗外载荷时，物体就会在某一次加载下突然断裂。

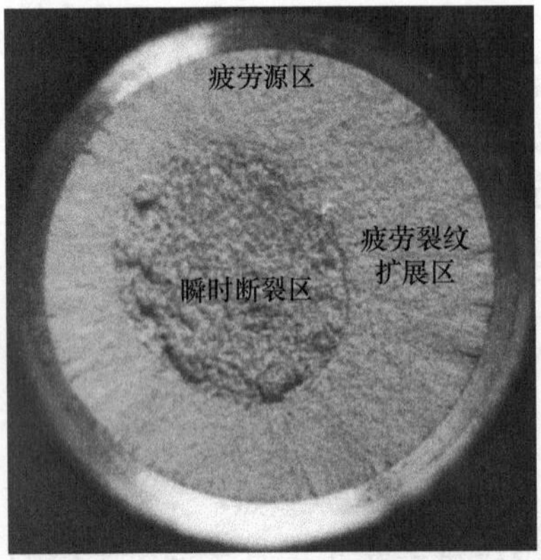

图 1.3.1　疲劳破坏断面特征

对应于疲劳破坏的三个阶段，在疲劳宏观断口上出现三个区：疲劳源区、疲劳裂纹扩展区和瞬时断裂区，如图 1.3.1 所示。疲劳源区通常面积很小，色泽光亮，是两个断裂面对磨造成的；疲劳裂纹扩展区通常比较平整，具有表征间隙加载、应力较大改变或裂纹扩展受阻等使裂纹扩展前沿相继位置的休止线或海滩花样；瞬时断裂区具有静载断口的形貌，表面呈现较粗糙的颗粒状。扫描透射电子显微术揭示了疲劳断口的微观特征，可观察到疲劳裂纹扩展区中每一应力循环所遗留的疲劳辉纹。

1.3.2　循环应力

疲劳破坏是指在循环应力或循环应变作用下发生的破坏。**循环应力**是指应力随时间呈周期性变化，其变化波形通常是正弦波。这种应力可能是弯曲应力、扭转应力，或者是两者的复合。

有规则的周期变动载荷是指载荷大小甚至方向均随时间变化的载荷，它是引起疲劳破坏的外力，它在单位面积上的平均值称为变动应力。图 1.3.2 给出了恒幅循环应力示意。表征应力循环特征的参量有：

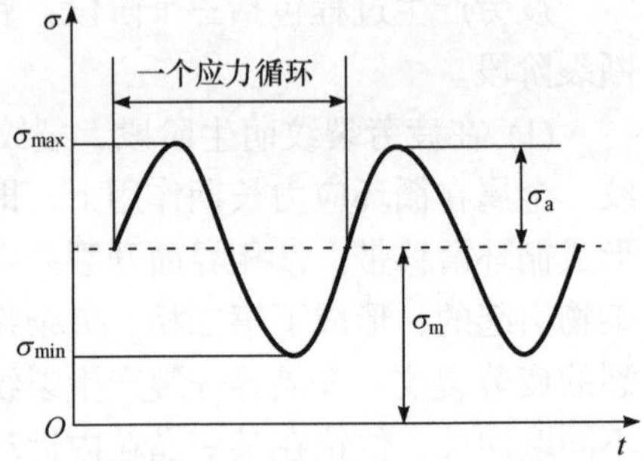

图 1.3.2　恒幅循环应力

(1) 最大应力σ_{max}，即应力循环中最大代数值的应力，以拉应力为正，压应力为负。

(2) 最小应力σ_{min}，即应力循环中最小代数值的应力，以拉应力为正，压应力为负。

(3) 平均应力σ_m，即最大应力和最小应力的代数平均值，$\sigma_m=(\sigma_{max}+\sigma_{min})/2$。

(4) 应力幅值σ_a，即最大应力和最小应力代数差的 1/2，$\sigma_a=(\sigma_{max}-\sigma_{min})/2$。

(5) 应力变程σ_r，又称应力范围，是最大应力与最小应力之差，即应力幅值的 2 倍。

(6) 应力比R，又称循环特征，是最小应力与最大应力的代数比值，$R=\sigma_{min}/\sigma_{max}$。

$R=-1$ 的应力循环称为对称循环，其最大应力和最小应力绝对值相等，符号相反，且平均应力为零；$R=0$ 的应力循环称为脉动循环，其最小应力为零；R 等于其他值的应力循环称为非对称循环。常见的循环应力如图 1.3.3 所示。恒幅循环应变的表示法与此类似。

循环应力可以看成两部分应力的组合：一部分是数值等于平均应力的静应力，另一部分是在平均应力 σ_m 上变化的动应力。在四个应力分量(σ_{max}、σ_{min}、σ_m、σ_a)中，只有两个是独立的，任意给定其中两个，其余两个就能确定。

用来确定应力循环的一对应力分量 σ_{max}、σ_{min} 或 σ_a、σ_m 称为应力水平。对于恒幅循环应力，当给定 R 或 σ_m 时，应力水平可由 σ_{max} 或 σ_a 表示。产生疲劳破坏所需的循环次数取决于应力水平的高低，破坏循环次数越大，表示施加的应力水平越低。

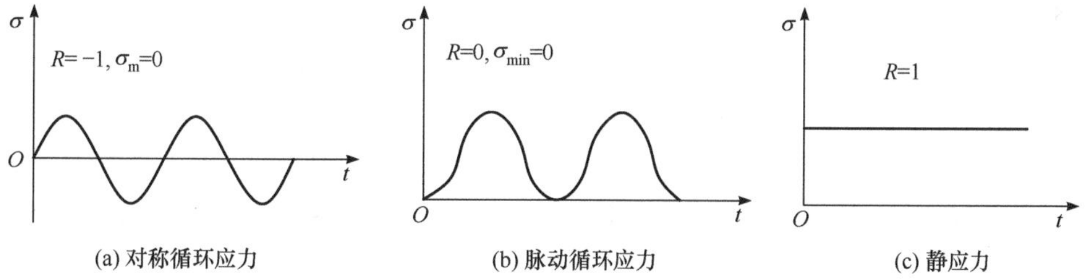

图 1.3.3　常见的循环应力

1.3.3　疲劳寿命及安全寿命

在循环加载下，产生疲劳破坏所需的应力或应变循环次数称为**疲劳寿命**。零件、构件出现工程裂纹之前的疲劳寿命称为裂纹形成寿命或裂纹起始寿命。工程裂纹是指宏观可见的或可检的裂纹，其长度无统一规定，一般为 0.2～1.0mm。自工程裂纹扩展至完全断裂的疲劳寿命称为裂纹扩展寿命。构件的总寿命为裂纹形成寿命与裂纹扩展寿命之和。工程裂纹长度远大于金属晶粒尺寸，因此可将裂纹作为物体边界，并将其周围材料视为均匀连续介质，应用断裂力学方法研究裂纹扩展规律。应力寿命曲线(S-N 曲线)是根据疲劳试验从开始直到试样断裂得到的，其中 S 表示应力水平，N 表示应力循环次数，曲线上某一应力水平 S 的循环次数 N 即疲劳寿命。在疲劳的整个过程中，塑性应变与弹性应变同时存在。当循环加载的应力水平较低时，弹性应变起主导作用；当应力水平逐渐提高，塑性应变达到一定数值时，塑性应变就成为疲劳破坏的主导因素。

实践表明，疲劳寿命分散性较大，因此通常进行统计分析，考虑可靠度和破坏率的问题。母体(总体)中，疲劳寿命大于 N_p 的个体数 p 称为可靠度，而 $1-p$ 称为破坏率。对应于高可靠度或低破坏率的疲劳寿命，在设计上称为**安全寿命**。

1.3.4 疲劳分类

疲劳问题的范畴极为广泛。金属疲劳所产生的裂纹通常会给人类带来灾难，与其他自然现象类似，疲劳问题也可用于造福人类。根据金属疲劳断裂特性而设计制造的应力断料机已经诞生，可以对各种性能的金属和非金属材料进行疲劳断裂加工，加工过程效率高、能耗低，越难以切削的材料，越容易通过这种加工机械来满足实际生产需要。

工程构件常在高于或低于室温下工作，或在腐蚀介质中工作，受载方式不是拉压和弯曲，而是接触滚动等，这些不同的环境因素可导致零件、构件产生不同的疲劳破坏。疲劳的类型可以按照载荷循环次数、材料性质和工作环境等因素进行分类。

按载荷循环次数的高低，疲劳可分为超高周疲劳、高周疲劳、低周疲劳和超低周疲劳。

(1) 超高周疲劳，也称超高循环疲劳，载荷循环次数一般高于 10^7～10^8，主要是实现结构长期使用的无限寿命场合，其特点是作用于构件上的应力水平很低，理论上不会发生疲劳破坏。

(2) 高周疲劳，也称高循环疲劳，载荷循环次数一般高于 10^4～10^5，如弹簧、传动轴等的疲劳，其特点是作用于构件上的应力水平较低，应力和应变呈线性关系。

(3) 低周疲劳，也称低循环疲劳，载荷循环次数一般低于 10^4～10^5，如压力容器、燃气轮机零件等的疲劳，其特点是作用于构件的应力水平较高，材料处于塑性状态。

(4) 超低周疲劳，也称超低循环疲劳，载荷循环次数低于 10^2～10^3，主要是实现疲劳断裂的设计问题，其特点是作用于构件的应力水平很高，材料处于塑性状态，裂纹处于快速扩展状态，在裂纹扩展到一定阶段后，转为脆性断裂。

在实际的疲劳寿命研究中，主要关注高周疲劳和低周疲劳问题。高周疲劳裂纹扩展规律可利用线弹性断裂力学方法研究；而低周疲劳裂纹扩展规律一般采用弹塑性断裂力学方法研究。很多实际构件在变幅循环应力作用下的疲劳既不是纯高周疲劳，也不是纯低周疲劳，而是二者的综合。

按照材料性质的不同，疲劳可分为金属疲劳和非金属疲劳两类。金属疲劳是指金属材料在循环应力或循环应变作用下，在一处或几处逐渐产生局部永久性累积损伤，经一定循环次数后产生裂纹或突然发生完全断裂的过程。而非金属疲劳是指各类非金属材料在交变应力作用下发生破坏的现象。非金属材料类型繁多，材料特性各异，研究有待进一步深入。

按照工作环境的不同，疲劳可分为接触疲劳、高温疲劳、热疲劳、腐蚀疲劳、微动磨损疲劳和声疲劳等。

(1) 接触疲劳，是指零件在高接触压应力反复作用下产生的疲劳。经多次应力循环后，零件的工作表面局部区域产生小片或小块金属剥落，形成麻点或凹坑。接触疲劳使零件工作时噪声增加、振幅增大、温度升高、磨损加剧，最后导致零件不能正常工作而失效。在滚动轴承、齿轮等零件中经常发生这种现象。

(2) 高温疲劳，是指在高温环境下承受循环应力时所产生的疲劳。高温是指大于熔点 1/2 以上的温度，此时晶界弱化，有时晶界上产生蠕变空位，因此在考虑疲劳的同时必须考虑高温蠕变的影响。高温下金属的 S-N 曲线没有水平部分，一般用 10^7～10^8 次循环下不出现断裂的最大应力作为高温疲劳极限；载荷频率对高温疲劳极限有显著的影响，当频率降低时，高温疲劳极限明显下降。

(3) 热疲劳，是指由温度变化引起的热应力循环作用而产生的疲劳，如涡轮机转子、热轧轧辊和热锻模等因热应力的循环变化而产生的疲劳。

(4) 腐蚀疲劳，是指在腐蚀介质中承受循环应力时所产生的疲劳。船用螺旋桨、涡轮机叶片、水轮机转轮等常产生腐蚀疲劳。腐蚀介质在疲劳过程中能促进裂纹的形成和加快裂纹的扩展，其特点是 S-N 曲线无水平段；加载频率对腐蚀疲劳的影响很大；金属的腐蚀疲劳强度主要由腐蚀环境的特性而定；断口表面会发生变色等。

(5) 微动磨损疲劳，是指由变化的载荷引起的微动摩擦导致的疲劳损伤。叶片榫齿和榫槽接触面等常产生微动磨损疲劳。

(6) 声疲劳，是指在高强度噪声作用下，发生在材料局部的永久性损伤递增过程。对于用于高强度噪声场(超过140dB)中工作的各种材料，如航空、航天工业中所应用的金属材料，都要预先考虑其声疲劳性质。

1.3.5　疲劳性能

材料抵抗疲劳破坏的能力称为疲劳性能。高循环疲劳裂纹形成阶段的疲劳性能常以 S-N 曲线来表征。S-N 曲线需通过试验测定，试验采用小型标准试件或实际构件。若采用小型标准试件，则试件裂纹扩展寿命较短，常以断裂时的循环次数作为裂纹形成寿命。试验在给定应力比 R 或平均应力 σ_m 的前提下进行，根据不同应力水平的试验结果，以最大应力 σ_{max} 或应力幅值 σ_a 为纵坐标，疲劳寿命 N 为横坐标绘制 S-N 曲线，表示寿命的横坐标采用对数标尺，表示应力的纵坐标采用算术标尺，如图 1.3.4 所示。在 S-N 曲线上，对应某一寿命值的最大应力 σ_{max} 或应力幅值 σ_a 称为疲劳强度。为了模拟实际构件缺口处的应力集中以及研究材料对应力集中的敏感性，常需测定不同应力集中系数下的 S-N 曲线。

对试验结果进行统计分析后，根据某一可靠度 p 下的安全寿命所绘制的应力和安全寿命之间的关系曲线称为 p-S-N 曲线。50%存活率的应力和疲劳寿命之间的关系曲线称为中值 S-N 曲线，也简称 S-N 曲线。当循环应力中的最大应力 σ_{max} 小于某一极限值时，试件可经受无限次应力循环而不产生疲劳裂纹；当循环应力中的最大应力 σ_{max} 大于该极限值时，试件经有限次应力循环就会产生疲劳裂纹，该极限应力称为疲劳极限，或持久极限。图 1.3.4 中 S-N 曲线的水平线段对应的纵坐标就是疲劳极限。

鉴于疲劳极限存在较大的分散性，根据现代统计学观点，将疲劳极限定义为指定循环基数下的中值(50%存活率)疲劳强度。对于 S-N 曲线具有水平线段的材料，循环基数取 10^7；对于 S-N 曲线无水平线段的材料(如铝合金)，循环基数取 10^7～10^8。疲劳极限可作为绘制 S-N 曲线长寿命区线段的数据点。

根据各种应力比 R 或平均应力 σ_m 的 S-N 曲线族，以应力幅值 σ_a 为纵坐标，平均应力 σ_m 为横坐标，还可绘出等寿命图(又称古德曼图)，图 1.3.5 为钢材的等寿命图，图中同一曲线上的各点表示具有相同寿命的 σ_a 和 σ_m。各曲线汇交于横坐标轴上一点，该点 σ_a 为零，σ_m 等于静强度极限 σ_b。

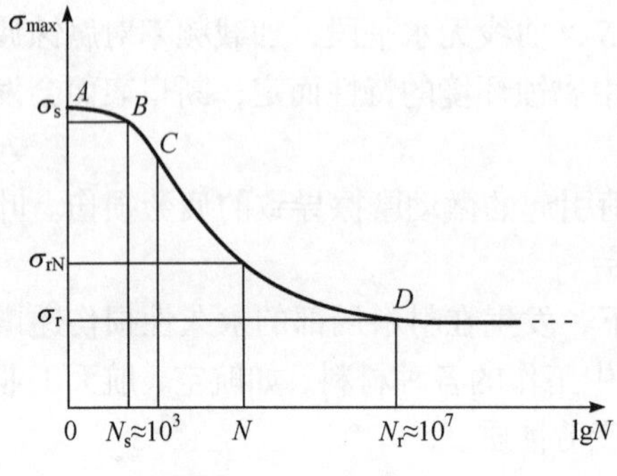

图 1.3.4　S-N 曲线

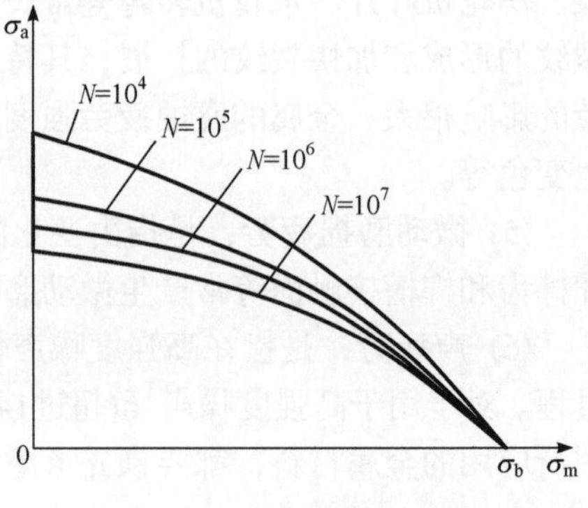

图 1.3.5　钢材的等寿命图

表征低循环疲劳裂纹形成阶段疲劳性能的曲线有应变-寿命曲线(ε-N 曲线)和循环应力-应变曲线，这两类曲线都通过恒幅应变试验而得到，因此低循环疲劳又称应变疲劳。由于材料处于塑性范围，在恒定应变幅值 ε_a 下，应力幅值 σ_a 不断发生变化。对于大多数材料，在达到疲劳寿命的 1/2 之前，应力幅值 σ_a 趋于稳定，从而得到一闭合的迟滞回线，如图 1.3.6(a)所示。各个试件在不同的应变幅值下进行试验，可得到不同大小的迟滞回线，将各回线上、下端点用曲线连接起来即可得到循环应力-应变曲线，如图 1.3.6(b)所示。

将各试件一直试验到破坏并记录其疲劳寿命，得到如图 1.3.7 所示的 ε-N 曲线，表示疲劳寿命 N 的横坐标和表示应变幅值 ε 的纵坐标均采用对数标尺。总应变幅值 ε_a 可分解为弹性应变分量和塑性应变分量，通常弹性应变-寿命关系和塑性应变-寿命关系在双对数坐标系中为两条直线。

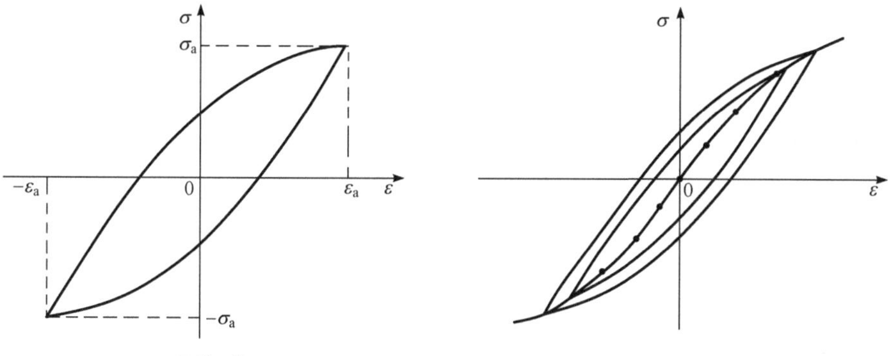

(a) 迟滞回线　　(b) 循环应力-应变曲线

图 1.3.6　迟滞回线及其循环应力-应变曲线

对于高循环疲劳裂纹扩展，若裂纹长度为 a，则疲劳裂纹扩展率 $\mathrm{d}a/\mathrm{d}N$ 与每一应力循环的裂纹扩展和应力强度因子幅值 ΔK 的关系如图 1.3.8 所示，横坐标和纵坐标采用对数标尺。应力强度因子幅值定义为

$$\Delta K = K_{\max} - K_{\min} \tag{1.3.1}$$

式中，$K_{\max}$ 和 $K_{\min}$ 分别为对应最大应力 $\sigma_{\max}$ 和最小应力 $\sigma_{\min}$ 的应力强度因子。

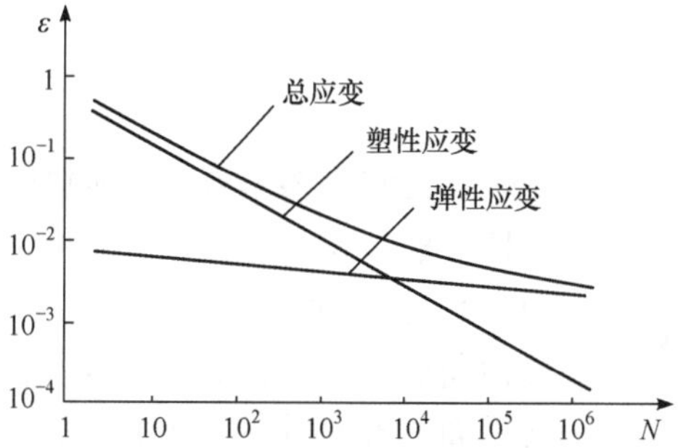

图 1.3.7　ε-N 曲线

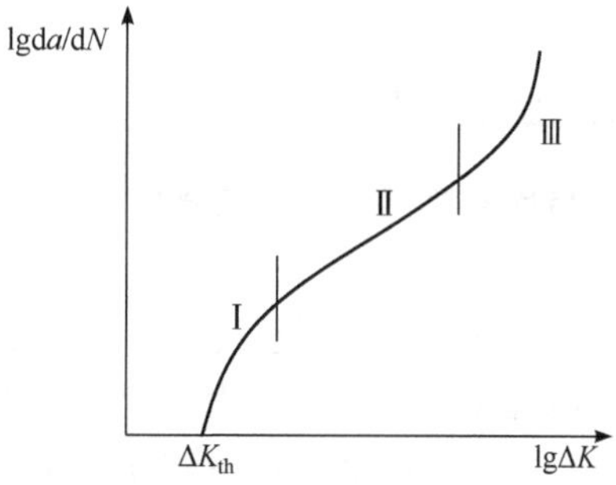

图 1.3.8　$\mathrm{d}a/\mathrm{d}N$-ΔK 曲线

由图 1.3.8 可见，裂纹扩展分为三个阶段。对于阶段Ⅰ，当应力强度因子幅值 ΔK 降低至某一极限值 ΔK_{th} 时，裂纹基本不再扩展，该值称为疲劳门槛值，其大小受平均应力、环境和材料的微观结构等因素的影响较大。对于裂纹扩展阶段Ⅱ，通常用帕里斯公式来描述：

$$\frac{\mathrm{d}a}{\mathrm{d}N} = C(\Delta K)^m \tag{1.3.2}$$

式中，C 和 m 为材料常数。对于一般常用结构钢和铝合金，$m=2\sim4$。帕里斯公式在双对数坐标系中为一直线，与阶段Ⅱ的试验结果基本符合。裂纹扩展的最后阶段即阶段Ⅲ的机理比较复杂，在裂纹扩展寿命中所占比例甚小，有待进行深入研究。

在变幅循环应力作用下，先行的高峰应力循环对后继低应力循环的裂纹形成和裂纹扩展的影响，称为过载效应。对于带有缺口或含裂纹的构件，在预先施加高峰拉应力后，在缺口处或裂纹尖端形成塑性区，产生有利的残余压应力，因此可延长疲劳寿命。

1.4 断裂及其描述

断裂是材料或构件力学性能的基本表征。根据断裂前发生的塑性变形的大小，材料的断裂可分为脆性断裂和延性断裂两大类。不同的材料、条件和循环载荷作用下的疲劳断裂、高温下的蠕变断裂以及环境作用下的应力腐蚀断裂，均可表现为脆性断裂和延性断裂。

在恒定或不断增加载荷的条件下，固体材料发生断裂的机制可概括为以下四种。

(1) 解理断裂机制：拉伸应力使原子间发生断裂。

(2) 塑性孔洞长大断裂机制：孔洞长大和粗化，或通过塑性流动发生完全颈缩。

(3) 蠕变断裂机制：原子或空隙沿应力方向扩散，使空穴长大、粗化。

(4) 应力腐蚀开裂机制：应变速率参与的发生在裂纹尖端局部的化学侵蚀。

1.4.1 脆性断裂

脆性断裂是没有或仅伴随着微量塑性变形的断裂。玻璃的断裂不发生任何塑性变形，是典型的脆性断裂；金属的断裂总伴随着塑性变形，因此金属的脆性断裂只是相对而言。根据裂纹扩展的路径，脆性断裂又可以分为解理断裂和晶间断裂。

解理断裂是在正应力作用下产生的一种穿晶脆性断裂。一定晶系的金属一般都有一组在正应力作用下容易开裂的晶面，称为解理面。解理断裂常见于体心立方和密排六方金属及合金中，低温、冲击载荷和应力集中常促使解理断裂发生。面心立方金属很少发生解理断裂。

解理断裂断口的轮廓垂直于最大拉应力方向。新鲜的断口都是晶粒状的，有许多强烈反光的小平面(称为解理刻面)。解理断口电子图像的主要特征是“河流花样”,河流花样中的每条支流都对应着一个不同高度的相互平行的解理面之间的台阶。解理裂纹扩展过程中，众多的台阶相互汇合，形成了河流花样。在河流的上游，许多较小的台阶汇合成较大的台阶，到下游，较大的台阶又汇合成更大的台阶。河流的流向恰好与裂纹扩展方向一致。因此，人们可以根据河流花样的流向判断解理裂纹在微观区域内的扩展方向。

金属零件发生脆性解理断裂的影响因素主要包括材料性质、应力状态及环境等，主要有以下几方面：①从材料性质方面考虑，一般只有冷脆金属才发生解理断裂，面心立方金属为非冷脆金属，一般不会发生解理断裂；②构件的工作温度较低，即处在脆性转折温度以下；③只有在平面状态(三向拉应力状态)，或构件的几何尺寸属于厚板的情况下才能发生解理断裂；④晶粒尺寸粗大；⑤宏观裂纹存在。

晶间断裂是指断裂路径沿着不同位向的晶粒间出现的断裂。在具有多晶格组织的金属中，当一个晶格结束而另一个晶格开始时，断裂改变方向跟随新的晶粒。这会导致锯齿状断裂，晶粒呈直边，可见光泽的表面。晶间断裂可以是脆性的，也可以是延性的，分别称为晶间脆性断裂和晶间延性断裂。

晶间断裂的主要征兆有：①位于晶界的夹杂物或第二相颗粒的微孔成核和聚结；②与高温应力破裂条件相关的晶界裂纹和孔洞形成；③在晶界处存在杂质元素，并与侵蚀性气氛如气态氢和液态金属相关联，连续颗粒之间解吸；④出现与晶界化学溶解相关的应力腐蚀开裂过程。

晶间断裂的主要原因有：①晶界上有脆性沉淀相，若晶界上的脆性沉淀相不是连续分布的，如 AlN 粒子在钢的晶界面上的分布，则会产生微孔聚合型沿晶断裂，若晶界上的脆性沉淀相是连续分布的，如奥氏体 Ni-Cr 钢中形成的网状连续碳化物，则会产生脆性薄层分裂型断裂；②晶界有使其弱化的夹杂物，如钢中晶界上存在 P、S、As、Sb、Sn 等元素；③环境因素与晶界相互作用造成晶界弱化或脆化，如高温蠕变条件下的晶界弱化、应力腐蚀条件下晶界易于优先腐蚀等，均促使沿晶断裂产生。

1.4.2　延性断裂

延性断裂是伴随明显塑性变形而形成延性断口(断裂面与拉应力垂直或倾斜，其上具有细小的凹凸，呈纤维状)的断裂，其断口呈韧窝或塑孔状。延性断裂是空隙在第二相颗粒上形成、聚结(也称为裂纹形成)、汇合(裂纹扩展和破坏)的过程。非晶合金的断裂在宏观上表现为脆性断裂，在微观上表现为延性断裂。延性断裂一般包括剪切断裂、法向断裂、韧窝断裂和蠕变断裂等。

剪切断裂是在单轴拉伸载荷作用下沿着拉伸轴约 45°的面滑开的断裂。当剪切在一组平行滑移面上出现时，形成倾斜型剪切断裂。当剪切沿两个方向发生时，形成凿尖型剪切断裂。

法向断裂是宏观断裂路径垂直于拉伸轴的断裂。法向断裂的微观断口呈锯齿状，其裂纹扩展通过与拉伸轴成 30°～45°的交替面剪切而实现。

韧窝断裂是材料在微区范围内塑性变形产生的显微孔洞，经形核、长大、聚集，最后相互连接而导致的断裂。韧窝断裂的断口上覆盖着大量显微微坑，这些微坑(窝坑)称为韧窝，韧窝是金属塑性断裂的主要微观特征。

材料在长时间的恒温、恒应力作用下缓慢产生塑性变形的现象称为蠕变。零件因蠕变变形而引起的断裂称为**蠕变断裂**。

第 2 章　金属损伤理论

材料内部存在着分布的微缺陷，如位错、微裂纹、微孔洞等，这些不同尺度的微细结构是损伤的典型表现。研究材料损伤的主要理论是损伤力学，损伤力学是固体力学的分支。损伤在热力学中，视为不可逆的耗散过程。材料或构件中的损伤有多种，如脆性损伤、塑性损伤、蠕变损伤、疲劳损伤等。

2.1　损伤理论基础

2.1.1　损伤力学分类

损伤力学与断裂力学组成破坏力学的主要框架，以研究物体从损伤至断裂破坏过程的力学规律。损伤力学选取合适的损伤变量(可以是标量、矢量或张量)，利用连续介质力学的唯象方法或细观力学、统计力学的方法，导出受损伤材料的损伤演化方程，形成损伤力学的初、边值问题的方程，并求解得到物体的应力场、变形场和损伤场。

损伤力学应用于破坏分析、力学性能预计、寿命估计、材料韧化等方面。损伤力学可大致分为连续介质损伤力学、细观损伤力学和基于细观的唯象损伤力学。

2.1.2　损伤理论的基本假设

损伤理论的基本假设是损伤力学研究中非常关键的内容。不同的基本假设导致不同的损伤变量定义模式和不同的损伤本构关系。为得到与研究对象相应的损伤本构关系，必须对受损伤物体的特性进行合理假设。损伤理论中的基本假设主要有三种，即应变等价假设、应力等价假设、能量等价假设。

1. 应变等价假设

应变等价假设认为，应力作用在受损材料上引起的应变与有效应力作用在无损材料上引起的应变等价。基于应变等价假设，受损结构的本构关系可通过无损时的形式来描述，只需将其中的名义应力换成有效应力即可。

2. 应力等价假设

应力等价假设认为，损伤状态下真实应变对应的应力与虚构无损伤状态下有效应变对应的应力等价。应变等价假设实际上包含应力等价假设。

3. 能量等价假设

能量等价假设认为，损伤状态下真实应变和应力对应的弹性余能与虚构无损伤状态下有效应变和有效应力对应的弹性余能等价。基于能量等价得到的损伤本构关系和损伤的定义与基于应变或应力等价得到的关系式有所不同。

2.1.3　损伤理论的研究方法

根据研究的特征尺度不同，损伤的研究方法总体上可分为微观方法、细观方法和宏观方法。

1. 微观方法

微观方法是在原子或分子的微观尺度上研究材料损伤的物理过程，并基于量子统计力学导出损伤的宏观响应。微观方法需要具备原子结构、微观物理等方面的知识和极大容量的计算设备。微观方法为宏观损伤理论提供较高层次的试验基础，有助于提高对损伤机制的认识。该方法着重研究微观结构的物理机制，很少直接考虑损伤的宏观变形和应力分布，而且目前建立微观结构变化与宏观力学响应之间的关系存在较大难度，因此微观方法很难直接用于工程结构的宏观力学行为分析。

2. 细观方法

细观方法是从材料的细观结构出发，对不同的损伤机制加以区分，着眼于损伤过程的物理机制。该方法通过对细观结构变化的物理过程进行研究，探索材料破坏的本质与规律，并采用某种力学平均化方法，将细观结构单元的研究结果反映在材料的宏观性质中。细观方法主要研究材料细观结构如微裂纹、微孔洞、剪切带等的损伤演化过程，忽略过于复杂的微观物理过程，避免微观统计力学的烦琐计算，但又包含不同材料的细观几何构造，为损伤变量和损伤演化方程的建立提供物理背景。

3. 宏观方法

宏观方法也称为唯象学方法，着重考察损伤对材料宏观力学性质的影响以及结构的损伤演化过程，而不追究损伤的物理背景和材料内部的细观结构变化。宏观方法通过引进内部变量，将细观结构变化映射到宏观力学变化上加以分析，即在本构关系中引入损伤变量，采用带有损伤变量的本构关系真实地描述受损材料的宏观力学行为。宏观方法是从宏观现象出发，模拟宏观力学行为，因此其方程及参数的确定往往是半经验半理论的，且具有明确的物理意义，可直接反映结构的受力状态。采用宏观方法建立的损伤本构方程可应用于结构设计、寿命计算及安全分析中。但该方法不能从细、微观结构层次上探究损伤的形态与变化。

采用宏观方法研究材料的损伤，主要研究过程包括以下四个阶段：

(1) 选择合适的损伤变量，即选择描述材料中损伤状态的场变量。

(2) 建立损伤演变方程，即建立描述损伤发展的方程。

(3) 建立考虑材料损伤的本构关系。

(4) 根据初始条件(包括初始损伤)和边界条件求解材料各点的应力、应变和损伤值。

2.1.4 热力学定律

反映物质内部结构不可逆变化过程的材料损伤是物质状态的一种变化，与材料的微观结构组织的概念相关联，如位错生成运动、孔洞萌生成长、应力诱发相变、晶体界面滑移等。采用态函数概念，应用带内变量热力学势研究与物质状态变化相关的弹塑性本构方程，是研究损伤问题的基础。

1. 热力学第一定律

热力学第一定律表明，不同形式的能量可以相互转化，其总和是守恒的。对于变形固体，可表达为：流入物体任一体积 V 内的热流率 Q_{in} 与输入功率 P_{in} 之和等于物体的内能 U 和动能 T 的变化率之和，即

$$\dot{T}+\dot{U}=Q_{in}+P_{in} \tag{2.1.1}$$

式中，流入的热流率 Q_{in} 为

$$Q_{in}=-\int_S \boldsymbol{q}\cdot\boldsymbol{n}\mathrm{d}S+\int_V \rho r\mathrm{d}V=-\int_S \mathrm{div}\boldsymbol{q}\mathrm{d}S+\int_V \rho r\mathrm{d}V \tag{2.1.2}$$

式中，$\boldsymbol{q}$ 为热流向量；r 为单位质量生成热；ρ 为密度；S 为表面积；V 为体积。

动能和内能的变化率为

$$\dot{T}=\frac{\mathrm{d}}{\mathrm{d}t}\int_V \rho\boldsymbol{v}\cdot\boldsymbol{v}\mathrm{d}V,\quad \dot{U}=\frac{\mathrm{d}}{\mathrm{d}t}\int_V \rho u\mathrm{d}V \tag{2.1.3}$$

式中，$\boldsymbol{v}$ 为速度向量；u 为单位质量的内能(比内能)。

输入功率为

$$P_{in}=\int_S \boldsymbol{t}\cdot\boldsymbol{v}\mathrm{d}S+\int_V \rho\boldsymbol{b}\cdot\boldsymbol{v}\mathrm{d}V \tag{2.1.4}$$

式中，$\boldsymbol{t}$ 和 $\boldsymbol{b}$ 分别为面力向量和体力向量。

根据变形体力学，式(2.1.4)可转化为

$$P_{\text{in}} = \frac{\mathrm{d}}{\mathrm{d}t}\int_V \frac{1}{2}\rho \boldsymbol{v}\cdot\boldsymbol{v}\mathrm{d}V + \int_V \boldsymbol{\sigma}:\dot{\boldsymbol{\varepsilon}}\mathrm{d}V \tag{2.1.5}$$

式中，$\boldsymbol{\sigma}$ 为应力张量；$\boldsymbol{\varepsilon}$ 为应变张量。

若将被研究的物体视为系统，周围部分为环境，则系统与环境间只交换能量，不交换物质。式(2.1.5)表示输入功率等于系统动能对时间 t 的导数与变形功率之和。将式(2.1.2)、式(2.1.3)和式(2.1.5)代入式(2.1.1)得

$$\int_V \left(\rho\frac{\mathrm{d}u}{\mathrm{d}t} + \mathrm{div}\boldsymbol{q} - \boldsymbol{\sigma}:\dot{\boldsymbol{\varepsilon}} - \rho r\right)\mathrm{d}V = 0 \tag{2.1.6}$$

所选的体积 V 具有任意性，因此有

$$\rho\frac{\mathrm{d}u}{\mathrm{d}t} + \mathrm{div}\boldsymbol{q} - \boldsymbol{\sigma}:\dot{\boldsymbol{\varepsilon}} - \rho r = 0 \tag{2.1.7}$$

若记 $\mathrm{d}q = r - \mathrm{div}\boldsymbol{q}/\rho$ 为单位质量的热量纯输入，则式(2.1.7)可表示为

$$\rho\frac{\mathrm{d}u}{\mathrm{d}t} = \boldsymbol{\sigma}:\dot{\boldsymbol{\varepsilon}} + \rho\mathrm{d}q \tag{2.1.8}$$

式(2.1.8)就是热力学第一定律的能量方程。对所研究系统引入热力学参数 s，定义平衡态熵的增量为

$$\mathrm{d}s = (\mathrm{d}q / T_\theta)_{\text{可逆}} \tag{2.1.9}$$

式中，T_θ 为热力学温度。在任一可逆过程中，$\mathrm{d}s$ 是一个全微分，在两个状态之间的熵的改变量可表示为

$$\Delta s = s_2 - s_1 = \int_1^2 \mathrm{d}(q / T_\theta)_{\text{可逆}} \tag{2.1.10}$$

对于一个可逆循环，有

$$\oint \mathrm{d}s = \oint (\mathrm{d}q / T_\theta)_{\text{可逆}} = 0 \tag{2.1.11}$$

2. 热力学第二定律

热力学第一定律是能量守恒定律，说明不同形式能量的相互转换关系，但没有说明过程自发行进的方向。当物体的运动伴随有能耗时，其热力学过程是不可逆的。热力学第二定律就是对不可逆过程进行方向的限定，这一限定在数学上可用不等式来表示。

热力学态函数比熵 s(单位质量熵)是一个与系统状态相对应的量。在一个循环中，当过程历经中间变化并最终恢复其初始状态时，态函数熵恢复到原来的数值，即 $\oint \mathrm{d}s = 0$ 。但另一方面，有

$$\oint(\mathrm{d}q/T_\theta)\leqslant 0 \tag{2.1.12}$$

等号适用于可逆循环，不等号适用于不可逆循环。若将 $\mathrm{d}q/T_\theta$ 理解为由外界输入热量带入的输入熵，则在一个不可逆循环中，纯输入功是负的。在一个循环结束时物体的熵值不变，负的输入熵意味着系统内部产生了熵。作为态函数的熵，对于一个可逆过程，满足式(2.1.11)，对于不可逆过程，满足的关系为

$$\frac{\mathrm{d}}{\mathrm{d}t}\int_V \rho s\mathrm{d}V\geqslant\int_V\frac{r}{T_\theta}\rho\mathrm{d}V+\int_S-\frac{\boldsymbol{q}\cdot\boldsymbol{n}}{T_\theta}\mathrm{d}S \tag{2.1.13}$$

式中，不等式左边为熵增率，不等式右边为熵输入率。式(2.1.13)是 Clausius-Duhem(克劳修斯-杜安)不等式的积分形式，对于任意体积 V 都成立，因此将式中面积分按 Gauss(高斯)定律变化成体积分后，就得出微分形式的 Clausius-Duhem 不等式为

$$\frac{\mathrm{d}s}{\mathrm{d}t}\geqslant\frac{r}{T_\theta}-\frac{1}{\rho T_\theta}\mathrm{div}\boldsymbol{q},\quad \gamma=\frac{\mathrm{d}s}{\mathrm{d}t}-\frac{r}{T_\theta}-\frac{1}{\rho T_\theta}\mathrm{div}\boldsymbol{q}-\frac{\boldsymbol{q}}{\rho {T_\theta}^2}\cdot\mathrm{grad}T_\theta\geqslant 0 \tag{2.1.14}$$

式中，γ 为单位质量的内熵生成值。式(2.1.14)表明，自然界的任何过程中，熵生成值永不为负值，这就限定了过程的行进方向。

在连续介质力学中，Clausius-Duhem 不等式是对本构方程的一种制约，即本构关系必须满足这个不等式并为这一不等式所制约。将式(2.1.8)改写为

$$\rho\dot{u}=\boldsymbol{\sigma}:\dot{\boldsymbol{\varepsilon}}+\rho r-\mathrm{div}\boldsymbol{q} \tag{2.1.15}$$

由式(2.1.14)的第二式和式(2.1.15)得到

$$\boldsymbol{\sigma}:\dot{\boldsymbol{\varepsilon}}-\rho(\dot{u}-T_\theta\dot{s})-(\boldsymbol{q}/T_\theta)\cdot\mathrm{grad}T_\theta\geqslant 0 \tag{2.1.16}$$

系统的比自由能定义为

$$\psi=u-T_\theta s,\quad \dot{\psi}=\dot{u}-(\dot{T}_\theta s+\dot{s}T_\theta) \tag{2.1.17}$$

利用式(2.1.17)，将式(2.1.15)和式(2.1.16)改写为

$$\begin{aligned}&\boldsymbol{\sigma}:\dot{\boldsymbol{\varepsilon}}-\rho(\dot{\psi}-\dot{T}_\theta\dot{s})-\rho T_\theta\dot{s}+\rho r-\mathrm{div}\boldsymbol{q}=0\\&\boldsymbol{\sigma}:\dot{\boldsymbol{\varepsilon}}-\rho(\dot{\psi}-\dot{T}_\theta\dot{s})-(\rho/T_\theta)\cdot\mathrm{grad}T_\theta=0\end{aligned} \tag{2.1.18}$$

只要在比自由能中引入内变量，就可由式(2.1.15)建立损伤本构方程。

3. 带有内变量的热力学势-本构方程的推导

物体的力学或热力学状态量，如应力-应变、比内能、热流、比自由能 ψ、比熵 s、温度、温度率等，统称为状态变量，它们都是通常的平衡热力学变量。为了描述与物质内部能量耗散及结构组织改变相应的变形过程，还需要增加一些与不可逆状态相关的独立变量，即内变量，内变量只与系统的热力学不可逆过程有关。内变量理论就是在通常的平衡热力学的变量之外，再加上一些独立的内变量，

用这些内变量和热力学变量共同描述系统的不可逆过程。

引入内变量后，可将比自由能表示为

$$\psi=\psi(\boldsymbol{\varepsilon}^{\mathrm{e}},T_\theta,\boldsymbol{V}_k),\quad \dot{\psi}=\frac{\partial\psi}{\partial\boldsymbol{\varepsilon}^{\mathrm{e}}}:\dot{\boldsymbol{\varepsilon}}^{\mathrm{e}}+\frac{\partial\psi}{\partial T_\theta}\dot{T}_\theta+\frac{\partial\psi}{\partial\boldsymbol{V}_k}\cdot\boldsymbol{V}_k \tag{2.1.19}$$

式中，$\boldsymbol{\varepsilon}^{\mathrm{e}}$ 为弹性应变张量；T_θ 为热力学温度；$\boldsymbol{V}_k$ 为内变量张量。

将式(2.1.19)的第二式代入式(2.1.18)得到

$$\begin{aligned}&\left(\boldsymbol{\sigma}-\rho\frac{\partial\psi}{\partial\boldsymbol{\varepsilon}^{\mathrm{e}}}\right):\dot{\boldsymbol{\varepsilon}}^{\mathrm{e}}-\rho\left(s+\frac{\partial\psi}{\partial\theta}\right)\dot{T}_\theta+\boldsymbol{\sigma}:\dot{\boldsymbol{\varepsilon}}^{\mathrm{p}}-\rho\frac{\partial\psi}{\partial\boldsymbol{V}_k}\cdot\dot{\boldsymbol{V}}_k+\rho r-\rho T_\theta\dot{s}-\mathrm{div}\boldsymbol{q}=0\\&\left(\boldsymbol{\sigma}-\rho\frac{\partial\psi}{\partial\boldsymbol{\varepsilon}^{\mathrm{e}}}\right):\dot{\boldsymbol{\varepsilon}}^{\mathrm{e}}-\rho\left(s+\frac{\partial\psi}{\partial\theta}\right)\dot{T}_\theta+\boldsymbol{\sigma}:\dot{\boldsymbol{\varepsilon}}^{\mathrm{p}}-\rho\frac{\partial\psi}{\partial\boldsymbol{V}_k}\cdot\dot{\boldsymbol{V}}_k-\frac{\boldsymbol{q}}{T_\theta}\cdot\mathrm{grad}T_\theta=0\end{aligned} \tag{2.1.20}$$

由于 $\dot{\boldsymbol{\varepsilon}}^{\mathrm{e}}$ 和 $\dot{T}_\theta$ 的任意性，式(2.1.20)中的弹性律和熵公式分别为

$$\boldsymbol{\sigma}=\rho\frac{\partial\psi}{\partial\boldsymbol{\varepsilon}^{\mathrm{e}}},\quad s=-\frac{\partial\psi}{\partial T_\theta} \tag{2.1.21}$$

式(2.1.21)是材料的本构方程，表示可观察状态变量与相伴变量之间的关系。式(2.1.20)中的其他部分为

$$\mathrm{div}\boldsymbol{q}=\boldsymbol{\sigma}:\dot{\boldsymbol{\varepsilon}}^{\mathrm{p}}-\rho\frac{\partial\psi}{\partial\boldsymbol{V}_k}\cdot\dot{\boldsymbol{V}}_k+\rho r-\rho T_\theta\dot{s},\quad \boldsymbol{\sigma}:\dot{\boldsymbol{\varepsilon}}^{\mathrm{p}}-\rho\frac{\partial\psi}{\partial\boldsymbol{V}_k}\cdot\dot{\boldsymbol{V}}_k-\frac{\boldsymbol{q}}{T_\theta}\cdot\mathrm{grad}T_\theta\geqslant 0 \tag{2.1.22}$$

对于内变量，一般有

$$\boldsymbol{A}_k=-\rho\frac{\partial\psi}{\partial\boldsymbol{V}_k} \tag{2.1.23}$$

式中，$\boldsymbol{A}_k$ 为 $\boldsymbol{V}_k$ 的相伴变量；$\boldsymbol{V}_k$ 代表所有的独立内变量。对于常用的内变量，有

$$-R=-\rho\frac{\partial\psi}{\partial p},\quad -Y=-\rho\frac{\partial\psi}{\partial D},\quad -\boldsymbol{X}=-\rho\frac{\partial\psi}{\partial\boldsymbol{\alpha}} \tag{2.1.24}$$

式中，R 为应力空间中的屈服面半径；$\boldsymbol{X}$ 为屈服面运动向量；Y 为损伤应变能释放率。

式(2.1.21)和式(2.1.23)表明，若将比自由能 ψ 视为热力学势，则有

$$[-\boldsymbol{\sigma}\quad \boldsymbol{A}_k\quad \rho s]^{\mathrm{T}}=-\rho\,\mathrm{grad}\,\psi(\boldsymbol{\varepsilon}^{\mathrm{p}},\boldsymbol{V}_k,T_\theta) \tag{2.1.25}$$

若记 $\boldsymbol{g}=-\mathrm{grad}T_\theta/T_\theta$，则可将式(2.1.22)的第二式变化为

$$\boldsymbol{\sigma}:\dot{\boldsymbol{\varepsilon}}^{\mathrm{p}}-\boldsymbol{A}_k\cdot\dot{\boldsymbol{V}}_k+\boldsymbol{g}\cdot\boldsymbol{q}\geqslant 0 \tag{2.1.26}$$

式(2.1.26)称为耗散不等式。其中，$\boldsymbol{\sigma}:\dot{\boldsymbol{\varepsilon}}^{\mathrm{p}}$ 为塑性应变功耗散率；$\boldsymbol{A}_k\cdot\dot{\boldsymbol{V}}_k$ 为内变量变化时耗散的功率；$\boldsymbol{g}\cdot\boldsymbol{q}$ 为热功耗散率。当热力学耗散和热耗散不耦联时，分

别有

$$\boldsymbol{\sigma}:\dot{\boldsymbol{\varepsilon}}^{\mathrm{p}}+\boldsymbol{A}_k\cdot\dot{\boldsymbol{V}}_k\geqslant 0,\quad \boldsymbol{g}\cdot\boldsymbol{q}\geqslant 0 \tag{2.1.27}$$

式(2.1.27)中的第一式可以展开为

$$\boldsymbol{\sigma}:\dot{\boldsymbol{\varepsilon}}^{\mathrm{p}}-R\dot{p}-Y\dot{D}-\boldsymbol{X}\cdot\dot{\boldsymbol{\alpha}}\geqslant 0 \tag{2.1.28}$$

式中，$\dot{\boldsymbol{\varepsilon}}^{\mathrm{p}}$、$\dot{p}$、$\dot{D}$、$\dot{\boldsymbol{\alpha}}$ 均为力学耗散变量；$R\dot{p}$ 为屈服面增大的耗散功率；$\boldsymbol{X}\cdot\dot{\boldsymbol{\alpha}}$ 确定了体内微观应力的耗散功率。

当塑性硬化耗散与损伤耗散无耦合时，有

$$-Y\dot{D}\geqslant 0 \tag{2.1.29}$$

2.1.5　耗散势与损伤应变能释放率

1. 耗散势

为了导出耗散变量演变的本构方程，先假设存在一以对偶变量 $\boldsymbol{\sigma}$、$\boldsymbol{X}$、R、Y、D、$\boldsymbol{g}$ 的标量凸函数表示的耗散势为

$$\overline{\varphi}=\overline{\varphi}(\boldsymbol{\sigma},\boldsymbol{X},R,Y,\boldsymbol{g},\boldsymbol{\varepsilon}^{\mathrm{p}},\boldsymbol{\alpha},p,D,\boldsymbol{q}) \tag{2.1.30}$$

设材料服从广义正交法则，则有

$$\dot{\boldsymbol{\varepsilon}}^{\mathrm{p}}=\frac{\partial\overline{\varphi}}{\partial\boldsymbol{\sigma}},\quad \dot{\boldsymbol{V}}_k=\frac{\partial\overline{\varphi}}{\partial\boldsymbol{A}_k},\quad \dot{\boldsymbol{\alpha}}=-\frac{\partial\overline{\varphi}}{\partial\boldsymbol{X}},\quad \dot{p}=-\frac{\partial\overline{\varphi}}{\partial R},\quad \dot{D}=-\frac{\partial\overline{\varphi}}{\partial Y},\quad \boldsymbol{q}=\frac{\partial\overline{\varphi}}{\partial\boldsymbol{g}} \tag{2.1.31}$$

式(2.1.31)的第一式、第二式～第五式、第六式依次是材料的塑性流动方程、内变量演变方程和傅里叶(Fourier)定律。

对于不是明显依赖于时间的问题，如塑性变形，$\overline{\varphi}$ 为凸状示性函数，塑性本构关系可引入一乘子 $\dot{\lambda}$ 来表示，即

$$\dot{\boldsymbol{\varepsilon}}^{\mathrm{p}}=\dot{\lambda}\frac{\partial\overline{\varphi}}{\partial\boldsymbol{\sigma}},\quad \dot{\boldsymbol{V}}_k=\dot{\lambda}\frac{\partial\overline{\varphi}}{\partial\boldsymbol{A}_k} \tag{2.1.32}$$

耗散势的合理形式与材料的性质及变形状态有关，如塑性或黏塑性、韧性损伤或脆性损伤等，需要根据材料在各种条件下的试验结果来建立。

2. 损伤应变能释放率

研究损伤问题需用两组方程：一组是材料的力学本构方程，即应力-应变关系；另一组是损伤演变方程，即式(2.1.21)和式(2.1.32)。这两组方程可以相互耦合，也可以不相互耦合。对于非耦合问题，应力-应变关系，包括塑性流动法则、蠕变流动规律等，可取连续介质力学中使用的常规形式，而损伤演变律由试验结果另行建立。耦合问题的本构方程可由热力势导出，所建立的公式中的一些参数同样需要根据试验确定。

若所考察的是等温过程，取热力学势(比自由能)为

$$\psi=\psi_{\mathrm{e}}(\boldsymbol{\varepsilon}^{\mathrm{e}},D)+\psi_{\mathrm{p}}(p) \tag{2.1.33}$$

则可以给出弹性律并定义损伤变量 D 的相伴变量 Y。

在无损伤的情况下，式(2.1.33)中的 ψ_{e} 就是弹性势，即

$$\psi_{\mathrm{e}}=\psi_{\mathrm{e}}^{0}=\frac{1}{2\rho}\boldsymbol{\sigma}:\boldsymbol{\varepsilon}^{\mathrm{e}} \tag{2.1.34}$$

式中，ρ 为材料密度，可取为常数。对于有限变形的情况，ρ 是变化的，ρ 的变化与发生在物体内的微裂纹和微孔洞有关，因此也可采用 ρ 来定义损伤变量。显然，在式(2.1.33)中，还假设塑性硬化与损伤演变过程是分离的，即 ψ_{p} 与 D 无关。

由量纲关系可知，在损伤的情况下，为了得到一个由有效应力 $\tilde{\boldsymbol{\sigma}}$ 表示的线弹性耦合损伤律，ψ_{e} 必须是 $\boldsymbol{\varepsilon}^{\mathrm{e}}$ 的二次函数，$1-D$ 的线性函数。若以 $\boldsymbol{C}$ 表示四阶弹性张量，则有

$$\psi_{\mathrm{e}}=\frac{1}{2\rho}\boldsymbol{\varepsilon}^{\mathrm{e}}:\boldsymbol{C}:\boldsymbol{\varepsilon}^{\mathrm{e}}(1-D) \tag{2.1.35}$$

弹性本构方程为

$$\boldsymbol{\sigma}=\rho\frac{\partial\psi_{\mathrm{e}}}{2\boldsymbol{\varepsilon}^{\mathrm{e}}}=\boldsymbol{C}:\boldsymbol{\varepsilon}^{\mathrm{e}}(1-D)\,,\quad \varepsilon_{ij}=\frac{1+\upsilon}{E}\frac{\sigma_{ij}}{1-D}-\frac{\upsilon}{E}\frac{\sigma_{kk}}{1-D}\delta_{ij} \tag{2.1.36}$$

式中，δ_{ij} 是 Kronecker(克罗内克)符号。根据式(2.1.24)的第二式，得到 D 的伴随变量为

$$-Y=-\rho\frac{\partial\psi}{\partial D}=\frac{1}{2}\boldsymbol{\varepsilon}^{\mathrm{e}}:\boldsymbol{C}:\boldsymbol{\varepsilon}^{\mathrm{e}} \tag{2.1.37}$$

若以 W_{e} 表示物体的弹性比能，则

$$\mathrm{d}W_{\mathrm{e}}=\boldsymbol{\sigma}:\mathrm{d}\boldsymbol{\varepsilon}^{\mathrm{e}} \tag{2.1.38}$$

在 $\boldsymbol{\sigma}$ 不变的条件下，由式(2.1.36)的第一式可知，弹性应变 $\boldsymbol{\varepsilon}^{\mathrm{e}}$ 将因损伤的变化而发生相应改变，此时 $\boldsymbol{\varepsilon}^{\mathrm{e}}$ 随 D 的变化律为

$$\mathrm{d}\boldsymbol{\varepsilon}^{\mathrm{e}}=\boldsymbol{\varepsilon}^{\mathrm{e}}\frac{\mathrm{d}D}{1-D} \tag{2.1.39}$$

将式(2.1.36)的第一式、式(2.1.39)代入式(2.1.38)，得到

$$\frac{\mathrm{d}W_{\mathrm{e}}}{\mathrm{d}D}=\boldsymbol{\varepsilon}^{\mathrm{e}}:\boldsymbol{C}:\boldsymbol{\varepsilon}^{\mathrm{e}} \tag{2.1.40}$$

比较式(2.1.37)和式(2.1.40)可知

$$-Y = \frac{1}{2}\frac{\mathrm{d}W_{\mathrm{e}}}{\mathrm{d}D}\bigg|_{\sigma} \tag{2.1.41}$$

式中，$-Y$ 为损伤导致的材料弹性比能变化率，称为损伤应变能释放率。在式(2.1.40)中，若将弹性比能分解成形状改变比能和体积改变比能两部分，并以 $\boldsymbol{e}$、$\boldsymbol{\sigma}'$ 分别表示弹性应变偏张量和应力偏张量，取 $\boldsymbol{\varepsilon}_{\mathrm{v}}=\mathrm{Tr}(\boldsymbol{\varepsilon}^{\mathrm{e}})/3$ 为弹性应变球张量，$\boldsymbol{\sigma}_{\mathrm{m}}=\mathrm{Tr}(\boldsymbol{\sigma})/3$ 为应力球张量，由式(2.1.36)有

$$\boldsymbol{e}=\frac{1+\upsilon}{E}\frac{\boldsymbol{\sigma}'}{1-D}, \quad \boldsymbol{\varepsilon}_{\mathrm{v}}=\frac{1-2\upsilon}{E}\frac{\boldsymbol{\sigma}_{\mathrm{m}}}{1-D} \tag{2.1.42}$$

从而得到

$$W_{\mathrm{e}}=\frac{1}{2}\boldsymbol{e}:\boldsymbol{\sigma}'+\frac{1}{2}\boldsymbol{\varepsilon}_{\mathrm{v}}:\boldsymbol{\sigma}_{\mathrm{m}}=\frac{1}{2}\frac{1+\upsilon}{E}\frac{\boldsymbol{\sigma}':\boldsymbol{\sigma}}{1-D}+\frac{3}{2}\frac{1-2\upsilon}{E}\frac{\boldsymbol{\sigma}_{\mathrm{m}}^{2}}{1-D} \tag{2.1.43}$$

由式(2.1.43)得

$$-Y=\frac{\partial W_{\mathrm{e}}}{\partial D}=\frac{1}{2}\left[\frac{1+\upsilon}{E}\frac{\boldsymbol{\sigma}':\boldsymbol{\sigma}}{(1-D)^{2}}+\frac{3(1-2\upsilon)}{E}\frac{\boldsymbol{\sigma}_{\mathrm{m}}^{2}}{(1-D)^{2}}\right] \tag{2.1.44}$$

引入 von Mises 等效应力表达式：

$$\bar{\sigma}=\sqrt{\frac{3}{2}\boldsymbol{\sigma}':\boldsymbol{\sigma}} \tag{2.1.45}$$

可将式(2.1.44)转化为

$$-Y=\frac{\bar{\sigma}^{2}}{2E(1-D)^{2}}\left[\frac{2}{3}(1+\upsilon)+3(1-2\upsilon)(\sigma_{\mathrm{m}}/\bar{\sigma})^{2}\right] \tag{2.1.46}$$

对应地还可定义有效等效应力 $\tilde{\sigma}$ 和损伤等效应力 $\tilde{\bar{\sigma}}$ 为

$$\tilde{\sigma}=\frac{\bar{\sigma}}{1-D}, \quad \tilde{\bar{\sigma}}=\bar{\sigma}\sqrt{R_{\mathrm{c}}} \tag{2.1.47}$$

式中，R_{c} 与应力三轴度有关，可表示为

$$R_{\mathrm{c}}=\frac{2}{3}(1+\upsilon)+3(1-2\upsilon)(\sigma_{\mathrm{m}}/\bar{\sigma})^{2} \tag{2.1.48}$$

在单向应力下，三轴度为

$$\frac{\sigma_{\mathrm{m}}}{\bar{\sigma}}=\frac{\sigma}{3\sigma}=\frac{1}{3}, \quad \tilde{\bar{\sigma}}=\bar{\sigma}=\sigma \tag{2.1.49}$$

由此得到单向应力下的损伤应变能释放率 Y 为

$$-Y=\frac{\tilde{\bar{\sigma}}^{2}}{2E(1-D)^{2}}=\frac{\sigma^{2}}{2E(1-D)^{2}} \tag{2.1.50}$$

若以 Y_c 表示材料达到破损时的 $-Y$ 临界值，此时 $D=D_c$，D_c 为临界损伤，则由单向试验的临界条件

$$-Y = Y_c, \quad \sigma = \sigma_R, \quad D = D_c \tag{2.1.51}$$

可得

$$-Y = \frac{\sigma_R^2}{2E(1-D)^2} \tag{2.1.52}$$

式中，σ_R 为拉伸破损应力，相应的有效破损应力为

$$\tilde{\sigma}_R = \frac{\sigma_R}{1-D_c} = \sqrt{2EY_c} \tag{2.1.53}$$

式(2.1.53)为 Orawon 脆性破断条件，而

$$D_c = 1 - \frac{\sigma_R}{\sqrt{2EY_c}} \tag{2.1.54}$$

为宏观裂纹出现时的损伤临界值。采用损伤等效应力 $\tilde{\bar{\sigma}}$，即可类似于单向应力状态，建立各向同性三维损伤本构方程。

2.1.6　含损伤结构定解问题的求解方法

损伤理论为结构的强度校核、寿命预测和稳定性分析提供了一种更为合理的途径。由于引入了损伤变量，含损伤结构定解问题的方程数目增加，除了本构方程、平衡方程、几何关系(或协调方程)、初始条件和边界条件外，还应引入损伤的演化方程，而且含损伤的本构关系较无损伤的本构关系更复杂。因此，含损伤结构定解问题的求解也更困难。为了得到结构中每一点的应力、应变和损伤随时间(或载荷)的变化，可采用全解耦方法、全耦合方法和半解耦方法三种方法。

1. 全解耦方法

全解耦方法认为，损伤对结构中的应力-应变场没有影响，用全解耦方法进行结构分析的基本过程如图 2.1.1 所示。首先不考虑损伤，利用无损材料的本构关系、平衡方程求解应力场和应变场，然后代入损伤的演化方程，得到损伤场随时间(或载荷)的变化历史，进而根据材料的损伤断裂判据确定结构的承载能力或寿命。在不考虑蠕变的弹塑性分析中，应变可分解为弹性应变和塑性应变两部分，即

$$\varepsilon_{ij} = \varepsilon_{ij}^e + \varepsilon_{ij}^p \tag{2.1.55}$$

式中，ε_{ij}^e 为弹性应变，ε_{ij}^p 为塑性应变，二者可表示为

$$\varepsilon_{ij}^{\mathrm{e}}=\frac{1+\upsilon}{E}\sigma_{ij}-\frac{\upsilon}{E}\sigma_{kk}\delta_{ij}, \quad \varepsilon_{ij}^{\mathrm{p}}=\lambda\frac{\partial f}{\partial\sigma_{ij}} \tag{2.1.56}$$

式中，E 和 υ 为初始无损状态的弹性模量和泊松比；λ 为材料参数；f 为 von Mises 屈服面，可表示为

$$\lambda\begin{cases}>0, & f=0\text{且 }\dot{f}=0\\=0, & f=0\text{且 }\dot{f}<0,\text{ 或 }f<0\end{cases}$$

$$f(\sigma_{ij},\alpha_{ij},R)=\sqrt{\frac{2}{3}(s_{ij}-\alpha_{ij})(s_{ij}-\alpha_{ij})}-R$$

$$\dot{\alpha}_{ij}=c_1(a\dot{\varepsilon}_{ij}^{\mathrm{p}}-\alpha_{ij}\dot{p}), \quad \dot{R}=c_2(b-R)\dot{p} \tag{2.1.57}$$

式中，s_{ij} 为应力张量 σ_{ij} 的偏斜部分；α_{ij} 为背应力张量；R 为屈服面半径；p 为累积塑性应变；a、b、c_1 和 c_2 均为材料常数。利用式(2.1.56)不含损伤的本构关系及平衡方程等，得到应力-应变场和位移场，这些场在出现局部断裂之前不受损伤的影响；再利用损伤的演化方程及破坏准则，即可完成结构的损伤强度校核。

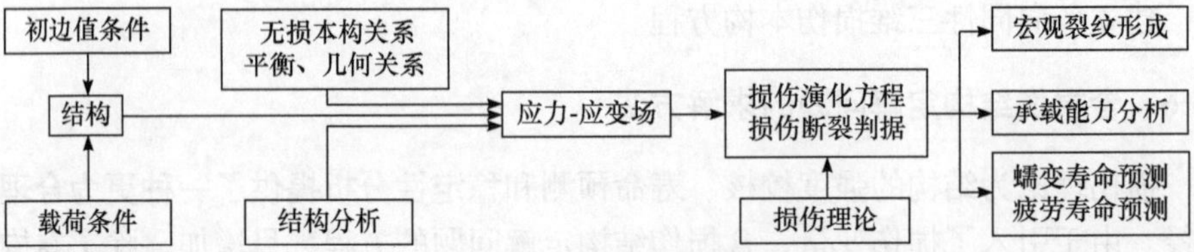

图 2.1.1　全解耦方法框图

全解耦方法是最简单的求解方法，具有计算量增加少的优点。一般不包含损伤的计算程序可以通过较小的改动，在求出应力-应变场后加入损伤的演化方程部分，即可用于求解含损伤结构的定解问题。全解耦方法的计算结果往往偏于保守，其预计值可能与实际结果相差百分之几十以上。

2. 全耦合方法

损伤导致弹性模量等材料常数发生变化，造成应力-应变场的重新分布，因此应在应变场的计算中计入损伤的影响，采用含损伤的本构关系。用全耦合方法进行结构分析的基本过程如图 2.1.2 所示。例如，根据 Lamaitre 的应变等效假设，将式(2.1.56)和式(2.1.57)中的 σ_{ij}、s_{ij}、α_{ij} 和 R 分别用 $\tilde{\sigma}_{ij}$、$\tilde{s}_{ij}$、$\tilde{\alpha}_{ij}$ 和 $\tilde{R}$ 代换，即有

$$\tilde{\sigma}_{ij}=\frac{\sigma_{ij}}{1-D}, \quad \tilde{s}_{ij}=\frac{s_{ij}}{1-D}, \quad \tilde{\alpha}_{ij}=\frac{\alpha_{ij}}{1-D}, \quad \tilde{R}=\frac{R}{1-D} \tag{2.1.58}$$

式中，$\tilde{\sigma}_{ij}$ 为有效应力张量；$\tilde{s}_{ij}$ 为有效应力张量 $\tilde{\sigma}_{ij}$ 的偏斜部分；$\tilde{\alpha}_{ij}$ 为有效的背

应力张量。由于引入了损伤变量，在应力-应变场的计算中，还需要引入损伤的演化方程，从而直接得到所有场变量的分布。

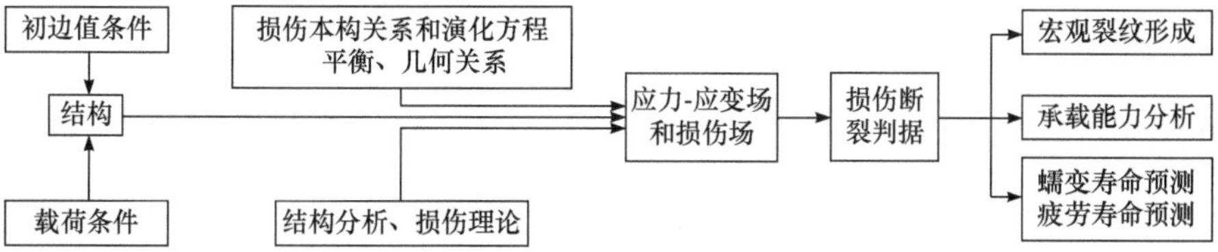

图 2.1.2　全耦合方法框图

损伤和变形全解耦的求解方法是严格和准确的方法，相应的计算工作量会大幅增加。对于实际的损伤问题，能得到全耦合分析的解析解的情况很少。

3. 半解耦方法

半解耦方法是介于全解耦方法和全耦合方法之间的一种结构分析方法。该方法是在本构关系中引入损伤，而在平衡方程中不考虑损伤的影响。因此，半解耦方法的计算工作量比全耦合方法少，但解的精度比全解耦方法高。一种半解耦的结构分析方法如图 2.1.3 所示。在结构中，损伤往往集中在一个小的区域内，损伤材料的体积与整个结构构件相比很小。对于此类问题，在结构整体的分析中采用损伤和变形全解耦方法，而只在结构最危险的小区域内采用损伤和变形相耦合的方法，即只在小范围内引入考虑损伤的本构关系和损伤演化方程。因此，其结构明显优于全解耦方法，但仍是结构承载能力或寿命的下限。这种半解耦方法，对于脆性损伤、疲劳损伤等具有一定的适应性，尤其对于含有宏观裂纹或其他缺陷的结构分析更具有优越性。

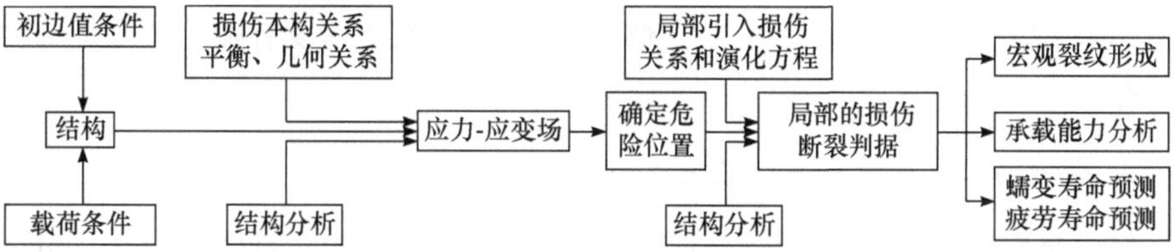

图 2.1.3　半解耦方法框图

2.2　脆性与韧性损伤理论

2.2.1　损伤对材料强度的影响

将奇异缺陷方法与分布缺陷方法相结合，即将线弹性断裂力学与连续损伤力学相结合，讨论损伤对材料拉伸强度的影响。

1. 无损伤且表面能密度有限的情况

假设一直杆两端承受均匀的拉伸应力σ，如图 2.2.1 所示。若材料为无损伤的线弹性晶体材料，在断裂前的应变能密度为

$$\bar{U}=\frac{(\sigma_{\mathrm{F}}')^2}{2E} \tag{2.2.1}$$

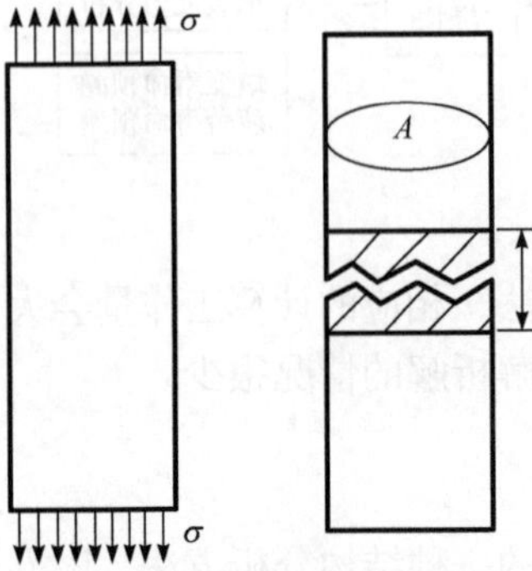

图 2.2.1 受拉直杆的断裂

式中，σ_{F}'为理论拉伸断裂强度；E为弹性模量。

在材料断裂时，所需的表面能由两个断裂面附近所储存的应变能提供。原子间力的作用范围是晶格间距 b 的数量级，因此提供此能量的区域深度也应是 b 的数量级。假设在断裂表面两侧提供表面能的深度均为 $2b$，即提供应变能的整个区域深度为 $4b$，则所提供的应变能为

$$U=4bA\bar{U}=\frac{2A(\sigma_{\mathrm{F}}')^2}{E} \tag{2.2.2}$$

式中，b 为晶格间距；A 为杆的横截面面积。

若记表面能密度为γ，则沿横截面出现一对断裂表面所需的能量为$W=2\gamma A$，由能量条件 U=W，可得到理论拉伸断裂强度 σ_{F}' 的表达式为

$$\sigma_{\mathrm{F}}'=\sqrt{\frac{\gamma E}{b}} \tag{2.2.3}$$

式(2.2.3)考虑了表面能密度，但假设材料不存在任何缺陷或损伤，这在实际中是不可能的。试验结果表明，实际的材料强度与式(2.2.3)的计算结果相差甚远，一般只达到σ_{F}'的几十分之一。可见，材料无损伤且表面能密度有限的情况是一种极限状态。

2. 有损伤但表面能密度为无穷大的情况

材料有损伤但表面能密度为无穷大的情况是材料的另一种极端情况。材料有损伤时，有效应力$\tilde{\sigma}$与 Cauchy 应力σ的关系由式(1.2.7)表示，式中的损伤变量 D_{n} 定义为式(1.2.1)，$0 \leqslant D_{\mathrm{n}} \leqslant 1$。设应变$\varepsilon$和损伤变量 D_{n} 依赖于有效应力的关系为

$$\varepsilon=G(\tilde{\sigma}),\quad D_{\mathrm{n}}=g(\tilde{\sigma}) \tag{2.2.4}$$

为简化计算，假设式(2.2.4)为线性函数，即

$$\varepsilon=\frac{\tilde{\sigma}}{E},\quad D_{\mathrm{n}}=\frac{\tilde{\sigma}}{\tilde{E}} \tag{2.2.5}$$

式中，$\tilde{E}$为损伤模量，如图 2.2.2(b)所示，对于无损材料，$\tilde{E}=\infty$。式(2.2.4)的第

二式在单调加载时成立，卸载时 D_n 保持不变。

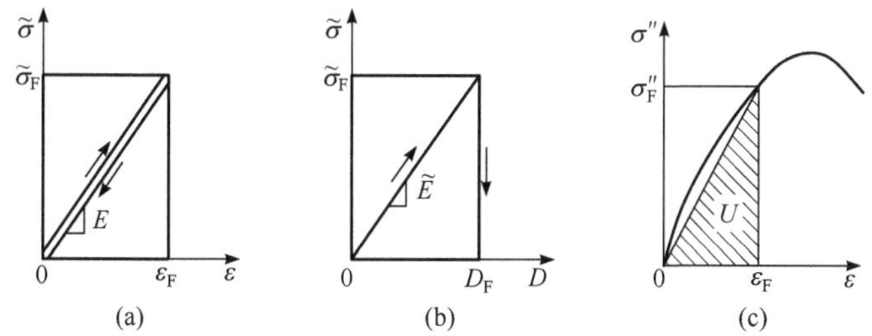

图 2.2.2　应力与应变、损伤的关系

由式(1.2.7)和式(2.2.5)可得应力-应变关系为

$$\sigma = \tilde{\sigma}(1 - D_n) = E\varepsilon\left(1 - \frac{E\varepsilon}{\tilde{E}}\right) \tag{2.2.6}$$

当应力 σ 达到 σ''_F 时材料发生断裂，如图 2.2.2(c)所示。由 $d\sigma/d\varepsilon = 0$，可得

$$\sigma''_F = \frac{\tilde{E}}{4} \tag{2.2.7}$$

因此，损伤模量 $\tilde{E}$ 是材料断裂强度的 4 倍。若不考虑材料的损伤，即 $\tilde{E}=\infty$，则 $\sigma''_F=\infty$。

对于图 2.2.1 所示的受拉直杆，损伤变量 D 可定义为对数形式：

$$D = \ln\frac{A}{\tilde{A}} \tag{2.2.8}$$

式中，$\tilde{A}$ 为受拉直杆的有效承载面积。则式(1.2.7)和式(2.2.6)可表示为

$$\tilde{\sigma} = \sigma e^D, \quad \sigma = E\varepsilon e^{-E\varepsilon/\tilde{E}} \tag{2.2.9}$$

对数损伤的变化范围为 $0 \leqslant D \leqslant \infty$，仍采用式(2.2.5)的定义，类似于式(2.2.7)，得到断裂应力和损伤模量 $\tilde{E}$ 的关系为

$$\sigma''_F = \frac{\tilde{E}}{e} \tag{2.2.10}$$

既采用对数损伤，又采用对数应变，即

$$\varepsilon = \ln\frac{l}{l_0}, \quad D = \ln\frac{A}{\tilde{A}} \tag{2.2.11}$$

对于不可压缩材料，有

$$\tilde{\sigma} = \sigma_0 e^{\varepsilon + D} \tag{2.2.12}$$

式中，σ_0 为名义应力，$\sigma_0=P/A$。此时，名义断裂应力为

$$\sigma_{\mathrm{F}}'' = \frac{E\tilde{E}}{\mathrm{e}(E + \tilde{E})} \tag{2.2.13}$$

以上讨论的是两种极端情况下材料的断裂应力。实际上，材料既具有有限的表面能密度，又有损伤。

3. 有损伤且表面能密度有限的情况

应变和损伤变量依赖于有效应力的关系，仍采用式(2.2.5)，且假定变形是完全可逆的，而损伤是完全不可逆的，如图 2.2.2 所示。图中，ε_{F} 为断裂时的应变，D_{F} 为损伤变量，$\tilde{\sigma}_{\mathrm{F}}$ 为断裂时的有效应力。ε_{F}、D_{F} 与 $\tilde{\sigma}_{\mathrm{F}}$ 之间的关系为

$$\varepsilon_{\mathrm{F}} = \frac{\tilde{\sigma}_{\mathrm{F}}}{E} = \frac{\sigma_{\mathrm{F}}}{E(1 - D_{\mathrm{F}})}, \quad D_{\mathrm{F}} = \frac{\tilde{\sigma}_{\mathrm{F}}}{\tilde{E}} = \frac{\sigma_{\mathrm{F}}}{\tilde{E}(1 - D_{\mathrm{F}})} \tag{2.2.14}$$

因此，为断裂所提供的应变能为

$$U = 4bA\bar{U} = 2bA\sigma_{\mathrm{F}}\varepsilon_{\mathrm{F}} = \frac{2b\sigma_{\mathrm{F}}^2}{E(1 - D_{\mathrm{F}})} \tag{2.2.15}$$

将 $W = 2\gamma A$ 和式(2.2.15)代入断裂时的能量条件，得断裂应力为

$$\sigma_{\mathrm{F}} = \sqrt{\frac{\gamma E(1 - D_{\mathrm{F}})}{b}} \tag{2.2.16}$$

式(2.2.14)的第二式和式(2.2.16)联立求解，可得到断裂应力 σ_{F} 与损伤变量 D_{F}，这样求出的 σ_{F} 显然低于式(2.2.3)中的 σ_{F}'，也应该低于式(2.2.13)中的 σ_{F}''，否则应采用式(2.2.13)中的 σ_{F}'' 作为断裂应力。

2.2.2 损伤律及脆性损伤模型

材料的损伤现象，无论是脆(弹)性的还是韧性的，都与材料微观结构的破坏相关联。这种微观组织的改变将对材料的宏观力学性质产生影响，如导致弹性软化、改变塑性屈服面及变形的各向异性等。脆(弹)性损伤分析主要研究材料在小变形下的脆性破坏和金属高周疲劳破坏；韧性损伤则与塑性大变形有关，也发生在金属低周疲劳的场合。

1. 简单脆(弹)性损伤模型——损伤律

研究损伤问题需要两组方程，即应力-应变本构方程和损伤演变方程。损伤演变方程也可称为增广的本构方程。这两组方程可以耦合也可以不相耦合，下面将通过一类最简单的损伤模型和算例来阐明损伤问题的分析方法。损伤分析的第一步是选择损伤律，损伤律可以以应力为参数，也可以以应变为参数。

1) 应力表示的损伤律

一种最简单的损伤律认为损伤变量与有效正应力 $\tilde{\sigma}$ 成正比，即

$$D=\begin{cases}\tilde{\sigma}/\tilde{E}, & \tilde{\sigma}>0\\ 0, & \tilde{\sigma}\leqslant 0\end{cases}\tag{2.2.17}$$

式中，$\tilde{E}$ 为损伤模量，其量纲与应力相同，可由试验测定。式(2.2.17)假设压应力时无损伤扩展，可以应用于拉、压强度不等的材料。

由式(1.2.7)和式(1.2.8)可得

$$\sigma=(1-D)\tilde{\sigma}=(1-D)E\varepsilon\tag{2.2.18}$$

将式(2.2.18)代入式(2.2.17)，有

$$\sigma=E\varepsilon\left(1-\frac{E\varepsilon}{\tilde{E}}\right)\tag{2.2.19}$$

若 $\tilde{E}=\infty$，即材料没有损伤，D=0，则式(2.2.19)可化为通常的弹性本构关系。损伤导致材料失效的条件可按 Janson 假设，认为当 $\mathrm{d}\sigma/\mathrm{d}\varepsilon=0$ 时，材料的损伤构元丧失其承载能力，此时 $D=D_{\mathrm{c}}$。根据式(2.2.19)，并考虑到 $\mathrm{d}\sigma/\mathrm{d}\varepsilon=0$，可得极限 Cauchy 应力为

$$\sigma_{\mathrm{c}}=\frac{\tilde{E}}{4}\tag{2.2.20}$$

将式(2.2.17)中的有效应力 $\tilde{\sigma}=D\tilde{E}$ 代入式(2.2.18)可得出用以确定临界损伤因子 D_{c} 的方程为

$$D_{\mathrm{c}}^2-D_{\mathrm{c}}+\frac{\sigma_{\mathrm{c}}}{\tilde{E}}=0\tag{2.2.21}$$

求解式(2.2.21)，并考虑到失效条件(2.2.20)，得到临界损伤因子 D_{c}=1/2，将 D_{c}=1/2 代入式(1.2.8)，得到极限有效应力为

$$\tilde{\sigma}_{\mathrm{c}}=\frac{\tilde{E}}{2}\tag{2.2.22}$$

比较式(2.2.20)和式(2.2.22)可知，破坏时的有效应力 $\tilde{\sigma}_{\mathrm{c}}$ 比极限 Cauchy 应力 σ_{c} 大一倍。根据式(2.2.22)和 D_{c}=1/2，可建立结构的损伤判别条件，并按载荷情况确定其损伤程度。

2) 应变表示的损伤律

在脆性材料的损伤分析中，常用物体在外载荷作用下所产生的应变，特别是拉伸应变来度量损伤，对于陶瓷、混凝土、岩石等工程材料，均可采用此类准则。

脆性损伤模型用微分形式表示为

$$\mathrm{d}D=\begin{cases}(\varepsilon/\varepsilon_0)^S\mathrm{d}\varepsilon, & \varepsilon=\xi,\ \mathrm{d}\varepsilon=\mathrm{d}\xi>0\\ 0, & \varepsilon<\xi \text{ 或 } \mathrm{d}\varepsilon<0\end{cases} \tag{2.2.23}$$

式中，ε_0和S为材料常数；ξ为一可变门槛值。当$\varepsilon=\xi$时，$\mathrm{d}\varepsilon=\mathrm{d}\xi$。

假设初始无损条件为$D=\xi=\varepsilon=0$，对式(2.2.23)进行积分，得

$$D=\frac{1}{S+1}\left(\frac{\varepsilon}{\varepsilon_0}\right)^{S+1}=\left(\frac{\varepsilon}{\varepsilon_\mathrm{R}}\right)^{S+1} \tag{2.2.24}$$

其中，D=1 时的破坏应变为

$$\varepsilon_\mathrm{R}=(S+1)^{1/(S+1)}\varepsilon_0 \tag{2.2.25}$$

由式(2.2.18)得到

$$\sigma=E\varepsilon\left[1-\left(\frac{\varepsilon}{\varepsilon_\mathrm{R}}\right)^{S+1}\right] \tag{2.2.26}$$

根据损伤演变律(式(2.2.24))所得出的应力-应变关系(式(2.2.26))，当损伤构元的应变等于其破坏应变时，材料已不能承受任何载荷，由于式(2.2.23)对拉伸和压缩应变的演变律不同，式(2.2.26)可用于拉、压强度不同的材料。

2. 矩形梁纯弯曲时的脆性损伤分析

1) 损伤演变方程

矩形梁纯弯曲时的损伤分析是脆性损伤分析中一个典型的例子。整个过程可在解析形式下实现，且可与直梁弯曲理论的假设和结果进行类比，对讨论损伤问题的特点及其研究方法具有借鉴意义。

如图 2.2.3 所示的纯弯曲梁，梁高 $2h$，宽 b，设梁的弯曲变形服从平截面假设。假定梁的损伤律由式(2.2.17)决定，在压应力区不发生损伤，因此在压缩区有$\sigma<0$，D=0，进而有$\tilde{\sigma}=\sigma$；若拉伸区有损伤，则$\sigma>0$，$D>0$，拉伸区的有效应力由式(2.2.18)得到，即有

$$\tilde{\sigma}=\frac{\sigma}{1-D} \tag{2.2.27}$$

由式(2.2.27)可知，在拉伸区，有效应力随着损伤的增长而上升。由应力-应变关系$\tilde{\sigma}=E\varepsilon$可知，当变形服从平截面假设时，$\tilde{\sigma}$与$\varepsilon$均沿梁高呈线性分布，它们之间只差一个弹性常数$E$。由于损伤的影响，拉伸区的承载能力下降，中性轴向受压侧移动，若以$-y_0$表示现时中性轴位置，则在压应力区，相应的截面内力N_c可表示为

$$N_c = \frac{1}{2}b(h+y_0)\tilde{\sigma}_1 \tag{2.2.28}$$

式中，$\tilde{\sigma}_1$ 为顶部纤维的有效压应力，$\tilde{\sigma}_1 = \sigma_1 = E\varepsilon_1$。

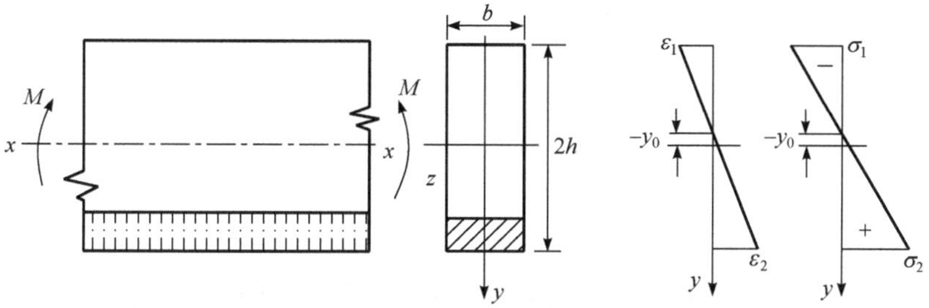

图 2.2.3　矩形梁纯弯曲弹性损伤应力-应变图

在损伤区，若以 N_t 表示相应内力，则内应力的微分为

$$dN_t = \sigma dA = \left(1 - \frac{\tilde{\sigma}}{\tilde{E}}\right)\tilde{\sigma} b dy \tag{2.2.29}$$

由式(2.2.29)得到

$$N_t = \int_{y_0}^{h} dN_t = \frac{1}{6}(h-y_0)\left(3 - \frac{2\tilde{\sigma}_2}{\tilde{E}}\right)\tilde{\sigma}_2 b \tag{2.2.30}$$

式(2.2.28)中的 N_c 和式(2.2.30)中的 N_t 的作用点的位置分别为

$$y_c = \frac{1}{3}(y_0 - 2h), \quad y_t = \frac{1}{2(3-2\tilde{\sigma}_2/\tilde{E})}\left[4h + 2y_0 - \frac{\tilde{\sigma}_2}{\tilde{E}}(3h+y_0)\right] \tag{2.2.31}$$

根据平衡条件：

$$N_c + N_t = 0, \quad N_c y_c + N_t y_t = M \tag{2.2.32}$$

将式(2.2.28)、式(2.2.30)和式(2.2.31)代入式(2.2.32)，得到

$$\begin{aligned} &3(h+y_0)\tilde{\sigma}_1 + (h-y_0)\left(3 - \frac{2\tilde{\sigma}_2}{\tilde{E}}\right)\tilde{\sigma}_2 = 0 \\ &-2(h+y_0)(2h-y_0)\tilde{\sigma}_1 + (h-y_0)\left[4h + y_0 - \frac{\tilde{\sigma}_2}{\tilde{E}}(3h+y_0)\right]\tilde{\sigma}_2 = \frac{12M}{b} \end{aligned} \tag{2.2.33}$$

式(2.2.33)的两个方程包含三个未知量，即 $\tilde{\sigma}_1$、$\tilde{\sigma}_2$ 和 y_0。为求解这三个未知量，需要一个补充方程，即变形协调条件。根据平截面假设和应变等价性假设，有效应力 $\tilde{\sigma}$ 在截面上也呈线性分布，因此有

$$\tilde{\sigma}_1 = -\frac{h+y_0}{h-y_0}\tilde{\sigma}_2 \tag{2.2.34}$$

式中，中性轴的位置y_0及$\tilde{\sigma}_1$、$\tilde{\sigma}_2$均随外力偶M的变化而变化。联立求解式(2.2.33)和式(2.2.34)，消去$\tilde{\sigma}_1$和$\tilde{\sigma}_2$，得

$$(9-2m)y_0^3+3(9+2m)hy_0^2+6(2-m)h^2y_0+2mh^3=0 \tag{2.2.35}$$

式中，m 为无量纲化弯矩，$m=3M/(2bh^2\tilde{E})=M/(W\tilde{E})$，$W$ 为截面惯性矩。给定m值，根据式(2.2.35)求出$y_0(M)$，即可得到顶、底两处的应力为

$$\tilde{\sigma}_1=6hy_0\frac{h+y_0}{(h-y_0)^3}\tilde{E},\quad \tilde{\sigma}_2=-\frac{6hy_0}{(h-y_0)^2}\tilde{E} \tag{2.2.36}$$

2) 极限弯矩计算

极限弯矩定义为受拉侧最大有效应力$\tilde{\sigma}_2$达到临界值时所对应的外力矩。根据失效准则$\mathrm{d}\sigma/\mathrm{d}\varepsilon=0$、$D_\mathrm{c}=0.5$和式(2.2.22)，由$y$=$h$时$\tilde{\sigma}_2=\tilde{E}/2$的条件，确定极限弯矩$M_\mathrm{c}$。

将方程(2.2.34)代入式(2.2.33)的第一式，消去$\tilde{\sigma}_1$，得到

$$y_0^2-2h\left(1-\frac{3\tilde{E}}{\tilde{\sigma}_2}\right)y_0+h^2=0 \tag{2.2.37}$$

求解式(2.2.37)，得到

$$y_0=\left[\left(1-\frac{3\tilde{E}}{\tilde{\sigma}_2}\right)+\sqrt{\left(1-\frac{3\tilde{E}}{\tilde{\sigma}_2}\right)^2-1}\right]h \tag{2.2.38}$$

将$\tilde{\sigma}_2$=$\tilde{E}/2$代入式(2.2.38)，得到$y_0=-0.101h$，将式(2.2.34)代入式(2.2.33)的第二式，经推导运算，可导出极限弯矩为

$$M_\mathrm{c}=\frac{13h^3+5h^2y_0-hy_0-y_0^3}{h-y_0}\frac{b\tilde{E}}{48} \tag{2.2.39}$$

将$y_0=-0.101h$代入式(2.2.31)、式(2.2.32)和式(2.2.39)，可得到与M_c对应的有关变量为

$$y_\mathrm{c}=-0.7h,\quad y_\mathrm{t}=0.587h,\quad \tilde{\sigma}_1=-0.408\tilde{E}$$

$$N_\mathrm{c}=-N_\mathrm{t}=-0.1836\tilde{E}hb\qquad M_\mathrm{c}=0.236bh^2\tilde{E}=0.354W\tilde{E}$$

以上讨论可用于分析拉、压强度不同的材料所制梁的损伤极限问题，如铸铁等所制造的结构。

2.2.3 脆性材料拉伸的微裂纹扩展区损伤模型

1. 单个张开币状微裂纹引起的柔度张量

脆性材料中往往存在大量弥散的微裂纹，微裂纹的形成、扩展和汇合对材料

的力学性能具有显著的影响，可能导致材料逐渐劣化直至断裂。在材料损伤研究中，通常定义一个标量、矢量或张量作为损伤状态变量来描述材料的损伤过程。但一点的损伤状态一般是很复杂的，究竟采用什么参数，采用多少个参数能够较好地描述损伤过程，是一个逐步完善和发展的过程。在复杂的损伤过程中，各个损伤参数的演化规律难以确定，当采用张量形式的损伤变量时这一点变得尤为突出，当加载路径复杂时，这些问题更为突出。

经过加载后，发生扩展的所有微裂纹在取向空间中所占的范围，称为微裂纹扩展区，该区域由一个区域或多个区域的并集组成。经过一定的加载路径后，法向矢量位于微裂纹扩展区的所有微裂纹都已经发生了扩展。利用微裂纹扩展区的概念，可以更准确地描述微裂纹的损伤状态，并且能够解决任意复杂加载路径下的损伤演化和本构响应问题，从而建立脆性材料的细观损伤模型。

选取一个代表性体积单元(简称体元)，其尺寸满足以下两方面的要求：①该体元从细观角度上来看足够大，包含足够多的材料细观结构和微裂纹，从而可以代表材料的统计平均性质；②该体元从宏观角度上来看又足够小，可以看成材料的一个质点，因此体元的宏观应力和应变可视为均匀的。假设基质为线弹性各向同性材料，只有小应变和小转动发生。体元的平均应变张量 $\bar{\varepsilon}_{ij}$ 包含两部分，即

$$\bar{\varepsilon}_{ij} = \bar{\varepsilon}_{ij}^{\mathrm{e}} + \bar{\varepsilon}_{ij}^{\mathrm{i}} \tag{2.2.40}$$

式中，$\bar{\varepsilon}_{ij}^{\mathrm{i}}$ 为所有微裂纹引起的应变张量；$\bar{\varepsilon}_{ij}^{\mathrm{e}}$ 为基质变形引起的弹性应变张量。

弹性应变张量可由基质的平均应变表示为

$$\bar{\varepsilon}_{ij}^{\mathrm{e}} = \frac{1}{V}\int_{V_{\mathrm{m}}} \tilde{\varepsilon}_{ij}\mathrm{d}V = \frac{1}{V}\int_{V_{\mathrm{m}}} S_{ijkl}^{0}\tilde{\sigma}_{kl}\mathrm{d}V = S_{ijkl}^{0}\bar{\sigma}_{kl} \tag{2.2.41}$$

式中，V 为代表性体积单元的体积；V_{m} 为基质材料所占的体积，且近似认为 $V_{\mathrm{m}}=V$；S_{ijkl}^{0} 为基质的柔度张量；$\tilde{\varepsilon}_{ij}$ 和 $\tilde{\sigma}_{kl}$ 分别为细观的应变张量和应力张量；$\bar{\sigma}_{kl}$ 为体元的平均应力张量。这里忽略微裂纹的相互作用而采用 Taylor(泰勒)模型，因此假定 $\bar{\sigma}_{ij}$ 等于外加应力张量 σ_{ij}，即

$$\bar{\sigma}_{ij} = \frac{1}{V}\int_{V_{\mathrm{m}}} \tilde{\sigma}_{ij}\mathrm{d}V = \sigma_{ij} \tag{2.2.42}$$

将式(2.2.42)代入式(2.2.41)，得到

$$\bar{\varepsilon}_{ij}^{\mathrm{e}} = S_{ijkl}^{0}\sigma_{kl} \tag{2.2.43}$$

设基质材料的弹性模量为 E，泊松比为 υ，则基质的柔度张量表示为

$$S_{ijkl}^{0} = \frac{1}{E}\left[\frac{1+\upsilon}{2}(\delta_{ik}\delta_{jl} + \delta_{il}\delta_{jk}) - \upsilon\delta_{ij}\delta_{kl}\right] \tag{2.2.44}$$

式中，δ 为克罗内克符号。

由所有微裂纹引起的应变张量 $\overline{\varepsilon}_{ij}^{\mathrm{i}}$ 可表示为

$$\overline{\varepsilon}_{ij}^{\mathrm{i}} = \sum_{\alpha=1}^{N_c} \overline{\varepsilon}_{ij}^{\mathrm{i}(\alpha)} \tag{2.2.45}$$

式中，N_c 为代表性体积单元中的微裂纹总数：$\overline{\varepsilon}_{ij}^{\mathrm{i}(\alpha)}$ 为第 α 个微裂纹引起的应变张量，可表示为

$$\overline{\varepsilon}_{ij}^{\mathrm{i}(\alpha)} = \frac{1}{V}\int_{S_\alpha} \frac{1}{2}(\boldsymbol{b}_i \cdot \boldsymbol{n}_j + \boldsymbol{b}_j \cdot \boldsymbol{n}_i)^{(\alpha)} \mathrm{d}S \tag{2.2.46}$$

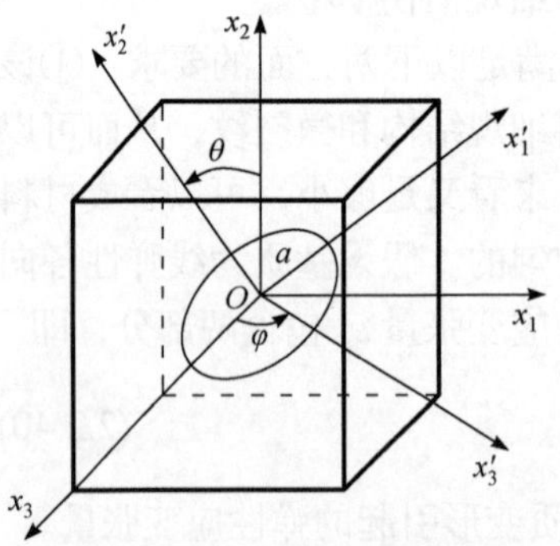

图 2.2.4　整体坐标系与局部坐标系

式中，$\boldsymbol{b}_i=\{u_i\}$ 为微裂纹面上的位移不连续矢量；$\boldsymbol{n}_i$ 为微裂纹的法向单位矢量；S_α 为第 α 个微裂纹的表面积。

考察在远处承受均匀载荷的各向同性体中的一个半径为 a 的币状微裂纹，建立整体坐标系（O - $x_1x_2x_3$）和对应的局部坐标系（O - $x_1'x_2'x_3'$），如图 2.2.4 所示。其中，x_2' 轴平行于微裂纹法向矢量 $\boldsymbol{n}$，x_3' 轴与 x_1、x_3 轴在同一平面内。因此，微裂纹的取向可以用一对角参数(θ,φ)表示，θ 和 φ 的取值范围分别为 $0\leqslant\theta\leqslant\pi/2$ 和 $0\leqslant\varphi\leqslant\pi/2$。两个坐标系的基矢量转换关系为

$$\boldsymbol{e}_i' = g_{ij}'\boldsymbol{e}_j\,,\quad \boldsymbol{e}_i = g_{ij}\boldsymbol{e}_j' \tag{2.2.47}$$

式中，g_{ij}' 和 $g_{ij}\,(i,j=1,2,3)$ 为转换系数，转换系数形成的矩阵可表示为

$$\left[g_{ij}'\right]=\left[g_{ij}\right]^{\mathrm{T}}=\begin{bmatrix}\cos\theta\cos\varphi & \sin\theta & -\cos\theta\sin\varphi\\ -\sin\theta\cos\varphi & \cos\theta & \sin\theta\sin\varphi\\ \sin\varphi & 0 & \cos\varphi\end{bmatrix} \tag{2.2.48}$$

对于张开的币状微裂纹，位移不连续矢量的模为

$$b_i = (a^2 - r^2)^{1/2} B_{1j}'\sigma_{2j}' g_{1i}' \tag{2.2.49}$$

式中，r 为裂纹面上一点到裂纹中心的距离；B_{1j}' 为微裂纹的张开位移张量分量，其大小依赖于材料柔度张量。由于不考虑微裂纹的相互作用，B_{1j}' 仅依赖于基质的各向同性柔度张量，其非零的元素有

$$B_{11}' = B_{33}' = \frac{16(1-\upsilon^2)}{(2-\upsilon^2)\pi E},\quad B_{22}' = \frac{8(1-\upsilon^2)}{\pi E} \tag{2.2.50}$$

局部坐标系中的应力 σ'_{ij} 与整体坐标系中的应力 σ_{kl} 的转换关系为

$$\sigma'_{ij} = g'_{ik} g'_{jl} \sigma_{kl} \tag{2.2.51}$$

若垂直于微裂纹表面的应力分量 σ'_{22} 为压应力，则暂且假设微裂纹面之间因摩擦力的作用而不发生相对滑移。因此，微裂纹的位移不连续矢量的模为

$$b_i = \sqrt{a^2 - r^2} B'_{js} g'_{ji} g'_{2k} g'_{sl} \sigma_{kl} \langle \sigma'_{22} \rangle \tag{2.2.52}$$

式中，角括号定义如下：

$$\langle x \rangle = \begin{cases} 1, & x \geqslant 0 \\ 0, & x < 0 \end{cases} \tag{2.2.53}$$

将式(2.2.52)代入式(2.2.46)，得

$$\bar{\varepsilon}_{ij}^{\mathrm{i}(\alpha)} = \bar{S}_{ijkl}^{\mathrm{i}(\alpha)}(\alpha, \theta, \varphi, \sigma_{ij}) \sigma_{kl} \tag{2.2.54}$$

式中，$\bar{S}_{ijkl}^{\mathrm{i}(\alpha)}$ 为第 α 个半径为 a、取向为(θ,φ)的微裂纹引起的非弹性柔度张量，以下简记 $\bar{S}_{ijkl}^{\mathrm{i}}$，其表达式为

$$\bar{S}_{ijkl}^{\mathrm{i}}(\alpha, \theta, \varphi, \sigma_{ij}) = \frac{\pi a^3}{6V} B'_{mn} (g'_{mi} n_j + g'_{mj} n_i)(g'_{nk} n_l + g'_{nl} n_k) \langle \sigma_{st} g'_{2s} g'_{2t} \rangle \tag{2.2.55}$$

2. 三轴拉伸情况下的微裂纹扩展区

在实际的脆性材料中，存在大量的晶间裂纹和穿晶裂纹，由于材料细观结构的复杂性、微裂纹相互作用的影响以及损伤材料的各向异性，严格得到微裂纹扩展准则的一般表达式具有很大的困难。为了方便，假设所有微裂纹都处于各向同性的弹性基质中，忽略微裂纹的相互作用对微裂纹扩展准则的影响，且假设当沿微裂纹边缘的平均能量释放率达到某一临界值时，微裂纹将发生自相似扩展，即微裂纹在原来的平面内扩展，且保持圆形。因此，可选取的微裂纹扩展准则为

$$\left(\frac{K_{\mathrm{I}}}{K_{\mathrm{IC}}} \right)^2 + \left(\frac{K_{\mathrm{II}}}{K_{\mathrm{IIC}}} \right)^2 = 1 \tag{2.2.56}$$

式中，K_{I} 和 K_{II}、K_{IC} 和 K_{IIC} 分别为 I 型和 II 型应力强度因子及其临界值。K_{I} 和 K_{II} 定义为

$$K_{\mathrm{I}} = 2\sqrt{\frac{a}{\pi}} \sigma'_{22}, \quad K_{\mathrm{II}} = \frac{4}{2-\upsilon} \sqrt{\frac{a}{\pi}} \sqrt{(\sigma'_{21})^2 + (\sigma'_{23})^2} \tag{2.2.57}$$

假设在初始加载状态下所有微裂纹都具有相同的统计平均半径 a_0，一旦某一取向为(θ,φ)的微裂纹满足扩展准则(2.2.56)，裂纹就会迅速扩展，直到被具有更高强度的能障(如晶界等)所束缚而停止扩展。假设所有已发生扩展的微裂纹的统

计平均半径为 a_u，裂纹与材料的细观结构(如晶粒大小)有关，在外加应力 σ_{ij} 作用下，微裂纹的扩展仅与局部坐标系中的三个应力分量有关，即

$$\sigma'_{21}=g'_{2i}g'_{1j}\sigma_{ij}, \quad \sigma'_{22}=g'_{2i}g'_{2j}\sigma_{ij}, \quad \sigma'_{23}=g'_{2i}g'_{3j}\sigma_{ij} \tag{2.2.58}$$

将式(2.2.58)和式(2.2.57)代入式(2.2.56)，得到

$$\left[\left(\frac{K_{\mathrm{II}C}}{K_{\mathrm{I}C}}\right)^2 g'_{2k}g'_{2s}+\left(\frac{2}{2-\upsilon}\right)^2(g'_{1k}g'_{1s}+g'_{3k}g'_{3s})\right]g'_{2i}g'_{2j}\sigma_{ki}\sigma_{sj}=\frac{\pi}{4a_0}K_{\mathrm{II}C}^2 \tag{2.2.59}$$

式(2.2.59)是在单调比例加载情况下，三维应力状态 σ_{ij} 所对应的微裂纹扩展区的边界应满足的条件。若一个微裂纹的取向(θ,φ)位于微裂纹扩展区内，则该裂纹已经扩展，且具有统计平均半径 a_0。对于一般的三轴应力状态，假设三个应力 σ_1、σ_2 和 σ_3 的方向与 x_1 轴、x_2 轴和 x_3 轴的方向相同，此时，方程(2.2.59)变为

$$A_1\cos^4\varphi+A_2\cos^2\varphi+A_3=0 \tag{2.2.60}$$

其中，

$$\begin{aligned}
A_1&=(\sigma_1-\sigma_3)^2\sin^4\theta\left[\left(\frac{K_{\mathrm{II}C}}{K_{\mathrm{I}C}}\right)^2-\left(\frac{2}{2-\upsilon}\right)^2\right]\\
A_2&=(\sigma_1-\sigma_3)\sin^2\theta\left[2(\sigma_2\cos^2\theta+\sigma_3\sin^2\theta)\left(\frac{K_{\mathrm{II}C}}{K_{\mathrm{I}C}}\right)^2+\left(\frac{2}{2-\upsilon}\right)^2(\sigma_1-\sigma_2\cos^2\theta+\sigma_3\cos^2\theta)\right]\\
A_3&=(\sigma_2\cos^2\theta+\sigma_3\sin^2\theta)^2\left(\frac{K_{\mathrm{II}C}}{K_{\mathrm{I}C}}\right)^2+(\sigma_2+\sigma_3)^2\left(\frac{2}{2-\upsilon}\right)^2\sin^2\theta\cos^2\theta-\frac{\pi}{4a_0}K_{\mathrm{II}C}^2
\end{aligned} \tag{2.2.61}$$

由方程(2.2.59)容易求得在三维应力 σ_{ij} 作用下的微裂纹扩展区 $\Omega(\theta,\varphi,\sigma_{ij})$，表示为

$$\Omega(\theta,\varphi,\sigma_{ij})=\{0\leqslant\theta\leqslant\pi/2,\ \varphi_3(\theta,\sigma_{ij})\leqslant\varphi\leqslant\varphi_4(\theta,\sigma_{ij})\} \tag{2.2.62}$$

式中，$\varphi_3(\theta,\sigma_{ij})$ 和 $\varphi_4(\theta,\sigma_{ij})$ 是 θ 和 σ_{ij} 的两个函数。

随着应力的不断增大，越来越多的微裂纹发生扩展，半径从 a_0 变为 a_u，并为能障所束缚而停止扩展。当应力增大到一定程度时，被束缚的微裂纹可以再次发生扩展。

3. 复杂加载下的微裂纹扩展区的演化

无论是标量、矢量，还是张量形式的损伤描述方式，都很难处理复杂加载路径下脆性材料的损伤演化问题。若利用微裂纹扩展区的概念描述损伤，则能够用

集合的运算方法比较方便地描述复杂加载过程中损伤的演化。在 Taylor 模型的假设下，忽略微裂纹之间的相互作用，微裂纹的扩展准则不受加载历史的影响。因此，可以将复杂加载路径中的各个应力状态依次代入式(2.2.61)，得到各个应力状态下的微裂纹扩展区，并取其并集，即复杂加载路径下的微裂纹扩展区。

为了说明微裂纹扩展区的演化过程，设在 t 时刻的微裂纹扩展区可以表示为

$$\Omega(t)=\{0\leqslant\theta\leqslant\pi/2,\quad \varphi^{-}(\theta,t)\leqslant\varphi\leqslant\varphi^{+}(\theta,t)\} \tag{2.2.63}$$

从时刻 t 到 $t+\Delta t$，应力从 $\sigma_{ij}(t)$ 变成 $\sigma_{ij}(t+\Delta t)=\sigma_{ij}(t)+\Delta\sigma_{ij}$。按照上面的方法求得应力 $\sigma_{ij}(t+\Delta t)$ 所对应的微裂纹扩展区，并表示为

$$\Omega(\sigma_{ij}+\Delta\sigma_{ij})=\{0\leqslant\theta\leqslant\pi/2,\ \varphi_3(\theta,\sigma_{ij}+\Delta\sigma_{ij})\leqslant\varphi\leqslant\varphi_4(\theta,\sigma_{ij}+\Delta\sigma_{ij})\} \tag{2.2.64}$$

因此，在 $t+\Delta t$ 时刻的微裂纹扩展区为以上两个集合的并集，即

$$\Omega(t+\Delta t)=\Omega(t)\cup\Omega(\sigma_{ij}+\Delta\sigma_{ij}) \tag{2.2.65}$$

4. 脆性损伤材料的本构关系

材料中微裂纹的取向和尺寸可以看成随机变量，并用概率密度函数 $p(a,\theta,\varphi)$ 来表示。对于不同的材料和微裂纹分布，概率密度函数 $p(a,\theta,\varphi)$ 可以有不同的形式，但均需满足以下归一化条件：

$$\int_{a_{\min}}^{a_{\max}}\int_0^{\pi/2}\int_0^{2\pi}p(a,\theta,\varphi)\sin\theta\mathrm{d}\theta\mathrm{d}\varphi\mathrm{d}a=1 \tag{2.2.66}$$

式中，$a_{\min}$ 和 $a_{\max}$ 分别为材料中微裂纹的最小半径和最大半径。此处微裂纹的尺寸只取两个值，即 $a_{\min}=a_0$，$a_{\max}=a_u$。

在特定情况下，若微裂纹在取向空间中均匀分布，则概率密度函数 $p(a,\theta,\varphi)$ 表示为

$$p(a,\theta,\varphi)=(2\pi)^{-1} \tag{2.2.67}$$

无论加载路径如何，只要材料损伤的微裂纹扩展区已经确定，材料的损伤本构关系就为

$$\varepsilon_{ij}=S_{ijkl}\sigma_{kl} \tag{2.2.68}$$

式中，总体有效柔度张量 S_{ijkl} 包括两部分，即

$$S_{ijkl}=S_{ijkl}^{0}+S_{ijkl}^{\mathrm{i}} \tag{2.2.69}$$

其中，S_{ijkl}^{0} 为基质变形引起的弹性柔度张量；S_{ijkl}^{i} 为所有微裂纹引起的非弹性柔度张量，可表示为

$$S_{ijkl}^{\mathrm{i}}=\int_0^{\pi/2}\int_0^{2\pi}N_{\mathrm{c}}p(a,\theta,\varphi)\overline{S}_{ijkl}^{\mathrm{i}}(a_0,\theta,\varphi,\sigma_{pq})\sin\theta\mathrm{d}\theta\mathrm{d}\varphi$$
$$+\iint_{\Omega(t)}N_{\mathrm{c}}p(a,\theta,\varphi)[\overline{S}_{ijkl}^{\mathrm{i}}(a_{\mathrm{u}},\theta,\varphi,\sigma_{pq})-\overline{S}_{ijkl}^{\mathrm{i}}(a_0,\theta,\varphi,\sigma_{pq})]\sin\theta\mathrm{d}\theta\mathrm{d}\varphi \quad (2.2.70)$$

式中，N_{c} 为代表性体积单元中的微裂纹总数，$N_{\mathrm{c}}=n_{\mathrm{c}}V$，$n_{\mathrm{c}}$ 为单位体积中的微裂纹数目。

若代表性体积单元的体积 V=1，则式(2.2.70)和式(2.2.55)改写为

$$S_{ijkl}^{\mathrm{i}}=S_{ijkl}^{0}+\int_0^{\pi/2}\int_0^{2\pi}n_{\mathrm{c}}p(a,\theta,\varphi)\overline{S}_{ijkl}^{\mathrm{i}}(a_0,\theta,\varphi,\sigma_{pq})\sin\theta\mathrm{d}\theta\mathrm{d}\varphi$$
$$+\iint_{\Omega(t)}n_{\mathrm{c}}p(a,\theta,\varphi)[\overline{S}_{ijkl}^{\mathrm{i}}(a_{\mathrm{u}},\theta,\varphi,\sigma_{pq})-\overline{S}_{ijkl}^{\mathrm{i}}(a_0,\theta,\varphi,\sigma_{pq})]\sin\theta\mathrm{d}\theta\mathrm{d}\varphi$$
$$\overline{S}_{ijkl}^{\mathrm{i}}(a,\theta,\varphi,\sigma_{pq})=\frac{1}{3}\pi a^3B'_{mn}g'_{2k}g'_{ml}(g'_{mi}n_j+g'_{mj}n_i)\langle\sigma_{st}g'_{2s}g'_{2t}\rangle \quad (2.2.71)$$

5. 准脆性材料本构关系的四个阶段及细观损伤机制

脆性材料的应力-应变关系包括线弹性、非线性强化、应力跌落和应变软化等阶段，即在外加载荷达到承载极限之前，材料会发生一定程度的应变强化。这与某些高强度金属材料的本构行为类似，但外加载荷达到承载极限之后，材料将发生不同程度的应力突然跌落和应变软化现象。材料的承载能力随变形的增加而减小，这样的脆性材料常称为准脆性材料。图 2.2.5 为准脆性材料在应变加载条件下的单向拉伸应力-应变曲线。将该曲线分为四个阶段，即线弹性阶段(*OA*)、非线性强化阶段(*AB*)、应力跌落阶段(*BC*)和应变软化阶段(*CD*)。从细观损伤力学的角度来看，准脆性材料变形的上述四个阶段分别对应于微裂纹的弹性变形、稳定扩展、失稳扩展和汇合等细观机制。下面以单向拉伸为例分别讨论这四个阶段的细观损伤机制。

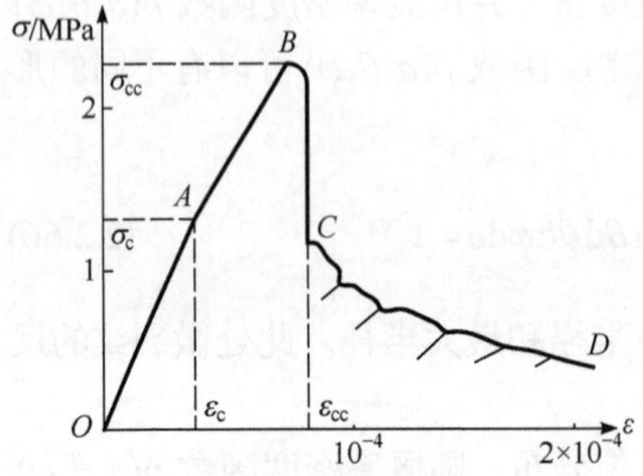

图 2.2.5　准脆性材料单向拉伸的应力-应变曲线

(1) 在线弹性阶段(*OA*)，当拉伸应力 σ 小于临界拉伸应力 σ_{c} 时，材料内部没有损伤演化，所有微裂纹都只发生弹性变形，不发生扩展。

(2) 在非线性强化阶段(*AB*)，当拉伸应力 σ 超过临界拉伸应力 σ_{c}，但低于材料的最大承载应力 σ_{cc} 时，材料内发生连续的分布损伤。随着应力的增大，发生稳定扩展的微裂纹越来越多，半径由 a_0 增大为 a_{u}，并为具有比界面更高强度的能障(如晶界等)所束缚而停止扩展。微裂纹扩展区不断增大，微裂纹对材料有效柔度张量的贡献也随之增大，因此应力-应变关系表现出非线性和各向异性。

(3) 在应力跌落阶段(BC)，应力达到最大承载应力 σ_{cc} 后，某些取向上的微裂纹将穿越晶界的束缚发生二次扩展，类似于式(2.2.56)，微裂纹二次扩展的准则表示为

$$\left(\frac{K_{\mathrm{I}}}{K_{\mathrm{IC}}}\right)^2+\left(\frac{K_{\mathrm{II}}}{K_{\mathrm{IIC}}}\right)^2=1 \tag{2.2.72}$$

式中，K_{IC} 和 K_{IIC} 分别为基质材料的Ⅰ型和Ⅱ型临界应力强度因子。

一旦准则式(2.2.72)在某取向上得到满足，该取向上的微裂纹就会穿越晶界在基质材料中继续扩展，并发生从连续损伤到损伤局部化的过渡，材料的承载能力开始下降，为了方便，记

$$\bar{G}=\left(\frac{K_{\mathrm{I}}}{K_{\mathrm{IC}}}\right)^2+\left(\frac{K_{\mathrm{II}}}{K_{\mathrm{IIC}}}\right)^2 \tag{2.2.73}$$

式中，$\bar{G}$ 为无量纲的能量释放率。

由式(2.2.57)可知，$\bar{G}$ 正比于应力 σ 的平方和微裂纹半径 a，即 $\bar{G}\propto\sigma^2 a$。在不增加应变的情况下，随着微裂纹的二次扩展，一方面微裂纹尺寸增大，$\bar{G}$ 也增大，导致这些微裂纹继续扩展；另一方面，应力水平的下降导致 $\bar{G}$ 下降。对于没有发生二次扩展的微裂纹，半径 $a=a_0$ 或 $a=a_c$ 保持不变，但应力的下降使这些微裂纹发生弹性卸载变形。因此，在应力跌落的过程中，只有个别取向上的微裂纹发生二次扩展，而其他大多数的微裂纹只经历弹性卸载变形，这意味着损伤的局部化。应力跌落时应变保持不变，原来由所有微裂纹共同承担的非弹性应变，逐渐集中到由发生二次扩展的少数微裂纹承担，这意味着应变局部化的发生。因此，应力跌落是由连续损伤和均匀变形向损伤局部化和应变局部化过渡的宏观表现，而其本质原因是微裂纹的二次失稳扩展。

在保持应变不变的条件下，随着应力水平的下降，当微裂纹体达到某一最低的能量状态时，微裂纹停止扩展，细观结构达到暂时的稳定状态，对应于应力-应变曲线中的 C 点。该状态应满足两方面的条件：①微裂纹二次扩展的等式(2.2.72)成立；②基体与所有微裂纹(包括未扩展的裂纹、发生一次扩展的裂纹和二次扩展的裂纹)对应变的贡献之和等于外加宏观应变。由这两方面的条件可以确定 C 点的位置，即应力跌落的幅度。

(4) 在应变软化阶段(CD)，继续增大宏观应变时，已发生二次扩展的部分微裂纹继续扩展，而其他的微裂纹继续发生弹性卸载，即损伤和应变局部化进一步加剧，随之应力水平下降。因此，应变软化阶段是微裂纹损伤局部化的继续，也是宏观裂纹萌生的开始。

6. 三轴拉伸情况下的软化分析

微裂纹二次扩展的准则为式(2.2.72)，其中Ⅰ型应力强度因子 K_{I} 和Ⅱ型应力强

度因子 $K_{\rm II}$ 的定义同式(2.2.57)；临界应力强度因子 $K_{\rm IC}$ 和 $K_{\rm IIC}$ 表征基质材料抵抗微裂纹扩展的能力，认为是微裂纹半径的变化 Δa 的函数。为了方便，假设 $K_{\rm IC}$ 和 $K_{\rm IIC}$ 均为材料常数，且材料承受的三轴拉伸应力状态为

$$\sigma_{11}=\sigma_1,\quad \sigma_{22}=\sigma_2,\quad \sigma_{33}=\sigma_3,\quad 其余\ \sigma_{ij}=0 \tag{2.2.74}$$

设 σ_2 为最大拉伸主应力。

1) 发生二次扩展的微裂纹取向

将式(2.2.74)的应力状态代入式(2.2.73)，得到

$$\begin{aligned}\bar{G}=&\frac{4a_{\rm u}}{\pi K_{\rm IC}^2}(\sigma_1\sin^2\theta\cos^2\varphi+\sigma_2\cos^2\theta+\sigma_3\sin^2\theta\sin^2\varphi)^2\\&+\frac{4a_{\rm u}\sin^2\theta}{\pi K_{\rm IC}^2}\left(\frac{2}{2-\upsilon}\right)^2[\cos^2\theta(\sigma_2-\sigma_1\cos^2\varphi-\sigma_3\sin^2\varphi)^2\\&+(\sigma_1-\sigma_3)^2\sin^2\varphi\cos^2\varphi]\end{aligned} \tag{2.2.75}$$

将式(2.2.75)对 θ 求导，可以证明只要满足 $K_{\rm IC}\leqslant(2-\upsilon)K_{\rm IIC}/\sqrt{2}$，当 θ=0 时，对于任意的 φ 都有 $\partial\bar{G}/\partial\theta$=0，$\partial\bar{G}^2/\partial\theta^2\leqslant 0$，因此 $\bar{G}$ 在 θ=0 的方向上取最大值：

$$\bar{G}_{\max}=\frac{4a_{\rm u}\sigma_2^2}{\pi K_{\rm IC}^2} \tag{2.2.76}$$

可见，在三轴拉伸情况下，垂直于最大主应力 σ_2 的微裂纹将首先发生二次扩展，材料的最终断裂面垂直于最大拉伸主应力的方向。由 $\bar{G}_{\max}$=1 得到发生应力突然跌落的条件为

$$\sigma_2=\sigma_{\rm cc}=\frac{K_{\rm IC}}{2}\sqrt{\frac{\pi}{a_{\rm u}}} \tag{2.2.77}$$

式(2.2.77)表明，由连续分布损伤向损伤局部化的过渡点只与最大主应力有关。

2) 各个阶段的本构关系

在比例加载条件下，当最大拉伸主应力 $\sigma_2<\sigma_{\rm c}$ 时，材料的本构关系是线弹性和各向同性的，有

$$\varepsilon_{ij}=(S_{ijkl}^0+S_{ijkl}^{\rm i1})\sigma_{kl} \tag{2.2.78}$$

式中，微裂纹对柔度张量的贡献为

$$S_{ijkl}^{\rm i1}=\int_0^{\pi/2}\int_0^{2\pi}n_{\rm c}p(a,\theta,\varphi)\bar{S}_{ijkl}^{\rm i}(a_0,\theta,\varphi,\sigma_{pq})\sin\theta{\rm d}\theta{\rm d}\varphi \tag{2.2.79}$$

当 $\sigma_{\rm c}\leqslant\sigma_2<\sigma_{\rm cc}$ 时，应力-应变关系是各向异性的，表示为

$$\varepsilon_{ij}=(S_{ijkl}^0+S_{ijkl}^{\rm i1}+S_{ijkl}^{\rm i2})\sigma_{kl} \tag{2.2.80}$$

其中，

$$
\begin{aligned}
S_{ijkl}^{\mathrm{i1}} &= \int_0^{\pi/2}\int_0^{2\pi} n_{\mathrm{c}} p(a,\theta,\varphi)\bar{S}_{ijkl}^{\mathrm{i}}(a_0,\theta,\varphi,\sigma_{pq})\sin\theta \mathrm{d}\theta \mathrm{d}\varphi \\
&\quad -\iint_{\Omega} n_{\mathrm{c}} p(a,\theta,\varphi)\bar{S}_{ijkl}^{\mathrm{i}}(a_0,\theta,\varphi,\sigma_{pq})\sin\theta \mathrm{d}\theta \mathrm{d}\varphi \\
S_{ijkl}^{\mathrm{i2}} &= \iint_{\Omega} n_{\mathrm{c}} p(a,\theta,\varphi)\bar{S}_{ijkl}^{\mathrm{i}}(a_{\mathrm{u}},\theta,\varphi,\sigma_{pq})\sin\theta \mathrm{d}\theta \mathrm{d}\varphi
\end{aligned}
\tag{2.2.81}
$$

最大拉伸应力 σ_2 达到 σ_{cc} 后，立即发生应力跌落。垂直于拉伸方向的微裂纹将发生二次失稳扩展，而其他大部分微裂纹将发生弹性卸载变形，即材料发生损伤局部化。微裂纹的取向分布可以用概率密度函数 $p(a,\theta,\varphi)$ 表示，单位体积内满足 θ=0 的微裂纹统计平均数目为零，因此认为在一个微小的取值范围内 $(0\leqslant\theta\leqslant\theta_{\mathrm{cc}})$ 的所有微裂纹均发生二次扩展。设单位体积内的所有微裂纹数目为 n_{c}，则发生二次扩展的微裂纹数目密度为

$$
n_{\mathrm{cc}}=\int_0^{2\pi}\int_0^{\theta_{\mathrm{cc}}} n_{\mathrm{c}} p(a,\theta,\varphi)\sin\theta \mathrm{d}\theta \mathrm{d}\varphi \tag{2.2.82}
$$

根据 $\sigma_2=\sigma_{\mathrm{cc}}$ 和比例加载条件，可以由式(2.2.80)求得应力跌落前的应变张量 $\varepsilon_{\mathrm{cc}ij}$，应力跌落过程中的应力和应变变化路径与加载模型相关。例如，对于应力控制加载的情况，微裂纹将一直扩展下去，直至材料发生宏观破坏，因此拉伸过程中观察不到应变软化阶段。假设控制最大主应变 ε_{22}，使其缓慢增大，同时应力张量的各个分量之间保持固定的比例变化。这样，经过一定幅值的应力跌落后，材料将达到暂时的稳定状态，应力停止跌落，进入材料拉伸软化阶段。在软化阶段的每一时刻，均应满足两方面的关系式：①微裂纹的二次扩展准则式(2.2.72)；②基质和所有微裂纹的应变总和与外加应变相等。由此得到二次扩展的微裂纹半径 a_{s} 与软化阶段的本构关系分别为

$$
a_{\mathrm{s}}=\frac{\pi K_{\mathrm{IC}}^2}{4\sigma_2^2},\qquad \varepsilon_{ij}=(S_{ijkl}^0+S_{ijkl}^{\mathrm{i1}}+S_{ijkl}^{\mathrm{i2}}+S_{ijkl}^{\mathrm{i3}})\sigma_{kl} \tag{2.2.83}
$$

由式(2.2.83)可见，在材料的应变软化阶段，有效柔度张量由四部分组成。其中，基质材料的弹性变形对柔度张量的贡献 S_{ijkl}^0 由式(2.2.44)表示；没有发生扩展的微裂纹对柔度张量的贡献 S_{ijkl}^{i1} 由式(2.2.81)的第一式表示；发生一次扩展和二次扩展的微裂纹对柔度张量的贡献分别为

$$
\begin{aligned}
S_{ijkl}^{\mathrm{i2}} &= \iint_{\Omega} n_{\mathrm{c}} p(a,\theta,\varphi)\bar{S}_{ijkl}^{\mathrm{i}}(a_{\mathrm{u}},\theta,\varphi,\sigma_{pq})\sin\theta \mathrm{d}\theta \mathrm{d}\varphi \\
&\quad -\int_0^{2\pi}\int_0^{\theta_{\mathrm{cc}}} n_{\mathrm{c}} p(a,\theta,\varphi)\bar{S}_{ijkl}^{\mathrm{i}}(a_{\mathrm{u}},\theta,\varphi,\sigma_{pq})\sin\theta \mathrm{d}\theta \mathrm{d}\varphi \\
S_{ijkl}^{\mathrm{i3}} &= \int_0^{2\pi}\int_0^{\theta_{\mathrm{cc}}} n_{\mathrm{c}} p(a,\theta,\varphi)\bar{S}_{ijkl}^{\mathrm{i}}(a_{\mathrm{s}},\theta,\varphi,\sigma_{pq})\sin\theta \mathrm{d}\theta \mathrm{d}\varphi
\end{aligned}
\tag{2.2.84}
$$

由式(2.2.76)和 $\varepsilon_{22}=\varepsilon_{cc22}$，可以得到应力突然跌落阶段和应变软化阶段的交点以及应力跌落的幅值，由此得到三维比例拉伸情况下脆性材料完整的应力-应变关系。

7. 单向拉伸算例

对于单向拉伸应力状态($\sigma_{22}=\sigma>0$，$\sigma_1=\sigma_3=0$)，可求得开始发生微裂纹扩展的临界应力为

$$\sigma_c=\sqrt{\frac{\pi}{4a_0}}K_{IC} \tag{2.2.85}$$

即当 $\sigma<\sigma_c$ 时材料处于线弹性无损阶段，当 $\sigma\geqslant\sigma_c$ 时，开始有微裂纹发生扩展，材料进入非线性损伤阶段，对应的微裂纹扩展区 $\Omega_1(\sigma)$ 为

$$\Omega_1(\sigma)=\{0\leqslant\theta\leqslant\theta_{max}(\sigma),\ 0\leqslant\varphi\leqslant2\pi\} \tag{2.2.86}$$

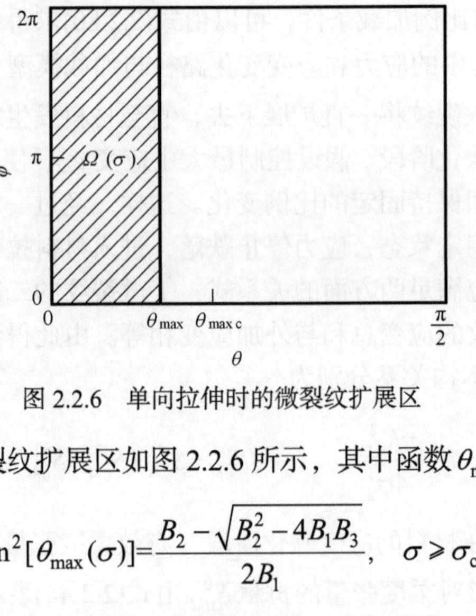

图 2.2.6　单向拉伸时的微裂纹扩展区

单向拉伸时的微裂纹扩展区如图 2.2.6 所示，其中函数 $\theta_{max}(\sigma)$ 为

$$\tan^2[\theta_{max}(\sigma)]=\frac{B_2-\sqrt{B_2^2-4B_1B_3}}{2B_1},\quad \sigma\geqslant\sigma_c \tag{2.2.87}$$

式中，B_1、B_2 和 B_3 为应力 σ 和材料参数的函数，表达式为

$$\begin{aligned} B_1&=-\frac{\pi}{4a_0}K_{IIC}^2 \\ B_2&=\frac{\pi}{2a_0}K_{IIC}^2-\left(\frac{2\sigma}{2-\upsilon}\right)^2 \\ B_3&=K_{IIC}^2\left[\left(\frac{\sigma}{K_{IC}}\right)^2-\frac{\pi}{4a_0}\right] \end{aligned} \tag{2.2.88}$$

式(2.2.86)表明，在单拉应力 σ 作用下，所有满足 $\theta<\theta_{\max}(\sigma)$的微裂纹都发生了扩展，统计平均半径 a_{u} 随着应力 σ 增大，微裂纹扩展区 $\Omega(\sigma)$ 及其对柔度张量的影响也随之增大。当应力达到 σ_{cc} 时，微裂纹开始发生二次扩展，σ_{cc} 的表达式为

$$\sigma_{\mathrm{cc}}=\sqrt{\frac{\pi}{4a_{\mathrm{u}}}}K_{\mathrm{IC}} \tag{2.2.89}$$

当 $\sigma \geqslant \sigma_{\mathrm{cc}}$ 时，垂直于拉伸方向的微裂纹首先穿越晶界，在基质材料中失稳扩展，引起材料内部损伤和变形的局部化。在宏观上这一局部化的过程表现为应力跌落和应变软化，此时，微裂纹扩展区保持为

$$\Omega(\sigma_{\mathrm{cc}})=\left\{0\leqslant\theta\leqslant\theta_{\max\mathrm{c}},\ 0\leqslant\varphi\leqslant2\pi\right\} \tag{2.2.90}$$

其中，

$$\theta_{\max\mathrm{c}}=\theta_{\max}(\sigma_{\mathrm{cc}}) \tag{2.2.91}$$

假设所有微裂纹在取向空间中均匀分布，即概率密度函数 $p(a,\theta,\varphi)=(2\pi)^{-1}$。利用上述公式，得到在单向拉伸情况下微裂纹损伤的脆性材料的应力-应变关系为

$$\varepsilon=\begin{cases}F_0\sigma, & \text{线弹性阶段 } 0\leqslant\sigma<\sigma_{\mathrm{c}}\\ [F_0+F_2(\theta_{\max})]\sigma, & \text{非线性强化阶段 } \sigma_{\mathrm{c}}\leqslant\sigma<\sigma_{\mathrm{cc}}\\ \varepsilon_{\mathrm{cc}}, & \text{应力跌落阶段 } \sigma_{\mathrm{c}}<\sigma\leqslant\sigma_{\mathrm{cc}}\\ [F_0+F_2(\theta_{\max})+\beta]\sigma, & \text{应变软化阶段 } 0<\sigma\leqslant\sigma_{\mathrm{c}}\end{cases} \tag{2.2.92}$$

其中，

$$\begin{aligned}&\beta=(1-\cos\theta)\frac{15\rho(2-\upsilon)}{E}\left(\frac{\pi K_{\mathrm{IC}}^2}{4a_0\sigma^2}-\gamma\right)\\&\rho=\frac{16(1-\upsilon^2)n_{\mathrm{c}}a_0^3}{45(2-\upsilon)}\\&\gamma=\left(\frac{a_{\mathrm{u}}}{a_0}\right)^3-1\\&F_0=\frac{1}{E}+\frac{\rho}{E}(10-3\upsilon)\\&F_2(\theta_{\max})=\frac{\rho\gamma}{E}(10-3\upsilon-10\cos^3\theta_{\max}+3\upsilon\cos^5\theta_{\max})\end{aligned} \tag{2.2.93}$$

由式(2.2.92)得到的一条完整的单向拉伸应力-应变曲线如图 2.2.7 所示。采用的材料参数为 $K_{\mathrm{IC}}=0.08\mathrm{MN/m^{3/2}}$，$K_{\mathrm{IIC}}=0.16\mathrm{MN/m^{3/2}}$；$a_0$=0.26cm，$a_{\mathrm{u}}$=0.47cm，$E$=31700MPa，$\upsilon$=0.3，$n_{\mathrm{c}}=1.8\times10^6\mathrm{mm^3}$ 和 θ_{cc}=0.08rad。可见，由微裂纹扩展区模型得到的应力-应变曲线与图 2.2.5 很相似。

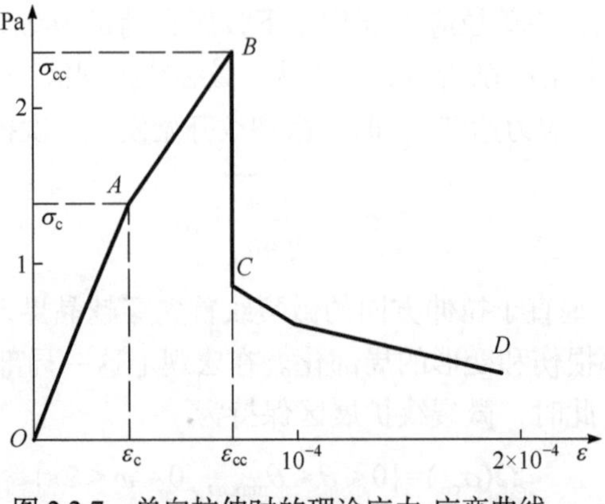

图 2.2.7　单向拉伸时的理论应力-应变曲线

2.2.4　脆性材料压缩的微裂纹扩展区损伤模型

脆性材料拉伸的微裂纹扩展区损伤模型认为，微裂纹是张开的只发生自相似扩展的圆形平面裂纹，而没有考虑闭合的微裂纹损伤机制。脆性材料在承受压缩载荷时，其细观损伤机制更为复杂。在压缩情况下，脆性材料的一种重要破坏形式是轴向劈裂，这是由微裂纹的弯折扩展所导致的，如图 2.2.8 所示。当侧向应力为拉伸应力或很小的压缩应力时，轴向劈裂是其主要的破坏形式，对于中等水平的侧向压力，材料发生层错或宏观剪切破坏。当侧向压力更大时，材料发生由脆性到韧性的转变。本节只考虑侧向应力绝对值很小的情况，即材料表现为显著的脆性性质。此时，材料的损伤机制主要是微裂纹的摩擦滑移、自相似的平面扩展和弯折扩展。

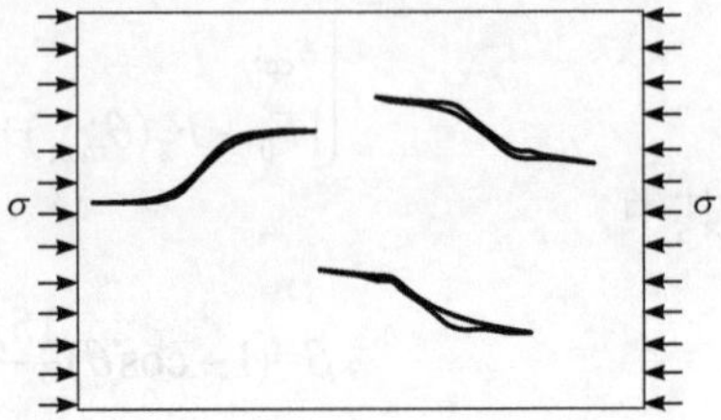

图 2.2.8　脆性材料的轴向劈裂

在压缩情况下，由于微裂纹的闭合和摩擦滑移等，脆性材料的柔度张量呈非对称性和各向异性。本节将微裂纹扩展区的概念推广应用于脆性材料受三维压缩的情况，讨论脆性材料压缩的微裂纹扩展区损伤模型。

1. 微裂纹的闭合和摩擦滑移

选取脆性材料的一个代表性体积单元，受到均匀的远场应力 σ_{ij} 作用。除了图 2.2.4 中的整体坐标系 $(O\text{-}x_1x_2x_3)$，还需建立主应力坐标系 $(O\text{-}\tilde{x}_1\tilde{x}_2\tilde{x}_3)$，该坐标系三个轴的方向分别与三个主应力 σ_1、σ_2 和 σ_3 的方向相同。设 σ_2 是最大的压缩主应力，而侧向主应力 σ_1 和 σ_3 的绝对值足够小，材料表现出明显的脆性。当外加应力 σ_{ij} 较小时，材料中没有微裂纹扩展，此时可以根据微裂纹表面的变形，将微裂纹分为以下三类。

1) 闭合但没有摩擦滑移的微裂纹

这种微裂纹满足的条件为

$$\sigma'_{22}<0,\quad -\mu\sigma'_{22}>\sqrt{(\sigma'_{21})^2+(\sigma'_{23})^2} \tag{2.2.94}$$

式中，μ 为微裂纹面间的摩擦系数。式(2.2.94)是在与整体坐标系相对应的局部坐标系 $(O\text{-}x'_1x'_2x'_3)$ 中表示的，而在与主应力坐标系相对应的局部坐标系 $(O\text{-}\tilde{x}'_1\tilde{x}'_2\tilde{x}'_3)$ 中，微裂纹闭合但不发生摩擦滑移的条件与式(2.2.94)相类似，只需将 σ'_{ij} 用 $\tilde{\sigma}'_{ij}=\tilde{g}'_{ik}\tilde{g}'_{jl}\tilde{\sigma}'_{kl}$ 代替，其中 $\tilde{\sigma}'_{11}=\sigma_1$，$\tilde{\sigma}'_{22}=\sigma_2$，$\tilde{\sigma}'_{33}=\sigma_3$，其他应力分量 $\sigma'_{ij}=0$。微裂纹面之间的接触应力 $\sigma'^{\mathrm{c}}_{ij}$ 为

$$\sigma'^{\mathrm{c}}_{21}=\sigma'_{21},\quad \sigma'^{\mathrm{c}}_{22}=\sigma'_{22},\quad \sigma'^{\mathrm{c}}_{23}=\sigma'_{23} \tag{2.2.95}$$

微裂纹的位移不连续矢量的分量为 $b'_i=0$，因此这样的微裂纹对有效柔度张量没有影响。

2) 闭合且发生摩擦滑移的微裂纹

这种微裂纹应满足的条件为

$$\sigma'_{22}<0,\quad -\mu\sigma'_{22}\leqslant\sqrt{(\sigma'_{21})^2+(\sigma'_{23})^2} \tag{2.2.96}$$

在这种情况下，微裂纹面之间的接触应力为

$$\sigma'^{\mathrm{c}}_{22}=\sigma'_{22},\quad \sigma'^{\mathrm{c}}_{21}=\frac{-\mu\sigma'_{22}\sigma'_{21}}{\sqrt{(\sigma'_{21})^2+(\sigma'_{23})^2}},\quad \sigma'^{\mathrm{c}}_{23}=\frac{-\mu\sigma'_{22}\sigma'_{23}}{\sqrt{(\sigma'_{21})^2+(\sigma'_{23})^2}} \tag{2.2.97}$$

微裂纹的位移不连续矢量的分量为

$$b'_i=\sqrt{a^2-r^2}\,B'_{ij}\sigma'^{\mathrm{d}}_{2j} \tag{2.2.98}$$

式中，对于闭合微裂纹，二阶张量的分量 B'_{ij} 简化为

$$B'_{11}=B'_{33}=\frac{16(1-\upsilon^2)}{\pi E(2-\upsilon)},\quad 其他\ B'_{ij}=0 \tag{2.2.99}$$

微裂纹面变形的驱动应力 $\sigma'^{\mathrm{d}}_{2j}$ 为

$$\sigma'^{\mathrm{d}}_{22}=\sigma'_{22}-\sigma'^{\mathrm{c}}_{22}=0,\quad \sigma'^{\mathrm{d}}_{21}=\sigma'_{21}-\sigma'^{\mathrm{c}}_{21}=\beta\sigma'_{21},\quad \sigma'^{\mathrm{d}}_{23}=\sigma'_{23}-\sigma'^{\mathrm{c}}_{23}=\beta\sigma'_{23} \tag{2.2.100}$$

其中，

$$\beta=1+\frac{\mu\sigma'_{22}}{\sqrt{(\sigma'_{21})^2+(\sigma'_{23})^2}} \tag{2.2.101}$$

利用整体坐标系及与其对应的局部坐标系之间的转换关系式，可得到在整体

坐标系中闭合微裂纹的位移不连续矢量的分量为

$$b_i' = \sqrt{a^2 - r^2}\,\beta B_{jk}' g_{jk}' g_{2k}' g_{2l}' \sigma_{kl} \tag{2.2.102}$$

则发生摩擦滑移的单个币状微裂纹引起的非弹性应变为

$$\overline{\varepsilon}_{ij}^{\mathrm{i}} = \frac{1}{2V}\int_A (b_i n_j + n_i b_j)\,\mathrm{d}A = \overline{S}_{ijkl}^{\mathrm{i}}(a,\theta,\varphi,\sigma_{pq})\sigma_{kl} \tag{2.2.103}$$

以下取代表性体积单元的体积 V=1，则由式(2.2.102)、式(2.2.103)以及微裂纹的法向矢量 $n_i = g_{pi}'$，得半径为 a、取向为 (θ,φ) 的闭合摩擦滑移微裂纹引起的非弹性柔度张量为

$$\overline{S}_{ijkl}^{\mathrm{i}}(a,\theta,\varphi,\sigma_{pq}) = \frac{1}{3}\pi\beta a^3 B_{ij}'(g_{si}' g_{2j}' + g_{tj}' g_{2i}') g_{sk}' g_{2l}' + g_{sl}' g_{2k}' \tag{2.2.104}$$

将满足不等式(2.2.96)的所有微裂纹的取向范围称为摩擦滑移区，即如果一个微裂纹的取向位于摩擦滑移区内，那么该微裂纹是闭合的，且发生摩擦滑移。为了方便，下面给出在主应力坐标系中的摩擦滑移区。根据应力的转换关系 $\tilde{\sigma}_{ij}' = \tilde{g}_{ik}' \tilde{g}_{jl}' \tilde{\sigma}_{kl}$，微裂纹摩擦滑移的条件可重新写为

$$A_{1s}\cos^2\tilde{\varphi} + A_{2s} < 0, \quad B_{1s}\cos^4\tilde{\varphi} + B_{2s}\cos^2\tilde{\varphi} + B_{3s} \leqslant 0 \tag{2.2.105}$$

其中，

$$\begin{aligned}
A_{1s} &= (\sigma_1 - \sigma_3)\sin^2\tilde{\theta} \\
A_{2s} &= \sigma_2\cos^2\tilde{\theta} + \sigma_3\sin^2\tilde{\theta} \\
B_{1s} &= (1+\mu^2)(\sigma_1 - \sigma_3)^2\sin^2\tilde{\theta} \\
B_{2s} &= (\sigma_1 - \sigma_3)\sin^2\tilde{\theta}[2\mu^2(\sigma_2\cos^2\tilde{\theta} + \sigma_3\sin^2\tilde{\theta}) + 2(\sigma_2 - \sigma_3)\cos^2\tilde{\theta} - (\sigma_1 - \sigma_3)] \\
B_{3s} &= \mu^2(\sigma_2\cos^2\tilde{\theta} + \sigma_3\sin^2\tilde{\theta})^2 - (\sigma_2 - \sigma_3)^2\sin^2\tilde{\theta}\cos^2\tilde{\theta}
\end{aligned} \tag{2.2.106}$$

对于任意 $\tilde{\theta}$ $(0 \leqslant \tilde{\theta} \leqslant \pi/2)$，容易求得满足条件式(2.2.105)的 $\tilde{\varphi}$ 的取值范围，并记作 $\tilde{\varphi}_1(\tilde{\theta}) \leqslant \tilde{\varphi} \leqslant \tilde{\varphi}_2(\tilde{\theta})$，因此应力状态 σ_{ij} 对应的摩擦滑移区在主应力坐标系中表示为

$$\tilde{\Pi}(\sigma_{ij}) = \{0 \leqslant \tilde{\theta} \leqslant \pi/2,\ \tilde{\varphi}_1(\tilde{\theta}) \leqslant \tilde{\varphi} \leqslant \tilde{\varphi}_2(\tilde{\theta})\} \tag{2.2.107}$$

可见，摩擦滑移区只与当前的应力状态有关，而与加载历史无关。

3) 张开的微裂纹

这种微裂纹满足的条件为 $\sigma_{22}' \geqslant 0$，该条件可表示为

$$A_{1s}\cos^2\tilde{\varphi} + A_{2s} \geqslant 0 \tag{2.2.108}$$

若 σ_1 或 σ_3 为拉应力，则存在一个微裂纹张开的取向范围，并可由式(2.2.108)求出。

2. 闭合微裂纹的自相似扩展及微裂纹扩展区

假设在初始状态下，微裂纹均为圆形平面裂纹，且具有相同的统计平均半径 a_0，如图 2.2.9(a)所示。随着压缩应力的增大，摩擦滑移区内的部分微裂纹将发生自相似的平面扩展，通常称为Ⅱ型扩展，但实际上是Ⅱ型和Ⅲ型的复合型扩展。微裂纹半径在瞬间从 a_0 增大到 a_u，并为具有比界面更高强度的能障(如晶界等)所束缚而停止扩展，如图 2.2.9(b)所示。对于闭合微裂纹，$K_t'=0$，复合型微裂纹扩展准则简化为

$$K_{\mathrm{II}}'=K_{\mathrm{IIC}} \tag{2.2.109}$$

式中，闭合微裂纹的Ⅱ型应力强度因子 K_{II}' 定义为

$$K_{\mathrm{II}}'=\frac{4}{2-\upsilon}\sqrt{\frac{a}{\pi}}\left[\mu\sigma_{22}'+\sqrt{(\sigma_{21}')^2+(\sigma_{23}')^2}\right] \tag{2.2.110}$$

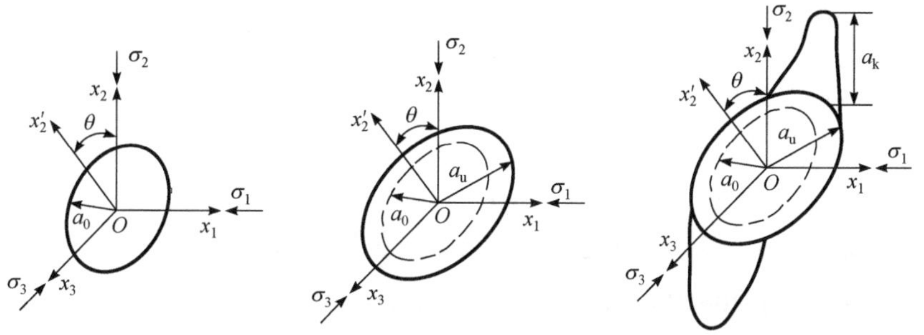

(a) 初始的闭合微裂纹　(b) 微裂纹的自相似扩展　(c) 微裂纹的弯折扩展

图 2.2.9　闭合微裂纹的损伤机制

类似于式(2.2.105)，闭合微裂纹发生Ⅱ型自相似扩展的条件在主应力坐标系中表示为

$$C_1\cos^4\tilde{\varphi}+C_2\cos^2\tilde{\varphi}+C_3\geqslant 0 \tag{2.2.111}$$

式中，C_1、C_2 和 C_3 均为 $\tilde{\theta}$ 的函数，可表示为

$$\begin{aligned}
&C_1=-(1+\mu^2)(\sigma_1-\sigma_3)^2\sin^4\tilde{\theta}\\
&C_2=(\sigma_1-\sigma_3)\sin^2\tilde{\theta}\left[\frac{\mu(2-\upsilon)K_{\mathrm{IIC}}}{2}\sqrt{\frac{\pi}{a}}-(2\mu^2\sigma_2+2\sigma_2-2\sigma_3)\cos^2\tilde{\theta}\right.\\
&\qquad\left.-2\mu^2\sigma_3\sin^2\tilde{\theta}+(\sigma_1-\sigma_3)\right]\\
&C_3=(\sigma_2-\sigma_3)^2\sin^2\tilde{\theta}\cos^2\tilde{\theta}-\left[\frac{(2-\upsilon)K_{\mathrm{IIC}}}{4}\sqrt{\frac{\pi}{a}}-\mu(\sigma_2\cos^2\tilde{\theta}+\sigma_3\sin^2\tilde{\theta})\right]^2
\end{aligned} \tag{2.2.112}$$

将发生自相似扩展的所有微裂纹的取向范围在取向空间中所占的区域称为微裂纹扩展区。由式(2.2.111)容易求得在单调比例加载条件下，应力 σ_{ij} 对应的微裂纹扩展区 $\tilde{\Omega}(\sigma_{ij})$，表示为

$$\tilde{\Omega}(\sigma_{ij})=\{0\leqslant\tilde{\theta}\leqslant\pi/2,\ \tilde{\varphi}_3(\tilde{\theta},\sigma_{ij})\leqslant\tilde{\varphi}\leqslant\tilde{\varphi}_4(\tilde{\theta},\sigma_{ij})\} \tag{2.2.113}$$

式中，$\tilde{\varphi}_3(\tilde{\theta},\sigma_{ij})$ 和 $\tilde{\varphi}_4(\tilde{\theta},\sigma_{ij})$ 为 $\tilde{\theta}$ 和应力 σ_{ij} 的两个函数，由式(2.2.111)决定。

在单调比例加载条件下，只有摩擦滑移区 $\tilde{\Pi}(\sigma_{ij})$ 内的部分微裂纹发生自相似扩展，因此微裂纹扩展区 $\tilde{\Omega}(\sigma_{ij})$ 是摩擦滑移区 $\tilde{\Pi}(\sigma_{ij})$ 的一个子集，根据式(2.2.113)和 (θ,φ) 与 $(\tilde{\theta},\tilde{\varphi})$ 之间的转换关系式，应力 σ_{ij} 对应的微裂纹扩展区在整体坐标系中表示为

$$\Omega(\sigma_{ij})=\{0\leqslant\theta\leqslant\pi/2,\ \varphi_3(\theta,\sigma_{ij})\leqslant\varphi\leqslant\varphi_4(\theta,\sigma_{ij})\} \tag{2.2.114}$$

3. 复杂载荷条件下微裂纹扩展区的演化及柔度张量的计算

假设材料承受复杂加载路径，在 t 时刻，材料承受三轴压缩应力 $\sigma_{ij}(t)$，此时的微裂纹扩展区为 $\Omega(t)$。从时刻 t 到 $t+\Delta t$，应力变为另一三轴压缩应力状态 $\sigma_{ij}(t+\Delta t)=\sigma_{ij}(t)+\Delta\sigma_{ij}$，该时刻的摩擦滑移区为 $\Pi(\sigma_{ij}+\Delta\sigma_{ij})$。将应力 $\sigma_{ij}+\Delta\sigma_{ij}$ 代入式(2.2.114)得到该应力状态对应的微裂纹扩展区为

$$\Omega(\sigma_{ij}+\Delta\sigma_{ij})=\{0\leqslant\theta\leqslant\pi/2,\ \varphi_3(\theta,\sigma_{ij}+\Delta\sigma_{ij})\leqslant\varphi\leqslant\varphi_4(\theta,\sigma_{ij}+\Delta\sigma_{ij})\} \tag{2.2.115}$$

在 $t+\Delta t$ 时刻的微裂纹扩展区为 $\Omega(t)$ 与 $\Omega(\sigma_{ij}+\Delta\sigma_{ij})$ 的并集，即

$$\Omega(t+\Delta t)=\Omega(t)\cup\Omega(\sigma_{ij}+\Delta\sigma_{ij}) \tag{2.2.116}$$

在整体坐标系中，损伤材料的应力-应变关系表示为

$$\varepsilon_{ij}=S_{ijkl}\sigma_{kl}=(S_{ijkl}^{0}+S_{ijkl}^{\mathrm{iO}}+S_{ijkl}^{\mathrm{iS}}+S_{ijkl}^{\mathrm{iG}})\sigma_{kl} \tag{2.2.117}$$

式中，S_{ijkl}^{iO} 为所有张开微裂纹引起的非弹性柔度张量；S_{ijkl}^{iS} 为发生摩擦滑移但尚未扩展的微裂纹对柔度张量的贡献；S_{ijkl}^{iG} 为发生Ⅱ型自相似扩展的闭合微裂纹对柔度张量的贡献，且有

$$\begin{aligned}S_{ijkl}^{\mathrm{iS}}=&\iint_{\Pi(e_{ij})}n_{\mathrm{c}}p(a,\theta,\varphi)\bar{S}_{ijkl}^{\mathrm{i}}(a_0,\theta,\varphi,\sigma_{pq})\sin\theta\mathrm{d}\theta\mathrm{d}\varphi\\&-\iint_{\Omega_{\mathrm{G}}}n_{\mathrm{c}}p(a,\theta,\varphi)\bar{S}_{ijkl}^{\mathrm{i}}(a_0,\theta,\varphi,\sigma_{pq})\sin\theta\mathrm{d}\theta\mathrm{d}\varphi\end{aligned} \tag{2.2.118}$$

$$S_{ijkl}^{\mathrm{iG}}=\iint_{\Omega_{\mathrm{G}}}n_{\mathrm{c}}p(a,\theta,\varphi)\bar{S}_{ijkl}^{\mathrm{i}}(a_{\mathrm{u}},\theta,\varphi,\sigma_{pq})\sin\theta\mathrm{d}\theta\mathrm{d}\varphi$$

式中，Ω_{G} 为 t 时刻在应力 σ_{ij} 作用下，所有已经发生Ⅱ型自相似扩展且发生摩擦滑移的闭合微裂纹的取向范围，即

$$\Omega_{\mathrm{G}} = \Omega(t) \bigcap \Pi(\sigma_{ij}) \tag{2.2.119}$$

4. 微裂纹的弯折扩展

随着外加压缩载荷的增大，微裂纹扩展区内的闭合微裂纹尖端的应力强度因子逐渐增大，并沿微裂纹前缘产生较大的拉伸应力，而脆性基质材料抵抗拉应力的能力往往较差，因此可以采用最大拉应力作为微裂纹弯折扩展的判据。由Ⅰ型裂纹的扩展准则

$$K_{\mathrm{I}} = K_{\mathrm{IC}} \tag{2.2.120}$$

以及Ⅰ型和Ⅱ型裂纹尖端的 K 场应力分布，根据最大应力相等可以近似得到闭合微裂纹弯折扩展的准则为

$$K_{\mathrm{II}} = \frac{\sqrt{3}}{2} K_{\mathrm{IC}} \tag{2.2.121}$$

由闭合微裂纹应力强度因子 K_{II} 的表达式(2.2.110)可以得到 K_{II}' 达到最大值时的微裂纹取向 $(\tilde{\theta}_0, \tilde{\varphi}_0)$，在此取向上的微裂纹最先发生弯折扩展，如图 2.2.9(c)所示。将 $(\tilde{\theta}_0, \tilde{\varphi}_0)$ 代入式(2.2.110)和式(2.2.121)，可以进一步求出开始发生微裂纹弯折扩展的临界压缩应力。以 σ_1=σ_3 的轴对称情况为例，此时有

$$\begin{aligned} K_{\mathrm{II}} &= \frac{4}{2-\upsilon}\sqrt{\frac{a_{\mathrm{u}}}{\pi}}\left[\sqrt{(\sigma_{21}')^2 + (\sigma_{22}')^2} + \mu\sigma_{22}'\right] \\ &= \frac{4}{2-\upsilon}\sqrt{\frac{a_{\mathrm{u}}}{\pi}}[(\sigma_1 - \sigma_2)\sin\tilde{\theta}\cos\tilde{\theta} + \mu(\sigma_1 \sin^2\tilde{\theta} + \sigma_2\cos^2\tilde{\theta})] \end{aligned} \tag{2.2.122}$$

对式(2.2.122)求导，得

$$\frac{\partial K_{\mathrm{II}}}{\partial \tilde{\theta}} = -\frac{4}{2-\upsilon}\sqrt{\frac{a_{\mathrm{u}}}{\pi}}(\sigma_1 - \sigma_2)\cos^2\tilde{\theta}(\tan^2\tilde{\theta} - 2\mu\tan\tilde{\theta} - 1) \tag{2.2.123}$$

由 $\partial K_{\mathrm{II}} / \partial \tilde{\theta} = 0$ 得到最先发生Ⅱ型自相似扩展及弯折扩展的微裂纹取向为

$$\tilde{\theta}_0 = \arctan\left(\mu + \sqrt{\mu^2 + 1}\right), \quad 0 \leqslant \tilde{\varphi}_0 \leqslant 2\pi \tag{2.2.124}$$

可见，$\tilde{\theta}_0$ 与 σ_1 和 σ_2 的相对大小无关。因此，应力强度因子 K 在所有取向中的最大值为

$$(K_{\mathrm{II}})_{\max}=K_{\mathrm{II}}(\tilde{\theta}_0,\tilde{\varphi}_0)=\frac{4}{2-\upsilon}\sqrt{\frac{a_{\mathrm{u}}}{\pi}}[F_0(\tilde{\theta}_0)(\sigma_1-\sigma_2)+\mu\sigma_1] \tag{2.2.125}$$

其中，

$$F_0(\tilde{\theta}_0)=\sin\tilde{\theta}_0\cos\tilde{\theta}_0-\mu\cos^2\tilde{\theta}_0 \tag{2.2.126}$$

由式(2.2.125)和式(2.2.121)得到开始发生微裂纹弯折扩展的轴向压应力为

$$\sigma_2=\frac{1}{F_0(\tilde{\theta}_0)}\left[-\frac{\sqrt{3}(2-\upsilon)K_{\mathrm{IC}}}{8}\sqrt{\frac{\pi}{a_0}}+\mu\sigma_1\right]+\sigma_1 \tag{2.2.127}$$

对于一般的三轴压缩应力情况，不妨设$\sigma_1>\sigma_3$，用同样的方法得到最先发生弯折扩展的微裂纹取向为

$$\theta_0=\arctan\left(\mu+\sqrt{\mu^2+1}\right),\quad \varphi_0=0 \tag{2.2.128}$$

在这种情况下，开始发生微裂纹弯折扩展的轴向压应力与式(2.2.126)相同。根据

$$K_{\mathrm{II}}=\frac{\sqrt{3}}{2}K_{\mathrm{IC}} \tag{2.2.129}$$

及式(2.2.111)，得到在单调比例加载条件下，应力σ_{ij}对应的发生弯折扩展的微裂纹取向满足的条件为

$$C_{1\mathrm{k}}\cos^4\tilde{\varphi}+C_{2\mathrm{k}}\cos^2\tilde{\varphi}+C_{3\mathrm{k}}\geqslant 0 \tag{2.2.130}$$

其中，

$$\begin{aligned}
&C_{1\mathrm{k}}=-(1+\mu^2)(\sigma_1-\sigma_3)^2\sin^4\tilde{\theta}\\
&C_{2\mathrm{k}}=(\sigma_1-\sigma_3)\sin^2\tilde{\theta}\left[\frac{\sqrt{3}\mu(2-\upsilon)K_{\mathrm{IC}}}{4}\sqrt{\frac{\pi}{a_{\mathrm{u}}}}-(2\mu^2\sigma_2+2\sigma_2-2\sigma_3)\cos^2\tilde{\theta}\right.\\
&\qquad\left.-2\mu^2\sigma_3\sin^2\tilde{\theta}+(\sigma_1-\sigma_3)\right]\\
&C_{3\mathrm{k}}=(\sigma_2-\sigma_3)^2\sin^2\tilde{\theta}\cos^2\tilde{\theta}-\left[\frac{\sqrt{3}(2-\upsilon)K_{\mathrm{IC}}}{8}\sqrt{\frac{\pi}{a_{\mathrm{u}}}}-\mu(\sigma_2\cos^2\tilde{\theta}+\sigma_3\sin^2\tilde{\theta})\right]^2
\end{aligned} \tag{2.2.131}$$

对于给定的应力状态，式(2.2.130)给出了发生弯折扩展的所有微裂纹的取向范围，称为弯折扩展区，在主应力坐标系中记作$\tilde{\Lambda}(\sigma_{ij})$。由$\tilde{\Lambda}(\sigma_{ij})$容易导出整体坐标系中的弯折扩展区$\Lambda(\sigma_{ij})$。

5. 单个弯折扩展微裂纹引起的弹性柔度张量

对于发生摩擦滑移的微裂纹，其最大主应力发生在与裂纹面夹角为 $\theta_k = \arcsin(2\sqrt{2}/3)$ 的方向上，因此微裂纹刚开始发生弯折扩展时，并不是沿最大压应力 σ_2 的方向($\tilde{x}_2$ 轴的方向)，而是与初始微裂纹面有一个确定的夹角 θ_k，如图 2.2.10(a)所示。随着弯折扩展的继续，微裂纹的扩展方向逐渐趋向于 $\tilde{x}_2$ 轴的方向，并最终引起材料的宏观轴向劈裂。而且当 $\sigma_1 \neq \sigma_3$ 时，微裂纹边缘开始弯折扩展的点并不是在最左位置 A 和最右位置 B 处，而是发生在偏离对称轴 AB 一个小的角度 $\beta_0 = \arctan(\sigma'_{23} / \sigma'_{21})$ 的位置 A'和 B'处，这是因为沿微裂纹边缘在 A'和 B'处的应力强度因子 K_{II} 最大。

对于图 2.2.10(a)所示的复杂的三维微裂纹，要获得其张开位移及其对柔度张量贡献的解析表达式是不可能的。这里采用一系列平面的弯折裂纹来等效这样的空间弯折裂纹。首先假设微裂纹的弯折扩展方向与最大压缩主应力 σ_2 方向相同且保持不变，如图 2.2.10(b)所示，微裂纹弯折扩展部分在 $O\,\tilde{x}'_2\tilde{x}'_3$ 平面上的投影为椭圆形，两个半轴的长度分别为 a_u 和 a_k。然后采用一系列的二维弯折微裂纹来代替这样的三维弯折微裂纹，每一个二维弯折微裂纹与 $O\,\tilde{x}'_1\tilde{x}_2$ 平面的夹角为 β，如图 2.2.10(b)所示。然而对于这样的二维弯折微裂纹仍然得不到张开位移的封闭解。图 2.2.10(c)中的弯折微裂纹再被图 2.2.10(d)所示的等效微裂纹近似代替。构造等效微裂纹的方法有多种，构造原则之一是等效微裂纹与实际的弯折微裂纹有相同的应力强度因子。

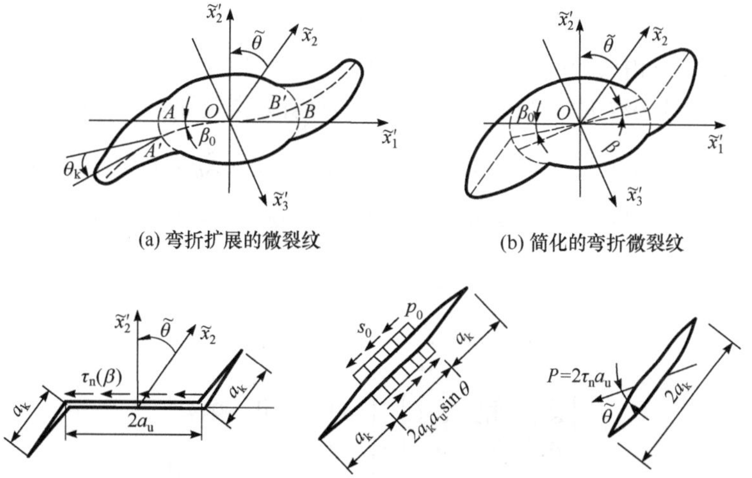

(a) 弯折扩展的微裂纹　(b) 简化的弯折微裂纹

(c) 二维的弯折微裂纹　(d) 等效微裂纹　(e) 简化的等效微裂纹

图 2.2.10　微裂纹的弯折扩展及简化

图 2.2.10(d)中，p_0 和 s_0 是由微裂纹面间的摩擦引起的对等效微裂纹的作用力，

分别表示为

$$p_0 = \frac{\cot\tilde{\theta}}{\alpha_k}\left[\mu\tilde{\sigma}'_{22} + \sqrt{(\tilde{\sigma}'_{21})^2 + (\tilde{\sigma}'_{23})^2}\right]$$
$$s_0 = \frac{1}{\alpha_k \sin\tilde{\theta}}\left[\mu\tilde{\sigma}'_{22} + \sqrt{(\tilde{\sigma}'_{21})^2 + (\tilde{\sigma}'_{23})^2}\right] \tag{2.2.132}$$

式中，α_k 为一个无量纲的修正因子，是为了保证应力强度因子相等而引入的，可取 α_k=0.25。

发生弯折扩展的微裂纹的位移包括两部分：一部分是沿 β 方向的二维弯折微裂纹的横向张开位移 $\tilde{v}(\beta)$；另一部分是 β 截面上的闭合微裂纹面之间的相对摩擦滑移引起的位移 $\tilde{u}(\beta)$，分别表示为

$$\tilde{v}(\beta) = \frac{4.8(1-\upsilon^2)}{\pi E}\tilde{\sigma}'_{21}\cos\beta F_1(a_u, a_k, \tilde{\theta})$$
$$\tilde{u}(\beta) = \frac{4.8(1-\upsilon^2)}{\pi E}\tilde{\sigma}'_{21}\cos\beta F_2(a_u, a_k, \tilde{\theta}) \tag{2.2.133}$$

式中，a_k 为微裂纹弯折扩展的长度，其他参量为

$$F_1(a_u, a_k, \tilde{\theta}) = \frac{\cot\tilde{\theta}}{a_k}\left[\arcsin\left(\frac{a_1}{a_2}\right)\sqrt{a_2^2 - a_1^2} + a_1\ln\left(\frac{a_1}{a_2}\right)\right]$$
$$F_2(a_u, a_k, \tilde{\theta}) = \frac{\sin^2\tilde{\theta}}{\cos\tilde{\theta}}F_1(a_u, a_k, \tilde{\theta}) \tag{2.2.134}$$
$$a_1 = a_k a_u \sin\tilde{\theta}, \quad a_2 = a_k a_u \sin\tilde{\theta} + a_k$$

将式(2.2.133)中的位移分量沿微裂纹前缘 $(-\pi/2 \leqslant \beta \leqslant \pi/2)$ 平均，并通过坐标变换得到弯折微裂纹的张开位移及摩擦滑移对有效柔度张量分量的贡献分别为

$$\tilde{S}_{ijkl}^{k1}(a_u, a_k, \tilde{\theta}, \tilde{\varphi}, \sigma_{pq}) = 0.6\beta a_u a_k(\tilde{g}_{is}\tilde{g}_{2j} + \tilde{g}_{js}\tilde{g}_{2i})\tilde{g}'_{2k}\tilde{g}'_{tl}B'_{st}F_1(a_u, a_k, \tilde{\theta})$$
$$\tilde{S}_{ijkl}^{k2}(a_u, a_k, \tilde{\theta}, \tilde{\varphi}, \sigma_{pq}) = 0.6\beta a_u^2(\tilde{g}'_{is}\tilde{g}'_{2j} + \tilde{g}'_{js}\tilde{g}'_{2i})\tilde{g}'_{2k}\tilde{g}'_{tl}B'_{st}F_2(a_u, a_k, \tilde{\theta}) \tag{2.2.135}$$

其中，

$$B'_{11} = \frac{8(1-\upsilon^2)}{\pi E}, \quad 其他B'_{ij} = 0$$
$$\begin{bmatrix} \tilde{g}_{11} & \tilde{g}_{12} & \tilde{g}_{13} \\ \tilde{g}_{21} & \tilde{g}_{22} & \tilde{g}_{23} \\ \tilde{g}_{31} & \tilde{g}_{32} & \tilde{g}_{33} \end{bmatrix} = \begin{bmatrix} \sin\varphi & 0 & \cos\varphi \\ 0 & 1 & 0 \\ -\cos\varphi & 0 & \sin\varphi \end{bmatrix} \tag{2.2.136}$$

通过主应力坐标系与整体坐标系之间的转换关系式，可得到单个弯折扩展的微裂纹引起的非弹性柔度张量，在主应力坐标系中表示为

$$\tilde{S}_{ijkl}^{\mathrm{ik}}(a_{\mathrm{u}},a_{\mathrm{k}},\theta,\varphi,\sigma_{pq})=[\tilde{S}_{mnst}^{\mathrm{k1}}(a_{\mathrm{u}},a_{\mathrm{k}},\tilde{\theta},\tilde{\varphi},\sigma_{pq})+\tilde{S}_{mnst}^{\mathrm{k2}}(a_{\mathrm{u}},a_{\mathrm{k}},\tilde{\theta},\tilde{\varphi},\sigma_{pq})]\tilde{g}'_{mi}\tilde{g}'_{nj}\tilde{g}'_{sk}\tilde{g}'_{tl} \tag{2.2.137}$$

式中，微裂纹弯折扩展的长度 a_{k} 将在后面确定。

6. 微裂纹弯折扩展的稳定性分析

为了建立微裂纹弯折扩展长度 a_{k} 与外加应力及取向的关系，采用图 2.2.10(e)所示的简化的等效微裂纹。发生弯折扩展后，微裂纹尖端应力场主要为Ⅰ型的 K 场，因此脆性材料轴向劈裂的断面与拉伸断裂面很相似。对微裂纹尖端的Ⅰ型应力强度因子有贡献的载荷有两部分，一部分是由摩擦剪应力引起的对弯折裂纹面的作用力，可等效为集中力 P_1，另一部分是外加宏观应力对微裂纹产生的侧向载荷 $\overline{p}$。P_1 和 $\overline{p}$ 可分别表示为

$$P_1=2a_{\mathrm{u}}\tau_{\mathrm{n}}\cos\tilde{\theta}, \quad \overline{p}=\sigma_1\cos^2\tilde{\varphi}+\sigma_3\sin^2\tilde{\varphi} \tag{2.2.138}$$

其中，

$$\tau_{\mathrm{n}}=\sqrt{(\tilde{\sigma}'_{21})^2+(\tilde{\sigma}'_{23})^2}+\mu\tilde{\sigma}'_{22} \tag{2.2.139}$$

在集中力 P_1 和侧向载荷 $\overline{p}$ 的共同作用下，弯折微裂纹尖端的Ⅰ型应力强度因子为

$$K_{\mathrm{I}}=\frac{2a_{\mathrm{u}}\tau_{\mathrm{n}}\cos\tilde{\theta}}{\sqrt{\pi a_{\mathrm{k}}}}+\sqrt{\pi a_{\mathrm{k}}}\,\overline{p} \tag{2.2.140}$$

由式(2.2.140)及弯折微裂纹的扩展准则 $K_{\mathrm{I}}=K_{\mathrm{IC}}$，得到微裂纹弯折扩展长度 a_{k} 为

$$a_{\mathrm{k}}=\frac{1}{\pi}\left[\frac{K_{\mathrm{IC}}+\mathrm{sgn}(\overline{p})\sqrt{K_{\mathrm{IC}}^2-8\overline{p}\tau_{\mathrm{n}}\cos\tilde{\theta}}}{2\overline{p}}\right]^2, \quad \overline{p}\neq 0 \tag{2.2.141}$$

当侧向载荷 $\overline{p}=0$ 时，微裂纹弯折扩展的长度可表示为

$$a_{\mathrm{k}}=\frac{1}{\pi}\left(\frac{2a_{\mathrm{u}}\tau_{\mathrm{n}}\cos\tilde{\theta}}{K_{\mathrm{IC}}}\right)^2 \tag{2.2.142}$$

当 a_{k} 较大时，式(2.2.140)给出的应力强度因子较为准确；当 a_{k} 接近于零时，式(2.2.140)不再适用。对于不同的侧向载荷 $\overline{p}$，微裂纹弯折扩展的稳定性及材料的破坏形式也不同。下面分为 $\overline{p}=0$、$\overline{p}<0$ 和 $\overline{p}>0$ 三种情况进行讨论。

1) $\overline{p}=0$

当 $\overline{p}=0$ 时，由式(2.2.140)得到应力强度因子 K_{I} 与微裂纹弯折扩展长度 a_{k} 的关系曲线如图 2.2.11(a)所示。在给定应力状态下，$\partial K_{\mathrm{I}}/\partial a_{\mathrm{k}}<0$，$K_{\mathrm{I}}$ 随着 a_{k} 的增大

而单调下降，当 a_k 趋向于无穷大时，K_I 趋向于零。当微裂纹弯折扩展的长度达到 a_{kc} 时，$K_I = K_{IC}$，微裂纹停止扩展。因此，在没有横向分布力 $\bar{p}$ 的情况下，微裂纹的弯折扩展是稳定的。由式(2.2.140)可知，随着外加载荷按比例增大，K_I 也增大；由式(2.2.142)可知，随着外加载荷按比例增大，微裂纹弯折扩展的长度也增大。如图 2.2.11(a)所示，若应力 $\sigma_{ij}^{(2)} = \alpha\sigma_{ij}^{(1)}$ 且 $\alpha>1$，则相应的微裂纹长度满足 $a_{kc}^{(2)} > a_{kc}^{(1)}$。因此，外加应力达到一定值后，材料将发生宏观的轴向劈裂。

需要指出的是，这里 $\bar{p}=0$ 并不要求 $\sigma_1=0$ 或 $\sigma_3=0$，只要在某一取向上的微裂纹满足 $\bar{p}=0$，即可发生材料的轴向劈裂。

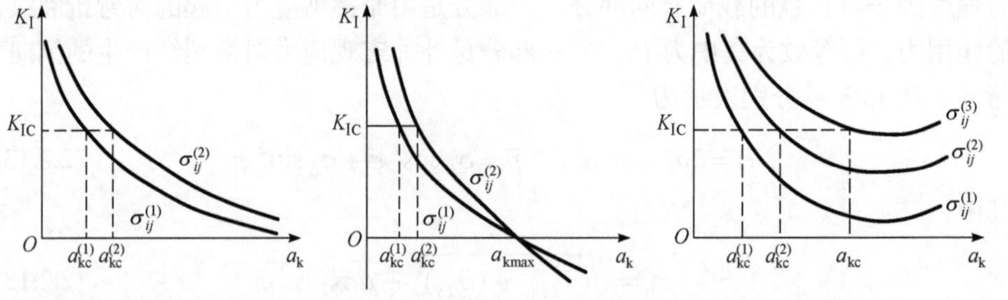

图 2.2.11　应力强度因子 K_I 与微裂纹弯折扩展长度 a_k 的关系曲线

2) $\bar{p}<0$

当 $\bar{p}<0$ 时，应力强度因子 K_I 和微裂纹弯折扩展长度 a_k 的关系曲线如图 2.2.11(b)所示。在给定应力状态下，$\partial K/\partial a_k < 0$，即随着 a_k 增大，K_I 减小，且 K_I-a_k 曲线与 a_k 轴相交。因此，当侧向载荷 $\bar{p}$ 为负时，微裂纹的弯折扩展也是稳定的。

$\bar{p}<0$ 时存在一个临界长度 a_{kmax}，使 $K_I(a_{kmax}) = 0$，由式(2.2.140)得到

$$a_{kmax} = \frac{2a_u\tau_n\cos\tilde{\theta}}{-\pi\bar{p}} \tag{2.2.143}$$

外加应力单调增加，a_{kmax} 保持为常数，因此即使微裂纹弯折扩展长度 a_k 增加，也不可能达到临界值 a_{kmax}。若侧向载荷 $\bar{p}$ 很小，临界尺寸 a_{kmax} 足够大，则材料仍有可能发生轴向劈裂。当 $\bar{p}$ 比较大时，微裂纹弯折扩展的长度由 a_{kmax} 所限制，这种损伤机制将不在材料破坏中占主要地位，材料将不会发生轴向劈裂。此时，层错、剪切破坏或延性流动将成为材料的主要破坏形式。材料不发生轴向劈裂的必要条件是 σ_1 和 σ_3 均为较大的压应力。

3) $\bar{p}>0$

当 $\bar{p}>0$ 时，应力强度因子 K_I 和微裂纹弯折扩展长度 a_k 的关系曲线如图 2.2.11(c)所示。在给定应力状态下，K_I-a_k 曲线有一极小值点，在 a_k 较小时，$\partial K/\partial a_k < 0$，

而当 a_{k} 较大时，$\partial K/\partial a_{\mathrm{k}}>0$。因此，当微裂纹弯折扩展长度 a_{k} 达到 a_{kc} 时将停止扩展。随着外加应力的增大，a_{k} 也增大，即当 $\sigma_{ij}^{(2)}=\alpha\sigma_{ij}^{(1)}$ 且 $\alpha>1$ 时，$a_{\mathrm{kc}}^{(2)}>a_{\mathrm{kc}}^{(1)}$。但是与前面两种情况不同，即使侧向载荷 $\overline{p}$ 相对于最大压应力 σ_2 很小，只要载荷按比例加载到足够大，微裂纹就会发生失稳的弯折扩展，而材料将以轴向劈裂的形式破坏。

对于 $\overline{p}>0$ 的情况，可由式(2.2.141)确定微裂纹发生失稳扩展时的临界弯折长度 σ_{kc}'。由于取向为 $(\tilde{\theta}_0,\tilde{\varphi}_0)$ 的微裂纹最先发生弯折扩展，将 $(\tilde{\theta}_0,\tilde{\varphi}_0)$ 代入式(2.2.140)，得

$$K_{\mathrm{I}}(a_{\mathrm{k}},\tilde{\theta}_0,\tilde{\varphi}_0)=\frac{2a_{\mathrm{u}}\tau_{\mathrm{n}}(\tilde{\theta}_0,\tilde{\varphi}_0)\cos\tilde{\theta}_0}{\sqrt{\pi a_{\mathrm{k}}}}+\sqrt{\pi a_{\mathrm{k}}}\,\overline{p}(\tilde{\varphi}_0) \tag{2.2.144}$$

将式(2.2.144)对 a_{k} 求导，并令 $\partial K/\partial a_{\mathrm{k}}=0$，得

$$a_{\mathrm{kc}}'=\frac{2a_{\mathrm{u}}\tau_{\mathrm{n}}(\tilde{\theta}_0,\tilde{\varphi}_0)\cos\tilde{\theta}_0}{\pi\overline{p}(\tilde{\varphi}_0)} \tag{2.2.145}$$

对于固定的应力状态，当 $a_{\mathrm{k}}>a_{\mathrm{kc}}'$ 时，$K_{\mathrm{I}}(a_{\mathrm{k}},\tilde{\theta}_0,\tilde{\varphi}_0)$ 取最小值：

$$(K_{\mathrm{I}})_{\min}=\sqrt{8a_{\mathrm{u}}\tau_{\mathrm{n}}(\tilde{\theta}_0,\tilde{\varphi}_0)\overline{p}(\tilde{\varphi}_0)\cos\tilde{\theta}_0} \tag{2.2.146}$$

令 $(K_{\mathrm{I}})_{\min}=K_{\mathrm{IC}}$，即可得到微裂纹弯折扩展失稳时，外加应力应满足的条件为

$$8a_{\mathrm{u}}\tau_{\mathrm{n}}(\tilde{\theta}_0,\tilde{\varphi}_0)\overline{p}(\tilde{\varphi}_0)\cos\tilde{\theta}_0=K_{\mathrm{IC}}^2 \tag{2.2.147}$$

式(2.2.147)即为材料发生轴向劈裂的条件。

7. 有效柔度张量的计算

上面已经考虑了微裂纹的闭合、摩擦滑移、I 型自相似扩展和弯折扩展等细观损伤机制，在多种微裂纹损伤机制并存的情况下，脆性材料的有效柔度张量为

$$S_{ijkl}=S_{ijkl}^{0}+S_{ijkl}^{\mathrm{iO}}+S_{ijkl}^{\mathrm{iS}}+S_{ijkl}^{\mathrm{iG}}+S_{ijkl}^{\mathrm{iK}} \tag{2.2.148}$$

式中，S_{ijkl}^{iK} 为所有发生弯折扩展的微裂纹对柔度张量的贡献；S_{ijkl}^{iO}、S_{ijkl}^{iS}、S_{ijkl}^{iG} 与式(2.2.117)中的意义相同，S_{ijkl}^{iG} 和 S_{ijkl}^{iK} 表示为

$$\begin{aligned}S_{ijkl}^{\mathrm{iG}}=&\iint_{\Omega_{\mathrm{G}}}n_{\mathrm{c}}p(a,\theta,\varphi)\overline{S}_{ijkl}^{\mathrm{i}}(a_{\mathrm{u}},\theta,\varphi,\sigma_{pq})\sin\theta\mathrm{d}\theta\mathrm{d}\varphi\\&-\iint_{\Lambda}n_{\mathrm{c}}p(a,\theta,\varphi)\overline{S}_{ijkl}^{\mathrm{i}}(a_{\mathrm{u}},\theta,\varphi,\sigma_{pq})\sin\theta\mathrm{d}\theta\mathrm{d}\varphi\\S_{ijkl}^{\mathrm{iK}}=&\iint_{\Omega_{\mathrm{G}}}n_{\mathrm{c}}p(a,\theta,\varphi)\overline{S}_{ijkl}^{\mathrm{iK}}(a_{\mathrm{u}},a_{\mathrm{k}},\theta,\varphi,\sigma_{pq})\sin\theta\mathrm{d}\theta\mathrm{d}\varphi\end{aligned} \tag{2.2.149}$$

式(2.2.148)给出的柔度张量计算公式适用于材料承受三轴拉伸、压缩以及复杂加载路径，但是还没有发生应变软化(压缩情况下的损伤局部化)的情况。

2.2.5　一维脆塑性损伤模型

脆塑性损伤模型适用于某些脆性或准脆性金属材料。这类材料的损伤和变形响应相当复杂，与延性金属和合金、聚合物等有明显的差别，表现在脆性材料的尺寸效应、拉压性质的明显不同、应力突然跌落和应变软化、非弹性体积变形和剪胀效应、变形的非正交性等多方面。本节介绍一维脆塑性损伤模型。

1. Mazars 损伤模型

脆性和准脆性材料的应力-应变关系一般可以分为线弹性、非线性强化、应力跌落和应变软化等阶段。不同脆性材料的行为差别很大，试验中得到的应力-应变曲线还与试验机的刚度、加载方式相关。脆性材料的拉伸应力-应变关系可分为两段来描述，设 ε_c 是损伤开始时的应变，也是峰值应力 σ_c 对应的应变。当 $\varepsilon\leqslant\varepsilon_c$ 时，认为材料无损伤，即 $D=0$；当 $\varepsilon>\varepsilon_c$ 时，认为材料有损伤，即 $D>0$。可用式(2.2.150)拟合材料的单向拉伸应力-应变曲线：

$$\sigma=\begin{cases}E_0\varepsilon, & 0\leqslant\varepsilon\leqslant\varepsilon_c\\ E_0[\varepsilon_c(1-A_t)+A_t\varepsilon\,\mathrm{e}^{-B_t(\varepsilon-\varepsilon_c)}], & \varepsilon>\varepsilon_c\end{cases}\tag{2.2.150}$$

式中，E_0 为线弹性阶段的弹性模量；A_t 和 B_t 为材料常数，下标 t 表示拉伸。

以弹性模量 E 的变化定义损伤 D，表示为

$$D=1-\frac{E}{E_0}\tag{2.2.151}$$

则损伤材料的应力-应变关系为

$$\sigma=E_0(1-D)\varepsilon\tag{2.2.152}$$

比较式(2.2.150)和式(2.2.152)，得到 Mazars 损伤模型中单向拉伸情况下的损伤演化方程为

$$D=\begin{cases}0, & 0\leqslant\varepsilon\leqslant\varepsilon_c\\ 1-\dfrac{\varepsilon_c(1-A_t)}{\varepsilon}-A_t\mathrm{e}^{-B_t(\varepsilon-\varepsilon_c)}, & \varepsilon>\varepsilon_c\end{cases}\tag{2.2.153}$$

由 Mazars 损伤模型得到的名义应力 σ、有效应力 $\tilde{\sigma}=\sigma/(1-D)$、损伤 D 随应变 ε 的变化曲线如图 2.2.12 所示。材料常数取值范围为 $0.7\leqslant A_t\leqslant1$，$10^4\leqslant B_t\leqslant10^5$，$0.5\times10^{-4}\leqslant\varepsilon_c\leqslant1.5\times10^{-4}$。

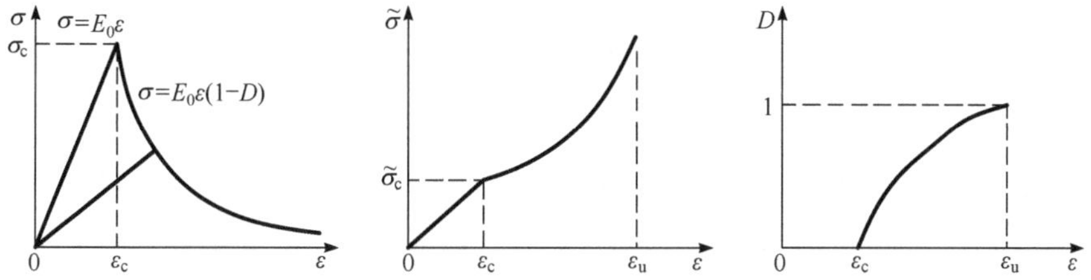

(a) 名义应力　(b) 有效应力　(c) 损伤

图 2.2.12　Mazars 损伤模型中名义应力、有效应力和损伤与应变的关系曲线

类似地可以建立单向压缩时的损伤本构关系，单向压缩时的等效应变 ε_e 为

$$\varepsilon_e = \sqrt{\langle\varepsilon_1\rangle^2 + \langle\varepsilon_2\rangle^2 + \langle\varepsilon_3\rangle^2} = -\sqrt{2}\upsilon\varepsilon_1 \tag{2.2.154}$$

式中，ε_1、ε_2 和 ε_3 为主应变，$\varepsilon_1 = \varepsilon < 0$，$\varepsilon_2 = \varepsilon_3 = -\upsilon\varepsilon$，角括号定义为 $\langle x\rangle = (x + |x|)/2$。

$\varepsilon_e \leqslant \varepsilon_c$ 时材料无损伤，$\varepsilon_e > \varepsilon_c$ 时材料有损伤。单向压缩时的应力-应变关系拟合为

$$\sigma = \begin{cases} E_0\varepsilon, & \varepsilon_e \leqslant \varepsilon_c \\ E_0\left[-\dfrac{\varepsilon_c(1-A_c)}{\sqrt{2}\gamma} + A_c\varepsilon e^{-B_c(\sqrt{2}\upsilon\varepsilon+\varepsilon_c)}\right], & \varepsilon_e > \varepsilon_c \end{cases} \tag{2.2.155}$$

式中，压缩时的材料常数 A_c 和 B_c 的变化范围分别为 $1 \leqslant A_c \leqslant 1.5$ 和 $10^3 \leqslant B_c \leqslant 2\times10^3$。

单向压缩时的损伤方程为

$$D = \begin{cases} 0, & \varepsilon_e \leqslant \varepsilon_c \\ 1 - \dfrac{\varepsilon_c(1-A_c)}{\varepsilon_e} - A_c e^{B_c(\varepsilon_e-\varepsilon_c)}, & \varepsilon_e > \varepsilon_c \end{cases} \tag{2.2.156}$$

2. Loland 损伤模型

对于脆塑性材料，当应力接近峰值应力时，应力-应变曲线已偏离直线，这意味着应力在达到最大值前，材料中已经发生了连续损伤。Loland 损伤模型将这类材料的损伤分为两个阶段：第一个阶段是在应力达到峰值应力之前，即当应变小于峰值应力对应的应变 ε_c 时，在整个材料中发生分布的微裂纹损伤；第二个阶段是当应变大于 ε_c 时，损伤主要发生在破坏区内。材料的有效应力 $\tilde{\sigma} = \sigma/(1-D)$ 与应变 ε 的关系可表示为

$$\tilde{\sigma} = \begin{cases} \tilde{E}\varepsilon, & 0 \leqslant \varepsilon \leqslant \varepsilon_c \\ \tilde{E}\varepsilon_c, & \varepsilon_c < \varepsilon \leqslant \varepsilon_u \end{cases} \tag{2.2.157}$$

式中，ε_u 为材料断裂应变，即当 $\varepsilon = \varepsilon_u$ 时，$D=1$；$\tilde{E}$ 为净弹性模量，定义为

$$\tilde{E} = \frac{E}{1 - D_0} \tag{2.2.158}$$

E 为无损的弹性模量；D_0 为加载前的初始损伤值。

利用试验得到的脆塑性材料的单向拉伸曲线，经拟合得到损伤演化方程为

$$D = \begin{cases} D_0 + C_1\varepsilon^{\beta}, & 0 \leqslant \varepsilon \leqslant \varepsilon_{\mathrm{c}} \\ D_0 + C_1\varepsilon_{\mathrm{c}}^{\beta} + C_2(\varepsilon - \varepsilon_{\mathrm{c}}), & \varepsilon_{\mathrm{c}} < \varepsilon \leqslant \varepsilon_{\mathrm{u}} \end{cases} \tag{2.2.159}$$

式中，C_1、C_2 和 β 为材料常数。

由 $\varepsilon = \varepsilon_{\mathrm{c}}$ 时 $\sigma = \sigma_{\mathrm{c}}$，$\mathrm{d}\sigma/\mathrm{d}\varepsilon = 0$，并考虑到 $\varepsilon = \varepsilon_{\mathrm{u}}$ 时 D=1，得到

$$\beta = \frac{\lambda}{1 - D_0 - \lambda}, \quad C_1 = \frac{(1 - D_0)\varepsilon_{\mathrm{c}}^{-\beta}}{1 + \beta}, \quad C_2 = \frac{1 - D_0 - C_1\varepsilon_{\mathrm{c}}^{\beta}}{\varepsilon_{\mathrm{u}} - \varepsilon_{\mathrm{c}}} \tag{2.2.160}$$

式中，$\lambda = \sigma_{\mathrm{c}} / (\tilde{E}\varepsilon_{\mathrm{c}})$。

由 Loland 损伤模型得到的名义应力 σ、有效应力 $\tilde{\sigma}$、损伤 D 随应变 ε 的变化曲线如图 2.2.13 所示。

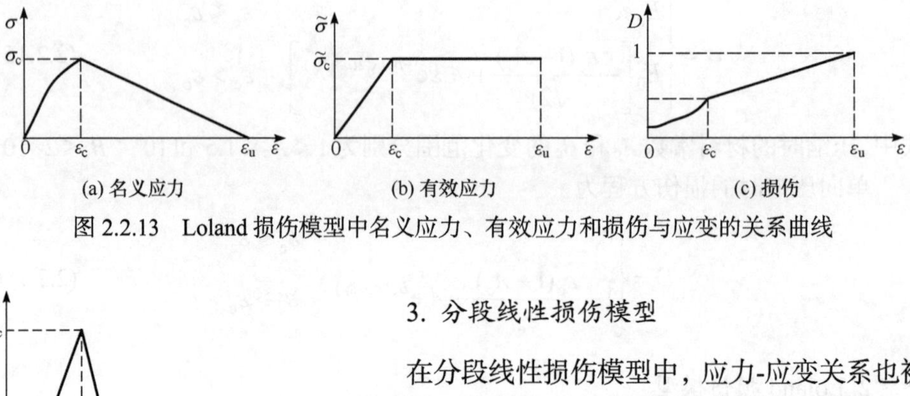

图 2.2.13 Loland 损伤模型中名义应力、有效应力和损伤与应变的关系曲线

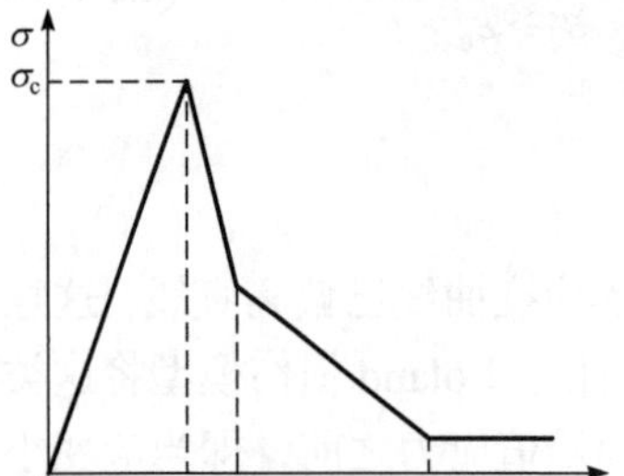

图 2.2.14 分段线性的应力-应变曲线

3. 分段线性损伤模型

在分段线性损伤模型中，应力-应变关系也被分为两个阶段。在应力达到峰值应力之前，即当 $\varepsilon < \varepsilon_{\mathrm{c}}$ 时，认为材料中只有初始损伤，没有损伤演化，应力与应变呈线弹性关系，称为第一阶段；当 $\varepsilon \geqslant \varepsilon_{\mathrm{c}}$ 时，损伤按分段线性关系发展，称为第二阶段。应力-应变关系可用分段线性的折线表示，如图 2.2.14 所示。当 $\varepsilon \geqslant \varepsilon_{\mathrm{c}}$ 时，应力-应变关系可表示为

$$\sigma = E\left[\varepsilon_{\mathrm{c}} - C_1\langle\varepsilon_{\mathrm{F}} - \varepsilon_{\mathrm{c}}\rangle - C_2\langle\varepsilon_{\mathrm{F}} - \varepsilon_{\mathrm{c}}\rangle\right] \tag{2.2.161}$$

式中，C_1 和 C_2 为材料常数，对于一般的脆塑性材料，$C_1 = 0.8 \sim 1.2$，$C_2 = 0.2 \sim 0.5$。若不考虑初始损伤，即 D_0=0，并考虑到当 $\varepsilon = \varepsilon_{\mathrm{c}}$ 时 D=1，得到

$$\varepsilon_F = (C_1 - C_2)^{-1}[(1+C_1)\varepsilon_c - C_2\varepsilon_R] \tag{2.2.162}$$

分段线性损伤模型的特点是物理概念比较清楚，应用比较方便。

4. 分段曲线损伤模型

分段曲线损伤模型认为在应力达到峰值应力前后都有损伤演化，并用不同的曲线方程来拟合，表示为

$$D = \begin{cases} A_1(\varepsilon/\varepsilon_c)^{B_1}, & 0 \leqslant \varepsilon \leqslant \varepsilon_c \\ 1 - \dfrac{A_2}{C_2(\varepsilon/\varepsilon_c - 1)^{B_2} + \varepsilon/\varepsilon_c}, & \varepsilon > \varepsilon_c \end{cases} \tag{2.2.163}$$

式中，A_1、A_2和B_1为材料常数。由边界条件$\sigma|_{\varepsilon=\varepsilon_c} = \sigma_c$，$\mathrm{d}\sigma/\mathrm{d}\varepsilon|_{\varepsilon=\varepsilon_c} = 0$得到

$$A_1 = \frac{E\varepsilon_c - \sigma_c}{E\varepsilon_c}, \quad B_1 = \frac{\sigma}{E\varepsilon_c - \sigma_c}, \quad A_2 = \frac{\sigma_c}{E\varepsilon_c} \tag{2.2.164}$$

B_2和C_2为曲线参数，取B_2=1.7，$C_2 = 0.003\sigma_c^2$。由试验数据得到A_1=1/6，B=5，A_2=5/6。

由式(2.2.163)得到的应力-应变曲线如图 2.2.15(a)所示。由该模型得到的损伤随应变的演化曲线如图 2.2.15(b)所示，它与 Mazars 损伤模型很接近。

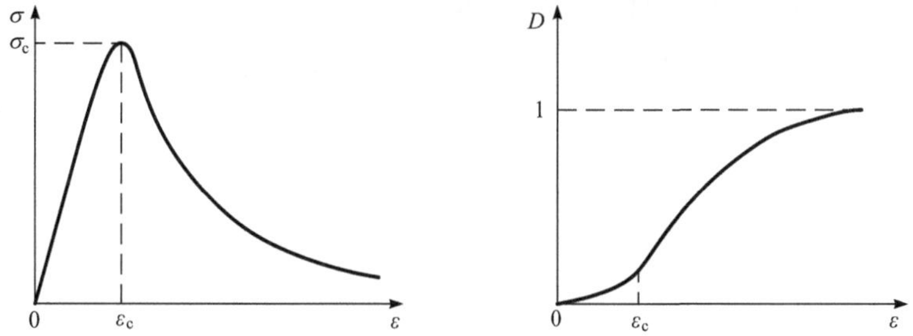

(a) 应力-应变曲线　(b) 损伤演化曲线

图 2.2.15　分段曲线损伤模型中的应力-应变曲线和损伤演化曲线

将分段曲线损伤模型的应力-应变关系用两条直线代替，如图 2.2.16(a)所示，则可将模型进一步简化，此时，损伤演化方程为

$$D = \begin{cases} 0, & 0 \leqslant \varepsilon \leqslant \varepsilon_c \\ \dfrac{\varepsilon_u(\varepsilon - \varepsilon_c)}{\varepsilon(\varepsilon_u - \varepsilon_c)}, & \varepsilon > \varepsilon_c \end{cases} \tag{2.2.165}$$

利用式(2.2.165)计算的损伤演化曲线如图 2.2.16(b)所示。

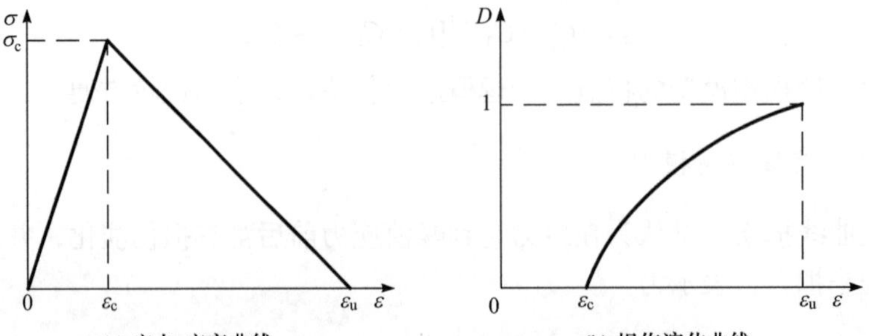

图 2.2.16 分段曲线损伤模型的简化

2.2.6 韧性损伤及金属成型极限条件

1. 韧性损伤

韧性损伤过程伴有较大的塑性变形和能量耗散，损伤特征主要表现为孔洞的萌生、成长和聚合，且易于发生在不稳定的异相材料界面处。韧性损伤对工程结构的可靠性也具有重要作用，它是金属成型加工工艺的限制条件之一。

韧性损伤既有塑性耗散，又有损伤耗散，根据热力学理论，可把耗散势 $\overline{\varphi}$ 取为塑性耗散势和损伤耗散势两部分之和，即

$$\overline{\varphi} = f(\sigma, R; D) + \overline{\varphi}_{\mathrm{D}}(Y, D) \tag{2.2.166}$$

式中，f 为带有内变量的塑性势，具有如下性质：

$$\begin{cases} f(\sigma, R; D) = 0, & \dot{\varepsilon}^{\mathrm{p}} \neq 0 \\ f(\sigma, R; D) < 0 \text{或} \dot{f} < 0, & \dot{\varepsilon}^{\mathrm{p}} = 0 \end{cases} \tag{2.2.167}$$

其中，

$$\dot{\varepsilon}^{\mathrm{p}} = \lambda \frac{\partial f}{\partial \sigma} \tag{2.2.168}$$

若在 von Mises 塑性准则中计及塑性和损伤的耦合效应，则可将 f 表示为

$$f = \frac{\overline{\sigma} - R}{1 - D} - \sigma_y = \tilde{\overline{\sigma}} - (R + \sigma_y) = 0 \tag{2.2.169}$$

式中，σ_y 为材料的初始屈服应力。在式(2.2.169)中，屈服面半径的变化与损伤在形式上不相耦合。

如果韧性损伤只与加载状态有关而与时间无关，一般可取损伤耗散势 $\overline{\varphi}_{\mathrm{D}}$ 为损伤应变能释放率 Y 的指数函数，即

$$\overline{\varphi}_{\mathrm{D}} = \frac{S_1}{S_0 + 1} \frac{(-Y / S_1)^{S_0 + 1}}{1 - D} \tag{2.2.170}$$

于是有

$$\dot{D}=-\lambda\frac{\partial\bar{\varphi}_{\mathrm{D}}}{\partial Y}=\left(-\frac{Y}{S_1}\right)^{S_0}\dot{p} \tag{2.2.171}$$

式中，塑性算子 λ 由塑性势的一致性条件 $\dot{f}=0$ 求得， $\dot{p}$ 可表示为

$$\dot{p}=-\lambda\frac{\partial f}{\partial R}=\frac{\lambda}{1-D} \tag{2.2.172}$$

根据塑性理论，若 $f<0$ 或 $\dot{f}<0$ ，则 $\lambda=0$ 。由式(2.2.169)得

$$\dot{f}=\frac{\partial f}{\partial\sigma}\dot{\sigma}+\frac{\partial f}{\partial R}\dot{R}+\frac{\partial f}{\partial D}\dot{D}=\frac{\partial\bar{\sigma}}{\partial\sigma}\frac{\partial\sigma}{\partial t}\frac{1}{1-D}-\frac{1}{1-D}\frac{\partial R}{\partial p}\frac{\partial p}{\partial t}+\frac{(\bar{\sigma}-R)}{(1-D)^2}\dot{D}=0 \tag{2.2.173}$$

式(2.2.173)可写作

$$\dot{f}=\langle\dot{\bar{\sigma}}\rangle-R'(p)\dot{p}+\sigma_y(-Y/S_1)^{S_0}\dot{p}=0 \tag{2.2.174}$$

将式(2.2.172)代入式(2.2.174)，得到

$$\lambda=\frac{\langle\dot{\bar{\sigma}}\rangle(1-D)}{R'(p)-\sigma_y(-Y/S_1)^{S_0}}H(f) \tag{2.2.175}$$

式(2.2.175)考虑了材料硬化对 λ 的影响，式中符号可表示为

$$H(f)=\begin{cases}0, & f<0\\ 1, & f=0\end{cases},\quad \langle\dot{\bar{\sigma}}\rangle=\begin{cases}0, & \bar{\sigma}<0\\ \bar{\sigma}, & \bar{\sigma}\geqslant 0\end{cases} \tag{2.2.176}$$

从而得到

$$\dot{\varepsilon}^{\mathrm{p}}=\lambda\frac{\partial f}{\partial\sigma}=\frac{3}{2}\frac{\langle\dot{\bar{\sigma}}\rangle}{R(p)-\sigma_y(-Y/S_1)^{S_0}}\frac{\sigma'}{\bar{\sigma}}H(f) \tag{2.2.177}$$

式中， σ' 为应力偏张量； $R(p)$ 表示非线性应变硬化，材料进入塑性后可假设 R 与 p 呈指数关系，即

$$R=Kp^{1/m} \tag{2.2.178}$$

K、m 为材料常数。若没有损伤或损伤可忽略，则拉伸时应变硬化曲线方程可写为

$$\sigma=\sigma_y+K(\varepsilon^{\mathrm{p}})^{1/m} \tag{2.2.179}$$

由 $\lg(\sigma-\sigma_y)$-$\lg(\varepsilon^{\mathrm{p}})$ 曲线，即可求出 K 和 m。

材料损伤时的应变硬化曲线可采用 Ramberg-Osgood 律，只需要将应力 σ 用有效应力 $\tilde{\sigma}$ 来替代，即 $\varepsilon^{\mathrm{p}}=(\tilde{\sigma}/K)^m$ ，根据上面建立的基本公式就可导出以应力或

应变表示的损伤演变方程。由式(2.1.46)得到

$$-Y=\frac{\tilde{\bar{\sigma}}^2 R_c}{2E} \tag{2.2.180}$$

将式(2.2.180)代入式(2.2.171)，得

$$\dot{D}=\left(\frac{\tilde{\bar{\sigma}}^2 R_c}{2ES_1}\right)^{S_0}\dot{p} \tag{2.2.181}$$

式(2.2.181)是损伤耗散势 $\bar{\varphi}_D$ 取式(2.2.170)形式时建立的一个韧性损伤演变律(广义本构关系)。若韧性损伤发生在理想塑性或接近理想塑性的情况下，此时 $\tilde{\bar{\sigma}}$ 为常数。三轴试验的结果表明，$S_0 \approx 1$。因此，与材料有关的系数退化为一个，即 $\tilde{\bar{\sigma}}^2/(2ES_1)$，该值仍可通过单向单调加载试验确定。式(2.2.181)可转化为

$$\dot{D}=\frac{\tilde{\bar{\sigma}}^2}{2ES_1}\dot{\varepsilon}^{p} \tag{2.2.182}$$

对式(2.2.182)进行积分，得

$$D=\frac{\tilde{\bar{\sigma}}^2}{2ES_1}(\varepsilon^{p}-\varepsilon_D) \tag{2.2.183}$$

式中，ε_D 为初始门槛值，设当 $D=D_c$ 时，$\varepsilon^p=\varepsilon_R$，$\varepsilon_R$ 为破断应变，由此得到

$$D_c=\frac{\tilde{\bar{\sigma}}^2}{2ES_1}(\varepsilon_R-\varepsilon_D) \tag{2.2.184}$$

对比式(2.2.183)和式(2.2.184)，得

$$D=\frac{\varepsilon^{p}-\varepsilon_D}{\varepsilon_R-\varepsilon_D}D_c \tag{2.2.185}$$

即损伤变量 D 与 ε^p 呈线性关系。根据式(2.2.184)，有

$$\frac{\tilde{\bar{\sigma}}^2}{2ES_1}=\frac{D_c}{\varepsilon_R-\varepsilon_D} \tag{2.2.186}$$

将式(2.2.186)代入式(2.2.182)，在 S_1=1 的场合下，有

$$\dot{D}=\frac{D_c}{\varepsilon_R-\varepsilon_D}R_c\dot{p} \tag{2.2.187}$$

构件的应变率为

$$\dot{\varepsilon}=\dot{\varepsilon}^{e}+\dot{\varepsilon}^{p} \tag{2.2.188}$$

式中，$\dot{\varepsilon}^e$ 和 $\dot{\varepsilon}^p$ 分别为弹性应变率和塑性应变率。可由以上结果得到

$$
\begin{aligned}
\dot{\varepsilon}^{\mathrm{e}} &= \frac{1+\upsilon}{E}\frac{\dot{\sigma}}{1-D} - \frac{\upsilon}{E}\frac{\mathrm{tr}(\dot{\sigma})}{(1-D)}, \\
\dot{\varepsilon}^{\mathrm{p}} &= \frac{3}{2}H(f)\frac{<\dot{\bar{\sigma}}>}{(K/m)p^{(1-m)/m} - \sigma_y D_{\mathrm{c}} R_{\mathrm{c}}/(\varepsilon_{\mathrm{R}} - \varepsilon_{\mathrm{D}})}\frac{\sigma'}{\bar{\sigma}}
\end{aligned}
\tag{2.2.189}
$$

式(2.2.189)就是带损伤材料的本构关系。

对于大部分未经纯化处理的一般工程金属材料，存在于材料内部的二相粒子、非金属夹杂及异相间面等都能诱发孔洞，影响材料的损伤演变行为。试验研究表明，材料所含夹杂越多，或夹杂尺寸越大，对韧性损伤的作用越明显。此时，D 与 ε^{p} 呈现一种非线性关系，特别是在损伤后期更是如此。

2. 金属成型极限条件

将韧性损伤理论应用于预测金属成型的极限断裂条件。假设变形过程为辐式加载，即各应力分量按相同比例增长，$\sigma_{\mathrm{m}}/\bar{\sigma}$ 不变，因此式(2.2.187)解析可积。若不计初始应变的影响，取 $p = p_{\mathrm{R}}$ 时，$D=D_{\mathrm{c}}$，对式(2.2.187)进行积分，则可得到

$$
p_{\mathrm{R}} = \varepsilon_{\mathrm{R}}\left[\frac{2}{3}(1+\upsilon) + 3(1-2\upsilon)\left(\frac{\sigma_{\mathrm{m}}}{\bar{\sigma}}\right)^2\right]^{-1} \tag{2.2.190}
$$

由式(2.2.190)可见，应力三轴度 $\sigma_{\mathrm{m}}/\bar{\sigma}$ 对断裂有极大影响。式(2.2.189)是在辐式加载条件下得出的，也可近似应用于准辐式加载的金属成型过程，以 $p_{\mathrm{R}}/\varepsilon_{\mathrm{R}}$ 和 $\sigma_{\mathrm{m}}/\bar{\sigma}$ 为坐标即可绘出控制曲线，确定 p_{R} 的限定值，以避免局部破裂。

绘制控制曲线首先应得知材料的泊松比 υ 以及该材料在单向拉伸下的断裂应变 ε_{R} 。为得到 $\sigma_{\mathrm{m}}/\bar{\sigma}$ 的值，还需要进行相应的弹塑性计算。在得到 p_{R} 以后，就可按条件

$$
\underset{(M)}{\mathrm{Sup}}\left(\sqrt{2\boldsymbol{\varepsilon}/3:\boldsymbol{\varepsilon}}\right) \leqslant p_{\mathrm{R}} \tag{2.2.191}
$$

来校验成型过程中所产生的最大累积应变是否会导致破裂。

若成型加工过程中的受力状态距离辐式加载甚远，则此时的应力三轴度 $\sigma_{\mathrm{m}}/\bar{\sigma}$ 是一时间函数，于是有

$$
\dot{D} = \dot{D}(\dot{p}, \sigma_{\mathrm{m}}/\bar{\sigma}) \tag{2.2.192}
$$

这就需要根据各个问题的特殊情况，同 $\dot{p} = \sqrt{2\dot{\boldsymbol{\varepsilon}}/3:\dot{\boldsymbol{\varepsilon}}}$ 一起进行积分，以求取控制曲线方程。这方面的一个重要特例是与薄板深冷拉相应的平面应力问题。此时，三轴度 $\sigma_{\mathrm{m}}/\bar{\sigma}$ 可作为主应变的函数计算。根据 Hencky 公式：

$$
\varepsilon_{ij} = \frac{3}{2}\frac{p}{\bar{\sigma}}(\sigma_{ij} - \sigma_{\mathrm{m}})
$$

对于平面应力，可得塑性不可压缩条件为

$$\varepsilon_3 = -(\varepsilon_1 + \varepsilon_2) = -\frac{3}{2}\frac{p}{\bar{\sigma}}\sigma_m \tag{2.2.193}$$

由于

$$p = \frac{2}{\sqrt{3}}\sqrt{\varepsilon_1^2 + \varepsilon_2^2 + \varepsilon_1\varepsilon_2} \tag{2.2.194}$$

将式(2.2.194)代入式(2.2.193)，即得

$$\frac{\sigma_m}{\bar{\sigma}} = \frac{\varepsilon_2/\varepsilon_1 + 1}{\sqrt{3}\sqrt{(\varepsilon_2/\varepsilon_1)^2 + (\varepsilon_2/\varepsilon_1) + 1}} \tag{2.2.195}$$

对式(2.2.190)两边取平方，并将 p_R 以 ε_1、ε_2 表示，即得深冷拉极限曲线方程为

$$\left(\frac{\varepsilon_1}{\varepsilon_R}\right)^2 + \frac{\varepsilon_1\varepsilon_2}{\varepsilon_R^2} + \left(\frac{\varepsilon_2}{\varepsilon_R}\right)^2 - \frac{3}{4}\left[\frac{2}{3}(1+\upsilon) + 3(1-2\rho)\left(\frac{\sigma_m}{\bar{\sigma}}\right)^2\right]^{-2} = 0 \tag{2.2.196}$$

根据式(2.2.195)，按 $\varepsilon_2/\varepsilon_1$ 的值，求出 $\sigma_m/\bar{\sigma}$，参照式(2.2.196)即可绘制出极限曲线，如图 2.2.17 所示。图中，$y = \varepsilon_1\varepsilon_2/\varepsilon_R^2$，在可供实际使用的范围内是一条准直线。

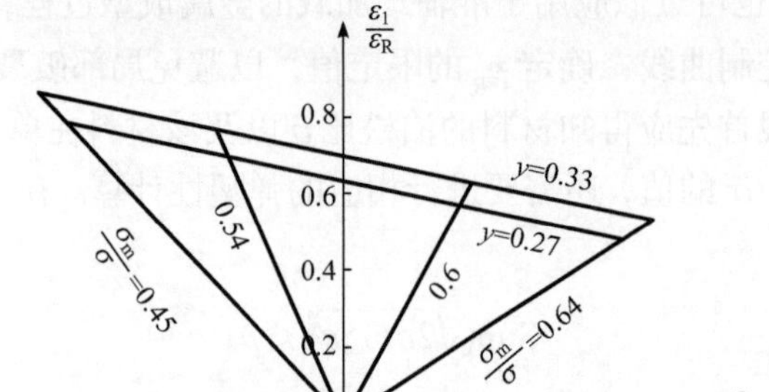

图 2.2.17　深冷拉断裂极限曲线

2.2.7 韧性损伤的微观机制与孔洞萌生

1. 韧性损伤的微观机制

材料的韧性一般是指材料受力破坏前吸收能量的能力，并以此来比较或衡量材料韧性的高低。例如，单向拉伸时应力-应变曲线下的图形面积，表示拉断一根标准试件所消耗的功，就是材料韧性的一种度量。采用带缺口试件的标准冲击试样，在一定温度下进行冲击试验，得到冲击韧性 A_K，表示试样冲断时所吸收的能

量大小。

材料的韧性与其变形能力有关，一般而言，材料能够发生的变形越大，韧性就越好。在金属材料中，因大变形诱发的内部孔洞及微裂纹的萌生和扩展现象，称为**韧性损伤**。韧性损伤的演变与材料微观组织的局部性质(如晶粒的物理性质和尺寸、相界面强度、夹杂的状态等)、应力状态和塑性应变的稳定性等多种因素有关。试验研究表明，如果能抑制微观孔洞的萌生和成长，降低损伤因素，就可大大提高材料的韧性。

对于金属材料，存在于物体内的金相组织和成分，都会在一定的变形条件下萌生孔洞。材料内部的非均匀体，如非金属夹杂、二相粒子、人为引入的颗粒增强体等，在一定变形下，都会诱生孔洞。对于由硬、软两相构成的金属，在硬相体附近，由于塑性变形时塑性位错堵塞的影响，会形成细观硬化区，当硬化区应变达到某一限度时，可造成硬相体解理，形成孔洞或裂纹。

多晶体变形时界面孔洞易于在下述情况下发生：①变形模式由整体变形向晶界滑移转变；②在不规则晶界或三叉晶界处，阻塞晶体滑移产生应力集中而导致开裂；③当界面上存在二相粒子时，界面结合强度下降，引起孔洞。

二相体间的界面脱层也是引起孔洞或微裂纹的主要因素之一。界面脱层是指在异相体之间的界面由于应力或应变，造成结合界面破裂，球形夹杂最易生成这种现象。界面结合能对于孔洞的萌生十分敏感，化学成分的微小变化就能影响其大小。对于这类损伤，通过添加化学元素的方法改变孔洞萌生成长条件是一种有效的工艺措施。

2. 孔洞萌生判据

孔洞的萌生、成长和汇聚是韧性损伤的基本特征，决定材料的韧性和使用寿命。孔洞成核是一个包括应力和应变能释放的复杂过程。应变控制理论认为，远场应变存在一门槛值，当应变低于该门槛值时，就不会有足够的应力以解离界面(或破坏粒子本身)或有足够的弹性应变能以形成内部界面。下面介绍几种用于预测孔洞成核的临界塑性应变模型。

1) 解离条件应变模型

当粒子增强材料受力使基体发生塑性变形时，其增强粒子的变形一般仍为弹性。粒子和基体间界面的解离条件是：界面解离引起的粒子弹性能释放至少应等于形成内表面所需的能量，即

$$\Delta E_{\mathrm{e}}+\Delta E_{\mathrm{s}}\leqslant 0 \tag{2.2.197}$$

式中，ΔE_{e}为粒子弹性能改变量；ΔE_{s}为形成新的内表面所需能量，由此可以导出以应变表示的判据。实际上，粒子和基体间不会在瞬间完全剥离，开始时，解

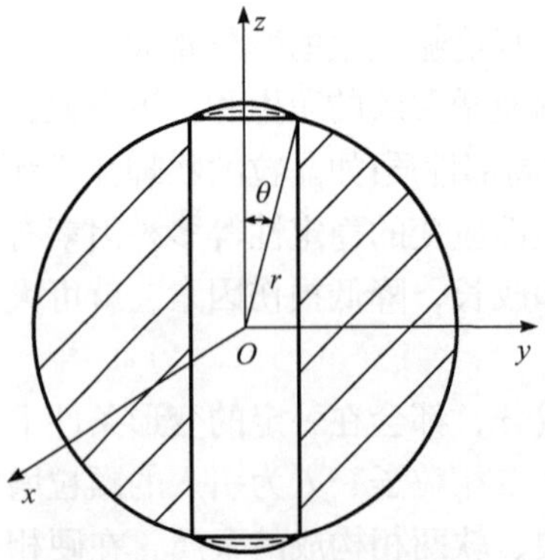

图 2.2.18 界面解离原理

离部分可能只是界面的一个很小部分，如图 2.2.18 所示。其中，θ表示剥离区的圆心角，若以ε_{c}表示孔洞成核临界应变，则可得到解离条件应变模型为

$$\varepsilon_{\mathrm{c}}^{\mathrm{E}} \geqslant \frac{1-\cos\theta}{4\sin^2\theta}\frac{3\gamma_{\mathrm{a}}}{\overline{\mu}|\boldsymbol{b}|} \tag{2.2.198}$$

式中，γ_{a}为界面结合能；$\boldsymbol{b}$ 为 Burgers(伯格斯)矢量；$\overline{\mu}$为粒子的剪切弹性模量。

2) 以应力表示的临界应变模型

对界面脱层求取临界应变时，要考虑能量条件和界面结合强度两个因素。以σ_{I}表示界面强度，以σ_{c}表示孔洞萌生时的应力临界值，当$\sigma_{\mathrm{c}}=\sigma_{\mathrm{I}}$时，界面开裂，引发孔洞。以应力表示的临界应变模型为

$$\varepsilon_{\mathrm{c}}^{\mathrm{I}} \geqslant \frac{1}{30}\left(\frac{\sigma_{\mathrm{c}}}{\alpha\mu}\right)^2\frac{r}{|\boldsymbol{b}|} \tag{2.2.199}$$

式中，α=1/7；μ为基体的剪切模量。对于 Fe-FeC 系列金属材料，$\sigma_{\mathrm{I}}\approx\mu/50$。

3) 以应变能为依据的临界应变模型

临界应变可以通过球形夹杂模型，采用固有应变(特征应变)法来计算。假设夹杂是弹性的，则当物体受拉基体进入塑性时，可由固有应变法求出此时的应力-应变场，从而得出能量场。当释放的应变能等于或大于形成内表面所需的界面能时孔洞形核，由此得到

$$\varepsilon_{\mathrm{c}}^{\mathrm{E}} \geqslant \begin{cases}\sqrt{\beta/(\kappa r)}, & \kappa\geqslant 1\\ \sqrt{\beta/r}, & \kappa<1\end{cases} \tag{2.2.200}$$

式中，r为夹杂半径；β和κ为与材料有关的常数，可表示为

$$\beta = 24\times10^{-9}\frac{\left[(7-5\upsilon)(1+\overline{\upsilon})+(1+\upsilon)(8-10\upsilon)\kappa\right]\left[(7-5\upsilon)(1+\overline{\upsilon})+5(1-\upsilon^2)\kappa\right]}{(7-5\upsilon)^2\left[2(1-2\overline{\upsilon})+(1+\upsilon)\kappa\right]} \tag{2.2.201}$$

式中，$\kappa=\overline{E}/E$，E、$\overline{E}$分别为基体和粒子的弹性模量；υ、$\overline{\upsilon}$分别为粒子和基体的泊松比。

对于根据界面能导出的方程(2.2.201)，还需补充一个以界面强度为依据的临界应变公式。由式(2.2.200)可知，$\varepsilon_{\mathrm{c}}^{\mathrm{E}}$与$\sqrt{r}$成反比，这一点与前面的结果不一致。

4) 界面强度脱层模型

根据脱层模型求得由界面强度决定的模型为

$$\varepsilon_{\mathrm{c}}^{\mathrm{I}} \geqslant \begin{cases} \delta\sigma_{\mathrm{I}}/(\kappa E), & \kappa \geqslant 1 \\ \delta\sigma_{\mathrm{I}}/E, & \kappa < 1 \end{cases} \tag{2.2.202}$$

其中，

$$\delta = \frac{(7-5\upsilon)(1+\upsilon^2)+(8-10\upsilon)(1+\upsilon)\kappa}{10(7-5\upsilon)\kappa} \tag{2.2.203}$$

对于 Fe-FeC 系列金属材料，$\bar{\upsilon}=0.30$，$\upsilon=0.28$，$\sigma_{\mathrm{I}}=1.60\times10^3\,\mathrm{MPa}\approx\mu/50$，$\bar{E}=2.68\times10^5\,\mathrm{MPa}$，$E=2.06\times10^5\,\mathrm{MPa}$，$\mu=E/[2(1+\upsilon)]$。若取$r$=2mm，则可得到

$$\varepsilon_{\mathrm{c}}^{\mathrm{E}} \geqslant 5.9\times10^{-2}, \quad \varepsilon_{\mathrm{c}}^{\mathrm{I}} \geqslant 2.22\times10^{-3} \tag{2.2.204}$$

如式(2.2.204)所示，界面强度脱层模型的结果表明，除非粒子的尺寸足够大，否则孔洞总是因界面强度不足而诱发。

5) 孔洞间的相互作用效应模型

以上介绍的都是就单一两相粒子导出的模型，这些模型既未考虑孔洞间的相互作用效应，也未计及球应力张量的影响。考虑这两个因素的相互作用效应模型为

$$\varepsilon_{\mathrm{c}}^{1/2} \geqslant K(\sigma_{\mathrm{I}}-\sigma_{\mathrm{M}}) \tag{2.2.205}$$

式中，K 为与二相体的体积分数和尺寸有关的常数；σ_{M} 为球应力张量的分量。若以 ε_{N} 表示最小孔洞萌生的应变，则

$$\varepsilon_{\mathrm{N}}^{1/2} \geqslant K(\sigma_{\mathrm{I}}-\sigma_{\mathrm{M}}) \tag{2.2.206}$$

对于 Fe 系，$\sigma_{\mathrm{I}}\approx\mu/50$。在确定二相体体积分数和平均粒子尺寸的条件下，对不同的应力状态，由试验求出 $\varepsilon_{\mathrm{N}}^{1/2}$ 和 σ_{M} 并绘图，即可确定系数 K。

对于单位面积内给定二相体数目的情况，随着塑性变形的增加，二相粒子按其尺寸由大到小逐渐与基体解离，孔洞数不断增加。在得到了粒子尺寸的分布函数后，就可以由塑性变形的增量求得孔洞的增加数，并可绘出孔洞的面积分数与等效应变的关系曲线，如图 2.2.19 所示。

3. 圆柱孔洞长大模型

图 2.2.20 为一带有圆柱形孔洞的无限体受远场应力作用的情况，b 为现时构形下的孔洞半径。基体材料为理想刚塑性体，设材料进入塑性变形后服从 von Mises 准则和耦联流动法则，则以主应变和主应力表示的应力和应变增量间的关系为

$$\mathrm{d}\varepsilon_i = \frac{3(\sigma_i-\sigma_{\mathrm{m}})\mathrm{d}\bar{\varepsilon}}{2\bar{\sigma}} \tag{2.2.207}$$

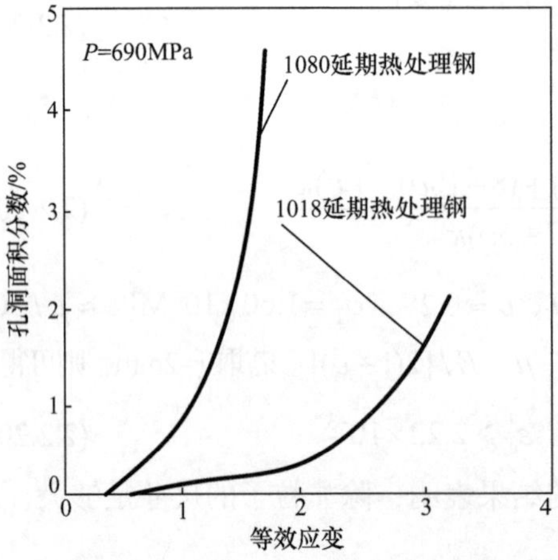

图 2.2.19 孔洞面积分数与等效应变的关系曲线

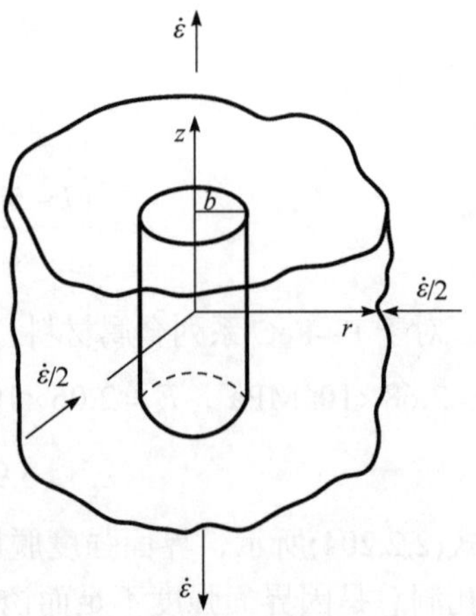

图 2.2.20 带有圆柱形孔洞的无限体

若以 σ_r、σ_θ 表示基体内任意一点处的应力，则平衡条件为

$$\frac{\partial \sigma_r}{\partial r}+\frac{\sigma_r-\sigma_\theta}{r}=0 \tag{2.2.208}$$

由式(2.2.207)和式(2.2.208)得到

$$\frac{\partial \sigma_r}{\partial r}=-\frac{2\bar{\sigma}}{3r}\frac{\mathrm{d}\varepsilon_r-\mathrm{d}\varepsilon_\theta}{\mathrm{d}\bar{\varepsilon}} \tag{2.2.209}$$

根据连续介质力学，构件的应变-位移关系、塑性变形体积不变性和变形边界条件分别为

$$\dot{\varepsilon}_r=\frac{\partial \dot{u}}{\partial r},\quad \dot{\varepsilon}_\theta=\frac{\dot{u}}{r},\quad \dot{\varepsilon}_z=\frac{\partial \dot{v}}{\partial z}=\dot{\varepsilon} \tag{2.2.210}$$

$$\frac{\partial \dot{u}}{\partial r}+\frac{\dot{u}}{r}+\dot{\varepsilon}=0 \tag{2.2.211}$$

$$\dot{\varepsilon}_\theta=\dot{\varepsilon}_{\theta b},\quad r=b \tag{2.2.212}$$

由式(2.2.210)～式(2.2.212)可导得

$$\dot{\varepsilon}_r=-\frac{b^2}{r^2}\left(\dot{\varepsilon}_{\theta b}+\frac{\dot{\varepsilon}}{2}\right)-\frac{\dot{\varepsilon}}{2},\quad \dot{\varepsilon}_\theta=\frac{b^2}{r^2}\left(\dot{\varepsilon}_{\theta b}+\frac{\dot{\varepsilon}}{2}\right)-\frac{\dot{\varepsilon}}{2} \tag{2.2.213}$$

将式(2.2.213)代入式(2.2.209)，得到

$$\frac{\partial \sigma_r}{\partial r}=\frac{4\bar{\sigma}}{3r}\frac{b^2}{r^2}\frac{\mathrm{d}\varepsilon_{\theta b}+\mathrm{d}\varepsilon/2}{\mathrm{d}\bar{\varepsilon}} \tag{2.2.214}$$

因为

$$d\bar{\varepsilon}=\frac{\sqrt{2}}{3}\sqrt{(d\varepsilon_r-d\varepsilon_\theta)^2+(d\varepsilon_\theta-d\varepsilon)^2+(d\varepsilon-d\varepsilon_r)^2}$$
$$=\sqrt{[4b^4/(3r^4)](d\varepsilon_{\theta b}+d\varepsilon/2)^2+(d\varepsilon)^2} \tag{2.2.215}$$

将式(2.2.215)代入式(2.2.214)，得

$$\frac{d\sigma_r}{\bar{\sigma}}=\frac{[4b^2/(3r^2)](d\varepsilon_{\theta b}+d\varepsilon/2)dr}{\sqrt{[4b^4/(3r^4)](d\varepsilon_{\theta b}+d\varepsilon/2)^2+(d\varepsilon)^2}} \tag{2.2.216}$$

对式(2.2.216)进行积分并作整理，即可得到增率形式的应变增量关系为

$$\dot{\varepsilon}_{\theta b}=\frac{\dot{b}}{b}=\frac{\sqrt{3}}{2}|\dot{\varepsilon}|\sinh\frac{\sqrt{3}\sigma_{r\infty}}{\bar{\sigma}}-\frac{\dot{\varepsilon}}{2} \tag{2.2.217}$$

式中，$\bar{\sigma}$ 在基体内各处均相等，可采用远场应力计算，此时 $\bar{\sigma}=\sigma_{r\infty}=-\sigma_{z\infty}$，由此得到圆柱形孔洞半径的变化率与应力三轴度的关系为

$$\frac{\dot{b}}{b}=\frac{\sqrt{3}}{2}|\dot{\varepsilon}|\sinh\frac{\sqrt{3}\sigma_{r\infty}}{\sigma_{r\infty}-\sigma_{z\infty}}-\frac{\dot{\varepsilon}}{2} \tag{2.2.218}$$

式中，$\dot{\varepsilon}/2=-\dot{\varepsilon}_{r\infty}=-\dot{\varepsilon}_{\theta\infty}$。

孔洞的体积 $V=2\pi b^2 z$，因此体积变化率为

$$\dot{V}=2\pi b^2 z\left(\frac{\dot{z}}{z}+\frac{2\dot{b}}{b}\right)=V\left(\dot{\varepsilon}+\frac{2\dot{b}}{b}\right) \tag{2.2.219}$$

将式(2.2.218)代入式(2.2.219)，得孔洞体积变化率为

$$\frac{\dot{V}}{V}=\sqrt{3}|\dot{\varepsilon}|\sinh\frac{\sqrt{3}\sigma_{r\infty}}{\sigma_{r\infty}-\sigma_{z\infty}} \tag{2.2.220}$$

4. 球形孔洞长大模型

为了分析球形孔洞在单轴拉伸应变率场内的长大问题，采用如图 2.2.21 所示的计算模型。以 σ_∞ 表示远场拉伸应力，相应应变率为 $\dot{\varepsilon}$，根据不可压缩性要求，其横向收缩应变率为 $-\dot{\varepsilon}/2$。采用变分原理研究含有球形孔洞的理想刚塑性基体，假设速度场可以看成由三部分相加而成：①与远场边界条件相容的、由均匀应变率场 $\dot{\varepsilon}_{ij}^{\infty}$ 所构成的速度场；②一个与球形孔

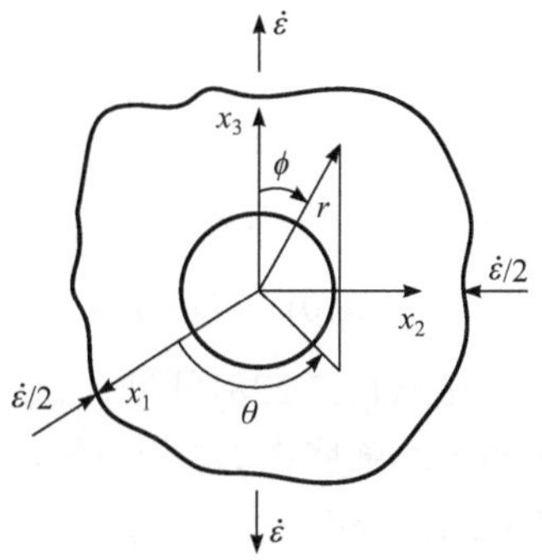

图2.2.21　球形孔洞长大的计算模型

体积改变相应，但不改变孔洞形状的球对称速度场$\dot{u}^{\mathrm{D}}$；③改变孔洞形状但不改变体积的、自球孔向外发散的衰变场$\dot{u}^{\mathrm{E}}$。据此，相应的速度场可表示为

$$\dot{u}_i = \dot{\varepsilon}_{ij}^{\infty} x_j + D\dot{u}_i^{\mathrm{D}} + E\dot{u}_i^{\mathrm{E}} \tag{2.2.221}$$

式中，D可由基体的不可压缩性和变形轴对称要求来确定。

以R_0表示球孔半径，R表示以球心为中心的任意半径，以$\dot{\varepsilon}_{R_0}$表示球孔应变率，$\dot{\varepsilon}_R$表示半径为R的球体的宏观应变率。根据基体材料的不可压缩性和球对称性，在任一时刻，球孔体积率应等于R球体的体积率，由此得

$$\dot{\varepsilon}_R = (R_0/R)^3 \dot{\varepsilon}_{R_0} \tag{2.2.222}$$

因为$\dot{\varepsilon}_R = \dot{R}/R = \dot{u}_i/x_i$，从而得到

$$\dot{u}_i = x_i (R_0/R)^3 \dot{\varepsilon}_{R_0} = D\dot{u}_i^{\mathrm{D}} \tag{2.2.223}$$

若取

$$D = \frac{\dot{\varepsilon}_{R_0}}{\dot{\varepsilon}} = \frac{\dot{R}_0}{R_0\dot{\varepsilon}} \tag{2.2.224}$$

则

$$\dot{u}_i^{\mathrm{D}} = \dot{\varepsilon}(R_0/R)^3 x_i \tag{2.2.225}$$

为了得到对称速度场，分析速度场$\dot{u}_i^{\mathrm{E}}$。假设在$\dot{u}_i^{\mathrm{E}}$场作用下，与孔洞同心的R球体在极小的时间间隔内变成一个轴对称椭球。由流体力学中流势导出的速度场正适应这一条件，因此可选用流势ψ^{E}，使

$$\dot{u}_{\mathrm{R}}^{\mathrm{E}} = \frac{1}{R^2 \sin\varphi} \frac{\partial \psi^{\mathrm{E}}}{\partial \varphi}, \quad \dot{u}_{\varphi}^{\mathrm{E}} = -\frac{1}{R\sin\varphi} \frac{\partial \psi^{\mathrm{E}}}{\partial R} \tag{2.2.226}$$

其中，

$$\psi^{\mathrm{E}} = \frac{1}{2} \dot{\varepsilon} R_0^3 F(R) \sin^2\varphi \cos\varphi, \quad F(R_0) = 1 \tag{2.2.227}$$

对于$R \neq R_0$，$F(R)$是任意的，但要使应变率在无穷远处变为零。在拉伸方向和垂直方向，根据式(2.2.221)、式(2.2.225)和式(2.2.227)，其相应速度可写为

$$\dot{u}_{\mathrm{R}}(R_0, 0) = (D+Y)\dot{\varepsilon}R_0, \quad \dot{u}_{\mathrm{R}}(R_0, \pi/2) = (D - Y/2)\dot{\varepsilon}R_0, \quad Y = 1+E \tag{2.2.228}$$

由式(2.2.228)可见，假设的速度场使孔洞产生的变形由两部分叠加而成：①与平均膨胀率$D\dot{\varepsilon}$相应的应变率；②拉伸方向的不可压缩拉伸应变率$Y\dot{\varepsilon}$。Y与$F(R)$的选择有关，无简单的封闭形解可提供，采用能量法确定系数D的近似值为

$$D = 0.56\sinh\left(\frac{3\sigma_{\mathrm{m}}}{2\bar{\sigma}}\right) \tag{2.2.229}$$

将式(2.2.229)代入式(2.2.224)，可得出理想塑性材料中含孤立球形孔洞的近似扩张规律与三轴度关系为

$$\frac{\dot{R}_0}{R_0}=0.56\sinh\left(\frac{3\sigma_{\mathrm{m}}}{2\overline{\sigma}}\right)\dot{\varepsilon} \tag{2.2.230}$$

由此可进一步得出球形孔洞体积变化率为

$$\frac{\dot{V}}{V}=1.7\sinh\left(\frac{3\sigma_{\mathrm{m}}}{2\overline{\sigma}}\right)\dot{\varepsilon} \tag{2.2.231}$$

为了能够按式(2.2.228)方便地计算球形孔洞在两个方向上的成长率，Y可表示为

$$Y=1+\mathrm{e}^{-2.25(\varepsilon-\varepsilon_{\mathrm{N}})} \tag{2.2.232}$$

2.2.8　Ramberg-Osgood 耦合损伤的多轴模型

假设存在一个外凸的耗散势函数 $f(\dot{\varepsilon}_{ij}^{\mathrm{p}},\dot{p},\dot{D},q_i,\dot{\varepsilon}_{ij}^{\mathrm{e}},T,p,D)$，其中 q_i 是热流矢量分量。由 Legendre 变换得到对偶的势函数 $\overline{f}(\dot{\varepsilon}_{ij}^{\mathrm{p}},\dot{p},y,q_i,\dot{\varepsilon}_{ij}^{\mathrm{e}},T,p,D)$，根据正交法则可得到损伤演化的动力学方程

$$D=-\frac{\partial\overline{f}}{\partial y} \tag{2.2.233}$$

以及在应力空间中将应变用应力表示的损伤本构方程。根据应变等效假设和无损材料的本构关系直接得出损伤材料的应力-应变关系，并从试验出发，假设损伤演化方程的形式，在塑性和损伤均为各向同性的情况下，耗散势 $\overline{f}$ 仅依赖于 y、$\dot{p}$ 和 T，且假设为 $-y$ 的非线性函数和 $\dot{p}$ 的线性函数，即

$$\overline{f}(y,\dot{p},T)=\frac{S_1}{S_0+1}\left(\frac{-y}{S_1}\right)^{S_0+1}\dot{p} \tag{2.2.234}$$

式中，S_1 和 S_0 为材料参数。由此得到损伤演化方程为

$$\dot{D}=\frac{\partial\overline{f}}{\partial y}=\left(\frac{-y}{S_1}\right)^{S_0}\dot{p} \tag{2.2.235}$$

对于三维情况，设弹性应变相对于塑性应变很小且可以忽略。韧性损伤一般发生在塑性大变形场合，计算累积塑性应变 $\dot{p}$ 时，可用全应变来代替塑性应变，即

$$\dot{p}=\sqrt{\frac{2}{3}\dot{\varepsilon}_{ij}\dot{\varepsilon}_{ij}} \tag{2.2.236}$$

对于 Ramberg-Osgood 硬化材料，在耦合损伤的情况下，其一维本构关系为

$$\varepsilon^{\mathrm{p}} = \left(\frac{\tilde{\sigma}}{K}\right)^M, \quad \dot{\varepsilon}^{\mathrm{p}} = \frac{M}{K}\left(\frac{\tilde{\sigma}}{K}\right)^{M-1}\dot{\tilde{\sigma}} \tag{2.2.237}$$

在多轴情况下，式(2.2.237)变为

$$p = \left[\frac{\tilde{\sigma}}{(1-D)K}\right]^M \quad 或 \quad \frac{\tilde{\sigma}}{1-D} = Kp^{1/M} \tag{2.2.238}$$

韧性损伤的一般本构关系由式(2.2.182)表示，将式(2.2.238)代入式(2.2.182)，得

$$\dot{D} = \left\{\frac{K^2}{2ES_1}\left[\frac{2}{3}(1+\upsilon) + 3(1-2\upsilon)\left(\frac{\sigma_{\mathrm{m}}}{\bar{\sigma}}\right)^2\right]p^{2/M}\right\}^{S_0}\dot{p} \tag{2.2.239}$$

式(2.2.239)就是 Ramberg-Osgood 硬化材料韧性损伤的一般本构方程。

在工程实际中，有许多结构受力时，结构内各点的主应力在加载过程中只改变数值，而不改变它们之间的比值，可表达为

$$\sigma_{ij}(x,t) = \alpha(t)\sigma_{ij}(x,0) \tag{2.2.240}$$

式中，$\sigma_{ij}(x,0)$ 表示参考值；$\alpha(t)$ 是一标量。

在这种加载状态下，三轴度 $\sigma_{\mathrm{m}}/\bar{\sigma}$ 是常值，可对式(2.2.240)进行积分从而得出 p 与 D 的简单关系式。假设 p_{D} 为初始损伤门槛值，即 $p < p_{\mathrm{D}}$，$\dot{D} = 0$，对式(2.2.239)直接进行积分，可得

$$D = \left\{\frac{K^2}{2ES_1}\left[\frac{2}{3}(1+\upsilon) + 3(1-2\upsilon)\left(\frac{\sigma_{\mathrm{m}}}{\bar{\sigma}}\right)^2\right]\right\}^{S_0}\frac{M}{2S_0+M}\langle p^{(2S_0+M)/M} - p_{\mathrm{D}}^{(2S_0+M)/M}\rangle \tag{2.2.241}$$

引入破断应变 p_{R}，即当 $p=p_{\mathrm{R}}$ 时，$D=D_{\mathrm{c}}$，因此有

$$D_{\mathrm{c}} = \left\{\frac{K^2}{2ES_1}\left[\frac{2}{3}(1+\upsilon) + 3(1-2\upsilon)\left(\frac{\sigma_{\mathrm{m}}}{\bar{\sigma}}\right)^2\right]\right\}^{S_0}\frac{M}{2S_0+M}\langle p_{\mathrm{R}}^{(2S_0+M)/M} - p_{\mathrm{D}}^{(2S_0+M)/M}\rangle \tag{2.2.242}$$

将式(2.2.241)和式(2.2.242)相除，得

$$D = \frac{p^{(2S_0+M)/M} - p_{\mathrm{D}}^{(2S_0+M)/M}}{p_{\mathrm{R}}^{(2S_0+M)/M} - p_{\mathrm{D}}^{(2S_0+M)/M}}D_{\mathrm{c}} \tag{2.2.243}$$

在金属的塑性大变形范围内，M 通常很大(对理想塑性 $M=\infty$)，$S_0\approx1$，于是 $M/(2S_0+M)$ 的量级为 1。在式(2.2.242)中，p_{D} 与 p_{R} 三轴度有关，但可以假设其

相关性相同，因此 p_D / p_R 与三轴度无关，并且等于单向情况下的比值，即

$$\frac{p_D}{p_R} = \frac{\varepsilon_D}{\varepsilon_R} \tag{2.2.244}$$

式中，ε_D、ε_R 分别为单向应变时的损伤门槛值和破断值，因此有

$$D = D_c \frac{p\varepsilon_R / p_R - \varepsilon_D}{\varepsilon_R - \varepsilon_D} \tag{2.2.245}$$

再取 $(2S_0 + M)/M = 1$，由式(2.2.242)得到

$$p_R = \varepsilon_R \frac{2ES_1 D_c}{K^2(1 - \varepsilon_D / \varepsilon_R)} = \varepsilon_R \left[\frac{2}{3}(1+\upsilon) + 3(1-2\upsilon)\left(\frac{\sigma_m}{\bar{\sigma}}\right)^2 \right]^{-1} \tag{2.2.246}$$

将式(2.2.246)代入式(2.2.245)，得到

$$D = D_c \frac{p[2(1+\upsilon)/3 + 3(1-2\upsilon)(\sigma_m / \bar{\sigma})^2] - \varepsilon_D}{\varepsilon_R - \varepsilon_D} \tag{2.2.247}$$

在单向情况下，式(2.2.247)转变为

$$D = D_c \frac{\varepsilon - \varepsilon_D}{\varepsilon_R - \varepsilon_D} \tag{2.2.248}$$

式(2.2.248)与式(2.2.185)类似。只是由于考虑了塑性大变形，在式(2.2.247)中，以全应变 ε 代替了塑性应变 ε^p。由上面的讨论可知，当使用 Ramberg-Osgood 模型时，有三个材料损伤常数 ε_D、ε_R、D_c 和一个硬化指数 M 需经试验确定。

2.3　蠕变损伤理论

2.3.1　蠕变损伤现象

在高温下工作的金属构件，当环境温度超过材料熔化温度 T_m 的 40%时，就会发生恒应力下依赖于时间而变化的变形，统称**蠕变**。对于结构钢，温度超过500℃时应考虑蠕变效应；对于铝合金，温度在 260℃时应考虑蠕变效应。在蠕变情况下，材料能够承受载荷的时间是有限的。材料在蠕变下最终破坏的时间称为**破损时间**。蠕变问题在工程技术领域具有重要性，因此一直是力学和材料科学研究的主要对象。

蠕变现象的试验研究主要在单向应力状态下进行。图 2.3.1 为在给定温度下两

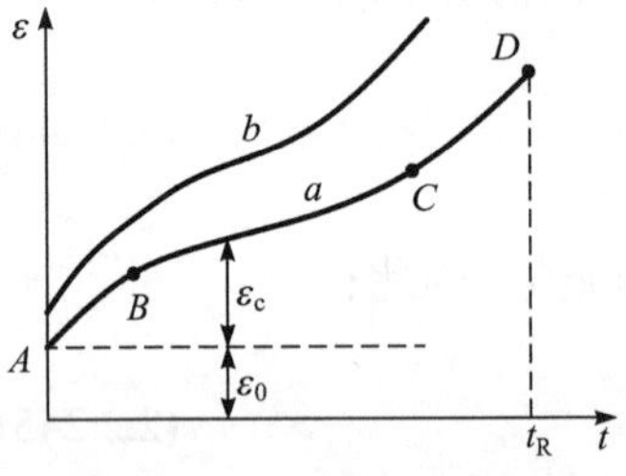

图 2.3.1　蠕变曲线

种不同应力水平的蠕变曲线(a 与 b)。图中，ε_0 为加载时发生的瞬时弹塑性应变。蠕变曲线可划分为三个阶段，对应于三个不同阶段的蠕变特性，如图 2.3.1 所示。第一阶段 AB 为初始阶段，其特点是变形率由较大的起始值逐渐减缓并趋向稳定；第二阶段 BC 为稳定阶段，该阶段应变率接近常数；第三阶段 CD 为加速阶段，该阶段变形加速增长，直至破断。

给定温度下的蠕变曲线与应力水平有关，在高应力下通常是韧性破坏，破断时间较短，此时变形较大，破坏机制主要是晶体滑移。在低应力下通常是脆性断裂，破断时间较长，破坏机制主要是晶界裂纹(孔洞)的孕育和成长。

蠕变损伤分析可采用不同模型，包括按宏观试验现象建立的唯象模型和按细观破坏机制建立的细观损伤模型。对于唯象模型，其还可以分为耦合与非耦合两种。采用非耦合模型时，蠕变律不包含损伤变量。

对于非耦合模型，变形率和损伤率分别为

$$\dot{\varepsilon}_{\mathrm{c}} = B_1\sigma^m = \frac{f_1(\sigma)}{f_2(\varepsilon_{\mathrm{c}})}, \quad \dot{D} = A\left(\frac{\sigma}{1-D}\right)^n \tag{2.3.1}$$

对于耦合模型，变形率和损伤率分别为

$$\dot{\varepsilon}_{\mathrm{c}} = b\sigma^m(1-D)^{-q}, \quad \dot{D} = c\sigma^n(1-D)^{-r} \tag{2.3.2}$$

式中，B_1、A、b、c、m、n、q、r 均为材料常数，由给定温度下的试验求出。

一般情况下，总可以将蠕变损伤的基本方程表示为

$$\dot{\varepsilon}_{\mathrm{c}} = f_1(\sigma, D) f_2(T), \quad \dot{D} = g_1(\sigma, D) g_2(T) \tag{2.3.3}$$

式中，T 为环境温度。

2.3.2　一维蠕变损伤理论

对于高温下的金属，在载荷较大和载荷较小两种情况下，其断裂行为是不同的。当载荷较大时，试件伸长，横截面面积减小，从而引起应力单调增长，直至材料发生延性断裂，对应的细观机制为金属晶粒中微孔洞长大引起的穿晶断裂。当载荷较小时，试件的伸长量很小，横截面面积基本上保持常数，但材料内部的晶界上仍然产生微裂纹和微孔洞，其尺寸随时间增长，最终汇合成宏观裂纹，导致材料的晶间脆性断裂。

设试件在加载前的初始横截面面积为 A_0，加载后外观横截面面积减小为 A，

有效承载面积为 $\tilde{A}=A(1-D)$，则名义应力 σ_0、Cauchy 应力 σ、有效应力 $\tilde{\sigma}$ 分别定义为

$$\sigma_0=\frac{F}{A_0},\quad \sigma=\frac{F}{A},\quad \tilde{\sigma}=\frac{F}{\tilde{A}}=\frac{F}{A(1-D)}=\frac{\sigma}{1-D} \tag{2.3.4}$$

在忽略弹性变形、考虑损伤的情况下，变形率假设为

$$\frac{\mathrm{d}\varepsilon}{\mathrm{d}t}=B\tilde{\sigma}^n \tag{2.3.5}$$

式中，ε 为总应变；B 和 n 为材料常数。在无损情况下，$\tilde{\sigma}=\sigma$，式(2.3.5)常称为 Norton 幂律。在研究蠕变损伤时，还必须建立损伤的演化方程，即建立损伤演化率 $\mathrm{d}D/\mathrm{d}t$ 与力学量相关联的关系。对于一些简单的情形，可以假设损伤演化方程具有指数函数的形式：

$$\frac{\mathrm{d}D}{\mathrm{d}t}=C\tilde{\sigma}^\nu=C\left(\frac{\sigma}{1-D}\right)^\nu \tag{2.3.6}$$

式中，C 和 ν 为材料常数。

假设名义应力 σ_0 保持不变，则由材料的体积不可压缩条件 $AL=A_0L_0$，可将有效应力表示为

$$\tilde{\sigma}=\frac{\sigma}{1-D}=\frac{\sigma_0A_0}{A(1-D)}=\frac{\sigma_0L}{L_0(1-D)}=\frac{\sigma_0}{1-D}\mathrm{e}^\varepsilon \tag{2.3.7}$$

下面分为无损伤延性断裂、有损伤无变形的脆性断裂及同时考虑损伤和变形三种情况讨论金属材料的蠕变断裂特性。

1) 无损伤延性断裂

在不考虑损伤($D=0$)的情况下，式(2.3.7)简化为

$$\tilde{\sigma}=\sigma_0\mathrm{e}^\varepsilon \tag{2.3.8}$$

将式(2.3.8)代入式(2.3.5)，得到

$$\frac{\mathrm{d}\varepsilon}{\mathrm{d}t}=B\sigma_0^n\mathrm{e}^{n\varepsilon} \tag{2.3.9}$$

对式(2.3.9)进行积分，并利用初始条件 $\varepsilon(0)=0$，得

$$\varepsilon(t)=-\frac{1}{n}\ln(1-nB\sigma_0^nt) \tag{2.3.10}$$

延性蠕变断裂的条件为 $\varepsilon=\infty$，得到延性蠕变断裂的时间为

$$t_{\mathrm{RH}}=-(nB\sigma_0^n)^{-1} \tag{2.3.11}$$

2) 有损伤无变形的脆性断裂

不考虑变形($\varepsilon=0$)的情况下，$A=A_0$，式(2.3.7)中的有效应力简化为

$$\tilde{\sigma}=\frac{\sigma_0}{1-D} \tag{2.3.12}$$

将式(2.3.12)代入式(2.3.6)中的损伤演化方程，得

$$\frac{\mathrm{d}D}{\mathrm{d}t}=C\sigma_0^{\nu}(1-D)^{\nu} \tag{2.3.13}$$

对式(2.3.13)进行积分，并利用初始条件 $D(0)=0$，得

$$D=1-[1-(\nu+1)C\sigma_0^{\nu}t]^{1/(\nu+1)} \tag{2.3.14}$$

设损伤脆性断裂条件为 $D=D_{\mathrm{c}}=1$，可得脆性断裂的时间为

$$t_{\mathrm{RK}}=-[(\nu+1)C\sigma_0^{\nu}]^{-1} \tag{2.3.15}$$

3) 同时考虑损伤和变形

类似于对数应变的定义 $\mathrm{d}\varepsilon=\mathrm{d}L/L=-\mathrm{d}A/A$，采用如下形式的损伤定义：

$$\mathrm{d}D=-\frac{\mathrm{d}A_{\mathrm{n}}}{A_{\mathrm{n}}} \tag{2.3.16}$$

式中，A_{n} 为假想的有效承载面积。

因此，式(2.3.4)中的有效应力可改写为

$$\tilde{\sigma}=F/A_{\mathrm{n}}=\sigma_0\,\mathrm{e}^{\varepsilon+D} \tag{2.3.17}$$

由式(2.3.5)、式(2.3.6)和式(2.3.17)，可得到关于有效应力 $\tilde{\sigma}$ 的控制方程为

$$\frac{\mathrm{d}\tilde{\sigma}}{\tilde{\sigma}\mathrm{d}t}-B\tilde{\sigma}^{n}-C\tilde{\sigma}^{\nu}=\frac{1}{\sigma_0}\frac{\mathrm{d}\sigma_0}{\mathrm{d}t} \tag{2.3.18}$$

任意给定加载历史 $\sigma_0(t)$，即可由式(2.3.18)得到有效应力的变化过程 $\tilde{\sigma}(t)$。对于如图 2.3.2(a)所示的 Heaviside 型加载历史，在 0-1 段，有

$$\frac{1}{\tilde{\sigma}}\mathrm{d}\tilde{\sigma}=\frac{1}{\sigma_0}\mathrm{d}\sigma_0 \tag{2.3.19}$$

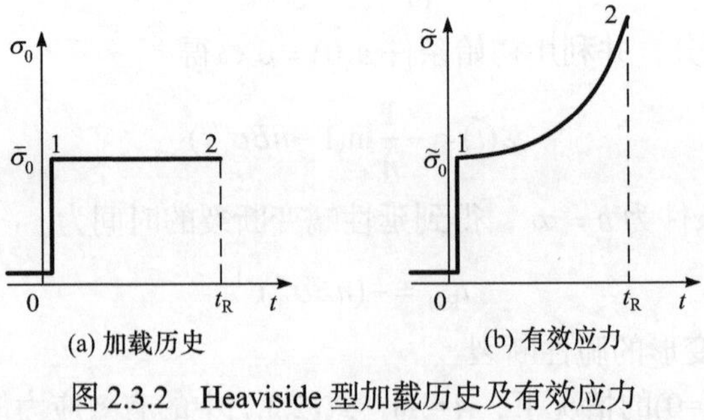

图 2.3.2　Heaviside 型加载历史及有效应力

由此得到

$$\tilde{\sigma}_0=\sigma_0 \tag{2.3.20}$$

式(2.3.20)表明，在瞬态加载的过程中，既没有蠕变变形，也没有损伤发展。在 1-2 段，式(2.3.18)简化为

$$\frac{\mathrm{d}\tilde{\sigma}}{\tilde{\sigma}\mathrm{d}t}-B\tilde{\sigma}^n-C\tilde{\sigma}^\nu=0 \tag{2.3.21}$$

对式(2.3.21)进行积分，并利用初始条件式(2.3.20)，得

$$t=\int_{\bar{\sigma}_0}^{\tilde{\sigma}}(Bx^{n+1}+Cx^{\nu+1})^{-1}\mathrm{d}x \tag{2.3.22}$$

由式(2.3.22)及 $\tilde{\sigma}\to\infty$ 的条件，得到同时考虑损伤演化和蠕变变形的断裂时间为

$$t_\mathrm{R}=\int_{\bar{\sigma}_0}^{\infty}(Bx^{n+1}+Cx^{\nu+1})^{-1}\mathrm{d}x \tag{2.3.23}$$

令 C=0，得到不考虑损伤演化的断裂时间，与式(2.3.11)中的 t_RH 相同；令 B=0，得到不考虑蠕变变形的断裂时间为

$$t_\mathrm{R}=(\nu C\sigma_0^\nu)^{-1} \tag{2.3.24}$$

所采用的损伤定义不同，式(2.3.24)与式(2.3.15)中的 t_RK 略有差别，当 B=0，C>0 时，可以得到断裂时间的数值积分结果，如图 2.3.3 所示。由图可以看出，应力较大时，可以采用忽略损伤的式(2.3.11)；应力较小时，可以采用忽略蠕变变形的式(2.3.24)；在中等应力水平时，应同时考虑损伤演化和蠕变变形。

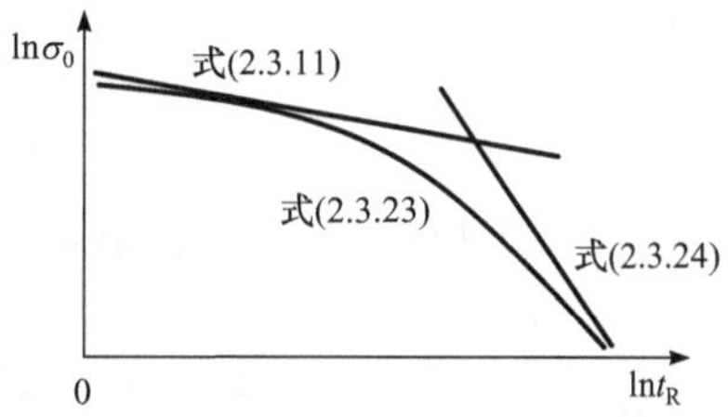

图 2.3.3　三种情况下的蠕变断裂时间

2.3.3　构件变形时的蠕变脆性破坏

1. 蠕变断裂的两个阶段

在蠕变损伤情况下，若结构中的应力场是均匀的，则损伤均匀发展，当损伤达到临界值时，结构发生瞬态断裂；若结构中的应力场不均匀，则结构的断裂经历两个阶段。第一阶段称为断裂孕育阶段，所经历的时间为 $0\leqslant t<t_\mathrm{I}$，结构内诸点的损伤因子均小于其断裂临界值。在 t_I 时刻，结构中某一点(或某一区域)的损伤达到临界值而发生局部断裂。第二阶段称为断裂扩展阶段，$t\geqslant t_\mathrm{I}$，弥散的微裂纹汇合成宏观裂纹，宏观裂纹在结构中扩展，直至结构完全破坏。

在断裂扩展阶段，结构中存在两种区域，如图 2.3.4 所示。其一是损伤尚未达到临界值的区域 V_1，其二是损伤已经达到临界值的区域 V_2。区域 V_1 仍然承受载荷，而区域 V_2 已完全丧失承载能力。两个区域的交界面称为断裂前缘 Σ，断裂前缘 Σ 是可动的，区域 V_2 即是断裂前缘 Σ 所扫过的区域。在断裂前缘 Σ 上，恒有 $D=D_c$，此处取 $D_c=1$，因此在断裂前缘 Σ 上有

$$\frac{\mathrm{d}D}{\mathrm{d}t}=\frac{\partial D}{\partial t}+\frac{\partial D}{\partial u}\frac{\mathrm{d}u}{\mathrm{d}t}=0 \tag{2.3.25}$$

式中，u 为断裂前缘沿扩展方向的距离。

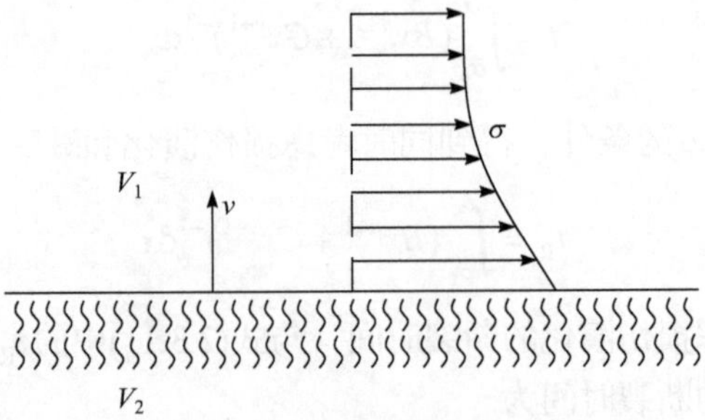

图 2.3.4 蠕变损伤结果的断裂

采用式(2.3.6)中的损伤演化方程，对于任意一点 P，其应力为 $\sigma(t)$，将式(2.3.6)改写为

$$(1-D)^{\nu}\mathrm{d}D=C[\sigma(t)]^{\nu}\mathrm{d}t \tag{2.3.26}$$

对式(2.3.26)进行积分，并利用初始条件 $D(0)=0$，得到

$$D=1-\left[1-C(\nu+1)\int_0^t[\sigma(\tau)]^{\nu}\mathrm{d}\tau\right]^{1/(\nu+1)} \tag{2.3.27}$$

令 $D(0)=1$，即可得到在 t 时刻损伤前缘应满足的方程为

$$C(\nu+1)\int_0^t[\sigma(\tau)]^{\nu}\mathrm{d}\tau=1 \tag{2.3.28}$$

将式(2.3.27)代入方程(2.3.25)，得到损伤前缘 Σ 的运动方程为

$$\frac{\mathrm{d}u}{\mathrm{d}t}=-[\sigma_{\Sigma}(t)]^{\nu}\left[\frac{\partial}{\partial u}\int_0^t[\sigma(\tau)]^{\nu}\mathrm{d}\tau\right]^{-1} \tag{2.3.29}$$

式中，下标 Σ 表示在断裂前缘上取值。

在应力均匀的情况下，式(2.3.29)的右端为无穷大，因此一旦某一点达到损伤临界值，结构就会发生瞬态断裂。

2. 直杆拉伸的蠕变破坏

根据杆的受力变形状态，杆拉伸时的蠕变破坏可分为三种形式：蠕变脆性断裂、蠕变韧性破坏和蠕变韧-脆性破坏。

1) 蠕变脆性断裂

蠕变脆性断裂是一种极端情况。蠕变脆性断裂发生在应力水平较低、变形较小的场合，此时蠕变变形不是主要的，材料的破坏主要由晶界或晶内孕育的显微裂纹或孔洞而引起，因此可认为变形与损伤无关，脆性破损时间 t_{BR} 可由损伤直接确定。由于变形较小，杆截面变形时近似等于其初始面积，即 $F=F_0$，损伤率采用式(2.3.1)的第二式形式，也可表示为

$$(1-D)^n \dot{D} = A\sigma^n \tag{2.3.30}$$

式中，$\sigma=P/F_0=\sigma_0$。假设初始损伤为零，即当 $t=0$ 时 $D=0$。破坏条件为 $t=t_{BR}$ 时 $D=1$(理想损伤破坏)。对式(2.3.30)进行积分，得

$$t=\frac{1-(1-D)^{n+1}}{(n+1)A\sigma_0^n} \tag{2.3.31}$$

将 $D=1$ 代入式(2.3.31)，可求出脆性破损时间为

$$t_{BR}=[(n+1)A\sigma_0^n]^{-1} \tag{2.3.32}$$

根据式(2.3.31)和式(2.3.32)，可导出损伤方程为

$$D=1-(1-t/t_{BR})^{1/(n+1)}, \quad t \leqslant t_{BR} \tag{2.3.33}$$

在 $\ln\sigma$-$\ln t$ 曲线上，随着破损时间 $t_F=t_{BR}$ 的增加，蠕变的持久强度曲线表现为斜率等于 $1/n$ 的直线，如图 2.3.5 中的 de 所示。经试验得到持久曲线，即可确定 n 和 A。

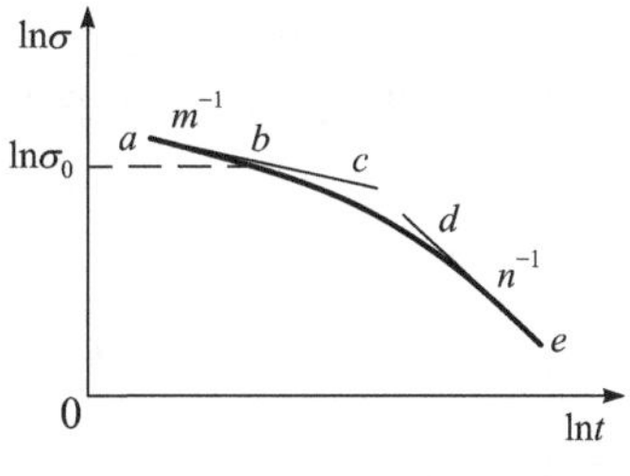

图 2.3.5　应力随时间的对数变化曲线

2) 蠕变韧性破坏

蠕变韧性破坏(Hoff 解)是另一种极端情况。蠕变韧性破坏发生在应力水平较高的场合，破坏主要由晶体内部滑移所造成的过大蠕变变形所致，因此可以单独使用变形率来确定其破损时间 t_{DR}。由于变形较大，计算时应考虑变形对应力的影响。

以 F_0、l_0 表示杆的初始截面积和原长，F、l 表示现时面积和长度。假设蠕变变形时体积不可压缩，则有 $F_0l_0=Fl$。变形率由式(2.3.1)的第一式表示，可进一步表示为

$$\dot{\varepsilon}_c = B_1(\sigma_0 F_0/F)^m \tag{2.3.34}$$

变形率和体积不可压缩性可表示为

$$\dot{\varepsilon}_{\mathrm{c}}=\frac{1}{l}\frac{\mathrm{d}l}{\mathrm{d}t},\quad \frac{1}{F}\frac{\mathrm{d}F}{\mathrm{d}t}=-\frac{1}{l}\frac{\mathrm{d}l}{\mathrm{d}t} \tag{2.3.35}$$

将式(2.3.35)代入式(2.3.34)，积分并经整理后有

$$t=\frac{1-(F/F_0)^m}{mB_1\sigma_0^m} \tag{2.3.36}$$

式中，σ_0 为初始应力，$\sigma_0=P/F_0$。

设当 $t=t_{\mathrm{DR}}$ 时，$F=0$，即蠕变导致杆变细到理论上的极限，可得出韧性破损时间为

$$t_{\mathrm{DR}}=(mB_1\sigma_0^m)^{-1} \tag{2.3.37}$$

在任一时刻 t 的面积比为

$$\frac{F}{F_0}=\left(1-\frac{t}{t_{\mathrm{DR}}}\right)^{1/m},\quad t\leqslant t_{\mathrm{DR}} \tag{2.3.38}$$

在图 2.3.5 中，破损时间 $t_{\mathrm{F}}=t_{\mathrm{DR}}$ 与应力 σ_0 的关系表现为斜率为 $1/m$ 的直线 ab。一般而言，$m\gg 1$，因此截面积 F 只在变形的最后阶段才会急剧减小。

3) 蠕变韧-脆性破坏

现在讨论介于以上两种极端情况的中间情况，此时破坏是混合式的。整个持久强度曲线的中间部分表示此类破坏的应力和破损时间的关系。破坏过程应在蠕变变形的背景下考虑损伤的演变。显微裂纹的萌生、生长机制和蠕变流动机制不相一致，因此在主要研究蠕变的稳定阶段时，可合理地假设蠕变变形不受损伤演变的影响。将单纯由蠕变求出的杆截面变化(式(2.3.38))代入损伤率公式(2.3.1)，得到

$$\dot{D}=A\sigma_0^n(1-D)^{-n}\left(1-\frac{t}{t_{\mathrm{DR}}}\right)^{-n/m} \tag{2.3.39}$$

又可表示为

$$(1-D)^n\dot{D}=A\sigma_0^n\left(1-\frac{t}{t_{\mathrm{DR}}}\right)^{-n/m},\quad t\leqslant t_{\mathrm{DR}} \tag{2.3.40}$$

取破损时间为 t_{F}，当 $t=t_{\mathrm{F}}$ 时 $D=1$，对式(2.3.40)进行积分，得到

$$\frac{t_{\mathrm{F}}}{t_{\mathrm{DR}}}=1-\left(1-\frac{m-n}{m}\frac{t_{\mathrm{BR}}}{t_{\mathrm{DR}}}\right)^{m/(m-n)},\quad m>n \tag{2.3.41}$$

试验资料表明，对数坐标中的持久强度曲线，随着时间坐标的增长，其斜率保持不变或增大，因此 $m>n$。式(2.3.41)是在损伤律中引入式(2.3.38)的条件而导出的，因此该式在 $t_F \leqslant t_{DR}$ 条件下有效，于是有

$$\sigma_0 \leqslant \left[\frac{A(1+n)}{B_1(m-n)}\right]^{1/(m-n)} \equiv \hat{\sigma}_0 \tag{2.3.42}$$

在高应力下发生韧性破坏(按 Hoff 解)；在低应力下发生脆性破坏，但应变水平较高。低应力下的应变可将式(2.3.41)中的 t_F 代入式(2.3.38)，由 $t=t_F$ 求出。图 2.3.5 所表达的整个持久强度曲线反映了完整的破坏形式。对于 $\sigma_0 > \hat{\sigma}_0$ 的情况，持久强度曲线与直线 ab 一致；在低应力下，断裂的脆性特征越显著，曲线就越趋向于直线 de。当 $m=n$ 时，解的形式为

$$\frac{t_F}{t_{DR}} = q_1, \quad q_1 = 1 - e^{-mB/[A(n+1)]} \leqslant 1 \tag{2.3.43}$$

此时，破坏是脆性的，即破坏由 D=1 来决定且在同一应变下发生，有

$$q_1 = 1 - (l_0/l_F)^m \tag{2.3.44}$$

式中，l_F 为杆破坏时的长度。

若 $m=n$，则材料是稳定的，试验曲线不会陡然改变方向。杆在断裂时的伸长量可由常数 A 的选择而给予适当描述。

4) 损伤对蠕变的影响

以上讨论均设蠕变变形不受损伤影响，这只适用于蠕变的第二阶段。对于第三阶段，蠕变的加速不能完全归因于截面面积的减小，由微观裂纹和孔洞的发展而造成的损伤同样会导致蠕变加速。采用式(2.3.2)所示的耦合模型，可研究损伤的效应。

为了简便，采用式(2.3.2)所示的指数律耦合模型。其中，材料常数 b、c、m、q、n 可由试验确定。首先研究纯脆性断裂的情况，即 σ= 常数 $=\sigma_0$。将式(2.3.2)的第二式积分得

$$(1-D)^{r+1} = 1 - \frac{t}{t'_{BR}} \tag{2.3.45}$$

式中，t'_{BR} 为由 D=1 时得出的脆断时间，可表示为

$$t'_{BR} = [c(r+1)\sigma_0^n]^{-1} \tag{2.3.46}$$

将式(2.3.45)代入式(2.3.2)的第一式，取初始条件 t=0 时，ε=0，积分得

$$\varepsilon=\frac{\rho}{m}\frac{t'_{\mathrm{BR}}}{t'_{\mathrm{DR}}}\left[1-\left(1-\frac{t}{t'_{BR}}\right)^{1/\rho}\right] \tag{2.3.47}$$

式中，$\rho=(r+1)/p$，$p=r+1-q$；$t'_{\mathrm{DR}}=[bm\sigma_0^m]^{-1}$ 为纯韧性破损时间。与式(2.3.47)相应的持久强度曲线如图 2.3.6 所示。由此可见，采用这一方案，可在横截面面积不减小的情况下描述蠕变第三阶段的变形。

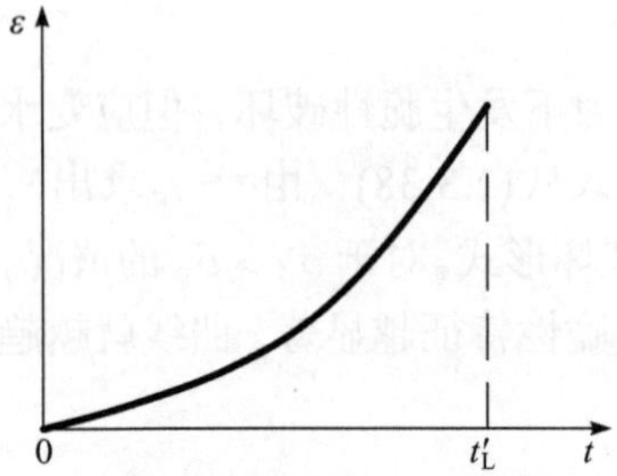

图 2.3.6　持久强度曲线

如果将有限变形考虑在内，就可用来研究复合型断裂问题。将式(2.3.35)的第一式积分得到

$$\varepsilon=\ln\left(\frac{l}{l_0}\right) \text{或} \frac{l}{l_0}=\mathrm{e}^{\varepsilon} \tag{2.3.48}$$

从而得到应力为

$$\sigma=\frac{P}{F}=\sigma_0\mathrm{e}^{\varepsilon} \tag{2.3.49}$$

利用式(2.3.49)，将式(2.3.2)写为

$$\dot{\varepsilon}=\frac{1}{mt'_{\mathrm{DR}}}(1-D)^{-q}\,\mathrm{e}^{m\varepsilon},\quad \dot{D}=\frac{1}{(r+1)t'_{\mathrm{BR}}}(1-D)^{-r}\,\mathrm{e}^{n\varepsilon} \tag{2.3.50}$$

将式(2.3.50)的两式相除，得到

$$\frac{\mathrm{d}\varepsilon}{\mathrm{d}D}=\frac{r+1}{m}\frac{t'_{\mathrm{BR}}}{t'_{\mathrm{DR}}}(1-D)^{r-q}\,\mathrm{e}^{(m-n)\varepsilon} \tag{2.3.51}$$

取初始条件为 $D=0$，$\varepsilon=0$，对式(2.3.50)的第一式积分即得

$$\varepsilon=\frac{1}{m-n}\ln[1-v+v(1-D)^p],\quad m>n \tag{2.3.52}$$

其中，

$$p=1+r-q,\quad v=\frac{m-n}{p}\frac{b}{c}\sigma_0^{m-n} \tag{2.3.53}$$

在 $m=n$ 的情况下，有

$$(1-D)^p=1-\varepsilon/\varepsilon_{\mathrm{F}} \tag{2.3.54}$$

式中，$\varepsilon_{\mathrm{F}}=b/(cp)$。将上述方程代入式(2.3.50)的第一式，积分得

$$\int_0^{\varepsilon}\left(1-\frac{\varepsilon}{\varepsilon_{\mathrm{F}}}\right)^{q/p}\mathrm{e}^{-m\varepsilon}\,\mathrm{d}\varepsilon=\frac{1}{m}\frac{t}{t'_{\mathrm{DR}}} \tag{2.3.55}$$

式(2.3.55)即为蠕变曲线方程，当 $m=n$ 时，破坏是脆性断裂，式(2.3.55)并不改变

脆断时间的判定，但它可以描述第三阶段蠕变。

3. 梁弯曲时的蠕变脆性破坏

在均匀应力状态下，物体内各处的损伤处于相同水平，当损伤达到临界状态时，整个物体发生破坏。梁弯曲所承受的是不均匀应力场状态，此时破坏过程是渐进的。损伤首先在应力最大部位发生，随着损伤区承载能力的下降，应力分布逐渐变化，损伤区扩展。

非均匀应力场的损伤破坏，可划分为两个阶段。第一阶段为潜在破损阶段，所经历时间为 $0 \leqslant t \leqslant t_L$。时间 $t=t_L$ 表示物体内至少有一处的损伤已到达临界值的时刻，在该处 D=1，t_L 称为潜破损时间。第二阶段为损伤区扩展阶段，$t>t_L$。此时，物体内存在两个区域，一是宏观损伤扩展区，该区域已经丧失了承载能力，如图 2.3.7 中的区域 V_2；二是损伤尚未达到临界值的承载区 V_1。在 V_1 和 V_2 之间的界面 Σ 称为破损阵面，破损阵面是随时间移动的。

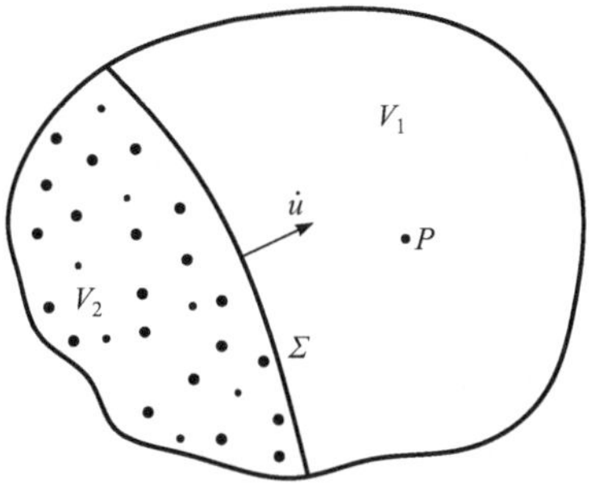

图 2.3.7　破坏阵面扩展示意图

在破损阵面上，各点的 D=1(或 $D=D_c$)，D 达到临界值后不再增大，也不再减小(损伤是不可逆的)，因此在破损阵面上 D 的物质导数 $\dot{D}=0$，可以采用 D=1 或 $\dot{D}$=0 的条件来确定 Σ 的运动规律。

若采用式(2.3.1)形式的损伤率，则有

$$(1-D)^n \mathrm{d}D = A\sigma^n \mathrm{d}t \tag{2.3.56}$$

式中，σ 为体内任意一点 P 的应力，是时间 t 的函数。

当 t=0 时，D=0，对式(2.3.56)进行积分，则点 P 的损伤方程为

$$D = 1-\left[1-A(n+1)\int_0^t \sigma^n(\tau)\mathrm{d}\tau\right]^{1/(n+1)} \tag{2.3.57}$$

当 D=1 时，Σ 到达点 P。点 P 是任意选取的，由此得出破损阵面 Σ 上的各点都应满足的方程为

$$A(n+1)\int_0^t \sigma^n(\tau)\mathrm{d}\tau=1 \tag{2.3.58}$$

采用 $\dot{D}=0$ 的条件，破损阵面 Σ 是随时间而改变的，若以 $\dot{u}$ 表示破损阵面 Σ 的移动速度，根据物质导数，则有

$$\dot{D} = \frac{\mathrm{d}D}{\mathrm{d}t} = \frac{\partial D}{\partial t} + \frac{\partial D}{\partial u}\frac{\mathrm{d}u}{\mathrm{d}t} = 0 \tag{2.3.59}$$

将式(2.3.58)代入式(2.3.59)，即得

$$\frac{\mathrm{d}u}{\mathrm{d}t}=-(\sigma^{n})_{\Sigma}\left[\frac{\partial}{\partial u}\int_{0}^{t}\sigma^{n}(\tau)\mathrm{d}\tau\right]^{-1} \tag{2.3.60}$$

式中，$(\cdot)_{\Sigma}$ 表示括号内的量在破损阵面 Σ 上的取值。利用式(2.3.58)或式(2.3.60)两式中的任一式来确定破损阵面 Σ。

对于蠕变脆断，可假设为小变形，应力分布接近于稳态，梁内应力在破损面未形成前，其值不变，应力场的改变完全是由破损面推移、损伤区扩展而造成的。

以 t_{L} 表示潜破损时间，当 $0\leqslant t\leqslant t_{\mathrm{L}}$ 时，整个截面具有抵抗弯曲的能力，其名义应力可按蠕变理论计算。根据蠕变理论，在蠕变变形与应力呈幂指数关系的情况(Norton 幂律)下，横截面上的弯曲应力为

$$\sigma=\frac{M}{I_{\mathrm{m}0}}y_{0}^{\mu},\quad \mu=\frac{1}{m},\quad y_{0}>0 \tag{2.3.61}$$

式中，M 为横截面上的弯矩；m 为幂指数；y_0 为应力计算点的纵坐标(相对于 Ox_0y_0 坐标系)；$I_{\mathrm{m}0}$ 为广义截面惯性矩，可表示为

$$I_{\mathrm{m}0}=\frac{4b}{2+\mu}h_{0}^{2+\mu} \tag{2.3.62}$$

式中，b 和 h_0 分别为截面的半宽和半高，如图 2.3.8 所示。

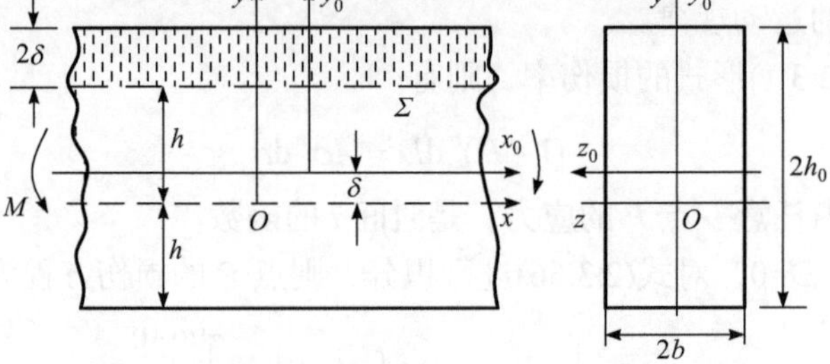

图 2.3.8　矩形截面梁纯弯曲下蠕变损伤发展示意图

若损伤只发生在梁的拉应力区，由上面的讨论可知，在 $0\leqslant t\leqslant t_{\mathrm{L}}$ 时间区间，最大名义弯曲应力为

$$\sigma_{\max}=\frac{M}{I_{\mathrm{m}0}}h_{0}^{\mu} \tag{2.3.63}$$

将式(2.3.63)代入破损阵面方程(2.3.58)，设 $t=t_{\mathrm{L}}$ 时，最大应力处的损伤变量 $D=1$，可求出拉应力最大点达到损伤极限时的潜破损时间为

$$t_{\mathrm{L}}=\left[(n+1)A\left(\frac{M}{I_{\mathrm{m0}}}\right)^{n}h_{0}^{n\mu}\right]^{-1} \tag{2.3.64}$$

当时间达到潜破损时间 t_{L} 时，表面层 $y_0=h_0$ 处破损。此后，破损面向梁的内部推移，梁的应力状况和广义截面惯性矩均发生变化。设在时间 $\tau>t_{\mathrm{L}}$ 时，破损层的厚度为 2δ，承载面积的中心移到 O 点，取新坐标系 Oxy，其原点置于 O，显然(x,y)是一组移动坐标。由图 2.3.8 可见，$h_0=h+\delta$，对于空间位置指定的点 P，在某一时刻 $\tau>t_{\mathrm{L}}$，其应力和广义截面惯性矩是时间 τ 的函数，分别为

$$\sigma=\frac{M}{I_{\mathrm{m0}}}y^{\mu},\quad I_{\mathrm{m0}}=\frac{4b}{2+\mu}h^{2+\mu} \tag{2.3.65}$$

对于坐标系 xOy，有

$$y(\tau)=y_0+h_0-h(\tau) \tag{2.3.66}$$

当 $\tau=t$ 时，若破损阵面到达点 P，则此时 $h(\tau)=h(t)$。因对 P 而言，有 $y(\tau)=h(t)$，于是有 $y_0+h_0=2h(t)$，将此值替换 $y(\tau)$ 中的 y_0+h_0，即得

$$y(\tau)=2h(t)-h(\tau),\quad \tau\leqslant t \tag{2.3.67}$$

将式(2.3.67)代入式(2.3.65)的第一式，由式(2.3.58)可导出：

$$(n+1)AM^{n}\int_{0}^{t}[2h(t)-h(\tau)]^{n/m}\frac{\mathrm{d}\tau}{I_{m}^{n}(\tau)}=1 \tag{2.3.68}$$

为了简便，可设 $m=n$(与脆性断裂条件一致)。为了求取 $h(t)$的变化律，将式(2.3.68)对时间 t 进行微分，由微分公式

$$\frac{\mathrm{d}}{\mathrm{d}y}\int_{\alpha(y)}^{\beta(y)}f(x,y)\,\mathrm{d}x=\int_{\alpha(y)}^{\beta(y)}\frac{\partial f(x,y)}{\partial y}\mathrm{d}x+\beta'(y)f[\beta(y),y]-\alpha'(y)f[\alpha(y),y] \tag{2.3.69}$$

得到

$$2\frac{\mathrm{d}h}{\mathrm{d}t}\int_{0}^{t}h^{-(1+2m)}(\tau)\mathrm{d}\tau+h^{-2m}=0 \tag{2.3.70}$$

当 $t\leqslant t_{\mathrm{L}}$ 时，$h=h_0$，由式(2.3.70)可得出关于 $\mathrm{d}h/\mathrm{d}t$ 的初值条件为

$$\frac{\mathrm{d}h}{\mathrm{d}t}=-\frac{h_0}{2t_{\mathrm{L}}},\quad t=t_{\mathrm{L}} \tag{2.3.71}$$

再对式(2.3.70)求取时间的导数，得到

$$\frac{\mathrm{d}^2h}{\mathrm{d}t^2}+2(m-1)\frac{1}{h}\left(\frac{\mathrm{d}h}{\mathrm{d}t}\right)^2=0 \tag{2.3.72}$$

对微分方程进行变量代换，设 $\mathrm{d}h/\mathrm{d}t=p$，则 $\mathrm{d}^2h/\mathrm{d}t^2=p\mathrm{d}p/\mathrm{d}h$，代入式(2.3.72)并求解，代入初始条件后得

$$\frac{t}{t_{\mathrm{L}}}=1+\frac{2}{2m-1}\left[1-\left(\frac{h}{h_0}\right)^{2m-1}\right] \tag{2.3.73}$$

式(2.3.73)就是 $t>t_{\mathrm{L}}$ 时 h 随时间变化的方程。再求解梁完全破损时的极限时间，理论上可取 $h=0$ 时梁彻底破损，设与此相应的时间为 t_{BR}，则

$$\frac{t_{\mathrm{BR}}}{t_{\mathrm{L}}}=1+\frac{2}{2m-1}=\frac{2m+1}{2m-1} \tag{2.3.74}$$

取 $m=3$，则有 $t_{\mathrm{BR}}=1.4t_{\mathrm{L}}$。可见，在最外层破损后直到最终破坏，还有足够的时间可以采取补救措施。

上述方法同样可用于承受一般外载的梁的蠕变损伤分析。

4. 纯弯曲梁的循环蠕变脆性破坏

如图 2.3.9 所示，一矩形截面梁承受对称等级矩形循环弯矩的作用，由于载荷反复交替效应，在经历一定时间后，梁的上、下缘产生对称破损区，此时如不考虑裂纹闭合时还可在某种程度上承受压缩的能力，可假设载荷只由剩余部 $|y|\leqslant h$ 的区域来承受，而取 $|y|>h$ 区域(破损区)上的抗力为零。这种不计破损区承压能力的计算结果是偏于安全的。

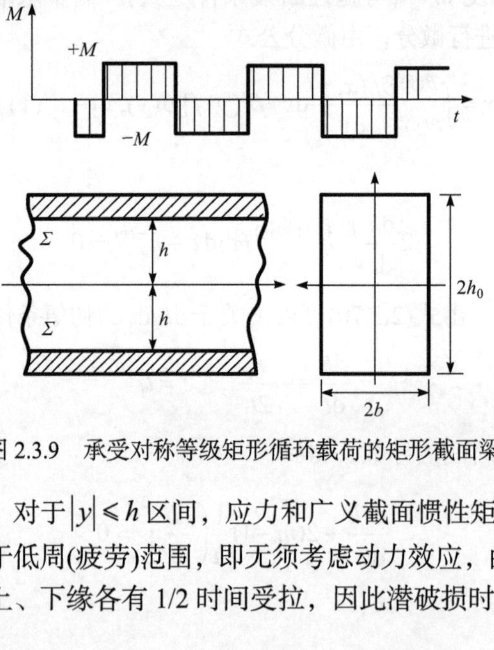

图 2.3.9　承受对称等级矩形循环载荷的矩形截面梁

根据蠕变理论，对于 $|y|\leqslant h$ 区间，应力和广义截面惯性矩由式(2.3.65)表示。假设载荷的变化属于低周(疲劳)范围，即无须考虑动力效应，由于压缩不致损伤，在加载过程中，梁上、下缘各有 1/2 时间受拉，因此潜破损时间为

$$t_{\mathrm{L}}=2\left[(n+1)AM^{n}\left(\frac{2+\mu}{4bh_{0}^{2}}\right)^{n}\right]^{-1}=2Rh_{0}^{2n} \tag{2.3.75}$$

其中，

$$R=\left[(n+1)AM^{n}\left(\frac{2+\mu}{4b}\right)^{n}\right]^{-1} \tag{2.3.76}$$

当 $t=t_{\mathrm{L}}$ 时，梁上、下缘同时达到损伤极限。当 $t>t_{\mathrm{L}}$ 时，破损阵面交替对称地由外边缘向梁的中间移动，在破损阵面 $\varSigma$ 上，满足条件：

$$A(n+1)\int_{0}^{t}\sigma^{n}(\tau)\mathrm{d}\tau=1 \tag{2.3.77}$$

设坐标为 y 的点 P 在 $\tau=t$ 时落在破损阵面 $\varSigma$ 上，则点 P 的坐标 $y=h(t)$，点 P 在任意时刻 τ 的应力由式(2.3.61)表示，将式(2.3.61)的第一式代入破损阵面 $\varSigma$ 的条件，从而得到

$$\frac{1}{R}\int_{0}^{t}h^{n/m}(t)[h^{2n+n/m}(\tau)]\mathrm{d}\tau=1 \tag{2.3.78}$$

将由式(2.3.78)得到的时间乘以 2，即破损阵面运动到点 P 的时间，为求取破损阵面 $\varSigma$ 的运动微分方程，将式(2.3.78)对时间 t 求导，得

$$R\frac{n}{m}\frac{\mathrm{d}h}{\mathrm{d}t}+h^{1-2n}=0 \tag{2.3.79}$$

满足初始条件 $t=t_{\mathrm{L}}$ 时，$h=h_0$，方程(2.3.79)的解为

$$1-\left(\frac{h}{h_{0}}\right)^{2n}=\frac{2m}{Dh_{0}^{2n}}(t-t_{\mathrm{L}}) \tag{2.3.80}$$

使 $h>0$ 并将所得结果乘以 2，即可得到梁的破损时间为

$$t_{\mathrm{BR}}=t_{\mathrm{L}}\left(1+\frac{1}{2m}\right)=t_{\mathrm{L}}\frac{2m+1}{2m} \tag{2.3.81}$$

在静力矩 M 的作用下，破损时间可表示为

$$\bar{t}_{\mathrm{BR}}=\bar{t}_{\mathrm{L}}\frac{2m+1}{2m-1},\quad t_{\mathrm{L}}=2\bar{t}_{\mathrm{L}} \tag{2.3.82}$$

式中，$\bar{t}_{\mathrm{BR}}$、$\bar{t}_{\mathrm{L}}$ 分别为静载荷下破损时间和潜破损时间。式(2.3.81)和式(2.3.82)两式相除，得到

$$\frac{t_{\mathrm{BR}}}{\bar{t}_{\mathrm{BR}}}=\frac{t_{\mathrm{L}}}{\bar{t}_{\mathrm{L}}}\frac{2m-1}{2m}\geqslant 1 \tag{2.3.83}$$

由式(2.3.83)可见，在达到 $t_L(\overline{t_L})$ 以后，交变载荷下的破损阵面运动速度快于静载荷作用的情况。

2.3.4 多轴应力下薄壁管的蠕变损伤

工程结构中的许多部件，如高温管道、锅炉锅筒以及转盘、转子等，大都处于多轴应力状态。在多轴应力下，损伤率仍取指数形式，按照式(2.2.2)若将应力 σ 理解为等效应力，即

$$\dot{D}=A\left(\frac{\bar{\sigma}}{1-D}\right)^n \tag{2.3.84}$$

则可得到多轴蠕变的 Kachanov 扩展方程，该方程可用于确定多轴应力下的蠕变破损时间。

与塑性理论中的屈服准则相似，等效应力 $\bar{\sigma}$ 可采用不同的形式来定义，最简单的假设为

$$\bar{\sigma}=\sigma_1 \tag{2.3.85}$$

式中，σ_1 为最大拉伸主应力。当考虑剪切影响时，可取

$$\bar{\sigma}=\alpha\sigma_1+(1-\alpha)T \tag{2.3.86}$$

式中，α 的取值范围为 $0\leqslant\alpha\leqslant1$；$T=\sqrt{\sigma'_{ij}\sigma'_{ij}}$ 为剪应力强度。一个最为一般的形式是再引入平均应力 σ_m，将式(2.3.86)进一步写为

$$\bar{\sigma}=\alpha\sigma_1+\beta T+\gamma\sigma_m \tag{2.3.87}$$

式中，α、β、γ 为常数，且有 $\alpha+\beta+\gamma=1$。

在以上公式中，可以用最大剪应力 τ_{max} 来近似替代剪应力强度 T，特别是在平面应力状态下，这种替代结果对计算精度的影响很小。仍以 t_L 表示物体某点首先达到损伤极限的潜破损时间，当 $t>t_L$ 时，物体内发展一破损阵面 Σ。由公式

$$(n+1)A\int_0^t\bar{\sigma}^n(\tau)\mathrm{d}\tau=1 \tag{2.3.88}$$

即可确定破损阵面 Σ 的运动方程。

1. Kachanov 蠕变脆断模型

薄壁圆管在内力作用下的蠕变破坏是最简单的多轴损伤实例。例如，圆管的初始半径为 a_0，壁厚为 h_0，内压为 p，由平衡条件求出管壁应力为

$$\sigma_\theta=\sigma_1=\frac{pa_0}{h_0},\quad \sigma_z=\sigma_2=\frac{pa_0}{2h_0},\quad \sigma_r=\sigma_3\approx0 \tag{2.3.89}$$

计算采用最大拉应力理论，即 $\overline{\sigma}=\sigma_1$，由式(2.3.84)得

$$\dot{D}=A\left(\frac{\sigma_1}{1-D}\right)^n \tag{2.3.90}$$

对式(2.3.90)进行积分，若取初始条件为 t=0、D=0，即可得到相应的破损时间为

$$t_{\mathrm{BR}}=\left[(n+1)A\left(\frac{\rho a_0}{h_0}\right)^n\right]^{-1} \tag{2.3.91}$$

2. 韧-脆性断裂

对于韧-脆性破坏，损伤律仍取式(2.3.90)的形式，但需要考虑变形对应力的影响。由蠕变变形的不可压缩条件，有 $ah=a_0h_0$，根据稳定蠕变方程，变形率为

$$\dot{\varepsilon}_\theta=-\dot{\varepsilon}_r=\frac{1}{2}B\left(\frac{pa}{2h}\right)^m,\quad \dot{\varepsilon}_z=0 \tag{2.3.92}$$

式中，B 为材料常数。

因为

$$\dot{\varepsilon}_\theta=\frac{1}{a}\frac{\mathrm{d}a}{\mathrm{d}t} \tag{2.3.93}$$

应用 $ah=a_0h_0$ 和式(2.3.92)消去 h 可得

$$(a/a_0)^{-(1+2m)}\mathrm{d}(a/a_0)=\dot{\varepsilon}_{\theta 0}\mathrm{d}t \tag{2.3.94}$$

式中，$\dot{\varepsilon}_{\theta 0}$ 为初始变形率，可表示为

$$\dot{\varepsilon}_{\theta 0}=\frac{1}{2}B\left(\frac{pa_0}{2h_0}\right)^m \tag{2.3.95}$$

对式(2.3.94)进行积分，取初始条件为 t=0 时 a=a_0，得解为

$$1-(a/a_0)^{2m}=2m\dot{\varepsilon}_{\theta 0}t \tag{2.3.96}$$

由蠕变扩张条件 $(a/a_0)^{2m}\to 0$，求出韧性断裂时间

$$t_{\mathrm{DR}}=(2m\dot{\varepsilon}_{\theta 0})^{-1} \tag{2.3.97}$$

根据式(2.3.90)，若将 $\sigma_1=pa/h$ 改写为 $\sigma_1=pa_0h_0^{-1}(a/a_0)^2$，可得

$$(1-D)^n\dot{D}=A\left(\frac{pa_0}{h_0}\right)^n\left(\frac{a}{a_0}\right)^{2n}=A\left(\frac{pa_0}{h_0}\right)^n[1-2m\dot{\varepsilon}_{\theta 0}t]^{-n/m} \tag{2.3.98}$$

$$(n+1)(1-D)^n \dot{D} = \frac{1}{t_{\mathrm{BR}}}\left(1-\frac{1}{t_{\mathrm{BR}}}\right)^{-n/m} \tag{2.3.99}$$

对式(2.3.99)进行积分，求得相对于 D=1 时的破损时间 t_{F} 为

$$\frac{t_{\mathrm{F}}}{t_{\mathrm{BR}}} = 1-\left(1-\frac{m-n}{m}\frac{t_{\mathrm{BR}}}{t_{\mathrm{DR}}}\right)^{m/(m-n)}, \quad m \neq n \tag{2.3.100}$$

式(2.3.100)在 $t \leqslant t_{\mathrm{DR}}$ 的情况下有效，因此韧-脆性断裂的条件为

$$\sigma_{\theta 0}^{m-1} \leqslant 2^m \frac{A}{B}\frac{n+1}{m-n}, \quad m > n \tag{2.3.101}$$

在高应力下，圆管发生韧性断裂，所得持久强度曲线具有和图 2.3.5 相同的特性。

2.3.5 形状因素对蠕变脆性损伤的影响

构件形状对蠕变脆性损伤有重要的影响，本节以带孔圆盘为例，讨论形状因素对蠕变脆性损伤的影响。

1. 应力计算

带孔圆盘如图 2.3.10(a)所示，圆盘厚 h，初始内、外径为 a_0 和 b_0。圆盘外周承受均布径向力 q，内孔为自由表面。设圆盘变形时，厚度方向应力 $\sigma_z = 0$，在轴对称变形下，若以 $v = v(r)$ 表示径向位移速度，则

$$\dot{\varepsilon}_r = \frac{\mathrm{d}v}{\mathrm{d}r}, \quad \dot{\varepsilon}_\theta = \frac{v}{r} \tag{2.3.102}$$

为使解析过程便于数学表达，采用最大剪应力理论及关联流动律。若 $\sigma_\theta > \sigma_r > 0$，则 $\tau_{\max} = \sigma_\theta / 2$。如图 2.3.10(b)所示，在屈服面上，由直线 ab 上的点代表进入流动状态。

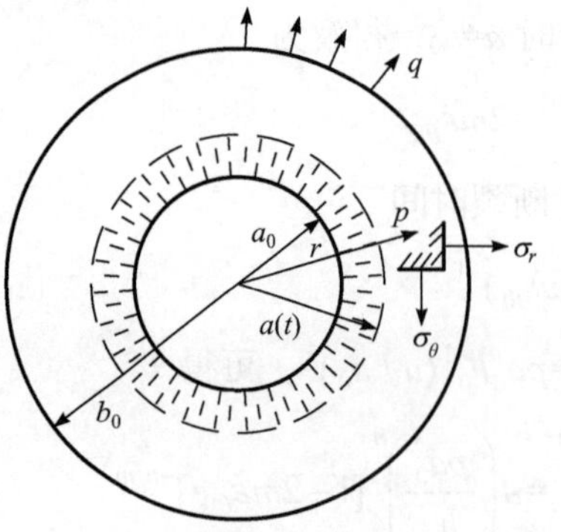

(a) 带孔圆盘

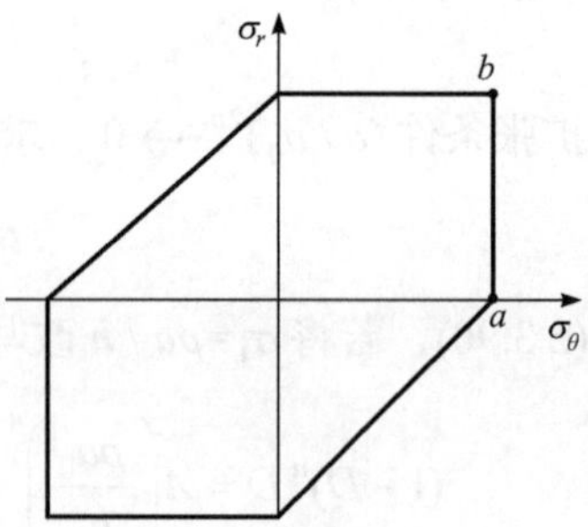

(b) 屈服面

图 2.3.10 带孔圆盘及其屈服面

根据正交法则，流动时应变向量与 ab 垂直，即与 σ_θ 轴平行。因此，在指数蠕变率的情况下，有

$$\dot{\varepsilon}_r = 0, \quad \dot{\varepsilon}_\theta = B_1 \sigma_\theta^m, \quad \dot{\varepsilon}_z = -\varepsilon_\theta \tag{2.3.103}$$

经分析可知，若式(2.3.103)所表示的流动发生在整个圆盘上，则 b_0/a_0 是有限制的。轴对称圆盘的变形协调条件、平衡方程和边界条件分别为

$$\frac{\mathrm{d}\dot{\varepsilon}_\theta}{\mathrm{d}r} + \frac{\dot{\varepsilon}_\theta - \dot{\varepsilon}_r}{r} = 0 \tag{2.3.104}$$

$$\frac{\mathrm{d}}{\mathrm{d}r}(r\sigma_r) - \sigma_\theta = 0 \tag{2.3.105}$$

$$\sigma_r = \begin{cases} 0, & r = a_0 \\ q, & r = b_0 \end{cases} \tag{2.3.106}$$

在形似(2.3.103)的蠕变条件下，由 $\mathrm{d}v / \mathrm{d}r = 0$，有

$$v = v_0(t), \quad \dot{\varepsilon}_\theta = \frac{v_0(t)}{r} \tag{2.3.107}$$

式中，$v_0(t)$为时间 t 的任意函数。

根据式(2.3.103)，可得 $\sigma_\theta = (v_0 / B_0)^\mu r^{-\mu}$，其中 $\mu = m^{-1}$，将 σ_θ 代入式(2.3.105)，积分可得

$$r\sigma_r = \left(\frac{v_0}{B_1}\right)\frac{1}{1-\mu} r^{1-\mu} + C_1 \tag{2.3.108}$$

式中，C_1 为积分常数。将边界条件式(2.3.106)代入式(2.3.108)，得

$$C_1 = -b_0 q \frac{a_0^{1-\mu}}{b_0^{1-\mu} - a_0^{1-\mu}}, \quad \frac{v_0}{B_1(1-\mu)} = b_0 q \frac{1}{b_0^{1-\mu} - a_0^{1-\mu}} \tag{2.3.109}$$

因此有

$$r\sigma_r = b_0 q \frac{r^{1-\mu} - a_0^{1-\mu}}{b_0^{1-\mu} - a_0^{1-\mu}}, \quad \sigma_\theta = b_0 q \frac{r^{-\mu}(1-\mu)}{b_0^{1-\mu} - a_0^{1-\mu}} \tag{2.3.110}$$

根据所采用的条件，式(2.3.110)的解在 $0 < \sigma_r / \sigma_\theta < 1$ 时成立。由式(2.3.110)得到

$$\frac{\sigma_r}{\sigma_\theta} = 1 - \frac{a_0^{1-\mu}}{r^{1-\mu}} < 1 - \mu \tag{2.3.111}$$

式(2.3.110)对于圆盘上的任意点均成立，将 $r = b_0$ 代入式(2.3.111)，即得到对 b_0/a_0 的限制为

$$(a_0/b_0)^{1-\mu} > \mu\,, \quad b_0/a_0 < m^{m/(m-1)} \tag{2.3.112}$$

2. 损伤分析

为方便讨论，取无量纲参数为

$$\rho=\frac{r}{b_0}\,, \quad \alpha=\frac{a}{b_0}\,, \quad \alpha_0=\frac{a_0}{b_0} \tag{2.3.113}$$

并将应力写为

$$\sigma_\theta = S(\alpha)\rho^{-\mu} \tag{2.3.114}$$

在式(2.3.113)中，$a=a(t)$ 表示损伤扩展时的内径(损伤阵面半径)，而

$$S(\alpha)=\frac{(1-\mu)q}{1-\alpha^{1-\mu}} \tag{2.3.115}$$

在潜在破损阶段 $t<t_{\rm L}$，$a=a_0$，σ_θ 与时间无关，由损伤率(2.3.84)，取 $\bar{\sigma}=\sigma_\theta$，则在内孔边有

$$(1-D)^n \dot{D} = A\sigma_\theta^n = AS^n(\alpha_0)\alpha_0^{-n\mu} \tag{2.3.116}$$

对式(2.3.116)进行积分可得潜破损时间为

$$t_{\rm L} = \alpha_0^{n/m}[(n+1)AS^n(\alpha_0)]^{-1} \tag{2.3.117}$$

为分析破损阵面 $\varSigma$ 的运动规律和圆盘最终破损时间，根据式(2.3.88)，有

$$(n+1)A\int_0^t \sigma_\theta^n(\tau)\mathrm{d}\tau = 1 \tag{2.3.118}$$

对于给定 r 上的点，$\sigma_\theta=S(\alpha)\rho^{-\mu}$。设当 $\tau=t$ 时，破损阵面 $\varSigma$ 运动到半径为 r 的点上，对于这些点，总有 $\rho=\alpha(t)$，式(2.3.118)可转变为

$$(n+1)A\int_0^t S^n[\alpha(t)]\alpha^{-n\mu}(t)\mathrm{d}\tau = 1 \tag{2.3.119}$$

将式(2.3.119)对时间微分，整理得

$$\frac{\mathrm{d}\alpha}{\mathrm{d}t}=\frac{m}{n}\frac{\alpha_0}{t_{\rm L}}\left[\frac{S(\alpha)}{S(\alpha_0)}\right]^n\left(\frac{\alpha}{\alpha_0}\right)^{1-n/m} \tag{2.3.120}$$

若取初始条件 $t=t_{\rm L}$，$\alpha=\alpha_0$，对式(2.3.120)进行积分，有

$$\frac{t}{t_{\rm L}}-1=\frac{n}{m}\frac{1}{\alpha_0}\int_{\alpha_0}^{\alpha}\left(\frac{1-\alpha^{1-\mu}}{1-\alpha_0^{1-\mu}}\right)^n\left(\frac{\alpha_0}{\alpha}\right)^{1-n/m}\mathrm{d}\alpha \tag{2.3.121}$$

当 $\alpha=1$ 时，圆盘达到理论破损极限，此时可得极限破损时间 $t_{\rm F}$ 的方程为

$$\frac{t_{\mathrm{F}}}{t_{\mathrm{L}}}-1=\frac{n}{m}\frac{1}{\alpha_0}\int_{\alpha_0}^{\alpha}\left(\frac{1-\alpha^{1-\mu}}{1-\alpha_0^{1-\mu}}\right)^n\left(\frac{\alpha_0}{\alpha}\right)^{1-n/m}\mathrm{d}\alpha \tag{2.3.122}$$

当 n 为整数时，式(2.3.121)和式(2.3.122)均可积分，得到解析解。图 2.3.11 为 $m=n=4$、$\alpha_0=1/4$ 时，由式(2.3.121)得出的破损阵面扩展图。由结果可知，在初始扩展阶段，破损阵面扩展缓慢，随后逐渐加速直至急剧破坏，最终的破损时间 $t_{\mathrm{F}}=1.53t_{\mathrm{L}}$。

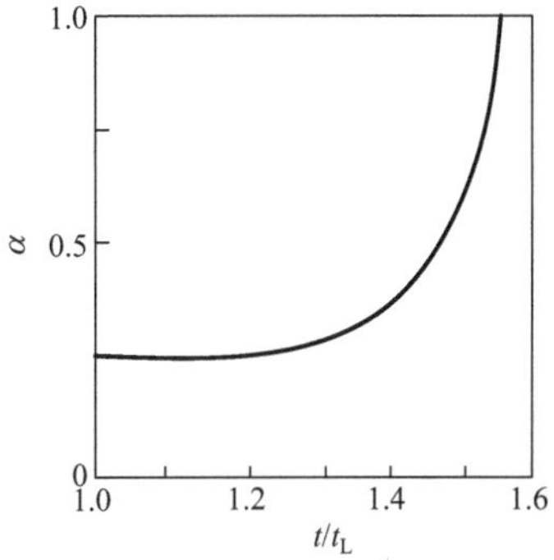

图 2.3.11　破损阵面扩展图

2.3.6　环境条件对蠕变脆断的影响

工程结构中的一些受热部件，如锅炉筒体、管壁、汽轮机转子、叶片等，温度 θ 对其蠕变脆断的影响很大。本节通过平面隔板非均匀加热的受拉模型，讨论这类问题的蠕变脆断分析。

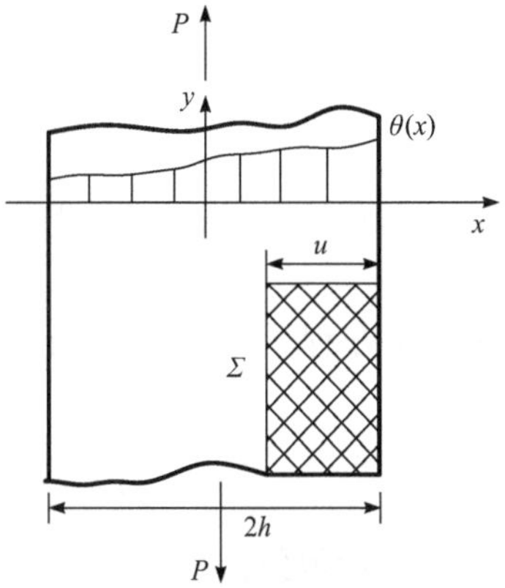

图 2.3.12　平面隔板非均加热的受拉模型

1. 隔板潜破损时间确定

如图 2.3.12 所示，设温度沿 x 方向的变化由方程 $\theta=\theta(x)$ 确定。在温度作用下，损伤演变方程(2.3.84)中的系数 A 可设与温度有关，若取 A 为温度 θ 的幂函数形式，则有

$$A=A_0\mathrm{e}^{\alpha\theta} \tag{2.3.123}$$

式中，A_0、α 为材料常数。

在平面应变情况下，应变率 $\dot{\varepsilon}_z=0$，由蠕变变形体积不变性($\nu=1/2$)，可得平均应力为

$$\sigma_{\mathrm{m}}=\frac{1}{2}(\sigma_x+\sigma_y) \tag{2.3.124}$$

为了简便，设蠕变应变率与应力之间服从下述规律：

$$\dot{\varepsilon}_x=-\dot{\varepsilon}_y=\frac{1}{4}BT^{m-1}(\sigma_x-\sigma_y) \tag{2.3.125}$$

式中，B、m 为材料常数；T 为剪应力强度。

由于隔板很长，可认为应力及破损阵面的移动速度只与 x 有关。由平衡条件得 $\sigma_x=0$，剪应力强度 $T=\sigma_y/2$，方程(2.3.125)变为

$$\dot{\varepsilon}_x=-\dot{\varepsilon}_y=-\frac{B}{2}\left|\frac{\sigma_y}{2}\right|^{m-1}\frac{\sigma_y}{2} \tag{2.3.126}$$

若不计变形对应力的影响，则此时 $\dot{\varepsilon}_y$=常数$=c_1$。若在常数 B、m 中，m 与温度无关，则可取

$$B=B(\theta)=B_0\mathrm{e}^{\beta\theta} \tag{2.3.127}$$

式中，B_0、β 为材料常数。

设$\sigma_y>0$，由式(2.3.126)可得

$$\sigma_y=K\mathrm{e}^{-\beta\theta/m}, \quad K=2(2c_1/B_0)^{1/m} \tag{2.3.128}$$

根据平衡条件

$$P=\int_{-h}^{h}\sigma_y\mathrm{d}x=\int_{-h}^{h}K\mathrm{e}^{-\beta\theta/m}\mathrm{d}x \tag{2.3.129}$$

得

$$K=P\left(\int_{-h}^{h}\mathrm{e}^{-\beta\theta/m}\mathrm{d}x\right)^{-1} \tag{2.3.130}$$

求出 K 以后，即可确定常数 c_1。

现以θ沿 x 方向线性分布的稳态温度场为例分析隔板的损伤，分析工作仍分为两个阶段进行。

在破损阵面未萌生前，应力θ_y不变，由损伤演变方程及式(2.3.123)、式(2.3.128)，得

$$(1-D)^n\dot{D}=A_0K^n\mathrm{e}^{\kappa\theta} \tag{2.3.131}$$

式中，$\kappa=\alpha-\beta n/m$。设在 t=0 时，D=0，对式(2.3.131)进行积分，有

$$(1-D)^{n+1}=1-(n+1)A_0K^n\mathrm{e}^{\kappa\theta}t \tag{2.3.132}$$

根据κ的符号，破损可在$+h$处发生($\kappa>0$)或在$-h$处发生($\kappa<0$)。若蠕变与温度无关，则β=0，$\kappa>0$；若损伤累积与温度无关，则$\alpha=0$，$\kappa<0$。

由式(2.3.132)可确定潜破损时间 t_L。取$\kappa>0$，破损阵面首先在 $x=h$ 处萌生，由 D=1，得

$$t_L=\left[(n+1)A_0K^n\mathrm{e}^{\kappa\theta}\right]^{-1} \tag{2.3.133}$$

2. 隔板破损时间确定

设在时间 $t(t>t_L)$时，破损阵面 Σ 通过坐标为(h,v)的点(线)，而在$t_L<\tau\leqslant t$ 的时

间间隔内，经过坐标为$(h,\ u(\tau))$的点(线)，当$\tau=t$时，$v=u$，参见图 2.3.12。将τ时刻下点的坐标代入式(2.3.128)，即得

$$\sigma_y=\mathrm{e}^{-\beta\theta/m}P\left(\int_{-h}^{h-u}\mathrm{e}^{-\beta\theta/m}\mathrm{d}x\right)^{-1} \tag{2.3.134}$$

式中，θ为点$(h,\ u)$上的温度，$\theta=\theta(h,\ u)$。在破损阵面Σ上，$D=1$，因此总有

$$A(n+1)\int_0^t\sigma_y^n(\tau)\mathrm{d}\tau=1 \tag{2.3.135}$$

将式(2.3.127)和式(2.3.134)代入式(2.3.135)，并取$u(t)=v$，得

$$(n+1)A_0p^n\mathrm{e}^{\kappa\theta}\int_0^t\left(\int_{-h}^{h-u(\tau)}\mathrm{e}^{-\beta\theta/m}\mathrm{d}x\right)^{-n}\mathrm{d}\tau=1 \tag{2.3.136}$$

将式(2.3.136)对t求导，消去积分项，得微分方程：

$$-\kappa\theta'(h-u)\frac{\mathrm{d}u}{\mathrm{d}t}+(n+1)A_0p^n\mathrm{e}^{\kappa\theta(h-u)}\left(\int_h^{h-u}\mathrm{e}^{-\beta\theta/m}\mathrm{d}x\right)^{-n}=0$$

$$\mathrm{e}^{-\kappa\theta(h-u)}\theta'(h-u)\left(\int_h^{h-u}\mathrm{e}^{-\beta\theta/m}\mathrm{d}x\right)^n\mathrm{d}u=\frac{n+1}{\kappa}A_0p^n\mathrm{d}t \tag{2.3.137}$$

给定θ沿x方向的分布规律，就可以对式(2.3.137)的第二式进行积分，设

$$\theta(x)=a+bx,\quad a=\frac{1}{2}(\theta_1+\theta_2),\quad b=\frac{1}{2h}(\theta_1-\theta_2) \tag{2.3.138}$$

式中，θ_1、θ_2分别为$x=h$、$x=-h$处的温度。将式(2.3.138)代入式(2.3.137)，得

$$\kappa b\left(\frac{m}{\beta b}\right)^n\mathrm{e}^{-\alpha\theta_1+\beta n(\theta_1-\theta_2)/m}\mathrm{e}^{\kappa bu}[1-\mathrm{e}^{-\beta b(2h-u)/m}]^n\mathrm{d}u=(n+1)A_0p^n\mathrm{d}t \tag{2.3.139}$$

设当$t=t_{\mathrm{L}}$时，$u=0$，对式(2.3.139)进行积分，在$b\neq0$、$\beta\neq0$的条件下，有

$$\kappa b\left(\frac{m}{\beta b}\right)^n\mathrm{e}^{-\alpha\theta_1+\beta n(\theta_1-\theta_2)/m}\int_0^u\mathrm{e}^{\kappa bu}\left(1-\mathrm{e}^{-\beta b(2h-u)/m}\right)^n\mathrm{d}u=(n+1)A_0p^n(t-t_{\mathrm{L}}) \tag{2.3.140}$$

当n为整数时，式(2.3.140)中的积分容易计算。当$u=2h$时，$t=t_{\mathrm{BR}}$，最终破损时间t_{BR}可写为

$$t_{\mathrm{BR}}=t_{\mathrm{L}}+t'_{\mathrm{BR}}I_n \tag{2.3.141}$$

式中，I_n由某一和式给定；t'_{BR}是当板面受有均匀温度$\theta=(\theta_1+\theta_2)/2$时的破断时间，表达式为

$$t'_{\mathrm{BR}}=\left[(n+1)A_0\mathrm{e}^{n(\theta_1+\theta_2)/2}\left(\frac{p}{2h}\right)^n\right]^{-1} \tag{2.3.142}$$

2.3.7 蠕变脆断的 Pabotnov 模型

参照式(2.3.1)中第二式的损伤律，Pabotnov 模型的损伤律改为 $\dot{D}=(\sigma/A)^r\cdot(1-D)^{-k}$ 的形式，修改后的损伤律采用双指数 r 和 k，这对描述蠕变变形有更好的适应性。在单向应力情况下，相应的破损时间为 $t_{\mathrm{BR}}=(\sigma/A)^{-r}/(k+1)$，损伤方程为 $D=1-(1-t/t_{\mathrm{BR}})^{1/(k+1)}$。在该模型中，将 k 看成应力 σ 的函数，可较好地用来描述累积非线性效应。损伤演变率在当前情况下所采用的形式为

$$\dot{D}=\langle\chi(\sigma)/A\rangle^r(1-D)^{-k(\sigma)} \tag{2.3.143}$$

式中，$\chi(\sigma)$ 是一个与应力不变量相当的量，也可采用类似式(2.3.87)的形式，即 $x(\sigma)=\alpha\sigma_1+\beta\bar{\sigma}+\gamma\sigma_{\mathrm{m}}$。

对于耦合蠕变损伤，有基本公式：

$$\bar{\sigma}=\frac{\sigma}{1-D},\quad \dot{\varepsilon}^{\mathrm{c}}=\frac{3}{2}\frac{\sigma}{\bar{\sigma}}\dot{p} \tag{2.3.144}$$

$$\dot{p}=\begin{cases}\left(\dfrac{\bar{\sigma}}{K(1-D)}\right)^n\dfrac{1}{1-D}, & \text{无硬化}\\[2ex] \left(\dfrac{\bar{\sigma}}{Kp^{l/m}(1-D)}\right)^n\dfrac{1}{1-D}, & \text{各向同性硬化}\end{cases} \tag{2.3.145}$$

由各向同性硬化公式可导得

$$\dot{p}=\frac{p^{-n/m}}{(1-D)^{n+1}}\left(\frac{\bar{\sigma}}{K}\right)^n \tag{2.3.146}$$

对式(2.3.143)进行积分，得

$$1-D=[(1-D_0)^{k+1}-(k+1)\langle\chi/A\rangle^r(t-t_0)]^{1/(k+1)} \tag{2.3.147}$$

式中，D_0 为 $t=t_0$ 时的初始损伤，将式(2.3.147)代入式(2.3.146)，积分得

$$p=\left\{\frac{m+n}{m}\frac{k+n}{k-n}\left(\frac{\bar{\sigma}}{K}\right)^n\left[\frac{1}{k+1}\left\langle\frac{\chi}{A}\right\rangle^{-r}(1-D_0)^{k-n}-\frac{1}{k+1}\left\langle\frac{\chi}{A}\right\rangle^{-r}(1-D_0)^{k+1}\right.\right.$$
$$\left.\left.-(k+1)\left\langle\frac{\chi}{A}\right\rangle^{r}(t-t_0)\right]^{(k-n)/(k+1)}+p_0^{(m+n)/m}\right\}^{m/(m+n)} \tag{2.3.148}$$

对 $\dot{\varepsilon}^{\mathrm{c}}$ 进行积分，设 $t=t_0$ 时，$\varepsilon^{\mathrm{c}}=\varepsilon_0^{\mathrm{c}}$，最后可得

$$\bar{\varepsilon}^{c}=\dot{\varepsilon}_{cr}^{c}\{(1-D_0)^{k-n}-[(1-D_0)^{k-n}-(t-t_0)/t_{cr}]^{(k-n)/(k+1)}+(\varepsilon_0^c/\varepsilon_{cr}^c)^{(m+n)/m}\}^{m/(m+n)} \tag{2.3.149}$$

其中，

$$t_{cr}=\frac{1}{k+1}\left(\frac{x}{A}\right)^{-r},\quad \varepsilon_{cr}^{c}=\left[\frac{m+n}{m}\frac{k+1}{k-n}\left(\frac{\bar{\sigma}}{K}\right)^{n}t_{cr}\right]^{m/(m+n)} \tag{2.3.150}$$

式中，ε_{cr}^{c} 为材料的韧性。t_0 与断裂时间相比要小得多，因此在式(2.3.150)中，可忽略 D_0 和 ε_0^c 的相关项。

若蠕变时的材料无硬化，则有

$$\bar{\varepsilon}^{c}=\varepsilon_{cr}^{c}\left(\frac{t}{t_{cr}}\right)^{(k-n)/(k+1)},\quad \varepsilon_{cr}^{c}=\frac{k+1}{k-n}\left(\frac{\bar{\sigma}}{K}\right)^{n}t_{cr} \tag{2.3.151}$$

在式(2.3.149)和式(2.3.151)中，系数 k、n、m、K 均需由试验确定。

2.3.8 Kachanov 蠕变损伤理论

1. 蠕变方程

在 Kachanov 蠕变损伤理论中，只考虑稳定的蠕变阶段，且忽略弹性变形，假设材料是不可压缩的，即 $\dot{\varepsilon}_{ii}=0$。假设应力张量和应变张量的主轴相重合，则有 $\dot{\varepsilon}_{ij}=\lambda s_{ij}$，其中 λ 是一个标量因子。剪切应变率强度 H 和剪应力强度 Q 可定义为

$$H=\sqrt{2\dot{\varepsilon}_{ij}\dot{\varepsilon}_{ij}},\quad Q=\sqrt{s_{ij}s_{ij}/2} \tag{2.3.152}$$

设蠕变变形与平均应力 σ_m 无关。剪应力强度和剪切应变率强度的关系为

$$H=f(Q)Q \quad 或 \quad Q=g(H)H \tag{2.3.153}$$

于是有

$$2\dot{\varepsilon}_{ij}=f(Q)s_{ij} \quad 或 \quad s_{ij}=2g(H)\dot{\varepsilon}_{ij} \tag{2.3.154}$$

在幂次蠕变律的情况下，设

$$H=B'Q^{n},\quad Q=\bar{B}'H^{\mu} \tag{2.3.155}$$

式中，B'、n 为材料参数，$B'>0$，$n\geqslant 0$，且有

$$\mu=n^{-1},\quad \bar{B}'=(B')^{-\mu},\quad 0<\mu\leqslant 1 \tag{2.3.156}$$

若结构内的温差不是太大，则可以在一定的温度范围内认为 n 为常数，将 B'

视为温度θ的函数，即$B'=B'(\theta)$。由式(2.3.155)可以导出B'和 Kachanov 一维蠕变损伤理论中式(2.3.5)的蠕变系数B的关系为$B'=3^{(n+1)/2}B$，此时有

$$f(Q)=B'Q^{n-1},\quad g(H)=\bar{B}'H^{\mu-1} \tag{2.3.157}$$

应力张量与剪应力强度Q之间的关系为

$$s_{ij}=\frac{\partial Q^2}{\partial \sigma_{ij}}=\frac{\partial Q^2}{\partial s_{ij}} \tag{2.3.158}$$

因此，蠕变方程(2.3.154)可以写为

$$2\dot{\varepsilon}_{ij}=f(Q)\frac{\partial Q^2}{\partial \sigma_{ij}} \tag{2.3.159}$$

即在应力空间中，应变率张量$\dot{\varepsilon}_{ij}$垂直于流动面，Q^2为常数，引入一个新的外凸的流动面，$F(\sigma_{ij})$为常数，并同样利用正交法则得到一个更具有一般意义的蠕变流动方程：

$$2\dot{\varepsilon}_{ij}=\lambda\frac{\partial F}{\partial \sigma_{ij}} \tag{2.3.160}$$

式中，λ为一标量因子。如果考虑材料的强化，则有$\lambda=\lambda(Q,\Gamma)$，$\Gamma$为 Odquist 参数，且有

$$\Gamma=\int_0^t H\mathrm{d}t \tag{2.3.161}$$

若同时考虑塑性变形，则总应变率包括塑性应变率$\dot{\varepsilon}_{ij}^{\mathrm{p}}$和蠕变应变率$\dot{\varepsilon}_{ij}^{\mathrm{c}}$，即

$$\dot{\varepsilon}_{ij}=\dot{\varepsilon}_{ij}^{\mathrm{p}}+\dot{\varepsilon}_{ij}^{\mathrm{c}} \tag{2.3.162}$$

式中，$\dot{\varepsilon}_{ij}^{\mathrm{p}}$由塑性力学理论得到。

2. 断裂准则和损伤动力学方程

在单轴拉伸情况下，蠕变脆性断裂时间的表达式为

$$t_{\mathrm{RK}}=[(\nu+1)C\sigma_0^{\nu}]^{-1} \tag{2.3.163}$$

在多轴蠕变情况下，将材料发生脆性断裂的时间t_{R}表示为等效应力的函数，即$t_{\mathrm{R}}=f(\bar{\sigma})$，常用的等效应力有三种定义，这三种定义可表示为

$$\bar{\sigma}=\begin{cases}\sigma_1, & \text{适用于铜和一些钢材}\\ \eta\sigma_1+(1-\eta)Q, & \text{引入剪切强度的影响}\\ \alpha\sigma_1+\beta Q+\gamma\sigma_{\mathrm{m}}, & \text{一般形式}\end{cases} \tag{2.3.164}$$

式中，$0\leqslant\eta\leqslant1$ 为一常数；α、β、γ 均为材料常数。

假设损伤的演化是有效等效应力 $\bar{\sigma}/\psi$ 的函数，为了简便，设连续度的演化方程为幂函数形式，即

$$\frac{\mathrm{d}\psi}{\mathrm{d}t}=F\left(\frac{\bar{\sigma}}{\psi}\right)=C\left(\frac{\bar{\sigma}}{\psi}\right)^{v} \tag{2.3.165}$$

式中，C、v 为材料常数，$C>0$，$v\geqslant1$。

3. 断裂前缘

若结构中的应力是非均匀的，则其断裂过程分为两个阶段。第一阶段($0\leqslant t\leqslant t_{\mathrm{I}}$)称为断裂孕育阶段，此时各点的连续度均为正值。在 t_{I} 时刻，结构中的某一点或某一区域开始发生断裂，宏观裂纹开始形成。第二阶段($t>t_{\mathrm{I}}$)称为断裂扩展阶段，达到损伤临界值的区域逐渐扩展。

如图 2.3.7 所示，设在 t 时刻($t>t_{\mathrm{I}}$)，区域 V_2 内的各点达到了损伤临界值，它与结构中剩余区域 V_1(其内部 $\psi>0$)的动态分界面 Σ 定义为断裂前缘。在 Σ 上，恒有 $\psi=0$，因此有

$$\frac{\mathrm{d}\psi}{\mathrm{d}t}=\frac{\partial\psi}{\partial t}+\frac{\partial\psi}{\partial u}\frac{\partial u}{\partial t}=0 \tag{2.3.166}$$

式中，u 为断裂前缘沿扩展方向的距离。由式(2.3.165)和式(2.3.166)得到断裂前缘的运动方程为

$$\frac{\mathrm{d}u}{\mathrm{d}t}=-(\bar{\sigma}_{\Sigma})^{v}\left[\frac{\partial u}{\partial t}\int_0^t\bar{\sigma}^{v}(\tau)\mathrm{d}\tau\right]^{-1} \tag{2.3.167}$$

断裂前缘的运动方程还可以写成其他形式。在固定点的等效应力 $\bar{\sigma}$ 是时间的函数，若在 t 时刻，断裂前缘到达了该点，即 $\psi=0$，则有

$$C(v+1)\int_0^t\bar{\sigma}^{v}(\tau)\mathrm{d}\tau=1 \tag{2.3.168}$$

4. 厚壁圆筒的断裂

作为一个简单的例子，考虑承受内压的厚壁圆筒的脆性断裂，如图 2.3.13 所示，筒的内、外半径分别为 a_0 和 b_0，断裂前缘的半径为 $b(t)$。在稳态蠕变阶段，筒壁内的应力分布近似为

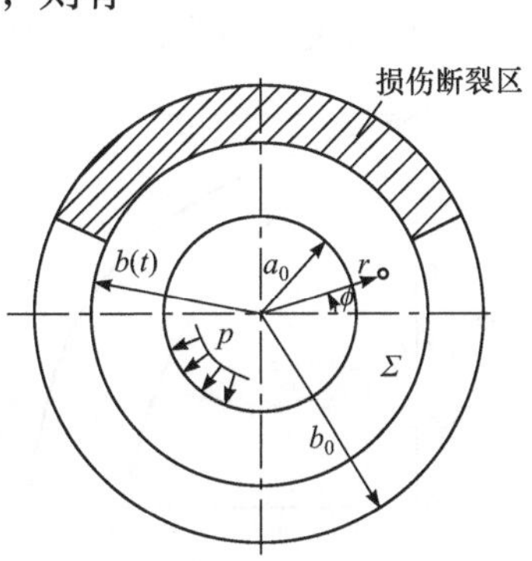

图 2.3.13　厚壁圆筒的脆性断裂

$$\begin{aligned}\sigma_r &= s[1-(b/r)^{2\mu}] \\ \sigma_\varphi &= s[1+(2\mu-1)(b/r)^{2\mu}]\end{aligned} \tag{2.3.169}$$

式中，$s=s(\beta)=p(\beta^{2\mu}-1)$，$\beta=b/a_0$。

由于$\sigma_r<0$，$\sigma_\phi>0$，取$\bar{\sigma}=\sigma_\phi$，即蠕变断裂时间只与σ_ϕ有关。若蠕变指数$n=2$，应力σ_ϕ为常数，则筒壁内各点同时达到损伤临界值，厚壁圆筒瞬间发生完全断裂；若蠕变指数$n<2$，则断裂从内壁开始向外扩展；若蠕变指数$n>2$，且$\beta\leqslant(1-2\mu)^{-n/2}$，则筒壁内各点的应力$\sigma_\phi$均为拉应力，断裂从外壁开始向内扩展。下面只讨论蠕变指数$n>2$的情况，断裂孕育时间为

$$t_{\mathrm{I}}=[(\nu+1)C(2\mu s)^\nu]^{-1} \tag{2.3.170}$$

在t_{I}时刻，厚壁圆筒的外壁处形成一断裂前缘；在t时刻，断裂前缘的半径扩展为$b(t)$。在式(2.3.167)中，取$\bar{\sigma}=\sigma_\phi$，并将$s=s[\beta(\tau)]$，$b=b(\tau)$，$r/a_0=\beta(\tau)$代入，得到方程：

$$\frac{\mathrm{d}\beta}{\mathrm{d}t}=-\frac{s^\nu(\beta)}{\Phi(\beta,\mu,\nu)} \tag{2.3.171}$$

其中，

$$\Phi(\beta,\mu,\nu)=\frac{\nu(1-2\mu)}{(2\mu)^{\nu-1}}\int_0^t s^\nu[\beta(\tau)]\left\{1+(2\mu-1)\left[\frac{\beta(\tau)}{\beta(t)}\right]^{2\mu}\right\}^{\nu-1}\left[\frac{\beta(\tau)}{\beta(t)}\right]^{2\mu}\frac{\mathrm{d}\tau}{\beta(\tau)} \tag{2.3.172}$$

初始条件为：当 $t=t_{\mathrm{I}}$ 时，$\beta=\beta_0$。方程(2.3.172)可以用数值方法分为两段($0\leqslant t\leqslant t_{\mathrm{I}}$和$t>t_{\mathrm{I}}$)进行求解。图2.3.14给出了$\beta_0=2$时不同蠕变指数$n$情况下$\beta(t/t_{\mathrm{I}})$的数值解。可以看出，断裂前缘在开始时扩展缓慢，并逐渐变快。在相当长的一段时间内，已经发生局部断裂的厚壁圆筒仍然可以承受内压作用。在内压作用下，厚壁圆筒的蠕变脆性断裂过程中，外壁常常出现一组裂纹，这在一定程度上与断裂前缘的扩展有关。最终，一个(或几个)裂纹穿透筒壁，如图2.3.15所示。

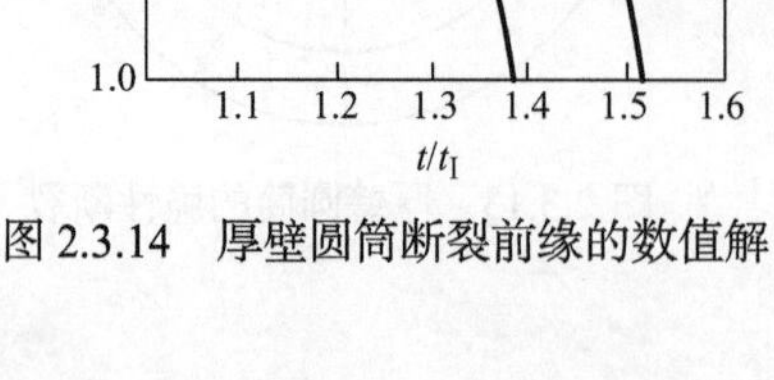

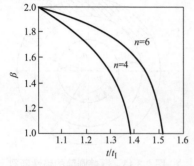

图 2.3.14　厚壁圆筒断裂前缘的数值解

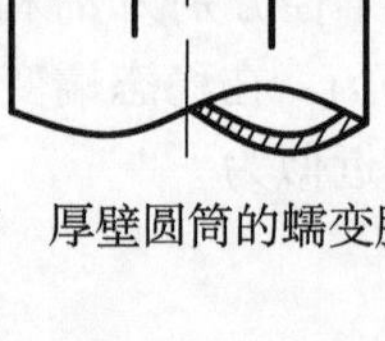

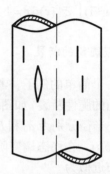

图 2.3.15　厚壁圆筒的蠕变脆性断裂

2.3.9 Murakami-Ohno 蠕变损伤理论

Murakami-Ohno 蠕变损伤理论是在 Kachanov-Rabotnov 蠕变损伤理论中有效应力概念的基础上，发展出来的一种三维各向异性损伤理论。该损伤理论认为，材料的损伤是由微裂纹和微孔洞的发展造成的，这些微缺陷的演化导致有效承载面积减小、材料承载能力下降以及材料力学性能劣化，而且这些变化都依赖于当前的应力和损伤状态，即是各向异性的。

1. 损伤的描述

为了描述微裂纹和微孔洞引起的损伤状态，首先选取材料的一个代表性体积单元 V, 如图 2.3.16 所示。该体积单元具有两种性质：①其尺寸与细观结构尺寸(如平均晶粒半径、微裂纹半径等)相比足够大，从而可以反映材料的统计平均性质；②其尺寸从宏观角度来看又足够小，使在体积单元 V 内部的应力和损伤可看成均匀的。材料的损伤状态可以用一个二阶对称张量来表示，即

$$\boldsymbol{\Omega}=\frac{3}{S_{\mathrm{g}}(V)}\sum_{k=1}^{N}\int_{V}[\boldsymbol{n}^{(k)}\boldsymbol{n}^{(k)}]\mathrm{d}S_{\mathrm{g}}^{(k)} \tag{2.3.173}$$

式中，$\mathrm{d}S_{\mathrm{g}}^{(k)}$ 和 $\boldsymbol{n}^{(k)}$ (k=1，2，…，N)分别为第 k 个微裂纹的面积及其单位法向矢量。$S_{\mathrm{g}}(V)$是体积单元 V 内所有晶界的总面积。$\mathrm{Tr}(\boldsymbol{\Omega})/3$ 为缺陷所占晶界面积的百分比，当所有晶界都被微缺陷占有时，$\boldsymbol{\Omega}$ 变为二阶单位张量 $\boldsymbol{I}$。

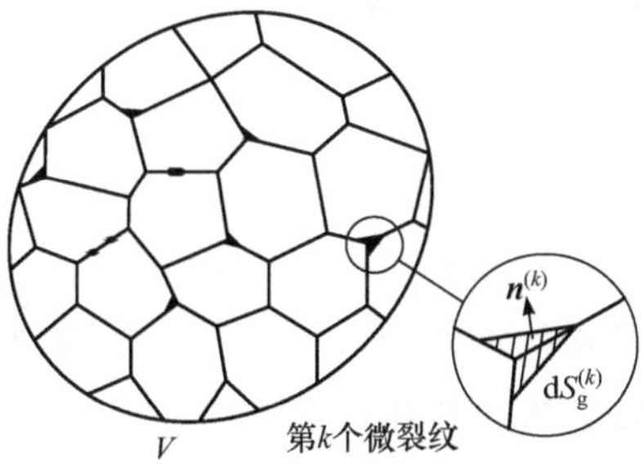

图 2.3.16　材料损伤的代表性体积单元

从损伤材料中选取一个面积单元 PQR，如图 2.3.17(b)所示，称为即时损伤构形 B_{t}。假设在 B_{t} 中的应力、应变是均匀的，线段 PQ、PR 以及面元 PQR 的面积分别用三维欧氏空间中的矢量 $\mathrm{d}\boldsymbol{x}$、$\mathrm{d}\boldsymbol{y}$ 和 $\boldsymbol{v}\mathrm{d}A$ 表示。而该单元在初始无损伤时的构形记作 B_0，相应的线段和面积用 $\mathrm{d}\boldsymbol{x}_0$、$\mathrm{d}\boldsymbol{y}_0$ 和 $\boldsymbol{v}_0\mathrm{d}A_0$ 表示。从 B_0 到 B_{t} 的变形梯度记为 $\boldsymbol{F}$。

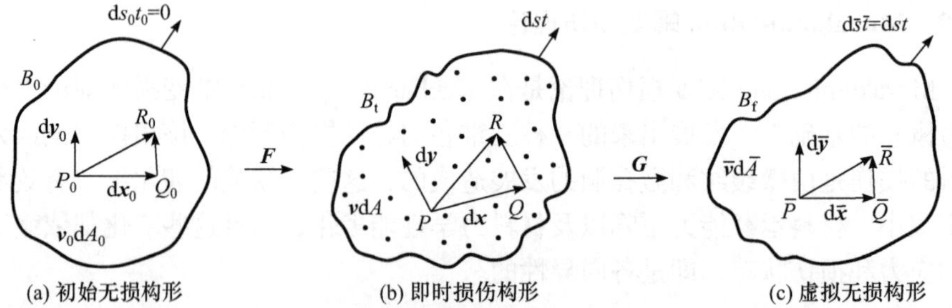

图 2.3.17　材料的三种构形

由于微缺陷的空间分布，PQR 的静承载面积将减小，假设存在一个虚设的无损构形 B_f，线段 $\overline{PQ}$、$\overline{PR}$ 和面元 $\overline{PQR}$ 的面积分别用 $d\bar{x}$、$d\bar{y}$ 和 $\bar{v}d\bar{A}$ 表示。面元 $\overline{PQR}$ 和 B_t 中的 PQR 具有相同的净承载面积，由于损伤的各向异性，矢量 $\boldsymbol{v}dA$ 和 $\bar{\boldsymbol{v}}d\bar{A}$ 的方向一般不重合。若从构形 B_t 到 B_f 的变形梯度为 $\boldsymbol{G}$，则有

$$d\bar{\boldsymbol{x}}=\boldsymbol{G}\cdot d\boldsymbol{x},\quad d\bar{\boldsymbol{y}}=\boldsymbol{G}\cdot d\boldsymbol{y} \tag{2.3.174}$$

根据 Nanson 定理，在 B_t 和 B_f 中的面元矢量 $\boldsymbol{v}dA$ 和 $\bar{\boldsymbol{v}}d\bar{A}$ 的关系为

$$\bar{\boldsymbol{v}}d\bar{A}=\frac{1}{2}d\bar{\boldsymbol{x}}\times d\bar{\boldsymbol{y}}=\frac{1}{2}(\boldsymbol{G}\cdot d\boldsymbol{x})\times(\boldsymbol{G}\cdot d\boldsymbol{y})=K(\boldsymbol{G}^{-1})^{\mathrm{T}}\cdot(\boldsymbol{v}dA) \tag{2.3.175}$$

式中，$K=\det\boldsymbol{G}$；$(\cdot)^{\mathrm{T}}$ 表示二阶张量的转置。

上述分析表明，构形 B_t 的损伤状态可以用式(2.3.175)的线性变换 $K(\boldsymbol{G}^{-1})^{\mathrm{T}}$ 描述。引入一个二阶张量 $\boldsymbol{I}-\boldsymbol{\Omega}$ 来表示 $K(\boldsymbol{G}^{-1})^{\mathrm{T}}$，即

$$K(\boldsymbol{G}^{-1})^{\mathrm{T}}=\boldsymbol{I}-\boldsymbol{\Omega},\quad \boldsymbol{G}=K[(\boldsymbol{I}-\boldsymbol{\Omega})^{\mathrm{T}}]^{-1}=K(\boldsymbol{I}-\boldsymbol{\Omega})^{-\mathrm{T}} \tag{2.3.176}$$

因此，式(2.3.175)可以表示为

$$\bar{\boldsymbol{v}}d\bar{A}=(\boldsymbol{I}-\boldsymbol{\Omega})\cdot\boldsymbol{v}dA \tag{2.3.177}$$

式中，$\boldsymbol{\Omega}$ 是一个表示构形 B_t 的损伤状态的二阶张量，称为损伤张量。损伤张量 $\boldsymbol{\Omega}$ 是在有效承载面积等价的基础上由构形 B_t 和 B_f 定义的，与式(2.3.173)中的细观描述不同。

现在讨论损伤张量 $\boldsymbol{\Omega}$ 的性质。$\bar{\boldsymbol{v}}d\bar{A}$ 是与 B_t 中 $\boldsymbol{v}dA$ 等效的面积矢量，因此 $\bar{\boldsymbol{v}}d\bar{A}$ 与 $\boldsymbol{v}dA$ 的点积应为正值，即

$$(\bar{\boldsymbol{v}}d\bar{A})\cdot(\boldsymbol{v}dA)>0 \tag{2.3.178}$$

将式(2.3.178)代入式(2.3.177)，得

$$[(\boldsymbol{I}-\boldsymbol{\Omega})\cdot\boldsymbol{v}dA]\cdot(\boldsymbol{v}dA)>0 \tag{2.3.179}$$

因此，$\boldsymbol{I}-\boldsymbol{\Omega}$ 应是正定的二阶张量。进而将 $\boldsymbol{I}-\boldsymbol{\Omega}$ 分解为对称部分 $(\boldsymbol{I}-\boldsymbol{\Omega})^{\mathrm{S}}$ 和反对

称部分$(\boldsymbol{I}-\boldsymbol{\Omega})^{\mathrm{A}}$，有

$$\boldsymbol{I}-\boldsymbol{\Omega}=(\boldsymbol{I}-\boldsymbol{\Omega})^{\mathrm{S}}+(\boldsymbol{I}-\boldsymbol{\Omega})^{\mathrm{A}} \tag{2.3.180}$$

若只考虑反对称部分$(\boldsymbol{I}-\boldsymbol{\Omega})^{\mathrm{A}}$，则有

$$(\bar{\boldsymbol{v}}\mathrm{d}\bar{A})\cdot(\boldsymbol{v}\mathrm{d}A)=\left|(\boldsymbol{I}-\boldsymbol{\Omega})^{\mathrm{A}}\cdot(\boldsymbol{v}\mathrm{d}A)\right|\cdot(\boldsymbol{v}\mathrm{d}A)=-(\boldsymbol{v}\mathrm{d}A)\cdot(\boldsymbol{I}-\boldsymbol{\Omega})^{\mathrm{A}}\cdot(\boldsymbol{v}\mathrm{d}A)=0 \tag{2.3.181}$$

式(2.3.181)表明，张量$(\boldsymbol{I}-\boldsymbol{\Omega})^{\mathrm{A}}$将面积矢量 $\boldsymbol{v}\mathrm{d}A$ 变换到与之垂直的$\bar{\boldsymbol{v}}\mathrm{d}\bar{A}$，而对有效承载面积的减小没有反映。因此，可以将损伤张量对称化，而不会影响有效承载面积的等价性。这样，损伤张量$\boldsymbol{\Omega}$必然有三个正交的主方向$\boldsymbol{n}_i$和三个对应的主值Ω_i，并表示为

$$\boldsymbol{\Omega}=\sum_{i=1}^{3}\Omega_i\boldsymbol{n}_i\boldsymbol{n}_i \tag{2.3.182}$$

在构形B_{t}和B_{f}中，各取损伤张量$\boldsymbol{\Omega}$的一组主坐标系$O\text{-}x_1x_2x_3$和$\bar{O}\text{-}x_1x_2x_3$，坐标轴分别通过点P、Q、R和$\bar{P}$、$\bar{Q}$、$\bar{R}$，如图 2.3.18 所示，从而得到两个四面体$OPQR$和$\overline{O}\overline{P}\overline{Q}\overline{R}$，分别由面元$PQR$、$\overline{P}\overline{Q}\overline{R}$以及与$x_1$、$x_2$、$x_3$轴相垂直的侧面组成。将式(2.3.182)代入式(2.3.177)，得

$$\bar{\boldsymbol{v}}\mathrm{d}\bar{A}=\sum_{i=1}^{3}(1-\Omega_i)\mathrm{d}A_i\boldsymbol{n}_i=\boldsymbol{n}_1\mathrm{d}A_1+\boldsymbol{n}_2\mathrm{d}A_2+\boldsymbol{n}_3\mathrm{d}A_3 \tag{2.3.183}$$

其中，

$$\mathrm{d}\bar{A}=(1-\Omega_i)\mathrm{d}A_i \tag{2.3.184}$$

$\bar{A}=v_i\mathrm{d}A$和$\bar{A}_i=\bar{v}_i\mathrm{d}\bar{A}$分别表示$B_{\mathrm{t}}$与$B_{\mathrm{f}}$中四面体的三个侧面面积。由式(2.3.182)可知，损伤张量$\boldsymbol{\Omega}$的三个主值Ω_i可以解释为构形B_{t}和B_{f}中$\boldsymbol{\Omega}$的三个主平面上的有效承载面积的减小量，如图 2.3.19 所示。

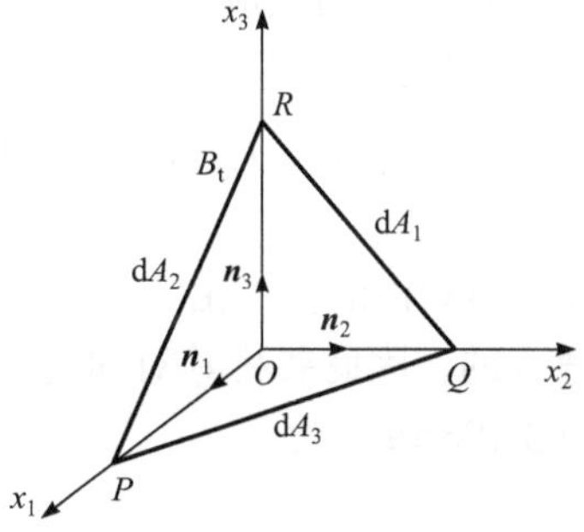

(a) 即时损伤构形

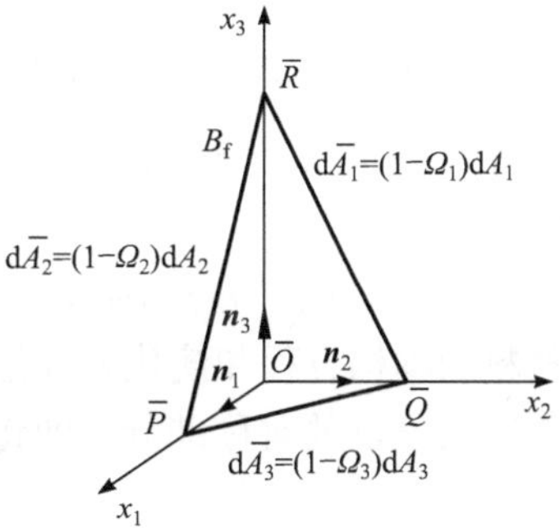

(b) 虚拟无损构形

图 2.3.18　损伤张量$\boldsymbol{\Omega}$的几何解释

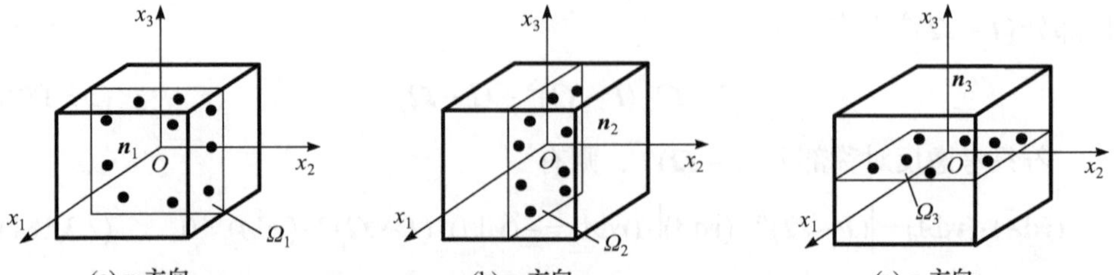

图 2.3.19　损伤张量主平面上的面积减缩

综上所述，微裂纹和微孔洞引起的材料损伤可以用净承载面积的减小量来表征，无论微缺陷的分布如何，损伤状态均可以用二阶对称张量 $\boldsymbol{\Omega}$ 来表示。式(2.3.184)表明，$\boldsymbol{\Omega}$ 所描述的损伤状态不能比正交各向异性的对称性更复杂。

2. 损伤效应张量和净应力张量

为了建立净应力张量(或称为有效应力张量) $\bar{\boldsymbol{\sigma}}$ 与 Cauchy 应力张量 $\boldsymbol{\sigma}$ 的关系，仍然分析四面体 $OPQR$ 和 $\overline{OPQR}$，如图 2.3.20 所示。在构形 B_{t} 中，PQR 面上的面力矢量为 $\boldsymbol{T}\mathrm{d}A$，在构形 B_{f} 中，$\overline{PQR}$ 面上的面力矢量为 $\bar{\boldsymbol{T}}\mathrm{d}\bar{A}$。由 $\boldsymbol{T}\mathrm{d}A=\bar{\boldsymbol{T}}\mathrm{d}\bar{A}$ 及式(2.3.177)，得到

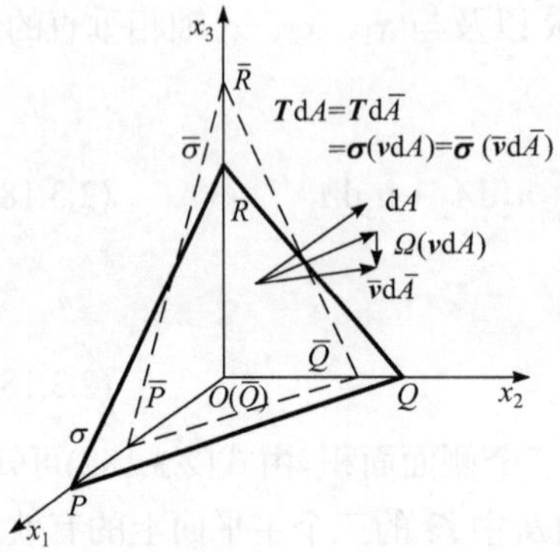

图 2.3.20　任意截面上净承载面积的缩减

$$\begin{aligned}\boldsymbol{T}\mathrm{d}A=\bar{\boldsymbol{T}}\mathrm{d}\bar{A}&=\bar{\boldsymbol{\sigma}}\cdot(\bar{\boldsymbol{v}}\mathrm{d}\bar{A})=\\ \bar{\boldsymbol{\sigma}}\cdot(\boldsymbol{I}-\boldsymbol{\Omega})\cdot(\boldsymbol{v}\mathrm{d}A)&=\boldsymbol{\sigma}\cdot(\boldsymbol{v}\mathrm{d}A)\end{aligned}\tag{2.3.185}$$

因此，净应力张量 $\bar{\boldsymbol{\sigma}}$ 定义为

$$\bar{\boldsymbol{\sigma}}=\boldsymbol{\sigma}\cdot\boldsymbol{\phi},\quad \boldsymbol{\phi}=(\boldsymbol{I}-\boldsymbol{\Omega})^{-1}\tag{2.3.186}$$

式中，$\boldsymbol{\phi}$ 为损伤效应张量。式(2.3.186)的物理意义为：损伤使有效承载面积减小而有效应力增大为 $\bar{\boldsymbol{\sigma}}$，即在损伤构形 B_{t} 中，PQR 面上作用的应力 $\boldsymbol{\sigma}$ 与虚拟无损构形 B_{f} 中 $\overline{PQR}$ 面上作用的有效应力 $\bar{\boldsymbol{\sigma}}$ 的力学效果完全等价。

由式(2.3.186)可知，净应力张量 $\bar{\boldsymbol{\sigma}}$ 一般是不对称的。而由不对称的张量 $\bar{\boldsymbol{\sigma}}$ 来构造损伤材料的本构方程和演化方程是不适合的，因此要将其对称化。常用的对称化方法是取张量 $\bar{\boldsymbol{\sigma}}$ 的对称部分，即将式(2.3.186)改写为

$$\bar{\boldsymbol{\sigma}}=\frac{1}{2}[(\boldsymbol{I}-\boldsymbol{\Omega})^{-1}\cdot\boldsymbol{\sigma}+\boldsymbol{\sigma}\cdot(\boldsymbol{I}-\boldsymbol{\Omega})^{-1}]=\frac{1}{2}(\boldsymbol{\sigma}\cdot\boldsymbol{\phi}+\boldsymbol{\phi}\cdot\boldsymbol{\sigma})\tag{2.3.187}$$

式(2.3.187)是 Kachanov-Rabotnov 经典损伤理论中的净应力概念在三维情况下的推广。

3. 本构和演化方程

材料的蠕变变形速率和损伤演化率都与即时的损伤状态、应力状态、温度有关，而且与非弹性变形的历史有关。因此，假设有限蠕变变形的本构方程和损伤演化方程的形式为

$$\boldsymbol{D}=\boldsymbol{G}(\boldsymbol{\sigma},\boldsymbol{\Omega},\kappa,T),\quad \hat{\boldsymbol{\Omega}}=\boldsymbol{H}(\boldsymbol{\sigma},\boldsymbol{\Omega},\kappa,T) \tag{2.3.188}$$

式中，κ 为与材料硬化有关的常数；T 为温度；$\hat{\boldsymbol{\Omega}}$ 上面的符号“^”表示 Jaumann 导数。

$\hat{\boldsymbol{\Omega}}$ 表示蠕变损伤过程中微缺陷面积密度的变化率，孔洞的发展取决于局部的应力状态、损伤的应力放大作用以及应力集中程度，$\hat{\boldsymbol{\Omega}}$ 可以表示为净应力张量 $\bar{\boldsymbol{\sigma}}$ 的函数，即

$$\hat{\boldsymbol{\Omega}}=\bar{\boldsymbol{H}}(\bar{\boldsymbol{\sigma}},\boldsymbol{\phi},\kappa,T) \tag{2.3.189}$$

损伤演化方程可以采用式(2.3.190)的形式：

$$\hat{\boldsymbol{\Omega}}=\gamma\boldsymbol{I}+\sum_i \boldsymbol{M}^{(i)}:[\boldsymbol{v}^{(i)}\boldsymbol{v}^{(i)}]+\sum_j \boldsymbol{N}^{(j)}:[\boldsymbol{v}_{\mathrm{D}}^{(j)}\boldsymbol{v}_{\mathrm{D}}^{(j)}] \tag{2.3.190}$$

式中，γ 为关于 $\bar{\boldsymbol{\sigma}}$、$\boldsymbol{\phi}$、$\kappa$ 和 T 的标量函数；$\boldsymbol{M}^{(i)}$ 和 $\boldsymbol{N}^{(j)}$ 为四阶张量函数；$\boldsymbol{v}^{(i)}$ 和 $\boldsymbol{v}_{\mathrm{D}}^{(j)}$ 分别为净应力张量 $\bar{\boldsymbol{\sigma}}$ 及其偏斜张量 $\bar{\boldsymbol{\sigma}}_{\mathrm{D}}=\bar{\boldsymbol{\sigma}}-\mathrm{Tr}(\bar{\boldsymbol{\sigma}})\boldsymbol{I}/3$ 的正主值对应的主方向。

与损伤演化不同，损伤材料的变形不仅与净承载面积的减小有关，而且与微缺陷的三维配置(如方向、分布)有关。式(2.3.189)中的净应力张量 $\bar{\boldsymbol{\sigma}}$ 不能用于本构方程，需要用一个四阶张量 $\boldsymbol{\Gamma}$ 定义本构方程的有效应力张量，即

$$\bar{\boldsymbol{\sigma}}=\frac{1}{2}(\boldsymbol{\sigma}:\boldsymbol{\Gamma}+\boldsymbol{\Gamma}:\boldsymbol{\sigma}) \tag{2.3.191}$$

式中，$\boldsymbol{\Gamma}$ 为四阶损伤效应张量，其分量形式为

$$\begin{aligned}\Gamma_{ijkl}&=\lambda\delta_{ij}\delta_{kl}+\mu(\delta_{ik}\delta_{jl}+\delta_{il}\delta_{jk})+\nu\delta_{ij}\delta_{kl}+\upsilon\phi_{ij}\delta_{kl}\\&\quad+\rho(\delta_{ik}\phi_{jl}+\delta_{il}\phi_{jk}+\delta_{jk}\phi_{il}+\delta_{jl}\phi_{ik})+A\phi_{ij}\phi_{kl}+B\delta_{ij}\psi_{kl}+C\psi_{ij}\delta_{kl}\\&\quad+D(\delta_{ik}\psi_{jl}+\delta_{il}\psi_{jk}+\delta_{jk}\psi_{il}+\delta_{jl}\psi_{ik})+G\phi_{ij}\psi_{kl}+H\psi_{jl}\phi_{ki}+K\psi_{ij}\phi_{kl}\end{aligned} \tag{2.3.192}$$

式中，λ、μ、ν、υ 和 ρ 为常数；A、B、C、D、G、H 和 K 是 ϕ_{ij} 的标量不变量的多项式；ψ_{ij} 为

$$\psi_{ij}=\phi_{ip}\phi_{pj} \tag{2.3.193}$$

假设应力和损伤对蠕变变形的影响可以用$\bar{\boldsymbol{\sigma}}$和$\boldsymbol{\phi}$来描述，因此蠕变的本构方程可以表示为

$$\boldsymbol{D}=\bar{\boldsymbol{G}}(\bar{\boldsymbol{\sigma}},\boldsymbol{\phi},\kappa,T) \tag{2.3.194}$$

函数$\bar{\boldsymbol{G}}$最一般的形式可以表示为$\bar{\boldsymbol{\sigma}}$和$\boldsymbol{\phi}$的张量多项式：

$$\begin{aligned}\bar{\boldsymbol{G}}=&\beta_0\boldsymbol{I}+\beta_1\boldsymbol{\phi}+\beta_2\boldsymbol{\phi}^3+\beta_3\bar{\boldsymbol{\sigma}}+\beta_4(\boldsymbol{\phi}\cdot\bar{\boldsymbol{\sigma}}+\bar{\boldsymbol{\sigma}}\cdot\boldsymbol{\phi})+\beta_5(\boldsymbol{\phi}^2\cdot\bar{\boldsymbol{\sigma}}+\bar{\boldsymbol{\sigma}}\cdot\boldsymbol{\phi}^2)\\&+\beta_6\bar{\boldsymbol{\sigma}}^2+\beta_7(\boldsymbol{\phi}\cdot\bar{\boldsymbol{\sigma}}^2+\bar{\boldsymbol{\sigma}}^2\cdot\boldsymbol{\phi})\end{aligned} \tag{2.3.195}$$

式中，$\beta_i\ (i=0,1,2,\cdots,7)$为$\kappa$和$T$以及关于$\bar{\boldsymbol{\sigma}}$和$\boldsymbol{\phi}$的标量不变量$\mathrm{Tr}(\boldsymbol{\phi})$、$\mathrm{Tr}(\boldsymbol{\phi}^2)$、$\mathrm{Tr}(\boldsymbol{\phi}^3)$、$\mathrm{Tr}(\bar{\boldsymbol{\sigma}})$、$\mathrm{Tr}(\bar{\boldsymbol{\sigma}}^2)$、$\mathrm{Tr}(\bar{\boldsymbol{\sigma}}^3)$、$\mathrm{tr}(\boldsymbol{\phi}\cdot\bar{\boldsymbol{\sigma}})$、$\mathrm{tr}(\boldsymbol{\phi}^2\cdot\bar{\boldsymbol{\sigma}})$、$\mathrm{tr}(\boldsymbol{\phi}\cdot\bar{\boldsymbol{\sigma}}^2)$、$\mathrm{tr}(\boldsymbol{\phi}^2\cdot\bar{\boldsymbol{\sigma}}^2)$的函数。

在特殊情况下，若变形率张量$\boldsymbol{D}$只依赖于$\bar{\boldsymbol{\sigma}}$，则式(2.3.195)可简化为

$$\boldsymbol{D}=\beta_0\boldsymbol{I}+\beta_3\bar{\boldsymbol{\sigma}}+\beta_6\bar{\boldsymbol{\sigma}}^2 \tag{2.3.196}$$

体积应变在变形过程中一般不明显(临近断裂时刻除外)，因此可以假设体积是不可压缩的，此时，式(2.3.196)转化为

$$\boldsymbol{D}=\bar{\beta}_1\bar{\boldsymbol{\sigma}}_{\mathrm{D}}+\bar{\beta}_2[\bar{\boldsymbol{\sigma}}_{\mathrm{D}}^2-\mathrm{Tr}(\bar{\boldsymbol{\sigma}}_{\mathrm{D}}^2)\boldsymbol{I}/3] \tag{2.3.197}$$

式中，$\bar{\beta}_1$和$\bar{\beta}_2$是与β_i相类似的标量函数；$\bar{\boldsymbol{\sigma}}_{\mathrm{D}}=\bar{\boldsymbol{\sigma}}=\mathrm{Tr}(\bar{\boldsymbol{\sigma}}_{\mathrm{D}}^2)\boldsymbol{I}/3$。

4. 黏塑性各向异性损伤模型

在蠕变损伤情况下，损伤演化方程可以表示为

$$\dot{\boldsymbol{\Omega}}=\left\langle\frac{\chi(\bar{\boldsymbol{\sigma}})}{A}\right\rangle^r[\gamma\boldsymbol{I}+(1-\gamma)\boldsymbol{v}^{(1)}\boldsymbol{v}^{(1)}] \tag{2.3.198}$$

式中，$\boldsymbol{v}^{(1)}$是最大主应力方向的单位矢量；A、r和γ为材料常数；$\chi(\bar{\boldsymbol{\sigma}})$是描述等时面净应力张量的不变量，可以定义为

$$\chi(\bar{\boldsymbol{\sigma}})=\alpha J_0(\bar{\boldsymbol{\sigma}})+\beta J_1(\bar{\boldsymbol{\sigma}})+(1-\alpha-\beta)J_3(\bar{\boldsymbol{\sigma}}) \tag{2.3.199}$$

式中，α和β是与温度有关的材料常数。在恒定的多轴应力作用下，断裂时间为

$$t_{\mathrm{c}}=\frac{1}{k+1}\left\langle\frac{\chi(\boldsymbol{\sigma})}{A}\right\rangle^{-r} \tag{2.3.200}$$

式(2.3.198)和式(2.3.200)中，三角括号的定义为

$$\langle x\rangle=\begin{cases}x, & x>0\\0, & x\leqslant 0\end{cases} \tag{2.3.201}$$

利用 Lemaitre 提出的有效应力的概念，损伤材料的黏塑性本构方程可以由无损的形式得到，只需要将 Cauchy 应力变换为有效应力 $\bar{\sigma}$。对于各向同性强化的情况，有

$$\dot{p}=\left[\frac{J_2(\bar{\sigma})}{K}\right]^n p^{-n/m},\quad \dot{\varepsilon}^{\mathrm{p}}=\frac{3}{2}\dot{p}\frac{\bar{\sigma}}{J_2(\bar{\sigma})} \tag{2.3.202}$$

对于单向拉伸的特例情况，损伤演化方程和本构方程可简化为

$$\dot{\Omega}=\left[\frac{\sigma}{A(1-\Omega)}\right]^r,\quad \dot{\varepsilon}^{\mathrm{p}}=\left[\frac{\sigma}{A(1-c\Omega)}\right]^n p^{-n/m} \tag{2.3.203}$$

若应力始终保持不变，积分式(2.3.203)的第一式，得

$$\Omega=1-\left(1-\frac{t}{t_{\mathrm{c}}}\right)^{1/(r+1)} \tag{2.3.204}$$

式中，t_{c} 为蠕变断裂时间，表示为

$$t_{\mathrm{c}}=\frac{1}{r+1}\left(\frac{\sigma}{A}\right)^r \tag{2.3.205}$$

若只考虑第二变形率，即 $m\to\infty$，且设 $n=r-2$，由式(2.3.203)的第二式和式(2.3.204)得到

$$\varepsilon^{\mathrm{p}}=\varepsilon_{\mathrm{R}}^{\mathrm{p}}\left\{1-\frac{1-t/t_{\mathrm{c}}}{[1-c+c(1-t/t_{\mathrm{c}})^{1/(n-1)}]^{n-1}}\right\} \tag{2.3.206}$$

式中，断裂应变 $\varepsilon_{\mathrm{R}}^{\mathrm{p}}$ 为

$$\varepsilon_{\mathrm{R}}^{\mathrm{p}}=\left(\frac{\sigma}{K}\right)^n\frac{t_{\mathrm{c}}}{1-c} \tag{2.3.207}$$

5. 蠕变裂纹扩展的局部方法

断裂力学在描述裂纹扩展和断裂时往往采用整体方法，即通过全场的应力-应变分析找出起主导作用的控制参量，并用它来描述裂纹的状态。这种方法在描述材料的断裂行为，尤其是二维弹性及等幅循环加载情况下的材料行为时有显著优点，但是在处理一些更复杂的断裂现象时存在一些局限性，分析非比例加载下的裂纹扩展、具有分布损伤的材料断裂等问题有较大困难。

克服这些困难的一种途径是采用断裂的局部方法，随着裂纹尖端损伤的发展，材料单元的局部刚度不断下降。因此，如果将达到损伤临界值(或刚度临界值)的材料单元看成裂纹，就能合理地分析裂纹的萌生、扩展，直至断裂的全

过程。局部方法存在的一个问题是裂纹的起裂和扩展对有限元网格的尺寸和布置有影响,因此有限元网格的合理划分和网格敏感性的分析是局部方法的重要问题。

将 Murakami-Ohno 损伤模型和有限元法相结合，可以考察损伤各向异性对裂纹扩展的影响。根据金相学试验观察，蠕变损伤即微孔洞的形核、长大和汇合主要发生在与最大主应力相垂直的晶界上。采用式(2.3.182)中的二阶损伤张量 $\boldsymbol{\Omega}$ 和式(2.3.187)中的净应力张量 $\bar{\boldsymbol{\sigma}}$ ，并假设各向异性损伤的演化方程表示为

$$\dot{\boldsymbol{\Omega}} = B[\xi\bar{\sigma}_1+\zeta\bar{\sigma}_{\mathrm{e}}+(1-\xi-\zeta)\mathrm{Tr}(\bar{\boldsymbol{\sigma}})/3] \times\{\mathrm{Tr}[(\boldsymbol{I}-\boldsymbol{D})^{-1}\cdot(\gamma_1\gamma_1)]\}^{\iota}\times[(1-\eta)\boldsymbol{I}+\eta\gamma_1\gamma_1] \tag{2.3.208}$$

式中，$\bar{\sigma}_1$ 和 $\bar{\sigma}_{\mathrm{e}}$ 分别为净应力张量 $\bar{\boldsymbol{\sigma}}$ 的最大主值和 von Mises 等效应力；γ_1 是 $\bar{\sigma}_1$ 的主方向；B、ι、ξ、ζ、η 均为材料常数。当 η=0 时，式(2.3.208)相当于 Kachanov-Rabotnov 的各向同性损伤理论；当 $\eta\neq0$ 时，则体现了损伤的各向异性。采用 McVetty 型的蠕变律和应变强化假设，损伤材料的本构关系可表示为

$$\dot{\varepsilon}^{\mathrm{c}}=\frac{3}{2}\left(A_1\sigma_{\mathrm{e}}^{n_1-1}\alpha\mathrm{e}^{-a\bar{t}}\boldsymbol{s}+A_2\bar{\sigma}_{\mathrm{e}}^{n_2-1}\bar{\boldsymbol{s}}\right),\quad \dot{\varepsilon}_{\mathrm{e}}^{\mathrm{c}}=A_1\sigma_{\mathrm{e}}^{n_1-1}(t)\left(1-\mathrm{e}^{-\alpha\bar{t}}\right)+A_2\bar{\sigma}_{\mathrm{e}}^{n_2}(t)$$

$$\varepsilon_{\mathrm{e}}^{\mathrm{c}}(t)=\int_0^t\sqrt{\frac{2}{3}[\mathrm{Tr}(\bar{\varepsilon}^{\mathrm{c}})]^2}\,\mathrm{d}t \tag{2.3.209}$$

式中，$\boldsymbol{s}$ 和 $\bar{\boldsymbol{s}}$ 分别为 $\boldsymbol{\sigma}$ 和 $\bar{\boldsymbol{\sigma}}$ 的偏斜张量；A_1、A_2、n_1、n_2 和 α 为材料常数；$\bar{t}$ 是一个虚设的时间变量，可以由式(2.3.209)的前两个方程消去。

采用单元消去技术分析蠕变断裂问题。当单元内部的损伤张量 $\boldsymbol{D}$ 的最大主值达到临界值 D_{c} 时，单元发生断裂，将其刚度减缩为零。为了考虑损伤的各向异性对蠕变裂纹的影响，利用单元消去技术计算在比例加载和非比例加载条件下，各向同性损伤(η=0)、完全各向异性损伤(η=1)和组合损伤(η=0.5)情况下的蠕变裂纹扩展问题，包括裂纹从起裂、扩展到最后断裂过程中的应力重新分布、寿命和扩展路径。因此，利用断裂的局部方法可以较好地模拟结构的劣化过程以及裂纹尖端附近应力场和损伤场的动态演化过程。结果表明，在比例加载情况下，损伤的各向异性对断裂过程(包括构件的蠕变寿命和裂纹扩展路径)未产生显著的影响，在非比例加载情况下则不一定。图 2.3.21 给出了 η=1 和 η=0，损伤因子 $D_1\geqslant0.99$ 时，非比例加载条件下的两种计算结果，设 t_{f}、t_{s}、t_{r} 分别为起裂时间、载荷改变时间(裂纹长度从 $2a_0$ 变为 $3a_0$ 的时间)和最终断裂时间。载荷变化前裂纹的扩展方向相同，都是沿裂纹方向向前扩展。但载荷变化后，各向异性损伤理论预测裂纹沿着与初始裂纹相垂直的方向断裂，测得 t_{f}=27h，t_{s}=89h，t_{r}=1159h。而各向同性损伤理论预测裂纹大约沿着 45°的方向断裂，测得 t_{f}=26h，t_{s}=89h，t_{r}=615h。由此可得出结论：损伤的各向异性将延长非比例加载构件的寿命，并且

对裂纹的扩展路径有显著影响。

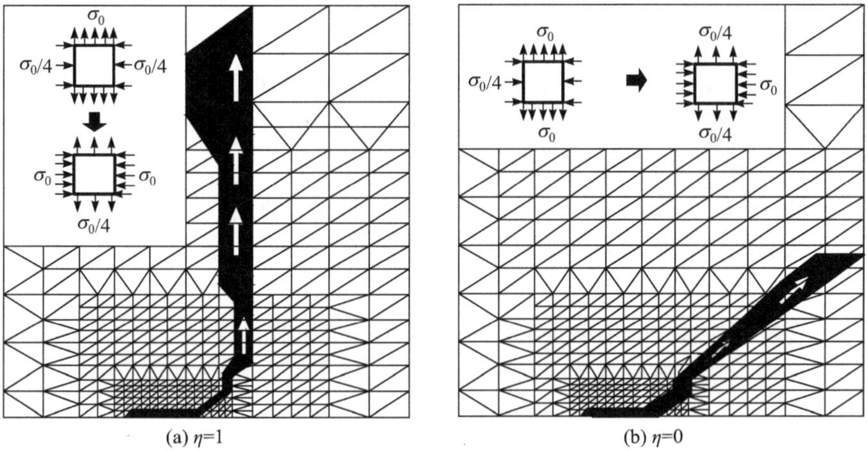

图 2.3.21　非比例加载条件下的蠕变裂纹扩展

通过蠕变裂纹扩展的局部方法分析，得到以下有意义的结论：

(1) 不同的网格划分方法不会对构件的寿命产生显著的影响，但会对裂纹扩展方向产生显著的影响。

(2) 采用相同的网格划分方法，采用不同的网格尺寸，对裂纹的扩展路径没有显著的影响。图 2.3.22 给出了单元数对起裂时间 t_f 和最终断裂时间 t_r 的影响曲线。可以看出，网格越细，扩展速度越快，寿命越短，但网格尺寸对蠕变裂纹扩展速率的影响并不是很大。在疲劳裂纹扩展的情况下，裂纹扩展对网格的敏感性更大。

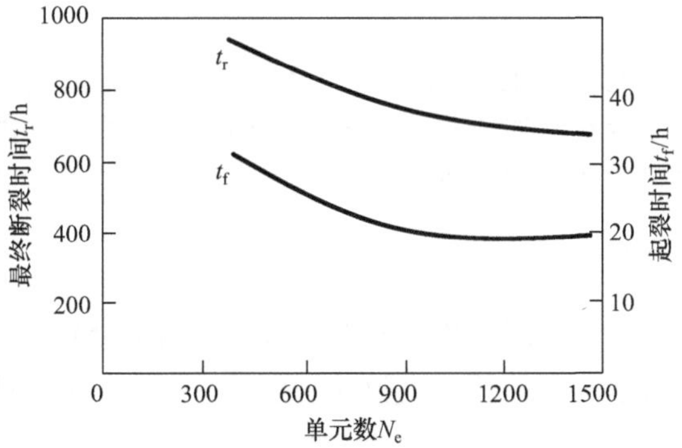

图 2.3.22　起裂时间、最终断裂时间与单元数的关系

(3) 当临界损伤因子 D_c 取 0.99 和 0.5 时，构件寿命几乎相同。因此，在一定范围内(D_c 不接近于 0)，临界损伤因子的取值对结果没有显著影响。

Murakami-Ohno 蠕变损伤理论具有如下优点：

(1) 该理论给出了各向异性蠕变损伤演化方程和本构方程的一般形式，并且可以适用于任意的加载路径，包括非比例加载。

(2) 材料的损伤状态用一个二阶张量来描述，只有 6 个独立分量。这是对 Kachanov-Rabotnov 损伤概念的推广，具有较明晰的物理意义。

(3) 对损伤效应张量 $\boldsymbol{\phi}$ 、有效应力张量 $\bar{\boldsymbol{\sigma}}$ 、损伤演化方程和本构方程的验证结果表明，该模型具有较好的预测结果。

Murakami-Ohno 蠕变损伤理论也存在一些明显的缺点：

(1) 未显示出损伤材料的弹性律，即没有体现弹性常数随损伤的变化，只给出了蠕变应变的损伤本构关系。

(2) 在黏塑性律中，有效应力的定义采用多个系数，这些系数难以确定。

(3) 该理论缺乏连续热力学理论的支持。

2.4　疲劳损伤理论

疲劳是金属在交变应力作用下的一类特殊损伤破坏现象。材料的疲劳破坏一般经历从微观裂纹的萌生、扩大到宏观裂纹的形成和扩展等阶段。在交变载荷作用下，结构中会有大量的微裂纹形核，微裂纹随着载荷循环次数的增加而逐渐扩展，最终形成宏观裂纹，导致材料断裂，这种破坏称为疲劳损伤破坏。在结构破坏之前可承受的载荷循环次数 N_{f} 称为疲劳寿命。当疲劳寿命高于 5×10^4 时，称为高周疲劳；当疲劳寿命低于 5×10^4 时，称为低周疲劳。对于应力水平较低的高周疲劳，变形主要为弹性变形；对于应力水平较高的低周疲劳，往往有塑性变形发生。

疲劳破坏的条件与材料的品质有关，带有初始损伤(缺陷)的物体的裂纹萌生期可以很短，甚至不存在。对于材质十分均匀而又无应力集中的物体，裂纹形成时间将很长，此时可采用光滑试件的疲劳数据来估算物体的疲劳寿命。

2.4.1　一维疲劳损伤模型

在蠕变损伤理论中，将时间作为参考度量，损伤是时间的函数。而在疲劳损伤理论中，损伤常表示为载荷循环次数的函数。一般情况下，疲劳损伤的演化方程可表示为

$$\delta D=f(D,\sigma_{\mathrm{a}},\sigma_{\mathrm{m}},\cdots)\delta N \tag{2.4.1}$$

式中，σ_{a} 为载荷循环中的应力变化幅度，简称应力幅值；σ_{m} 为平均应力。随着载荷循环次数的增加，损伤逐渐累积。如何处理损伤的累积，是疲劳分析尤其是多级加载情况下疲劳分析的一个重要问题。

1. 疲劳损伤的线性累积律

就工程要求而言，建立疲劳损伤理论的主要目的是能够根据结构的使用条件预估其使用寿命。在多级加载情况下，线性累积损伤法(Miner 法)是在工程计算中得到广泛应用的确定疲劳寿命的方法。设在一系列不同应力幅值σ_{ak} (k=1，2，…)下的载荷循环为ΔN_k (k=1, 2, …)，假定材料在σ_{a1}，σ_{a2}，…作用下分别经受ΔN_1，ΔN_2，…次应力循环，以$\Delta D_1 = \Delta N_1 / N_{f1}$，$\Delta D_2 = \Delta N_2 / N_{f2}$，…依次表示$\sigma_{a1}$，$\sigma_{a2}$，…下的损伤分数。根据线性累积损伤理论，如果将这些损伤分数线性叠加，就可以建立疲劳破坏判据为

$$\sum_k \Delta D_k = \sum_k \frac{\Delta N_k}{N_{fk}} \leqslant 1 \tag{2.4.2}$$

若应力是连续变化的，则可将式(2.4.2)写为

$$\int_0^{N_f} \frac{dN}{N_f'} \leqslant 1 \tag{2.4.3}$$

式中，N_f'为在现时应力幅值$d\sigma_a$下达到断裂的循环次数。

在等应力幅值的循环载荷作用下，可以认为损伤的演化是线性的，即

$$D = \frac{N}{N_f} \tag{2.4.4}$$

式(2.4.4)是一种最简单的疲劳损伤定义。事实上，线性累积律也可以用于损伤非线性演化的情况。为此，应该确定损伤因子D和N / N_f的一一对应关系，即将D表示为由N / N_f唯一确定的函数。例如，在两级加载的情况下，损伤的一种演化曲线如图 2.4.1(a)所示。

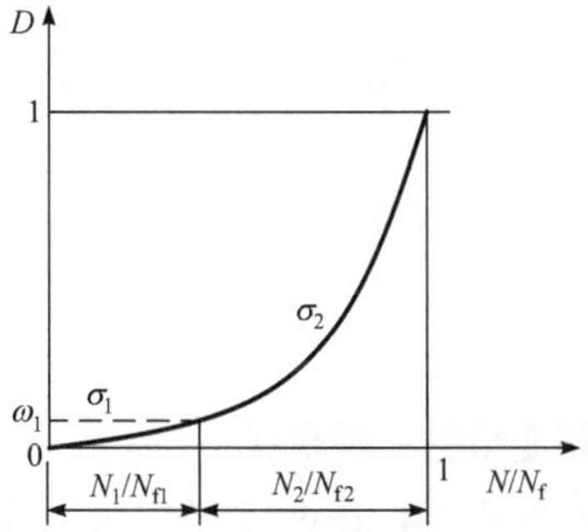

(a) 线性损伤演化曲线

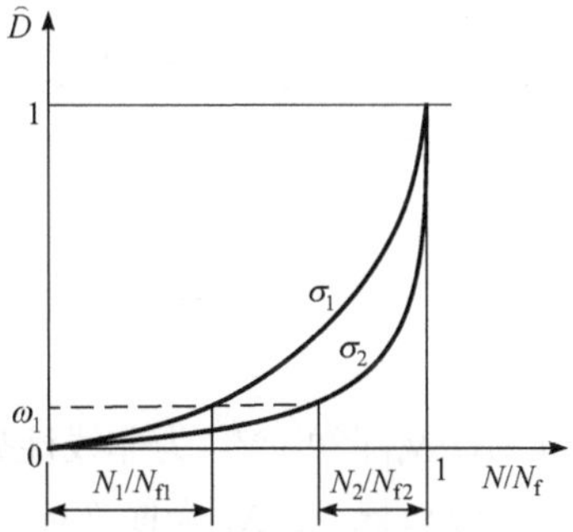

(b) 非线性损伤演化曲线

图 2.4.1　线性损伤和非线性损伤演化曲线

在采用线性累积律时，可以定义损伤随载荷循环的演化规律为

$$\delta D=\begin{cases}\dfrac{\delta N}{N_{\mathrm{f}}(\sigma_{\mathrm{a}},\sigma_{\mathrm{m}},\cdots)}, & \text{线性形式} \\ \dfrac{(1-D)^{-k}}{k+1}\dfrac{\delta N}{N_{\mathrm{f}}(\sigma_{\mathrm{a}},\sigma_{\mathrm{m}},\cdots)}, & \text{非线性形式}\end{cases} \tag{2.4.5}$$

在式(2.4.5)中，损伤演化与外加的载荷参数无关，载荷参数只隐含于 N_{f} 中，Miner 法只有在应力幅值和平均应力变化很小的情况下才可得到比较好的结果。

2. 疲劳损伤的非线性累积律

对于给定的加载水平和循环次数 N_1，若已知材料相应的疲劳寿命为 N_{f}，剩余寿命 N 可以采用式(2.4.6)确定：

$$\frac{N}{N_{\mathrm{f}}}=1-\left(\frac{N_1}{N_{\mathrm{f1}}}\right)^{\gamma} \tag{2.4.6}$$

式(2.4.6)就是一种非线性损伤模型。其中，N_1/N_{f1} 表示在 N_1 周数下的损伤分数，指数 γ 由试验确定。

式(2.4.6)也可应用于多级加载的情况。例如，对于二级加载，以 σ_{a1}、N_{f1}，σ_{a2}、N_{f2} 依次表示二级加载下的应力幅值和疲劳寿命。设材料在 σ_{a1} 作用下经受了 N_1 次应力循环后进入第二级加载，根据上述关于剩余寿命的概念，若以 N_2 表示第二级加载时所能经受的应力循环次数，则

$$\frac{N_2}{N_{\mathrm{f2}}}=1-\left(\frac{N_1}{N_{\mathrm{f1}}}\right)^{\gamma} \tag{2.4.7}$$

当 $\gamma=1$ 时，就变成了线性累积损伤。Manson 根据大量的试验结果得出估算二级加载下的非线性公式为

$$\frac{N_2}{N_{\mathrm{f2}}}=1-\left(\frac{N_1}{N_{\mathrm{f1}}}\right)^{(N_{\mathrm{f1}}/N_{\mathrm{f2}})^{0.4}}=1-\widehat{D} \tag{2.4.8}$$

式中，$\widehat{D}=(N_1/N_{\mathrm{f1}})^{(N_{\mathrm{f1}}/N_{\mathrm{f2}})^{0.4}}$ 为非线性疲劳损伤变量的一种形式。

以 $\widehat{D}$ 为纵坐标，N/N_{f} 为横坐标，可绘制如图 2.4.1(b)所示的二级加载疲劳损伤曲线。由图可知，$N_1/N_{\mathrm{f1}}+N_2/N_{\mathrm{f2}}\neq 1$。

在疲劳问题的研究中，疲劳破坏先采用循环应力来表征，相应的疲劳曲线即

为 S-N 曲线。但在讨论短寿命问题时，S-N 曲线不能满足寿命预测的精度要求，而应变控制的疲劳试验更接近实际情况，并可避免通常在应力控制下发生的不稳定或失控情况。从力学观点来看，低周疲劳一般伴有明显的塑性应变，循环塑性应变应当是这类疲劳损伤的主要控制因素，不同寿命之间的重大差别是循环塑性应变程度的不同。

根据应变控制疲劳试验，可以绘制总应变-寿命曲线，如图 2.4.2 所示。该曲线可以看成弹性应变-寿命曲线和塑性应变-寿命曲线的叠加。在短寿命范围内，塑性应变在总应变中所占比例明显比弹性变形大；反之，在长寿命范围内，弹性应变在总应变中所占的比例大。在图中两直线的交点处，两个变形分量相等，与之相应的 N_f^T 称为转变疲劳寿命。一个反复次数为 10^5 的转变疲劳寿命意味着：即使在反复次数为 10^6 时破坏，每次循环中也仍存在远大于零的塑性应变。在小变形情况下，材料处于弹性范围，应力与应变呈线性关系，此时控制应力和控制应变的疲劳试验结果相同。从上述观点来看，应变控制的疲劳试验能适用于全寿命范围的疲劳寿命研究。

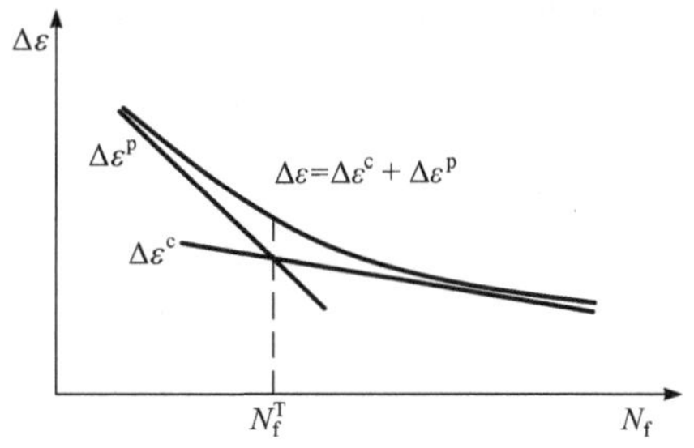

图 2.4.2　循环应变疲劳曲线

在考虑应力幅值影响的情况下，一种常用的损伤演化方程为

$$\frac{\delta D}{\delta N}=\left[\frac{\sigma_a}{2B(1-D)}\right]^{-\beta}(1-D)^{-\gamma} \tag{2.4.9}$$

式中，B、β 和 γ 是与温度相关的材料参数，B 还依赖于平均应力 σ_m，$B=B(\sigma_m)$。

由式(2.4.9)可以导出损伤为

$$D=1-\left(\frac{N}{N_f}\right)^{1/(\beta+\gamma+1)} \tag{2.4.10}$$

式中，疲劳寿命 N_f 可表示为

$$N_f(\sigma_a,\sigma_m)=\frac{1}{\beta+\gamma+1}\left[\frac{\sigma_a}{2B(\sigma_m)}\right]^{-\beta} \tag{2.4.11}$$

根据式(2.4.10)和式(2.4.11)，D 与 N/N_f 呈非线性关系，但 $\ln(1-D)$ 与 $\ln(1-N/N_f)$ 呈线性关系，$\ln N_f$ 与 $\ln\sigma_a$ 也呈线性关系，如图 2.4.3 所示，由此可以试验测定参数 $\beta+\gamma$ 和 B。

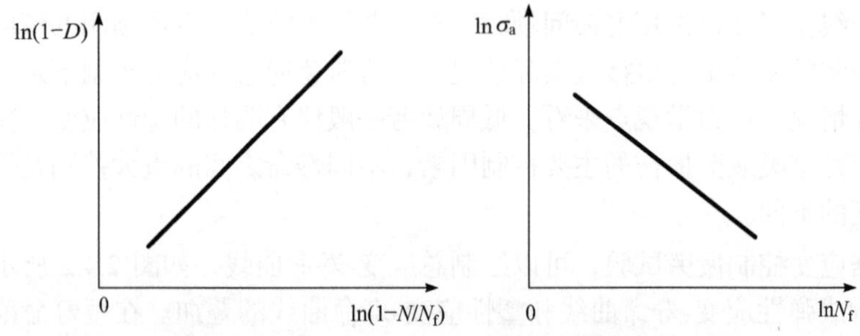

(a) 疲劳损伤的演化　　(b) 疲劳寿命与应力幅的关系

图 2.4.3　疲劳损伤演化与疲劳寿命

Chaboche 提出了一种更复杂的疲劳损伤演化方程，可表示为

$$\frac{\delta D}{\delta N}=[1-(1-D)^{1+\beta}]^{\alpha}\left[\frac{\sigma_a}{M(1-D)}\right]^{\beta} \tag{2.4.12}$$

式中，α、β 和 M 是与温度相关的材料参数，$\alpha=\alpha(\sigma_a)$，$M=M(\sigma_m)$。

由式(2.4.12)得到损伤随载荷循环次数的变化关系为

$$D=1-\left[1-\left(\frac{N}{N_f}\right)^{1/(1-\alpha)}\right]^{1/(\beta+1)} \tag{2.4.13}$$

其中，

$$N_f(\sigma_a,\sigma_m)=\frac{1}{(1-\alpha)(1+\beta)}\left(\frac{\sigma_a}{M}\right)^{-\beta} \tag{2.4.14}$$

根据应变等效假设，将 Ramberg-Osgood 关系中的 Cauchy 应力替换为有效应力 $\tilde{\sigma}$，得到在稳定状态下耦合损伤的 Ramberg-Osgood 硬化律为

$$\tilde{\sigma}=\frac{\sigma}{1-D}=K\varepsilon^{1/M} \tag{2.4.15}$$

假设应力幅值 σ_a 和应变幅值 ε_a 的关系为

$$\frac{\sigma_a}{1-D}=K(\varepsilon_a)^{1/M} \tag{2.4.16}$$

若没有损伤发生，在同样的载荷作用下，应变幅值记为 $\bar{\varepsilon}_a$，则应有

$$\sigma_a=K(\bar{\varepsilon}_a)^{1/M} \tag{2.4.17}$$

比较式(2.4.16)和式(2.4.17)，得到损伤变量的表达式为

$$D=1-(\bar{\varepsilon}_a/\varepsilon_a)^{1/M} \tag{2.4.18}$$

式(2.4.18)表明，在控制应力加载的疲劳试验中，可以根据应变幅值的变化来确定损伤的演化。

对于伴有塑性变形的疲劳，可选用循环塑性应变建立疲劳裂纹扩展判据。在大量试验的基础上，Manson 和 Coffin 各自得到了类似的周循环塑性应变量($\varepsilon_{\mathrm{a}}^{\mathrm{p}}$)与疲劳寿命之间的关系式为

$$(\varepsilon_{\mathrm{a}}^{\mathrm{p}})^{-1/c}N_{\mathrm{f}}=\varepsilon_{\mathrm{f}}^{1/c}=D_{\mathrm{c}} \tag{2.4.19}$$

式(2.4.19)称为 Manson-Coffin 公式。式中，ε_{f} 为静拉伸时的真实断裂应变，其值可由断面收缩率 ψ 计算得到，即 $\varepsilon_{\mathrm{f}}=\ln[1/(1-\psi)]$，指数 c 为 0.5～0.7。

在复杂的疲劳累积损伤问题中，由于应变量的变化，每次循环产生的塑性应变也是变化的，变动应变幅值下损伤量 D 的研究成为重要问题。对于多级加载，根据式(2.4.6)，若将

$$(\varepsilon_{\mathrm{a}i}^{\mathrm{p}})^{-1/c}\Delta N_i=D_i \tag{2.4.20}$$

理解为由 i 级加载所产生的周期循环塑性应变 $\varepsilon_{\mathrm{a}}^{\mathrm{p}}$ 在完成循环次数 ΔN_i 后造成的损伤 D_i 或消耗的寿命，则采用线性损伤模型，有

$$\sum[(\varepsilon_{\mathrm{a}i}^{\mathrm{p}})^{-1/c}\Delta N_i]=D \tag{2.4.21}$$

当 $D=D_{\mathrm{c}}$ 时，发生疲劳破坏。

3. 低周疲劳损伤

在低周疲劳情况下，塑性变形问题变得更重要。此时，可以将每一载荷循环中的损伤表示为塑性应变幅值 $\varepsilon_{\mathrm{a}}^{\mathrm{p}}$ 的幂指数函数形式，即

$$\frac{\delta D}{\delta N}=f(\varepsilon_{\mathrm{a}}^{\mathrm{p}})=\left(\frac{\varepsilon_{\mathrm{a}}^{\mathrm{p}}}{C_1}\right)^{\gamma_1} \tag{2.4.22}$$

对式(2.4.22)进行积分，并利用 $N=0$ 时 $D=0$，$N=N_{\mathrm{f}}$ 时 $D=1$ 的条件，得到由损伤力学导出的疲劳寿命的 Manson-Coffin 关系为

$$N_{\mathrm{f}}=\left(\frac{\varepsilon_{\mathrm{a}}^{\mathrm{p}}}{C_1}\right)^{-\gamma_1} \tag{2.4.23}$$

式中，C_1、γ_1 是与温度相关的材料参数。当 $\varepsilon_{\mathrm{a}}^{\mathrm{p}}$ 较小，即应力水平较低时，损伤演化方程可以表示为应力幅值 σ_{a} 的函数，如

$$\frac{\delta D}{\delta N}=\left(\frac{\sigma_{\mathrm{a}}}{C_2}\right)^{\gamma_2} \tag{2.4.24}$$

式中，C_2和γ_2是与温度相关的材料参数。类似于式(2.4.23)，有

$$N_{\mathrm{f}}=\left(\frac{\sigma_{\mathrm{a}}}{C_2}\right)^{-\gamma_2} \tag{2.4.25}$$

利用$\sigma_{\mathrm{a}}=E\varepsilon_{\mathrm{a}}^{\mathrm{e}}$，求出$\varepsilon_{\mathrm{a}}^{\mathrm{e}}$，并将$\varepsilon_{\mathrm{a}}^{\mathrm{e}}$与Manson-Coffin关系中的$\varepsilon_{\mathrm{a}}^{\mathrm{p}}$相加，得到

$$\varepsilon_{\mathrm{a}}^{\mathrm{e}}+\varepsilon_{\mathrm{a}}^{\mathrm{p}}=\frac{C_2}{E}N_{\mathrm{f}}^{-1/\gamma_2}+C_1N_{\mathrm{f}}^{-1/\gamma_1} \tag{2.4.26}$$

试验表明，对于很多材料，式(2.4.26)可以表示为

$$\varepsilon_{\mathrm{a}}^{\mathrm{e}}+\varepsilon_{\mathrm{a}}^{\mathrm{p}}=3.5\frac{\sigma_{\mathrm{u}}}{E}N_{\mathrm{f}}^{-0.12}+D_{\mathrm{u}}^{0.6}N_{\mathrm{f}}^{-0.6} \tag{2.4.27}$$

式中，σ_{u}为强度极限应力；D_{u}为表示材料延性的参数，与颈缩时的面积减缩A_{R}的关系为$D_{\mathrm{u}}=-\ln(1-A_{\mathrm{R}})$。

2.4.2　一维纤维束模型

纤维束模型认为固体材料的强度很大程度上取决于局部缺陷，而不是整体的平均行为(如刚度)，这种模型对定性理解材料的力学行为和破坏机理很有意义。

如图2.4.4(a)所示，假设纤维束由大量相互平行的、具有相同长度的纤维组成，且各根纤维相互独立，即没有侧向的相互作用力。纤维束的力学性质如强度、刚度等完全取决于每根纤维的性质。一根纤维的断裂，对应于连续介质中微裂纹形式的局部断裂，可能引起也可能不引起纤维束的整体破坏。

1. 连续化的纤维束模型

若纤维的数目非常大，则可以将纤维束连续化，即看成由无限大数目、无限薄的纤维组成的一个等效纤维板，如图2.4.4(b)所示。假设纤维之间没有相互作用，纤维的顺序可以任意排列而不影响纤维束总的性质。任意一根纤维在纤维板中的

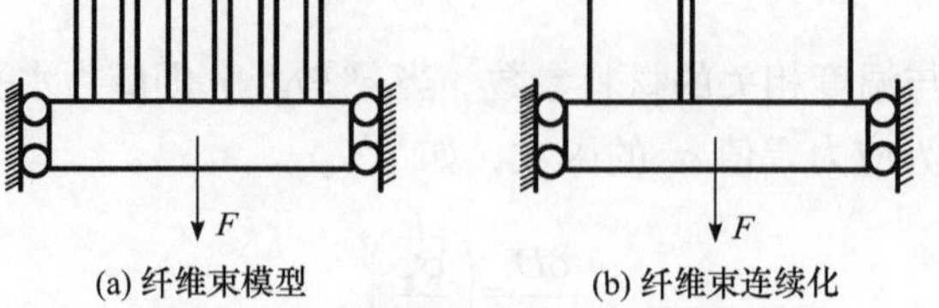

(a) 纤维束模型　　(b) 纤维束连续化

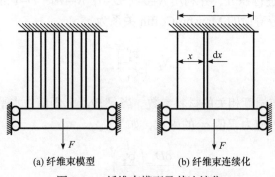

图2.4.4　纤维束模型及其连续化

位置用连续变量 x 表示，$0\leqslant x\leqslant 1$，若纤维束总的横截面面积为 A_0，则一根宽度为 $\mathrm{d}x$ 的纤维的横截面面积为 $A_0\mathrm{d}x$。于是，可以将纤维重新排列，使弹性模量 $E(x)$ 为可间断的单调增函数，并且假设纤维的弹性模量和断裂应力 $\sigma_{\mathrm{R}}(x)$ 之间存在一定的关系，从而使 $\sigma_{\mathrm{R}}(x)$ 也是沿 x 单调变化的函数。为了简化计算，这里取 $E(x)$ 和 $\sigma_{\mathrm{R}}(x)$ 均为线性函数，表示为

$$E(x)=\bar{E}[1+\mu(2x-1)],\quad \sigma_{\mathrm{R}}(x)=\bar{\sigma}_{\mathrm{R}}[1+v(2x-1)] \tag{2.4.28}$$

式中，$\bar{E}$ 和 $\bar{\sigma}_{\mathrm{R}}$ 分别为平均弹性模量和平均断裂应力；系数 μ 和 v 的变化范围分别为 $0\leqslant\mu\leqslant 1$，$0\leqslant v\leqslant 1$。

假设纤维是理想脆性和突然损伤的，当 $\sigma<\sigma_{\mathrm{R}}$ 时，$\sigma=E\varepsilon$，一旦应力达到 σ_{R}，纤维立即断裂。在外加载荷 F 作用下，每根纤维的伸长应变均为 ε，若对于所有的 x 都有 $\varepsilon E(x)<\sigma_{\mathrm{R}}(x)$，则所有纤维都保持线弹性。若 $0\leqslant v\leqslant 1$ 且 $\mu<v$，则 $x=0$ 处的纤维最先发生断裂，对应的载荷记为 F_0，载荷继续升高时，越来越多的纤维发生断裂，断裂前缘 $x=c$ 沿 x 的正向扩展；若 $0\leqslant v\leqslant 1$ 且 $\mu>v$，则 $x=1$ 处的纤维先断裂，断裂前缘 $x=c$ 沿 x 的反向扩展。确定断裂前缘 c 的表达式为

$$\varepsilon E(c)=\sigma_{\mathrm{R}}(c) \tag{2.4.29}$$

对于 $0\leqslant v\leqslant 1$ 且 $\mu<v$ 的情况，对应于断裂前缘 c 的载荷为

$$F(c)=\int_c^1 \varepsilon E(x)A_0\mathrm{d}x=\frac{A_0\sigma_{\mathrm{R}}(c)}{E(c)}\int_c^1 E(x)\mathrm{d}x \tag{2.4.30}$$

对于 $0\leqslant v\leqslant 1$ 且 $\mu>v$ 的情况，相应的载荷 $F(c)$ 与式(2.4.30)类似，只需将积分的上下限分别换为 c 和 0。由式(2.4.28)和式(2.4.30)，得

$$F(c)=A_0\bar{\sigma}_{\mathrm{R}}\frac{(1-c)(1+\mu c)(1-v-2vc)}{1-\mu+2\mu c} \tag{2.4.31}$$

$F(c)$ 曲线的形状取决于 μ 和 v 的相对大小，如图 2.4.5 所示。

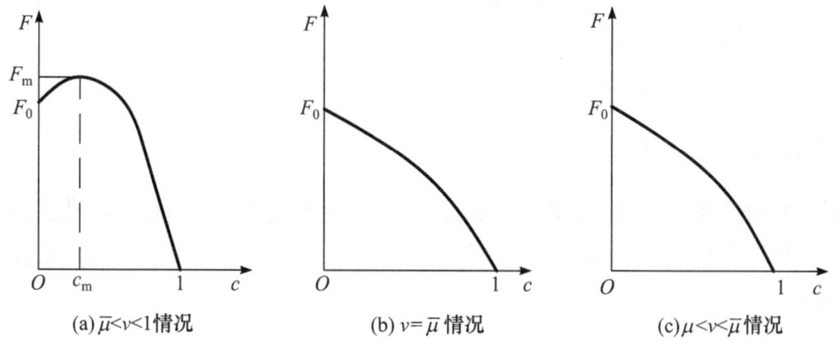

图 2.4.5　载荷和断裂前缘的关系曲线

若

$$\bar{\mu}=\frac{1+\mu^2}{3-2\mu+\mu^2}<\nu<1 \tag{2.4.32}$$

则当载荷达到 F_0 时，纤维逐渐发生断裂，但纤维束总的承载能力还可以提高。当 $\partial F/\partial c=0$ 时，载荷达到最大值 $F_m(c_m)$，此时断裂前缘的位置 c_m 由方程(2.4.32)的最小根得到，即

$$\begin{aligned}&8\mu^2\nu c^3+(2\mu^2+10\mu\nu-12\mu^2\nu)c^2+(2\mu+4\nu-2\mu^2-10\mu\nu+6\mu^2\nu)c\\&+1-3\nu+\mu^2+2\mu\nu-\mu^2\nu=0\end{aligned} \tag{2.4.33}$$

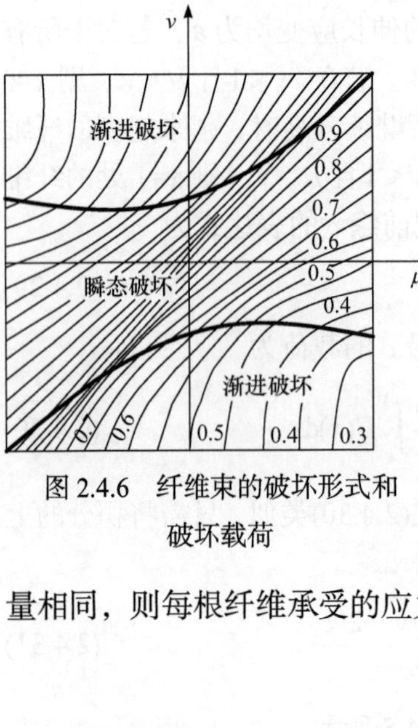

图 2.4.6　纤维束的破坏形式和破坏载荷

若

$$\mu<\nu<\frac{1+\mu^2}{3-2\mu+\mu^2}=\bar{\mu} \tag{2.4.34}$$

则一旦外载荷达到 F_0，纤维束在瞬间发生完全断裂，即纤维束承受的最大载荷为

$$F_0=A_0\bar{\sigma}_R\frac{1-\nu}{1-\mu} \tag{2.4.35}$$

因此，对于 μ 和 ν 的不同范围，纤维束的破坏形式也不同，有渐进破坏和瞬态破坏两种，如图 2.4.6 所示。

由式(2.4.32)可知，纤维束的性质与弹性模量的分布有较大关系。假设所有纤维的弹性模量相同，则每根纤维承受的应力也相同，即

$$\bar{\sigma}=\frac{F}{A_0(1-c)} \tag{2.4.36}$$

式(2.4.36)与 Kachanov 定义的有效应力有相同的形式，$1-c$ 在纤维束模型中的物理意义为剩余纤维的横截面面积与所有纤维的横截面面积之比，相当于 Kachanov 损伤模型中的连续度 ϕ，c 则是纤维束损伤因子 D。

2. 蠕变断裂的纤维束模型

连续化的纤维束模型可用于分析材料的延性蠕变问题。假设纤维的弹性模量和断裂应力分布仍为式(2.4.29)，忽略弹性变形，且假设每根纤维的变形是线性黏性的，即

$$\dot{\varepsilon}(t)=\frac{d\varepsilon}{dt}=\frac{\sigma(x,t)}{M(x)} \tag{2.4.37}$$

式中，ε 为纤维的蠕变应变；σ 为纤维承受载荷后的真实应力；M 为蠕变模量。

设 M 为线性分布函数，

$$M(x)=\bar{M}[1+\lambda(2x-1)] \tag{2.4.38}$$

讨论 $0\leqslant\mu\leqslant1$，$0\leqslant v\leqslant1$，$-1\leqslant\lambda\leqslant1$ 的情况。设纤维体积不可压缩，则真实应力 σ 和名义应力 $\sigma_0=F/A_0$ 的关系为

$$\int_0^1\sigma(x,t)\mathrm{d}x=\sigma_0\mathrm{e}^{\varepsilon(t)} \tag{2.4.39}$$

由式(2.4.37)～式(2.4.39)可以导出在出现纤维断裂之前的应力分布和应变率为

$$\sigma(x,t)=\frac{\sigma_0\bar{M}[1+\lambda(2x-1)]}{\bar{M}-\sigma_0 t},\quad \dot{\varepsilon}(t)=\frac{\sigma_0}{\bar{M}-\sigma_0 t} \tag{2.4.40}$$

一旦某一点的应力 $\sigma(x,t)$ 达到 $\sigma_{\mathrm{R}}(x)$，就开始出现纤维断裂。若 $v>\lambda$，则在 x=0 处的纤维最先断裂；若 $v\leqslant\lambda$，则 x=1 处的纤维最先断裂。开始发生纤维断裂的时间 t_0 为

$$t_0=\begin{cases}\dfrac{\bar{M}}{\sigma_0}\left(1-\dfrac{\sigma_0}{\bar{\sigma}_{\mathrm{R}}}\dfrac{1-\lambda}{1-v}\right), & v>\lambda\\[2ex] \dfrac{\bar{M}}{\sigma_0}\left(1-\dfrac{\sigma_0}{\bar{\sigma}_{\mathrm{R}}}\dfrac{1+\lambda}{1+v}\right), & v\leqslant\lambda\end{cases} \tag{2.4.41}$$

由式(2.4.41)可知，$t_0>0$ 的条件为

$$F<F_1=\begin{cases}A_0\bar{\sigma}_{\mathrm{R}}\dfrac{1-\lambda}{1-v}, & v>\lambda\\[2ex] A_0\bar{\sigma}_{\mathrm{R}}\dfrac{1+\lambda}{1+v}, & v\leqslant\lambda\end{cases} \tag{2.4.42}$$

若 $F\geqslant F_1$，则加载之后立即出现纤维断裂，并由于 μ 和 v 取值不同，整个纤维束均可能发生瞬态断裂或渐进断裂；若 $F<F_1$，则在发生纤维断裂之前存在一个孕育断裂的阶段，孕育断裂的时间为 t_0，达到 t_0 时刻后，在纤维束 x=0 或 x=1 的一侧开始发生纤维的断裂，这取决于 $v>\lambda$ 还是 $v\leqslant\lambda$。不妨设 $v>\lambda$，且 $\lambda<0$，则断裂前缘从 x=0 开始向右扩展，在 t 时刻，$0<x<c(t)$ 范围内的所有纤维均已断裂，可以导出断裂前缘的扩展速度 $\dot{c}$ 与应变率 $\dot{\varepsilon}(t)$ 的关系为

$$N(c,\lambda,v)\dot{c}=\frac{\sigma_0}{\bar{\sigma}_{\mathrm{R}}}\dot{\varepsilon}(t)\mathrm{e}^{\varepsilon(t)} \tag{2.4.43}$$

其中，

$$N(c,\lambda,v)=\frac{2(v-\lambda)(1+\lambda c)(1-c)-[1+\lambda(2c-1)]^2[1+v(2c-1)]}{[1+\lambda(2c-1)]^2} \tag{2.4.44}$$

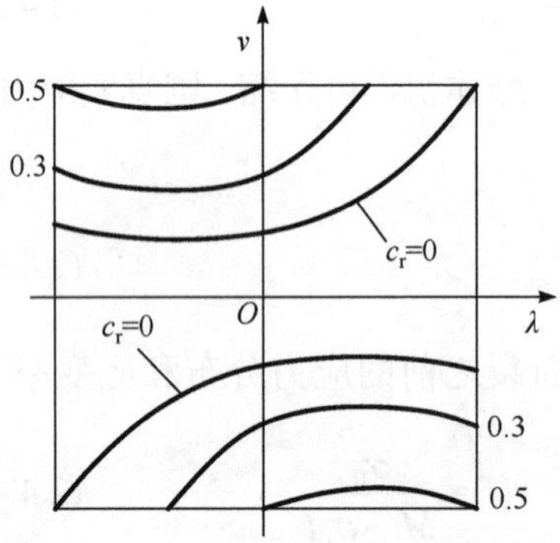

图 2.4.7　断裂前缘的临界位置和扩展模式

方程 $N(c,\lambda,v)=0$ 的最小根记为 $c_r(\lambda,v)$。在 $c=c_r$ 之前，速度 $\dot{c}$ 保持单调增加，一旦达到 $c=c_r$，纤维束将立即完全断裂。方程 $N(c,\lambda,v)=0$ 的根如图 2.4.7 所示，$c_r=0$ 的两条曲线之间的区域为延迟的瞬态断裂区域，即在经过断裂孕育阶段之后的 t_0 时刻纤维束发生瞬态断裂。$c_r>0$ 的区域为延迟的渐进断裂区域，即在 t_0 时刻纤维束的一侧发生断裂并逐渐发展为完全断裂，在此情况下纤维束从加载到断裂的总时间为

$$t_r=t_0+c_r\frac{v(2-\lambda+\lambda^2)-\lambda-\lambda^2}{(1-v)^2}\frac{\bar{M}}{\bar{\sigma}_R} \tag{2.4.45}$$

综上所述，纤维束的破坏形式有四种，即立即的瞬态断裂(或 II)、立即的渐进断裂(或 IG)、延迟的瞬态断裂(或 DI)和延迟的渐进断裂(或 DG)。这四种破坏形式与参数 λ 和 v 的关系如图 2.4.8 所示。在不同的破坏形式下纤维束的断裂过程如图 2.4.9 所示。

断裂前缘 $c(t)$在纤维束中的扩展相当于 Kachanov-Rabotnov 蠕变损伤理论中损伤因子的演化，Kachanov 假设当损伤因子达到临界值 $D_c=1$时，材料发生断裂，但试验发现，实际材料断裂时的损伤因子远低于此值。由图 2.4.7 可以看出，c 的临界值在 $0<c_r<0.5$ 的范围内，这与试验结果比较接近。

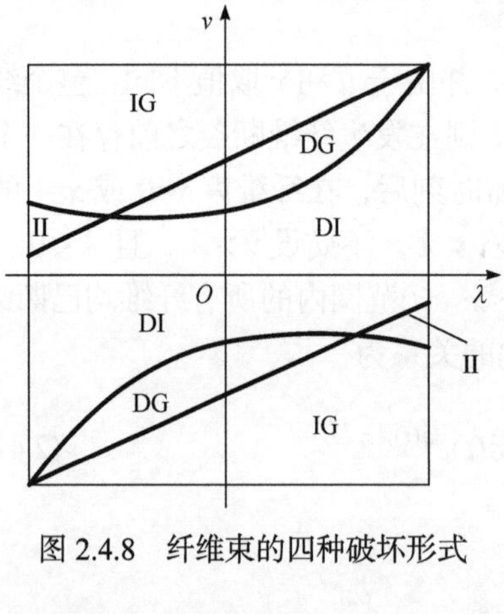

图 2.4.8　纤维束的四种破坏形式

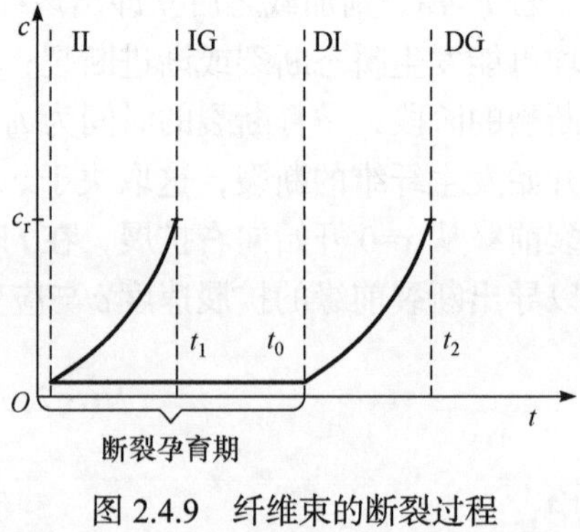

图 2.4.9　纤维束的断裂过程

2.4.3　基于热力学的疲劳损伤理论

1. 高周疲劳

高周疲劳是指疲劳周数大于 10^4～10^5 而无显著塑性应变的疲劳。一般来讲，疲劳损伤总是与塑性累积有关，高周疲劳也是如此，只是此时的塑性变形微小，是微观塑性变形(位错)。一种可能的损伤演变模型可取 D 与微观塑性应变率 $\dot{\varepsilon}^{\mathrm{p}}$ 呈线性关系，并为损伤应变能释放率 Y 的幂函数。据此，取耗散势为

$$\bar{\varphi}=\frac{S_1}{S_0+1}\left(-\frac{Y}{S_1}\right)^{S_0+1}\dot{\varepsilon}^{\mathrm{p}} \tag{2.4.46}$$

式中，$\dot{\varepsilon}^{\mathrm{p}}$ 为微观塑性应变 ε^{p} 对时间的导数，ε^{p} 与有效应力呈幂指数关系，即

$$\varepsilon^{\mathrm{p}}=\left(\frac{\tilde{\sigma}}{K}\right)^m \tag{2.4.47}$$

在复杂应力情况下，可将等效有效应力 $\bar{\tilde{\sigma}}$ 代入式(2.4.47)，得到

$$\varepsilon^{\mathrm{p}}=\left(\frac{\bar{\tilde{\sigma}}}{K}\right)^m \tag{2.4.48}$$

根据式(2.1.31)，有

$$\dot{D}=-\frac{\partial\bar{\varphi}}{\partial Y}=\left(-\frac{Y}{S_1}\right)^{S_0}\dot{\varepsilon}^{\mathrm{p}} \tag{2.4.49}$$

将式(2.4.48)代入式(2.4.49)，得到

$$\dot{D}=\left(-\frac{Y}{S_1}\right)^{S_0}\frac{m}{K^m}\bar{\tilde{\sigma}}^{m-1}\dot{\bar{\tilde{\sigma}}} \tag{2.4.50}$$

将式(2.1.46)代入式(2.4.50)，得到

$$\dot{D}=\frac{mR_{\mathrm{c}}^{S_0}}{(2ES_1)^{S_0}K^m}\bar{\tilde{\sigma}}^{2S_0+m-1}\dot{\bar{\tilde{\sigma}}}=BR_{\mathrm{c}}^{S_0}\bar{\tilde{\sigma}}^{\beta}\dot{\bar{\tilde{\sigma}}} \tag{2.4.51}$$

其中，

$$\beta=2S_0+m-1,\quad B=\frac{m}{(2ES_1)^{S_0}K^m} \tag{2.4.52}$$

式中，β、B 是两个材料常数，可由试验确定。

以 $\bar{\tilde{\sigma}}_{\mathrm{M}}$、$\bar{\tilde{\sigma}}_{\mathrm{m}}$ 表示一个应力循环中的最大、最小等效有效应力，设在一个应力循环中，损伤变量保持不变，即增量线性，则在一个应力循环中所引起的 D 的周

变化率为

$$\frac{\delta D}{\delta N}=\int_{\tilde{\bar{\sigma}}_{\mathrm{m}}}^{\tilde{\bar{\sigma}}_{\mathrm{M}}} BR_{\mathrm{c}}^{S_0}\tilde{\bar{\sigma}}^{\beta}\mathrm{d}\tilde{\bar{\sigma}}=\frac{2BR_{\mathrm{c}}^{S_0}(\bar{\sigma}_{\mathrm{M}}^{\beta+1}-\bar{\sigma}_{\mathrm{m}}^{\beta+1})}{(\beta+1)(1-D)^{\beta+1}} \tag{2.4.53}$$

按初始条件，N=0 时，D=0，对式(2.4.53)进行积分，得

$$\int_0^D (1-D)^{\beta+1}\mathrm{d}D=\frac{2BR_{\mathrm{c}}^{S_0}(\bar{\sigma}_{\mathrm{M}}^{\beta+1}-\bar{\sigma}_{\mathrm{m}}^{\beta+1})}{\beta+1}\int_0^N \mathrm{d}N \tag{2.4.54}$$

由式(2.4.54)可求出循环次数 N 与损伤变量 D 之间的关系为

$$\frac{1}{\beta+2}[1-(1-D)^{\beta+2}]=\frac{2BR_{\mathrm{c}}^{S_0}(\bar{\sigma}_{\mathrm{M}}^{\beta+1}-\bar{\sigma}_{\mathrm{m}}^{\beta+1})}{\beta+1}N \tag{2.4.55}$$

当 $N=N_{\mathrm{f}}$ 时，D=1，由式(2.4.55)可得

$$\frac{1}{\beta+2}=\frac{2BR_{\mathrm{c}}^{S_0}(\bar{\sigma}_{\mathrm{M}}^{\beta+1}-\bar{\sigma}_{\mathrm{m}}^{\beta+1})}{\beta+1}N_{\mathrm{f}} \tag{2.4.56}$$

由式(2.4.55)和式(2.4.56)可得

$$D=1-(1-N/N_{\mathrm{f}})^{1/(\beta+2)} \tag{2.4.57}$$

对于一维情况，有 $\bar{\sigma}=\sigma$，$\sigma_{\mathrm{m}}/\bar{\sigma}=1/3$，$R_{\mathrm{c}}$=1，由式(2.4.55)得

$$N_{\mathrm{f}}=\frac{\beta+1}{2B(\beta+2)(\bar{\sigma}_{\mathrm{M}}^{\beta+1}-\bar{\sigma}_{\mathrm{m}}^{\beta+1})} \tag{2.4.58}$$

由给定温度下的单向疲劳试验得出 Woehler 疲劳曲线，如图 2.4.10 所示，按式(2.4.58)可求出 B 和 β。

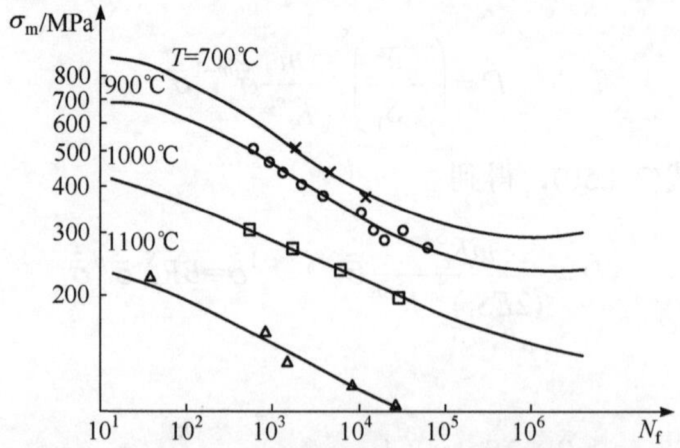

图 2.4.10 IN100 耐热合金的 Woehler 疲劳曲线

对于对称循环，$\sigma_{\mathrm{M}}=-\sigma_{\mathrm{m}}$，此时式(2.4.58)变化为

$$N_{\mathrm{f}}=\frac{(\beta+1)\sigma^{-(\beta+1)}}{4B(\beta+2)} \tag{2.4.59}$$

式(2.4.57)和式(2.4.58)或式(2.4.59)可用于实际结构的疲劳损伤预估。

2. 低周疲劳

当疲劳周数小于 10^4～10^5 时，疲劳破坏一般有较明显的塑性变形，且伴有塑性应变硬化，因此在考虑应变硬化影响的情况下，由式(2.2.171)和式(2.2.172)，并考虑到式(2.2.175)，得到低周疲劳的损伤演变率为

$$\dot{D}=\left(\frac{-Y}{S_1}\right)^{S_0}\dot{p}=\left(\frac{-Y}{S_1}\right)^{S_0}\frac{\lambda}{1-D}=\left(\frac{-Y}{S_1}\right)^{S_0}\frac{\langle\dot{\bar{\sigma}}\rangle H(f)}{R'(p)-\sigma_y(-Y/S_1)^{S_0}} \tag{2.4.60}$$

假设材料进入塑性后，表示材料非线性应变硬化的内变量 $R(p)$ 与塑性应变呈简单的幂函数关系，即

$$R(p)=Kp^{1/m} \tag{2.4.61}$$

对式(2.4.61)求导得到

$$R'(p)=\frac{K}{m}p^{(1-m)/m}=\frac{K}{m}\left(p^{1/m}\right)^{1-m} \tag{2.4.62}$$

又由式(2.2.169)，当 f=0 时，有

$$R(p)=\bar{\sigma}-(1-D)\sigma_y=Kp^{1/m} \tag{2.4.63}$$

由式(2.4.63)得到

$$p^{1/m}=\frac{1}{K}[\bar{\sigma}-(1-D)\sigma_y] \tag{2.4.64}$$

将式(2.4.62)和式(2.4.64)代入式(2.4.60)，得到

$$\dot{D}=\left(\frac{-Y}{S_1}\right)^{S_0}\left\{\frac{K}{m}\left[\frac{\bar{\sigma}-(1-D)\sigma_y}{K}\right]^{1-m}-\sigma_y\left(\frac{-Y}{S_1}\right)^{S_0}\right\}^{-1}\langle\dot{\bar{\sigma}}\rangle \tag{2.4.65}$$

由式(2.4.62)，将 Y 代入式(2.4.65)，不考虑花括号中第二项的影响，在将全部可合并的系数合并且取 S_0=1 以后，式(2.4.65)可简单表示为

$$\dot{D}=c\frac{\bar{\sigma}^2R_{\mathrm{c}}}{(1-D)^2}\langle\bar{\sigma}-\sigma_y(1-D)\rangle^{m-1}\langle\dot{\bar{\sigma}}\rangle \tag{2.4.66}$$

设在一个周循环中损伤变量 D 不变，得出 $\delta D/\delta N$ 方程并积分，即可求得 N_{f} 和应力的关系(Woehler 曲线方程)。根据单向疲劳试验得出的 Woehler 曲线，即可确定常数 c 和 m，其处理过程与高周疲劳完全相同。

2.4.4 疲劳损伤的非线性模型

非线性损伤模型是基于疲劳损伤曲线直接建立起来的模型，考虑了三方面的因素：①微观裂纹的萌生和微观扩展；②二级加载试验的非线性累积效应；③平均应力对疲劳极限的影响。

以σ_{M}和σ_{m}分别表示一个应力循环中的最大应力和平均应力，$\widehat{D}$为非线性损伤模型的损伤变量，则损伤律可写为

$$\mathrm{d}\widehat{D}=f(\sigma_{\mathrm{M}},\sigma_{\mathrm{m}},\widehat{D})\mathrm{d}N \tag{2.4.67}$$

由于损伤的周变化率和$\widehat{D}$的现时值有关，式(2.4.67)是非线性律。若σ_{M}和$\widehat{D}$无关，则非线性律不足以描述非线性损伤累积。为了描述非线性损伤累积和后续效应，在f中σ_{M}和$\widehat{D}$应是相互依赖的。若σ_{M}和$\widehat{D}$彼此独立，则会导致线性损伤累积。因此，式(2.4.67)的最一般形式可取为

$$\mathrm{d}\widehat{D}=\widehat{D}^{\alpha(\sigma_{\mathrm{M}},\sigma_{\mathrm{m}})}\left[\frac{\sigma_{\mathrm{M}}-\sigma_{\mathrm{m}}}{M(\sigma_{\mathrm{m}})}\right]^{\beta}\mathrm{d}N \tag{2.4.68}$$

式中，指数α与σ_{M}、σ_{m}有关。

对式(2.4.68)进行积分，并设$\widehat{D}\Big|_{N=0}=0$，$\widehat{D}\Big|_{N=N_{\mathrm{f}}}=1$，得

$$\widehat{D}=\left(\frac{N}{N_{\mathrm{f}}}\right)^{1/(1-\alpha)} \tag{2.4.69}$$

其中，

$$N_{\mathrm{f}}=\frac{1}{1-\alpha}\left[\frac{\sigma_{\mathrm{M}}-\sigma_{\mathrm{m}}}{M(\sigma_{\mathrm{m}})}\right]^{-\beta} \tag{2.4.70}$$

由于α和加载参数有关，损伤演变曲线式(2.4.69)是一个与σ_{M}、σ_{m}相耦合的损伤分数N/N_{f}的函数，这种依从关系导致非线性损伤累积并得以描述后续加载效应。例如，为了描述二级加载疲劳，可对式(2.4.68)进行两步积分，即

$$\int_0^{D_1}\widehat{D}^{-\alpha_1}\mathrm{d}\widehat{D}=\left[\left(\frac{\sigma_{\mathrm{M}}-\sigma_{\mathrm{m}}}{M(\sigma_{\mathrm{m}})}\right)^{\beta}\right]_1\int_0^{N_1}\mathrm{d}N$$

$$\int_{D_1}^{D_2}\widehat{D}^{-\alpha_2}\mathrm{d}\widehat{D}=\left[\left(\frac{\sigma_{\mathrm{M}}-\sigma_{\mathrm{m}}}{M(\sigma_{\mathrm{m}})}\right)^{\beta}\right]_2\int_{N_1}^{N}\mathrm{d}N \tag{2.4.71}$$

式中，指数β为材料常数，函数$M(\sigma_{\mathrm{m}})$可采用线性形式：

$$M(\sigma_{\mathrm{m}})=M_0(1-b\sigma_{\mathrm{m}})\beta \tag{2.4.72}$$

式中，M_0、b 均为材料常数，可由试验确定。

由式(2.4.71)得到

$$\frac{1}{1-\alpha_1}\widehat{D}^{-\alpha_1}=N_1\left[\left(\frac{\sigma_{\mathrm{M}}-\sigma_{\mathrm{m}}}{M(\sigma_{\mathrm{m}})}\right)^{\beta}\right]_1=\frac{N_1}{N_{\mathrm{f}1}}$$

$$\frac{1}{1-\alpha_2}\left(\widehat{D}^{1-\alpha_2}-\widehat{D}^{-\alpha_2}\right)=(N-N_1)\left[\left(\frac{\sigma_{\mathrm{M}}-\sigma_{\mathrm{m}}}{M(\sigma_{\mathrm{m}})}\right)^{\beta}\right]_2 \tag{2.4.73}$$

其中，

$$\widehat{D}^{1-\alpha_2}-\widehat{D}^{-\alpha_2}=\frac{N-N_1}{N_{\mathrm{f}2}} \tag{2.4.74}$$

将式(2.4.73)代入式(2.4.74)，并以 N_2 表示第二级加载时的剩余寿命，则当 $N-N_1=N_2$ 时，$\widehat{D}=1$，由式(2.4.74)可导得二级加载时的分级寿命关系式为

$$\frac{N_2}{N_{\mathrm{f}2}}=1-\left(\frac{N_2}{N_{\mathrm{f}1}}\right)^{p},\quad p=\frac{1-\alpha_2}{1-\alpha_1} \tag{2.4.75}$$

与式(2.4.8)相比，式(2.4.75)的第二式给出了指数 p 的表达式。

与加载水平相关的指数 $\alpha(\sigma_{\mathrm{M}},\sigma_{\mathrm{m}})$ 有多种选择方式，选择方式应视所得结果与试验结果的比较而定。α 取为

$$\alpha=1-a\left\langle\frac{\sigma_{\mathrm{M}}-\sigma_{\mathrm{R}}(\sigma_{\mathrm{m}})}{\sigma_{\mathrm{u}}-\sigma_{\mathrm{M}}}\right\rangle,\quad \sigma_{\mathrm{R}}(\sigma_{\mathrm{m}})=\sigma_{\mathrm{m}}+\sigma_{\mathrm{R}0}(1-b\sigma_{\mathrm{m}}) \tag{2.4.76}$$

式中，σ_{R} 为非对称循环下的持久极限；σ_{u} 为材料强度极限；$\sigma_{\mathrm{R}0}$ 为对称循环下的持久极限；符号 $\langle x\rangle$ 表示为

$$\langle x\rangle=\begin{cases}0, & x<0\\ x, & x\geqslant 0\end{cases} \tag{2.4.77}$$

式(2.4.76)在 $\sigma_{\mathrm{M}}<\sigma_{\mathrm{R}}$，即最大应力小于持久极限时，得出 $\alpha=1$ 的结果，根据式(2.4.74)，达到破坏的循环次数为

$$N_{\mathrm{f}}=\frac{1-\alpha_2}{1-\alpha_1}=\frac{[\sigma_{\mathrm{M}2}-\sigma_{\mathrm{R}}(\sigma_{\mathrm{m}2})](\sigma_{\mathrm{u}}-\sigma_{\mathrm{M}1})}{[\sigma_{\mathrm{M}1}-\sigma_{\mathrm{R}}(\sigma_{\mathrm{m}2})](\sigma_{\mathrm{u}}-\sigma_{\mathrm{M}2})} \tag{2.4.78}$$

在二级加载的条件下，剩余寿命可由式(2.4.75)预测，此时指数为

$$p=\frac{1-\alpha_2}{1-\alpha_1}=\frac{[\sigma_{\mathrm{M}2}-\sigma_{\mathrm{R}}(\sigma_{\mathrm{m}2})](\sigma_{\mathrm{u}}-\sigma_{\mathrm{M}1})}{[\sigma_{\mathrm{M}1}-\sigma_{\mathrm{R}}(\sigma_{\mathrm{m}2})](\sigma_{\mathrm{u}}-\sigma_{\mathrm{M}2})} \tag{2.4.79}$$

对于对称循环疲劳($R=-1$)和高周疲劳，强度极限 σ_{u} 没有作用，仅作为规范化参数使用，可以在十分短的寿命区间内，特别在重复载荷的情况下，重现 S-N

曲线的渐近形式。式(2.4.78)表示的两个极限情况为

$$N_f = \begin{cases} 0, & \sigma_M = \sigma_u \\ \infty, & \sigma_M = \sigma_R(\sigma_m) \end{cases} \tag{2.4.80}$$

式(2.4.80)可在 $10<N_f<10^7$ 的极大范围内正确地描述不同平均应力下的 *S-N* 曲线，如图 2.4.11 所示。

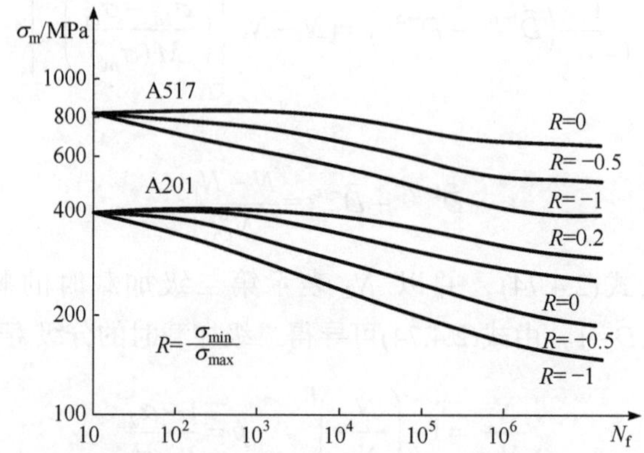

图 2.4.11　A201、A517 钢的 *S-N* 曲线

非线性损伤模型的部分系数很容易由包括 *S-N* 曲线的一些常规数据来确定，b 由拟合具有线性关系式(2.4.76)的第二式的疲劳极限结果得出；采用式(2.4.78)，由 σ_M 和 $N_f(\sigma_M - \sigma_{-1})/(\sigma_u - \sigma_M)$ 为坐标的曲线求取指数 β；$Ma^{-1/\beta}$ 由 *S-N* 曲线上的一个点确定，若只考虑疲劳损伤，则独立常数 a 和 M 无关紧要。由于 a 不确定，用以确定模型和剩余寿命的做法还不足以完全说明损伤方程的特征，但对于疲劳损伤累积，即使在复杂的矩形加载次序下，也并不重要。如果有必要，可利用损伤测量，例如，通过测定与任一损伤值 D_i 相关的微裂纹萌生的循环次数 N_i 来确定 a。

2.4.5　焊缝热模拟材料低周疲劳损伤分析

本节以 15MnMoVNR$_c$ 低合金钢的热模拟材料为背景，研究含夹杂金属的低周疲劳损伤。非金属夹杂对低合金钢的疲劳强度具有重要的影响，疲劳损伤模型应能反映这种效应，较好地描述整个损伤过程。图 2.4.12 是采用交流电位法求得的、在两个不同循环应变幅值下所取得的试验结果。为了建立合适的损伤律，采用修正形式的耗散势：

$$\varphi = \frac{S}{S_0+1}\left(\frac{-Y}{S}\right)^{S_0+1} \frac{\Delta \dot{p}}{(1-N/N_f)^{1-\beta}} \tag{2.4.81}$$

式中，S_0、S、β 为材料常数；N_f 为极限疲劳周次；$1-N/N_f$ 反映了累积塑性应变的影响。

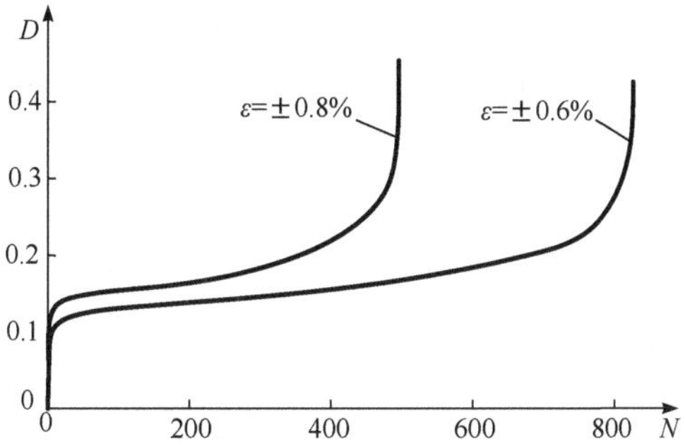

图 2.4.12　不同应变幅值下的低周疲劳损伤

于是可得

$$\dot{D} = \frac{-\partial \varphi}{\partial Y} = \left(\frac{-Y}{S}\right)^{S_0} \frac{\Delta \dot{p}}{(1 - N / N_{\mathrm{f}})^{1-\beta}} \tag{2.4.82}$$

按应变等价性假设，损伤时应力-应变关系为

$$\frac{\Delta \bar{\sigma}}{1-D} = K \Delta p^m \tag{2.4.83}$$

由式(2.4.82)、式(2.4.83)和式(2.1.46)可导得

$$\dot{D} = \left(\frac{K^2}{2ES} R_{\mathrm{c}}\right)^{S_0} \frac{\Delta p^{2mS_0}}{(1 - N / N_{\mathrm{f}})^{1-\beta}} \Delta \dot{p} \tag{2.4.84}$$

假定在每一周循环中均可以保证比例加载，则每一周循环的损伤量可通过积分式(2.4.84)得到

$$\frac{\delta D}{\delta N} = \left(\frac{K^2}{2ES} R_{\mathrm{c}}\right)^{S_0} \frac{\Delta p^{2mS_0+1}}{2mS_0+1} \left(1 - \frac{N}{N_{\mathrm{f}}}\right)^{1-\beta} \tag{2.4.85}$$

基于 $D|_{N=0} = D_0$ 和 $D|_{N=N_{\mathrm{f}}} = D_{\mathrm{c}}$ 条件对式(2.4.85)进行积分，得

$$D = D_{\mathrm{c}} - (D_{\mathrm{c}} - D_0)\left(1 - \frac{N}{N_{\mathrm{f}}}\right)^{\beta} \tag{2.4.86}$$

式中，常数 D_0、D_{c} 和 β 需要通过试验来确定，根据图 2.4.12 所示结果，经拟合得：当 $\varepsilon = \pm 0.8\%$ 时，D_{c}=0.4754，D_0=0.135，N_{f}=526，β=0.2；当 $\varepsilon = \pm 0.6\%$ 时，D_{c}=0.44，D_0=0.125，N_{f}=826，β=0.18。相应损伤率为

$$D = \begin{cases} 0.4754 - 0.3403(1 - 526^{-1}N)^{0.2}, & \varepsilon = \pm 0.8\% \\ 0.44 - 0.315(1 - 826^{-1}N)^{0.18}, & \varepsilon = \pm 0.6\% \end{cases} \tag{2.4.87}$$

图 2.4.13 为低周疲劳损伤结果对比。由图可见，本节提出的损伤模型能够很好地描述带夹杂金属的损伤演变现象。由于热影响区是一个材质非均匀区，其力学性能变化的梯度很大，显著影响该区域的疲劳损伤演变特性和裂纹扩展行为。

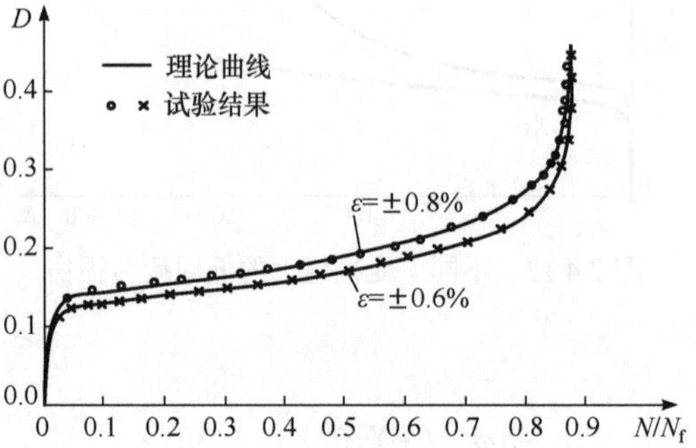

图 2.4.13 低周疲劳损伤结果

2.4.6 蠕变与疲劳的交互作用

金属在高温下同时承受蠕变和疲劳作用,由于两者间的相互影响是非线性的,问题变得复杂且难以处理。对于这类非线性耦合问题，一个合理的做法是：假设在时间 dt 内，损伤变量的总增量 dD 等于蠕变损伤增量和疲劳损伤增量之和(增量线性叠加)，即

$$\mathrm{d}D=\mathrm{d}D_\mathrm{c}+\mathrm{d}D_\mathrm{f} \tag{2.4.88}$$

式中，dD_c 为蠕变损伤增量；dD_f 为疲劳损伤增量。

假定蠕变损伤采用式(2.3.57)的形式，则在一周循环(设此时 D_c 不变)内有

$$\frac{\delta D_\mathrm{c}}{\delta N}=\int_0^{\Delta t} A\left(\frac{\bar{\sigma}}{1-D}\right)^n \mathrm{d}t=\frac{1}{1-D}\int_0^{\Delta t} A\bar{\sigma}^n \mathrm{d}t \tag{2.4.89}$$

对于在与 D_c 统一定义下的 D_f 的演变律可取为

$$\frac{\delta D_\mathrm{f}}{\delta N}=[1-(1-D)^{\beta+1}]^\alpha\left[\frac{\Delta\bar{\sigma}}{C(1-D)}\right]^\beta \tag{2.4.90}$$

式中，$\Delta\bar{\sigma}=\bar{\sigma}_\mathrm{M}-\bar{\sigma}_\mathrm{m}$；$\alpha$、$\beta$ 和 C 为材料常数。

由式(2.4.88)有

$$\frac{\delta D}{\delta N}=\frac{\delta D_\mathrm{c}}{\delta N}+\frac{\delta D_\mathrm{f}}{\delta N} \tag{2.4.91}$$

以 N_R 表示破坏时刻的循环次数，按照条件 t=0，D=0 和 N=N_R，D=1，对式(2.4.91)进行积分，其表达式为

$$N_{\mathrm{R}}=\int_0^1\left\{\frac{1}{N_{\mathrm{c}}}\frac{(1-D)^{-n}}{n+1}+\frac{1}{N_{\mathrm{f}}}\frac{[1-(1-D)^{\beta+1}]^{\alpha}}{(\beta+1)(1-\alpha)(1-D)^{\beta}}\right\}^{-1}\mathrm{d}D \tag{2.4.92}$$

式中，N_{c} 和 N_{f} 为局部加载函数的循环次数，可表示为

$$N_{\mathrm{c}}=\left[(n+1)\int_0^{\Delta t}A\bar{\sigma}^n\mathrm{d}t\right]^{-1},\quad N_{\mathrm{f}}=\left[(\beta+1)(1-\alpha)\left(\frac{\Delta\bar{\sigma}}{c}\right)^{\beta}\right]^{-1} \tag{2.4.93}$$

在一般情况下，N_{R} 可用数值积分计算，对于 α 不是常数的情况，如取式(2.4.76)的形式，就更为复杂。若载荷是周期性的，则 N_{c} 和 N_{f} 不变，令

$$(1-D)^{\beta+1}=u,\quad \frac{n+1}{\beta+1}=\lambda \tag{2.4.94}$$

从而可得

$$\frac{N_{\mathrm{R}}}{N_{\mathrm{f}}}=\int_0^1\left[\frac{N_{\mathrm{R}}}{N_{\mathrm{c}}}\frac{u^{1-\lambda}}{\lambda}+\frac{(1-u)^{\alpha}}{1-\alpha}\right]^{-1}\mathrm{d}u \tag{2.4.95}$$

式(2.4.95)是一个关于 λ、α 的两参数方程。对于指定的 λ，通过数值积分可根据不同的 α 绘出关于 $N_{\mathrm{R}}/N_{\mathrm{f}}$ 与 $N_{\mathrm{R}}/N_{\mathrm{c}}$ 的关系图，如图 2.4.14 所示。利用此图进行蠕变-疲劳交互作用下的寿命计算，先由材料的 n、β 确定 λ，再确定 α；按式(2.4.93)计算 N_{c} 和 N_{f}，因为 $N_{\mathrm{R}}/N_{\mathrm{f}}=(N_{\mathrm{c}}/N_{\mathrm{f}})(N_{\mathrm{R}}/N_{\mathrm{c}})$，在图 2.4.14 中，$N_{\mathrm{R}}/N_{\mathrm{f}}$ 为由原点所引射线的斜率。按 N_{c} 和 N_{f} 作此射线与曲线相交，由此确定 $N_{\mathrm{R}}/N_{\mathrm{f}}$，$N_{\mathrm{f}}$ 是已知的，这样即可确定极限循环周次 N_{R}。

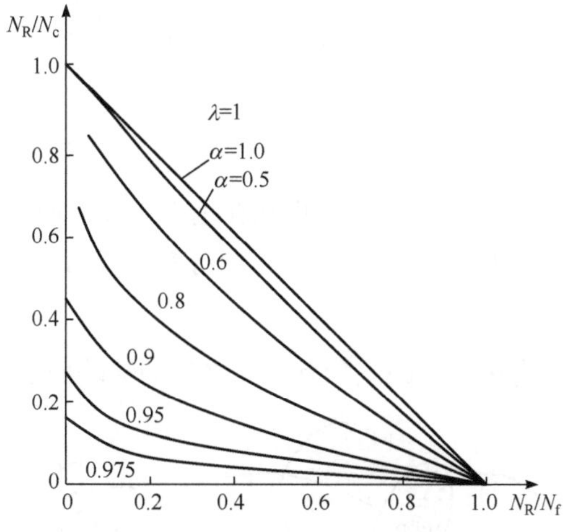

图 2.4.14　蠕变-疲劳交互作用曲线

在研究蠕变疲劳交互影响时，数学模型处理固然困难，但试验研究带来的问

题更多。常采用高温下的单调加载试验来确定蠕变参数。但对于疲劳试验情况就要复杂得多，这是由于高温环境不仅直接影响材料的疲劳性能，并且加载频率也起作用。在低频下，蠕变因素生效，形成蠕变型损伤(晶间破坏)，因此低频疲劳试验不宜用于确定材料在高温下的疲劳性能常数。在高频疲劳试验的前期(在$N<0.5N_f$范围内)，损伤的发展十分缓慢，甚至没有发展，假设$\bar{N}=0.5N_{\mathrm{f}}$，则可以在$1-D$和$1-(N-\bar{N})/(N_{\mathrm{f}}-\bar{N})$的对数坐标图形中确定材料常数。

高温下的低周疲劳和高周疲劳交替作用的问题十分复杂。高温下经历了蠕变型低周循环后，再加上高周循环，此时的破坏很难再以穿晶开裂(疲劳型)的方式进行，使用纯疲劳试验结果获得的参数就会产生问题，需要进行进一步的研究和分析。

2.5 各向同性损伤理论

2.5.1 Lemaitre-Chaboche 塑性损伤理论

在一些韧性较好的金属材料中，损伤经常表现为伴随大塑性变形而发生的微裂纹以及微孔洞的形核和扩展。从细观力学的角度分析韧性损伤的物理机制，可对损伤的细观过程和物理背景做出较好的解释，但是难以直接应用于宏观结构分析。连续损伤力学从数学的角度引入了描述损伤的内变量——损伤变量。虽然损伤变量也常被赋予一些物理解释，但是没有细观力学那样清晰的物理背景。在韧性金属材料中，有三类重要的损伤，即塑性损伤、疲劳损伤和蠕变损伤，连续损伤力学已经较好地应用于这三类损伤及其耦合存在的损伤情形。各向同性损伤的假设对于金属材料的结构承载能力分析、疲劳和蠕变寿命的预测，具有满足工程需要的精度。

1. 损伤变量和应变等效假设

选取材料的一个代表性体积单元，设它在垂直于$\boldsymbol{n}$方向上的总截面面积为A，微缺陷(如微裂纹和微孔洞)的存在导致实际的有效承载面积$\tilde{A}$比A小，即

$$\tilde{A}=A-A_{\mathrm{D}} \tag{2.5.1}$$

式中，A_{D}为考虑了应力集中和缺陷相互作用之后的缺陷面积，如图 2.5.1 所示。

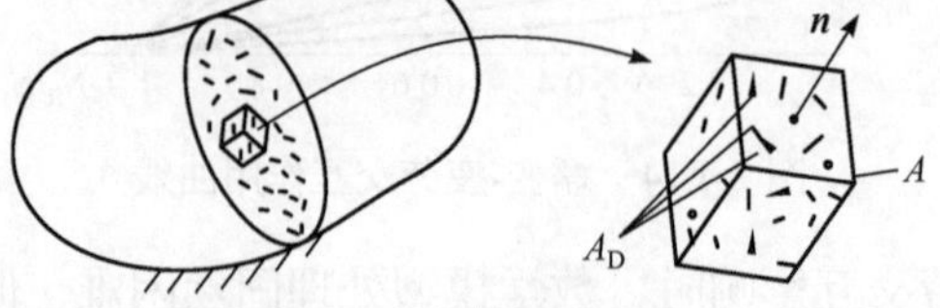

图 2.5.1 损伤材料单元

在各向同性假设的前提下，损伤变量 D 不随截面方向而变化，即与 $\boldsymbol{n}$ 无关，可定义为缺陷面积与总面积之比，即

$$D=\frac{A_{\mathrm{D}}}{A}=\frac{A-\tilde{A}}{A} \tag{2.5.2}$$

式中，D=0 对应于无损状态，D=1 对应于材料的完全断裂，$0<D<1$ 对应于不同程度的损伤状态。事实上，断裂时的损伤临界值 D_{c} 一般小于 1。

损伤导致有效承载面积减小，有效应力将随之升高。定义有效应力张量为

$$\tilde{\sigma}_{ij}=\frac{\sigma_{ij}}{1-D} \tag{2.5.3}$$

式中，σ_{ij} 为 Cauchy 应力张量。式(2.5.3)包含一个假设，即认为所有缺陷对拉伸和压缩情况的影响均是相同的，这一点使该损伤理论仅适用于拉伸情况和压缩应力较小的情况，因为在压缩情况下，一些微裂纹是闭合的，有效承载面积大于 $\tilde{A}=A-A_{\mathrm{D}}$。

对于含损伤材料，从细观上对每一种缺陷形式和损伤机制进行分析，以确定有效承载面积是很困难的。为了能间接地测定损伤，可以利用应变等效假设。应变等效假设认为：受损材料的变形行为可以只通过有效应力来体现，即损伤材料的本构关系可以采用无损时的形式，只要将其中的应力 σ_{ij} 替换为有效应力 $\tilde{\sigma}_{ij}$ 即可，如图 2.5.2 所示。损伤材料的一维线弹性关系为

$$\varepsilon^{\mathrm{p}}=\frac{\tilde{\sigma}}{E}=\frac{\sigma}{E(1-D)}=\frac{\sigma}{\tilde{E}} \tag{2.5.4}$$

式中，E 为弹性模量，损伤体现在将无损时的弹性模量 E 减小为损伤时的弹性模量 $\tilde{E}$=$E(1-D)$。损伤材料中考虑应变强化的 Ramberg-Osgood 关系式为

$$\varepsilon^{\mathrm{p}}=\left(\frac{\tilde{\sigma}}{E}\right)^{M}=\left[\frac{\sigma}{(1-D)K}\right]^{M} \tag{2.5.5}$$

式中，K 和 M 为材料常数。

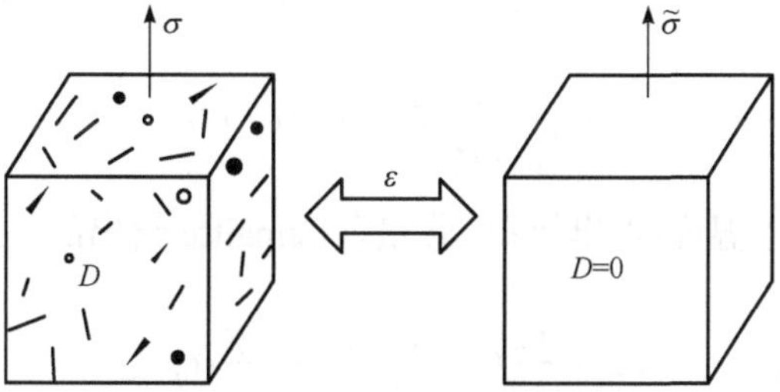

图 2.5.2　应变等效假设

2. 热力学势

在有损伤的情况下，构造三维本构关系的一种典型方法是假设存在能量势函数,由它导出动力学本构方程和损伤演化律。根据确定性原理,材料的状态函数(如应力)将唯一地取决于状态变量(如应变、温度)的变化历史。材料的力学和热学状态参量，如应力、应变、熵、温度等，可以分成三类，即可观察变量、内变量和功共轭变量。可观察变量包括总应变张量 ε_{ij} 和温度 T。内变量包括弹性应变张量 $\varepsilon_{ij}^{\mathrm{e}}$、塑性应变张量 $\varepsilon_{ij}^{\mathrm{p}}$、损伤累积塑性应变 γ (累积塑性应变 p 中与各向同性强化对应的部分)、背应变张量 α_{ij} 和损伤变量 D。功共轭变量主要包括 Cauchy 应力张量 σ_{ij}、熵 s、屈服面半径 R_y+R (R 表示屈服面半径的增长量)、背应力张量 X_{ij} (随动强化引起的屈服面中心的平移量)和损伤应变能释放率 y 等。利用这些变量可以将三维情况下的弹性、塑性、热效应以及损伤模型化。

累积塑性应变率定义为

$$\dot{p}=\frac{\mathrm{d}p}{\mathrm{d}t}=\sqrt{\frac{2}{3}\dot{\varepsilon}_{ij}^{\mathrm{p}}\dot{\varepsilon}_{ij}^{\mathrm{p}}} \tag{2.5.6}$$

假设材料的本构方程可以由一个状态势函数导出，选取 Helmholtz 自由能：

$$\psi=\psi(\varepsilon_{ij},T,\varepsilon_{ij}^{\mathrm{e}},\varepsilon_{ij}^{\mathrm{p}},p,\alpha_{ij},D) \tag{2.5.7}$$

对于弹塑性材料或弹性黏塑性材料，在 ψ 中应变只通过 $\varepsilon_{ij}^{\mathrm{e}}=\varepsilon_{ij}-\varepsilon_{ij}^{\mathrm{p}}$ 起作用，即

$$\psi=\psi(\varepsilon_{ij}^{\mathrm{e}},T,p,\alpha_{ij},D) \tag{2.5.8}$$

随着损伤的发展，许多材料的弹性模量越来越小，因此认为损伤与材料的弹性相关，将热力学势(比自由能) ψ 分成不耦合的弹性部分 ψ_{e} 和塑性部分 ψ_{p}，只将损伤引入 ψ_{e} 中，而在 ψ_{p} 中不反映损伤，即

$$\psi=\psi_{\mathrm{e}}(\varepsilon_{ij}^{\mathrm{e}},T,D)+\psi_{\mathrm{p}}(T,\alpha_{ij},p) \tag{2.5.9}$$

根据量纲分析，ψ_{e} 应是弹性应变张量 $\varepsilon_{ij}^{\mathrm{e}}$ 的二次函数和 $1-D$ 的线性函数，即有

$$\psi_{\mathrm{e}}=\frac{1}{2\rho}\varepsilon_{ij}^{\mathrm{e}}\varepsilon_{kl}^{\mathrm{e}}C_{ijkl}(1-D) \tag{2.5.10}$$

式中，C_{ijkl} 为依赖于温度的四阶弹性张量。Lemaitre 给出的 ψ_{p} 表达式为

$$\psi_{\mathrm{p}}=\frac{R_{\infty}}{\rho}\left(r+\frac{\mathrm{e}^{-br}}{b}\right)+\frac{X_{\infty}\gamma}{3\rho}\alpha_{ij}\alpha_{ij} \tag{2.5.11}$$

式中，R_∞ 和 b 是描述各向同性强化的参数；X_∞ 和 γ 是描述随动强化的参数。作为延性损伤的一种近似，假设质量密度 ρ 是常数。

由 Clausius-Duhem 不等式可知，损伤材料的弹性应力-应变关系与损伤变量 D 功共轭的广义热力学力为

$$\sigma_{ij}=\rho\frac{\partial\psi}{\partial\varepsilon_{ij}^{\mathrm{e}}}=\varepsilon_{ij}^{\mathrm{e}}C_{ijkl}(1-D),\quad y=\rho\frac{\partial\psi}{\partial D}=-\frac{1}{2}\varepsilon_{ij}^{\mathrm{e}}\varepsilon_{kl}^{\mathrm{e}}C_{ijkl}\tag{2.5.12}$$

yD 即为不可逆耗散功率。

3. 损伤准则

弹性应变能 W_{e} 定义为

$$\mathrm{d}W_{\mathrm{e}}=\sigma_{ij}\mathrm{d}\varepsilon_{ij}^{\mathrm{e}}\tag{2.5.13}$$

由式(2.5.11)～式(2.5.13)得到 y 和 W_{e} 的关系式为

$$-y=\frac{W_{\mathrm{e}}}{1-D}=\frac{1}{2}\frac{\partial W_{\mathrm{e}}}{\partial D}\bigg|_{\sigma_{ij}=常数}\tag{2.5.14}$$

式(2.5.14)表明，y 是在恒应力和恒温下 W_{e} 对损伤变量的导数的 1/2。$-y$ 的物理意义类似于线弹性断裂力学中的能量释放率 G，因此称为损伤增长时的应变能释放率。这种能量释放是由损伤发生时刚度降低所引起的。弹性应变能 W_{e} 包括剪切应变能和体积变化能两部分，可以通过弹性模量 E 和泊松比 υ 来表示。由损伤材料的本构关系可得偏斜应变张量 e_{ij}^{e} 和平均应变 $\varepsilon_{\mathrm{m}}=\varepsilon_{ii}/3$ 的弹性关系为

$$e_{ij}^{\mathrm{e}}=\frac{1+\upsilon}{E}\frac{s_{ij}}{1-D},\quad \varepsilon_{\mathrm{m}}=\frac{1-2\upsilon}{E}\frac{\sigma_{\mathrm{m}}}{1-D}\tag{2.5.15}$$

式中，$\sigma_{\mathrm{m}}=\sigma_{ii}/3$ 为平均应力；s_{ij} 为偏斜应力张量。于是，由 $W_{\mathrm{e}}=e_{ij}^{\mathrm{e}}s_{ij}+3\varepsilon_{\mathrm{m}}\sigma_{\mathrm{m}}$ 得

$$-y=\frac{1}{2}\left[\frac{1+\upsilon}{E}\frac{s_{ij}s_{ij}}{(1-D)^2}+\frac{3(1-2\upsilon)}{E}\frac{\sigma_{\mathrm{m}}^2}{(1-D)^2}\right]\tag{2.5.16}$$

定义 von Mises 等效应力 σ_{eq} 为

$$\sigma_{\mathrm{eq}}=\sqrt{\frac{3}{2}s_{ij}s_{ij}}\tag{2.5.17}$$

则式(2.5.16)重新写为

$$-y=\frac{\sigma_{\mathrm{eq}}^2}{2E(1-D)^2}\left[\frac{2}{3}(1+\upsilon)+3(1-2\upsilon)\left(\frac{\sigma_{\mathrm{m}}}{\sigma_{\mathrm{eq}}}\right)^2\right]\tag{2.5.18}$$

在单轴拉伸情况下，$\sigma_{\mathrm{eq}}=\sigma$，$\sigma_{\mathrm{m}}=\sigma/3$，因此有

$$-y=\frac{\sigma_{\mathrm{eq}}^{2}}{2E(1-D)^{2}} \tag{2.5.19}$$

因为 y 是与损伤变量 D 共轭的热力学力，所以 D 的演化应由 y 控制。类似于 von Mises 等效应力，定义损伤等效应力 $\bar{\sigma}_{\mathrm{eq}}$ 为

$$\bar{\sigma}_{\mathrm{eq}}=\sigma_{\mathrm{eq}}\sqrt{\frac{2}{3}(1+\upsilon)+3(1-2\upsilon)\left(\frac{\sigma_{\mathrm{m}}}{\sigma_{\mathrm{eq}}}\right)^{2}} \tag{2.5.20}$$

$\bar{\sigma}_{\mathrm{eq}}$ 在损伤力学中的作用相当于 σ_{eq} 在塑性力学中的作用，二者的一个重要差别在于 $\bar{\sigma}_{\mathrm{eq}}$ 中包含三轴应力比 $\sigma_{\mathrm{m}}/\sigma_{\mathrm{eq}}$ 的影响，而在塑性力学中塑性变形一般与平均应力无关。三轴应力比对材料的损伤演化和断裂起着重要的作用，三轴应力比越高，材料断裂时的韧性越差，即材料显得越脆。

若定义损伤有效等效应力为

$$\tilde{\sigma}_{\mathrm{eq}}=\frac{\bar{\sigma}_{\mathrm{eq}}}{1-D} \tag{2.5.21}$$

则式(2.5.18)又可表示为

$$-y=\frac{1}{2E}\tilde{\sigma}_{\mathrm{eq}}^{2} \tag{2.5.22}$$

在假设内禀力学耗散和热耗散不耦合的情况下，热力学第二定律可以表示为

$$\sigma_{ij}\dot{\varepsilon}_{ij}^{\mathrm{p}}-R\dot{p}-y\dot{D}\geqslant 0 \tag{2.5.23}$$

假定塑性过程和损伤过程是独立的，则式(2.5.23)要求塑性耗散率和损伤耗散率均非负，即

$$\sigma_{ij}\dot{\varepsilon}_{ij}^{\mathrm{p}}-R\dot{p}\geqslant 0,\quad -y\dot{D}\geqslant 0 \tag{2.5.24}$$

因为 $-y$ 是正的，$\dot{D}$ 也必为正，即损伤变量的演化是单调增加的。随着外载荷的增加，损伤将不断发展直至材料发生完全断裂。类似于线弹性断裂力学中的破坏准则，定义损伤材料的断裂准则为：损伤变量达到其临界断裂值 D_{c}，即 $D=D_{\mathrm{c}}$，或用损伤能量释放率表示为 $-y=y_{\mathrm{c}}$。其中，D_{c} 和 y_{c} 为材料参数，二者的关系为

$$y_{\mathrm{c}}=\frac{\sigma_{\mathrm{R}}^{2}}{2E(1-D_{\mathrm{c}})^{2}} \tag{2.5.25}$$

式中，σ_{R} 为单轴拉伸时的破坏应力，因此有

$$\tilde{\sigma}_{\mathrm{R}}=\frac{\sigma_{\mathrm{R}}}{1-D_{\mathrm{c}}}=\sqrt{2Ey_{\mathrm{c}}} \tag{2.5.26}$$

式(2.5.26)就是 Orowan 的脆性断裂条件。由式(2.5.26)可得材料的损伤临界值为

$$D_{\mathrm{c}}=1-\frac{\sigma_{\mathrm{R}}}{\sqrt{2Ey_{\mathrm{c}}}} \tag{2.5.27}$$

对于金属材料，试验表明，$0.2\leqslant D_{\mathrm{c}}\leqslant 0.8$。

对于实际的塑性损伤问题，可采用 Ramberg-Osgood 耦合损伤模型得出损伤演化方程。对于多轴和单轴问题，损伤方程分别由式(2.2.247)和式(2.2.248)表示。

2.5.2　Rousselier 损伤理论

Lemaitre-Chaboche 塑性损伤模型所定义的损伤是基于损伤材料的弹性模量 $\tilde{E}$，比初始无损时的弹性模量 E 低，而 Rousselier 所考虑的损伤，则表现在损伤材料的质量密度 ρ 低于无损材料的质量密度 ρ_0，这属于宏观的体膨胀损伤模型。塑性损伤和延性断裂往往发生在塑性变形较大的情况，因此需要考虑大变形。

Rousselier 损伤模型是在广义标准材料和连续热力学的框架下导出的，即假设存在耗散势函数，塑性应变和其他内变量的变化满足正交法则。为了简化计算，假设材料的硬化是各向同性的，用一个标量内变量 $\alpha_1=p$ (累积塑性应变)来描述，这种假设主要适用于单调加载的情况。若假设延性损伤也为各向同性的，用另一个与材料密度相关的标量内变量 $\alpha_2=\beta$ 表示，则 Rousselier 模型也可以推广到各向异性硬化的情况。

假设材料的变形过程为等温过程，自由能的形式为

$$\psi(\varepsilon_{ij}^{\mathrm{e}},p,\beta)=\frac{1}{2}\varepsilon_{ij}^{\mathrm{e}}C_{ijkl}\varepsilon_{kl}^{\mathrm{e}}+\psi_1(p)+\psi_2(\beta) \tag{2.5.28}$$

式中，等号右侧第一项表示可恢复的弹性能 ψ_{e}，而其余两项 $\psi_1(p)+\psi_2(\beta)$ 表示不可恢复的自由能，其大小与位错、残余应力、微缺陷等有关。将自由能分成以上三项意味着四阶弹性张量 C_{ijkl} 不随损伤和硬化而变化，损伤过程和硬化过程之间的相互作用也略去不计。弹性本构关系为

$$\sigma_{ij}=\frac{\rho}{\rho_0}\frac{\partial\psi}{\partial\varepsilon_{ij}^{\mathrm{e}}}=\frac{\rho}{\rho_0}C_{ijkl}\varepsilon_{kl}^{\mathrm{e}} \tag{2.5.29}$$

由于密度 ρ 随损伤变化，有效弹性模量 $\tilde{C}_{ijkl}=\rho C_{ijkl}/\rho_0$ 也随损伤变化。将式(2.5.28)中的第一项 ψ_{e}、式(2.5.29)中的 σ_{ij} 同式(2.5.10)和式(2.5.12)相比较，可以看出，Lemaitre-Chaboche 损伤理论相当于取损伤变量 D 依赖于质量密度 ρ，即

$$D = 1 - \frac{\rho}{\rho_0} \tag{2.5.30}$$

式中，ρ_0 表示初始无损伤构形中的质量密度。Rousselier 损伤理论与 Lemaitre 损伤理论的区别还在于：①Lemaitre 假设损伤只体现在弹性自由能中，而在 Rousselier 给出的自由能表达式(2.5.28)中，还考虑了与损伤有关的第三项$\psi_2(\beta)$；②Lemaitre 没有研究塑性势，也没有利用全部正交法则，而 Rousselier 建立了含损伤的塑性势，并按正交法则推导了本构关系和损伤演化方程。在不计损伤时，von Mises 形式的塑性势为

$$F\left(\frac{\rho}{\rho_0}\sigma_{ij}, R\right) = J_2\left(\frac{\rho}{\rho_0}\sigma_{ij}\right) - R - \sigma_s \tag{2.5.31}$$

式中，R 表示屈服面的膨胀；σ_s 为初始屈服应力；$J_2(\sigma_{ij})$ 为应力张量 σ_{ij} 的第二不变量，可表示为

$$J_2(\sigma_{ij}) = \sqrt{\frac{3}{2}s_{ij}s_{ij}} = \sigma_{eq} \tag{2.5.32}$$

引入损伤以后，塑性势应与平均应力 σ_m 有关，Rousselier 假设在应力空间 $(\rho_0\sigma_{ij}/\rho, R, Y)$ 中的塑性势为

$$F\left(\frac{\rho}{\rho_0}\sigma_{ij}, R\right) = J_2\left(\frac{\rho}{\rho_0}\sigma_{ij}\right) - R - \sqrt{3}Yg\left(\frac{\rho}{\rho_0}\sigma_m\right) - \sigma_s \tag{2.5.33}$$

将塑性应变率 $\dot{\varepsilon}_{ij}^p$ 和应力 σ_{ij} 分解成偏斜张量和球形张量之和，即

$$\dot{\varepsilon}_{ij}^p = \dot{e}_{ij}^p + \dot{\varepsilon}_m^p\delta_{ij}, \quad \sigma_{ij} = s_{ij} + \sigma_m\delta_{ij} \tag{2.5.34}$$

式(2.5.31)～式(2.5.34)中，

$$\dot{e}_{ij}^p = \lambda\frac{\partial F}{\partial \sigma_{ij}} = \frac{3}{2}\lambda\frac{s_{ij}}{J_2(\rho_0\sigma_{ij}/\rho)}, \quad \dot{\varepsilon}_m^p = \lambda\frac{\partial F}{\partial \sigma_m} = -\lambda\frac{Y}{\sqrt{3}}\frac{\mathrm{d}g(\rho_0\sigma_m/\rho)}{\mathrm{d}(\rho_0\sigma_m/\rho)}$$

$$R = \frac{\mathrm{d}\psi_1(p)}{\mathrm{d}p}, \quad Y = \frac{\mathrm{d}\psi_2(p)}{\mathrm{d}\beta}, \quad \dot{p} = \lambda = \sqrt{\frac{2}{3}\dot{e}_{ij}^p\dot{\varepsilon}_{ij}^p}, \quad \dot{\beta} = \sqrt{3}\lambda g\left(\frac{\rho_0}{\rho}\sigma_m\right) \tag{2.5.35}$$

由式(2.5.33)可得材料的硬化曲线为

$$\frac{\rho}{\rho_0}\sigma_{eq} - \frac{\mathrm{d}\psi_1(p)}{\mathrm{d}p} - \sqrt{3}\frac{\mathrm{d}\psi_2(p)}{\mathrm{d}\beta}g\left(\frac{\rho_0}{\rho}\sigma_m\right) - \sigma_s = 0 \tag{2.5.36}$$

式中，$p = \int \dot{p}\mathrm{d}t$。若无损伤存在，硬化曲线可简化为

$$\frac{\rho}{\rho_0}\sigma_{\mathrm{eq}}-\frac{\mathrm{d}\psi_1(p)}{\mathrm{d}p}-\sigma_{\mathrm{s}}=0 \tag{2.5.37}$$

下面确定塑性势(2.5.33)中的函数 $g(\rho_0\sigma_{\mathrm{m}}/\rho_0)$。损伤变量 β 与质量密度 ρ 相联系，因此 $\beta=\beta(\rho)$，如 $\beta=1-\rho/\rho_0$ 或其他形式的函数。由式(2.5.35)的第一式和第二式可以看出，函数 $g(\rho_0\sigma_{\mathrm{m}}/\rho_0)$ 与体积塑性变形有关。由质量守恒定律以及 $\mathrm{div}V=3\dot{\varepsilon}_{\mathrm{m}}\approx 3\dot{\varepsilon}_{\mathrm{m}}^{\mathrm{p}}$，得

$$\dot{\rho}=3\rho\dot{\varepsilon}_{\mathrm{m}}^{\mathrm{p}}=0 \tag{2.5.38}$$

将 $\dot{\rho}=\dot{\beta}/(\mathrm{d}\beta/\mathrm{d}\rho)$ 代入式(2.5.38)，并利用式(2.5.35)的第一式、第二式和第六式，得

$$\frac{1}{g(\rho_0\sigma_{\mathrm{m}}/\rho)}\frac{\mathrm{d}g(\rho_0\sigma_{\mathrm{m}}/\rho)}{\mathrm{d}(\rho_0\sigma_{\mathrm{m}}/\rho)}=\frac{1}{Y\rho(\mathrm{d}\beta/\mathrm{d}\rho)} \tag{2.5.39}$$

根据式(2.5.35)的第三式和第四式，式(2.5.38)右端为 $\beta(\rho)$ 的函数。因此，式(2.5.39)的两端必须恒等于一常数，记为 C_1/σ_{s}，则可得到

$$g\left(\frac{\rho_0}{\rho}\sigma_{\mathrm{m}}\right)=C_2\mathrm{e}^{C_1\rho_0\sigma_{\mathrm{m}}/(\rho\sigma_{\mathrm{s}})} \tag{2.5.40}$$

式中，C_2 为积分常数。为了保证损伤随三轴应力而增加，同时由于 $\dot{\beta}>0$，要求常数 C_1 和 C_2 均为正。

由式(2.5.35)的第六式和式(2.5.40)，可得

$$\dot{\beta}=\sqrt{3}\lambda C_2\mathrm{e}^{C_1\rho_0\sigma_{\mathrm{m}}/(\rho\sigma_{\mathrm{s}})} \tag{2.5.41}$$

式(2.5.41)表明，损伤变量的增长率和平均应力呈指数关系，这与试验及其他的理论结果一致。根据上面的讨论，函数 $\beta(\rho/\rho_0)$ 和 $\psi_2(\beta)$ 之间存在的关系为

$$C_1(\rho/\rho_0)\beta(\rho/\rho_0)\psi_2(\beta)=\sigma_{\mathrm{s}} \tag{2.5.42}$$

式中，函数 $\beta(\rho/\rho_0)$ 和 $\psi_2(\beta)$ 可以由细观力学分析或试验确定，只要确定其中一个函数，另一个函数容易由式(2.5.42)导出。例如，$\beta(\rho/\rho_0)$ 的几种简单选择及其对应的 $\psi_2(\beta)$ 为

$$\psi_2(\beta)=\begin{cases}(\sigma_{\mathrm{s}}/C_1)\ln(1-\beta), & \beta=1-\rho/\rho_0\\(\sigma_{\mathrm{s}}/C_1)\ln(1+\beta), & \beta=\rho_0/\rho-1\\(\sigma_{\mathrm{s}}/C_1)\ln(1-f-\beta), & \beta=f-f_0\end{cases} \tag{2.5.43}$$

式中，f 为孔洞的体积百分比；f_0 为 f 的初始值。假设基体材料的塑性变形是不可压缩的，则有

$$\frac{\rho}{\rho_0}=\frac{1-f}{1-f_0} \tag{2.5.44}$$

式(2.5.35)第一式和第二式中的λ可以由 F=0、$\dot{F}=0$的一致性条件得到。由式(2.5.34)和(2.5.35)的第一式和第二式可以导出 Rousselier 损伤模型下的塑性本构关系为

$$\dot{\varepsilon}_{ij}^{\mathrm{p}}=-\lambda\frac{1}{\sqrt{3}}\frac{\mathrm{d}\psi_2(\beta)}{\mathrm{d}\beta}\frac{\mathrm{d}g(\rho_0\sigma_{\mathrm{m}}/\rho)}{\mathrm{d}(\rho_0\sigma_{\mathrm{m}}/\rho)}\delta_{ij}+\frac{3}{2}\lambda\frac{s_{ij}}{J_2(\rho_0\sigma_{ij}/\rho)} \tag{2.5.45}$$

式(2.5.40)说明$g(\rho_0\sigma_{\mathrm{m}}/\rho)$只能是指数型函数，而函数$\psi_2(\beta)$取决于$\beta(\rho)$的选取，$\beta(\rho)$可以有若干种选择，相应的$\psi_2(\beta)$有不同的形式。

由以上分析，可以得到总的应变率为

$$\dot{\varepsilon}_{ij}=\frac{\mathrm{D}\varepsilon_{ij}^{\mathrm{e}}}{\mathrm{D}t}+\dot{\varepsilon}_{ij}^{\mathrm{p}} \tag{2.5.46}$$

利用式(2.5.29)，得到

$$\frac{\mathrm{D}}{\mathrm{D}t}\left(\frac{\rho_0}{\rho}\sigma_{ij}\right)=\frac{\mathrm{D}\varepsilon_{kl}^{\mathrm{e}}}{\mathrm{D}t}C_{ijkl}=C_{ijkl}(\dot{\varepsilon}_{ij}-\dot{\varepsilon}_{ij}^{\mathrm{p}}) \tag{2.5.47}$$

式中，$\mathrm{D}/\mathrm{D}t$ 表示 Jaumann 导数。

$$\frac{\mathrm{D}}{\mathrm{D}t}\left(\frac{\rho_0}{\rho}\sigma_{ij}\right)=\frac{\mathrm{d}}{\mathrm{d}t}\left(\frac{\rho_0}{\rho}\sigma_{ij}\right)-\frac{\rho_0}{\rho}\omega_{ik}\sigma_{kj}+\frac{\rho_0}{\rho}\omega_{kj}\sigma_{ik} \tag{2.5.48}$$

式中，ω_{ij} 为旋转张量。

通过上面的介绍可以看出，Rousselier 理论严格地遵循连续热力学理论，满足正交法则。因此，从连续热力学理论的角度来看，该理论的形式比较完美。但由于这一理论和 Lemaitre-Chaboche 损伤模型相比比较复杂，且将材料的质量密度作为损伤变量，给损伤的测量带来不便。

前面介绍的三维各向同性连续损伤模型均认为损伤为各向同性的，其损伤变量都是标量。从连续损伤力学的现状来看，很难对所有的材料和所有的损伤机制给出一个具有普遍性的损伤演化方程。目前已有的损伤模型，如 Lemaitre-Chaboche 模型，往往只能就某一类材料得到比较好的结果，而对于其他材料则不便应用。因此，如果将工程中的材料及其典型的损伤机制进行分类，分门别类地给出损伤的演化方程，并应用于实际工程问题中，这或许是损伤力学应用的一条可行路径。

2.5.3 Krajcinovic 矢量损伤理论

Krajcinovic 矢量损伤理论所考虑的损伤表现为扁平状的微裂纹，并用矢量来描述。这一理论建立在不可逆热力学框架之上，可以同时引入多种相互独立的损伤，应用于脆性损伤、延性损伤和蠕变损伤等。

1. 热力学框架

在小变形梯度情况下，含内变量的热力学理论中的 Clausius-Duhem 不等式表示为

$$\sigma_{ij}\dot{\varepsilon}_{ij}-\rho(\dot{\psi}+s\dot{T})-\frac{1}{T}\boldsymbol{q}\cdot\text{grad}T\geqslant 0 \tag{2.5.49}$$

式中，σ_{ij} 和 ε_{ij} 分别为应力张量分量和应变张量分量；ρ、ψ、s、T 和 $\boldsymbol{q}$ 分别为质量密度、Helmholtz 自由能、熵、温度和热流矢量。

将应变分解成弹性部分和塑性部分：

$$\boldsymbol{\varepsilon}=\boldsymbol{\varepsilon}^{\text{e}}+\boldsymbol{\varepsilon}^{\text{p}} \tag{2.5.50}$$

由正交法则得到应力张量和广义热力学力为

$$\boldsymbol{\sigma}=\frac{\partial\psi}{\partial\boldsymbol{\varepsilon}},\quad A_i=\rho\frac{\partial\psi}{\partial\alpha_i},\quad R_i=\rho\frac{\partial\psi}{\partial D_i} \tag{2.5.51}$$

式中，α_i 为与塑性变形相关的内变量(如硬化参数)；D_i 为损伤变量。

引入热力学通量和共轭力矢量：

$$\boldsymbol{J}=\{\dot{\varepsilon}_{ij}^{\text{p}},\dot{\alpha}_j,\dot{D}_j,q_j\},\quad \boldsymbol{X}=\rho\{\sigma_{ij},-A_j,-R_j,T^{-1}\text{grad}T\} \tag{2.5.52}$$

则式(2.5.49)又可表示为

$$\rho\dot{D}=\boldsymbol{X}\cdot\boldsymbol{J}\geqslant 0 \tag{2.5.53}$$

一般情况下，本构方程可以表示为

$$\boldsymbol{J}=\boldsymbol{J}(\boldsymbol{\varepsilon}^{\text{e}},T,\text{grad}T,X) \tag{2.5.54}$$

在平衡状态附近，本构方程可以线性化并表示为

$$J_m=L_{mk}X_k,\quad X_k=l_{mk}J_m \tag{2.5.55}$$

式中，l_{mk} 和 L_{mk} 为互逆的两个矩阵的元素。由式(2.5.53)和式(2.5.55)，得到

$$\rho\dot{D}=L_{mk}X_mX_k=l_{mk}J_mJ_k\geqslant 0 \tag{2.5.56}$$

引入式(2.5.57)所示的耗散势函数 F：

$$F=\frac{1}{2}\rho\dot{D}=\frac{1}{2}L_{mk}X_mX_k \tag{2.5.57}$$

耗散势函数 $F(\boldsymbol{\varepsilon}^{\text{e}},X,T)$ 存在的一个充分条件是热力学通量的每一个分量的变

化率只依赖于其共轭力，即

$$J_m = f(X_m, T, H) \tag{2.5.58}$$

式中，H 表示细观结构配置的当前状态。由式(2.5.57)和正交法则，得到

$$J_m = \frac{\partial f}{\partial X_m} \tag{2.5.59}$$

在某些情况下，采用对偶的势函数 $\bar{F}(\boldsymbol{\varepsilon}^{\mathrm{e}}, \boldsymbol{J}, T)$ 更为方便，且有

$$X_m = \frac{\partial \bar{F}}{\partial J_m} \tag{2.5.60}$$

式中，$\bar{F}$ 由 F 的 Frenchel 变换得到。

由上述方法推导本构关系和损伤演化方程是比较方便的。只要确定耗散势函数 F 的具体形式，就可以建立每一个损伤变量的演化方程，而无须分别寻找每个损伤变量的演化规律，利用这种方法得到的损伤理论在形式上与塑性理论相类似。

2. 脆性材料的损伤理论

对于脆性材料(如灰口铁)，其损伤主要为微裂纹的形核和发展。伴随着损伤发生的塑性变形往往很小，因此将这些材料视为理想脆性的。在准静态加载、小变形和等温条件下，Helmholtz 自由能是弹性应变张量 $\boldsymbol{\varepsilon}$ 和损伤矢量 $\bar{\boldsymbol{D}}$ 的标量函数，与坐标系的选取无关，表示为

$$\begin{aligned}\rho\psi &= \frac{1}{2}(\lambda+2\mu)\varepsilon_{kk}\varepsilon_{ll} - \mu(\varepsilon_{kk}\varepsilon_{ll} - \varepsilon_{kl}\varepsilon_{lk}) \\ &\quad + \bar{C}_1 \bar{D}_k^{(\alpha)} \varepsilon_{kl} \bar{D}_l^{(\beta)} \varepsilon_{mm} + \bar{C}_2 \bar{D}_k^{(\alpha)} \varepsilon_{kl} \varepsilon_{lm} \bar{D}_m^{(\beta)}, \quad \alpha, \beta = 1, 2, \cdots\end{aligned} \tag{2.5.61}$$

式中，$\bar{C}_i = \bar{C}_i(X_i, D_k, T)(i=1,2)$ 为材料参数；$\bar{\boldsymbol{D}}^{(\alpha)}$ 和 $\bar{\boldsymbol{D}}^{(\beta)}$ 表示编号为 α 和 β 的不同损伤矢量，它们之间可以是相互独立的。

由式(2.5.51)的第一式和式(2.5.61)得

$$\sigma_{ij} = S_{ijkl}\varepsilon_{kl} \tag{2.5.62}$$

若只考虑单一损伤场，则有

$$\begin{aligned}S_{ijkl} &= \lambda\delta_{ij}\delta_{kl} + 2\mu\delta_{ik}\delta_{jl} + \bar{C}_1(\delta_{ij}\bar{D}_k\bar{D}_l + \delta_{kl}\bar{D}_i\bar{D}_j) \\ &\quad + \bar{C}_2(\delta_{jk}\bar{D}_i\bar{D}_l + \delta_{il}\bar{D}_j\bar{D}_k)\end{aligned} \tag{2.5.63}$$

应力-应变关系的增量形式为

$$\mathrm{d}\sigma_{ij} = \rho\frac{\partial^2\psi}{\partial\varepsilon_{ij}\partial\varepsilon_{kl}}\mathrm{d}\varepsilon_{kl} + \rho\frac{\partial^2\psi}{\partial\varepsilon_{ij}\partial\bar{D}_k}\mathrm{d}\bar{D}_k = S_{ijkl}\mathrm{d}\varepsilon_{kl} + \bar{S}_{ijm}\mathrm{d}\bar{D}_m \tag{2.5.64}$$

其中，

$$\bar{S}_{ijm}=\bar{C}_1\varepsilon_{kl}[\delta_{ij}(\delta_{km}\bar{D}_l+\delta_{lm}\bar{D}_k)+\delta_{kl}(\delta_{im}\bar{D}_j+\delta_{jm}\bar{D}_i)]$$
$$+\bar{C}_2\varepsilon_{kl}[\delta_{jk}(\delta_{im}\bar{D}_i+\delta_{lm}\bar{D}_i)+\delta_{il}(\delta_{jm}\bar{D}_k+\delta_{km}\bar{D}_j)] \tag{2.5.65}$$

根据式(2.5.62)和式(2.5.63)，应力是 $\bar{D}$ 的二次函数，而在 Kachanov 模型中应力和损伤变量为线性关系。实际上，这两个模型可以统一，只要令

$$\boldsymbol{D}=D_i\boldsymbol{n},\quad \bar{\boldsymbol{D}}=\bar{D}_i\boldsymbol{n}=\sqrt{D_i}\boldsymbol{n} \tag{2.5.66}$$

式中，D_i 表示与 $\boldsymbol{n}$ 垂直的横截面内的缺陷密度。将损伤变量 $\bar{\boldsymbol{D}}$ 用 $D_i\boldsymbol{n}$ 代替，式(2.5.63)和式(2.5.65)可写为

$$S_{ijkl}=\lambda\delta_{ij}\delta_{kl}+2\mu\delta_{ik}\delta_{jl}+C_1(\delta_{ij}D_kD_l+\delta_{kl}D_iD_j)$$
$$+C_2(\delta_{jk}D_iD_l+\delta_{il}D_jD_k) \tag{2.5.67}$$

$$\bar{S}_{ijm}=C_1\varepsilon_{kl}[\delta_{ij}(\delta_{km}D_l+\delta_{lm}D_k)+\delta_{kl}(\delta_{im}D_j+\delta_{jm}D_i)]$$
$$+C_2\varepsilon_{kl}[\delta_{jk}(\delta_{im}D_l+\delta_{lm}D_i)+\delta_{il}(\delta_{jm}D_k+\delta_{km}D_j)]$$
$$+2[C_1(\delta_{ij}D_kD_l+\delta_{kl}D_iD_j)+C_2(\delta_{jk}D_iD_l+\delta_{il}D_jD_k)]D_m\varepsilon_{kl}/(D_pD_q) \tag{2.5.68}$$

其中，

$$C_i=(D_pD_q)^{-1/2}\bar{C}_i \tag{2.5.69}$$

于是，增量形式的应力-应变关系变为

$$\mathrm{d}\sigma_{ij}=S_{ijkl}\mathrm{d}\varepsilon_{kl}\bar{S}_{ijm}\mathrm{d}D_m \tag{2.5.70}$$

下面考虑微孔洞的扩展。一般来说，微孔洞的几何变化包括两种基本模式，即膨胀和滑移。事实上，只要对式(2.5.66)的第二式等号两侧求导，即可得到 $\dot{\bar{\boldsymbol{D}}}=\dot{\bar{D}}_i\boldsymbol{n}+\bar{D}_i\dot{\boldsymbol{n}}$。图 2.5.3(a)为一扁平状微孔洞，变形后为图 2.5.3(b)中虚线所示的形状，并等效为其最大投影，如图 2.5.3(b)中实线所示。

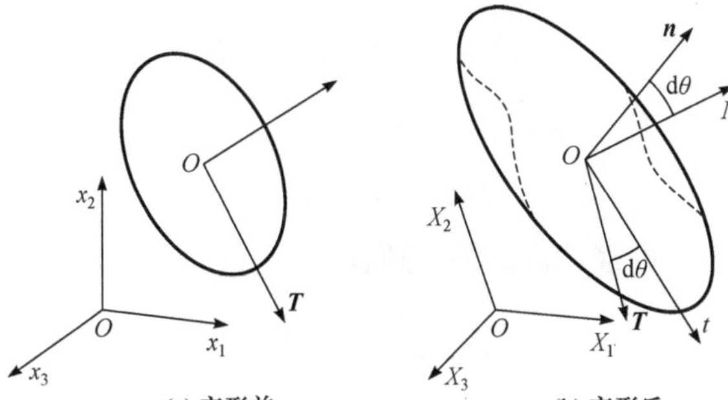

(a) 变形前　　(b) 变形后

图 2.5.3　微孔洞的几何变化

这种微孔洞的扩展相当于一种映射，即从状态$(\psi,\boldsymbol{\sigma},\boldsymbol{q},s)$下的微孔洞 $\mathrm{d}A_K$变换到状态$(\psi+\mathrm{d}\psi,\boldsymbol{\sigma}+\mathrm{d}\boldsymbol{\sigma},\boldsymbol{q}+\mathrm{d}\boldsymbol{q},s+\mathrm{d}s)$下的 $\mathrm{d}a_k$，由 X^K表示物质坐标，x^k表示空间坐标，映射关系为

$$\mathrm{d}a_k = J\frac{X^K}{\partial x^k}\mathrm{d}A_K \tag{2.5.71}$$

式中，J表示坐标变换的 Jacobian(雅可比)矩阵的值。微孔洞面积的平方为

$$(\mathrm{d}a)^2 = J^2(C^{KL})^{-1}\mathrm{d}A_K\mathrm{d}A_L \tag{2.5.72}$$

式中，$(C^{KL})^{-1}$为 Green 变形张量的逆。由此得到

$$(\mathrm{d}a)^2-(\mathrm{d}A)^2=[J^2(C^{KL})^{-1}-G^{KL}]\mathrm{d}A_K\mathrm{d}A_L = 2\mathrm{d}\Omega^{KL}\mathrm{d}A_K\mathrm{d}A_L \tag{2.5.73}$$

式中，G^{KL} 为逆变度量张量；$\mathrm{d}\Omega^{KL}=J^2(C^{KL})^{-1}-G^{KL}$为微孔洞几何变化的度量。

由非线性弹性理论，可得孔洞的膨胀为

$$\frac{\mathrm{d}a}{\mathrm{d}A}=\sqrt{J^2(C^{KL})^{-1}\frac{\mathrm{d}A_K}{\mathrm{d}A}\frac{\mathrm{d}A_L}{\mathrm{d}A}}=\sqrt{(2\mathrm{d}\Omega^{KL}+\Omega^{KL})N_K N_L} \tag{2.5.74}$$

式中，$N_K=\mathrm{d}A_K/\mathrm{d}A$为初始微孔洞表面 $\mathrm{d}A$ 法向 $\boldsymbol{N}$ 的方向余弦，在孔洞主坐标系 NOT下(T为滑移方向)，孔洞面积的膨胀为

$$\frac{\mathrm{d}a}{\mathrm{d}A_N}=\sqrt{1+2\frac{\mathrm{d}\Omega^{NN}}{G^{(NN)}}} \tag{2.5.75}$$

式中，(NN)表示不求和。在正交坐标系下，对于小增量步，有

$$\mathrm{d}\Omega_{NN}=\left(\frac{\mathrm{d}a-\mathrm{d}A}{\mathrm{d}A}\right)_N \tag{2.5.76}$$

二阶张量 $\mathrm{d}\Omega_{NT}$ 主对角线上的项表示在垂直于法向的平面内微孔洞面积的相对增长。而非对角张量 $\mathrm{d}\Omega_{NT}$ 表示由旋转引起的法向 $\boldsymbol{N}$ 和 $\boldsymbol{n}$ 的夹角，即

$$2\mathrm{d}\Omega_{NT}=\sin(\boldsymbol{N},\boldsymbol{n})\approx \mathrm{d}\theta \tag{2.5.77}$$

考虑到 Kachanov 损伤变量的定义：

$$D_N=(A_N)^{-1}\mathrm{d}A_N \tag{2.5.78}$$

式中，A_N为垂直于 N 的横截面面积，则有

$$\mathrm{d}D_N=\left(\frac{\mathrm{d}a-\mathrm{d}A}{A}\right)_N \tag{2.5.79}$$

由式(2.5.76)和式(2.5.79)，得到

$$\mathrm{d}D_N = D_N \mathrm{d}\Omega_{NN} \tag{2.5.80}$$

损伤变量定义为矢量，其分量为 $D_i = D_N n_i$，而 D_N 是一个标量，则损伤扩展的运动学方程为

$$\mathrm{d}D_i = \mathrm{d}D_N n_i + D_N \mathrm{d}n_i \tag{2.5.81}$$

利用置换张量 e_{ijk}，式(2.5.77)可写为

$$\mathrm{d}n_i = \frac{1}{2} e_{ijk} \mathrm{d}\Omega_{kj} \tag{2.5.82}$$

将式(2.5.80)和式(2.5.82)代入式(2.5.81)，得

$$\mathrm{d}D_i = D_N \left(\mathrm{d}\Omega_{NN} n_i + \frac{1}{2} e_{ijk} \mathrm{d}\Omega_{kj} \right) \tag{2.5.83}$$

进而需要建立描述损伤演化的张量 $\mathrm{d}\Omega_{NN}$ 和应变增量 $\mathrm{d}\varepsilon_{ij}$ 之间的关系，这里采用损伤面的概念。损伤面是指应变空间中的一个曲面，该面上各点对应的损伤值相等。损伤面用一个由状态变量和内变量构成的函数 $f = f(\boldsymbol{\varepsilon}, \boldsymbol{D}, T)$ 来描述，可以由试验确定，在缺少试验数据的情况下，也可以假设损伤面的一般形状。若 ε_{NN} 和 ε_{NT} 分别为垂直和正切于扁平状微孔洞的应变，则可以推测：

$$\begin{cases} \mathrm{d}\Omega_{NN} = 0,\ \mathrm{d}\Omega_{NT} = 0, & \varepsilon_{NN} \leqslant 0,\ \varepsilon_{NT} = 0 \\ \mathrm{d}\Omega_{NN} > 0,\ \mathrm{d}\Omega_{NT} = 0, & \varepsilon_{NN} = \bar{\varepsilon}_{NN},\ \varepsilon_{NT} = 0 \\ \mathrm{d}\Omega_{NN} > 0,\ |\mathrm{d}\Omega_{NT}| > 0, & \varepsilon_{NN} = 0,\ \varepsilon_{NT} = \bar{\varepsilon}_{NT} \end{cases} \tag{2.5.84}$$

$$f(\bar{\varepsilon}_{NN}, \bar{\varepsilon}_{NT}, \boldsymbol{D}, T) = f(\bar{\varepsilon}_{NN}, -\bar{\varepsilon}_{NT}, \boldsymbol{D}, T) \tag{2.5.85}$$

式中，上划线“¯”表示损伤面上的值，如图 2.5.4 所示。

假设损伤速率垂直于损伤面，则

$$\mathrm{d}\Omega_{NN} = kG(\boldsymbol{\varepsilon}, \boldsymbol{D}, T) \left(\frac{\partial f}{\partial \varepsilon_{NN}} \mathrm{d}\varepsilon_{NN} + \frac{\partial f}{\partial \varepsilon_{NT}} \mathrm{d}\varepsilon_{NT} \right) \frac{\partial f}{\partial \varepsilon_{NN}}$$

$$\mathrm{d}\Omega_{NT} = kG(\boldsymbol{\varepsilon}, \boldsymbol{D}, T) \left(\frac{\partial f}{\partial \varepsilon_{NN}} \mathrm{d}\varepsilon_{NN} + \frac{\partial f}{\partial \varepsilon_{NT}} \mathrm{d}\varepsilon_{NT} \right) \frac{\partial f}{\partial \varepsilon_{NT}}$$

(2.5.86)

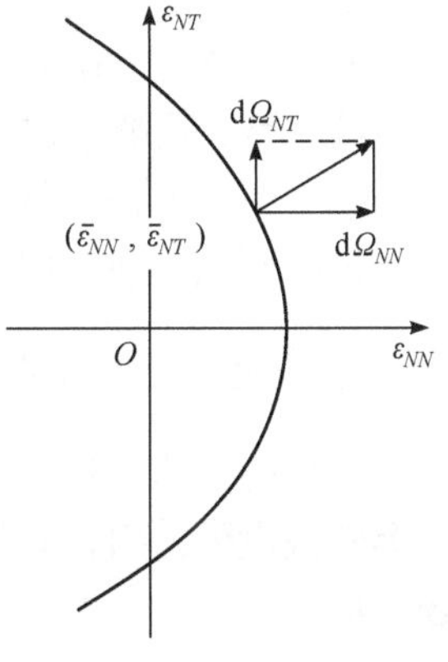

图2.5.4　应变空间中的损伤面

式中，$G(\boldsymbol{\varepsilon}, \boldsymbol{D}, T)$ 是由状态变量和内变量构成的非负标量函数；k 为标量因子，定义为

$$k = \begin{cases} 1, & f = 0 \text{ 且} (\partial f / \partial \varepsilon_{ij}) \mathrm{d}\varepsilon_{ij} > 0 \\ 0, & \text{其他} \end{cases} \tag{2.5.87}$$

标量函数 $G(\boldsymbol{\varepsilon},\boldsymbol{D},T)$ 由一致性条件得到。由 df=0，得

$$\mathrm{d}D_N=-k\left(\frac{\partial f}{\partial D_N}\right)^{-1}\left(\frac{\partial f}{\partial \varepsilon_{NN}}\mathrm{d}\varepsilon_{NN}+\frac{\partial f}{\partial \varepsilon_{NT}}\mathrm{d}\varepsilon_{NT}\right) \tag{2.5.88}$$

由式(2.5.80)和式(2.5.88)，得到

$$G(\boldsymbol{\varepsilon},\boldsymbol{D},T)=-\left(D_N\frac{\partial f}{\partial D_N}\frac{\partial f}{\partial \varepsilon_{NN}}\right)^{-1} \tag{2.5.89}$$

上面的讨论是在微孔洞的局部坐标系 NOT 中进行的，有必要将应变 ε_{NT} 变换到任意一个总体坐标系中，设总体坐标系的三个轴用 1、2、3 表示，在平面应变条件下，转换关系为

$$\varepsilon_{NN}=\varepsilon_{11}\cos^2\theta+\varepsilon_{22}\sin^2\theta,\quad \varepsilon_{NT}=-(\varepsilon_{11}-\varepsilon_{22})\sin\theta\cos\theta \tag{2.5.90}$$

式中，θ 为 N 轴与 1 轴的夹角。对式(2.5.90)微分，得到

$$\begin{aligned}\mathrm{d}\varepsilon_{NN}&=\cos^2\theta\cdot\mathrm{d}\varepsilon_{11}+\sin^2\theta\cdot\mathrm{d}\varepsilon_{22}-2(\varepsilon_{11}-\varepsilon_{22})\sin(2\theta)\mathrm{d}\Omega_{NT}\\ \mathrm{d}\varepsilon_{NT}&=\sin\theta\cos\theta(\mathrm{d}\varepsilon_{11}-\mathrm{d}\varepsilon_{22})-2(\varepsilon_{11}-\varepsilon_{22})\cos(2\theta)\mathrm{d}\Omega_{NT}\end{aligned} \tag{2.5.91}$$

至此，已经导出了脆性损伤材料的本构关系和损伤演化规律。

2.5.4 各向同性弹性的双标量损伤理论

作为损伤力学中互为补充的两个重要方面，连续损伤力学和细观损伤力学的恰当结合成为描述材料从微缺陷演变到宏观性能劣化，直至最终破坏全过程的有效方法。建立准唯象损伤模型的关键问题之一是损伤状态的描述，各向同性损伤用一个标量损伤变量来描述，各向异性损伤用矢量、二阶张量或四阶张量形式的损伤变量来描述。在细观损伤力学中，损伤状态往往用微缺陷的几何特征参数(如微裂纹密度、孔隙率)来描述。用张量表示理论给出二维弹性损伤的一般描述，在损伤模型中引入损伤材料常数，提出宏细观相结合的方法，对各向同性弹性损伤问题进行研究，建立用两个损伤变量描述的各向同性弹性损伤模型。

1. 传统各向同性损伤理论的局限性

以往的连续损伤理论中，各向同性损伤用单个标量损伤变量 D 来描述。在应变等效假设下，引入有效应力张量 $\hat{\boldsymbol{\sigma}}$ 代替原无损本构方程中的 Cauchy 应力张量 $\boldsymbol{\sigma}$，即

$$\hat{\boldsymbol{\sigma}}=\frac{1}{1-D}\boldsymbol{\sigma} \tag{2.5.92}$$

得到弹性损伤本构方程为

$$\boldsymbol{\varepsilon}=\frac{1}{2G}\hat{\boldsymbol{\sigma}}-\frac{\upsilon}{E}\mathrm{Tr}(\hat{\boldsymbol{\sigma}})\boldsymbol{I}=\frac{1}{2(1-D)G}\boldsymbol{\sigma}-\frac{\upsilon}{(1-D)E}\mathrm{Tr}(\boldsymbol{\sigma})\boldsymbol{I} \tag{2.5.93}$$

式中，E、G 和 υ 分别为材料初始无损时的弹性模量、剪切模量和泊松比；$\boldsymbol{I}$ 为二阶单位张量。

假设初始无损状态的材料是各向同性弹性的，损伤也是各向同性的，此时任一损伤状态的材料宏观力学性能仍然是各向同性弹性的，并可由损伤后的弹性模量 $\hat{E}$、剪切模量 $\hat{G}$ 和泊松比 $\hat{\upsilon}$ 完全描述。因此，可写出材料的损伤本构关系为

$$\varepsilon=\frac{1}{2\hat{G}}\boldsymbol{\sigma}-\frac{\hat{\upsilon}}{\hat{E}}\mathrm{Tr}(\hat{\boldsymbol{\sigma}})\boldsymbol{I}=\frac{1}{2\hat{G}}\boldsymbol{\sigma}-\left(\frac{1}{2\hat{G}}-\frac{1}{\hat{E}}\right)\mathrm{Tr}(\boldsymbol{\sigma})\boldsymbol{I} \tag{2.5.94}$$

此时，$\hat{E}$、$\hat{G}$ 和 $\hat{\upsilon}$ 不再是材料常数，而是随着损伤状态的变化而变化。比较式(2.5.94)和式(2.5.93)可得

$$\hat{E}=(1-D)E, \quad \hat{G}=(1-D)G, \quad \hat{\upsilon}=\upsilon \tag{2.5.95}$$

式(2.5.95)表明，在单个标量损伤变量的各向同性弹性损伤理论中，在材料发生损伤后，泊松比 $\hat{\upsilon}$ 始终保持不变，且与初始无损状态相同；而弹性模量 $\hat{E}$ 和剪切模量 $\hat{G}$ 是按相同规律演化的。传统各向同性弹性损伤理论受到上述假设的限制，因此所能描述的只是各向同性弹性损伤的一种简化特例。损伤演化过程中泊松比发生变化的材料，以及弹性模量和剪切模量演化规律不相同的材料，均不能包容在以应变等效假设、应力等效假设和余能等效假设为基础的损伤模型中。同时，许多细观损伤力学的结果也与式(2.5.95)不符。

2. 各向同性弹性损伤的双标量损伤模型

在讨论各向同性弹性损伤时，材料在任一损伤状态下均是各向同性的。材料性能需要两个独立的材料参量来描述，不妨取为损伤状态的弹性模量 $\hat{E}$ 和剪切模量 $\hat{G}$。从唯象的观点来看，材料内部损伤对宏观力学性能的影响已完全由宏观参量 $\hat{E}$ 和 $\hat{G}$ 所描述，因此定义损伤变量为

$$D_{\mathrm{E}}=\frac{E}{\hat{E}}-1, \quad D_{\mathrm{G}}=\frac{G}{\hat{G}}-1 \tag{2.5.96}$$

式(2.5.96)所定义的损伤变量具有明确的物理意义，表征了损伤造成的材料柔度的增加，其损伤演化方程的试验确定也是可行的，且能完全描述各向同性损伤。虽然 D_{E} 和 D_{G} 是由两个独立的变量定义的，但变量本身是否独立，还依赖于损伤演化的本质，即其细观演化特征。

各向同性弹性损伤材料的本构方程可以表示为式(2.5.93)的形式，其中损伤后的泊松比为

$$\hat{\upsilon}=\frac{\hat{E}}{2\hat{G}}-1=\frac{1+D_{\mathrm{E}}}{1+D_{\mathrm{G}}}(1+\upsilon)-1 \tag{2.5.97}$$

将式(2.5.96)和式(2.5.97)代入式(2.5.94)，无须任何等效性假设，即可得到损伤材料的本构关系为

$$\boldsymbol{\varepsilon}=\frac{1+D_{\mathrm{G}}}{2G}\boldsymbol{\sigma}-\left(\frac{1+D_{\mathrm{G}}}{2G}-\frac{1+D_{\mathrm{E}}}{E}\right)\mathrm{Tr}(\boldsymbol{\sigma})\boldsymbol{I} \tag{2.5.98}$$

式中，损伤变量 D_{E} 和 D_{G} 均随着损伤的发展而演化，在不同的损伤状态下取不同的值。一般需要引入两个损伤演化方程才能保证定解问题的封闭性。可见，单标量损伤模型只是双标量损伤模型的一个特例。

在连续损伤理论中，经常用柔度张量的改变来描述损伤。初始无损各向同性弹性柔度张量可表示为

$$\boldsymbol{C}=\frac{1}{2G}\tilde{\boldsymbol{I}}-\frac{\upsilon}{E}\boldsymbol{I}\otimes\boldsymbol{I}=\frac{1}{2G}\tilde{\boldsymbol{I}}-\left(\frac{1}{2G}-\frac{1}{E}\right)\boldsymbol{I}\otimes\boldsymbol{I} \tag{2.5.99}$$

式中，$\tilde{\boldsymbol{I}}$ 为四阶单位张量，其分量为 $\tilde{I}_{ijkl}=(\delta_{ik}\delta_{jl}+\delta_{il}\delta_{jk})/2$。材料在任一损伤状态下的柔度张量称为损伤柔度张量，用 $\hat{\boldsymbol{C}}$ 表示。各向同性弹性损伤柔度张量为

$$\hat{\boldsymbol{C}}=\frac{1}{2G}\tilde{\boldsymbol{I}}-\frac{\hat{\upsilon}}{\hat{\boldsymbol{E}}}\boldsymbol{I}\otimes\boldsymbol{I}=\frac{1+D_{\mathrm{G}}}{2G}\tilde{\boldsymbol{I}}-\left(\frac{1+D_{\mathrm{G}}}{2G}-\frac{1+D_{\mathrm{E}}}{E}\right)\boldsymbol{I}\otimes\boldsymbol{I} \tag{2.5.100}$$

材料各向同性损伤的这种描述方法，既适用于三维问题，又适用于二维问题。对于二维平面应力问题，E、G 和 υ 与三维材料的弹性常数相同。对于二维平面应变问题，若三维弹性常数为 E_0、G_0 和 υ_0，则平面应变的弹性常数 E、G 和 υ 为

$$E=\frac{E_0}{1-\upsilon_0^2},\quad G=G_0,\quad \upsilon=\frac{\upsilon_0}{1-\upsilon_0} \tag{2.5.101}$$

3. 宏观和细观损伤模型的连接

宏观损伤状态及其演化由材料的细观结构、缺陷分布和取向等特征确定。利用现有的细观损伤力学结果，可以建立宏观损伤变量和细观损伤变量之间的关系。对于二维随机分布微圆孔洞损伤，在非相互作用分析的基础上，由 Mori-Tanaka 方法得到的考虑微孔洞相互作用的细观力学结果，可得到宏观损伤变量 D_{E} 和 D_{G} 与描述细观损伤状态的孔隙率 ρ 的关系为

$$D_{\mathrm{E}}=\frac{3\rho}{1-\rho},\quad D_{\mathrm{G}}=\frac{4\rho}{(1+\upsilon)(1-\rho)} \tag{2.5.102}$$

对于二维随机分布的微裂纹损伤，不考虑微裂纹之间的相互作用，有

$$D_{\mathrm{E}}=\rho\,,\quad D_{\mathrm{G}}=\frac{1}{1+\rho}\rho \tag{2.5.103}$$

对于二维微孔洞损伤和二维微裂纹损伤，由式(2.5.102)和式(2.5.103)可以导出：

$$\frac{D_{\mathrm{E}}}{D_{\mathrm{G}}}=\begin{cases}3(1+\upsilon)/4, & \text{二维微孔洞损伤}\\ 1+\upsilon, & \text{二维微裂纹损伤}\end{cases} \tag{2.5.104}$$

式(2.5.104)给出了在二维微孔洞损伤和二维微裂纹损伤有确定细观结构的特殊情况下 D_{E} 和 D_{G} 的关系式。该关系式在损伤演化过程中始终保持不变，即 D_{E} 和 D_{G} 不是独立演化的。然而，D_{E} 和 D_{G} 的不独立是有条件的，即只有当材料细观缺陷的损伤特征不变化(如微裂纹仍演化为微裂纹、微孔洞仍演化为微孔洞)，损伤演化只是孔隙率或微裂纹密度发生变化，细观损伤只由一个变量描述时，D_{E} 和 D_{G} 才是不独立的。若细观损伤参数是两个(或多个)独立变量，则得不到 D_{E} 和 D_{G} 的关系式。因此，D_{E} 和 D_{G} 的独立性是由细观损伤演化的本质所确定的。对于 D_{E} 和 D_{G} 不独立的情况，可引进函数

$$\alpha=\frac{D_{\mathrm{E}}}{(1+\upsilon)D_{\mathrm{G}}}=\alpha(\rho) \tag{2.5.105}$$

引进无量纲损伤参数 $\alpha(\rho)$ 的原因为：①对于二维问题，$\alpha(\rho)$ 是与初始弹性模量 E 和泊松比 υ 无关的函数，表征了材料细观缺陷的几何特征；②对于三维问题，α 仅独立于 E，而与 υ 相关。因此，对于二维问题，将双损伤变量模型简化为单变量的形式，本构方程(2.5.98)简化为

$$\boldsymbol{\varepsilon}=\frac{1+D_{\mathrm{G}}}{2G}\boldsymbol{\sigma}-\left[\frac{1+D_{\mathrm{G}}}{2G}-\frac{1+\alpha(1+\upsilon)D_{\mathrm{G}}}{E}\right]\mathrm{Tr}(\boldsymbol{\sigma})\boldsymbol{I} \tag{2.5.106}$$

由式(2.5.106)可以看出，即使只由一个损伤变量 D_{G} (或 D_{E})描述损伤状态，本构方程也不是由等效应变假设导出的形式(2.5.93)。模型(2.5.106)将表征细观损伤几何特征的量引入宏观损伤本构方程中，形成一个宏细观相结合的损伤本构模型。

对式(2.5.105)中的 $\alpha(\rho)$ 关于 ρ 进行 Taylor 级数展开，得到

$$\frac{D_{\mathrm{E}}}{(1+\upsilon)D_{\mathrm{G}}}=\alpha(\rho)=\alpha_0+\alpha_1\rho+\alpha_2\rho^2+\cdots \tag{2.5.107}$$

式(2.5.107)引进了细观损伤材料常数 $\alpha_0,\alpha_1,\alpha_2,\cdots$，这些参数描述了材料缺陷的细观特征。对于二维随机分布的微裂纹型损伤，$\alpha_0=1$，$\alpha_1\approx 0.013$，这里 $\alpha_0=1$ 与式(2.5.105)一致。对于二维微圆孔洞损伤，由式(2.5.104)可知，$\alpha_0=3/4$。

对于二维随机分布的各种正 n 边形的孔，细观损伤材料常数为

$$\alpha_0=\begin{cases}\dfrac{h_1}{h_1+h_2}, & n=3\text{或}n\geqslant 5\\ \dfrac{3h_1-h_2+h_3}{2(h_1+h_2+h_3)}, & n=4\end{cases} \tag{2.5.108}$$

式中，h_1、h_2和h_3为孔的形状因子，对应不同形状的孔，取值不同。

这里介绍的各向同性弹性的双标量损伤理论，提供了一种将细观损伤力学和连续损伤模型相结合的途径。但上述分析只是针对理想化的各向同性损伤情况，对于比较复杂的材料细观损伤，究竟应由几个独立变量描述以及如何描述，还需要深入研究。

2.5.5 含损伤弹性介质的随机场理论

随机夹杂场理论是在非局部弹性理论基础上发展起来的损伤理论。这种理论数学表示严密，适用范围广泛，适用于任何含有细观结构的点缺陷、线缺陷(如位错)、体缺陷(如相变粒子、微裂纹、微孔洞、纤维)等弹性介质。对于一般的三维细观结构，随机夹杂场提供的方法很复杂。随机夹杂场理论的基本思想是利用随机点场的概念，将各种细观夹杂的形状、尺寸、方位等作为随机变量，通过体积平均化的方法得到材料的总体有效性质。

1. 问题的描述

假设在无穷大的弹性介质中包含随机分布的夹杂，在用细观力学方法计算材料的有效模量时，往往选取典型的细观结构作为代表性体元进行分析，而且要考虑微结构之间相互作用的影响程度。若夹杂的分布稀疏，则可以忽略它们之间的相互作用；若夹杂的分布不够稀疏，则应引入相互作用的影响。解决夹杂相互作用最常用的方法是等效介质方法，即把每个夹杂看成处于等效均匀的弹性基体中，如自洽方法、微分方法等。将每个夹杂看成均匀基质中的孤立粒子，周围粒子的存在通过作用在每个粒子上的有效场来体现，这种方法称为有效场方法。作为一种近似，可以假设有效场对于所有粒子都是相同的和均匀的，此时，有效场方法与自洽方法的修正形式一致。

考虑一个无穷大的弹性介质，其弹性模量张量表示为

$$\boldsymbol{E}(\boldsymbol{x})=\boldsymbol{E}_0+\boldsymbol{E}_1(\boldsymbol{x})=\boldsymbol{E}_0+\sum_i \boldsymbol{E}_{1i}V_i(\boldsymbol{x}) \tag{2.5.109}$$

式中，$\boldsymbol{E}_0$为均匀基体的弹性模量；$\boldsymbol{E}_1(\boldsymbol{x})$为由材料不均匀引起的模量变化；$V_i(\boldsymbol{x})$为第$i$个夹杂所占区域的特征函数；$\boldsymbol{E}_{1i}$在第$i$个夹杂内部是常数，但是对于不同夹杂是不同的。非均匀介质的柔度张量表示为

$$\boldsymbol{B}(\boldsymbol{x})=\boldsymbol{B}_0+\boldsymbol{B}_1(\boldsymbol{x})=\boldsymbol{B}_0+\sum_i \boldsymbol{B}_{1i}V_i(\boldsymbol{x}) \tag{2.5.110}$$

若第 i 个夹杂内部的应力 $\boldsymbol{\sigma}_i(\boldsymbol{x})$ 和应变 $\boldsymbol{\varepsilon}_i(\boldsymbol{x})$ 均已知，则介质中每一点的应力和应变可表示为

$$\begin{aligned}\boldsymbol{\sigma}_i(\boldsymbol{x})&=\boldsymbol{\sigma}_0-\int \boldsymbol{S}_0(\boldsymbol{x}-\boldsymbol{x}')\boldsymbol{B}_1\boldsymbol{\sigma}^+(\boldsymbol{x}')\mathrm{d}\boldsymbol{x}'\\ \varepsilon_i(\boldsymbol{x})&=\varepsilon_0-\int \boldsymbol{K}_0(\boldsymbol{x}-\boldsymbol{x}')\boldsymbol{E}_1\varepsilon^+(\boldsymbol{x}')\mathrm{d}\boldsymbol{x}'\end{aligned} \tag{2.5.111}$$

式中，$\boldsymbol{\sigma}_0$ 和 $\boldsymbol{\varepsilon}_0$ 为外加应力张量和应变张量；$\boldsymbol{K}_0$ 和 $\boldsymbol{S}_0$ 为四阶的积分算子核张量函数；$\boldsymbol{B}_1\boldsymbol{\sigma}^+(\boldsymbol{x})$ 和 $\boldsymbol{E}_1\boldsymbol{\varepsilon}^+(\boldsymbol{x})$ 可表示为

$$\boldsymbol{B}_1\boldsymbol{\sigma}^+(\boldsymbol{x})=\sum_i \boldsymbol{B}_{1i}\boldsymbol{\sigma}^+(\boldsymbol{x})V_i(\boldsymbol{x}),\quad \boldsymbol{E}_1\varepsilon^+(\boldsymbol{x})=\sum_i \boldsymbol{E}_{1i}\varepsilon^+(\boldsymbol{x})V_i(\boldsymbol{x}) \tag{2.5.112}$$

假设由夹杂占据的区域 V_i 构成了一个均匀的随机场，则所有的张量 $\boldsymbol{E}_{1i}$ 均是独立的随机变量，但有相同的密度函数。对于均匀介质中含有孔洞的情况，$\boldsymbol{E}_{1i}=-\boldsymbol{E}_0$，$\boldsymbol{B}_{1i}\boldsymbol{\sigma}^+(\boldsymbol{x})=\boldsymbol{\varepsilon}^+$，式(2.5.111)变为

$$\begin{aligned}\sigma(\boldsymbol{x})&=\boldsymbol{\sigma}_0-\int \boldsymbol{S}_0(\boldsymbol{x}-\boldsymbol{x}')\varepsilon^+(\boldsymbol{x}')\mathrm{d}\boldsymbol{x}'\\ \varepsilon(\boldsymbol{x})&=\varepsilon_0-\int \boldsymbol{K}_0(\boldsymbol{x}-\boldsymbol{x}')\boldsymbol{E}_0\varepsilon^+(\boldsymbol{x}')\mathrm{d}\boldsymbol{x}'\end{aligned} \tag{2.5.113}$$

式(2.5.111)和式(2.5.113)可以解释为均匀介质中包含密度为 $\boldsymbol{m}_k(\boldsymbol{x})$ 的位错时的应力场和应变场，在夹杂情况和孔洞情况下，有

$$\boldsymbol{m}_k(\boldsymbol{x})=\begin{cases}-\boldsymbol{B}_{1k}\boldsymbol{\sigma}_k(\boldsymbol{x}), & \text{夹杂情况}\\ -\varepsilon_k(\boldsymbol{x}), & \text{孔洞情况}\end{cases} \tag{2.5.114}$$

对于微裂纹的情况，设裂纹面为 Ω_k，式(2.5.113)变为

$$\begin{aligned}\sigma(\boldsymbol{x})&=\boldsymbol{\sigma}_0-\int \boldsymbol{S}_0(\boldsymbol{x}-\boldsymbol{x}')\boldsymbol{M}(\boldsymbol{x}')\delta(\Omega)\mathrm{d}\boldsymbol{x}'\\ \varepsilon(\boldsymbol{x})&=\varepsilon_0-\int \boldsymbol{K}_0(\boldsymbol{x}-\boldsymbol{x}')\boldsymbol{E}_0\boldsymbol{M}(\boldsymbol{x}')\delta(\Omega)\mathrm{d}\boldsymbol{x}'\end{aligned} \tag{2.5.115}$$

其中，

$$\begin{aligned}\boldsymbol{M}(\boldsymbol{x}')\delta(\Omega)&=\sum_k \boldsymbol{n}_k(\boldsymbol{x})\boldsymbol{b}_k(\boldsymbol{x})\delta(\Omega_k)\\ \boldsymbol{M}(\boldsymbol{x}')&=\frac{1}{2}\left[\boldsymbol{n}_k(\boldsymbol{x}')\boldsymbol{b}_k(\boldsymbol{x}')+\boldsymbol{b}_k(\boldsymbol{x}')\boldsymbol{n}_k(\boldsymbol{x}')\right]\end{aligned} \tag{2.5.116}$$

式中，$\boldsymbol{n}_k(\boldsymbol{x})$ 为裂纹面 Ω_k 的法向单位矢量；$\boldsymbol{b}_k(\boldsymbol{x})$ 为位移不连续矢量。

2. 有效场

弹性基体中的孤立缺陷构成了空间均匀的随机场，对于第 i 个缺陷，受到的外场 $\bar{\boldsymbol{\sigma}}_i(\boldsymbol{x})$ 表示为

$$\bar{\boldsymbol{\sigma}}_i(\boldsymbol{x})=\boldsymbol{\sigma}_0-\int \boldsymbol{S}_0(\boldsymbol{x}-\boldsymbol{x}')\boldsymbol{m}_k(\boldsymbol{x}')\mathrm{d}\boldsymbol{x}',\quad \boldsymbol{x}\in V_i \tag{2.5.117}$$

在应力 $\bar{\boldsymbol{\sigma}}_i(\boldsymbol{x})$ 的作用下，第 i 个缺陷可以看成孤立的。若已经得到上述问题的解，则非均匀介质中的应力和应变可表示为

$$\begin{aligned}\boldsymbol{\sigma}(\boldsymbol{x})&=\boldsymbol{\sigma}_0+\sum_k\int \boldsymbol{S}_0(\boldsymbol{x}-\boldsymbol{x}')\boldsymbol{m}_k(\boldsymbol{x}',\bar{\boldsymbol{\sigma}}_k)\mathrm{d}\boldsymbol{x}'\\ \boldsymbol{\varepsilon}(\boldsymbol{x})&=\boldsymbol{\varepsilon}_0+\sum_k\int \boldsymbol{K}_0(\boldsymbol{x}-\boldsymbol{x}')\boldsymbol{E}_0\boldsymbol{m}_k(\boldsymbol{x}',\bar{\boldsymbol{\sigma}}_k)\mathrm{d}\boldsymbol{x}'\end{aligned} \tag{2.5.118}$$

式中，$\boldsymbol{m}_k(\boldsymbol{x}',\bar{\boldsymbol{\sigma}}_k)$ 是已知的。若材料中的缺陷构成了随机场，则 $\bar{\boldsymbol{\sigma}}_k(\boldsymbol{x})$ 是随机函数。

关于 $\bar{\boldsymbol{\sigma}}_k(\boldsymbol{x})$ 的结构，引入以下两个简化假设：①在每个夹杂内部 $\bar{\boldsymbol{\sigma}}_k(\boldsymbol{x})$ 是相同的，在不同的夹杂中 $\bar{\boldsymbol{\sigma}}_k(\boldsymbol{x})$ 不相同；② $\bar{\boldsymbol{\sigma}}_k(\boldsymbol{x})$ 不依赖于缺陷 V_k 几何特征和弹性常数。这样的 $\bar{\boldsymbol{\sigma}}_k(\boldsymbol{x})$ 场称为有效场。在经典的自洽方法中，$\bar{\boldsymbol{\sigma}}_k(\boldsymbol{x})$ 对于所有夹杂都是相同的，而在随机场夹杂理论中，$\bar{\boldsymbol{\sigma}}_k(\boldsymbol{x})$ 是随机场，能够更准确地描述缺陷之间的相互作用。

若所有缺陷都是椭圆状裂纹，则式(2.5.118)中的密度 $\boldsymbol{m}_k(\boldsymbol{x}',\bar{\boldsymbol{\sigma}}_k)$ 为

$$\boldsymbol{m}_k(\boldsymbol{x}',\bar{\boldsymbol{\sigma}}_k)=\boldsymbol{P}_k(\boldsymbol{x})\bar{\boldsymbol{\sigma}}_k\delta(\Omega_k) \tag{2.5.119}$$

其中，

$$\begin{aligned}&\boldsymbol{P}_k(\boldsymbol{x})=\boldsymbol{P}_k^1 h_k(\boldsymbol{x}),\quad \boldsymbol{P}_k^1=-\boldsymbol{n}_k\boldsymbol{T}_0^{-1}\boldsymbol{n}_k\\ &h_k(x^1,x^2)=\frac{a_k^2}{b_k}\sqrt{1-\left(\frac{x^1}{a_k}\right)^2-\left(\frac{x^2}{b_k}\right)^2}\end{aligned} \tag{2.5.120}$$

式中，a_k 和 b_k 分别为椭圆 Ω_k 的长半轴和短半轴。对于各向同性的介质，$\boldsymbol{T}_0^{-1}$ 的元素为

$$T_{0\alpha\beta}^{-1}=\frac{2a_k^2(1-\upsilon_0)}{b_k\upsilon_0}d_\alpha\delta_{\alpha\beta} \tag{2.5.121}$$

式中，υ_0 为基体材料的泊松比；d_α 为标量系数。

对于裂纹，式(2.5.115)重新写为

$$\begin{aligned}\boldsymbol{\sigma}(\boldsymbol{x})&=\boldsymbol{\sigma}_0+\sum_k\int \boldsymbol{S}_0(\boldsymbol{x}-\boldsymbol{x}')\boldsymbol{P}_k(\boldsymbol{x}')\bar{\boldsymbol{\sigma}}_k\delta(\Omega_k)\mathrm{d}\boldsymbol{x}'\\ \boldsymbol{\varepsilon}(\boldsymbol{x})&=\boldsymbol{\varepsilon}_0-\sum_k\int \boldsymbol{K}_0(\boldsymbol{x}-\boldsymbol{x}')\boldsymbol{E}_0\boldsymbol{P}_k(\boldsymbol{x}')\bar{\boldsymbol{\sigma}}_k\delta(\Omega_k)\mathrm{d}\boldsymbol{x}'\end{aligned} \tag{2.5.122}$$

设 $\boldsymbol{P}(\boldsymbol{x})$ 是任意一个连续的张量场，在区域 V_k 内与 $\boldsymbol{P}_k$ 相等，此时在非均匀介质 V 内的场 $\bar{\boldsymbol{\sigma}}(x)$ 定义为

$$\bar{\boldsymbol{\sigma}}(\boldsymbol{x})=\boldsymbol{\sigma}_0+\int \boldsymbol{S}_0(\boldsymbol{x}-\boldsymbol{x}')\boldsymbol{P}(\boldsymbol{x}')\bar{\boldsymbol{\sigma}}(\boldsymbol{x}')V(\boldsymbol{x};\boldsymbol{x}')\mathrm{d}\boldsymbol{x}', \quad \boldsymbol{x}\in V \tag{2.5.123}$$

$\bar{\boldsymbol{\sigma}}(\boldsymbol{x})$ 在所有区域 V 内都与 $\bar{\boldsymbol{\sigma}}_i$ 相同，因此也与区域 V 内的有效场相同。具体到裂纹情况，式(2.5.123)又可以表示为

$$\bar{\boldsymbol{\sigma}}(\boldsymbol{x})=\boldsymbol{\sigma}_0+\int \boldsymbol{S}_0(\boldsymbol{x}-\boldsymbol{x}')\boldsymbol{P}(\boldsymbol{x}')\bar{\boldsymbol{\sigma}}(\boldsymbol{x}')\delta(\Omega_k)\mathrm{d}\boldsymbol{x}', \quad \boldsymbol{x}\in \Omega \tag{2.5.124}$$

3. 有效场统计矩的构造方法

在构造有效场之前，首先引入随机场的几种平均化方法。假设三维空间中随机均匀分布着很多椭球状区域，其特征函数是 $V(\boldsymbol{x})$，应力场 $\boldsymbol{\sigma}(\boldsymbol{x})$、应变场 $\boldsymbol{\varepsilon}(\boldsymbol{x})$ 以及有效场 $\bar{\boldsymbol{\sigma}}(\boldsymbol{x})$ 都是随机函数 $V(\boldsymbol{x})$ 的泛函。设 $f(\boldsymbol{x},V)$ 是所考虑的函数，它的平均值表示为

$$\langle f(\boldsymbol{x},V)\rangle=\int f(\boldsymbol{x},V)\mathrm{d}\mu(V) \tag{2.5.125}$$

式中，$\mu(V)$ 是泛函空间中的一种度量。在 $V(\boldsymbol{x})$ 包含固定点 $\boldsymbol{x}_1$ 的条件下，$f(\boldsymbol{x},V)$ 的条件平均记作 $f(\boldsymbol{x}|\boldsymbol{x}_1)$，定义为

$$f(\boldsymbol{x}|\boldsymbol{x}_1)=\langle V(\boldsymbol{x})\rangle^{-1}\int f(\boldsymbol{x})V(\boldsymbol{x}_1)\mathrm{d}\mu(V) \tag{2.5.126}$$

对于某一固定点 $\boldsymbol{x}_0$，引入区域 V_{x_0}，其表达式为

$$V_{x_0}=\begin{cases} V=U\big|_i V_i, & x_0\notin V \\ U\big|_{i\neq j} V_i, & x_0\in V \end{cases} \tag{2.5.127}$$

设 $\boldsymbol{x}\in V$，$\boldsymbol{x}_1\in V_x$，则 $f(\boldsymbol{x})$ 在此条件下的平均值记作 $\langle f(\boldsymbol{x})|\boldsymbol{x};\boldsymbol{x}_1\rangle$，表示为

$$\langle f(\boldsymbol{x})|\boldsymbol{x};\boldsymbol{x}_1\rangle=\langle V(\boldsymbol{x})V(\boldsymbol{x};\boldsymbol{x}_1)\rangle^{-1}\times\int f(\boldsymbol{x})V(\boldsymbol{x})V(\boldsymbol{x};\boldsymbol{x}_1)\mathrm{d}\mu(V) \tag{2.5.128}$$

下面考虑有效场 $\bar{\boldsymbol{\sigma}}(\boldsymbol{x})$ 的统计矩问题，将有效场 $\bar{\boldsymbol{\sigma}}(\boldsymbol{x})$ 的 n 阶矩记作 $\bar{\boldsymbol{\sigma}}(\boldsymbol{x}_1,\boldsymbol{x}_2,\cdots,\boldsymbol{x}_n)$，它是在 $\boldsymbol{x}_1,\boldsymbol{x}_2,\cdots,\boldsymbol{x}_n$ 属于 V (或 Ω)的条件下张量积 $\boldsymbol{\sigma}_1(\boldsymbol{x}_1)$, $\boldsymbol{\sigma}_2(\boldsymbol{x}_2),\cdots$, $\boldsymbol{\sigma}_n(\boldsymbol{x}_n)$ 的平均值。作为最简单的两种统计矩，有效场的期望值和二点矩分别为

$$\bar{\boldsymbol{\sigma}}^1=\langle\bar{\boldsymbol{\sigma}}(\boldsymbol{x})|\boldsymbol{x}\rangle, \quad \bar{\boldsymbol{\sigma}}^2=(\boldsymbol{x}_2-\boldsymbol{x}_1)=\langle\bar{\boldsymbol{\sigma}}(\boldsymbol{x}_1)\bar{\boldsymbol{\sigma}}(\boldsymbol{x}_2)|\boldsymbol{x}_1,\boldsymbol{x}_2\rangle \tag{2.5.129}$$

为了得到 $\bar{\boldsymbol{\sigma}}^1$ 的表达式，对式(2.5.123)等号两边取平均，并利用前述的第二个简化假设，得到

$$\langle\bar{\boldsymbol{\sigma}}(\boldsymbol{x})|\boldsymbol{x}\rangle=\boldsymbol{\sigma}_0+\int\boldsymbol{S}_0(\boldsymbol{x}-\boldsymbol{x}')\langle\boldsymbol{P}(\boldsymbol{x}')V(\boldsymbol{x};\boldsymbol{x}\bar{\boldsymbol{\sigma}}^1)|\boldsymbol{x}\rangle\langle\bar{\boldsymbol{\sigma}}(\boldsymbol{x}')|\boldsymbol{x}';\boldsymbol{x}\rangle\mathrm{d}\boldsymbol{x}' \tag{2.5.130}$$

式中，$\langle\bar{\boldsymbol{\sigma}}(\boldsymbol{x}')|\boldsymbol{x}';\boldsymbol{x}\rangle$ 是 $\boldsymbol{x}'\notin V$，$\boldsymbol{x}\notin V_{\boldsymbol{x}'}$ 下的条件平均，表示为

$$\langle\bar{\boldsymbol{\sigma}}(\boldsymbol{x}')|\boldsymbol{x}';\boldsymbol{x}\rangle=\boldsymbol{\sigma}_0+\int\boldsymbol{S}_0(\boldsymbol{x}-\boldsymbol{x}')\langle\boldsymbol{P}(\boldsymbol{x}')V(\boldsymbol{x};\boldsymbol{x}')|\boldsymbol{x};\boldsymbol{x}'\rangle\langle\bar{\boldsymbol{\sigma}}(\boldsymbol{x}')|\boldsymbol{x};\boldsymbol{x}_1,\boldsymbol{x}'\rangle\mathrm{d}\boldsymbol{x}' \tag{2.5.131}$$

为了求解式(2.5.130)和式(2.5.131)，还必须引入其他条件以使方程闭合。在自洽方法中，假设 $\bar{\boldsymbol{\sigma}}(\boldsymbol{x})$ 对于所有夹杂都相同，因此 $\langle\bar{\boldsymbol{\sigma}}(\boldsymbol{x}')|\boldsymbol{x}';\boldsymbol{x}\rangle$ 和 $\bar{\boldsymbol{\sigma}}(\boldsymbol{x})$ 都相等，并可由式(2.5.130)求出。在 Kunin 的随机夹杂场理论中，一种比较简单的近似是假设

$$\langle\bar{\boldsymbol{\sigma}}(\boldsymbol{x}')|\boldsymbol{x}';\boldsymbol{x}\rangle=\langle\bar{\boldsymbol{\sigma}}(\boldsymbol{x}')|\boldsymbol{x}'\rangle=\bar{\boldsymbol{\sigma}}^1 \tag{2.5.132}$$

将式(2.5.132)代入式(2.5.130)，得

$$\bar{\boldsymbol{\sigma}}^1=\boldsymbol{\sigma}_0+\int\boldsymbol{S}_0(\boldsymbol{x}-\boldsymbol{x}')\langle\boldsymbol{P}(\boldsymbol{x}')V(\boldsymbol{x};\boldsymbol{x}')|\boldsymbol{x}\rangle\mathrm{d}\boldsymbol{x}'\bar{\boldsymbol{\sigma}}^1 \tag{2.5.133}$$

有效场的二阶矩可以由如下方程得到

$$\begin{aligned}\bar{\boldsymbol{\sigma}}^2(\boldsymbol{x}_1-\boldsymbol{x}_2)=&\boldsymbol{\sigma}_0\langle\bar{\boldsymbol{\sigma}}(\boldsymbol{x}_2)|\boldsymbol{x}_1,\boldsymbol{x}_2\rangle\\&+\int\boldsymbol{S}_0(\boldsymbol{x}-\boldsymbol{x}')\langle\boldsymbol{P}(\boldsymbol{x}')V(\boldsymbol{x}_1;\boldsymbol{x}')\bar{\boldsymbol{\sigma}}(\boldsymbol{x}')\bar{\boldsymbol{\sigma}}(\boldsymbol{x}_2)|\boldsymbol{x}_1,\boldsymbol{x}_2\rangle\mathrm{d}\boldsymbol{x}'\end{aligned} \tag{2.5.134}$$

类似地，对于应力场 $\boldsymbol{\sigma}(\boldsymbol{x})$ 和应变场 $\boldsymbol{\varepsilon}(\boldsymbol{x})$，有

$$\begin{aligned}\langle\boldsymbol{\sigma}(\boldsymbol{x})\rangle&=\boldsymbol{\sigma}_0+\int\boldsymbol{S}_0(\boldsymbol{x}-\boldsymbol{x}')\langle\boldsymbol{P}(\boldsymbol{x}')V(\boldsymbol{x}')\rangle\langle\bar{\boldsymbol{\sigma}}(\boldsymbol{x}')|\boldsymbol{x}'\rangle\mathrm{d}\boldsymbol{x}'\\\langle\boldsymbol{\varepsilon}(\boldsymbol{x})\rangle&=\boldsymbol{\varepsilon}_0-\int\boldsymbol{K}_0(\boldsymbol{x}-\boldsymbol{x}')\boldsymbol{E}_0\langle\boldsymbol{P}(\boldsymbol{x}')V(\boldsymbol{x}')\rangle\langle\bar{\boldsymbol{\sigma}}(\boldsymbol{x}')|\boldsymbol{x}'\rangle\mathrm{d}\boldsymbol{x}'\end{aligned} \tag{2.5.135}$$

对于均匀的随机夹杂场，$\langle\boldsymbol{P}(\boldsymbol{x})V(\boldsymbol{x})\rangle$ 和 $\langle\bar{\boldsymbol{\sigma}}(\boldsymbol{x}')|\boldsymbol{x}'\rangle=\bar{\boldsymbol{\sigma}}^1$ 均为常数，因此式(2.5.135)变为

$$\langle\boldsymbol{\sigma}(\boldsymbol{x})\rangle=\boldsymbol{\sigma}_0,\quad\langle\boldsymbol{\varepsilon}(\boldsymbol{x})\rangle=\boldsymbol{\varepsilon}_0-\langle\boldsymbol{P}(\boldsymbol{x})V(\boldsymbol{x})\rangle\bar{\boldsymbol{\sigma}}^1 \tag{2.5.136}$$

因此在 $\langle\boldsymbol{\varepsilon}\rangle=\bar{\boldsymbol{B}}$ 定义下的有效弹性张量 $\bar{\boldsymbol{B}}$ 为

$$\bar{\boldsymbol{B}}=\boldsymbol{B}_0-\langle\boldsymbol{P}(\boldsymbol{x})V(\boldsymbol{x})\rangle\boldsymbol{\Lambda} \tag{2.5.137}$$

式中，四阶张量 $\boldsymbol{\Lambda}$ 是外加应力 $\boldsymbol{\sigma}_0$ 与有效场一阶矩 $\bar{\boldsymbol{\sigma}}^1$ 之间的转换张量，即 $\bar{\boldsymbol{\sigma}}^1=\boldsymbol{\Lambda}\boldsymbol{\sigma}_0$，且有

$$\boldsymbol{\Lambda}=\left[\boldsymbol{I}-\int\boldsymbol{S}_0(\boldsymbol{x}-\boldsymbol{x}')\langle\boldsymbol{P}(\boldsymbol{x}')V(\boldsymbol{x};\boldsymbol{x}')|\boldsymbol{x}\rangle\mathrm{d}\boldsymbol{x}'\right]^{-1} \tag{2.5.138}$$

4. 椭圆状裂纹的解

对于均匀弹性介质中椭圆状裂纹的随机场，设在外加应力 $\boldsymbol{\sigma}_0$ 的作用下所有裂

纹都是张开的，此时，式(2.5.136)中的$\bar{\boldsymbol{\sigma}}^1$和式(2.5.137)中的$\bar{\boldsymbol{B}}$可表示为

$$\bar{\boldsymbol{\sigma}}^1 = \boldsymbol{\Lambda}\boldsymbol{\sigma}_0, \quad \bar{\boldsymbol{B}} = \boldsymbol{B}_0 - \langle \boldsymbol{P}(\boldsymbol{x})\Omega(\boldsymbol{x})\rangle \boldsymbol{\Lambda} \tag{2.5.139}$$

其中，

$$\boldsymbol{\Lambda} = \left[\boldsymbol{I} - \int \boldsymbol{S}_0(\boldsymbol{x}-\boldsymbol{x}')\langle \boldsymbol{P}(\boldsymbol{x}')\Omega(\boldsymbol{x};\boldsymbol{x}') | \boldsymbol{x}\rangle \mathrm{d}\boldsymbol{x}'\right]^{-1} \tag{2.5.140}$$

对于椭圆状裂纹，有

$$\langle \boldsymbol{P}(\boldsymbol{x})\Omega(\boldsymbol{x};\boldsymbol{x})\rangle = \frac{2\pi}{3}\left\langle \frac{a^3}{V_0}\boldsymbol{P}(a,b)\right\rangle \tag{2.5.141}$$

式中，V_0为每个裂纹的平均体积，定义为$V_0 = \lim\limits_{V\to\infty} V/N$；$\boldsymbol{P}(a,b)$与式(2.5.120)中$\boldsymbol{P}_k$的形式相同，由裂纹的统计尺寸$a$和$b$以及取向决定。

下面考虑一种特例情况。设在体积V内含有N个裂纹，其尺寸和取向是随机分布变量，且分布函数已知，裂纹的位置完全均匀。当V和N都趋向于无穷大，且$(V/N)=V_0<\infty$时，可得到一个均匀的裂纹场，称为泊松场。在这种情况下，式(2.5.139)中的$\bar{\boldsymbol{B}}$变为

$$\bar{\boldsymbol{B}} = \boldsymbol{B}_0 - \frac{2\pi}{3}\left\langle \frac{a^3}{V_0}\boldsymbol{P}(a,b)\right\rangle \tag{2.5.142}$$

对于圆币状裂纹即$a=b$，进一步得到

$$\bar{\boldsymbol{B}} = \boldsymbol{B}_0 - \frac{8}{3}\frac{1-\upsilon_0}{\mu_0(2-\upsilon_0)}\frac{\langle a^3\rangle}{V_0}\langle 2\boldsymbol{E}^5(\boldsymbol{n}) - \upsilon_0\boldsymbol{E}^6(\boldsymbol{n})\rangle \tag{2.5.143}$$

其中，

$$E_{ijkl}^5 = \frac{1}{4}(n_i n_k \delta_{jl} + n_i n_l \delta_{jk} + n_j n_k \delta_{il} + n_j n_l \delta_{ik}), \quad E_{ijkl}^6 = n_i n_j n_k n_l \tag{2.5.144}$$

若裂纹的取向分布完全均匀，则

$$\bar{\boldsymbol{B}} = \boldsymbol{B}_0 - \frac{8}{45}\frac{1-\upsilon_0}{\mu_0(2-\upsilon_0)}\frac{\langle a^3\rangle}{V_0}\langle \upsilon_0\boldsymbol{E}^2 - 2(5-\upsilon_0)\boldsymbol{E}'\rangle \tag{2.5.145}$$

特别地，有效剪切模量$\bar{\mu}$和泊松比$\bar{\upsilon}$为

$$\begin{aligned}\bar{\mu} &= \bar{\mu}\left[1 + \frac{32}{45}\frac{\langle a^3\rangle}{V_0}\frac{(1-\upsilon_0)(5-\upsilon_0)}{2-\upsilon_0}\right]^{-1} \\ \bar{\upsilon} &= \frac{\upsilon_0}{1+\upsilon_0}\frac{\bar{\mu}}{\mu_0}\left[\frac{16}{45}\frac{\langle a^3\rangle}{V_0}\frac{1-\upsilon_0}{\mu_0(2-\upsilon_0)}\right](1+\bar{\upsilon})\end{aligned} \tag{2.5.146}$$

随机场理论提供了一种数学上比较严格和比较复杂的非均匀介质有效模量分析方法。作为计算非均匀介质宏观有效性质的一种工具，有效场方法可以计算各种细观结构的非均匀材料的有效参数，如弹性模量、电导率、介电常数、电磁性质等。利用这种有效场方法不能得到非均匀介质的弹性问题精确解，有效场的每一阶统计矩都要用更高阶矩来表示，要求解这种问题必须引入近似假设。

有效场理论适用的条件是非均匀弹性介质中的所有夹杂都是有限尺寸，且每个夹杂的状态均依赖于周围的局部外场。因此，这种方法只有当夹杂的分布比较稀疏时才是精确的。夹杂的分布越集中，近似假设偏差越大。但这两个假设对最重要的一阶矩和二阶矩的影响很小，在一般的实际材料中，由这种方法得到的结果足够精确，与试验结果相符。

2.6 各向异性损伤理论

2.6.1 各向异性损伤的力学分析

在物体变形过程中，材料的损伤因体内孔洞或裂纹的萌生成长呈明显的方向性，即损伤的各向异性。对于各向异性损伤，不能仅使用一个损伤标量 D 来模拟损伤状态，还需要采用能反映方向性的损伤张量，材料损伤的各向异性还反映在加载和卸载的不同变化上，因此损伤状态的正确力学描述就显得异常关键。

1. *虚拟无损构形*

图 2.6.1 是一个用于描述各向异性损伤的模型。其中，图 2.6.1(a)表示初始无损单元，它在三个垂直方向上的原面积向量为 $\boldsymbol{\Delta}_1^0$ 、$\boldsymbol{\Delta}_2^0$ 和 $\boldsymbol{\Delta}_3^0$ ，其向量表示为 $\boldsymbol{\Delta}_1^0=\Delta_1^0\boldsymbol{e}_1$、$\boldsymbol{\Delta}_2^0=\Delta_2^0\boldsymbol{e}_2$、$\boldsymbol{\Delta}_3^0=\Delta_3^0\boldsymbol{e}_3$，式中 $\boldsymbol{e}_i$ 为面积 Δ_i^0 的单位方位向量；图 2.6.1(b)是带损伤单元，其中 D_1、D_2、D_3 是损伤张量 $\boldsymbol{D}$ 在三个主方向上的分量。这里假设 $\boldsymbol{D}$ 的主方向与 $\boldsymbol{e}_i$ 一致，且在变形时 $\boldsymbol{e}_i$ 的方向不变，变形时面积由 $\boldsymbol{\Delta}_1^0$ 、$\boldsymbol{\Delta}_2^0$ 和 $\boldsymbol{\Delta}_3^0$ 变为 $\boldsymbol{\Delta}_1$ 、$\boldsymbol{\Delta}_2$ 和 $\boldsymbol{\Delta}_3$ ；图 2.6.1(c)是将损伤单元的面积通过损伤变量(张量) $\boldsymbol{D}$ 变换成缩减面积，即

$$\tilde{\boldsymbol{\Delta}}_i=(1-D_i)\Delta_i\boldsymbol{e}_i=(1-D_i)\boldsymbol{\Delta}_i\quad(i\text{不取和})\tag{2.6.1}$$

后取得的图形。$\tilde{\boldsymbol{\Delta}}_i$ 为净面积，即实际的承载面积。对于这样一个由净面积构成的单元，从形式上将看不到损伤，因此可称为虚拟无损构元或简称虚拟构元。若将式(2.6.1)看成一种变换，则通过损伤构形和虚拟构形的变换，可定义损伤张量 $\boldsymbol{D}$ 。

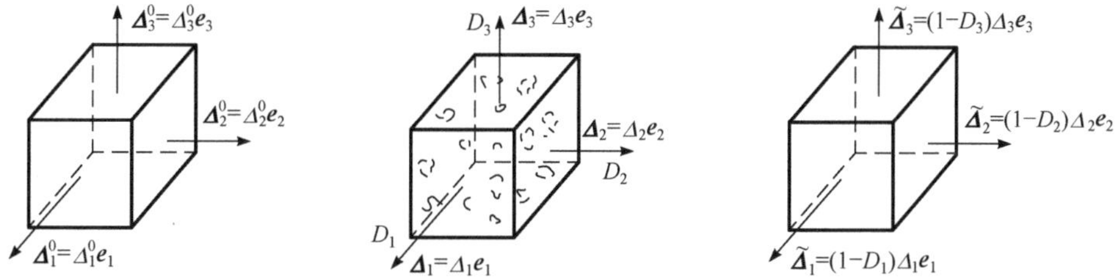

(a) 初始无损单元　(b) 带损伤单元　(c) 损伤单元的面积缩减

图 2.6.1　各向异性损伤的描述模型

2. 相对现时损伤构形的损伤状态表示

如图 2.6.2(a)所示，设从体积为 B_0 的体元内切取一截面，在三维空间中其方位以向量 $\boldsymbol{v}_0$ 表示，P_0 为取自面上的一个点，自 P_0 出发在截面上作线段 P_0Q_0、P_0R_0，并分别以向量 $\mathrm{d}\boldsymbol{x}_0$ 、$\mathrm{d}\boldsymbol{y}_0$ 表示其大小和方向。由 P_0、Q_0、R_0 构成的三角形面积可以用向量表示为 $\boldsymbol{v}_0\mathrm{d}A_0$ 。图 2.6.2 (b)表示加载状态，$\boldsymbol{F}$ 是由 B_0 到 B_t 状态的变形梯度张量。对于一个微小体元，可以假设在 B_t 内的应力、变形和损伤为均匀分布，变形后的△PQR 的面积用 $\boldsymbol{v}\mathrm{d}A$ 表示。

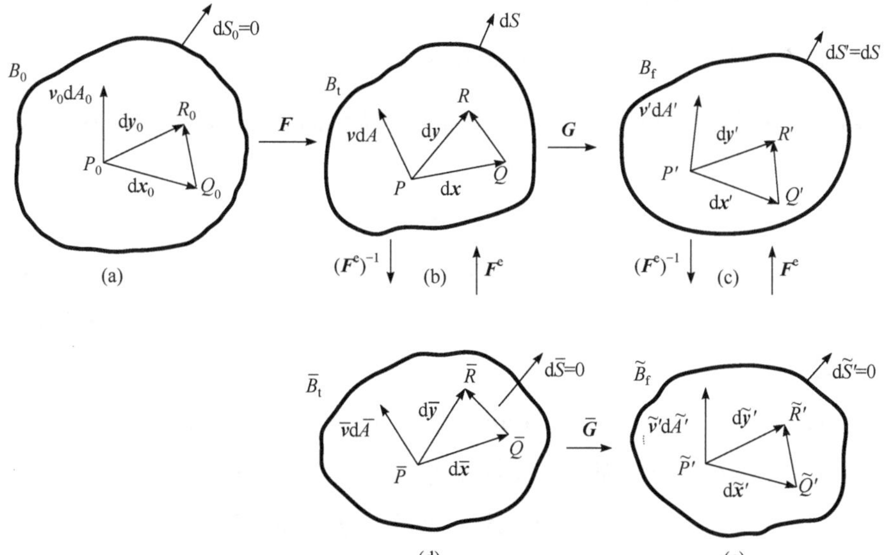

图 2.6.2　各向异性损伤模型的参量描述

由于存在损伤，△PQR 的净承载面积将缩减，采取前面的方法可以构造一虚拟无损构元 B_f，在此构形中，与 PQR 对应的净承载面积以 $P'Q'R'$ 表示。$P'Q'$ 、$P'R'$ 线段和 $P'Q'R'$ 面积在向量空间中可表示为 $\mathrm{d}\boldsymbol{x}'$ 、$\mathrm{d}\boldsymbol{y}'$ 和 $\mathrm{d}A'$ 。由损伤导致的变形不仅来自面上损伤，还与其他方位的损伤有关，因此在 B_t 和 B_f 两个构形中，向量 $\boldsymbol{v}\mathrm{d}A$ 和 $\boldsymbol{v}'\mathrm{d}A'$ 的方向一般并不一致。

如前所述，如果能以某种形式将 B_t 构形中的面积 $\boldsymbol{v}\mathrm{d}A$ 变换到 B_f 构形中的面积 $\boldsymbol{v}'\mathrm{d}A'$，就可以恰当地定义损伤变量 $\boldsymbol{D}$。为此，假设由 B_t 变到 B_f 的虚拟变形梯度为 $\boldsymbol{G}$，则有

$$\mathrm{d}\boldsymbol{x}' = \boldsymbol{G}\mathrm{d}\boldsymbol{x}, \quad \mathrm{d}\boldsymbol{y}' = \boldsymbol{G}\mathrm{d}\boldsymbol{y} \tag{2.6.2}$$

两个相邻变形构形间的面积向量关系为

$$\boldsymbol{v}'\mathrm{d}A' = \frac{1}{2}\mathrm{d}\boldsymbol{x}' \times \mathrm{d}\boldsymbol{y}' = \frac{1}{2}(\boldsymbol{G}\mathrm{d}\boldsymbol{x}) \times (\boldsymbol{G}\mathrm{d}\boldsymbol{y}) = J(\boldsymbol{G}^{-1})^{\mathrm{T}}(\boldsymbol{v}\mathrm{d}A), \quad J = \det \boldsymbol{G} \tag{2.6.3}$$

按照式(2.6.1)，引入张量 $\boldsymbol{I}-\boldsymbol{D}$，且使

$$\boldsymbol{I}-\boldsymbol{D} = J(\boldsymbol{G}^{-1})^{\mathrm{T}} \tag{2.6.4}$$

于是，式(2.6.3)变为

$$\boldsymbol{v}'\mathrm{d}A' = (\boldsymbol{I}-\boldsymbol{D})\cdot(\boldsymbol{v}\mathrm{d}A) \tag{2.6.5}$$

式中，$\boldsymbol{I}$ 为二阶单位张量，另一个二阶张量 $\boldsymbol{D}$ 是一个表示一般损伤状态(各向异性损伤)的内变量，称为关于现时构形 B_t 的损伤张量。

3. *相对弹性卸载构形的损伤状态表示*

由于损伤的不可逆性质，发生在物体内的损伤卸载后依然残存在体内。以 $\bar{B}_t$ 表示 B_t 的弹性卸载构形，$\boldsymbol{F}^{\mathrm{e}}$ 表示在损伤状态不变的情况下，由 $\bar{B}_t$ 构形变换到 B_t 构形的纯弹性变形梯度张量，根据图 2.6.2 有

$$\mathrm{d}\bar{\boldsymbol{x}} = (\boldsymbol{F}^{\mathrm{e}})^{-1}\mathrm{d}\boldsymbol{x}, \quad \mathrm{d}\bar{\boldsymbol{y}} = (\boldsymbol{F}^{\mathrm{e}})^{-1}\mathrm{d}\boldsymbol{y} \tag{2.6.6}$$

相应地，还可以构造与 $\bar{B}_t$ 相对应的虚拟无损弹性卸载构形 $\tilde{B}_f$，它与 $\bar{B}_t$ 之间的变形梯度为 $\bar{\boldsymbol{G}}$，即

$$\mathrm{d}\tilde{\boldsymbol{x}}' = \bar{\boldsymbol{G}}\mathrm{d}\boldsymbol{x}, \quad \mathrm{d}\tilde{\boldsymbol{y}}' = \bar{\boldsymbol{G}}\mathrm{d}\bar{\boldsymbol{y}}, \quad \tilde{\boldsymbol{v}}'\mathrm{d}\tilde{A}' = \bar{J}(\bar{\boldsymbol{G}}^{-1})^{\mathrm{T}}(\boldsymbol{v}\mathrm{d}\bar{A}), \quad \bar{J} = \det \bar{\boldsymbol{G}} \tag{2.6.7}$$

引入关于卸载构形的损伤张量 $\bar{\boldsymbol{D}}$，使

$$\bar{J}(\bar{\boldsymbol{G}}^{-1})^{\mathrm{T}} = \boldsymbol{I}-\bar{\boldsymbol{D}}, \quad \tilde{\boldsymbol{v}}'\mathrm{d}\tilde{A}' = (\boldsymbol{I}-\bar{\boldsymbol{D}})(\bar{\boldsymbol{v}}\mathrm{d}\bar{A}) \tag{2.6.8}$$

式中，$\bar{\boldsymbol{D}}$ 与 B_t 中的弹性变形无关。由 B_t 到 $\bar{B}_t$ 与 B_f 到 $\tilde{B}_f$ 的变形相同条件，得

$$\begin{aligned}\tilde{\boldsymbol{v}}'\mathrm{d}\tilde{A}' &= \bar{J}(\bar{\boldsymbol{G}}^{-1})^{\mathrm{T}}(\bar{\boldsymbol{v}}\mathrm{d}\bar{A}) = \bar{J}(\bar{\boldsymbol{G}}^{-1})^{\mathrm{T}}J_{\mathrm{e}}(\boldsymbol{F}^{\mathrm{e}})^{\mathrm{T}}(\boldsymbol{v}\mathrm{d}A)\\ &= J_{\mathrm{e}}(\boldsymbol{F}^{\mathrm{e}})^{\mathrm{T}}\boldsymbol{v}'\mathrm{d}A' = J_{\mathrm{e}}(\boldsymbol{F}^{\mathrm{e}})^{\mathrm{T}}J(\boldsymbol{G}^{-1})^{\mathrm{T}}(\boldsymbol{v}\mathrm{d}A)\end{aligned} \tag{2.6.9}$$

式中，$J_{\mathrm{e}} = \det \boldsymbol{F}^{\mathrm{e}}$，因为 $\boldsymbol{F}^{\mathrm{e}}(\boldsymbol{F}^{\mathrm{e}})^{-1} = 1$，根据式(2.6.9)，得

$$\bar{J}(\bar{\boldsymbol{G}}^{-1})^{\mathrm{T}}=(\boldsymbol{F}^{\mathrm{e}})^{\mathrm{T}}J(\boldsymbol{G}^{-1})^{\mathrm{T}}(\boldsymbol{F}^{\mathrm{e}})^{-\mathrm{T}} \tag{2.6.10}$$

将式(2.6.4)和式(2.6.7)代入式(2.6.10)，有

$$\boldsymbol{I}-\bar{\boldsymbol{D}}=(\boldsymbol{F}^{\mathrm{e}})^{\mathrm{T}}[\boldsymbol{I}-\boldsymbol{D}](\boldsymbol{F}^{\mathrm{e}})^{-\mathrm{T}}=(\boldsymbol{F}^{\mathrm{e}})^{\mathrm{T}}\boldsymbol{I}(\boldsymbol{F}^{\mathrm{e}})^{-\mathrm{T}}-(\boldsymbol{F}^{\mathrm{e}})^{\mathrm{T}}\boldsymbol{D}(\boldsymbol{F}^{\mathrm{e}})^{-\mathrm{T}} \tag{2.6.11}$$

由式(2.6.11)得

$$\bar{\boldsymbol{D}}=(\boldsymbol{F}^{\mathrm{e}})^{\mathrm{T}}\boldsymbol{D}(\boldsymbol{F}^{\mathrm{e}})^{-\mathrm{T}} \tag{2.6.12}$$

若以 $\bar{\boldsymbol{D}}_{\mathrm{I}}$、$\bar{\boldsymbol{v}}_{\mathrm{I}}$ 和 $\boldsymbol{D}_{\mathrm{I}}$、$\boldsymbol{v}_{\mathrm{I}}$ 表示 $\bar{\boldsymbol{D}}$ 和 $\boldsymbol{D}$ 的主值和主方向，可以建立特征方程为

$$(\bar{\boldsymbol{D}}-\bar{\boldsymbol{D}}_{\mathrm{I}}\boldsymbol{I})\bar{\boldsymbol{v}}_{\mathrm{I}}=0,\quad (\boldsymbol{D}-\boldsymbol{D}_{\mathrm{I}}\boldsymbol{I})\boldsymbol{v}_{\mathrm{I}}=0 \tag{2.6.13}$$

从而求出 $\bar{\boldsymbol{D}}$ 和 $\boldsymbol{D}$ 的两组主值，根据式(2.6.12)和式(2.6.13)，还可得出 $\bar{\boldsymbol{v}}$ 和 $\boldsymbol{v}$ 的关系式。

4. 对 $\boldsymbol{D}$ 的解释和限制

$\tilde{B}_{\mathrm{f}}$ 中的等效面积向量 $\tilde{\boldsymbol{v}}\mathrm{d}\tilde{A}$ 是由 $\bar{B}_{\mathrm{t}}$ 中的面积向量 $\bar{\boldsymbol{v}}\mathrm{d}\bar{A}$ 因孔洞等损伤分布引起的净面积减小通过变换得出的，因此 $\tilde{\boldsymbol{v}}'\mathrm{d}\tilde{A}'$ 和 $\bar{\boldsymbol{v}}\mathrm{d}\bar{A}$ 的点积应该为正值，即

$$(\tilde{\boldsymbol{v}}'\mathrm{d}\tilde{A}')\cdot(\bar{\boldsymbol{v}}\mathrm{d}\bar{A})>0,\quad \text{对任意的}(\bar{\boldsymbol{v}}\mathrm{d}\bar{A})\in E \tag{2.6.14}$$

将式(2.6.8)代入式(2.6.14)，得

$$[(\boldsymbol{I}-\bar{\boldsymbol{D}})(\bar{\boldsymbol{v}}\mathrm{d}\bar{A})]\cdot\bar{\boldsymbol{v}}\mathrm{d}\bar{A}>0,\quad \text{对任意的}(\bar{\boldsymbol{v}}\mathrm{d}\bar{A})\in E \tag{2.6.15}$$

式(2.6.15)表示 $\boldsymbol{I}-\bar{\boldsymbol{D}}$ 是一正张量。现进一步将 $\boldsymbol{I}-\bar{\boldsymbol{D}}$ 分解成对称和反对称两部分，即

$$\boldsymbol{I}-\bar{\boldsymbol{D}}=(\boldsymbol{I}-\bar{\boldsymbol{D}})^{\mathrm{S}}+(\boldsymbol{I}-\bar{\boldsymbol{D}})^{\mathrm{A}}$$

分析其反对称部分对式(2.6.8)的贡献，对于反对称张量 $(\boldsymbol{I}-\bar{\boldsymbol{D}})^{\mathrm{A}}$，有

$$(\tilde{\boldsymbol{v}}'\mathrm{d}\tilde{A}')\cdot(\bar{\boldsymbol{v}}\mathrm{d}\bar{A})=[(\boldsymbol{I}-\bar{\boldsymbol{D}})^{\mathrm{A}}(\bar{\boldsymbol{v}}\mathrm{d}\bar{A})]\cdot(\bar{\boldsymbol{v}}\mathrm{d}\bar{A})=0 \tag{2.6.16}$$

式(2.6.16)表示无论 $\bar{\boldsymbol{v}}\mathrm{d}\bar{A}$ 的方向如何，由 $(\boldsymbol{I}-\bar{\boldsymbol{D}})^{\mathrm{A}}$ 对其变换所得到的净面积向量 $(\tilde{\boldsymbol{v}}'\mathrm{d}\tilde{A}')^{\mathrm{A}}$ 总是与 $\bar{\boldsymbol{v}}\mathrm{d}\bar{A}$ 相垂直，即张量 $(\boldsymbol{I}-\bar{\boldsymbol{D}})^{\mathrm{A}}$ 与这种变换在物理上并不相干，因此在讨论损伤时可排除反对称部分，从而假设损伤张量 $\bar{\boldsymbol{D}}$ 是对称的。$\bar{\boldsymbol{D}}$ 必具有三个相互垂直的主方向 $\bar{\boldsymbol{n}}_i(i=1,2,3)$ 和相应的主值 $\bar{\boldsymbol{D}}$，并可表示为

$$\bar{\boldsymbol{D}}=\sum_{i=1}^{3}\bar{D}_i\bar{\boldsymbol{n}}_i\bar{\boldsymbol{n}}_i \tag{2.6.17}$$

将式(2.6.17)代入式(2.6.16)，可得

$$\tilde{\boldsymbol{v}}'\mathrm{d}\tilde{A}' = \sum_{i=1}^{3}(1-\bar{D}_i)\mathrm{d}\bar{A}_i\bar{\boldsymbol{n}}_i = \bar{\boldsymbol{n}}_i\mathrm{d}\bar{A}_i' \tag{2.6.18}$$

对 $\boldsymbol{D}$ 进行类似的讨论，即可得到与式(2.6.17)和式(2.6.18)相似的结果：

$$\boldsymbol{D} = \sum_{i=1}^{3}D_i\boldsymbol{n}_i\boldsymbol{n}_i, \quad \boldsymbol{v}'\mathrm{d}A' = \boldsymbol{n}_i\mathrm{d}A_i', \quad \mathrm{d}A_i' = (1-D_i)\mathrm{d}A_i \quad (i\text{不取和}) \tag{2.6.19}$$

5. 有效应力

有效应力有两种定义方法，即对现时损伤构形定义和对原无损构形定义。图 2.6.3 表示三种构形下的力学状态，根据有效应力的概念 $\tilde{\boldsymbol{\sigma}} = \boldsymbol{\sigma}(1-D)$，对于不同的参考构形有不同的表达形式。

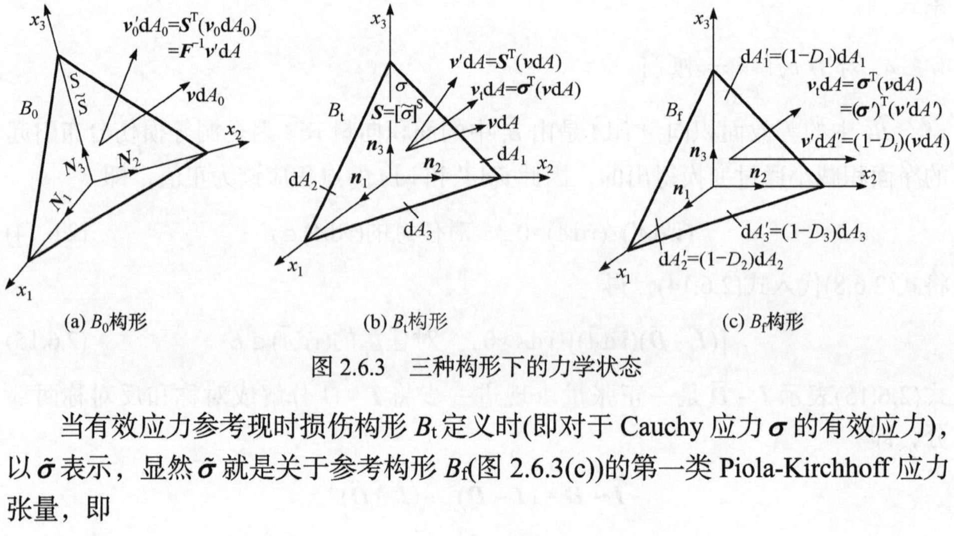

图 2.6.3　三种构形下的力学状态

当有效应力参考现时损伤构形 B_{t} 定义时(即对于 Cauchy 应力 $\boldsymbol{\sigma}$ 的有效应力)，以 $\tilde{\boldsymbol{\sigma}}$ 表示，显然 $\tilde{\boldsymbol{\sigma}}$ 就是关于参考构形 B_{f}(图 2.6.3(c))的第一类 Piola-Kirchhoff 应力张量，即

$$\tilde{\boldsymbol{\sigma}} = J^{-1}\boldsymbol{G}\cdot\boldsymbol{\sigma} \tag{2.6.20}$$

由式(2.6.4)及 $\boldsymbol{D}$ 的对称性，可将式(2.6.20)写为

$$\tilde{\boldsymbol{\sigma}} = J^{-1}J[(\boldsymbol{I}-\boldsymbol{D})^{-\mathrm{T}}]\cdot\boldsymbol{\sigma} = (\boldsymbol{I}-\boldsymbol{D})^{-1}\cdot\boldsymbol{\sigma} \tag{2.6.21}$$

一般情况下，由式(2.6.21)确定的有效应力是不对称的，不宜于表达损伤材料的本构关系和演变方程，目前有两种对称化处理的方法。以 $\tilde{\boldsymbol{s}}$ 表示 $\tilde{\boldsymbol{\sigma}}^i$，即 $\tilde{\boldsymbol{\sigma}}$ 的对称部分为

$$\tilde{\boldsymbol{s}} = \begin{cases} \dfrac{1}{2}[(\boldsymbol{I}-\boldsymbol{D})^{-1}\cdot\boldsymbol{\sigma} + \boldsymbol{\sigma}\cdot(\boldsymbol{I}-\boldsymbol{D})^{-1}], & \text{方法1} \\ (\boldsymbol{I}-\boldsymbol{D})^{-1/2}\cdot\boldsymbol{\sigma}\cdot(\boldsymbol{I}-\boldsymbol{D})^{-1/2}, & \text{方法2} \end{cases} \tag{2.6.22}$$

$\tilde{\boldsymbol{s}}$ 相当于由损伤引起的净面积减小而把 B_{t} 构形的 Cauchy 应力放大。当有效应力

参考原无损构形 B_0 定义时，类似于相对 B_0 的第二类 Piola-Kirchhoff 应力。Cauchy 应力与第二类 Piola-Kirchhoff 应力之间的关系为

$$\boldsymbol{S}=J\boldsymbol{F}^{-1}\boldsymbol{\sigma}(\boldsymbol{F}^{-1})^{\mathrm{T}},\quad J=\det\boldsymbol{F} \tag{2.6.23}$$

如式(2.6.22)所示，由损伤导致的净面积减小实际上使 $\boldsymbol{\sigma}$ 增大至 $\tilde{\boldsymbol{s}}$，因此采用 $\tilde{\boldsymbol{s}}$ 替代式(2.6.23)中的 $\boldsymbol{\sigma}$，即可得到相对于 B_0 的有效应力 $\tilde{\boldsymbol{S}}$ 为

$$\tilde{\boldsymbol{S}}=J\boldsymbol{F}^{-1}\tilde{\boldsymbol{s}}(\boldsymbol{F}^{-1})^{\mathrm{T}} \tag{2.6.24}$$

6. 各向异性损伤本构关系

本构关系的正确确定是进行力学分析的基础，下面为方便讨论，将式(2.6.21)写为

$$\tilde{\boldsymbol{\sigma}}=\boldsymbol{M}(\boldsymbol{D}):\boldsymbol{\sigma} \tag{2.6.25}$$

式中，$\boldsymbol{M}(\boldsymbol{D})=(\boldsymbol{I}-\boldsymbol{D})^{-1}$，在主轴方向有

$$\boldsymbol{M}(\boldsymbol{D})=\begin{bmatrix}(1-D_1)^{-1} & & 0\\ & (1-D_2)^{-1} & \\ 0 & & (1-D_3)^{-1}\end{bmatrix} \tag{2.6.26}$$

关于应力和应变的关系，无损时为 $\boldsymbol{\varepsilon}^{\mathrm{e}}=\boldsymbol{C}^{-1}:\boldsymbol{\sigma}$，受损伤后为 $\boldsymbol{\varepsilon}^{\mathrm{e}}=\tilde{\boldsymbol{C}}^{-1}:\boldsymbol{\sigma}$，这里 $\boldsymbol{C}$ 和 $\tilde{\boldsymbol{C}}$ 分别为无损和受损状态下的四阶弹性张量。根据应变等价性假设，有

$$\boldsymbol{\varepsilon}^{\mathrm{e}}=\boldsymbol{C}^{-1}:\tilde{\boldsymbol{\sigma}}=\boldsymbol{C}^{-1}:\boldsymbol{M}(\boldsymbol{D}):\boldsymbol{\sigma} \tag{2.6.27}$$

即将弹性模量的变化变换成有效应力的表达形式，从而有

$$\tilde{\boldsymbol{C}}^{-1}=\boldsymbol{C}^{-1}:\boldsymbol{M}(\boldsymbol{D}) \tag{2.6.28}$$

由于 $\tilde{\boldsymbol{C}}^{-1}$ 有对称性要求，这将限制对 $\boldsymbol{M}(\boldsymbol{D})$ 的选择。为了说明这一点，将式(2.6.27)展开，可得

$$\begin{Bmatrix}\varepsilon_1^{\mathrm{e}}\\ \varepsilon_2^{\mathrm{e}}\\ \varepsilon_3^{\mathrm{e}}\end{Bmatrix}=\frac{1}{E}\begin{bmatrix}(1-D_1)^{-1} & -\upsilon(1-D_2)^{-1} & -\upsilon(1-D_3)^{-1}\\ -\upsilon(1-D_1)^{-1} & (1-D_2)^{-1} & -\upsilon(1-D_3)^{-1}\\ -\upsilon(1-D_1)^{-1} & -\upsilon(1-D_2)^{-1} & (1-D_3)^{-1}\end{bmatrix}\begin{Bmatrix}\sigma_1\\ \sigma_2\\ \sigma_3\end{Bmatrix} \tag{2.6.29}$$

由式(2.6.29)可见，张量 $\tilde{\boldsymbol{C}}^{-1}$ 并不对称，除非 $D_1=D_2=D_3=D$，即损伤是各向同性的。因此，主方向间无耦合各向异性损伤和应变等价性假设是相矛盾的。为了解决这一问题，Sidoroff 提出了如下弹性能等值假设，即认为损伤材料的弹性能和弹性余能可计算如下：

$$\Pi(\boldsymbol{\varepsilon}^{\mathrm{e}},\boldsymbol{D})=\Pi(\tilde{\boldsymbol{\varepsilon}}^{\mathrm{e}},0)=\frac{1}{2}\tilde{\boldsymbol{\varepsilon}}^{\mathrm{e}}:\boldsymbol{C}:\tilde{\boldsymbol{\varepsilon}}^{\mathrm{e}}=\frac{1}{2}\boldsymbol{\varepsilon}^{\mathrm{e}}:\tilde{\boldsymbol{C}}:\boldsymbol{\varepsilon}^{\mathrm{e}} \tag{2.6.30}$$

$$\Pi_{\mathrm{e}}(\boldsymbol{\sigma},\boldsymbol{D})=\Pi(\tilde{\boldsymbol{\sigma}},0)=\frac{1}{2}\tilde{\boldsymbol{\sigma}}:\boldsymbol{C}^{-1}:\tilde{\boldsymbol{\sigma}}=\frac{1}{2}\boldsymbol{\sigma}:\tilde{\boldsymbol{C}}^{-1}:\boldsymbol{\sigma} \tag{2.6.31}$$

将式(2.6.27)代入式(2.6.31)，有

$$\tilde{\boldsymbol{C}}^{-1}(\boldsymbol{D})=\boldsymbol{M}^{\mathrm{T}}(\boldsymbol{D}):\boldsymbol{C}^{-1}:\boldsymbol{M}(\boldsymbol{D}) \tag{2.6.32}$$

这样导出的损伤弹性张量$\tilde{\boldsymbol{C}}^{-1}(\boldsymbol{D})$是一对称张量。在求得$\tilde{\boldsymbol{\Lambda}}^{-1}(\boldsymbol{D})$以后，就可以采用与前面相同的方法，建立各向同性材料在各向异性损伤时的基本方程及有限元公式。

2.6.2 Choboche 各向异性损伤理论

为了避免 Murakami-Ohno 损伤理论的缺点，Chaboche 提出了一种各向异性损伤理论，根据有效应力的概念和损伤材料的等效行为引入张量损伤变量，用弹性的改变来表达损伤状态，这是 Lemaitre-Chaboche 各向同性损伤理论在各向异性损伤情况下的推广。

1. 有效应力和损伤张量

设材料的弹性应力-应变关系为

$$\boldsymbol{\sigma}=\begin{cases}\boldsymbol{C}:\boldsymbol{\varepsilon}^{\mathrm{e}}, & \text{无损材料}\\ \tilde{\boldsymbol{C}}:\boldsymbol{\varepsilon}^{\mathrm{e}}, & \text{损伤材料}\end{cases} \tag{2.6.33}$$

式中，$\boldsymbol{C}$和$\tilde{\boldsymbol{C}}$分别为无损材料和损伤材料的四阶弹性张量。有效应力$\tilde{\boldsymbol{\sigma}}$定义为无损材料中发生与损伤材料相同的应变所需的应力，即

$$\tilde{\boldsymbol{\sigma}}=\boldsymbol{C}:\boldsymbol{\varepsilon}^{\mathrm{e}}=\boldsymbol{M}:\boldsymbol{\sigma} \tag{2.6.34}$$

式中，四阶张量$\boldsymbol{M}=\boldsymbol{C}:\tilde{\boldsymbol{C}}^{-1}$是 Kachanov 和 Rabotnov 经典损伤理论的推广，可以由无损材料和损伤材料的弹性张量得到。将式(2.6.34)改写为

$$\tilde{\boldsymbol{\sigma}}=(\boldsymbol{I}-\boldsymbol{D})^{-1}:\boldsymbol{\sigma} \tag{2.6.35}$$

式中，$\boldsymbol{I}$为四阶单位张量；$\boldsymbol{D}$为不对称的四阶损伤张量，表示为

$$\boldsymbol{D}=\boldsymbol{I}-\tilde{\boldsymbol{C}}:\tilde{\boldsymbol{C}}^{-1} \tag{2.6.36}$$

损伤张量$\boldsymbol{D}$可以描述损伤材料的弹性行为，有

$$\boldsymbol{\sigma}=\tilde{\boldsymbol{C}}:\boldsymbol{\varepsilon}^{\mathrm{e}}=(\boldsymbol{I}-\boldsymbol{D}):\boldsymbol{C}:\boldsymbol{\varepsilon}^{\mathrm{e}} \tag{2.6.37}$$

损伤张量$\boldsymbol{D}$也可以用均匀化的数学方法得到，至少对于椭球形孔洞或周期分布的

微裂纹损伤的材料体元如此。损伤材料的弹性刚度张量的分量可表示为

$$\tilde{C}_{ijkl} = \frac{1}{V}\left(\int_{V'} C_{ijkl}\mathrm{d}V - \int_{V'} C_{ijkl}b_{klrs}\mathrm{d}V\right) \tag{2.6.38}$$

式中，V 为材料单元的体积；V' 为基体的体积；b_{klrs} 为应力集中系数的四阶张量分量。设基体材料是均匀的，式(2.6.38)变为

$$\tilde{C}_{ijkl} = \left(\frac{V'}{V}\delta_{ir}\delta_{js} - \frac{1}{V}\int_{V'} b_{ijrs}\mathrm{d}V\right)C_{rskl} \tag{2.6.39}$$

式(2.6.39)还可写为

$$\tilde{C}_{ijkl} = \left[\delta_{ir}\delta_{js} - \left(1-\frac{V'}{V}\right)\delta_{ir}\delta_{js} - \frac{1}{V}\int_{V'} b_{ijrs}\mathrm{d}V\right]C_{rskl} \tag{2.6.40}$$

四阶损伤张量 $\boldsymbol{D}$ 的分量为

$$D_{ijkl} = \left(1-\frac{V'}{V}\right)\delta_{ik}\delta_{jl} + \frac{1}{V}\int_{V'} b_{ijkl}\mathrm{d}V \tag{2.6.41}$$

损伤张量 $\boldsymbol{D}$ 是不对称的，如 $D_{1122} \neq D_{2211}$，因此式(2.6.35)所定义的有效应力张量 $\tilde{\boldsymbol{\sigma}}$ 也不对称。为了建立 $\boldsymbol{D}$ 的演化方程，引入一个标量损伤因子 D。在比例加载情况下，认为损伤张量的主方向和应力张量的主方向相同，演化方程的简化形式为

$$\dot{\boldsymbol{D}} = \bar{\boldsymbol{Q}}\dot{D} \tag{2.6.42}$$

式中，$\bar{\boldsymbol{Q}}$ 为与材料相关的张量，也可与温度有关。式(2.6.42)中，材料损伤随载荷演化的非线性性质包含在 $\dot{D}$ 中，即由单位体积中缺陷的密度来体现，而在加载过程中损伤的方向性不改变，$\dot{D}$ 也与这种方向性无关。

在一般情况下，损伤的演化率与有效应力张量的主方向有关，表示为

$$\dot{\boldsymbol{D}} = \boldsymbol{Q}(\tilde{\boldsymbol{\sigma}})\dot{D} \tag{2.6.43}$$

式中，$\boldsymbol{Q}(\tilde{\boldsymbol{\sigma}})$ 由 $\bar{\boldsymbol{Q}}$ 从参考坐标系向主应力坐标系旋转得到。

2. 热力学框架

为方便计算，现只讨论等温的情况，即 $\Delta T = 0$。此时，各向异性的损伤演化只与材料和主应力的方向相关。损伤材料的比自由能依赖于损伤张量 $\boldsymbol{D}$。将自由能分解成弹性部分和塑性部分，即

$$\varPsi = \varPsi_{\mathrm{e}}(\boldsymbol{\varepsilon}^{\mathrm{e}}, T, \boldsymbol{D}) + \varPsi_{\mathrm{p}}(T, V_{\mathrm{K}}) \tag{2.6.44}$$

式中，V_{K} 为内变量，如硬化参数。弹性自由能 $\varPsi_{\mathrm{e}}$ 与损伤张量 $\boldsymbol{D}$ 存在如下线性

关系：

$$\rho\Psi_{\mathrm{e}}=\frac{1}{2}\boldsymbol{\varepsilon}^{\mathrm{e}}:(\boldsymbol{I}-\boldsymbol{D}):\boldsymbol{C}:\boldsymbol{\varepsilon}^{\mathrm{e}} \tag{2.6.45}$$

于是弹性律与有效应力为

$$\boldsymbol{\sigma}=\rho\frac{\partial\dot{\Psi}_{\mathrm{e}}}{\partial\boldsymbol{\varepsilon}^{\mathrm{e}}}=(\boldsymbol{I}-\boldsymbol{D}):\boldsymbol{C}:\boldsymbol{\varepsilon}^{\mathrm{e}}=\tilde{\boldsymbol{C}}:\boldsymbol{\varepsilon}^{\mathrm{e}},\quad \tilde{\boldsymbol{\sigma}}=(\boldsymbol{I}-\boldsymbol{D})^{-1}:\boldsymbol{\sigma} \tag{2.6.46}$$

与损伤张量 $\boldsymbol{D}$ 功共轭的变量为

$$\boldsymbol{Y}=\rho\frac{\partial\Psi_{\mathrm{e}}}{\partial\boldsymbol{D}}=-\frac{1}{2}\boldsymbol{\varepsilon}^{\mathrm{e}}:\boldsymbol{C}:\boldsymbol{\varepsilon}^{\mathrm{e}} \tag{2.6.47}$$

引入四阶损伤张量 $\boldsymbol{D}$ 的迹作为损伤的一种标量度量 D，即

$$D=c\mathrm{Tr}(\boldsymbol{D})=c\boldsymbol{D}\,\vdots\,\boldsymbol{I} \tag{2.6.48}$$

式中，c 为待定参数。同样引入 $\boldsymbol{Y}$ 的迹 Y，即

$$Y=\mathrm{Tr}(\boldsymbol{Y})=-\frac{1}{2}\boldsymbol{\varepsilon}^{\mathrm{e}}:\boldsymbol{C}:\boldsymbol{\varepsilon}^{\mathrm{e}}=\rho\left(\frac{\partial\Psi_{\mathrm{e}}}{\partial\boldsymbol{D}}\right)\vdots\,\boldsymbol{I}=\rho c\frac{\partial\Psi_{\mathrm{e}}}{\partial D} \tag{2.6.49}$$

上述变量也可以表示为有效应力 $\tilde{\boldsymbol{\sigma}}$ 的函数，即

$$-\boldsymbol{Y}=-\frac{1}{2}\tilde{\boldsymbol{\sigma}}\boldsymbol{\varepsilon}^{\mathrm{e}}=\frac{1}{2}\tilde{\boldsymbol{\sigma}}\boldsymbol{C}^{-1}:\tilde{\boldsymbol{\sigma}},\quad -Y=-\frac{1}{2}\tilde{\boldsymbol{\sigma}}:\boldsymbol{\varepsilon}^{\mathrm{e}}=\frac{1}{2}\tilde{\boldsymbol{\sigma}}:\boldsymbol{C}^{-1}:\tilde{\boldsymbol{\sigma}} \tag{2.6.50}$$

引入耗散势函数 $(\boldsymbol{\sigma},A_{\mathrm{K}},\boldsymbol{Y};\boldsymbol{\varepsilon}^{\mathrm{e}},T,V_{\mathrm{K}},\boldsymbol{D})$，广义正交法则表示为

$$\dot{\boldsymbol{\varepsilon}}^{\mathrm{e}}=\frac{\partial\overline{\varphi}}{\partial\boldsymbol{\sigma}},\quad \dot{V}_{\mathrm{K}}=-\frac{\partial\overline{\varphi}}{\partial A_{\mathrm{K}}},\quad \dot{\boldsymbol{D}}=-\frac{\partial\overline{\varphi}}{\partial\boldsymbol{Y}} \tag{2.6.51}$$

式中，A_{K} 为 V_{K} 的功共轭热力学力。为简化计算，假设由变形过程和损伤过程引起的耗散是不耦合的，即

$$\overline{\varphi}=\overline{\varphi}_{\mathrm{p}}(\boldsymbol{\sigma},A_{\mathrm{K}},V_{\mathrm{K}},T)+\overline{\varphi}_{\mathrm{D}}(\boldsymbol{Y};\boldsymbol{\varepsilon}^{\mathrm{e}},T,\boldsymbol{D}) \tag{2.6.52}$$

并假设损伤耗散势与 Y 呈线性关系，即

$$\overline{\varphi}_{\mathrm{D}}=-F(\boldsymbol{\varepsilon}^{\mathrm{e}},T,\boldsymbol{D})\boldsymbol{Q}\,\vdots\,\boldsymbol{Y} \tag{2.6.53}$$

式中，$\boldsymbol{Q}$ 为定义损伤扩展律各向异性的四阶张量。这种各向异性相对于有效应力张量 $\tilde{\boldsymbol{\sigma}}$ 的主方向坐标系是不变的，而演化过程的非线性性质表现在函数 F 中。由正交法则得到

$$\dot{\boldsymbol{D}}=\boldsymbol{Q}F(\boldsymbol{\varepsilon}^{\mathrm{e}},T,\boldsymbol{D}) \tag{2.6.54}$$

由 $D=c\mathrm{Tr}(\boldsymbol{D})$，$Y=c\mathrm{Tr}(\boldsymbol{Y})$ 得到标量 D 的演化律为

$$\dot{D}=c\mathrm{Tr}(\dot{\boldsymbol{D}})=c\mathrm{Tr}\left(\frac{\partial\overline{\varphi}}{\partial\boldsymbol{Y}}\right)=-c\frac{\partial\overline{\varphi}}{\partial\boldsymbol{Y}}=F(\boldsymbol{\varepsilon}^{\mathrm{e}},T,\boldsymbol{D})\tag{2.6.55}$$

式中，$c=(\mathrm{Tr}(\boldsymbol{Q}))^{-1}$。这些方程也可以通过弹性律表示为有效应力的函数，有

$$\dot{\boldsymbol{D}}=\boldsymbol{Q}\dot{D},\quad \dot{D}=G(\tilde{\boldsymbol{\sigma}},T,D)\tag{2.6.56}$$

为了使损伤演化方程中的材料参数尽可能少，可以利用在特殊缺陷配置下的线弹性解来定义张量$\boldsymbol{Q}$。例如，对于图 2.6.4 所示的平行分布的微裂纹，通过均匀化得到损伤张量形式为

$$\boldsymbol{D}=\begin{bmatrix} D_1 & 0 & 0 & & & \\ \upsilon(1-\upsilon)^{-1}D_1 & 0 & 0 & & & \\ \upsilon(1-\upsilon)^{-1}D_1 & 0 & 0 & & & \\ & & & 0 & & \\ & & & & D_2 & \\ & & & & & D_2 \end{bmatrix}\tag{2.6.57}$$

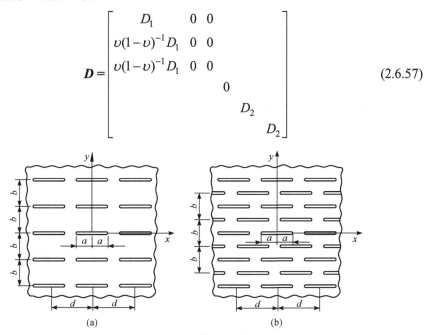

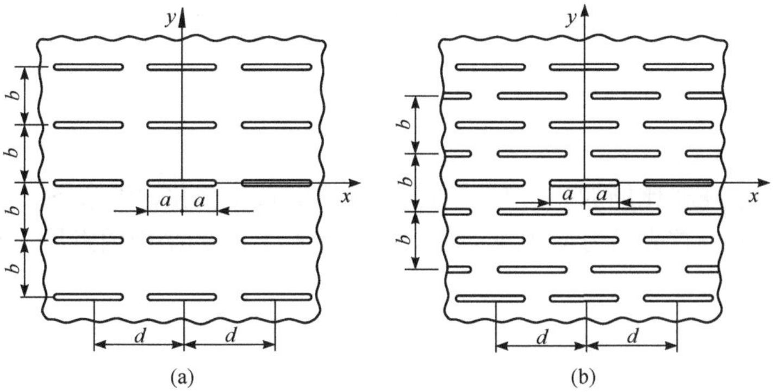

图 2.6.4　平行分布的微裂纹

方向 1 是与裂纹相垂直的方向，此时有效应力表示为

$$\begin{Bmatrix}\tilde{\sigma}_{11}\\ \tilde{\sigma}_{22}\\ \tilde{\sigma}_{33}\\ \tilde{\sigma}_{23}\\ \tilde{\sigma}_{31}\\ \tilde{\sigma}_{12}\end{Bmatrix}=\begin{bmatrix} (1-D_1)^{-1} & 0 & 0 & & & \\ \upsilon(1-\upsilon)^{-1}D_1(1-D_1)^{-1} & 1 & 0 & & & \\ \upsilon(1-\upsilon)^{-1}D_1(1-D_1)^{-1} & 0 & 1 & & & \\ & & & 1 & & \\ & & & & (1-D_2)^{-1} & \\ & & & & & (1-D_2)^{-1} \end{bmatrix}\begin{Bmatrix}\sigma_{11}\\ \sigma_{22}\\ \sigma_{33}\\ \sigma_{23}\\ \sigma_{31}\\ \sigma_{12}\end{Bmatrix}\tag{2.6.58}$$

因此，这种特殊情况可以用两个损伤变量 D_1 和 D_2 表示。若假定所有的微缺陷发展都垂直于最大主应力方向，则可选取$\boldsymbol{Q}=\boldsymbol{\Gamma}$，其中，

$$\boldsymbol{\Gamma}=\begin{bmatrix} 1 & 0 & 0 & & & \\ \upsilon(1-\upsilon)^{-1} & 0 & 0 & & & \\ \upsilon(1-\upsilon)^{-1} & 0 & 0 & & & \\ & & & 0 & & \\ & & & & \xi & \\ & & & & & \xi \end{bmatrix} \tag{2.6.59}$$

式中，ξ 为材料参数；υ 为泊松比。事实上，每种材料多少都会表现出这种各向异性的性质。将这种完全各向异性与各向同性组合起来，可得到描述一般各向异性情况下的一种简单表示为

$$\boldsymbol{Q}=(1-\gamma)\boldsymbol{\Gamma}+\gamma\boldsymbol{I} \tag{2.6.60}$$

其中包含两个参数，即 ξ 和 γ。当 $\gamma=1$ 时，材料的损伤演化是各向同性的；当 $\gamma=0$ 时，损伤演化是完全各向异性的。

损伤过程的耗散功可以写为

$$\Phi_{\mathrm{D}}=-\boldsymbol{Y}\vdots\dot{\boldsymbol{D}}=-\boldsymbol{Y}\vdots\boldsymbol{Q}\dot{D}=-\left[(1-\gamma)\boldsymbol{Y}\vdots\boldsymbol{\Gamma}+\gamma\boldsymbol{Y}\right]\dot{D} \tag{2.6.61}$$

将式(2.6.50)代入式(2.6.61)，可以看出方括号中的两项均为负值，因此有

$$\dot{D}\geqslant 0 \tag{2.6.62}$$

为了展示在非比例加载情况下的各向异性的损伤演化，考察图 2.6.5 中的例子，并令 $\gamma=0$，首先沿方向 1 拉伸，缺陷在垂直于 σ_1 的平面内发展，有

$$\boldsymbol{D}=\boldsymbol{Q}D_1 \tag{2.6.63}$$

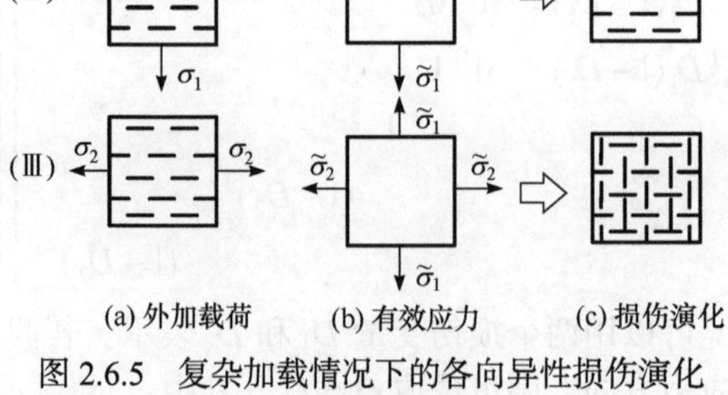

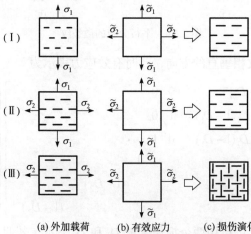

图 2.6.5　复杂加载情况下的各向异性损伤演化

若沿方向 1 和 2 同时增大载荷，$\bar{\sigma}_1=\bar{\sigma}_2>0$，则最大有效主应力仍为 $\tilde{\sigma}_1$，即 $\tilde{\sigma}_1>\tilde{\sigma}_2$，缺陷仍在相同的平面内发展。接下来沿方向 2 增大载荷，$\bar{\sigma}_1=0$，$\bar{\sigma}_2>0$，当 $\tilde{\sigma}_2$ 变成最大有效主应力即 $\tilde{\sigma}_2>\tilde{\sigma}_1$ 时，缺陷将在与方向 2 垂直的平面内发展，此时有

$$\boldsymbol{D}_2=\boldsymbol{D}_1+\boldsymbol{Q}_2D_2=\boldsymbol{Q}D_1+\boldsymbol{V}:\boldsymbol{Q}:\boldsymbol{V}^{\mathrm{T}}D_2,\quad \boldsymbol{V}=\boldsymbol{R}\boldsymbol{R} \tag{2.6.64}$$

式中，$\boldsymbol{R}$ 为方向 1 和 2 的旋转张量。当达到 $D_1=D_2$ 时，损伤的各向异性变弱，方向 1 和 2 表现出相同的性质，而在其他方向上性质稍有差异。由此也可看出，损伤状态的各向异性和损伤演化的各向异性是不同的。

3. 黏塑性各向异性损伤模型

将 Chaboche 的各向异性损伤理论应用于黏塑性情况。在各向同性硬化情况下，黏塑性势函数为

$$\bar{\varphi}=\frac{K}{n+1}\left[\frac{J_2(\tilde{\boldsymbol{\sigma}})}{K}\right]^{n+1}p^{-n/m} \tag{2.6.65}$$

黏塑性流动律为

$$\dot{\boldsymbol{\varepsilon}}^{\mathrm{p}}=\frac{\partial\bar{\varphi}}{\partial\boldsymbol{\sigma}}=\frac{3}{2}\left[\frac{J(\boldsymbol{\sigma})}{K}\right]^{n}p^{-n/m}\frac{(\boldsymbol{I}-\boldsymbol{D})^{-1}:\tilde{\boldsymbol{\sigma}}'}{J_2(\tilde{\boldsymbol{\sigma}})} \tag{2.6.66}$$

在单向拉伸情况下，式(2.6.66)可简化为

$$\dot{\boldsymbol{\varepsilon}}^{\mathrm{p}}=\frac{1}{1-D}\left[\frac{\boldsymbol{\sigma}}{K(1-D)}\right]^{n}p^{-n/m} \tag{2.6.67}$$

与式(2.3.203)比较发现，损伤项的指数不同。这是由于在 Murakami-Ohno 理论中有效应力在流动律中代替 Cauchy 应力，而在 Chaboche 理论中有效应力在流动势函数中代替 Cauchy 应力。

根据前面的讨论，损伤演化方程可以表示为

$$\dot{\boldsymbol{D}}=\boldsymbol{Q}\dot{D}=[(1-\gamma)\boldsymbol{\Gamma}+\gamma\boldsymbol{I}]\dot{D} \tag{2.6.68}$$

标量 $\dot{D}$ 的演化方程选取如下形式：

$$\dot{D}=\left\langle\frac{\bar{\chi}(\tilde{\boldsymbol{\sigma}},D)}{A}\right\rangle\left(\frac{\chi(\boldsymbol{\sigma})}{A}\right)^{r-k\langle\chi(\boldsymbol{\sigma})\rangle} \tag{2.6.69}$$

式中，$\chi(\boldsymbol{\sigma})$ 为等效应力，$\bar{\chi}(\tilde{\boldsymbol{\sigma}},D)$ 为等效有效应力，定义为

$$\chi(\boldsymbol{\sigma})=\alpha J_0(\boldsymbol{\sigma})+\beta J_1(\boldsymbol{\sigma})+(1-\alpha-\beta)J_2(\boldsymbol{\sigma})$$

$$\bar{\chi}(\tilde{\boldsymbol{\sigma}},D)=\alpha J_0(\tilde{\boldsymbol{\sigma}})+\frac{\beta}{1+2A}J_1(\tilde{\boldsymbol{\sigma}})+\frac{1-\alpha-\beta}{1-A}J_2(\tilde{\boldsymbol{\sigma}}),\quad A=\frac{\upsilon}{1-\upsilon}\frac{(1-\gamma)D}{1-\gamma D} \tag{2.6.70}$$

式中，α、β 为材料常数。

在单轴拉伸情况下，三个有效主应力表示为

$$\tilde{\boldsymbol{\sigma}}_1 = \frac{\boldsymbol{\sigma}_1}{1-D}, \quad \tilde{\boldsymbol{\sigma}}_2 = \tilde{\boldsymbol{\sigma}}_3 = \frac{\upsilon(1-\gamma)D}{(1-\upsilon)(1-\gamma D)}\frac{\boldsymbol{\sigma}_1}{1-D} \tag{2.6.71}$$

在各向同性损伤时，$\gamma=1$，得到 $\tilde{\boldsymbol{\sigma}}_2 = \tilde{\boldsymbol{\sigma}}_3 = 0$，即得到与 Kachanov 有效应力完全相同的形式。

上面的分析可用于非比例加载的情况，可以描述损伤的各向异性演化过程及其对材料行为的影响。图 2.6.6 给出了 α=1，β=0 时，试件先经过拉伸再进行扭转情况下的断裂时间 t_R，图中 t_σ 为单轴拉伸情况下的蠕变断裂时间，t' 为预先拉伸的时间。为便于比较，图 2.6.6 还给出了利用 Murakami-Ohno 理论和 Kachanov 理论得到的相应结果。

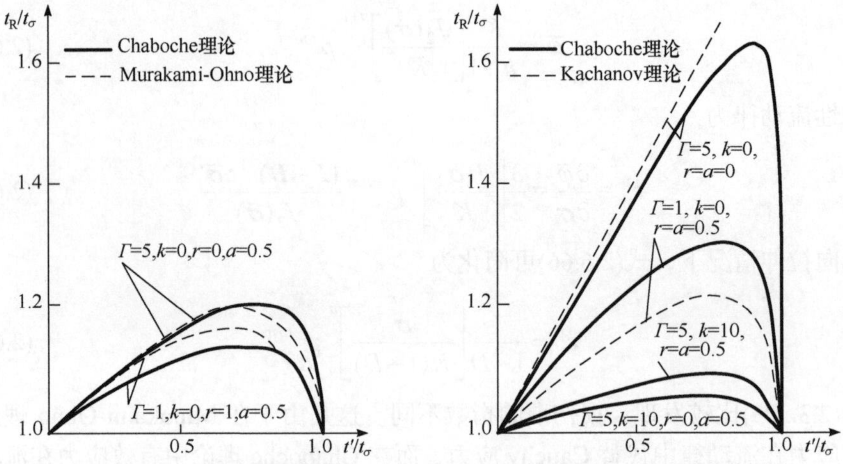

(a) Murakami-Ohno理论比较　　(b) Kachanov理论比较

图 2.6.6　先拉后扭的蠕变断裂时间

4. Murakami-Ohno 理论与 Chaboche 理论的比较

在很多情况下，损伤的各向异性是明显的。在蠕变情况下，有些材料如铜的微缺陷基本上在与最大主应力垂直的平面内发展，因此表现出很强的各向异性；而另一些材料，如铝合金，缺陷分布趋向于各向同性。Murakami-Ohno 和 Chaboche 建立的两种损伤理论都描述了在多轴加载情况下材料蠕变损伤的各向异性，其中两个重要的步骤是：①定义在恒定的多轴应力加载情况下蠕变断裂的应力不变量，描述应力空间中具有相同断裂时间的面；②定义各向异性的损伤演化律，这种各向异性相对于主方向保持不变，即与时间无关，只依赖于材料本身。损伤演化的非线性可以由单轴拉伸情况下的损伤演化方程来体现。

这两种损伤理论的主要区别表现在以下几方面：

(1) 损伤变量的定义不同。Murakami-Ohno 理论采用二阶损伤张量；而 Chaboche 理论采用四阶损伤张量，后者包含更少的材料常数。

(2) 损伤演化律中的有效应力不同。Murakami-Ohno 理论采用净应力张量 $\bar{\boldsymbol{\sigma}}$；而 Chaboche 理论采用有效应力张量 $\tilde{\boldsymbol{\sigma}}$。

(3) 应力-应变关系的建立方法不同。Murakami-Ohno 理论在建立本构方程时定义了新的有效应力张量 $\tilde{\boldsymbol{\sigma}}$，用以代替无损材料本构方程中的 Cauchy 应力；而 Chaboche 理论首先假设了黏塑性势函数，并利用正交法则建立了应力-应变关系。

表 2.6.1 总结了这两种理论的相同点和区别。尤其需要注意的是，在 Murakami-Ohno 理论中损伤演化规律的等价性及在 Chaboche 理论中本构方程的等价性。

表 2.6.1　不同损伤理论比较

项目	分项项目	Murakami-Ohno 理论	Chaboche 理论
定义	损伤定义	用净承载面积定义：$\Omega=1-\bar{A}/A$	用等效本构行为定义：$D=1-\tilde{E}/E$
	有效应力	净应力：$\bar{\boldsymbol{\sigma}}=\dfrac{\boldsymbol{\sigma}}{1-\Omega}$	有效应力：$\tilde{\boldsymbol{\sigma}}=\dfrac{\boldsymbol{\sigma}}{1-D}$
	损伤演化规律的等价性	等价：$\dot{\Omega}(\boldsymbol{\sigma},\Omega)=\dot{\Omega}(\bar{\boldsymbol{\sigma}},0)$	不等价：$\dot{D}(\boldsymbol{\sigma},\Omega)\neq\dot{D}(\tilde{\boldsymbol{\sigma}},0)$
	本构方程的等价性	不等价：$\dot{\boldsymbol{\varepsilon}}^{\mathrm{p}}(\boldsymbol{\sigma},\Omega)\neq\dot{\boldsymbol{\varepsilon}}^{\mathrm{p}}(\bar{\boldsymbol{\sigma}},0)$	等价：$\dot{\boldsymbol{\varepsilon}}^{\mathrm{p}}(\boldsymbol{\sigma},D)=\dot{\boldsymbol{\varepsilon}}^{\mathrm{p}}(\tilde{\boldsymbol{\sigma}},0)$
简化方程	损伤律	$\dot{\Omega}=\left[\dfrac{\sigma}{A(1-\Omega)}\right]^{r}$	$\dot{D}=\dfrac{(\sigma/A)^{r}}{(1-D)^{k}}$
	蠕变损伤演化式(等应力)	$\Omega=1-(1-t/t_{\mathrm{c}})^{1/(r+1)}$	$D=1-(1-t/t_{\mathrm{c}})^{1/(n+1)}$
	本构方程 (第二、三阶段蠕变)	$\dot{\boldsymbol{\varepsilon}}^{\mathrm{p}}=B\left(\dfrac{\boldsymbol{\sigma}}{1-c\Omega}\right)^{n}$	$\dot{\boldsymbol{\varepsilon}}^{\mathrm{p}}=\dfrac{B}{1-D}\left(\dfrac{\boldsymbol{\sigma}}{1-D}\right)^{n}$
一般形式	损伤张量	二阶张量 $\boldsymbol{\Omega}$	四阶非对称张量 $\boldsymbol{D}$
	有效应力张量	$\bar{\boldsymbol{\sigma}}=(\boldsymbol{\sigma}\cdot\boldsymbol{\phi}+\boldsymbol{\phi}\cdot\boldsymbol{\sigma})/2$ $\bar{\boldsymbol{\phi}}=(\boldsymbol{I}-\boldsymbol{\Omega})^{-1}$，$\boldsymbol{\Gamma}=\boldsymbol{\Gamma}(\boldsymbol{\Omega})$ $\tilde{\boldsymbol{\sigma}}=[\boldsymbol{\Gamma}:\boldsymbol{\sigma}+(\boldsymbol{\Gamma}:\boldsymbol{\sigma})^{\mathrm{T}}]/2$	$\tilde{\boldsymbol{\sigma}}=(\boldsymbol{I}-\boldsymbol{D})^{-1}:\boldsymbol{\sigma}$

2.6.3　Sidoroff 各向异性损伤理论

为了分析脆弹性材料的各向异性损伤，Sidoroff 等提出了能量等效假设，他们认为受损材料的弹性余能和无损材料的弹性余能在形式上相同，只需要将其中的 Cauchy 应力 $\boldsymbol{\sigma}$ 换为等效应力 $\tilde{\boldsymbol{\sigma}}$ 即可。

在无损情况下，材料各向同性的余能表示为

$$\rho\psi_{\mathrm{c}}(\boldsymbol{\sigma},0)=\frac{1+\upsilon}{2E}\mathrm{Tr}(\boldsymbol{\sigma}\cdot\boldsymbol{\sigma})-\frac{\upsilon}{2E}\mathrm{Tr}(\boldsymbol{\sigma})^{2} \tag{2.6.72}$$

对于受损材料，假设其损伤状态用二阶损伤张量 $\boldsymbol{D}$ 表示，有效应力与 Cauchy 应力的关系为

$$\tilde{\boldsymbol{\sigma}}=\boldsymbol{\sigma}\cdot(\boldsymbol{I}-\boldsymbol{D})^{-1} \tag{2.6.73}$$

假定应力张量 $\boldsymbol{\sigma}$ 的主轴与应变张量 $\boldsymbol{\varepsilon}$ 、损伤张量 $\boldsymbol{D}$ 的主轴重合。根据能量等效假设，得到损伤材料的余能为

$$\rho\psi_{\mathrm{c}}(\boldsymbol{\sigma},\boldsymbol{D})=\frac{1+\upsilon}{E}\mathrm{Tr}\left[\boldsymbol{\sigma}^2\cdot(\boldsymbol{I}-\boldsymbol{D})^{-2}\right]-\frac{1+\upsilon}{2E}\{\mathrm{Tr}[\boldsymbol{\sigma}:(\boldsymbol{I}-\boldsymbol{D})^{-1}]\}^2 \tag{2.6.74}$$

根据热力学框架下的正交法则：

$$\boldsymbol{\varepsilon}=\rho\frac{\partial\psi_{\mathrm{c}}}{\partial\boldsymbol{\sigma}},\quad \boldsymbol{Y}=\rho\frac{\partial\psi_{\mathrm{c}}}{\partial\boldsymbol{D}} \tag{2.6.75}$$

得到损伤材料的应力-应变关系和损伤能量释放率的表达式为

$$\begin{aligned}\boldsymbol{\varepsilon}&=\frac{1+\upsilon}{E}\boldsymbol{\sigma}\cdot(\boldsymbol{I}-\boldsymbol{D})^{-2}-\frac{\upsilon}{E}(\boldsymbol{I}-\boldsymbol{D})^{-1}\mathrm{Tr}[\boldsymbol{\sigma}\cdot(\boldsymbol{I}-\boldsymbol{D})^{-1}]\\ \boldsymbol{Y}&=\frac{1+\upsilon}{E}\boldsymbol{\sigma}^2\cdot(\boldsymbol{I}-\boldsymbol{D})^{-2}-\frac{\upsilon}{E}\boldsymbol{\sigma}\cdot(\boldsymbol{I}-\boldsymbol{D})^{-1}\mathrm{Tr}[\boldsymbol{\sigma}\cdot(\boldsymbol{I}-\boldsymbol{D})^{-1}]\end{aligned} \tag{2.6.76}$$

能量等效假设也可以表述为：受损材料的弹性应变能与无损材料的弹性应变能有相同的形式，只需要将应变 $\boldsymbol{\varepsilon}$ 用有效应变 $\tilde{\boldsymbol{\varepsilon}}$ 来代替。有效应变的定义为

$$\tilde{\boldsymbol{\varepsilon}}=\boldsymbol{\varepsilon}\cdot(\boldsymbol{I}-\boldsymbol{D}) \tag{2.6.77}$$

于是得到材料的弹性应变能为

$$\rho\psi_{\mathrm{c}}(\boldsymbol{\varepsilon},\boldsymbol{0})=\begin{cases}\dfrac{E}{2(1+\upsilon)}\left[\dfrac{\upsilon}{1-2\upsilon}(\mathrm{Tr}(\boldsymbol{\varepsilon}))^2+\mathrm{Tr}(\boldsymbol{\varepsilon}\cdot\boldsymbol{\varepsilon})\right], & \text{无损材料}\\ \dfrac{E}{2(1+\upsilon)}\left(\dfrac{\upsilon}{1-2\upsilon}\left\{\mathrm{Tr}\left[\boldsymbol{\varepsilon}\cdot(\boldsymbol{I}-\boldsymbol{D})\right]\right\}^2+\mathrm{Tr}[\boldsymbol{\varepsilon}^2\cdot(\boldsymbol{I}-\boldsymbol{D})^2]\right), & \text{损伤材料}\end{cases} \tag{2.6.78}$$

利用正交法则：

$$\boldsymbol{\varepsilon}=\rho\frac{\partial\psi_{\mathrm{e}}}{\partial\boldsymbol{\sigma}},\quad \boldsymbol{Y}=-\rho\frac{\partial\psi_{\mathrm{e}}}{\partial\boldsymbol{D}} \tag{2.6.79}$$

可得到

$$\begin{aligned}\boldsymbol{\sigma}&=\frac{E}{1+\upsilon}\left\{\frac{\upsilon}{1-2\upsilon}(\boldsymbol{I}-\boldsymbol{D})\mathrm{Tr}\left[\boldsymbol{\varepsilon}\cdot(\boldsymbol{I}-\boldsymbol{D})\right]+\boldsymbol{\varepsilon}\cdot(\boldsymbol{I}-\boldsymbol{D})^2\right\}\\ \boldsymbol{Y}&=\frac{E}{1+\upsilon}\left\{\frac{\upsilon}{1-2\upsilon}\boldsymbol{\varepsilon}\mathrm{Tr}\left[\boldsymbol{\varepsilon}\cdot(\boldsymbol{I}-\boldsymbol{D})\right]+\boldsymbol{\varepsilon}^2\cdot(\boldsymbol{I}-\boldsymbol{D})\right\}\end{aligned} \tag{2.6.80}$$

由式(2.6.76)和式(2.6.80)可以看出，只要将无损材料的弹性应力-应变关系中的应力 $\boldsymbol{\sigma}$ 和应变 $\boldsymbol{\varepsilon}$ 分别用有效应力 $\tilde{\boldsymbol{\sigma}}$ 和有效应变 $\tilde{\boldsymbol{\varepsilon}}$ 代替，即可得到受损材料的弹性本构关系。这种对应关系显然不同于应变等效假设的结果。以单轴拉伸为例，由

式(2.6.76)得

$$\varepsilon_1 = \frac{\sigma}{E(1-D_1)^2} = \frac{\sigma}{\tilde{E}}, \quad \varepsilon_2 = -\frac{\upsilon\sigma}{E(1-D_1)(1-D_2)} = -\frac{\tilde{\upsilon}\sigma}{\tilde{E}}$$
$$\varepsilon_3 = -\frac{\upsilon\sigma}{E(1-D_1)(1-D_3)} = -\frac{\tilde{\upsilon}\sigma}{\tilde{E}} \tag{2.6.81}$$

$$Y_1 = \frac{\sigma^2}{E(1-D_1)^2} = E(1-D_1)\boldsymbol{\varepsilon}^2, \quad Y_2 = Y_3 = 0 \tag{2.6.82}$$

式中，$D_i(i=1,2,3)$ 是 $\boldsymbol{D}$ 的主值，且

$$\tilde{E} = E(1-D_1)^2, \quad \tilde{\upsilon} = -\frac{\upsilon(1-D_1)}{1-D_2} = \frac{\upsilon(1-D_1)}{1-D_3} \tag{2.6.83}$$

由此可以确定损伤变量 $D_i\,(i=1,2,3)$为

$$D_1 = 1-\sqrt{\frac{\tilde{E}}{E}}, \quad D_2 = D_3 = 1-\frac{\upsilon}{\tilde{\upsilon}}\sqrt{\frac{\tilde{E}}{E}} \tag{2.6.84}$$

图 2.6.7 给出了损伤材料参数的变化曲线。图 2.6.8 为损伤变量 D_1 和 D_2 的关系曲线。

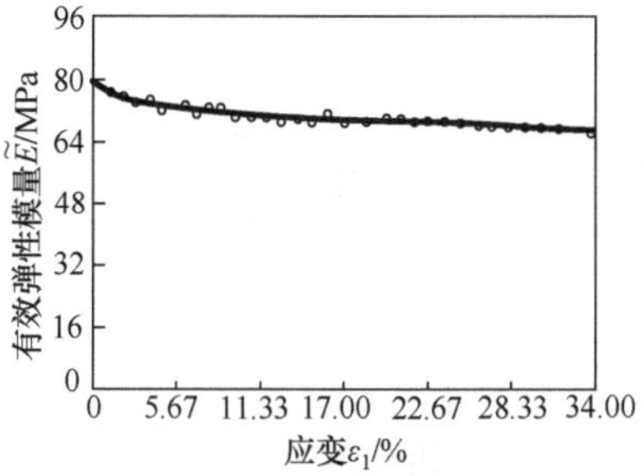

(a) 有效弹性模量与应变的关系

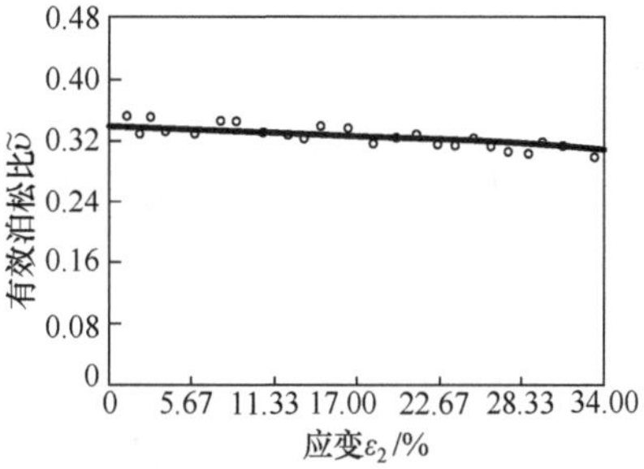

(b) 有效泊松比与应变的关系

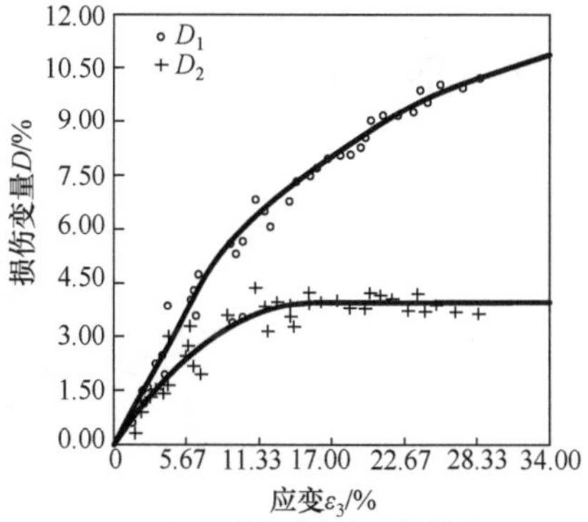

(c) 损伤变量与应变的关系

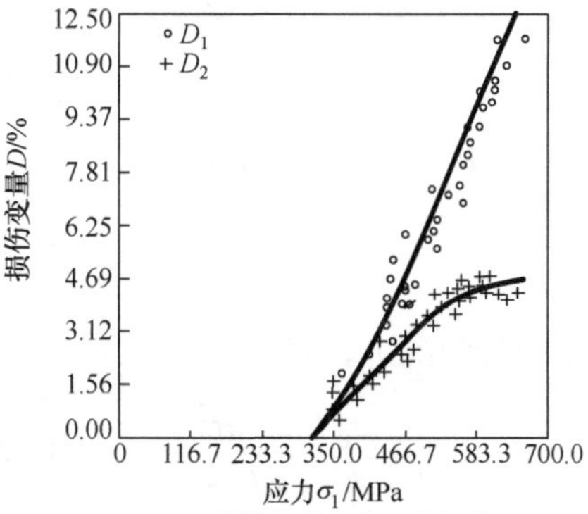

(d) 损伤变量与应力的关系

图 2.6.7　损伤材料参数的变化曲线

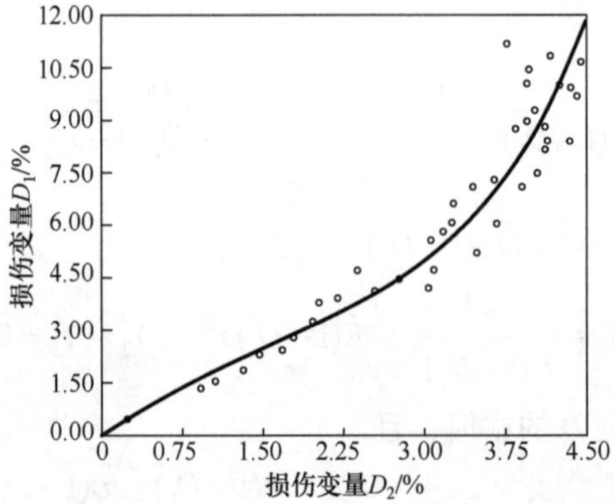

图 2.6.8　损伤变量 D_1 和 D_2 的关系曲线

设存在耗散势函数 $P(\boldsymbol{Y})$，由正交法则得到损伤演化方程为

$$\dot{\boldsymbol{D}} = \begin{cases} \boldsymbol{0}, & P(\boldsymbol{Y}) < 0 \\ \lambda \dfrac{\partial P}{\partial \boldsymbol{Y}}, & P(\boldsymbol{Y}) = 0 \end{cases} \tag{2.6.85}$$

式中，λ 为损伤演化因子。式(2.6.85)表明，损伤过程只发生在 $P(\boldsymbol{Y}) = 0$ 的状态。$\boldsymbol{Y}$ 是 $\boldsymbol{\varepsilon}$ 和 $\boldsymbol{D}$ 的函数，即 $\boldsymbol{Y} = \boldsymbol{Y}(\boldsymbol{\varepsilon}, \boldsymbol{D})$，因此有

$$\dot{P} = \frac{\partial P}{\partial \boldsymbol{Y}} : \left[\frac{\partial \boldsymbol{Y}}{\partial \boldsymbol{\varepsilon}} : \dot{\boldsymbol{\varepsilon}} + \frac{\partial \boldsymbol{Y}}{\partial \boldsymbol{D}} : \dot{\boldsymbol{D}} \right] = \frac{\partial P}{\partial \boldsymbol{Y}} : \left[\frac{\partial \boldsymbol{Y}}{\partial \boldsymbol{\varepsilon}} : \dot{\boldsymbol{\varepsilon}} + \frac{\partial \boldsymbol{Y}}{\partial \boldsymbol{D}} : \left(\lambda \frac{\partial P}{\partial \boldsymbol{Y}} \right) \right] = 0 \tag{2.6.86}$$

从而得到确定 λ 的表达式为

$$\lambda = -\left(\frac{\partial P}{\partial \boldsymbol{Y}} : \frac{\partial \boldsymbol{Y}}{\partial \boldsymbol{D}} : \frac{\partial P}{\partial \boldsymbol{Y}} \right)^{-1} \left\langle \frac{\partial P}{\partial \boldsymbol{Y}} : \frac{\partial \boldsymbol{Y}}{\partial \boldsymbol{\varepsilon}} : \dot{\boldsymbol{\varepsilon}} \right\rangle \tag{2.6.87}$$

在 $\boldsymbol{Y}$ 空间最简单的等势面是球面，即

$$\lambda P(\boldsymbol{Y}) = Y_1 - Y_0 = 0, \quad Y_1 = \sqrt{\operatorname{Tr}(\boldsymbol{Y} \cdot \boldsymbol{Y})} \tag{2.6.88}$$

式中，Y_0 为材料常数，则有

$$\dot{\boldsymbol{D}} = \frac{\lambda}{Y_1} \boldsymbol{Y} \tag{2.6.89}$$

在单轴拉伸情况下，有

$$Y_1 = \frac{\sigma^2}{E(1-D)^3} = E(1-D)\varepsilon^2 = Y_0, \quad Y_2 = Y_3 = 0 \tag{2.6.90}$$

$$D_1 = D, \quad D_2 = D_3 = 0 \tag{2.6.91}$$

损伤 D 与应变 ε 的关系为

$$D=\begin{cases}0, & \varepsilon \leqslant \varepsilon_0=\sqrt{Y_0/E} \\ 1-\left(\dfrac{\varepsilon_0}{\varepsilon}\right)^2, & \varepsilon>\varepsilon_0\end{cases} \tag{2.6.92}$$

损伤材料在单轴拉伸下应力-应变的关系为

$$\sigma=\begin{cases}E\varepsilon, & \varepsilon \leqslant \varepsilon_0=\sqrt{Y_0/E} \\ E\varepsilon_0\left(\dfrac{\varepsilon_0}{\varepsilon}\right)^3, & \varepsilon>\varepsilon_0\end{cases} \tag{2.6.93}$$

图 2.6.9 为材料的损伤演化曲线和应力-应变曲线。可见，该模型包含三个材料常数，即 E 、υ 和 Y_0 。其中，Y_0 可由单轴拉伸应力-应变曲线的 ε_0 来确定。

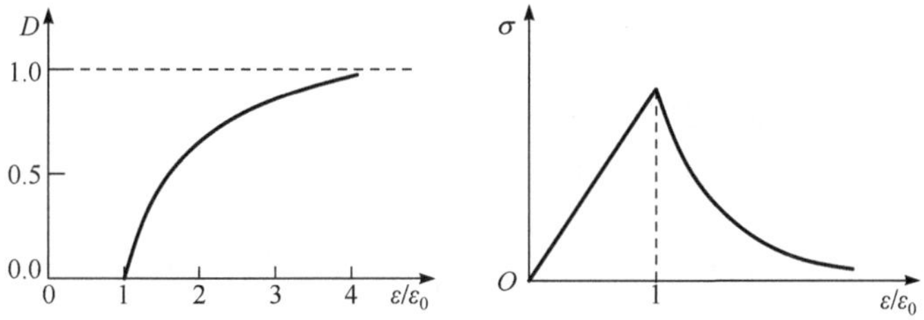

(a) 损伤演化曲线　(b) 应力-应变曲线

图 2.6.9　材料的损伤演化曲线和应力-应变曲线

2.6.4　应力软化与非局部损伤模型

某些材料在变形增加致使应力达到峰值后，其强度开始下降，宏观上表现为应变软化，即变形的增长是随着应力的下降而发生的。应变软化与材料内微裂纹或孔洞的发展有关，对于因孔洞成长而导致的金属韧性损伤，同样可观察到这一现象。将应变软化看成材料的真实性质，当采用连续介质模型和有限元法求解时，则会导致解的不唯一性。

在连续损伤力学理论中，每个单元的性质都服从力学基本定律而与其尺寸无关。物体内任一点的力学状态只与无限逼近该点的邻域状态相关，即局部场理论或局部法。所有基于局部场理论的基本假设，只有当所研究对象的特征长度远大于材料的特征长度(如晶粒、孔洞)时才是正确的。但在损伤问题中，可以作为特征长度的金属晶体缺陷尺寸与微观孔洞尺寸相当。当根据局部场理论采用有限元法计算时，在网格精细化使单元尺寸趋于零的极限情况下，破断单元的能量耗散也趋于零。材料的破坏一定要消耗能量，这一结果在物理概念上是难以接受的，局部法也不宜于用来分析应变软化问题。为了避免这一现象的出现，必须引入某种形式的局部性限定，如给定有限元网格尺寸的低限、在本构关系中引入高阶导数等。根据目前的研究结果，作为一个允许网格任意精细化的更好的局部性限定是引入非局部概念。

非局部理论的一个最基本的观点是认为体内任一点的状态与其有限邻域的场状态相关，这样就可以用一个有限域的状态变量来研究一点的变形或损伤，而不是只取一点的力学量来加以判定。如果将全部状态变量都非局部化以建立基本方程，问题就变得十分复杂，需要附加边界条件和界面条件，得到的平衡微分方程为非标准形式，用有限元法求解时还需要采用单元叠加等技术。

本节介绍一种用来处理应变软化现象的应变软化非局部模型。在该模型中，应变仍遵循局部理论，用来控制应变软化的变量是非局部的。

1. 非局部损伤变量

假设损伤是各向同性的，根据弹性本构方程(2.1.36)，有

$$\boldsymbol{\sigma}=(1-D)\boldsymbol{\Lambda}:\boldsymbol{\varepsilon}^{\mathrm{e}} \tag{2.6.94}$$

式中，$\boldsymbol{\sigma}$、$\boldsymbol{\varepsilon}$ 及损伤变量 D 都是局部状态变量。

现引入一由下述积分定义的非局部损伤变量：

$$\Omega(\boldsymbol{x})=\bar{D}(\boldsymbol{x})=\frac{1}{V_{\mathrm{r}}(\boldsymbol{x})}\int_V \alpha(\boldsymbol{s}-\boldsymbol{x})D(\boldsymbol{s})\mathrm{d}V(\boldsymbol{s}) \tag{2.6.95}$$

式中，上划线“¯”表示空间平均算符；$\boldsymbol{x}$、$\boldsymbol{s}$ 为坐标向量；V 为物体的体积。开始时，$\Omega=D=0$，且 $0\leqslant\Omega\leqslant 1$，$0\leqslant D\leqslant 1$，$V_{\mathrm{r}}(\boldsymbol{x})$ 为原点在 $\boldsymbol{x}$ 点处的代表性体积，表达式为

$$V_{\mathrm{r}}(\boldsymbol{x})=\int_V \alpha(\boldsymbol{s}-\boldsymbol{x})\mathrm{d}V(\boldsymbol{s}) \tag{2.6.96}$$

式中，α 为给定的权函数，是由 $\boldsymbol{x}$ 点向外衰减的光滑函数，通常采用的权函数是正态分布函数，即

$$\alpha(\boldsymbol{x})=\mathrm{e}^{-(k|\boldsymbol{x}|/l)^2} \tag{2.6.97}$$

式中，对于一维、二维和三维问题，有

$$|\boldsymbol{x}|=\begin{cases} x,\ k=\pi^{1/2}, & \text{一维问题} \\ (x^2+y^2)^{1/2},\ k=2 & \text{二维问题} \\ (x^2+y^2+z^2)^{1/2},\ k=(6\sqrt{\pi})^{1/2}, & \text{三维问题} \end{cases} \tag{2.6.98}$$

由式(2.6.97)所确定的函数是一个快速递减函数，因此当 $\boldsymbol{s}$ 距 $\boldsymbol{x}$ 大于 $2l$ 时，可取 $\alpha=0$。按式(2.6.96)计算 $V_{\mathrm{r}}(\boldsymbol{x})$ 时需要处理边界。一般来讲，函数 α 会超出物体的边界。积分时，超过边界的部分只需在积分中去除即可，但权函数 α 要定标，以使所有有效权

$$\alpha'(\boldsymbol{x},\boldsymbol{s})=\alpha(\boldsymbol{s}-\boldsymbol{x})/V_{\mathrm{r}}(\boldsymbol{x}) \tag{2.6.99}$$

在物体上的积分对于任一 $\boldsymbol{x}$ 必须正好等于 1。长度 l 称为特征长度，表示一材料性质，其量级与材料内非均匀体的最大尺寸相当，由试验测定。l 也可用微观力学的方法分析确定。

2. 非局部内变量

在非局部损伤理论中，比自由能和能量散逸率分别为

$$\rho\psi = \frac{1}{2}(1-\Omega)\boldsymbol{\varepsilon}:\boldsymbol{\Lambda}:\boldsymbol{\varepsilon}, \quad \varphi = -\frac{\partial(\rho\psi)}{\partial t} = -\dot{\Omega}\frac{\partial(\rho\psi)}{\partial\Omega} = -\dot{\Omega}Y \tag{2.6.100}$$

式中，损伤应变能释放率为

$$-Y = \frac{-\partial(\rho\psi)}{\partial\Omega} = \frac{1}{2}\boldsymbol{\varepsilon}:\boldsymbol{\Lambda}:\boldsymbol{\varepsilon} \tag{2.6.101}$$

损伤演变律可表示为

$$\dot{\boldsymbol{D}} = f(\boldsymbol{\varepsilon}, D) \tag{2.6.102}$$

可积损伤演变律可取为

$$D = g(Y) = 1-[1-b(Y+Y_{\mathrm{t}})]^{-n} \tag{2.6.103}$$

式中，b、n 分别为材料正值常数，$n>2$；Y_{t} 为局部损伤门槛。显然，在以上公式中，除 Ω 及其相关量外，其余都是局部量，可以参照前面的方法建立全部方程而无特殊困难。对于虚功方程，有

$$\delta W = \int_V (\sigma_{ij}\delta\varepsilon_{ij} - f_i\delta u_i\boldsymbol{x})\mathrm{d}V - \int_S p_i\delta u_i\mathrm{d}S \tag{2.6.104}$$

由此导出的平衡微分方程和边界条件与固体力学中的方程相同。进一步可以推论，在使用有限元法时，有限元离散方程具有与局部法相同的形式。采用上述方法不仅解决了由非局部场理论造成的困难，还给问题的处理带来了极大方便。由于损伤问题的非线性性质，以全量形式表示的非局部损伤变量(式(2.6.95))在使用时并不方便。为此，可将式(2.6.95)写成变化率形式，即

$$\bar{D}(\boldsymbol{X}) = [V_{\mathrm{r}}(\boldsymbol{X})]^{-1}\int_V \alpha(\boldsymbol{S}-\boldsymbol{X})\dot{D}(\boldsymbol{S})\mathrm{d}(\boldsymbol{S}) \tag{2.6.105}$$

式中，V_{r} 为特征体积。

2.7 细观损伤理论

2.7.1 细观损伤力学的基本概念

在损伤理论中，除连续损伤力学方法，还有一种同样重要的细观损伤力学方法。连续损伤力学(又称唯象损伤力学)不考虑损伤的物理背景和材料内部的细观

结构变化，只是从宏观的唯象角度出发，引入标量、矢量或张量形式的损伤变量，通过连续热力学等方法构造材料的损伤本构关系和演化方程，使理论预测与试验结果(如承载能力、寿命、刚度等)相符合。

细观损伤力学是从材料的细观结构出发，对不同的细观损伤机制加以区分，通过研究细观结构变化的物理与力学过程来了解材料的破坏程度，并通过体积平均化的方法，从细观分析结果中导出材料的宏观性质。实际上，这两种理论在工程应用、理论分析等方面可以相互补充。连续损伤力学多与结构强度和寿命分析相联系，细观损伤力学则常与材料的力学行为和变形过程相联系。

细观损伤力学研究的尺度范围介于连续介质力学和微观力学之间。连续介质力学主要分析宏观的试件、结构和裂纹等的性质，微观力学是利用固体物理学的手段研究微空穴、位错、原子结合力等的行为，细观损伤力学则是采用连续介质力学和材料科学的一些方法，对上述两种尺度之间的细观结构如微孔洞、微裂纹、晶界等进行力学描述。因此，细观损伤力学一方面忽略了损伤过于复杂的微观物理过程，避免了统计力学复杂的计算；另一方面又包含了不同材料细观损伤的几何和物理特征，为损伤变量和损伤演化方程提供了较明晰的物理背景。细观力学分析中采用的体积单元具有尺度的二重性，即：从宏观角度来看，体积单元尺寸足够小，可以看成一个材料质点，因此其宏观应力-应变可视为均匀的；从细观角度来看，体积单元尺寸足够大，可以包含足够多的细观结构信息，体现材料的统计平均性质。

在细观力学方法中，必须采用一种平均化方法，把细观结构损伤机制研究的结果反映到材料的宏观力学行为的描述中，这是细观损伤力学方法与连续损伤力学方法的一个重要差别。比较典型的细观损伤力学方法有：不考虑微缺陷之间相互作用的非相互作用方法(亦称为 Taylor 方法)，考虑微缺陷之间弱相互作用的自洽方法、广义自洽方法、Mori-Tanaka 方法、微分方法，以及考虑微缺陷之间强相互作用的统计细观力学方法等。

图 2.7.1 为细观损伤力学的基本方法。首先，在材料中选取一个满足尺度的二重性的体积单元，利用连续介质力学和连续热力学手段，对代表性体积单元进行分析，以得到细观结构在外加载荷作用下的变形和演化发展规律。然后，通过细观尺度上的平均化方法将细观研究的结果反映到宏观本构关系、损伤演化方程、断裂行为等宏观性质中。

材料的细观损伤机制有多种，比较典型的有微孔洞、微裂纹、微滑移带、晶界滑移等。其中，对微裂纹损伤和微孔洞损伤的研究较重要，下面主要讨论这两类损伤问题。

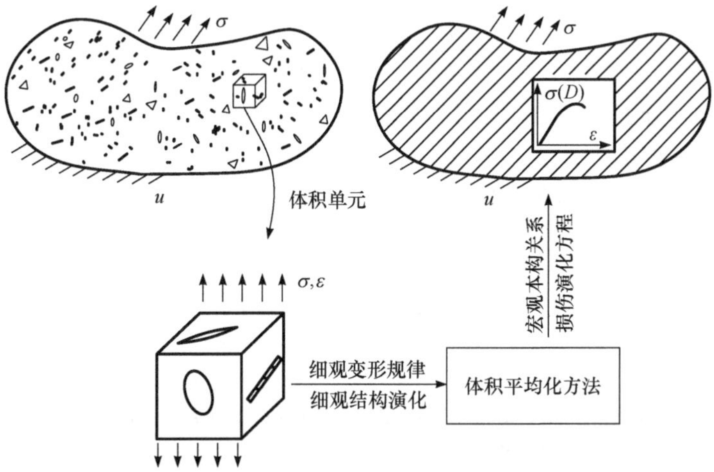

图 2.7.1　细观损伤力学的基本方法

2.7.2　微裂纹损伤材料有效模量的计算方法

微裂纹的形核、扩展和连接是一类重要的细观损伤机制。微裂纹损伤对结构陶瓷、铸铁等脆性材料和复合材料的力学性质具有多方面的显著影响。计算微裂纹损伤材料的有效弹性模量是脆性材料细观损伤理论的一个重要内容。脆性损伤理论经常采用等效介质的方法，即认为微裂纹处于一种等效的弹性介质中，这种方法成立的前提是认为每个微裂纹周围的外场与其他微裂纹的准确位置无关。

如果完全忽略微裂纹之间的相互作用，即认为每个微裂纹均处于没有损伤的弹性基体中，微裂纹受到的载荷等于远场应力，这种方法称为 Taylor 模型的方法(稀疏分布方法或非相互作用方法)。该方法对于微裂纹分布比较稀疏的情况有足够的精度，而且简单。由于微裂纹之间的应力屏蔽作用和应力放大作用两种机制会相互抵消，稀疏分布方法的适用范围比预期范围更广泛。

计算微裂纹体有效模量的方法有自洽方法、广义自洽方法、Mori-Tanaka 方法、微分方法等。这些方法没有涉及微裂纹损伤演化的问题，因此都可以类似地应用于有夹杂或微孔洞损伤的情况。

1. 自洽方法

首先考虑无穷大各向同性介质中一个孤立的微裂纹，微裂纹的特征尺寸为 a，法向单位矢量为 $\boldsymbol{n}$。假设微裂纹受到均匀的远场应力作用。该微裂纹的存在使系统释放出的能量(简称裂纹能)为

$$T=\frac{a^3}{E}[\sigma^2 f(\upsilon)+\tau^2 g(\upsilon,\beta)] \tag{2.7.1}$$

式中，E 和 υ 分别为各向同性基体的弹性模量和泊松比；σ 和 τ 分别为微裂纹受到的正应力和剪应力；β 为剪应力的方向与微裂纹特征方向间的夹角；$f(\upsilon)$ 和 $g(\upsilon,\beta)$ 分别为取决于微裂纹的形状、υ 以及 β 的函数。对于长半轴为 a、短半轴为 b 的椭圆状裂纹，有

$$f(\upsilon)=\frac{4\pi}{3}\left(\frac{b}{a}\right)^2\left[\frac{1-\upsilon^2}{E(k)}\right]$$

$$g(\upsilon,\beta)=\frac{4\pi}{3}\left(\frac{b}{a}\right)^2(1-\upsilon^2)[R(k,\upsilon)\cos^2\beta+Q(k,\upsilon)\sin^2\beta] \tag{2.7.2}$$

其中，

$$\begin{aligned}&k=\sqrt{1-b^2/a^2},\quad R(k,\upsilon)=k^2[(k^2-\upsilon)E(k)+\upsilon(1-k^2)K(k)]^{-1}\\&Q(k,\upsilon)=k^2[(k^2+\upsilon-\upsilon k^2)E(k)-\upsilon(1-k^2)K(k)]^{-1}\\&E(k)=\int_0^{\pi/2}(1-k^2\sin^2\varphi)^{1/2}\mathrm{d}\varphi,\qquad K(k)=\int_0^{\pi/2}(1-k^2\sin^2\varphi)^{-1/2}\mathrm{d}\varphi\end{aligned} \tag{2.7.3}$$

式中，$E(k)$和$K(k)$分别为第一类和第二类完全椭圆积分。对于圆币状微裂纹即 $a=b$，式(2.7.2)简化为

$$f(\upsilon)=\frac{8}{3}(1-\upsilon^2),\quad g(\upsilon,\beta)=\frac{16(1-\upsilon^2)}{3(2-\upsilon)} \tag{2.7.4}$$

假设裂纹面自由，即裂纹面之间没有接触和相互作用力，对于闭合的微裂纹，式(2.7.1)改写为

$$T=\frac{a^3}{E}[f(\upsilon)(\sigma-\bar{\sigma})^2+g(\upsilon,\beta)(\tau-\bar{\tau})^2] \tag{2.7.5}$$

式中，$\bar{\sigma}$ 和 $\bar{\tau}$ 分别为裂纹面间的正应力和剪应力，表示为

$$\bar{\sigma}=\frac{1}{2}[1-\mathrm{sgn}(\sigma)]\sigma$$

$$\bar{\tau}=\begin{cases}0, & \sigma>0\\-\mu\sigma, & \sigma<0,\quad \tau+\mu\sigma\geqslant 0\\\tau, & \sigma<0,\quad \tau+\mu\sigma<0\end{cases} \tag{2.7.6}$$

式中，μ 为摩擦系数。

这里介绍张开微裂纹的情形。假设在单位体积的材料中有完全随机分布的 N

个椭圆状微裂纹，微裂纹的存在使材料的有效弹性模量变为 $\bar{E}$ 和 $\bar{G}$ (或 $\bar{\upsilon}$ 和 $\bar{K}$)。采用自洽方法估计损伤材料有效模量的基本思想是：把每个微裂纹置于具有自洽等效模量的基体材料中，分析单个微裂纹的变形及其引起的模量变化，然后对所有微裂纹取总体平均，建立包含有效模量的方程，求解得到材料的有效力学性质。

把微裂纹置于有效模量 $\bar{E}$ 、$\bar{G}$ 的基体中，裂纹能变为

$$T=\frac{a^3}{\bar{E}}[\sigma^2 f(\bar{\upsilon})+\tau^2 g(\bar{\upsilon},\beta)] \tag{2.7.7}$$

即只需要将式(2.7.1)和式(2.7.2)中的 E 和 υ 分别用 $\bar{E}$ 和 $\bar{\upsilon}$ 代替即可。按照单位体积上的能量等效原则，等效弹性体在均匀应力作用下的应变能包括无裂纹基体的应变能和裂纹能两部分，即

$$\frac{1}{2}\boldsymbol{\sigma}:\bar{\boldsymbol{L}}^{-1}:\boldsymbol{\sigma}=\frac{1}{2}\boldsymbol{\sigma}:\boldsymbol{L}:\boldsymbol{\sigma}+\sum^{N}T(a,\bar{\boldsymbol{L}},\boldsymbol{\sigma}) \tag{2.7.8}$$

若裂纹体承受三轴静水拉应力 p 的作用，则式(2.7.8)可简化为

$$\frac{p^2}{2\bar{K}}=\frac{p^2}{2K}+\sum^{N}\frac{4\pi p^2 ab^2}{3E(k)}\left(\frac{1-\bar{\upsilon}^2}{\bar{E}}\right) \tag{2.7.9}$$

椭圆的面积为 πab ，周长为 $4aE(k)$ ，因此式(2.7.9)又可以表示为

$$\frac{\bar{K}}{K}=1-\frac{16}{9}\frac{1-\bar{\upsilon}^2}{1-2\bar{\upsilon}}f \tag{2.7.10}$$

式中，微裂纹的密度参数 f 定义为

$$f=\frac{2N}{\pi}\left\langle\frac{A^2}{p}\right\rangle \tag{2.7.11}$$

若裂纹体承受单轴拉伸应力 s 的作用，则式(2.7.8)可简化为

$$\frac{s^2}{2\bar{E}}=\frac{s^2}{2E}+\sum^{N}\frac{s^2a^3}{\bar{E}}[f(\bar{\upsilon})\cos^4\alpha+g(\bar{\upsilon},\beta)\sin^2\alpha\cos\alpha] \tag{2.7.12}$$

若裂纹的尺寸、形状和取向的分布都是相互独立的，则式(2.7.12)变为

$$\frac{\bar{E}}{E}=1-\frac{2N\langle a^3\rangle}{15}\langle 3f(\bar{\upsilon})+2g(\bar{\upsilon},\beta)\rangle \tag{2.7.13}$$

将式(2.7.2)中的 $f(\bar{\upsilon})$ 和 $g(\bar{\upsilon},\beta)$ 的表达式代入式(2.7.13)，并利用 $\langle\sin^2\beta\rangle=\langle\cos^2\beta\rangle=1/2$ ，得到

$$\frac{\bar{E}}{E}=1-\frac{16}{45}(1-\bar{\upsilon}^2)\left[3+T\left(\frac{b}{a},\bar{\upsilon}\right)\right]f \tag{2.7.14}$$

其中，

$$T(b/a)=E(k)[R(k,\bar{\upsilon})+Q(k,\bar{\upsilon})] \tag{2.7.15}$$

利用$\bar{K}$、$\bar{E}$、$\bar{G}$和$\bar{\upsilon}$之间的关联式，得出泊松比$\bar{\upsilon}$和剪切模量f与$\bar{G}$的关系为

$$\begin{gathered}\frac{\bar{G}}{G}=1-\frac{32}{45}(1-\bar{\upsilon}^2)\left[1+\frac{3}{4}T\left(\frac{b}{a},\bar{\upsilon}\right)\right]f\\ f=\frac{45}{8}\frac{\upsilon-\bar{\upsilon}}{(1-\bar{\upsilon}^2)[2(1+3\upsilon)-(1-2\upsilon)T]}\end{gathered} \tag{2.7.16}$$

对于圆币状微裂纹(b/a=1)，式(2.7.14)和式(2.7.16)可简化为

$$\frac{\bar{E}}{E}=1-\frac{16}{45}\frac{(1-\bar{\upsilon}^2)(10-3\bar{\upsilon})}{2-\bar{\upsilon}}f,\quad \frac{\bar{G}}{G}=1-\frac{32}{45}\frac{(1-\bar{\upsilon})(5-\bar{\upsilon})}{2-\bar{\upsilon}}f$$

$$f=\frac{45}{16}\frac{(\upsilon-\bar{\upsilon})(2-\bar{\upsilon})}{(1-\bar{\upsilon}^2)[10\upsilon-\bar{\upsilon}(1+3\upsilon)]} \tag{2.7.17}$$

图2.7.2(a)～(d)分别给出$\bar{K}/K$、$\bar{E}/E$、$\bar{G}/G$和υ随f的变化曲线。由图2.7.2(b)可见，$\bar{\upsilon}=0\sim\bar{\upsilon}=0.5$的曲线重合，$\bar{\upsilon}$对$\bar{E}/E\sim f$没有影响。

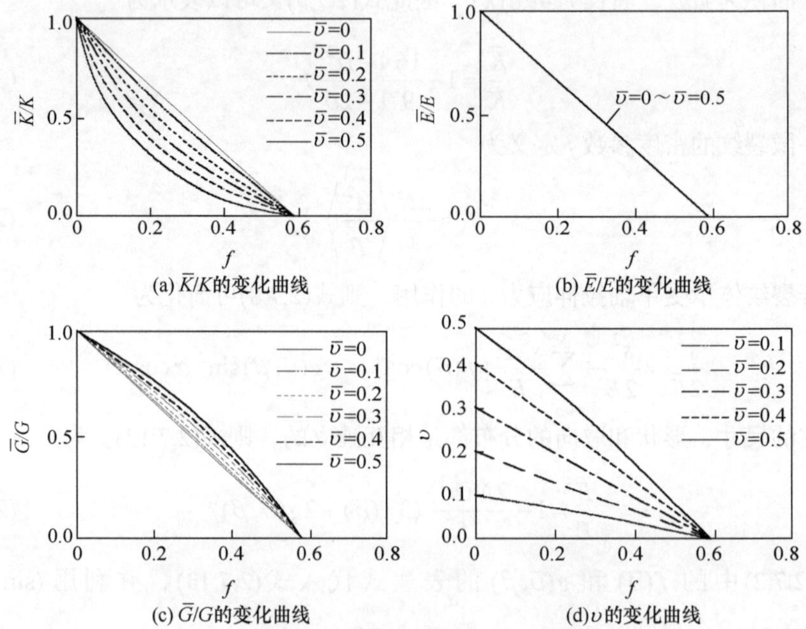

图 2.7.2 圆币状微裂纹的有效模量

关于微裂纹损伤自洽理论，具有如下问题：

(1) 对于随机分布的微裂纹，Taylor 模型给出的结果是有效模量 E、G 的上限，而自洽方法给出的是一种下限，可见，自洽方法过高地估计了微裂纹的相互作用对材料刚度的影响。

(2) 在自洽理论的结果中，当 $f \to 9/16$ 时，$\bar{K}/K \to 0, \bar{E}/E \to 0, \bar{G}/G \to 0$，这与实际情况不符。这是由于自洽方法将每个微裂纹置于具有有效模量的弹性基体中，是微裂纹相互作用的一种简单处理方法，放大了微裂纹的相互作用。

(3) 在自洽方法中，要求事先得知等效介质的各向异性，否则无法分析每个微裂纹的行为。在上面的分析中事先已经假定微裂纹体仍是各向同性的。若裂纹的分布不是完全随机的或者有损伤演化，则应事先假定各向异性的一些规律。此外，自洽方法要求了解单个微裂纹的解，但在比较复杂的各向异性情况下这并不容易得到。

(4) 自洽方法只适用于微裂纹密度比较小的情况。微裂纹密度越大，自洽方法的误差也就越大。

2. 广义自洽方法

广义自洽方法在考虑夹杂的相互作用时，首先将每个夹杂置于有限大的基体中，然后连同基体一并置于具有有效模量的复合材料中，因此这种模型又称为夹杂-基体-复合材料模型，这种模型可推广应用于微裂纹损伤材料。如图 2.7.3 所示，将单个圆币状微裂纹置于椭球状的基体材料中，椭球的外面被具有未知的有效模量的微裂纹体包围。椭球的两个长轴位于微裂纹所在的平面内，其体积占总体积的百分比等于相应的微裂纹密度，长短轴之比的选取原则是使微裂纹周围的基体厚度尽可能相同。

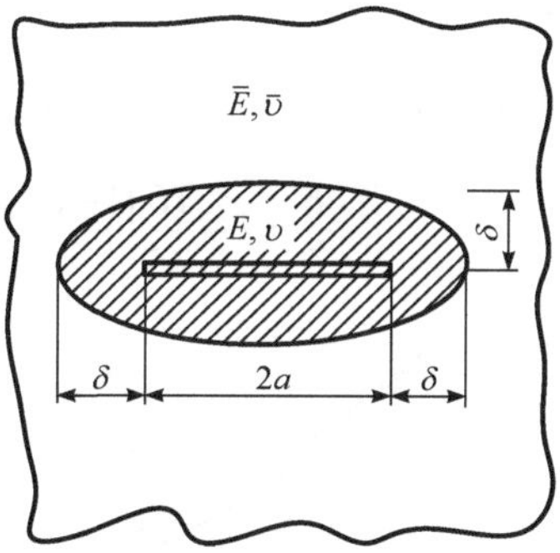

图 2.7.3　广义自洽模型

对于圆币状微裂纹，椭球三个轴的半长分别为

$$l_1 = l_2 = a + \delta, \quad l_3 = \delta \tag{2.7.18}$$

式中，δ 依赖于微裂纹的密度参数 f，表示为

$$f = \frac{a^3}{\pi(a+\delta)^2 \delta} \tag{2.7.19}$$

在图 2.7.3 所示的系统中计算单个微裂纹释放的能量 T，并代入式(2.7.5)中得

到包含有效模量 $\bar{E}$、$\bar{G}$ 的方程。很显然，这里得到的 T 介于式(2.7.1)和式(2.7.7)之间，因此可以预见，得到的有效模量将介于 Taylor 方法和自洽方法之间。

广义自洽方法得到的弹性模量、剪切模量和弹性常数的近似表达式为

$$\frac{\bar{E}}{E}=\left[1+\frac{16}{45}\frac{(1-\upsilon^2)(10-3\upsilon)}{2-\upsilon}f+D_{\mathrm{E}}^{3\mathrm{D}}f^{5/2}\right]^{-1}$$

$$\frac{\bar{G}}{G}=\left[1+\frac{32}{45}\frac{(1-\upsilon)(5-\upsilon)}{2-\upsilon}f+D_{\mathrm{G}}^{3\mathrm{D}}f^{5/2}\right]^{-1} \tag{2.7.20}$$

$$\frac{\bar{K}}{K}=1-\frac{16}{9}\frac{(1-\upsilon^2)}{1-2\upsilon}f+\frac{3D_{\mathrm{E}}^{3\mathrm{D}}-2(1+\upsilon)D_{\mathrm{G}}^{3\mathrm{D}}}{1-2\upsilon}f^{5/2}$$

式中，参数 $D_{\mathrm{E}}^{3\mathrm{D}}$ 和 $D_{\mathrm{G}}^{3\mathrm{D}}$ 仅依赖于基体材料的泊松比，即 $D_{\mathrm{E}}^{3\mathrm{D}}(\upsilon)$ 和 $D_{\mathrm{G}}^{3\mathrm{D}}(\upsilon)$，且有

$$\begin{aligned}&D_{\mathrm{E}}^{3\mathrm{D}}(0.2)=1.45,\quad D_{\mathrm{E}}^{3\mathrm{D}}(0.3)=1.43,\quad D_{\mathrm{E}}^{3\mathrm{D}}(0.4)=1.35\\&D_{\mathrm{G}}^{3\mathrm{D}}(0.2)=1.03,\quad D_{\mathrm{G}}^{3\mathrm{D}}(0.3)=0.93,\quad D_{\mathrm{G}}^{3\mathrm{D}}(0.4)=0.80\end{aligned} \tag{2.7.21}$$

图 2.7.4 给出了通过广义自洽方法、自洽方法和 Taylor 方法得到的有效模量。其中，自洽方法的结果由式(2.7.17)表示，Taylor 方法的结果由式(2.7.20)的前两式中去掉方括号中第三项得到，即

$$\frac{\bar{E}}{E}=1-\frac{16}{45}\frac{(1-\upsilon^2)(10-3\upsilon)}{2-\upsilon}f,\quad \frac{\bar{G}}{G}=1-\frac{32}{45}\frac{(1-\upsilon)(5-\upsilon)}{2-\upsilon}f \tag{2.7.22}$$

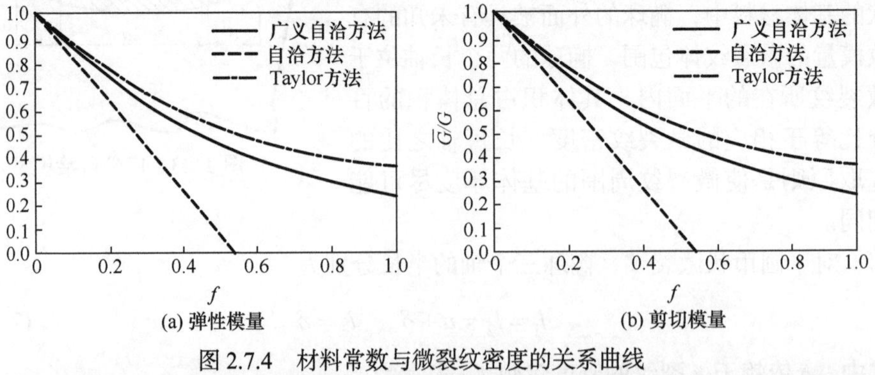

图 2.7.4　材料常数与微裂纹密度的关系曲线

图 2.7.5 给出了三种方法得到的二维平面情况下体积模量 $\bar{B}/B$ 的理论结果及有限元数值分析的结果(数值结果)。由图可见，广义自洽方法与数值结果符合得最好，而且在很大的范围内 Taylor 方法比较精确，自洽方法的结果最差。

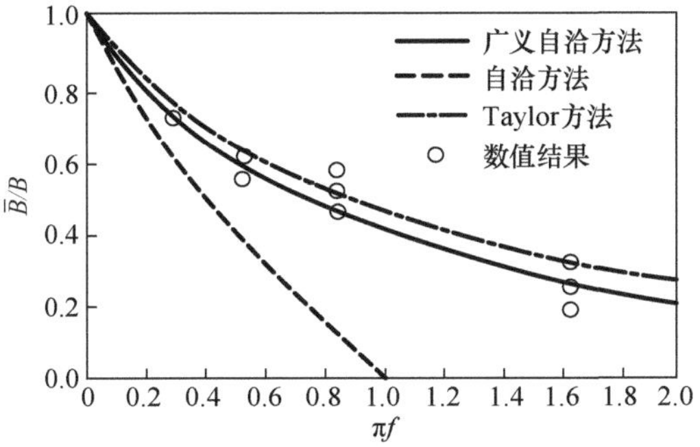

图 2.7.5　体积模量的计算结果

3. Mori-Tanaka 方法

设三维微裂纹体受到均匀的位移边界条件、应力边界条件为

$$u_i(S)=\varepsilon_{ij}^0 x_j\,,\qquad \sigma_i(S)=\sigma_{ij}^0 n_j \tag{2.7.23}$$

式中，$\sigma_i(S)$ 为边界 S 上的应力矢量；ε_{ij}^0 和 σ_{ij}^0 分别为常应变和常应力；n_j 为边界的外法线单位矢量。

总体的平均应变 $\bar{\varepsilon}_{ij}$ 包括两部分，即基体的平均应变 $\varepsilon_{ij}^{(1)}$ 和所有微裂纹引起的应变，即

$$\bar{\varepsilon}_{ij}=\varepsilon_{ij}^{(1)}+\frac{1}{2V}\sum_{a=1}^{N}\int_{S_a}(b_iN_j+b_jN_i)\mathrm{d}S_a \tag{2.7.24}$$

式中，$b_i=[u_i]$ 为微裂纹面的位移不连续矢量；N_i 为微裂纹面的法向单位矢量幅值。

平均应变 $\bar{\varepsilon}_{ij}$ 和平均应力 $\bar{\sigma}_{ij}$ 满足以下方程：

$$\bar{\varepsilon}_{ij}=\varepsilon_{ij}^0\,,\quad \bar{\sigma}_{ij}=\sigma_{ij}^{(1)}=\sigma_{ij}^0 \tag{2.7.25}$$

有效弹性张量的分量 $\bar{C}_{ijkl}$ 定义为

$$\bar{C}_{ijkl}=\frac{\bar{\sigma}_{ij}}{\bar{\varepsilon}_{kl}} \tag{2.7.26}$$

则方程(2.7.24)变为

$$\bar{C}_{ijkl}\varepsilon_{kl}^0=C_{ijkl}\varepsilon_{kl}^0-C_{ijkl}\frac{1}{2V}\sum_{a=1}^{N}\int_{S_a}(b_kN_l+b_lN_k)\mathrm{d}S_a \tag{2.7.27}$$

式中，C_{ijkl} 为基体材料的弹性张量分量。

为简化计算，本节只讨论二维平面情况。设一薄板中含有随机分布的微裂纹，微裂纹的半长为 a，单位面积内的微裂纹数量为 N。假设该平面问题具有式(2.7.23)

中的位移边界条件，其中

$$\varepsilon_{ij}^{0}=\frac{1}{2}\gamma_0\delta_{i1}\delta_{j2} \tag{2.7.28}$$

此时，方程(2.7.27)化简为

$$\bar{G}\gamma_0=G\gamma_0-2GI_{12} \tag{2.7.29}$$

式中，I_{12}为所有微裂纹对剪切应变的贡献，可表示为

$$I_{12}=\sum_{a=1}^{N}\int_{L_a}\frac{1}{2}(b_1N_2+b_2N_1)\mathrm{d}L_a \tag{2.7.30}$$

假设微裂纹是完全随机分布的，可以先求得单位微裂纹的贡献，然后对所有的微裂纹取向 θ 进行积分，即 I_{12} 可以表示为

$$I_{12}=\frac{N}{2\pi}\int_0^{\pi}\int_L(b_1N_2+b_2N_1)\mathrm{d}L\mathrm{d}\theta \tag{2.7.31}$$

若不考虑微裂纹的相互作用，即采用 Taylor 方法，则需要将每个微裂纹置于无限大的基体材料中，基体的平均应变为远场应变 γ_0，容易导出

$$I_{12}=\frac{\pi\alpha}{2(1+\upsilon)}\gamma_0 \tag{2.7.32}$$

式中，α 为平面情况下微裂纹的密度参数，$\alpha=Na^2$。由 Taylor 方法得出的有效剪切模量为

$$\frac{\bar{G}}{G}=1-\frac{\pi\alpha}{1+\upsilon} \tag{2.7.33}$$

Mori-Tanaka 方法的基本思想是将每个微裂纹置于无限大的基体中，但受到的远场应变不再是 ε_0，而是考虑了微裂纹损伤影响的有效应变 $\bar{\gamma}^{(1)}$，且有

$$\bar{\gamma}^{(1)}=\gamma_0+\tilde{\gamma}^{(1)} \tag{2.7.34}$$

式中，$\tilde{\gamma}^{(1)}$ 为由微裂纹的存在引起的应变波动项。则式(2.7.31)变为

$$I_{12}=\frac{\pi\alpha}{2(1+\upsilon)}(\gamma_0+\tilde{\gamma}^{(1)}) \tag{2.7.35}$$

利用式(2.7.25)，得到关系式

$$\gamma_0=\tilde{\gamma}^{(1)}+2I_{12} \tag{2.7.36}$$

联立式(2.7.34)～式(2.7.36)，得到

$$\tilde{\gamma}^{(1)}=\frac{-\pi\alpha}{1+\upsilon+\pi a}\gamma_0 \tag{2.7.37}$$

由 Mori-Tanaka 方法得到的有效剪切模量和弹性模量为

$$\frac{\bar{G}}{G}=\left(1+\frac{\pi\alpha}{1+\upsilon}\right)^{-1},\quad \frac{\bar{E}}{E}=\frac{1}{1+\pi\alpha} \tag{2.7.38}$$

图 2.7.6 给出了 $\bar{E}/E$ 和 $\bar{G}/G$ 的变化曲线，并与自洽方法、广义自洽方法进行了比较，其中 υ=1/3 。在二维情况下，自洽方法的结果可表示为

$$\frac{\bar{G}}{G}=\left[1+\frac{\pi\alpha}{(1+\upsilon)(1-\pi\alpha)}\right]^{-1},\quad \frac{\bar{E}}{E}=1-\pi\alpha \tag{2.7.39}$$

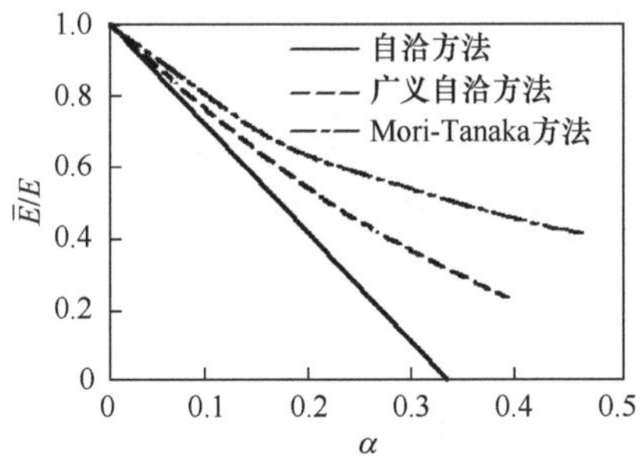

(a) $\bar{E}/E$的变化曲线

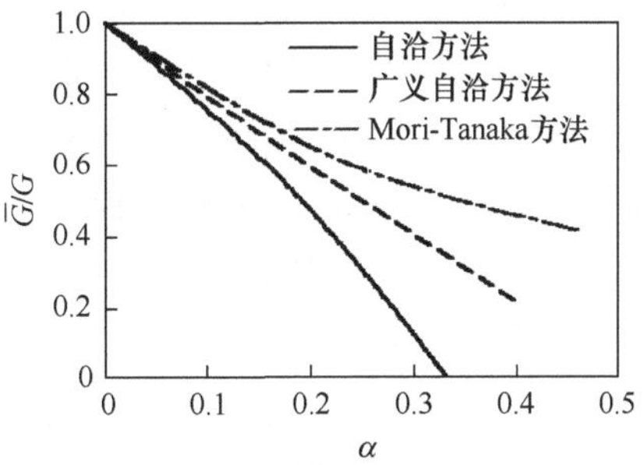

(b) $\bar{G}/G$的变化曲线

图 2.7.6　弹性模量和剪切模量

综上所述，Mori-Tanaka 方法的核心思想是将单个微裂纹置于无损的基体中，承受有效的应力场或应变场，而这种有效场与外加的远场不需要一致。因此，这种方法亦称为有效场方法，实际上是有效场方法的一种简化情况。在更一般的有效场方法中，有效的应力场或应变场可以是不均匀的。Mori-Tanaka 方法比自洽方法优越之处在于其预测的有效模量随着微裂纹密度的增大逐渐趋近于零。

4. 微分方法

自洽方法是将每个微裂纹都置于具有有效模量的等效介质中，微分方法也采用类似的思想。因此，微分方法与自洽方法具有一定的关联。二者不同之处在于：在微分方法中，微裂纹是依次加入基质材料中的，因此每个微裂纹周围的等效介质的有效模量只与前面加入的微裂纹有关，即在微裂纹逐渐增加的过程中，有效模量是一个逐渐变化的过程，这种变化可以用微分方程的形式表示。

下面针对随机分布的微裂纹损伤情况，从自洽方法的结果中导出微分方法的结果。假设三维微裂纹体中的所有微裂纹都具有相同的长短轴比 a/b，但是尺寸和方向是完全随机分布的。在这种情况下，式(2.7.10)和式(2.7.16)的第一式表示为

$$\bar{K}=K(1-\kappa\alpha),\quad \bar{G}=G(1-\mu\alpha) \tag{2.7.40}$$

式中，α 为微裂纹的密度参数，

$$\alpha=\frac{\pi\sum_{i=1}^{N}a_i b_i^2}{2E(k)},\quad \kappa=\kappa\left(\frac{b}{a},\upsilon\right)=\frac{16}{9}\frac{1-\upsilon^2}{1-2\upsilon}$$

$$\mu=\mu\left(\frac{b}{a},\upsilon\right)=\frac{32}{45}(1-\upsilon)\left[1+\frac{3}{4}\left(\frac{1}{1+\beta\upsilon}+\frac{1}{1+\rho\upsilon}\right)\right] \tag{2.7.41}$$

$$\rho=\frac{(1-k^2)E(k)-K(k)}{k^2E(k)},\quad \beta=\frac{(1-k^2)E(k)-E(k)}{k^2E(k)}$$

式中，N 为微裂纹数，a_i、b_i 分别为第 i 个微裂纹的长、短轴尺寸。

在微分方法中，考察微裂纹增加的某一状态，此时的微裂纹密度为 α，有效模量为 $\bar{K}$ 和 $\bar{G}$，在下一状态，微裂纹密度变为 $\alpha+\mathrm{d}\alpha$，有效模量变为 $\bar{K}+\mathrm{d}\bar{K}$ 和 $\bar{G}+\mathrm{d}\bar{G}$。在这一很小的 α 变化过程中，$\bar{K}$ 和 $\bar{G}$ 作为基体材料的模量，即将微裂纹密度为 α 的裂纹体看成新增微裂纹的基体，$\mathrm{d}\alpha$ 是新增微裂纹的密度，利用自洽方法得到的结果式(2.7.40)，得

$$\bar{K}+\mathrm{d}\bar{K}=\bar{K}(1-\bar{\kappa}\mathrm{d}\alpha),\quad \bar{G}+\mathrm{d}\bar{G}=\bar{G}(1-\bar{\mu}\mathrm{d}\alpha) \tag{2.7.42}$$

其中，

$$\bar{\kappa}=\kappa\left(\frac{b}{a},\upsilon\right),\quad \bar{\mu}=\mu\left(\frac{b}{a},\upsilon\right) \tag{2.7.43}$$

式(2.7.42)化简为

$$\frac{\mathrm{d}\bar{K}}{\mathrm{d}\bar{\alpha}}=-\bar{K}\bar{\kappa},\quad \frac{\mathrm{d}\bar{G}}{\mathrm{d}\bar{\alpha}}=-\bar{G}\bar{\mu} \tag{2.7.44}$$

式(2.7.44)为耦合有效模量的微分方程组，其初始条件为

$$\bar{K}\big|_{\alpha=0}=K,\quad \bar{G}\big|_{\alpha=0}=G \tag{2.7.45}$$

对于圆币状微裂纹，$a=b$，微分方程化简为

$$\frac{\mathrm{d}\bar{E}}{\mathrm{d}\alpha}=-\frac{16}{45}\bar{E}\frac{(1-\bar{\upsilon}^2)(10-3\bar{\upsilon})}{2-\bar{\upsilon}},\quad \frac{\mathrm{d}\bar{K}}{\mathrm{d}\alpha}=-\frac{16}{9}\bar{K}\frac{1-\bar{\upsilon}^2}{1-2\bar{\upsilon}}$$

$$\frac{\mathrm{d}\bar{G}}{\mathrm{d}\alpha}=-\frac{32}{45}\bar{G}\frac{(1-\bar{\upsilon})(5-\bar{\upsilon})}{2-\bar{\upsilon}},\quad \alpha=\sum_{i=1}^{N}a_i^3 \tag{2.7.46}$$

微分方程(2.7.46)的封闭解表示为

$$\frac{\bar{E}}{E}=\left(\frac{\bar{\upsilon}}{\upsilon}\right)^{10/9}\left(\frac{3-\upsilon}{3-\bar{\upsilon}}\right)^{1/9},\quad \frac{\bar{G}}{G}=\frac{1+\upsilon}{3+\bar{\upsilon}}\frac{\bar{E}}{E}$$

$$\alpha = \frac{5}{8}\ln\frac{\upsilon}{\bar{\upsilon}} + \frac{15}{64}\ln\frac{1-\bar{\upsilon}}{1-\upsilon} + \frac{45}{128}\ln\frac{1+\bar{\upsilon}}{1+\upsilon} + \frac{5}{128}\ln\frac{3-\bar{\upsilon}}{3-\upsilon} \tag{2.7.47}$$

图 2.7.7 给出了 $\bar{E}/E$ 和 $\bar{G}/G$ 随 α 的变化曲线，并与自洽方法进行了比较。随着 α 的增大，微分方法所得到的 $\bar{E}/E$ 和 $\bar{G}/G$ 逐渐趋近于零，说明结果更为合理。但微分方法中存在的一个问题是其结果具有路径相关性，即其结果可能不唯一。

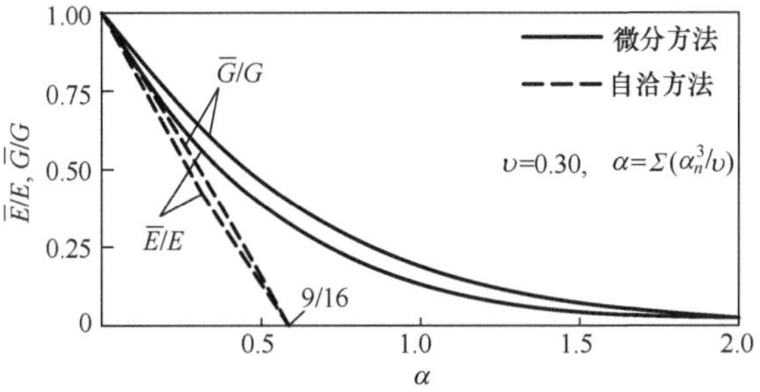

图 2.7.7　微分方法与自洽方法的比较

2.7.3　Gurson 模型

1. 韧性材料的微孔洞损伤

很多金属材料的断裂过程要经历明显的塑性变形，这种断裂称为韧性断裂或塑性断裂，韧性金属材料的损伤破坏过程大致分为以下三个阶段：

(1) 微孔洞的形核。微孔洞的形核主要是由于材料细观结构的不均匀性，大多数微孔洞形核于二相粒子附近，或产生于二相粒子的自身开裂，或产生于二相粒子与基体的界面脱黏。

(2) 微孔洞的长大。随着不断加载，微孔洞周围材料的塑性变形越来越大，微孔洞也随之扩展和长大。

(3) 微孔洞的汇合。微孔洞附近的塑性变形达到一定程度后，微孔洞之间发生塑性失稳，导致微孔洞之间出现局部剪切带，剪切带中的二级孔洞片状汇合形成宏观裂纹。

经典塑性理论中通常不考虑塑性体积变形，认为静水压力对材料的屈服无显著影响。这种简化假设对于损伤很小的塑性变形初期阶段有较高的精度，但是随着塑性变形的增加，微孔洞不断形核和长大，使体积不可压缩的假设不再成立。因此，从微孔洞的研究出发，发展考虑细观损伤的塑性理论是必然趋势。

对于微孔洞的损伤，主要研究相邻孔洞之间的相互作用、微孔洞的形核机理以及在微孔洞汇合前的变形过程等。在轴对称加载条件下，孔洞体积膨胀率表示为

$$\frac{1}{\dot{E}_{\mathrm{eq}}}\frac{\dot{V}}{V}=\sqrt{3}\sinh\left(\frac{\sqrt{3}\Sigma_{\mathrm{m}}}{\sigma_{\mathrm{s}}}\right) \tag{2.7.48}$$

式中，Σ_{m} 为宏观平均应力；σ_{s} 为基体材料的屈服应力；$\dot{E}_{\mathrm{eq}}$ 为宏观的等效应变。利用 Rayleigh-Ritz 方法研究理想刚塑性基体中的球形孔洞的长大问题，应用最大塑性功原理，得到孔洞平均半径 R 的增长率为

$$\frac{1}{\dot{\varepsilon}}\frac{\dot{R}}{R}=0.283\,\mathrm{e}^{3\Sigma_{\mathrm{m}}/(2\Sigma_{\mathrm{eq}})} \tag{2.7.49}$$

式中，Σ_{eq} 为宏观的 von Mises 等效应力；$\dot{\varepsilon}$ 为无穷远处的简单拉伸应变率。

2. Gurson 模型的描述

为了描述韧性材料细观损伤的机制及其演化过程，需要建立适当的模型来描述材料的细观结构。Gurson 模型摒弃了无限大基体的假设，建立了有限大基体含微孔洞的体胞模型。这种模型更接近于真实的材料细观结构，为损伤的描述(如作为损伤变量的孔洞体积百分比)及宏观体积膨胀的塑性理论的建立奠定基础。

Gurson 模型包含四种微孔洞的体胞模型，即圆柱形孔洞模型、球形孔洞模型、刚性楔圆柱形孔洞模型、刚性楔球形孔洞模型，如图 2.7.8 所示。其中，图 2.7.8(a)为有限体积的圆柱体中的圆柱形孔洞模型；图 2.7.8(b)为有限体积的球体中的球形孔洞模型；图 2.7.8(c)为含有刚性楔的有限体积的圆柱体中的圆柱形孔洞模型；图 2.7.8(d)为含有刚性楔的有限体积的球体中的球形孔洞模型。图 2.7.8(a)和(b)两种模型为全塑性体胞单元；图 2.7.8(c)和(d)两种模型为刚性楔的体胞单元，划斜线的区域为刚性楔，主要应用于孔洞体积百分比(或称为孔隙率)比较低和宏观应力三轴度比较高的情况，因为当三轴度较高时，平均应力的影响显著，体胞单元的变形趋向于球对称的全场变形。而在孔洞体积百分比较大的情况下，孔洞之间的变形局部化明显，所引起的塑性变形只发生在体胞单元的局部，因此宜采用含有刚性楔的体胞单元。

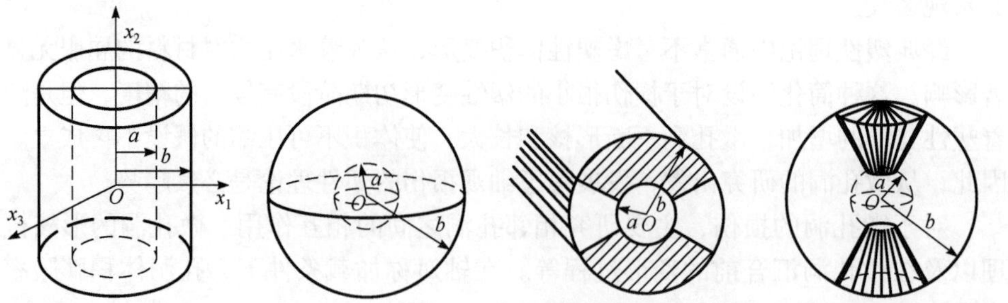

(a) 圆柱形孔洞模型　(b) 球形孔洞模型　(c) 刚性楔圆柱形孔洞模型　(d) 刚性楔球形孔洞模型

图 2.7.8　体胞模型

设基体为均匀的不可压缩理想刚塑性材料，采用 von Mises 屈服条件，设基体中的细观应力和应变用 σ_{ij} 和 ε_{ij} 表示，而宏观应力和应变用 Σ_{ij} 和 E_{ij} 表示。关于宏观变形率的定义为

$$E_{ij}=\frac{1}{2V}\int_S(\boldsymbol{v}_i\cdot\boldsymbol{n}_j+\boldsymbol{v}_j\cdot\boldsymbol{n}_i)\mathrm{d}S \tag{2.7.50}$$

式中，V 为所选取材料单元的总体积；S 为外表面面积；$\boldsymbol{n}_i$ 为外法线单位矢量；$\boldsymbol{v}_i$ 为细观的速度场。利用 Gauss 定理，式(2.7.50)可以改写为

$$E_{ij}=\frac{1}{2V}\left(\int_{V_{\mathrm{M}}}\varepsilon_{ij}\mathrm{d}V+\int_{V_{\mathrm{V}}}\varepsilon_{ij}\mathrm{d}V\right) \tag{2.7.51}$$

式中，V_{M} 为基体的总体积；V_{V} 为微孔洞的总体积。

宏细观的功率互等公式为

$$V\Sigma_{ij}E_{ij}=\int_{V_{\mathrm{M}}}\sigma_{ij}\varepsilon_{ij}\mathrm{d}V \tag{2.7.52}$$

根据式(2.7.50)和式(2.7.52)可以推得，宏观应力和细观应力的关系为

$$\Sigma_{ij}=\frac{1}{V}\int_{V_{\mathrm{M}}}\sigma_{ij}\mathrm{d}V=\frac{1}{S}\int_S\sigma_{ij}\mathrm{d}S \tag{2.7.53}$$

引入宏观单元的单位体积的形变耗散功率为

$$\dot{W}=\Sigma_{ij}\dot{E}_{ij}=\frac{1}{V}\int_{V_{\mathrm{M}}}\sigma_{ij}\dot{\varepsilon}_{ij}\mathrm{d}V \tag{2.7.54}$$

可以证明确定宏观应力场的基本公式为

$$\Sigma_{ij}=\frac{\partial W}{\partial\dot{E}_{ij}}=\frac{1}{V}\int_{V_{\mathrm{M}}}\sigma_{kl}\frac{\partial\dot{\varepsilon}_{kl}}{\partial\dot{E}_{ij}}\mathrm{d}V \tag{2.7.55}$$

利用图 2.7.8 中的四种体胞模型，分别构造相应速度场，并代入式(2.7.55)，得到近似的塑性屈服面。例如，对于图 2.7.8(b)中的构元，可以得到屈服面为

$$\Phi(\Sigma_{ij},f)=\left(\frac{\Sigma_{\mathrm{eq}}}{\sigma_{\mathrm{s}}}\right)^2+2f\cosh\left(\frac{3\Sigma_{\mathrm{m}}}{2\sigma_{\mathrm{s}}}\right)-1-f^2=0 \tag{2.7.56}$$

式中，f 为孔洞的体积百分比。式(2.7.56)的屈服面如图 2.7.9 所示。

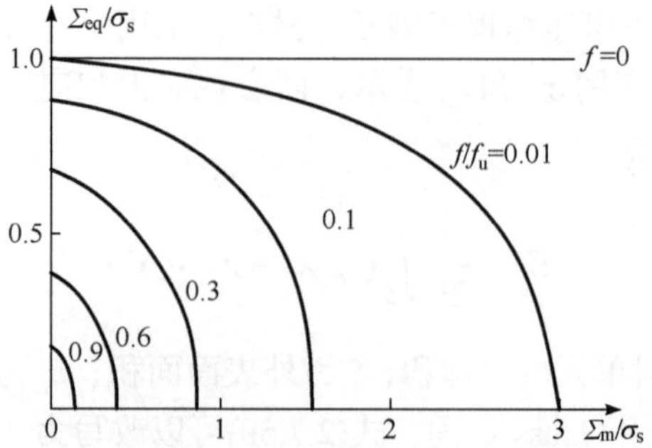

图 2.7.9 Gurson 模型的屈服面

由上述方法得到的屈服面有如下特点：

(1) 所有的屈服面都是外凸的、光滑的。

(2) 根据 Taylor 最小塑性耗散原理，由所构造的(而不是真实的)速度场以及式(2.7.56)得到的屈服面为真实屈服面的上限。

(3) 屈服面和宏观平均应力密切相关，这一点改变了在经典塑性理论中平均应力不影响屈服和塑性体积不可压缩的概念。

(4) 材料的屈服与损伤相联系。随着孔洞体积百分比的增大，屈服面逐渐缩小，即材料有随损伤软化的特性。当 f=0 时，所得到的屈服面与经典塑性理论的 von Mises 屈服条件完全相同。当 $f=1$ 时，屈服面缩小为一个点。孔洞的形核和长大是屈服面缩小和塑性体积膨胀的原因。

基体材料采用刚塑性各向同性应变强化模型，并假设材料的等效屈服应力 σ_e 和等效塑性应变 ε_e^p 可以用一条单一曲线表示，如图 2.7.10 所示，其硬化系数为

$$h=\frac{d\sigma_e}{d\varepsilon_e^p}=\frac{EE_t}{E-E_t} \tag{2.7.57}$$

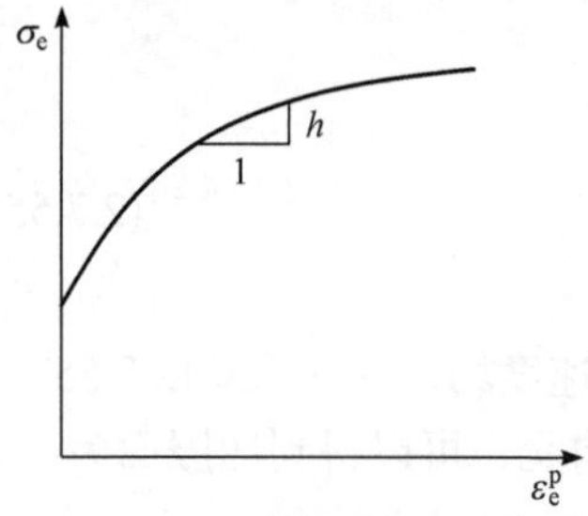

图 2.7.10 基体材料的硬化曲线

式中，E 为弹性模量；E_t 为硬化模量。由 Gurson 模型得到的宏观屈服面与式(2.7.56)的形式相同，只是将其中的屈服应力 σ_s 替换为等效屈服应力 σ_e。由式(2.7.57)及等效塑性功的表达式

$$\Sigma_{ij}\dot{E}_{ij}=\sigma_e\dot{\varepsilon}_p(1-f) \tag{2.7.58}$$

得到基体材料等效屈服应力的变化率为

$$\dot{\sigma}_e=\frac{h\Sigma_{ij}\dot{E}_{ij}}{(1-f)\sigma_e} \tag{2.7.59}$$

在 Gurson 模型中，损伤被视为各向同性的，损伤变量用一个标量即孔洞体积百分比来表示。这是由于对韧性金属材料来讲，损伤引起的各向异性往往不是非

常明显。孔洞体积百分比的演化包括两部分，即

$$\dot{f} = \dot{f}_{\mathrm{gr}} + \dot{f}_{\mathrm{nu}} \tag{2.7.60}$$

式中，$\dot{f}_{\mathrm{gr}}$ 为由孔洞长大引起的孔洞体积百分比的变化率；$\dot{f}_{\mathrm{nu}}$ 为由孔洞形核引起的孔洞体积百分比的变化率。由于假设基体材料是不可压缩的，$\dot{f}_{\mathrm{gr}}$ 依赖于宏观的塑性体积变形，有

$$\dot{f}_{\mathrm{gr}} = (1-f)\dot{E}_{kk}^{\mathrm{p}} \tag{2.7.61}$$

新孔洞的产生造成的孔洞体积百分比的增加为

$$\dot{f}_{\mathrm{nu}} = A\dot{\sigma}_{\mathrm{e}} + B\dot{\Sigma}_{\mathrm{m}} \tag{2.7.62}$$

式中，$A\dot{\sigma}_{\mathrm{e}}$ 表示塑性应变控制的形核机制；$B\dot{\Sigma}_{\mathrm{m}}$ 表示应力控制的形核机制。

对于第一种形核机制，试验表明，孔洞的形核率和等效塑性应变呈线性关系。假设孔洞的形核过程服从正态分布，则其系数为

$$A = \frac{f_{\mathrm{n}}}{hS\sqrt{2\pi}} \mathrm{e}^{-[(\varepsilon_{\mathrm{e}}^{\mathrm{p}} - \varepsilon_{\mathrm{N}})/S]^2/2}, \quad B = 0 \tag{2.7.63}$$

式中，ε_{N} 为孔洞形核的平均应变；S 为相应的标准方差；f_{n} 为可以发生微孔洞形核的所有二相粒子的体积百分比。式(2.7.63)成立的条件是 $\varepsilon_{\mathrm{e}}^{\mathrm{p}} = (\varepsilon_{\mathrm{e}}^{\mathrm{p}})_{\max}$，且 $\dot{\varepsilon}_{\mathrm{e}}^{\mathrm{p}} > 0$。

对于第二种形核机制，孔洞形核过程主要是由最大正应力驱动的基体和二相粒子的脱黏过程。这种机制主要由应力组合 $\sigma_{\mathrm{e}} + \Sigma_{\mathrm{m}}$ 来控制，并取 A=B，可表示为

$$A = B = \frac{f_{\mathrm{n}}}{S\sqrt{2\pi}} \mathrm{e}^{-[(\sigma_{\mathrm{e}} + \Sigma_{\mathrm{m}} - \sigma_{\mathrm{N}})/S]^2/2} \tag{2.7.64}$$

式中，σ_{N} 为孔洞形核的平均应力。若应力控制和应变控制的两种形核机制在材料中同时发生，则 A 的值是式(2.7.63)和式(2.7.64)之和。式(2.7.64)成立的条件是 $\sigma_{\mathrm{e}} + \Sigma_{\mathrm{m}} = (\sigma_{\mathrm{e}} + \Sigma_{\mathrm{m}})_{\max}$，且 $\sigma_{\mathrm{e}} + \Sigma_{\mathrm{m}} > 0$。

3. Gurson 模型下的本构关系

这里针对弹塑性大变形情况，给出 Gurson 模型下的本构关系。将宏观的变形率 $D_{ij} = \dot{E}_{ij}$ 分解为弹性部分 D_{ij}^{e} 和塑性部分 D_{ij}^{p}，即

$$D_{ij} = D_{ij}^{\mathrm{e}} + D_{ij}^{\mathrm{p}} \tag{2.7.65}$$

其中，弹性部分满足

$$D_{ij}^{\mathrm{e}} = \frac{1}{2G}\bar{\Sigma}_{ij} + \frac{1}{3}\left(\frac{1}{3K} - \frac{1}{2G}\right)\delta_{ij}\bar{\Sigma}_{kk} \tag{2.7.66}$$

式中，G 和 K 分别为弹性剪切模量和体积模量；$\bar{\Sigma}_{ij}$ 为宏观 Cauchy 应力 Σ_{ij} 的 Jaumann 客观共旋率，即

$$\bar{\Sigma}_{ij} = \dot{\Sigma}_{ij} - \Omega_{ik}\Sigma_{kj} - \Sigma_{ik}\Omega_{jk} \tag{2.7.67}$$

式(2.7.65)和式(2.7.67)中，D_{ij} 和 Ω_{ij} 分别为

$$D_{ij} = \frac{1}{2}\left(\frac{\partial v_i}{\partial x_j} + \frac{\partial v_j}{\partial x_i}\right), \quad \Omega_{ij} = \frac{1}{2}\left(\frac{\partial v_i}{\partial x_j} - \frac{\partial v_j}{\partial x_i}\right) \tag{2.7.68}$$

若基体材料的每一个组分都服从 von Mises 屈服条件，且满足正交法则，则多孔材料的宏观塑性变形率也满足正交法则，即

$$D_{ij}^{\mathrm{p}} = \Lambda \frac{\partial \Phi}{\partial \Sigma_{ij}} \tag{2.7.69}$$

式中，Λ 为待定的塑性流动因子。将式(2.7.59)～式(2.7.69)代入一致性条件 $\dot{\Phi}=0$，即可得到多孔材料的塑性流动法则。将弹性部分和塑性部分相加，得到弹塑性本构方程为

$$D_{ij} = \frac{1}{2G}\bar{\Sigma}_{ij} + \frac{1}{3}\left(\frac{1}{3K} - \frac{1}{2G}\right)\delta_{ij}\bar{\Sigma}_{kk} + \lambda\frac{1}{H}\left(\frac{3\Sigma_{ij}}{2\sigma_{\mathrm{e}}} + \alpha\delta_{ij}\right)\left(\frac{2\Sigma_{kl}}{2\sigma_{\mathrm{e}}} + \beta\delta_{kl}\right)\bar{\Sigma}_{kl} \tag{2.7.70}$$

其中，

$$\lambda = \begin{cases} 1, & \Phi = 0 \text{ 且 } \hat{H} \geqslant 0 \\ 0, & \Phi < 0, \text{或} \Phi = 0 \text{ 且 } \hat{H} < 0 \end{cases}$$

$$\hat{H} = \frac{1}{H}\left(\frac{3\Sigma_{kl}}{2\sigma_{\mathrm{e}}} + \beta\delta_{kl}\right)\bar{\Sigma}_{kl}$$

$$H = \frac{h_{\mathrm{m}}}{1-f}\left(\omega + \alpha\frac{\Sigma_{kk}}{\sigma_{\mathrm{e}}}\right)^2 - \sigma_{\mathrm{e}}\left[\cosh\left(\frac{\Sigma_{kk}}{2\sigma_{\mathrm{e}}}\right) - f\right] \times \left[\frac{Ah_{\mathrm{m}}}{1-f}\left(\omega + \alpha\frac{\Sigma_{kk}}{\sigma_{\mathrm{e}}}\right) + 3(1-f)\alpha\right]$$

$$\alpha = \frac{1}{2} f \sinh\left(\frac{\Sigma_{kk}}{2\sigma_{\mathrm{e}}}\right), \quad \beta = \alpha + \frac{B}{3}\left[\cosh\left(\frac{\Sigma_{kk}}{2\sigma_{\mathrm{e}}}\right) - f\right]\sigma_{\mathrm{e}}$$

$$\omega = \frac{3\Sigma_{ij}\Sigma_{ij}}{2\sigma_{\mathrm{e}}^2} = 1 + f^2 - 2f\cosh\left(\frac{\Sigma_{kk}}{2\sigma_{\mathrm{e}}}\right) \tag{2.7.71}$$

式(2.7.69)的逆关系为

$$\bar{\Sigma}_{ij} = 2GD_{ij} + \left(K - \frac{2}{3}G\right)\delta_{ij}D_{kk} - \frac{\lambda\left(G\Sigma_{ij}/\sigma_e + K\alpha\delta_{ij}\right)\left(G\Sigma_{kl}/\sigma_e + K\beta\delta_{kl}\right)D_{kl}}{H/9 + \omega G/3 + \alpha\beta K} \tag{2.7.72}$$

若 $f=0$，$A=0$，$B=0$，则式(2.7.70)和式(2.7.72)可简化为经典塑性力学中的 Prandtl-Reuss 方程。

综上所述，Gurson 模型和其他的连续损伤模型相比，有以下特点：

(1) Gurson 模型的损伤变量，即孔洞体积百分比有更清晰的几何意义和明确的物理内涵。

(2) Lemaitre 和 Chaboche 等唯象损伤模型的损伤理论认为材料的损伤与弹性模量 E 相关，而 Gurson 模型认为损伤主要与基体材料的塑性变形相关。

(3) Gurson 模型提供了一套完整的韧性损伤的本构方程。

(4) Gurson 模型发展了一种考虑细观参量的唯象的物理模型。Gurson 提出的细观体胞模型突破了经典方法中无限大基体的限制，更好地反映了材料的细观结构，并且所采用的数学处理方法并未超出连续介质力学的范围。

(5) Gurson 模型可以同时考虑微孔洞的形核和长大过程。

4. Gurson 模型的修正与完善

从 Gurson 的体胞单元得到的宏观屈服面是真实屈服面的上限，更为精细的数值分析表明，材料的屈服应力比 Gurson 模型的预测结果要低。Gurson 模型的突出优点不仅使其受到了普遍欢迎，而且得到了多方面的修正与完善。

1) 幂函数的基体硬化关系修正

若采用幂函数的基体硬化关系

$$\sigma_e = \mu(\varepsilon_e)^n \tag{2.7.73}$$

修正 Gurson 模型，则具有更一般形式的、考虑孔洞之间相互作用效应的屈服条件为

$$\Phi(\Sigma_{ij}, \sigma_e, f) = \left(\frac{\Sigma_{eq}}{\sigma_e}\right)^2 + 2fq_1\cosh\left(\frac{3q_2\Sigma_m}{2\sigma_e}\right) - 1 - q_3 f^2 = 0 \tag{2.7.74}$$

式中，$q_i(i=1,2,3)$ 为修正参数。当 $q_1=q_2=q_3=1$ 时，式(2.7.74)退化为式(2.7.56)。

对于不同的材料参数，q_i 的取值会稍有不同。对于高强度钢，通过平面应变拉伸的数值分析得到了 q_i 的值，首先计算材料中含有周期分布的孔洞的情况，然后假设均匀的多孔介质服从屈服条件(2.7.74)，将两种情况的结果进行对比，得到 $q_1=1.5$，$q_2=1.0$，$q_3=q_1^2=2.25$。

多孔韧性材料的最后破坏是由微孔洞的汇合引起的。按照 Gurson 模型，只有当孔洞膨胀到足够大，屈服面缩小为一点，即 $f = 1/q_1$ 时，材料才完全丧失承载能力，显然，这是不现实的。试验表明，微孔洞在形核后会沿着拉伸的方向长大，当微孔洞的长度达到孔洞间距的量级时，将发生相邻微孔洞的汇合。这种局部的破坏是由微孔洞间的滑移带和变形局部化引起的，发生微孔洞汇合时的临界孔洞体积百分比为 0.15，远低于 $1/q_1$。

2) 微孔洞的汇合修正

用一定的方法将微孔洞的汇合引入 Gurson 模型，即可对 Gurson 模型进行修正，其中最常用的方法是将式(2.7.74)中的孔洞体积百分比用函数 f' 代替，即

$$\Phi(\Sigma_{ij},\sigma_{\mathrm{e}},f') = \left(\frac{\Sigma_{\mathrm{eq}}}{\sigma_{\mathrm{e}}}\right)^2 + 2f'q_1\cosh\left(\frac{3q_2\Sigma_{\mathrm{m}}}{2\sigma_{\mathrm{e}}}\right) - 1 - q_3 f'^2 = 0 \tag{2.7.75}$$

其中，

$$f' = \begin{cases} f, & f \leqslant f_{\mathrm{c}} \\ f_{\mathrm{c}} + \dfrac{f'_{\mathrm{u}} - f_{\mathrm{c}}}{f_{\mathrm{F}} - f_{\mathrm{c}}}(f - f_{\mathrm{c}}), & f > f_{\mathrm{c}} \end{cases} \tag{2.7.76}$$

式中，f_{c} 为开始发生孔洞汇合时的孔洞体积百分比；f_{F} 为材料断裂时的临界孔洞体积百分比；$f'_{\mathrm{u}} = f'(f_{\mathrm{F}}) = 1/q_1$。根据试验和数值结果，可取 $f_{\mathrm{u}} = 0.15$，$f_{\mathrm{F}} = 0.25$。

3) 各向同性和随动硬化修正

设基体材料同时表现出各向同性和随动硬化，Gurson 模型的屈服面可以进行如下修正：

$$\Phi(\Sigma_{ij},\sigma_{\mathrm{F}},f) = \left(\frac{\Sigma_{\mathrm{eq}} - A_{\mathrm{e}}}{\sigma_{\mathrm{F}}}\right)^2 + 2f\cosh\left(\frac{3}{2}\frac{\Sigma_{\mathrm{m}} - A_{\mathrm{m}}}{\sigma_{\mathrm{F}}}\right) - 1 - f^2 = 0 \tag{2.7.77}$$

式中，σ_{F} 为各向同性硬化(b=0)与随动硬化(b=1)间的一种插值，$\sigma_{\mathrm{F}} = b\sigma_{\mathrm{s}} + (1-b)\sigma_{\mathrm{e}}$，$\sigma_{\mathrm{s}}$ 为基体的初始屈服应力，σ_{e} 为当前的屈服应力；A_{e} 为等效背应力；A_{m} 为平均背应力。

4) 多孔材料屈服面的下限解模型

对比 Gurson 模型的上限解，通过构造球形孔洞周围的应力场，可以确定多孔材料屈服面的下限解，其屈服函数表示为

$$\Phi = \left(\frac{\Sigma_{\mathrm{eq}}}{\sigma_{\mathrm{e}}}\right)^2 + \frac{f[\beta_1\sinh(q\Sigma_{\mathrm{m}}/\sigma_{\mathrm{e}}) + \beta_2\cosh(q\Sigma_{\mathrm{m}}/\sigma_{\mathrm{e}})]}{\sqrt{1 + \beta_4 f^2\sinh^2(q\Sigma_{\mathrm{m}}/\sigma_{\mathrm{e}})}} - \beta_3 = 0 \tag{2.7.78}$$

式中，参数 β_1、β_2、β_3、β_4 和 q 通过数值分析得到。当 $f \leqslant 0.3$ 时，有

$$
\begin{gathered}
q=1.5, \quad \beta_1=0, \quad \beta_2=2-\frac{1}{2}\ln f, \quad \beta_3=1+f(1+\ln f) \\
\beta_4=\left(\frac{\beta_2}{\beta_3}\right)^2 \coth^2\left(q\frac{\Sigma_{\mathrm{m}}^0}{\sigma_{\mathrm{e}}}\right)-\left[f^2 \sinh\left(q\frac{\Sigma_{\mathrm{m}}^0}{\sigma_{\mathrm{e}}}\right)\right]^{-1}, \quad \Sigma_{\mathrm{m}}^0=-0.65\sigma_{\mathrm{e}}\ln f
\end{gathered} \tag{2.7.79}
$$

5. Gurson 模型的应用

Gurson 模型是广泛应用的损伤模型之一，将 Gurson 模型与有限元计算相结合，对多孔韧性材料的损伤和断裂行为进行多方面的研究，取得了一些重要的成果。这些成果不仅发展了 Gurson 模型，还揭示了韧性破坏的一些规律。

1) 塑性流动的局部化分析

在韧性材料的变形过程中，经历了一定的均匀变形后，材料进入产生高度局部化的剪切带变形阶段。一旦发生变形局部化，剪切带内的应变将变得很大，但是它对整体变形的贡献并不大。此后，微小的总体变形增大也容易导致试件的剪切断裂。

对于均匀的率无关材料，剪切局部化带的形成意味着控制方程丧失了其椭圆性。控制方程椭圆性丧失时的临界应变对所采用的本构关系敏感，具有光滑屈服面和塑性流动正交性的经典的弹塑性材料不易发生变形局部化，而带有角点的本构关系、考虑体积膨胀的塑性流动模型以及非正交的塑性流动模型容易发生变形局部化，而且变形局部化的发生对材料的细观不均匀性也很敏感。

分析剪切局部化带的一种简单方法是假设材料的一个带状区域内有初始不均匀性(如孔洞形核粒子的局部集中)。如图 2.7.11 所示，在平行于 x_3 轴方向的一个带内包含着初始不均匀，它与 x_1 轴的初始夹角为 φ_1，其法向单位矢量为 $\boldsymbol{n}_i$。在带外，应力-应变的主方向与直角坐标系的主轴方向保持一致，最大主应力沿 x_1 轴方向。在变形过程中，带与 x_1 轴的夹角 φ 随变形而变化的关系为

$$
\tan\varphi=\mathrm{e}^{(\varepsilon_1)^{\mathrm{o}}-(\varepsilon_2)^{\mathrm{o}}}\tan\varphi_1 \tag{2.7.80}
$$

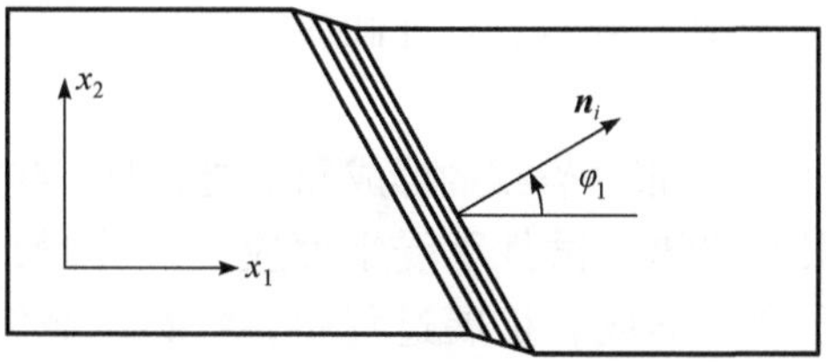

图 2.7.11　基体材料的硬化曲线

式中，ε_1和ε_2为对数主应变；$(\cdot)^{\rm o}$表示带外的量。剪切带外的应力和应变由外载决定，而带内的应力和应变由界面上的平衡条件及协调条件确定。

对于 Gurson 模型描述的多孔材料，剪切带分叉对初始的孔洞体积百分比 f_1 比较敏感，当f_1=0 时，局部化发生时的临界应变为无穷大，但是随着f_1的增加，临界应变迅速下降。相邻孔洞之间的相互作用及应力分布具有高度不均匀性。考虑如图 2.7.12(a)所示的包含周期性排列的圆柱形孔洞的幂硬化材料，承受平面应变拉伸，其分叉模式如图 2.7.12(b)所示。通过数值计算发现，由 Gurson 模型中式(2.7.56)给出的局部化临界应变太大，而式(2.7.74)和式(2.7.75)给出的结果与试验结果相符得较好。在数值分析中，若采用各向同性强化的 J_2 流动理论，则控制方程不会丧失其椭圆性，而若采用多孔介质的近似连续模型，则可以较好地预测材料的剪切分叉变形。

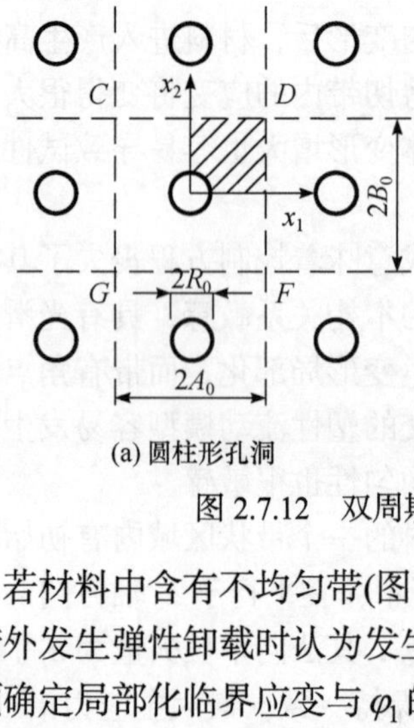

(a) 圆柱形孔洞

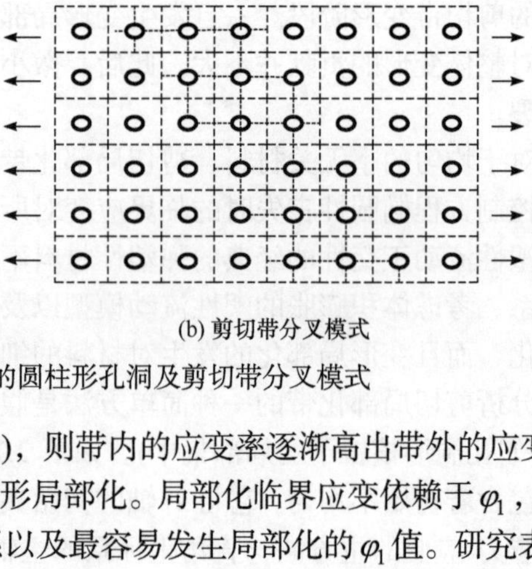

(b) 剪切带分叉模式

图 2.7.12　双周期分布的圆柱形孔洞及剪切带分叉模式

若材料中含有不均匀带(图 2.7.11)，则带内的应变率逐渐高出带外的应变率，当带外发生弹性卸载时认为发生了变形局部化。局部化临界应变依赖于φ_1，因此必须确定局部化临界应变与φ_1的关系以及最容易发生局部化的φ_1值。研究表明，初始缺陷越小，容易引起局部化的φ_1值也就越小。但是在开始发生局部化时的倾角 φ 与局部化临界应变无关，在平面应变情况下总是在 43°左右。变形局部化的发生往往被看成破坏的开始，数值分析结果证明了材料破坏是由剪切带内孔洞汇合引起的，与此同时，剪切带外只有弹性卸载。

2) 裂纹的形成和扩展

与剪切带的分析相比，张开裂纹的形成和扩展需要一些特殊的分析和计算技巧。例如，采用有限元法描述试件承受平面应变拉伸时，其自由表面出现韧性剪切断裂现象，在裂纹形成和扩展过程中，材料承载能力的丧失可以通过在式(2.7.60)中增加一附加项来描述，并在有限元分析中采用一种单元消去技术来刻画张开裂纹的扩展。从理论上来讲，当某一单元满足破坏条件时，屈服面缩小为一个点，该单元不再做功，因此可以消去。但在实际的计算中，为了保证数值的稳定性，在单元即将满足破坏条件时，单元就会被消去，其节点上很小的应力将在以后的步骤中逐渐被释放。

图 2.7.13 为半无限大有限宽度的材料承受均匀单向拉伸的情况。在初始状态下，材料内部没有微孔洞，只是在自由表面上有周期性分布的微小形状缺陷。随着载荷的增大，孔洞开始形核和扩展，图 2.7.13(b)～(d)给出了平均拉伸应变分别为 0.268、0.307 和 0.332 情况下，对应的孔洞体积百分比 f 的等值线图，孔洞的持续扩展导致剪切带形式的塑性流动局部化和裂纹的形成。

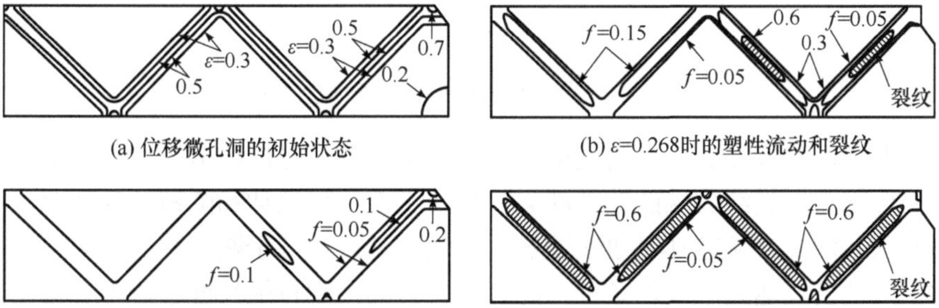

(a) 位移微孔洞的初始状态　　(b) ε=0.268时的塑性流动和裂纹

(c) ε=0.307时的塑性流动和裂纹　　(d) ε=0.332时的塑性流动和裂纹

图 2.7.13　平面应变拉伸试件中剪切裂纹的形成

图 2.7.14 为圆棒试件在单拉过程中三个阶段(即孔洞中心即将发生孔洞汇合、币状张开裂纹形成和裂纹最后的“之”字形扩展阶段)的孔洞体积百分比 f 的等值线图，图 2.7.14(a)、(b)和(c)对应的载荷分别为 P/P_{max}=0.731、0.521 和 0.032，其中 P_{max} 是试件能承受的最大载荷。在初始状态下，圆棒试件沿长度方向直径均匀，没有微孔洞。随着载荷的增加，发生颈缩和孔洞形核，并且在颈缩区内孔洞迅速长大和汇合。图 2.7.15 为采用 Gurson 模型并考虑孔洞汇合情况下得到的拉伸应力-应变曲线。

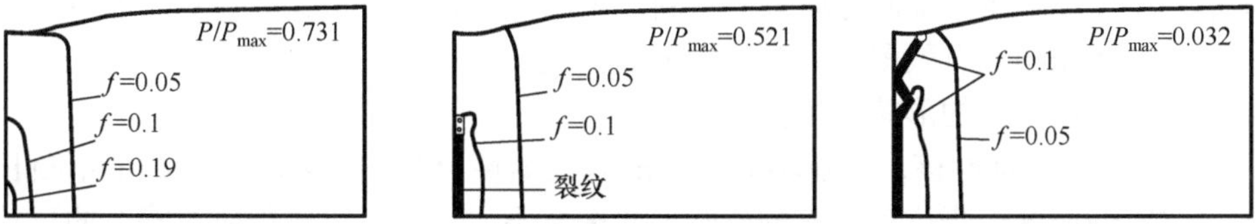

(a) 发生孔洞汇合阶段　　(b) 张开裂纹形成阶段　　(c) 裂纹扩展阶段

图 2.7.14　圆棒试件的颈缩与断裂

以上研究表明，平面应变拉伸试验和圆棒拉伸试验结果差别很大，平面应变拉伸没有明显的颈缩现象发生，最终的破坏是由变形局部化带引起的剪切断裂，在剪切带以外的孔洞体积百分比很小，而圆棒拉伸的断裂主要是由颈缩中心的高三轴度引起的孔洞汇合导致的，其断口为 45°的杯状。

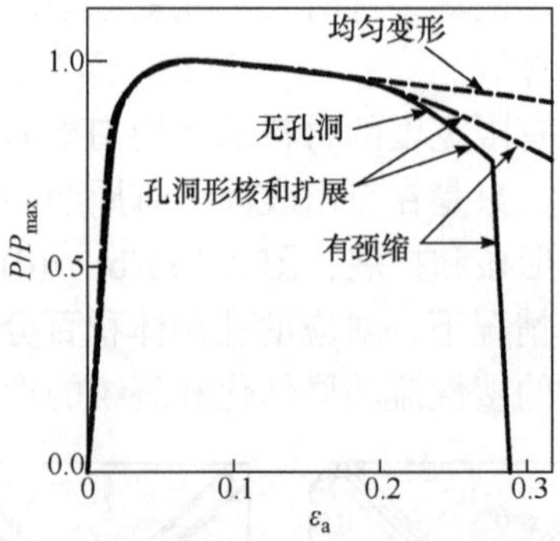

图 2.7.15　圆棒试件的拉伸应力-应变曲线

用大变形的 Gurson 本构模型及有限元法可以很好地模拟韧性材料中裂纹尖端的变形行为。裂纹尖端的韧性断裂过程与平面应变拉伸和圆棒拉伸情况又有很大的差别，裂纹尖端应力-应变的高梯度，使当外载远低于断裂载荷时裂纹尖端附近的材料就已经达到了破坏条件。此时，材料的细观特征尺度起着重要作用。

2.7.4 临界空穴扩张比理论

临界空穴扩张比理论是一种处理多级空穴形核的组合功密度损伤破坏模型，为处理韧性材料空穴型损伤和破坏问题提供了一种思路。

1. 空穴的形核、扩张和聚合规律

采用低合金钢 BS436O-5OD 制成的圆柱形试件，在拉伸情况下通过扫描电子显微镜对塑性变形、颈缩，以及失稳断裂过程中的空穴形核、扩张、聚合过程进行详细观察。通过试验和数值计算，得到了下列主要结论：

(1) 空穴形核是一个贯穿于大部分塑性变形范围的延续性过程。一级空穴开始形核主要集中于颈缩起始阶段，材料的形核应变接近于最大载荷对应的应变，相对空穴体积随着有效塑性应变的增大而增大。从试件失稳至断裂的过程中，伴随着大量二级空穴的形核与扩张。

(2) 空穴一旦形核，即在不断增大的有效塑性应变和三轴度的作用下不断长大。空穴的横纵扩张比与空穴的初始尺寸关系不大，关键取决于应力状态的三轴度。空穴的扩张量与初始尺寸近似成正比，在变形过程中，纵向扩张和横向扩张对应力三轴度的依赖性不同。

(3) 当有效塑性应变 $\varepsilon_p \approx 0.6$ 时，空穴首先在沿载荷轴线的方向上开始聚合，当 ε_p 接近失稳应变，即其值约为断裂应变的 90%时，空穴开始沿与载荷垂直的方向聚合，通常首先发生在三轴应力较高的试样中心轴线附近。由于内颈缩与剪切脱开的同时作用，真实聚合方向与拉伸方向交角呈不同角度，宏观断面往往呈锯齿状。

2. 临界空穴扩张比判据

根据塑性力学中的一些常用假设(如单一曲线假设和韧性断裂的条件仅取决于加载过程中的应力状态)，可以将韧性金属材料的宏观断裂准则表示为

$$\varepsilon_{\mathrm{p}}=\varepsilon_{\mathrm{f}}(R_\sigma) \tag{2.7.81}$$

式中，ε_{p} 为有效塑性应变；R_σ 为应力三轴度，$R_\sigma=\sigma_{\mathrm{m}}/\sigma_{\mathrm{eq}}$，$\sigma_{\mathrm{m}}$ 和 σ_{eq} 分别为平均应力和 von Mises 等效应力；$\varepsilon_{\mathrm{f}}(R_\sigma)$ 表示在 R_σ 下材料的有效断裂应变。

式(2.7.81)的断裂判据在应用上有不方便之处，因为它要求已知材料在各种应力三轴度下的断裂应变。因此，将式(2.7.81)改写为

$$\varepsilon_{\mathrm{p}}f(R_\sigma)=V_{\mathrm{GC}}=\text{常数} \tag{2.7.82}$$

式中，$f(R_\sigma)$ 为关于应力三轴度的函数，由试验确定为

$$f(R_\sigma)=\mathrm{e}^{3R_\sigma/2} \tag{2.7.83}$$

式(2.7.82)中的常数 V_{GC} 是一个新的材料韧性断裂特征参数，即宏观形式的临界空穴扩张比参数：

$$V_{\mathrm{GC}}=\varepsilon_{\mathrm{f}}f(R_\sigma) \tag{2.7.84}$$

利用扫描电子显微镜对 30CrMnSi 等多种钢材进行观察发现，这些材料细观的临界空穴扩张比 R_{c}/R_0 为不敏感于应力三轴度的相应各材料的特征参数，R_{c} 为由空穴扩张到临界失稳状态时的折算半径，R_0 为空穴形核时的折算半径。可以证明，宏观形式的临界空穴扩张比 V_{GC} 在细观上对应于空穴扩张比的临界值 R_{c}/R_0，其关系为

$$V_{\mathrm{GC}}=\frac{1}{C}\ln\left(\frac{R_{\mathrm{c}}}{R_0}\right) \tag{2.7.85}$$

由式(2.7.85)可见，V_{GC} 为不敏感于应力三轴度的材料常数。V_{GC} 与细观尺度上的临界空穴扩张比 R_{c}/R_0 的对数成比例，因此可称为宏观形式的临界空穴扩张比。临界空穴扩张比判据可解释为：在统计平均意义上，空穴扩张到临界值时(不论是第一代空穴的直接汇合，还是通过第二代空穴汇合)，材料即发生破坏。

3. 临界空穴扩张比判据的应用

1) 用于材料和热物理工艺的评价

临界空穴扩张比参数 V_{GC} 的主要特点如下：

(1) V_{GC} 是与应力三轴度无关的表征材料抗拉特征的韧性指标，其值越大，表示材料的断裂韧性越好。

(2) V_{GC} 既有明确的细观物理背景，又易于用宏观手段测量。

(3) V_{GC}不仅可用于区分不同材料断裂韧性的优劣，而且可用于鉴别不同热物理工艺对材料韧性的影响大小。

2) 用于预测无裂纹体与裂纹体的起裂

无论构件是否含有裂纹，都可以按照临界空穴扩张比判据预测构件起裂时的载荷、起裂位置和方向。首先由受载结构或构件的应力-应变场计算出 $V_G = \varepsilon_p(3R_\sigma/2)$ 的分布与变化，当试件某处的 V_G 首先达到临界值 V_{GC}时，即可预知该处首先发生空穴的聚合，同时可知此时的载荷已达到起裂载荷。图 2.7.16 为一个三点弯曲试件裂纹前缘在临起裂前的有效塑性应变 ε_p、应力三轴度 R_σ、垂直裂纹面方向的拉应力 σ_{yy}，以及参数 V_G 的分布，图中 X 表示到裂纹距离的归一化参数。

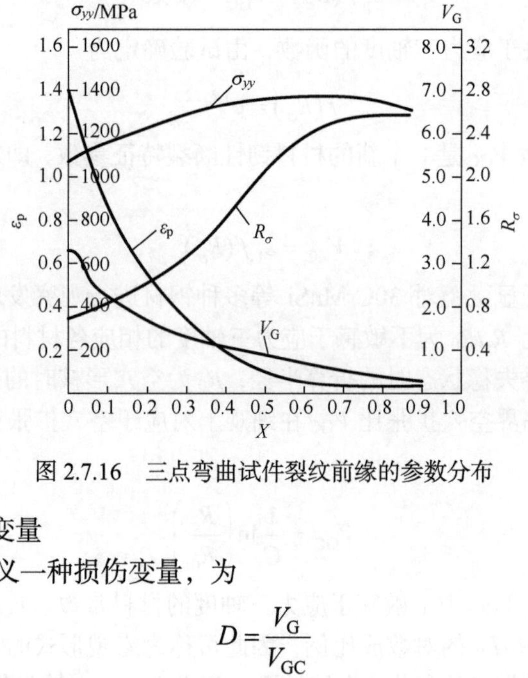

图 2.7.16　三点弯曲试件裂纹前缘的参数分布

3) 作为损伤变量

用 V_G 可以定义一种损伤变量，为

$$D = \frac{V_G}{V_{GC}} \tag{2.7.86}$$

该损伤变量的物理意义明确，其演化方程可根据弹塑性力学的理论、V_G 的定义和材料的本构关系得到。

4) 非比例载荷下的应用

试验结果表明，临界空穴扩张比在非比例载荷情况下仍可以应用，即非比例加载对临界空穴扩张比的影响不大。对于复杂加载的情况，空穴型损伤遵循线性累积定律，即临界空穴扩张比判据又可表示为

$$\int_0^t \dot{V}_G(t)\mathrm{d}t = V_{GC} \tag{2.7.87}$$

第 3 章　金属疲劳理论

金属疲劳是指一种在交变应力作用下，金属材料发生破坏的现象。机械零件在交变应力作用下，经过一段时间后，在局部高应力区形成微小裂纹，再由微小裂纹逐渐扩展以致断裂。疲劳破坏具有在时间上的突发性、在位置上的局部性及对环境和缺陷的敏感性等特点,因此疲劳破坏常不易被及时发现且易于造成事故。应力幅值、平均应力和循环次数是影响金属疲劳的三个主要因素。

金属内部结构并不均匀，从而造成应力传递的不平衡，有的地方会成为应力集中区。与此同时，金属内部的缺陷处还存在许多微小的裂纹。在力的持续作用下，裂纹会越来越大，材料中能够传递应力的部分越来越少，直至剩余部分不能继续传递负载，金属构件就会全部毁坏。

同其他自然现象一样，金属疲劳也具有双重特性。金属疲劳所产生的裂纹通常会给人类带来灾难，但也可以利用金属疲劳现象进行有益的探索，利用金属疲劳断裂特性制造的应力断料机已经诞生。本章系统讨论金属的疲劳理论。

3.1　材料的弹塑性本构关系

3.1.1　弹性本构关系

对于各向同性的金属材料，单轴应力状态下的应力和应变呈线性关系，即符合胡克定律 $\sigma = E\varepsilon$ ，E 为材料的弹性模量。

在三维应力状态下，材料的几何方程，即应变和位移间的关系可表示为

$$\varepsilon_{ij} = \frac{1}{2}(u_{i,j} + u_{j,i}) \tag{3.1.1}$$

应力张量 σ_{ij} 和应变张量 ε_{kl} 的关系(弹性材料的本构方程)可表示为

$$\sigma_{ij} = C_{ijkl}\varepsilon_{kl} \tag{3.1.2}$$

式(3.1.2)称为广义胡克定律，其中， C_{ijkl} 为弹性张量。

在各向同性的条件下，弹性张量 C_{ijkl} 的一般形式为

$$C_{ijkl} = \alpha\delta_{ij}\delta_{kl} + \beta\delta_{ik}\delta_{jl} + \gamma\delta_{il}\delta_{jk} \tag{3.1.3}$$

考虑到 ε_{ij} 的对称性，各向同性弹性固体的本构方程可表示为

$$\sigma_{ij} = \lambda \delta_{ij} \varepsilon_{kk} + 2\mu \varepsilon_{ij} \tag{3.1.4}$$

式中，λ 和 μ 为拉梅常数；δ_{ij} 为克罗内克符号，即

$$\lambda = \alpha, \quad \mu = \frac{\beta + \gamma}{2}, \quad \delta_{ij} = \begin{cases} 1, & i = j \\ 0, & i \neq j \end{cases} \tag{3.1.5}$$

在笛卡儿坐标系下，各向同性弹性固体的本构方程为

$$\begin{gathered} \sigma_x = \lambda\theta + 2G\varepsilon_x, \quad \sigma_y = \lambda\theta + 2G\varepsilon_y, \quad \sigma_z = \lambda\theta + 2G\varepsilon_z \\ \tau_{xy} = G\gamma_{xy}, \quad \tau_{yz} = G\gamma_{yz}, \quad \tau_{zx} = G\gamma_{zx} \end{gathered} \tag{3.1.6}$$

式中，θ 为应变张量第一标量不变量，$\theta = \varepsilon_{kk} = \varepsilon_x + \varepsilon_y + \varepsilon_z$；$G$ 为材料的剪切弹性模量，G=μ。

由式(3.1.4)解出 ε_{ij}，得

$$\varepsilon_{ij} = \frac{1}{2\mu}(\sigma_{ij} - \lambda\theta\delta_{ij}) = \frac{1}{2\mu}\left(\sigma_{ij} - \frac{\lambda}{3\lambda + 2\mu}\Theta\delta_{ij}\right) \tag{3.1.7}$$

式中，Θ 为应力张量第一标量不变量，表示为

$$\Theta = \sigma_{kk} = \lambda\theta\delta_{kk} + 2\mu\varepsilon_{kk} = (3\lambda + 2\mu)\theta \tag{3.1.8}$$

式(3.1.7)是用拉梅常数 λ 和 μ 表示的应变-应力关系式。考虑到弹性模量 E 和泊松比 υ 与拉梅常数 λ 和 μ 的关系为

$$G = \mu = \frac{E}{2(1+\upsilon)}, \quad \frac{\lambda}{2\mu(3\lambda + 2\mu)} = \frac{\upsilon}{E} \tag{3.1.9}$$

式(3.1.7)可表示为

$$\varepsilon_{ij} = \frac{1}{E}[(1+\upsilon)\sigma_{ij} - \upsilon\Theta\delta_{ij}] \tag{3.1.10}$$

在笛卡儿坐标系下，各向同性弹性固体的本构方程为

$$\begin{gathered} \varepsilon_x = \frac{1}{E}[\sigma_x - \upsilon(\sigma_y + \sigma_z)], \quad \varepsilon_y = \frac{1}{E}[\sigma_y - \upsilon(\sigma_z + \sigma_x)] \\ \varepsilon_z = \frac{1}{E}[\sigma_y - \upsilon(\sigma_x + \sigma_y)], \quad \gamma_{xy} = \frac{1}{G}\tau_{xy}, \quad \gamma_{yz} = \frac{1}{G}\tau_{yz}, \quad \gamma_{zx} = \frac{1}{G}\tau_{zx} \end{gathered} \tag{3.1.11}$$

3.1.2 理想化材料模型的本构关系

在塑性力学中有两个基本试验，一是可以得到材料应力-应变曲线的单向拉伸试验，二是可以获得物体体积变形的静水压力试验。针对不同的材料，可以采用

不同的变形体模型。在确定力学模型时，所选取的力学模型应符合材料的实际情况，这样才能保证计算结果可以反映结构或构件中的真实应力及应变状态。下面介绍常用的理想强化材料模型的本构方程。

1. 理想弹塑性模型

材料进入塑性状态后，具有明显的屈服流动阶段，而强化程度较小。若不考虑材料的强化性质，则可得到如图 3.1.1 所示的理想弹塑性模型，又称为弹性完全塑性模型。图 3.1.1 中，线段 OA 表示材料处于弹性阶段，线段 AB 表示材料处于塑性阶段，这种计算模型完全忽略了材料屈服后所产生的加工硬化现象。该模型的应力可表示为

$$\sigma=\begin{cases}E\varepsilon, & \sigma<\sigma_s\\ \sigma_s, & \sigma\geqslant\sigma_s\end{cases}\tag{3.1.12}$$

2. 理想线性强化弹塑性模型

如图 3.1.2 所示，当材料有显著强化率，而屈服流动不明显时，可不考虑材料的塑性流动，材料的应力-应变关系可表示为

$$\sigma=\begin{cases}E\varepsilon, & \varepsilon\leqslant\varepsilon_s\\ \sigma_s+E_1(\varepsilon-\varepsilon_s), & \varepsilon>\varepsilon_s\end{cases}\tag{3.1.13}$$

式中，E、E_1 分别表示线段 OA 和 AB 的斜率。具有这种应力-应变关系的材料称为弹塑性线性强化材料。由于线段 OA 和 AB 是两条直线，有时也称为双线性强化材料。在许多实际工程问题中，弹性应变比塑性应变小得多，因此可忽略弹性应变，上述两种模型可简化为理想刚塑性模型。

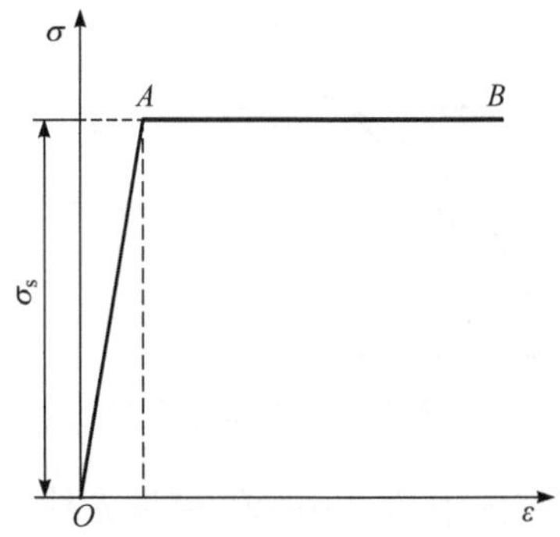

图 3.1.1　理想弹塑性模型

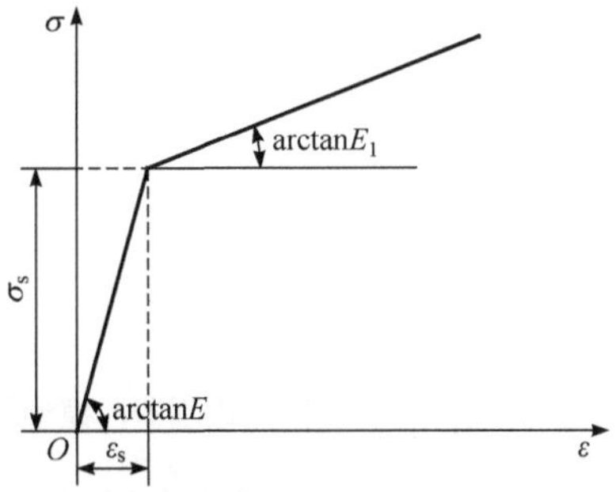

图 3.1.2　理想线性强化弹塑性模型

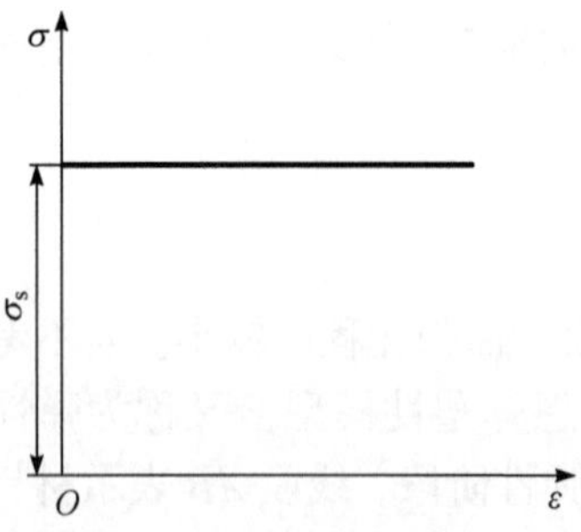

图 3.1.3 理想刚塑性模型

3. 理想刚塑性模型

理想刚塑性模型如图 3.1.3 所示，材料的应力-应变关系可表示为

$$\sigma = \sigma_s, \quad \varepsilon \geqslant 0 \tag{3.1.14}$$

式(3.1.14)表明，在应力达到屈服极限之前，应变为零，这种模型又称为刚性完全塑性模型。

4. 理想线性强化刚塑性模型

理想线性强化刚塑性模型如图 3.1.4 所示，材料的应力-应变关系可表示为

$$\sigma = \sigma_s + K_1\varepsilon, \quad \varepsilon \geqslant 0 \tag{3.1.15}$$

5. 幂强化模型

为了避免在 $\varepsilon = \varepsilon_s$ 处的变化，可以采用幂强化模型，该模型的应力-应变关系可表示为

$$\sigma = A\varepsilon^n \tag{3.1.16}$$

式中，n 为幂强化系数，介于 0～1。式(3.1.16)所代表的曲线如图 3.1.5 所示。在 ε=0 处与 σ 轴相切，且有

$$\sigma = \begin{cases} A\varepsilon, & n=1 \\ A, & n=0 \end{cases} \tag{3.1.17}$$

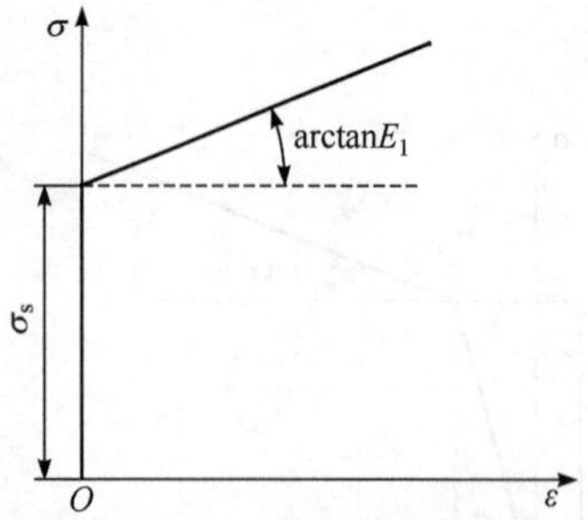

图 3.1.4 理想线性强化刚塑性模型

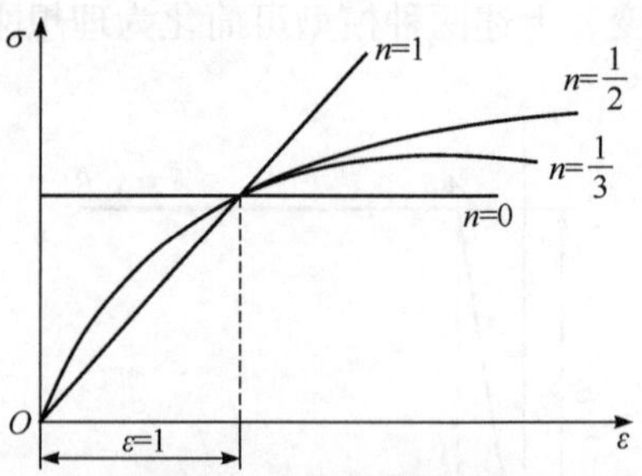

图 3.1.5 幂强化模型

式(3.1.17)的第一式代表理想弹性模型，若将式中的 A 用弹性模量 E 代替，则为胡克定律；若将第二式中的 A 用 σ_s 代替，则为理想塑性(或称理想刚塑性)模型。通过求解式(3.1.17)可得 ε=0，即两条直线在 ε=0 处相交。幂强化模型只有两个参数，即 A 和 σ_s，因此不可能表示材料的所有性质。

3.1.3 屈服条件

由材料弹塑性变形和塑性变形的特点可以看出，塑性应力-应变关系比弹性应力-应变关系复杂得多。在塑性分析过程中，首先要判断材料是处于弹性状态还是已经进入塑性状态，判断所依据的准则称为屈服条件，又称为屈服准则。在单向应力状态下，由简单拉伸试验可知，当 $\sigma=\sigma_s$ 时材料开始发生塑性变形，这就是单向受力状态下的屈服条件。在复杂应力状态下，某一点的应力状态是由六个应力分量确定的，不能任意选取某一个应力分量的数值作为判断材料是否进入塑性状态的标准。因此，常用应力空间(以应力分量为坐标的空间)来描述问题。在这个空间中，每一点都代表一个应力状态，应力或应变的变化在相应的空间中绘成一条曲线，称为应力曲线。

根据不同应力路径的试验所得到的结果，可以确定从弹性阶段进入塑性阶段的各个界限，即屈服应力点。在应力空间中将这些屈服应力点连接起来，就形成了一个区分弹性和塑性的分界面，称为屈服面。描述这个屈服面的数学表达式称为屈服函数，这就是所要寻求的用解析形式所表示的屈服条件。

一般情况下，屈服条件与所考虑的应力状态有关，即屈服条件是该点六个独立应力分量的函数 $f(\sigma_{ij})=0$ 表示在一个六维应力空间内的超曲面，$f(\sigma_{ij})$称为屈服函数。六维应力空间是以六个应力分量所构成的抽象空间，因为由六个分量所组成，所以称为六维应力空间。空间内的任一点都代表一个确定的应力状态，屈服函数是这个空间内的一个曲面，该曲面不同于普通几何空间的曲面，因此称为超曲面。该曲面上的任意一点都表示一个屈服应力状态，因此又称为屈服面。例如，单向拉伸时，屈服应力 σ_s 应在屈服面上，若用六维应力空间来描述，则该点应为超曲面上的一个点，且该点坐标为$(\sigma_s,0,0,0,0,0)$。

下面介绍常用的 Tresca 准则和 von Mises 准则。

1. Tresca 准则

金属材料的塑性变形是由于剪应力引起金属中的晶格滑移而形成的。当最大剪应力达到某一极限时，材料便进入塑性状态，当主应力的大小次序已知，即 $\sigma_1>\sigma_2>\sigma_3$ 时，这个条件可写为

$$\sigma_1-\sigma_3=2k \tag{3.1.18}$$

若未知主应力的大小和次序，则在主应力空间应将 Tresca 条件表示为

$$\left|\sigma_1-\sigma_2\right|\leqslant 2k, \quad \left|\sigma_2-\sigma_3\right|\leqslant 2k, \quad \left|\sigma_3-\sigma_1\right|\leqslant 2k \tag{3.1.19}$$

式(3.1.19)中，只要有一个公式为等式，就表示材料已进入塑性状态。式(3.1.19)可改写为

$$[(\sigma_1-\sigma_2)^2-4k^2][(\sigma_2-\sigma_3)^2-4k^2][(\sigma_3-\sigma_1)^2-4k^2]=0 \tag{3.1.20}$$

在主应力空间中，式(3.1.20)的几何轨迹相对于图 3.1.6(a)中所示的正六角柱面。该柱面与 $O\sigma_1\sigma_2$ 平面截得的轨迹为

$$[(\sigma_1-\sigma_2)^2-4k^2](\sigma_2^2-4k^2)(\sigma_1^2-4k^2)=0 \tag{3.1.21}$$

式(3.1.21)表示六条直线，如图 3.1.6(b)所示，即

$$|\sigma_1-\sigma_2|\leqslant 2k,\quad \sigma_1\leqslant 2k,\quad \sigma_2\leqslant 2k \tag{3.1.22}$$

该柱体与 π 平面截得的轨迹为一正六边形，如图 3.1.6(c)所示。

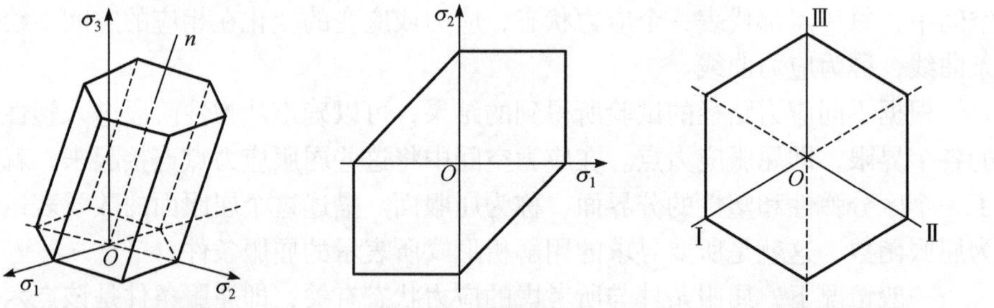

(a) 主应力空间的几何轨迹　(b) $O\sigma_1\sigma_2$ 平面的截面轨迹　(c) π 平面的截面轨迹

图 3.1.6　Tresca 屈服面与屈服线

对于 k 值，只需要通过简单受力状态的试验来测定。若采用单向拉伸试验，则 σ_s 为屈服极限，于是有 $\sigma_1=\sigma_s$，$\sigma_2=\sigma_3=0$，由式(3.1.18)得到

$$k=\frac{\sigma_s}{2} \tag{3.1.23}$$

若采用纯剪切试验，则 τ_s 为剪切屈服极限，于是有 $\sigma_1=\tau_s$，$\sigma_2=0$，$\sigma_3=-\tau_s$，由式(3.1.18)得到

$$k=\tau_s \tag{3.1.24}$$

比较式(3.1.23)和式(3.1.24)，若 Tresca 屈服条件正确，则必有

$$\sigma_s=2\tau_s \tag{3.1.25}$$

在使用 Tresca 屈服条件时，应提前得知主应力的大小和次序，因为这样才能求出最大剪应力，在得知主应力次序的前提下，使用 Tresca 屈服条件是很方便的。

2. von Mises 准则

考虑八面体平面，其与主轴之间的余弦由 $\alpha_{11}=\alpha_{12}=\alpha_{13}=1/\sqrt{3}$ 给出，表明八面体上的正应力是平均应力。在 $\sigma_m=0$ 处的八面体平面称为 π 平面或偏平面，任何平行于 π 平面的平面都代表恒定的平均应力状态。因此，可以将任何应力张量

分解成位于 π 平面上的偏应力和垂直于这一平面的平均应力。Tresca 屈服条件在预知主应力大小次序的问题中，应用非常方便，但在一般情况下相当复杂。von Mises 屈服条件在主应力空间中的轨迹是外接于 Tresca 六角柱体的圆柱面，如图 3.1.7(a)所示。该圆柱面垂直于正八面体斜面或 π 平面。因此，在 π 平面上截得的轨迹为一半径等于 $\sqrt{2/3}\sigma_s$ 的圆，如图 3.1.7(c)所示，在 $O\sigma_1\sigma_2$ 平面截得的轨迹为外接于六角形的椭圆，如图 3.1.7(b)所示。若采用数学方法来描述，则 von Mises 屈服条件可写为

$$(\sigma_1-\sigma_2)^2+(\sigma_2-\sigma_3)^2+(\sigma_3-\sigma_1)^2=6k^2 \tag{3.1.26}$$

式中，k 为常量，其值可通过简单应力状态的试验来确定。若采用单向拉伸试验，σ_s 为屈服极限，则 $\sigma_1=\sigma_s$，$\sigma_2=\sigma_3=0$，由式(3.1.26)得

$$k=\frac{\sigma_s}{\sqrt{3}} \tag{3.1.27}$$

若采用纯剪切试验，则得到 $\tau_s=k$，于是得到

$$\sigma_s=\sqrt{3}\tau_s \tag{3.1.28}$$

若用指标记法来表示，则偏应力和平均应力分别为

$$s_{ij}=\sigma_{ij}-\frac{1}{3}\sigma_{kk}\delta_{ij}, \quad \sigma_m=\frac{1}{3}\sigma_{kk} \tag{3.1.29}$$

式中，δ_{ij} 为克罗内克符号。

平均应力对金属塑性变形基本没有影响，因此可以借用研究 π 平面的偏应力来评估多轴塑性变形。

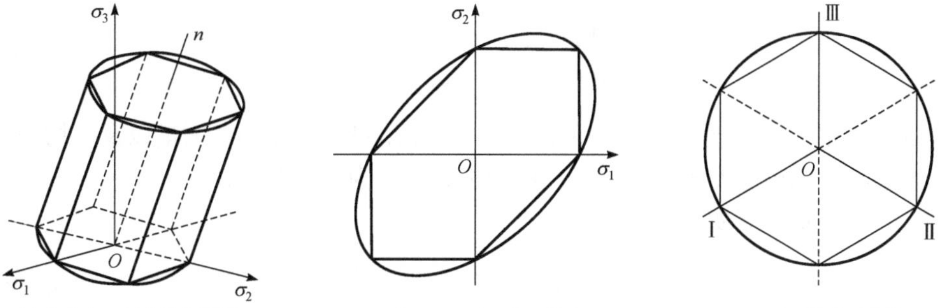

(a) 主应力空间的几何轨迹　(b) $O\sigma_1\sigma_2$ 平面的截面轨迹　(c) π 平面的截面轨迹

图 3.1.7　von Mises 屈服面与屈服线

3.1.4　塑性本构关系

1. 增量理论(流动理论)

材料的塑性应力-应变关系不是线性比例关系，应变不能由应力唯一确定。因

此，在塑性变形阶段，应变不仅与应力状态有关，而且与变形历史有关。如果变形的历史未知，就不能只根据即时应力状态唯一地确定塑性应变状态。如果只知道最终的应变状态，也不能唯一地确定应力状态。考虑应变历史来研究应力和应变增量之间的关系，以这种关系为基础的理论称为增量理论(或流动理论)。

弹塑性物体内任一点处的应力状态进入塑性状态后，相应的总应变 ε_{ij} 可以分解成弹性应变和塑性应变：

$$\varepsilon_{ij}=\varepsilon_{ij}^{\mathrm{e}}+\varepsilon_{ij}^{\mathrm{p}} \tag{3.1.30}$$

当外载荷有微小增量时，总应变也会有微小增量。塑性应变增量可表示为

$$\mathrm{d}\varepsilon_{ij}^{\mathrm{p}}=\mathrm{d}\varepsilon_{ij}-\mathrm{d}\varepsilon_{ij}^{\mathrm{p}} \tag{3.1.31}$$

若认为球应力作用下物体只产生弹性的体积改变，而偏应力作用下物体只产生畸变(体积的改变)，畸变包括弹性畸变和塑性畸变两部分，则塑性变形仅由应力偏量所引起，且为塑性状态，若认为材料不可压缩，则体积变形为零，即

$$\mathrm{d}\varepsilon_{ij}^{\mathrm{p}}=\mathrm{d}\varepsilon_{x}^{\mathrm{p}}+\mathrm{d}\varepsilon_{y}^{\mathrm{p}}+\mathrm{d}\varepsilon_{z}^{\mathrm{p}}=0 \tag{3.1.32}$$

若平均正应变增量可表示为

$$\mathrm{d}\varepsilon_{\mathrm{m}}=\frac{1}{3}(\mathrm{d}\varepsilon_{x}+\mathrm{d}\varepsilon_{y}+\mathrm{d}\varepsilon_{z})=\frac{1}{3}\mathrm{d}\varepsilon_{ij}^{\mathrm{e}}=\mathrm{d}\varepsilon_{\mathrm{m}}^{\mathrm{e}} \tag{3.1.33}$$

则应力偏量增量为

$$\mathrm{d}e_{ij}=\mathrm{d}\varepsilon_{ij}-\delta_{ij}\mathrm{d}\varepsilon_{\mathrm{m}} \tag{3.1.34}$$

根据广义胡克定律得到

$$\frac{\mathrm{d}s_{ij}}{\mathrm{d}e_{ij}^{\mathrm{e}}}=2G\text{，}\quad \frac{\mathrm{d}\sigma_{\mathrm{m}}}{\mathrm{d}\varepsilon_{\mathrm{m}}}=3K \tag{3.1.35}$$

式(3.1.35)的两式表明：在弹性阶段，应力偏量增量与应变偏量增量以及平均正应力增量与平均正应变增量成比例，比例常数分别为 $2G$ 和 $3K$。

因此，塑性应变增量为

$$\mathrm{d}\varepsilon_{ij}^{\mathrm{p}}=\mathrm{d}e_{ij}-\mathrm{d}e_{ij}^{\mathrm{e}}=\mathrm{d}e_{ij}-\frac{1}{2G}\mathrm{d}s_{ij} \tag{3.1.36}$$

增量理论基于以下假设：在塑性变形过程中的任一微小时间增量内，塑性应变增量与应力偏量成比例，有

$$\frac{\mathrm{d}\varepsilon_{xx}^{\mathrm{p}}}{s_{xx}}=\frac{\mathrm{d}\varepsilon_{yy}^{\mathrm{p}}}{s_{yy}}=\frac{\mathrm{d}\varepsilon_{zz}^{\mathrm{p}}}{s_{zz}}=\frac{\mathrm{d}\gamma_{xy}^{\mathrm{p}}}{2s_{xy}}=\frac{\mathrm{d}\gamma_{yz}^{\mathrm{p}}}{2s_{yz}}=\frac{\mathrm{d}\gamma_{zx}^{\mathrm{p}}}{2s_{zx}}=\mathrm{d}\lambda \tag{3.1.37}$$

即有

$$\mathrm{d}\varepsilon_{ij}^{\mathrm{p}} = s_{ij}\mathrm{d}\lambda \tag{3.1.38}$$

式中，$\mathrm{d}\lambda$ 为正比例常数，且根据加载历史的不同而变化，将式(3.1.38)代入式(3.1.36)后的总应变增量与应力偏量之间的关系为

$$\mathrm{d}e_{ij} = \frac{1}{2G}\mathrm{d}s_{ij} + s_{ij}\mathrm{d}\lambda \tag{3.1.39}$$

式(3.1.39)称为 Prandtl-Reuss 方程，该方程表明：塑性应变增量依赖于此时的应力偏量，而不是达到该状态所需的应力增量。整个变形过程可以由各个瞬时变形的累积求出。因此，增量理论可以描述加载过程对变形的影响，反映复杂的加载情况。比例常数 $\mathrm{d}\lambda$ 可以通过屈服条件来确定。若采用 von Mises 屈服条件，则有

$$\mathrm{d}\lambda = \frac{\mathrm{d}\gamma_8^{\mathrm{p}}}{2\tau_8} = \frac{1}{2}\sqrt{\frac{3}{2}}\frac{\mathrm{d}\gamma_8^{\mathrm{p}}}{\sqrt{J_2}} \tag{3.1.40}$$

式中，γ_8^{p} 为八面体剪应变的塑性部分。

有效应力 σ_{eq} 和有效塑性应变增量 $\mathrm{d}\varepsilon_{\mathrm{eq}}^{\mathrm{p}}$ 分别为

$$\sigma_{\mathrm{eq}} = \frac{3}{\sqrt{2}}\tau_8 = \sqrt{3J_2}\ ,\quad \mathrm{d}\varepsilon_{\mathrm{eq}}^{\mathrm{p}} = \frac{1}{\sqrt{2}}\mathrm{d}\gamma_8^{\mathrm{p}} \tag{3.1.41}$$

将式(3.1.41)代入式(3.1.40)可得

$$\mathrm{d}\lambda = \frac{3}{2}\frac{\mathrm{d}\varepsilon_{\mathrm{eq}}}{\sigma_{\mathrm{eq}}} \tag{3.1.42}$$

由式(3.1.36)可得

$$\mathrm{d}\varepsilon_{ij}^{\mathrm{p}} = \frac{3}{2}\frac{\mathrm{d}\varepsilon_{\mathrm{eq}}}{\sigma_{\mathrm{eq}}}s_{ij} \tag{3.1.43}$$

式(3.1.43)为 Prandtl-Reuss 方程的另一种表达式。若在式(3.1.43)中将塑性应变增量换成总应变增量，即忽略弹性应变部分，则得到 Levy-von Mises 方程：

$$\mathrm{d}\varepsilon_{ij} = \frac{3}{2}\frac{\mathrm{d}\varepsilon_{\mathrm{eq}}}{\sigma_{\mathrm{eq}}}s_{ij} \tag{3.1.44}$$

由式(3.1.43)和式(3.1.44)可以看出，增量理论的本构方程与广义胡克定律在形式上十分相似，除含有应变增量外，不同之处为系数部分。若在胡克定律中取泊松比 υ=0.5，并记 $E^{-1}=\mathrm{d}\varepsilon_{\mathrm{eq}}/\sigma_{\mathrm{eq}}$，则可以得到流动理论的本构方程。这反映了塑性变形过程的不可压缩性和塑性变形的非线性，以及对加载路径的依赖性等。若已知应变增量，则可唯一地求出应力偏量。

式(3.1.43)和式(3.1.44)为 σ_{eq} 的函数，因此需要用到 von Mises 屈服条件。这两

式是与 von Mises 屈服条件相关联的本构方程。Prandtl-Reuss 方程和 Levy-von Mises 方程都可以应用于强化材料。

2. 全量理论(形变理论)

在塑性力学中，有一种特殊的变形情况，即各应变分量始终都按统一比例增加或减少，这种情况称为比例变形。在此情况下，应变强度增量可以积分求得应变强度，从而建立全量理论的应力-应变关系，这个理论考虑的是应变分量而不是应变分量的增量。全量理论是以比例变形为基础的理论，也称为形变理论。形变理论应满足的条件是：①外载荷(包括体力)按比例增加，变形体处于主动变形的过程(即应力强度不断增加，在变形过程中不出现中间卸载的情况)；②材料的体积是不可压缩的，计算时取泊松比υ=0.5；③材料的应力-应变曲线具有幂强化形式；④满足小弹塑性变形的各项条件，塑性变形与弹性变形属同一量级。

在满足上述条件后，形变理论将给出正确的结果。外载荷按比例增加是满足简单加载的必要条件，若载荷不按比例增加，则不仅保证不了物体内部的简单加载状态，而且在物体的表面也满足不了简单加载的条件。采用体积不可压缩性假设，并取泊松比υ=0.5，不仅简化了计算过程，而且基本上与试验结果相符，使形变理论的物理关系主要表示应力偏量与应变偏量之间的关系，并使其满足幂强化形式的规律。采用幂强化模型可以避免区分弹性区与塑性区，而实际上这一模型对不同材料的限制并不大，因为各种材料都可以通过选取公式中的常数 A 的指数 n 来拟合拉伸曲线。采用小变形条件是因为平衡方程和几何方程都是在小变形条件下推导出来的，物理关系式也是小变形条件下的关系式。

在小弹塑性变形的情况下，总应变与应力偏量成比例，即

$$\frac{e_x}{s_x}=\frac{e_y}{s_y}=\frac{e_z}{s_z}=\frac{\gamma_{xy}}{2\tau_{xy}}=\frac{\gamma_{yz}}{2\tau_{yz}}=\frac{\gamma_{zx}}{2\tau_{zx}}=\lambda \tag{3.1.45}$$

采用主应力表示，有

$$\frac{e_1}{s_1}=\frac{e_2}{s_2}=\frac{e_3}{s_3}=\lambda \tag{3.1.46}$$

等效应变 $\varepsilon_{\mathrm{eq}}$ 的表达式为

$$\varepsilon_{\mathrm{eq}}=\frac{\sqrt{2}}{3}[(e_1-e_2)^2+(e_2-e_3)^2+(e_3-e_1)^2]=\frac{\sqrt{2}}{3}\lambda\sqrt{2}\sigma_{\mathrm{eq}} \tag{3.1.47}$$

由式(3.1.47)得到

$$\lambda=\frac{3}{2}\frac{\varepsilon_{\mathrm{eq}}}{\sigma_{\mathrm{eq}}} \tag{3.1.48}$$

因此，应力-应变关系可表示为

$$e_{ij} = \frac{3}{2}\frac{\varepsilon_{\text{eq}}}{\sigma_{\text{eq}}} s_{ij} \tag{3.1.49}$$

塑性应变为总应变与弹性应变之差，因此由式(3.1.43)和式(3.1.44)可得

$$e_{ij}^{\text{p}} = e_{ij} - e_{ij}^{\text{e}} = \left(\frac{3}{2}\frac{\varepsilon_{\text{eq}}}{\sigma_{\text{eq}}} - \frac{1}{2G}\right) s_{ij} \tag{3.1.50}$$

3.2　材料的多轴循环应力-应变特性

3.2.1　单轴循环应力-应变特性

1. 工程应力-应变与真应力-应变

应力和应变是研究疲劳问题的基本物理量，应力-应变关系由所承受的单轴拉伸载荷来确定。疲劳研究中常用到工程应力、工程应变、真应力和真应变等概念。工程应力和工程应变分别定义为

$$s = \frac{F}{A_0}, \quad e = \frac{\Delta L}{L_0} \tag{3.2.1}$$

式中，F 为轴向载荷；A_0 为试样加载前的截面积；L_0 为试样标距原始长度；$\Delta L = L - L_0$，L 为试样加载后的标距长度。

真应力和真应变分别定义为

$$\sigma = \frac{F}{A}, \quad \varepsilon = \int_{L_0}^{L} \frac{1}{L}\mathrm{d}L = \ln\frac{L}{L_0} \tag{3.2.2}$$

式中，A 为试样瞬时截面积。

2. 真应力(应变)与工程应力(应变)之间的关系

由体积不变原理可知，$A_0L_0=AL$，从而工程应变可表示为

$$e = \frac{A_0}{A} - 1 = \frac{L}{L_0} - 1 \tag{3.2.3}$$

将式(3.2.3)代入式(3.2.2)的第二式，得到

$$\varepsilon = \ln(1+e) \tag{3.2.4}$$

由式(3.2.1)的第一式，式(3.2.2)的第一式和式(3.2.3)，可得

$$\sigma = s\frac{A_0}{A} = s(1+e) \tag{3.2.5}$$

当应变小于 2%时，真实应力、应变(σ、ε)与工程应力、应变(s、e)基本相等。因此，对于小应变情况，无须区分工程分量和真实分量；在大应变情况下，二者差异非常明显，必须区分考虑。图 3.2.1 为典型的工程应力-应变和真实应力-应变特性曲线。

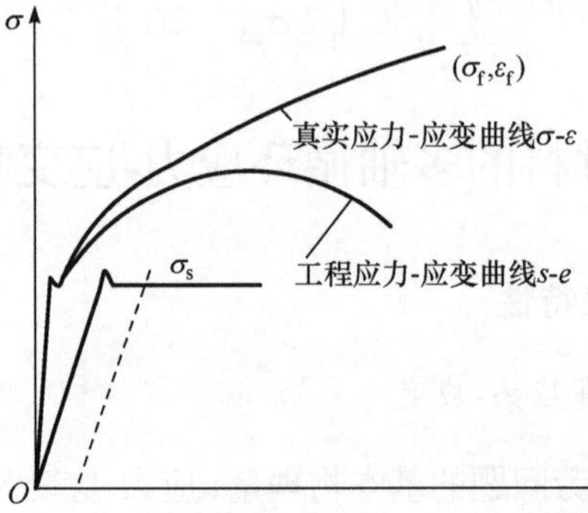

图 3.2.1　工程应力-应变与真实应力-应变特性曲线

3. 材料的循环应力-应变曲线

在单调加载过程中，记录真实应力-应变特性曲线，如图 3.2.2 所示。B 点为材料失效破坏点，若由原点 O 加载至 A 点后卸载，则应变回不到原点 O，而是回到 C 点。OC 的长度表示塑性应变分量的大小，CD 的长度表示弹性应变分量的大小，则总应变为

$$\varepsilon = \varepsilon^{e} + \varepsilon^{p} \tag{3.2.6}$$

式中，ε^{e} 为弹性应变分量；ε^{p} 为塑性应变分量。

若拉伸载荷加载至 A 点后再卸载为零，再以等值反向施加压缩载荷，则曲线从 C 点开始沿斜率为弹性模量的斜线下降，然后反向屈服直到 E 点，如图 3.2.3 所示。若从 E 点又重新施加拉伸载荷，则以弹性模量为斜率上升至屈服后返回到 A 点，形成了一封闭的回线。这个封闭的回线称为迟滞回线或滞后环。若在弹性范围内循环加载，即不存在塑性应变，则迟滞回线将退化为一斜率为弹性模量的直线。

图 3.2.3 中，$\Delta\varepsilon^{e}$ 为弹性应变范围，$\Delta\varepsilon^{p}$ 为塑性应变范围，$\Delta\varepsilon$ 为总应变范围，对应的 $\Delta\sigma$ 为应力范围。总应变范围为

$$\Delta\varepsilon = \Delta\varepsilon^{e} + \Delta\varepsilon^{p} \tag{3.2.7}$$

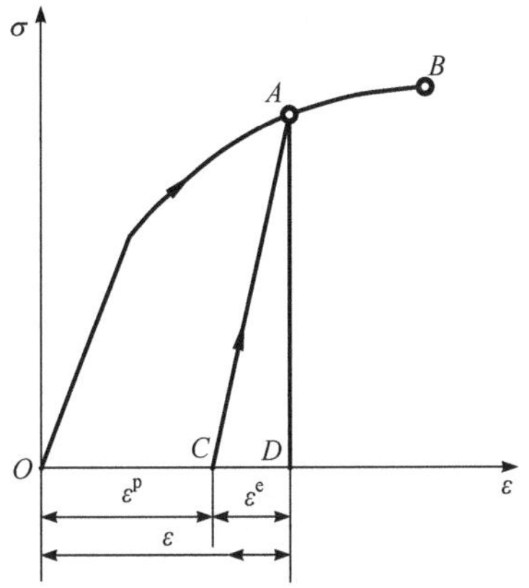

图 3.2.2　真实应力-应变特性曲线

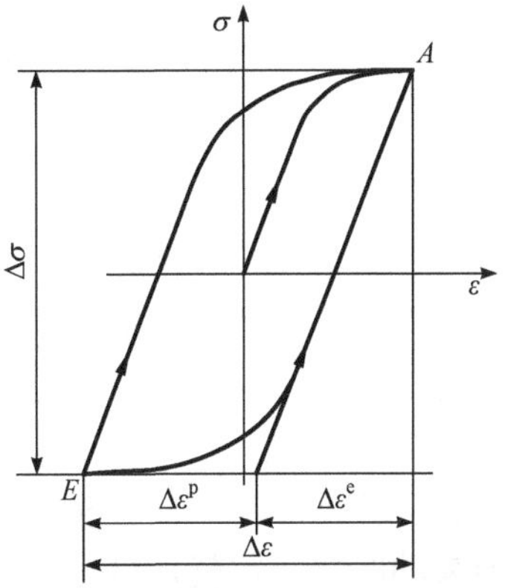

图 3.2.3　循环应力-应变迟滞回线

循环应力-应变曲线可反映材料循环响应的重要特征，该曲线一般由多级试验法快速测定。多级试验法是将应变幅值控制在不同的水平上，在保持应变比不变的前提下，从小的应变幅值开始，此后幅值以小的增量递增。在每个应变水平上，为得到一个稳定的迟滞回线，需要进行足够次数的循环(但不宜过多，以免产生严重的疲劳损伤)，并将迟滞回线记录下来。将每个应变水平上所得到的迟滞回线绘在同一个坐标系上，然后用一光滑曲线将各稳定迟滞回线的顶点连接起来，该曲线即为循环应力-应变曲线，如图 3.2.4 所示。

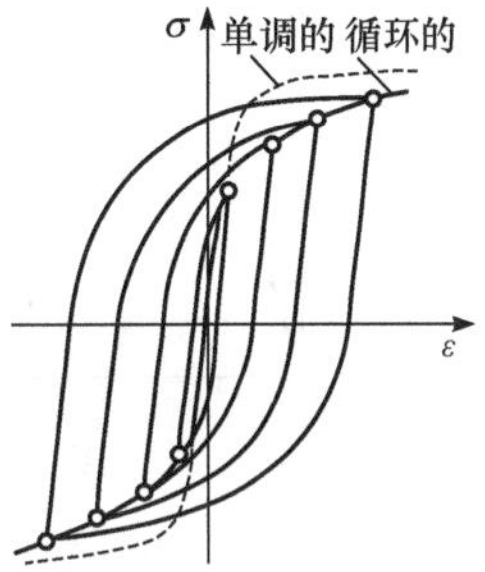

图 3.2.4　循环应力-应变曲线

循环应力-应变曲线能够反映材料在低周疲劳时的稳定应力和应变的响应特性，不同的材料具有不同的循环应力-应变曲线。

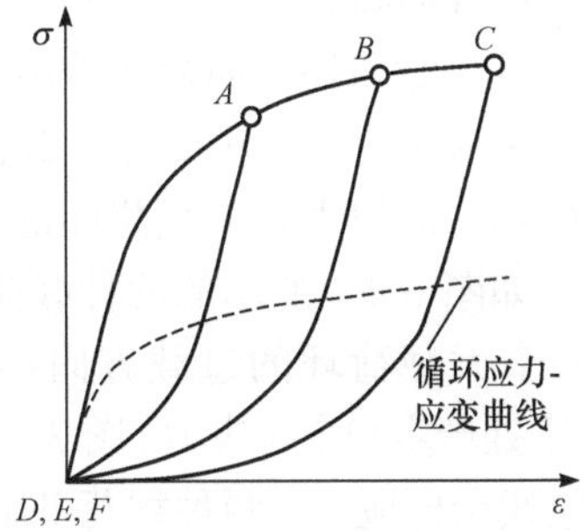

图 3.2.5　坐标平移后的迟滞回线

4. 材料的 Masing 特性

改变应变水平，可以得到不同应变水平下的迟滞回线。平移坐标轴，使原点与各迟滞回线的最低点重合，若迟滞回线最高点的连线与其上行迹线相吻合，如图 3.2.5 所示，则该材料具有 Masing 特性，称为 Masing 材料；反之，若迟滞回线最高点的连线与其上行段迹线有明显的差异，则该材料不具有 Masing 特性，称为非 Masing

材料。将材料的循环应力-应变曲线绘于图 3.2.5 中，可以看出，迟滞回线的上行迹线的纵坐标为循环应力-应变曲线纵坐标的 2 倍。对于大多数金属材料，其滞后环可以用放大一倍的循环应力-应变曲线近似描述，即用倍增原理获得。

5. 材料的记忆特性

图 3.2.6(a)是载荷-时间历程，图 3.2.6(b)为材料在该载荷-时间历程中的应力-应变响应曲线。由图 3.2.6(a)和(b)可见，加载时由 1 到 2，相应的应力-应变响应由 A 到 B；由 2 到 3 加反向载荷时，应力-应变曲线由 B 到 C；再由 3 到 2′ 加载时，应力-应变曲线由 C 到 B'，B' 与 B 重合。此后继续加载，应力-应变曲线并不沿曲线 CB' 的延长线发展，而是急剧转弯沿原来曲线 AB 的延长线发展，材料似乎记忆了原来的路径，这就是材料的记忆特性。

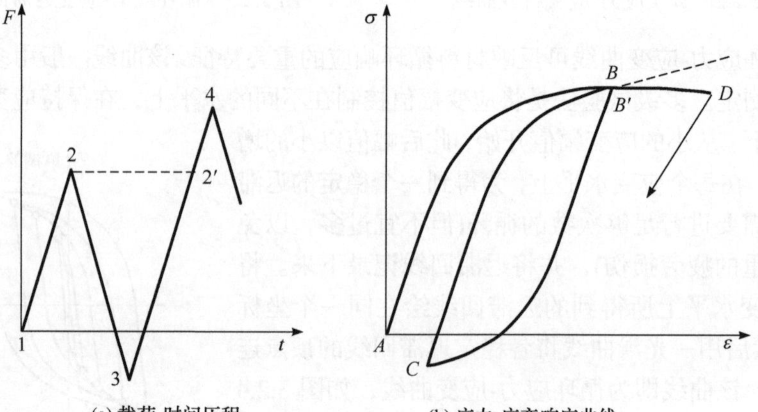

图 3.2.6　材料的记忆特性

6. 载荷顺序的影响

缺口零件在拉伸载荷作用下，缺口根部应力集中处材料发生屈服。卸载后，处于弹性状态的材料要恢复原来的状态，而已塑性变形的材料阻止这种恢复行为，因此两者相互挤压，使缺口根部产生残余压应力。若大载荷环后面紧接着出现小载荷环，则该小载荷环引起的应力将叠加在这个残余应力之上，因此该小载荷环造成的损伤受到前面大载荷环的影响，而且这种影响一般较大。大载荷环是产生有利影响还是不利影响，取决于大载荷环的细节。如图 3.2.7 所示的两种载荷-时间历程，除第一载荷环，二者都相同，只是第一个大载荷环的过载方向不同。图 3.2.7(a)所示的大载荷环以压缩载荷结束，应力集中处产生残余拉应力。图 3.2.7(b)所示的大载荷环以拉伸载荷结束，应力集中处产生残余压应力。两种载荷-时间历程所产生的残余应力不同，因此迟滞回线的形状也就不同，表明载荷顺序对局部应力-应变具有影响。

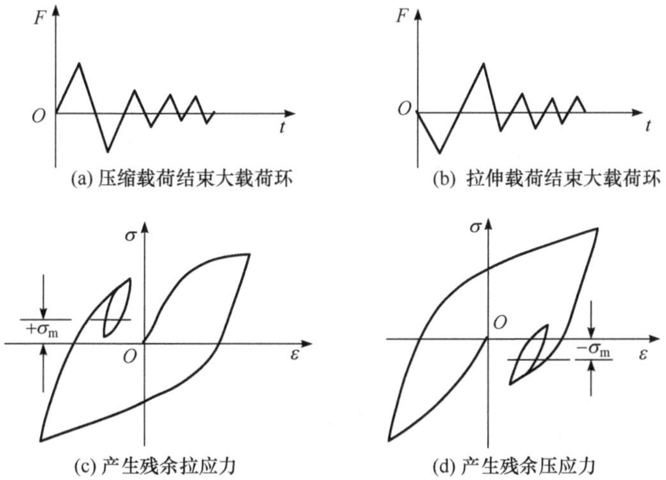

图 3.2.7　载荷顺序的影响

7. 循环硬化和循环软化

在施加较大幅值的循环载荷下，重复的塑性变形使金属的塑性流动特性发生改变，导致金属材料的变形抗力出现提高、降低和不变的现象。

循环载荷作用下，由重复产生塑性变形引起的材料抵抗变形能力增加的现象称为**循环硬化**；反之，材料抵抗变形能力减少的现象称为**循环软化**；抵抗变形能力保持不变的现象称为**循环稳定**。循环硬化现象表现为：当控制应变时，应变幅值保持不变，随着循环次数的增加，应力幅值不断增大，经过一定循环次数后，应力变化趋于稳定，如图 3.2.8(a)所示；当控制应力时，应力幅值保持不变，随着循环次数的增加，应变幅值不断减小，循环到一定次数后，应变幅值逐渐趋于稳定，如图 3.2.8(b)所示。循环软化现象表现为：当控制应变时，应变幅值保持不变，随着循环次数的增加，应力幅值不断减小。经过一定循环次数后，应力变化趋于稳定，如图 3.2.8(a)所示；当控制应力时，随着循环次数的增加，应变幅值不断增大，达到一定的循环次数后，逐渐趋于稳定，如图 3.2.8(b)所示。

若用迟滞回线的形式反映材料的循环硬化与软化，则当控制应变，循环硬化现象为应变幅值不变时，随着循环次数的增加，应力幅值不断增加，经过一定循环次数后趋于稳定，如图 3.2.9(a)所示；循环软化现象为应变幅值不变时，应力幅值不断减小，经过一定循环次数后趋于稳定，如图 3.2.9(b)所示。当控制应力，循环硬化现象为应力幅值不变时，随着循环次数的增加，应变幅值不断减小，经过一定循环次数后趋于稳定，如图 3.2.10(a)所示；循环软化现象为应力幅值不变时，随着循环次数的增加，应变幅值不断增大，经过一定循环次数后趋于稳定，如图 3.2.10(b)所示。循环硬化和循环软化在循环开始时较强烈，在总寿命 20%～25%以后基本达到循环稳定。一般情况下，退火材料发生循环硬化，冷加工材料发生循环软化。

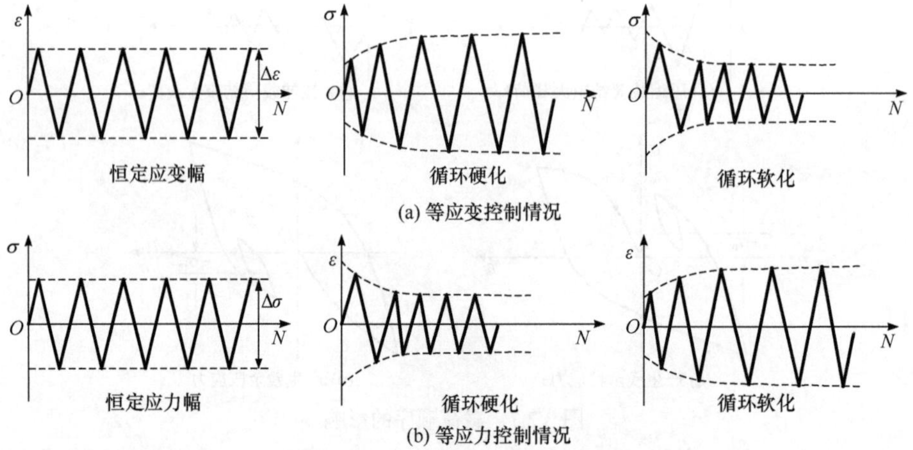

图 3.2.8　循环硬化与循环软化特性

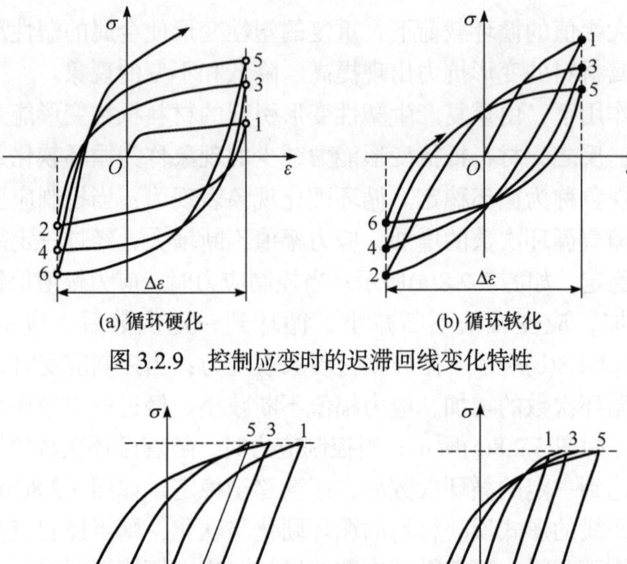

图 3.2.9　控制应变时的迟滞回线变化特性

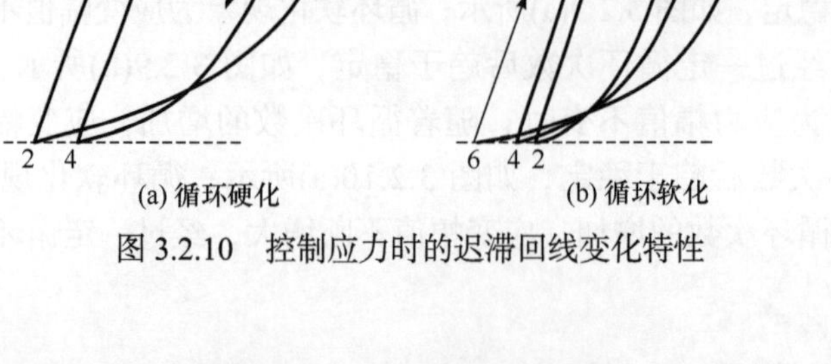

图 3.2.10　控制应力时的迟滞回线变化特性

3.2.2　多轴循环应力-应变曲线

1. 多轴疲劳试验的加载方式及加载路径

工程构件通常承受多向复杂载荷，在进行疲劳描述时，构件所处的应力-应变状态分别在应变空间(ε，$\gamma/\sqrt{3}$)和应力空间(σ，$\tau/\sqrt{3}$)中用应变矢量和应力矢量来表达，即有

$$\boldsymbol{\varepsilon}=\varepsilon\boldsymbol{n}_1+(\gamma/\sqrt{3})\boldsymbol{n}_2,\quad \boldsymbol{\sigma}=\sigma\boldsymbol{n}_1+\sqrt{3}\tau\boldsymbol{n}_2 \tag{3.2.8}$$

式中，$\boldsymbol{n}_1$、$\boldsymbol{n}_2$为单位矢量，即二维矢量空间中的正交基矢量；ε、γ、σ、τ分别为轴向应变、剪切应变、轴向应力和剪应力。

$\boldsymbol{\varepsilon}$与$\boldsymbol{\sigma}$的大小与 von Mises 等效应力和等效应变相一致。等效应力和等效应变分别定义为

$$\sigma_{\text{eq}}=\sqrt{\sigma^2+3\tau^2},\quad \varepsilon_{\text{eq}}=\sqrt{\varepsilon^2+\gamma^2/3} \tag{3.2.9}$$

在工程实际中，构件所承受的循环载荷一般为正弦波载荷，在正弦波加载下的拉应变和剪应变可表示为

$$\varepsilon=\varepsilon_{\text{a}}\sin\omega t,\quad \gamma=\lambda\gamma_{\text{a}}\sin(\omega t-\varphi) \tag{3.2.10}$$

式中，$\lambda=\gamma_{\text{a}}/\varepsilon_{\text{a}}$，$\varepsilon_{\text{a}}$、$\gamma_{\text{a}}$分别为轴向应变幅值和剪切应变幅值。

加载路径对疲劳特性与疲劳寿命均有一定的影响，疲劳试验中常用的加载方式有单轴加载(或比例加载)和非比例加载两类。常用的单轴加载(或比例加载)主要有单轴拉压、45°比例和纯扭等，其应变途径如图 3.2.11 所示；常用的非比例加载主要有 45°椭圆、90°椭圆和圆形等，其应变途径如图 3.2.12 所示。

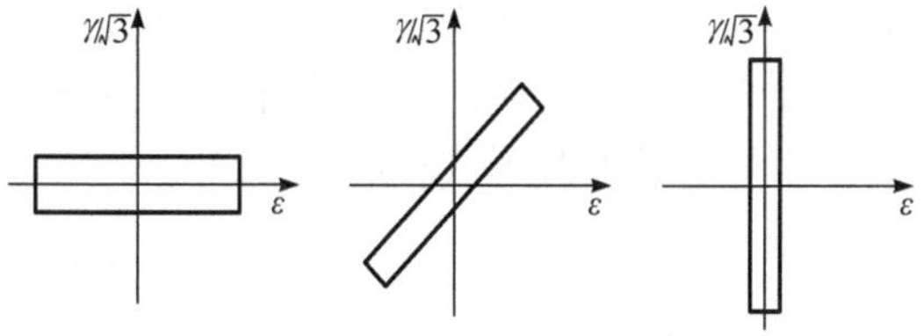

(a) 单轴拉压　(b) 45°比例　(c) 纯扭

图 3.2.11　单轴加载方式

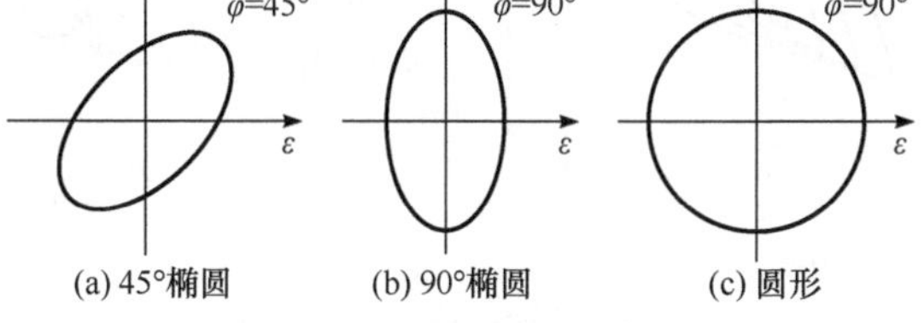

(a) 45°椭圆　(b) 90°椭圆　(c) 圆形

图 3.2.12　非比例加载方式

对于多轴低周疲劳试验，可以采用的应变加载路径有很多，常用的应变加载路径如图 3.2.13 所示。

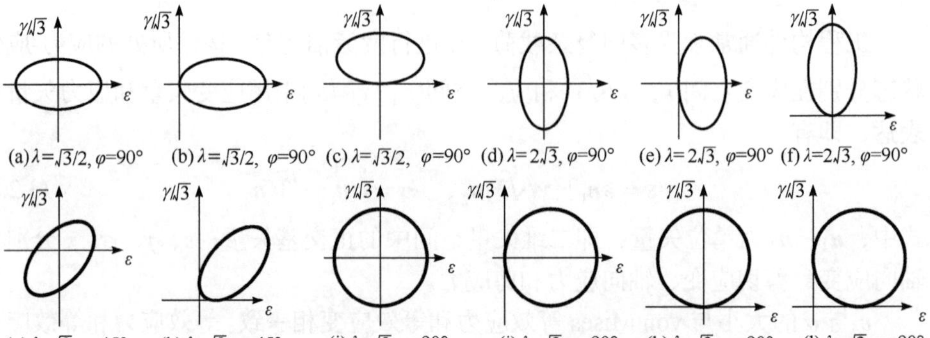

图 3.2.13　多轴低周疲劳的加载路径示意图

图 3.2.13 中，对于非比例椭圆加载和圆形加载情况，若椭圆或圆关于拉应变 ε 轴对称，则平均拉应变为零，存在平均剪应力；若椭圆或圆关于剪应变 γ 轴对称，则平均剪应变为零，存在平均拉应力；若椭圆或圆关于拉应变 ε 轴和剪应变 γ 轴均对称，则平均剪应变和平均拉应力均为零。

2. 多轴循环加载下材料的滞回线特性

多轴加载方式包括比例加载和非比例加载。图 3.2.14 为单轴加载下单轴拉压与纯扭的滞回线，其中纯扭加载已转换成 $\sqrt{3}\tau$-$\gamma/\sqrt{3}$ 图形。由图可见，单轴拉压与纯扭滞回环的形状基本一致。图 3.2.15 为比例加载下拉压分量与扭转分量的滞回线。由图可以看出，随着应变幅值增大，滞回线在原位平行增大，应变最大值与应力最大值同时达到，即与单轴加载形式相同。

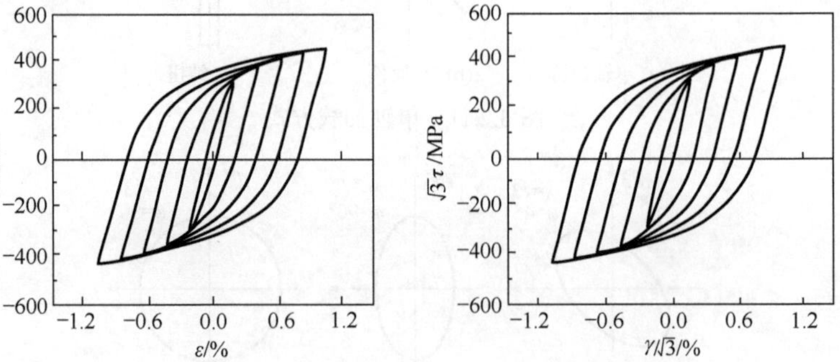

(a) 单轴拉压　　(b) 纯扭

图 3.2.14　单轴加载下材料的滞回线

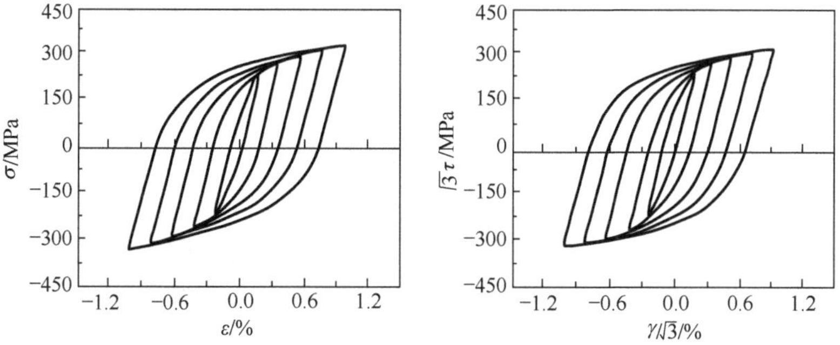

(a) 拉压分量　　(b) 扭转分量

图 3.2.15　比例加载下材料的滞回线

图 3.2.16 为不同角度非比例加载下，材料拉压分量的滞回线随应变幅值的变化情况。图 3.2.17 为不同角度非比例加载下，材料扭转分量的滞回线随应变幅值的变化情况。比较图 3.2.16 和图 3.2.17 的对应图线可以看出，此时拉压和扭转分量各自的形状与比例加载情况相比发生了较大的变化，且拉压与扭转的滞回线相比也发生了完全的变化，二者都表现为滞回线随应变水平的增大而发生顺时针旋转，其中扭转滞回线比拉压滞回线旋转更为明显。

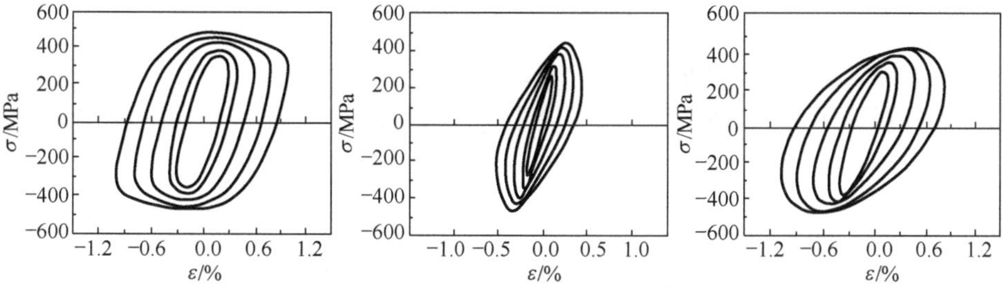

(a) 45°非比例加载($\lambda=\sqrt{3}$)　　(b) 90°非比例椭圆路径($\lambda=2\sqrt{3}$)　　(c) 90°非比例圆形路径($\lambda=\sqrt{3}$)

图 3.2.16　不同角度非比例加载下材料拉压分量滞回线随应变幅值的变化

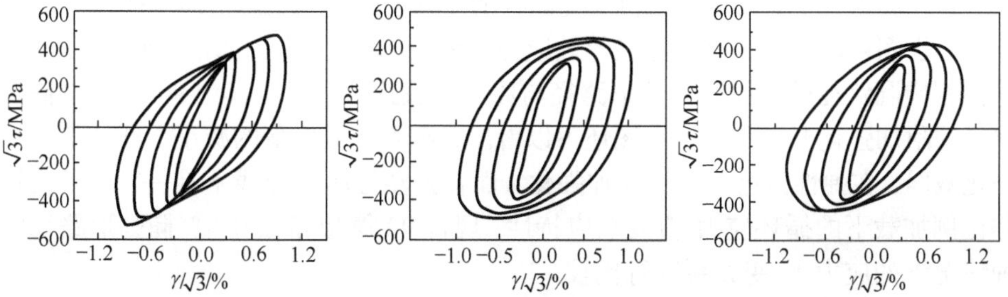

(a) 45°非比例加载($\lambda=\sqrt{3}$)　　(b) 90°非比例椭圆路径($\lambda=2\sqrt{3}$)　　(c) 90°非比例圆形路径($\lambda=\sqrt{3}$)

图 3.2.17　不同角度非比例加载下材料扭转分量滞回线随应变幅值的变化

对于相角为 90°的非比例椭圆路径下的滞回线，其旋转情况与 45°非比例加载下的形式又有些差别，表现出拉压滞回线比扭转滞回线旋转更明显，即拉压滞回线变形更严重，扭转滞回线变形不太明显。在 90°非比例圆形路径下，其拉压与扭转的滞回线形状相似，且旋转幅度也基本相同，与上述非比例情况相比较，旋转更明显。

所有的非比例滞回线都表现出最大应变与最大应力不同步，出现了明显的滞后现象，说明非比例加载下的材料循环塑性流动特性与比例加载下的情况有很大的不同。

3. 比例加载下循环应力-应变曲线

试验结果表明，45 号钢正火材料在多轴比例加载下的等效应力-应变曲线，基本上与单轴应力-应变曲线重合，如图 3.2.18 所示。这说明比例加载下的多轴循环应力-应变特性可由单轴应力-应变曲线描述。

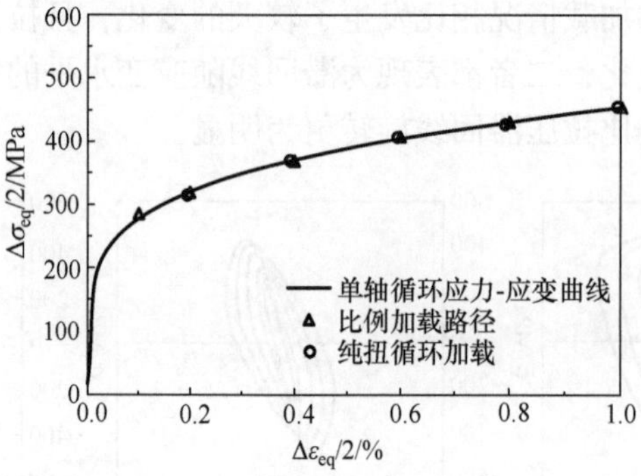

图 3.2.18 比例加载下循环应力-应变曲线

4. 非比例加载下循环应力-应变曲线

正弦波加载下，几种非比例应变路径的等效应力-应变之间的关系如图 3.2.19 所示。由图可以看出，圆形路径等效应力-应变曲线存在最大的附加强化，而 90°非比例椭圆路径的曲线介于圆形路径与比例加载路径之间，其中 90°非比例椭圆路径的附加强化要大一些。由图还可以看出，随着等效应变的减小，非比例附加强化减弱，在弹性区已不存在附加强化，而在弹塑性阶段曲线不唯一。为了比较非比例加载下的循环应力-应变响应特性，现将 90°圆形路径和 45°椭圆形路径两种情况下的应力-应变关系进行比较。

图 3.2.20 为圆形路径下循环应力-应变关系。由图可以看出，在圆形应变路径加载条件下，其等效应力响应也基本为圆形。拉伸与扭转各自的滞回线分别为一相似的椭圆。

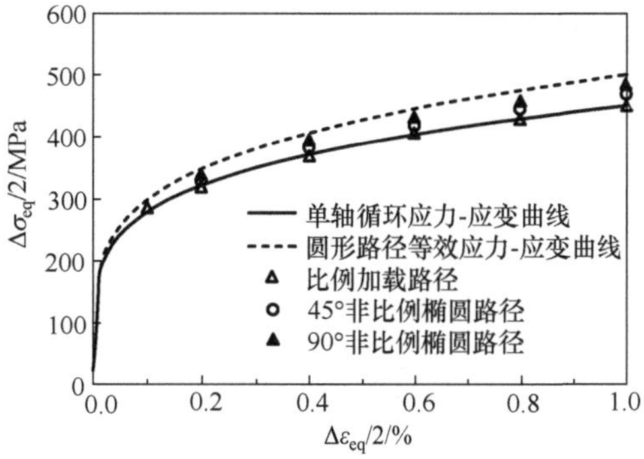

图 3.2.19 基于 von Mises 准则的多轴循环应力-应变曲线

图 3.2.21 为 45°椭圆路径下的循环应力-应变关系，此时等效应力响应也为椭圆，但拉伸与扭转各自的滞回线有很大的差别，其中拉压滞回线的形状向椭圆过渡，而扭转滞回线仍然存在两端尖点，但该尖点并不是最大应力与最大应变重合点。说明圆形路径拉扭变形或循环塑性流动规律基本一致，与单轴或比例加载情况相比，只不过存在附加强化。而相位差小于 90°的非比例加载，拉伸与扭转的循环塑性流动规律并不一致，其中拉压分量的塑性流动性似乎比扭转要好。

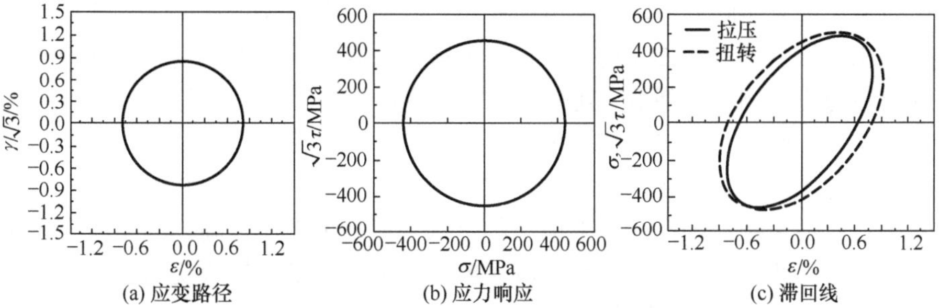

图 3.2.20 圆形路径下循环应力-应变关系

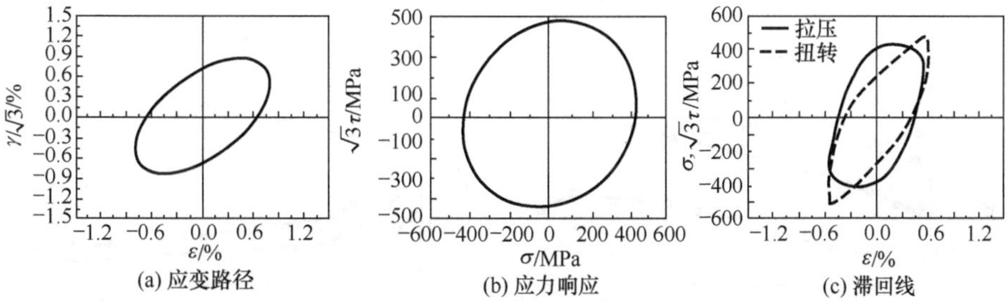

图 3.2.21 45°椭圆路径下循环应力-应变关系

3.2.3　多轴循环硬化/软化特性

1. 应力分量对疲劳寿命的影响

在单轴低周疲劳情况下，塑性应变较大，平均应力很快被松弛掉，因此可以忽略平均应力的影响。但在多轴加载条件下，平均应变下的应力分量对多轴疲劳特性具有一定的影响。图 3.2.22(a)为 45°比例加载下的应力分量最大值与疲劳寿命之间的关系。图中实心曲线为对称加载路径下应力分量与疲劳寿命的关系，空心曲线为存在平均应变路径下应力分量与疲劳寿命的关系。由图可以看出，存在拉伸与扭转平均应变的路径，其拉应力响应最大值有较大幅度的降低，而剪应力响应最大值(图中已转换为等效应力，即 $\sqrt{3}\tau_{\max}$)变化较小，基本上没有太大的变化。拉应力响应值有较大的降低，使其寿命有所提高。

不同非比例椭圆加载路径下，应力分量最大值与疲劳寿命之间的关系如图 3.2.22(b)～(d)所示。图 3.2.22(b)、(c)、(d)分别是图 3.2.13 中非比例椭圆加载 b 路径(φ=90°，$\lambda=\sqrt{3}/2$)、e 路径(φ=90°，$\lambda=2\sqrt{3}$)和 f 路径(φ=90°，$\lambda=2\sqrt{3}$)的情况。由图 3.2.22(b)和(c)可以看出，由于加载方式存在平均拉应变，拉伸与扭转的应力响应值均有不同程度的降低，平均拉应力越大，拉伸与扭转的应力响应值下降越严重，导致疲劳寿命有所提高。图 3.2.22(c)中，拉应力响应值变化很小，只是扭转应力响应值有所降低，降低幅度也较小，与对称椭圆路径相比，二者的疲劳寿命基本相等。由图 3.2.22(d)可以看出，加载方式存在平均剪应变，平均剪应变会使轴向与剪应力响应值降低，且剪应力响应值降低幅度较大。通过比较可以看出，存在平均切应变时，拉应力响应值降低幅度较小，其疲劳寿命变化不大。

由上述分析可知，在多轴低周加载条件下，存在拉伸与扭转的平均应变都会对其应力产生影响。轴向应力响应值的降低会使疲劳寿命提高，而扭转应力响应值的降低对其疲劳寿命影响较小。其主要原因为存在平均拉应变时会使材料内部产生残余压应力，而平均扭转应变没有这种效应。

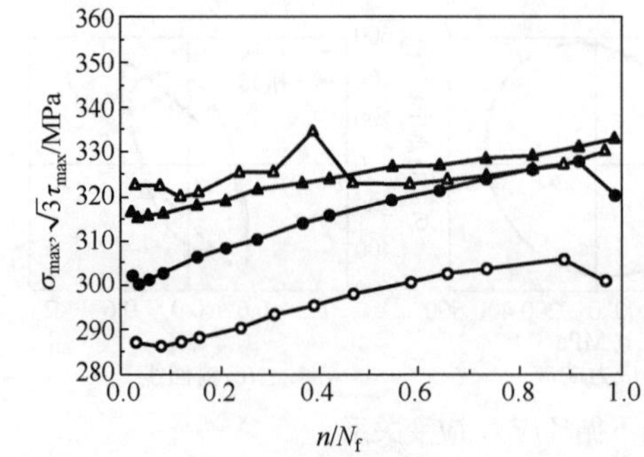

(a) 45°比例加载

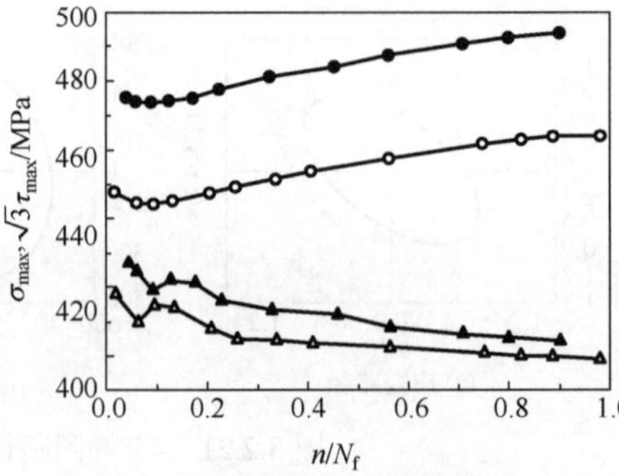

(b) b路径非比例椭圆加载

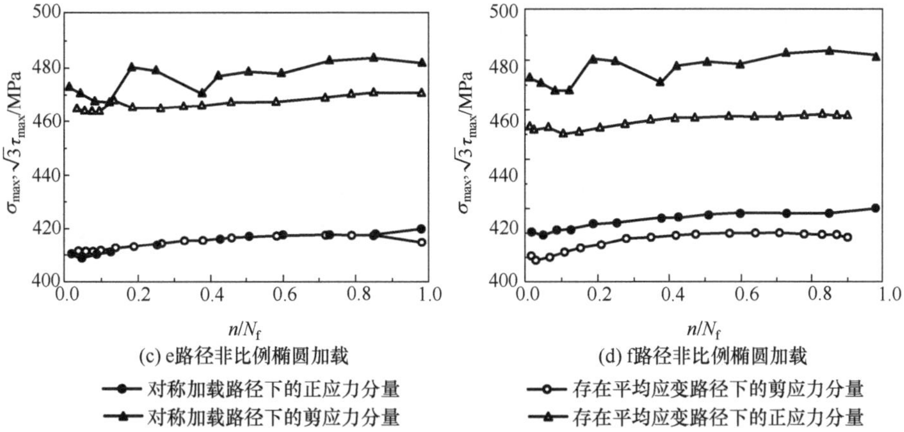

(c) e 路径非比例椭圆加载　　　　　　　　(d) f 路径非比例椭圆加载

● 对称加载路径下的正应力分量　　　　　　○ 存在平均应变路径下的剪应力分量
▲ 对称加载路径下的剪应力分量　　　　　　△ 存在平均应变路径下的正应力分量

图 3.2.22　应力分量最大值与疲劳寿命的关系

2. 加载路径对多轴循环硬化特性的影响

加载路径对多轴循环硬化特性有较大的影响。单轴加载条件下，45 号钢正火材料表现为循环硬化，如图 3.2.23 所示。对于如图 3.2.23(a)所示的纯扭转加载情况，前十几个循环表现出软化，随后立刻进入循环硬化阶段，且硬化较明显，在寿命的 40%左右应力响应值发生剧烈波动，在 50%寿命后趋于稳定，但略有上升。对于如图 3.2.23(b)所示的比例加载情况，拉压与扭转的应力响应值也表现出最初的循环软化，随后都表现出循环硬化现象，且一直硬化到断裂。

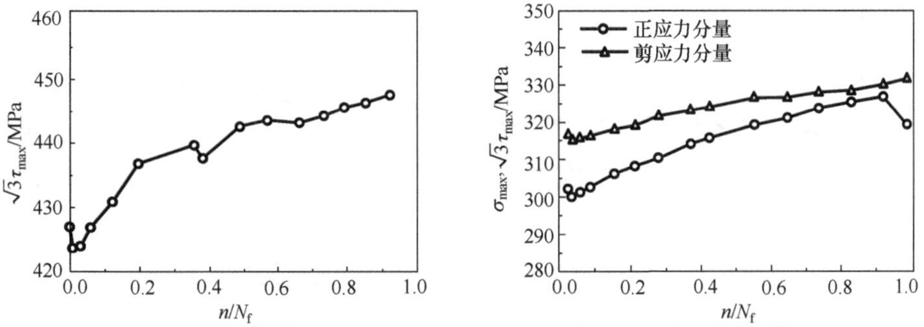

(a) 纯扭转加载　　　　　　　　　　　　(b) 比例加载

图 3.2.23　单轴加载条件下应力与循环次数比的关系

90°非比例椭圆加载下，应力响应值的硬化特性如图 3.2.24 所示。其中，图 3.2.24(a)～(c)是 $\lambda = \sqrt{3}/2$ 的情况，对应于图 3.2.13 中的 a、b、c 路径，存在拉压与扭转应力响应值同时硬化的现象，且在寿命的 10%～40%剪应力响应值的波动仍然存在，由于该路径扭转分量相对较小，存在平均剪应变的路径(图 3.2.24(b))，平均剪应变也较小，剪应力响应值的波动尽管有些减弱，但仍较明显。这说明剪应力响应值的波动性不仅与加载路径有关，还与存在平均剪应变的大小有关。

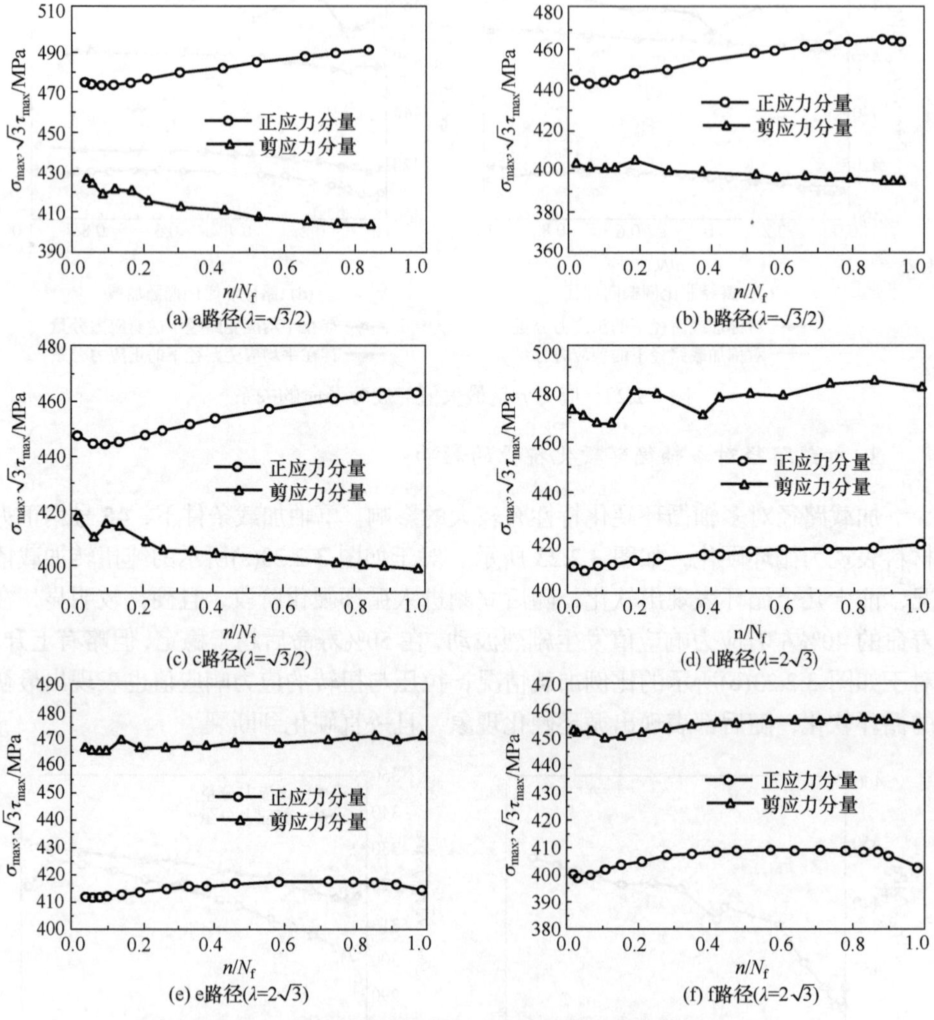

图 3.2.24　90°非比例椭圆加载下应力响应值的硬化特性(φ=90°)

图 3.2.24(d)～(f)是$\lambda=2\sqrt{3}$的情况，对应于图 3.2.13 中的 d、e、f 路径，也表现出拉压与扭转应力响应值同时硬化的现象，但硬化量较小。对称加载情况下(图 3.2.24(d))，扭转分量的应力响应值在寿命的 10%～40%波动较剧烈；存在轴向拉压平均应变时(图 3.2.24(e))，剪应力响应值除开始有少许软化，随后基本趋于平稳；存在平均剪应变时(图 3.2.24(f))，只是开始剪应力响应值有小的波动。

45°非比例椭圆加载下($\lambda=\sqrt{3}$)，应力响应值的硬化特性如图 3.2.25 所示。其中，图 3.2.25(a)和(b)分别对应于 3.2.13 中的 g、h 路径。90°非比例圆形加载下，应力响应值的硬化特性如图 3.2.26 所示($\lambda=\sqrt{3}$)。其中，图 3.2.26(a)～(d)分别对应于图 3.2.13 中的 i、j、k、l 路径。由图 3.2.25 和图 3.2.26 可以发现同一种规律，即轴向应力响应值硬化而扭转剪应力响应值软化，且剪应力响应值表现出较大的波动，但存在平均剪应变时，这种波动减弱甚至消失。

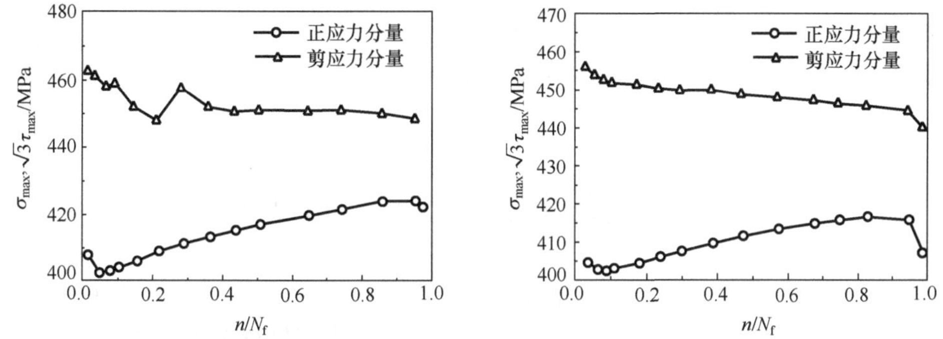

(a) g路径($\lambda=\sqrt{3}$)　(b) h路径($\lambda=\sqrt{3}$)

图 3.2.25　45°非比例椭圆加载下的应力响应值的硬化特性(φ=45°)

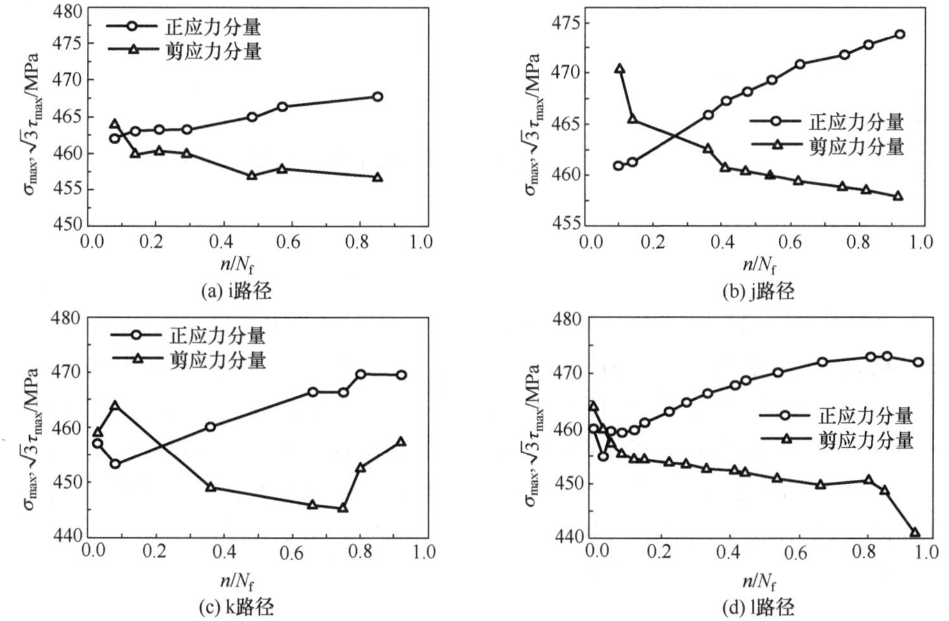

(a) i路径　(b) j路径　(c) k路径　(d) l路径

图 3.2.26　非比例圆形加载下应力响应值的硬化特性(φ=90°)

以上分析表明，循环硬化材料在多轴加载下，其轴向应力响应分量也具有循环硬化特性，但由于同时受扭转剪应力的影响，其硬化规律会有所不同。对于扭转剪应力响应，在比例加载情况下，因为拉扭同相作用，相互影响较小，表现出扭转剪应力响应与纯扭转相同形式的硬化，即拉压与扭转的应力响应值同时硬化。在非比例加载条件下，拉压与扭转不同步作用，存在滞后角，导致扭转剪应力响应值的变化比较复杂，有的路径表现出硬化，有的路径则表现出软化。分析其加载控制参数可以发现，导致非比例加载下扭转剪应力响应值硬化的原因是该路径施加的轴向应变较小，使其表现出剪应力响应分量与纯扭情况具有相同的特征，而剪应力响应软化的非比例路径，可能是由于施加轴向应变载荷分量较大，拉扭交互作用增强，扭转塑性规律发生了逆转，表现出与纯扭相反的循环特性。

3.3　材料的多轴循环应力-应变关系

单轴循环应力-应变关系可由 Ramberg-Osgood 方程给出，但多轴循环应力-应变关系比较复杂，尤其在多轴非比例加载下，应力不仅与应变有关，还与其加载路径有关。在预测多轴疲劳寿命过程中，仅依靠应变寿命关系往往得不到较精确的预测结果，只有找出多轴循环应力-应变响应关系，才能够更准确地估算多轴疲劳寿命。多数多轴循环本构理论比较复杂，一般是利用塑性增量理论，如双面模型和多面模型，通过假设几个超曲面的演化和定义一个非比例度来模拟多轴循环应力-应变响应。

本节主要讨论循环变形的强化效应，介绍几种常见的多轴循环本构模型。

3.3.1　循环变形的强化效应

一个完整的多轴循环塑性模型应考虑以下变形特性：①等向强化，能描述材料强度的变化；②随动强化，能描述包辛格效应和材料的记忆特性；③循环蠕变或棘轮效应，在存在平均应力的应力控制变形过程中，能够描述每个循环中平均塑性应变的增加；④平均应力松弛，能够描述在存在平均应变的应变控制变形中平均应力的松弛现象；⑤非比例循环强化，能够描述非比例加载过程中塑性区内应力发生增大的现象。考虑这些特性的模型通常很复杂且包含大量的材料常数，这些常数必须经过试验测试才能确定。实际应用中，为了简化处理过程，通常允许忽略上述一个或几个变形特性。

1. 等向强化

等向强化是利用屈服面以材料中所做塑性功的大小为基础，在尺寸上的扩张来描述由塑性应变而引起的材料强度的增加。对 von Mises 准则而言，屈服面在所有方向均匀扩张。以拉扭加载为例，图 3.3.1 显示了等向强化中的应力-应变响应特性。加载至 1 点时开始发生塑性流动，塑性变形时的位错相互作用导致材料出现加工硬化现象。继续加载到 2 点后卸载到零，然后加载，材料将在新的应力 2 点处屈服，并且塑性变形将继续沿着原来的应力-应变路径进行，材料记忆了原来的加载路径，即材料的记忆特性。当加载继续到 3 点时，等向强化将 $\sigma_{eq}^{(3)}$ 作为材料新的屈服强度。若对材料进行压缩加载，则屈服发生在应力为$-\sigma_{eq}^{(3)}$ 的 4 点。在塑性变形过程中，屈服曲面向各个方向扩展，但形状不变，并且屈服曲面中心不变。

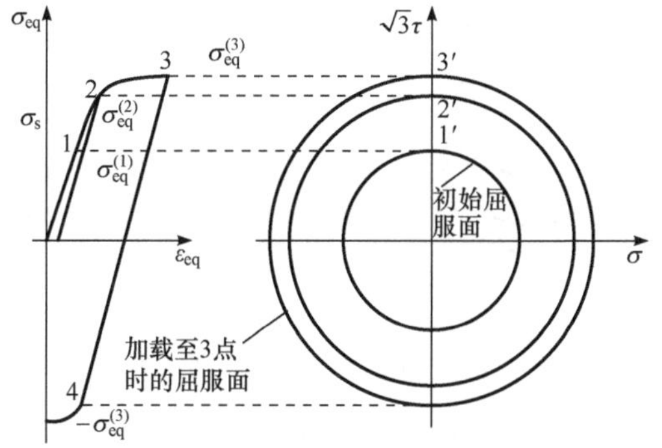

图 3.3.1 等向强化示意图

2. 随动强化

在随动强化模型中，允许屈服表面在应力空间中转换，但其形状和尺寸保持不变，即屈服面的大小保持不变而仅在屈服的方向上移动。当某个方向的屈服应力升高时，其相反方向的屈服应力应该降低。图 3.3.2(a)为随动强化示意图，材料由 1 点开始屈服进入塑性阶段，在 2 点的应力为 $\sigma_{eq}^{(2)}$。塑性变形致使屈服面发生移动。卸载使其应力为零，然后加载。只在塑性应变下屈服面才发生变化，因此这一过程中屈服面不会有任何附加变化。在相同方向重新加载，材料将会在 2 点处屈服，这与等向强化模型的情况相一致。但当压缩时反向屈服会发生在 3 点，其应力为 $\sigma_{eq}^{(3)}=\sigma_{eq}^{(2)}-2\sigma_s$。屈服曲面的移动可由向量 $\boldsymbol{\alpha}$ 来描述。

在多轴塑性变形的随动强化中，屈服面在应力空间中的转换可由随动强化规则来定义。图 3.3.2(b)表示 von Mises 屈服面在应力空间 σ-$\sqrt{3}\tau$ 中的情况，其屈服曲面中心由向量 $\boldsymbol{\alpha}$ 确定，当前应力状态由 σ 来描述。当有效应力与屈服应力相等时，σ 处于屈服曲面上。

定义在屈服面上 σ 处法向向量为 $\boldsymbol{n}$，应力增量 $d\sigma_{ij}$ 与 $\boldsymbol{n}$ 的夹角为 φ。若 $\cos\varphi<0$，则应变的改变朝向屈服曲面的中心，加载将仅为弹性；若 $\cos\varphi=0$，则加载呈中立状态，尽管轴向应力和剪应力在改变，但有效应力和应变仍然不变；若 $\cos\varphi>0$，则将发生塑性加载，屈服曲面将发生变化。Ziegler 随动强化硬化法则如图 3.3.2(b)

所示，其中屈服曲面中心平移的方向由 **n** 来表示，该硬化法则的数学表达式为

$$d\alpha_{ij} = d\mu(\sigma_{ij} - \alpha_{ij}) \tag{3.3.1}$$

式中，$d\alpha_{ij}$ 为屈服曲面中心的平移量；$d\mu$ 为一个标量值，可由应力点保持在屈服曲面上的这个条件来确定。

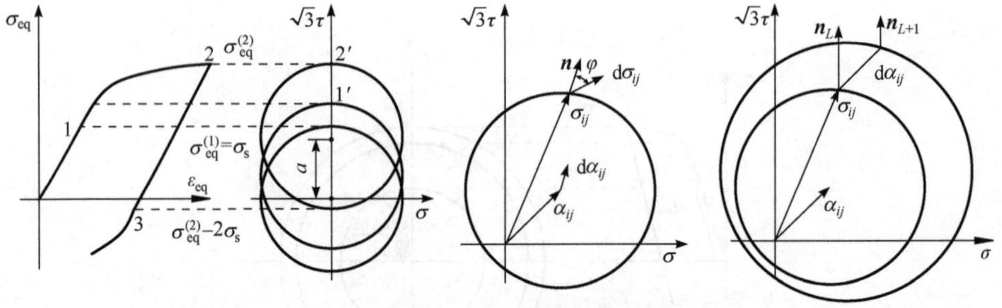

(a) 随动强化示意图　(b) Ziegler随动强化　(c) Mroz随动强化

图 3.3.2　随动强化及其规则示意图

Mroz 随动强化硬化法则如图 3.3.2(c)所示，该法则应用较为广泛。该法则假设存在一系列屈服曲面，屈服曲面的中心沿着连接当前应力点和具有相同外法线方向的下一屈服曲面上的应力点的矢量方向平行移动。该硬化法则的数学表达式为

$$d\alpha_{ij} = d\mu(\sigma_{ij}^{L+1} - \sigma_{ij}^{L}) \tag{3.3.2}$$

式中，σ_{ij}^{L} 为当前应力点；σ_{ij}^{L+1} 为具有相同外法线方向的下一屈服曲面上的应力点。对于各种多轴应力-应变路径，结合 Mroz 随动强化硬化法则的循环塑性模型能够较好地预测材料的多轴循环应力-应变关系。

在循环加载过程中，无论是控制应力还是控制应变，随动强化都会产生稳定的循环响应。图 3.3.3 为单轴等幅拉压应变循环下的随动强化模型，可以看出，经过第一个应变循环后就可以达到稳定的应力响应。在循环稳定前，实际材料可同时显示随动和等向强化的一些特性。循环稳定后，只显示随动强化。若忽略瞬时的影响，假定材料是循环稳定的，则在多轴疲劳分析过程中只使用随动强化模型即可。

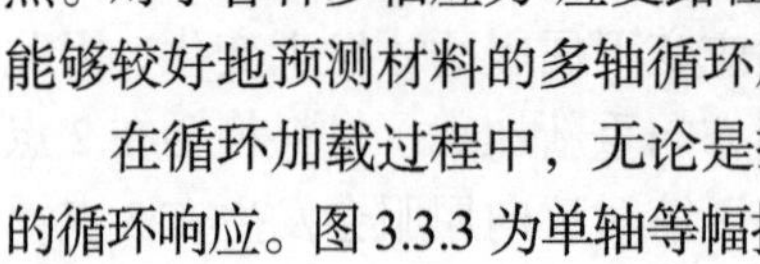

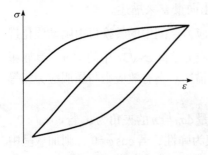

图 3.3.3　单轴等幅拉压应变循环下的随动强化模型

3. 非比例循环强化

非比例是用来描述循环加载过程中主应变轴发生旋转的加载路径，非同相加载就

是非比例加载的一个例子。材料在这样的加载过程中会显示在单轴或任何比例加载中都不存在附加的循环强化现象。图 3.3.4 是拉扭同相加载与非同相加载的情况。

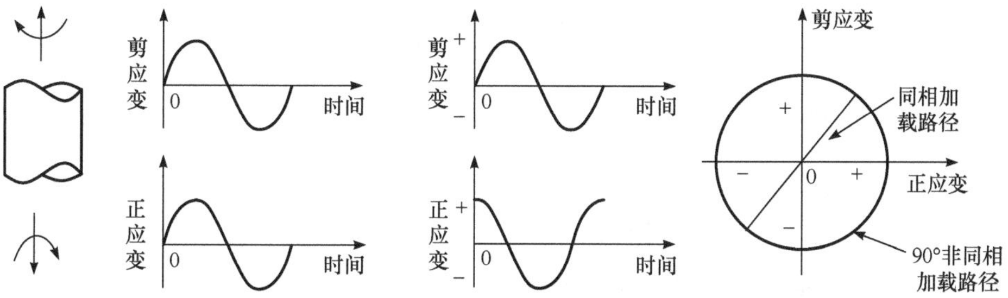

图 3.3.4　拉扭同相加载与非同相加载

由以上比例(或同相)加载与非比例(或非同相)加载所得到的循环稳定的等效应力-应变曲线如图 3.3.5 所示。由 3.2 节的结果可知，90°非同相加载路径能够产生最大的非比例强化。与单轴或比例加载相比，非比例附加强化的程度取决于微观结构和滑移系统。强化的程度也依赖于加载历史，对于任何其他非比例加载路径，其循环应力-应变曲线均介于比例与 90°非比例应力-应变曲线之间。

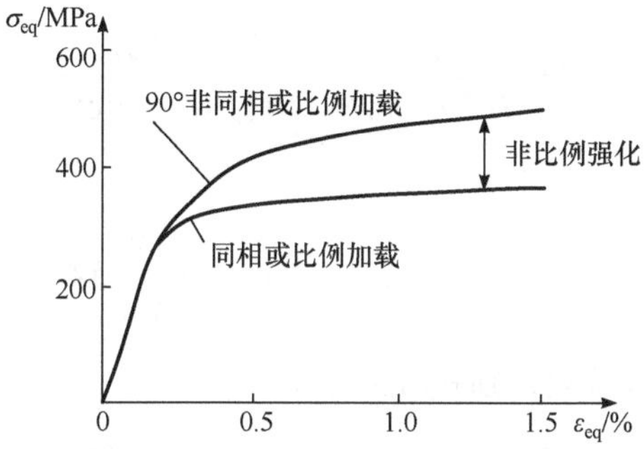

图 3.3.5　比例加载与非比例加载所得到的循环应力-应变曲线

3.3.2　多轴循环塑性模型

一个完整的循环塑性模型由屈服函数、流动法则和硬化法则三部分组成。屈服函数是描述产生塑性流动的应力组合函数，流动法则用来描述塑性变形过程中应力和塑性应变之间的关系，硬化法则用来描述由塑性应变导致的屈服曲面的变化特性。

在弹性范围内，应力可利用胡克定律由应变来确定。但在循环塑性变形过程中，应力和应变则取决于加载历史，一般是利用塑性增量理论来确定应力或应变。

1. 屈服函数

通常使用 von Mises 准则和 Tresca 准则作为屈服函数，由于 von Mises 屈服函数求解较方便，其应用更为广泛。von Mises 屈服面的函数表达式为

$$F=\sigma_x^2+\sigma_y^2+\sigma_z^2-\sigma_x\sigma_y-\sigma_y\sigma_z-\sigma_z\sigma_x+3\tau_{xy}^2+3\tau_{yz}^2+3\tau_{zx}^2-\sigma_{\mathrm{s}}^2=0 \quad (3.3.3)$$

2. 流动法则

应力和应变增量之间的关系需要用本构方程来描述，这样的本构方程称为**流动法则**。流动法则主要基于 Drucker 的正交性假设，即在塑性变形过程中塑性应变增量向量 $\mathrm{d}\varepsilon_{ij}^{\mathrm{p}}$ 垂直于屈服曲面，可表示为

$$\mathrm{d}\varepsilon_{ij}^{\mathrm{p}}=\frac{\partial F}{\partial\sigma_{ij}}\mathrm{d}\lambda \quad (3.3.4)$$

式中，标量 $\mathrm{d}\lambda$ 可表示为

$$\mathrm{d}\lambda=\frac{1}{H}\frac{(\partial F/\partial\sigma_{kl})\mathrm{d}\sigma_{kl}}{(\partial F/\partial\sigma_{mn})(\partial F/\partial\sigma_{mn})} \quad (3.3.5)$$

式中，H 为应力-应变曲线的正切模量。将式(3.3.5)代入式(3.3.4)，则流动法则为

$$\mathrm{d}\varepsilon_{ij}^{\mathrm{p}}=\frac{1}{H}\frac{\partial F}{\partial\sigma_{ij}}\frac{(\partial F/\partial\sigma_{kl})\mathrm{d}\sigma_{kl}}{(\partial F/\partial\sigma_{mn})(\partial F/\partial\sigma_{mn})} \quad (3.3.6)$$

对于拉扭加载，式(3.3.4)为

$$\mathrm{d}\varepsilon_x^{\mathrm{p}}=\frac{\partial F}{\partial\sigma_x}\mathrm{d}\lambda,\quad \mathrm{d}\gamma_{xy}^{\mathrm{p}}=\frac{\partial F}{\partial\tau_{xy}}\mathrm{d}\lambda \quad (3.3.7)$$

若使用 von Mises 屈服函数，则式(3.3.7)为

$$\mathrm{d}\varepsilon_x^{\mathrm{p}}=2\sigma_x\mathrm{d}\lambda,\quad \mathrm{d}\gamma_{xy}^{\mathrm{p}}=6\tau_{xy}\mathrm{d}\lambda \quad (3.3.8)$$

标量 $\mathrm{d}\lambda$ 为

$$\mathrm{d}\lambda=\frac{1}{H}\frac{\sigma_x\mathrm{d}\sigma_x+3\tau_{xy}\mathrm{d}\tau_{xy}}{3\sigma_x^2+18\tau_{xy}^2} \quad (3.3.9)$$

由式(3.3.9)可以看出，$\mathrm{d}\lambda$ 取决于材料常量 H 和当前的应力状态。材料常量 H 可由单轴应力-塑性应变曲线的斜率求得。在单轴状态下，有

$$\mathrm{d}\varepsilon_x^{\mathrm{p}}=\frac{1}{H}\frac{\sigma_x\mathrm{d}\sigma_x}{3\sigma_x^2}2\sigma_x=\frac{2}{3H}\mathrm{d}\sigma_x \quad (3.3.10)$$

用 E_{p} 表示材料应力-塑性应变曲线的斜率，E_{p} 即为塑性模量，可表示为

$$E_{\mathrm{p}}=\frac{\mathrm{d}\sigma_x}{\mathrm{d}\varepsilon_x^{\mathrm{p}}} \tag{3.3.11}$$

由式(3.3.10)和式(3.3.11)可以得到

$$H=\frac{2}{3}E_{\mathrm{p}} \tag{3.3.12}$$

利用 Ramberg-Osgood 应力塑性应变方程：

$$\varepsilon=\frac{\sigma}{E}+\left(\frac{\sigma}{K'}\right)^{1/n'} \tag{3.3.13}$$

可导出 H 为

$$H=\frac{2}{3}K'n'\left(\frac{\sigma}{K'}\right)^{(n'-1)/n'} \tag{3.3.14}$$

式中，K'、n' 分别为单轴循环强度系数和循环硬化指数。

在拉扭加载下，可以利用一系列内含的屈服曲面的演化来描述应力-应变关系。如图 3.3.6 所示，每一个屈服面圆都代表一个恒定的应变强化常数 H，开始时这些面圆是同心的，随后由于随动强化，这些面圆在不改变形状的前提下可以平行移动。在开始加载到 1 点的过程中，变形在纯弹性范围内，应力和应变之间的关系可由胡克定律来确定。超过 1 点开始发生塑性变形，塑性应力-应变关系用式(3.3.7)来确定，其中的 $\mathrm{d}\lambda$ 由式(3.3.9)给出。若单轴疲劳常数 K'、n' 和屈服极限 σ_{s} 均为已知，则利用式(3.3.14)可得到材料常量 H。

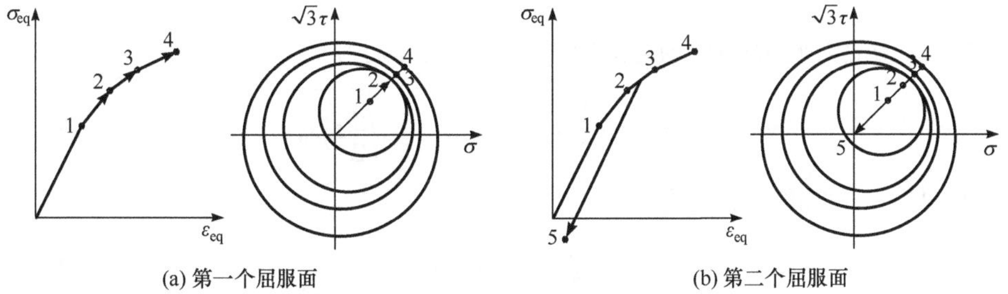

(a) 第一个屈服面　(b) 第二个屈服面

图 3.3.6　等效应力-应变关系模拟过程中屈服面的演化方式

在 1 点和 2 点之间发生塑性变形，如图 3.3.6(a)所示，内部的第一个屈服曲面开始激活并发生平动。当加载超过 2 点到 3 点的过程中，激活第二个屈服曲面。反向加载时，弹性过程持续到 5 点后开始产生塑性变形，此时内部的第一个屈服曲面又一次被激活，继续反向加载，再次激活第二个屈服曲面，其过程与正向加载类似。在屈服曲面之间，H 是常量，这样会形成一个折线形的等效应力-应变 σ_{eq}-$\varepsilon_{\mathrm{eq}}$ 迟滞回线。

3. 硬化法则

硬化法则用于描述塑性应变作用导致屈服曲面如何发生变化。分析中一般可以取屈服曲面随塑性应变膨胀(等向强化)，或取屈服曲面发生变形(随动强化)。还有一些更复杂的模型，允许屈服曲面改变形状。可以将等向强化和随动强化相结合考虑模型的瞬态效应，如应变硬化和软化、棘齿和应力松弛等。

一般情况下，硬化法则可写成如下形式：

$$F = f(\sigma_{ij} - \alpha_{ij}) + y(\bar{\varepsilon}^{\mathrm{p}}) = 0 \tag{3.3.15}$$

式中，α_{ij} 为背应力张量，用来定义屈服曲面中心的运动；$y(\bar{\varepsilon}^{\mathrm{p}})$ 为与屈服面有关的塑性应变的函数；$f(\cdot)$为 von Mises 屈服函数。当 $y(\bar{\varepsilon}^{\mathrm{p}})$ 恒等于 σ_{s}^2 时，强化为随动的；当 $\alpha_{ij}=0$ 时，强化完全等向。

3.3.3 多轴比例循环加载下的循环应力-应变关系

由 Ramberg-Osgood 方程可知，单轴循环应力-应变关系为

$$\frac{\Delta\varepsilon}{2} = \frac{\Delta\sigma}{2E} + \left(\frac{\Delta\sigma}{2K'}\right)^{1/n'} \tag{3.3.16}$$

式中，K' 、n' 分别为单轴循环强度系数和循环应变硬化指数；E 为弹性模量。

对于多轴循环加载，材料屈服面的扩张或收缩标志着材料的硬化或软化。因此，对于多轴比例加载，多轴塑性应变与应力的关系为

$$\varepsilon_{ij}^{\mathrm{p}} = F(\sigma_{\mathrm{eq}}) s_{ij} \tag{3.3.17}$$

式中，s_{ij} 为应力偏量；σ_{eq} 为等效应力，其形式分别为

$$s_{ij} = \sigma_{ij} - \frac{1}{3}\sigma_{kk}\delta_{ij}, \quad \sigma_{\mathrm{eq}} = \sqrt{\frac{3}{2} s_{ij} s_{ij}} \tag{3.3.18}$$

式(3.3.17)写成幅度的形式为

$$\Delta\varepsilon_{ij}^{\mathrm{p}} = F(\Delta\sigma_{\mathrm{eq}}) \Delta s_{ij} \tag{3.3.19}$$

由式(3.3.19)可以看出，如果函数 $F(\Delta\sigma_{\mathrm{eq}})$ 为已知，即可得到多轴循环应力-应变关系。试验研究表明，多轴比例加载下的等效循环应力-应变关系与单轴加载情况是一致的，因此可由单轴得出的循环应力-应变关系描述比例加载下的等效应力-应变曲线，则有

$$\frac{\Delta\varepsilon_{\mathrm{eq}}}{2} = \frac{\Delta\sigma_{\mathrm{eq}}}{2E} + \left(\frac{\Delta\sigma_{\mathrm{eq}}}{2K'}\right)^{1/n'}, \quad \frac{\Delta\varepsilon_{\mathrm{eq}}^{\mathrm{p}}}{2} = \left(\frac{\Delta\sigma_{\mathrm{eq}}}{2K}\right)^{1/n} \tag{3.3.20}$$

其中，

$$\Delta\varepsilon_{\mathrm{eq}}^{\mathrm{p}}=\sqrt{\frac{2}{3}\Delta\varepsilon_{ij}^{\mathrm{p}}\Delta\varepsilon_{ij}^{\mathrm{p}}}\,,\quad \Delta\sigma_{\mathrm{eq}}=\sqrt{\frac{3}{2}\Delta s_{ij}\Delta s_{ij}}\,,\quad \Delta s_{ij}=\Delta\sigma_{ij}-\frac{1}{3}\Delta\sigma_{kk}\delta_{ij} \tag{3.3.21}$$

由式(3.3.20)和式(3.3.21)可得到多轴塑性应变分量与偏应力范围之间的关系为

$$\Delta\varepsilon_{ij}^{\mathrm{p}}=\frac{3(\Delta\sigma_{\mathrm{eq}})^{(1-n')/n'}}{(2K')^{1/n'}}\Delta s_{ij} \tag{3.3.22}$$

比较式(3.3.19)和式(3.3.22)可得到

$$F(\Delta\sigma_{\mathrm{eq}})=\frac{3(\Delta\sigma_{\mathrm{eq}})^{(1-n')/n'}}{(2K')^{1/n'}} \tag{3.3.23}$$

该函数的变化会影响多轴应力-应变关系。多轴弹性应变范围分量可表示为

$$\Delta\varepsilon_{ij}^{\mathrm{e}}=(1+\upsilon)\frac{\Delta\sigma_{ij}}{E}-\upsilon\Delta\sigma_{kk}\frac{\delta_{ij}}{E} \tag{3.3.24}$$

式(3.3.22)与式(3.3.24)两式相加，即可得到多轴比例加载下的循环应力-应变在稳定状态时的关系为

$$\Delta\varepsilon_{ij}=\frac{\Delta\sigma_{ij}(1+\upsilon)}{E}-\frac{\upsilon\Delta\sigma_{kk}\delta_{ij}}{E}+\frac{3(\Delta\sigma_{\mathrm{eq}})^{(1-n')/n'}}{(2K')^{1/n'}}\Delta s_{ij} \tag{3.3.25}$$

式中，υ 为泊松比。

3.3.4　多轴非比例循环加载下的循环应力-应变关系

对于各向同性材料，在相同的最大等效塑性应变幅值下，非比例路径下的循环强化程度远大于比例路径下的循环强化，这就是非比例循环附加强化。已有研究表明，非比例循环附加强化是降低疲劳寿命的主要原因。建立在单轴循环基础上的本构方程不能预测多轴非比例循环加载下的材料性能，在非比例循环加载下的强化，不能仅由简单测量应变矢的最大值、应变路径的弧长、塑性应变路径的弧长或塑性功来解释。

对于单轴循环加载，其循环应力-应变关系由 Ramberg-Osgood 方程(3.3.16)来描述。对于多轴比例循环加载，其循环应力-应变的等效关系可描述为

$$\frac{\Delta\varepsilon_{\mathrm{eq}}}{2}=\frac{\Delta\sigma_{\mathrm{eq}}}{2E}+\left(\frac{\Delta\sigma_{\mathrm{eq}}}{2K'}\right)^{1/n'} \tag{3.3.26}$$

式中，$\Delta\varepsilon_{\mathrm{eq}}$、$\Delta\sigma_{\mathrm{eq}}$ 一般为 von Mises 等效应力和应变。

对于多轴非比例加载，目前主要由修正循环强度系数法和双面屈服模型法来描述其本构关系。

1. 修正循环强度系数法

在非比例循环加载下，应力主轴和应变主轴不断旋转，阻碍了材料内部形成稳定的位错结构，因此非比例加载的应力-应变曲线高于比例加载的应力-应变曲线，从而产生非比例循环附加强化。为了考虑位错积塞及交互影响而产生强化的机制，可以定义一个旋转因子来表示非比例度，但在计算中需要附加一个修正系数来建立循环本构关系。循环应变硬化指数 n' 在非比例下变化较小，可以忽略不计，因此可利用修正循环强度系数 K' 来考虑非比例附加强化。实际中，描述非比例加载下的循环强度系数 K'_{n} 可定义为

$$K'_{\mathrm{n}} = (1+gF)K'_{\mathrm{p}} = (1+gF)K' \tag{3.3.27}$$

式中，K'、K'_{p} 分别为单轴和比例循环加载下的循环强度系数，对于一般金属材料，两者相等，即 $K' = K'_{\mathrm{p}}$；g 为交叉硬化系数，可由多轴试验(圆形路径)确定；F 为旋转因子或非比例度。

旋转因子定义为与最大剪应变面成 45°的剪切应变幅值与最大剪切应变幅值之比，即

$$F = \sqrt{\frac{\lambda^2 + (1+\upsilon)^2 - \sqrt{\left\{\left[(1+\upsilon)^2 - \lambda^2\right]^2 + \left[2\lambda(1+\upsilon)\cos\varphi\right]\right\}^2}}{\lambda^2 + (1+\upsilon)^2 + \sqrt{\left\{\left[(1+\upsilon)^2 - \lambda^2\right]^2 + \left[2\lambda(1+\upsilon)\cos\varphi\right]\right\}^2}}} \tag{3.3.28}$$

对于同向加载，主平面与最大剪切平面成 45°，F=0；对于 φ =90°非比例圆形加载路径，$\lambda = \gamma_\alpha / \varepsilon_\alpha = 1+\upsilon$，各面上的剪切应变幅值相等，$F$=1。

2. 双面屈服模型法

双面屈服模型法的原理是假设两个超曲面，即屈服面和极限面，通过它们的演化来反映材料的流动特性和硬化或软化特性，进而预测多轴循环应力-应变关系。

应变张量增量可分解为弹性与塑性两部分，即

$$\mathrm{d}\varepsilon_{ij}^{\mathrm{T}} = \mathrm{d}\varepsilon_{ij}^{\mathrm{e}} + \mathrm{d}\varepsilon_{ij}^{\mathrm{p}} \tag{3.3.29}$$

对于各向同性且与率无关的材料，由弹性本构方程(广义胡克定律)建立应力增量和弹性应变增量张量之间的关系为

$$\mathrm{d}\varepsilon_{ij}^{\mathrm{e}} = \frac{1+\upsilon}{E}\left(\mathrm{d}\sigma_{ij} - \frac{\upsilon}{1+\upsilon}\mathrm{d}\sigma_{kk}\delta_{ij}\right) \tag{3.3.30}$$

为了得到应力增量张量 $\mathrm{d}\sigma_{ij}$ 与塑性应变增量张量 $\mathrm{d}\varepsilon_{ij}^{\mathrm{p}}$ 的关系，需要三个假设：①假设屈服面和极限面；②假设相应的流动规则；③假设硬化规则。

屈服面特指弹性区域，而极限面用于描述非线性材料强化，当有效应力达到极限面时发生完全的塑性流动，屈服面与极限面一般由 von Mises 应力来定义，如图 3.3.7 所示。屈服面与极限面方程分别为

$$f = \frac{3}{2}(s_{ij} - \alpha_{ij})(s_{ij} - \alpha_{ij}) - r_{\mathrm{s}}^2, \quad f_{\mathrm{L}} = \frac{3}{2}s_{ij}^{\mathrm{L}}s_{ij}^{\mathrm{L}} - r_{\mathrm{L}}^2 \tag{3.3.31}$$

式中，s_{ij}、s_{ij}^{L} 分别为屈服面和极限面的偏应力张量；r_{s}、r_{L} 分别为两个屈服面的半径；α_{ij} 为屈服面中心的位置张量，即背应力。

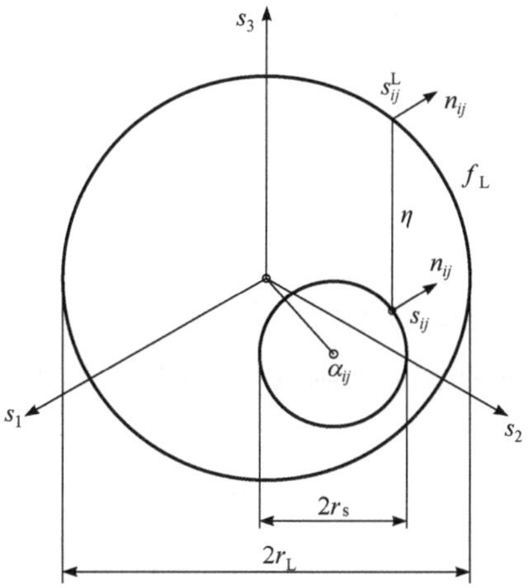

图 3.3.7　双面模型中的屈服面与极限面的演化

当材料屈服时，由正交流动规则定义塑性流动的增量方向，即沿着垂直于屈服面的外法线方向。结合流动规则，定义弹性和塑性变形过程为：①若当前应力状态严格控制在屈服面内侧，则其过程为弹性；②若当前应力在屈服面上，且应力增量点指向屈服面的正切平面的内侧，则其过程为弹性，否则为塑性。下面讨论流动规则的具体过程。

塑性应变张量增量可表示为

$$\mathrm{d}\varepsilon_{ij}^{\mathrm{p}} = \frac{1}{H}(n_{kl}\mathrm{d}\sigma_{kl})n_{ij} \tag{3.3.32}$$

式中，H 为硬化模量；n_{ij} 为垂直于屈服面单位外法线张量分量，即

$$n_{ij}=\frac{\partial f/\partial s_{ij}}{\left|\partial f/\partial s_{ij}\right|} \tag{3.3.33}$$

根据 von Mises 准则，有

$$\frac{\partial f}{\partial s_{ij}}=3(s_{ij}-\alpha_{ij}),\quad \left|\frac{\partial f}{\partial s_{ij}}\right|=\sqrt{\frac{\partial f}{\partial s_{ij}}\frac{\partial f}{\partial s_{ij}}}=\sqrt{9(s_{ij}-\alpha_{ij})(s_{ij}-\alpha_{ij})}=\sqrt{6}r_{\mathrm{s}} \tag{3.3.34}$$

将式(3.3.34)代入式(3.3.33)，有

$$n_{ij}=\frac{3(s_{ij}-\alpha_{ij})}{\sqrt{6}r_{\mathrm{s}}}=\sqrt{\frac{3}{2}}\frac{s_{ij}-\alpha_{ij}}{r_{\mathrm{s}}} \tag{3.3.35}$$

将式(3.3.35)代入式(3.3.32)，得到流动法则为

$$\mathrm{d}\varepsilon_{ij}^{\mathrm{p}}=\frac{3}{2Hr_{\mathrm{s}}^{2}}\left[(s_{kl}-\alpha_{kl})\cdot\mathrm{d}\sigma_{kl}\right](s_{ij}-\alpha_{ij}) \tag{3.3.36}$$

单轴条件下，$s_{22}=s_{33}=-s_{11}/2$，$\alpha_{22}=\alpha_{33}=-\alpha_{11}/2$，则流动法则为

$$\mathrm{d}\varepsilon_{11}^{\mathrm{p}}=\frac{2}{3H}\mathrm{d}\sigma_{11} \tag{3.3.37}$$

式(3.3.37)即为式(3.3.10)，H 可由式(3.3.14)求得。

双面模型中，假设硬化模量是由屈服面中心应力点 s_{ij} 与在极限面上具有相同外法线的对应应力点 s_{ij}^{L} 间距离 η 的函数，则 η 的表达式为

$$\eta=\sqrt{\frac{3}{2}(s_{ij}^{\mathrm{L}}-s_{ij})(s_{ij}^{\mathrm{L}}-s_{ij})} \tag{3.3.38}$$

其中，

$$s_{ij}^{\mathrm{L}}=\frac{r_{\mathrm{L}}}{\sigma_{\mathrm{s}}}(s_{ij}-\alpha_{ij}) \tag{3.3.39}$$

最大距离为

$$\eta_{\max}=2(r_{\mathrm{L}}-r_{\mathrm{s}}) \tag{3.3.40}$$

定义 D 为归一化系数，即

$$D=\frac{\eta_{\max}-\eta}{\eta_{\max}} \tag{3.3.41}$$

则 D 在 0～1 变化，当初始屈服发生时，D=0，当达到极限面时，D=1，对应的单轴应力为

$$\sigma = \begin{cases} \pm(2r_s - r_L), & D=0 \\ \pm r_L, & D=1 \end{cases} \tag{3.3.42}$$

单轴应力与 D 的关系为

$$\sigma = \pm\left[2(r_L - r_s)(D-1) + r_L\right] \tag{3.3.43}$$

由式(3.3.11)、式(3.3.12)、式(3.3.38)～式(3.3.43)可推出推广的硬化模量为

$$H = \frac{2}{3}K'n'\left[\frac{12(r_L - r_s)(D-1) + r_L}{K'}\right]^{(n'-1)/n'} \tag{3.3.44}$$

采用 Mroz 硬化规则来描述屈服面的瞬时转化，以避免与极限面叠交，屈服面中心的增量移动在应力空间中可描述为

$$d\alpha_{ij} = (s_{ij}^{L} - s_{ij})du \tag{3.3.45}$$

式中，du 是一个正标量。

根据连续性条件，对屈服面进行微分，得到

$$df = \frac{\partial f}{\partial s_{ij}}ds_{ij} + \frac{\partial f}{\partial \alpha_{ij}}d\alpha_{ij} = 0 \tag{3.3.46}$$

由 von Mises 准则，有

$$\frac{\partial f}{\partial s_{ij}} = -\frac{\partial f}{\partial \alpha_{ij}} = 3(s_{ij} - \alpha_{ij}) \tag{3.3.47}$$

将式(3.3.47)代入式(3.3.46)，可得连续性条件为

$$\frac{\partial f}{\partial s_{ij}}(ds_{ij} - d\alpha_{ij}) = 0 \tag{3.3.48}$$

将式(3.3.45)代入式(3.3.47)，得到

$$du = \frac{(\partial f/\partial s_{ij})ds_{ij}}{(\partial f/\partial s_{ij})(ds_{ij}^{L} - s_{ij})} \tag{3.3.49}$$

将式(3.3.39)、式(3.3.47)、式(3.3.49)代入式(3.3.45)，得到描述屈服面移动的背应力张量为

$$d\alpha_{ij} = \frac{(s_{ij} - \alpha_{ij})ds_{ij}}{(s_{ij} - \alpha_{ij})\left[s_{ij}(r_L - r_s) - \alpha_{ij}r_L\right]}\left[s_{ij}(r_L - r_s) - \alpha_{ij}r_L\right] \tag{3.3.50}$$

为了反映非比例附加强化效应，还需要一些有价值的模型，如基于应力面和记忆面的双面本构模型。该模型采用随动强化和各向同性强化的屈服面、最大等效应力记忆的极限面，定义一个将屈服面和记忆面的尺寸改变与在最大载荷下材料的切线模量曲线。为了考虑材料的非比例加载效应，引入非比例度定义，并对

屈服面半径和切线模量进行非比例度修正。

3.3.5 基于临界面法的多轴非比例循环加载下的循环应力-应变关系

从物理意义的角度来看，非比例加载的循环本构关系与比例加载情况的不同之处主要反映在 $F(\Delta\sigma_{eq})$ 的变化上。对于单轴情况，应变寿命可以表示为

$$\frac{\Delta\varepsilon}{2}=\frac{\sigma_f'}{E}(2N_f)^b+\varepsilon_f'(2N_f)^c \tag{3.3.51}$$

式中，b、c 为与材料有关的常数。

根据多轴疲劳临界面法，对于比例与非比例加载，控制疲劳损伤统一参量为

$$\frac{\Delta\varepsilon_{eq}^{cr}}{2}=\sqrt{(\varepsilon_n)^2+\frac{1}{3}(\Delta\gamma_{max})^2} \tag{3.3.52}$$

式中，$\Delta\gamma_{max}$ 为临界损伤平面上的最大剪切应变范围；ε_n 为临界面上两个最大剪切应变折返点之间的法向应变幅值。

用 $\Delta\varepsilon_{eq}^{cr}/2$ 来代替式(3.3.51)中的 $\Delta\varepsilon/2$，即可得到多轴非比例加载下的疲劳寿命公式，用式(3.3.52)建立多轴疲劳寿命关系式具有较高的预测精度。同理，也可以用 $\Delta\varepsilon_{eq}^{cr}/2$ 代替单轴循环应力-应变关系中的 $\Delta\varepsilon/2$ 来求其等效应变幅值 $\Delta\varepsilon_{eq}^{np}/2$，即

$$\frac{\Delta\varepsilon_{eq}^{np}}{2}=\frac{\Delta\sigma_{eq}^{np}}{2E}+\left(\frac{\Delta\sigma_{eq}^{np}}{2K'}\right)^{1/n'} \tag{3.3.53}$$

式中，K'、n' 分别为单轴循环强度系数和循环应变硬化指数。

对于多轴非比例加载下的循环等效应力-应变关系，同样可以由单轴公式推广得到，即

$$\frac{\Delta\varepsilon_{eq}^{np}}{2}=\frac{\Delta\sigma_{eq}^{np}}{2E}+\left(\frac{\Delta\sigma_{eq}^{np}}{2K_{np}}\right)^{1/n_{np}} \tag{3.3.54}$$

式中，K_{np}、n_{np} 分别为非比例加载下的循环强度系数和循环应变硬化指数。

在非比例加载下，循环应变硬化指数变化很小，因此可以认为非比例加载只对材料的屈服强度有影响，而不改变材料的循环硬化指数，则式(3.3.54)中的 n_{np} 可由单轴加载下的 n' 来代替，即

$$\frac{\Delta\varepsilon_{eq}^{np}}{2}=\frac{\Delta\sigma_{eq}^{np}}{2E}+\left(\frac{\Delta\sigma_{eq}^{np}}{2K_{np}}\right)^{1/n'} \tag{3.3.55}$$

在应变控制加载下，联立式(3.3.53)和式(3.3.55)，即可得到某种加载路径下的非比例循环强度系数 K_{np}，再将其代入式(3.3.23)，得到

$$F_{\mathrm{np}}(\Delta\sigma_{\mathrm{eq}}^{\mathrm{np}})=3\frac{(\Delta\sigma_{\mathrm{eq}}^{\mathrm{np}})^{(1-n)/n}}{(2K_{\mathrm{np}})^{1/n}} \tag{3.3.56}$$

同样，按照比例加载下的推导方式，可得到多轴非比例加载下的循环应力-应变关系(稳定状态)为

$$\Delta\varepsilon_{ij}^{\mathrm{np}}=(1+\upsilon)\frac{\Delta\sigma_{ij}^{\mathrm{np}}}{E}-\upsilon\delta_{ij}\frac{\Delta\sigma_{\mathrm{eq}}^{\mathrm{np}}}{E}+3\frac{(\Delta\sigma_{\mathrm{eq}}^{\mathrm{np}})^{(1-n)/n}}{(2K_{\mathrm{np}})^{1/n}}\Delta s_{ij}^{\mathrm{np}} \tag{3.3.57}$$

由以上推导可以看出，该多轴应力-应变关系模型中所有的材料通常可由单轴试验得到，或推导计算得到，无须进行多轴疲劳试验来确定常数，因此便于工程应用。

为了验证以上多轴循环应力-应变关系的正确性，采用比例加载路径($\Delta\varepsilon_{\mathrm{eq}}/2=0.8\%$)、圆形路径($\Delta\varepsilon_{\mathrm{eq}}/2=0.8\%$)与 45°椭圆形路径($\Delta\varepsilon_{\mathrm{eq}}/2=0.7\%$)，在 MTS809-250kN 拉扭疲劳试验机上进行试验验证，室温空气介质，拉-扭复合控制应变加载，对于拉-扭薄壁管试样，在拉-扭加载下，其应变与应力张量为

$$\boldsymbol{\varepsilon}=\begin{bmatrix}\varepsilon_{\mathrm{a}} & \gamma_{\mathrm{a}}/2 & 0\\ \gamma_{\mathrm{a}}/2 & -\upsilon\varepsilon_{\mathrm{a}} & 0\\ 0 & 0 & -\upsilon\varepsilon_{\mathrm{a}}\end{bmatrix},\quad \boldsymbol{\sigma}=\begin{bmatrix}\sigma_{\mathrm{a}} & \tau_{\mathrm{a}} & 0\\ \tau_{\mathrm{a}} & 0 & 0\\ 0 & 0 & 0\end{bmatrix} \tag{3.3.58}$$

式中，ε_{a}、γ_{a}为应变幅值；σ_{a}、τ_{a}为应力幅值。

由式(3.3.57)得到的预测结果与试验结果比较如图 3.3.8 所示。由图可见，两者吻合较好。

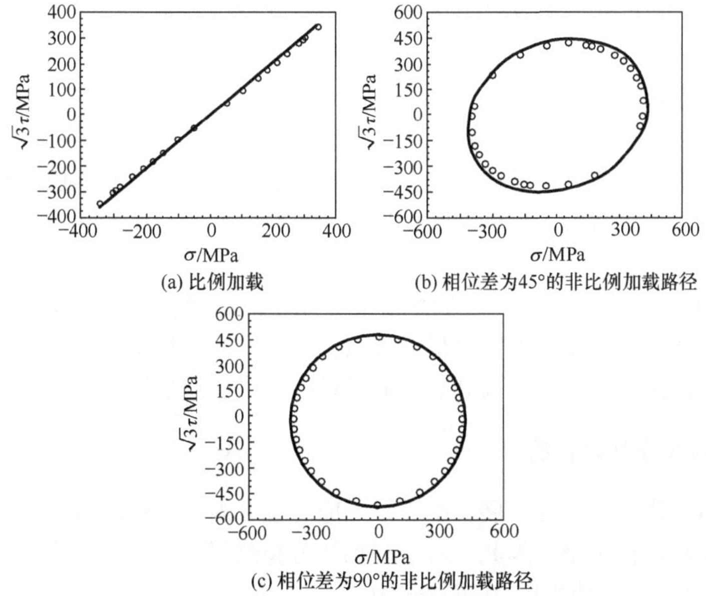

图 3.3.8　预测结果与试验结果比较(循环稳定状态)

3.4 多轴疲劳裂纹的扩展机理与损伤参量

3.4.1 多轴疲劳裂纹的萌生与扩展

工程中的疲劳破坏过程可分为以下几个阶段：①循环变形和损伤；②微裂纹形核；③短裂纹扩展；④宏观裂纹扩展；⑤疲劳断裂。短裂纹扩展之前的阶段称为疲劳裂纹萌生阶段，宏观裂纹扩展阶段称为疲劳裂纹扩展阶段。

多轴疲劳破坏过程同样可分为裂纹萌生和扩展两个阶段，但涉及裂纹萌生的部位和裂纹扩展路径，即疲劳裂纹从何处萌生、向哪个方向扩展的问题。

1. 多轴疲劳裂纹萌生

疲劳裂纹萌生可分为由剪应力支配的阶段Ⅰ型和由法向应力支配的阶段Ⅱ型两种形式。阶段Ⅰ型与阶段Ⅱ型的各种组合取决于应力状态、应力-应变幅值和材料的类型，应力水平对多轴疲劳裂纹萌生的影响表现为：

(1) 在高应力水平下，在有许多活性滑移系统中，将会萌生高密度的剪切型裂纹。在这种情况下，可以观察到裂纹的互相连接现象。在高密度裂纹的情况下，大多数晶粒中都会有剪切裂纹。其生长的主要形式是单一晶粒中裂纹连接式的剪切模式，依靠这种连接扩展要比未连接聚集的单一裂纹扩展更加容易，这种裂纹萌生系统称为R型。为了确定R型损伤，可以用加权裂纹密度来代替裂纹长度作为损伤参量。在低裂纹密度情况下，剪切裂纹在试样受限区域相互连接。经连接的裂纹形成较大裂纹时可作为单一裂纹由断裂力学方法来处理，这些裂纹的长度一般要大于微观结构尺寸。

(2) 在中等应力水平下，存在着较典型的阶段Ⅰ型与阶段Ⅱ型的组合，裂纹萌生一般在单个晶粒内，然后作为单一裂纹扩展直至破坏。根据位错理论，利用一个定量模型描述阶段Ⅰ型的裂纹萌生，而阶段Ⅱ型的裂纹开裂行为通常由断裂力学来处理。

(3) 在低应力水平下，一些约束会反作用于晶体滑移，导致仅有少数裂纹沿着驻留滑移系统形核或根本没有形成裂纹。这涉及疲劳极限问题，其裂纹即使在一个晶粒中形核，也不能扩展到邻近的晶粒中，形成非扩展裂纹。

2. 多轴疲劳裂纹扩展

对于多轴疲劳短裂纹扩展，由于缺乏应力强度因子的精确解，获得多轴疲劳短裂纹试验数据较困难。因此，对于多轴疲劳裂纹问题，用一个等效应变强度因子来描述多轴短裂纹扩展，其表达式为

$$\Delta K_{\mathrm{eq}}(\varepsilon)=\sqrt{(Y_2 G\Delta\gamma_{\mathrm{m}}\sqrt{\pi c})^2+(Y_1 E\Delta\varepsilon_{\mathrm{n}}\sqrt{\pi c})^2} \tag{3.4.1}$$

式中，$\Delta\gamma_{\mathrm{m}}$ 为总的最大剪切应变幅值；$\Delta\varepsilon_{\mathrm{n}}$ 为垂直于最大剪切应变平面上总的正应变幅值；Y_1、Y_2 为常数。

在各种多轴载荷下，基于名义应力和应变的方法常被用来描述裂纹形核和早期的裂纹扩展行为。已有研究结果表明，多轴疲劳寿命大部分寿命消耗在 20μm～1mm 长的裂纹扩展上。寿命的大部分处于裂纹扩展部分，因此宜应用断裂力学方法进行描述和分析。

根据受力条件和几何条件，一般裂纹按Ⅰ、Ⅱ、Ⅲ型裂纹的混合型来扩展。描述这三种裂纹扩展的力学参量是应力强度因子。这方面的研究多集中在板状试样Ⅰ、Ⅱ混合型裂纹扩展规律及扩展速率预测。对于受非对称的四点弯曲循环加载的单边缺口试样、承受双轴拉伸的含倾斜中心裂纹板试样的疲劳裂纹扩展，裂纹面的摩擦滑动对复合型疲劳裂纹扩展有很大的影响。

对于Ⅰ-Ⅱ复合型裂纹的扩展路径问题，为了定量描述不同Ⅰ-Ⅱ复合型加载参数下疲劳裂纹扩展方位，用一个相角来定义裂纹尖端的复合程度：

$$\varphi_{\mathrm{M}}=\arctan(K_{\mathrm{II}}/K_{\mathrm{I}}) \tag{3.4.2}$$

式中，φ_{M} 的变化范围为 0～π/2，当 $\varphi_{\mathrm{M}}=0$ 时为纯Ⅰ型，当 $\varphi_{\mathrm{M}}=\pi/2$ 时为纯Ⅱ型。

3.4.2 表面多轴疲劳裂纹的萌生位向与扩展特性

1. 多轴疲劳裂纹的萌生位向

对于工程中常用的 45 号中碳钢等金属材料，多轴疲劳裂纹的萌生位向可以通过正弦波加载的多轴疲劳试验或多轴的模拟仿真来研究。多轴疲劳试验中，试样断裂后，在试样的应变范围内取若干个面积约为 10mm×10mm 的样品，然后利用扫描电子显微镜对标样的外表面进行观察。结果发现，所有样品表面均有裂纹存在，即在试样的整个应变范围内均存在裂纹；靠近断口的样品表面裂纹密度明显增大。这说明对于光滑试样，在疲劳过程的初期，裂纹在试样表面遍布萌生，但在疲劳过程的后期，显示出损伤局部化现象，最后疲劳断裂就在此局部化区域内发生。

不同的应变加载路径表现出不同的裂纹萌生位向，多轴疲劳试验常用的应变加载路径如图 3.4.1 所示。为了在较小的扫描电子显微镜视场内观测到更多的短裂纹，取靠近断口部位的样品，观察统计出表面裂纹的位向。

试验结果表明，在纯扭加载(应变路径 a，$\lambda=0$，$\varphi=0°$)下，裂纹萌生位向多数在平行于试样轴线和垂直于试样轴线两个方向，其中平行于轴线的裂纹居多。通过计算纯扭矩下的最大剪切平面位向可以发现，与试样轴线的两个夹角 $\theta=0°$、

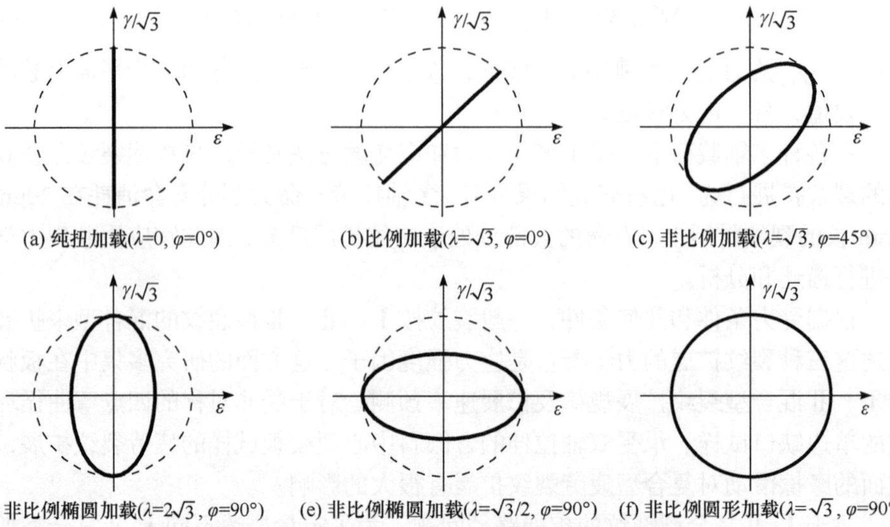

图 3.4.1　多轴疲劳试验常用的应变加载路径

θ=90°正是两个最大剪切平面的位向，因此纯扭矩加载下的疲劳裂纹绝大多数萌生在两个相互垂直的最大剪切平面上。

对于比例加载 (应变路径 b，$\lambda=\sqrt{3}$，φ=0°)下的裂纹分布情况，试样表面所萌生的小裂纹比纯扭分散性要大一些，但小裂纹分布也主要在两个最大剪切平面的位向上。

在非比例加载(应变路径 c，$\lambda=\sqrt{3}$，φ=45°)下，表面裂纹位向分布的分散性比较大，最大剪切平面的位向为两个正交方向，但在其中一个最大剪切平面上承受的法向应变比另一个法向应变要大一些，裂纹在这个最大剪切平面上的分布裂纹数量要比另一个最大剪切平面多一些。

在两种非比例椭圆加载(应变路径 d 和 e，$\lambda=2\sqrt{3}$，$\lambda=\sqrt{3}/2$，φ=90°)下，表面裂纹位向分布特性与 45°非比例下(应变路径 c)的分布特性类似，但分散性进一步增大，即裂纹主要在两个最大剪切平面的位向分布，且在具有较大法向应变的最大剪切平面上裂纹分布较多。

这种现象表明，非比例加载下裂纹萌生的位向分布与比例加载和纯扭情况相比，它们的共同特点是裂纹均萌生在最大剪切平面的位向上，不同之处是非比例加载下所萌生的裂纹分散性比较大，且多数裂纹萌生在具有较大法向应变的最大剪切平面上。究其根源，在比例加载下，由于施加的拉扭应变为同相位，最大剪切应变 $\gamma_{\max}$ 与主应变 ε_1 在循环加载过程中只改变大小，而不改变方向，即 $\gamma_{\max}$ 只在两个最大剪切平面上改变大小。在非比例加载下，最大剪切应变 $\gamma_{\max}$ 与主应变 ε_1 不但在循环中改变大小，而且方向也发生改变，即非比例加载使应力-应变发生了旋转，使其他平面有时会经历最大剪切应变，从而成为裂纹萌生的有利面，导致非比例加载下裂纹萌生位向分散性增大。法向应变对裂纹萌生具有促进作用，使其在具有较大法向应变的最大剪切平面位向上萌生裂纹增多。裂纹分布的分散性大小与相位差有关，相位差越大，其分散性越大。

对于非比例圆形加载(应变路径 f，$\lambda=\sqrt{3}$，φ=90°)，表面裂纹位向分布比较均匀，几乎每个方向都可以萌生裂纹，但相对而言，在 0°和 90°方位上裂纹稍多。其原因是在这种路径下，每个方向几乎都具有相同的剪切应变，都有利于裂纹萌生。在 0°和 90°位向上，剪切应变稍大于其他位向上的剪切应变，且在 0°位向上，法向应变最大，因此这两个位向上的裂纹分布较多，且 0°位向上的裂纹分布更多一些。在相同等效应变幅值下，该路径的疲劳寿命最短，表明该加载路径下的疲劳损伤相对于其他路径更严重。这种路径下表面裂纹萌生机理的特点是疲劳寿命缩短的原因之一。

2. 多轴疲劳裂纹的扩展特性

在纯扭加载 (应变路径 a，λ=0，φ=0°)情况下，裂纹在两个互相正交的最大剪切平面上萌生后，并在这两个位向进行扩展，最后连接成长裂纹导致疲劳断裂。从中可以明显地看出两组正交长裂纹的连接特点，而其他角度的裂纹基本不发生扩展，即变成了非扩展裂纹。

对于比例加载(应变路径 b，$\lambda=\sqrt{3}$，φ=0°)情况，微裂纹萌生后基本上沿着原来的方向扩展，扩展到一定长度后与其他裂纹相互连接，成为破坏性长裂纹，其中也有一部分裂纹垂直于试样轴线扩展。这说明在比例加载下，微裂纹萌生后也基本沿着最大剪切平面的位向扩展，但扩展方向有向试样轴线垂直位向扩展的趋势。

对于非比例加载(应变路径 c～f)情况，表面裂纹主要在垂直于试样轴线的位向扩展，同时也存在一些裂纹仍沿着最大剪切平面的方向扩展。

通过上述结果可以得到：在拉扭多轴加载下，试件表面所形成的疲劳裂纹主要分布在两个最大剪切平面方向上。比例加载条件下裂纹分布的分散性小，非比例加载条件下裂纹分布的分散性大，且随着相位差的增大，分散性进一步增大。在非比例加载下，在具有较大法向应变的最大剪切平面位向上，所萌生的疲劳裂纹的数量多于存在较小的法向应变的最大剪切平面位向上的裂纹的数量。多轴疲劳裂纹主要沿着最大剪切平面或垂直于最大正应变方向扩展。

3. 非比例加载下的循环附加强化行为

非比例加载条件下，施加的拉扭应变分量存在相位差，使循环加载过程中的应变主轴发生了旋转。这种旋转造成最大剪切平面上的剪切应变和法向应变不能达到最大值，二者存在相位差，起交互作用，导致材料发生附加强化现象。90°非比例圆形路径具有最大的附加强化，其余非比例路径的附加强化程度介于比例加载路径和圆形非比例加载路径之间。

图 3.4.2 为比例加载(b 路径，$\lambda=\sqrt{3}$，φ=0°)与非比例加载(c 路径，$\lambda=\sqrt{3}$，φ=45°)下拉扭分量的应力-应变滞回线。在这两种加载路径中，除相角 φ 不同外，其他条件均相同。由图 3.4.2 可以看出，拉与扭分量的应力-应变滞回线中的塑性应变基本未发生变化，但应力响应值发生了较大的变化，表现出拉-扭应力响应在非比例加载下有较明显的增加。这说明非比例附加强化与其塑性应变大小无关，但其各自的塑性功有明显增大，从而导致应力响应值有较明显的提高。

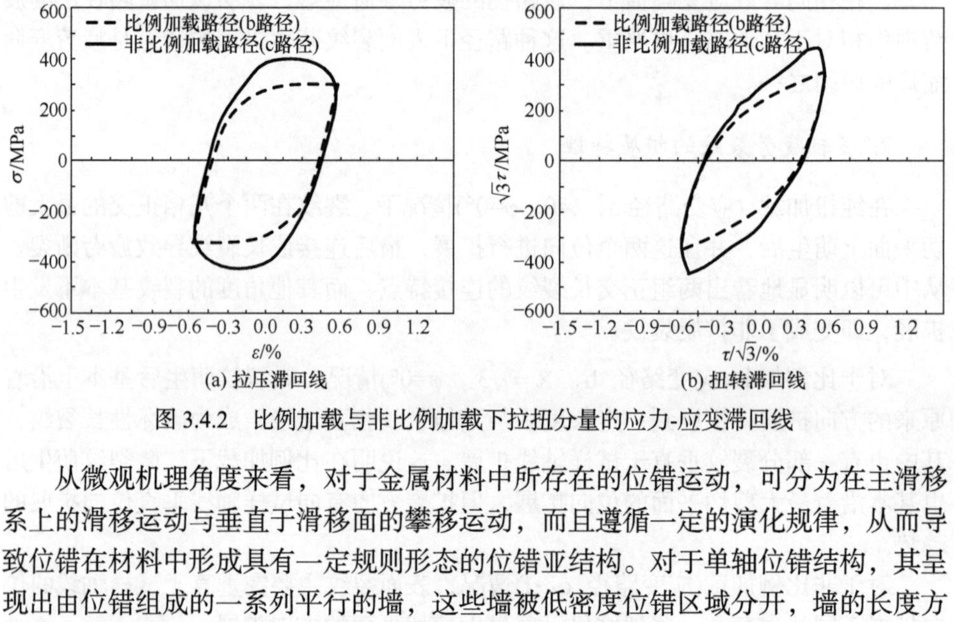

图 3.4.2　比例加载与非比例加载下拉扭分量的应力-应变滞回线

从微观机理角度来看，对于金属材料中所存在的位错运动，可分为在主滑移系上的滑移运动与垂直于滑移面的攀移运动，而且遵循一定的演化规律，从而导致位错在材料中形成具有一定规则形态的位错亚结构。对于单轴位错结构，其呈现出由位错组成的一系列平行的墙，这些墙被低密度位错区域分开，墙的长度方向与位错滑移方向垂直。多轴比例循环加载下的位错结构大致可以分为以下几种情况：平面拉错、基体脉络、阶梯或墙、胞状和迷宫。具体为何种位错亚结构，主要与材料的滑移模式有关。在非比例加载下，应变主轴不断旋转，导致材料不能形成稳定的位错结构。前面形成的位错组态要强烈阻止后续的位错运动，使材料的应变硬化率大大提高。因此，单轴非比例循环附加强化的主要原因是应力-应变主轴的不断旋转，引起多滑移系的开动，从而形成了变形阻力很大的位错胞等位错亚结构。胞状亚结构在位错亚结构中抵抗变形的阻力最大，造成位错运动困难，最终表现为材料出现较明显的附加强化。这种附加强化与外载荷的大小及载荷分量之间的相位差有关，外载荷与相位差越大，附加强化越大。

3.4.3　多轴疲劳破坏准则

疲劳破坏准则基本上与静强度理论的等效描述相类似，将多轴应力-应变效果用相当的单轴应力-应变来描述，延伸出了等效应力、等效应变的概念，其中应用较为广泛的是 von Mises 准则与 Tresca 准则。

1. 基于应力的疲劳破坏准则

在多轴高周疲劳研究中，对于脆性材料，一般采用最大拉应力理论；而对于韧性材料，一般采用 von Mises 准则或 Tresca 准则，并且利用椭圆方程准则来描述：

$$\left(\frac{\sigma}{\sigma_{\mathrm{e}}}\right)^{2}+\left(\frac{\tau}{\tau_{\mathrm{e}}}\right)^{2}=1 \tag{3.4.3}$$

式中，σ_{e} 为疲劳极限。当 $\sigma_{\mathrm{e}}/\tau_{\mathrm{e}}=2$ 时，即为 Tresca 准则；当 $\sigma_{\mathrm{e}}/\tau_{\mathrm{e}}=\sqrt{3}$ 时，即为 von Mises 准则。

在多轴高周疲劳研究中，还出现了一些多轴疲劳破坏准则，具有代表性的有 Stanfield 多轴疲劳破坏准则、Findley 多轴疲劳破坏准则和 Mcdiarmid 疲劳破坏准则，这些准则可分别表示为

$$\tau_{\mathrm{e}}=\tau_{\max}+\lambda\sigma_{\mathrm{n}} \tag{3.4.4}$$

$$\left(\frac{\sigma_{\mathrm{n}}}{\sigma_{\mathrm{e}}}\right)^{\sigma_{\mathrm{e}}/\tau_{\mathrm{e}}}+\left(\frac{\tau_{\max}}{\tau_{\mathrm{e}}}\right)^{2}=1 \tag{3.4.5}$$

$$\tau_{\max}+\lambda\sigma_{\mathrm{n}}^{n}=\tau_{\mathrm{e}} \tag{3.4.6}$$

式(3.4.4)中，σ_{n} 为最大剪应力所处平面的法向应力，纯弯时，$\lambda=(2\tau_{\mathrm{e}}/\sigma_{\mathrm{e}})^{-1}$；式(3.4.5)中，当 $\sigma_{\mathrm{e}}/\tau_{\mathrm{e}}=2$ 时，即为 Tresca 准则；式(3.4.6)中，

$$\lambda=\frac{\tau_{\mathrm{e}}-\sigma_{\mathrm{e}}/2}{(\sigma_{\mathrm{e}}/2)^{n}} \tag{3.4.7}$$

当 $\tau_{\mathrm{e}}=\sigma_{\mathrm{e}}/2$ 时，式(3.4.6)即为 Tresca 准则。

大量疲劳试验结果表明，von Mises 准则可以有效地预估多轴高周疲劳破坏。

2. 基于应变的疲劳破坏准则

在多轴低周疲劳研究中，等效应变理论涉及的等效应变包括最大剪应变、最大法向应变、八面体剪应变、von Mises 等效应变、修正 von Mises 等效应变及最大总应变等。Manson-Coffin 方程以塑性应变作为损伤参量来估算单轴拉压低周疲劳寿命，对于许多材料均得到了满意的结果。在多轴疲劳研究中，常常将单轴疲劳寿命判据推广到多轴疲劳中，其表达式如下：

$$\frac{1}{2}\Delta\varepsilon_{\mathrm{eq}} = K(2N_{\mathrm{f}})^{j} \tag{3.4.8}$$

式中，$\Delta\varepsilon_{\mathrm{eq}}$ 为等效应变范围，可由上面所提到的应变准则中的等效应变来代替。

这种从静强度理论引用过来的方法称为等效应变法(等效应变估算寿命方法)。不同的等效应变间的差异并不大，对于比例加载情况，等效应变法有效且简单实用，但等效应变与寿命之间的关系缺乏物理基础。等效应变将所有的应力状态采用同样的处理方法，对于多轴疲劳破坏是应力状态的函数，用这种方法来估算不同加载路径下构件的疲劳寿命，由于等效应变相同，原本疲劳寿命相差较大，但估算出了相同的疲劳寿命，这明显存在较大误差，缺乏合理性。等效应变法既未考虑应力与应变在变形过程中的相互影响，也不能反映加载路径等相关因素的影响，因此此方法不能应用于非比例加载下的疲劳寿命估算。

3. 循环塑性功的疲劳破坏理论

塑性功的累积是产生材料不可逆损伤，进而导致疲劳破坏的主要原因，由此产生了塑性功理论。塑性功理论认为每循环的塑性功 W_{c} 与疲劳寿命 N_{f} 之间存在幂指数关系，即

$$N_{\mathrm{f}} = AW_{\mathrm{c}}^{r} \tag{3.4.9}$$

式中，A、r 为材料常数。每循环的塑性功可表示为

$$W_{\mathrm{c}} = \int_{\text{循环次数}} \sigma \mathrm{d}\varepsilon^{\mathrm{p}} + r\mathrm{d}\gamma^{\mathrm{p}} \tag{3.4.10}$$

疲劳损伤是循环应变能密度的函数，因此塑性应变能和总应变能理论是估算多轴疲劳寿命的可行方法，一个较为精确的准则形式可描述为

$$\Delta\sigma_{\mathrm{eq}}\Delta\varepsilon_{\mathrm{eq}} = K(2N_{\mathrm{f}})^{c} \tag{3.4.11}$$

式中，K、c 两参数可由单轴低周疲劳试验得到。

该准则以破坏时多轴塑性形变功累积与单独塑性形变功累积等效而得到，其中采用 von Mises 等效应力-应变和幂指数本构关系。

塑性功理论在某些情况下能够成功地描述疲劳问题，但塑性功是标量，不能够准确反映多轴疲劳的破坏机制，因此塑性功理论有三点不足：①用该法预测疲劳寿命时，需要精确的本构方程；②塑性功较小时难以进行寿命估算；③没有考虑平均应力和平均应力的影响。

4. 临界面法

临界面法要求确定破坏面及该面上的应力与应变，因此具有一定的物理意义。临界面法首先需要计算出疲劳临界面上的应力-应变历史，然后将临界面位置的应

力-应变转化成累积的疲劳损伤。临界面法准则认为，疲劳裂纹扩展由两个参量控制，如图 3.4.3 所示，一是最大剪应变，二是最大剪应变所在平面上的法向应变。裂纹第Ⅰ阶段沿最大剪切面形成，第Ⅱ阶段沿垂直于最大拉应变方向扩展，因此裂纹形成可分为两种情况。在组合拉伸与扭转中，主应变 ε_1 和 ε_3 平行于表面，裂纹沿着表面扩展，称为 A 型裂纹；对于正的双向拉伸应力，应变 ε_3 垂直于自由表面，裂纹在最大剪切应变面(自由面)上萌生，进而沿纵深方向扩展，称为 B 型裂纹。

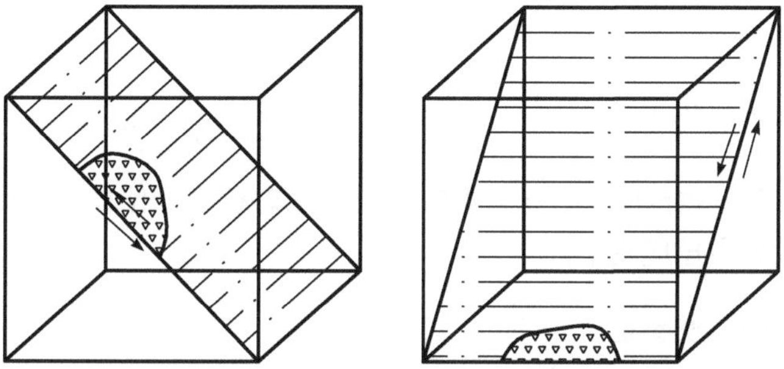

(a) A型裂纹　(b) B型裂纹

图 3.4.3　最大剪切和裂纹扩展方向的平面

临界面法准则是利用一系列等寿命曲线组成的 Γ 平面图来处理双轴疲劳数据，其表达式为

$$\gamma_{\max} = f(\varepsilon_{\mathrm{n}}) \tag{3.4.12}$$

式(3.4.12)所示的函数关系不确定，f 随寿命的不同而变化，并且与材料的泊松比有关。对于 A 型与 B 型两种不同类型的裂纹扩展，在给定的材料和寿命下存在两个不同的函数。

对于 A 型裂纹，存在如下关系式：

$$\left(\frac{\gamma_{\max}}{2g}\right)^j + \left(\frac{\varepsilon_{\mathrm{n}}}{h}\right)^j = 1 \tag{3.4.13}$$

式中，g、h、j 为与寿命相关的系数。

对于 B 型裂纹，Tresca 准则给出偏于安全的疲劳寿命估算：

$$\frac{1}{2}\gamma_{\max} = C \tag{3.4.14}$$

这种临界面法的最大弱点是每种材料都需要大量的多轴低周疲劳数据作为预测寿命的基本依据。为了避免大量试验数据的烦琐性，对这种临界面法进行修正，其准则形式为

$$\gamma_{\max} + S\varepsilon_{\mathrm{n}} = C \tag{3.4.15}$$

式中，S 为单轴材料常数，可由单轴对称拉压低周疲劳试验得到。

临界面法考虑了多轴疲劳破坏机制，因此对实际寿命估算的结果较为精确。为了适应上述临界面法，可用函数将临界面表示为

$$g(\theta,N_{\mathrm{f}})=Kf_1(\theta)f_2(N_{\mathrm{f}}) \tag{3.4.16}$$

式中，g 为从原点指向等寿命曲线的矢量幅值；θ 为极角；K 为常数。

根据裂纹张开位移(crack opening displacement，COD)，提出了一种临界面法，其等效应变为

$$\overline{\varepsilon}=\beta\varepsilon_1(2-\varphi)^m\begin{cases}-1\leqslant\varphi\leqslant-0.5, & m=-1,\ \beta=2.5\\ -0.5<\varphi\leqslant1, & m=-0.16,\ \beta=1.16\end{cases} \tag{3.4.17}$$

式中，ε_1 为最大等效拉应变；φ 为等效应变表示裂纹张开位移的强度，$\varphi=\varepsilon_3/\varepsilon_1$，其临界面为最大主拉应变平面。

3.4.4 多轴疲劳损伤参量

在多轴疲劳研究中，一种可行的方法是将多轴疲劳损伤等效成单轴损伤的形式，然后利用单轴疲劳理论来预测多轴疲劳寿命。基于单轴疲劳理论的经验或半经验的多轴疲劳损伤模型，多数采用临界损伤平面法。临界损伤平面法将材料发生最大损伤平面上的应变参数作为多轴疲劳损伤参量，反映了多轴疲劳破坏面，因此具有一定的物理意义，基于临界面法的损伤模型中多数是基于试验而得出的经验公式。这些方法中所选择的损伤参量，其弱点是包含一些材料常数，而这些材料常数需要由多轴疲劳试验来确定。

1. 比例加载下的应力-应变状态与非比例加载下的应变分析

图 3.4.4(a)为受拉-扭载荷的薄壁管试样示意图。其中，x 轴为试样轴线方向，z 轴与试样的外法线平行。比例加载路径下，拉与扭之间的相位差为零，因此直接以幅值表示其应力-应变状态。若施加的多轴载荷为比例加载路径，则其应力-应变状态可以由平面应力状态来描述，即有

$$\boldsymbol{\varepsilon}=\begin{bmatrix}\varepsilon_{xx} & \varepsilon_{xy} & 0\\ \varepsilon_{xy} & \varepsilon_{yy} & 0\\ 0 & 0 & \varepsilon_{zz}\end{bmatrix}=\varepsilon_{xx}\begin{bmatrix}1 & \lambda/2 & 0\\ \lambda/2 & -\upsilon & 0\\ 0 & 0 & -\upsilon\end{bmatrix}$$

$$\sigma=\begin{bmatrix}\sigma_{xx} & \sigma_{xy} & 0\\ \sigma_{xy} & 0 & 0\\ 0 & 0 & 0\end{bmatrix}=\sigma_{xx}\begin{bmatrix}1 & \lambda_\sigma & 0\\ \lambda_\sigma & 0 & 0\\ 0 & 0 & 0\end{bmatrix} \tag{3.4.18}$$

式中，υ 为泊松比；$\lambda=\gamma_{xy}/\varepsilon_{xy}$；$\lambda_\sigma=\sigma_{xy}/\sigma_{xx}$。对于服从 von Mises 准则的材料，比例加载下，二者均保持不变，且 $\lambda=3\lambda_\sigma$。

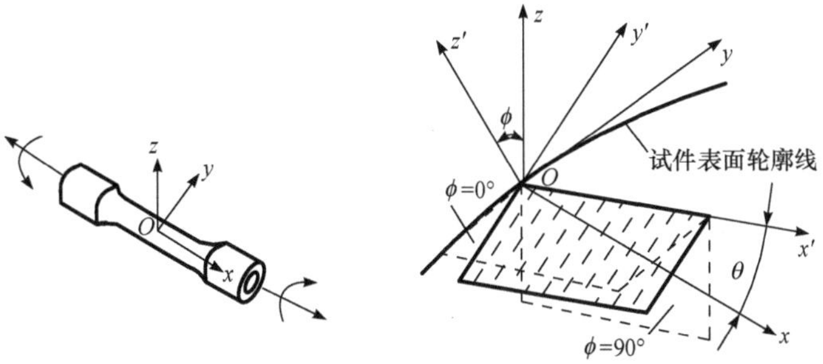

(a) 试样示意图　　(b) 经坐标旋转达到的材料平面

图 3.4.4　拉-扭试样表面状态示意图

等效应变幅值与等效应力幅值分别为

$$(\varepsilon_{\mathrm{eq}})_{\mathrm{a}}=\sqrt{1+\frac{1}{3}\lambda^2}(\varepsilon_{xx})_{\mathrm{a}},\quad (\sigma_{\mathrm{eq}})_{\mathrm{a}}=\sqrt{1+3\lambda_\sigma^2}(\sigma_{xx})_{\mathrm{a}} \tag{3.4.19}$$

材料的稳定等效应力-应变曲线通常可表示为

$$(\varepsilon_{\mathrm{eq}})_{\mathrm{a}}=\frac{(\sigma_{\mathrm{eq}})_{\mathrm{a}}}{E}+(\varepsilon_{\mathrm{eq}}^{\mathrm{p}})_{\mathrm{a}} \tag{3.4.20}$$

弹性应变幅值可由胡克定律得到

$$\boldsymbol{\varepsilon}_{\mathrm{a}}^{\mathrm{e}}=\frac{(\sigma_{xx})_{\mathrm{a}}}{E}\begin{bmatrix}1 & (1+\upsilon)\lambda_\sigma & 0\\ (1+\upsilon)\lambda_\sigma & -\upsilon & 0\\ 0 & 0 & -\upsilon\end{bmatrix} \tag{3.4.21}$$

式中，E 为弹性模量；υ 为泊松比。

通常用 Mroz 模型获得塑性应变分量，这里是以模型的屈服面场为基础，比例加载路径本质上与单轴加载路径相同，因此塑性应变增量可表示为

$$\frac{\mathrm{d}\varepsilon_{xx}^{\mathrm{p}}}{\sigma_{xx}}=\frac{\mathrm{d}\varepsilon_{yy}^{\mathrm{p}}}{-\sigma_{xx}/2}=\frac{\mathrm{d}\varepsilon_{zz}^{\mathrm{p}}}{-\sigma_{xx}/2}=\frac{\mathrm{d}\varepsilon_{xy}^{\mathrm{p}}}{(3/2)\lambda_\sigma\sigma_{xx}}=\frac{\mathrm{d}\varepsilon_{\mathrm{eq}}^{\mathrm{p}}}{\sigma_{\mathrm{eq}}} \tag{3.4.22}$$

对式(3.4.22)积分可以得到塑性应变幅值为

$$\boldsymbol{\varepsilon}_{\mathrm{a}}^{\mathrm{p}}=(\varepsilon_{xx}^{\mathrm{p}})_{\mathrm{a}}\begin{bmatrix}1 & 3\lambda_\sigma/2 & 0\\ 3\lambda_\sigma/2 & -1/2 & 0\\ 0 & 0 & -1/2\end{bmatrix}=(\varepsilon_{xx}^{\mathrm{p}})_{\mathrm{a}}\begin{bmatrix}1 & 1/2 & 0\\ \lambda/2 & -1/2 & 0\\ 0 & 0 & -1/2\end{bmatrix} \tag{3.4.23}$$

等效塑性应变幅值可表示为

$$
\begin{aligned}
(\varepsilon_{\mathrm{eq}}^{\mathrm{p}})_{\mathrm{a}} &= \sqrt{\frac{2}{3}}\sqrt{(\varepsilon_{xx}^{\mathrm{p}})_{\mathrm{a}}^2+(\varepsilon_{yy}^{\mathrm{p}})_{\mathrm{a}}^2+(\varepsilon_{zz}^{\mathrm{p}})_{\mathrm{a}}^2+2(\varepsilon_{xy}^{\mathrm{p}})_{\mathrm{a}}^2} \\
&= \sqrt{1+3\lambda_\sigma^2}\,(\varepsilon_{xx}^{\mathrm{p}})_{\mathrm{a}} = \sqrt{1+\lambda^2/3}\,(\varepsilon_{xx}^{\mathrm{p}})_{\mathrm{a}}
\end{aligned} \tag{3.4.24}
$$

对于任意比例加载路径，可由式(3.4.19)～式(3.4.24)确定 Oxy、Oxz、Oyz 平面上的应变幅值。对于任意一个材料平面，应力和应变分量可由坐标旋转获得。如图 3.4.4(b)所示，被涂阴影的 $Ox'y'$ 平面是首先 Oxy 平面(逆时针)绕 z 轴旋转成 θ 角，然后第二次逆时针旋转新的 x' 轴使 z' 轴与 z 轴成 ϕ 角。自由表面为 ϕ=0°的平面，与自由表面相垂直的平面为 ϕ=90°。假设 $Ox'y'$ 平面为疲劳断裂面，则 x' 轴和 θ 角表示裂纹开裂的方向。

坐标的旋转可通过矩阵变换表达，在新的 O-$x'y'z'$ 坐标系中，应变和应力矩阵可用矩阵变换表示为

$$
\boldsymbol{\varepsilon}' = \boldsymbol{M}^{\mathrm{T}}\boldsymbol{\varepsilon}\boldsymbol{M}, \quad \boldsymbol{\sigma}' = \boldsymbol{M}^{\mathrm{T}}\boldsymbol{\sigma}\boldsymbol{M} \tag{3.4.25}
$$

其中，

$$
\boldsymbol{M} = \begin{bmatrix} \cos\theta & -\sin\theta\cos\phi & \sin\theta\sin\phi \\ \sin\theta & \cos\theta\cos\phi & -\cos\theta\sin\phi \\ 0 & \sin\phi & \cos\phi \end{bmatrix} \tag{3.4.26}
$$

在 $Ox'y'$ 平面上的应力-应变分别为

$$
\begin{cases}
\sigma_{x'z'} = \left(\dfrac{1}{2}\sigma_{xx}\sin 2\theta - \sigma_{xy}\cos 2\theta\right)\sin\phi \\
\sigma_{y'z'} = -\left(\dfrac{1}{2}\sigma_{xx} - \dfrac{1}{2}\sigma_{xx}\cos 2\theta - \sigma_{xy}\sin 2\theta\right)\sin\phi\cos\phi \\
\sigma_{z'z'} = \left(\dfrac{1}{2}\sigma_{xx} - \dfrac{1}{2}\sigma_{xx}\cos 2\theta - \sigma_{xy}\sin 2\theta\right)\sin^2\phi
\end{cases} \tag{3.4.27}
$$

$$
\begin{cases}
\varepsilon_{x'z'} = \dfrac{1}{2}\varepsilon_{xx}\left[(1+\upsilon)\sin 2\theta - \lambda\cos 2\theta\right]\sin\phi \\
\varepsilon_{y'z'} = -\dfrac{1}{2}\varepsilon_{xx}\left[(1+\upsilon)(1-\cos 2\theta) - \lambda\sin 2\theta\right]\sin\phi\cos\phi \\
\varepsilon_{z'z'} = \dfrac{1}{2}\varepsilon_{xx}\left[(1+\upsilon)(1-\cos 2\theta) - \lambda\sin 2\theta\right]\sin^2\phi - \upsilon\varepsilon_{xx}
\end{cases} \tag{3.4.28}
$$

当拉-扭薄壁管试样承受拉-扭非比例加载时，施加的应变可由应变张量表示为

$$\varepsilon_{\mathrm{np}}=\begin{bmatrix}\varepsilon_{xx}^{\mathrm{np}} & \gamma_{xy}^{\mathrm{np}}/2 & 0\\ \gamma_{xy}^{\mathrm{np}}/2 & -\upsilon\varepsilon_{xx}^{\mathrm{np}} & 0\\ 0 & 0 & -\upsilon\varepsilon_{xx}^{\mathrm{np}}\end{bmatrix} \tag{3.4.29}$$

若施加的应变波形为正弦波，即

$$\varepsilon_{xx}^{\mathrm{np}}=\varepsilon_{xx}\sin\omega t\,,\quad \gamma_{xy}^{\mathrm{np}}=\lambda\varepsilon_{xx}\sin(\omega t-\varphi) \tag{3.4.30}$$

式中，φ 为相位差。则与比例加载时相同，可以通过坐标旋转得到任意一个材料平面的应变状态，在新的 $O\text{-}x'y'z'$ 坐标系中，各应变分量为

$$\boldsymbol{\varepsilon}_{\mathrm{np}}'=\boldsymbol{M}^{\mathrm{T}}\boldsymbol{\varepsilon}_{\mathrm{np}}\boldsymbol{M} \tag{3.4.31}$$

由式(3.4.31)可得

$$\begin{aligned}
\varepsilon_{x'z'}^{\mathrm{np}}&=\frac{1}{2}\varepsilon_{xx}\sin\phi\sqrt{[(1+\upsilon)\sin2\theta-\lambda\cos2\theta\cos2\varphi]^2+\left(\lambda\cos2\theta\sin\varphi\right)^2}\sin(\omega t+\beta_1)\\
\varepsilon_{y'z'}^{\mathrm{np}}&=-\frac{1}{2}\varepsilon_{xx}\sin\phi\cos\phi\sqrt{[(1+\upsilon)(1-\cos2\theta)-\lambda\sin2\theta\cos\varphi]^2+(\lambda\sin2\theta\sin\varphi)^2}\\
&\quad\ \sin(\omega t+\beta_2)\\
\varepsilon_{z'z'}^{\mathrm{np}}&=\frac{1}{2}\varepsilon_{xx}\sqrt{\{[(1+\upsilon)(1-\cos2\theta)-\lambda\sin2\theta\cos\varphi]\sin^2\phi-2\upsilon\}^2+(\lambda\sin2\theta\sin^2\phi\sin\varphi)^2}\\
&\quad\times\sin(\omega t+\beta_3)
\end{aligned} \tag{3.4.32}$$

其中，

$$\begin{aligned}
\beta_1&=\arctan\frac{\lambda\cos2\theta\sin\varphi}{(1+\upsilon)\sin2\theta-\lambda\cos2\theta\cos\varphi}\\
\beta_2&=\arctan\frac{\lambda\sin2\theta\sin\varphi}{(1+\upsilon)(1-\cos2\theta)-\lambda\sin2\theta\cos\varphi}\\
\beta_3&=\arctan\frac{\lambda\sin2\theta\sin^2\phi\sin\varphi}{[(1+\upsilon)(1-\cos2\theta)-\lambda\sin2\theta\cos\varphi]\sin^2\phi-2\upsilon}
\end{aligned} \tag{3.4.33}$$

2. 临界面上应变参数的确定

临界面法要求确定破坏面和该面上的应力与应变。通常定义最大剪切应变幅值及其法向应变幅值平面上的法向应变幅值与寿命之间的关系为

$$\frac{1}{2}\Delta\gamma_{\max} + f'\left(\frac{\Delta\varepsilon_{\mathrm{n}}}{2}\right) = f(N_i) \tag{3.4.34}$$

式中，f' 是一个非线性函数；$f(N_i)$对一个给定的裂纹萌生寿命 N_i 来说是一个常数。

由图 3.4.4(b)可以看出，经坐标旋转后所达到的材料平面的位向应由两个参数来确定，即 ϕ 和 θ。由式(3.4.28)、式(3.4.30)和式(3.4.32)可以看出，应变分量的大小均与 ϕ、θ 有关。

基于临界面法的多轴疲劳损伤参量的一般形式可表示为

$$P_{\mathrm{cr}} = f(\gamma_{\max}, \varepsilon_{\mathrm{n}}) \tag{3.4.35}$$

式中，$\gamma_{\max}$ 为最大剪切应变幅值；ε_{n} 为最大剪切平面上的法向应变幅值。根据临界面的物理意义，选取 ε_{n} 参数时应满足

$$P_{\mathrm{cr}} = P_{\mathrm{cr}}^{\max}(\theta_{\mathrm{c}}) = f(\gamma_{\max}, \max\varepsilon_{\mathrm{n}}) \tag{3.4.36}$$

式中，θ_{c} 为最大剪切平面的位向。

比例加载条件下，在 $Ox'y'$ 平面上(图 3.4.4(b))，其剪切应变幅值为

$$\gamma_{\mathrm{a}}(\theta,\phi) = 2\sqrt{(\varepsilon_{x'z'})_{\mathrm{a}}^2 + (\varepsilon_{y'z'})_{\mathrm{a}}^2} \tag{3.4.37}$$

对于 $\sigma_{xy}^2 > \sigma_{xx}\sigma_{yy}$ 的情况，材料发生最严重损伤的临界面与自由平面相垂直，将式(3.4.28)代入式(3.4.37)，并令 $\phi = 90°$，即可得到垂直于自由表面的任意位向的剪切应变幅值为

$$\gamma = (\varepsilon_{xx})_{\mathrm{a}}[(1+\upsilon)\sin 2\theta - \lambda\cos 2\theta] \tag{3.4.38}$$

同理，可求得其法向应变幅值为

$$\varepsilon_{\mathrm{a}}(\theta,\phi) = (\varepsilon_{z'z'})_{\mathrm{a}}(\theta,\phi) \tag{3.4.39}$$

令 $\phi = 90°$，将式(3.4.28)中的第三式代入式(3.4.39)，得

$$\varepsilon = \frac{1}{2}(\varepsilon_{xx})_{\mathrm{a}}[(1+\upsilon)(1-\cos 2\theta) - 2\upsilon - \lambda\sin 2\theta] \tag{3.4.40}$$

非比例加载条件下，将式(3.4.31)、式(3.4.32)的第一式代入式(3.4.38)和式(3.4.40)，并令 $\phi = 90°$，可得到其剪切应变和法向应变分别为

$$\gamma = (\varepsilon_{xx})_{\mathrm{a}}\sqrt{[(1+\upsilon)\sin 2\theta - \lambda\cos 2\theta\cos\varphi]^2 + [\lambda\cos 2\theta\sin\varphi]^2}\,\sin(\omega t + \beta_1)$$

$$\varepsilon = \frac{1}{2}(\varepsilon_{xx})_{\mathrm{a}}\sqrt{[(1+\upsilon)(1-\cos 2\theta) - \lambda\sin 2\theta\cos\varphi - 2\upsilon]^2 + (\lambda\sin 2\theta\sin\varphi)^2}\,\sin(\omega t + \beta_3)$$

(3.4.41)

其中，

$$
\begin{aligned}
\beta_1 &= \arctan\frac{\lambda\cos 2\theta\sin\varphi}{(1+\upsilon)\sin 2\theta-\lambda\cos 2\theta\cos\varphi}\\
\beta_3 &= \arctan\frac{\lambda\sin 2\theta\sin\varphi}{(1+\upsilon)(1-\cos 2\theta)-\lambda\sin 2\theta\cos\varphi-2\upsilon}
\end{aligned}
\tag{3.4.42}
$$

由式(3.4.41)可以看出，非比例加载下，γ 与 ε 不同相，其相位差为 $\beta_3-\beta_1$。为了求出最大剪切应变，可将式(3.4.41)中的第一式对 θ 求导，即

$$
\frac{\partial\gamma}{\partial\theta}=0 \tag{3.4.43}
$$

由式(3.4.43)可得到最大剪切平面的位向角 θ_c 为

$$
\theta_c=\frac{1}{4}\arctan\frac{2\lambda(1+\upsilon)\cos\varphi}{(1+\upsilon)^2-\lambda^2} \tag{3.4.44}
$$

则最大剪切应变幅值为

$$
\gamma_{max}=\gamma_a(\theta_c) \tag{3.4.45}
$$

为了满足式(3.4.36)，在计算 ε_n 时，取具有最大法向应变的最大剪切平面为临界损伤平面：

$$
\varepsilon_n=\varepsilon_{max}(\theta_c) \tag{3.4.46}
$$

由式(3.4.45)、式(3.4.46)所计算出的 γ_{max} 与 ε_n 即可构造如式(3.4.35)所示形式的多轴疲劳损伤参量。

3. 多轴疲劳损伤参量的确定

1) 临界面上的应变变化特性

在比例加载下，施加的正应变与剪应变不存在相位差，因此在一个循环过程中主应变 ε_1 与最大剪切应变 γ_{max} 只改变大小，而不改变作用方向。在非比例加载下，主应变 ε_1 与最大剪切应变 γ_{max} 不但改变大小，而且其作用方向在一个循环过程中也发生变化。

由式(3.4.41)的第一式、式(3.4.44)和式(3.4.45)可得最大剪切应变幅值和最大剪切平面上的法向应变为

$$
\begin{aligned}
\gamma_{max} &= (\varepsilon_{xx})_a\sqrt{[(1+\upsilon)\sin 2\theta_c-\lambda\cos 2\theta_c\cos\varphi]^2+(\lambda\cos 2\theta_c\sin\varphi)^2}\\
\varepsilon_n &= \frac{1}{2}(\varepsilon_{xx})_a\sqrt{[(1+\upsilon)(1-\cos 2\theta_c)-\lambda\sin 2\theta_c\cos\varphi-2\upsilon]^2+(\lambda\sin 2\theta_c\sin\varphi)^2}
\end{aligned}
\tag{3.4.47}
$$

由于 γ 与 ε 之间的相位差为 $\beta_3-\beta_1$，γ_{max}、ε_n 之间的相位差也为 $\beta_3-\beta_1$，范围为 $(-\pi/2,\pi/2)$，则

$$\gamma_{\max}(t)=\gamma_{\max}\sin(\omega t+\beta_1),\quad \varepsilon_{\mathrm{n}}(t)=\varepsilon_{\mathrm{n}}\sin(\omega t+\beta_3) \tag{3.4.48}$$

图 3.4.5(a)为比例加载下，临界面上 $\gamma_{\max}$ 随时间的变化关系。可以看出，$\gamma_{\max}$、ε_{n} 同相，且 ε_{n} 变化很小。图 3.4.5(b)、(c)为施加相同的等效应变，但相位差分别为 45°和 60°非比例加载下的 $\gamma_{\max}$、ε_{n} 变化曲线。由图可以看出，随着非比例相位差角的增大，ε_{n} 幅值增大较明显，而 $\gamma_{\max}$ 幅值变化不大。在相位差为 90°的非比例加载下，ε_{n} 幅值已增长到最大，如图 3.4.5(d)所示，此时 $\gamma_{\max}$ 与 ε_{n} 的相位差也为 90°。这说明 $\gamma_{\max}$ 和 ε_{n} 的相位关系与施加外部应变 γ 和 ε 的相位关系相似，且在比例加载与 90°非比例加载下，$\gamma_{\max}$、ε_{n} 与 γ、ε 相位关系一致。

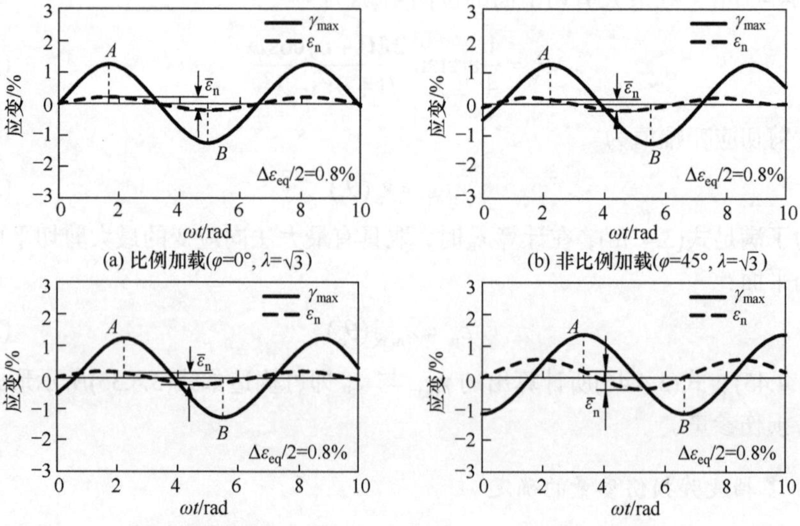

(a) 比例加载(φ=0°, $\lambda=\sqrt{3}$)　(b) 非比例加载(φ=45°, $\lambda=\sqrt{3}$)

(c) 非比例加载(φ=60°, $\lambda=\sqrt{3}$)　(d) 非比例加载(φ=90°, $\lambda=\sqrt{3}$)

图 3.4.5　临界面上的应变变化特性

2) 基于临界面法的多轴疲劳损伤参量确定

临界面法大多数采用最大剪切平面作为临界损伤平面，并利用该面上的 $\gamma_{\max}$、ε_{n} 作为构造损伤参量的两个基本参数。比例加载情况下，临界面上的 $\gamma_{\max}$ 与 ε_{n} 总是同相的，其峰值可同时到达，因此可根据临界面理论绘制恒定的疲劳寿命等值线。但对于非比例加载，其疲劳寿命一般会比比例加载的疲劳寿命低。为了考虑非比例加载的影响，需要给出一个统一的多轴疲劳损伤参量，使其对比例加载和非比例加载都适用。

从微观角度来看，疲劳裂纹生长是沿着裂纹尖端剪切带反复聚合的过程。裂纹面上的法向应变使这种聚合加速。剪切应变的折返点对应于剪切变形的换向，仅在相邻的最大剪切应变的贡献对疲劳裂纹的生长才是有效的。影响疲劳裂纹扩展的重要参量是两个最大剪切应变折返点之间的法向应变幅值的大小。

对于拉-扭薄壁疲劳试样的受载情况，在比例加载下，γ_{max} 的两个折返点 A、B 之间的法向应变幅值 $\bar{\varepsilon}_n$ 是非常小的(图 3.4.5(a))，且等于最大变化范围。在 45°与 60°的非比例加载下(图 3.4.5(b)和(c))，等效应变与 λ 都未变，但 A、B 间的 $\bar{\varepsilon}_n$ 随着相角的增大逐渐增大。在疲劳寿命最短的 90°相角的非比例加载下(图 3.4.5(d))，其 A、B 间的 $\bar{\varepsilon}_n$ 已达到该等效应变情况下的最大值，且等于 ε_n 的幅值。这说明 γ_{max} 与 ε_n 是控制多轴疲劳损伤的两个重要参数。

利用 von Mises 准则将临界面上的 γ_{max}、$\bar{\varepsilon}_n$ 两参数合成一个等效应变，并将其作为临界面上的损伤控制参量，即

$$\frac{\Delta\varepsilon_{eq}^{cr}}{2}=\sqrt{(\bar{\varepsilon}_n)^2+\frac{1}{3}(\Delta\gamma_{max}/2)^2} \tag{3.4.49}$$

在$[A,B]$区间，即$[\pi/2-\beta_1, 3\pi/2-\beta_1]$区间，$\bar{\varepsilon}_n$ 可由式(3.4.50)来计算：

$$\bar{\varepsilon}_n=\frac{1}{2}\Delta\varepsilon_n\left[1+\cos(\beta_3-\beta_1)\right] \tag{3.4.50}$$

将式(3.4.49)与 Manson-Coffin 方程相联系即可得出多轴疲劳寿命公式为

$$\frac{\Delta\varepsilon_{eq}^{cr}}{2}=\frac{\sigma_f'}{E}(2N_f)^b+\varepsilon_f'(2N_f)^c \tag{3.4.51}$$

式中，σ_f'、ε_f'、b、c 为单轴疲劳材料常数；N_f为疲劳寿命。

在比例加载下，由式(3.4.47)、式(3.4.49)、式(3.4.50)可推导计算得到

$$\frac{\Delta\varepsilon_{eq}^{cr}}{2}=\frac{\Delta\varepsilon_{eq}}{2}=\sqrt{1+\frac{1}{3}\lambda^2}(\varepsilon_{xx})_a \tag{3.4.52}$$

即式(3.4.51)退化成等效应变法的形式。在单轴加载条件下，式(3.4.49)可变化为

$$\frac{\Delta\varepsilon_{eq}^{cr}}{2}=\sqrt{\Delta\varepsilon_n^2+\frac{1}{3}(\Delta\gamma_{max}/2)^2}=\sqrt{\left(\frac{1}{2}\varepsilon_a\right)^2+\frac{1}{3}\left(\frac{3}{2}\varepsilon_a\right)^2}=\varepsilon_a=\frac{\Delta\varepsilon}{2} \tag{3.4.53}$$

即式(3.4.51)退化成单轴的 Manson-Coffin 方程。

由此可见，该多轴疲劳损伤参量可作为一个统一的疲劳损伤准则，既可应用于非比例加载情况，也可应用于比例或单轴加载情况，即比例或单轴加载是式(3.4.51)中的特例情况。该多轴疲劳损伤参量物理意义明确，把临界面上的 γ_{max} 和 $\bar{\varepsilon}_n$ 合成一个等效应变，既符合临界面基本原理，又抓住了多轴疲劳破坏机制的本质。该损伤参量本身不含有材料常数，便于工程应用。

4. 材料的寿命预测结果

选用 4 种材料来验证该多轴疲劳损伤参量的正确性，这 4 种材料分别为正火 45 号钢、1045HR 钢、Inconel 718 钢和 304 不锈钢。试样均为薄壁管试件，前 3 种材料均在室温空气介质条件下进行试验，304 不锈钢在 550°C 高温下进行试验。所有试验均为拉-扭比例与非比例复合加载，各种材料的单轴疲劳材料常数如表 3.4.1 所示。

表 3.4.1　单轴疲劳材料常数

材料	σ_f' /MPa	ε_f'	b	c	E/GPa
正火 45 号钢	843	0.3269	–0.1047	–0.5458	190
1045HR 钢	1027	0.3220	–0.1074	–0.4870	202
Inconel 718 钢	3950	1.5000	–0.1510	–0.7610	209
304 不锈钢	798	0.0960	–0.0550	–0.4460	200

1) 正火 45 号钢

共采用 21 种加载路径，其中非比例加载路径 14 种。由于施加的应变水平较高，对于存在平均应变的加载路径，由结果可以发现，其应力响应基本不存在平均应力。因此，在低周多轴疲劳中可以忽略平均应力的影响。试验结果与式(3.4.53)得出的预测值结果如图 3.4.6 所示，其误差分散带在 2 个因子之内。

2) 1045HR 钢

加载路径为比例和 90°非比例路径，加载波形为正弦波。预测值与试验结果如图 3.4.7 所示，其误差分散带基本在 2 个因子之内。

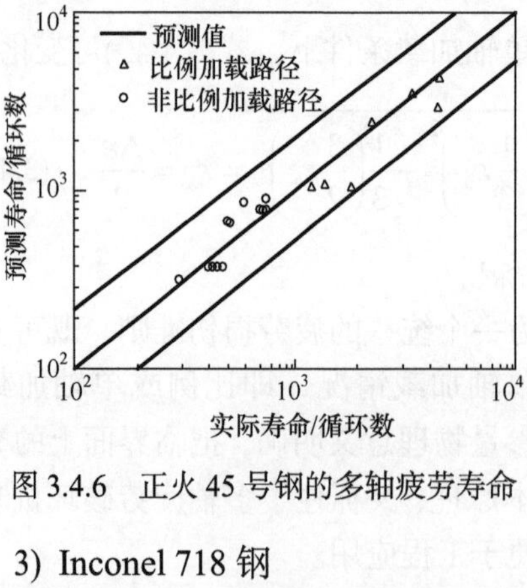

图 3.4.6　正火 45 号钢的多轴疲劳寿命

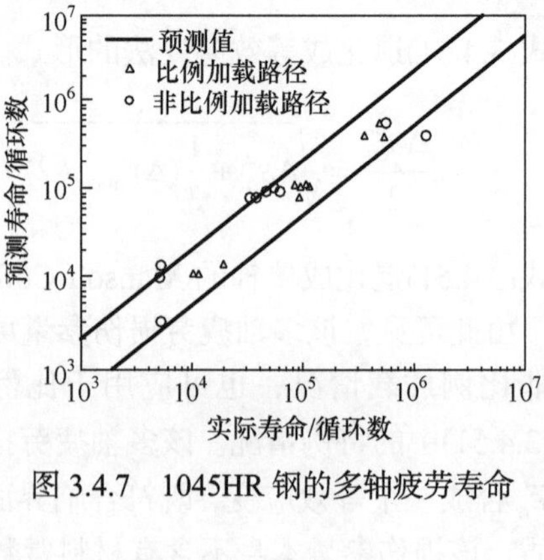

图 3.4.7　1045HR 钢的多轴疲劳寿命

3) Inconel 718 钢

取六种典型的加载路径如图 3.4.8 所示。施加的应变水平较低时，存在平均应

变的路径，其应力响应也会出现不能忽略的平均应力。为了考虑多轴平均应力的影响，可将式(3.4.51)修正为

$$\frac{\Delta\varepsilon_{\mathrm{eq}}^{\mathrm{cr}}}{2}=\frac{\sigma_{\mathrm{f}}'-\bar{\sigma}_{\mathrm{n}}}{E}(2N_{\mathrm{f}})^{b}+\varepsilon_{\mathrm{f}}'(2N_{\mathrm{f}})^{c} \tag{3.4.54}$$

式中，$\bar{\sigma}_{\mathrm{n}}$ 为临界面上的法向应力平均值。

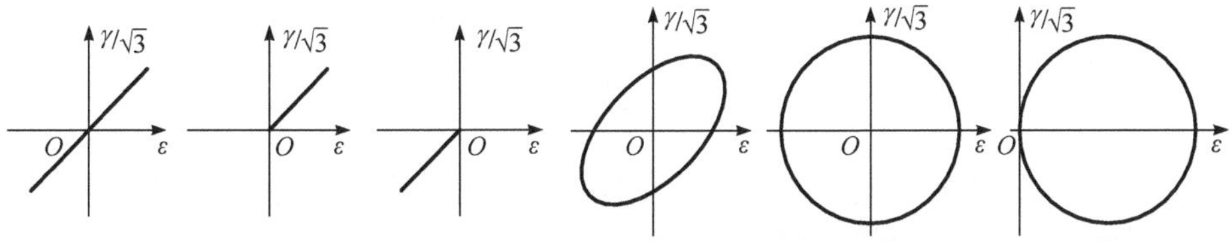

图 3.4.8　Inconel 718 钢拉-扭应变加载路径

由式(3.4.54)得出的预测值与试验值如图 3.4.9 所示，其误差分散带在 2 个因子之内。

4) 304 不锈钢

试验条件为 550 摄氏度高温，空气介质下应变控制拉-扭复合加载。选取所有的非比例加载试验结果验证所提出的疲劳损伤参量，预测结果和试验结果如图 3.4.10 所示，其误差分散带在 2 个因子之内。

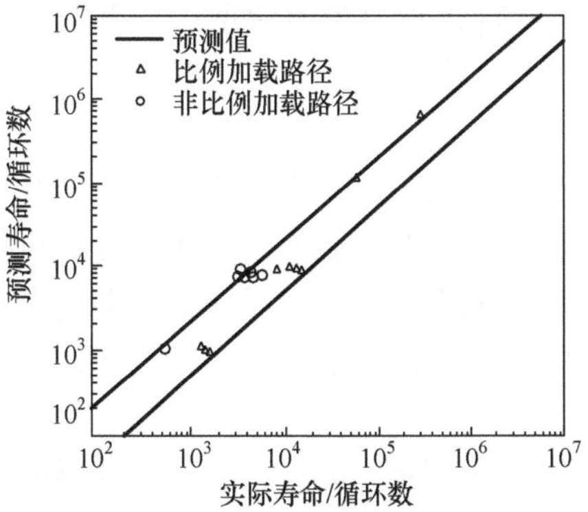

图 3.4.9　Inconel 718 钢的疲劳寿命

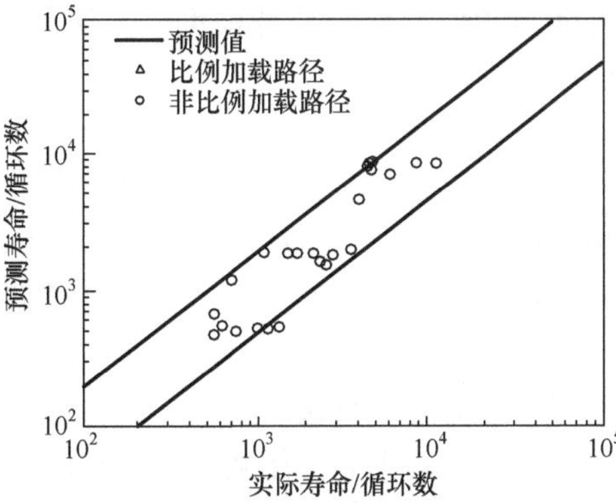

图 3.4.10　304 不锈钢的疲劳寿命

3.5　多轴疲劳损伤累积模型

目前多轴疲劳的研究大多数针对的是恒幅加载，而工程零部件大多数承受的是变幅循环加载。对于变幅多轴疲劳，如飞机的机身和机翼、汽车的曲轴、汽轮

机转子叶片、核反应堆等构件，如何处理疲劳损伤累积问题是估算疲劳寿命的关键。在单轴疲劳损伤累积研究中，主要存在两种理论，即线性损伤累积理论和非线性损伤累积理论。线性损伤累积理论应用最广泛的是 Miner 定理，该定理没有考虑载荷顺序的影响，因此在应用于复杂载荷下时会产生一定的误差。疲劳损伤是材料在循环载荷作用下其性能不断劣化的过程，疲劳损伤过程与外载相关，即损伤变量依赖于应力或应变的大小，而且疲劳损伤过程还包括微裂纹的形成与扩展，以及不同的应力或应变幅值之间的相互作用等效应。根据疲劳损伤的特点，非线性损伤累积理论应运而生。由于非线性问题的处理难度较大，非线性损伤累积模型多数为半经验公式。

本节在单轴非线性疲劳损伤累积模型的基础上，结合多轴疲劳损伤的特点，建立多轴非线性疲劳损伤累积模型。

3.5.1 多轴循环计数方法

在多轴随机疲劳寿命估算中，如何进行多轴载荷的循环计数是非常重要的。变幅循环加载涉及在复杂多轴载荷历程下如何循环计数、如何计算每个循环所造成的损伤等问题。在变幅多轴循环载荷下，材料内部的最大剪切应变幅值和最大损伤位置不在同一平面上。按照失效机制，把主要在剪切面上萌生与扩展的裂纹情况称为**剪切型破坏**，其寿命预测模型称为剪切模型，这种破坏形式常存在于低周疲劳中；把主要在拉伸方向上扩展造成的破坏称为**拉伸型破坏**，其寿命预测模型称为拉伸模型，其破坏形式在高周疲劳中较为常见。在循环载荷作用下，材料是形成拉伸型破坏还是形成剪切型破坏，由材料类型和所受应变幅值与应力状态所决定。

在不同平面上循环计数并将承受最大疲劳损伤的平面定义为临界平面。利用基于正应变的拉伸型疲劳损伤模型计算疲劳损伤，可对临界面上的正应变进行循环计数；利用基于剪应变的剪切型模型计算疲劳损伤，可对临界面上的剪应变进行循环计数。在单轴疲劳研究中应用最广泛的是雨流计数法，在多轴变幅加载下仍可采用雨流计数法。

使用等效应变会使载荷谷值点的符号丢失,负的循环都会折返到正的循环上，因此基于等效应变的多轴循环计数方法存在缺陷。为解决这一问题，可以应用相对等效应变的概念，定义一个加载历程(相当于半个循环)的起始转折点和终止转折点。在两个转折点之间，相对等效应变从零增加到最高点，基于单轴情况下的雨流计数法原理，只计数相对等效应变从零达到最高点的半循环，对变幅多轴循环载荷历程进行循环计数。

对于变幅多轴载荷下的载荷-时间历程，基于相对等效应变的循环计数过程为：由已知的变幅多轴应变加载时间历程中的各分量 $\varepsilon_x(t)$ 、$\varepsilon_y(t)$ 、$\varepsilon_z(t)$ 、$\gamma_{xy}(t)$

计算等效应变-时间历程 $\varepsilon_{eq}(t)$，所计算的等效应变-时间历程 $\varepsilon_{eq}(t)$ 如图 3.5.1 所示。开始循环计数时，首先确定循环历程中的最大或峰值等效应变点 M，等效应变值为 ε_{eq}^{max}，将此点作为第一个最大值参考点来整理载荷历程，确定开始与结束点，然后计算相对于峰值等效应变点的各点的相对值，即

$$\varepsilon'_{eq}(t) = \varepsilon_{eq}(t) - \varepsilon_{eq}^{max} \tag{3.5.1}$$

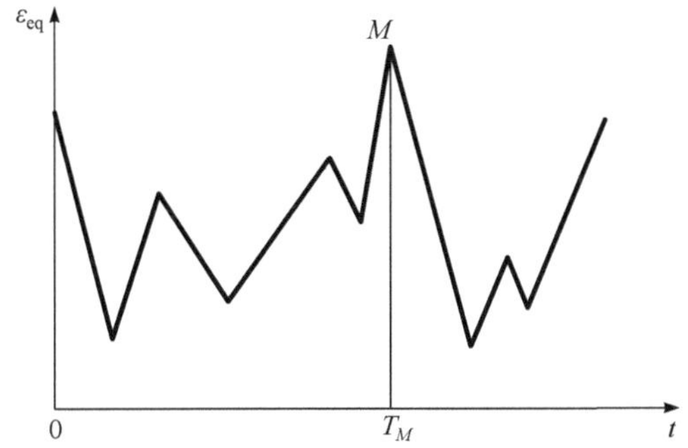

图 3.5.1 变幅多轴载荷下的等效应变-时间历程

对于图 3.5.2(a)所示的变幅多轴载荷下的拉剪应变-时间历程，对应的应变加载路径如图 3.5.3(a)所示。下面针对此实例，讨论具体的循环计数过程。指定时刻 T_M 为起始时刻，其中时刻 T_A 对应于时刻 T_M。利用各点的等效应变的相对值建立一个新的相对载荷-时间历程，如图 3.5.2(b)所示。新的相对载荷-时间历程从 A 点开始，此处原为最大等效应变点，现为相对等效应变为零的起始点。相对等效应变从 A 点增加到 B 点，到此处开始下降，然后又上升经过与 B 点相对等效应变相等的 B^*点，该点为相对于等效应变开始增加的点。沿路径 A—B—B^*—C 形成了一个加载历程，对应图 3.5.3(b)中拉剪应变加载路径中的粗实线，则第一个加载历程被计数下来。计数过程中，在应变空间中循环可以是不连续的，但每部分数据只能被计数一次。

对于 B 点到 B^*点间未计数的数据，将 B 点的等效应变作为最大值，按式(3.5.1)处理位于 B 点到 B^*点间未计数的数据点，计算新的相对等效应变，得到取出第一个加载历程后余下的相对等效应变-时间历程，如图 3.5.2(c)所示，则第二个拉剪应变加载历程 B—D—D^*—E 被计数下来，如图 3.5.3(c)所示。

在 B—D—D^*—E 所形成的第二个加载历程中，D 点与 D^*点间的部分需要计数，E 点与 B^*点间的部分也需要计数。图 3.5.2(d)为首先考虑 D—D^*的情况。D—F 构成了第三个拉剪应变加载历程，可以被计数出来，如图 3.5.3(d)所示。这里还有三段 E—B^*、F—D^*和 C—A 载荷历程未被计数。此处在 F 点定义新的相对等效应变，如图 3.5.2(e)所示，则第四个历程 F—D^*被计数下来，如图 3.5.3(e)所示。

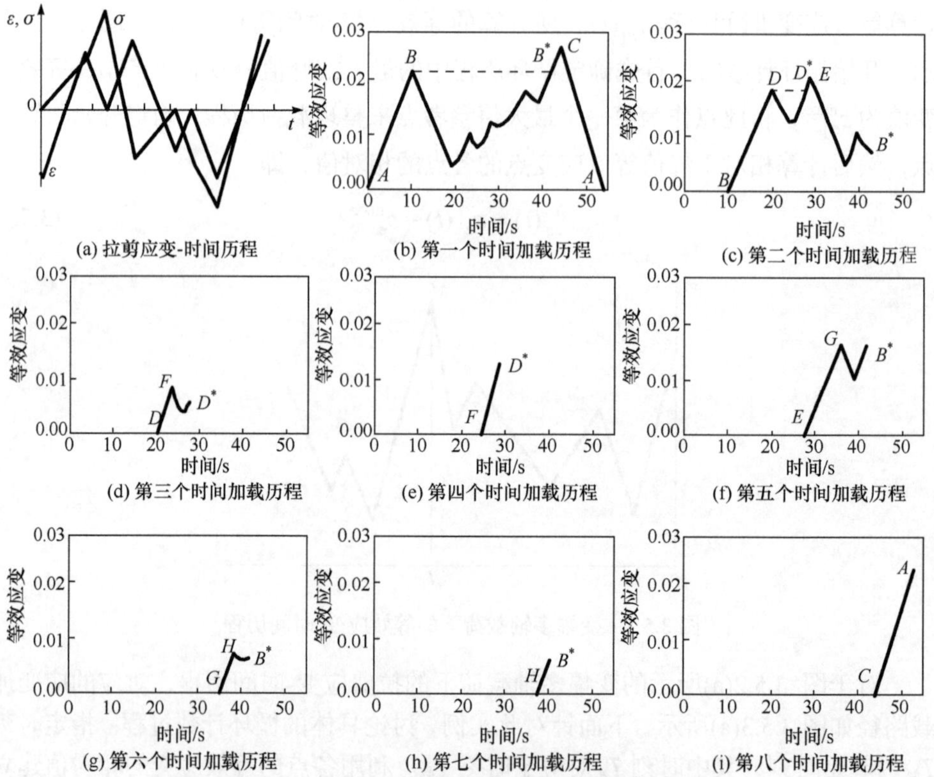

(a) 拉剪应变-时间历程　(b) 第一个时间加载历程　(c) 第二个时间加载历程

(d) 第三个时间加载历程　(e) 第四个时间加载历程　(f) 第五个时间加载历程

(g) 第六个时间加载历程　(h) 第七个时间加载历程　(i) 第八个时间加载历程

图 3.5.2　变幅多轴载荷下的拉剪应变-时间历程

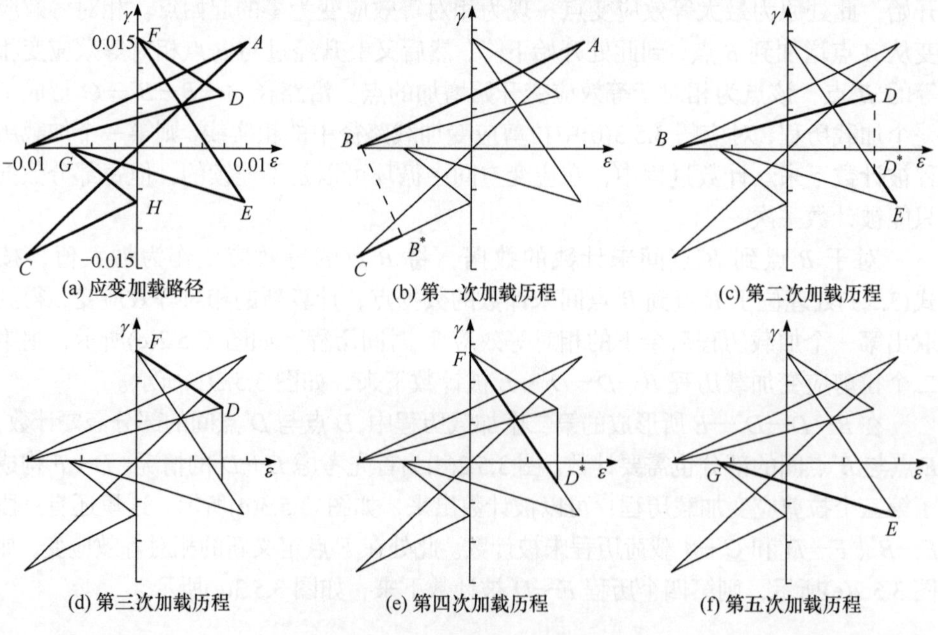

(a) 应变加载路径　(b) 第一次加载历程　(c) 第二次加载历程

(d) 第三次加载历程　(e) 第四次加载历程　(f) 第五次加载历程

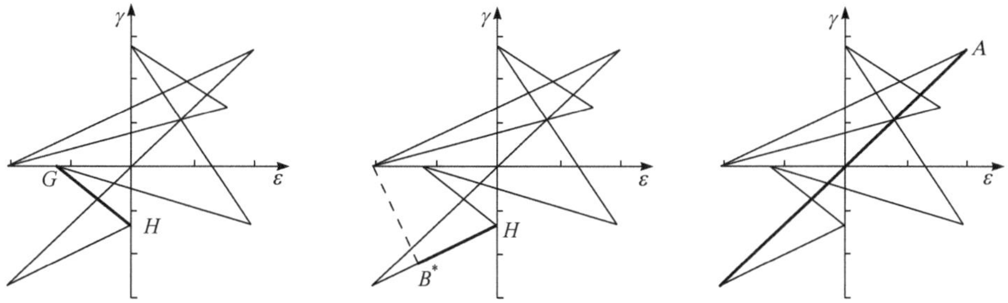

(g) 第六次加载历程　(h) 第七次加载历程　(i) 第八次加载历程

图 3.5.3　变幅多轴载荷下的拉剪应变加载路径

计数 $E—B^*$间的载荷历程，如图 3.5.2(f)所示，$E—G$ 为第五个被计数下来的加载历程，如图 3.5.3(f)所示。余下来的部分为 $G—B^*$，再将 G 点作为最大等效应变计算新的相对等效应变，则第六个加载历程 $G—H$ 被计数下来，如图 3.5.2(g)所示，余下部分为 $H—B^*$。

第七个被计数的加载历程为 $H—B^*$，如图 3.5.2(h)所示。注意，此被计数的加载历程由路径 $H—C$ 的一部分组成。$H—C$ 的另一部分用来构成第一个加载历程。最后一个所计数的加载历程，即第八个加载历程是 C 点返回到开始点 A，即 $C—A$，如图 3.5.2(i)所示。

若等效相对应变仍然是非单调增加的，则继续用雨流计数法鉴别历程及未处理的时间段，直至单调增加。

根据统一型多轴疲劳损伤参量，可以采用一种多轴循环计数方法，现举例说明该循环计数方法。

图 3.5.4(a)为多轴随机加载下(非比例加载)临界面上γ_{max}、ε_n 的时间历程 Ⅰ，对应的全循环计数如图 3.5.4(b)所示。由图 3.5.4(b)可以看出，对于γ_{max}时间历程，由 O 到 G 波形间可以计数三个全循环，即 ABA'、CDC'、OEF 三个全循环。在全循环 ABA' (即 $C_{Ⅰ}$)内，A 点和 B 点为两个最大剪切应变的折返点。取 AB 区间内的ε_n 范围作为ε_n'，即$\varepsilon_n'=O_1O_2$，然后将 ABA' 全循环幅值与 O_1O_2 范围的法向应变合成为等效应变幅值。全循环 CDC' 中的ε_n' 为 O_3O_4，全循环 OEF 中的ε_n' 为 O_1O_2，因为在区间$[O, F]$中，ε_n 最大幅度为 O_1O_2，所以将全循环 $C_{Ⅲ}(OEF)$的幅值与 O_1O_2 范围的应变合成为等效应变幅值。

同理，对于图 3.5.4(c)的γ_{max}、ε_n 时间历程Ⅱ，对应的全循环计数如图 3.5.4(d)所示。在 OAO' (即 $C_{Ⅰ}$)中，ε_n' 为 OA 区间的ε_n 变化范围，其值为 O_1O_2 范围值。全循环 DED' 中的ε_n' 为 O_4O_5 范围值，全循环 BFB' 中的ε_n' 为 $C_{Ⅲ}$范围内的ε_n 的最大幅度，其值为 O_3O_5 范围值。直至将整个γ_{max}时间历程计数完成。

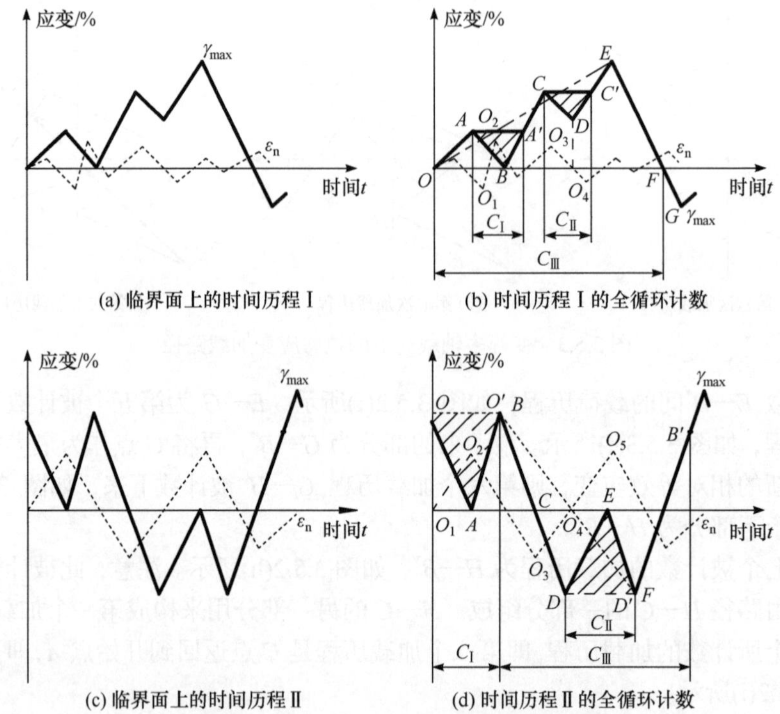

图 3.5.4　多轴循环计数方法示意图

多轴循环计数主要步骤如下：

(1) 确定临界损伤平面。

(2) 确定每个临界损伤平面上的 $\gamma_{\max}$、ε_{n} 时间历程。

(3) 取出 $\gamma_{\max}$ 时间历程中的全循环，并确定每个全循环中两个最大剪应变折返点的法向应变范围 $\varepsilon_{\mathrm{n}}'$，直至取出所有的 $\gamma_{\max}$ 全循环。

根据临界面法原理，可以采用一种循环计数方法。该方法认为剪应变两个半循环的物理意义是等同的，不必区分加载半循环和卸载半循环。在循环计数过程中，首先对临界平面上的剪应变历史进行雨流计数，得到剪应变的全循环和折返点信息，然后提取每个全循环中剪应变折返点对应的正应变最大幅值。现举例说明该多轴计数方法。

图 3.5.5 为一段剪应变、正应变历程。首先对剪应变进行雨流计数得到三个全循环，即 2—3—2′、6—7—6′、1—5—1′。以全循环 2—3—2′ 为例，得到全循环幅度 $\Delta\gamma_1$ 及相应载荷点(2、3、5)信息。然后判断图中 2′ 点及其正应变对应点 K 的位置，提取剪应变折返点 2、3 或 3、2′ 对应点 B、C 或 C、K 区间内正应变最大幅值的较大值 $\varepsilon_{\mathrm{n1}}'$，即点 C、D 间的纵向距离。至此得到第一个循环的多轴计数结果 $(\Delta\gamma_1, \varepsilon_{\mathrm{n1}}')$，同理可得 $(\Delta\gamma_2, \varepsilon_{\mathrm{n2}}')$、$(\Delta\gamma_3, \varepsilon_{\mathrm{n3}}')$。

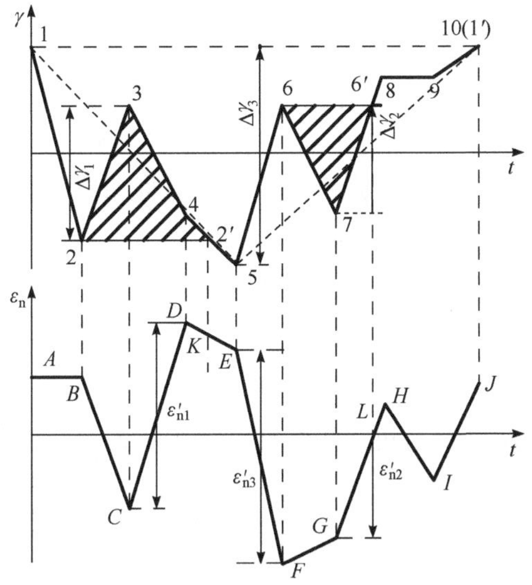

图 3.5.5　多轴循环计数

3.5.2　单轴非线性疲劳损伤累积模型

对于疲劳损伤，应考虑以下几个方面的问题：①存在微裂纹形核及扩展阶段；②二级加载或块程序加载条件下的非线性累积效应；③存在一个疲劳极限，在初始损伤之后会显著减小；④疲劳极限或 *S-N* 曲线的平均应力效应。

根据以上疲劳损伤的特性，常用疲劳损伤累积模型来描述材料逐渐劣化的过程。在具体描述时，需要考虑的因素有：①裂纹萌生以工程观点来定义；②通过连续损伤演化来反映微裂纹的萌生与扩展，对于初始未损伤状态，损伤变量 D 为 0，疲劳破坏(对应形成所规定长度的宏观裂纹)时，损伤变量 D 为 1；③模型中的损伤演化定律可取与韧性损伤和塑性损伤中所用的相似形式，即可将疲劳损伤演化方程表示为

$$\mathrm{d}D = f(\cdot)\mathrm{d}N \tag{3.5.2}$$

式中，函数 $f(\cdot)$中的变量可为应力、应变或塑性应变、损伤变量 D 等。为了描述非线性损伤累积和加载顺序效应，函数 $f(\cdot)$要求加载参数与损伤变量具有不可分离性。

当外载荷为应力时，式(3.5.2)的具体形式可表示为

$$\mathrm{d}D = D^{\alpha(\sigma_{\max},\sigma_{\mathrm{m}})}\left[\frac{\sigma_{\max}-\sigma_{\mathrm{m}}}{M(\sigma_{\mathrm{m}})}\right]^{\beta}\mathrm{d}N \tag{3.5.3}$$

式中，β 为材料常数；指数 α 取决于加载参数$(\sigma_{\max},\sigma_{\mathrm{m}})$；$\sigma_{\max}$ 为最大应力；σ_{m}

为平均应力。为了得到加载参数和损伤变量 D 的不可分离性，试验过程可描述为

$$\alpha(\sigma_{\max},\sigma_{\rm m})=1-a\left\langle\frac{\sigma_{\max}-\sigma_1(\sigma_{\rm m})}{\sigma_{\rm b}-\sigma_{\max}}\right\rangle \tag{3.5.4}$$

式中，a 为材料常数；$\sigma_{\rm b}$ 为抗拉强度；σ_1 为非对称加载下的疲劳极限，与平均应力有关；$\langle f\rangle$ 表示函数正的部分，即有

$$\sigma_1=\sigma_{\rm m}+\sigma_{-1}(1-b\sigma_{\rm m}),\quad \langle f\rangle=\begin{cases}0, & f\leqslant 0\\ f, & f>0\end{cases} \tag{3.5.5}$$

式中，b 为材料常数；σ_{-1} 为对称加载下的疲劳极限。

式(3.5.3)中，函数 $M(\sigma_{\rm m})$ 可以用线性形式表示为

$$M(\sigma_{\rm m})=M_0(1-b'\sigma_{\rm m}) \tag{3.5.6}$$

式中，b'、M_0 为材料常数。

在恒幅加载条件下，对式(3.5.3)进行积分，并考虑到 D=0 时，N=0；D=1 时，N=$N_{\rm f}$，则有

$$\int_0^1 {\rm d}D=\int_0^{N_{\rm f}} D^{\alpha(\sigma_{\max},\sigma_{\rm m})}\left[\frac{\sigma_{\max}-\sigma_{\rm m}}{M(\sigma_{\rm m})}\right]^{\beta}{\rm d}N \tag{3.5.7}$$

由式(3.5.7)可得

$$N_{\rm f}=\frac{1}{aM_0^{-\beta}}\frac{\langle\sigma_{\rm b}-\sigma_{\max}\rangle}{\langle\sigma_{\max}-\sigma_1(\sigma_{\rm m})\rangle}\left(\frac{\sigma_{\max}-\sigma_{\rm m}}{1-b'\sigma_{\rm m}}\right)^{-\beta} \tag{3.5.8}$$

式中，材料常数 β、$aM_0^{-\beta}$ 可由对称循环下的 S-N 曲线来确定；b' 可由 $\sigma_{\rm m}\neq 0$ 的 S-N 曲线来确定。

对于两级加载，在第二级水平下的寿命可表示为

$$\frac{n_2}{N_2}=1-\left(\frac{n_1}{N_1}\right)^{\eta} \tag{3.5.9}$$

式中，N_1、N_2 分别为两级加载条件下的各自断裂寿命；n_1、n_2 分别为第一、第二级载荷下作用的循环次数；指数 η 可表示为

$$\eta=\frac{1-\alpha_2}{1-\alpha_1}=\frac{1-\alpha(\sigma_{\max 2},\sigma_{\rm m2})}{1-\alpha(\sigma_{\max 1}-\sigma_{\rm m1})} \tag{3.5.10}$$

式(3.5.8)所表示的模型是对剩余寿命而言的损伤演化方程，但剩余寿命的概念仅能提供损伤的相对评价。若将有效应力的概念施加到这个模型中，即利用变量代换：

$$D = 1 - (1 - D')^{\beta+1} \tag{3.5.11}$$

则式(3.5.3)可变为如下形式：

$$\mathrm{d}D' = \left[1 - (1 - D')^{\beta+1}\right]^{\alpha(\sigma_{\max},\sigma_{\mathrm{m}})} \left[\frac{\sigma_{\max} - \sigma_{\mathrm{m}}}{M'(\sigma_{\mathrm{m}})(1 - D')}\right]^{\beta} \mathrm{d}N \tag{3.5.12}$$

式(3.5.12)使损伤演化更加非线性。描述疲劳损伤演化的另一个模型可以表示为

$$\frac{\mathrm{d}D}{\mathrm{d}N} = (1 - D)^{-p} \left[\frac{\sigma_{\max} - \sigma_{\mathrm{m}}}{M(\sigma_{\mathrm{m}})(1 - D)}\right]^{\beta} \tag{3.5.13}$$

利用有效应力的概念可将式(3.5.13)应用于应变控制加载情况。但式(3.5.12)、式(3.5.13)两模型均认为材料在半寿命前不存在疲劳损伤，仅在寿命的最后部分才可以测量疲劳损伤，这与实际情况不符。

疲劳损伤是材料组织结构不可逆演变而引起的微裂纹、微孔洞不断萌生与扩展的过程。这种不可逆演变过程直接影响材料的宏观性能。采用延性耗散、静强度退化以及弹性模量下降等方法来定义损伤变量均不能较好地描述疲劳损伤过程，而采用韧性下降法来定义损伤变量的效果较好。因此，对于低周疲劳，将式(3.5.2)写成如下具体形式：

$$\frac{\mathrm{d}D}{\mathrm{d}N} = (1 - D)^{\alpha(\Delta\sigma/2,\sigma_{\mathrm{m}})} \left[\frac{\sigma_{\max} - \sigma_{\mathrm{m}}}{M(\sigma_{\mathrm{m}})}\right]^{\beta} \tag{3.5.14}$$

式中，M、β 为材料常数；函数 $\alpha(\Delta\sigma/2,\sigma_{\mathrm{m}})$ 可表示为

$$\alpha(\Delta\sigma/2,\sigma_{\mathrm{m}}) = 1 - \frac{H[\Delta\sigma/2 - \sigma_{-1}(1 - b\sigma_{\mathrm{m}})]}{a\ln[\Delta\sigma/2 - \sigma_{-1}(1 - b\sigma_{\mathrm{m}})]} \tag{3.5.15}$$

式中，a 为材料常数；$H(x)$为 Heaviside 单位阶跃函数，即

$$H(x) = \begin{cases} 0, & x \leqslant 0 \\ 1, & x > 0 \end{cases} \tag{3.5.16}$$

对于恒定的 $\Delta\sigma/2$、σ_{m}，对式(3.5.14)进行积分，得到

$$\int_0^1 (1 - D)^{-\alpha}\,\mathrm{d}D = \int_0^{N_{\mathrm{f}}} \left[\frac{\sigma_{\max} - \sigma_{\mathrm{m}}}{M(\sigma_{\mathrm{m}})}\right]^{\beta} \mathrm{d}N \tag{3.5.17}$$

由式(3.5.17)得到破坏时的循环次数为

$$N_{\mathrm{f}} = \frac{1}{1 - a}\left[\frac{\sigma_{\max} - \sigma_{\mathrm{m}}}{M(\sigma_{\mathrm{m}})}\right]^{-\beta} \tag{3.5.18}$$

考虑到 D=0 时，N=0；D=1 时，N=N_f，则式(3.5.17)可写为

$$\int_0^D (1-D)^{-\alpha}\mathrm{d}D = \int_0^n \left[\frac{\sigma_{\max}-\sigma_{\mathrm{m}}}{M(\sigma_{\mathrm{m}})}\right]^{\beta} \mathrm{d}N \tag{3.5.19}$$

由式(3.5.19)可得到损伤变量 D 为

$$D = 1-\left(1-\frac{n}{N_{\mathrm{f}}}\right)^{1/(1-\alpha)} \tag{3.5.20}$$

对于给定的材料，损伤变量 D 定义为材料静力韧性的相对变化量，与试验数据拟合可得式(3.5.18)中的常数 a。由式(3.5.16)可知，当 $\Delta\sigma/2 > \sigma_{-1}(1-b\sigma_{\mathrm{m}})$ 时，$H[\Delta\sigma/2-\sigma_{-1}(1-b\sigma_{\mathrm{m}})]=1$，则式(3.5.18)变为

$$N_{\mathrm{f}} = aM_0^{\beta}\ln\left|\frac{1}{2}\Delta\sigma-\sigma_{-1}(1-b\sigma_{\mathrm{m}})\right|\left(\frac{\Delta\sigma/2}{1-b'\sigma_{\mathrm{m}}}\right)^{-\beta} \tag{3.5.21}$$

由式(3.5.21)可以看出，系数 β 和 aM_0^{β} 可以由平均应力 $\sigma_{\mathrm{m}}=0$ 的 S-N 曲线来确定，b' 可由 $\sigma_{\mathrm{m}}\neq 0$ 的 S-N 曲线来确定。若加载参数为应变控制，则可利用循环应力-应变关系，将应力转换为应变，然后建立式(3.5.3)形式的疲劳损伤演化方程。由应变硬化定律(稳定时)可知：

$$\frac{1}{2}\Delta\sigma = K'\left(\frac{\Delta\varepsilon_{\mathrm{p}}}{2}\right)^{n'} \tag{3.5.22}$$

则式(3.5.14)、式(3.5.15)和式(3.5.18)分别变为

$$\mathrm{d}D = (1-D)^{\alpha(\Delta\varepsilon_{\mathrm{p}}/2,\,\sigma_{\mathrm{m}})}\left[\frac{K'(\Delta\varepsilon_{\mathrm{p}}/2)^{n'}}{M_0(1-b'\sigma_{\mathrm{m}})}\right]^{\beta}\mathrm{d}N \tag{3.5.23}$$

$$\alpha = 1-\frac{H[K'(\Delta\varepsilon_{\mathrm{p}}/2)^{n'}-\sigma_{-1}(1-b\sigma_{\mathrm{m}})]}{a\ln\left|K'(\Delta\varepsilon_{\mathrm{p}}/2)^{n'}-\sigma_{-1}(1-b\sigma_{\mathrm{m}})\right|} \tag{3.5.24}$$

$$N_{\mathrm{f}} = aM_0^{\beta}\frac{\ln\left|K'(\Delta\varepsilon_{\mathrm{p}}/2)^{n'}-\sigma_{-1}(1-b\sigma_{\mathrm{m}})\right|}{H[K'(\Delta\varepsilon_{\mathrm{p}}/2)^{n'}-\sigma_{-1}(1-b\sigma_{\mathrm{m}})]}\left[\frac{K'(\Delta\varepsilon_{\mathrm{p}}/2)^{n'}}{1-b'\sigma_{\mathrm{m}}}\right]^{-\beta} \tag{3.5.25}$$

对于应变较大的低周疲劳，由于平均应力的松弛，可以忽略其影响，则式(3.5.23)～式(3.5.25)变为

$$\mathrm{d}D = (1-D)^{\alpha(\Delta\varepsilon_{\mathrm{p}}/2)}\left[\frac{K'(\Delta\varepsilon_{\mathrm{p}}/2)^{n'}}{M_0}\right]^{\beta}\mathrm{d}N \tag{3.5.26}$$

$$\alpha = 1 - \frac{H[K'(\Delta\varepsilon_{\mathrm{p}}/2)^{n'} - \sigma_{-1}]}{a\ln\left|K'(\Delta\varepsilon_{\mathrm{p}}/2)^{n'} - \sigma_{-1}\right|} \tag{3.5.27}$$

$$N_{\mathrm{f}} = aM_0^{\beta}\frac{\ln\left|K'(\Delta\varepsilon_{\mathrm{p}}/2)^{n'} - \sigma_{-1}\right|}{H[K'(\Delta\varepsilon_{\mathrm{p}}/2)^{n'} - \sigma_{-1}]}[K'(\Delta\varepsilon_{\mathrm{p}}/2)^{n'}]^{-\beta} \tag{3.5.28}$$

3.5.3　多轴疲劳损伤累积模型

1. 比例加载下多轴疲劳损伤累积模型

在单轴疲劳损伤累积模型的基础上，建立多轴疲劳损伤累积模型。除了控制疲劳损伤的加载参量变化，疲劳极限等参数在多轴疲劳加载下也有相应的定义。

1) 多轴加载下的疲劳极限

多轴疲劳极限准则主要存在三种理论：①认为多轴疲劳极限与平均平均应力有关的 Sines 准则；②认为多轴疲劳极限与平均应力的最大值有关的 Cossland 准则；③考虑了在循环中承受最大剪应力幅值平面特性的 Dang Van 准则，Dang Van 准则介于 Sines 准则和 Crossland 准则之间。

Sines 准则、Crossland 准则和 Dang Van 准则可分别表示为

$$A_{\mathrm{II}} = \sigma_{-1}(1 - 3b\bar{\sigma}_{\mathrm{a}}) \tag{3.5.29}$$

$$A_{\mathrm{II}} = \frac{1 - 3b\sigma_{\mathrm{a\,max}}}{1 - b\sigma_{-1}}\sigma_{-1} \tag{3.5.30}$$

$$\max_{n}\max_{t}\left[\left\|\tau(t) - \tau\right\| + \frac{1}{2}\frac{3b\sigma_{-1}}{1 - b\sigma_{-1}}\sigma_{\mathrm{a}}(t)\right] = \frac{\sigma_{-1}}{2(1 - b\sigma_{-1})} \tag{3.5.31}$$

式中，$\bar{\sigma}_{\mathrm{a}}$ 为循环过程中的平均平均应力；$\sigma_{\mathrm{a\,max}}$ 为最大平均应力。在单轴情况下，$A_{\mathrm{II}} = \Delta\sigma/2$，$\bar{\sigma}_{\mathrm{a}} = \sigma_{\mathrm{m}}/3$，$\sigma_{\mathrm{a\,max}} = \sigma_{\max}/3$。$A_{\mathrm{II}}$ 定义为等效应力幅值，即

$$A_{\mathrm{II}} = \frac{1}{2}\sqrt{\frac{3}{2}}(\sigma'_{ij\max} - \sigma'_{ij\min}) = \frac{1}{2\sqrt{2}}\sqrt{(\sigma_1 - \sigma_2)^2 + (\sigma_2 - \sigma_3)^2 + (\sigma_3 - \sigma_1)^2} \tag{3.5.32}$$

式中，$\sigma'_{ij\max}$、$\sigma'_{ij\min}$ 分别为循环过程中每个分量的最大值和最小值；σ_1、σ_2、σ_3 代表主应力幅值，即 $\sigma_i = \Delta\sigma_i/2$。

由于 Dang Van 准则比较烦琐，一般常用 Sines 准则和 Crossland 准则。

2) 多轴疲劳损伤累积模型的具体形式

由式(3.5.23)可以看出，单轴疲劳损伤方程的主要控制参量为 $\Delta\varepsilon_{\mathrm{p}}/2$。由多轴试验结果及分析可知，多轴比例加载疲劳特性与单轴疲劳情况相一致。因此，在比例多轴疲劳加载下，可用 von Mises 等效应变幅值 $\Delta\varepsilon_{\mathrm{eq}}^{\mathrm{p}}/2$ 来代替单轴中的 $\Delta\varepsilon/2$，

即可得到多轴疲劳损伤累积模型。Sines 准则在 $\sigma_3=0$ 的平面上对应 von Mises 椭圆，因此多轴疲劳极限可取式(3.5.29)，则式(3.5.23)～式(3.5.25)分别为

$$\mathrm{d}D=(1-D)^{\alpha(\Delta\varepsilon_{\mathrm{eq}}^{\mathrm{p}}/2,\bar{\sigma}_{\mathrm{a}})}\left[\frac{K'(\Delta\varepsilon_{\mathrm{eq}}^{\mathrm{p}}/2)^{n'}}{M_0(1-b'\bar{\sigma}_{\mathrm{a}})}\right]^{\beta}\mathrm{d}N \tag{3.5.33}$$

$$\alpha=1-\frac{H[K'(\Delta\varepsilon_{\mathrm{eq}}^{\mathrm{p}}/2)^{n'}-\sigma_{-1}(1-3b\bar{\sigma}_{\mathrm{a}})]}{a\ln\left|(\Delta\varepsilon_{\mathrm{eq}}^{\mathrm{p}}/2)^{n'}-\sigma_{-1}(1-3b\bar{\sigma}_{\mathrm{a}})\right|} \tag{3.5.34}$$

$$N_{\mathrm{f}}=aM_0^{\beta}\frac{\ln\left|K'(\Delta\varepsilon_{\mathrm{eq}}^{\mathrm{p}}/2)^{n'}-\sigma_{-1}(1-3b\bar{\sigma}_{\mathrm{a}})\right|}{H[K'(\Delta\varepsilon_{\mathrm{eq}}^{\mathrm{p}}/2)^{n'}-\sigma_{-1}(1-3b\bar{\sigma}_{\mathrm{a}})]}\left[\frac{K'(\Delta\varepsilon_{\mathrm{eq}}^{\mathrm{p}}/2)^{n'}}{1-b\bar{\sigma}_{\mathrm{a}}}\right]^{-\beta} \tag{3.5.35}$$

在应变较大的低周疲劳情况下，忽略平均应力的影响，式(3.5.33)～式(3.5.35)变为

$$\mathrm{d}D=(1-D)^{\alpha(\Delta\varepsilon_{\mathrm{eq}}^{\mathrm{p}}/2)}\left[\frac{K'(\Delta\varepsilon_{\mathrm{eq}}^{\mathrm{p}}/2)^{n'}}{M_0}\right]^{\beta}\mathrm{d}N \tag{3.5.36}$$

$$\alpha=1-\frac{H[K'(\Delta\varepsilon_{\mathrm{eq}}^{\mathrm{p}}/2)^{n'}-\sigma_{-1}]}{a\ln\left|(\Delta\varepsilon_{\mathrm{eq}}^{\mathrm{p}}/2)^{n'}-\sigma_{-1}\right|} \tag{3.5.37}$$

$$N_{\mathrm{f}}=aM_0^{\beta}\frac{\ln\left|K'(\Delta\varepsilon_{\mathrm{eq}}^{\mathrm{p}}/2)^{n'}-\sigma_{-1}\right|}{H[K'(\Delta\varepsilon_{\mathrm{eq}}^{\mathrm{p}}/2)^{n'}-\sigma_{-1}]}[K'(\Delta\varepsilon_{\mathrm{eq}}^{\mathrm{p}}/2)^{n'}]^{-\beta} \tag{3.5.38}$$

式中，材料常数 aM_0^{β}、β、M_0、n'、σ_{-1} 均可由单轴疲劳试验确定。

2. 非比例加载下多轴疲劳损伤累积模型

非比例加载条件下，将 von Mises 等效应变直接应用于多轴模型中，没有考虑非比例加载所造成的附加强化的影响，因此会产生较大的误差。由前面的分析可知，临界面上剪切应变和法向应变是控制多轴疲劳损伤的两个重要参量。将临界面上的剪切应变幅值与两个最大剪切应变折返点之间的法向应变合成为一个等效应变，即可考虑多轴非比例附加强化效应。该临界面上的等效应变为

$$\frac{1}{2}\Delta\varepsilon_{\mathrm{eq}}^{\mathrm{cr}}=\sqrt{\varepsilon_{\mathrm{n}}'^{2}+\frac{1}{3}\left(\frac{\Delta\gamma_{\max}}{2}\right)^{2}} \tag{3.5.39}$$

对于正弦波加载，有

$$\varepsilon_{\mathrm{n}}'=\frac{1}{2}\Delta\varepsilon_{\mathrm{n}}[1+\cos(\beta_3-\beta_1)] \tag{3.5.40}$$

基于临界面多轴本构关系的研究，用 $(\Delta\varepsilon_{\mathrm{eq}}^{\mathrm{cr}})_{\mathrm{p}}/2$ 来代替比例加载条件下多轴疲

劳损伤模型中的 $\Delta\varepsilon_{\text{eq}}^{\text{p}}/2$，即可得到非比例加载条件下的多轴疲劳损伤累积模型为

$$\mathrm{d}D=(1-D)^{\alpha[(\Delta\varepsilon_{\text{eq}}^{\text{cr}})_{\text{p}}/2,\bar{\sigma}_{\text{a}}]}\left\{\frac{K'[(\Delta\varepsilon_{\text{eq}}^{\text{cr}})_{\text{p}}/2]^{n'}}{M_0(1-b'\bar{\sigma}_{\text{a}})}\right\}^{\beta}\mathrm{d}N \tag{3.5.41}$$

$$\alpha=1-\frac{H\{K'[(\Delta\varepsilon_{\text{eq}}^{\text{cr}})_{\text{p}}/2]^{n'}-\sigma_{-1}(1-3b\bar{\sigma}_{\text{a}})\}}{a\ln\left|K'[(\Delta\varepsilon_{\text{eq}}^{\text{cr}})_{\text{p}}/2]^{n'}-\sigma_{-1}(1-3b\bar{\sigma}_{\text{a}})\right|} \tag{3.5.42}$$

$$N_{\text{f}}=aM_0^{\beta}\frac{\ln\left|K'[(\Delta\varepsilon_{\text{eq}}^{\text{cr}})_{\text{p}}/2]^{n'}-\sigma_{-1}(1-3b\bar{\sigma}_{\text{a}})\right|}{H\{K'[(\Delta\varepsilon_{\text{eq}}^{\text{cr}})_{\text{p}}/2]^{n'}-\sigma_{-1}(1-3b\bar{\sigma}_{\text{a}})\}}\left[\frac{K'[(\Delta\varepsilon_{\text{eq}}^{\text{cr}})_{\text{p}}/2]^{n'}}{1-3b'\bar{\sigma}_{\text{a}}}\right]^{-\beta} \tag{3.5.43}$$

$$D=1-\left(1-\frac{n}{N_{\text{f}}}\right)^{\kappa},\quad \kappa=\frac{a\ln\left|K'[(\Delta\varepsilon_{\text{eq}}^{\text{cr}})_{\text{p}}/2]^{n'}-\sigma_{-1}(1-3b\bar{\sigma}_{\text{a}})\right|}{H\{K'[(\Delta\varepsilon_{\text{eq}}^{\text{cr}})_{\text{p}}/2]^{n'}-\sigma_{-1}(1-3b\bar{\sigma}_{\text{a}})\}} \tag{3.5.44}$$

非比例低周加载条件下，忽略平均平均应力的影响，式(3.5.41)～式(3.5.44)变为

$$\mathrm{d}D=(1-D)^{\alpha[(\Delta\varepsilon_{\text{eq}}^{\text{cr}})_{\text{p}}/2]}\left\{\frac{K'[(\Delta\varepsilon_{\text{eq}}^{\text{cr}})_{\text{p}}/2]^{n'}}{M_0}\right\}^{\beta}\mathrm{d}N \tag{3.5.45}$$

$$\alpha=1-\frac{H\{K'[(\Delta\varepsilon_{\text{eq}}^{\text{cr}})_{\text{p}}/2]^{n'}-\sigma_{-1}\}}{a\ln\left|K'[(\Delta\varepsilon_{\text{eq}}^{\text{cr}})_{\text{p}}/2]^{n'}-\sigma_{-1}\right|} \tag{3.5.46}$$

$$N_{\text{f}}=aM_0^{\beta}\frac{\ln\left|K'[(\Delta\varepsilon_{\text{eq}}^{\text{cr}})_{\text{p}}/2]^{n'}-\sigma_{-1}\right|}{H\{K'[(\Delta\varepsilon_{\text{eq}}^{\text{cr}})_{\text{p}}/2]^{n'}-\sigma_{-1}\}}\{K'[(\Delta\varepsilon_{\text{eq}}^{\text{cr}})_{\text{p}}/2]^{n'}\}^{-\beta} \tag{3.5.47}$$

$$D=1-\left(1-\frac{n}{N_{\text{f}}}\right)^{\kappa},\quad \kappa=\frac{a\ln\left|K'[(\Delta\varepsilon_{\text{eq}}^{\text{cr}})_{\text{p}}/2]^{n'}-\sigma_{-1}\right|}{H\{K'[(\Delta\varepsilon_{\text{eq}}^{\text{cr}})_{\text{p}}/2]^{n'}-\sigma_{-1}\}} \tag{3.5.48}$$

3.5.4　多轴疲劳损伤累积模型的加载条件

1. 两级加载条件

若第 i 次加载的指数为 α_i，则在下面的讨论中，为便于叙述，记

$$z_i=1-\alpha_i,\quad i=1,2,3,\cdots \tag{3.5.49}$$

若第一级加载寿命为 N_{f1}，在第一级加载下作用 n_1 次，则由式(3.5.44)可得到所造成的损伤为

$$D_1=1-\left(1-\frac{n_1}{N_{\text{f1}}}\right)^{1/z_1} \tag{3.5.50}$$

在第一级载荷下作用 n_1 次造成的损伤等于在第二级载荷下作用 n_2' 次所造成的损伤，第二级载荷下造成的损伤为

$$D_2 = 1 - \left(1 - \frac{n_2'}{N_{f2}}\right)^{1/z_2} \tag{3.5.51}$$

利用损伤的等效性，即 $D_1 = D_2$，有

$$D_1 = 1 - \left(1 - \frac{n_1}{N_{f1}}\right)^{1/z_1} = 1 - \left(1 - \frac{n_2'}{N_{f2}}\right)^{1/z_2} \tag{3.5.52}$$

由式(3.5.52)得到

$$1 - \frac{n_2'}{N_{f2}} = \left(1 - \frac{n_1}{N_{f1}}\right)^{z_2/z_1} \tag{3.5.53}$$

式(3.5.53)即为两级加载条件下疲劳损伤累积模型。若加载在疲劳极限以上进行，由式(3.5.42)可知：

$$\frac{1-\alpha_2}{1-\alpha_1} = \frac{\ln\left|K'[(\Delta\varepsilon_{eq1}^{cr})_p / 2]^{n'} - \sigma_{-1}(1-3b\bar{\sigma}_{a1})\right|}{\ln\left|K'[(\Delta\varepsilon_{eq2}^{cr})_p / 2]^{n'} - \sigma_{-1}(1-3b\bar{\sigma}_{a2})\right|} \tag{3.5.54}$$

当按高—低顺序加载，即 $(\Delta\varepsilon_{eq1}^{cr})_p > (\Delta\varepsilon_{eq2}^{cr})_p$ 时，$(1-\alpha_2)/(1-\alpha_1) > 1$，即 $z_2 / z_1 > 1$，则有

$$\left(1 - \frac{n_1}{N_{f1}}\right)^{z_2/z_1} < 1 - \frac{n_1}{N_{f1}} \tag{3.5.55}$$

则高—低两级加载损伤累积为

$$\frac{n_1}{N_{f1}} + \frac{n_2}{N_{f2}} < \frac{n_1}{N_{f1}} + 1 - \frac{n_1}{N_{f1}} = 1 \tag{3.5.56}$$

即在高—低两级加载下，累积损伤小于 1。同理可证明，对于低—高顺序加载，累积损伤大于 1。因此，式(3.5.53)反映了损伤的非线性累积效应。当加载相同时，$\alpha_1 = \alpha_2$，即 $z_2 / z_1 = 1$，则式(3.5.53)变为

$$\frac{n_2}{N_{f2}} = 1 - \frac{n_1}{N_{f1}} \tag{3.5.57}$$

即退化为 Miner 定理。

2. 多级加载条件

根据损伤的等效性，将多级最终转化为两级来推导多级加载下的疲劳损伤累积公式。

设存在多级载荷，根据式(3.5.44)，第一级载荷造成的损伤可由式(3.5.50)表示。由式(3.5.52)可以看出，第一级作用 n_1/N_{f1} 所造成的损伤相当于第二级作用 n_2'/N_{f2} 所造成的损伤，由式(3.5.53)可得

$$\frac{n_2'}{N_{f2}}=1-\left(1-\frac{n_1}{N_{f1}}\right)^{z_2/z_1} \tag{3.5.58}$$

则两级加载时累积循环比为

$$\frac{n_2'}{N_{f2}}+\frac{n_2}{N_{f2}}=1-\left(1-\frac{n_1}{N_{f1}}\right)^{z_2/z_1}+\frac{n_2}{N_{f2}} \tag{3.5.59}$$

若只有两级加载，由于 $n_1'+n_2=N_{f2}$，则式(3.5.59)可变为式(3.5.52)。

若将第一级与第二级载荷作用所造成的损伤看成相当于在第三级载荷下作用 n_3'/N_{f3} 所造成的损伤，将式(3.5.59)代入式(3.5.52)，则有

$$\begin{aligned}1-\left[1-\left(\frac{n_2'}{N_{f2}}+\frac{n_2}{N_{f2}}\right)\right]^{1/z_2}&=1-\left\{1-\left[1-\left(1-\frac{n_1}{N_{f1}}\right)^{z_2/z_1}+\frac{n_2}{N_{f2}}\right]\right\}^{1/z_2}\\&=1-\left(1-\frac{n_3'}{N_{f3}}\right)^{1/z_3}\end{aligned} \tag{3.5.60}$$

由式(3.5.60)可得

$$\frac{n_3'}{N_{f3}}=1-\left\{1-\left[1-\left(1-\frac{n_1}{N_{f1}}\right)^{z_2/z_1}+\frac{n_2}{N_{f2}}\right]\right\}^{z_3/z_2} \tag{3.5.61}$$

则三级加载时累积循环比为

$$\frac{n_3'}{N_{f3}}+\frac{n_3}{N_{f3}}=1-\left\{1-\left[1-\left(1-\frac{n_1}{N_{f1}}\right)^{z_2/z_1}+\frac{n_2}{N_{f2}}\right]\right\}^{z_3/z_2}+\frac{n_3}{N_{f3}} \tag{3.5.62}$$

若只有三级加载，即 $n_3'+n_3=N_{f3}$，则损伤累积公式为

$$\frac{n_3}{N_{f3}}=\left\{1-\left[1-\left(1-\frac{n_1}{N_{f1}}\right)^{z_2/z_1}+\frac{n_2}{N_{f2}}\right]\right\}^{z_3/z_2} \tag{3.5.63}$$

以此类推，可得任意加载条件下的损伤累积公式。以上推导可写成递推公式的形式。假设 $Y_i=n_i/N_{fi}$，则累积循环比为

$$Y_i=1-(1-D_{i-1})^{z_i}+\frac{n_i}{N_{fi}}=1-(1-Y_{i-1})^{z_i/z_{i-1}}+\frac{n_i}{N_{fi}},\quad i=2,3,4,\cdots,n \tag{3.5.64}$$

当累积循环比 $Y_i=1$ 时，发生疲劳破坏，即可得出相应的疲劳寿命。

3. 试验验证

首先验证单轴疲劳损伤演化方程，即式(3.5.19)的正确性。采用两种恒幅加载数据，其中损伤变量 D 由测量材料静力韧性相对变化的方法得到。图 3.5.6 为由式(3.5.19)所描述的损伤演化曲线，为了便于比较，图中还给出了实测值。

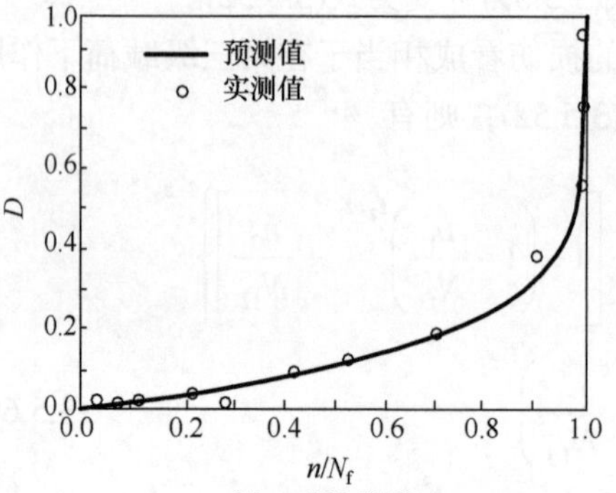

(a) σ_a=330.9MPa

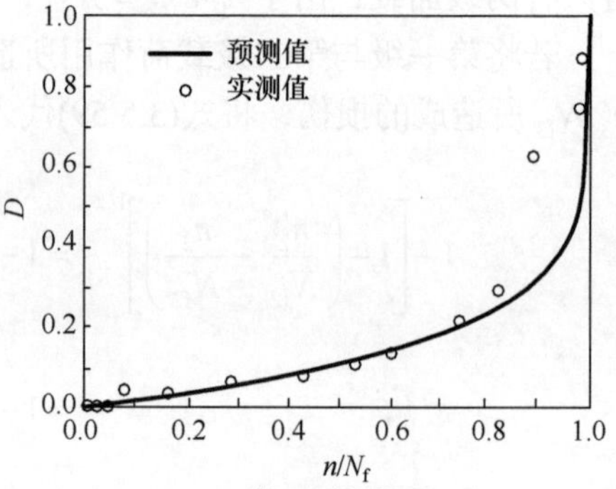

(b) σ_a=405.8MPa

图 3.5.6　正火 45 号钢在单轴载荷下的疲劳损伤演化值

为了验证多轴疲劳损伤模型的正确性，首先由单轴疲劳试验确定材料常数 aM_0^{β} 和 β，将式(3.5.25)变形后两边取对数(取 $\sigma_m=0$)得

$$\lg\left\{\frac{N_f}{\ln\left|K'[(\Delta\varepsilon_{eq}^{cr})_p/2]^{n'}-\sigma_{-1}\right|}\right\}=-\beta\lg\left\{K'\left[\frac{1}{2}(\Delta\varepsilon_{eq}^{cr})_p\right]^{n'}\right\}+\lg(aM_0^{\beta}) \tag{3.5.65}$$

利用单轴 S-N 曲线(对称加载)即可确定材料常数。材料常数 b 和 b' 基本上相等，根据 Goodman 方程，可取为 $1/\sigma_b$，σ_b 为材料的抗拉强度。图 3.5.7 为利用多轴疲劳寿命方程(3.5.47)预测的正火 45 号钢在多轴比例与非比例加载下疲劳寿命。由图可以看出，预测值与试验值的误差分散带在 1.5 个因子之内，可见疲劳寿命关系(3.5.47)具有较好的预测能力。

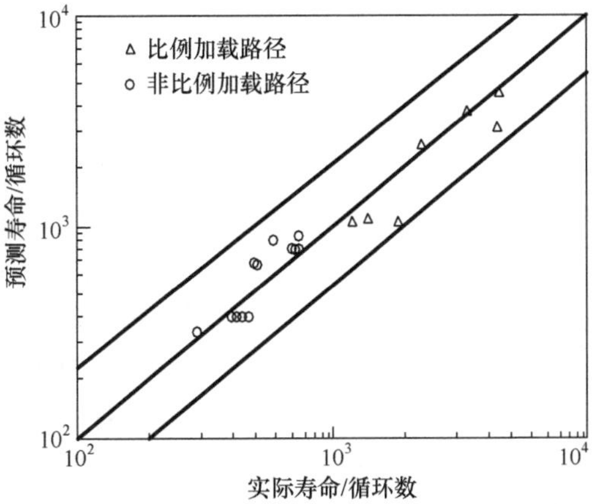

图 3.5.7　正火 45 号钢在多轴载荷下的疲劳损伤演化预测值与实测值

为了验证多轴疲劳损伤演化方程(3.5.43)在多轴多级加载下的描述能力，对 1045HR 钢多轴两级对称加载试验所得到的数据进行验证，其结果比较如表 3.5.1 所示，其中 n_2/N_{f2} 的预测值由式(3.5.52)给出。在 $n>10^7$ 循环下的应力幅值为 241.9MPa，因此取 $\sigma_{-1}=241.9\text{MPa}$。由表可以看出，模型预测结果比 Miner 定理的预测结果更准确。

表 3.5.1　两级加载预测值与实际值

λ	加载顺序	n_1	n_1/N_{f1}	n_2	n_2/N_{f2}	预测值 n_{2p}/N_{f2p}	Miner 定理 n_2/N_{f2}	$\frac{n_1}{N_{f1}}+\frac{n_2}{N_f}$	$\frac{n_1}{N_{f1}}+\frac{n_{2p}}{N_{fp}}$
0	低—高	43000	0.41	1122	1.00	0.710	0.59	1.41	1.12
1	低—高	56000	0.49	885	0.62	0.645	0.51	1.11	1.14
∞	低—高	42000	0.50	572	0.64	0.637	0.50	1.14	1.14
0	高—低	550	0.49	33055	0.30	0.350	0.51	0.79	0.84
1	高—低	700	0.48	39690	0.35	0.36	0.52	0.83	0.84
∞	高—低	450	0.50	18641	0.22	0.34	0.50	0.72	0.84

3.5.5　多轴加载下的缺口多轴疲劳

1. 缺口多轴疲劳概念

缺口疲劳寿命预测方法较多，按疲劳裂纹形成寿命的基本假设和选用的损伤控制参量，可分为名义应力法、局部应力-应变法和能量法等。

名义应力法的基本假设：对任意结构件，只要其结构细节处的应力集中系数相同且所受的外载相同，则认为二者的寿命相同。该法以外部名义应力作为损伤控制参量。所需要的材料性能数据为各种应力集中系数下的 S-N 曲线或等寿命曲线等。其寿命预测步骤为：①求名义应力谱；②计算结构细节的应力集中系数；③根据 S-N 曲线应用插值方法确定所求的应力集中系数和应力水平下的破坏寿命；④利用疲劳损伤累积理论预测结构件的疲劳寿命。使用名义应力法预测结构件的疲劳寿命会导致估算误差很大，这是因为该方法无法考虑结构件应力集中处的局部塑性，确定标准件和实际结构的关系也很困难。

局部应力-应变法的基本假设：若结构细节危险部位的应力-应变历程与光滑标准试件所受的载荷历程相同，则认为二者的疲劳寿命相同。局部应力-应变法一般将局部应变作为疲劳损伤控制参量，该方法考虑了结构危险部位的局部应力-应变历程，克服了名义应力法的缺陷。但实际零部件的危险部位基本为多轴应力-应变状态，如何解决多轴应力-应变等问题需要进一步研究。缺口危险部位的应力-应变场特性与光滑件内的应力-应变特性并不完全一致，因此二者所经受的疲劳损伤并不存在真正的等效关系。

能量法的基本假设：由相同的材料构成元件或结构细节，若在疲劳危险区域内承受相同的局部应力-应变能历程，则它们具有相同的疲劳寿命。能量法所用的材料性能数据主要为材料的循环应力-应变曲线和材料的循环能耗-寿命曲线，其中材料的循环能耗-寿命曲线与所依据的力学基础和指定的损伤参量有关。循环能耗主要是循环迟滞能的耗损，循环迟滞能中仅有一小部分真正用于产生疲劳损伤，这一小部分的能量称为有效能耗。能量法预测疲劳寿命的步骤与局部应力-应变法类似，主要区别是以循环滞后能作为疲劳损伤参量。能量法的弱点是认为各个循环的能量是线性可加的，而实际上能耗总量与循环次数之间的关系是非线性的，其主要原因是循环加载过程中材料内部的损伤界面是不断扩大的。

多轴疲劳研究的主要准则有 von Mises 准则和 Tresca 准则。对于恒幅比例加载条件，常采用 von Mises 准则；在低周纯扭加载下，Tresca 准则可较好地预测缺口件疲劳裂纹萌生寿命，即使缺口根部局部出现塑性变形，缺口剪应变也可由弹性应力集中系数乘以名义应变来获得，对于带纵向槽缺口的棒件也可得到较好的描述；对于带环形槽和带键槽的缺口件，其缺口应变由 Neuber 法分析得到，von Mises 准则可较好地预测其中的短寿命(小于 10^4 循环)情况，但预测长寿命的结果过于保守。

2. 比例加载下缺口多轴疲劳的应力-应变分析方法

1) 应力-应变分析及本构关系

当构件处于平面应力状态时，如图 3.5.8 所示，缺口根部的应力状态是单轴的，其应力-应变状态可表示为

$$[\sigma_{ij}]=\begin{bmatrix}0 & 0 & 0\\ 0 & \sigma_{22} & 0\\ 0 & 0 & 0\end{bmatrix},\quad [\varepsilon_{ij}]=\begin{bmatrix}\varepsilon_{11} & 0 & 0\\ 0 & \varepsilon_{22} & 0\\ 0 & 0 & \varepsilon_{33}\end{bmatrix} \tag{3.5.66}$$

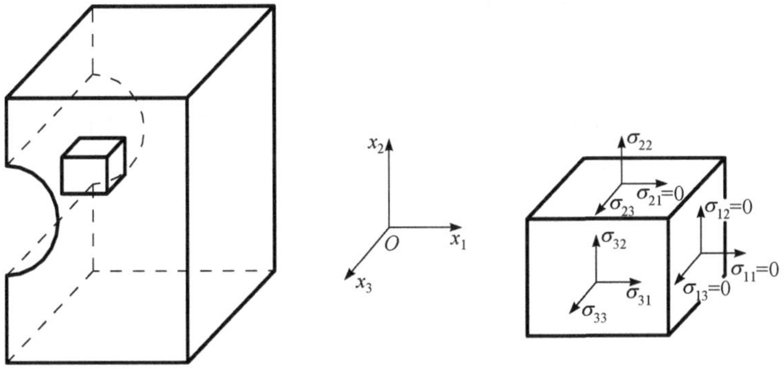

图 3.5.8　缺口根部应力-应变状态

当构件处于平面应变状态时，其应力-应变状态可表示为

$$[\sigma_{ij}]=\begin{bmatrix}0 & 0 & 0\\ 0 & \sigma_{22} & 0\\ 0 & 0 & \sigma_{33}\end{bmatrix},\quad [\varepsilon_{ij}]=\begin{bmatrix}\varepsilon_{11} & 0 & 0\\ 0 & \varepsilon_{22} & 0\\ 0 & 0 & 0\end{bmatrix} \tag{3.5.67}$$

在双轴应力状态下，其应力-应变状态可表示为

$$[\sigma_{ij}]=\begin{bmatrix}0 & 0 & 0\\ 0 & \sigma_{22} & \sigma_{23}\\ 0 & \sigma_{32} & \sigma_{33}\end{bmatrix},\quad [\varepsilon_{ij}]=\begin{bmatrix}\varepsilon_{11} & 0 & 0\\ 0 & \varepsilon_{22} & \varepsilon_{23}\\ 0 & \varepsilon_{32} & \varepsilon_{33}\end{bmatrix} \tag{3.5.68}$$

通常情况下，弹塑性应力-应变本构关系是由单轴的应力-应变曲线，并根据弹性和塑性理论得到的，分析过程中利用 Hencky 方程：

$$\varepsilon_{ij}=\frac{1+\upsilon}{E}\sigma_{ij}-\frac{\upsilon}{E}\sigma_{kk}\delta_{ij}+\frac{3}{2}\frac{\varepsilon_{\mathrm{eq}}^{\mathrm{p}}}{\sigma_{\mathrm{eq}}}s_{ij} \tag{3.5.69}$$

式中，υ 为泊松比；E 为弹性模量；ε_{ij} 为应变分量；σ_{ij} 为应力分量；$\varepsilon_{\mathrm{eq}}^{\mathrm{p}}$ 为等效塑性应变；σ_{ep} 为等效应力；s_{ij} 为应力偏量。$\varepsilon_{\mathrm{eq}}^{\mathrm{p}}$、$\sigma_{\mathrm{ep}}$ 和 s_{ij} 可表示为

$$\varepsilon_{\mathrm{eq}}^{\mathrm{p}}=\sqrt{\frac{2}{3}\varepsilon_{ij}^{\mathrm{p}}\varepsilon_{ij}^{\mathrm{p}}},\quad \sigma_{\mathrm{eq}}=\sqrt{\frac{3}{2}s_{ij}s_{ij}},\quad s_{ij}=\sigma_{ij}-\frac{1}{3}\delta_{ij}\sigma_{kk} \tag{3.5.70}$$

若记

$$\varepsilon_{\mathrm{eq}}^{\mathrm{p}}=f(\sigma_{\mathrm{eq}}) \tag{3.5.71}$$

为单轴拉压情况下本构关系中应力与塑性应变的函数，则本构方程(3.5.69)可表示为

$$\varepsilon_{ij}=\frac{1+\upsilon}{E}\sigma_{ij}-\frac{\upsilon}{E}\sigma_{kk}\delta_{ij}+\frac{3}{2}\frac{f(\sigma_{\mathrm{eq}})}{\sigma_{\mathrm{eq}}}s_{ij} \tag{3.5.72}$$

2) 推广的 Neuber 法

由上述的应力状态分析可以看出，当构件处于平面应力状态时，有四个分量，即一个应力分量和三个应变分量。为了得到这四个分量，需要四个方程。由 Neuber 公式可以提供一个方程，其形式为

$$K_{\mathrm{t}}^{2}=K_{\sigma}K_{\varepsilon} \tag{3.5.73}$$

其中，

$$K_{\mathrm{t}}=\frac{\sigma_{22}^{\mathrm{e}}}{\sigma_{\mathrm{n}}},\quad K_{\sigma}=\frac{\sigma_{22}^{\mathrm{N}}}{\sigma_{\mathrm{n}}},\quad K_{\varepsilon}=\frac{\sigma_{22}^{\mathrm{N}}}{\varepsilon_{\mathrm{n}}},\quad \varepsilon_{\mathrm{n}}=\frac{\sigma_{\mathrm{n}}}{E} \tag{3.5.74}$$

式中，K_{t}为理论弹性应力集中系数；K_{ε}为应变集中系数；K_{σ}为应力集中系数；σ_{n}为名义应力；上标 e 表示用线弹性分析求出的对应项的值；上标 N 表示由 Neuber 法求出的对应项的值。

将式(3.5.74)代入式(3.5.73)得到

$$\sigma_{22}^{\mathrm{e}}\varepsilon_{22}^{\mathrm{e}}=\sigma_{22}^{\mathrm{N}}\varepsilon_{22}^{\mathrm{N}} \tag{3.5.75}$$

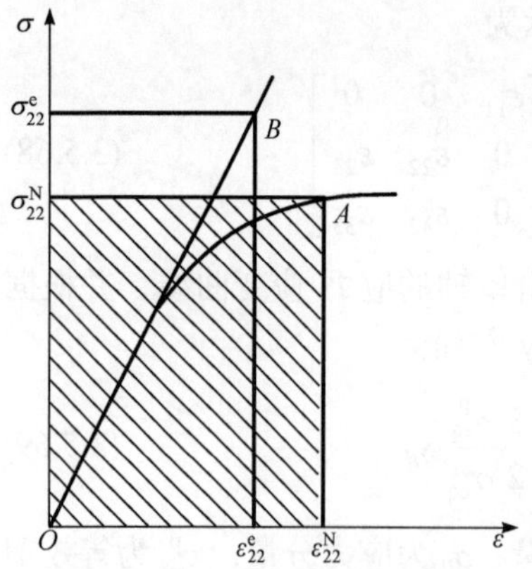

图 3.5.9　Neuber 法原理

式(3.5.75)具有能量意义。由图 3.5.9 可以看出，当缺口处于单轴应力状态时(如平面应力)，缺口虽然处于塑性状态，但总应变能密度与缺口处于线弹性状态时的总应变能密度相等，即矩形 A 的面积与矩形 B 的面积相等。

本构关系可以表示为

$$\varepsilon_{11}^{\mathrm{N}}=-\upsilon\frac{\sigma_{22}^{\mathrm{N}}}{E}-\frac{1}{2}f(\sigma_{22}^{\mathrm{N}}),\quad \varepsilon_{22}^{\mathrm{N}}=\frac{\sigma_{22}^{\mathrm{N}}}{E}+f(\sigma_{22}^{\mathrm{N}})$$

$$\varepsilon_{33}^{\mathrm{N}}=-\upsilon\frac{\sigma_{22}^{\mathrm{N}}}{E}-\frac{1}{2}f(\sigma_{22}^{\mathrm{N}}) \tag{3.5.76}$$

通过式(3.5.75)和式(3.5.76)可以求出未知的四个参量。当构件处于平面应变时与此相似，只是本构方程不同。

当构件处于双轴应力状态时，考虑到$\sigma_{23}=\sigma_{32}$、$\varepsilon_{23}=\varepsilon_{32}$，由上述分析可知，有三个应力分量和四个应变分量共七个未知参量。本构方程只能提供四个方程，因此还需要三个补充方程才能得到七个未知参量。在双轴状态下，将在单轴状态

下的能量密度公式(3.5.75)进行推广，可得到

$$\sigma_{ij}^{\mathrm{e}}\varepsilon_{ij}^{\mathrm{e}}=\sigma_{ij}^{\mathrm{N}}\varepsilon_{ij}^{\mathrm{N}} \tag{3.5.77}$$

采用主应力-应变的表示方法比较方便，因此应力状态用五个未知量即 σ_2、σ_3、ε_1、ε_2、ε_3 来表示。这样只需要五个方程就可以解出未知参量。利用主应力可以将式(3.5.77)表示为

$$\sigma_2^{\mathrm{e}}\varepsilon_2^{\mathrm{e}}+\sigma_3^{\mathrm{e}}\varepsilon_3^{\mathrm{e}}=\sigma_2^{\mathrm{N}}\varepsilon_2^{\mathrm{N}}+\sigma_3^{\mathrm{N}}\varepsilon_3^{\mathrm{N}} \tag{3.5.78}$$

按照本构关系，可以提供如下三个方程：

$$\begin{aligned}
\varepsilon_1^{\mathrm{N}}&=-\frac{\upsilon}{E}(\sigma_2^{\mathrm{N}}+\sigma_3^{\mathrm{N}})-\frac{f(\sigma_{\mathrm{eq}}^{\mathrm{N}})}{2\sigma_{\mathrm{eq}}^{\mathrm{N}}}(\sigma_2^{\mathrm{N}}+\sigma_3^{\mathrm{N}})\\
\varepsilon_2^{\mathrm{N}}&=\frac{1}{E}(\sigma_2^{\mathrm{N}}-\upsilon\sigma_3^{\mathrm{N}})+\frac{f(\sigma_{\mathrm{eq}}^{\mathrm{N}})}{2\sigma_{\mathrm{eq}}^{\mathrm{N}}}(2\sigma_2^{\mathrm{N}}-\sigma_3^{\mathrm{N}})\\
\varepsilon_3^{\mathrm{N}}&=\frac{1}{E}(\sigma_3^{\mathrm{N}}-\upsilon\sigma_2^{\mathrm{N}})+\frac{f(\sigma_{\mathrm{eq}}^{\mathrm{N}})}{2\sigma_{\mathrm{eq}}^{\mathrm{N}}}(2\sigma_3^{\mathrm{N}}-\sigma_2^{\mathrm{N}})
\end{aligned} \tag{3.5.79}$$

其中，

$$\sigma_{\mathrm{eq}}^{\mathrm{N}}=\sqrt{\left(\sigma_2^{\mathrm{N}}\right)^2-\sigma_2^{\mathrm{N}}\sigma_3^{\mathrm{N}}+\left(\sigma_3^{\mathrm{N}}\right)^2} \tag{3.5.80}$$

到此，求解问题还缺少一个方程。在比例加载情况下，缺口处最大主应力-应变的应变能密度和总应变能密度的比值，与假设缺口根部处于完全线弹性情况下的最大主应力-应变的应变能密度和总应变能密度的比值相等，即

$$\frac{\sigma_{22}^{\mathrm{e}}\varepsilon_{22}^{\mathrm{e}}}{\sigma_{ij}^{\mathrm{e}}\varepsilon_{ij}^{\mathrm{e}}}=\frac{\sigma_{22}^{\mathrm{a}}\varepsilon_{22}^{\mathrm{a}}}{\sigma_{ij}^{\mathrm{a}}\varepsilon_{ij}^{\mathrm{a}}} \tag{3.5.81}$$

式中，上标 a 代表对应项的实际值。

在双轴应力状态下，应力-应变分配比假设为

$$\frac{\sigma_2^{\mathrm{e}}\varepsilon_2^{\mathrm{e}}}{\sigma_2^{\mathrm{e}}\varepsilon_2^{\mathrm{e}}+\sigma_3^{\mathrm{e}}\varepsilon_3^{\mathrm{e}}}=\frac{\sigma_2^{\mathrm{N}}\varepsilon_2^{\mathrm{N}}}{\sigma_2^{\mathrm{N}}\varepsilon_2^{\mathrm{N}}+\sigma_3^{\mathrm{N}}\varepsilon_3^{\mathrm{N}}} \tag{3.5.82}$$

通过求解式(3.5.78)～式(3.5.82)，应力-应变即可求解出来。

利用上述推广的 Neuber 法分析一个带有缺口的圆柱体受到拉-扭情况的具体问题，如图 3.5.10 所示。相关材料的常数为：弹性模量 E=94400MPa，弹塑性模量 H=0.05E，材料的应力-应变曲线参数 σ_0=550MPa ，υ=0.3 。要求在加载过程中 $\tau_{\mathrm{n}}=2.5\sigma_{\mathrm{n}F}$ ，且有

$$\sigma_{nF}=\frac{F}{\pi(R-t)^2},\quad \tau_n=\frac{2T}{\pi(R-t)^3} \tag{3.5.83}$$

式中，σ_{nF} 为在轴向加载 F 的作用下产生的名义应力；F 为轴向加载；R 为半径；t 为壁厚；T 为扭矩；τ_n 为名义剪应力。

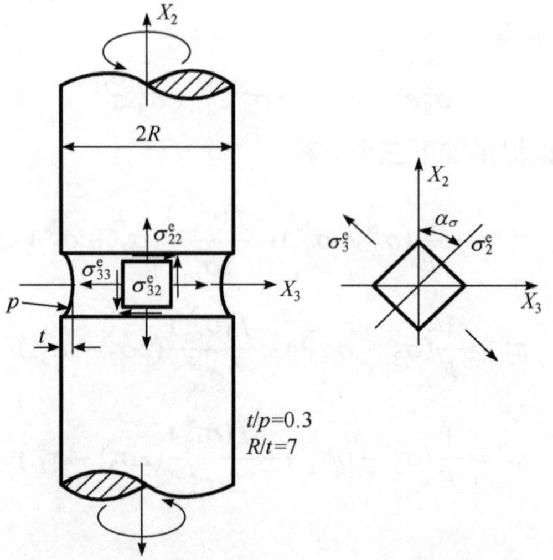

图 3.5.10 拉-扭缺口轴几何尺寸及应力状态图

通过对其进行弹性分析可得到：主轴角度 $\alpha_\sigma=37.7°$，$\sigma_2^e=8.126\sigma_{nF}$，$\sigma_3^e=-3.186\sigma_{nF}$，$\sigma_3^e/\sigma_2^e=-0.392$。

材料的双线性应力-应变关系如图 3.5.11 所示，其表达式如下：

$$\varepsilon=\begin{cases}\dfrac{\sigma}{E}, & \sigma\leqslant\sigma_0\\ \varepsilon=\dfrac{\sigma_0}{E}+\dfrac{\sigma-\sigma_0}{H}, & \sigma>\sigma_0\end{cases} \tag{3.5.84}$$

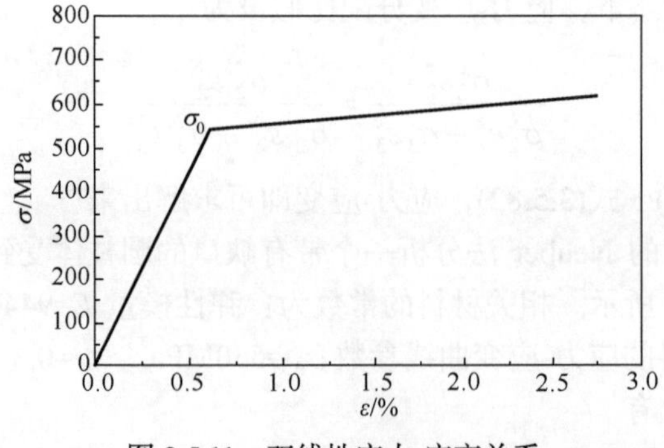

图 3.5.11 双线性应力-应变关系

计算结果如图 3.5.12 所示，其中 $\bar{S}=\sqrt{\sigma_{nF}^2+3\tau_n^2}$ 。由图可以看出，计算应力结果的大小与有限元结果吻合较好。在比例多轴循环加载下，将式(3.5.72)变成幅值的形式即可，即有

$$\Delta\varepsilon_{ij}=\frac{1+\upsilon}{E}\Delta\sigma_{ij}-\frac{\upsilon}{E}\Delta\delta_{ij}\sigma_{kk}+\frac{3}{2}\frac{2f(\Delta\sigma_{eq}/2)}{\Delta\sigma_{eq}}\Delta s_{ij} \tag{3.5.85}$$

式中，υ 为泊松比；$\Delta\sigma_{eq}$ 为等效应力的增量；E 为弹性模量，其他参量为

$$\begin{aligned}&\Delta\varepsilon_{ij}=(\varepsilon_{ij})_{\max}-(\varepsilon_{ij})_{\min},\quad \Delta\sigma_{ij}=(\sigma_{ij})_{\max}-(\sigma_{ij})_{\min}\\&\Delta s_{ij}=\Delta\sigma_{ij}-\frac{1}{3}\Delta\sigma_{kk}\delta_{ij},\quad \Delta\sigma_{eq}=\sqrt{\frac{3}{2}\Delta s_{kk}\Delta s_{ij}}\end{aligned} \tag{3.5.86}$$

式中，ε_{ij} 为应变分量；σ_{ij} 为应力分量；Δs_{ij} 为应力偏量的增量。

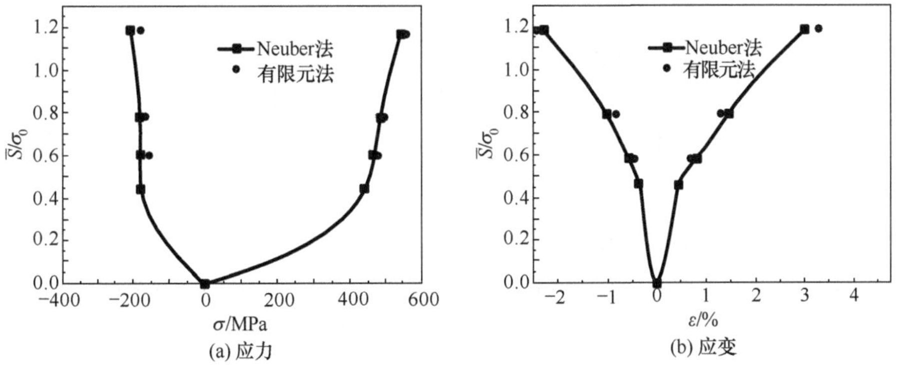

图 3.5.12　带缺口圆柱体在拉-扭载荷下的应力-应变关系

3) Hoffman-Seeger 的理论分析方法

Neuber 法解决单轴问题比较方便，但由于它以单轴应力假设为条件，不能直接应用于多轴问题。Hoffman-Seeger 的理论分析方法通过等效折算，将多轴问题处理成类似的单轴问题。利用该方法进行缺口分析时，需要得到缺口处的弹性应力 σ_{e1} 和 σ_{e2}、主应力方向角 α_e、弹塑性材料的塑性极限名义应力 σ_{sp} 和单轴时的应力-应变曲线。单轴时的应力-应变关系可表示为

$$\sigma=g(\varepsilon) \tag{3.5.87}$$

为了确定缺口根部的应力-应变关系，将单轴形式的应力-应变用等效应力-应变代替，即有

$$E\sigma_{eq}\varepsilon_{eq}=\frac{1}{\bar{\sigma}_s}(K_{eq}\sigma_s)^2E\bar{\varepsilon}_s,\quad \sigma_{eq}=g(\varepsilon_{eq}) \tag{3.5.88}$$

式中，E 为弹性模量；K_{eq} 为等效应力集中系数；ε_{eq} 为等效应变；σ_{eq} 为等效应力；σ_s 为名义应力；$\bar{\sigma}_s$ 为修正的名义应力；$\bar{\varepsilon}_s$ 为修正的名义应变。

$\bar{\sigma}_s$ 和 $\bar{\varepsilon}_s$ 分别为

$$\bar{\sigma}_s = \frac{\sigma_{sp}}{\sigma_s}\sigma_y, \quad \bar{\varepsilon}_s = g^{-1}(\bar{\sigma}_s) \tag{3.5.89}$$

式中，σ_{sp} 为塑性极限名义应力；σ_y 为屈服应力。

等效应力集中系数 K_{eq} 是理论的弹性缺口等效应力与名义应力的比值。等效准则是利用 von Mises 准则。若记 σ_{e1} 为第一弹性主应力，σ_{e2} 为第二弹性主应力，假定 $a_e = \sigma_{e2}/\sigma_{e1}$，则 K_{eq} 可以写成如下形式：

$$K_{eq} = \frac{\sigma_{eq}}{\sigma_s} = \frac{\sigma_{e1}}{\sigma_s}\sqrt{1 - a_e + a_e^2} \tag{3.5.90}$$

对于给定名义应力 σ_s 的情况下，由式(3.5.87)~式(3.5.90)可求出等效应力-应变。

利用 Hencky 流动准则和缺口单元的边界条件,把缺口的主应力-应变 $(\sigma_i\varepsilon_i)$ 和等效应力-应变 $(\sigma_{eq}\varepsilon_{eq})$ 联系起来。为了得出所求，假设 $\varepsilon_2/\varepsilon_1$ 为常数，则等效应力-应变和主应力-应变通过式(3.5.91)联系起来：

$$\begin{gathered}\upsilon' = \frac{1}{2} - \left(\frac{1}{2} - \upsilon\right)\frac{\sigma_{eq}}{E\varepsilon_{eq}}, \quad \frac{\varepsilon_2}{\varepsilon_1} = \frac{\varepsilon_{e2}}{\varepsilon_{e1}} = \frac{a_e - \upsilon}{1 - \upsilon a_e} = \text{常数}, \quad a = \frac{\sigma_2}{\sigma_1} = \frac{\varepsilon_2/\varepsilon_1 + \upsilon'}{1 + \upsilon'\varepsilon_2/\varepsilon_1} \\ \frac{\varepsilon_3}{\varepsilon_1} = -\upsilon'\frac{1 + a}{1 - \upsilon' a}, \quad \sigma_1 = \frac{1}{\sqrt{1 - a + a^2}}\sigma_{eq}, \quad \varepsilon_1 = \frac{1 - \upsilon' a}{\sqrt{1 - a + a^2}}\varepsilon_{eq}\end{gathered} \tag{3.5.91}$$

式中，υ 为泊松比；υ' 为变泊松比；ε_{e1} 为第一弹性主应变；ε_{e2} 为第二弹性主应变；ε_1 为第一主应变；ε_2 为第二主应变；ε_3 为第三主应变；σ_1 为第一主应力；σ_2 为第二主应力。

通过以上各式计算，可求出缺口根部的应力-应变，该分析方法的具体求解步骤为：①确定材料的应力-应变曲线 $\sigma = g(\varepsilon)$；②根据弹性材料常数 E、υ、主应力 σ_{e1} 和 σ_{e2} 的值及方向给出弹性解；③利用 von Mises 准则，由式(3.5.90)计算出等效应力集中系数 K_{eq}；④对于完全弹塑性材料，利用单元平衡条件估算塑性极限名义应力 σ_{sp}；⑤利用 Neuber 关系式(3.5.88)、式(3.5.89)，结合材料的应力-应变曲线 $\sigma = g(\varepsilon)$，对于给定的名义应力计算缺口的等效应力和应变；⑥规定缺口单元的边界条件，即固定主应力方向且应变比保持恒定，满足式(3.5.91)的第二式；⑦由式(3.5.91)求得应力-应变分量。

3. 非比例加载下缺口多轴疲劳的应力-应变分析方法

非比例加载下，引起塑性变形的应力-应变状态取决于加载路径，因此应以增量形式来建立缺口局部应力-应变关系。增量本构关系形成四个独立的方程，对于完整描述缺口根部应力-应变问题的其余三个方程，可使用增量形式应变能准则来确定。

1) 材料本构模型

增量塑性最常用的材料本构模型是与 von Mises 塑性屈服准则相联系的 Prandtl-Reuss 流动模型。对于各向同性材料，Prandtl-Reuss 增量关系为

$$\Delta\varepsilon_{ij}=\frac{1+\upsilon}{E}\Delta\sigma_{ij}-\frac{\upsilon}{E}\Delta\sigma_{kk}\delta_{ij}+\frac{3}{2}\frac{\Delta\varepsilon_{\mathrm{eq}}^{\mathrm{p}}}{\Delta\sigma_{\mathrm{eq}}}s_{ij} \tag{3.5.92}$$

利用单轴应力-应变曲线，将等效塑性应变增量与等效应力增量相关联，则可得到多轴增量应力-应变关系为

$$\Delta\varepsilon_{\mathrm{eq}}^{\mathrm{p}}=\frac{\mathrm{d}f(\sigma_{\mathrm{eq}})}{\mathrm{d}\sigma_{\mathrm{eq}}}\Delta\sigma_{\mathrm{eq}} \tag{3.5.93}$$

2) 增量 Neuber 法

假设给定一外载增量，则可利用在加载过程中弹塑性体始终保持弹性的假设来估算相应缺口根部弹塑性体总应变能密度的增量。总应变能定义为应变能密度与应变余能密度之和，即

$$\sigma_{ij}^{\mathrm{e}}\Delta\varepsilon_{ij}^{\mathrm{e}}+\varepsilon_{ij}^{\mathrm{e}}\Delta\sigma_{ij}^{\mathrm{e}}=\sigma_{ij}^{\mathrm{N}}\Delta\varepsilon_{ij}^{\mathrm{N}}+\varepsilon_{ij}^{\mathrm{N}}\Delta\sigma_{ij}^{\mathrm{N}} \tag{3.5.94}$$

式(3.5.94)称为增量 Neuber 法，表示由线弹性解得到的缺口根部总应变能密度的增量与由弹塑性分析得到的相应增量呈等量关系。增量 Neuber 法的原理如图 3.5.13(a)所示，水平和竖直的矩形分别代表对于一对应力-应变分量的总应变能密度增量。

四个本构关系与推广 Neuber 法相结合，可得到五个方程，还需要两个独立的方程来确定七个未知缺口应力-应变增量。利用每个弹塑性应力-应变分量对于总应变能密度增量与假设相应的线弹性的应力-应变分量的增量相等的关系可得到

$$\sigma_{ij}^{\mathrm{e}}\Delta\varepsilon_{ij}^{\mathrm{e}}+\varepsilon_{ij}^{\mathrm{e}}\Delta\sigma_{ij}^{\mathrm{e}}=\sigma_{ij}^{\mathrm{N}}\Delta\varepsilon_{ij}^{\mathrm{N}}+\varepsilon_{ij}^{\mathrm{N}}\Delta\sigma_{ij}^{\mathrm{N}},\quad i,\ j=1,2,3 \tag{3.5.95}$$

一般情况下，方程(3.5.95)代表六个独立的方程。对于图 3.5.8 所示的缺口根部的自由表面上的应力，只有三个方程可用，另外三个全是零。将三个非零方程(3.5.95)与四个本构方程(3.5.92)构成独立方程组，则可确定未知的缺口根部弹塑性应力增量 $\Delta\sigma_{ij}^{\mathrm{N}}$ 与应变增量 $\Delta\varepsilon_{ij}^{\mathrm{N}}$。增量本构方程为

$$
\begin{aligned}
\Delta\varepsilon_{11}^{\mathrm{N}} &= -\frac{\upsilon}{E}(\Delta\sigma_{22}^{\mathrm{N}}+\Delta\sigma_{33}^{\mathrm{N}})-\frac{1}{2}(\sigma_{22}^{\mathrm{N}}+\sigma_{33}^{\mathrm{N}})\frac{\Delta\varepsilon_{\mathrm{eq}}^{\mathrm{pN}}}{\sigma_{\mathrm{eq}}^{\mathrm{N}}} \\
\Delta\varepsilon_{22}^{\mathrm{N}} &= \frac{1}{E}(\Delta\sigma_{22}^{\mathrm{N}}-\upsilon\Delta\sigma_{33}^{\mathrm{N}})+\frac{1}{2}(2\sigma_{22}^{\mathrm{N}}-\sigma_{33}^{\mathrm{N}})\frac{\Delta\varepsilon_{\mathrm{eq}}^{\mathrm{pN}}}{\sigma_{\mathrm{eq}}^{\mathrm{N}}} \\
\Delta\varepsilon_{33}^{\mathrm{N}} &= \frac{1}{E}(\Delta\sigma_{33}^{\mathrm{N}}-\upsilon\Delta\sigma_{22}^{\mathrm{N}})-\frac{1}{2}(2\sigma_{33}^{\mathrm{N}}-\sigma_{22}^{\mathrm{N}})\frac{\Delta\varepsilon_{\mathrm{eq}}^{\mathrm{pN}}}{\sigma_{\mathrm{eq}}^{\mathrm{N}}} \\
\Delta\varepsilon_{23}^{\mathrm{N}} &= \frac{1+\upsilon}{E}\Delta\sigma_{23}^{\mathrm{N}}+\frac{3}{2}\frac{\Delta\varepsilon_{\mathrm{eq}}^{\mathrm{pN}}}{\sigma_{\mathrm{eq}}^{\mathrm{N}}}\sigma_{23}^{\mathrm{N}}
\end{aligned}
\tag{3.5.96}
$$

其中，

$$
\sigma_{\mathrm{eq}}^{\mathrm{N}}=\sqrt{(\sigma_{22}^{\mathrm{N}})^2+(\sigma_{33}^{\mathrm{N}})^2-\sigma_{22}^{\mathrm{N}}\sigma_{33}^{\mathrm{N}}+3(\sigma_{23}^{\mathrm{N}})^2}\,,\quad \Delta\varepsilon_{\mathrm{eq}}^{\mathrm{pN}}=\frac{\mathrm{d}f(\sigma_{\mathrm{eq}})}{\mathrm{d}\sigma_{\mathrm{eq}}}\Delta\sigma_{\mathrm{eq}}
\tag{3.5.97}
$$

能量方程为

$$
\begin{aligned}
\sigma_{22}^{\mathrm{e}}\Delta\varepsilon_{22}^{\mathrm{e}}+\varepsilon_{22}^{\mathrm{e}}\Delta\sigma_{22}^{\mathrm{e}} &= \sigma_{22}^{\mathrm{N}}\Delta\varepsilon_{22}^{\mathrm{N}}+\varepsilon_{22}^{\mathrm{N}}\Delta\sigma_{22}^{\mathrm{N}} \\
\sigma_{33}^{\mathrm{e}}\Delta\varepsilon_{33}^{\mathrm{e}}+\varepsilon_{33}^{\mathrm{e}}\Delta\sigma_{33}^{\mathrm{e}} &= \sigma_{33}^{\mathrm{N}}\Delta\varepsilon_{33}^{\mathrm{N}}+\varepsilon_{33}^{\mathrm{N}}\Delta\sigma_{33}^{\mathrm{N}} \\
\sigma_{23}^{\mathrm{e}}\Delta\varepsilon_{23}^{\mathrm{e}}+\varepsilon_{23}^{\mathrm{e}}\Delta\sigma_{23}^{\mathrm{e}} &= \sigma_{23}^{\mathrm{N}}\Delta\varepsilon_{23}^{\mathrm{N}}+\varepsilon_{23}^{\mathrm{N}}\Delta\sigma_{23}^{\mathrm{N}}
\end{aligned}
\tag{3.5.98}
$$

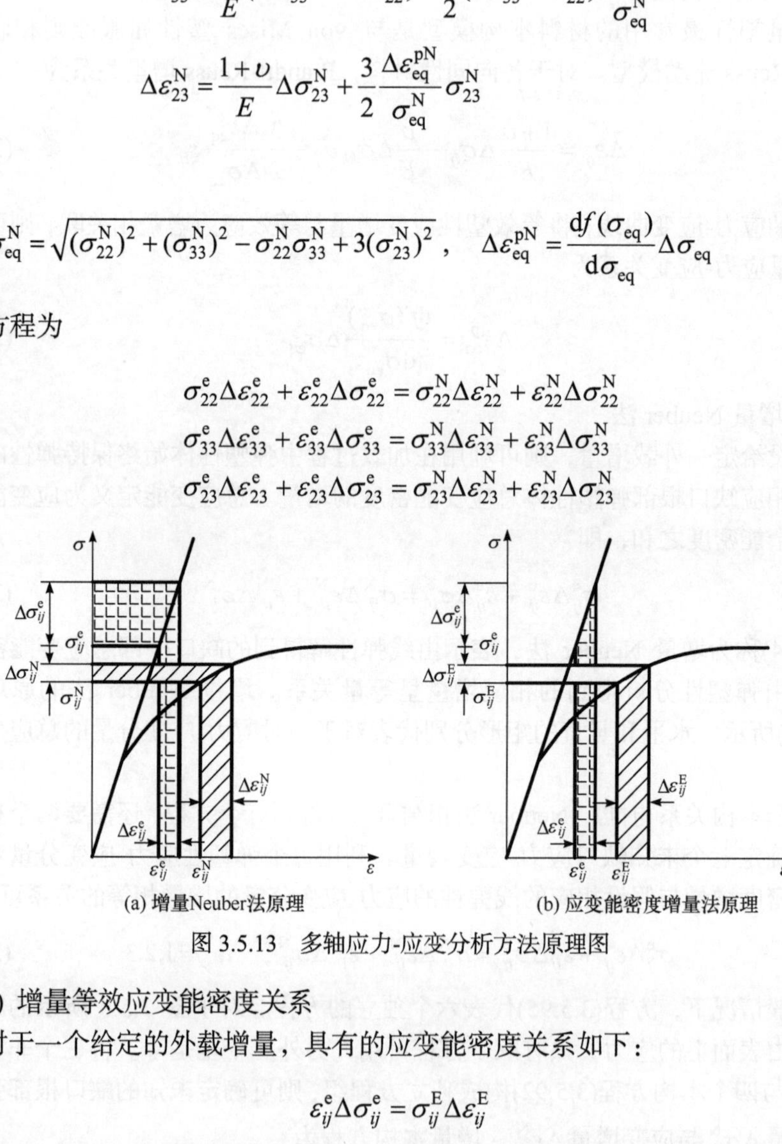

图 3.5.13　多轴应力-应变分析方法原理图

3) 增量等效应变能密度关系

对于一个给定的外载增量，具有的应变能密度关系如下：

$$
\varepsilon_{ij}^{\mathrm{e}}\Delta\sigma_{ij}^{\mathrm{e}}=\sigma_{ij}^{\mathrm{E}}\Delta\varepsilon_{ij}^{\mathrm{E}}
\tag{3.5.99}
$$

式(3.5.99)表明，由线弹性解所得到的应变能密度增量与由弹塑性分析所得到的缺口根部应变能密度增量是相等的。应变能密度增量法的原理如图 3.5.13(b)所示，图中应变能密度由竖直梯形条表示。

联立四个本构关系方程与推广的应变能密度方程，可得到五个方程，还需要另外两个独立的方程来确定给定外载增量下的缺口根部应力-应变。能量相等的假设对所有的应力-应变分量都适用，即

$$\varepsilon_{ij}^{\mathrm{e}}\Delta\sigma_{ij}^{\mathrm{e}}=\sigma_{ij}^{\mathrm{E}}\Delta\varepsilon_{ij}^{\mathrm{E}},\quad i,\ j=1,2,3 \tag{3.5.100}$$

方程两边分别相加，式(3.5.100)得到的六个方程可退化为初始的应变能密度方程(3.5.99)。式(3.5.99)给出的缺口根部自由表面应力的三个非零方程，加上四个本构方程，即可确定三个未知应力增量和四个未知应变增量。四个增量本构方程为

$$\begin{aligned}
\Delta\varepsilon_{11}^{\mathrm{E}}&=-\frac{\upsilon}{E}(\Delta\sigma_{22}^{\mathrm{E}}+\Delta\sigma_{33}^{\mathrm{E}})-\frac{1}{2}(\sigma_{22}^{\mathrm{E}}+\sigma_{33}^{\mathrm{E}})\frac{\Delta\varepsilon_{\mathrm{eq}}^{\mathrm{pE}}}{\sigma_{\mathrm{eq}}^{\mathrm{E}}}\\
\Delta\varepsilon_{22}^{\mathrm{E}}&=-\frac{\upsilon}{E}(\Delta\sigma_{22}^{\mathrm{E}}-\Delta\sigma_{33}^{\mathrm{E}})+\frac{1}{2}(2\sigma_{22}^{\mathrm{E}}-\sigma_{33}^{\mathrm{E}})\frac{\Delta\varepsilon_{\mathrm{eq}}^{\mathrm{pE}}}{\sigma_{\mathrm{eq}}^{\mathrm{E}}}\\
\Delta\varepsilon_{33}^{\mathrm{E}}&=\frac{1}{E}(\Delta\sigma_{33}^{\mathrm{E}}-\upsilon\Delta\sigma_{22}^{\mathrm{E}})+\frac{1}{2}(2\sigma_{33}^{\mathrm{E}}-\sigma_{22}^{\mathrm{E}})\frac{\Delta\varepsilon_{\mathrm{eq}}^{\mathrm{pE}}}{\sigma_{\mathrm{eq}}^{\mathrm{E}}}\\
\Delta\varepsilon_{23}^{\mathrm{E}}&=\frac{1+\upsilon}{E}\Delta\sigma_{23}^{\mathrm{E}}+\frac{3}{2}\frac{\Delta\varepsilon_{\mathrm{eq}}^{\mathrm{pE}}}{\sigma_{\mathrm{eq}}^{\mathrm{E}}}\sigma_{23}^{\mathrm{E}}
\end{aligned} \tag{3.5.101}$$

其中，

$$\sigma_{\mathrm{eq}}^{\mathrm{E}}=\sqrt{(\sigma_{22}^{\mathrm{E}})^2+(\sigma_{33}^{\mathrm{E}})^2-\sigma_{22}^{\mathrm{E}}\sigma_{33}^{\mathrm{E}}+3(\sigma_{23}^{\mathrm{E}})^2} \tag{3.5.102}$$

三个应变能密度方程为

$$\sigma_{22}^{\mathrm{e}}\Delta\varepsilon_{22}^{\mathrm{e}}=\sigma_{22}^{\mathrm{E}}\Delta\varepsilon_{22}^{\mathrm{E}},\quad \sigma_{33}^{\mathrm{e}}\Delta\varepsilon_{33}^{\mathrm{e}}=\sigma_{33}^{\mathrm{E}}\Delta\varepsilon_{33}^{\mathrm{E}},\quad \sigma_{23}^{\mathrm{e}}\Delta\varepsilon_{23}^{\mathrm{e}}=\sigma_{23}^{\mathrm{E}}\Delta\varepsilon_{23}^{\mathrm{E}} \tag{3.5.103}$$

为了确定加载历程结束时的缺口根部弹塑性应力和应变，必须对每个加载增量步求值。最初，参考状态取为缺口处发生屈服的点，该点可由弹性分析来确定。对于由外载引起的每个虚拟的弹性应力历程的增量步，缺口根部的弹塑性应力-应变增量可由方程(3.5.96)及式(3.5.98)或式(3.5.101)及式(3.5.103)计算。对于给定的载荷增量，最后的应力-应变状态由以下方程计算：

$$\sigma_{ij}^{n}=\sigma_{ij}^{\mathrm{O}}+\sum_{k-1}^{n-1}\Delta\sigma_{ij}+\Delta\sigma_{ij}^{n},\quad \varepsilon_{ij}^{n}=\varepsilon_{ij}^{\mathrm{O}}+\sum_{k-1}^{n-1}\Delta\varepsilon_{ij}+\Delta\varepsilon_{ij}^{n} \tag{3.5.104}$$

式中，σ_{ij}^{O} 为初始应力状态；$\varepsilon_{ij}^{\mathrm{O}}$ 为初始应变状态；n 为载荷增量步数。

单独使用 Neuber 法或应变能密度法，计算循环加载过程中的加载和卸载的弹塑性缺口根部应力和应变的增量是不够的。在施加一定的载荷增量时，由增量 Neuber 法和应变能密度法所确定的方程，只有等效弹性应变增量 $\Delta\varepsilon_{eq}^{pE}$ 和等效应力增量 $\Delta\sigma_{eq}$ 之间的关系为已知时才能求解，而当前的 $\Delta\varepsilon_{eq}^{pE}$ - $\Delta\sigma_{eq}$ 关系要依赖于前面的加载路径。因此，在非比例循环加载下使用增量 Neuber 法或应变能密度法一定要考虑涉及加载路径和材料特性的塑性模型。对于每一个增量步，必须用循环塑性模型表示当前的 $\Delta\varepsilon_{eq}^{pE}$ - $\Delta\sigma_{eq}$ 关系，并对 Neuber 方程和应变能密度方程进行更新。当前应力-应变增量一经确定，模型必须更新。

4) 增量循环塑性模型

循环塑性模型常用 Mroz 模型，对应单轴应力-应变曲线，在三维应力空间中可由一组加工硬化面来表示。在二维应力状态下，如在一个缺口根部，可以由主应力分量定义的坐标平面上的椭圆来表示加工硬化面，如图 3.5.14 所示。

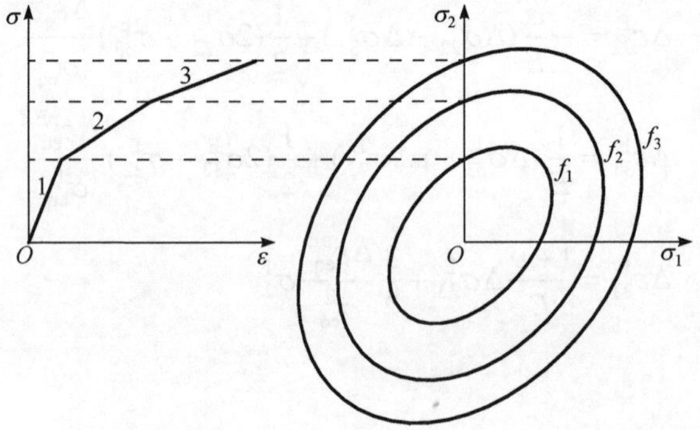

图 3.5.14 单轴应力-应变曲线与对应的二维加工硬化面

加工硬化椭圆的方程为

$$\sigma_{eq} = \sqrt{\sigma_2^2 - \sigma_2\sigma_3 + \sigma_3^2} \tag{3.5.105}$$

加载路径的影响可通过定义椭圆运动的移动规则来模拟。椭圆在各自边界内移动，互不干涉。若椭圆与其他椭圆接触，则它们作为一个刚体一起移动。Mroz 移动准则原理如图 3.5.15(a)所示，仅考虑两个加工硬化表面(两个椭圆)时，其原理为：①活动的小椭圆 f_1 的中心 O_1 与椭圆上 B_1 点相连，此点应力增量为 $\Delta\sigma$；②过不移动大椭圆 f_2 的中心 O_2 作 O_1B_1 的平行线，与椭圆 f_2 相交于 B_2 点；③用直线连接 B_1 与 B_2；④椭圆面 f_1 从 O_1 点移动到 O_1'，使 O_1O_1' 平行于 B_1B_2，当由应力增量 $\Delta\sigma$ 所定义的矢量末端位于移动后的椭圆面 f_1' 上时，移动结束。

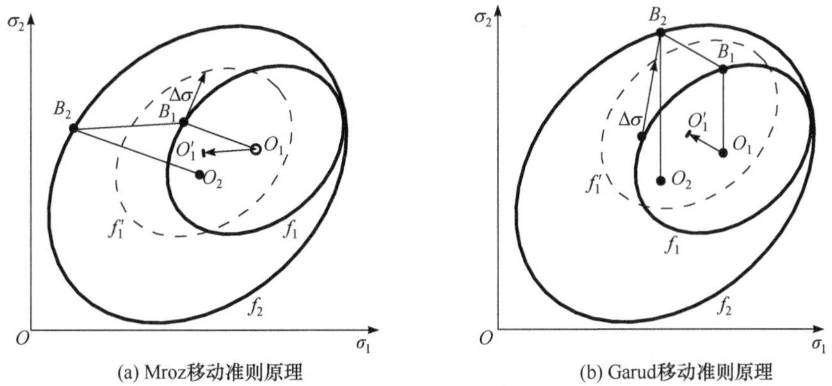

图 3.5.15　增量塑性模型的几何解释

在初始的 Mroz 模型中，发现椭圆有时会相交，这是不允许的。Garud 移动准则是一种避免塑性面相交的移动准则，该准则的原理如图 3.5.15(b)所示，其原理为：①延长应力增量 $\Delta\sigma$ 的作用线，并与不移动大椭圆面 f_2 相交于 B_2 点；②连接表面 f_2 的中心 O_2 与 B_2 点；③通过活动的小椭圆面圆心 O_1 作一条与 O_2B_2 平行的直线交面 f_1 于点 B_1；④用直线连接 B_1 与 B_2；⑤椭圆面 f_1 从 O_1 点移动到 O_1'，使 O_1O_1' 平行于 B_1B_2，当由应力增量 $\Delta\sigma$ 所定义的矢量末端位于移动后的椭圆面 f_1' 上时，移动结束。

当计算缺口根部的应力-应变时，循环塑性模型得出的结果可能比多轴 Neuber 与应变能密度法所估算的结果误差要大。当然，其他循环塑性模型也可以与增量 Neuber 法和应变能密度法相结合，计算非比例循环加载下的应力与应变。

4. 多轴加载下缺口构件的寿命预测

多轴疲劳寿命预测公式归纳起来主要有三种：①等效应变法；②塑性功法；③临界面法。等效应变法是基于静态准则的一种理论，如利用 von Mises 准则或 Tresca 准则。塑性功法能够较好地描述多轴疲劳特性，但塑性功是标量，不能反映多轴疲劳破坏的发生面。临界面法考虑了材料发生疲劳破坏的平面，并用最大损伤平面上的应力或应变的某种组合作为疲劳损伤参量，具有一定的物理基础。

现将四个主要疲劳寿命预测公式，结合 SAE 缺口轴实例进行计算，并比较其结果。SAE 缺口轴在弯扭、纯弯、纯扭的情况下，缺口处受到应力和应变。构件几何尺寸及受力如图 3.5.16 所示，材料为 SAE-1045 钢。材料常数为：$n' = b / c = 0.211$，$K' = \sigma_f' / (\varepsilon_f')^{n'} = 1283\text{MPa}$。

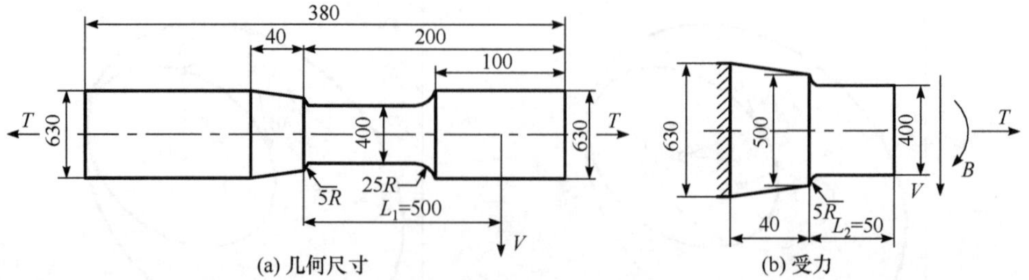

图 3.5.16 SAE 缺口轴几何尺寸及受力(单位：mm)

1) 最大主应变法

最大主应变法认为，最大主应变是衡量构件疲劳寿命的参量，决定构件的寿命，最大主应变可表示为

$$\varepsilon_1 = \frac{\sigma_f'}{E}(2N_f)^b + \varepsilon_f'(2N_f)^c \tag{3.5.106}$$

式中，ε_1 为最大主应变幅值；σ_f' 为疲劳强度系数；ε_f' 为疲劳塑性指数；b 为疲劳强度指数；c 为疲劳塑性指数；N_f为寿命循环次数；E 为弹性模量。

最大主应变法寿命预测的结果与实际寿命的比较如图 3.5.17(a)所示。

2) von Mises 等效应变法

von Mises 等效应变法采用 von Mises 等效应变作为多轴疲劳损伤参量，其寿命预测方程为

$$\varepsilon_{eq} = \frac{\sigma_f'}{E}(2N_f)^b + \varepsilon_f'(2N_f)^c \tag{3.5.107}$$

式中，ε_{eq} 为 von Mises 等效应变幅值。

Mises 等效应变法寿命预测的结果与实际寿命的比较如图 3.5.17(b)所示。

3) 最大剪应变法

最大剪应变法认为等效应变是衡量构件疲劳寿命的参量，等效应变可表示为

$$\gamma_{max} = (1+\upsilon)\frac{\sigma_f'}{E}(2N_f)^b + 1.5\varepsilon_f'(2N_f)^c \tag{3.5.108}$$

式中，γ_{max} 为最大剪应变幅值，$\gamma_{max} = (1+\upsilon)\varepsilon_1$；$\upsilon$ 为泊松比。

最大剪应变法寿命预测的结果与实际寿命的比较如图 3.5.17(c)所示。

4) 临界面法

临界面法采用临界平面上的两个参量作为多轴疲劳损伤参量，其寿命预测方程为

$$\gamma_{max} + k\varepsilon_n = 1.44\frac{\sigma_f'}{E}(2N_f)^b + 1.60\varepsilon_f'(2N_f)^c \tag{3.5.109}$$

式中，$\varepsilon_{\mathrm{n}} = (\varepsilon_1 + \varepsilon_2)/2$；$\gamma_{\max} = \varepsilon_1 - \varepsilon_3$；$k$ 为材料常数，这里取为 0.2。

临界面法寿命预测的结果与实际寿命的比较如图 3.5.17(d)所示。

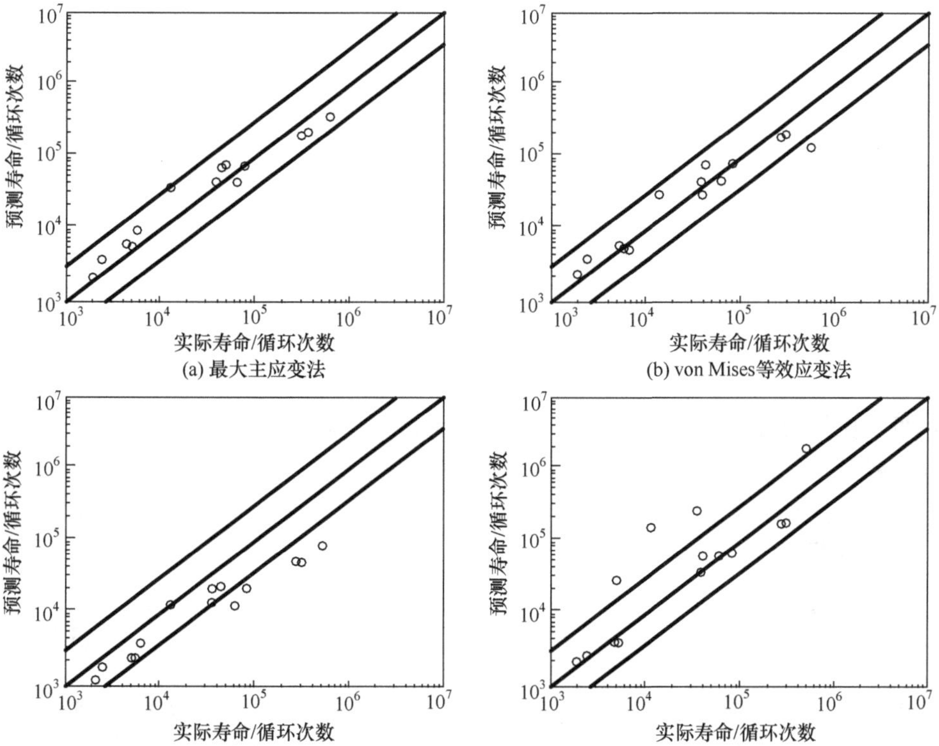

(a) 最大主应变法　(b) von Mises等效应变法　(c) 最大剪应变法　(d) 临界面法

图 3.5.17　多轴疲劳寿命预测结果

分析以上四种方法的寿命预测结果可以看出，最大主应变法在低周寿命预测时会高估寿命，而在高周寿命预测时偏于保守。von Mises 等效应变法可较为合理地预测寿命，但其离散度较大。最大剪应变法预测寿命时过于保守，寿命预测的数值离散度比较大。临界面法虽然考虑了临界平面，具有一定的物理意义，但是由结果可以看出，数值离散度较大，且偏于危险。

5. 多轴非比例加载下缺口疲劳寿命预测的临界面法

1) 剪切形式的多轴疲劳损伤参量

利用 von Mises 准则将临界面上的 $\gamma_{\max}$、$\overline{\varepsilon}_{\mathrm{n}}$ 两参数合成一个等效剪应变，并将其作为临界面上的损伤控制参量，可以得到一种基于剪切形式的多轴疲劳损伤参量，即

$$\frac{1}{2}\Delta\gamma_{eq}^{cr} = \sqrt{3\bar{\varepsilon}_n^2 + \left(\frac{\Delta\gamma_{max}}{2}\right)^2} \tag{3.5.110}$$

其中，

$$\bar{\varepsilon}_n = \frac{1}{2}\Delta\varepsilon_n[1+\cos(\xi+\chi)] \tag{3.5.111}$$

式中，$\xi+\chi$ 为与试件轴线成任意角度的平面上的正应变 ε 与切应变 γ 之间的相位差。

对于比例加载和纯扭循环加载，基于剪切形式的多轴疲劳损伤参量为

$$\Delta\gamma_{eq}^{cr} = \begin{cases} \Delta\gamma_{eq}, & \text{比例加载} \\ \Delta\gamma, & \text{纯扭循环加载} \end{cases} \tag{3.5.112}$$

可见，比例加载和纯扭循环加载分别退化为等效剪应变的形式和纯剪状态下的剪应变幅值。

将式(3.5.110)与剪切形式的 Manson-Coffin 方程相联系，可得出基于剪切形式的多轴疲劳寿命公式为

$$\frac{\Delta\gamma_{eq}^{cr}}{2} = \frac{\tau_f'}{G}(2N_f)^{b'} + \gamma_f'(2N_f)^{c'} \tag{3.5.113}$$

式中，τ_f'、γ_f'、b'、c' 为纯扭循环加载下的疲劳材料常数；N_f 为疲劳寿命。

在比例加载下，式(3.5.113)可退化成等效剪切应变法的形式。在纯扭加载条件下，该式可化为纯扭形式的 Manson-Coffin 方程。

2) 多轴加载下缺口件疲劳寿命预测

上述所建立的剪切统一型多轴疲劳损伤参量是在以光滑件为研究对象的基础上而得出的，现以 SAE-1045 缺口轴试件为研究对象，该试件为一阶梯轴，其几何尺寸如图 3.5.18 所示。在弯扭多轴加载下，裂纹多萌生在两轴肩(过渡半径为5mm)之间的区域(视为缺口)，因此需要对该部位进行应力-应变分析。

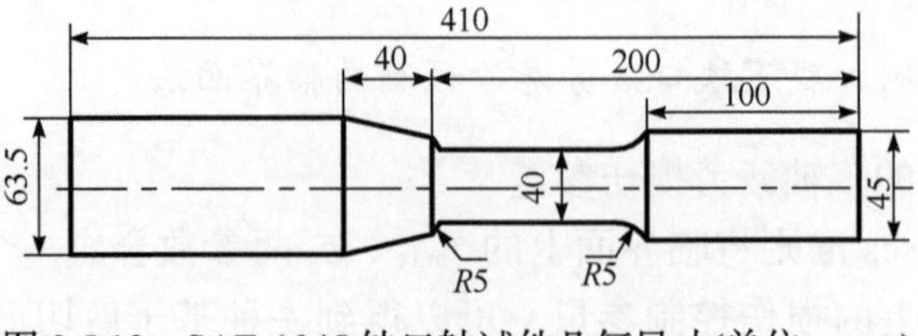

图 3.5.18 SAE-1045 缺口轴试件几何尺寸(单位：mm)

试样的受拉自由表面可视为平面应力状态，缺口根部的应变张量由五个非零

应变力分量组成，可表示为

$$\Delta\varepsilon_{ij}^{a}=\begin{bmatrix}\Delta\varepsilon_{11}^{a} & \Delta\gamma_{12}^{a}/2 & 0\\ \Delta\gamma_{21}^{a}/2 & \Delta\varepsilon_{22}^{a} & 0\\ 0 & 0 & \Delta\varepsilon_{33}^{a}\end{bmatrix} \tag{3.5.114}$$

由连续介质力学原理可确定出三个主应变范围 $\Delta\varepsilon_1$、$\Delta\varepsilon_2$、$\Delta\varepsilon_3$ 的值，即

$$(\Delta\varepsilon)^3-I_1'(\Delta\varepsilon)^2+I_2'(\Delta\varepsilon)-I_3'=0 \tag{3.5.115}$$

其中，

$$\begin{aligned}
&I_1'=\Delta\varepsilon_{11}^{a}+\Delta\varepsilon_{22}^{a}+\Delta\varepsilon_{33}^{a}\\
&I_2'=\Delta\varepsilon_{11}^{a}\Delta\varepsilon_{22}^{a}+\Delta\varepsilon_{22}^{a}\Delta\varepsilon_{33}^{a}+\Delta\varepsilon_{11}^{a}\Delta\varepsilon_{33}^{a}-[(\Delta\varepsilon_{12}^{a})^2+(\Delta\varepsilon_{23}^{a})^2+(\Delta\varepsilon_{31}^{a})^2]\\
&I_3'=\Delta\varepsilon_{11}^{a}\Delta\varepsilon_{22}^{a}\Delta\varepsilon_{33}^{a}+2\Delta\varepsilon_{12}^{a}\Delta\varepsilon_{23}^{a}\Delta\varepsilon_{31}^{a}-(\Delta\varepsilon_{12}^{a})^2\Delta\varepsilon_{33}^{a}-(\Delta\varepsilon_{23}^{a})^2\Delta\varepsilon_{11}^{a}-(\Delta\varepsilon_{31}^{a})^2\Delta\varepsilon_{22}^{a}
\end{aligned} \tag{3.5.116}$$

临界面上的最大剪切应变范围和最大法向应变范围分别为

$$\Delta\gamma_{\max}=\Delta\varepsilon_1-\Delta\varepsilon_3,\quad \Delta\varepsilon_{n}=\frac{1}{2}(\Delta\varepsilon_1+\Delta\varepsilon_3) \tag{3.5.117}$$

若已知缺口根部表面的应变张量分量的值(可通过有限元计算或由应变片实测出)，则由式(3.5.117)可计算出临界面上的最大剪切应变和法向应变。将其代入式(3.5.110)和式(3.5.113)，即可预测该缺口轴试件的多轴疲劳寿命。

3) 试验验证

选用 1045HR 钢光滑薄壁管和阶梯缺口轴两种试件进行试验验证，在室温空气介质条件下进行试验。所有试验均为拉扭比例与非比例复合加载，其单轴疲劳材料常数为：$\tau_{f}'=505\text{MPa}$，$\gamma_{f}'=0.413$，$b'=-0.097$，$c'=-0.445$，$G=79100\text{MPa}$。

光滑试件的疲劳试验加载路径为比例和 90°非比例路径，加载波形为正弦波，预测值与试验结果如图 3.5.19(a)所示。由图可以看出，对于光滑试件理论预测与试验寿命的误差基本在两个因子内，而且可以用于中长寿命预测。

对于多轴缺口试件，疲劳试验的加载路径为弯扭比例与非比例加载(相角为90°)，缺口根部表面应变张量的分量由应变片实测得到，理论值与试验结果如图 3.5.19(b)所示。由图可以看出，理论预测结果基本可以达到光滑试件的寿命预测精度，说明式(3.5.111)适用范围比较大，既可以用于光滑试件的多轴疲劳损伤计算，又可以用于预测缺口试件的多轴疲劳寿命，既可用在多轴比例加载情况下，又可用在多轴非比例加载情况下。

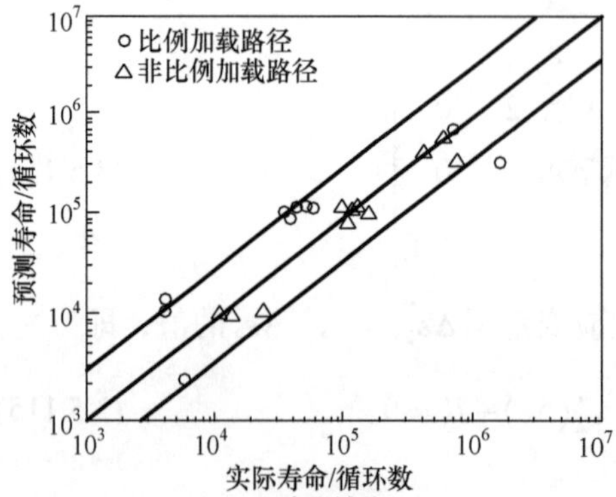

(a)光滑试件

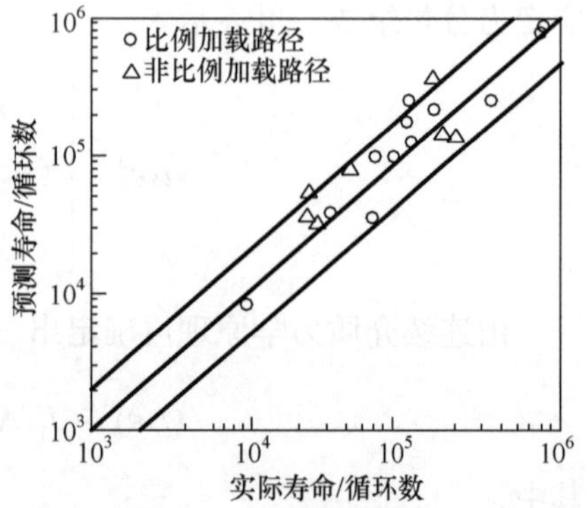

(b) 缺口试件

图 3.5.19　1045HR 钢多轴疲劳寿命与预测值

3.5.6　变幅多轴疲劳损伤模型

对于变幅多轴疲劳损伤计算，目前应用最多的是临界面法。临界面法认为疲劳破坏的主要原因是临界剪切面上的交变剪应变(应力)，此外，垂直于该平面的正应力对疲劳损伤也有贡献。在多轴循环载荷作用下所形成的典型起始裂纹有两种，即 A 型裂纹和 B 型裂纹。A 型裂纹为浅长裂纹，裂纹沿着表面扩展；B 型裂纹为纵深裂纹，裂纹向深度方向扩展。在多轴疲劳损伤计算时，应根据起始裂纹类型来选择不同的疲劳损伤参量，建立不同的临界面多轴疲劳损伤模型。

1. 基于正应变或剪应变的多轴疲劳损伤模型

对临界面上的正应变进行循环计数，可采用基于正应变的临界面多轴疲劳损伤模型：

$$\frac{\Delta\varepsilon_{\max}}{2}=\frac{\sigma_{\mathrm{f}}'}{E}(2N_{\mathrm{f}})^{b}+\varepsilon_{\mathrm{f}}'(2N_{\mathrm{f}})^{c} \tag{3.5.118}$$

式中，$\Delta\varepsilon_{\max}$ 为经历最大正应变幅值平面(定义为临界面)上的正应变范围；σ_{f}'、$\varepsilon_{\mathrm{f}}'$、$b$、$c$ 为单轴拉压加载下的疲劳材料常数；N_{f} 为疲劳寿命。

对临界面上的剪应变进行循环计数，可采用基于剪应变的剪切型模型来计算疲劳损伤，其损伤模型为

$$\frac{\Delta\gamma_{\max}}{2}=\frac{\tau_{\mathrm{f}}'}{G}(2N_{\mathrm{f}})^{b'}+\gamma_{\mathrm{f}}'(2N_{\mathrm{f}})^{c'} \tag{3.5.119}$$

式中，$\Delta\gamma_{\max}$ 为经历最大剪应变幅值平面(定义为临界面)上的剪应变范围；τ_{f}'、γ_{f}'、b'、c' 为纯扭加载下的疲劳材料常数；N_{f} 为疲劳寿命。

2. Bannantine 模型

Bannantine 模型为单轴的 Smith-Watson-Topper 损伤模型，并将其推广到多轴疲劳中，将最大正应变幅值平面上的正应变幅值和当前循环中的最大法向应力的乘积 $(\Delta\varepsilon/2)\sigma_{\mathrm{n\,max}}$ 作为多轴疲劳损伤参量，所建立的多轴疲劳损伤模型为

$$\frac{\Delta\varepsilon}{2}\sigma_{\mathrm{n\,max}}=\frac{\sigma_{\mathrm{f}}'^{2}}{E}(2N_{\mathrm{f}})^{2b}+\sigma_{\mathrm{f}}'\varepsilon_{\mathrm{f}}'(2N_{\mathrm{f}})^{2c} \tag{3.5.120}$$

利用上述模型计算疲劳损伤的步骤如下：

(1) 将应力和应变分解到一个可能的临界面上。

(2) 对正应变或剪应变谱进行常规的雨流计数及损伤计算。

(3) 对所有可能的临界面重复上述计算，获得各个临界面上的损伤值，取其最大值作为最后的损伤结果。

3. Fatemi-Socie 模型

将剪应变幅值和最大正应力进行组合，就形成了一个多轴疲劳损伤参量。该损伤参量中用一个多轴常数来描述最大正应力与材料的屈服应力之比的影响，其损伤参量的形式为

$$\begin{aligned}\frac{\Delta\gamma}{2}\left(1+n\frac{\sigma_{\mathrm{n\,max}}}{\sigma_{\mathrm{y}}}\right)&=\frac{1+\upsilon_{\mathrm{e}}}{E}\sigma_{\mathrm{f}}'(2N_{\mathrm{f}})^{b}+\frac{n(1+\upsilon_{\mathrm{e}})}{2E\sigma_{\mathrm{y}}}\sigma_{\mathrm{f}}'^{2}(2N_{\mathrm{f}})^{2b}\\&\quad+(1+\upsilon_{\mathrm{p}})\varepsilon_{\mathrm{f}}'(2N_{\mathrm{f}})^{c}+\frac{n(1+\upsilon_{\mathrm{p}})}{2E\sigma_{\mathrm{y}}}\sigma_{\mathrm{f}}'\varepsilon_{\mathrm{f}}'(2N_{\mathrm{f}})^{b+c}\end{aligned} \tag{3.5.121}$$

用 Fatemi-Socie 模型计算疲劳损伤时，先将应力和应变分解到最大剪切的临界面上，然后对剪应变谱进行雨流计数和疲劳损伤计算。对于变幅多轴载荷，对所有可能的临界面重复上述计算，以获得各个临界面上的损伤累积值，取最大的损伤累积值作为最后的损伤计算结果。对于基于剪应变和 Fatemi-Socie 多轴疲劳损伤模型，除了 90°的临界面以外，最大的剪应变也可能与表面成 45°，即材料以 B 型裂纹开裂。

4. Wang-Brown 模型

Wang-Brown 根据所提出的多轴计数循环方法，建立了一种多轴损伤模型，其表达式为

$$\frac{\gamma_{\max}+S(\delta\varepsilon_{\mathrm{n}})}{1+\upsilon'+(1-\upsilon')S}=\frac{\sigma_{\mathrm{f}}'-2\sigma_{\mathrm{n\,mean}}}{E}(2N_{\mathrm{f}})^{b}+\varepsilon_{\mathrm{f}}'(2N_{\mathrm{f}})^{c} \tag{3.5.122}$$

式中，$\gamma_{\max}$ 为一个加载历程中的剪切应变增量；$\delta\varepsilon_{\mathrm{n}}$ 为从起点至终点的连续历程

区间中最大剪应变平面上的最大正应变变化量；S 为材料常数，可由多轴疲劳试验测得；υ' 为有效泊松比；$\sigma_{\mathrm{n\ mean}}$ 为最大剪应变平面上的平均法向应力。试验结果表明，该模型结合 Wang-Brown 的多轴循环计数方法来预测比例或非比例加载条件下的多轴疲劳寿命，具有较好的预测效果。

5. 统一型多轴疲劳损伤模型

临界面上的 $\gamma_{\max}$、$\bar{\varepsilon}_{\mathrm{n}}$ 是控制多轴疲劳损伤的两个参数，$\bar{\varepsilon}_{\mathrm{n}}$ 的大小是根据 $\gamma_{\max}$ 两个折返点间的 ε_{n} 范围的大小来确定的。因此，在多轴循环计数时，仅对临界面上的 $\gamma_{\max}$ 进行循环计数，取出每个 $\gamma_{\max}$ 的全循环后，计算该 $\gamma_{\max}$ 全循环内的 $\bar{\varepsilon}_{\mathrm{n}}$。统一型疲劳损伤参量和寿命预测公式可以表示为

$$\frac{1}{2}\Delta\varepsilon_{\mathrm{eq}}^{\mathrm{cr}}=\sqrt{\bar{\varepsilon}_{\mathrm{n}}^{2}+\frac{1}{3}\left(\frac{\Delta\gamma_{\max}}{2}\right)^{2}},\quad \frac{1}{2}\Delta\varepsilon_{\mathrm{eq}}^{\mathrm{cr}}=\frac{\sigma_{\mathrm{f}}'}{E}(2N_{\mathrm{f}})^{b}+\varepsilon_{\mathrm{f}}'(2N_{\mathrm{f}})^{c} \tag{3.5.123}$$

$$\frac{1}{2}\Delta\gamma_{\mathrm{eq}}^{\mathrm{cr}}=\sqrt{3\bar{\varepsilon}_{\mathrm{n}}^{2}+\left(\frac{\Delta\gamma_{\max}}{2}\right)^{2}},\quad \frac{\Delta\gamma_{\mathrm{eq}}^{\mathrm{cr}}}{2}=\frac{\tau_{\mathrm{f}}'}{G}(2N_{\mathrm{f}})^{b'}+\gamma_{\mathrm{f}}'(2N_{\mathrm{f}})^{c'} \tag{3.5.124}$$

式中，τ_{f}'、γ_{f}'、b'、c' 为纯扭循环加载下的疲劳材料常数；N_{f} 为疲劳寿命。

由统一型疲劳损伤模型式(3.5.123)来计算疲劳损伤。对于比例加载，由于临界面上的 $\gamma_{\max}$ 与 ε_{n} 是同相的，此时可以不用式(3.5.123)计算，而是将外载 γ、ε 直接合成等效应变，将等效应变-时间历程按雨流循环计数法进行循环计数即可。

在非比例变幅多轴加载时，临界损伤平面并不是固定的，每经一个不同的应变都可能产生一个新的临界损伤平面。因此，在进行多轴循环计数前，应确定可能出现的临界损伤平面，然后分别确定临界损伤平面上的 $\gamma_{\max}$、ε_{n} 时间历程，按上述多轴循环计数方法进行循环计数。利用式(3.5.123)的第一式或式(3.5.124)的第一式将全循环中的 $\gamma_{\max}$、$\bar{\varepsilon}_{\mathrm{n}}$ 合成为等效应变，再由式(3.5.123)的第二式或式(3.5.124)的第二式计算出每个全循环所造成的多轴疲劳损伤，由 Miner 线性累积法则对损伤进行累积，从而得出疲劳寿命。若采用多轴疲劳损伤累积模型对损伤进行非线性累积来预测疲劳寿命，则可利用前面提出的多轴疲劳寿命预测公式来计算所取的全循环在其载荷下的 N_{f}，然后进行损伤累积。

3.6 多轴疲劳寿命预测方法

3.6.1 静强度准则下的多轴疲劳寿命预测方法

多轴疲劳寿命预测，最普遍的方法是将多轴应力状态下的应力-应变进行等效，认为等效单轴应力幅值与多轴应力产生相同的疲劳损伤。将这个等效的应力

(应变)视为损伤过程的控制参量，对单轴状态下的 Manson-Coffin 方程中的系数进行修正，最后估算出多轴状态下构件的寿命。目前，最常用的方法是利用 von Mises 准则或 Tresca 准则来等效多轴应力-应变。基于静强度准则的多轴疲劳理论，主要包括最大主应力理论、最大剪切理论或 Tresca 准则，以及等效于变形能理论或 von Mises 准则的八面体剪应变理论等。最大主应力理论一般用于脆性材料，而 Tresca 准则和 von Mises 准则主要用于塑性材料。这些准则对比例加载下的多轴疲劳寿命预测表现出了较好的预测效果，但在非比例加载下，一般都不能给出较好的预测结果。尤其是当平均应力影响多轴疲劳寿命时，最大剪应力(应变)或变形能理论都不能考虑这种影响。

1. 比例加载下的多轴疲劳寿命预测方法

1) 基于应力的多轴疲劳寿命预测方法

对于弯扭多轴加载，Gough 椭圆方程为

$$\left(\frac{\sigma}{\sigma_{-1}}\right)^2+\left(\frac{\tau}{\tau_{-1}}\right)^2=1 \tag{3.6.1}$$

式中，σ_{-1}为弯曲疲劳极限；τ_{-1}为扭转疲劳极限。当$\sigma_{-1}/\tau_{-1}=2$时，即为 Tresca 准则；当$\sigma_{-1}/\tau_{-1}=\sqrt{3}$时，即为 von Mises 准则。

用 Gough 椭圆方程预测寿命时，首先要判定工作应力是否大于弯曲和扭转疲劳极限。当工作应力大于弯曲和扭转疲劳极限时，需要进行寿命预测。在进行寿命预测时，把弯曲 *S-N* 曲线与扭转 *S-N* 曲线绘制在同一张图上，根据椭圆方程式(3.6.1)作弯扭疲劳极限圆锥，如图 3.6.1 所示，使垂直于寿命 *N* 轴的平面与其相交，可得到相应的椭圆曲线。

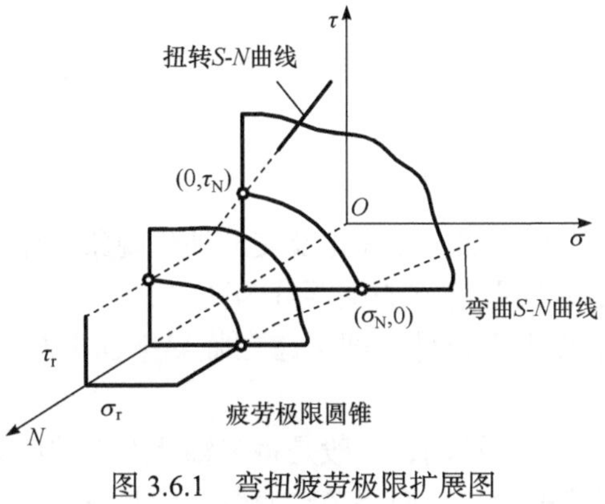

图 3.6.1　弯扭疲劳极限扩展图

在给定的疲劳寿命为 *N* 的平面上，弯曲极限应力的坐标点为$(\sigma_N, 0)$，扭转极

限应力的坐标点为(0, τ_N)，如图 3.6.1 所示。在弯扭组合多轴应力作用下，疲劳寿命为 N 时的多轴应力点(σ , τ)一定在过坐标点(σ_N ,0)和(0, τ_N)的椭圆曲线上，该曲线的方程为

$$\left(\frac{\sigma}{\sigma_N}\right)^2+\left(\frac{\tau}{\tau_N}\right)^2=1 \tag{3.6.2}$$

根据式(3.6.2)，利用解析法或图解法即可确定其疲劳寿命。对于高周多轴疲劳寿命预测，基本上均采用基于应力为参数的方法。对于脆性材料，采用最大拉应力理论，对于韧性材料用 von Mises 准则或 Tresca 准则，然后结合单轴应力寿命(*S-N*)曲线，利用常规疲劳寿命预测方法来预测多轴疲劳寿命。

2) 基于应变的多轴疲劳寿命预测方法

基于应变的寿命预测方法，一般采用等效应变作为损伤参量，结合单轴的 Manson-Coffin 方程得出寿命预测公式，估算出多轴状态下的疲劳寿命。若多轴疲劳构件的三个主应变满足 $\varepsilon_1 \geqslant \varepsilon_2 \geqslant \varepsilon_3$ ，则基于最大主应变幅值、von Mises 准则和最大剪应变屈服理论的寿命估算公式分别由式(3.6.3)～式(3.6.5)表示：

$$\frac{\Delta\varepsilon_1}{2}=\frac{\sigma_f'}{E}(2N_f)^b+\varepsilon_f'(2N_f)^c \tag{3.6.3}$$

式中，σ_f' 为疲劳强度系数；b 为疲劳强度指数；ε_f' 为疲劳塑性系数；c 为疲劳塑性指数；$\Delta\varepsilon_1/2$ 为最大主应变幅值。

$$\frac{\Delta\varepsilon_{ef}}{2}=\frac{\sigma_f'}{E}(2N_f)^b+\varepsilon_f'(2N_f)^c, \quad \varepsilon_{ef}=\frac{\sqrt{2}}{3}\sqrt{(\varepsilon_1-\varepsilon_2)^2+(\varepsilon_2-\varepsilon_3)^2+(\varepsilon_3-\varepsilon_1)^2} \tag{3.6.4}$$

式中，ε_{ef} 为等效应变。

$$\frac{\Delta\gamma_{max}}{2}=\Delta(\varepsilon_1-\varepsilon_3)=1.30\frac{\sigma_f'}{E}(2N_f)^b+1.50\varepsilon_f'(2N_f)^c \tag{3.6.5}$$

2. 非比例加载下的寿命估算方法

非比例加载时会出现附加循环强化及交叉硬化现象，导致疲劳寿命降低。目前处理非比例疲劳加载问题的方法主要分为两类，一是考虑应力、应变或能量的变化；二是考虑临界平面条件，即考虑在临界平面上与裂纹扩展有关的量的变化。

在非比例加载下的寿命预测，一般是将多轴状态下的应力、应变等效成一个与单轴应力状态相对应的量，从而将多轴疲劳问题等效为单轴疲劳问题。非比例加载下的寿命预测主要包括以下内容。

(1) 根据 von Mises 屈服理论，以最大全应变作为控制参数进行估算，其形式为

$$\varepsilon_{\mathrm{T}} = \sqrt{\varepsilon_1^2 + \varepsilon_2^2 + \varepsilon_3^2} \tag{3.6.6}$$

(2) 以 von Mises 屈服理论作为失效准则，以最大有效应变 $\varepsilon_{\mathrm{ef}}$ 或剪应变 $\gamma_{\max}$ 作为控制参数进行估算。最大有效应变 $\varepsilon_{\mathrm{ef}}$ 由式(3.6.4)的第二式描述，而剪应变 $\gamma_{\max}$ 可表示为

$$\gamma_{\max} = \sqrt{\frac{1}{\pi}\int_0^{\pi}[\gamma(\phi)]^2\,\mathrm{d}\phi} \tag{3.6.7}$$

式中，$\gamma(\phi)$ 为相位角为 ϕ 的断裂干涉表面上的剪切应变幅值。

(3) 非比例加载下疲劳寿命降低的原因是主应变方向发生了变化，从而导致在表面所有方向上各变形之间发生了相互作用。利用表面各干涉面上应变幅值的算术平均值计入这种相互作用，根据八面体剪应变计算等效应变幅值。断裂平面上的剪切应变幅值 $\gamma(\phi)_\alpha$ 的算术平均值和等效应变幅值分别为

$$\gamma_{\alpha,\mathrm{a}} = \frac{1}{\pi}\int_0^{\pi}\gamma(\phi)_\alpha\mathrm{d}\phi, \quad \varepsilon_{\mathrm{eq,a}} = \frac{5}{4(1+\upsilon)}\gamma_{\mathrm{ef}} \tag{3.6.8}$$

式中，γ_{ef} 为等效剪切应变幅值。

最后，利用 $\varepsilon_{\mathrm{eq,a}}$ 和单独应变-寿命曲线估算多轴疲劳寿命。在低周疲劳中，若平均应变不是远大于应变幅值，则平均应变的作用可以忽略不计。

3.6.2　多轴疲劳寿命预测的能量法

将循环塑性功作为多轴疲劳损伤参量，可克服由等效应力-应变法所带来的不足。对于拉-扭复合加载，在一个循环加载期间每个单元体内所做的塑性功为

$$W_{\mathrm{p}} = \int_{\text{循环次数}}(\sigma\mathrm{d}\varepsilon_{\mathrm{p}} + \tau\mathrm{d}\gamma_{\mathrm{p}}) \tag{3.6.9}$$

式中，σ 和 τ 为法向应力和剪应力；ε_{p} 和 γ_{p} 为法向塑性应变和剪切塑性应变。

塑性功 W_{p} 可通过 $W_{\mathrm{p}}=AN^{\alpha}$ 与疲劳寿命曲线相关联，其中常数 A 和 α 由单轴 ε-N 数据，通过 W_{p} 对 N 拟合来确定。塑性功的计算方法已被扩展到包括在总应变能密度中的弹性功，且修正考虑了多轴疲劳行为的平均应力的影响。但这种基于能量的方法不能考虑由剪应力和法向应力所造成的损伤之间的差别，且缺乏考虑多轴疲劳中裂纹形成和扩展方向性的问题。循环加载引起的材料损伤是输入到材料中全部机械能的函数，其全部循环应变能密度为

$$\Delta W_{\mathrm{t}} = \Delta W_{\mathrm{e}} + \Delta W_{\mathrm{p}} \tag{3.6.10}$$

式中，ΔW_{e}、ΔW_{p} 分别为 ΔW_{t} 中的弹性应变能密度分量和塑性应变能密度分量。

基于总循环应变能密度 ΔW_{t} 的多轴疲劳寿命关系式为

$$\Delta W_{\mathrm{t}} = F(N_{\mathrm{f}}) \tag{3.6.11}$$

式中，N_{f}为失效时的寿命循环次数。

当函数关系为指数函数时，式(3.6.11)可表示为

$$\Delta W_{\mathrm{t}} = kN_{\mathrm{f}}^{\alpha} + C \tag{3.6.12}$$

式中，k 为表面约束函数；α 为材料常数；C 为与材料疲劳极限相关的无损伤能量。

式(3.6.12)可以用于比例和非比例加载状态下的寿命估算。能量法在某些情况下能够成功地描述疲劳问题，并对多轴加载下零构件的寿命预测具有较好的效果，但在实际中仍然需要解决的主要问题有：①能量是标量，疲劳损伤涉及裂纹萌生和扩展的优先平面，需要探讨两者的统一模式；②材料性能对循环塑性应变能影响很大，金属材料通常存在循环软化或循环硬化的现象，各个循环中的塑性应变能各不相同，计算中应计及这种影响；③疲劳破坏时不同应力(应变)水平下的总塑性应变能不同，且有随应力(应变)水平上升而下降的趋势，如何考虑该变化趋势是提高预测精度的一个重要因素；④当寿命超过 2000 个循环时，塑性应变能很小，得到的结果分散性很大，建立精确的本构方程、确定精确的材料常数是获得理想预测结果的前提；⑤预测结果应考虑平均应力和静水压力对疲劳极限的影响；⑥能量法的基本形式可以适用于各种载荷，需要研究可以处理各种载荷的方法。

3.6.3　多轴疲劳寿命预测的临界面法

预测多轴疲劳寿命的临界面法，首先要找出临界损伤平面，然后将其面上的剪切应力和法向应力(应变)进行各种组合来构造多轴疲劳损伤参量，建立疲劳寿命预测方程。

1. 比例加载下的临界面法

(1) 裂纹向试件内部和沿表面扩展区别对待模型。对于多轴疲劳构件，最大剪应变 $\bar{\gamma}$ 通常发生在与自由表面交截成 45°的平面上，该平面的法向应变 $\bar{\varepsilon}_{\mathrm{n}}$ 起的作用较小。临界面法认为，引起裂纹向试件内部扩展的应变要比促使裂纹沿表面扩展的应变更重要，在进行疲劳损伤计算时要区别对待，对弹性应变和塑性应变要选取合适的泊松比。比例加载下的临界面法可描述为

$$\frac{\Delta\bar{\gamma}}{2} + 0.4\bar{\varepsilon}_{\mathrm{n}} = 1.44\frac{\sigma_{\mathrm{f}}'}{E}(2N_{\mathrm{f}})^{b} + 1.60\varepsilon_{\mathrm{f}}'(2N_{\mathrm{f}})^{c} \tag{3.6.13}$$

其中，

$$\frac{\Delta\bar{\gamma}}{2} = \Delta(\varepsilon_1 - \varepsilon_2),\quad \bar{\varepsilon}_{\mathrm{n}} = \frac{\Delta(\varepsilon_1 + \varepsilon_2)}{2} \tag{3.6.14}$$

(2) 以最大剪应变 γ_{max} 和法向正应变 ε_n 为参数的模型。以最大剪应变 γ_{max} 和法向正应变 ε_n 为参数，代替 Manson-Coffin 方程中的应变参数进行寿命估算，该理论的疲劳寿命表达式为

$$\frac{\Delta\gamma_{max}}{2}+k\varepsilon_n=1.65\frac{\sigma'_f}{E}(2N_f)^b+1.75\varepsilon'_f(2N_f)^c \tag{3.6.15}$$

式中，k 为常数；ε_n 为法向应变，$\varepsilon_n=\Delta(\varepsilon_1-\varepsilon_3)/2$。

(3) 加入平均应变的估算模型。对于比例加载下的拉扭复合加载的多轴疲劳，加入平均应变，以便考虑平均应力对寿命的影响，该方法的寿命估算公式为

$$\hat{\gamma}_p+1.5\hat{\varepsilon}_{np}+1.5\frac{\hat{\sigma}_{no}}{E}=\gamma'_f(2N_f)^c \tag{3.6.16}$$

式中，$\hat{\gamma}_p$ 为最大剪应变幅值平面上的塑性应变幅值；$\hat{\varepsilon}_{np}$ 为最大剪应变幅值平面上的正应变幅值；$\hat{\sigma}_{no}$ 为最大剪应变幅值平面垂直的平均应力。

(4) 考虑平均应力对寿命影响的估算模型。对疲劳寿命估算模型进行修正，考虑平均应力对寿命的影响，该方法的寿命估算公式为

$$\tilde{\gamma}_p+0.4\tilde{\varepsilon}_{np}+\frac{\tilde{\sigma}_{np}}{E}=1.6\varepsilon'_f(2N_f)^c \tag{3.6.17}$$

式中，$\tilde{\gamma}_p$、$\tilde{\varepsilon}_{np}$、$\tilde{\sigma}_{np}$ 分别为最大剪应力平面上的塑性剪应变幅值、法向应变塑性幅值和法向平均应力。

2. 非比例加载下的临界面法

(1) 考虑非比例载荷下平均应力影响的模型。考虑到垂直作用在最大剪切平面上的法向应力会对裂纹形成和扩展产生影响，提出考虑非比例载荷下的平均应力影响的模型，可描述为

$$\frac{\gamma_{max}}{2}\left(1+\frac{\sigma_{n,max}}{\sigma_y}\right)=\gamma'_f(2N_f)^c+\frac{\tau'_f}{G}(2N_f)^b \tag{3.6.18}$$

式中，$\sigma_{n,max}$ 为最大剪应变平面上的最大正应力；σ_y 为材料的屈服强度；γ_{max} 为最大剪应变；G 为剪切模量。该模型的多轴疲劳寿命方程为

$$\gamma_{max}\left(1+k\frac{\sigma_{max}}{\sigma_y}\right)=\gamma'_f(2N_f)^c+\frac{\tau'_f}{E}(2N_f)^b \tag{3.6.19}$$

式中，σ_{max} 为最大剪切平面上的最大法向应力；σ_y 为材料的屈服强度；k 为材料常数；γ'_f、τ'_f 分别为扭转疲劳韧性系数和强度系数；k 为由拟合单轴和扭转疲劳数据而得到的常数。

法向应力的使用主要是考虑非比例加载下的循环附加强化的影响。这种方法克服了等效应力-应变法的不足，但是需要附加的材料常数，并且需要考虑法向应力(或应变)项，无论是幅值还是最大值，其物理意义均不够明确。临界面为具有最大正应变的平面，对于给定的金属材料，临界面可能会从一种类型(剪切)转换到另一种类型(拉伸)，这取决于所施加载荷的幅值。

(2) 拉伸型开裂的多轴疲劳损伤模型。对于具有拉伸型开裂的多轴疲劳情况，其多轴疲劳损伤模型为

$$\sigma_{1,\max}\varepsilon_{a1}=\varepsilon_f'\sigma_f'(2N_f)^{b+c}+\frac{\sigma_f'^2}{E}(2N_f)^{2b} \tag{3.6.20}$$

式中，$\sigma_{1,\max}$ 为作用在临界面上正应力的最大值，该临界面取为经历最大法向应变幅值 ε_{a1} 的平面。

材料及加载条件导致构件最终以不同的失效发生断裂，因此一个具有固定参数的理论不可能适用于所有的疲劳条件。该临界面法只适用于发生剪切失效形式的材料。

通过对临界面理论进行分析，可以得出以下几点：

(1) 临界面理论与前面两种失效准则不同，在损伤参数的选择上不仅考虑了应力、应变的大小，还考虑了应力、应变的方向，因此其损伤参数更有意义。同时使临界面理论更加接近于实际状况，为准确预测疲劳构件的寿命奠定了基础。

(2) 临界面理论在损伤参数的选择上表现出了一定的物理意义，但是现有的临界面理论基本上只是简单地把两个应变相加，求其代数和。

(3) 在个别的引入应力项的临界面理论(如修正的 SWT 理论)中，其理论可行的先决条件是必须建立起非比例加载下的本构模型。只有在这种本构模型成立的前提下，才可以应用临界面理论。

3.6.4 能量法与临界面法的组合

一些临界面法由于缺乏连续介质力学观点而受到质疑。以临界平面上一点的应变能密度 $\bar{W}$ 作为疲劳损伤参量，假定在该点的邻近区域，$\bar{W}$ 控制材料的行为，控制程度取决于材料的微观结构以及应力、应变梯度。$\bar{W}$ 可表示为

$$\bar{W}=\frac{\Delta\gamma_{21}}{2}\frac{\Delta\sigma_{21}}{2}+\frac{\Delta\varepsilon_{22}}{2}\frac{\Delta\sigma_{22}}{2} \tag{3.6.21}$$

式(3.6.21)是在材料受到两向应力的基础上得出的。$\bar{W}$ 仅代表某一点的应变能密度，依赖于加载路径。对于两种材料，即 Inconel 718 钢和 1045 钢，通过比例加载下 $\lambda=\Delta\gamma_{21}^{\alpha}/\Delta\varepsilon_{22}^{\alpha}=0$、0.5、1.0、2.0 的疲劳试验发现，$\bar{W}$-$N_f$ 曲线基本上与单轴的 S-N 曲线相一致。

3.6.5　多轴疲劳寿命预测

1. 基于静屈服准则的多轴疲劳等效应变寿命预测

利用 von Mises 等效应变幅值作为多轴疲劳损伤参量，该方法的寿命预测表达式为

$$\frac{\Delta\varepsilon_{\text{eq}}}{2}=\frac{\sigma_{\text{f}}'}{E}(2N_{\text{f}})^{b}+\varepsilon_{\text{f}}(2N_{\text{f}})^{c} \tag{3.6.22}$$

式中，$\Delta\varepsilon_{\text{eq}}/2$ 为 von Mises 等效应变幅值。

在拉扭比例循环加载下，von Mises 等效应变幅值的计算式为

$$\frac{\Delta\varepsilon_{\text{eq}}}{2}=\sqrt{\left(\frac{\Delta\varepsilon}{2}\right)^{2}+\frac{1}{3}\left(\frac{\Delta\gamma}{2}\right)^{2}} \tag{3.6.23}$$

基于静屈服准则的多轴疲劳等效应变寿命预测方法一般只适用于比例加载下的多轴疲劳，利用 GH4169 拉扭多轴比例加载下的试验数据，基于多轴疲劳等效

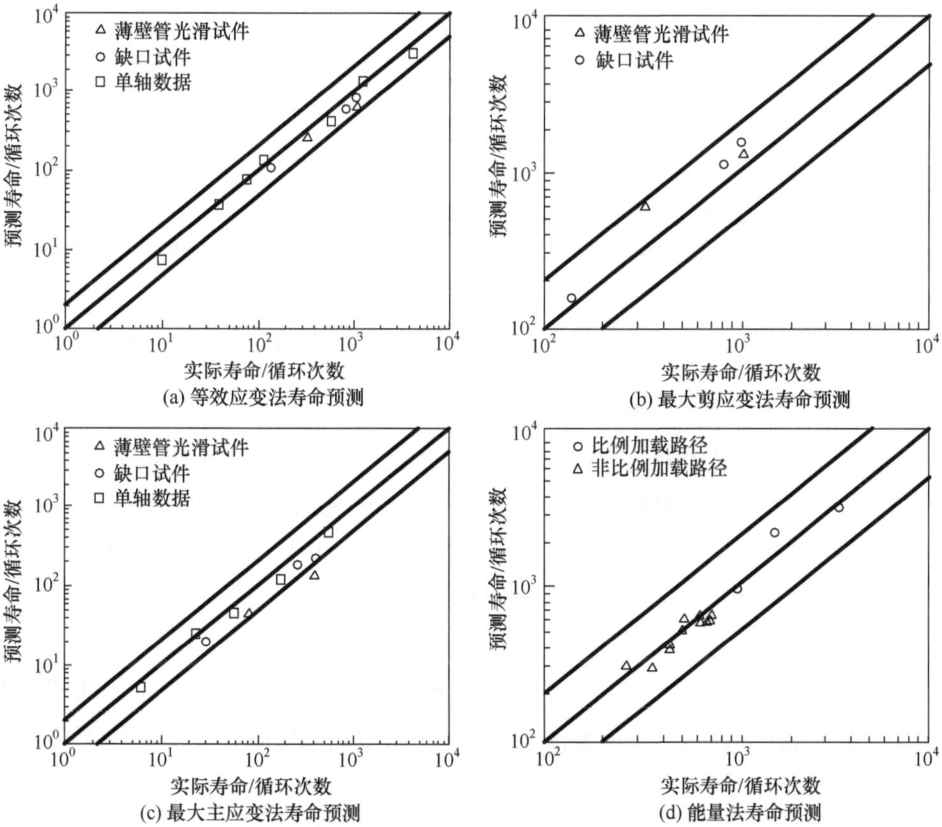

图 3.6.2　多轴疲劳寿命预测结果

应变的疲劳寿命预测结果如图 3.6.2(a)所示。由图可以看出，在比例加载下，基于静屈服准则(von Mises 准则)的多轴疲劳等效应变寿命预测方法能够给出比较准确的预测结果，误差分散带在 2 个因子之内，预测的疲劳寿命偏于保守。

2. 基于最大剪应变屈服理论的多轴疲劳寿命预测

最大剪应变法认为最大剪应变幅值是衡量构件疲劳损伤的参量，预测公式为

$$\frac{\Delta\gamma_{\max}}{2}=(1+\upsilon)\frac{\sigma_{\mathrm{f}}'}{E}(2N_{\mathrm{f}})^{b}+1.50\varepsilon_{\mathrm{f}}'(2N_{\mathrm{f}})^{c} \tag{3.6.24}$$

式中，$\Delta\gamma_{\max}/2$ 为最大剪应变幅值，$\Delta\gamma_{\max}/2=\Delta(\varepsilon_1-\varepsilon_3)$；$\varepsilon_1\geqslant\varepsilon_2\geqslant\varepsilon_3$；$\upsilon$ 为泊松比。

利用 GH4169 拉扭多轴比例加载下的试验数据，基于最大剪应变屈服理论的疲劳寿命预测结果如图 3.6.2(b)所示。由图可以看出，应用最大剪应变法预测比例加载下的构件疲劳寿命，误差分散带基本在 2 个因子之内，预测的疲劳寿命偏高。

3. 基于最大主应变的多轴疲劳寿命预测

基于最大主应变的多轴疲劳寿命预测方法认为，最大主应变是衡量多轴疲劳寿命的参数，决定构件的寿命，其寿命预测公式为

$$\frac{\Delta\varepsilon_1}{2}=\frac{\sigma_{\mathrm{f}}'}{E}(2N_{\mathrm{f}})^{b}+\varepsilon_{\mathrm{f}}'(2N_{\mathrm{f}})^{c} \tag{3.6.25}$$

式中，$\Delta\varepsilon_1$ 为最大主应变范围。

利用 GH4169 拉扭多轴比例加载下的试验数据，基于最大主应变的多轴疲劳寿命预测方法的疲劳寿命预测结果如图 3.6.2(c)所示。由图可以看出，此方法预测的比例加载下的构件疲劳寿命偏于保守，并且寿命预测结果的分散性较大。

4. 基于能量法的多轴疲劳寿命预测

无论是单轴还是多轴比例加载或非比例加载，试件在每一循环中所吸收的塑性功都相等，因此多轴加载下塑性功与寿命之间的函数关系可以用单轴加载下的函数关系来表示。计算过程中，假定材料在每一循环下的应力-应变的历史为已知。每一循环下的应力-应变响应可以被分为若干微小的增量，在每一个应力或应变的增量中，塑性功增量定义为

$$\Delta W_{\mathrm{p}}=\boldsymbol{\sigma}\cdot\Delta\boldsymbol{\varepsilon}^{\mathrm{p}} \tag{3.6.26}$$

式中，$\boldsymbol{\sigma}$ 和 $\Delta\boldsymbol{\varepsilon}^{\mathrm{p}}$ 分别为一个增量过程中的应力张量和塑性应变增量的张量。

每一循环中塑性功 W_{c} 为

$$W_{\mathrm{c}}=\sum_{\text{循环次数}}\Delta W_{\mathrm{p}} \tag{3.6.27}$$

即在整个循环中，将塑性功增量逐步累加，以求得 W_c。

在循环加载过程中，每一循环中塑性功大约在寿命的 25%就达到了稳定。在上述前提下，推导得到塑性功与裂纹萌生寿命 N 之间的关系为

$$N = F(W_c) \tag{3.6.28}$$

式中，函数 F 是 W_c 的单调递减函数。该函数关系可以由试验数据确定，例如，可以通过光滑试件的单轴拉压试验推导出塑性功与寿命 N 之间的关系。

为了比较准确地估算比例或非比例加载下构件的寿命，必须要建立起反映实际状况的本构关系。每循环塑性功可由应力-应变图测出或计算出，取裂纹寿命为出现事先预定的裂纹长度时的循环次数。

拉扭加载下的能量表达式为

$$W_p = \int_{\text{循环数}} \left(\sigma \mathrm{d}\varepsilon_p + \frac{1}{2}\tau \mathrm{d}\gamma_p \right) = \Delta\sigma\Delta\varepsilon_p \left(\frac{1-n'}{1+n'} \right) + \frac{1}{2}\Delta\tau\Delta\gamma_p \left(\frac{1-n'}{1+n'} \right) \tag{3.6.29}$$

单轴加载下能量法的寿命预测表达式为

$$\Delta W_p = 4 \times \frac{1-n'}{1+n'} \sigma_f \varepsilon_f (2N_f)^{b+c} \tag{3.6.30}$$

无论是单轴加载还是多轴加载，试件在每一循环中所吸收的塑性功都相等。联立式(3.6.29)与式(3.6.30)可得能量法疲劳寿命预测方程为

$$\Delta\sigma\Delta\varepsilon_p + \frac{1}{2}\Delta\tau\Delta\gamma_p = 4\sigma_f \varepsilon_f (2N_f)^{b+c} \tag{3.6.31}$$

利用 GH4169 拉扭多轴比例加载下的试验数据，基于最大剪切应变屈服理论的疲劳寿命预测结果如图 3.6.2(b)所示。利用 45 号钢拉扭多轴比例与非比例加载下的试验数据，由式(3.6.31)所预测的疲劳寿命结果如图 3.6.3 所示。由图可以看出，应用式(3.6.31)来预测比例与非比例加载下的疲劳寿命，误差分散带在 2 个因子之内，疲劳寿命预测结果较好。

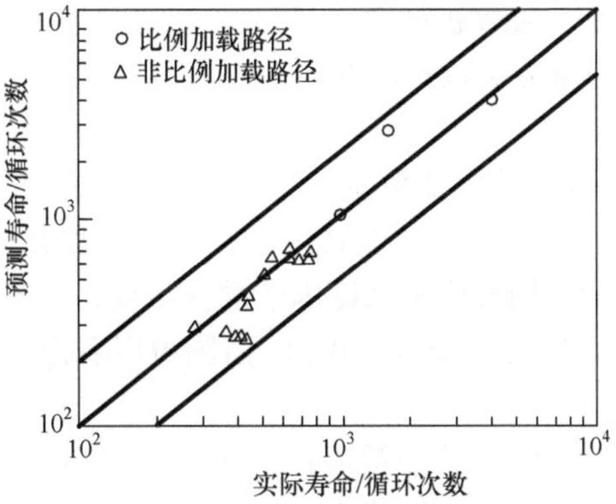

图 3.6.3　能量法的寿命预测结果

3.7　疲劳裂纹的扩展特性

承载结构或元件，由于交变载荷的作用，或者由于载荷和环境侵蚀的联合作用，会产生微小的裂纹，裂纹将随着交变载荷周次的增加或环境侵蚀时间的延长而逐渐扩展，随着裂纹尺寸的增大，结构或元件的剩余强度逐步减小，最后导致断裂。疲劳裂纹扩展规律是断裂力学研究的重要领域，疲劳裂纹扩展曲线的确定是断裂力学工程设计方法的重要内容。

结构或元件的疲劳寿命通常由两部分组成，一部分是初始裂纹或初始缺陷成核寿命，另一部分是裂纹扩展寿命，不含缺口的结构或元件初始寿命可能占总寿命的大部分，而含缺口的结构或元件初始寿命可能只占总寿命的小部分。疲劳裂纹扩展分析主要针对裂纹成核以后的疲劳寿命，也就是初始成核裂纹尺寸 a_0 到临界裂纹尺寸 a_c 之间的剩余寿命。

3.7.1　等幅载荷下的裂纹扩展

在周期性交变载荷作用下，裂纹会发生亚临界扩展，每一周交变载荷引起的裂纹扩展量称为裂纹扩展率，用 $\mathrm{d}a/\mathrm{d}N$ 表示，其中，a 为裂纹长度，N 为交变载荷的周次。这样的定义对二维裂纹是很明确的，对于三维钱币状圆形裂纹，在轴对称交变载荷作用下，a 为裂纹半径；对于三维椭圆形裂纹或非轴对称交变载荷作用下的钱币状裂纹，裂纹扩展量沿着裂纹前缘是变化的，在这种情况下，裂纹扩展率需要更加细致的定义。

应力强度因子在疲劳裂纹扩展中起到了关键性作用，研究结果表明：对于含中心裂纹的疲劳裂纹扩展，在远处承受均匀拉伸的交变载荷时，应力强度因子随着裂纹扩展而增大；在裂纹的上下表面加一对等幅的集中交变载荷时，应力强度因子随裂纹扩展而减小。裂纹扩展率 $\mathrm{d}a/\mathrm{d}N$ 与应力强度因子幅值 ΔK 的变化规律一致，即参数 ΔK 作为疲劳裂纹扩展的驱动力，可以很好地表征等幅载荷下的疲劳裂纹扩展率 $\mathrm{d}a/\mathrm{d}N$。

图 3.7.1 给出了等幅正弦交变载荷下应力强度因子的变化规律，图中标出了三个载荷参数，即 $K_{\max}$、$K_{\min}$、K_{m}。记 $\Delta K = K_{\max} - K_{\min}$ 和 $R = K_{\min}/K_{\max}$，这三个载荷参数刻画了每个载荷周次应力强度因子的变化规律。图 3.7.2(a)为 A533 结构钢在室温下的疲劳裂纹扩展曲线($R = 0.1$)。由图可以看出，疲劳裂纹扩展有三个阶段。

(1) 第 Ⅰ 阶段：疲劳裂纹扩展缓慢区。该区域存在一个疲劳裂纹扩展的门槛值 ΔK_{th}，当 ΔK 低于 ΔK_{th} 时，疲劳裂纹不扩展或扩展速率极其缓慢($\mathrm{d}a/\mathrm{d}N <$

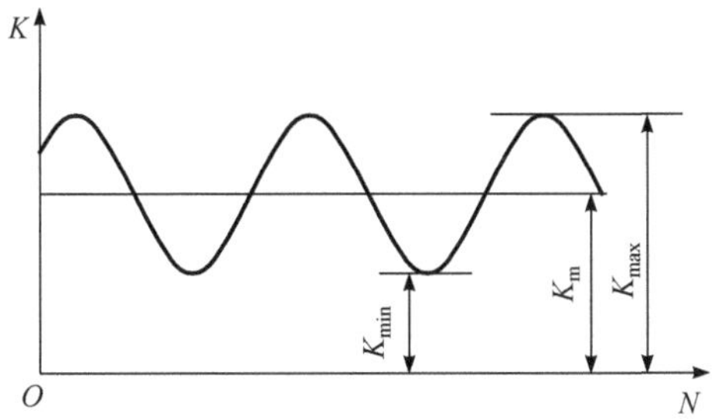

图 3.7.1　等幅正弦交变载荷

10^{-7} mm / 循环)，以至于在试验中难以测得每个周次的裂纹扩展量。

(2) 第Ⅱ阶段：疲劳裂纹扩展遵循幂函数规律区。在该区域内，疲劳裂纹扩展率可以用应力强度因子幅值ΔK的幂函数，即等幅度交变载荷下的疲劳裂纹扩展率可表示为

$$\frac{\mathrm{d}a}{\mathrm{d}N}=C(\Delta K)^n \tag{3.7.1}$$

式中，C、n 为需要通过试验确定的材料常数；ΔK 为应力强度因子的幅值，$\Delta K=K_{max}-K_{min}$。式(3.7.1)就是描述疲劳裂纹扩展率的 Paris 公式。

疲劳裂纹扩展产生于裂纹尖端附近的局部区域，在这个区域内，应力-应变场可以用应力强度因子来表征。对于金属材料，裂纹尖端附近的塑性区尺寸比裂纹尺寸和构件的特征尺寸小得多，应力强度因子仍是裂纹尖端应力-应变场的外场控制参量。若受载状况不同的裂纹或构件以及几何形状不相同的裂纹，具有相同的应力强度因子，则裂纹尖端的应力场具有相同的外部环境，且具有相同的力学特性，还具有相同的疲劳裂纹扩展率，这是式(3.7.1)得以成立的力学基础。

式(3.7.1)在疲劳裂纹扩展分析中得到了广泛应用。BS4360 结构钢在室温下疲劳裂纹扩展结果如图 3.7.2(b)所示，图中给出了试验曲线与式(3.7.1)的预测结果。试验曲线包括四种不同的 R 参数值，由图可以看出，式(3.7.1)给出了相当好的分析预测。图 3.7.2(b)还表明，对 BS4360 结构钢而言，应力比 R 对疲劳裂纹扩展率的影响不明显，只是当 R=0.85 时，疲劳裂纹扩展率才有明显的提升。

对于 2024-T3 硬铝合金，参数 R 对疲劳裂纹的影响非常明显。图 3.7.3(a)给出了五种不同的 R 参数值的疲劳裂纹扩展率的试验结果。由图可以看出，随着参数 R 从 −0.5 逐步增加到 0.33，疲劳裂纹扩展率增长了 3～6 倍。

(3) 第Ⅲ阶段：疲劳裂纹快速扩展阶段区。这一阶段只占疲劳寿命的很小一部分，但是对在低周疲劳状态下的服役构件而言，这一阶段的疲劳寿命预测仍然具有重要意义。式(3.7.1)只适用于疲劳裂纹扩展的第Ⅱ阶段，在第Ⅲ阶段，应力强度因子最大值接近材料的断裂韧性 K_C，所以裂纹扩展明显加快，该区域的裂纹

扩展可以描述为

$$\frac{\mathrm{d}a}{\mathrm{d}N}=\frac{C(\Delta K)^m}{(1-R)K_C-\Delta K} \tag{3.7.2}$$

式(3.7.2)就是预测疲劳裂纹快速扩展区裂纹扩展率的 Foreman 公式。当 $K_{\max}\to K_C$ 时，式(3.7.2)的分母趋近于零，所以裂纹扩展率快速增加。

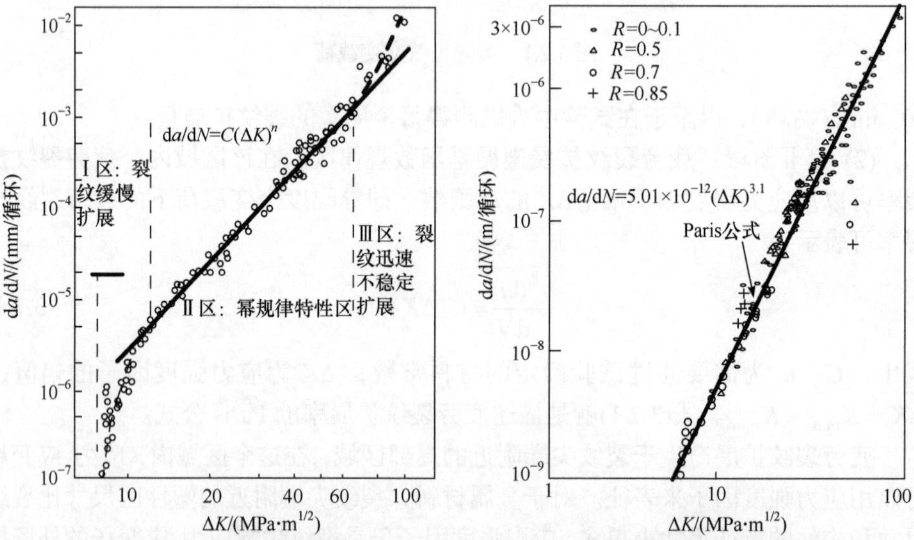

(a) A533结构钢　　(b) BS4360结构钢

图 3.7.2　室温下材料的疲劳裂纹扩展曲线

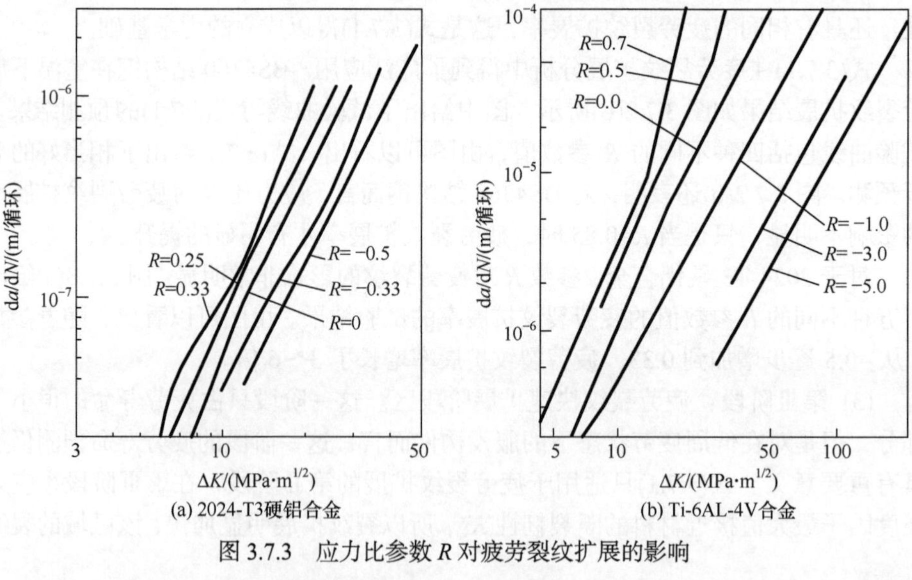

(a) 2024-T3硬铝合金　　(b) Ti-6AL-4V合金

图 3.7.3　应力比参数 R 对疲劳裂纹扩展的影响

3.7.2　影响疲劳裂纹扩展的因素

1. 应力比的影响

应力比参数 R 对金属材料的疲劳裂纹扩展有重要的影响，式(3.7.2)反映了应力比参数对裂纹扩展的影响，但该公式只适用于 $R>0$ 的情况。一般来说，当 $R<0$ 时，疲劳裂纹的扩展可用式(3.7.3)来预测：

$$\frac{\mathrm{d}a}{\mathrm{d}N}=C[(1-R)^m K_{\max}]^n \tag{3.7.3}$$

式中，材料参数 C、m 和 n 需要通过试验曲线的拟合来确定。

图 3.7.3(b)给出了 Ti-6Al-4V 合金疲劳裂纹扩展曲线。由图可知，参数 R 的影响很大，对于这种材料，$R<0$ 时表现出对疲劳裂纹扩展率的影响显著。式(3.7.3)可以改写为

$$\frac{\mathrm{d}a}{\mathrm{d}N}=C(1-R)^{n(m-1)}(\Delta K)^n \tag{3.7.4}$$

当 $R=0$ 时，式(3.7.4)归结为 Paris 公式(3.7.1)。一般来说，$R<0$ 时疲劳裂纹扩展率降低，随着 R 绝对值的增加，因子 $1-R$ 将会增加，因此式(3.7.4)中的 m 一般小于 1，这样可以适当调节参数 m，使式(3.7.4)的预测结果能够反映试验数据。

2. 加载频率的影响

加载频率本身对疲劳裂纹扩展的影响不明显，但是当加载频率和应力腐蚀环境共同作用时，加载频率的影响就非常显著。这是由于在低频的情况下，材料有更长的时间经受环境腐蚀的作用，疲劳裂纹扩展率将会增加。

3. 温度的影响

温度对疲劳裂纹扩展率和疲劳寿命有重要影响。随着温度的增加，疲劳裂纹扩展率将会增加，疲劳寿命将会降低。在高温情况下，应力腐蚀的作用也会增强。

3.7.3　裂纹的闭合效应

裂纹的闭合效应在断裂力学的试验中经常发生，特别是当外载是压缩载荷时，裂纹闭合现象更加普遍。试验观测发现，在卸载过程中，外载荷依然是拉伸载荷，裂纹提前闭合。在下一个循环载荷下，当外加载荷足够大时，裂纹才重新张开。为了描述这种现象，引入裂纹完全张开时的应力强度因子 K_{op} 作为新的参量，则疲劳裂纹扩展率应该由有效的应力强度因子幅值来确定，即有

$$\frac{\mathrm{d}a}{\mathrm{d}N}=C(\Delta K_{\mathrm{ef}})^n \tag{3.7.5}$$

其中，

$$\Delta K_{\mathrm{ef}} = K_{\max} - K_{\mathrm{op}} \tag{3.7.6}$$

图 3.7.4 是在等幅载荷下三种不同裂纹长度塑性区的示意图。其中，图 3.7.4 (a)为裂纹长度较小时的塑性区；图 3.7.4(b)为裂纹扩展后的塑性区，随着应力强度因子的增大，塑性区也增大；图 3.7.4(c)为裂纹进一步扩展后的塑性区，同时该图还画出了裂纹扩展时全塑性区的包线。

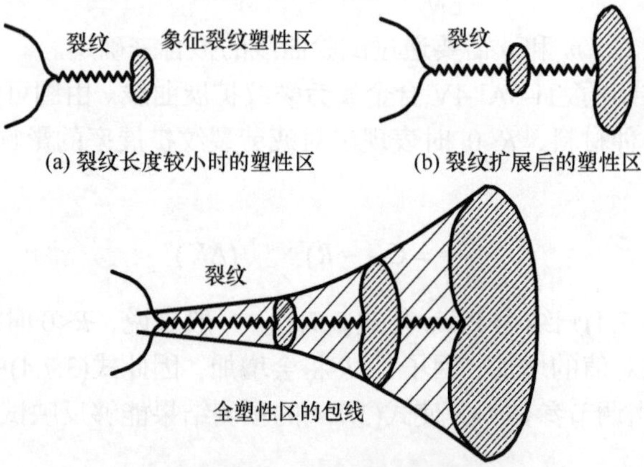

(a) 裂纹长度较小时的塑性区　(b) 裂纹扩展后的塑性区

(c) 裂纹进一步扩展后的塑性区

图 3.7.4　裂纹扩展时塑性区的包线

图 3.7.4 中的塑性区是指外加载荷达到最大时的塑性区。此时周围的区域都是弹性区，当外加载荷卸载时，周围弹性区企图要恢复到原来的位置，就给处于卸载状态的塑性区施加压应力，此压应力企图使裂纹闭合，因此在卸载过程中，载荷还没有卸到零，裂纹就已提前局部闭合。当 $K_{\min}>K_{\mathrm{op}}$ 时，即应力比参数 $R>K_{\mathrm{op}}/K_{\max}$ 时，裂纹表面不存在闭合现象；而当 $K_{\min}<K_{\mathrm{op}}$ 时，裂纹表面就会出现闭合效应，参数 R 越小，裂纹闭合效应越明显。

等效应力强度因子幅值可以表示为

$$\Delta K_{\mathrm{ef}} = (0.5 + 0.4R)\Delta K \tag{3.7.7}$$

记比例因子为

$$U = \frac{\Delta K_{\mathrm{ef}}}{\Delta K} = 0.5 + 0.4R \tag{3.7.8}$$

由式(3.7.8)可见，比例因子 U 与裂纹长度、$K_{\max}$ 以及 ΔK 无关，而只与应力比参数 R 有关。2024-T3 铝合金的比例因子 U 与应力比参数 R 的关系曲线如图 3.7.5 所示，该图体现了疲劳裂纹扩展的裂纹闭合效应。式(3.7.7)可以推广到参数 R 为

负值的情况，此时，比例因子的关系可修正为

$$U = 0.55 + 0.33R + 0.12R^2 \tag{3.7.9}$$

式(3.7.7)～式(3.7.9)适用于 $-1 < R < 0.54$ 的情况。

疲劳裂纹扩展率与等效应力强度因子幅值ΔK_{ef}的关系如图 3.7.6 所示。由图可以看出，等效应力强度因子幅值ΔK_{ef}确实给出了良好的分析预测。

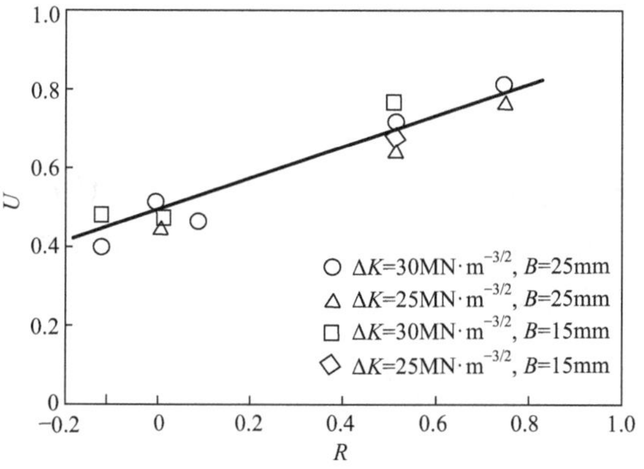

图 3.7.5　2024-T3 铝合金的疲劳裂纹扩展裂纹闭合效应

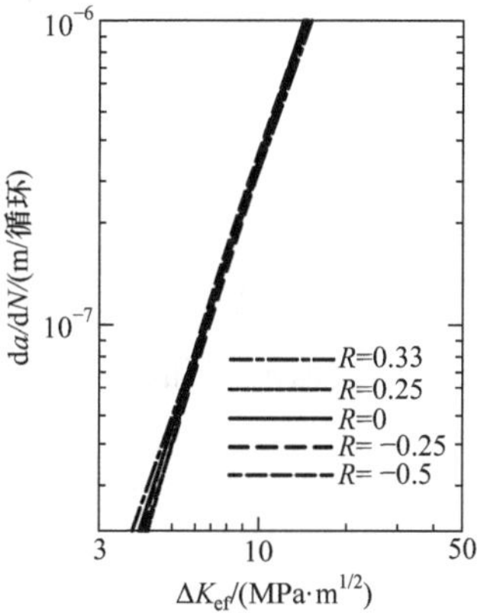

图 3.7.6　铝合金 2024-T3 疲劳裂纹扩展率与ΔK_{ef}的关系

3.7.4　缺口根部的疲劳裂纹

工程结构元件通常带有缺口，缺口造成应力集中，因此疲劳裂纹往往在缺口根部形核，继而扩展成短裂纹，再扩展成宏观裂纹，最后导致元件失效。缺口根部的应力状态可能存在下列三种情况：①完全的弹性状态；②弹塑性应力状态；③全面屈服状态。

对于弹性状态，当缺口根部出现短裂纹时，缺口根部与短裂纹的交互作用使裂纹尖端的应力强度因子增强，该增强关系可以表示为

$$\Delta K=\begin{cases}\Delta\sigma\sqrt{\pi a}\sqrt{1+7.69D/\rho}, & a\leqslant 0.13\sqrt{D\rho}\\ \Delta\sigma\sqrt{\pi(a+D)}, & a>0.13\sqrt{D\rho}\end{cases} \tag{3.7.10}$$

式中，a 为从缺口根部算起的裂纹长度；D 为缺口的深度；ρ 为缺口根部的曲率半径。由式(3.7.10)可以看出，缺口根部短裂纹的应力集中系数 $k=\sqrt{1+7.69D/\rho}$，对于圆形缺口，k=2.95，而弹性理论的应力集中系数 k 为 3.0。

估算公式(3.7.10)与理论解的比较如图 3.7.7 所示。由图 3.7.7 可以看出，估算公式给出了比较好的结果。

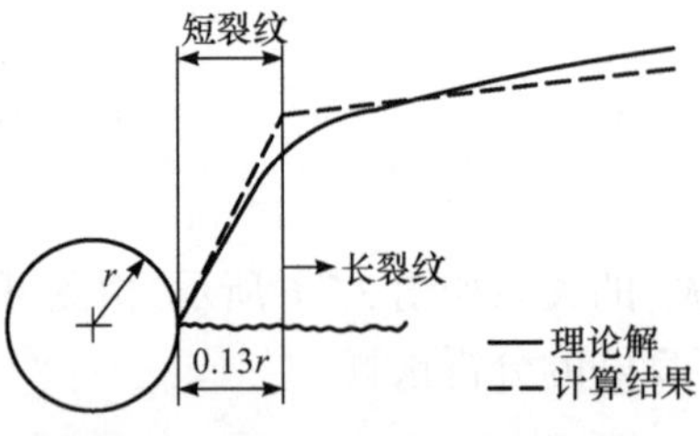

图 3.7.7　圆孔根部应力强度因子

当缺口根部的裂纹非常短时，式(3.7.10)的结果比精细的数值分析偏低，而理论公式 $\Delta K = 1.12k_\mathrm{t}\Delta\sigma\sqrt{\pi a}$ 的预测值与精细的数值分析符合得相当好。其中，k_t 为缺口根部的弹性理论应力集中系数。当裂纹非常短时，缺口根部的裂纹可以看成表面裂纹，因此有 1.12 的增强因子。

将材料的疲劳极限与缺口根部疲劳裂纹的门槛值相联系，则应力强度因子的幅值可修正为

$$\Delta K = k_\mathrm{t}'\Delta\sigma\sqrt{\pi(a+l_0)} \tag{3.7.11}$$

式中，k_t' 为考虑裂纹影响的应力集中系数，是裂纹长度的函数；l_0 为材料常数。疲劳裂纹门槛值 ΔK_th 和材料常数 l_0 可以表示为

$$\Delta K_\mathrm{th} = \Delta\sigma_\mathrm{f}\sqrt{\pi l_0}\,,\quad l_0 = \frac{1}{\pi}\left(\frac{\Delta K_\mathrm{th}}{\Delta\sigma_\mathrm{f}}\right)^2 \tag{3.7.12}$$

式中，$\Delta\sigma_\mathrm{f}$ 为光滑试样的疲劳极限值。

当缺口根部处于弹塑性状态时，应力强度因子的理论不再适用，而应该用 ΔJ 作为基本参量来表征疲劳裂纹扩展率，ΔJ 的计算依赖于数值计算。对于基本参量 ΔJ，估算公式可表示为

$$\Delta J = 2\pi F^2(l+l_0)\left\{\frac{f(n)}{n+1}\cdot\Delta\sigma\Delta\varepsilon - \left[\frac{2f(n)}{n+1}-1\right]\frac{(\Delta\sigma)^2}{2E}\right\} \tag{3.7.13}$$

式中，F 为裂纹几何影响因子；$f(n)$为 Symington 函数；n 为应变硬化指数。

研究结果表明，疲劳裂纹扩展率 $\mathrm{d}a/\mathrm{d}N$ 能够用 $\sqrt{E\Delta J}$ 来描述。

3.7.5　疲劳裂纹扩展的门槛值

众所周知，疲劳裂纹扩展与裂纹尖端区域的交变塑性变形相关。在循环加载的情况下，裂纹尖端区域的应力-应变及塑性区尺寸都随着载荷的变化而变化。在加载过程中，裂纹尖端区域出现三轴拉伸状态的塑性变形，而在卸载过程中，当载荷降到最小值时，裂纹尖端附近的区域就会出现反向塑性。这是由于周围的弹性区在卸载到最小载荷时，力图恢复到加载时该载荷下的原有位置，而对裂纹尖端的塑性区域施加相当大的压应力。若裂纹表面此时完全闭合，则这种压应力一般不会超过屈服应力，因此不会发生反向塑性变形。实际上，加载过程中裂纹尖端会发生钝化，因此在非常靠近裂纹尖端的局部区域，裂纹不会闭合。残余的塑性变形使裂纹尖端变成很锐的缺口，缺口的应力集中促使裂纹尖端区域再次进入

反向塑性变形状态。

从材料物理角度来看，理想的尖裂纹只是一种数学模型，真实的裂纹自身就有一定的宽度，即真实裂纹尖端的曲率半径并不为零，因此裂纹尖端区域在卸载过程中，会出现压应力造成的反向塑性变形。基于上述物理机制，采用 Dugdale 模型，可以对循环载荷作用下，裂纹尖端区域的应力、应变的变化规律进行如下分析。

图 3.7.8 是含中心裂纹的无限大板，在无穷远处受单轴循环载荷的作用，假设板材是理想的弹塑性材料，则塑性区仅限于裂纹前方的条状区域。当外载从零单调增加到最大载荷 $\sigma_{\max}$ 时，裂纹前方条状塑性区尺寸为

$$R = a\left\{\left[\cos\left(\frac{\pi}{2}\frac{\sigma_{\max}}{\sigma_{ys}}\right)\right]^{-1} - 1\right\} \tag{3.7.14}$$

当 $\sigma_{\max} \ll \sigma_{ys}$ 时，有

$$R = \frac{\pi K_{\max}^2}{8\sigma_{ys}^2} \tag{3.7.15}$$

式中，$K_{\max}$ 为最大应力强度因子，$K_{\max} = \sigma_{\max}\sqrt{\pi a}$；$\sigma_{ys}$ 为板材的屈服应力，裂纹前方正应力 σ_y 的分布如图 3.7.9(a)所示。

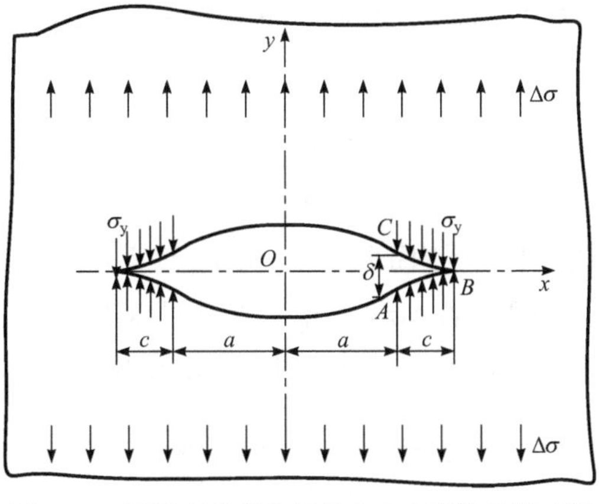

图 3.7.8 受循环载荷作用的含中心裂纹无限大板

当外载从 $\sigma_{\max}$ 卸载到 $\sigma_{\min}$ 时，条状塑性区之外的区域是弹性区，所以遵循弹性恢复的规律；而条状塑性区内，各点的塑性应变状态不同，即各点的张开位移不同，因此其卸载路径也不同。

图 3.7.9 给出了卸载路径的示意图。当卸载量 $\Delta\sigma$ 很小时，$\Delta K < \Delta K_{th}$，此时

裂纹前方的整个条状塑性区沿着线弹性卸载,则裂端区域并未进入反向塑性状态。在这种情况下,外载从σ_{min}再加载至σ_{max}是一个弹性加载过程。在以后的循环载荷作用下都是处于弹性加载和弹性卸载过程,即当$\Delta K \leqslant \Delta K_{th}$时,在条状塑性区内,不存在循环塑性区,这意味着板材的任何地方均不存在循环应力-应变迟滞回线,因此不消耗能量,裂纹不会扩展。

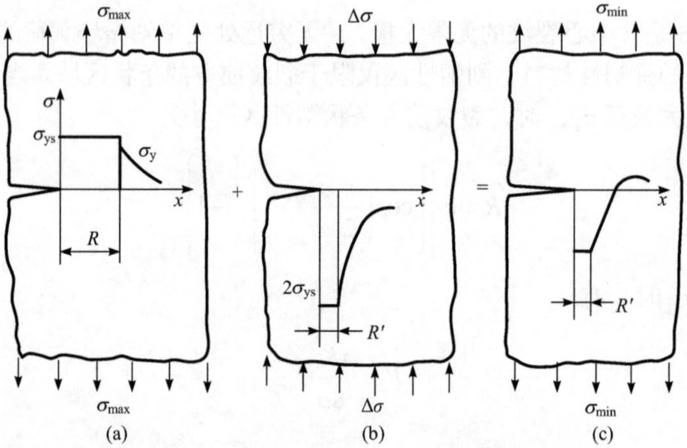

图 3.7.9　条状塑性区内各点的卸载路径

当卸载量$\Delta\sigma$足够大时,$\Delta K > \Delta K_{th}$,在裂纹尖端前方的条状塑性区内将会出现反向塑性变形。卸载后,反向塑性区内的正应力$\sigma_y = -\sigma_{ys}$,反向塑性区的尺寸可以近似表示为

$$R' = \frac{\pi(\Delta K - \Delta K_{th})^2}{8(2\sigma_{ys})^2} \tag{3.7.16}$$

式中,$2\sigma_{ys}$表示卸载后塑性区内正应力σ_y从σ_{ys}转变为$-\sigma_{ys}$。

外载从σ_{max}开始卸载,若$\Delta\sigma \leqslant \Delta\sigma_{th}$,卸载可以依照弹性理论计算,假设裂纹端部的曲率半径为ρ_{max},则裂纹端P前方的正应力变化量$\Delta\sigma_y$可表示为

$$\Delta\sigma_y = \frac{\Delta K}{\sqrt{2\pi r}}\left(1 + \frac{\rho_{max}}{2r}\right) \tag{3.7.17}$$

在裂纹端头,$r = \rho_{max}/2$,代入式(3.7.17)得

$$(\Delta\sigma_y)_{r=\rho_{max}/2} = 2\Delta K(\pi\rho_{max})^{-1/2} \tag{3.7.18}$$

当端头的正应力变化量达到$2\sigma_{ys}$时,$\Delta K = \Delta K_{th}$,由此得

$$\Delta K_{th} = \sigma_{ys}\sqrt{\pi\rho_{max}} \tag{3.7.19}$$

依照 Dugdale 模型，裂纹尖端的张开位移为

$$\delta_{\mathrm{t}} = \frac{8\sigma_{\mathrm{ys}}a}{\pi E}\ln\sec\left(\frac{\pi\sigma}{2\sigma_{\mathrm{ys}}}\right) \tag{3.7.20}$$

当$\sigma \ll \sigma_{\mathrm{ys}}$时，式(3.7.20)可表示为

$$\delta_{\mathrm{t}} = \frac{K^2}{E\sigma_{\mathrm{ys}}} \tag{3.7.21}$$

可以认为裂端的曲率半径$\rho_{\max}$在$K=K_{\max}$时是裂端张开位移的 1/2，所以有

$$\rho_{\max} = \frac{K_{\max}^2}{2E\sigma_{\mathrm{ys}}} \tag{3.7.22}$$

将式(3.7.22)代入式(3.7.19)得

$$\Delta K_{\mathrm{th}} = \sqrt{\frac{\pi\sigma_{\mathrm{ys}}}{2E}}K_{\max} \tag{3.7.23}$$

由式(3.7.23)可以看出，ΔK_{th}依赖于$K_{\max}$及σ_{ys}，ΔK_{th}与$K_{\max}$呈线性关系而与$\varepsilon_{\mathrm{ys}} = \sigma_{\mathrm{ys}}/E$的平方根成正比，$\varepsilon_{\mathrm{ys}}$只依赖于板材的性质，而$K_{\max}$取决于外载水平。

Dugdale 模型只适用于理想塑性材料，对于真实材料，必须考虑加工硬化的影响。采用内聚力模型，结合有限元分析，可以对真实材料的疲劳裂纹扩展的门槛值进行预测，从而得到估算公式为

$$\Delta K_{\mathrm{th}} = \alpha\sigma_{\mathrm{ys}}\sqrt{\pi\rho_{\max}} \tag{3.7.24}$$

式中，$\rho_{\max}$为最大外载所对应的裂纹端部的曲率半径，可以由数值计算得到；α由试验测定，刻画的是材料的循环屈服应力σ_{ys}的影响。

应力比R对ΔK_{th}也有明显的影响，ΔK_{th}表达式如下：

$$\Delta K_{\mathrm{th}} = (\Delta K_{\mathrm{th}})_{R=0}f(R) \tag{3.7.25}$$

式中，$f(R)$可表示为

$$f(R) = \begin{cases} \sqrt{\dfrac{1-R}{1+R}}, & R > 0 \\ \sqrt{\dfrac{1-R}{1+R/3}}, & R \leqslant 0 \end{cases} \tag{3.7.26}$$

式(3.7.25)与试验结果符合得比较好，对于不同的材料，函数$f(R)$可能并不相同，具体的$f(R)$需要通过试验来确定。

3.7.6 疲劳裂纹寿命预测

1. 等幅载荷下疲劳裂纹寿命预测

等幅载荷下疲劳裂纹扩展可表示为

$$\frac{\mathrm{d}a}{\mathrm{d}N}=f(\Delta K) \tag{3.7.27}$$

式中，函数$f(\Delta K)$一般还依赖于应力比R、疲劳裂纹扩展门槛值ΔK_{th}及材料的断裂韧性K_{C}，因此疲劳寿命预测就是对式(3.7.27)进行积分，也就是建立裂纹长度a与疲劳周次N的关系曲线。

假设一个结构元件承受疲劳载荷的作用，主裂纹的尺寸达到临界值，裂纹尖端的应力强度因子在外载峰值达到 K_{C} 时，结构元件会发生灾难性的破坏，从初始裂纹尺寸 a_0 到临界裂纹尺寸 a_{c} 之间的循环载荷的周次 N_{p} 即是该结构元件的疲劳裂纹扩展寿命。作为一个典型的例子，考察含中心裂纹的有限宽平板，平板远处受均匀应力 σ 的作用，裂纹尖端的应力强度因子为

$$K=F\left(\frac{a}{w}\right)a\sqrt{\pi a} \tag{3.7.28}$$

式中，函数$F(a/w)$反映两侧边界对裂纹尖端应力强度因子的影响，函数$F(a/w)$可以近似地表示为

$$F\left(\frac{a}{w}\right)\doteq\sqrt{\frac{2w}{\pi a}\tan\left(\frac{\pi a}{2w}\right)} \tag{3.7.29}$$

其中，$2w$ 为板宽，则应力强度因子幅值为

$$\Delta K=F\left(\frac{a}{w}\right)\Delta\sigma\sqrt{\pi a} \tag{3.7.30}$$

$\Delta\sigma$ 为交变载荷的应力幅值，采用 Paris 公式(3.7.1)作为疲劳裂纹扩展率的计算公式，从而得到

$$N=N_0+\int_{a_0}^{a}\frac{\mathrm{d}a}{C(\Delta K)^n} \tag{3.7.31}$$

N_0为初始寿命，式(3.7.31)等号右侧第二项给出的是疲劳裂纹扩展寿命，平板的总寿命为

$$N_{\text{t}}=N_0+\int_{a_0}^{a_{\text{c}}}\frac{\mathrm{d}a}{C(\Delta K)^n} \tag{3.7.32}$$

2. 变幅载荷下疲劳裂纹寿命预测

工程结构元件在服役过程中实际承受的载荷多是变幅的，通常用载荷谱表示。飞机、船艇、大桥、高层建筑等大型工程结构的载荷谱是随机变化的，关于随机载荷谱的分析是工程结构力学中的重要课题，这里只是分析确定的载荷谱。若忽略不同载荷水平之间的交互作用，则式(3.7.32)仍然适用。试验表明，在一系列等幅循环载荷中加上一个过载峰之后，疲劳裂纹扩展的速率会明显降低，延迟一段距离之后，疲劳裂纹扩展的速率才会恢复，这种延迟效果清楚地表明，不同载荷水平之间的非线性交互作用是不可忽略的。过载后裂纹扩展的延迟效应如图 3.7.10 所示。

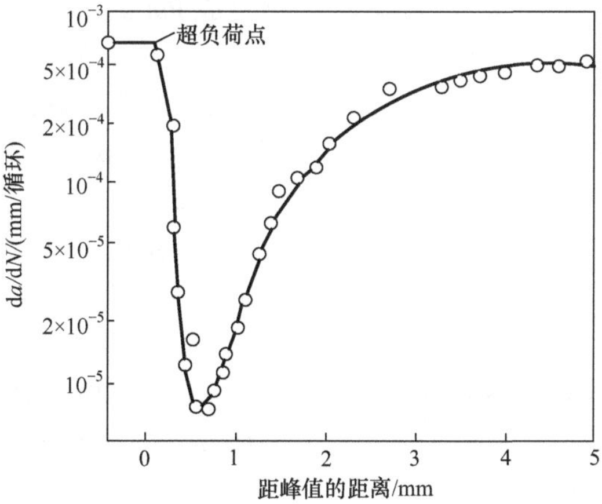

图 3.7.10　过载后裂纹扩展的延迟效应

1) 裂纹尖端塑性区模型

Wheeler 模型：该模型对 Paris 公式进行了修正，可以表示为

$$\frac{\mathrm{d}a}{\mathrm{d}N}=C_{\mathrm{p}}[C(\Delta K)^{n}] \tag{3.7.33}$$

式中，C_{p} 为延迟参数，是等幅载荷下塑性区尺寸与过载峰引起的塑性区尺寸的比值的函数，可表示为

$$C_{\mathrm{p}}=\frac{r_{\mathrm{y}}}{(a_{\mathrm{p}}-a)^{p}} \tag{3.7.34}$$

式中，a 为当前的裂纹长度；a_{p} 为过载发生时裂纹长度 a_0 与过载塑性区尺寸之和；r_{y} 为等幅循环载荷的塑性区尺寸，依照线弹性断裂力学，r_{y} 可表示为

$$r_{\mathrm{y}}=\begin{cases}\dfrac{K^2}{2\pi\sigma_{\mathrm{ys}}^2}, & \text{平面应力}\\ \dfrac{K^2}{6\pi\sigma_{\mathrm{ys}}}, & \text{平面应变}\end{cases} \tag{3.7.35}$$

式中，K 为等幅循环载荷最大载荷所对应的应力强度因子。

过载造成的塑性区使裂纹尖端难以穿过，从而使裂纹尖端处于残余压应力的包围之中，这就造成了裂纹扩展的延迟，因此 C_{p} 可以用经验公式(3.7.34)表示，当等幅循环载荷的塑性区与过载的塑性区相接触时，过载塑性区造成的延迟效应就开始消失，此时 C_{p}=1.0，式(3.7.33)又恢复成 Paris 公式。

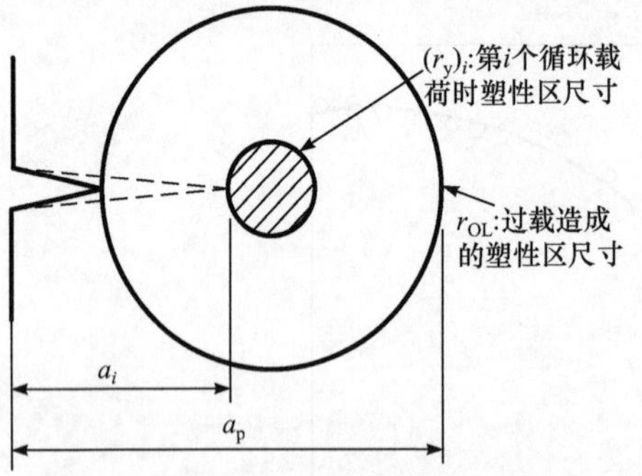

图 3.7.11　Wheeler 模型示意图

图 3.7.11 为 Wheeler 模型示意图。Wheeler 模型的缺点是式(3.7.34)中引入了经验参数 p，这个经验参数只能通过试验来确定。

Willenborg 模型认为，过载引起的延迟效应是由裂纹尖端的剩余压缩应力造成的。该模型的计算过程如下。

(1) 计算所需要的应力 σ_{req}。该应力所产生的塑性区尺寸正好使它与过载造成的塑性区相接触，即有

$$a+\frac{1}{\beta\pi}K_{\mathrm{req}}/\sigma_{\mathrm{ys}}=a_{\mathrm{p}} \tag{3.7.36}$$

其中，

$$\beta=\begin{cases}2, & \text{平面应力}\\ 6, & \text{平面应变}\end{cases} \tag{3.7.37}$$

式(3.7.37)可改写为

$$a+\frac{1}{\beta\pi}\left[\frac{F(a/w)\sigma_{\mathrm{req}}\sqrt{\pi a}}{\sigma_{\mathrm{ys}}}\right]^2=a_{\mathrm{p}} \tag{3.7.38}$$

由式(3.7.38)可以推得

$$\sigma_{\mathrm{req}}=\sqrt{\frac{a_{\mathrm{p}}-a}{a}\beta}\cdot\frac{\sigma_{\mathrm{ys}}}{F(a/w)} \tag{3.7.39}$$

(2) 确定压缩应力σ_{comp}。Willenborg 模型认为所需的应力σ_{req}与等幅循环的最大载荷σ_{max}之间的差即是压缩应力，即

$$\sigma_{comp} = \sigma_{req} - \sigma_{max} \tag{3.7.40}$$

(3) 确定有效应力。有效应力σ_{ef}定义为

$$\sigma_{ef} = \begin{cases} \sigma - \sigma_{comp}, & \sigma > \sigma_{comp} \\ 0, & \sigma \leqslant \sigma_{comp} \end{cases} \tag{3.7.41}$$

从而可以推出有效循环应力幅值为

$$\Delta\sigma_{ef} = (\sigma_{ef})_{max} - (\sigma_{ef})_{min} \tag{3.7.42}$$

式(3.7.40)表明，过载造成的塑性区之外的弹性体卸载后会对过载塑性区产生压应力。当外载重新加载至σ_{max}时，剩余压缩应力可以近似地用式(3.7.40)来表示。由式(3.7.41)和式(3.7.42)可以看出，当$\sigma_{min} > \sigma_{comp}$时，有效循环应力幅值与外加的循环应力幅值相等，即$\Delta\sigma_{ef}=\Delta\sigma$，这意味着延迟效应消失。在这种情况下，循环塑性区已经穿越过载造成的塑性区。若$\sigma_{max} \leqslant \sigma_{comp}$，则$\Delta\sigma_{ef}=0$，这意味着疲劳裂纹将停止扩展。

(4) 计算有效应力强度因子幅值ΔK_{ef}。有效应力强度因子幅值为

$$\Delta K_{ef}=F\left(\frac{a}{w}\right)\Delta\sigma_{ef}\sqrt{\pi a} \tag{3.7.43}$$

进而得到 Willenborg 模型导出的裂纹扩展率公式为

$$\frac{da}{dN} = C(\Delta K_{ef})^n \tag{3.7.44}$$

当$\sigma_{max} \leqslant \sigma_{comp}$时，依照 Willenborg 模型，裂纹将止裂。记K_{oL}为过载峰值所对应的应力强度因子，K_{max}为当前应力峰值所对应的应力强度因子，通过简单的推算，不难证实当$K_{oL} / K_{max} \geqslant 2$时，裂纹将止裂。试验结果表明，当$K_{oL} / K_{max}$在 2.0～2.7 时，不同材料将出现疲劳裂纹的止裂现象，这对 Willenborg 模型是一个有力的支持。

2) 裂纹闭合模型

针对闭合模型，难点在于如何确定张开应力σ_{op}。过载后的σ_{op}一旦确定，就可以求得有效循环应力幅值$\Delta\sigma_{ef} = \sigma_{max} - \sigma_{op}$，相应可以得到有效应力强度因子幅值$\Delta K_{ef}$，进而导出裂纹扩展率的公式。结合式(3.7.7)所示的模型，可以得到张开应力强度因子公式为

$$K_{op} = K_{oL} - U_{oL}(\Delta K)_{oL} \tag{3.7.45}$$

式中，$(\Delta K)_{oL}$为过载的应力强度因子幅值；U_{oL}为过载的比例因子，可表示为

$$U_{oL}=0.5+0.4R_{oL} \tag{3.7.46}$$

式中，R_{oL}为过载的应力比值，有了K_{op}就不难求得σ_{op}。

3. 变幅多轴疲劳寿命预测方法

在循环加载历程中，需要对每一个循环所产生的疲劳损伤进行累积。在变幅多轴加载下，应用最广泛的是线性累积损伤理论，即 Miner 定理。Miner 定理的最大局限性是不能考虑加载顺序的影响。在大应变幅值和小应变幅值加载下，金属材料的疲劳损伤以非线性方式累积。在疲劳寿命的初始部分，由于小裂纹刚刚萌生，损伤的累积速度很慢。裂纹一旦形成，随着尺寸的增长，裂纹扩展的速度会加快。随着应力幅值的增大，损伤累积速度加快，损伤逐渐趋于线性方式累积。因此，在精度要求较高的情况下，损伤累积应采用非线性损伤累积模型。但非线性损伤累积模型中一般会含有多个材料常数，形式较为复杂，因此在满足工程实际要求的前提下，尽可能选用简单实用的 Miner 线性损伤累积模型。

变幅多轴疲劳寿命预测方法主要采用基于单轴局部的应力-应变法，一般步骤为:①确定材料稳定的循环应力-应变曲线,在确定过程中应考虑非比例强化特性、各向同性的硬化和软化的影响；②确定结构危险部位的多轴应力-应变历程；③利用坐标旋转的方法确定每个材料平面的应力-应变时间历程，并对应力-应变时间历程进行多轴循环计数；④由多轴疲劳损伤模型计算每个平面上的疲劳损伤；⑤选取合适的疲劳损伤模型进行损伤累积；⑥受最大疲劳损伤的平面为最后的临界面，得出寿命预测的结果。

变幅多轴疲劳寿命预测的一般步骤如图 3.7.12 所示。下面对几种变幅多轴疲劳寿命预测方法分别进行介绍。

1) Bannantine-Socie 方法

Bannantine-Socie 变幅多轴疲劳寿命预测方法(简称 Bannantine-Socie 方法)的步骤如下。

(1) 利用应变花测量构件中的危险点，实测应变花各个通道的应变谱作为输入数据。

(2) 编辑应变峰谷值点，利用塑性本构关系模型确定应力响应。疲劳裂纹通常在表面萌生，因此按平面应力状态可大大简化应力响应历程的计算过程。一般使用双曲面模型结合 von Mises 准则、正交流动规则和 Mroz 随动强化规则来计算多轴应力响应。计算时假设应力-应变响应是稳态的，无瞬时非比例强化现象。

(3) 根据第(1)步和第(2)步所得到的应力-应变历程，将经历最大损伤的平面定义为临界面，利用临界面法来预测疲劳寿命。在变幅多轴非比例加载下，临界面不是固定的，因此需要对所有可能的临界损伤平面进行损伤计算，在计算过程中

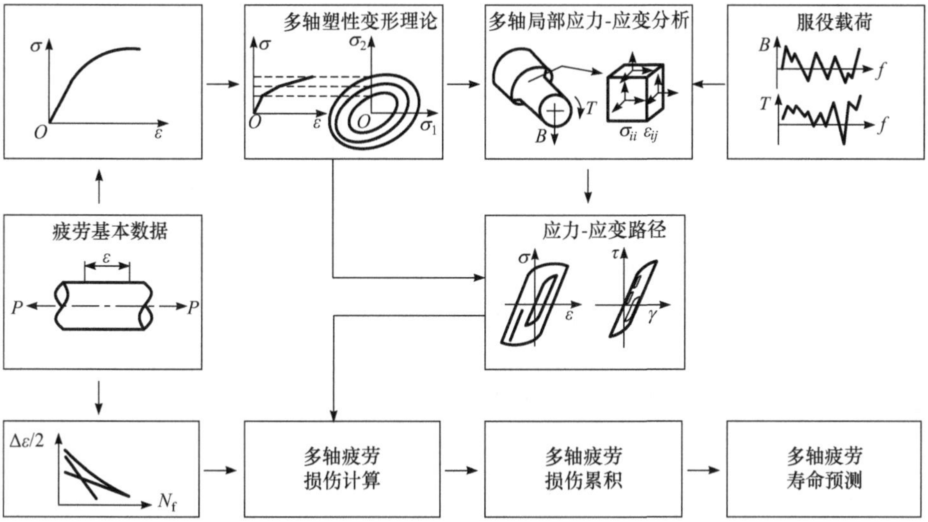

图 3.7.12　变幅多轴疲劳寿命预测的一般步骤

可利用坐标旋转的方法来确定各个平面上的应力-应变，最后确定最大损伤临界面。

(4) 针对拉伸或剪切的不同损伤模式，利用雨流计数法对各个面上的正应变或剪应变进行循环计数，利用拉伸或剪切形式的损伤参量计算多轴疲劳损伤。

(5) 利用 Miner 线性累积疲劳损伤理论对所有可能的损伤平面进行疲劳损伤累积。

(6) 将承受累积损伤最大值的平面的寿命作为最终疲劳寿命预测结果。

Bannantine-Socie 变幅多轴疲劳寿命预测方法的流程如图 3.7.13 所示。

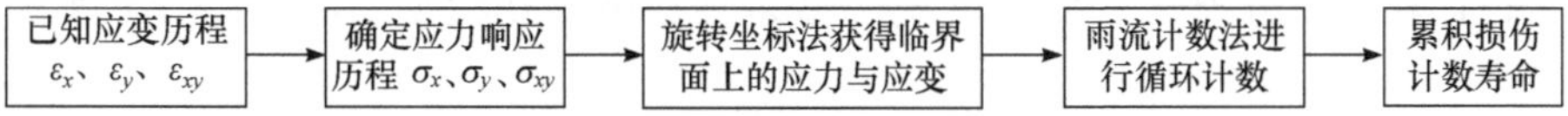

图 3.7.13　Bannantine-Socie 变幅多轴疲劳寿命预测方法的流程

2) Wang-Brown 方法

Wang-Brown 变幅多轴疲劳寿命预测方法(简称 Wang-Brown 方法)的步骤如下。

(1) 根据所得到的各个通道的应变谱计算等效应变谱。

(2) 利用等效相对应变概念，定义一个加载历程的起始和终止两个转折点，在这两点之间等效相对应变从零增加到最高点。

(3) 利用 Wang-Brown 的循环计数方法进行循环计数，计数一直进行到等效相对应变单调增加为止。

(4) 由变幅多轴疲劳损伤 Wang-Brown 模型式(3.5.119)计算疲劳损伤。

(5) 由 Miner 线性疲劳累积理论进行疲劳损伤累积，得出疲劳寿命预测结果。

3) 权值平均最大剪应变临界面法

针对变幅多轴载荷下临界面不固定的特点，利用权值平均最大剪应变临界面法来预测变幅多轴疲劳寿命。该方法首先由多轴随机载荷的权值平均最大剪应变方向确定临界平面，然后对临界平面上的剪应变和正应变历程进行多轴载荷压缩处理和多轴循环计数，得到剪应变和正应变的循环计数结果，再应用统一型多轴疲劳损伤模型计算单个循环造成的损伤，最后应用 Miner 线性累积损伤理论对每个循环造成的损伤进行累积并预测寿命，步骤如下：

(1) 输入载荷谱，局部应力-应变可由实测或有限元分析计算来确定。

(2) 确定临界平面，根据变幅多轴载荷下最大剪应变临界面不断变化的特点，将权值平均最大剪应变平面定义为临界平面。

$$\overline{\theta}=\frac{\sum_{i=1}^{n}\theta_{\mathrm{r}}(t_i)w(t_i)}{\sum_{i=1}^{n}w(t_i)} \tag{3.7.47}$$

式中，$\theta_{\mathrm{r}}(t_i)$ 为载荷最大剪应变序列中有效峰值点 $\gamma_{\max}(t_i)$ 对应的最大剪应变平面；$w(t_i)$ 为权值函数，与该平面上 $\gamma_{\max}(t_i)$ 对材料损伤影响的大小有关，权值函数为

$$\omega(t_i)=\begin{cases}D_i, & \gamma_{\max}(t_i)\geqslant\tau_{-1}/G\\ 0, & \gamma_{\max}(t_i)<\tau_{-1}/G\end{cases} \tag{3.7.48}$$

式中，τ_{-1} 为扭转疲劳极限；G 为剪切模量。

(3) 根据已知各个分量应变时间历程，计算临界面上的剪应变、正应变的时间历程。

(4) 多轴循环计数，利用多轴循环计数方法进行循环计数。

(5) 多轴疲劳损伤计算。由统一型多轴疲劳损伤模型式(3.5.120)计算疲劳损伤。

(6) 根据 Miner 定理累积每个循环的疲劳损伤并预测寿命。

4) 统一型多轴疲劳损伤参量临界面法

统一型多轴疲劳损伤参量临界面法的预测步骤如下。

(1) 根据已知各个分量应变时间历程确定每个临界损伤平面上的 $\gamma_{\max}$、ε_{n} 时间历程。

(2) 取出 $\gamma_{\max}$ 时间历程中的全循环，并确定每个全循环中两个最大剪应变折返点的法向应变范围 ε_{n}，直至取出所有的 $\gamma_{\max}$ 全循环。

(3) 在非比例多轴随机加载时，临界损伤平面并不是固定的，因此每经一个不同的应变都可能产生一个新的临界损伤平面。因此，在进行多轴循环计数前，应确定可能出现的临界损伤界面，然后分别确定临界损伤平面上的 $\gamma_{\max}$、ε_{n} 的时间历程，按多轴循环计数方法进行计数。

(4) 利用式(3.5.123)第一式或式(3.5.124)第一式，将全循环中的 $\gamma_{\max}$、$\bar{\varepsilon}_{\rm n}$ 合成为等效应变，再由式(3.5.123)第二式或式(3.5.124)第二式计算出每个全循环所造成的疲劳损伤。

(5) 由 Miner 线性累积法则对损伤进行累积，得出疲劳寿命。

若采用多轴疲劳损伤模型对损伤进行非线性累积来预测疲劳寿命，则可利用多轴循环计数方法对复杂的多轴载荷历程进行处理，离散成一系列的全循环，对应的等效应变幅值序列为 $\varepsilon_{\rm eq1}^{\rm cr}$，$\varepsilon_{\rm eq2}^{\rm cr}$，$\varepsilon_{\rm eq3}^{\rm cr}$，…，$\varepsilon_{{\rm eq}n}^{\rm cr}$。计算出各自的多轴疲劳寿命 $N_{\rm f1}$，$N_{\rm f2}$，$N_{\rm f3}$，…，$N_{{\rm f}n}$，然后将随机加载视为多级加载，计算出每一级的循环比 $n_i / N_{{\rm f}i}$。多轴疲劳寿命的计算公式为

$$N_{\rm f}=aM_0^{\beta}\ln\left|\frac{\Delta\sigma}{2}-\sigma_{-1}(1-b\sigma_{\rm m})\right|\left(\frac{\Delta\sigma/2}{1-b'\sigma_{\rm m}}\right)^{-\beta} \tag{3.7.49}$$

利用累积循环比公式进行损伤累积计算，损伤累积的计算公式为

$$Y_i=1-(1-D_{i-1})^{1-a_i}+\frac{n_i}{N_{{\rm f}i}}=1-(1-Y_{i-1})^{(1-a_i)/(1-a_{i-1})}+\frac{n_i}{N_{{\rm f}i}},\quad i=2,3,4,\cdots,n \tag{3.7.50}$$

根据式(3.7.50)的计算结果，当 Y_i 达到 1 时，认为发生疲劳破坏，从而可预测出多轴疲劳寿命。

3.8　高温多轴疲劳特性

3.8.1　高温多轴疲劳预测方法与模型

在高温下服役的零件，其寿命往往受多种机制的制约，如疲劳、蠕变、腐蚀等。高温疲劳主要研究材料在疲劳和蠕变共同作用下的力学行为。高温是指使金属点阵中的原子具有较大的热运动能力的温度环境，因不同的材料而异。一般认为，当合金的工作温度与合金熔点的比值大于 0.5 时，材料的蠕变现象不可忽略，此时认为零件处于高温工作状态。

对于单轴载荷作用下的疲劳蠕变交互作用，已有频率修正法、塑性耗竭法、应变范围划分法、应变能修正模型、损伤率法等寿命预测模型。对于高温多轴疲劳，尤其是非比例加载下的高温低周疲劳，还需要进行深入研究。本节讨论高温多轴疲劳的研究方法和疲劳特性问题。

1. 高温单轴疲劳特性研究方法

承受载荷的零部件在高温环境中会发生蠕变和应力松弛。工程上的蠕变是指在高温和持续载荷作用下，材料产生随时间而发展的塑性变形。应力松弛的概念

则相反，是指在载荷作用下产生一定变形的零构件，使其变形的应力随时间的增长而逐步减小的现象。高温疲劳是疲劳与蠕变共同作用的结果，高温疲劳的载荷-时间历程在一定的应力或应变下常有保持时间。在应力保持不变的条件下，会出现蠕变或裂纹扩展。在应变保持不变的条件下，会出现松弛，从而引起所加应力降低。在高温条件下，材料的迟滞回线相当复杂且不连续，对于在高温下经受载荷-时间历程的零件，预估其疲劳寿命是很困难的。频率和波形等因素对室温下的疲劳影响较小，但在高温下，这些因素起着重要的作用。

高温下的金属疲劳性能和寿命估算比室温下要复杂得多。在高温下工作的零件，特别是经常启动-运行-停车的设备，经受着变动载荷、变动温度和腐蚀介质的共同作用。因此，除了蠕变和松弛，还必须考虑疲劳和腐蚀等环境因素的影响。蠕变、疲劳和环境三个因素不是独立存在的，它们之间还存在着交互作用。

高温疲劳寿命的估算方法有很多，各种方法的侧重点不同，但都有其局限性。下面介绍一些比较常见且应用比较广泛的方法。

1) 损伤累积模型方法

损伤累积模型方法是一种典型的高温蠕变-疲劳寿命预测方法。该方法是与时间无关的疲劳损伤和与时间相关的蠕变损伤相加得出总损伤，即

$$D=D_{\mathrm{f}}+D_{\mathrm{c}} \tag{3.8.1}$$

式中，D_{f}为一般疲劳损伤，即无蠕变作用下常温疲劳过程的损伤；D_{c}为高温蠕变断裂试验所得损伤。

疲劳和蠕变损伤的测定方法为：在一次循环中疲劳所受损伤规定为纯疲劳循环次数 N_{f} 的倒数，即$1/N_{\mathrm{f}}$，疲劳损伤部分 D_{f} 可由每一循环损伤相加得出，即n/N_{f}，其中n为所加循环总数。蠕变损伤项 D_{c}则为给定应力下累积保持时间与相同应力下单纯蠕变持久寿命的比值，即t/t_{R}，从而式(3.8.1)可表示为

$$D=\frac{n}{N_{\mathrm{f}}}+\frac{t}{t_{\mathrm{R}}} \tag{3.8.2}$$

对于复杂或变载条件，线性损伤累积公式(3.8.2)可表示为

$$D=\sum\frac{n_i}{N_{\mathrm{f}i}}+\sum\frac{t_j}{t_{\mathrm{R}j}} \tag{3.8.3}$$

若线性循环次数比的概念正确，同时又无蠕变-疲劳交互作用，则D应接近于1，若D明显偏离1，则说明存在蠕变-疲劳交互作用。试验证明，在许多情况下，D明显大于1或小于1。此时，可以增加交互作用项来表示蠕变-疲劳的交互作用，即

$$\sum\frac{n_i}{N_{\mathrm{f}i}}+\sum B\left(\frac{n_i}{n_{\mathrm{f}i}}\times\frac{t_i}{t_{\mathrm{R}i}}\right)^{1/2}+\sum\frac{t_j}{t_{\mathrm{R}j}}=1 \tag{3.8.4}$$

式中，B 为交互作用系数，B 的大小反映交互作用的强弱。

损伤累积模型方法是较早提出的方法，而且准确度不高，但其是列入美国机械工程师协会(American Society of Mechanical Engineers，ASME)设计规范的设计方法。通常应用于蠕变占支配地位的情况、地面动力机械的高温疲劳寿命预测，还可应用于工程设计。

2) 应变幅值划分法

非弹性应变有塑性应变和蠕变应变之分。塑性应变由于晶体滑移面而产生，主要集中在滑移面上，寿命与时间无关；蠕变应变由于晶界变形而产生，主要集中在晶界上，寿命与时间有关。材料的寿命由与时间无关的塑性应变和与时间有关的蠕变应变变形所控制。区分这两种变形的形式和建立它们之间的转换关系是应变幅值划分法的一个重要特点。

根据每个复杂循环的塑性应变和蠕变应变是在拉伸区域还是在压缩区域，将非弹性应变分为四种基本循环，如图 3.8.1 所示。图中，迟滞回线的宽度定义为：图 3.8.1(a)中的 $\Delta\varepsilon_{pp}$ 为拉伸塑性应变，反向压缩塑性应变；图 3.8.1(b)中的 $\Delta\varepsilon_{pc}$ 为拉伸塑性应变，反向压缩蠕变应变；图 3.8.1(c)中的 $\Delta\varepsilon_{cp}$ 为拉伸蠕变应变，反向压缩塑性应变；图 3.8.1(d)中的 $\Delta\varepsilon_{cc}$ 为拉伸蠕变应变，反向压缩蠕变应变。

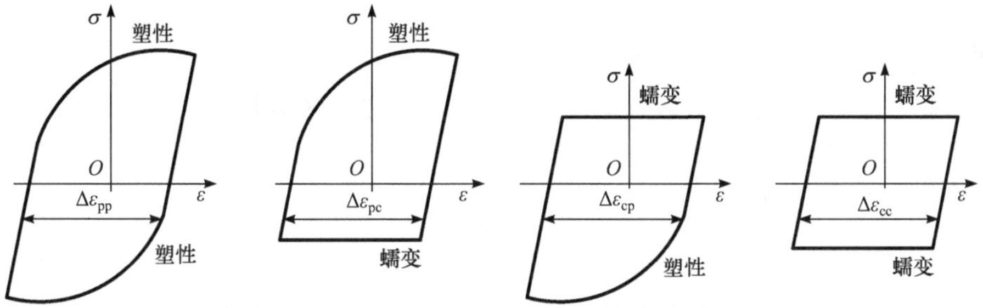

(a) 塑性应变-塑性应变　(b) 塑性应变-蠕变应变　(c) 蠕变应变-塑性应变　(d) 蠕变应变-蠕变应变

图 3.8.1　应变幅值划分法的四种基本非弹性应变幅值

以上四种循环的应变幅值称为划分的应变幅值。这些划分的应变幅值度与相应的循环次数在双对数坐标平面上呈直线关系。循环寿命与四个应变分量之间的关系可以用 Manson-Coffin 指数定律来描述，这里该定律可以表示为

$$\Delta\varepsilon_{pp}=c_{pp}N_{pp}^{-\beta_1}, \quad \Delta\varepsilon_{pc}=c_{pc}N_{pc}^{-\beta_2}, \quad \Delta\varepsilon_{cp}=c_{cp}N_{cp}^{-\beta_3}, \quad \Delta\varepsilon_{cc}=c_{cc}N_{cc}^{-\beta_4} \tag{3.8.5}$$

总寿命 N 可通过四种形变方式所造成的损伤来确定，即

$$\frac{1}{N}=\frac{1}{N_{pp}}+\frac{1}{N_{pc}}+\frac{1}{N_{cp}}+\frac{1}{N_{cc}} \tag{3.8.6}$$

式(3.8.5)和式(3.8.6)中，下标的含义与应变幅值下标的含义一一对应。

应变幅值划分法的优点为：①直接决定寿命的是非弹性应变范围的大小和类别，而温度、频率、波形和保持时间等参量已经包含于应变范围内，一种材料的寿命关系式可普遍适用于该材料的任意特定条件；②温度影响只改变循环中蠕变与塑变的相对分量，而不改变失效寿命关系式，大大简化了变温循环分析。

应变幅值划分法的缺点为：很难区分和准确测量很小的非弹性应变，特别是在很高的温度下难以区分蠕变和塑性应变。

3) 应变能修正模型方法

应变能修正模型方法是一种能量方法。该方法吸取了损伤函数的观点，并赋予时间相关疲劳损伤明确的物理意义。当外力作用于物体做功和变形时，根据热力学第一定律，有

$$W_e + Q = \Delta T + \Delta U \tag{3.8.7}$$

式中，W_e为外力作用于物体的功；Q为传给物体的热量；ΔT为增加的动能；ΔU为增加的内能。在非绝热条件下，功的大部分变为热消耗，其余则以内能形式存于物体内。能量是状态的单值函数，从某一状态转到另一状态所做的功，由两状态的内能差ΔU确定，即$\Delta W = \Delta U$。而单位面积的应变能为

$$\Delta U=\frac{1}{2}\int \sigma_x \mathrm{d}\varepsilon_x = a\sigma_T \Delta\varepsilon_p \tag{3.8.8}$$

即σ_T为常数时，a为形状系数。

应变能是建立疲劳失效判据的基础，塑性应变能主要用于最后破坏前的累积损伤，每一循环可用迟滞回线的面积来度量。整个寿命所消耗的总能量U_p则为每一循环消耗能量(ΔU_p)之和，即

$$U_p = N_f \Delta U_p = N_f (a\sigma_T \Delta\varepsilon_p) \tag{3.8.9}$$

式(3.8.9)建立了疲劳失效寿命与应变能之间的关系。在此基础上建立以下两种修正模型方法来预测时间相关疲劳裂纹起始寿命。该修正模型方法是对应变范围区分法(strain range partitioning，SRP)和频率分离法(frequency separation method，FM)的修正，修正后为应变能区分法和应变能频率分离法。

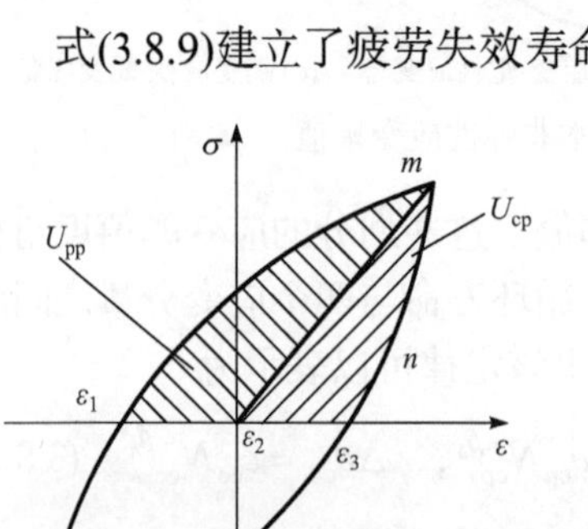

图 3.8.2　应变能分量

(1) 应变能区分法。

应变能区分法的理论基础是蠕变和疲劳是两种不同性质的损伤，因此决定蠕变-疲劳交互作用寿命的不是总的非弹性应变能(ΔU_{in})，而是蠕变应变能分量(ΔU_c)和塑性应变能分量(ΔU_p)。图 3.8.2 所示的 U_{cp} 循环中两类

不同的阴影面积表明，只有拉伸滞后能引起损伤促使裂纹扩展。应变能区分法将应变范围区分模型的应变分量($\Delta\varepsilon_{ij}$)取代为应变能分量(ΔU_{ij})，所得关系式为

$$N_{ij} = C_{ij}(\Delta U_{ij})^{D_{ij}} = C_{ij}(a_{ij}\sigma_{\mathrm{T}}\Delta\varepsilon_{ij})^{D_{ij}}, \quad N = \frac{N_{ij}}{\overline{F}_{ij}} \tag{3.8.10}$$

式中，C_{ij}与D_{ij}为材料常数；$\overline{F}_{ij}$为应变能分量分数，即$\Delta U_{ij} / \Delta$。

(2) 应变能频率分离法。

应变能频率分离法是从应变能的观点对频率分离法的修正，即引起时间相关疲劳损伤的主要是材料拉伸部分的非弹性应变能(ΔU_{in})，同时吸取了频率分离法的拉伸进程频率(V_i)和压缩拉伸不等频率比(V_c/V_i)作为寿命参量。应变能频率分离法可以描述为

$$N_{\mathrm{f}} = C(\Delta\varepsilon_{\mathrm{in}}\sigma_{\mathrm{T}})^{\beta} V_i^M \left(\frac{V_{\mathrm{c}}}{V_i}\right)^k \tag{3.8.11}$$

应变能修正模型的两种方法(应变能区分法和应变能频率分离法)是应变范围区分法和频率分离法的修正，是能量修正模型，物理意义更加明确。应变能区分法和应变能频率分离法同时考虑了应力与应变参量两者的作用,虽然对于低强度、高延性材料效果不如应变范围区分法和频率分离法好，但对于代表今后发展方向的高强度、低延性材料，这两种方法应用效果良好。

2. 高温多轴疲劳特性研究方法

在高温多轴载荷下，应力-应变关系和应力-应变曲线变得相当复杂。尤其涉及非比例加载时，建立材料的本构关系相当困难。因此，一些基于单轴应力-应变分析的高温疲劳寿命预测模型不再适用。其中一些模型经过各种修正后也只能在某种程度上满足寿命预测的需要，如塑性耗竭法、损伤模型方法等。

损伤力学的发展为疲劳、蠕变、疲劳和蠕变交互作用的研究提供了新的工具。损伤力学采用连续介质力学的方法，把损伤因子作为一种场变量，即损伤参量来分析疲劳和蠕变问题；利用宏观理论分析与解决宏观裂纹出现以前的微观缺陷、裂纹和微孔穴的发生和发展过程；以不可逆热力学和凸函数理论为理论依据，用宏观变量描述微观变量。损伤力学不仅可以研究多重失效模式的叠加问题，而且可以将疲劳和蠕变统一在一个模型中，从而减少了确定材料常数所需要的试验工作，节省了试验费用，降低了研究成本。有关高温多轴疲劳寿命预测的模型有以下几类。

1) 损伤累积模型

损伤累积模型认为，蠕变损伤和疲劳损伤是两种不同类型的损伤，因此材料

的总损伤可分为蠕变损伤和疲劳损伤。根据线性损伤累积法则，该模型的损伤由式(3.8.1)确定。一般情况下，对于无损伤材料，即纯净材料，$D=0$。当$D=1$时，材料发生失效。

用损伤力学的方法来描述损伤演化时，一般采用微分形式来描述，即

$$\mathrm{d}D = f(\cdot)\mathrm{d}N \tag{3.8.12}$$

式中，函数$f(\cdot)$中的变量是与温度、应变等相关的中间变量。

这种形式一般反映损伤的非线性累积。当考虑疲劳-蠕变交互作用时，损伤的非线性累积关系为

$$\mathrm{d}D = \mathrm{d}D_{\mathrm{f}} + \mathrm{d}D_{\mathrm{c}} \tag{3.8.13}$$

根据D_{f}和D_{c}(或$\mathrm{d}D_{\mathrm{f}}$、$\mathrm{d}D_{\mathrm{c}}$)的计算方法不同，出现了许多不同的计算公式。

2) 统一连续损伤模型

统一连续损伤模型不再区分蠕变损伤和疲劳损伤，这种模型在拉博诺夫(Rabotnov)损伤模型的基础上进行了改进，使其能适用于蠕变疲劳交互作用，甚至适用于多轴加载下的蠕变疲劳损伤计算。该模型可以描述为

$$\dot{D} = \left\langle \frac{\chi(\tilde{\sigma})}{A} \right\rangle^{r} \left(\frac{\dot{P}}{\dot{\varepsilon}_{\mathrm{s,in}}} \Phi(\sigma', \dot{\varepsilon}_{\mathrm{in}}) \right) \frac{\left[1-(1-D)^{1-k}\right]^{q(\tilde{\sigma}, \dot{\varepsilon}_{\mathrm{in}})}}{(1-D)^{k}} \tag{3.8.14}$$

式中，$\tilde{\sigma}=\sigma/(1-D)$；$\chi(\tilde{\sigma})$为从多轴应力状态等效出来的单轴应力；$\dot{\varepsilon}_{\mathrm{in}}$为非弹性应变率；$\dot{\varepsilon}_{\mathrm{s,in}}$为蠕变应变率；$\Phi(\tilde{\sigma}', \dot{\varepsilon}_{\mathrm{in}})$、$\dot{P}$、$q(\tilde{\sigma}', \dot{\varepsilon}_{\mathrm{in}})$为中间函数关系式。方程(3.8.14)的简化形式可以写成$\dot{D} = g(\sigma, D, T, \dot{\varepsilon}_{\mathrm{in}})$，此模型把应力张量、温度、应变率作为参量，描述了损伤的发展。蠕变和多轴应力的影响反映在各种应变率的变化上，从而避免了将损伤人为区分成疲劳部分和蠕变部分的做法。

3) 损伤率法模型

损伤率法(damage rate approach, DRA)模型适用于蠕变疲劳交互作用与多轴应力情况。这种模型把损伤发展过程描述为预先存在(或早期成核)的疲劳裂纹和蠕变孔洞从原始尺寸(a_0或c_0)扩展到临界尺寸(a_{c}或c_{c})的过程，可表示为

$$\begin{aligned} \frac{1}{a}\frac{\mathrm{d}a}{\mathrm{d}t} &= F[c, A(\mu, \mu'), m, k, T/C, A_{\mathrm{g}}, \varepsilon_{\mathrm{p}}, \dot{\varepsilon}_{\mathrm{p}}] \\ \frac{1}{c}\frac{\mathrm{d}c}{\mathrm{d}t} &= G[C_{\mathrm{g}}(\mu, \Gamma), k_{\mathrm{c}}, m, \varepsilon_{\mathrm{p}}, \dot{\varepsilon}_{\mathrm{p}}] \end{aligned} \tag{3.8.15}$$

式中，A、m、k、T/C、k_{c}、A_{g}、C_{g}和a_{c}/a_0、c_{c}/c_0是材料常数和与温度有关的函数；μ、μ'和Γ为用来模拟多轴应力状态的参数，并且也可用来区分拉载荷或压载荷。

3.8.2 非比例加载下的高温多轴疲劳行为

1. 高温多轴疲劳试验

选用高温合金 GH4169，直径为 25mm 的棒材，经标准热处理后，加工成薄壁管试样，其工作部分外径为 16mm，内径为 12mm。

试验在 MTS809-250kN 拉扭电液伺服材料试验机上进行，控制温度为 650℃。试验频率为 0.1Hz 和 0.05Hz，选用轴向与扭转同时控制的方式，采用三角波加载。试验过程中利用数据采集系统自动采集两个输入应变通道信号和两个输出应力通道信号，每隔一定的循环周次输出四个通道(ε、γ、σ、τ)信号，记录并绘出$\gamma/\sqrt{3}$-$\sqrt{3}\tau$、ε-σ 关系图以及应力响应图。多轴疲劳寿命试验所选用的波形与应变路径如图 3.8.3 所示。图 3.8.3(a)所示的比例加载的等效应变幅值为 0.4%、0.6%和 0.8%；图 3.8.3(b)所示的 45°非比例加载的等效应变幅值为 0.4%、0.6%、0.632 和 0.8%；图 3.8.3(c)所示的 90°非比例加载的等效应变幅值为 0.4%、0.566%、0.6%和 0.8%。

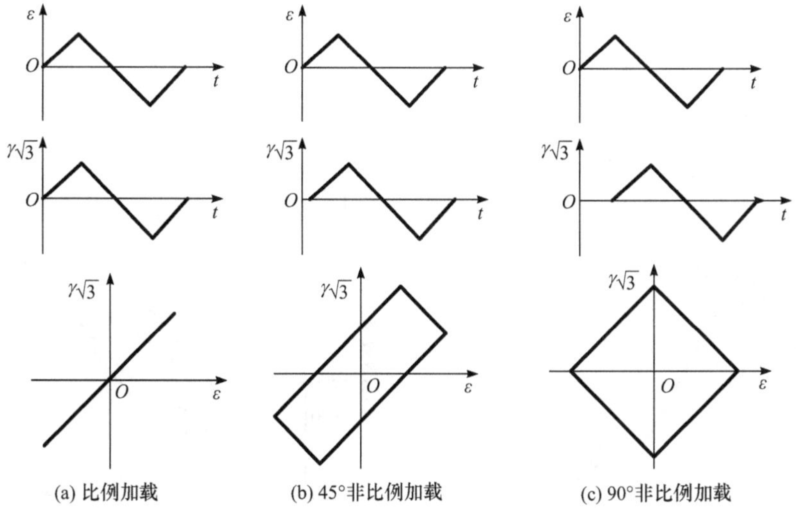

图 3.8.3　多轴疲劳寿命试验的波形与应变路径

2. 高温非比例加载下循环应力-应变响应行为

图 3.8.4 为 von Mises 等效应变幅值为 0.8%比例加载下拉与扭分量的迟滞回线。由图可以看出，拉压分量和扭转分量的迟滞回线形状相似。加载段和卸载段曲线光滑，与单轴加载下的迟滞回线相一致。

图 3.8.5 为 45°非比例加载 von Mises 等效应变幅值为 0.8%下拉压与扭转分量各自的

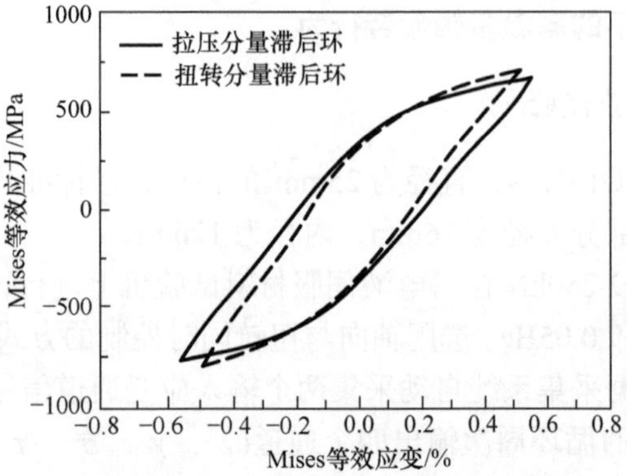

图 3.8.4　比例加载下拉与扭分量的迟滞回线

迟滞回线。由图可以看出，拉压分量的迟滞回线形状与比例情况下的拉压分量迟滞回线形状相一致，但扭转分量的迟滞回线形状与比例情况下相比发生了较大的变化，其中扭转分量迟滞回线发生了畸变，在加载段和卸载段后半程出现了不连续现象，即出现了明显的折线。分析拉扭加载波形历史可以发现，扭转迟滞回线加载、卸载段出现折线点的位置(*A*、*B* 两点)正是拉载荷分量处于最高点和最低点的位置。也就是说，45°非比例加载下，拉载荷分量在经过最大和最小的折返点后对扭转应力响应分量有很大的影响，使原来应力-应变响应的非线性关系瞬间转换为线性关系。

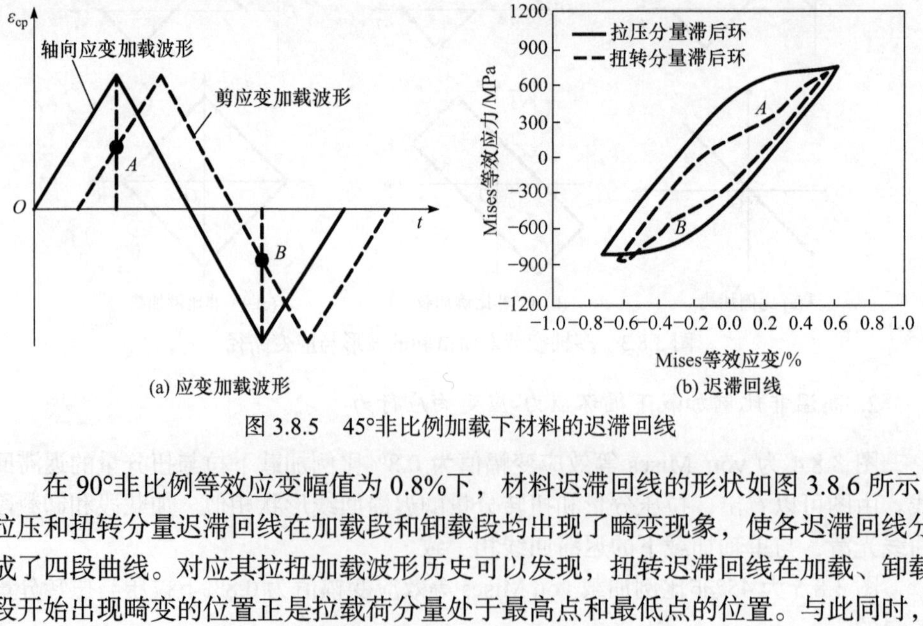

图 3.8.5　45°非比例加载下材料的迟滞回线

在 90°非比例等效应变幅值为 0.8%下，材料迟滞回线的形状如图 3.8.6 所示。拉压和扭转分量迟滞回线在加载段和卸载段均出现了畸变现象，使各迟滞回线分成了四段曲线。对应其拉扭加载波形历史可以发现，扭转迟滞回线在加载、卸载段开始出现畸变的位置正是拉载荷分量处于最高点和最低点的位置。与此同时，扭转载荷分量在折返时也使拉压迟滞回线形状发生了畸变。外加一些高温蠕变的影响，使拉扭迟滞回线只在开始加载和开始卸载的一小段内应力-应变保持线性关系，其余均显示出复杂的非线性关系。

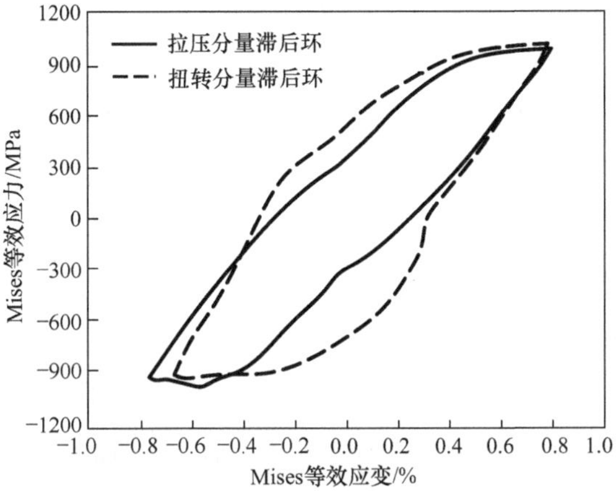

图 3.8.6　90°非比例加载下材料的迟滞回线

由图 3.8.4～图 3.8.6 中拉扭迟滞回线所包围的面积可以看出，在相同等效应变加载与比例加载下的拉扭迟滞回线大致相等，说明在一个循环下拉扭各自产生的塑性功基本相等。但在 45°非比例加载路径下的拉扭各自分量的迟滞回线的面积相差较大，其中扭转迟滞回线的面积比比例加载下的面积缩减了很多。而在 90°非比例加载路径下的扭转分量迟滞回线的面积大大增加，其扭转分量所产生的塑性功已明显超过拉压分量所产生的塑性功。

由以上迟滞回线形状的变化特点可以看出，高温拉扭比例循环加载下，GH4169 材料的迟滞回线的形状特点与单轴加载方式下的形状基本保持一致。但在高温非比例加载条件下，拉扭迟滞回线均发生了不同程度的畸变，畸变程度与加载路径有密切关系，其中扭转迟滞回线变形严重。随着拉扭相位差和控制应变增大，迟滞回线畸变程度逐渐明显。在相同等效应变加载下，比例与非比例下的拉压分量所产生的塑性功变化很小，但扭转分量所产生的塑性功变化很大。这说明在高温非比例加载下 GH4169 材料存在较为复杂的本构关系。

3. 高温多轴循环加载下材料的循环硬化、软化特性

通过连续记录 GH4169 材料在高温多轴加载下的迟滞回线，可以直观地反映材料的循环硬化和软化特性。图 3.8.7 为 45°非比例加载路径下在加载循环次数分别为 1～3、5、10、20、40、80、160、200、250 周时记录的一系列迟滞回线。由图可以发现，随着循环次数的增加，轴向应力-应变回线的应力响应幅度出现了逐

渐减小的现象，即表现出循环软化特性。剪应力-应变回线随循环次数的增加也出现了上述类似的变化。

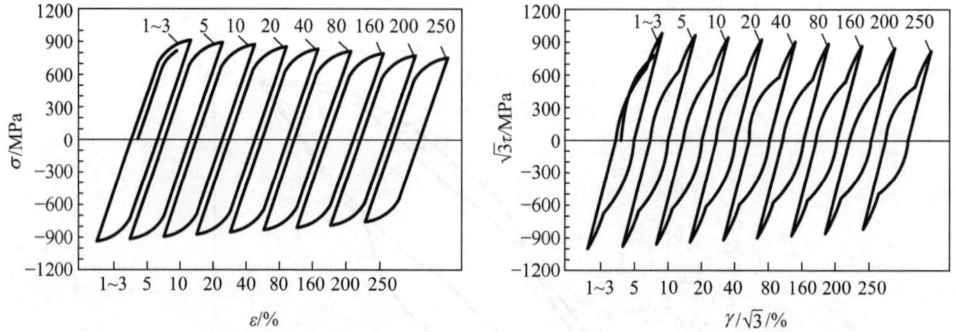

(a) 拉压分量迟滞回线 (b) 扭转分量迟滞回线

图 3.8.7 45°非比例加载循环应力-应变回线随循环次数的变化

通过连续记录每一个回线的应力响应最大值，可以确定应力响应随循环次数的连续变化曲线，这样可以更直观地反映材料在特定加载路径下的循环硬化、软化特性。图 3.8.8(a)为等效应变幅值为 0.8%，45°非比例加载下循环应力响应最大值随循环次数的变化趋势。由图可以看出，当加载频率为 0.05Hz 时，在前 20 多个循环中，试件的轴向和剪切最大应力下降较快，软化程度较大，在随后的循环中，应力响应缓慢下降，仍表现为循环软化现象。

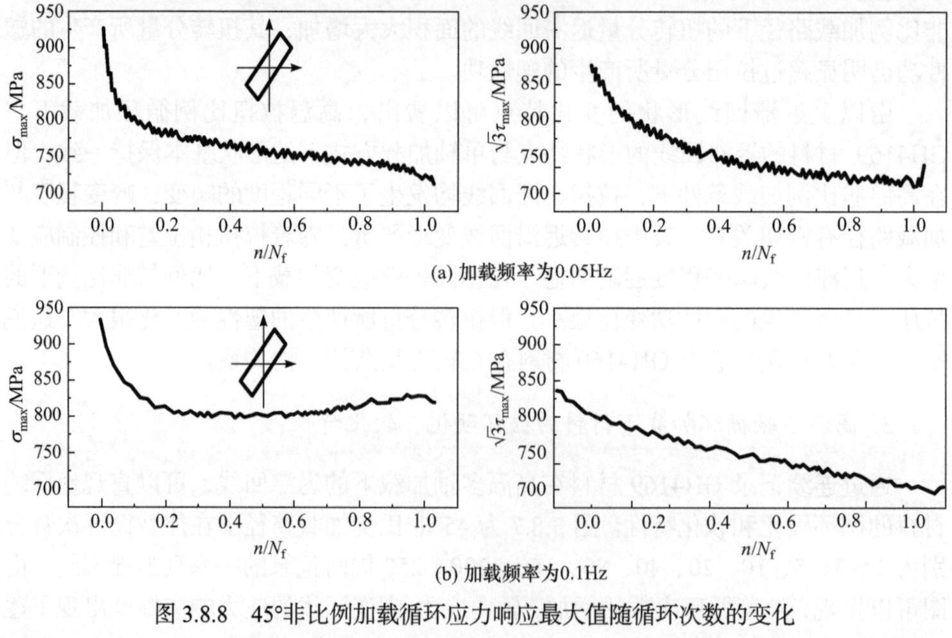

(a) 加载频率为0.05Hz

(b) 加载频率为0.1Hz

图 3.8.8 45°非比例加载循环应力响应最大值随循环次数的变化

当加载频率变为 0.1Hz，其他加载参数不变时，试件循环应力响应最大值随循环次数的变化趋势如图 3.8.8(b)所示。在开始的二十几个循环内，轴向应力的最大值下降较快，表现出快速软化。随后，轴向应力最大值变化趋缓，幅值较为稳定。在半寿命的后半期，轴向应力幅值开始缓慢上升，材料的性质表现为循环硬化。然而，最大剪应力在整个寿命期内都表现为缓慢下降，呈现软化趋势。

图 3.8.9 为在 90°非比例加载路径下循环应力响应最大值随循环次数的变化趋势。由图可以看出，在 90°非比例加载路径下，在不同等效控制应变和加载频率下，轴向应力和剪应力最大值的变化规律基本相同，均表现出较为稳定的循环软化性质。

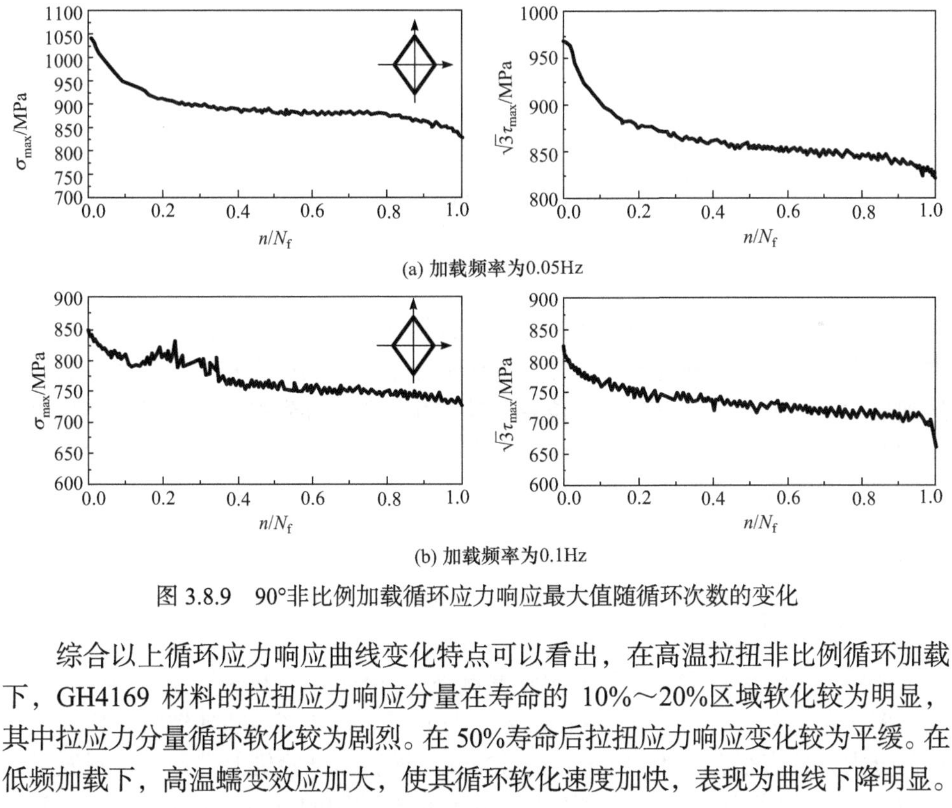

图 3.8.9　90°非比例加载循环应力响应最大值随循环次数的变化

综合以上循环应力响应曲线变化特点可以看出，在高温拉扭非比例循环加载下，GH4169 材料的拉扭应力响应分量在寿命的 10%～20%区域软化较为明显，其中拉应力分量循环软化较为剧烈。在 50%寿命后拉扭应力响应变化较为平缓。在低频加载下，高温蠕变效应加大，使其循环软化速度加快，表现为曲线下降明显。

4. 高温非比例加载下的循环附加强化行为

对于常温控制应变多轴加载，在相同等效应变情况下，单轴与比例加载的疲劳寿命基本一致，而非比例加载情况下的疲劳寿命会大大缩短。在高温环境下，2.25Cr-1Mo 钢的高温多轴疲劳试验结果表明，在高温多轴比例与非比例加载下，其疲劳寿命长短与常温下的疲劳寿命规律相一致。

对 GH4169 材料在不同的加载频率下记录其疲劳寿命，其比例与非比例多轴加载下的疲劳寿命结果如图 3.8.10 所示。为了便于对比，图中还给出了 GH4169 材料在相同温度下的单轴疲劳寿命数据，可以发现，在高温低周多轴加载下，比例加载与单轴加载下的疲劳寿命基本相一致。而在非比例加载下，随着加载相位差的增加，疲劳寿命有不同程度的降低。在低应变高周加载下，随着加载相位差的增加，疲劳寿命没有出现明显降低的趋势，寿命相差在 2 个因子之内。

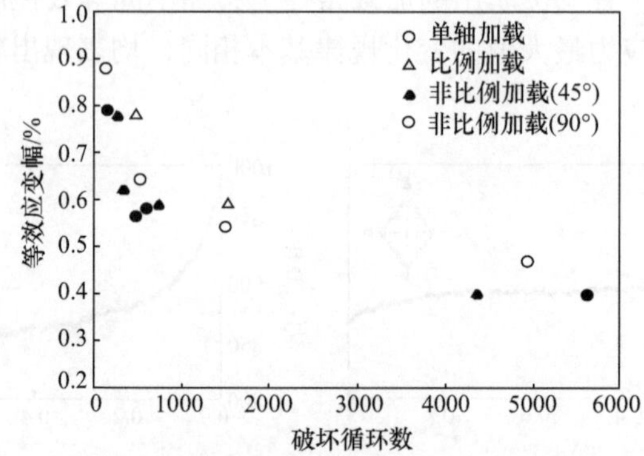

图 3.8.10　高温多轴疲劳寿命试验结果

非比例加载条件下，施加的拉扭应变分量存在相位差，使得循环过程中应变主轴发生了旋转。这种旋转造成最大剪切平面上的剪切应变和法向应变不能同时达到最大值，由于二者也存在相位差，其交互作用便导致材料产生了附加强化现象，90°非比例圆形路径具有最大的附加强化，其余非比例路径的附加强化程度介于比例加载路径和圆形非比例加载路径之间。

3.8.3　变幅多轴加载下的高温疲劳特性

1. 高温变幅多轴疲劳试验

选用高温合金 GH4169，其屈服强度 σ_s 为 1220MPa、抗拉强度 σ_b 为 1440MPa、延伸率 δ 为 23%、面缩率 φ 为 44%，经热处理后，加工成拉扭薄壁管试样，其工作部分内、外直径分别为 16mm 和 12mm。试验在试验机上进行，控制温度为 650℃，试验频率为 0.1Hz。选用轴向与剪切同时控制的方式，试样标距段上安装标距为 50mm 的拉扭引伸计。

试验过程中，拉伸载荷和扭转载荷由 MTS809-250kN 拉扭电液伺服材料试验机中的载荷传感器测出。拉伸应变和扭转应变均由固定在试件标距段内的高温拉扭引伸计测出。试验采用数据采集卡实时记录试验数据，同时记录和显示轴向载荷、轴向应变、扭矩和扭转角四个通道的信息。信息采集频率为每通道

50Hz，即每 20ms 采集一次四个通道的数据。与采集卡配套的滤波器软件可将四个通道的数据实时地显示在计算机显示器上，并分别绘出拉力-拉应变及扭转角-扭矩两条曲线。

试验中，加载方式为载荷块加载，采用等效应变幅值控制对称循环加载，应变波形为三角波，所选用的应变加载路径如图 3.8.11 所示，载荷块取 9 种形式，如表 3.8.1 所示。

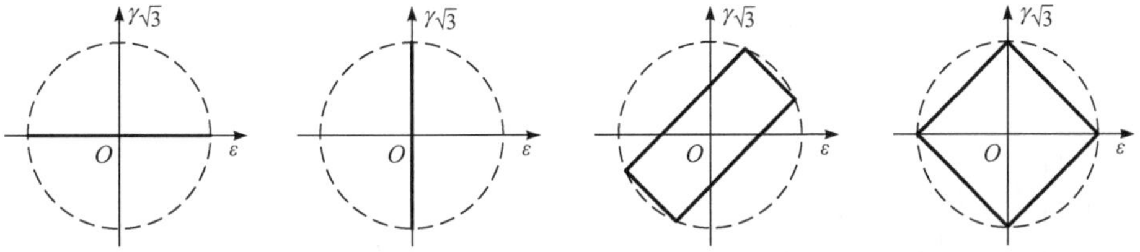

(a) 单轴(路径1)　(b) 纯扭(路径2)　(c) 45°非比例加载(路径3)　(d) 90°非比例加载(路径4)

图 3.8.11　应变加载路径示意图

表 3.8.1　多轴变幅疲劳试验控制参数

载荷块	加载路径
A	路径 1($\Delta\varepsilon/2$=0.6%)→路径 2($\Delta\varepsilon_{eq}/2$=0.6%)→路径 3($\Delta\varepsilon_{eq}/2$=0.6%)→路径 4($\Delta\varepsilon_{eq}/2$=0.6%)
B	路径 4($\Delta\varepsilon_{eq}/2$=0.6%)→路径 3($\Delta\varepsilon_{eq}/2$=0.6%)→路径 2($\Delta\varepsilon_{eq}/2$=0.6%)→路径 1($\Delta\varepsilon/2$=0.6%)
C	路径 1($\Delta\varepsilon/2$=0.8%)→路径 2($\Delta\varepsilon_{eq}/2$=0.8%)→路径 3($\Delta\varepsilon_{eq}/2$=0.8%)→路径 4($\Delta\varepsilon_{eq}/2$=0.8%)
D	路径 4($\Delta\varepsilon_{eq}/2$=0.8%)→路径 3($\Delta\varepsilon_{eq}/2$=0.8%)→路径 2($\Delta\varepsilon_{eq}/2$=0.8%)→路径 1($\Delta\varepsilon/2$=0.8%)
E	路径 1($\Delta\varepsilon/2$=0.4%)→路径 2($\Delta\varepsilon_{eq}/2$=0.4%)→路径 3($\Delta\varepsilon_{eq}/2$=0.6%)→路径 4($\Delta\varepsilon_{eq}/2$=0.8%)
F	路径 4($\Delta\varepsilon_{eq}/2$=0.4%)→路径 3($\Delta\varepsilon_{eq}/2$=0.4%)→路径 2($\Delta\varepsilon_{eq}/2$=0.6%)→路径 1($\Delta\varepsilon/2$=0.8%)
G	路径 4($\Delta\varepsilon_{eq}/2$=0.4%)→路径 4($\Delta\varepsilon_{eq}/2$=0.6%)→路径 4($\Delta\varepsilon_{eq}/2$=0.8%)
H	路径 4($\Delta\varepsilon_{eq}/2$=0.8%)→路径 4($\Delta\varepsilon_{eq}/2$=0.6%)→路径 4($\Delta\varepsilon_{eq}/2$=0.4%)
I	路径 2($\Delta\varepsilon_{eq}/2$=0.4%)→路径 2($\Delta\varepsilon_{eq}/2$=0.6%)→路径 2($\Delta\varepsilon_{eq}/2$=0.8%)

注：每种路径下循环次数 n=50 周。

2. 纯扭转循环载荷下的材料疲劳特性

载荷块 I 是由等效控制应变幅值分别为 0.4%、0.6%和 0.8%的纯扭转载荷块循环构成的。在 I 路径下剪应力最大值随循环次数的变化如图 3.8.12 所示。由图可以看出，在前 150 周循环中，剪应变最大值随循环次数的增加迅速降低，材料发生非常强烈的循环软化。在约半寿命后(经过 5 个载荷块 1200 周后)，在每一级控制载荷下，材料的应力响应都很快达到了循环稳定，但纵观整个寿命内的应力响应最大值可以发现，GH4169 材料在 5 个载荷块下总体显示为循环软化。观察 1800～2000 周内(稳定状态)的响应曲线可以发现，当控制应变从 0.8%下降到 0.4%时，应力响应迅速达到稳定值，这个值近似等于前一个载荷块中 0.4%载荷下的响应值(1650～1700 周)。材料达到循环稳定状态后，改变应变幅值值，材料发生新的强化现象称为循环附加强化。由图 3.8.12 还可以看出，在达到循环稳定后，再增加载荷的幅值，材料没有发生新的强化。因此可以认为，在纯扭转载荷下 GH4169 材料无循环附加强化现象。

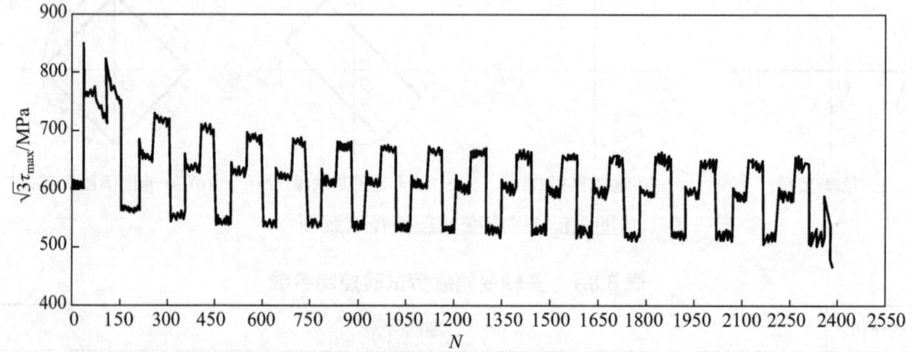

图 3.8.12 I 路径下剪应力最大值随循环次数的变化

3. 非比例变幅多轴循环载荷块下的材料疲劳特性

载荷块 H 是由等效控制应变幅值分别为 0.8%、0.6%和 0.4%的 90°非比例载荷块循环构成的。在 H 路径下正应力和剪应力最大值随循环次数的变化如图 3.8.13 所示。由图可以看出，在前 50 周循环内，正应力和剪应力均迅速下降，材料迅速软化。在 50～100 周内，材料应力响应仍然呈循环软化特性，但软化程度非常低，在 80 周后，基本可以认为材料达到循环稳定。在 100 周后，轴向应力和剪应力最大值开始随循环次数缓慢上升，材料表现出循环硬化特性，但硬化程度

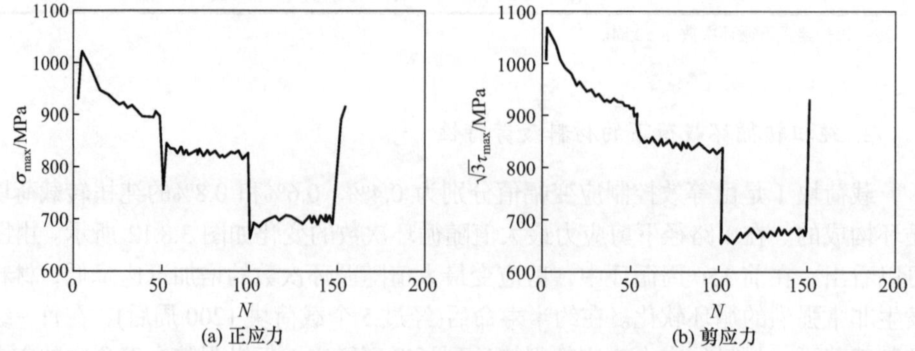

(a) 正应力 (b) 剪应力

图 3.8.13 H 路径下正应力和剪应力最大值随循环次数的变化

比较低，在 20～30 周后，材料趋于循环稳定。可见，在 90°非比例循环载荷块下，GH4169 材料并不遵循单一的循环软化，而是经过前期的大应变载荷下的循环后，在随后的小应变循环载荷下材料有时会显示出循环强化现象。

4. 混合多轴循环载荷块下的材料疲劳特性

载荷块 E 由拉压、纯扭、45°非比例加载和 90°非比例加载四种路径构成，图 3.8.14 为该载荷块下的拉、剪应力分量最大值随循环次数的变化曲线。在第一个载荷块中循环完 150 周后，试验重新开始，得到 150 周后的实时数据，因此曲线从 150 周开始画起。试验重新开始后，即加载路径从 90°非比例加载变为单轴拉压加载，应力响应仍然表现出剧烈的循环软化，如同该试件没有经历前 150 周循环一样。

在 200～250 周和 400～450 周这两个循环内，也就是当加载路径从 90°非比例转向拉压循环，同时也是控制等效应变由 0.8%转为 0.4%时，轴向应力响应表现出明显的循环硬化现象，循环硬化大约在 20 周后结束，然后进入稳定循环。分析其原因，这可能是由非比例加载路径所引起的循环附加强化作用使随后原本为单轴循环软化的材料表现为循环硬化特性。这更加说明大应变载荷下的非比例加载对材料的轴向拉压特性具有强化作用，使后面的小应变载荷下的循环特性出现硬化现象。在其他的路径中，材料拉扭应力响应基本表现为循环软化，且拉压应力响应分量表现出较强的软化，即在混合循环加载中，单轴拉压表现为循环硬化，而在其他路径中的拉压和扭转应力响应均表现为循环软化。同时可以发现，由于高温蠕变效应，后一个载荷块的拉扭响应分量比前一个载荷块的拉扭响应分量有所降低。

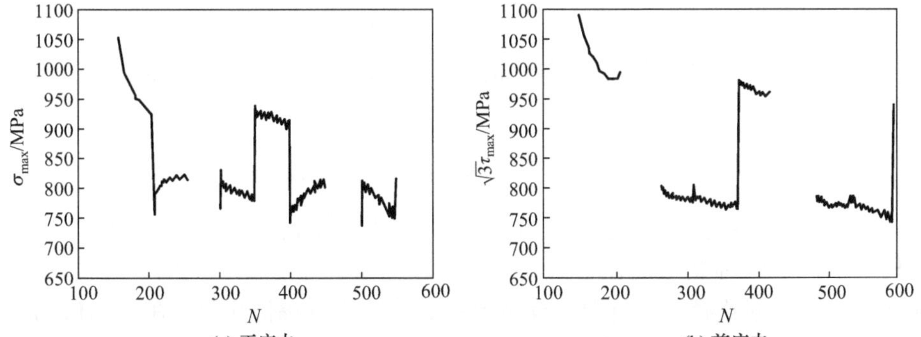

(a) 正应力　(b) 剪应力

图 3.8.14　E 路径下正应力和剪应力最大值随循环次数的变化

图 3.8.15 为 A 载荷块下材料拉、剪应力分量最大值随循环次数的变化曲线。由图可以看出，在第一个载荷块上，单轴拉压和纯扭的应力响应均表现出快速软

化的现象。在整个寿命区间内，各个路径下的拉压和扭转应力响应基本均为循环软化，随着循环次数的增加，高温蠕变效应使各分量的最大应力逐渐减小。

图 3.8.16 为 B 载荷块下材料拉、剪应力分量最大值随循环次数的变化曲线。由图可以看出，在第一个载荷块上，单轴拉压和纯扭的应力响应仍然表现出快速软化现象。在整个寿命区间内，各个路径下的拉压和扭转应力响应基本均为循环软化。但随着循环次数的增加，扭转应力响应分量基本处于循环稳定，且在非比例加载向纯扭加载转换时，扭转应力响应出现瞬间效应现象。

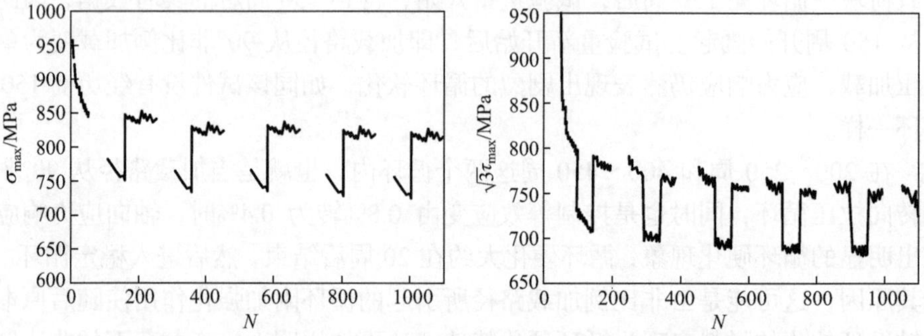

(a) 正应力　　(b) 剪应力

图 3.8.15　A 载荷块下正应力和剪应力最大值随循环次数的变化

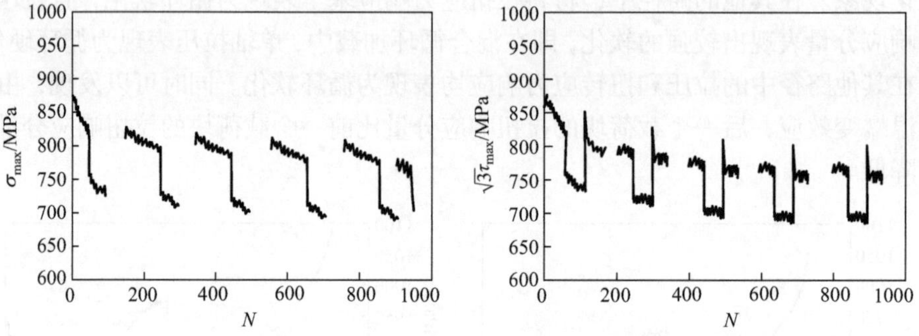

(a) 正应力　　(b) 剪应力

图 3.8.16　B 载荷块下正应力和剪应力最大值随循环次数的变化

A、B 两种载荷块均由拉压、纯扭、45°非比例加载和 90°非比例加载四种路径构成，但这两种载荷块在各个路径加载顺序上完全相反。这两个载荷块中均存在非比例加载路径，但由于所有路径中的等效应变幅值相等，在 E、H 载荷块中所出现的轴向应力循环硬化特性在载荷块中并没有出现。这说明只有前面大应变载荷为非比例加载，才会使后面小应变载荷下的材料轴向应力产生循环硬化现象。

5. 高温变幅多轴加载下疲劳寿命结果分析

表 3.8.2 为不同载荷块下试件的疲劳寿命结果。载荷块 A 的加载先为拉压、纯扭，后为 45°非比例加载，而载荷块 B 的加载先为 90°非比例加载、45°非比例加载，后为纯扭、拉压。在每个路径所加的等效应变均为 0.6%的情况下，比较二者的疲劳寿命可以发现，载荷块 B 下试件的疲劳寿命比载荷块 A 下试件的疲劳寿命降低了 15%左右。

表 3.8.2　高温变幅疲劳试验结果

载荷块	试件编号	试验频率/Hz	试验温度/℃	疲劳寿命/循环次数
A	N34	0.1	650	1100
B	N28	0.1	650	950
C	N05	0.1	650	208
D	N38	0.1	650	83
E	N08	0.1	650	553
F	N30	0.1	650	737
G	N06	0.1	650	445
H	N36	0.1	650	154
I	N33	0.1	650	2478

当 A、B 两种载荷块等效应变幅值加大为 0.8%时，即变为 C、D 两种载荷块，可以看出在加大载荷后，载荷块 D 由于先加较大的非比例载荷，未完成一个完整的载荷块时即发生了疲劳断裂。这说明高温非比例加载会使疲劳损伤大大增加。

E、F 两种载荷块与上面的 A、B 载荷块一致，但各个加载路径上所施加的等效应变进行了改变，载荷块 E 先为拉压、纯扭的等效应变均为 0.4%，后面的 45°非比例加载和 90°非比例加载的等效应变分别为 0.6%和 0.8%，载荷块 F 所施加的等效应变与载荷块 E 完全相反。可以看出，对载荷块 E 施加较大的等效应变非比例加载路径，相对于对载荷块 F 施加较小的非比例等效应变路径，其试件的疲劳寿命要缩短 25%左右。这种影响并没有因先加非比例路径而发生变化。

观察均为 90°非比例路径的 G、H 载荷块可以发现，在相同的非比例加载路径下，先加大载荷再加小载荷，比先加小载荷再加大载荷，使试件的疲劳寿命降低的幅度更大，寿命缩短 65%左右。

由非比例加载附加强化微观机理可知，在非比例加载下，应变轴不断旋转导致材料不能够形成稳定的位错结构。对于平面滑移材料，在比例加载下呈现出单滑移结构，而在非比例加载下呈现出多滑移结构。非比例加载过程中，最大剪切平面不断旋转改变方向，从而使更多的晶粒位于有利的取向位置，导致开动更多的滑移系，产生多滑移结构，并出现大量的位错反应，形成面角位错。该结构强烈阻止后继的位错运动，使材料的应变硬化率大大提高，最终材料出现较明显的附加强化。这种附加强化与外载的大小及载荷分量之间的相位差有关，外载与相位差越大，附加强化越大。

在相同高温多轴混合路径加载下，先加非比例加载路径比后加非比例加载路径对试件的疲劳损伤贡献更大。加载路径排列顺序对试件的疲劳寿命有显著的影响，且随着加载控制参量的增大，这种影响也会增大。这与单轴疲劳的加载顺序对疲劳损伤的影响规律类似，即非比例加载相当于大载荷，拉压和纯扭相当于小载荷。因此，估算高温混合路径加载下的疲劳寿命时应考虑这一与单轴疲劳相类似的现象，使寿命估算结果更为准确。

3.8.4 高温条件下的多轴疲劳寿命预测方法

在高温多轴循环载荷下，受温度的影响，应力-应变关系变得相当复杂。尤其在非比例加载下，进行多轴疲劳寿命预测相当困难。目前在高温多轴疲劳寿命预测研究中，多数采用线性损伤累积法、损伤率法、延性耗竭法、过应力法等。这些方法基本为高温单轴寿命预测方法，经修正和改进后被推广到高温多轴疲劳寿命预测中。然而，直接采用单轴推广而来的疲劳损伤参量预测寿命，预测结果有时不稳定，尤其对于非比例加载下的高温多轴情况，往往会产生较大的误差。下面以薄壁管为研究对象，介绍基于临界面法的高温对称循环加载下的多轴疲劳寿命预测过程。

1. 多轴疲劳损伤计算

1) 应力-应变分析

薄壁管试件在拉扭疲劳加载过程中，会同时受到拉力与扭矩，其受力形式如图 3.8.17 所示。试件的外径与壁厚比值较大时，沿着壁厚方向的应力梯度可忽略不计，因此在试件的横截面上只有两个非零应力。

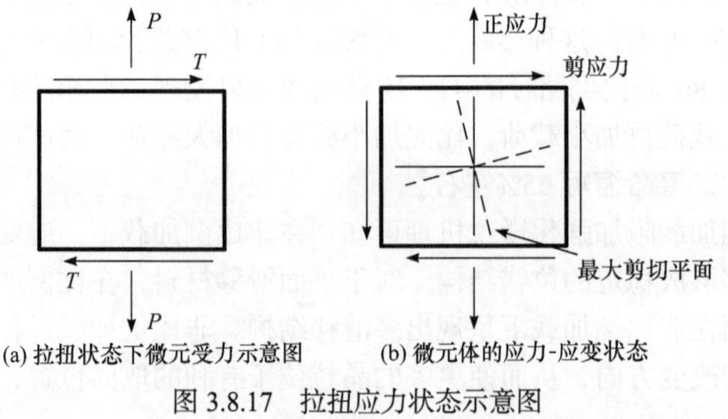

(a) 拉扭状态下微元受力示意图　　(b) 微元体的应力-应变状态

图 3.8.17　拉扭应力状态示意图

试件的 9 个应力分量可以表示为

$$\sigma=\begin{bmatrix}\sigma_{xx} & \tau_{xy} & 0\\ \tau_{xy} & 0 & 0\\ 0 & 0 & 0\end{bmatrix} \tag{3.8.16}$$

当薄壁管件的壁厚足够薄时(一般认为外径与壁厚之比大于 10)，薄壁件在承受拉扭复合加载时，其受力状态为平面应力状态，如图 3.8.18 所示。试件标距内任一点的应变分量可以表示为

$$\varepsilon=\begin{bmatrix}\varepsilon_{xx} & \gamma_{xy}/2 & 0\\ \gamma_{xy}/2 & -\upsilon\varepsilon_{xx} & 0\\ 0 & 0 & -\upsilon\varepsilon_{xx}\end{bmatrix} \tag{3.8.17}$$

式中，ε_{xx} 和 γ_{xy} 分别为加在试件上的轴向应变和剪应变。

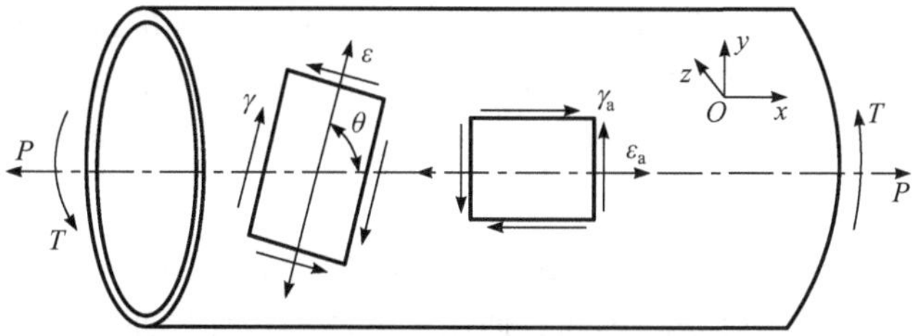

图 3.8.18　薄壁管件在拉扭载荷下的应变状态

对于薄壁管件，发生损伤最严重的平面总是与自由表面相垂直。因此，在分析应力-应变关系时，所考察的损伤平面都是垂直于自由表面的。

在图 3.8.18 中，与轴线成 θ 角的平面上的应力可以表示为

$$\varepsilon_\theta=\frac{\varepsilon_x+\varepsilon_y}{2}+\frac{\varepsilon_x-\varepsilon_y}{2}\cos 2\theta+\frac{\gamma_{xy}}{2}\sin 2\theta$$

$$\frac{\gamma_\theta}{2}=\frac{\varepsilon_x-\varepsilon_y}{2}\sin 2\theta-\frac{\gamma_{xy}}{2}\cos 2\theta \tag{3.8.18}$$

式中，$\varepsilon_y=-\upsilon\varepsilon_x$，代入式(3.8.18)，得到

$$\varepsilon_\theta=\frac{1-\upsilon}{2}\varepsilon_x+\frac{1+\upsilon}{2}\varepsilon_x\cos 2\theta+\frac{\gamma_{xy}}{2}\sin 2\theta$$

$$\gamma_\theta=-(1+\upsilon)\varepsilon_x\sin 2\theta+\gamma_{xy}\cos 2\theta \tag{3.8.19}$$

在比例加载下，所施加的轴向应变与剪切应变是同相的，即 $\varphi=0$ 。在这种情况下，主应变和最大剪应变在一个循环中，其大小发生变化，但其方向保持不变。

因此，可以将轴向应变和剪应变合成一个等效应变。在非比例加载下，所施加的轴向应变和剪切应变存在相位差，即 $\varphi \neq 0$ 。其主应变和最大剪应变在一个循环中，不但大小会发生变化，而且方向也会发生变化。因此，对于非比例加载，无法直接利用 von Mises 准则或 Tresca 准则将所施加的轴向应变和剪切应变合成一个等效应变。这种导致主轴发生旋转的非比例加载不但会使应力-应变分析变得困难，而且还会产生附加强化现象，造成疲劳寿命缩短。

2) 临界面的确定

运用临界面法预测低周疲劳寿命的步骤为：①选取合适的平面作为临界面；②计算临界面上的应力-应变历程；③选取合适的损伤参量。

临界面的选取和损伤参量的选择可以有不同的方案，这与所研究的材料和采用的加载方式有关。在研究薄壁扭转试样时，选用最大剪切平面作为临界损伤平面，并将该平面上的最大剪应变 $\gamma_{\max}$ 和该平面的法向正应变 ε_{n} 作为构造损伤参量的两个基本参数。

在一个加载周期内，在两个相互正交平面上具有相同的最大剪应变 $\gamma_{\max}$ 。选择哪个平面作为临界面，取决于这两个平面上各自的法向正应变 ε_{n} ，选取具有最大法向正应变的平面作为最大损伤平面，即临界平面。一般可采用以下两种方法来确定临界面。

(1) 迟滞回线方法：在能够得到试件应力-应变滞回环的情况下，可采用最大剪应变平面的搜索法来确定临界面。使用该方法确定临界面的过程为(以拉扭 45°非比例加载为例)：①取轴向应力-应变滞回环和剪应力-应变滞回环，如图 3.8.19 所示；②以图 3.8.19 所示的应力-应变为依据，确定应力-应变历史；③在 −90° ～ 90°，每隔一定的角度计算一遍剪切应变范围 $\Delta\gamma$ 和法向应变范围 $\Delta\varepsilon$。实际中，在每隔一定角度的平面上计算出应力和应变范围。

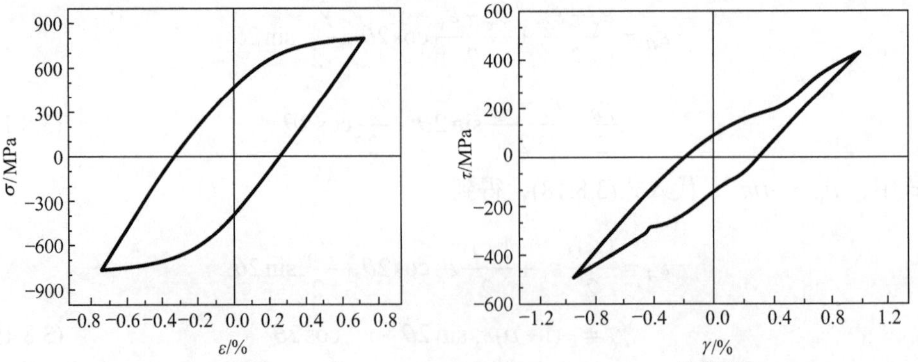

(a) 正应力　(b) 剪应力

图 3.8.19　应力-应变响应

以每隔 5°的平面上计算出的应力和应变范围如图 3.8.20 所示。由图可以看出，在角度为 75°和–15°的平面上，剪切应变范围最大，达到 2.353，其相对应的法向正应变为 0.357 和 0.993。因此，取具有较大法向正应变的最大剪切平面为临界面，即取–15°的平面作为临界面。

以上确定临界平面的方法适用于在各种载荷下确定薄壁管件的临界面。但使用这种方法的前提条件是通过试验获得材料在各种载荷下的迟滞回线。

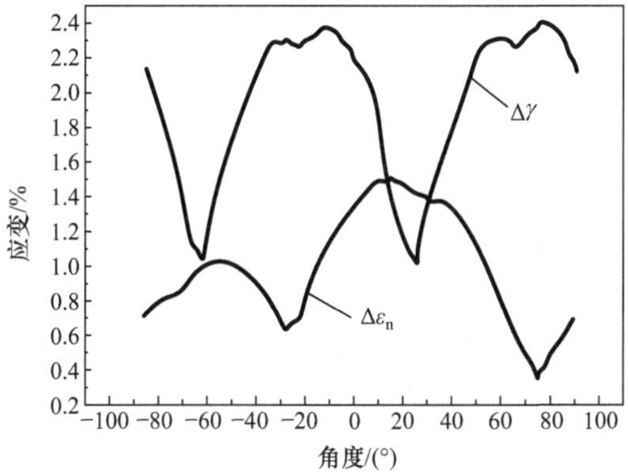

图 3.8.20　应变量随角度的变化关系

(2) 理论方法：在不能够获得材料迟滞回线的情况下，可采用理论方法来确定临界平面的位置。正弦波函数是连续函数，进行数学运算较为方便，因此该方法使用正弦波载荷来计算临界面的位置。

若加载波形是正弦波，则应变可表示为

$$\varepsilon_{xx}=\varepsilon_{\mathrm{a}}\sin\omega t,\quad \gamma_{xy}=\gamma_{\mathrm{a}}\sin(\omega t-\varphi)=\lambda\varepsilon_{\mathrm{a}}\sin(\omega t-\varphi) \tag{3.8.20}$$

式中，ε_{a} 和 γ_{a} 分别为加在试件上的轴向应变幅值和剪切应变幅值；φ 为相位差；λ 为剪切应变幅值与轴向应变幅值的比值。

将式(3.8.20)代入式(3.8.19)，可以得到

$$\begin{aligned}\varepsilon_\theta&=\frac{1}{2}\varepsilon_{\mathrm{a}}\sqrt{[2(1+\upsilon)\cos^2\theta-2\upsilon+\lambda\sin2\theta\cos\varphi]^2+[\lambda\sin2\theta\sin\varphi]^2}\,\sin(\omega t-\xi)\\ \gamma_\theta&=\varepsilon_{\mathrm{a}}\sqrt{[\lambda\cos2\theta\cos\varphi-(1+\upsilon)\sin2\theta]^2+[\lambda\cos2\theta\sin\varphi]^2}\,\sin(\omega t-\eta)\end{aligned} \tag{3.8.21}$$

其中，

$$\begin{aligned}\xi&=\arctan\frac{\lambda\sin2\theta\sin\varphi}{(1+\upsilon)\cos2\theta+(1-\upsilon)\lambda\sin2\theta\cos\varphi}\\ \eta&=\arctan\frac{-\lambda\cos2\theta\sin\varphi}{\lambda\cos2\theta\cos\varphi-(1+\upsilon)\sin2\theta}\end{aligned} \tag{3.8.22}$$

临界面是最大剪切应变幅值所在平面，因此将式(3.8.21)第二式中的 γ_θ 对 θ 求导，得到

$$\frac{\partial \gamma_\theta}{\partial \theta}=0 \tag{3.8.23}$$

由式(3.8.23)可得最大剪切平面所在的相位角为

$$\theta_{\mathrm{c}}=\frac{1}{4}\arctan\frac{2\lambda(1+\upsilon)\cos\varphi}{(1+\upsilon)^2-\lambda^2} \tag{3.8.24}$$

最大剪切应变幅值 $\Delta\gamma/2$ 为

$$\frac{\Delta\gamma}{2}=\varepsilon_{xx}\sqrt{[\lambda\cos 2\theta_{\mathrm{c}}\cos\varphi-(1+\upsilon)\sin 2\theta_{\mathrm{c}}]^2+[\lambda\cos 2\theta_{\mathrm{c}}\sin\varphi]^2} \tag{3.8.25}$$

在−90°～90°，满足式(3.8.25)的值有四个，其中两个使式(3.8.21)的第二式得到最小值，另外两个使式(3.8.21)的第二式得到最大值。临界面是具有较大法向应变幅值的平面，因此还需要用这两个值计算 ε_{n}，得到较大 ε_{n} 的 θ_{c} 才是临界面的相位角。此时临界面上的法向应变幅值为

$$\frac{\Delta\varepsilon_{\mathrm{n}}}{2}=\frac{1}{2}\varepsilon_{xx}\sqrt{[2(1+\upsilon)\cos^2\theta_{\mathrm{c}}-2\upsilon+\lambda\sin 2\theta_{\mathrm{c}}\cos\varphi]^2+[\lambda\sin 2\theta_{\mathrm{c}}\sin\varphi]^2} \tag{3.8.26}$$

由以上公式计算出的临界面方位和最大剪切应变幅值 $\Delta\gamma/2$、法向应变幅值 $\Delta\varepsilon_{\mathrm{n}}$，是在假设加载波形为正弦波的条件下获得的。对于三角波加载所计算出的参数，计算结果显示，两种方法得到的结果基本一致。该理论方法计算简单，无须调用实际滞回环数据且有利于编程计算，因此在这里的计算中采用理论方法计算临界面方位。

2. 高温多轴蠕变-疲劳寿命预测模型

1) 线性损伤累积理论

高温疲劳的一个基本假设是蠕变损伤是晶界裂纹或空穴的生长与互联的内部过程，在高温环境下，采用线性损伤累积准则，认为总损伤是与时间无关的疲劳损伤和与时间相关的蠕变损伤线性相加，即

$$D=D_{\mathrm{f}}+D_{\mathrm{c}} \tag{3.8.27}$$

式中，D 为总损伤；D_{f} 为一般疲劳损伤，类似无蠕变作用下常温疲劳过程的损伤；D_{c} 为高温蠕变损伤。高温蠕变损伤 D_{c} 是给定蠕变应力下，累积时间与相同应力下单纯蠕变寿命的比值 t/t_{R}。当总损伤为 1 时认为材料失效破坏，则有

$$\sum\frac{n}{N_{\mathrm{f}}}+\sum\frac{t}{t_{\mathrm{R}}}=1 \tag{3.8.28}$$

2) 多轴疲劳损伤计算

在纯疲劳比例加载下，由于所施加的轴向应变与剪切应变是同相的，在这种情况下，主应变和最大剪切应变在一个循环中，其大小发生变化，但其方向保持不变。因此，可以将轴向应变和剪切应变合成一个等效应变。在非比例加载下，由于所施加的轴向应变和剪切应变存在相位差，其主应变和最大剪切应变在一个循环中，不但大小发生变化，而且方向也会发生变化。因此，对于非比例加载，无法直接利用 von Mises 等效准则将所施加的轴向应变和剪切应变合成一个等效应变。这种导致主轴发生旋转的非比例加载不但会使应力-应变分析变得困难，而且还会产生非比例附加强化，造成疲劳寿命大大缩短。根据临界损伤平面法原理，多轴纯疲劳可使用的多轴疲劳损伤参量为

$$\frac{\Delta\varepsilon_{\mathrm{eq}}^{\mathrm{cr}}}{2}=\sqrt{\bar{\varepsilon}_{\mathrm{n}}^{2}+\frac{1}{3}(\Delta\gamma_{\max}/2)^{2}} \tag{3.8.29}$$

式中，$\bar{\varepsilon}_{\mathrm{n}}$ 为相邻两个最大剪切应变折返点间的法向应变幅值，其表达式为

$$\bar{\varepsilon}_{\mathrm{n}}=\frac{1}{2}\Delta\varepsilon_{\mathrm{n}}[1+\cos(\xi+\eta)] \tag{3.8.30}$$

在比例加载下，式(3.8.29)退化成等效应变幅值的形式，即多轴疲劳损伤参量为

$$\frac{\Delta\varepsilon_{\mathrm{eq}}^{\mathrm{cr}}}{2}=\frac{\Delta\varepsilon_{\mathrm{eq}}}{2}=\varepsilon_{\mathrm{a}}\sqrt{1+\frac{1}{3}\lambda^{2}} \tag{3.8.31}$$

与 Manson-Conffin 方程相联系，可得单/多轴纯疲劳统一寿命预测方程为

$$\frac{1}{2}\Delta\varepsilon_{\mathrm{eq}}^{\mathrm{cr}}=\frac{\sigma_{\mathrm{f}}'}{E}(2N_{\mathrm{f}})^{b}+\varepsilon_{\mathrm{f}}'(2N_{\mathrm{f}})^{c} \tag{3.8.32}$$

式中，σ_{f}' 为疲劳强度系数；b 为疲劳强度指数；$\varepsilon_{\mathrm{f}}'$ 为疲劳塑性系数；c 为疲劳塑性指数；E 为弹性模量；N_{f} 为疲劳寿命。材料常数 σ_{f}'、$\varepsilon_{\mathrm{f}}'$、$b$、$c$ 都可由单轴疲劳试验测定。

单轴、多轴比例与非比例加载下的纯疲劳损伤计算公式为

$$D_{\mathrm{f}}=\sum\frac{n}{N_{\mathrm{f}}} \tag{3.8.33}$$

3) 多轴蠕变损伤计算

高温环境中，在较高频率的对称循环载荷作用下，一般按纯疲劳处理而不考虑单个循环中的蠕变损伤。但在较低频率的对称循环载荷下，每个循环中仍存在不可忽视的蠕变损伤。考虑低频对称循环下每个循环的蠕变损伤，假设循环稳定时每个循环中的最大应力响应值的 1/2 近似作为蠕变应力，则在多轴加载下，等效蠕变应力为最大 von Mises 等效应力响应值的 1/2，即

$$\sigma_c = \frac{1}{2}(\sigma_{eq})_{max} \tag{3.8.34}$$

根据蠕变应力与蠕变断裂寿命之间的关系可得到蠕变断裂寿命 t_R，可求得蠕变损伤 D_c 为

$$D_c = \sum \frac{t}{t_R} \tag{3.8.35}$$

式中，t 为一个循环所占用的时间。

3. 试验验证

疲劳试验所用的材料为 2.25Cr-1Mo 钢，材料经回火热处理后，加工成薄壁圆管试件，其工作部分外径为 13mm，内径为 10mm。拉扭疲劳试验在 600℃温度下进行，控制应变加载，von Mises 加载应变速率为 $0.01\%s^{-1}$ 和 $0.5\%s^{-1}$。高温多轴疲劳试验所选用的应变波形、加载路径和加载控制参数如图 3.8.21 所示。利用式(3.8.33)和式(3.8.35)分别计算疲劳损伤和蠕变损伤。

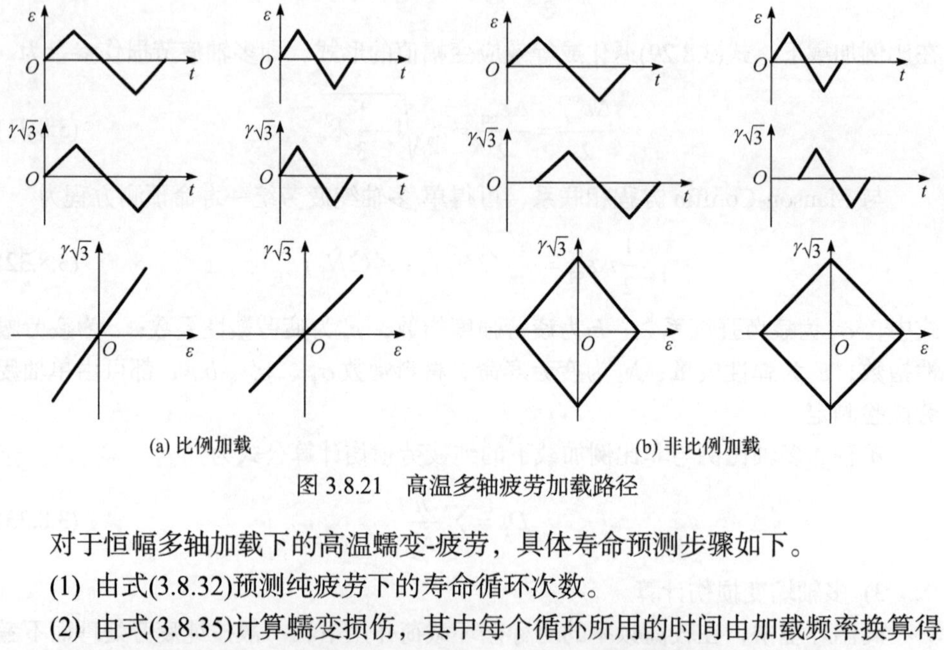

(a) 比例加载 (b) 非比例加载

图 3.8.21 高温多轴疲劳加载路径

对于恒幅多轴加载下的高温蠕变-疲劳，具体寿命预测步骤如下。

(1) 由式(3.8.32)预测纯疲劳下的寿命循环次数。

(2) 由式(3.8.35)计算蠕变损伤，其中每个循环所用的时间由加载频率换算得出，累积疲劳寿命循环次数所用的总时间，由此可得蠕变损伤 D_c。

(3) 由式(3.8.28)可计算出高温多轴蠕变-疲劳寿命。

根据以上步骤所得到的高温多轴蠕变-疲劳寿命预测结果如图 3.8.22 所示。由图可以看出，对于各种加载情况，包括单轴加载、比例加载、非比例加载，该模

型均给出了较为准确的预测结果，误差因子基本在 2 以内。

通过对疲劳损伤和蠕变损伤进行定量分析可以发现，对于 2.25Cr-1Mo 钢，在应变速率非常低的一些加载路径中，由蠕变所造成的损伤能够达到总损伤的 30%。因此，高温低频加载下的蠕变损伤是不能忽略的。

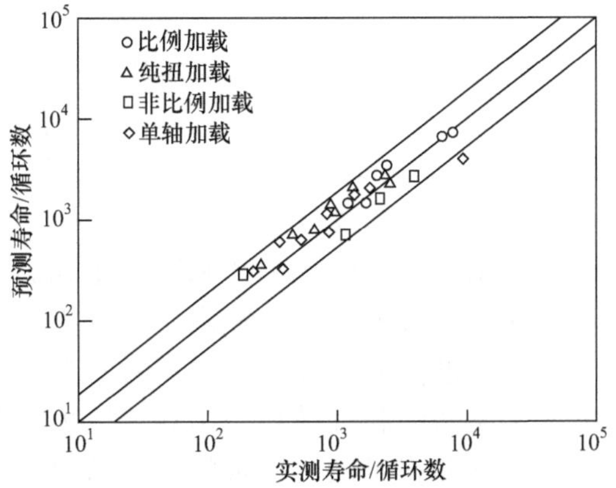

图 3.8.22 高温多轴蠕变-疲劳寿命预测结果

第 4 章　金属断裂理论

机械系统的动力学特性与结构变形、材料特性等紧密相关。根据是否考虑材料的变形和本构方程的形式，金属材料的动态分析问题可以分为刚性动力学问题、弹性动力学问题和塑性动力学问题。通常情况下，这几类动力学均以材料连续、不存在缺陷为假设条件，当有缺口等宏观缺陷时，以应力集中系数描述应力分布的不均匀现象。结构材料内部一般都存在微孔洞、裂纹等缺陷。工程中常用的结构材料往往强度较低，韧性较高，传统方法设计时一般只注意超载引起的塑性破坏，但强度高而韧性低的材料常常在应力不高，甚至远低于屈服极限的情况下发生突然的脆性破坏，出现低应力脆断现象。应力集中系数概念只适用于缺口端部曲率半径为有限的非零情况，而对于裂纹这样的缺陷已失去意义。

断裂动力学也称为动态断裂力学，主要研究不能忽略惯性效应的断裂力学问题。断裂动力学扬弃了材料连续、不存在缺陷的假设，而是将构件看成连续和间断的统一体，主要研究两类问题：①裂纹稳定而外力随时间迅速变化，这类问题通常研究裂纹扩展的起始，称为裂纹动态起始问题；②外力恒定，而裂纹发生快速传播，这类问题通常研究裂纹的传播，称为传播裂纹问题或运动裂纹问题。运动裂纹中止了其运动，即止裂，这一现象作为裂纹运动的特殊阶段，一般作为裂纹传播的一部分。

4.1　线弹性裂纹理论

根据材料的变形情况，断裂力学问题有线弹性问题和弹塑性问题两类。线弹性断裂力学主要研究裂纹起始扩展、亚临界扩展及失稳扩展的规律，通常采用两种不同的观点处理裂纹扩展问题：①能量平衡观点，认为在裂纹扩展过程中，外力所做的功减去物体应变能的增加应该等于产生新裂纹表面所需要的能量；②应力强度因子观点，认为裂纹尖端应力场强度因子达到表征材料断裂韧性的临界应力强度因子时，裂纹开始扩展。这两种观点有紧密的内在联系，在很多情况下可以得到相近的结果。

4.1.1　裂纹尖端弹性应力场

1. 平面问题

弹性力学平面问题可以归结为求解应力函数 $U(x, y)$，应满足的协调方程为

$$\nabla^4 U = 0 \tag{4.1.1}$$

考察图 4.1.1 所示的有限裂纹的一端，直角坐标系 Oxy 的原点选在裂纹尖端处，x 轴与裂纹共线，y 轴与裂纹垂直。裂纹面上，面力为零，即有

$$\sigma_\theta = \tau_{r\theta} = 0, \quad \theta = \pm\pi \tag{4.1.2}$$

式中，σ_θ 和 $\tau_{r\theta}$ 分别为极坐标中的轴向正应力和剪切力。

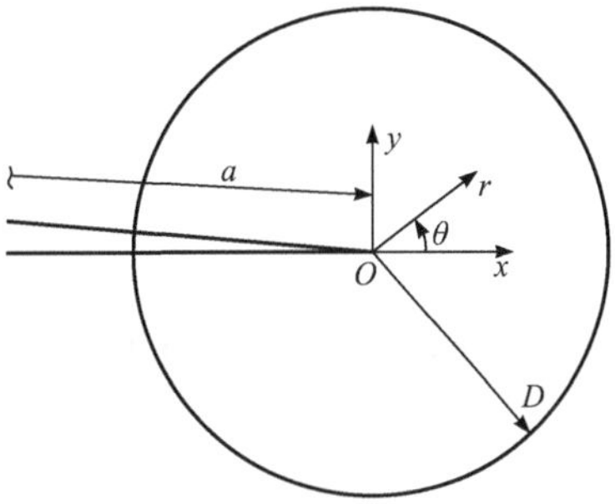

图 4.1.1　有限裂纹及其坐标

为了研究裂纹尖端附近的奇性应力场，设想应力函数 U 可用分离变量的形式表示为

$$U(r,\theta) = r^{1+\lambda} F_\lambda(\theta) \tag{4.1.3}$$

将式(4.1.3)代入式(4.1.1)，得到关于 $F_\lambda(\theta)$ 的控制方程为

$$F_\lambda''''(\theta) + 2(\lambda^2+1)F_\lambda''(\theta) + (\lambda^2-1)F_\lambda(\theta)=0 \tag{4.1.4}$$

方程(4.1.4)的通解为

$$F_\lambda(\theta)=A\cos(\lambda+1)\theta + B\sin(\lambda+1)\theta + C\cos(\lambda-1)\theta + D\sin(\lambda-1)\theta \tag{4.1.5}$$

极坐标中的应力分量可表示为

$$\begin{aligned}
\sigma_r &= \frac{1}{r^2}\frac{\partial^2 U}{\partial\theta^2} + \frac{1}{r}\frac{\partial U}{\partial r} = r^{\lambda-1}[F_\lambda'' + (\lambda+1)F_\lambda] \\
\sigma_\theta &= \frac{\partial^2 U}{\partial r^2} = r^{\lambda-1}\lambda(\lambda+1)F_\lambda \\
\tau_{r\theta} &= -\frac{\partial}{\partial r}\left(\frac{1}{r}\frac{\partial U}{\partial\theta}\right) = -r^{\lambda-1}\lambda F_\lambda'
\end{aligned} \tag{4.1.6}$$

由边界条件(4.1.2)得到

$$F_\lambda(\pm\pi)=0, \quad F_\lambda'(\pm\pi)=0 \tag{4.1.7}$$

将式(4.1.5)代入式(4.1.7)，得到关于系数 A、B、C 和 D 的四个线性齐次代数方程为

$$A\cos(\lambda\pi)+C\cos(\lambda\pi)=0,\quad A(\lambda+1)\sin(\lambda\pi)+C(\lambda-1)\sin(\lambda\pi)=0 \tag{4.1.8}$$

$$B\sin(\lambda\pi)+D\sin(\lambda\pi)=0,\quad B(\lambda+1)\cos(\lambda\pi)+D(\lambda-1)\cos(\lambda\pi)=0 \tag{4.1.9}$$

式(4.1.8)和式(4.1.9)这两个方程组有非零解的充要条件是系数行列式分别为零，由此得到一个相同的特征方程为

$$\sin(2\lambda\pi)=0 \tag{4.1.10}$$

方程(4.1.10)的特征值为

$$\lambda=\pm\frac{n}{2},\quad n=0,1,2,\cdots \tag{4.1.11}$$

物体的应变能必须是有界的，因此λ必须大于零，由此有

$$\lambda=\frac{n}{2},\quad n=0,1,2,\cdots \tag{4.1.12}$$

裂纹尖端的奇性应力场对应$\lambda=0.5$，此时有$D=-B$，$C=3A$，相应的应力函数为

$$U(r,\theta)=Cr^{3/2}\left(\cos\frac{\theta}{2}+\frac{1}{3}\cos\frac{3\theta}{2}\right)-Dr^{3/2}\left(\sin\frac{\theta}{2}+\frac{1}{3}\sin\frac{3\theta}{2}\right) \tag{4.1.13}$$

令

$$K_{\text{I}}=C\sqrt{2\pi},\quad K_{\text{II}}=D\sqrt{2\pi} \tag{4.1.14}$$

对于Ⅰ型裂纹，$K_{\text{I}}\neq 0$，$K_{\text{II}}=0$。将式(4.1.13)代入式(4.1.6)，得

$$\begin{aligned}\sigma_r&=\frac{K_{\text{I}}}{4\sqrt{2\pi r}}\left(5\cos\frac{\theta}{2}-\cos\frac{3\theta}{2}\right)\\ \sigma_\theta&=\frac{K_{\text{I}}}{4\sqrt{2\pi r}}\left(3\cos\frac{\theta}{2}+\cos\frac{3\theta}{2}\right)\\ \tau_{r\theta}&=\frac{K_{\text{I}}}{4\sqrt{2\pi r}}\left(\sin\frac{\theta}{2}+\sin\frac{3\theta}{2}\right)\end{aligned} \tag{4.1.15}$$

在裂纹前方，$\theta=0$，则有

$$\sigma_r=\sigma_\theta=\frac{K_{\text{I}}}{\sqrt{2\pi r}},\quad \tau_{r\theta}=0 \tag{4.1.16}$$

式(4.1.16)表明，Ⅰ型裂纹尖端前方的应力场具有$r^{-1/2}$奇异性，参数K_{I}表征奇异场强度，称为Ⅰ型应力强度因子。对于Ⅱ型裂纹，则有

$$
\begin{aligned}
\sigma_r &= \frac{K_{\mathrm{II}}}{4\sqrt{2\pi r}}\left(-5\sin\frac{\theta}{2}+3\sin\frac{3\theta}{2}\right) \\
\sigma_\theta &= \frac{-3K_{\mathrm{II}}}{4\sqrt{2\pi r}}\left(\sin\frac{\theta}{2}+\sin\frac{3\theta}{2}\right) \\
\tau_{r\theta} &= \frac{K_{\mathrm{II}}}{4\sqrt{2\pi r}}\left(\cos\frac{\theta}{2}+3\cos\frac{3\theta}{2}\right)
\end{aligned}
\tag{4.1.17}
$$

直角坐标系中，Ⅰ型裂纹应力分量为

$$
\begin{aligned}
\sigma_x &= \frac{K_{\mathrm{I}}}{\sqrt{2\pi r}}\cos\frac{\theta}{2}\left(1-\sin\frac{\theta}{2}\sin\frac{3\theta}{2}\right) \\
\sigma_y &= \frac{K_{\mathrm{I}}}{\sqrt{2\pi r}}\cos\frac{\theta}{2}\left(1+\sin\frac{\theta}{2}\sin\frac{3\theta}{2}\right) \\
\tau_{xy} &= \frac{K_{\mathrm{I}}}{\sqrt{2\pi r}}\sin\frac{\theta}{2}\cos\frac{\theta}{2}\cos\frac{3\theta}{2} \\
&\begin{cases} \sigma_z = \upsilon(\sigma_x+\sigma_y), & \text{平面应变} \\ \sigma_z = 0，\ \tau_{xz}=\tau_{yz}=0, & \text{平面应力} \end{cases}
\end{aligned}
\tag{4.1.18}
$$

Ⅱ型裂纹应力分量为

$$
\begin{aligned}
\sigma_x &= -\frac{K_{\mathrm{II}}}{\sqrt{2\pi r}}\sin\frac{\theta}{2}\left(2+\cos\frac{\theta}{2}\cos\frac{3\theta}{2}\right) \\
\sigma_y &= \frac{K_{\mathrm{II}}}{\sqrt{2\pi r}}\sin\frac{\theta}{2}\cos\frac{\theta}{2}\cos\frac{3\theta}{2} \\
\tau_{xy} &= \frac{K_{\mathrm{I}}}{\sqrt{2\pi r}}\cos\frac{\theta}{2}\left(1-\sin\frac{\theta}{2}\sin\frac{3\theta}{2}\right) \\
&\begin{cases} \sigma_z = \upsilon(\sigma_x+\sigma_y), & \text{平面应变} \\ \sigma_z = 0，\ \tau_{xz}=\tau_{yz}=0, & \text{平面应力} \end{cases}
\end{aligned}
\tag{4.1.19}
$$

2. 位移场

对于平面问题，有

$$
\varepsilon_z = 0，\quad \sigma_z = \upsilon(\sigma_x+\sigma_y) \tag{4.1.20}
$$

$$
\begin{aligned}
\varepsilon_x &= \frac{\partial u}{\partial x} = \frac{1}{E}[\sigma_x - \upsilon(\sigma_y+\sigma_z)] = \frac{1-\upsilon^2}{E}\left(\sigma_x - \frac{\upsilon}{1-\upsilon}\sigma_y\right) \\
\varepsilon_y &= \frac{\partial v}{\partial x} = \frac{1}{E}[\sigma_y - \upsilon(\sigma_z+\sigma_x)] = \frac{1-\upsilon^2}{E}\left(\sigma_y - \frac{\upsilon}{1-\upsilon}\sigma_x\right)
\end{aligned}
\tag{4.1.21}
$$

对式(4.1.21)积分，得到

$$u=\frac{1-\upsilon^2}{E}\int\left(\sigma_x-\frac{\upsilon}{1-\upsilon}\sigma_y\right)\mathrm{d}x,\quad v=\frac{1-\upsilon^2}{E}\int\left(\sigma_y-\frac{\upsilon}{1-\upsilon}\sigma_x\right)\mathrm{d}y \tag{4.1.22}$$

将式(4.1.18)和式(4.1.19)代入式(4.1.22)，得到Ⅰ型和Ⅱ型裂纹的位移为

$$u=\begin{cases}\dfrac{K_{\mathrm{I}}}{4\mu}\sqrt{\dfrac{r}{2\pi}}\left[(2\kappa-1)\cos\dfrac{\theta}{2}-\cos\dfrac{3\theta}{2}\right], & \text{Ⅰ型}\\ \dfrac{K_{\mathrm{II}}}{4\mu}\sqrt{\dfrac{r}{2\pi}}\left[(2\kappa+3)\sin\dfrac{\theta}{2}+\sin\dfrac{3\theta}{2}\right], & \text{Ⅱ型}\end{cases}$$
$$v=\begin{cases}\dfrac{K_{\mathrm{I}}}{4\mu}\sqrt{\dfrac{r}{2\pi}}\left[(2\kappa+1)\sin\dfrac{\theta}{2}-\sin\dfrac{3\theta}{2}\right], & \text{Ⅰ型}\\ -\dfrac{K_{\mathrm{II}}}{4\mu}\sqrt{\dfrac{r}{2\pi}}\left[(2\kappa-3)\cos\dfrac{\theta}{2}+\cos\dfrac{3\theta}{2}\right], & \text{Ⅱ型}\end{cases} \tag{4.1.23}$$

其中，

$$\kappa=\begin{cases}3-4\upsilon, & \text{平面应变}\\ \dfrac{3-\upsilon}{1+\upsilon}, & \text{平面应力}\end{cases} \tag{4.1.24}$$

3. 反平面问题

反平面问题是Ⅲ型裂纹问题，假设在无穷远处，物体受均匀剪切力$\tau_{yz}^{\infty}=\tau$的作用，如图4.1.2所示。位移分量u、v为零，w只是x、y的函数，因此$\varepsilon_z=0$，只有两个剪应变分量γ_{xz}和γ_{yz}不为零，即

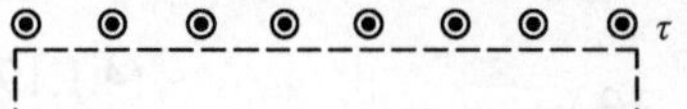

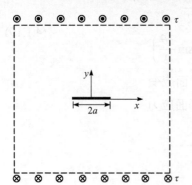

图 4.1.2 物体受均匀剪应力作用

$$\gamma_{xz}=\frac{\partial w}{\partial x},\quad \gamma_{yz}=\frac{\partial w}{\partial y} \tag{4.1.25}$$

相应的应力分量为

$$\tau_{xz}=\mu\gamma_{xz}=\mu\frac{\partial w}{\partial x},\quad \tau_{yz}=\mu\gamma_{yz}=\mu\frac{\partial w}{\partial y} \tag{4.1.26}$$

平衡方程为

$$\frac{\partial\tau_{xz}}{\partial x}+\frac{\partial\tau_{yz}}{\partial y}=0 \tag{4.1.27}$$

将式(4.1.26) 代入式(4.1.27)得到

$$\nabla^2 w=0 \tag{4.1.28}$$

令

$$w=r^{\lambda} f_{\lambda}(\theta) \tag{4.1.29}$$

由方程(4.1.28)推出

$$f_{\lambda}(\theta)=A\sin(\lambda\theta)+B\cos(\lambda\theta) \tag{4.1.30}$$

在裂纹面上，面力为零，即

$$\tau_{yz}=0, \quad \theta=\pm\pi \tag{4.1.31}$$

注意到

$$\frac{\partial}{\partial x}=\frac{\partial}{\partial r}\cos\theta-\frac{1}{r}\frac{\partial}{\partial\theta}\sin\theta, \quad \frac{\partial}{\partial y}=\frac{\partial}{\partial r}\sin\theta+\frac{1}{r}\frac{\partial}{\partial\theta}\cos\theta \tag{4.1.32}$$

将式(4.1.29)代入式(4.1.26)，得

$$\begin{aligned}\tau_{xz}&=\mu\lambda r^{\lambda-1}[A\sin(\lambda-1)\theta+B\cos(\lambda-1)\theta]\\ \tau_{yz}&=\mu\lambda r^{\lambda-1}[A\cos(\lambda-1)\theta-B\sin(\lambda-1)\theta]\end{aligned} \tag{4.1.33}$$

将式(4.1.33)代入式(4.1.31)，得

$$A\cos(\lambda-1)\pi-B\cos(\lambda-1)\pi=0, \quad A\cos(\lambda-1)\pi+B\cos(\lambda-1)\pi=0 \tag{4.1.34}$$

由式(4.1.34)得到特征方程为

$$\sin(2\pi\lambda)=0 \tag{4.1.35}$$

由式(4.1.35)得到 $\lambda=\pm n/2$，$n=0,1,2,\cdots$。

当 $\lambda<0$ 时，裂纹尖端的位移 w 为无穷大，这是不合理的。$\lambda=0$ 对应于刚性位移，$\lambda<1/2$ 对应于奇性场，此时 $A\neq 0$，$B=0$，$w=A\sqrt{r}\sin(\theta/2)$。

令

$$K_{\mathrm{III}}=\frac{\mu}{2}A\sqrt{2\pi} \tag{4.1.36}$$

则得到Ⅲ型裂纹尖端附近的应力场和位移为

$$\tau_{xz}=-\frac{K_{\mathrm{III}}}{\sqrt{2\pi r}}\sin\frac{\theta}{2}, \quad \tau_{yz}=\frac{K_{\mathrm{III}}}{\sqrt{2\pi r}}\cos\frac{\theta}{2}, \quad w=\frac{K_{\mathrm{III}}}{\mu}\sqrt{\frac{r}{2\pi}}\sin\frac{\theta}{2} \tag{4.1.37}$$

4. 裂纹尖端区域变形特征

利用二维裂纹问题尖端场的完整解答，可以根据裂纹尖端区域的变形特征，将裂纹分为张开型裂纹(Ⅰ型裂纹)、滑开型裂纹(Ⅱ型裂纹)和撕开型裂纹(Ⅲ型裂纹)三种类型。

张开型裂纹(Ⅰ型裂纹)如图 4.1.3(a)所示，这类裂纹在上、下裂纹面位移分量 u 是相等的，位移分量 v 大小相等而方向相反，即相对于 Oxz 平面，裂纹上、下表面对称张开。滑开型裂纹(Ⅱ型裂纹)如图 4.1.3(b)所示，这类裂纹上、下裂纹面位移分量 u 大小相等而方向相反，位移分量 v 是相等的，即相对于 Oxz 平面，裂纹上、下表面反对称地滑开。撕开型裂纹(Ⅲ型裂纹)如图 4.1.3(c)所示，上、下裂纹面的位移分量 w 大小相等而方向相反，即上、下裂纹表面相对于 Oxz 平面，沿 z 方向反对称撕开。

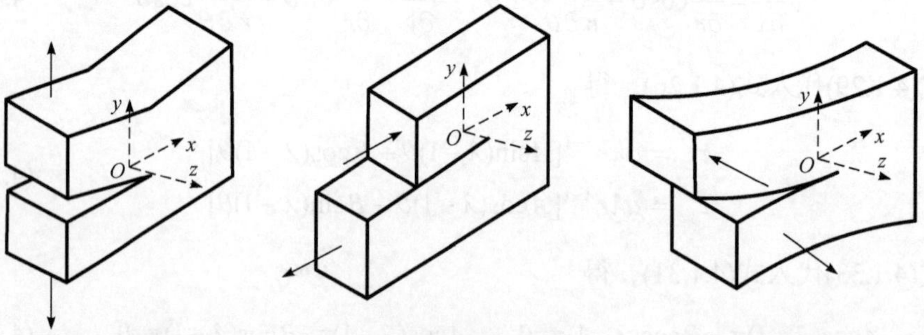

(a) 张开型裂纹　　(b) 滑开型裂纹　　(c) 撕开型裂纹

图 4.1.3　裂纹的三种类型

5. 中心裂纹

弹性力学平面问题可用复势理论来解决，应力场和位移场可用两个复变量函数 $\Phi(z)$ 、$\Psi(z)$ 表示为

$$
\begin{aligned}
&\sigma_x+\sigma_y=4\operatorname{Re}\{\Phi(z)\}\\
&\sigma_y-\mathrm{i}\tau_{xy}=\Phi(z)+\overline{\Phi(z)}+z\overline{\Phi'(z)}+\overline{\Psi(z)}\\
&2\mu(u+\mathrm{i}v)=K\phi(z)-z\overline{\Phi(z)}-\overline{\psi(z)}
\end{aligned}
\tag{4.1.38}
$$

其中，

$$
\Phi(z)=\phi'(z),\quad \Psi(z)=\psi'(z) \tag{4.1.39}
$$

对于直线裂纹问题，引入复变量函数 $\Omega(z)$ ，用 $\omega(z)$ 取代 $\Phi(z)$ ，$\psi(z)$ 将更方便计算，即

$$\omega(z)=z\bar{\Phi}(z)+\bar{\psi}(z),\quad \Omega(z)=\omega'(z)=\bar{\Phi}(z)+z\overline{\Phi'(z)}+\bar{\Psi}(z) \tag{4.1.40}$$

式(4.1.38)可改写为

$$\begin{aligned}&\sigma_x+\sigma_y=4\operatorname{Re}\{\Phi(z)\}\\&\sigma_y-\mathrm{i}\tau_{xy}=\Phi(z)+\Omega(\bar{z})+(z-\bar{z})\overline{\Phi'(z)}\\&2\mu(u+\mathrm{i}v)=\kappa\phi(z)-\omega(\bar{z})-(z-\bar{z})\overline{\Phi(z)}\end{aligned} \tag{4.1.41}$$

式中，符号“¯”的函数定义为

$$\bar{\Phi}(z)=\overline{\Phi(\bar{z})},\quad \bar{\Psi}(z)=\overline{\Psi(\bar{z})} \tag{4.1.42}$$

如图 4.1.4 所示，考察无限大板中的中心裂纹，裂纹长度为 $2a$，无穷远处受均匀应力场σ_x^∞、σ_y^∞、τ_{xy}^∞的作用，则裂纹面上的边界条件可表示为

$$\Phi^+(x)+\Omega^-(x)=\Phi^-(x)+\Omega^+(x)=0 \tag{4.1.43}$$

由式(4.1.43)得到

$$[\Phi(x)-\Omega(x)]^+=[\Phi(x)-\Omega(x)]^-,\quad x\in L \tag{4.1.44}$$

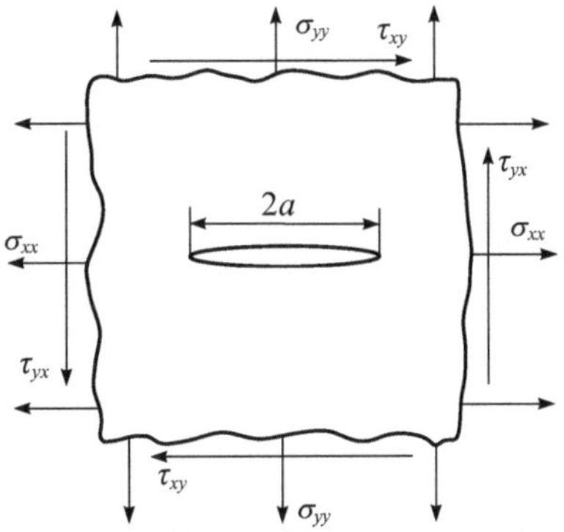

图 4.1.4　含中心裂纹的无限大板

式中，$L=(-a,a)$。由式(4.1.44)可以看出，函数$\Phi(z)-\Omega(z)$是全平面上的解析函数，因此在全平面上恒有

$$\Omega(z)=\Phi(z)+C \tag{4.1.45}$$

式中，C 为待定常数。

由式(4.1.43)可推得

$$[\Phi(x)+\Omega(x)]^+ +[\Phi(x)+\Omega(x)]^-=0,\quad x\in L \tag{4.1.46}$$

式(4.1.46)是一个典型的 Hilbert 问题，其通解为

$$\Phi(z)+\Omega(z)=P(z)X(z) \tag{4.1.47}$$

其中，

$$P(z)=C_1z+C_0 \tag{4.1.48}$$

注意到，函数$\Phi(z)$和$\Omega(z)$在裂纹尖端有奇性，无穷远处有界，则$X(z)$应为

$$X(z)=(z^2-a^2)^{-1/2} \tag{4.1.49}$$

在无穷远处，函数$\varPhi(z)$、$\varPsi(z)$具有的性质为

$$\varPhi(z)=\varGamma+o(z^{-2}),\quad \varPsi(z)=\varGamma'+o(z^{-2}) \tag{4.1.50}$$

其中，

$$\varGamma=\frac{1}{4}(\sigma_x^\infty+\sigma_y^\infty),\quad \varGamma'=\frac{1}{2}(\sigma_y^\infty-\sigma_x^\infty)+\mathrm{i}\tau_{xy}^\infty \tag{4.1.51}$$

由式(4.1.41)的第二式可得

$$\varOmega(\infty)=\sigma_y^\infty-\mathrm{i}\tau_{xy}^\infty-\varGamma,\quad C=\varOmega(\infty)-\varPhi(\infty)=\sigma_y^\infty-\mathrm{i}\tau_{xy}^\infty-2\varGamma=\bar{\varGamma}' \tag{4.1.52}$$

由式(4.1.47)，令$z\to\infty$，得

$$C_1=\sigma_y^\infty-\mathrm{i}\tau_{xy}^\infty \tag{4.1.53}$$

从而得到

$$\varPhi(z)=\frac{1}{2}P(z)X(z)-\frac{1}{2}\bar{\varGamma}',\quad \varOmega(z)=\frac{1}{2}P(z)X(z)+\frac{1}{2}\bar{\varGamma}' \tag{4.1.54}$$

式(4.1.48)中的待定参数 C_0 可以根据位移单值条件确定。对于中心裂纹问题，$C_0=0$。在裂纹前方有

$$\sigma_y-\mathrm{i}\tau_{xy}=\varPhi(x)+\varOmega(x)=\frac{\sigma_y^\infty-\mathrm{i}\tau_{xy}^\infty}{\sqrt{x^2-a^2}},\quad x>a \tag{4.1.55}$$

在右边裂纹尖端A处，建立极坐标系(r,θ)。在裂纹尖端A的前方，有

$$\theta=0,\quad x=r+a \tag{4.1.56}$$

式(4.1.55)可改写为

$$\sigma_y-\mathrm{i}\tau_{xy}=\frac{\sigma_y^\infty-\mathrm{i}\tau_{xy}^\infty}{\sqrt{r(2a+r)}} \tag{4.1.57}$$

由式(4.1.57)可以清楚地看出，在裂纹尖端附近，应力场具有$r^{-1/2}$的奇异性。

4.1.2 应力强度因子理论

通过以上的分析可以看出，裂纹尖端附近的应力场可表示为

$$\sigma_{\alpha\beta}=\frac{K_{\mathrm{I}}}{\sqrt{2\pi r}}\sum_{\alpha\beta}^{\mathrm{I}}(\theta)+\frac{K_{\mathrm{II}}}{\sqrt{2\pi r}}\sum_{\alpha\beta}^{\mathrm{II}}(\theta),\quad \sigma_{3\alpha}=\frac{K_{\mathrm{III}}}{\sqrt{2\pi r}}\sum_{3\alpha}^{\mathrm{III}}(\theta) \tag{4.1.58}$$

应力强度因子可由裂纹尖端应力场定义为

$$K_{\mathrm{I}} = \lim_{r\to 0}\sqrt{2\pi r}\sigma_y(r,0),\quad K_{\mathrm{II}} = \lim_{r\to 0}\sqrt{2\pi r}\tau_{xy}(r,0),\quad K_{\mathrm{III}} = \lim_{r\to 0}\sqrt{2\pi r}\tau_{yz}(r,0) \tag{4.1.59}$$

K_{I} 和 K_{II} 也可用复变函数 $\varPhi(z)$ 来定义：

$$K = K_{\mathrm{I}} - \mathrm{i}K_{\mathrm{II}} = 2\sqrt{2\pi}\lim_{z\to 0}[\sqrt{z}\varPhi(z)] \tag{4.1.60}$$

式中，复变量 z 的原点必须取在裂纹尖端，式(4.1.60)可以由式(4.1.54)和式(4.1.57)加以验证。由式(4.1.57)得到无穷大的板中心裂纹的应力强度因子为

$$K_{\mathrm{I}} = \sigma_y^{\infty}\sqrt{\pi a},\quad K_{\mathrm{II}} = \tau_{xy}^{\infty}\sqrt{\pi a} \tag{4.1.61}$$

式(4.1.58)表明，应力强度因子 K_{I}、K_{II} 和 K_{III} 是表征裂纹尖端应力奇性场强度的参量，其值与加载方式、载荷大小、裂纹长度及裂纹体几何形状有关，而与坐标 (x, y) 无关。应力强度因子的量纲为 $\mathrm{N/m^{3/2}}$ 或 $\mathrm{kg/mm^{3/2}}$。式(4.1.58)还表明，裂纹尖端附近的应力状态完全由应力强度因子参量来决定，一旦这些参量确定，裂纹尖端附近的应力场就完全确定。因此，对于理想的线弹性材料，应力强度因子断裂准则为

$$K_{\mathrm{I}} = K_{\mathrm{C}} \tag{4.1.62}$$

对于 I 型裂纹，当 K_{I} 达到临界值 K_{C} 时，裂纹就会起始扩展。K_{C} 为材料断裂韧性，是与试验温度、板厚、加载速率及环境有关的材料参数，一旦这些外部因素确定，K_{C} 即为材料常数。K_{C} 不依赖于加载方式和试样几何，在一定范围内，也不依赖于试样尺寸和裂纹尺寸。

在平面应变情况下，I 型裂纹尖端前方材料处于三轴拉伸状态：$\sigma_y = \sigma_x$，$\sigma_z = \upsilon(\sigma_y + \sigma_x)$。在平面应力情况下，裂纹尖端前方材料处于双轴应力状态：$\sigma_y = \sigma_x$，$\sigma_z = 0$。因此，平面应变情况下，裂纹更容易扩展。材料断裂韧性 K_{C} 一般由试验获得，结果表明，K_{C} 随厚度而改变，当厚度较大时，K_{C} 随厚度的增大而减小，逐步趋向稳定的下平台值。通常用充分厚的板进行试验，以确定材料的平面应变断裂韧性 K_{IC}。

对于平面应变状态下的 I 型裂纹，脆断准则表示为

$$K_{\mathrm{I}} = K_{\mathrm{IC}} \tag{4.1.63}$$

对于理想线弹性材料，若裂纹扩展引起应力强度因子增大，则裂纹起始扩展必然导致失稳扩展。在这种情况下，式(4.1.63)也可看成裂纹失稳扩展准则。对于大多数工程材料，裂纹尖端存在一个塑性区，如图 4.1.5 所示。

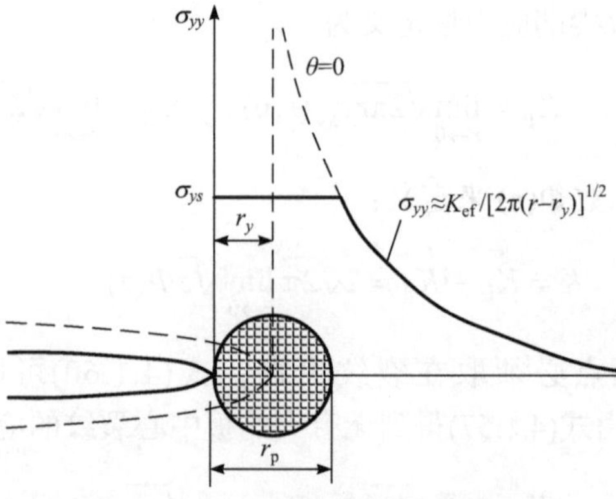

图 4.1.5 裂纹尖端的塑性区

在塑性区内，应力-应变状态与线弹性解完全不同。但是如果这个塑性区尺寸很小，完全被 K 场控制的主导区所包围，那么塑性区内的应力-应变场将由 K 场所控制。即使两个试样的几何形状、加载方式和裂纹尺寸并不相同，但如果这两个试样的应力强度因子相等，那么裂纹尖端附近的应力-应变场也就相同。假如第一个试样在某个临界应力强度因子作用下裂纹开始扩展，则第二个试样在相同的临界应力强度因子作用下裂纹也开始扩展。因此，在小范围屈服的条件下，断裂准则式(4.1.62)和式(4.1.63)对常用的工程材料也适用。在这种情况下，K_C 主要由裂纹尖端的塑性功所决定。一般而言，K_C 随着裂纹亚临界扩展量 Δa 的变化而改变，这就产生了裂纹扩展阻力曲线。

4.1.3 裂纹扩展能量原理

1. 能量释放率

基于能量平衡观点建立裂纹扩展准则，即形成了能量释放率的概念。考虑图 4.1.6(a)所示的二维中心裂纹问题，板厚为 B，裂纹长为 $2a$，无穷远处受到垂直方向的拉应力 σ 的作用。

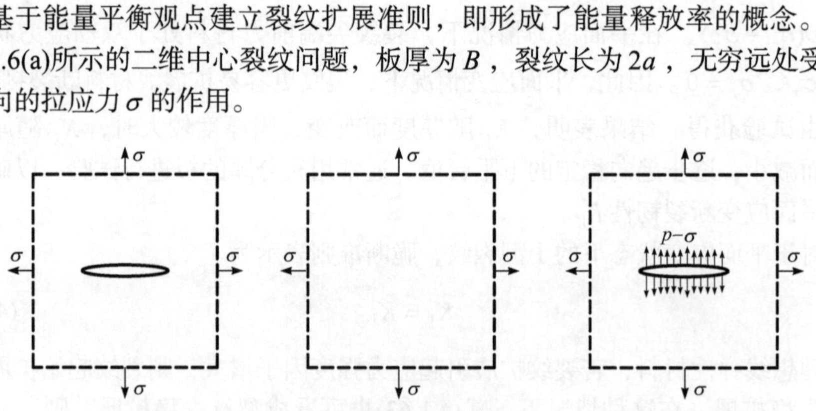

(a) 二维中心裂纹　(b) 不含裂纹板材施加外载荷　(c) 裂纹表面施加压应力

图 4.1.6 含中心裂纹的厚板

根据热力学第一定律，能量平衡方程为

$$U + T + \Gamma = W + Q \tag{4.1.64}$$

式中，U 为储存在介质中的内能，对于弹性体，也就是弹性应变能；T 为介质动能；Γ 为产生新的表面所需要的能量；W 为外载在变形过程中所做的功；Q 为外界提供给物体的热量。若外界与介质不存在热交换过程，则介质的变形断裂过程可以看成绝热过程，$Q=0$。假设裂纹扩展过程是一个准静态过程，裂纹扩展速度远小于应力波速，有 $T=0$。此时，方程(4.1.64)变为

$$U + \Gamma = W \tag{4.1.65}$$

产生新的表面所需要的能量 Γ 可表示为

$$\Gamma = 4aB\gamma \tag{4.1.66}$$

式中，γ 为表面自由能。裂纹出现时，上、下裂纹面形成两个长度为 $2a$、宽度为 B 的新表面。取不含裂纹、不受外力作用的板为基准状态，如图 4.1.6(b)所示，此时物体的内能为零。对图 4.1.6(b)所示的不含裂纹的板材施加外载荷，外载荷均匀由小到大逐渐增加到 σ，此时外载荷所做的功 W_0 恰好等于物体所储存的内能 U_0。然后割开长度为 $2a$ 的裂纹，维持裂纹上、下表面的拉应力，如图 4.1.6(c)所示，在裂纹上、下表面施加一对压应力，由小到大逐渐增加到 $-\sigma$，这样即可得到图 4.1.6(a)所示的状态。

在这个变形过程中，维持外加载荷不变，此时物体在变形增加过程中的内能增量为

$$\mathrm{d}U = \int_{\Omega} \sigma_{ij} \mathrm{d}\varepsilon_{ij} \mathrm{d}\Omega = \int_{S_\sigma} p_i \mathrm{d}u_i \mathrm{d}\Omega + \int_{S_{\mathrm{in}}} p_i \mathrm{d}u_i \mathrm{d}S \tag{4.1.67}$$

式中，S_σ 为物体外表面 S 中作用有外载的部分；S_{in} 表示物体内表面，也就是上、下裂纹面。式(4.1.67)右端第一项为外力功增量，第二项可改写为

$$2\int_{S_{\mathrm{in}}} p_i \mathrm{d}u_i \mathrm{d}S = -2B\int_{-a}^{a} (\sigma - p)\mathrm{d}v\mathrm{d}x \tag{4.1.68}$$

式中，p 为附加在裂纹面上的压应力，式(4.1.68)中的负号表明面力与位移增量 $\mathrm{d}v$ 方向相反，从而得

$$\mathrm{d}U = \mathrm{d}W - 2B\int_{-a}^{a} (\sigma - p)\mathrm{d}v\mathrm{d}x \tag{4.1.69}$$

利用 p 与 v 之间的线性关系，可以得到

$$\Delta(U - W) = -Ba\int_{-a}^{a} 2v(x)\mathrm{d}x \tag{4.1.70}$$

式中，$2v(x)$ 是压应力 $(-\sigma)$ 作用下，裂纹面张开位移，由线弹性力学求解得

$$v(x)=\frac{\sigma}{4\mu}(\kappa+1)\sqrt{a^2-x^2}, \quad |x|\leqslant a \tag{4.1.71}$$

将式(4.1.71)代入式(4.1.70)，积分后得

$$\Delta(U-W)=-\frac{\kappa+1}{8\mu}\pi a^2 B\sigma^2 \tag{4.1.72}$$

将式(4.1.72)与式(4.1.65)、式(4.1.66)比较，得到

$$2\gamma=\frac{\kappa+1}{8\mu}\sigma^2\pi a=\frac{\sigma^2\pi a}{E'} \tag{4.1.73}$$

其中，

$$E'=\begin{cases}\dfrac{E}{1-\upsilon^2}, & \text{平面应变}\\ E, & \text{平面应力}\end{cases} \tag{4.1.74}$$

式(4.1.73)确立了在裂纹扩展条件下，外加应力 σ 与裂纹半长 a 之间的关系式，Griffith 的判据为

$$\sigma_{\rm cr}=\sqrt{\frac{2E'\gamma}{\pi a}} \tag{4.1.75}$$

对于裂纹扩展情况，有

$$U=U_0+\Delta U, \quad W=W_0+\Delta W \tag{4.1.76}$$

式中，U_0 为无裂纹板在外载作用下所储存的弹性应变能；W_0 为外载对无裂纹板所做的功；ΔU 为引入长度为 $2a$ 的裂纹后，板的弹性应变能的增加；ΔW 为裂纹扩展期间外力所做的功。

由式(4.1.76)的两式，得到

$$U-W=\Delta U-\Delta W=-\frac{\pi\sigma^2a^2}{E'}B \tag{4.1.77}$$

将式(4.1.75)改写为

$$\sigma_{\rm cr}\sqrt{\pi a}=\sqrt{2E'\gamma} \tag{4.1.78}$$

式(4.1.78)右端项与材料参数有关，而左端是临界应力与裂纹尺寸开根的乘积。

能量平衡方程(4.1.65)可改写为

$$-\mathrm{d}\varPi=\mathrm{d}\varGamma=2\gamma\mathrm{d}A \tag{4.1.79}$$

式中，$\varPi$ 为系统的势能，$\varPi=U-W$；$\mathrm{d}A$ 为新增加的裂纹面。由式(4.1.79)得到

$$G = -\frac{\partial \Pi}{\partial A} = 2\gamma \tag{4.1.80}$$

式中，物理参量 G 称为能量释放率。

式(4.1.80)相比于式(4.1.77)有更大的普适性，不仅适用于中心裂纹，而且适用于其他裂纹，包括三维裂纹。能量释放率 G 可看成试图驱动裂纹扩展的原动力，因此又称为裂纹扩展力。而式(4.1.80)的右端是与材料性能有关的参数，称为临界能量释放率 G_{IC}，又称为裂纹扩展阻力。

脆性断裂的能量判据为

$$G_{\mathrm{I}} \geqslant G_{\mathrm{IC}} \tag{4.1.81}$$

2. 能量释放率与应力强度因子的关系

能量准则是一种全局性准则，而应力强度因子准则是一种局部准则。能量准则和应力强度因子准则是两种不同的观点，但这两种准则存在内在联系。如图 4.1.7 所示，下面讨论 I 型二维单边裂纹。

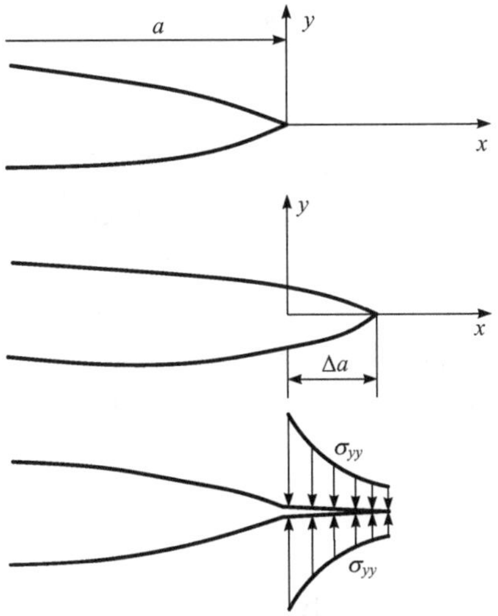

图 4.1.7　I 型二维单边裂纹

设裂纹初始长度为 a，扩展后裂纹长度变为 $a+\Delta a$。在裂纹扩展过程中，裂纹扩展段上面力消失，上、下新表面产生张开位移 $2v(x)$。比较势能 Π 的变化，得到

$$\Delta \Pi = 2B\int_0^{\Delta a} \frac{1}{2}\sigma_y(x,0)v(x)\mathrm{d}x \tag{4.1.82}$$

对于 I 型裂纹，法向应力 σ_y 可表示为

$$\sigma_y(x,0)=\frac{K_{\mathrm{I}}}{\sqrt{2\pi x}} \tag{4.1.83}$$

而位移分量 $v(x)$ 可以用裂纹长度为 $a+\Delta a$ 时裂纹面的位移来表示，由式(4.1.24)得到

$$v(x)=\frac{K_{\mathrm{I}}+\Delta K_{\mathrm{I}}}{4\mu}\sqrt{\frac{\Delta a-x}{2\pi}}\cdot 2(\kappa+1) \tag{4.1.84}$$

将式(4.1.83)、式(4.1.84)代入式(4.1.82)，并积分后得

$$\Delta\Pi=B\frac{\kappa+1}{8\mu}K_{\mathrm{I}}\left(K_{\mathrm{I}}+\Delta K_{\mathrm{I}}\right)\Delta a \tag{4.1.85}$$

由此得能量释放率 G_{I} 为

$$G_{\mathrm{I}}=\lim_{\Delta a\to 0}\frac{\Delta\Pi}{B\Delta a}=\frac{\kappa+1}{8\mu}K_{\mathrm{I}}^2=\frac{K_{\mathrm{I}}^2}{E'} \tag{4.1.86}$$

式(4.1.86)为能量释放率 G_{I} 与应力强度因子 K_{I} 之间的关系式。由此可以看出，当 G_{I} 达到临界值 G_{IC} 时，应力强度因子 K_{I} 也达到临界值 K_{IC}，即有

$$\frac{K_{\mathrm{IC}}^2}{E'}=G_{\mathrm{IC}} \tag{4.1.87}$$

可见，能量释放率准则与应力强度因子准则是等价的。

对于Ⅱ型裂纹和纯Ⅲ型裂纹，假设裂纹也沿裂纹延长线扩展，则有

$$G_{\mathrm{II}}=\frac{K_{\mathrm{II}}^2}{E},\quad G_{\mathrm{III}}=\frac{K_{\mathrm{III}}^2}{E}(1+\upsilon) \tag{4.1.88}$$

大量试验表明，纯Ⅱ型裂纹脆断，将以分岔形式扩展，分支裂纹与原裂纹延伸线呈 65°～85°倾斜角，因此式(4.1.88)的第一式难以直接应用；对于纯Ⅲ型裂纹，裂纹沿其延长线扩展。

4.1.4 裂纹尖端的塑性区

对于绝大多数工程材料，裂纹尖端区域总是存在一个塑性区。在小范围屈服条件下，这个塑性区被周围的弹性区包围着。若塑性区充分小，则周围的弹性场依然可以用 K 场表征，用线弹性理论近似估算塑性区的形状和尺寸，并对应力强度因子进行修正。

1. 塑性区的形状和大小

对于Ⅰ型裂纹，应力场 σ_x、σ_y 和 τ_{xy} 可用式(4.1.18)表示。考察平面应变问题，主应力可表示为

$$\sigma_{1,2}=\frac{1}{2}(\sigma_x+\sigma_y)\pm\frac{1}{2}\sqrt{(\sigma_x-\sigma_y)^2+\tau_{xy}^2} \tag{4.1.89}$$

将式(4.1.18)代入式(4.1.89)，得

$$\begin{aligned}\sigma_1&=\frac{K_{\mathrm{I}}}{\sqrt{2\pi r}}\cos\frac{\theta}{2}\left(1+\sin\frac{\theta}{2}\right)\\ \sigma_2&=\frac{K_{\mathrm{I}}}{\sqrt{2\pi r}}\cos\frac{\theta}{2}\left(1-\sin\frac{\theta}{2}\right)\\ \sigma_3&=\sigma_z=\frac{2\upsilon K_{\mathrm{I}}}{\sqrt{2\pi r}}\cos\frac{\theta}{2}\end{aligned} \tag{4.1.90}$$

采用 von Mises 准则，等效应力 σ_{e} 为

$$\sigma_{\mathrm{e}}=\frac{1}{\sqrt{2}}\sqrt{(\sigma_1-\sigma_2)^2+(\sigma_2-\sigma_3)^2+(\sigma_3-\sigma_1)^2} \tag{4.1.91}$$

利用式(4.1.89)，得

$$\sigma_{\mathrm{e}}^2=\frac{K_{\mathrm{I}}^2}{4\pi r}\left[\frac{3}{2}\sin^2\theta+(1-2\upsilon)^2(1+\cos\theta)\right] \tag{4.1.92}$$

上述公式在弹塑性交界线上依然可以近似地采用，在交界线上 $r=r_{\mathrm{p}}$ ，等效应力 σ_{e} 恰好等于初始屈服应力 σ_{ys} ，由此得

$$r_{\mathrm{p}}=\frac{K_{\mathrm{I}}^2}{4\pi\sigma_{\mathrm{ys}}^2}\left[\frac{3}{2}\sin^2\theta+(1-2\upsilon)^2(1+\cos\theta)\right] \tag{4.1.93}$$

对于平面应力，可以导出

$$r_{\mathrm{p}}=\frac{K_{\mathrm{I}}^2}{4\pi\sigma_{\mathrm{ys}}^2}\left[\frac{3}{2}\sin^2\theta+(1+\cos\theta)\right] \tag{4.1.94}$$

在裂纹前方，则有

$$r_{\mathrm{p}}(\theta)=\begin{cases}\dfrac{K_{\mathrm{I}}^2}{2\pi\sigma_{\mathrm{ys}}^2}, & \text{平面应力}\\[2ex] \dfrac{K_{\mathrm{I}}^2}{2\pi\sigma_{\mathrm{ys}}^2}(1-2\upsilon)^2, & \text{平面应变}\end{cases} \tag{4.1.95}$$

由式(4.1.95)可以看出，对于相同的 K_{I} ，平面应变的塑性区尺寸 $r_{\mathrm{p}}(\theta)$ 远小于平面应力情况。图 4.1.8 给出了 $\upsilon=1/3$ 时，根据线弹性公式(4.1.93)和(4.1.94)得到的塑性区形状。由图可以看出，平面应变的塑性区尺寸远小于平面应力塑性区尺寸。

考察裂纹前方的应力状态，对于平面应力情况，$\theta=0°$ ，$\sigma_1=\sigma_2=\sigma$ ，

$\sigma_3=\sigma_2=0$，最大剪应力 $\tau_{\max}=\sigma/2$。最大剪应力面在与板面成 45°的倾斜面上，如图 4.1.9(a)所示。依照 Tresca 准则，塑性变形主要集中在与板成 45° 倾斜的滑移面上。平面塑性应变主要集中在板平面内，如图 4.1.9(b)所示。在板的前表面及后表面，塑性区形状显示出三维特征，在与板面垂直的截面上，滑移带呈现 45°倾斜的平面应力特征。

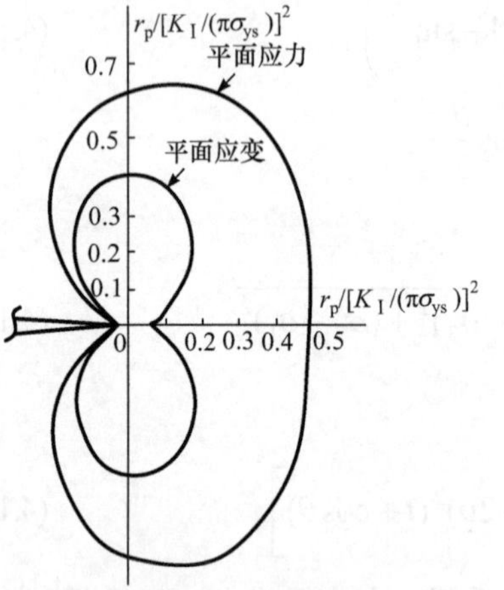

图 4.1.8　塑性区形状

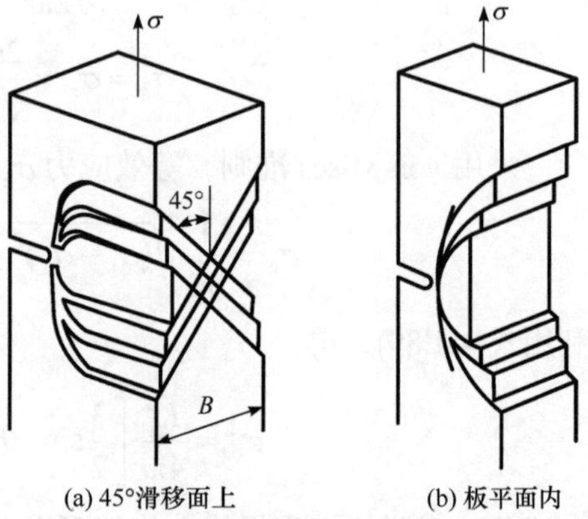

图 4.1.9　最大剪应力面与塑性应变

2. Irwin 模型

以上分析完全基于线弹性理论。事实上，塑性区的存在使裂纹尖端的应力场与线弹性解完全不同，Irwin 模型可以用来分析塑性区存在所产生的应力再分布。

考察裂纹延伸线上塑性区尺寸，假定材料是弹性理想塑性材料，如图 4.1.10(a)所示，虚线 *ABC* 表示线弹性 *K* 场解答。在塑性区，法向正应力 σ_y 恒等于屈服应力 σ_{ys}。曲线 *ABC* 下的面积代表作用在裂纹延伸面上的内力，该内力与外力相平衡。曲线 *DBEF* 表示实际的应力分布曲线，这种应力重新分布现象简称为应力松弛，这种应力重新分布依然要与外力平衡。裂纹尖端附近的塑性变形使板的位移比线弹性解大，这相当于有效裂纹尺寸比真实裂纹尺寸大。图 4.1.10(b)给出了有效裂纹尖端的应力场分布，裂纹尖端已移至 *O* 点，在整个塑性区内，$\sigma_y=\sigma_{ys}$。有效裂纹尖端前方至塑性区边界 $r=r_p$ 处，弹性应力场的合力应该等于 $\sigma_{ys}r_p$。由此得

$$\int_0^{\lambda}\frac{K_I}{\sqrt{2\pi r}}\mathrm{d}r=\sigma_{ys}r_p \tag{4.1.96}$$

在有效裂纹尖端 $r=\lambda$ 处，有

$$\sigma_y=\frac{K_{\mathrm{I}}}{\sqrt{2\pi\lambda}}=\sigma_{\mathrm{ys}} \tag{4.1.97}$$

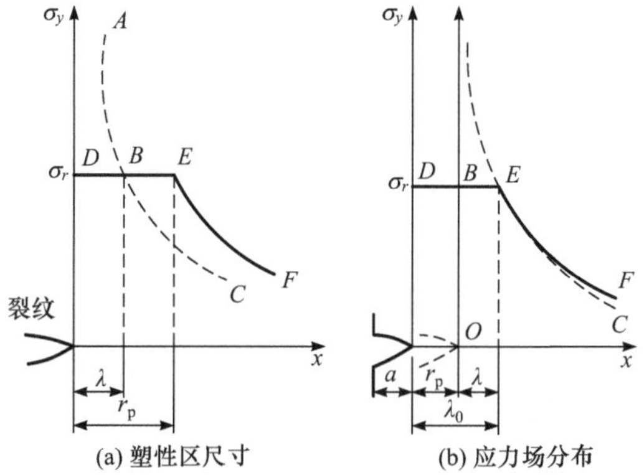

图 4.1.10　弹性理想塑性材料的塑性区尺寸及应力场分布

以上的分析假设塑性区外的应力场 BC 段与 EF 段基本相符，也就是 B 点与 E 点重合。由式(4.1.96)、式(4.1.97)得到

$$\lambda=\frac{r_{\mathrm{p}}}{2},\quad r_{\mathrm{p}}=\frac{1}{\pi}\left(\frac{K_{\mathrm{I}}}{\sigma_{\mathrm{ys}}}\right)^2 \tag{4.1.98}$$

式(4.1.96)表明，等效裂纹尖端恰好位于塑性区中心，以上公式适用于平面应力情况。

对于平面应变，在裂纹前方，有

$$\sigma_x=\sigma_y,\quad \sigma_z=\upsilon(\sigma_x+\sigma_y)=2\upsilon\sigma_y \tag{4.1.99}$$

由 von Mises 屈服条件，得

$$\sigma_y=\frac{\sigma_{\mathrm{ys}}}{1-2\upsilon} \tag{4.1.100}$$

这样，式(4.1.98)的第二式应改为

$$r_{\mathrm{p}}=\frac{(1-2\upsilon)^2}{\pi}\left(\frac{K_{\mathrm{I}}}{\sigma_{\mathrm{ys}}}\right)^2 \tag{4.1.101}$$

在计算应力强度因子时，需要保持塑性区修正概念的前后一致，从而有

$$K_{\mathrm{I}}=C\sigma\sqrt{\pi(a+\lambda)} \tag{4.1.102}$$

式中，参数 C 为反映物体几何形状、裂纹几何及受载方式影响的修正因子；σ

为外加应力。

求解式(4.1.98)和式(4.1.102)，可得到r_{p}和K_{I}，可表示为

$$r_{\mathrm{p}}=\begin{cases}\dfrac{C^2(\sigma/\sigma_{\mathrm{ys}})a}{1-C^2(\sigma/\sigma_{\mathrm{ys}})^2/2}, & \text{平面应力}\\ (1-2\upsilon)^2\dfrac{C^2(\sigma/\sigma_{\mathrm{ys}})^2 a}{1-(1-2\upsilon)^2(\sigma/\sigma_{\mathrm{ys}})^2/2}, & \text{平面应变}\end{cases} \tag{4.1.103}$$

$$K_{\mathrm{I}}=\begin{cases}\dfrac{C\sigma\sqrt{\pi a}}{\sqrt{1-C^2(\sigma/\sigma_{\mathrm{ys}})^2/2}}, & \text{平面应力}\\ \dfrac{C\sigma\sqrt{\pi a}}{\sqrt{1-(1-2\upsilon)^2(\sigma/\sigma_{\mathrm{ys}})^2/2}}, & \text{平面应变}\end{cases} \tag{4.1.104}$$

3. Dugdale 模型

对于含裂纹的薄板，试验观察发现，在裂纹延长线上形成条件屈服区，且在与板前、后表面成±45°倾斜面上形成交叉的剪切带，从而形成条状屈服区模型——Dugdale 模型。对于弹性理想塑性材料，在平面应力状态下，利用 Tresca 准则得到的屈服区确为条状，集中在裂纹尖端的前方。

Dugdale 模型设想，裂纹前方存在一个条状塑性区，其上作用着屈服应力σ_{ys}，塑性区尺寸为ρ。不妨把原有裂纹加塑性区看成等效裂纹，如图 4.1.11(a)所示。

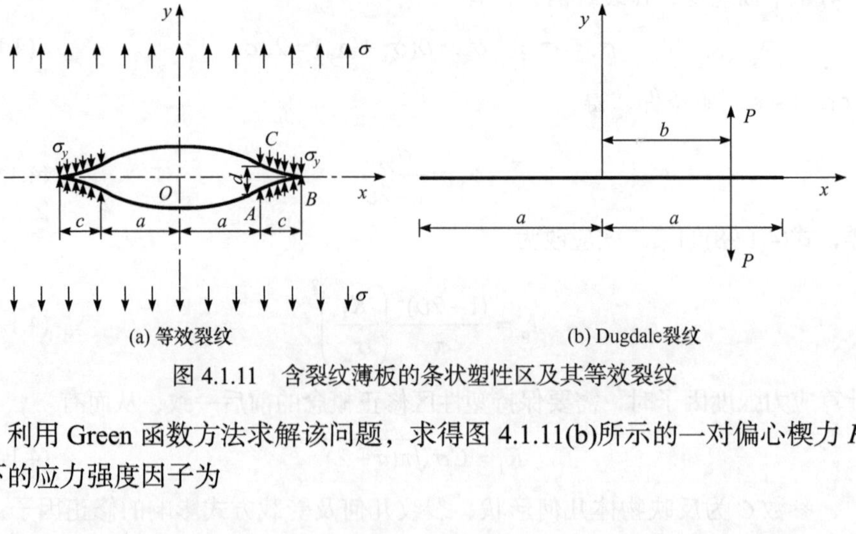

(a) 等效裂纹　　(b) Dugdale裂纹

图 4.1.11　含裂纹薄板的条状塑性区及其等效裂纹

利用 Green 函数方法求解该问题，求得图 4.1.11(b)所示的一对偏心楔力P作用下的应力强度因子为

$$K_A = \frac{P}{\pi a}\sqrt{\frac{a+x}{a-x}}, \quad K_B = \frac{P}{\sqrt{\pi a}}\sqrt{\frac{a-x}{a+x}} \tag{4.1.105}$$

对于含裂纹薄板问题，均匀的分布楔力在 $-a$ 、$-c$ 和 (c,a) 区间作用应力强度因子为

$$K = \frac{P}{\sqrt{\pi a}}\int_c^a\left(\sqrt{\frac{a+x}{a-x}}+\sqrt{\frac{a-x}{a+x}}\right)\mathrm{d}x \tag{4.1.106}$$

对式(4.1.106)积分，得

$$K = 2P\sqrt{\frac{a}{\pi}}\arccos\left(\frac{c}{a}\right) \tag{4.1.107}$$

将此结果用于图 4.1.11(b)所示的 Dugdale 裂纹，a 以 $a+\rho$ 代替，而 c 要以 a 代替，$P=-\sigma_{\mathrm{ys}}$，有

$$\bar{K} = -2\sigma_{\mathrm{ys}}\sqrt{\frac{a+\rho}{\pi}}\arccos\left(\frac{a}{a+\rho}\right) \tag{4.1.108}$$

式中，$\bar{K}$ 为塑性区中的屈服应力 σ_{ys} 在等效裂纹尖端所产生的起屏蔽作用的应力强度因子。另外，外加应力场 σ 在等效裂纹尖端所产生的外加应力强度因子为

$$K = \sigma\sqrt{\pi(a+\rho)} \tag{4.1.109}$$

在等效裂纹尖端前方，应力场是有限的。因此，$\bar{K}$ 必与 K 相抵消，由此得

$$\sigma\sqrt{\pi(a+\rho)} = 2\sigma_{\mathrm{ys}}\sqrt{\frac{a+\rho}{\pi}}\arccos\left(\frac{a}{a+\rho}\right)$$

$$\frac{a}{a+\rho} = \cos\left(\frac{\pi}{2}\frac{\sigma}{\sigma_{\mathrm{ys}}}\right) \tag{4.1.110}$$

当 $\sigma/\sigma_{\mathrm{ys}} \ll 1$ 时，余弦项可用 Taylor 级数展开，得

$$\rho = \frac{\pi^2\sigma^2 a^2}{8\sigma_{\mathrm{ys}}^2} = \frac{\pi K^2}{8\sigma_{\mathrm{ys}}^2} \tag{4.1.111}$$

式(4.1.111)与式(4.1.98)十分接近，当 $\sigma/\sigma_{\mathrm{ys}}$ 比较大时，式(4.1.110)给出的结果比较合理，而与 Irwin 塑性区修正差别比较大。

Barenbatt 提出的内聚力区模型与条状屈服区有些相似，只是内聚力区内的正应力遵循内聚力的公式。而位错连续分布的 BCS 模型得到的结果与 Dugdale 模型的结果也相近。

4.1.5 试样厚度对材料断裂韧性的影响

试验结果表明，试样厚度对材料断裂韧性 K_C 有显著的影响，图 4.1.12 显示了 K_C 与试样厚度的关系曲线。该曲线可以划分为三个不同的区域：很薄、中间厚度、很厚。观察载荷-挠度曲线及试样断口形貌和特征，有助于理解三个不同区域的断裂机制，断口一般分为平断口与斜断口。

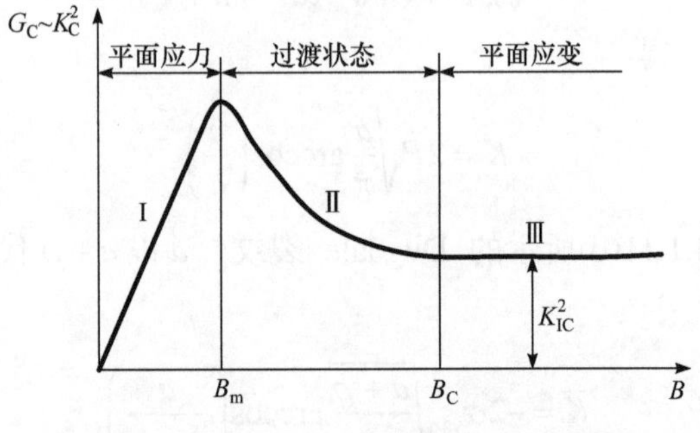

图 4.1.12　K_C 与试样厚度的三个区域

在最佳厚度为 B_0 时，断裂韧性 K_C 达到最高值，这个值通常作为平面应力断裂韧性。当厚度小于 B_0 时，对于一些材料会出现一个平台，对于其他一些材料，K_C 随着 B 的减小而减小。在这个区域，断口为与板面成 45°的斜断口，在靠近裂纹面附近，有时会观察到板面屈曲现象。

当厚度 $B > B_0$ 时，K_C 随着厚度的增大而减小。在区域Ⅱ，断口形貌为中心部位的粗糙平断口与两侧剪切唇的结合，厚度的增加意味着平面应变状态趋于占优。当 $B > B_C$ 时，平面应变状态形成，K_C 达到稳定的下平台 K_{IC} 值，K_{IC} 就是材料的平面应变断裂韧性。图 4.1.13 显示了载荷挠度曲线及断口特征。

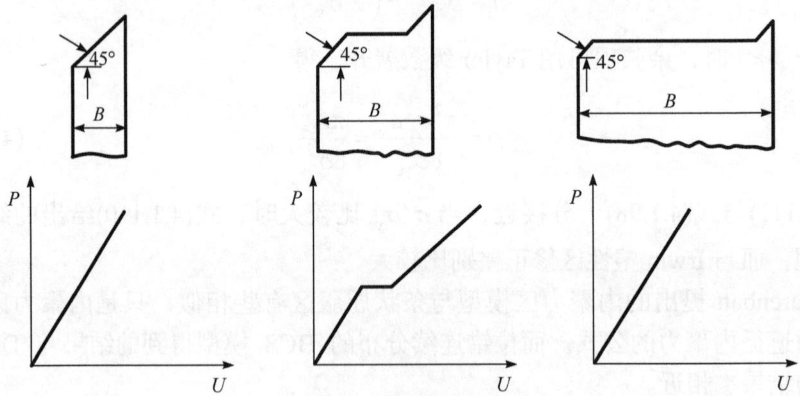

(a) 平面应力　　(b) 过渡状态　　(c) 平面应变

图 4.1.13　载荷挠度曲线及断口特征

图 4.1.14 所示的简化模型可用来分析 K_C 随厚度增大而减小的力学现象。假设平断口的厚度为 $(1-S)B$，则有

$$dw=\frac{dW_f}{dA}(1-S)Bda+\frac{dW_p}{dV}\frac{B^2S^2}{2}da \tag{4.1.112}$$

式中，dW_p/dV 为剪切唇中单位体积的塑性功耗；dW_f/dA 为平断口部位产生单位面积新表面所需要做的功。

因此，临界能量释放率 G_C 为

$$G_C=\frac{dW_f}{dA}(1-S)+\frac{dW_p}{dV}\frac{B}{2}S^2 \tag{4.1.113}$$

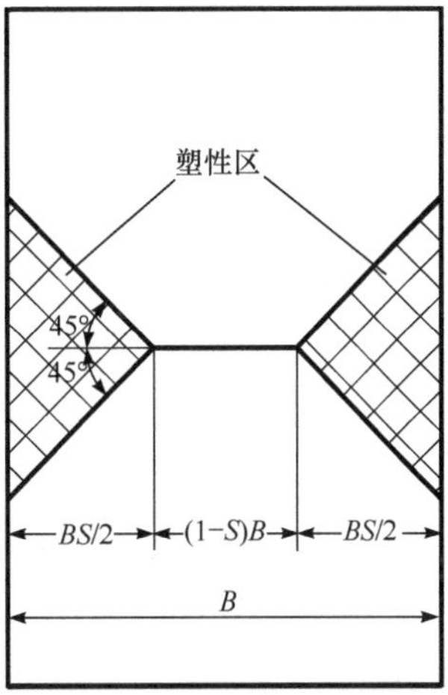

图 4.1.14　简化分析模型

假设 dW_f/dA、dW_p/dV 为材料常数，则式(4.1.113)提供了 G_C 与 S 的依赖关系。当厚度 B 增大时，S 减小趋于零；当 $B>B_C$ 时，$S\approx 0$，由此得

$$G_C=G_{IC}=\frac{dW_f}{dA} \tag{4.1.114}$$

当 $B\to B_0$，$S\to 1$，此时有

$$G_C=G_{C\max}=\frac{dW_p}{dV}\frac{B_0}{2} \tag{4.1.115}$$

将式(4.1.114)、式(4.1.115)代入式(4.1.113)得

$$G_C=G_{IC}(1-S)+\frac{B}{B_0}G_{C\max}S^2 \tag{4.1.116}$$

通过观察，对于厚度为 2mm 的斜断口，由式(4.1.116)即可预测 G_C 随厚度的变化。图 4.1.15 给出了理论预测值(理论值)与试验结果(试验值)的比较，两者符合得比较好。

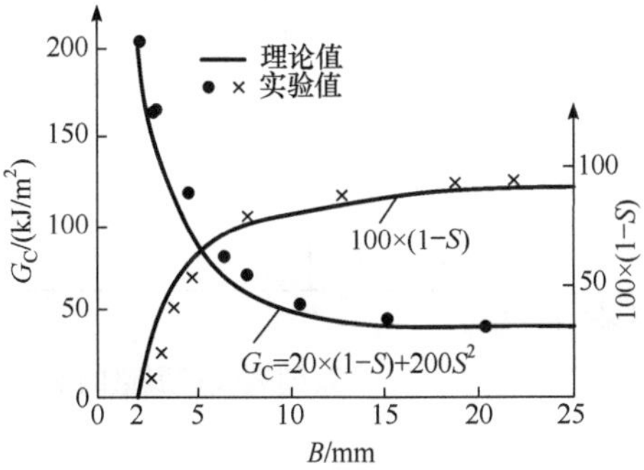

图 4.1.15　G_C 随厚度的变化

4.1.6　裂纹扩展阻力曲线

对于理想脆性材料，裂纹起始扩展意味着裂纹失稳扩展，也就是试件的脆性破坏。但是对于常用的工程材料，当试件充分厚，裂纹尺寸及试件尺寸充分大时，裂纹起始扩展才可能伴随着失稳扩展。而当平面应变条件

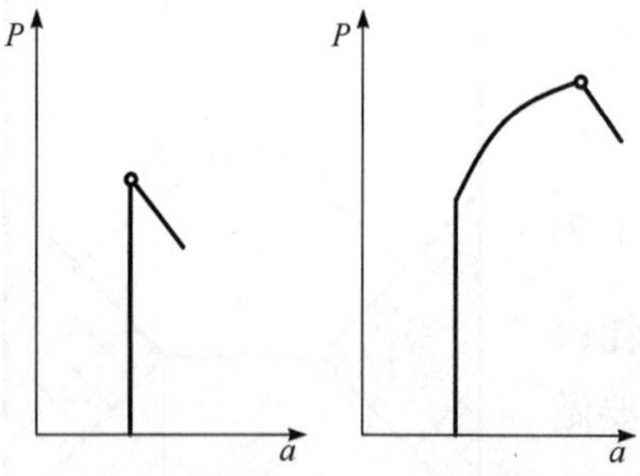

(a) 平面应变　　(b) 平面应力

图 4.1.16　载荷-挠度曲线

未能满足时，裂纹起始扩展将伴随缓慢的、稳定的亚临界扩展，裂纹的扩展量 Δa 通常是比较小的，但都会引起裂纹扩展阻力的明显增加。图 4.1.16(a)和(b)分别为典型的平面应变和平面应力载荷-挠度曲线。对于平面应变试样，裂纹尖端的塑性区尺寸很小，可以用应力强度因子 K_{I} 来表征。在这种情况下，裂纹起始扩展不伴随亚临界扩展，或者只伴随很小的亚临界扩展，紧接着就是试件的突然破坏。而对于薄试件，平面应力状态占优势，裂纹尖端前方材料并不处于三轴约束状态，唇状剪切塑性变形对裂纹扩展的影响不能忽略。因此，亚临界裂纹扩展比较明显。

可以从能量平衡的角度来研究裂纹扩展阻力曲线(R 曲线)，此时能量释放率为

$$G_{\mathrm{R}} = \frac{\mathrm{d}\varGamma}{\mathrm{d}A} + \frac{\mathrm{d}U_{\mathrm{p}}}{\mathrm{d}A} \tag{4.1.117}$$

式中，U_{p} 为裂纹扩展的塑性功耗。在平面应变条件下，$\mathrm{d}U_{\mathrm{p}}/\mathrm{d}A$ 可以看成在形成单位面积新表面所耗散的塑性功，是一个材料常数。能量释放率 G_{R} 与裂纹扩展量 a 的关系如图 4.1.7 所示。当试样厚度为中间厚度时，剪切唇塑性功耗不能忽略，而且剪切唇所占厚度比分 S 随着裂纹扩展而增加。在这种情况下，$\mathrm{d}U_{\mathrm{p}}/\mathrm{d}A$ 将随着 Δa 的增加呈非线性增加。

对于给定厚度的试件，假定 $\mathrm{d}U_{\mathrm{p}}/\mathrm{d}A$ 只依赖于裂纹扩展量 Δa，则可得到裂纹扩展阻力曲线为

$$G_{\mathrm{R}}(\Delta a) = \frac{\mathrm{d}\varGamma}{\mathrm{d}A} + \frac{\mathrm{d}U_{\mathrm{p}}}{\mathrm{d}A} \tag{4.1.118}$$

式中，$G_{\mathrm{R}}(\Delta a)$ 为材料裂纹扩展阻力曲线。

若记 $G = G_{\mathrm{R}}(\Delta a)$，则裂纹扩展条件可表示为

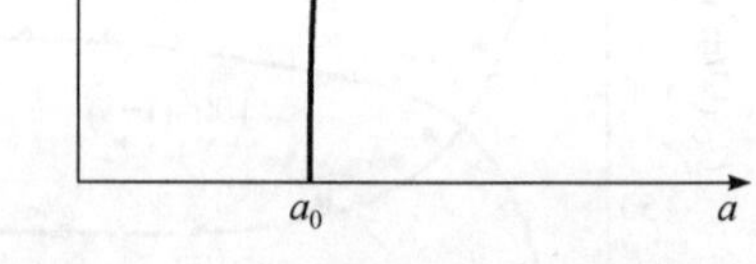

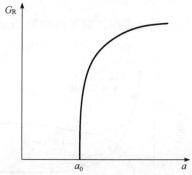

图 4.1.17　G_{R} 随裂纹扩展量的变化

$$\begin{cases}\dfrac{\partial G}{\partial a}<\dfrac{\mathrm{d}G_{\mathrm{R}}}{\mathrm{d}a}, & \text{裂纹起裂或亚临界扩展条件}\\[2ex] \dfrac{\partial G}{\partial a}\geqslant\dfrac{\mathrm{d}G_{\mathrm{R}}}{\mathrm{d}a}, & \text{裂纹失稳扩展条件}\end{cases} \tag{4.1.119}$$

式中，G 为能量释放率，也是裂纹扩展驱动力。

图 4.1.18 中的实线是 $G_{\mathrm{R}}(\Delta a)$ 曲线，虚线表示不同应力水平的裂纹扩展力曲线。当 $\sigma<\sigma_0$ 时，裂纹不扩展；当 $\sigma=\sigma_0$ 时，裂纹起始扩展；当 $\sigma_0<\sigma<\sigma_{\mathrm{c}}$ 时，裂纹亚临界扩展；当 $\sigma\geqslant\sigma_{\mathrm{c}}$ 时，裂纹失稳扩展。

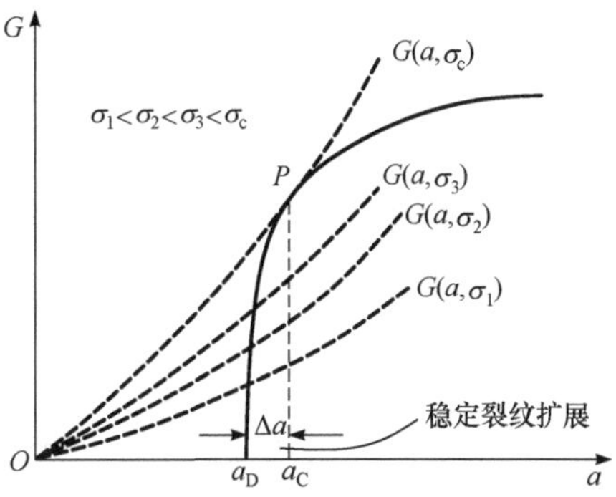

图 4.1.18　裂纹扩展力曲线

4.2　复合型裂纹的脆断理论

4.2.1　复合型裂纹的变形特征

线弹性断裂理论在处理张开型裂纹失稳扩展问题上取得了很大成功，但是工程中经常遇到的裂纹通常处于 K_{I}、K_{II}、K_{III} 均不为零的复合变形状态。载荷分布不对称、裂纹方位不对称、材料各向异性以及裂纹高速传播都会出现裂纹分支，处理这类裂纹问题需要应用复合型裂纹的断裂理论。

如图 4.2.1(a)所示，当裂纹处于试样的中间对称位置时，荷载也对称分布。对于各向同性材料，裂纹尖端的应力强度因子 K_{I} 不为零，但 K_{II}、K_{III} 均为零，这就是单纯的张开型裂纹，简称 I 型裂纹。这种张开型裂纹试样对于测定各种材料平面应变断裂韧度 K_{IC} 十分有用。

现在分析图 4.2.1(b)和(c)所示的试样，由于不能满足全部对称性条件，裂纹尖端的应力强度因子 K_{I}、K_{II} 均不为零。图 4.2.1(b)是三点弯曲偏裂纹试样，图 4.2.1(c)是三点弯曲斜裂纹试样，这两种试样加载方式对称，但裂纹方位不对称，因此 K_{I}、K_{II} 均不为零。

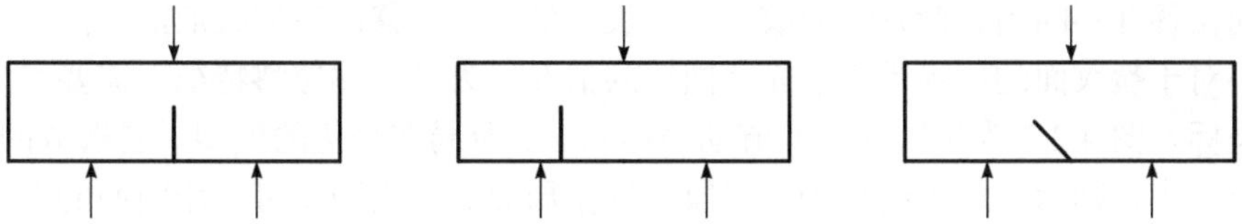
(a) 对称裂纹　(b) 偏裂纹　(c) 斜裂纹

图 4.2.1　三点弯曲裂纹试样

如图 4.2.2 所示复合型裂纹试样，其中图 4.2.2(a)为三点弯曲试样，图 4.2.2(b)为三点弯曲复合型试样，图 4.2.2(c)为四点剪切复合型试样，每种试样图下给出了其剪力图和弯矩图。图中，P 为载荷；a 为裂纹长度；W 为试样宽度；B 为试样厚度；S 为跨距；L 为试样长度。图 4.2.2(b)和(c)两种试样虽然裂纹方位对称，但加载方式不对称，因此 K_{I}、K_{II} 均不为零。

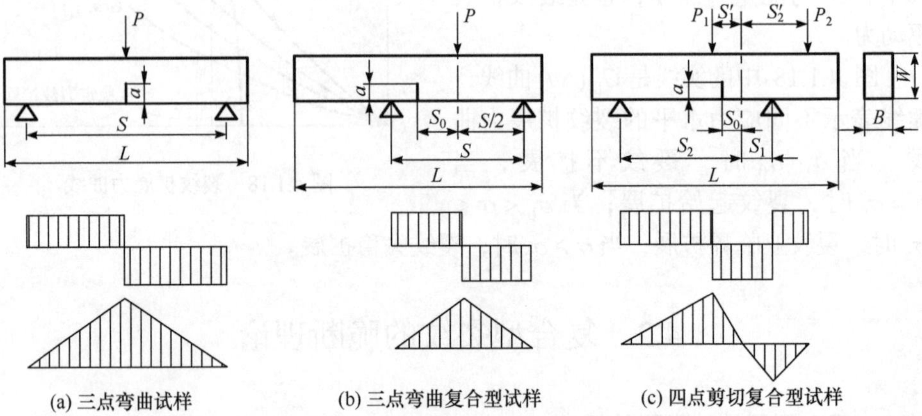

图 4.2.2 三点弯曲试样和四点剪切试样

加载方式及裂纹方位符合对称条件，材料具有各向异性。例如，对于玻璃钢及碳纤维硼纤维增强复合材料，其纤维方向与裂纹方位不一致时，也会产生 K_{I}、K_{II} 均不为零的复合变形状态。

在压力容器、汽轮机转子和航空结构中，经常出现的裂纹缺陷及表面裂纹都处于复合变形状态。可见，复合型裂纹的实例非常广泛。依照裂纹在物体中所处的位置不同，可分为穿透裂纹、深埋裂纹、表面裂纹及角裂纹等；依照裂纹产生的物理因素不同，可分为焊接裂纹、疲劳裂纹、氢脆裂纹、层状裂纹和夹杂裂纹等。

在复合型裂纹的研究中，主要关注裂纹上、下表面的位移特征。由图 4.1.3 所示的张开型裂纹、滑开型裂纹和撕开型裂纹可以看出，张开型裂纹上、下表面的位移对称，并且只有法向位移有间断，造成上、下表面张开；滑开型裂纹上、下表面的切向位移反对称，并且只有切向位移有间断，造成上、下表面滑移，而法向位移并不间断；撕开型裂纹上、下表面的相对位移沿着裂纹前沿方向。

对于裂纹面的周界是任意光滑曲线的情况，为了描述位移特征，需要引入局部坐标。图 4.2.3 为裂纹前沿的流动坐标 $O\text{-}xyz$ 及局部简化的模型。若选取的 AB 段充分小，则 AB 段可简化为直线段，依据局部简化模型就可以用前面的方法来分析位移特征。

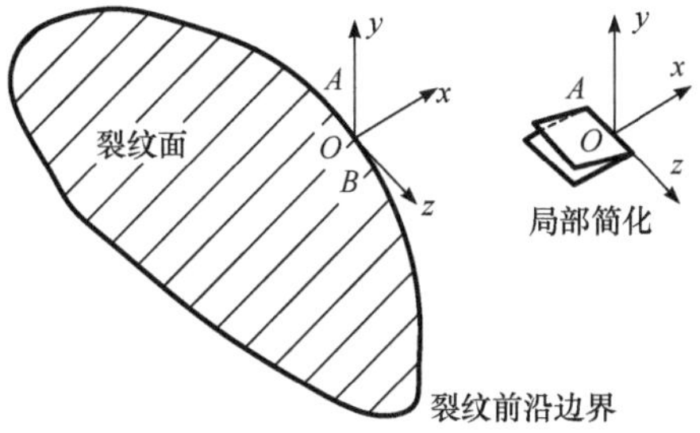

图 4.2.3 裂纹前沿的流动坐标及局部简化模型

以上分析了三种典型裂纹情况，当裂纹上、下表面的位移兼有三种或其中两种特征时，即可得到复合型裂纹。

4.2.2 应力参数准则

从宏观连续介质力学的角度研究复合型裂纹的脆性断裂有多种方法，其中比较常用的是能量法和应力参数法两种方法。

根据能量平衡原理推导出来的脆断理论，称为裂纹扩展的能量平衡理论。能量平衡理论的基本思想是能量释放率概念，即裂纹的虚拟扩展引起总势能的释放。当释放的能量与形成新的裂纹面所需的能量相等时，就会引起裂纹真实的初始扩展。裂纹初始扩展的方向由最大的能量释放率方向确定。

复合型裂纹扩展与纯 I 型裂纹扩展的重要差别在于裂纹不会沿原来的裂纹面扩展，而是沿着分支裂纹面扩展。因此，除了需要确定裂纹初始扩展的临界载荷，还必须确定裂纹初始扩展方向，即开裂角。计算裂纹沿新的分支扩展所释放的能量在数学上相当复杂。如图 4.2.4 所示，当裂纹偏离原分支而沿着另一个分支扩展时，出现了一个折线裂纹。开裂角 γ 是未知的，因此要把这种带有任意开裂角 γ 的折线裂纹保角变换成单位圆，还需要引入一个复杂函数，最后导致一个复杂的函数积分方程。

为了避开复杂的数学计算，通常采用比较直观的应力参数法。应力参数法的特点是通过对裂纹前沿的应力-应变场奇异性进行直观的分析，在综合研究已有试验资料的基础上，提出若干假设作为确定复合型裂纹开裂角及开裂载荷的依据。下面介绍三种典型的应力参数准则。

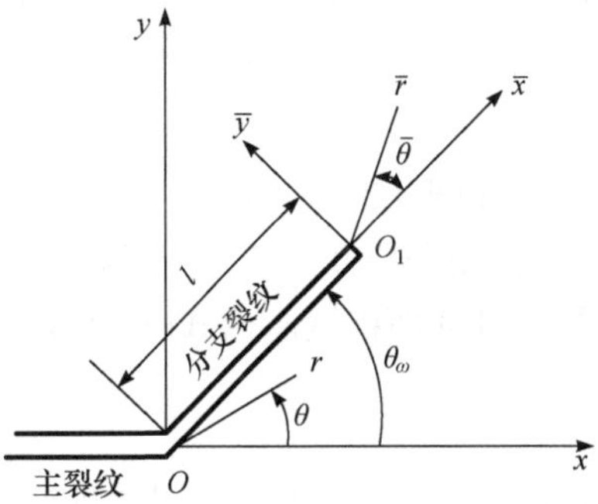

图 4.2.4 主裂纹与分支裂纹

1. 最大正应力准则

脆性材料在纯 K_{II} 的变形状态下，裂纹一般沿与原裂纹平面约成 70°的方向扩展，这个方向非常接近裂纹尖端周向正应力 σ_θ 达到最大值的方向，最大正应力准则正是基于这个现象。最大正应力准则以下面两个假设为基础：①裂纹初始扩展沿着周向正应力 σ_θ 达到最大的方向；②当这个方向的应力强度因子达到临界值时，裂纹就初始扩展，即

$$\lim_{r\to 0}\sqrt{2\pi r}\,\sigma_{\theta\max}=K_{\rm IC} \tag{4.2.1}$$

对于复合型裂纹，在裂纹尖端附近有

$$\begin{aligned}\sigma_\theta&=\frac{1}{\sqrt{2\pi r}}\cos\frac{\theta}{2}\left(K_{\rm I}\cos^2\frac{\theta}{2}-\frac{3}{2}K_{\rm II}\sin\theta\right)\\ \tau_{r\theta}&=\frac{1}{2\sqrt{2\pi r}}\cos\frac{\theta}{2}[K_{\rm I}\sin\theta+K_{\rm II}(3\cos\theta-1)]\end{aligned} \tag{4.2.2}$$

由式(4.2.2)可以看出，应力强度因子 $K_{\rm III}$ 对周向正应力 σ_θ 没有影响。裂纹扩展方向由式(4.2.3)确定：

$$\left(\frac{\partial\sigma_\theta}{\partial\theta}\right)_{r=常数}=0,\quad \left(\frac{\partial^2\sigma_\theta}{\partial\theta^2}\right)_{r=常数}<0 \tag{4.2.3}$$

将式(4.2.2)的第一式代入式(4.2.3)得到

$$K_{\rm I}\sin\theta+K_{\rm II}(3\cos\theta-1)=0 \tag{4.2.4}$$

设 θ_0 是满足方程(4.2.4)的开裂角，则裂纹扩展的应力强度因子 $K_{\rm I}$ 和 $K_{\rm II}$ 具有的关系为

$$\cos\frac{\theta_0}{2}\left(K_{\rm I}\cos^2\frac{\theta_0}{2}-\frac{3}{2}K_{\rm II}\sin\theta_0\right)=K_{\rm IC} \tag{4.2.5}$$

式(4.2.4)和式(4.2.5)即最大正应力准则的基本方程。比较式(4.2.4)和式(4.2.5)可以看出，开裂方向也就是剪应力为零的方向，应力强度因子 $K_{\rm III}$ 对开裂角和临界载荷均无影响。下面讨论几种特殊情况。

1) 中心裂纹单轴拉伸

如图 4.2.5(a)所示，中心裂纹单轴拉伸时，$K_{\rm II}=0$，$K_{\rm I}\neq 0$，由式(4.2.4)得到 θ_0=π或 θ_0=0 。θ_0=π 对应于裂纹的闭合；而 θ_0=0 对应于裂纹扩展，即裂纹沿裂纹延伸面扩展。由式(4.2.5)得

$$K_{\rm I}=K_{\rm IC} \tag{4.2.6}$$

式(4.2.6)就是应力强度因子理论。

2) 中心裂纹面内剪切

如图 4.2.5(b)所示，中心裂纹受面内剪切时，$K_{\mathrm{I}}=0$，$K_{\mathrm{II}}=\tau\sqrt{\pi a}$。代入式(4.2.4)得

$$K_{\mathrm{II}}(3\cos\theta_0-1)=0,\quad \theta_0=\pm 70.5^\circ \tag{4.2.7}$$

试验表明，对于图 4.2.5(b)所示的剪应力 τ 的方向，开裂角 θ_0 为 $-90^\circ\sim-70.5^\circ$。将式(4.2.7)代入式(4.2.5)，取 $\theta_0=-70.5^\circ$ 得到

$$-\frac{3}{2}\cos\frac{\theta_0}{2}\sin\theta_0 K_{\mathrm{IIC}}=K_{\mathrm{IC}},\quad K_{\mathrm{IIC}}=0.866K_{\mathrm{IC}} \tag{4.2.8}$$

式(4.2.8)表明，依照最大正应力准则，滑移型裂纹的断裂韧度 K_{IIC} 要比平面应变断裂韧度 K_{IC} 小。

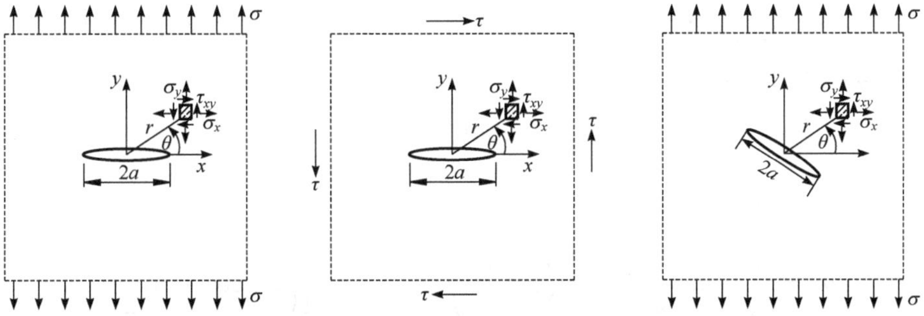

(a) 中心裂纹单轴拉伸　(b) 中心裂纹面内剪切　(c) 中心斜裂纹单轴拉伸

图 4.2.5　中心裂纹单轴拉伸、面内剪切和单轴拉伸

3) 中心斜裂纹单轴拉伸

如图 4.2.5(c)所示，对于中心斜裂纹单轴拉伸情况，有

$$K_{\mathrm{I}}=\sigma\sqrt{\pi a}\sin^2\beta,\quad K_{\mathrm{II}}=\sigma\sqrt{\pi a}\sin\beta\cos\beta \tag{4.2.9}$$

将式(4.2.9)代入式(4.2.4)得

$$\tan\beta=\frac{1-3\cos\theta_0}{\sin\theta_0} \tag{4.2.10}$$

由式(4.2.5)得到临界应力 σ_{cr} 的计算公式为

$$\sigma_{\mathrm{cr}}=\frac{K_{\mathrm{IC}}}{\sqrt{\pi a}}\left[\cos^2\frac{\theta_0}{2}\sin\beta\left(\sin\beta\cos\frac{\theta_0}{2}-3\cos\beta\sin\frac{\theta_0}{2}\right)\right]^{-1} \tag{4.2.11}$$

2. 比应变能准则

比应变能准则认为，复合型裂纹扩展的临界条件取决于裂纹尖端区的能量状态和材料性能。在裂纹尖端区域有非常高的应变集中，造成裂纹钝化，在这个区域的材料力学行为很复杂，连续介质力学在此区域并不适用。因此，假设钝化裂纹端部的半径为 ρ_0，与此对应，有一个半径为 r_0 的心部区域，该区域的应变能密度($r = r_0$ 处的应变能密度)和 $\rho_0=0$ 的尖裂纹在 $r = r_0$ 处的应变能密度相同。为了确定裂纹扩展的临界条件，需要满足下面两个基本假设。

(1) 裂纹初始扩展沿着应变能密度最小的方向，即开裂角 θ_0 由式(4.2.12)确定：

$$\frac{\partial W}{\partial \theta}=0,\quad \frac{\partial^2 W}{\partial \theta^2}=0,\quad r=\text{常数},\quad -\pi \leqslant \theta_0 \leqslant \pi \tag{4.2.12}$$

(2) 当应变能密度因子(指在 θ_0 方向的)达到临界值时，裂纹初始扩展，在 $\theta=\theta_0$ 处，有

$$\lim_{r\to 0}(rW)=S_{\mathrm{cr}} \tag{4.2.13}$$

对于复合型裂纹，裂纹顶端的应力状态可表示为

$$\begin{aligned}
\sigma_x &= \frac{K_{\mathrm{I}}}{\sqrt{2\pi r}}\cos\frac{\theta}{2}\left(1-\sin\frac{\theta}{2}\sin\frac{3}{2}\theta\right)-\frac{K_{\mathrm{II}}}{\sqrt{2\pi r}}\sin\frac{\theta}{2}\left(2+\cos\frac{\theta}{2}\cos\frac{3}{2}\theta\right)\\
\sigma_y &= \frac{K_{\mathrm{I}}}{\sqrt{2\pi r}}\cos\frac{\theta}{2}\left(1+\sin\frac{\theta}{2}\sin\frac{3}{2}\theta\right)+\frac{K_{\mathrm{II}}}{\sqrt{2\pi r}}\sin\frac{\theta}{2}\cos\frac{\theta}{2}\cos\frac{3}{2}\theta\\
\tau_{xy} &= \frac{K_{\mathrm{I}}}{\sqrt{2\pi r}}\cos\frac{\theta}{2}\sin\frac{\theta}{2}\cos\frac{3}{2}\theta+\frac{K_{\mathrm{II}}}{\sqrt{2\pi r}}\cos\frac{\theta}{2}\left(1-\sin\frac{\theta}{2}\sin\frac{3}{2}\theta\right)\\
\sigma_z &= \begin{cases}0, & \text{平面应力}\\ \upsilon(\sigma_x+\sigma_y), & \text{平面应变}\end{cases}\\
\tau_{xz} &= -\frac{K_{\mathrm{III}}}{\sqrt{2\pi r}}\sin\frac{\theta}{2},\quad \tau_{yz}=\frac{K_{\mathrm{III}}}{\sqrt{2\pi r}}\cos\frac{\theta}{2}
\end{aligned} \tag{4.2.14}$$

弹性应变能密度 W 为

$$\begin{aligned}
W &= \frac{1}{2E}(\sigma_x^2+\sigma_y^2+\sigma_z^2)-\frac{\upsilon}{E}(\sigma_x\sigma_y+\sigma_y\sigma_z+\sigma_x\sigma_z)+\frac{1}{2\mu}(\tau_{xy}^2+\tau_{yz}^2+\tau_{xz}^2)\\
&= \frac{1}{r}(a_{11}K_{\mathrm{I}}^2+2a_{12}K_{\mathrm{I}}K_{\mathrm{II}}+a_{22}K_{\mathrm{II}}^2+a_{33}K_{\mathrm{III}}^2)=\frac{S}{r}
\end{aligned} \tag{4.2.15}$$

式中，S 为应变能密度因子，

$$S=a_{11}K_{\mathrm{I}}^2+2a_{12}K_{\mathrm{I}}K_{\mathrm{II}}+a_{22}K_{\mathrm{II}}^2+a_{33}K_{\mathrm{III}}^2$$

$$a_{11}=\frac{1}{16\mu\pi}(1+\cos\theta)(k-\cos\theta),\quad a_{12}=\frac{1}{16\mu\pi}\sin\theta(2\cos\theta-k+1)$$

$$a_{22}=\frac{1}{16\mu\pi}[(k+1)(1-\cos\theta)+(1+\cos\theta)(3\cos\theta-1)],\quad a_{33}=\frac{1}{4\mu\pi}$$

$$k=\begin{cases}3-4\nu, & \text{平面应变}\\ \dfrac{3-\nu}{1+\nu}, & \text{平面应力}\end{cases}\tag{4.2.16}$$

利用应变能密度因子 S，比应变能准则两个基本假设可描述为：①裂纹起始扩展沿着 S 最小的方向；②当 S (指在开裂方向)达到临界值时，裂纹起始扩展。此时，式(4.2.12)和式(4.2.13)变为

$$\frac{\partial S}{\partial\theta}=0,\quad \frac{\partial^2 S}{\partial\theta^2}>0,\quad \theta=\theta_0\tag{4.2.17}$$

$$S_{\theta=\theta_0}=S_{\mathrm{cr}}\tag{4.2.18}$$

1) 中心裂纹单轴拉伸

对于图 4.2.5(a)所示的中心裂纹受单轴拉伸情况，有

$$K_{\mathrm{I}}=\sigma\sqrt{\pi a},\quad K_{\mathrm{II}}=0,\quad S=\frac{\sigma^2 a}{16\mu}(1+\cos\theta)(k-\cos\theta)\tag{4.2.19}$$

由式(4.2.17)～式(4.2.19)得到

$$S_{\theta=\theta_0}=\frac{\sigma_{\mathrm{cr}}^2 a}{16\mu}2(k-1)=S_{\mathrm{cr}}\tag{4.2.20}$$

依照应力强度因子理论，$K_{\mathrm{IC}}=\sigma_{\mathrm{cr}}\sqrt{\pi a}$，从而得到

$$S_{\mathrm{cr}}=\frac{K_{\mathrm{IC}}^2}{8\pi\mu}(k-1)\tag{4.2.21}$$

式(4.2.21)给出了 S_{cr} 与 K_{IC} 之间的联系。

2) 中心裂纹面内剪切

如图 4.2.5(b)所示，中心裂纹受面内剪切时，$K_{\mathrm{I}}=0$，$K_{\mathrm{II}}=\tau\sqrt{\pi a}$，从而得到

$$S=\frac{\tau^2 a}{16\mu}[(k+1)(1-\cos\theta)+(1+\cos\theta)(3\cos\theta-1)] \tag{4.2.22}$$

由式(4.2.17)的第一式得

$$\sin\theta_0[(k-1)-6\cos\theta_0]=0 \tag{4.2.23}$$

由式(4.2.17)的第二式得

$$\theta_0=-\arccos\left(\frac{k-1}{6}\right) \tag{4.2.24}$$

将式(4.2.24)代入式(4.2.23)得

$$S_{\theta=\theta_0}=\frac{\tau_{\rm cr}^2 a}{192\mu}(14k-k^2-1)=S_{\rm cr} \tag{4.2.25}$$

3) 中心斜裂纹单轴拉伸

对于图 4.2.5(c)所示的中心斜裂纹单轴拉伸情况，将式(4.2.9)代入式(4.2.16)的第一式，得到

$$S=\pi\sigma^2 a(a_{11}\sin^2\beta+2a_{12}\sin\beta\cos\beta+a_{22}\cos^2\beta)\sin^2\beta \tag{4.2.26}$$

确定开裂角 θ_0 的方程式为

$$(k-1)\sin(\theta_0-2\beta)-2\sin 2(\theta_0-\beta)-\sin 2\theta_0=0,\quad \beta\neq 0 \tag{4.2.27}$$

临界载荷由式(4.2.28)确定：

$$(\sigma_{\rm cr})_\beta=\sqrt{\frac{S_{\rm cr}}{\pi a\sin^2\beta(a_{11}\sin^2\beta+2a_{12}\sin\beta\cos\beta+a_{22}\cos^2\beta)}} \tag{4.2.28}$$

3. 等应变能密度线上的最大正应力准则

最大正应力准则与比应变能准则的共同点在于两者都是在以裂纹尖端为中心的同心圆上比较有关的力学量。这种比较的优点是具有明显的几何意义，如图 4.2.6(a)所示，A、B 两点与裂纹尖端的距离相等，但 A 点与 B 点并不处于相同的力状态。单纯比较 A 点与 B 点的某个力学量往往缺乏明确的力学意义。

为了改变这种状况，引入式(4.2.15)所示的裂纹前缘单位体元的应变能密度 W，其中的参数由式(4.2.16)确定。应变能密度表征材料储存的能量，一般而言，储存的能量越多，断裂时释放的能量也就越多。因此，应变能密度与能量释放率有一定的联系。在塑性理论中，大量的试验表明，形状应变能 $W_{\rm d}$ 是表征材料初始屈服和强化规律的主要力学量。具有相同形状应变能 $W_{\rm d}$ 的各个体元，在塑性理论中看成处于相同的力学状态，而三轴张力所产生的体积应变能 $W_{\rm V}$ 对材料的初始屈服和强化规律的影响可以忽略。

与塑性理论不同的是，三轴张力对脆断的影响不可忽略。因此，选择应变能密度作为表征弹性脆性断裂的一个力学度量是比较合适的。考虑裂纹前缘的等应变能密度线，简称等 W 线。如图 4.2.6(b)所示，在 Γ_0 线上，有 $W=W_0$，也就是位于 Γ_0 上的各点 A_0、B_0、C_0 等有相同的应变能密度。

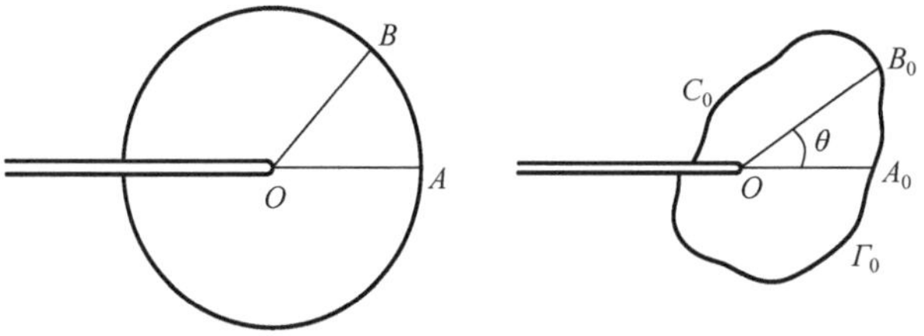

(a) 等距离线　　(b) 等应变能密度线

图 4.2.6　裂纹尖端的圆和等应变能密度线

裂纹初始扩展总是沿着通过裂纹尖端的半径方向，A_0、B_0、C_0 等点元储存的应变能相等，因此 A_0、B_0、C_0 等点元中周向应力 σ_θ 最大的点元最容易发生沿半径方向的开裂。这样就得到一个新的确定裂纹初始扩展方向的准则。

裂纹初始扩展在等 W 线上周向应力 σ_θ 达到最大的方向，记开裂角 θ_0，则有

$$(\sigma_\theta)_{\theta=\theta_0} = \max(\sigma_\theta)\big|_{W=W_0} \tag{4.2.29}$$

式中，W_0 是一个任意的正数。

对于复合型裂纹，在裂纹尖端附近有

$$\sigma_\theta = \frac{1}{\sqrt{2\pi r}}\cos\frac{\theta}{2}\left(K_{\mathrm{I}}\cos^2\frac{\theta}{2} - \frac{3}{2}K_{\mathrm{II}}\sin\theta\right) \tag{4.2.30}$$

由式(4.2.15)可知，$W=W_0=S/r$，因此在等 W 线 Γ_0 上，有 $r=S/W_0$，代入式(4.2.30)，得到

$$\sigma_\theta = \frac{\sqrt{W_0}}{2\sqrt{2}\sqrt{S}}[K_{\mathrm{I}}(1+\cos\theta) - 3K_{\mathrm{II}}\sin\theta]\cos\frac{\theta}{2} \tag{4.2.31}$$

式(4.2.31)表达了在等 W 线 Γ_0 上，周向应力 σ_θ 与 θ 的关系。W_0 是正的常数，因此开裂角 θ_0 将由函数 $f(\theta)$达到最大来确定，函数 $f(\theta)$可表示为

$$f(\theta) = \frac{1}{\sqrt{S}}[K_{\mathrm{I}}(1+\cos\theta) - 3K_{\mathrm{II}}\sin\theta]\cos\frac{\theta}{2} \tag{4.2.32}$$

以上讨论了确定开裂角的方法，开裂载荷可以采用最大正应力准则和总能量释放率准则两种方法来确定。依照最大正应力准则，假设沿着开裂方向主应力强度因子达到临界值，裂纹起始扩展，即有

$$\lim_{r\to 0}\sqrt{2\pi r}(\sigma_\theta)_{\theta=\theta_0}=K_{\mathrm{IC}} \tag{4.2.33}$$

这样等 W 线上的最大正应力准则归结为下面两个基本假设。

(1) 裂纹初始扩展沿着等 W 线，周向应力 σ_θ 达到最大的方向，即有

$$\frac{\partial f}{\partial\theta}=0,\quad \frac{\partial^2 f}{\partial\theta^2}<0,\quad \theta=\theta_0 \tag{4.2.34}$$

(2) 沿着裂纹扩展方向，主应力强度因子达到临界值时，裂纹初始扩展，即满足式(4.2.33)。

按照总能量释放率准则，有

$$G=G_{\mathrm{I}}+G_{\mathrm{II}}+G_{\mathrm{III}}=\frac{1-\upsilon^2}{E}\left(K_{\mathrm{I}}^2+K_{\mathrm{II}}^2\right)+\frac{1+\upsilon}{E}K_{\mathrm{III}}^2 \tag{4.2.35}$$

沿着开裂方向建立局部坐标系 $O\text{-}x_1x_2x_3$，在新的坐标系中有

$$K_{\mathrm{I}}=\lim_{r\to 0}\sqrt{2\pi r}\sigma_\theta,\quad K_{\mathrm{II}}=\lim_{r\to 0}\sqrt{2\pi r}\tau_{r\theta},\quad K_{\mathrm{III}}=\lim_{r\to 0}\sqrt{2\pi r}\tau_{rz} \tag{4.2.36}$$

假设总能量释放率 G 达到临界时，裂纹初始扩展，即

$$G=G_{\mathrm{IC}}=\frac{1-\upsilon^2}{E}K_{\mathrm{IC}}^2 \tag{4.2.37}$$

式(4.2.37)确定的临界载荷将明显依赖于 K_{III}。

4.2.3 分支裂纹的应力强度因子

如图 4.2.7 所示，主裂纹与扩展分支的夹角为 γ。无限大的弹性平面含有这样的折线裂纹直接求解相当困难。首先要寻找一个保角函数 $\omega(\zeta)$，把含有折线裂纹的物理平面映射为映射平面上的单位圆外部，并把裂纹顶点 A 和 B 及折点 O_1 和 O_2 分别映射为 ζ 平面上的 γ_1、γ_2、σ_1 和 σ_2。

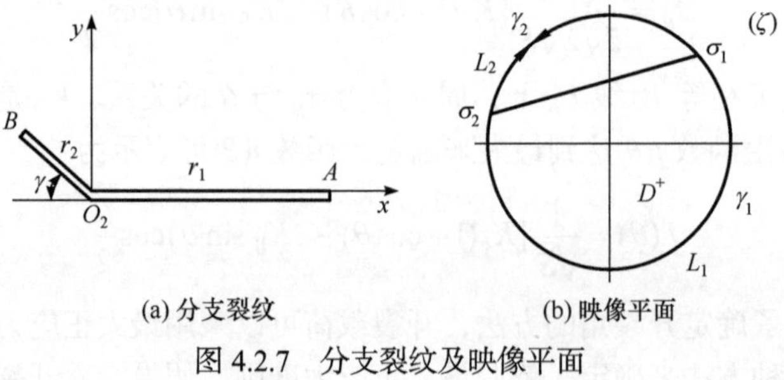

图 4.2.7 分支裂纹及映像平面

保角函数 $\omega(\zeta)$ 表达式如下：

$$\omega(\zeta)=\frac{A}{\zeta}(\zeta-\sigma_1)^{\lambda_1}(\zeta-\sigma_2)^{\lambda_2} \tag{4.2.38}$$

其中，

$$\lambda_1=1-\frac{\gamma}{\pi},\quad \lambda_2=1+\frac{\gamma}{\pi},\quad \sigma_1=\mathrm{e}^{\mathrm{i}\alpha_1},\quad \sigma_2=\mathrm{e}^{\mathrm{i}\alpha_2} \tag{4.2.39}$$

式(4.2.39)中，各参数满足的关系为

$$\alpha_1\lambda_1+\alpha_2\lambda_2=2\pi \tag{4.2.40}$$

对于图 4.2.7(a)所示的分支裂纹，有

$$\begin{aligned} r_1&=4A\left(\sin\frac{\alpha_1-\beta_1}{2}\right)^{\lambda_1}\left(\sin\frac{\alpha_2-\beta_1}{2}\right)^{\lambda_2}\\ r_2&=4A\left(\sin\frac{\beta_2-\alpha_1}{2}\right)^{\lambda_1}\left(\sin\frac{\alpha_2-\beta_2}{2}\right)^{\lambda_2}\end{aligned} \tag{4.2.41}$$

$$\begin{aligned} &\lambda_1\cot\frac{\alpha_1-\beta_1}{2}+\lambda_2\cot\frac{\alpha_2-\beta_1}{2}=0\\ &\lambda_1\cot\frac{\alpha_1-\beta_2}{2}+\lambda_2\cot\frac{\alpha_2-\beta_2}{2}=0\end{aligned} \tag{4.2.42}$$

令

$$\varepsilon=\frac{\alpha_2-\beta_2}{2},\quad \delta=\frac{\beta_2-\alpha_1}{2} \tag{4.2.43}$$

则有

$$\begin{aligned} &\delta=\arctan\left(\frac{\lambda_1}{\lambda_2}\tan\varepsilon\right)\\ &\beta_1=(\varepsilon-\delta)-(\varepsilon+\delta)\frac{\gamma}{\pi},\quad \beta_2=(\delta-\varepsilon)-(\varepsilon+\delta)\frac{\gamma}{\pi}+\pi\\ &r_1=4A(\cos\varepsilon)^{\lambda_1}(\cos\delta)^{\lambda_2},\quad r_2=4A(\sin\varepsilon)^{\lambda_1}(\sin\delta)^{\lambda_2}\end{aligned} \tag{4.2.44}$$

弹性理论的边值问题归结为求解两个 ζ 平面单位圆外全纯的解析函数 $\varphi(\zeta)$、$\psi(\zeta)$。应力可表示为

$$\begin{aligned} &\sigma_x+\sigma_y=4\mathrm{Re}[\varphi'(\zeta)/\omega'(\zeta)]\\ &\sigma_x+\sigma_y+2\mathrm{i}\tau_{xy}=2\left\{\frac{\overline{\omega(\zeta)}}{\omega'(\zeta)}\left[\frac{\varphi'(\zeta)}{\omega'(\zeta)}\right]'+\frac{\psi'(\zeta)}{\omega'(\zeta)}\right\}\end{aligned} \tag{4.2.45}$$

式中，$\varphi(\zeta)$、$\psi(\zeta)$ 满足的边界条件为

$$\varphi^{-}(\sigma)+\frac{\omega(\sigma)}{\overline{\omega'(\sigma)}}\overline{\varphi'^{-}(\sigma)}+\overline{\psi'^{-}(\sigma)}=0,\quad \sigma\in L \tag{4.2.46}$$

式(4.2.46)中，第二项在主裂纹尖端的映象 $e^{i\beta_1}$ 及分支裂纹尖端的映象 $e^{i\beta_2}$ 处有一阶极点的奇性。为了避开这种奇性，引入函数变换：

$$\tilde{\varphi}(\zeta)=(\zeta-e^{i\beta_1})(\zeta-e^{i\beta_2})\varphi(\zeta) \tag{4.2.47}$$

经过推导得到

$$\varphi(\zeta)=\varphi_0(\zeta)+\frac{1}{\gamma_2-\gamma_1}\left[\frac{f_0(\zeta)-f_0^{-}(\gamma_2)}{\zeta-\gamma_2}-\frac{f_0(\zeta)-f_0^{-}(\gamma_1)}{\zeta-\gamma_1}\right] \tag{4.2.48}$$

其中，

$$\begin{aligned}&\gamma_1=e^{i\beta_1},\quad \gamma_2=e^{i\beta_2},\quad \varphi_0(\zeta)=\Gamma A\zeta+A_0-\frac{A}{\zeta}(\bar{\Gamma}+\bar{\Gamma}')\\&f_0(\zeta)=\frac{1-e^{-i2r}}{2\pi i}\int_L\frac{\overline{\varphi'(\sigma)}(\sigma-\sigma_1)(\sigma-\sigma_2)}{\sigma(\sigma-\zeta)}d\sigma\end{aligned} \tag{4.2.49}$$

式中，$\varphi_0(\zeta)$ 对应于无分支裂纹时的解答，方程(4.2.47)即是变换后的基本方程。系数 Γ 、$\bar{\Gamma}'$ 、A_0 均由函数 $\varphi(\zeta)$ 、$\psi(\zeta)$ 在无穷远处的性质决定，$\varphi(\zeta)$ 是单位圆外的全纯函数，下面研究函数 $\varphi(\zeta)$ 在单位圆上的性质。先研究 $\varphi(\zeta)$ 在分支裂纹尖端的映象 γ_2 附近的性质。原函数 $\varphi_1(z)$ 可以解析展开成级数，即

$$\varphi_1(z)=\sum_{n=1}^{\infty}A_n(z-z_2)^{n/2},\quad \varphi_1'(z)=\sum_{n=1}^{\infty}\frac{n}{2}A_n(z-z_2)^{n/2-1} \tag{4.2.50}$$

式(4.2.50)的级数在 z_2 附近处处收敛(z_2 点除外)，收敛域包括分支裂纹线。注意到 $\omega(\gamma_2)=0$ ，有

$$z-z_2=\omega(\zeta)-\omega(\gamma_2)\doteq\frac{1}{2}\omega''(\gamma_2)(\zeta-\gamma_2)^2 \tag{4.2.51}$$

$$\begin{aligned}&\varphi'(\zeta)=\omega'(\zeta)\varphi_1'(z)=\left\{(\zeta-\gamma_2)+O[(\zeta-\gamma_2)^2]\right\}\sum_{n=1}^{\infty}\frac{n}{2}A_n(z-z_2)^{n/2-1}\\&\varphi'(\gamma_2)=\frac{\omega''(\gamma_2)A_{1/2}}{\sqrt{\omega''(\gamma_2)/2}}\end{aligned} \tag{4.2.52}$$

由式(4.2.52)不难看出，函数 $\varphi'(\zeta)$ 在 $\zeta=\gamma_2$ 处是正则的。类似的，可以证明 $\varphi'(\zeta)$ 在 $\zeta=\gamma_1$ 处也是正则的。还可进一步证明，函数 $\varphi'(\zeta)$ 在 $\zeta=\sigma_1$ 有界，而在 $\zeta=\sigma_2$ 处有弱奇性，但式(4.2.49)的被积函数在 σ_2 处是正则的。因此，下列罗朗级数在单位圆外及单位圆上(除了 $\zeta=\sigma_2$ 点)都是收敛的：

$$\varphi(\zeta)=\varphi_0(\zeta)+\sum_{n=1}^{\infty}g_n\zeta^{-n},\quad \varphi'(\zeta)=\varphi_0'(\zeta)+\sum_{n=1}^{\infty}(-n)g_n\zeta^{-n-1} \tag{4.2.53}$$

将式(4.2.53)代入式(4.2.48)得

$$f_0(\zeta)=\frac{1-\mathrm{e}^{-\mathrm{i}2\gamma}}{2\pi\mathrm{i}}\sum_{n=1}^{\infty}(-n)\overline{g}_nP_{n+1}(\zeta) \tag{4.2.54}$$

$$P_n(\zeta)=\int_{L_2}\frac{\sigma^n(\sigma-\sigma_1)(\sigma-\sigma_2)}{\sigma(\sigma-\zeta)}\mathrm{d}\sigma=T_{n+1}(\zeta)-(\sigma_1+\sigma_2)T_n(\zeta)+\sigma_1\sigma_2T_{n-1}(\zeta) \tag{4.2.55}$$

$$T_n(\zeta)=\int_{L_2}\frac{\sigma^n\,\mathrm{d}\sigma}{\sigma-\zeta}=\sum_{m=1}^{\infty}\alpha_{nm}\zeta^{-m},\quad \alpha_{nm}=\frac{\sigma_1^{n+m}-\sigma_2^{n+m}}{n+m},\quad m\geqslant 1,n\geqslant 0 \tag{4.2.56}$$

将式(4.2.55)代入式(4.2.48)得

$$\frac{1}{c_0}\sum_{n=1}^{\infty}g_n\zeta^{-n}+\sum_{n=1}^{\infty}n\overline{g}_nQ_{n+1}(\zeta)=\overline{Q}_0(\zeta) \tag{4.2.57}$$

其中，

$$Q_n(\zeta)=\frac{P_n(\zeta)-P_n^-(\gamma_2)}{\zeta-\gamma_2}-\frac{P_n(\zeta)-P_n^-(\gamma_1)}{\zeta-\gamma_1}=\sum_{k=1}^{\infty}\rho_{nk}\zeta^{-k},\quad n\geqslant 0 \tag{4.2.58}$$

$$c_0=\frac{1-\mathrm{e}^{-\mathrm{i}2r}}{2\pi\mathrm{i}(\gamma_2-\gamma_1)},\quad \rho_{nk}=v_{(n+1)k}-(\sigma_1+\sigma_2)v_{nk}+\sigma_1\sigma_2v_{(n-1)k},\quad n\geqslant 0$$

$$v_{nk}=\gamma_1^{k+n-1}\beta_{n+k}-\gamma_2^{k+n-1}\overline{\beta}_{n+k},\quad n+k\geqslant 1$$

$$\beta_n=\ln\frac{1-\sigma_2/\gamma_1}{1-\sigma_1/\gamma_1}+\sum_{m=1}^{n-1}\frac{1}{m}\left[\left(\frac{\sigma_2}{\gamma_1}\right)^m-\left(\frac{\sigma_1}{\gamma_1}\right)^m\right]$$

$$\overline{\beta}_n=\ln\left(\frac{1-\sigma_2/\gamma_2}{1-\sigma_2/\gamma_2}\right)+\sum_{m=1}^{n-1}\frac{1}{m}\left[\left(\frac{\sigma_2}{\gamma_2}\right)^m-\left(\frac{\sigma_1}{\gamma_2}\right)^m\right] \tag{4.2.59}$$

又有

$$\overline{Q}_0(\zeta)=\overline{\varGamma}AQ_0(\zeta)+A(\varGamma+\varGamma')Q_2(\zeta)$$

$$v_{n1}=v_{11}^-=\left(\frac{1}{\gamma_1}-\frac{1}{\gamma_2}\right)\ln\left(\frac{\sigma_1}{\sigma_2}\right)+\frac{1}{\gamma_1}\ln\left(\frac{1-\sigma_2/\gamma_1}{1-\sigma_1/\gamma_1}\right)-\frac{1}{\gamma_2}\ln\left(\frac{1-\sigma_2/\gamma_2}{1-\sigma_1/\gamma_2}\right),\quad n=-1 \tag{4.2.60}$$

将方程(4.2.57)两侧按罗朗级数展开，并比较两侧系数得到下列确定系数 g_n 的线性代数方程为

$$\frac{1}{c_0}g_m+\sum_{n=1}^{\infty}n\overline{g}_n\rho_{n+1m}=c_m,\quad c_m=\overline{\varGamma}A\rho_{0m}+(\varGamma+\varGamma')A\rho_{2m},\quad m=1,2,\cdots \tag{4.2.61}$$

由方程(4.2.61)求得系数 g_m，然后代回方程(4.2.53)，求得 $\varphi'(\gamma_1)$ 和 $\varphi'^{-}(\gamma_2)$。再由式(4.2.62)求得分支裂纹及主裂纹尖端的应力强度因子：

$$(K_{\mathrm{I}}-\mathrm{i}K_{\mathrm{II}})_B=\frac{2\sqrt{\pi}\varphi'^{-}(\gamma_2)}{\sqrt{\mathrm{e}^{\mathrm{i}\pi\lambda_1}\omega''(\gamma_2)}},\quad (K_{\mathrm{I}}-\mathrm{i}K_{\mathrm{II}})_A=\frac{2\sqrt{\pi}\varphi'^{-}(\gamma_1)}{\sqrt{\omega''(\gamma_2)}} \tag{4.2.62}$$

4.2.4 能量释放率准则

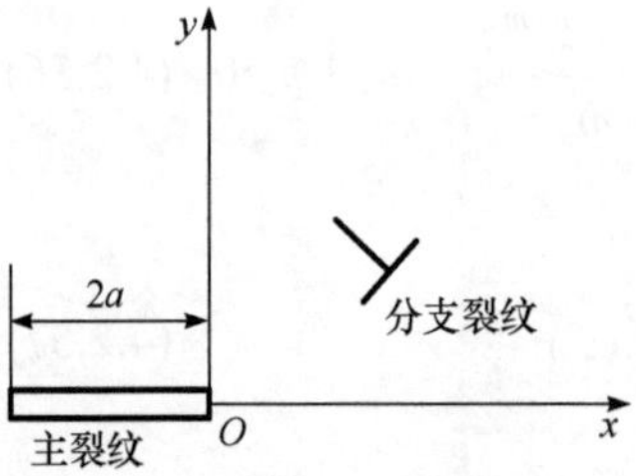

图 4.2.8 裂纹与位错交互作用

考察图 4.2.8 所示的分支裂纹，分支裂纹的长度为 l，主裂纹的长度为 $2a$，将分支裂纹看成连续分布的位错，先分析单个刃型位错与主裂纹的交互作用。

若定义复势函数 $\varPhi_0(z)$、$\bar{\varOmega}_0(z)$ 为

$$\varPhi_0(z)=\frac{B}{z-s},\quad \bar{\varOmega}_0(z)=\frac{\bar{B}}{z-s}+\frac{B(\bar{s}-s)}{(z-s)^2}$$

$$B=\frac{\mu}{\pi\mathrm{i}(\kappa+1)}(b_x+\mathrm{i}b_y) \tag{4.2.63}$$

则无限大平面中的刃型位错所产生的应力-应变场可表示为

$$\sigma_x+\sigma_y=2\left[\varPhi_0(z)+\overline{\varPhi_0(z)}\right]$$

$$\sigma_y-\mathrm{i}\,\tau_{xy}=\varPhi_0(z)+\varOmega_0(\bar{z})+(z-\bar{z})\overline{\varPhi_0'(z)} \tag{4.2.64}$$

式中，z 为刃型位错所在位置，而函数 $\bar{\varOmega}_0(z)$ 为

$$\bar{\varOmega}_0(z)=\varPhi_0(z)+z\varPhi_0'(z)+\varPsi_0(z) \tag{4.2.65}$$

假设由于主裂纹的存在，位错与主裂纹的交互作用产生的附加弹性场可用 $\varPhi_{\mathrm{R}}(z)$、$\varOmega_{\mathrm{R}}(z)$ 描述，则总的复势函数为

$$\varPhi(z)=\varPhi_0(z)+\varPhi_{\mathrm{R}}(z),\quad \varOmega(z)=\varOmega_0(z)+\varOmega_{\mathrm{R}}(z) \tag{4.2.66}$$

按照复变函数理论，有

$$\varPhi_{\mathrm{R}}(z)=\varOmega_{\mathrm{R}}(z)=\frac{-X(z)}{2\pi\mathrm{i}}\int_L\frac{p(t)\mathrm{d}t}{X^+(t)(t-z)}+c_1X(z) \tag{4.2.67}$$

式中，$p(t)$ 为刃型位错在裂纹面上所产生的面力；$X(z)$为分区全纯函数，可表示为 $X(z)=[z(z+2a)]^{-1/2}$，$X(z)$带有割痕 L，可取分支 $\lim\limits_{z\to\infty}zX(z)=1$。刃型位错在裂纹面上所产生的面力 $p(t)$ 为

$$p(t)=(\sigma_y-\mathrm{i}\tau_{xy})_0=\varPhi_0^+(t)+\bar{\varOmega}_0^-(t)=\frac{B}{t-s}+\frac{B}{t-\bar{s}}+\frac{\bar{B}(s-\bar{s})}{(t-\bar{s})^2} \tag{4.2.68}$$

将式(4.2.68)代入式(4.2.67)，积分后得

$$\varPhi_{\mathrm{R}}(z)=\varOmega_{\mathrm{R}}(z)=-[BF(z,s)+BF(z,\bar{s})+\bar{B}(s-\bar{s})G(z,\bar{s})] \tag{4.2.69}$$

其中，

$$F(z,s)=\frac{1}{2}\times\frac{1-X(z)/X(s)}{z-s},\quad G(z,\bar{s})=\frac{\partial}{\partial s}F(z,s) \tag{4.2.70}$$

式(4.2.67)中的待定系数 c_1 可以根据位移单值条件来确定，$c_1=0$。

考虑分支裂纹长度无限小的情况，有 $l/a\to 0$，主裂纹可以看成半无限裂纹，此时有

$$X(z)=\frac{1}{\sqrt{z}},\quad F(z,s)=\frac{1}{\sqrt{z}(\sqrt{z}+\sqrt{s})}=\frac{1-\sqrt{s/z}}{z-s}$$

$$G(z,\bar{s})=-\frac{1}{\sqrt{zs}(\sqrt{z}+\sqrt{s})^2} \tag{4.2.71}$$

考察半无限裂纹尖端的分支裂纹，将分支裂纹看成连续分布刃型位错，此时有

$$\varPhi(z)=\int_0^l\frac{B(r)\mathrm{d}r}{z-r\mathrm{e}^{\mathrm{i}\theta}}+\int_0^l\varPhi_{\mathrm{R}}(z;s,B)\mathrm{d}r$$

$$\varOmega(z)=\int_0^l\frac{B(r)\mathrm{d}r}{z-r\mathrm{e}^{-\mathrm{i}\theta}}+\int_0^l\frac{\bar{B}(r)(s-\bar{s})\mathrm{d}r}{(z-r\mathrm{e}^{-\mathrm{i}\theta})^2}+\int_0^l\varPhi_{\mathrm{R}}(z;s,B)\mathrm{d}r \tag{4.2.72}$$

式中，$s=r\mathrm{e}^{\mathrm{i}\theta}$。

在分支裂纹面上，面力为零，由此得

$$2\int_0^l\frac{B(\eta)\mathrm{e}^{\mathrm{i}\theta}\mathrm{d}\eta}{t-\eta}+\int_0^l k(t,\eta;B(\eta))\mathrm{e}^{\mathrm{i}\theta}\mathrm{d}\eta+\sigma_\theta^{(0)}-\mathrm{i}\tau_{r\theta}^{(0)}=0 \tag{4.2.73}$$

式中，$\sigma_\theta^{(0)}-\mathrm{i}\tau_{r\theta}^{(0)}$ 是外加载荷在分支裂纹上所产生的面力。对于给定的 $\sigma_\theta^{(0)}$ 和 $\tau_{r\theta}^{(0)}$，方程(4.2.73)提供了求解 $B(\eta)$ (位错密度分布函数)的定解方程。

方程(4.2.73)中的积分核 $k(t,\eta;B)$ 为

$$k(t,\eta;B)=\varPhi_{\mathrm{R}}(z)+\mathrm{e}^{\mathrm{i}\theta}\left[\varPhi_{\mathrm{R}}(\bar{z})-\overline{\varPhi_{\mathrm{R}}(z)}+(z-\bar{z})\overline{\varPhi_{\mathrm{R}}'(z)}\right] \tag{4.2.74}$$

式中，$\varPhi_{\mathrm{R}}(z)$ 为在 $S=l\eta\mathrm{e}^{\mathrm{i}\theta}$ 处的刃型位错所对应的复势函数；$z=lt\mathrm{e}^{\mathrm{i}\theta}$。

4.2.5 塑性变形对复合型裂纹脆性断裂的影响

现有线弹性理论只是从不同的角度分析计算裂纹扩展力，而且都简单地假定复合裂纹扩展阻力等于该种材料的纯Ⅰ型裂纹的扩展阻力 $K_{\mathrm{I}C}$，即认为复合型裂纹扩展阻力与变形特征无关。这个假定对于理想脆性材料是正确的，但对金属材料的复合型裂纹脆断而言，与试验结果稍有不符。这种材料的裂纹扩展阻力取决于形成新裂纹面的表面能，而表面能自然不会因 $K_{\mathrm{II}}/K_{\mathrm{I}}$ 而改变。但是对于金属材料，裂纹扩展阻力主要取决于裂纹增加单位面积所消耗的塑性功，而塑性功应该与塑性区大小、塑性区内的应力-应变特征以及材料特性有关。对于裂纹扩展阻力的分析，应该通过微观机制的研究结合弹塑性断裂分析得到。

从线弹性理论出发，得到纯Ⅰ型裂纹塑性区大小与形状为

$$r_{\mathrm{p}}(\theta)=\begin{cases}\dfrac{K_{\mathrm{I}}^2}{4\pi\sigma_{\mathrm{ys}}^2}\left[\dfrac{3}{2}\sin^2\theta+(1-2\upsilon)^2(1+\cos\theta)\right], & \text{平面应变}\\[2ex] \dfrac{K_{\mathrm{I}}^2}{4\pi\sigma_{\mathrm{ys}}^2}\left(1+\dfrac{3}{2}\sin^2\theta+\cos\theta\right), & \text{平面应力}\end{cases} \tag{4.2.75}$$

纯Ⅱ型裂纹塑性区大小与形状为

$$r_{\mathrm{p}}(\theta)=\begin{cases}\dfrac{K_{\mathrm{II}}^2}{4\pi\sigma_{\mathrm{ys}}^2}\left[3\cos^2\dfrac{\theta}{2}(3\cos\theta-1)+8(1-\upsilon+\upsilon^2)\sin^2\dfrac{\theta}{2}\right], & \text{平面应变}\\[2ex] \dfrac{K_{\mathrm{II}}^2}{4\pi\sigma_{\mathrm{ys}}^2}\left[2(2+\cos\theta)(3\cos\theta-1)^2+3\sin^2\theta(3\cos\theta+1)\right], & \text{平面应力}\end{cases} \tag{4.2.76}$$

图 4.2.9 显示了Ⅰ型裂纹和纯Ⅱ型裂纹的塑性区形状和大小。对于Ⅰ型裂纹，在开裂方向($\theta=0^\circ$)，平面应变情况下的塑性区尺寸为

$$(\overline{r}_{\mathrm{p}})_{\mathrm{I}}=\frac{K_{\mathrm{I}}^2}{4\pi\sigma_{\mathrm{ys}}^2}2(1-2\upsilon)^2 \tag{4.2.77}$$

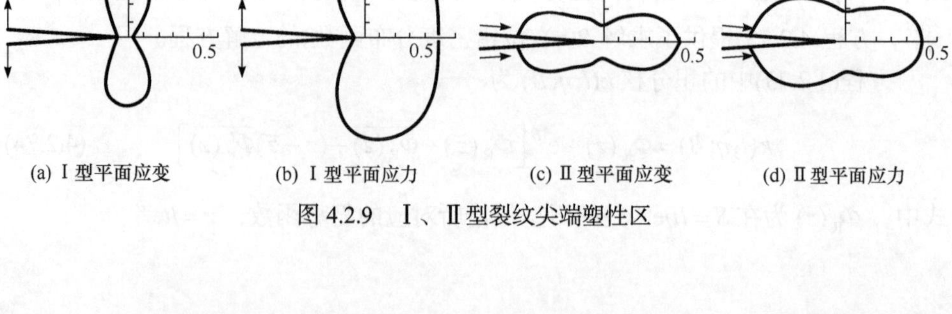

(a) Ⅰ型平面应变 (b) Ⅰ型平面应力 (c) Ⅱ型平面应变 (d) Ⅱ型平面应力

图 4.2.9 Ⅰ、Ⅱ型裂纹尖端塑性区

对于Ⅱ型裂纹，在开裂方向($\theta = -70.5°$)，塑性区尺寸为

$$(\overline{r}_{\mathrm{p}})_{\mathrm{II}} = \frac{K_{\mathrm{II}}^2}{4\pi\sigma_{\mathrm{ys}}^2}\frac{8}{3}(1-\upsilon+\upsilon^2) \tag{4.2.78}$$

对于相同的应力强度因子水平($K_{\mathrm{I}} = K_{\mathrm{II}}$)，当$\upsilon = 1/3$时，有

$$\frac{(\overline{r}_{\mathrm{p}})_{\mathrm{II}}}{(\overline{r}_{\mathrm{p}})_{\mathrm{I}}} = \frac{4(1-\upsilon+\upsilon^2)}{3(1-2\upsilon)^2} = 9.33 \tag{4.2.79}$$

由式(4.2.79)可见，若$K_{\mathrm{IIC}} = K_{\mathrm{IC}}$，则在开裂方向上，Ⅱ型裂纹尖端的塑性区尺寸要比Ⅰ型裂纹尖端的塑性区尺寸约大一个数量级。试验结果表明，金属材料的K_{IIC}常常大于K_{IC}，因此破断时在开裂方向上Ⅰ、Ⅱ型裂纹尖端塑性区尺寸差别将更大。

现在进一步考察复合型裂纹尖端开裂方向上的应力状态，暂且用弹塑性边界处的应力状态近似地描述，假定$\upsilon = 1/3$，对于Ⅰ型裂纹，有

$$\theta = 0, \quad \tau_{r\theta} = 0, \quad \sigma_z = \upsilon(\sigma_r + \sigma_\theta)$$

$$\sigma_r = \sigma_\theta = \frac{K_{\mathrm{I}}}{\sqrt{2\pi(\overline{r}_{\mathrm{p}})_{\mathrm{I}}}} = \frac{\sigma_{\mathrm{ys}}}{1-2\upsilon} = 3\sigma_{\mathrm{ys}} \tag{4.2.80}$$

$$\sigma = \frac{1}{3}(\sigma_r + \sigma_\theta + \sigma_z) = \frac{2(1+\upsilon)}{3(1-2\upsilon)}\sigma_{\mathrm{ys}} = 2.67\sigma_{\mathrm{ys}} \tag{4.2.81}$$

对于Ⅱ型裂纹，有

$$\theta = -70.5°, \quad \tau_{r\theta} = \sigma_r = 0, \quad \sigma_\theta = \frac{\sigma_{\mathrm{ys}}}{\sqrt{1-\upsilon+\upsilon^2}} = 1.13\sigma_{\mathrm{ys}} \tag{4.2.82}$$

$$\sigma = \frac{1}{3}(1+\upsilon)\sigma_\theta = 0.504\sigma_{\mathrm{ys}} \tag{4.2.83}$$

由式(4.2.81)和式(4.2.83)可以看出，纯Ⅰ型裂纹尖端在开裂方向上的三轴张力σ是屈服强度的 2.67 倍，而纯Ⅱ型裂纹尖端在开裂方向上的三轴张力σ仅为屈服强度的 1/2。众所周知，三轴张力对于脆断起着重要的作用，因此Ⅱ型裂纹脆断将比Ⅰ型裂纹脆断困难得多。

对于复合型裂纹的弹塑性应力-应变场，采用既考虑几何非线性，又考虑物理非线性的塑性大变形基本方程，应用有限元法可以进行有效的分析。按照弹性的最大正应力准则，沿开裂方向有

$$\overline{K}_{\mathrm{I}} = \lim_{r\to 0}\sqrt{2\pi r}(\sigma_\theta)_{\theta=\theta_0} = \left(K_{\mathrm{I}} - 3K_{\mathrm{II}}\tan\frac{\theta_0}{2}\right)\cos^3\frac{\theta_0}{2}$$

$$\bar{K}_{\mathrm{II}} = \lim\sqrt{2\pi r}(\tau_{r\theta})_{\theta=\theta_0} = 0 \tag{4.2.84}$$

沿着开裂方向的临界应力强度因子为

$$\bar{K}_{\mathrm{IC}} = \left(K_{\mathrm{If}} - 3K_{\mathrm{IIf}}\tan\frac{\theta_0}{2}\right)\cos^3\frac{\theta_0}{2} \tag{4.2.85}$$

图 4.2.10 为沿开裂方向脆断前的周向正应力 σ_θ 的分布。由图可以看出，不同试样所对应的 $K_{\mathrm{II}}/K_{\mathrm{I}}$ 有很大的变化，临界状态的周向正应力 σ_θ 的分布都彼此接近，因此计入塑性影响的最大正应力准则 $\sigma_{\theta\max}$ 能够很好地预计开裂载荷。

图 4.2.11 为复合型裂纹扩展阻力的实测结果及理论计算结果，图中横坐标 $\psi = \arctan(K_{\mathrm{II}}/K_{\mathrm{I}})$。由图可以看出，基于弹塑性理论最大正应力准则 $\sigma_{\theta\max}$ 与实测结果比较一致。假设沿开裂方向，$r = r_{\mathrm{e}}$ 处，周向正应力 σ_θ 达到临界值时，裂纹起始扩展，具体计算时，$r_{\mathrm{e}} = 0.0128\mathrm{mm}$，$\sigma_{\mathrm{cr}} = 4670\mathrm{MPa}$。

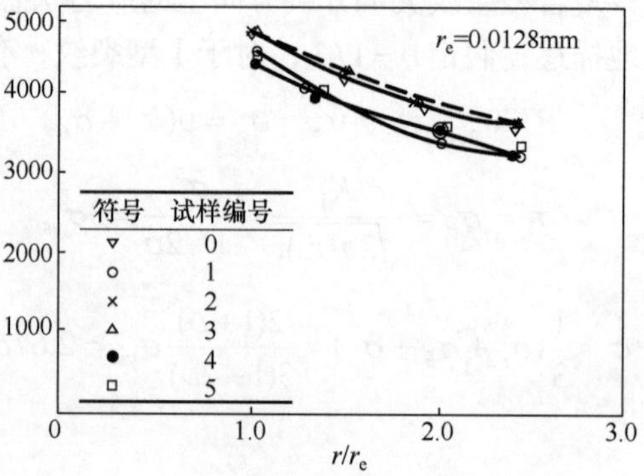

图 4.2.10　沿开裂方向周向正应力的分布

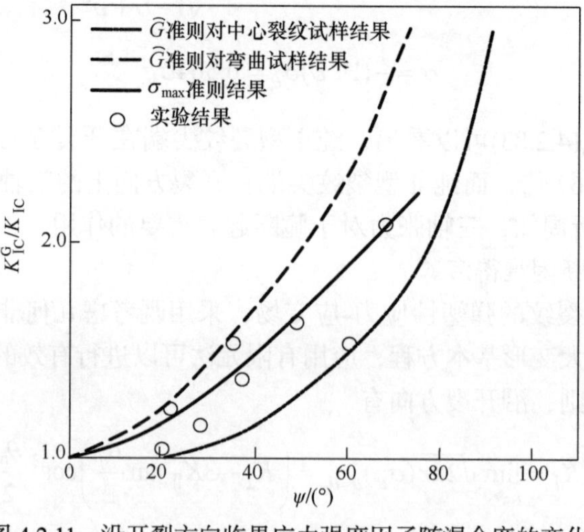

图 4.2.11　沿开裂方向临界应力强度因子随混合度的变化

对于三点弯曲偏裂纹试样和四点剪切试样，$\widehat{G}$ 准则给出了裂纹扩展阻力的上限；而对于中心裂纹试样，$\widehat{G}$ 准则的理论计算给出了裂纹扩展阻力的下限。在有限元计算中，$\widehat{G}$ 是裂纹扩展有限长度计算得到的能量释放率，$\widehat{G}=-\Delta\Pi/\Delta a$。$\widehat{G}$ 依赖于分支裂纹的扩展方向，一般是沿着 σ_θ 最大方向计算 $\widehat{G}$。

上述分析只适用于金属材料的脆性断裂，而不适用于金属材料的韧性断裂，复合型裂纹脆性断裂具有的特征是：①断口是平断口，具有解理断裂的特征；②断裂方向，也就是开裂角与线弹性断裂理论预测的结果大致符合；③对于纯Ⅱ型裂纹，开裂角约为 70°。

金属材料韧性断裂的微观机制是韧窝机制。在扫描电子显微镜下可以清楚地看到微孔洞的形核、长大和合并，其断裂方向是剪应力最大的方向。高强钢 GC-4 的试验结果证实，对于纯Ⅱ型四点剪切试样，如果试样尺寸 W 和 a 比较小，不能严格满足平面应变的条件，试样就会发生沿着裂纹延伸线方向的剪断，此时开裂角为 0，而断裂载荷会明显低于线弹性断裂理论的预测结果。

对于金属材料，不仅要考察构件的脆性断裂，还要考察构件的韧性断裂。对于高强钢 GC-4，纯Ⅱ型四点剪切试样，只有当尺寸 W、B 和 a 足够大时，才发生脆性断裂；而当试样尺寸比较小时，将发生剪切断裂，而且断裂载荷明显低于线弹性断裂理论的预测。金属材料的韧性断裂不宜采用最大正应力准则，而应该采用弹塑性理论结合韧性断裂机制来分析。

4.3　弹塑性断裂理论

线弹性断裂理论适用于理想脆性材料。对于常用的工程材料，裂纹尖端附近必然存在塑性区。若塑性区尺寸远小于裂纹尺寸和试样尺寸，则裂纹尖端塑性区内的应力-应变场依然受 K 场控制，此时线弹性断裂理论经过适当修正仍然适用。但很多工程材料服役期间处于塑性变形状态，或者小裂纹状态，塑性区尺寸可与裂纹尺度相比，甚至达到构元尺度，K 场已无法表征或控制裂纹尖端区域的应力-应变场，此时必须考虑裂纹体的弹塑性行为，研究裂纹在弹塑性介质中起始扩展、亚临界扩展和失稳扩展的规律。

弹塑性断裂在裂纹起始扩展后要经历一段稳态的亚临界扩展过程，然后才进入失稳扩展直至断裂。弹塑性断裂理论大体可分为两类：①着眼于刻面静止裂纹尖端弹塑性应变场，建立合适的弹塑性断裂准则，描述裂纹起始扩展；②着眼于分析扩展裂纹尖端附近的弹塑性应力-应变场，描述裂纹扩展规律。

4.3.1 *J* 积分原理

1. *J* 积分的定义与守恒性

考虑图 4.3.1 所示的二维裂纹体，围绕裂纹尖端取任意光滑封闭回路 Γ：由裂纹下表面任意点开始，按逆时针方向沿 Γ 环绕裂纹尖端行进，终止于上表面任一点。

J 积分定义为式(4.3.1)所示的回路积分：

$$J = \int_{\Gamma} W\mathrm{d}y - p_{\alpha} \frac{\partial u_{\alpha}}{\partial x} \mathrm{d}s \tag{4.3.1}$$

式中，W 为应变能密度，可表示为

$$W = \int_{o}^{\varepsilon_{ij}} \sigma_{ij} \mathrm{d}\varepsilon_{ij} \tag{4.3.2}$$

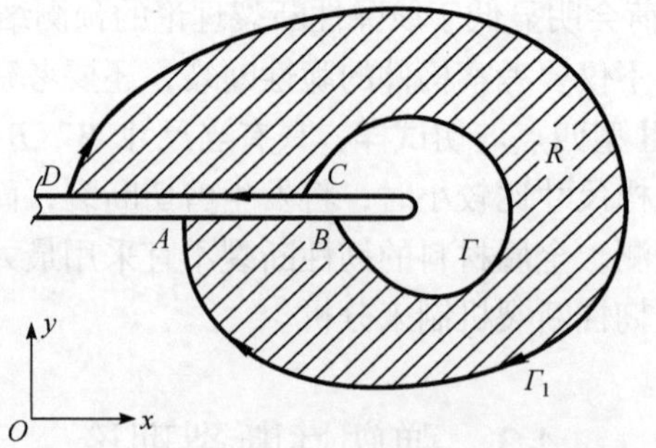

图 4.3.1　围绕裂纹尖端的光滑封闭回路

考虑一类非线性材料，该材料的本构关系为

$$\sigma_{ij} = \frac{\partial W}{\partial \varepsilon_{ij}} \tag{4.3.3}$$

式(4.3.3)可描述一类非线弹性本构关系，也可以作为塑性全量理论，表征单调加载情况下常用工程材料的塑性行为。

对于遵循式(4.3.3)本构关系的一类材料，不难证明，J 积分与路径无关。为此考察另一条封闭回路 Γ_1，取如下封闭回路 $\overline{\Gamma} = AB\Gamma CD\overline{\Gamma}_1$，此处 $\overline{\Gamma}_1$ 是指从 D 点出发顺时针沿 Γ_1 返回 A 点，有

$$J_{\overline{\Gamma}} = J_{AB} + J_{\Gamma} + J_{CD} - J_{\Gamma_1} = J_{\Gamma} - J_{\Gamma_1} \tag{4.3.4}$$

在裂纹面上，无外载作用，因此 $p_{\alpha} = 0$。另外，$\mathrm{d}y = 0$，所以 J_{AB}、J_{CD} 均为零。计算得到 $J_{\overline{\Gamma}}$ 为

$$J_{\bar{\Gamma}}=\int_{\bar{\Gamma}}(Wn_1-\sigma_{\alpha\beta}n_\beta u_{\alpha,1})\mathrm{d}s=\int_\Omega\left[\frac{\partial W}{\partial x_1}-\frac{\partial(\sigma_{\alpha\beta}u_{\alpha,1})}{\partial x_\beta}\right]\mathrm{d}x_1\mathrm{d}x_2$$
$$=\int_\Omega\left(\frac{\partial W}{\partial\varepsilon_{\alpha\beta}}\frac{\partial\varepsilon_{\alpha\beta}}{\partial x_1}-\sigma_{\alpha\beta,\beta}\frac{\partial u_\alpha}{\partial x_1}-\sigma_{\alpha\beta}\frac{\partial^2u_\alpha}{\partial x_1\partial x_\beta}\right)\mathrm{d}x_1\mathrm{d}x_2$$
$$=\int_\Omega\left(\sigma_{\alpha\beta}\frac{\partial\varepsilon_{\alpha\beta}}{\partial x_1}-\sigma_{\alpha\beta,\beta}\frac{\partial u_\alpha}{\partial x_1}-\sigma_{\alpha\beta}\frac{\partial\varepsilon_{\alpha\beta}}{\partial x_1}\right)\mathrm{d}x_1\mathrm{d}x_2$$
$$=-\int_\Omega\left(\sigma_{\alpha\beta,\beta}\frac{\partial u_\alpha}{\partial x_1}\right)\mathrm{d}x_1\mathrm{d}x_2 \tag{4.3.5}$$

式中，Ω 为 $\bar{\Gamma}$ 所包围的区域，若区域 Ω 内无体力作用，则应力场必然满足平衡方程，即有

$$J_{\bar{\Gamma}}=J_\Gamma-J_{\Gamma_1}=0,\quad J_\Gamma=J_{\Gamma_1} \tag{4.3.6}$$

式(4.3.6)就是 J 积分的守恒性，即路径无关性。

2. J 积分与能量释放率

对于遵循式(4.3.3)的裂纹体，J 积分等于能量释放率，即

$$J=-\frac{\mathrm{d}\Pi}{\mathrm{d}a},\quad \Pi=\int_\Omega W\mathrm{d}\Omega-\int_\Gamma\bar{p}_a u_a\mathrm{d}s \tag{4.3.7}$$

式中，Π 为裂纹体的总势能。

对于二维问题，只取单位厚度的物体，Ω 为物体占有区域，Γ 为外边界。图 4.3.2 中的坐标系 Ox_1x_2 是固定的直角坐标系，x_1 轴与裂纹平行；坐标系 $O_aX_1X_2$ 是原点跟随裂纹尖端一起运动的随动坐标系。

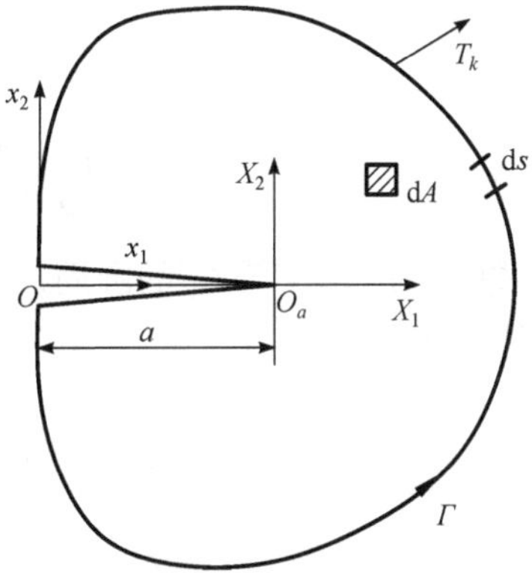

图 4.3.2　固定坐标系与随动坐标系

由式(4.3.7)的第二式求导得

$$\frac{\mathrm{d}\Pi}{\mathrm{d}a}=\int_\Omega\frac{\partial W}{\partial a}\mathrm{d}\Omega-\int_\Gamma\bar{p}_a\frac{\partial u_a}{\partial a}\mathrm{d}s \tag{4.3.8}$$

在推导式(4.3.8)时，已经假设裂纹扩展过程中外载保持不变，坐标 Ox_1x_2 与 $O_aX_1X_2$ 之间的关系为

$$X_1=x_1-a,\quad X_2=x_2 \tag{4.3.9}$$

所以对于任何物理量，恒有

$$\frac{\partial \phi}{\partial a} = \frac{\partial \hat{\phi}}{\partial a} + \frac{\partial \hat{\phi}}{\partial X_1}\frac{\partial X_1}{\partial a} = \frac{\partial \hat{\phi}}{\partial a} - \frac{\partial \hat{\phi}}{\partial X_1} = \frac{\partial \hat{\phi}}{\partial a} - \frac{\partial \phi}{\partial x_1} \tag{4.3.10}$$

式中，$\phi(x_1,x_2,a)$ 为任意的连续可微函数，即

$$\hat{\phi}(X_1,X_2,a) = \phi(x_1,x_2,a) \tag{4.3.11}$$

将式(4.3.10)代入式(4.3.8)得

$$\frac{\mathrm{d}\Pi}{\mathrm{d}a} = \int_{\Omega}\left(\frac{\partial \hat{W}}{\partial a} - \frac{\partial W}{\partial x_1}\right)\mathrm{d}\Omega - \int_{\Gamma}\overline{p}_a\left(\frac{\partial \hat{u}_a}{\partial a} - \frac{\partial u_a}{\partial x_1}\right)\mathrm{d}s \tag{4.3.12}$$

在裂纹尖端划出半径为 ε 的小圆 C_ε，记 $\Omega_\varepsilon = \Omega - C_\varepsilon$，式(4.3.12)可改写为

$$\frac{\mathrm{d}\Pi}{\mathrm{d}a} = \int_{C_\varepsilon}\frac{\partial W}{\partial a}\mathrm{d}\Omega + \int_{\Omega_a}\left(\frac{\partial \hat{W}}{\partial a} - \frac{\partial W}{\partial x_1}\right)\mathrm{d}\Omega - \int_{\Gamma}\overline{p}_a\left(\frac{\partial \hat{u}_a}{\partial a} - \frac{\partial u_a}{\partial x_1}\right)\mathrm{d}s \tag{4.3.13}$$

应用虚功原理：

$$\int_{\Omega_\varepsilon}\frac{\partial \hat{W}}{\partial a}\mathrm{d}\Omega = \int_{\Omega_\varepsilon}\sigma_{ij}\frac{\partial \hat{\varepsilon}_{ij}}{\partial a}\mathrm{d}\Omega = \int_{\Gamma}p_a\frac{\partial \hat{u}_a}{\partial a}\mathrm{d}s - \int_{\Gamma_\varepsilon}p_a\frac{\partial \hat{u}_a}{\partial a}\mathrm{d}s \tag{4.3.14}$$

由散度定理推得

$$\int_{\Omega_\varepsilon}\frac{\partial W}{\partial x_1}\mathrm{d}\Omega = \int_{\Gamma}Wn_1\mathrm{d}s - \int_{\Gamma_\varepsilon}Wn_1\mathrm{d}s \tag{4.3.15}$$

式中，Γ_ε 为小圆 C_ε 的圆周，以逆时针走向作为 Γ_ε 的正向；n_1 为 Γ 或 Γ_2 的外法线。将式(4.3.14)、式(4.3.15)代入式(4.3.13)，得到

$$\frac{\mathrm{d}\Pi}{\mathrm{d}a} = -\int_{\Gamma}\left(Wn_1 - p_a\frac{\partial u_a}{\partial x_1}\right)\mathrm{d}s + \left(\int_{C_\varepsilon}\frac{\partial W}{\partial a}\mathrm{d}\Omega - \int_{\Gamma_\varepsilon}p_a\frac{\partial \hat{u}_a}{\partial a}\mathrm{d}s + \int_{\Gamma_\varepsilon}Wn_1\mathrm{d}s\right) \tag{4.3.16}$$

式中，C_ε、Γ_ε 分别为空间固定的小圆及小圆周，在时刻 t，圆心与裂纹尖端重合。若选择随动的 $\overline{C}_\varepsilon$ 和 $\overline{\Gamma}_\varepsilon$ 代替 C_ε 和 Γ_ε，引入流入裂纹尖端的能通量 Q，即

$$Q = -\frac{\mathrm{d}}{\mathrm{d}t}\int_{\overline{C}_\varepsilon}W\mathrm{d}\Omega + \int_{\overline{\Gamma}_\varepsilon}p_a\frac{\partial \hat{u}_a}{\partial t}\mathrm{d}s \tag{4.3.17}$$

则由雷诺(Reynolds)输运定理，可以证明式(4.3.16)右端第二项可表示为 $-Q/\dot{a}$，式(4.3.16)可改写为

$$G\dot{a} = J\dot{a} + Q \tag{4.3.18}$$

对于定常扩展裂纹，W、$\hat{u}_a$ 对于随动坐标系 $O_aX_1X_2$ 是恒定的函数，该函数不随时间改变，因此 Q 恒等于零，此时有

$$J = G = -\frac{\mathrm{d}\Pi}{\mathrm{d}a} \tag{4.3.19}$$

对于非线性弹性材料，不难证明，当 $\bar{C}_\varepsilon$ 、 $\bar{\Gamma}_\varepsilon$ 收缩为零时，Q 同样趋于零，因此式(4.3.19)同样成立。式(4.3.19)即是著名的 J 积分与能量释放率等价公式，式(4.3.19)给予 J 积分明确的物理意义。

3. J 积分与 K_{I} 的关系

对于线弹性材料，J 积分与应力强度因子 K_{I} 有简单的关系。为了讨论平面应变问题，取 Γ 为以裂纹尖端为圆心，半径为 r 的圆周，则弹性应变能密度为

$$W=\frac{1}{2}\sigma_{ij}\varepsilon_{ij}=\frac{1+\upsilon}{2E}[(1-\upsilon)(\sigma_x^2+\sigma_y^2)-2\upsilon\sigma_x\sigma_y+2\tau_{xy}^2] \tag{4.3.20}$$

将式(4.1.17)代入式(4.3.20)，得

$$W=\frac{K_{\mathrm{I}}^2}{2\pi r}\frac{1+\upsilon}{E}\left[\cos^2\frac{\theta}{2}\left(1-2\upsilon+\sin^2\frac{\theta}{2}\right)\right] \tag{4.3.21}$$

又有

$$\begin{aligned} p_x&=\sigma_x\cos\theta+\tau_{xy}\sin\theta=\frac{K_{\mathrm{I}}}{\sqrt{2\pi r}}\frac{1}{2}\cos\frac{\theta}{2}(3\cos\theta-1)\\ p_y&=\tau_{xy}\cos\theta+\sigma_y\sin\theta=\frac{K_{\mathrm{I}}}{\sqrt{2\pi r}}\frac{3}{2}\cos\frac{\theta}{2}\sin\theta \end{aligned} \tag{4.3.22}$$

$$u=\frac{K_{\mathrm{I}}}{\mu}\sqrt{\frac{r}{2\pi}}\sin\theta\left(3-2\upsilon-\sin^2\frac{\theta}{2}\right),\quad v=\frac{K_{\mathrm{I}}}{\mu}\sqrt{\frac{r}{2\pi}}\cos\theta\left(-2\upsilon+\cos^2\frac{\theta}{2}\right) \tag{4.3.23}$$

注意到

$$\frac{\partial}{\partial x}=\cos\theta\frac{\partial}{\partial r}-\sin\theta\frac{1}{r}\frac{\partial}{\partial\theta} \tag{4.3.24}$$

由式(4.3.22)～式(4.3.24)，得到

$$J=\frac{1-\upsilon^2}{E}K_{\mathrm{I}}^2 \tag{4.3.25}$$

根据能量释放率公式(4.1.86)，有

$$G_{\mathrm{I}}=\frac{K_{\mathrm{I}}^2}{E}(1-\upsilon^2) \tag{4.3.26}$$

比较式(4.3.25)和式(4.3.26)，再次证实

$$J=G_{\mathrm{I}} \tag{4.3.27}$$

4. J积分与裂纹张开位移的关系

针对 Dugdale 模型，选择如下回路Γ：紧贴着条状屈服区，由裂纹尖端出发，沿下表面逆时针移动，环绕上表面移动到裂纹尖端上沿，如图 4.3.3 所示。

$$J=\int_{\Gamma} W\,\mathrm{d}y-p_a\frac{\partial u_a}{\partial x}\mathrm{d}s=-2\int_A^B\sigma_y\frac{\partial v}{\partial x}\mathrm{d}x=-2\sigma_{\mathrm{ys}}(v_B-v_A)=\sigma_{\mathrm{ys}}\delta_{\mathrm{tip}} \tag{4.3.28}$$

式中，δ_{tip}为裂纹尖端张开位移，由式(4.3.28)得到

$$\delta_{\mathrm{tip}}=\frac{J}{\sigma_{\mathrm{ys}}} \tag{4.3.29}$$

式(4.3.29)不仅适用于 Dugdale 模型，而且可以推广到更一般的内聚力模型。假设在条状塑性区内，内聚力公式可表示为

$$\sigma_y=\frac{\mathrm{d}\overline{\psi}}{\mathrm{d}\delta} \tag{4.3.30}$$

则有

$$J=-\int_A^B\sigma_y\frac{\partial\delta}{\partial x}\mathrm{d}x=-\int_A^B\frac{\mathrm{d}\overline{\psi}}{\mathrm{d}\delta}\mathrm{d}\delta=\overline{\psi}(\delta_{\mathrm{tip}}) \tag{4.3.31}$$

式中，$\overline{\psi}$为内聚力势，由式(4.3.31)得到

$$\delta_{\mathrm{tip}}=\overline{\psi}^{-1}(J) \tag{4.3.32}$$

式中，$\overline{\psi}^{-1}(J)$为内聚力势的逆函数。

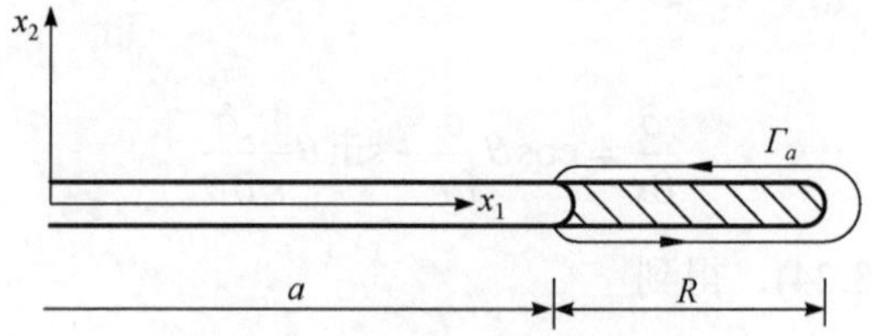

图 4.3.3　裂纹尖端的环绕路线

4.3.2　HRR 奇异场

HRR 奇异场是由 Hutchinson、Rice 和 Rosengren 等建立的关于幂硬化材料Ⅰ型裂纹尖端的奇异场，该奇异场为弹塑性断裂理论提供了重要的理论基础。幂硬化材料在单轴拉伸时，遵循 Ramberg-Osgood 公式，即有

$$\frac{\varepsilon}{\varepsilon_0}=\frac{\sigma}{\sigma_0}+\alpha_0\left(\frac{\sigma}{\sigma_0}\right)^n \tag{4.3.33}$$

式中，σ_0为屈服应力；ε_0为参照应变，$\varepsilon_0=\sigma_0/E$，E为弹性模量；n和α_0分别

为应变硬化指数和硬化系数。

假设材料遵循 J_2 塑性形变理论，则三维的应力-应变关系可表示为

$$\varepsilon_{ij}=\frac{1+\upsilon}{E}s_{ij}+\frac{1-2\upsilon}{3E}\sigma_{kk}\delta_{ij}+\frac{3}{2}\alpha_0\varepsilon_0\left(\frac{\sigma_e}{\sigma_0}\right)^{n-1}\frac{s_{ij}}{\sigma_0} \tag{4.3.34}$$

式中，s_{ij} 为应力偏量；σ_e 为有效应力，$\sigma_e=\sqrt{3s_{ij}s_{ij}/2}$。

1. 平面应变问题

对于平面应变状态，有

$$\varepsilon_{\alpha\beta}=\frac{1+\upsilon}{E}\sigma_{\alpha\beta}+\frac{\Gamma}{E}\sigma_{\rho\rho}\delta_{\alpha\beta}+\frac{3}{2}\alpha_0\left(\frac{\sigma_e}{\sigma_0}\right)^{n-1}\frac{P_{\alpha\beta}}{E} \tag{4.3.35}$$

其中，

$$\begin{gathered}\sigma_{\rho\rho}=\sigma_r+\sigma_\theta,\quad P_{\alpha\beta}=\sigma_{\alpha\beta}-\frac{1}{2}\sigma_{\rho\rho}\delta_{\alpha\beta}\\ \Gamma=-\upsilon(1+\upsilon)+\left(\frac{1}{2}-\upsilon\right)^2\frac{\alpha_0(\sigma_e/\sigma_0)^{n-1}}{1+\alpha_0(\sigma_e/\sigma_0)^{n-1}}\end{gathered} \tag{4.3.36}$$

鉴于在裂纹尖端应力场有奇异性，因此在进行渐近分析时，Γ 可简化为

$$\Gamma=-\upsilon(1+\upsilon)+(0.5-\upsilon)^2 \tag{4.3.37}$$

对于平面应变，恒有 $\varepsilon_{33}=\varepsilon_{31}=\varepsilon_{32}=0$，所以 $\tau_{zr}=\tau_{z\theta}=0$。在渐近意义上，裂纹尖端塑性应变的奇性高于弹性应变奇性，因此有

$$s_{33}=0,\quad \sigma_{33}=\frac{1}{2}(\sigma_r+\sigma_\theta) \tag{4.3.38}$$

有效应力 σ_e 为

$$\sigma_e^2=\frac{3}{4}(\sigma_r-\sigma_\theta)^2+3\tau_{r\theta}^2+\frac{3}{2}s_{33}^2=\frac{3}{4}(\sigma_r-\sigma_\theta)^2+3\tau_{r\theta}^2 \tag{4.3.39}$$

引进应力函数 ϕ，则有

$$\sigma_r=\frac{1}{r}\left(\frac{\partial\phi}{\partial r}+\frac{1}{r}\frac{\partial^2\phi}{\partial\theta^2}\right),\quad \sigma_\theta=\frac{\partial^2\phi}{\partial r^2},\quad \tau_{r\theta}=-\frac{\partial}{\partial r}\left(\frac{1}{r}\frac{\partial\phi}{\partial\theta}\right) \tag{4.3.40}$$

应变协调方程为

$$\frac{1}{r}\frac{\partial^2}{\partial r^2}(r\varepsilon_\theta)+\frac{1}{r^2}\frac{\partial^2}{\partial\theta^2}\varepsilon_r-\frac{1}{r}\frac{\partial}{\partial r}\varepsilon_r-\frac{2}{r}\frac{\partial^2(r\varepsilon_{r\theta})}{\partial r\partial\theta}=0 \tag{4.3.41}$$

在渐近意义上，弹性应变相对塑性应变可以忽略，因此式(4.3.35)变为

$$\varepsilon_r = \frac{3}{4}\alpha_0\left(\frac{\sigma_e}{\sigma_0}\right)^{n-1}\frac{\sigma_r - \sigma_\theta}{E},\quad \varepsilon_\theta = \frac{3}{4}\alpha_0\left(\frac{\sigma_e}{\sigma_0}\right)^{n-1}\frac{\sigma_r - \sigma_\theta}{E}$$

$$\varepsilon_{r\theta} = \frac{3}{2}\alpha_0\left(\frac{\sigma_e}{\sigma_0}\right)^{n-1}\tau_{r\theta} \tag{4.3.42}$$

将式(4.3.40)、式(4.3.42)代入式(4.3.41)，得到以应力函数ϕ表达的协调方程为

$$\left(\frac{1}{r^2}\frac{\partial^2}{\partial\theta^2} - \frac{1}{r}\frac{\partial}{\partial r} - \frac{1}{r}\frac{\partial^2}{\partial r^2}r\right)\left[\sigma_e^{n-1}\left(\frac{1}{r}\frac{\partial\phi}{\partial r} + \frac{1}{r^2}\frac{\partial^2\phi}{\partial\theta^2} - \frac{\partial^2\phi}{\partial r^2}\right)\right]$$
$$+\frac{4}{r}\frac{\partial^2}{\partial r\partial\theta}\left[r\sigma_e^{n-1}\frac{\partial}{\partial r}\left(\frac{1}{r}\frac{\partial\phi}{\partial\theta}\right)\right] = 0 \tag{4.3.43}$$

在裂纹尖端附近，应力函数ϕ可表示为

$$\phi = K_p r^{2+s}\tilde{\phi}(\theta) \tag{4.3.44}$$

将式(4.3.44)代入式(4.3.43)，得

$$\left[\frac{d^2}{d\theta^2} - ns(ns+2)\right]\left\{\tilde{\sigma}_e^{n-1}\left[-s(s+2)\tilde{\phi} + \frac{d^2\tilde{\phi}}{d\theta^2}\right]\right\} + 4(s+1)(ns+1)\frac{d}{d\theta}\left(\tilde{\sigma}_e^{n-1}\frac{d\phi}{d\theta}\right) = 0 \tag{4.3.45}$$

其中，

$$\tilde{\sigma}_e = \sqrt{\frac{3}{4}(\tilde{\sigma}_r - \tilde{\sigma}_\theta)^2 + 3\hat{\tau}_{r\theta}^2} \tag{4.3.46}$$

式(4.3.45)就是$\tilde{\phi}(\theta)$应该满足的非线性控制方程。裂纹面面力自由条件为$\sigma_\theta = \tau_{r\theta} = 0$，$\theta = \pm\pi$，用应力函数表示，则有

$$\tilde{\phi} = \frac{d\tilde{\phi}}{d\theta} = 0,\quad \theta = \pm\pi \tag{4.3.47}$$

在$\theta = 0$处，$\tilde{\phi}_\theta$中必须是关于$\theta = 0$的偶函数(剪应力$\tau_r\theta = 0$，$v = 0$，$\theta = 0$)，所以有

$$\frac{d\tilde{\phi}}{d\theta} = \frac{d^3\tilde{\phi}}{d\theta^3} = 0,\quad \theta = 0 \tag{4.3.48}$$

根据齐次边界条件(4.3.47)和(4.3.48)求解非线性齐次方程(4.3.45)，一般情况下只能得到平凡解(零解)，非零解只有当s为特征值时才成立。利用 Runge-Kutta 法

打靶技术证实 $s=-(n+1)^{-1}$ 时，方程(4.3.45)有非零解。利用 J 积分原理证实特征值 $s=-(n+1)^{-1}$ 。只要求得 $\tilde{\phi}(\theta)$ 的数值解，就可以求得 $\tilde{\sigma}_r(\theta)$ 、 $\tilde{\sigma}_\theta(\theta)$ 、 $\tilde{\sigma}_{r\theta}(\theta)$ 及 $\sigma_e(\theta)$ ，当 $n=3$ 和 $n=13$ 时，归一化曲线($\tilde{\phi}(0)=1$)如图 4.3.4 所示。

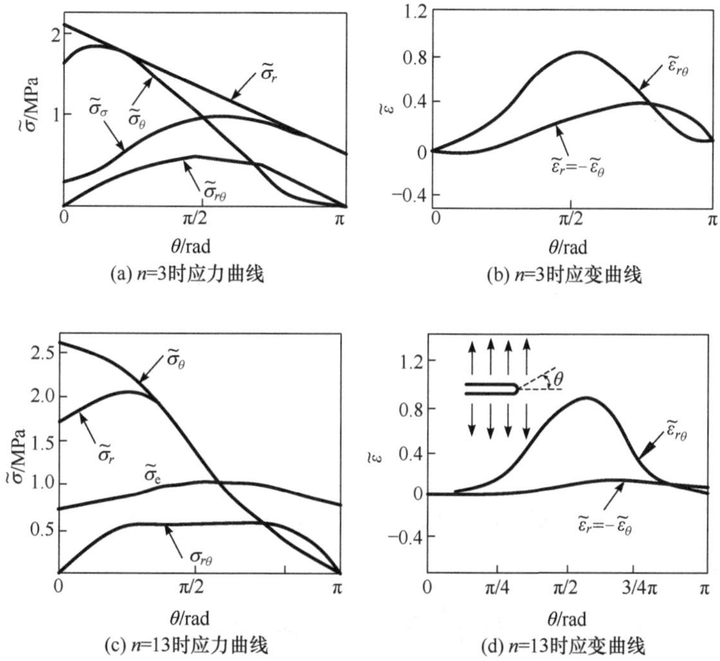

图 4.3.4　平面应变问题的归一化曲线

通过应力-应变关系，可求得应变分量 ε_r 、 ε_θ 、 $r_{r\theta}$ ，再通过几何关系，可求得位移，从而有

$$
\begin{aligned}
u_r &= \int \varepsilon_r \mathrm{d}r = \frac{3}{4}\varepsilon_0 \alpha (K_\mathrm{p}/\sigma_0)^n r^{(1+n)^{-1}} (n+1)\tilde{\sigma}_\mathrm{e}^{n-1}(\tilde{\sigma}_r - \tilde{\sigma}_\theta) \\
u_\theta &= \int_0^\theta \frac{\partial u_\theta}{\partial \theta}\mathrm{d}\theta = \int_0^\theta (r\varepsilon_r - u_r)\,\mathrm{d}\theta \\
&= \frac{3}{4}\varepsilon_0 \alpha \left(\frac{K_\mathrm{p}}{\sigma_0}\right)^n r^{(1+n)^{-1}} (n+2)\int_0^\theta \tilde{\sigma}_\mathrm{e}^{n-1}\left(\tilde{\sigma}_\theta - \tilde{\sigma}_r\right)\mathrm{d}\theta
\end{aligned}
\tag{4.3.49}
$$

式(4.3.49)可改写为

$$
u_r = \varepsilon_0 \alpha_0 \left(\frac{K_\mathrm{p}}{\sigma_0}\right) r^{(1+n)^{-1}} \tilde{u}_r(\theta)\text{，}\quad u_\theta = \varepsilon_0 \alpha_0 \left(\frac{K_\mathrm{p}}{\sigma_0}\right)^n r^{(1+n)^{-1}} \tilde{u}_\theta(\theta) \tag{4.3.50}
$$

其中，

$$\tilde{u}_r(\theta)=\frac{3}{4}(n+1)\tilde{\sigma}_{\mathrm{e}}^{n+1}\left(\tilde{\sigma}_r-\tilde{\sigma}_\theta\right),\quad \tilde{u}_\theta(\theta)=\frac{3}{4}(n+2)\int_0^\theta \tilde{\sigma}_{\mathrm{e}}^{n-1}(\tilde{\sigma}_\theta-\tilde{\sigma}_r)\,\mathrm{d}\theta \tag{4.3.51}$$

将式(4.3.44)代入式(4.3.40)和式(4.3.42)，得到

$$\begin{gathered}\sigma_r=K_{\mathrm{p}}r^{-(1+n)^{-1}}\tilde{\sigma}_r(\theta),\quad \sigma_\theta=K_{\mathrm{p}}r^{-(1+n)^{-1}}\tilde{\sigma}_\theta(\theta)\\ \tau_{r\theta}=K_{\mathrm{p}}r^{-(1+n)^{-1}}\tilde{\tau}_{r\theta}(\theta),\quad \sigma_{\mathrm{e}}=K_{\mathrm{p}}r^{-(1+n)^{-1}}\tilde{\sigma}_{\mathrm{e}}(\theta)\end{gathered} \tag{4.3.52}$$

$$\varepsilon_{\alpha\beta}=\varepsilon_0\alpha_0\left(\frac{K_{\mathrm{p}}}{\sigma_0}\right)^n r^{-n/(n+1)}\tilde{\varepsilon}_{\alpha\beta}(\theta) \tag{4.3.53}$$

其中，

$$\begin{gathered}\tilde{\sigma}_r=\ddot{\tilde{\phi}}+\frac{2n+1}{n+1}\tilde{\phi},\quad \tilde{\sigma}_\theta=\frac{n(2n+1)}{(n+1)^2}\tilde{\phi}\\ \tilde{\tau}_{r\theta}=-\frac{n}{n+1}\tilde{\phi},\quad \tilde{\sigma}_{\mathrm{e}}=\sqrt{\frac{3}{4}(\sigma_r-\tilde{\sigma}_\theta)^2+3\tilde{\tau}_{r\theta}^2}\end{gathered} \tag{4.3.54}$$

$$\tilde{\varepsilon}_r=\frac{3}{4}\sigma_{\mathrm{e}}^{n-1}(\tilde{\sigma}_r-\tilde{\sigma}_\theta),\quad \tilde{\varepsilon}_\theta=-\varepsilon_r,\quad \tilde{\varepsilon}_{r\theta}=\frac{3}{2}\tilde{\sigma}_{\mathrm{e}}^{n-1}\tilde{\tau}_{r\theta} \tag{4.3.55}$$

为了分析 K_{p} 与 J 积分的关系，以裂纹尖端为中心、r 为半径的小圆作为积分围路，此时有

$$J=\int_{-\pi}^{\pi}(Wn_1-\sigma_{\alpha\beta}n_\beta u_{\alpha,1})r\mathrm{d}\theta \tag{4.3.56}$$

当 r 充分小时，式(4.3.56)中的 W、$\sigma_{\alpha\beta}$、u_α 均趋近 HRR 场，因此有

$$J=\alpha_0\sigma_0\varepsilon_0 I_{\mathrm{n}}\left(\frac{K_{\mathrm{p}}}{\sigma_0}\right)^{n+1} \tag{4.3.57}$$

其中，

$$\begin{aligned}I_{\mathrm{n}}=\int_{-\pi}^{\pi}\Bigg\{&\frac{n}{n+1}\tilde{\sigma}_{\mathrm{e}}^{n+1}\cos\theta-\sin\theta\left[\tilde{\sigma}_r\left(\tilde{u}_\theta-\frac{\mathrm{d}\tilde{u}_r}{\mathrm{d}\theta}\right)\right.\\ &\left.-\tilde{\tau}_{r\theta}\left(\tilde{u}_r+\frac{\mathrm{d}\tilde{u}_\theta}{\mathrm{d}\theta}\right)\right]-(ns+1)(\sigma_r\tilde{u}_r+\tilde{\tau}_{r\theta}\tilde{u}_\theta)\cos\theta\Bigg\}\mathrm{d}\theta\end{aligned} \tag{4.3.58}$$

由式(4.3.57)得

$$K_{\mathrm{p}}=\sigma_0\left(\frac{J}{\alpha_0\sigma_0\varepsilon_0 I_{\mathrm{n}}}\right)^{1/(n+1)} \tag{4.3.59}$$

将式(4.3.59)代入式(4.3.49)、式(4.3.51)和式(4.3.52)得

$$\sigma_{\alpha\beta}=\sigma_0\left(\frac{J}{\alpha_0\sigma_0\varepsilon_0 I_{\rm n} r}\right)^{1/(n+1)}\tilde{\sigma}_{\alpha\beta}(\theta),\quad \varepsilon_{\alpha\beta}=\alpha_0\varepsilon_0\left(\frac{J}{\alpha_0\sigma_0\varepsilon_0 I_{\rm n} r}\right)^{n/(n+1)}\varepsilon_{\alpha\beta}(\theta)$$

$$u_\alpha=\frac{J}{\sigma_0 I_{\rm n}}\left(\frac{J}{\alpha_0\sigma_0\varepsilon_0 I_{\rm n} r}\right)^{-1/(n+1)}\tilde{u}_\alpha(\theta) \tag{4.3.60}$$

式(4.3.60)表明，HRR 场中应力奇性为 $r^{-1/(n+1)}$，应变奇性为 $r^{-n/(n+1)}$，应变奇性强于应力奇性。HRR 场的奇性强度由 J 积分表征。

2. 平面应力问题

对于平面应力问题，有

$$\sigma_z=\tau_{zr}=\tau_{z\theta}=0 \tag{4.3.61}$$

应力偏量、有效应力 $\sigma_{\rm e}$ 和应变分量分别为

$$S_r=\frac{2}{3}\left(\sigma_r-\frac{1}{2}\sigma_\theta\right),\quad S_\theta=\frac{2}{3}\left(\sigma_\theta-\frac{1}{2}\sigma_r\right),\quad S_z=-\frac{1}{3}(\sigma_r+\sigma_\theta),\quad S_{r\theta}=\tau_{r\theta} \tag{4.3.62}$$

$$\sigma_{\rm e}=\sqrt{\sigma_r^2+\sigma_\theta^2-\sigma_r\sigma_\theta+3\tau_{r\theta}^2} \tag{4.3.63}$$

$$\varepsilon_r=\frac{1}{E}(\sigma_r-\upsilon\sigma_\theta)+\alpha_0\left(\frac{\sigma_{\rm e}}{\sigma_0}\right)^{n-1}\frac{\sigma_r-\sigma_\theta/2}{E}$$

$$\varepsilon_\theta=\frac{1}{E}(\sigma_\theta-\upsilon\sigma_r)+\alpha_0\left(\frac{\sigma_{\rm e}}{\sigma_0}\right)^{n-1}\frac{\sigma_\theta-\sigma_r/2}{E} \tag{4.3.64}$$

$$2\varepsilon_{r\theta}=\frac{\tau_r\theta}{\mu}+3\alpha_0\left(\frac{\sigma_{\rm e}}{\sigma_0}\right)^{n-1}\frac{\tau_{r\theta}}{E}$$

将式(4.3.38)和式(4.3.62)代入式(4.3.39)，得到用应力函数表达的协调方程：

$$\frac{1}{E}\nabla^4\phi+\frac{\alpha_0}{2}\left\{\frac{1}{r}\frac{\partial^2}{\partial r^2}\left[\left(\frac{\sigma_{\rm e}}{\sigma_0}\right)^{n-1}\left(2r\frac{\partial^2\phi}{\partial r^2}-\frac{\partial\phi}{\partial r}-\frac{1}{r}\frac{\partial\phi}{\partial\theta^2}\right)\right]+\frac{6}{r^2}\frac{\partial^2}{\partial r\partial\theta}\left[\left(\frac{\sigma_{\rm e}}{\sigma_0}\right)^{n-1}r\frac{\partial}{\partial r}\left(\frac{1}{r}\frac{\partial\phi}{\partial\theta}\right)\right]\right.$$

$$\left.+\left(\frac{1}{r^2}\frac{\partial^2}{\partial\theta^2}-\frac{1}{r}\frac{\partial}{\partial r}\right)\left[\left(\frac{\sigma_{\rm e}}{\sigma_0}\right)^{n-1}\left(\frac{2}{r}\frac{\partial\phi}{\partial r}+\frac{2}{r^2}\frac{\partial^2\phi}{\partial\theta^2}-\frac{\partial^2\phi}{\partial r^2}\right)\right]\right\}=0 \tag{4.3.65}$$

将式(4.3.44)代入式(4.3.65)并取主项得

$$\left(ns-\frac{\mathrm{d}^2}{\mathrm{d}\theta^2}\right)\left\{\tilde{\sigma}_{\rm e}^{n-1}\left[(s+2)(s-1)\tilde{\phi}-2\ddot{\tilde{\phi}}\right]\right\}+(ns+1)ns\tilde{\sigma}_{\rm e}^{n-1}[(s+2)(2s+1)\tilde{\phi}-\ddot{\tilde{\phi}}]$$

$$+6(ns+1)(s+1)\frac{\mathrm{d}}{\mathrm{d}\theta}\left(\sigma_{\rm e}^{n-1}\tilde{\phi}\right)=0 \tag{4.3.66}$$

式(4.3.66)即为确定 $\tilde{\phi}$ 的控制方程。结合边界条件式(4.3.47)，即可求得 $\tilde{\phi}(\theta)$。利用 J 积分原理同样可以证明当 $s=-(n+1)^{-1}$ 时有非零解。图 4.3.5 为 $\tilde{\sigma}_{\theta}$、$\tilde{\sigma}_{r\theta}$ 及 $\tilde{\sigma}_{\mathrm{e}}$ 的归一化曲线。

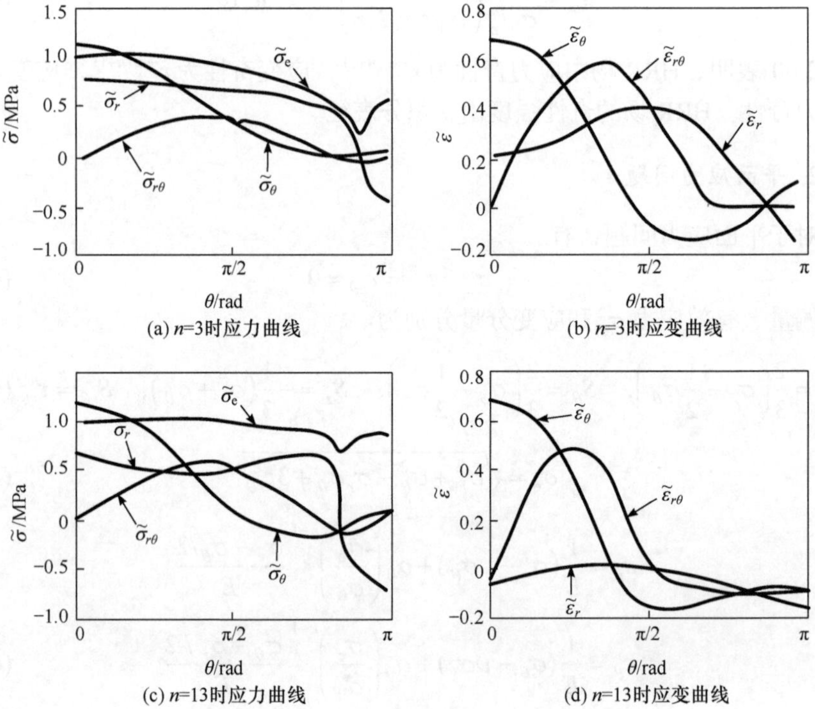

图 4.3.5　平面应力问题的归一化曲线

4.3.3　J 积分准则与 J 控制扩展

1. J 积分准则

对于一类非线性材料，J 积分具有三个重要性质：①J 积分是一种守恒积分，与路径无关，可以选择远离裂纹尖端的路径求得精确的值；②J 积分等于能量释放率 G；③J 积分表征裂纹尖端弹塑性应力-应变场奇性强度。这三个基本性质显示了 J 积分作为断裂参量的突出优点。J 积分为确定 K_{I} 及裂纹张开位移的定量关系提供了便利。因此，J 积分可以作为弹塑性材料裂纹起始扩展准则，即当

$$J=J_{\mathrm{IC}} \tag{4.3.67}$$

时，裂纹起始扩展，其中，J_{IC} 为材料平面应变断裂韧性。对于给定厚度的薄板材料，当 J 积分达到临界值 J_{C} 时，裂纹起始扩展，即

$$J = J_C \tag{4.3.68}$$

式中，J_{IC}、J_C 代表材料性能，必须由试验确定。J 积分作为弹塑性材料裂纹起始扩展准则，具有相当严密的理论基础和明确的物理意义。J 积分准则有如下缺点：①J 积分定义限于二维情况，只适用于平面问题；②J 积分理论建立在塑性形变理论基础之上，因此 J 积分原则上不能用于有卸载的情况，也就是不能用于扩展裂纹。

2. J 控制扩展

如图 4.3.6 所示，扩展裂纹尖端区域与静止裂纹有很大不同，主要表现在：①在裂纹面上、下岸存在着弹性卸载区；②在裂纹前方会出现强烈的非比例加载区；③塑性功耗不只集中于裂纹尖端前方，还包括扩展裂纹的尾区；④扩展裂纹尖端应力-应变场奇性比静止裂纹弱，而且奇性场的控制区远小于静止裂纹。

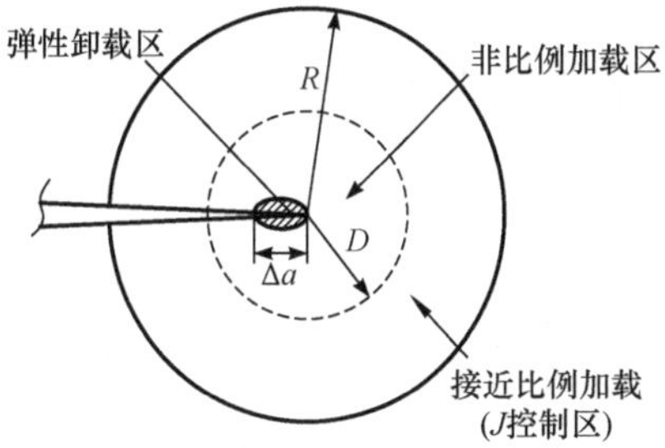

图 4.3.6　扩展裂纹的尖端区域

正如前面所强调的那样，塑性全量理论(形变理论)不适合模拟弹性卸载及强烈的非比例加载，因此在这两个区域，应力-应变场难以用 HRR 场来描述。但是当裂纹扩展量 Δa 充分小时，这两个区域依然由 HRR 奇性场所表征的环形区域所包围，因此 J 积分仍然可以作为唯一的控制参量表征裂纹扩展。

J 控制扩展需要满足以下两个条件。

(1) 裂纹扩展量 Δa 远小于 J 控制区尺寸 R，即

$$\Delta a \ll R \tag{4.3.69}$$

这个条件意味着弹性卸载区尺寸远小于 J 控制区尺寸，同时意味着裂纹尖端附近的卸载并不改变环形区域的应力-应变场。

(2) 非比例加载区尺寸远小于 J 控制区尺寸，即

$$D \ll R \tag{4.3.70}$$

下面讨论尺寸 D 的估算。HRR 场的应变公式为

$$\varepsilon_{\alpha\beta} = \alpha_0 \varepsilon_0 \left(\frac{J}{\alpha_0 \sigma_0 \varepsilon I_n r} \right)^{n/(n+1)} \tilde{\varepsilon}_{\alpha\beta}(\theta) \tag{4.3.71}$$

因此得

$$d\varepsilon_{\alpha\beta} = \alpha_0 \varepsilon_0 \left(\frac{1}{\alpha_0 \sigma_0 \varepsilon_0 I_n} \right)^{n/(n+1)} \times \left\{ \left(\frac{n}{n+1} \right) \left(\frac{J}{r} \right)^{n/(n+1)} \tilde{\varepsilon}_{\alpha\beta}(\theta) \frac{dJ}{J} + J^{n/(n+1)} d\left[r^{-n/(n+1)} \tilde{\varepsilon}_{\alpha\beta}(\theta) \right] \right\} \tag{4.3.72}$$

注意到 (r,θ) 是原点随着裂纹尖端一起移动的极坐标，因此有

$$\frac{\partial}{\partial x} = \cos\theta \frac{\partial}{\partial r} - \frac{\sin\theta}{r} \frac{\partial}{\partial \theta} = -\frac{\partial}{\partial a} \tag{4.3.73}$$

将式(4.3.73)代入式(4.3.72)，得到

$$d\varepsilon_{\alpha\beta} = \alpha_0 \varepsilon_0 \left(\frac{J}{\alpha_0 \sigma_0 \varepsilon_0 I_n r} \right)^{n/(n+1)} \left[\frac{n}{(n+1)} \tilde{\varepsilon}_{\alpha\beta}(\theta) \frac{dJ}{J} + \frac{da}{r} \beta_{\alpha\beta}(\theta) \right] \tag{4.3.74}$$

其中，

$$\beta_{\alpha\beta}(\theta) = \frac{n}{n+1} \cos\theta \tilde{\varepsilon}_{\alpha\beta}(\theta) + \sin\theta \frac{d}{d\theta} \tilde{\varepsilon}_{\alpha\beta}(\theta) \tag{4.3.75}$$

式(4.3.74)右端中括号中的第一项表征比例加载的应变增量，第二项表征非比例加载引起的应变增量。若 r 趋近于零，则第二项占优。因此，在裂纹尖端附近，有强烈的非比例加载区。若

$$\frac{da}{r} \ll \frac{dJ}{J} \tag{4.3.76}$$

则第一项比例加载占优。

引入表征材料特性的长度参量

$$D^{-1} = \frac{1}{J} \frac{dJ}{da} \tag{4.3.77}$$

则式(4.3.76)和式(4.3.70)可改写为

$$D \ll r, \quad D \ll r < R \tag{4.3.78}$$

若式(4.3.78)得以满足，则存在着一个环形区域，在这个区域内，真实的应力-应变场与 HRR 场差别很小，因此可以用 J 积分来表征。在小范围屈服条件下，K_R 阻力曲线可以描述裂纹稳态扩展。在大范围屈服条件下，需要用 J 积分代替 K。J_R 阻力曲线假定是一种材料特性，在给定厚度、环境和准静态扩展条件下，不依赖于试样几何及裂纹尺寸。

裂纹稳态扩展条件为

$$J = J_R(\Delta a), \quad \frac{dJ}{da} < \frac{dJ_R(\Delta a)}{da} \tag{4.3.79}$$

当式(4.3.79)的第二式不满足时，裂纹将失稳扩展。图 4.3.7 为给定外载的 J 控制裂纹扩展曲线。当 $P < P_1$ 时，裂纹不会起裂；当 $P = P_1$ 时，裂纹起始扩展；当 P 上升至 P_2 时，裂纹经少量稳定扩展后暂停扩展；当 $P = P_3$ 时，推力曲线与阻力曲线相切，裂纹扩展呈失稳趋势，切点所对应的 Δa_t 为裂纹的最大稳态扩展量。引入量纲为一的撕裂模量，即

$$T = \frac{E}{\sigma_0^2}\frac{dJ}{da}, \quad T_R = \frac{E}{\sigma_0^2}\frac{dJ_R}{da} \tag{4.3.80}$$

则裂纹稳态扩展的条件(4.3.79)第二式可表示为

$$T < T_R \tag{4.3.81}$$

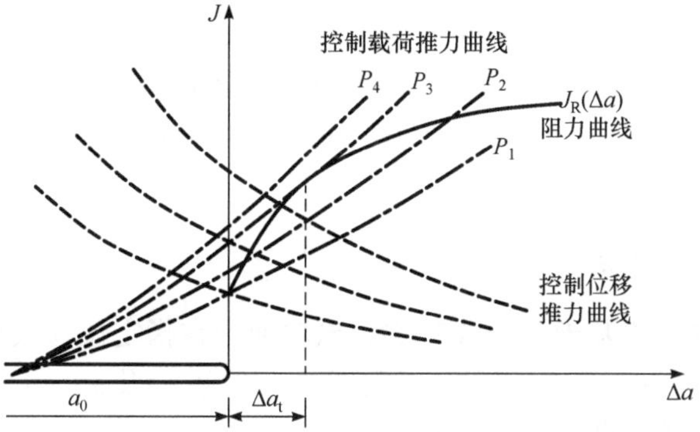

图 4.3.7　J 控制裂纹扩展曲线

图 4.3.8 为三点弯曲试样加载装置示意图。该装置上夹头实施位移加载，中间设置一个具有不同柔度的弹簧。对于弹性-理想塑性材料，在全面屈服条件下，对深裂纹($a/c \geqslant 1$)三点弯曲试样，有

$$\left(\frac{dJ}{da}\right)_\Delta = \frac{4P_0^2}{b^2}(C_{nc} + C_M) - \frac{J}{b} \tag{4.3.82}$$

式中，P_0 为单位厚度下，深裂纹三点弯曲试样的极限载荷；b 为韧带尺寸；C_{nc} 为无裂纹三点弯曲试样的弹性柔度；C_M 为加载系统的柔度。试验材料是中高强钢(NiCrMoV 钢)，T_R 的平均值是 36。图 4.3.9 的试验结果支持了撕裂模量概念。

针对 J_R 阻力曲线的测试各国都制定了规范，各种常用材料的撕裂模量 $T_R(0)$ 均在 0.15～200。

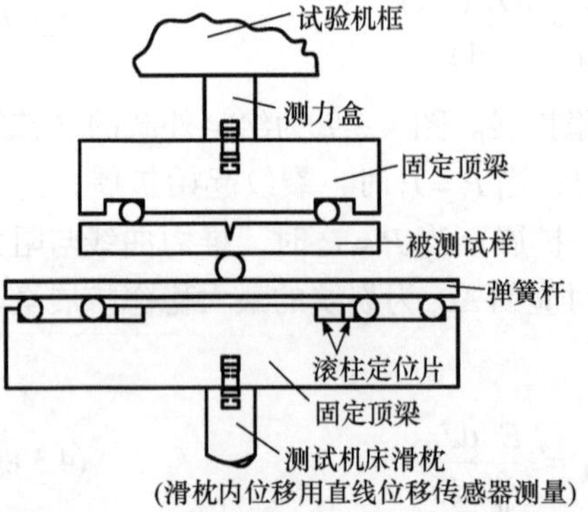

图 4.3.8　三点弯曲试样加载装置示意图

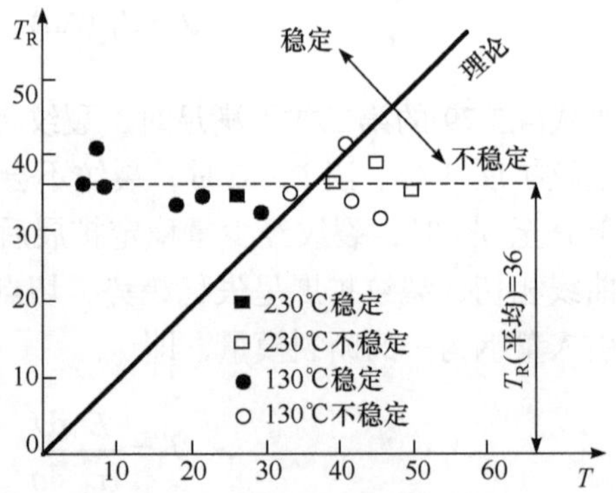

图 4.3.9　三点弯曲试样的试验结果

4.3.4　断裂韧性测试

美国材料与试验协会(American Society for Testing and Materials, ASTM)有两个针对 J 积分的规范：J_{IC} 规范和 J_R 阻力曲线测试规范。这两个规范采用的测试相似。J_{IC} 和 J_R 曲线测试既可以用于韧性材料，也可以用于下平台和韧脆转变区域的金属材料。

1. 多试样测试方法

多试样测试方法基于方程(4.3.19)，试验通常在指定位移或指定载荷的条件下进行。如图 4.3.10(a)和(b)所示，考察裂纹长度为 a 及 $a+\Delta a$ 的两条载荷-挠度曲线。单位厚度试件的应变能 U 为

$$U=\int_{\Omega} W\mathrm{d}\Omega \tag{4.3.83}$$

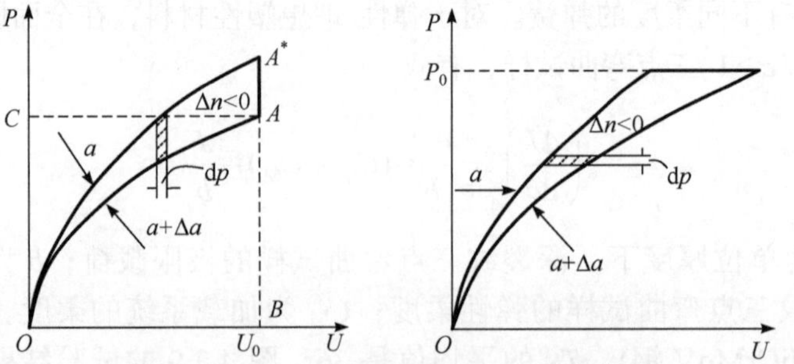

(a)指定位移　　(b)指定载荷

图 4.3.10　载荷-挠度曲线

式中，W 为应变能密度。U 等于 P-Δ 曲线下的三角形 OAB 的面积，而外力势

等于 P-$\varDelta$ 曲线下的矩形 $OBAC$ 的面积，这样单位厚度试件的总势能 $\varPi$ 等于负的 OAC 面积。

对于指定位移，裂纹长度从 a 扩展到 $a+\Delta a$ 引起的总势能改变恰好等于 OAA^* 所围面积，即

$$J=-\left(\frac{\partial \varPi}{\partial a}\right)_{\varDelta}=-\int_0^{\varDelta}\frac{\partial P}{\partial a}\mathrm{d}\varDelta \tag{4.3.84}$$

式中，载荷 P 为 $\varDelta$ 和 a 的函数，可以通过试验直接测定。对于三点弯曲试样和紧凑拉伸试样，P 可直接取为外载，在一般情况下，P 可看成广义力，而 $\varDelta$ 可看成广义位移。

对于给定载荷的情况，有

$$J=-\left(\frac{\partial \varPi}{\partial a}\right)_{P}=-\int_0^{P}\frac{\partial \varDelta}{\partial a}\mathrm{d}P \tag{4.3.85}$$

式中，$\varDelta$ 为 P 和 a 的函数，可通过试验测定。

为了测定 J_{IC}，需要制作一批带有不同裂纹长度的试样，试验流程为：①将裂纹长度稍有差别的一组试样的载荷-位移曲线记录下来；②对于指定的位移，计算不同裂纹长度试样的总势能 $\varPi$ (载荷-挠度曲线的 OAC 面积)，绘制 $\varPi$-a 曲线及临界点，确定临界值 J_{IC}，可表示为

$$J_{\mathrm{IC}}=-\left(\frac{\partial \varPi}{\partial a}\right)_{\Delta c} \tag{4.3.86}$$

式中，Δc 为初始长度为 a 的裂纹起始扩展时刻的位移。

多试样测试方法具有明显的不足：①由于需要对测试数据进行微分处理，试样制备工作量大，数据处理的工作量也大；②试验精度不高；③对于不同裂纹长度的试样，其性能很难保证完全一样，材料断裂性能固有的分散性会造成误差。

2. 单试样测试方法

单试样测试方法基于式(4.3.84)和式(4.3.85)，这种方法成功之处在于对公式进行了分析和转换。讨论含有深裂纹的弯曲试样，如图 4.3.11 所示。此时，式(4.3.85)变为

$$J=\int_0^{M}\left(\frac{\partial \theta}{\partial a}\right)_{M}\mathrm{d}M \tag{4.3.87}$$

式中，M 为单位厚度下的外加弯矩；θ 为试样两端相对转角，可以表示为

$$\theta = \theta_{nC} + \theta_C \tag{4.3.88}$$

θ_{nC} 为无裂纹试样相对转角；θ_C 为出现裂纹所产生的附加转角。假设试样的韧带 b 远小于试样高度 W，则式(4.3.87)可改写为

$$J = \int_0^M \left(\frac{\partial \theta_C}{\partial a}\right)_M \mathrm{d}M \tag{4.3.89}$$

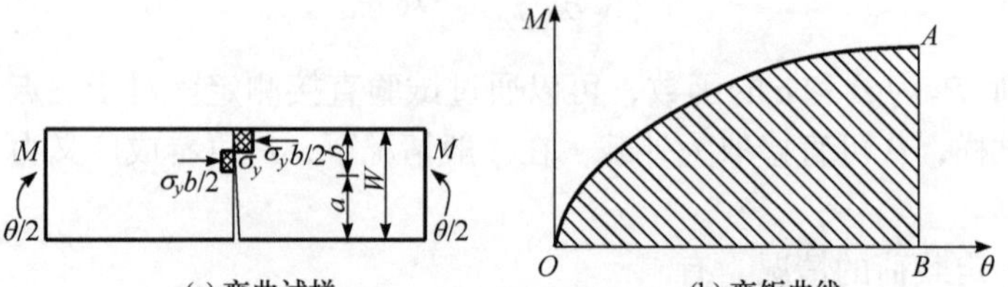

(a) 弯曲试样　　(b) 弯矩曲线

图 4.3.11　含有深裂纹的弯曲试样

当试样跨度 L 大于 W 时，可以认为 θ_C 只依赖于 M/M_0，即有

$$\theta_C = f\left(\frac{M}{M_0}\right),\quad M_0 = \frac{b^2}{4}\sigma_{ys} \tag{4.3.90}$$

式中，M_0 为塑性极限弯矩。函数 f 依赖于材料的弹塑性。

式(4.3.90)的第一式对裂纹长度 a 和外加弯矩 M 分别求导，得到

$$\begin{aligned} \left(\frac{\partial \theta_C}{\partial a}\right)_M &= -\left(\frac{\partial \theta_C}{\partial b}\right)_M = \frac{\partial f}{\partial (M/M_0)}\frac{M}{M_0^2}\frac{\mathrm{d}M_0}{\mathrm{d}b} \\ \left(\frac{\partial \theta_C}{\partial M}\right)_a &= \frac{1}{M_0}\frac{\partial f}{\partial (M/M_0)} \end{aligned} \tag{4.3.91}$$

将式(4.3.91)代入式(4.3.89)，得

$$J = \frac{1}{M_0}\frac{\partial M_0}{\partial b}\int_0^{\theta_C} M\mathrm{d}\theta_C = \frac{2}{b}\int_0^{\theta_C} M\mathrm{d}\theta_C \tag{4.3.92}$$

试样的韧带尺寸 b 远小于试样高度 W，总的转角 θ 近似等于 θ_C，式(4.3.92)可以近似表示为

$$J = \frac{2}{b}\int_0^{\theta} M\mathrm{d}\theta \tag{4.3.93}$$

式(4.3.93)中的积分表示弯矩-转角曲线下的面积。裂纹起始扩展的临界 J_{IC} 为

$$J_{IC} = \frac{2}{b}\int_0^{\theta_{Cr}} M\mathrm{d}\theta \tag{4.3.94}$$

式中，θ_{Cr} 为裂纹起始扩展时刻的总转角。

式(4.3.94)即单试样确定材料断裂韧性 J_{IC} 的基本公式。对于图 4.3.12 所示的紧凑拉伸试样，总势能可表示为

$$J=\frac{2}{b}\int_0^{\varDelta}P\mathrm{d}\varDelta\frac{1+\beta}{1+\beta^2} \tag{4.3.95}$$

式中，$\varDelta$ 为加载点的总位移，式(4.3.95)适用于 $a/W>0.5$ 的情况，参数 β 为

$$\beta=2\sqrt{\left(\frac{a}{b}\right)^2+\left(\frac{a}{b}\right)+\frac{1}{2}}-2\left(\frac{a}{b}+\frac{1}{2}\right) \tag{4.3.96}$$

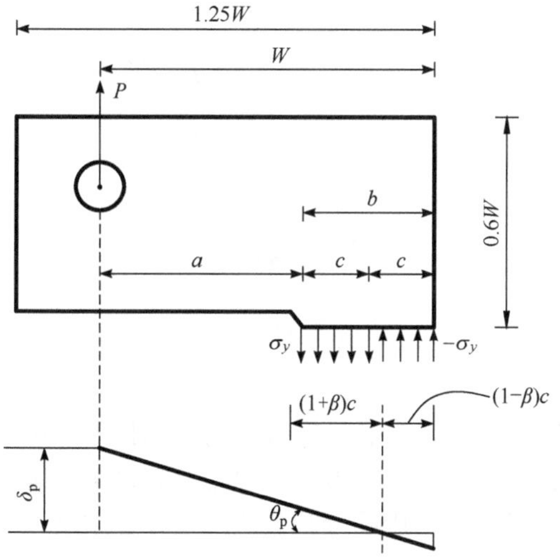

图 4.3.12　紧凑拉伸试样

3. 标准试验方法

ASTM E813-87 规定了测定平面应变裂纹起始扩展的 J_{IC} 试验方法。标准试验推荐两种试样：三点弯曲试样和紧凑拉伸深裂纹试样。试样厚度 $B=0.5W$，a/W 满足的条件为 $0.5<a/W<0.75$，深裂纹是单试样测定 J_{IC} 的式(4.3.93)及式(4.3.95)的要求，而 $a/W<0.75$ 是为了保证韧带尺寸 b 能够满足平面应变条件，从而有

$$b>25\frac{J_{\mathrm{IC}}}{\sigma_{\mathrm{ys}}} \tag{4.3.97}$$

否则，试样尺寸 W 就要取得很大。若选取 $a/W=0.9$，则 $b/W=0.1$，此时有

$$W=10b>250\frac{J_{\mathrm{IC}}}{\sigma_{\mathrm{ys}}} \tag{4.3.98}$$

对于三点弯曲试样，试样跨度 L 为

$$L = 4.5W > 1125\frac{J_{\mathrm{IC}}}{\sigma_{\mathrm{ys}}} \tag{4.3.99}$$

在这种情况下，试样尺寸对中低强钢会显得相当大。

对于平面应变 J_{IC} 测试，尺寸要求式(4.3.97)比平面应变 K_{IC} 尺寸要求小得多。对于弹性材料，有

$$J_{\mathrm{IC}} = K_{\mathrm{IC}}^2(1-\upsilon^2)/E \tag{4.3.100}$$

将式(4.3.100)代入式(4.3.97)得

$$b > 25\frac{1-\upsilon^2}{E}\sigma_{\mathrm{ys}} \times \left(\frac{K_{\mathrm{IC}}^2}{\sigma_{\mathrm{ys}}}\right)^2 \tag{4.3.101}$$

对于中低强钢，有

$$\frac{\sigma_{\mathrm{ys}}}{E} < 0.25\times 10^{-2} \tag{4.3.102}$$

由式(4.3.101)、式(4.3.102)可以看出，对于中低强钢，J_{IC} 试样尺寸为 K_{IC} 试样尺寸的 1/40。

在测试过程中，试样通常会有一定数量的稳态扩展，试验终止后，通过热处理染色或疲劳裂纹扩展再打断试样可以测出稳态裂纹扩展量 Δa 。ASTM E813-87 标准程序建议在试验过程中采用部分卸载法测量弹性柔度，然后通过柔度标定曲线反推实际裂纹长度及裂纹扩展量 Δa ，如图 4.3.13 所示。

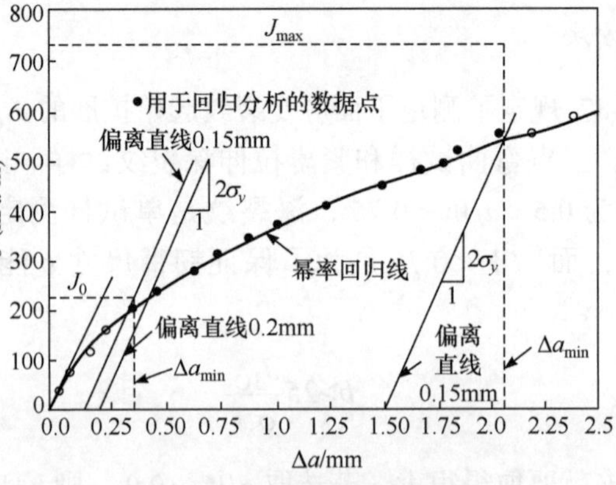

图 4.3.13　柔度标定曲线

这里忽略了试验过程中不断实施的部分卸载对裂纹尖端材料性能的影响，裂纹试验长度实际上是物理等效裂纹长度。当卸载量较小时，这种影响也较小。

E813-87 试验标准将 J 积分分为两部分，即

$$J = J_{\mathrm{el}} + J_{\mathrm{pl}} \tag{4.3.103}$$

式中，J_{el} 为弹性应变的贡献，可表示为

$$J_{\mathrm{el}} = \frac{1-\upsilon}{E} K_{\mathrm{I}}^2 \tag{4.3.104}$$

K_{I} 为根据载荷及裂纹几何按线弹性理论标定的应力强度因子；J_{pl} 是根据载荷-位移曲线下单位厚度试样所消耗的塑性功 A_{pl}，按照式(4.3.93)或式(4.3.95)计算，即

$$J_{\mathrm{pl}} = \frac{\eta A_{\mathrm{pl}}}{b} \tag{4.3.105}$$

式中，η 为量纲为 1 的常数，可表示为

$$\eta = \begin{cases} 2, & \text{三点弯曲试样} \\ \dfrac{2(1+\beta)}{1+\beta^2}, & \text{紧凑拉伸试样} \end{cases} \tag{4.3.106}$$

图 4.3.14 显示了单位厚度试样所耗散的塑性功 A_{pl}。对于 J_{IC} 的试验测定，式(4.3.105)中的 b 为试样初始的韧带尺寸。图 4.3.15 为 J 积分与物理裂纹扩展长度关系曲线。J 积分由式(4.3.105)计算得到，而物理裂纹扩展量 Δa 由载荷-位移曲线上“在位点”通过部分卸载得到“在位点”的试样柔度反推得到。

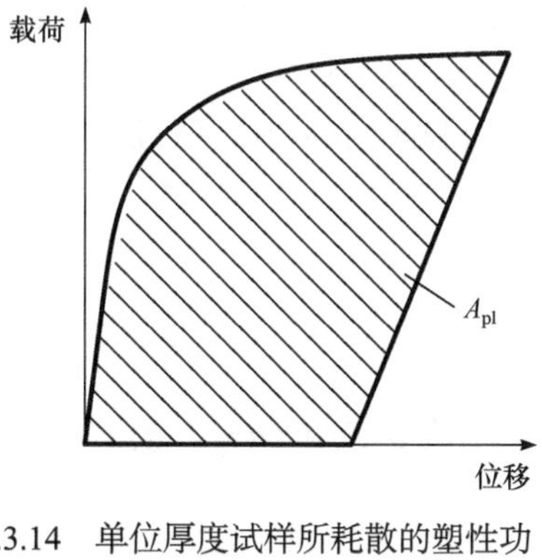

图 4.3.14　单位厚度试样所耗散的塑性功

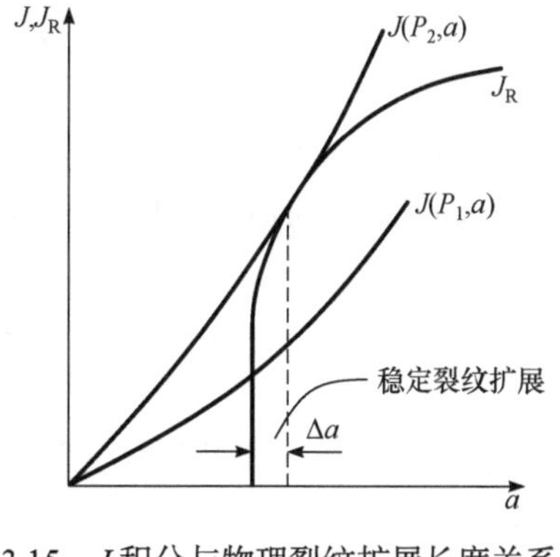

图 4.3.15　J 积分与物理裂纹扩展长度关系曲线

J_{R} 曲线计算比较严格，需要考虑裂纹扩展的影响，用瞬时的韧带 b 代替初始时刻的韧带，因此式(4.3.105)需要依此逐步计算。J-Δa 曲线通常可以用幂次曲线表示为

$$J = c_1 (\Delta a)^{c_2} \tag{4.3.107}$$

在 J - Δa 曲线上，作 $\Delta a = 0.2\text{mm}$ 且与裂端钝化曲线相平行的偏置线，该线与 J - Δa 曲线的交点看成裂纹起始扩展点，偏置线的斜率为 $2\sigma_{ys}$，即裂纹钝化曲线的方程为 $J = 2\sigma_{ys}\Delta a$。按照 Dugdale 模型，裂纹尖端的张开位移为

$$\delta = \frac{J}{\sigma_{ys}} \tag{4.3.108}$$

假设裂纹起始扩展前，物理裂纹扩展量 Δa 是裂纹尖端张开位移的 1/2，因此有

$$J = 2\sigma_{ys}(\Delta a)_{钝化} \tag{4.3.109}$$

由此测得的 J_Q 被定义为材料平面应变裂纹起始扩展的临界值 J_{IC}，应满足下列尺寸要求：

$$b_0 \geqslant 25\frac{J_Q}{\sigma_{ys}} \tag{4.3.110}$$

ASTM E813-87 试验标准还规定，所有作为有效数据的点必须落在 $\Delta a = 0.15\text{mm}$ 及 $\Delta a = 1.5\text{mm}$ 两条与裂纹钝化曲线相平行的偏置线之间。

4.3.5 弹塑性裂纹模型

1. Dugdale 模型

对于带穿透裂纹的薄板，裂纹尖端塑性区主要集中在与板面成 45°方向的切变带上，切变带的高度大致等于板厚。随着外载的增加，这条很窄的切变带沿着裂纹延伸面向前扩展，形成带状屈服区。沿着裂纹及带状屈服区内存在着连续分布位错，位错密度分布函数由受载条件及带状屈服区内的屈服条件决定。

Dugdale 模型的塑性区尺寸可表示为

$$\frac{a}{c} = \cos\left(\frac{\pi\sigma}{2\sigma_{ys}}\right) \tag{4.3.111}$$

为了考察裂纹尖端的张开位移，需要求得复势函数 $\Phi(z)$ 和 $\Omega(z)$。楔力 P 引起的复势函数可表示为

$$\Phi(z) = \Omega(z) = -\frac{P}{2\pi}\frac{\sqrt{c^2 - x^2}}{\sqrt{x^2 - c^2}(x - z)} \tag{4.3.112}$$

对于弹塑性 Dugdale 模型，有

$$\Phi(z)=\Omega(z)=\frac{\sigma_{\rm ys}}{2\pi}\int_a^c\frac{2z}{\sqrt{z^2-c^2}}\frac{\sqrt{c^2-x^2}}{x^2-z^2}{\rm d}x+\frac{\sigma z}{2\sqrt{z^2-c^2}}$$
$$=\frac{\sigma_{\rm ys}}{2\pi}\{I(c,z)-I(a,z)\}+\frac{\sigma z}{2\sqrt{z^2-c^2}} \tag{4.3.113}$$

其中，

$$I(t,z)=\frac{2z}{\sqrt{z^2-c^2}}\int_0^t\frac{\sqrt{c^2-x^2}}{x^2-z^2}{\rm d}x$$
$$=\left\{\arcsin\left[\frac{c^2+zt}{c(z+t)}\right]-\arcsin\left[\frac{c^2-zt}{c(z-t)}\right]\right\}-\frac{2z}{\sqrt{z^2-c^2}}\arcsin\left(\frac{t}{c}\right),\quad t=a,c \tag{4.3.114}$$

利用式(4.3.111)，得到

$$\Phi(z)=\Omega(z)=\frac{\sigma_{\rm ys}}{2\pi}\{\pi-I_1(a,z)\} \tag{4.3.115}$$

其中，

$$I_1(a,z)=\arcsin\left[\frac{c^2+za}{c(z+a)}\right]-\arcsin\left[\frac{c^2-za}{c(z-a)}\right] \tag{4.3.116}$$

从而得到

$$\phi(z)=\omega(z)=\frac{\sigma_{\rm ys}}{2\pi}\{\pi z-I_2(a,z)\} \tag{4.3.117}$$

其中，

$$I_2(a,z)=\int I_1(a,z){\rm d}z=(z+a)\arcsin\left[\frac{c^2+za}{c(z+a)}\right]-(z-a)\arcsin\left[\frac{c^2-za}{a(z-a)}\right] \tag{4.3.118}$$

由式(4.1.41)得到裂纹尖端的张开位移为

$$\delta=2\lim_{x\to a}v=\frac{\kappa+1}{\mu}\frac{\sigma_{\rm ys}}{2\pi}(2a)\ln\frac{c}{a} \tag{4.3.119}$$

对于平面应变和平面应力问题，裂纹尖端的张开位移为

$$\delta=\begin{cases}\dfrac{1-\upsilon^2}{\pi E}8\sigma_{\rm ys}a\ln\dfrac{c}{a}, & \text{平面应变}\\[2mm] \dfrac{1}{\pi E}8\sigma_{\rm ys}a\ln\dfrac{c}{a}, & \text{平面应力}\end{cases} \tag{4.3.120}$$

式(4.3.111)和式(4.3.120)就是 Dugdale 模型的基本公式。

2. 带状颈缩区模型

在工程中，经常用到带裂纹的薄板、薄壁结构。对于韧性较好的材料，裂纹在起始扩展前就有很大的塑性区。尤其当初始裂纹尺寸比较小时，裂纹往往会在全面屈服情况下起始扩展。对于这种平面应变问题，需要利用平面应力弹塑性断裂理论进行研究。

在低应力破坏时，基于 Dugdale 模型和裂纹尖端张开位移准则所推得的起裂载荷与实际情况相符。对于短裂纹，塑性区往往不限于裂纹延伸面，而向着与裂纹延伸线大约成 50°方向发展成两条剪切带，Dugdale 模型不再适用。对薄钢板进行裂纹张开位移的试验研究发现，对于应变硬化材料，裂纹尖端前方应力达到强度极限后处于颈缩流动状态，在裂纹延伸面上形成一条带状颈缩区，颈缩区埋在塑性区内，如图 4.3.16 所示，这就是带状颈缩区模型的基本思路。

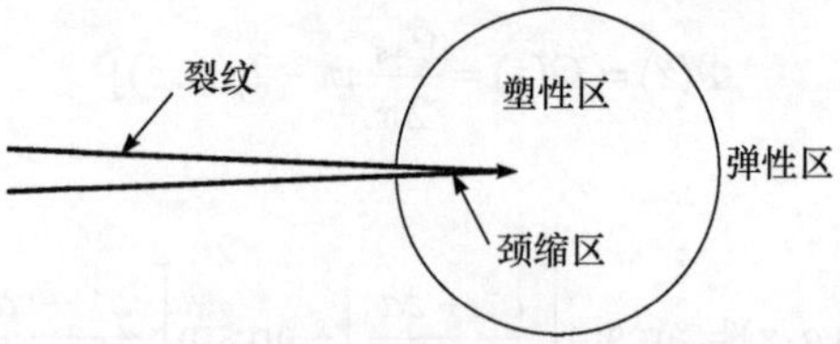

图 4.3.16　裂纹延伸面上的颈缩区

一般中低强度工程材料，光滑试样的单轴拉伸曲线如图 4.3.17 中的曲线 3 所示，B 点是最大载荷点，对应于极限强度 σ_u，从 B 点开始出现颈缩。考虑试样颈缩后，应力软化比较缓慢，因此不妨用图 4.3.17 中的曲线 1 来近似代替曲线 3。这样采用 Tresca 准则，对于平面应力情况，在颈缩区内有 $\sigma_y = \sigma_u$。

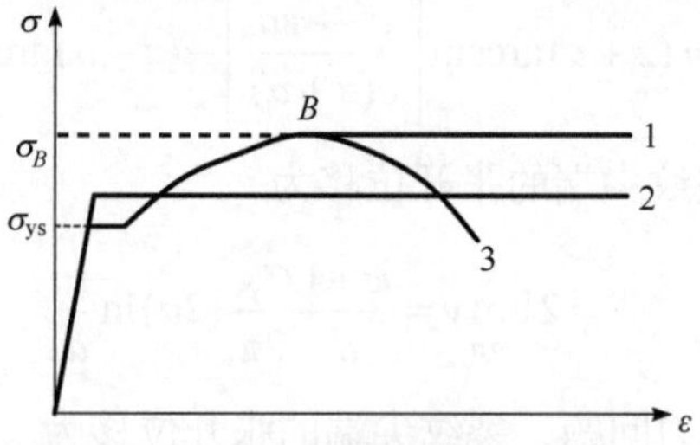

图 4.3.17　光滑试样的单轴拉伸曲线

带状颈缩区模型认为颈缩区很窄，其高度可近似取为零。真实裂纹与带状颈缩区一起看成等效裂纹。在等效裂纹尖端，应力、应变是有限的，而颈缩区上、下两岸法向位移是间断的。

带状颈缩区之外的塑性区可以是任意形状，需要用弹塑性理论进行分析。对于幂硬化材料，裂纹尖端的位移场可表示为

$$u_i = \frac{J}{\sigma_0 I_n}\left(\frac{a\sigma_0\varepsilon_0 I_n r}{J}\right)^{1/(n+1)} \tilde{u}_i(\theta) \tag{4.3.121}$$

考察受均匀拉伸应力作用的中心裂纹板，在外加拉伸应力 σ 和颈缩区上极限强度 σ_u 的作用下，等效裂纹尖端 J 积分应该为零，由此可以确定颈缩区尺寸。图 4.3.18 给出了利用有限元法计算所得的不同载荷下的塑性区分布，可以看出塑性区并不限于裂纹延伸面上。塑性区向着与裂纹大约成 50°方向发展成两条剪切带，如图 4.3.19 所示。

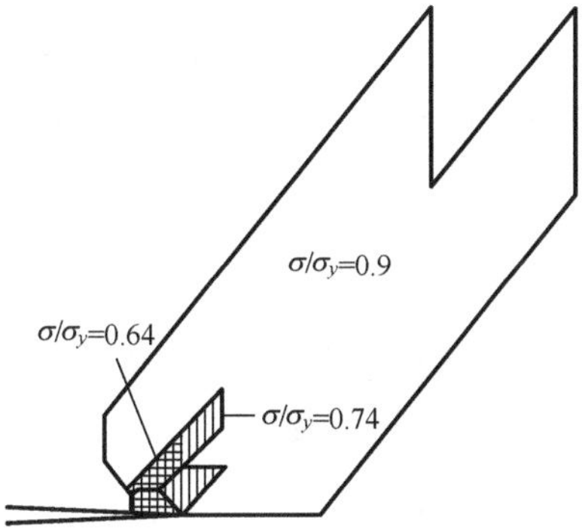

图 4.3.18　不同载荷下的塑性区分布

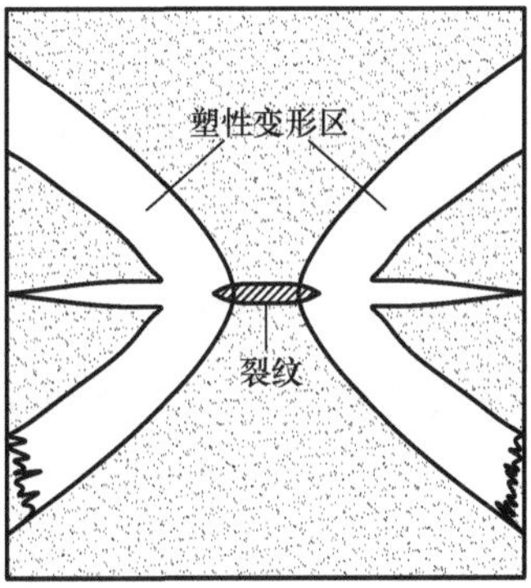

图 4.3.19　裂纹尖端塑性区的剪切带

4.3.6　裂纹张开位移准则

1. 裂纹张开位移

当裂纹起始扩展发生在大范围屈服和全面屈服的情况下时，采用裂纹尖端的张开位移准则比较方便。当塑性变形很大时，裂纹的扩展通过主裂纹与裂纹前方的微孔洞连接合并而促成，塑性应变将起主导作用。在这种情况下，裂纹尖端的张开位移可以较好地刻画裂纹尖端的塑性变形。对于一定的温度、板厚、应变率和环境，当裂纹尖端的张开位移 δ 达到临界值 δ_C，即 $\delta = \delta_C$ 时，裂纹起始扩展。裂纹张开位移的临界值 δ_C 是一个材料常数，不依赖于试样几何及裂纹长度。

基于 Dugdale 模型和 J 积分原理，裂纹尖端的张开位移由式(4.3.29)表示，利用式(4.3.25)，得到

$$\delta = \frac{J}{\sigma_{ys}} = \frac{1-\upsilon^2}{E\sigma_{ys}} K_I^2 \tag{4.3.122}$$

式(4.3.122)确立了平面应变、小范围屈服条件下裂纹尖端张开位移与应力强度因子之间的关系，对于平面应力情况，有

$$\delta = \frac{K_{\mathrm{I}}^2}{E\sigma_{\mathrm{ys}}} \tag{4.3.123}$$

由式(4.3.122)和式(4.3.123)可以看出，在小范围屈服条件下，裂纹尖端张开位移准则与应力强度因子准则一致。对于含有中心裂纹的薄板试样，由式(4.3.111)和式(4.3.120)可得 Dugdale 模型裂纹尖端张开位移为

$$\delta = \frac{8\sigma_{\mathrm{ys}}}{\pi E} a \ln\sec\left(\frac{\pi\sigma}{2\sigma_{\mathrm{ys}}}\right) \tag{4.3.124}$$

对于给定的 δ_{C}，由式(4.3.124)可以直接求得裂纹起始扩展的临界载荷 σ_{Cr}。式(4.3.124)在预报压力容器的脆性和半脆性断裂载荷方面得到了试验验证，结果证实脆性断裂发生在裂纹尖端的张开位移达到临界值 δ_{C} 时。

2. 裂纹张开位移设计曲线

对于大范围屈服和全面屈服的情况，需要建立标称应变 ε 与裂纹尖端张开位移 δ 及裂纹尺寸 a 之间的关系。利用 Dugdale 模型，标称应变可表示为

$$\frac{\varepsilon}{\varepsilon_Y} = \frac{2}{\pi}\left[2n\operatorname{arcth}\left(\frac{1}{n}\sqrt{\frac{k^2+n^2}{1-k^2}}\right) + (1-\upsilon)\operatorname{arccot}\left(\sqrt{\frac{k^2+n^2}{1-k^2}}\right) + \upsilon\arccos k\right] \tag{4.3.125}$$

其中，

$$n = \frac{a}{y}, \quad k = \cos\left(\frac{\pi\sigma}{2\sigma_Y}\right), \quad \varepsilon_Y = \frac{\sigma_Y}{E} \tag{4.3.126}$$

对于给定的标距 y，由式(4.3.124)和式(4.3.125)可以求得不同远场应力 σ 所对应的裂端张开位移及标称应变，由此可以得到无量纲的裂纹尖端张开位移 Φ 与无量纲标称应变的关系曲线，如图 4.3.20 所示。根据图 4.3.20 所示的曲线，由临界裂纹尖端张开位移 δ_{C} 及裂纹长度 a，就可以确定所允许的标称应变。

临界裂纹尖端张开位移 δ_{C} 与临界标称应变的宽板试验结果如图 4.3.20 所示的阴影分散带，从图上可以清楚地看出 Dugdale 模型的计算曲线远高于试验结果。因此，对于大范围屈服和全面屈服情况，Dugdale 模型是不合适的，而带状颈缩模型计算所得的曲线与宽板的试验结果基本相符。如果依照宽板材料的拉伸曲线进行仿真模拟，就有可能得到更好的理论预测。

对于裂纹张开位移设计曲线，根据试验资料，式(4.3.127)提供了裂纹张开位移设计曲线：

$$\Phi = \frac{\delta}{2\pi a\varepsilon_Y} = \begin{cases} (\varepsilon/\varepsilon_Y)^2, & \varepsilon/\varepsilon_Y \leqslant 0.5 \\ \varepsilon/\varepsilon_Y - 0.25, & \varepsilon/\varepsilon_Y > 0.5 \end{cases} \tag{4.3.127}$$

对于小裂纹，当外加应力 σ 小于屈服应力时，远处应变 ε 为

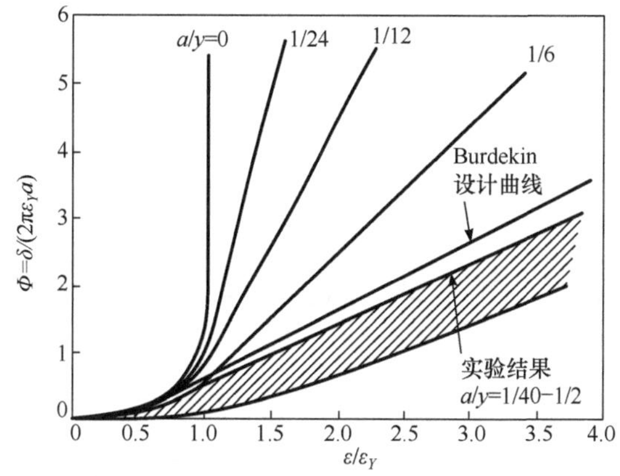

图 4.3.20　裂纹尖端张开位移与标称应变的关系

$$\varepsilon = \frac{\sigma}{\sigma_Y}\varepsilon_Y \tag{4.3.128}$$

将式(4.3.128)代入式(4.3.127)得

$$\Phi = \begin{cases} (\sigma/\sigma_Y)^2, & \sigma/\sigma_Y < 0.5 \\ \sigma/\sigma_Y - 0.25, & 0.5 \leqslant \sigma/\sigma_Y < 1 \end{cases} \tag{4.3.129}$$

由式(4.3.129)得到最大可允许裂纹尺寸 $a_{\max}$ 为

$$a_{\max} = \begin{cases} \dfrac{\delta_C E \sigma_Y}{2\pi\sigma^2}, & \dfrac{\sigma}{\sigma_Y} \leqslant 0.5 \\ \dfrac{\delta_C E}{2\pi(\sigma - 0.25\sigma_Y)}, & 0.5 < \dfrac{\sigma}{\sigma_Y} < 1 \end{cases} \tag{4.3.130}$$

3. 裂纹张开位移试验

裂纹张开位移试验规范可使用单边裂纹试样，也可采用紧凑拉伸试样。试验的裂端张开位移 δ 由弹性张开位移 δ_e 和塑性张开位移 δ_p 两部分组成，即

$$\delta = \delta_e + \delta_p \tag{4.3.131}$$

其中，

$$\delta_e = \frac{K^2(1-\upsilon^2)}{2\sigma_Y E}, \quad \delta_p = \frac{r_p(W-a)V_p}{r_p(W-a)+a+Z} \tag{4.3.132}$$

式中，因子 1/2 是根据 Irwin 的塑性区修正概念导出的裂端张开位移公式借鉴而来的；K 为由外加载荷依照线弹性理论算得的应力强度因子；δ_p 为假设试样绕

一个塑性铰旋转一定角度得到的，塑性铰的概念可以通过图 4.3.21 的三点弯曲试样来确定；$r_{\rm p}$ 为塑性转动因子，表征塑性铰所在位置距裂端 $r_{\rm p}(W-a)$；$V_{\rm p}$ 为夹式引伸计口端的张开位移(裂纹嘴张开位移)，其大小通过贴有电阻应变片的引伸计测得。

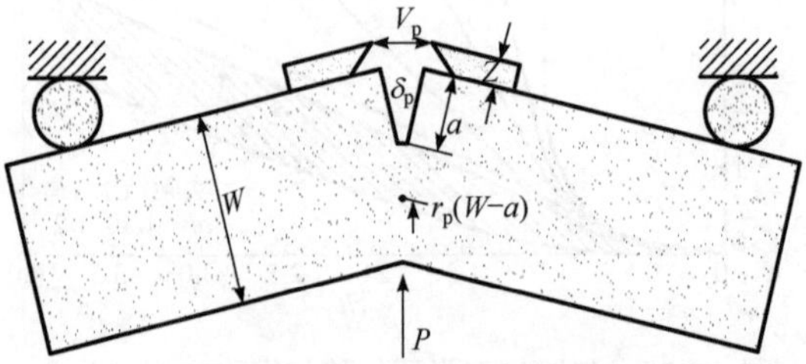

图 4.3.21　三点弯曲试样

ASTM E1290 对于三点弯曲试样建议 $r_{\rm p}=0.44$，对于紧凑拉伸试样，$r_{\rm p}$ 可按式(4.3.133)估算：

$$r_{\rm p}=0.4\left[1+2\sqrt{0.5\frac{a}{w}+\left(\frac{a}{w}\right)^2}-2\left(0.5+\frac{a}{w}\right)\right] \tag{4.3.133}$$

上面介绍了平面应变和平面应力两种典型情况。对于一般的弹塑性裂纹问题，横向约束效应沿着裂纹前沿线变化，含有穿透型裂纹的厚板在板的中央，横向约束是最强的，可以看成平面应变状态，而在板的前后表面，横向约束为零，因此横向约束效应呈现三维特征。

对于三维约束效应，可以采用有限元法进行数值分析，但数值分析难以对裂纹尖端场的奇异性特征做出精确分析。在本构方程中引入三轴应力约束因子可以很好地解决这一问题，三轴应力约束因子可表示为

$$T_z=\frac{\sigma_z}{\sigma_r+\sigma_\theta} \tag{4.3.134}$$

T_z 是 z 的函数，因此裂纹尖端场奇性指数 s 也是 z 的函数。应力函数 ϕ 可以表示为

$$\phi=K_{\rm p}r^{2+f(z)}\tilde{\phi}(\theta,T_z) \tag{4.3.135}$$

式中，$f(z)$ 是一个待定的函数，依赖于 T_z，$f(z)=s$。一般情况下，T_z 不是常数，此时裂纹尖端奇异场的求解十分困难，若 T_z 是常数，则 $f(z)$ 也是常数。

4.4　裂纹尖端弹塑性高阶场

HRR 奇性场提供了弹塑性断裂力学理论基础，J 积分表征了 HRR 奇性场的强度，可以作为预示裂纹起始扩展的一个控制参量。J 积分作为单参数控制参量的重要条件是 HRR 奇性场的控制区域包围了断裂过程区。但是裂纹扩展阻力曲线强烈地依赖于试样几何和加载方式，裂纹尖端的弹塑性应力-应变场强烈地依赖于试样几何和载荷水平，因此单参数 J 积分难以表征裂纹尖端的弹塑性应力-应变场。

本节讨论裂纹尖端弹塑性高阶场，分析 J-Q 双参数方法和 J-k 断裂准则。

4.4.1　高阶场基本方程

对于幂硬化材料，遵循 Ramberg-Osgood 单轴拉伸应力-应变关系，即

$$\frac{\varepsilon}{\varepsilon_0}=\frac{\sigma}{\sigma_0}+\alpha_0\left(\frac{\sigma}{\sigma_0}\right)^n \tag{4.4.1}$$

式中，σ_0 为屈服应力；ε_0 为对应的弹性应变，$\varepsilon_0=\sigma_0/E$；n 为应变硬化指数；α_0 为硬化系数。

采用塑性形变理论，本构方程可以写为

$$\varepsilon_{ij}=\frac{1+\upsilon}{E}s_{ij}+\frac{1+2\upsilon}{3E}\sigma_{kk}\delta_{ij}+\frac{3}{2}\alpha_0\varepsilon_0\left(\frac{\sigma_{\mathrm{e}}}{\sigma_0}\right)^{n-1}\frac{s_{ij}}{\sigma_0} \tag{4.4.2}$$

式中，E 为弹性模量；υ 为泊松比；s_{ij} 为应力偏量；σ_{e} 为等效应力。

对于平面应变，有

$$\varepsilon_{\gamma\beta}=\frac{1+\upsilon}{E}\sigma_{\gamma\beta}+\frac{\Gamma}{E}\sigma_{\rho\rho}\delta_{\gamma\beta}+\frac{3}{2}\alpha_0\left(\frac{\delta_{\mathrm{e}}}{\delta_0}\right)^{n-1}\frac{P_{\gamma\beta}}{E} \tag{4.4.3}$$

其中，

$$\sigma_{\rho\rho}=\sigma_\gamma+\sigma_\theta,\quad P_{\gamma\beta}=\sigma_{\gamma\beta}-\frac{1}{2}\sigma_{\rho\rho}\delta_{\gamma\beta}$$

$$\Gamma=-\upsilon(1+\upsilon)+\left(\frac{1}{2}-\upsilon\right)^2\frac{\alpha_0(\sigma_{\mathrm{e}}/\sigma_0)^{n-1}}{\alpha_0(\sigma_{\mathrm{e}}/\sigma_0)^{n-1}+1} \tag{4.4.4}$$

式中，β、γ、ρ 取值为 1，2。

对于等效应力 σ_{e}，可表示为

$$\sigma_{\mathrm{e}}^2 = \frac{3}{4}(\sigma_r - \sigma_\theta)^2 + 3\tau_{r\theta}^2 + \frac{9}{4}s_{33}^2 \tag{4.4.5}$$

应力分量可用应力函数φ表示为

$$\sigma_r = \frac{1}{r}\left(\frac{\partial \varphi}{\partial r} + \frac{1}{r}\frac{\partial^2 \varphi}{\partial \theta^2}\right), \quad \sigma_\theta = \frac{\partial^2 \varphi}{\partial r^2}, \quad \tau_{r\theta} = -\frac{\partial}{\partial r}\left(\frac{1}{r}\frac{\partial \varphi}{\partial \theta}\right) \tag{4.4.6}$$

应变协调方程为

$$\frac{1}{r}\frac{\partial^2}{\partial r^2}(r\varepsilon_\theta) + \frac{1}{r^2}\frac{\partial^2 \varepsilon_r}{\partial \theta^2} - \frac{1}{r}\frac{\partial \varepsilon_r}{\partial r} - \frac{2}{r^2}\frac{\partial^2 (r\varepsilon_{r\theta})}{\partial r \partial \theta} = 0 \tag{4.4.7}$$

令

$$\varphi = \sigma_0 \sum_{i=1}^{5} K_i r^{s_i+2} \tilde{\varphi}_i(\theta) \tag{4.4.8}$$

将式(4.4.8)代入式(4.4.6)，得

$$\frac{\sigma_{\alpha\beta}}{\sigma_0} = K_1 r^{s_i}\left(\tilde{\sigma}_{\alpha\beta 1} + \eta_1 r^{\Delta s_2}\tilde{\sigma}_{\alpha\beta 2} + \eta_2 r^{\Delta s_3}\tilde{\sigma}_{\alpha\beta 3} + \eta_3 r^{\Delta s_4}\tilde{\sigma}_{\alpha\beta 4} + \eta_4 r^{\Delta s_5}\tilde{\sigma}_{\alpha\beta 5}\right) \tag{4.4.9}$$

式中，希腊字母下标α、β取值 1, 2，在这里指的是r,θ，

$$\tilde{\sigma}_{ri} = \ddot{\tilde{\varphi}}_i + (s_i+2)\tilde{\varphi}_i, \quad \tilde{\sigma}_{\theta i} = (s_i+2)(s_i+1)\tilde{\varphi}_i, \quad \tilde{\tau}_{r\theta i} = -(s_i+1)\dot{\tilde{\varphi}}_i \tag{4.4.10}$$

式中，上标位置的“·”和“··”表示对θ求偏导数。

将式(4.4.9)代入式(4.4.3)，得

$$\varepsilon_{\alpha\beta} = \varepsilon_{\alpha\beta}^{\mathrm{e}} + \varepsilon_{\alpha\beta}^{\mathrm{p}} \tag{4.4.11}$$

$$\begin{aligned}
\varepsilon_{\alpha\beta}^{\mathrm{e}} &= \varepsilon_0 K_1 r^{s_1}(\tilde{\varepsilon}_{\alpha\beta 1}^{\mathrm{e}} + \eta_1 r^{\Delta s_2}\tilde{\varepsilon}_{\alpha\beta 2}^{\mathrm{e}} + \eta_2 r^{\Delta s_3}\tilde{\varepsilon}_{\alpha\beta 3}^{\mathrm{e}} + \eta_3 r^{\Delta s_4}\tilde{\varepsilon}_{\alpha\beta 4}^{\mathrm{e}} + \eta_4 r^{\Delta s_5}\tilde{\varepsilon}_{\alpha\beta 5}^{\mathrm{e}}) \\
\varepsilon_{\alpha\beta}^{\mathrm{p}} &= \alpha\varepsilon_0 K_1^n r^{ns_1}(\tilde{\varepsilon}_{\alpha\beta 1}^{\mathrm{p}} + \eta_1 r^{\Delta s_2}\tilde{\varepsilon}_{\alpha\beta 2}^{\mathrm{p}} + \eta_2 r^{\Delta s_3}\tilde{\varepsilon}_{\alpha\beta 3}^{\mathrm{p}} + \eta_1^2 r^{2\Delta s_2}\tilde{\varepsilon}_{\alpha\beta 22}^{\mathrm{p}} \\
&\quad + \eta_1\eta_2 r^{\Delta s_2+\Delta s_3}\tilde{\varepsilon}_{\alpha\beta 23}^{\mathrm{p}} + \eta_3 r^{\Delta s_4}\tilde{\varepsilon}_{\alpha\beta 4}^{\mathrm{p}} + \eta_4 r^{\Delta s_5}\tilde{\varepsilon}_{\alpha\beta 5}^{\mathrm{p}})
\end{aligned} \tag{4.4.12}$$

其中，

$$\Delta s_i = s_i - s_1, \quad \eta_i = K_{i+1}/K_1, \quad \tilde{\varepsilon}_{\alpha\beta i}^{\mathrm{e}} = (1+\upsilon)\bar{\sigma}_{\alpha\beta i} + \delta_{\alpha\beta}\Gamma\tilde{\sigma}_{\rho\rho i}$$

$$\tilde{\varepsilon}_{\alpha\beta 1}^{\mathrm{p}} = \frac{3}{2}\tilde{\sigma}_{\mathrm{e}1}^{n-1}\tilde{s}_{\alpha\beta 1}, \quad \tilde{\varepsilon}_{\alpha\beta 2}^{\mathrm{p}} = \frac{3}{2}\tilde{\sigma}_{\mathrm{e}1}^{n-1}\left[(n-1)\frac{\tilde{\sigma}_{\mathrm{e}12}}{\tilde{\sigma}_{\mathrm{e}1}^2}\tilde{s}_{\alpha\beta 1} + \tilde{s}_{\alpha\beta 2}\right]$$

$$\tilde{\varepsilon}_{\alpha\beta 22}^{\mathrm{p}} = \frac{3}{2}\tilde{\sigma}_{\mathrm{e}1}^{n-1}\left\{\frac{n-1}{2}\left[\frac{\tilde{\sigma}_{\mathrm{e}22}}{\tilde{\sigma}_{\mathrm{e}1}^2} + (n-3)\frac{\tilde{\sigma}_{\mathrm{e}12}^2}{\tilde{\sigma}_{\mathrm{e}1}^4}\right]\tilde{s}_{\alpha\beta 1} + (n-1)\frac{\tilde{\sigma}_{\mathrm{e}12}}{\tilde{\sigma}_{\mathrm{e}1}^2}\tilde{s}_{\alpha\beta 2}\right\}$$

$$\tilde{\varepsilon}^{\mathrm{p}}_{\alpha\beta 23}=\frac{3}{2}\tilde{\sigma}_{\mathrm{e1}}^{n-1}(n-1)\left\{\left[\frac{\tilde{\sigma}_{\mathrm{e23}}}{\tilde{\sigma}_{\mathrm{e1}}^{2}}+(n-3)\frac{\tilde{\sigma}_{\mathrm{e12}}\tilde{\sigma}_{\mathrm{e13}}}{\tilde{\sigma}_{\mathrm{e1}}^{4}}\right]\tilde{s}_{\alpha\beta 1}+\frac{\tilde{\sigma}_{\mathrm{e13}}}{\tilde{\sigma}_{\mathrm{e1}}^{2}}\tilde{s}_{\alpha\beta 2}+\frac{\tilde{\sigma}_{\mathrm{e12}}}{\tilde{\sigma}_{\mathrm{e1}}^{2}}\tilde{s}_{\alpha\beta 3}\right\}$$

$$\tilde{\varepsilon}^{\mathrm{p}}_{\alpha\beta 3}=\frac{3}{2}\tilde{\sigma}_{\mathrm{e1}}^{n-1}\left[(n-1)\frac{\tilde{\sigma}_{\mathrm{e13}}}{\tilde{\sigma}_{\mathrm{e1}}^{2}}\tilde{s}_{\alpha\beta 1}+\tilde{s}_{\alpha\beta 3}\right],\quad \tilde{\varepsilon}^{\mathrm{p}}_{\alpha\beta 4}=\frac{3}{2}\tilde{\sigma}_{\mathrm{e1}}^{n-1}\left[(n-1)\frac{\tilde{\sigma}_{\mathrm{e14}}}{\tilde{\sigma}_{\mathrm{e1}}^{2}}\tilde{s}_{\alpha\beta 1}+\tilde{s}_{\alpha\beta 4}\right]$$

$$\tilde{\varepsilon}^{\mathrm{p}}_{\alpha\beta 5}=\frac{3}{2}\tilde{\sigma}_{\mathrm{e1}}^{n-1}\left[(n-1)\frac{\tilde{\sigma}_{\mathrm{e15}}}{\tilde{\sigma}_{\mathrm{e1}}^{2}}\tilde{s}_{\alpha\beta 1}+\tilde{s}_{\alpha\beta 5}\right] \tag{4.4.13}$$

式中，$\tilde{\sigma}_{\mathrm{e1}}$、$\tilde{\sigma}_{\mathrm{e12}}$、$\tilde{\sigma}_{\mathrm{e22}}$、$\tilde{\sigma}_{\mathrm{e23}}$、$\tilde{\sigma}_{\mathrm{e13}}$、$\tilde{\sigma}_{\mathrm{e14}}$和$\tilde{\sigma}_{\mathrm{e15}}$为相应的等效应力，

$$\tilde{s}_{\alpha\beta i}=\tilde{\sigma}_{\alpha\beta i}-\frac{1}{2}(\tilde{\sigma}_{\rho\rho i})\delta_{\alpha\beta},\quad i=1,2,3,4,5 \tag{4.4.14}$$

将式(4.4.11)和式(4.4.12)代入协调方程，得

$$\begin{aligned}&\alpha_0 K_1^n r^{ns_1-2}\left(\Pi_1^{\mathrm{p}}+\eta_1 r^{\Delta s_2}\Pi_2^{\mathrm{p}}+\eta_2 r^{\Delta s_3}\Pi_3^{\mathrm{p}}+\eta_3 r^{\Delta s_4}\Pi_4^{\mathrm{p}}+\eta_4 r^{\Delta s_5}\Pi_5^{\mathrm{p}}\right.\\&\left.+\eta_1^2 r^{2\Delta s_2}\Pi_6^{\mathrm{p}}+\eta_1\eta_2 r^{\Delta s_2+\Delta s_3}\Pi_7^{\mathrm{p}}\right)+K_1 r^{s_1-2}\left(\Pi_1^{\mathrm{e}}+\eta_1 r^{\Delta s_2}\Pi_2^{\mathrm{e}}\right.\\&\left.+\eta_2 r^{\Delta s_3}\Pi_3^{\mathrm{e}}+\eta_3 r^{\Delta s_4}\Pi_4^{\mathrm{e}}+\eta_4 r^{\Delta s_5}\Pi_5^{\mathrm{e}}\right)=0\end{aligned} \tag{4.4.15}$$

其中，

$$\begin{aligned}&\Pi_i^{\mathrm{e}}=(\tilde{\varepsilon}^{\mathrm{e}}_{ri})^{\cdot\cdot}-(s_1+\Delta s_i)\tilde{\varepsilon}^{\mathrm{e}}_{ri}+(s_1+\Delta s_i)(s_1+\Delta s_i+1)\tilde{\varepsilon}^{\mathrm{e}}_{\theta i}-2(s_1+\Delta s_i+1)(\tilde{\varepsilon}^{\mathrm{e}}_{r\theta i})^{\cdot}\\&\Pi_i^{\mathrm{p}}=(\tilde{\varepsilon}^{\mathrm{p}}_{ri})^{\cdot\cdot}-(ns_1+\Delta s_i)(ns_1+\Delta s_i+2)\tilde{\varepsilon}^{\mathrm{p}}_{ri}-2(ns_1+\Delta s_i+1)(\tilde{\varepsilon}^{\mathrm{p}}_{r\theta i})^{\cdot},\quad i=1,2,3,4,5\\&\Pi_6^{\mathrm{p}}=(\tilde{\varepsilon}^{\mathrm{p}}_{r22})^{\cdot\cdot}-(ns_1+2\Delta s_2)(ns_1+2\Delta s_2+2)\tilde{\varepsilon}^{\mathrm{p}}_{r22}-2(ns_1+2\Delta s_2+1)(\tilde{\varepsilon}^{\mathrm{p}}_{r\theta 22})^{\cdot}\\&\Pi_7^{\mathrm{p}}=(\tilde{\varepsilon}^{\mathrm{p}}_{r23})^{\cdot\cdot}-(ns_1+\Delta s_2+\Delta s_3)(ns_1+\Delta s_2+\Delta s_3+2)\tilde{\varepsilon}^{\mathrm{p}}_{r23}-2(ns_1+\Delta s_2+\Delta s_3+1)(\tilde{\varepsilon}^{\mathrm{p}}_{r\theta 23})^{\cdot}\end{aligned} \tag{4.4.16}$$

裂纹面面力为零条件归结为

$$\tilde{\varphi}_i(\pi)=\dot{\tilde{\varphi}}(\pi)=0 \tag{4.4.17}$$

对于 I 型裂纹，在裂纹面延伸面上有对称条件：

$$\dot{\tilde{\varphi}}_i(\pi)=\dddot{\tilde{\varphi}}(\pi)=0 \tag{4.4.18}$$

方程(4.4.15)即为弹塑性高阶场的基本方程，式(4.4.15)～式(4.4.18)即为高阶场的控制方程。

4.4.2 一阶场和二阶场

一阶场是本征场，其控制方程为

$$\Pi_i^{\mathrm{p}}=0,\quad \tilde{\varphi}_1(\pi)=\dot{\tilde{\varphi}}(\pi)=0,\quad \dot{\tilde{\varphi}}_1(\pi)=\dddot{\tilde{\varphi}}(\pi)=0 \tag{4.4.19}$$

只有当 s_1 取特征值，$s_1 = -(n+1)^{-1}$ 时，该方程才有非零解，也就是 HRR 奇性场。考察图 4.4.1 所示的 J 积分闭合回路 $ABCDEA$，恒有

$$J = \int_{ABCDEA} (W\mathrm{d}y - p_i u_{i,x} \mathrm{d}s) = 0 \tag{4.4.20}$$

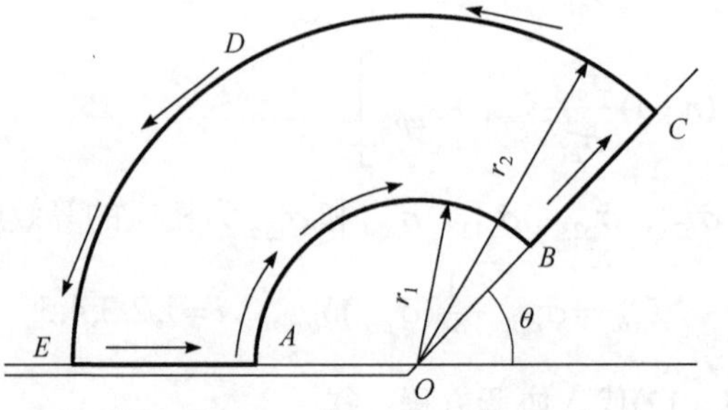

图 4.4.1 回路积分路程

只考虑 HRR 奇性场，在裂纹面线段 EA 上积分为零，在弧 AB 和弧 CDE 上的积分互相抵消，从而得到

$$\int_{BC} (W\mathrm{d}y - p_i u_{i,x} \mathrm{d}s) = 0 \tag{4.4.21}$$

式(4.4.21)可表示为

$$\int_{r_1}^{r_2} r^{-1} \Pi_1(\theta) \mathrm{d}r = \Pi_1(\theta) \ln\frac{r_2}{r_1} = 0 \tag{4.4.22}$$

由式(4.4.22)可以得到

$$\begin{aligned}\Pi_1(\theta) = & \frac{n}{n+1} \tilde{\sigma}_{\mathrm{e}1}^{n+1} \sin\theta + [\tilde{\tau}_{r\theta 1}(\tilde{u}_{\theta 1} - \tilde{u}_{r1}') - \tilde{\sigma}_{\theta 1}\tilde{\varepsilon}_{\theta 1}]\sin\theta \\ & + (1+ns_1)(\tilde{\tau}_{r\theta 1}\tilde{u}_{r1} + \tilde{\sigma}_{\theta 1}\tilde{u}_{\theta 1})\cos\theta = 0\end{aligned} \tag{4.4.23}$$

式(4.4.23)可以用来检验计算结果。数值计算表明，HRR 奇性场极其精确地满足式(4.4.23)。

二阶场的基本方程为

$$\Pi_2^{\mathrm{p}} = 0 \tag{4.4.24}$$

结合边界条件式(4.4.17)、式(4.4.18)，可以得到二阶场的解。二阶场也是本征场，本征值 s_2 依赖于硬化指数 n，当 n=3 时，$s_2 = -0.01284$；当 n=5 时，$s_2 = 0.05456$。图 4.4.2 给出了二阶场各应力分量的角分布函数，图中略去了下标 2。

当$1 < n < 1.6$ 时，本征值 s_2 所对应的二阶塑性应变 $\varepsilon_{\alpha\beta 2}^{\mathrm{p}}$ 的奇性指数 $ns_1 + \Delta s_2 = (n-1)s_1 + s_2 > s_1$。在这种情况下，一阶场所对应的弹性应变将影响二阶场，此时基本方程变为

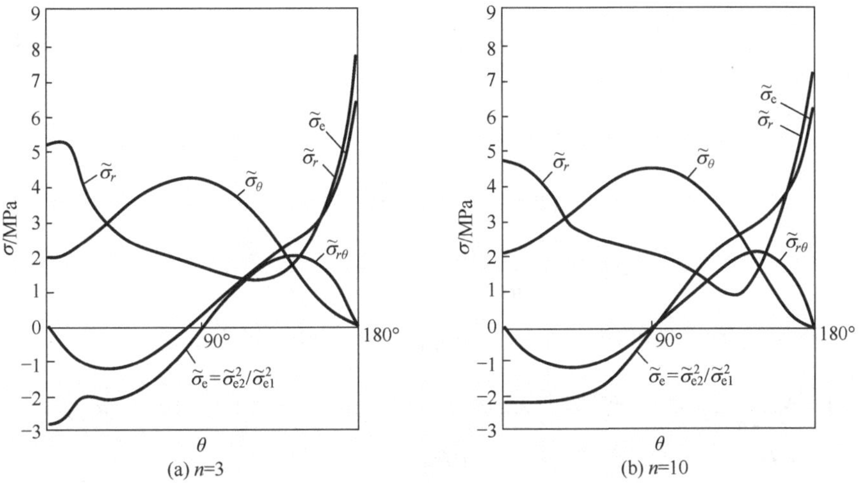

图 4.4.2　二阶场角分布函数

$$\Pi_2^{\mathrm{p}} = -\Pi_1^{\mathrm{e}} \tag{4.4.25}$$

二阶场的幅值系数 K_2 不再是独立参量，而与一阶场耦合，$K_2 = K_1^{2-n}/\alpha_0$。下面考察高阶场与 J 积分的联系。由式(4.3.59)得

$$K_1 = \sigma_0 \left(\frac{J}{\alpha_0 \sigma_0 \varepsilon_0 I_{\mathrm{n}}} \right)^{1/(n+1)} \tag{4.4.26}$$

将式(4.4.9)～式(4.4.12)及相应的位移公式代入 J 积分公式，则 J 积分可相应表示为

$$J = J_1 + J_2 r^p + J_3 r^q + \cdots \tag{4.4.27}$$

式中，J_1、J_2、J_3 为半径为 r 的圆周上的回路积分，其起点和终点分别在上、下裂纹面上，J_1 为不依赖于路径的 J 积分值。另有 $0 < p < q$，由 J 积分的守恒性得知，对任意的 r，$J = J_1$，所以 $J_2 = J_3 = 0$，由此可得

$$\begin{aligned}&\int_{-\pi}^{\pi} \Big\{ n\tilde{\sigma}_{\mathrm{e}1}^{n-1} \tilde{\sigma}_{\mathrm{e}12} \cos\theta - \sin\theta [\tilde{\sigma}_{r1}(\tilde{u}_{\theta 2} - \dot{\tilde{u}}_{r2}) + \tilde{\sigma}_{r2}(\tilde{u}_{\theta 1} - \dot{\tilde{u}}_{r1}) - (\tilde{\tau}_{r\theta 1}\tilde{\varepsilon}_{\theta 2} + \tilde{\tau}_{r\theta 2}\tilde{\varepsilon}_{\theta 1})] \\ &- \cos\theta \Big[(ns_1 + 1)(\tilde{\sigma}_{r2}\tilde{u}_{r1} + \tilde{\tau}_{r\theta 2}\tilde{u}_{\theta 1}) + (ns_1 + \Delta s_2 + 1)(\tilde{\sigma}_{r1}\tilde{u}_{r2} + \tilde{\tau}_{r\theta 1}\tilde{u}_{\theta 2}) \Big] \Big\} \mathrm{d}\theta = 0\end{aligned} \tag{4.4.28}$$

式中，$\tilde{u}_{r1}$、$\tilde{u}_{r2}$、$\tilde{u}_{\theta 1}$、$\tilde{u}_{\theta 2}$ 由式(4.4.29)确定：

$$\begin{aligned}u_r &= \int \varepsilon_r \mathrm{d}r = \alpha_0 \varepsilon_0 K_1^n r^{ns_1+1} \left(\frac{\tilde{\varepsilon}_r^{\mathrm{p}}}{ns_1 + 1} + \frac{\eta_1 r^{\Delta s_2}}{ns_1 + \Delta s_2 + 1} \tilde{\varepsilon}_{r2}^{\mathrm{p}} + \frac{\eta_1^2 r^{2\Delta s_2}}{ns_1 + 2\Delta s_2 + 1} \tilde{\varepsilon}_{r22}^{\mathrm{p}} + \cdots \right) \\ &= \alpha_0 \varepsilon_0 K_1^n r^{ns_1+1} \left(\tilde{u}_{r1} + \eta_1 r^{\Delta s_3} + \cdots \right)\end{aligned}$$

$$u_\theta = r\int \frac{1}{r}\left(2\varepsilon_{r\theta} - \frac{u_r}{r}\right)\mathrm{d}r = \alpha_0\varepsilon_0 K_1^n r^{ns_1+1}\left(\tilde{u}_{\theta 1} + \eta_1 r^{\Delta s_2}\tilde{u}_{\theta 1} + \cdots\right) \tag{4.4.29}$$

由式(4.4.29)得到

$$\begin{aligned} \tilde{u}_{r1} &= \frac{\tilde{\varepsilon}_{r1}}{ns_1+1}, \quad \tilde{u}_{r2} = \frac{\tilde{\varepsilon}_{r2}}{ns_1+\Delta s_2+1} \\ \tilde{u}_{\theta 1} &= \frac{2\tilde{\varepsilon}_{r\theta 1} - \tilde{u}_{r1}}{ns_1}, \quad \tilde{u}_{\theta 2} = \frac{2\tilde{\varepsilon}_{r\theta 2} - \tilde{u}_{r2}}{ns_1+\Delta s_2} \end{aligned} \tag{4.4.30}$$

考察高阶场对图 4.4.1 所示的 J 积分回路的影响，可以推得

$$\begin{aligned} \varPi_2(\theta) = \Delta s_2\int_0^\theta \varSigma_2 \mathrm{d}\theta &= n\tilde{\sigma}_{\mathrm{e}1}^{n-1}\tilde{\sigma}_{\mathrm{e}12}\sin\theta + \sin\theta[\tilde{\tau}_{r\theta 1}(\tilde{u}_{\theta 1} - \tilde{u}_{r1}) + \tilde{\tau}_{r\theta 2}(\tilde{u}_{\theta 2} - \tilde{u}_{r2}) \\ &+ (ns_1+1+\Delta s_2)\tilde{\sigma}_{\theta 1}\tilde{u}_{r2} + (ns_1+1)\tilde{\sigma}_{\theta 2}\tilde{u}_{r1}] \\ &+ \cos\theta[(ns_1+1+\Delta s_2)(\tilde{\tau}_{r\theta 1}\tilde{u}_{r2} + \tilde{\sigma}_{\theta 1}\tilde{u}_{\theta 2}) \\ &+ (ns_1+1)(\tilde{\tau}_{r\theta 2}\tilde{u}_{r1} + \tilde{\sigma}_{\theta 2}\tilde{u}_{\theta 1})] \end{aligned} \tag{4.4.31}$$

式中，$\varSigma_2$ 是式(4.4.28)中的被积函数。式(4.4.31)可以用来检验二阶场的计算结果。

4.4.3 *J-Q* 双参数方法

当裂纹尖端区域处于高三轴应力状态时，单参数 J 积分可以很好地表征裂纹尖端区域的应力-应变场。但是高三轴应力状态只是一种可能的应力状态，处于弯曲变形的深裂纹试样小范围屈服是一种典型的高三轴应力状态。中心裂纹试样随着塑性变形的增加，裂纹尖端区域的三轴应力水平不断降低，其应力状态就会明显偏离 HRR 奇性场。

J-Q 双参数方法是基于系统的全场有限元分析形成的分析方法。在 *J-Q* 双参数方法中，J 和 Q 分别起着不同的作用，J 积分控制高应力-应变区的尺寸，而 Q 表征裂纹尖端区域的约束状态。

1. *J-Q* 场

裂纹尖端弹性应力场可表示为

$$\sigma_{ij} = \frac{K_1}{\sqrt{2\pi r}}\tilde{\sigma}_{ij}(\theta) + T\delta_{1i}\delta_{1j} \tag{4.4.32}$$

以式(4.4.32)提供的应力场作为外加远场，通过有限元法分析幂硬化塑性材料的裂端应力-应变场。裂端区域的应力-应变场除了依赖 J 积分，还依赖 T 应力，可见，T 应力对裂纹尖端弹性应力场有显著的影响。裂端区域的应力场可表示为

$$\sigma_{ij} = \sigma_0 f_{ij}\left(\sigma_0 \frac{r}{J}, \theta; \frac{T}{\sigma_0}\right) \tag{4.4.33}$$

引入尺度量纲 J/σ_0 ，可以由式(4.4.33)看出，HRR 奇性场是一个以 $\sigma_0 r/J$ 为无量纲量的自相似场，而参量 T/σ_0 提供了小范围至中范围屈服条件下，表征裂端三轴应力状态的有效方法。当试样进入大范围屈服乃至全面屈服的情况时，T 应力已经失去意义。

在这种情况下，引入新参量 Q 代替 T。裂纹前方的环形区域 $|\theta| < \pi/2$ ，$J/\sigma_0 < r < 5J/\sigma_0$ 是物理上重要的断裂过程区，在这个环形区域内，差场基本上不依赖于 r，因此假设

$$(\sigma_{ij})_{差场} = Q\sigma_0 \tilde{\sigma}_{ij}(\theta) \tag{4.4.34}$$

式中，函数 $\tilde{\sigma}_{ij}(\theta)$ 已经用 $\tilde{\sigma}_\theta(0) = 1$ 归一化。因此，可以定义 Q 为

$$Q = \frac{\sigma_\theta - (\sigma_\theta)_{\mathrm{HRR}}}{\sigma_0}$$

当 $\theta = 0$ 时，有

$$r = \frac{2J}{\sigma_0} \tag{4.4.35}$$

采用小应变 J_2 流动理论，分析三种典型试样的裂纹尖端区域的应力-应变场，就可以得到 Q 参量随着塑性变形增加的演化规律。中心裂纹试样在不同硬化指数、不同裂纹尺寸下 Q 参量的演化规律如图 4.4.3 所示。其中，图 4.4.3(a)是针对短裂纹，图 4.4.3(c)是针对深裂纹，由图可以清楚地看出，随着塑性变形的增加，Q 的绝对值越来越大，差场越来越大，即 HRR 场越来越偏离真实解。图 4.4.3(b)和(d)是修正边界层的计算结果，图中给出了 $r = kJ/\sigma_0$ ，$k = 1,2,3,4,5$ 五处算得的 Q，从图中可以看到五条曲线非常接近，说明 J-Q 方法对中心裂纹试样在小范围屈服至中范围屈服情况下具有很好的一致性。

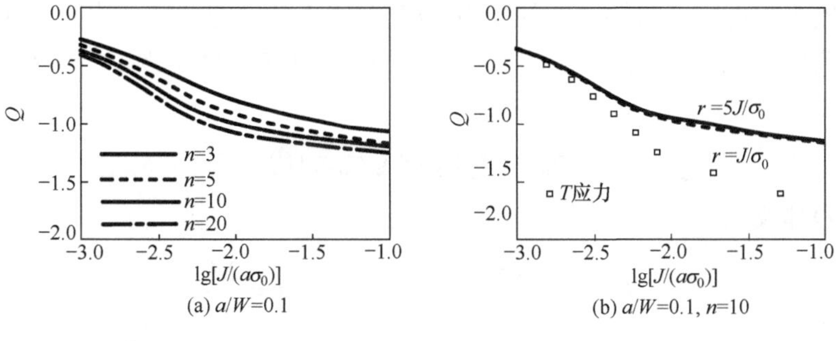

(a) a/W=0.1　　(b) a/W=0.1, n=10

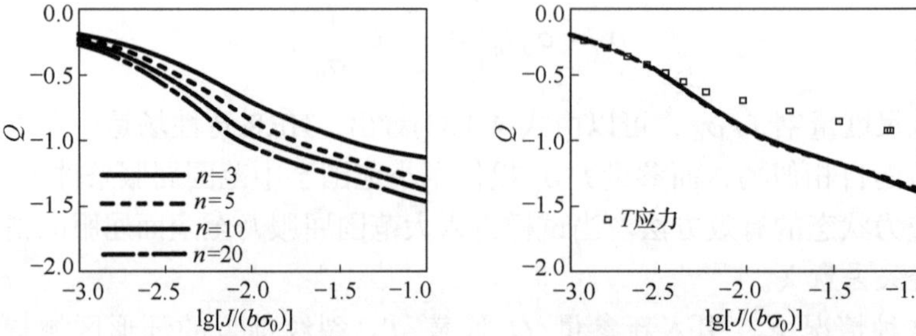

(c) a/W=0.8　　(d) a/W=0.8, n=10

图 4.4.3　中心裂纹试样不同硬化指数 n 及裂纹尺寸对 Q 的影响

图 4.4.4 给出了含裂纹三点弯曲试样的 Q 参量演化规律。由图 4.4.4(a)可以看出，对于短裂纹，当塑性变形很大时，不同位置对 Q 有一定的影响。图 4.4.4(b)和(c)显示了当 $a/W=0.4$ 和 0.8 时，不同位置估算的 Q。由图可以看出，当塑性变形较大时，Q 参量未能保持一致性，而有相当大的差别。这说明差场明显依赖 r，因此式(4.4.34)对三点弯曲试样需要修正，即 J-Q 理论对三点弯曲试样有待改进。

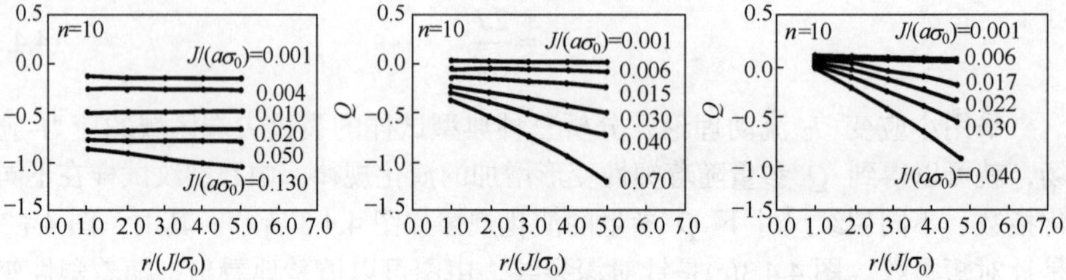

(a) 短裂纹(a/W=0.1)　　(b) 中裂纹(a/W=0.4)　　(c) 深裂纹(a/W=0.8)

图 4.4.4　三点弯曲试样的 Q 在不同 $r/(J/\sigma_0)$ 下的估算值

2. J-Q 准则

对于幂硬化材料，选择 HRR 奇性场作为参照应力场是一种自然的选择，但对于一般工程材料，单轴拉伸的应力-应变曲线不一定遵循幂硬化律。在这种情况下，选择以 K_{I} 场提供的应力场作为远场应力算得的弹塑性应力场 $(\sigma_\theta)_{\mathrm{SSY}}$ 作为参照应力场将更合适，此时有

$$\sigma_{ij}=(\sigma_{ij})_{\mathrm{SSY}}+Q\sigma_0\tilde{\sigma}_{ij}(\theta) \tag{4.4.36}$$

相应的 Q 定义为

$$Q=\frac{\sigma_\theta-(\sigma_\theta)_{\mathrm{SSY}}}{\sigma_0},\quad \theta=0,\quad r=\frac{2J}{\sigma_0} \tag{4.4.37}$$

对于幂硬化材料，式(4.4.36)提供了更加合适的表征方法，其数值研究采用

式(4.4.37)的定义。根据金属材料断裂的微观机制，在裂端前方临界距离处正应力达到临界值，裂纹起始扩展。按照式(4.3.60)和式(4.4.34)有

$$\frac{\sigma_C}{\sigma_0}=\left(\frac{J_C}{\alpha_0\varepsilon_0\sigma_0 I_n r_C}\right)^{1/(n+1)}\tilde{\sigma}_{22}(0)+Q \tag{4.4.38}$$

式中，r_C 为材料特征尺寸；σ_C 为材料断裂应力。假设远场应力为 K_I 场的小范围屈服时的临界 J 和 Q 分别用 J_{IC} 与 Q_C 来表示，由式(4.4.38)可推得

$$\frac{J_C}{J_{IC}}=\left(\frac{\sigma_C/\sigma_0-Q}{\sigma_C/\sigma_0-Q_C}\right)^{n+1} \tag{4.4.39}$$

由式(4.4.39)可知，该式并不依赖 r_C。A515 钢的应变硬化指数 $n=5$，取 $\sigma_C=3.5\sigma_0$，$J_{IC}=40\text{MPa}\cdot\text{m}^{1/2}$，$Q_C=0$，即可得到图 4.4.5 中的实线。式(4.4.39)的 J-Q 理论预示正确地反映了试验结果，证实了材料断裂韧性与裂端约束的依赖关系。

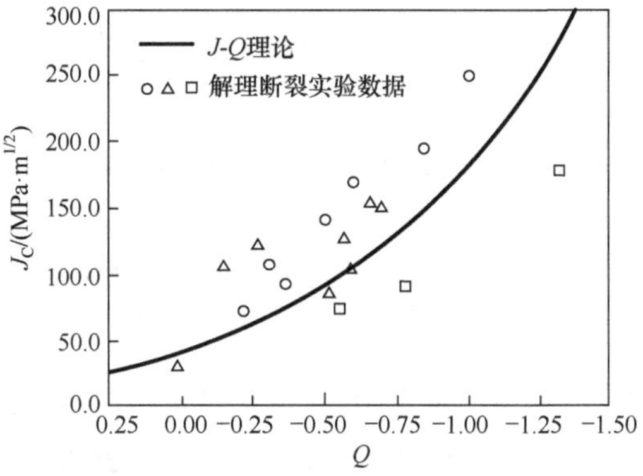

图 4.4.5　J 与 Q 的依赖关系

4.4.4　*J-k* 断裂准则

基于高阶场分析结果，可对断裂韧性与裂端区域约束状态的依赖关系做出正确描述。对于硬化指数 $n=5$ 的情况，裂纹尖端的应力场可表示为

$$\begin{aligned}\frac{\sigma_C}{\sigma_0}=&k_1\bar{r}_C^{-0.167}\tilde{\sigma}_{\theta1}(0)+k_2\bar{r}_C^{0.054}\tilde{\sigma}_{\theta2}(0)+\left(\frac{k_2^2}{k_1}\right)\bar{r}_C^{0.276}\tilde{\sigma}_{\theta3}(0)\\&+k_4\bar{r}_C^{0.341}\tilde{\sigma}_{\theta4}(0)+\left(\frac{k_2^3}{k_1^2}\right)\bar{r}_C^{0.497}\tilde{\sigma}_{\theta5}(0)\end{aligned} \tag{4.4.40}$$

假设小范围屈服场($T=0$，远场由 K_I 场唯一确定的弹塑性场)所对应的临界参量分别用 J_{IC}、k_{2C} 和 k_{4C} 来表示，由式(4.4.26)得知

$$k_1 = K_1\left(\frac{J}{\sigma_0}\right)^{-1/(n+1)} = \left(\frac{1}{\alpha_0\varepsilon_0 I_{\mathrm{n}}}\right)^{1/(n+1)} \tag{4.4.41}$$

考虑到 $\overline{r}_{\mathrm{C}} = r_{\mathrm{C}}\sigma_0/J_{\mathrm{C}}$，由式(4.4.40)得到

$$J_{\mathrm{C}} = \sigma_{\mathrm{C}}\varepsilon_0 I_{\mathrm{n}}\sigma_0 r_{\mathrm{C}}\left[\sigma_{\mathrm{C}}/\sigma_0 - \Omega_{\mathrm{C}}(k_2,k_4,\overline{r})\right]^{n+1} \tag{4.4.42}$$

进而推得

$$\frac{J_{\mathrm{C}}}{J_{\mathrm{IC}}} = \left[\frac{\sigma_{\mathrm{C}}/\sigma_0 - \Omega(k_2,k_4,\overline{r}_{\mathrm{C}})}{\sigma_{\mathrm{C}}/\sigma_0 - \Omega(k_{2\mathrm{C}},k_{4\mathrm{C}},\overline{r}_{\mathrm{C}}^*)}\right]^{n+1} \tag{4.4.43}$$

其中，

$$\begin{aligned}\Omega(k_2,k_4,\overline{r}_{\mathrm{C}}) &= k_2\overline{r}_{\mathrm{C}}^{\,0.054}\tilde{\sigma}_{\theta2}(0) + \left(\frac{k_2^2}{k_1}\right)\overline{r}_{\mathrm{C}}^{\,0.276}\tilde{\sigma}_{\theta3}(0) \\ &\quad + k_4\overline{r}_{\mathrm{C}}^{\,0.341}\tilde{\sigma}_{\theta3}(0) + \left(\frac{k_2^3}{k_1^2}\right)\overline{r}_{\mathrm{C}}^{\,0.497}\tilde{\sigma}_{\theta5}(0)\end{aligned} \tag{4.4.44}$$

式中，$k_{2\mathrm{C}}$、$k_{4\mathrm{C}}$、$\overline{r}_{\mathrm{C}}^*$ 为小范围屈服场所对应的临界参量，即远场 $T=0$，$K_{\mathrm{I}} = K_{\mathrm{IC}}$ 时，相应的 k_2、k_4、$\overline{r}_{\mathrm{C}}$ 值。

取 $J_{\mathrm{IC}} = 40\mathrm{MPa}\cdot\mathrm{m}^{1/2}$，$\sigma_{\mathrm{C}} = 3.5\sigma_0$。$k_{2\mathrm{C}}$和$k_{4\mathrm{C}}$ 的值一般来说很小，可取 $k_{2\mathrm{C}} = k_{4\mathrm{C}} = 0$，代入式(4.4.44)得

$$J_{\mathrm{C}} = J_{\mathrm{IC}}\left[1 - \frac{\sigma_0}{\sigma_{\mathrm{C}}}\Omega(k_2,k_4,\overline{r}_{\mathrm{C}})\right]^{n+1} \tag{4.4.45}$$

在实测 J_{C} 的变化范围内，考察 BCP 试样及 CCP 试样 k_4 的变化，由此可以确定 $k_{4\max}$ 和 $k_{4\min}$。将这两个值分别代入式(4.4.45)，就可以得到断裂韧性 J_{C} 随 k_2 的变化曲线(上、下限曲线)。具体做法是：在 J_{C} 可能的变化范围内，给定任意的 J_{C}。方程(4.4.45)可改写为

$$\begin{aligned}&\overline{k}_2\overline{r}_{\mathrm{C}}^{\,0.054}\tilde{\sigma}_{\theta2}(0) + \overline{k}_2^2\overline{r}_{\mathrm{C}}^{\,0.276}\tilde{\sigma}_{\theta3}(0) + \overline{k}_2^3\overline{r}_{\mathrm{C}}^{\,0.497}\tilde{\sigma}_{\theta5}(0) + \overline{k}_4\overline{r}_{\mathrm{C}}^{\,0.341}\tilde{\sigma}_{\theta4}(0) \\ &\quad + \left[\left(\frac{J_{\mathrm{C}}}{J_{\mathrm{1C}}}\right)^{1/(n+1)} - 1\right]\frac{\sigma_{\mathrm{C}}}{\sigma_0}\frac{1}{k_1} = 0\end{aligned} \tag{4.4.46}$$

式中，$\overline{k}_i = k_i/k_1$，$i = 2,4$。k_1 由式(4.4.41)给出。

方程(4.4.46)是一个关于 $\overline{k}_2$ 的三次代数方程，可以方便地确定 $\overline{k}_2$。将 k_4 取为 $k_{4\max}$ 和 $k_{4\min}$ 就分别得到了断裂韧性 J_{C} 随 k_2 变化的上、下限曲线。当 $k_{4\max} = 0.1$，$k_{4\min} = -0.1$ 时，相应的上、下限曲线如图 4.4.6 所示。由图可以看出，理论预示的结果很好地描述了 J_{C} 随 k_2 的变化。这说明基于高阶场分析所得到的 J-k 准则能够比较真实地反映试样几何和裂端约束状态对临界 J_{C} 的影响。J-k 准则中，J

和 k_2 是两个基本参量，而 k_4(或 k_5)是辅助参量，因此 J-k 断裂准则是一种修正的双参数准则。

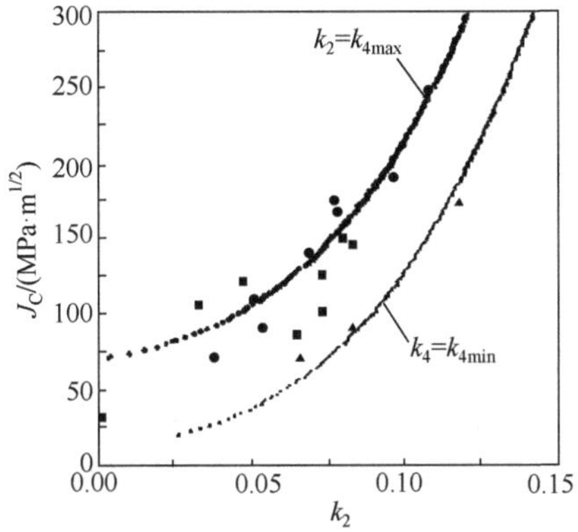

图 4.4.6　高阶场理论预测与试验结果

对于常用的工程金属材料，由满足平面应变断裂韧性测试条件的大试样所测得的 K_{IC} 可以换算得到 J_{IC} 为

$$J_{\mathrm{IC}}=\frac{1-\upsilon^2}{E}K_{\mathrm{IC}}^2 \tag{4.4.47}$$

由式(4.4.47)得到 J_{IC}，进而可以得到 $\bar{r}_{\mathrm{C}}$ 为

$$\bar{r}_{\mathrm{C}}=r_{\mathrm{C}}\frac{\sigma_0}{J_{\mathrm{IC}}} \tag{4.4.48}$$

为了求得参量 $k_{2\mathrm{C}}$ 和 $k_{4\mathrm{C}}$，利用有限元法结合修正的边界层公式，远场为弹性应力场，表达式为

$$\sigma_{ij}=\frac{K_{\mathrm{IC}}}{\sqrt{2\pi r}}\tilde{\sigma}_{ij}(0) \tag{4.4.49}$$

在 σ_{ij} 的作用下，求得该材料的小范围屈服的全场解(试样尺寸严格满足平面应变断裂韧性测试条件)，再由 $r=2J_{\mathrm{IC}}/\sigma_0$，$\theta=0$ 处的 $(\sigma_r)_{差场}$ 和 $(\sigma_\theta)_{差场}$ 求得 $k_{2\mathrm{C}}$ 和 $k_{4\mathrm{C}}$。一般来说，这两个参量都比较小。

4.4.5　平面应力裂端弹塑性场

在平面应力条件下，裂纹尖端区域的应力-应变场由 HRR 奇性场的控制。对于幂硬化材料的平面应力 I 型裂纹问题，裂纹前方的应力-应变场与 HRR 奇性场一致，试样几何的影响可以忽略不计。对于平面应力纯 I 型问题，二阶场对裂纹前方应力场的影响可以忽略不计。

假设在裂纹尖端区域，应力函数φ可表示为

$$\varphi = K_1 r^{s_1+2} F_1(\theta) + K_2 r^{s_2+2} F_2(\theta) \tag{4.4.50}$$

则有

$$\begin{aligned} \sigma_r &= K_1 r^{s_1} \tilde{\sigma}_{r1}(\theta) + K_2 r^{s_2} \tilde{\sigma}_{r2}(\theta) \\ \sigma_\theta &= K_1 r^{s_1} \tilde{\sigma}_{\theta 1}(\theta) + K_2 r^{s_2} \tilde{\sigma}_{\theta 2}(\theta) \\ \tau_{r\theta} &= K_1 r^{s_1} \tilde{\tau}_{r\theta 1}(\theta) + K_2 r^{s_2} \tilde{\tau}_{r\theta 2}(\theta) \end{aligned} \tag{4.4.51}$$

其中，

$$\tilde{\sigma}_{r1} = \ddot{F}_1 + (s_1+2)F_1, \quad \tilde{\sigma}_{\theta 1} = (s_1+1)(s_1+2)F_1, \quad \tilde{\tau}_{r\theta 1} = -(s_1+1)\dot{F}_1 \tag{4.4.52}$$

$$\tilde{\sigma}_{r2} = \ddot{F}_2 + (s_2+2)F_2, \quad \tilde{\sigma}_{\theta 2} = (s_2+1)(s_2+2)F_2, \quad \tilde{\tau}_{r\theta 2} = -(s_2+1)\dot{F}_2 \tag{4.4.53}$$

将式(4.4.53)代入式(4.3.63)，并保留展开式的前两项，则有

$$\sigma_{\mathrm{e}}^2 = K_1^2 r^{2s_1} (\tilde{\sigma}_{\mathrm{e}1}^2 + 2\eta r^{\Delta s_2} \tilde{\sigma}_{\mathrm{e}12}) \tag{4.4.54}$$

其中，

$$\begin{aligned} &\Delta s_2 = s_2 - s_1, \quad \eta = K_2/K_1, \quad \tilde{\sigma}_{\mathrm{e}1}^2 = \tilde{\sigma}_{r1}^2 + \tilde{\sigma}_{\theta 1}^2 - \tilde{\sigma}_{r1}\tilde{\sigma}_{\theta 1} + 3\tilde{\tau}_{r\theta 1}^2 \\ &\tilde{\sigma}_{\mathrm{e}12} = \tilde{\sigma}_{r1}\tilde{\sigma}_{r2} + \tilde{\sigma}_{\theta 1}\tilde{\sigma}_{\theta 2} - \frac{1}{2}(\tilde{\sigma}_{r1}\tilde{\sigma}_{\theta 2} + \tilde{\sigma}_{\theta 1}\tilde{\sigma}_{r2}) + 3\tilde{\tau}_{r\theta 1}\tilde{\tau}_{r\theta 2} \end{aligned} \tag{4.4.55}$$

对式(4.3.64)进行同样的处理，可得

$$\begin{aligned} \varepsilon_r^{\mathrm{e}} &= K_1 r^{s_1} (\tilde{\varepsilon}_{r1}^{\mathrm{e}} + \eta r^{\Delta s_2} \tilde{\varepsilon}_{r2}^{\mathrm{e}}) \\ \varepsilon_\theta^{\mathrm{e}} &= K_1 r^{s_1} (\tilde{\varepsilon}_{\theta 1}^{\mathrm{e}} + \eta r^{\Delta s_2} \tilde{\varepsilon}_{\theta 2}^{\mathrm{e}}) \\ \varepsilon_{r\theta}^{\mathrm{e}} &= K_1 r^{s_1} (\tilde{\varepsilon}_{r\theta 1}^{\mathrm{e}} + \eta r^{\Delta s_2} \tilde{\varepsilon}_{r\theta 2}^{\mathrm{e}}) \end{aligned} \tag{4.4.56}$$

其中，

$$\begin{aligned} &\tilde{\varepsilon}_{r1}^{\mathrm{e}} = (\tilde{\sigma}_{r1} - \upsilon\tilde{\sigma}_{\theta 1})/E, \quad \tilde{\varepsilon}_{\theta 1}^{\mathrm{e}} = (\tilde{\sigma}_{\theta 1} - \upsilon\tilde{\sigma}_{r1})/E, \quad \tilde{\varepsilon}_{r\theta 1}^{\mathrm{e}} = (1+\upsilon)\tilde{\tau}_{r\theta 1}/G \\ &\tilde{\varepsilon}_{r2}^{\mathrm{e}} = (\tilde{\sigma}_{r2} - \upsilon\tilde{\sigma}_{\theta 2})/E, \quad \tilde{\varepsilon}_{\theta 2}^{\mathrm{e}} = (\tilde{\sigma}_{\theta 2} - \upsilon\tilde{\sigma}_{r2})/E, \quad \tilde{\varepsilon}_{r\theta 2}^{\mathrm{e}} = (1+\upsilon)\tilde{\tau}_{r\theta 2}/G \end{aligned} \tag{4.4.57}$$

另有

$$\begin{aligned} &\tilde{\varepsilon}_r^{\mathrm{p}} = \alpha_0 K_1^n r^{ns_1} (\tilde{\varepsilon}_{r1}^{\mathrm{p}} + \eta r^{\Delta s_2} \tilde{\varepsilon}_{r2}^{\mathrm{p}}), \quad \tilde{\varepsilon}_\theta^{\mathrm{p}} = \alpha_0 K_1^n r^{ns_1} (\tilde{\varepsilon}_{\theta 1}^{\mathrm{p}} + \eta r^{\Delta s_2} \tilde{\varepsilon}_{\theta 2}^{\mathrm{p}}) \\ &\tilde{\varepsilon}_{r\theta}^{\mathrm{p}} = \alpha_0 K_1^n r^{ns_1} (\tilde{\varepsilon}_{r\theta 1}^{\mathrm{p}} + \eta r^{\Delta s_2} \tilde{\varepsilon}_{r\theta 2}^{\mathrm{p}}), \quad \lambda = \tilde{\sigma}_{\mathrm{e}12}/\tilde{\sigma}_{\mathrm{e}1}^2, \\ &\tilde{\varepsilon}_{r1}^{\mathrm{p}} = \frac{3}{2}\tilde{\sigma}_{\mathrm{e}1}^{n-1}\tilde{S}_{r1}, \quad \tilde{\varepsilon}_{\theta 1}^{\mathrm{p}} = \frac{3}{2}\tilde{\sigma}_{\mathrm{e}1}^{n-1}\tilde{S}_{\theta 1}, \quad \tilde{\varepsilon}_{r\theta 1}^{\mathrm{p}} = \frac{3}{2}\tilde{\sigma}_{\mathrm{e}1}^{n-1}\tilde{\tau}_{r\theta 1} \\ &\tilde{\varepsilon}_{r2}^{\mathrm{p}} = \frac{3}{2}\tilde{\sigma}_{\mathrm{e}1}^{n-1}[\overline{S}_{r2} + (n-1)\lambda\tilde{S}_{r1}], \quad \tilde{\varepsilon}_{\theta 2}^{\mathrm{p}} = \frac{3}{2}\tilde{\sigma}_{\mathrm{e}1}^{n-1}[\tilde{S}_{\theta 2} + (n-1)\lambda\tilde{S}_{\theta 1}] \\ &\tilde{\varepsilon}_{r\theta 2}^{\mathrm{p}} = \frac{3}{2}\tilde{\sigma}_{\mathrm{e}1}^{n-1}[\tilde{\tau}_{r\theta 2} + (n-1)\lambda\tilde{\tau}_{r\theta 1}] \end{aligned} \tag{4.4.58}$$

将式(4.4.56)和式(4.4.58)代入式(4.4.7)，保留前三项，则应变协调方程可写为

$$\alpha_0 K_1^n r^{ns_1-2} f_1^{\mathrm{p}} + \alpha_0 K_1^n r^{ns_1+\Delta s_2-2} f_2^{\mathrm{p}} + K_1 r^{s_1-2} f_1^{\mathrm{e}} = 0 \tag{4.4.59}$$

其中，

$$\begin{aligned} f_1^{\mathrm{p}} &= (\tilde{\varepsilon}_{r1}^{\mathrm{p}})^{\cdot\cdot} - ns_1\tilde{\varepsilon}_{r1}^{\mathrm{p}} - 2(ns_1+1)(\tilde{\varepsilon}_{r\theta 1}^{\mathrm{p}})^{\cdot} + ns_1(ns_1+1)\tilde{\varepsilon}_{\theta 1}^{\mathrm{p}} \\ f_1^{\mathrm{e}} &= (\tilde{\varepsilon}_{r1}^{\mathrm{e}})^{\cdot\cdot} - s_1\tilde{\varepsilon}_{r1}^{\mathrm{e}} - 2(s_1+1)(\tilde{\varepsilon}_{r\theta 1}^{\mathrm{e}})^{\cdot} + s_1(s_1+1)\tilde{\varepsilon}_{\theta 1}^{\mathrm{e}} \\ f_2^{\mathrm{p}} &= (\tilde{\varepsilon}_{r2}^{\mathrm{p}})^{\cdot\cdot} - (ns_1+\Delta s_2)\tilde{\varepsilon}_{r2}^{\mathrm{p}} - 2(ns_1+\Delta s_2+1)(\tilde{\varepsilon}_{r\theta 2}^{\mathrm{p}})^{\cdot} \\ &\quad + (ns_1+\Delta s_2)(ns_1+\Delta s_2+1)\tilde{\varepsilon}_{\theta 2}^{\mathrm{p}} \end{aligned} \tag{4.4.60}$$

方程(4.4.59)中，奇性最高的项为$\alpha_0 K_1^n r^{ns_1-2} f_1^{\mathrm{p}}$，因此有

$$f_1^{\mathrm{p}} = 0 \tag{4.4.61}$$

式(4.4.61)就是 HRR 奇性场的控制方程。

裂纹面面力自由条件为$\sigma_\theta(r,\pi) = \tau_{r\theta}(r,\pi) = 0$。由式(4.4.52)和式(4.4.53)可得

$$F_1(\pi) = \dot{F}_1(\pi) = 0, \quad F_2(\pi) = \dot{F}_2(\pi) = 0 \tag{4.4.62}$$

对于 I 型问题，对称性条件要求为

$$\dot{F}_1(0) = \dddot{F}_1(0) = 0, \quad \dot{F}_2(0) = \dddot{F}_2(0) = 0 \tag{4.4.63}$$

为求得非平凡解，还需要补充一个条件。若取$F_1(0) = 0$，结合式(4.4.62)和式(4.4.63)，求解式(4.4.61)，得到 HRR 奇性场，其本征值为$s_1 = -(n+1)^{-1}$。

现在考察二阶渐近场，先假设方程(4.4.59)中的第二项奇性高于第三项，此时一阶场的弹性应变项的影响可以忽略，因此有

$$ns_1 + \Delta s_2 - 2 < s_1 - 2 \quad \text{或} \quad \Delta s_2 < -(n-1)s_1 = \frac{n-1}{n+1} \tag{4.4.64}$$

二阶场的控制方程为$f_2^{\mathrm{p}} = 0$，即

$$(\tilde{\varepsilon}_{r2}^{\mathrm{p}})^{\cdot\cdot} - (ns_1+\Delta s_2)\tilde{\varepsilon}_{r2}^{\mathrm{p}} - 2(ns_1+\Delta s_2+1)(\tilde{\varepsilon}_{r\theta 2}^{\mathrm{p}})^{\cdot} + (ns_1+\Delta s_2)(ns_1+\Delta s_2+1)\tilde{\varepsilon}_{\theta 2}^{\mathrm{p}} = 0 \tag{4.4.65}$$

式(4.4.65)是线性齐次四阶常微分方程。方程(4.4.65)与边界条件式(4.4.62)和式(4.4.63)构成了本征值问题。为了求得非平凡解，还需要一个补充条件：

$$F_2(0) = 1 \tag{4.4.66}$$

若该本征值问题找不到满足约束条件式(4.4.64)的本征值Δs_2，则一阶场弹性应变项的贡献不能忽略，二阶渐近场必须与一阶场弹性项相匹配，才能使协调方程在二阶近似意义上得以成立。因此，方程(4.4.59)的第二项和第三项具有相同的奇性，即

$$ns_1 + \Delta s_2 - 2 = s_1 - 2, \quad \Delta s_1 = \frac{n-1}{n+1} \tag{4.4.67}$$

由式(4.4.67)得到二阶场的控制方程为

$$f_2^{\mathrm{p}} + \frac{1}{\alpha_0 \eta K_1^{n-1}} f_1^{\mathrm{e}} = 0 \tag{4.4.68}$$

式(4.4.68)是四阶线性非齐次常微分方程，其中，η 可取为任意常数，不妨取 $\eta = (\alpha_0 K_1^{n-1})^{-1}$，则得到控制方程为

$$f_2^{\mathrm{p}} + f_1^{\mathrm{e}} = 0 \tag{4.4.69}$$

将式(4.4.60)代入式(4.4.69)得到

$$\begin{aligned}&(\tilde{\varepsilon}_{r2}^{\mathrm{p}})^{\cdot\cdot} - (ns_1 + \Delta s_2)\tilde{\varepsilon}_{r2}^{\mathrm{p}} - 2(ns_1 + \Delta s_2 + 1)(\tilde{\varepsilon}_{r\theta 2}^{\mathrm{p}})^{\cdot} + (ns_1 + \Delta s_2)(ns_1 + \Delta s_2 + 1)\tilde{\varepsilon}_{\theta 2}^{\mathrm{p}} \\ &= -[(\tilde{\varepsilon}_{r1}^{\mathrm{e}})^{\cdot\cdot} - s_1 \tilde{\varepsilon}_{r1}^{\mathrm{e}} - 2(s_1 + 2)(\tilde{\varepsilon}_{r\theta 1}^{\mathrm{e}})^{\cdot} + s_1(s_1 + 1)\tilde{\varepsilon}_{\theta 1}^{\mathrm{e}}]\end{aligned} \tag{4.4.70}$$

先讨论特征方程(4.4.65)的求解。此时特征值需要满足约束条件式(4.4.64)，可表示为

$$0 < \Delta s_2 < \frac{n-1}{n+1} \tag{4.4.71}$$

对于纯Ⅰ型问题，边界条件归结为

$$\dot{F}_2(0) = \dddot{F}_2(0) = 0, \quad F_2(\pi) = \dot{F}_2(\pi) = 0 \tag{4.4.72}$$

方程(4.4.65)是关于未知函数 $F_2(\theta)$ 的线性齐次变系数常微分方程。考察两组特解，均满足条件(4.4.72)的第一式，还需要满足的条件为

$$\begin{cases} F_2(0) = 1, & \ddot{F}_2(0) = 0, \quad 第一组特解 \\ F_2(0) = 0, & \ddot{F}_2(0) = 1, \quad 第二组特解 \end{cases} \tag{4.4.73}$$

利用式(4.4.72)的第一式和式(4.4.73)的第一式，通过精度可控制的自动变步长四阶 Runge-Kutta 法，积分方程(4.4.65)得到第一组特解 $F_2^{(2)}(\theta)$，类似的可求得第二组特解 $F_2^{(2)}(\theta)$。

满足条件(4.4.72)的方程(4.4.65)的通解为

$$F_2(\theta) = \alpha_1 F_2^{(1)}(\theta) + \alpha_2 F_2^{(2)}(\theta) \tag{4.4.74}$$

为了满足边界条件(4.4.72)的第二式，必有

$$\alpha_1 F_2^{(1)}(\pi) + \alpha_2 F_2^{(2)}(\pi) = 0, \quad \alpha_1 \dot{F}_2^{(2)}(\pi) + \alpha_2 \dot{F}_2^{(2)}(\pi) = 0 \tag{4.4.75}$$

线性齐次代数方程(4.4.75)有非零解$\left(\alpha_1,\alpha_2\right)$的充要条件是下述行列式为 0，即

$$\varDelta = F_2^{(1)}(\pi)\dot{F}_2^{(2)}(\pi) - F_2^{(2)}(\pi)\dot{F}_2^{(1)}(\pi)=0 \tag{4.4.76}$$

行列式$\varDelta$是Δs_2的函数，调节Δs_2使行列式$\varDelta$为零，即可求得特征值Δs_2及相应的特征函数。在满足式(4.4.71)的范围内，寻找使$\varDelta$为零的特征值Δs_2。对不同的材料幂硬化指数 n，进行精细的求解尝试(积分方程(4.4.65)时，控制精度为10^{-10})，均未找到特征值Δs_2。这表明与一阶场弹性应变项相独立的二阶渐近场并不存在。寻找方程(4.4.70)的解，方程(4.4.70)是线性非齐次常微分方程，其右端项是非齐次项，该项代表一阶场弹性应变项对应变协调方程的贡献。先寻找满足方程(4.4.70)的特解$F_2^{(0)}(\theta)$，该特解满足齐次初始值条件为

$$F_2(0) = \dot{F}_2(0) = \ddot{F}_2(0) = \dddot{F}_2(0) = 0 \tag{4.4.77}$$

式(4.4.77)满足方程(4.4.70)及初始值条件(4.4.72)的通解为

$$F_2(\theta) = \alpha_1 F_2^{(1)}(\theta) + \alpha_2 F_2^{(1)}(\theta) + F_2^{(0)}(\theta) \tag{4.4.78}$$

式中，α_1、α_2为待定系数。为了满足边界条件(4.4.72)的第二式，有

$$\alpha_1 F_2^{(1)}(\pi) + \alpha_2 F_2^{(2)}(\pi) = -F_2^{(0)}(\pi),\quad \alpha_1 \dot{F}_2^{(1)}(\pi) + \alpha_2 \dot{F}_2^{(2)}(\pi) = -\dot{F}_2^{(0)}(\pi) \tag{4.4.79}$$

线性代数方程(4.4.79)的系数行列式$\varDelta$不为零，因此方程(4.4.79)有唯一解(α_1，α_2)。对应于方程(4.4.70)，有

$$\Delta s_2 = \frac{n-1}{n+1} \tag{4.4.80}$$

图 4.4.7 为两个典型的计算结果。由图可以看出，平面应力的二阶渐近场与一阶渐近场相似的是径向应力σ_{r2}的角分布函数$\tilde{\sigma}_{r2}(\theta)$存在着一个急剧变化的区域。这个区域与一阶渐近场的急剧变化区域一致。通过这个急剧变化区域，$\tilde{\sigma}_{r2}(\theta)$由正值转为负值。材料的硬化指数越高，急剧变化程度越强烈。

考察裂纹前方的法向正应力分布，有

$$\sigma_\theta = K_1 r^{s_1}[\tilde{\sigma}_{\theta 1}(0) + \eta r^{\Delta s_2}\tilde{\sigma}_{\theta 2}(0)] \tag{4.4.81}$$

塑性应力强度因子K_1与J积分之间的关系为

$$J_1 = \alpha_0\sigma_0\varepsilon_0 K_1^{n+1} I_1 \quad \text{或} \quad K_1 = \left(\frac{J_1}{\alpha_0\sigma_0\varepsilon_0 I_1}\right)^{1/(n+1)} \tag{4.4.82}$$

式中，I_1为积分模量，它只是n的函数。

$$I_1 = \int_{-\pi}^{\pi} \left\{ \frac{n}{n+1} \tilde{\sigma}_{e1}^{n+1} \cos\theta + [\tilde{\tau}_{r\theta 1}(\dot{\tilde{u}}_{\theta 1} + \tilde{u}_{r1}) - \tilde{\sigma}_{r1}(\tilde{u}_{\theta 1} - \dot{\tilde{u}}_{r1})] \sin\theta \right.$$
$$\left. + (1 + nS_1)(\tilde{\sigma}_{r1}\tilde{u}_{r1} + \tilde{\tau}_{r\theta 1}\tilde{u}_{\theta 1})\cos\theta \right\} \mathrm{d}\theta \tag{4.4.83}$$

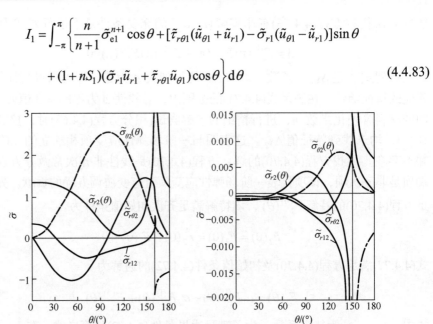

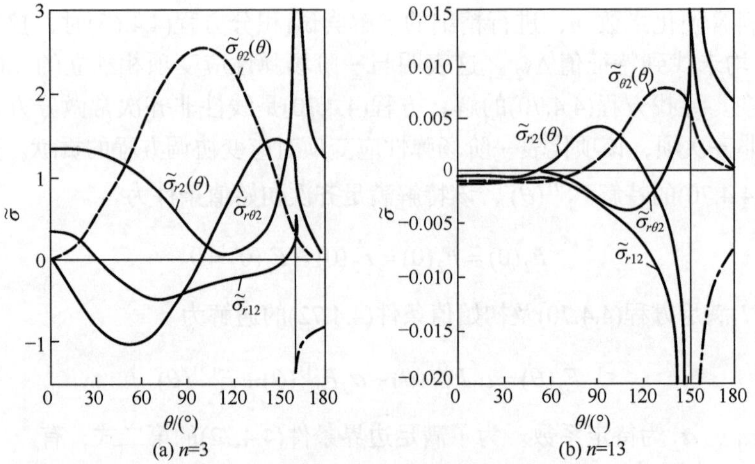

图 4.4.7 裂纹尖端二阶渐近场应力分布

由式(4.4.69)和式(4.4.82)，式(4.4.81)可改写为

$$\sigma_\theta = K_1 r^{s_1} \tilde{\sigma}_{\theta 1}(0)(1+\rho) \tag{4.4.84}$$

其中，

$$\rho = \rho_0 \bar{r}^{-(n-1)/(n+1)} \frac{\tilde{\sigma}_{\theta 2}(0)}{\tilde{\sigma}_{\theta 1}(0)}, \quad \rho_0 = \frac{1}{\alpha_0}(\alpha_0 \varepsilon_0 I_1)^{(n-1)/(n+1)}, \quad \bar{r} = \frac{r}{J/\sigma_0} \tag{4.4.85}$$

表 4.4.1 列出了 $\alpha_0 = 1$，$\varepsilon_0 = 0.002$ 情况下的计算结果。

表 4.4.1 各参数的计算结果

参数	计算结果	
n	3.0	13.0
s_1	−0.25	−0.07143
s_2	0.25	0.7857
$\tilde{\sigma}_{\theta 1}(0)$	1.106	1.149
$\tilde{\sigma}_{\theta 2}(0)$	0.02263	-0.5377×10^{-3}
I_1	3.855	2.871
K_1	3.375	1.446
K_2	0.2963	0.01735
ρ_0	0.08781	0.0120
$\rho_{\max}$	0.00803	0.732×10^{-4}

在裂纹尖端区域附近，考察区域为

$$0<\frac{r}{J/\sigma_0}<20 \tag{4.4.86}$$

在式(4.4.86)确定的区间内，比值 ρ 的最大值为 $\rho_{\max}$，从表中不难看出二阶场的贡献可忽略不计。

以上证实了对于平面应力问题，弹塑性裂纹尖端的二阶场的幅值系数不是独立参量，而是依赖于 J 积分，对裂纹前方应力场的贡献是微小的，可以忽略不计。中心裂纹、紧凑拉伸和双边裂纹等几种典型试样的有限元分析表明，与平面应变状态完全不同，在平面应力状态下，弹塑性材料裂纹尖端场可以用主奇性场表示。因此，可将 J 积分作为平面应力状态裂纹起始扩展准则。

4.5 金属材料裂纹动态扩展理论

4.1～4.3 节讨论了静止裂纹受动态载荷的情况，裂纹扩展速度为零。事实上，含裂纹体受动态载荷作用时，裂纹扩展速率不为零。本节讨论金属材料中的裂纹扩展情况，至于双材料界面裂纹的问题将在第 5 章讨论。

对于一个给定的材料，初步估计惯性效应是否可以在裂纹尖端渐近场中忽略裂纹速度范围，可以基于准静态裂纹扩展的平衡方程获得。此处的研究对象限于弹性固体材料中的裂纹问题，为了阐述该问题，首先考虑弹性材料中以速度 v 扩展的 I 型裂纹。当裂纹尖端(裂尖)接近扩展路径中的某个粒子时，粒子的速度将急剧增大，相应的动能密度也增大。当裂纹尖端趋近时，应力-应变场的值急剧增大，导致应变能密度增大。这两种能量在可比的时间段发生变化，当材料粒子与裂纹尖端很近时，两种能量密度的比较从某种程度上可以说明材料惯性对局部场的影响程度。离裂纹尖端距离为 r 的粒子速度正比于 $vK_{\mathrm{I}}/(E\sqrt{r})$，因此同一点的动能密度和应力功密度分别为

$$T\sim\frac{\rho v^2}{2}\frac{K_{\mathrm{I}}^2}{E^2 r},\quad U\sim\frac{1}{2}\frac{K_{\mathrm{I}}^2}{Er} \tag{4.5.1}$$

式中，ρ 为材料质量密度；E 为弹性模量。

式(4.5.1)的两式相除，得到

$$\frac{T}{U}\sim\frac{\rho v^2}{E} \tag{4.5.2}$$

式(4.5.2)与 r 无关，说明当裂纹速度小于 1/3 弹性波速 $c_0=\sqrt{E/\rho}$ 时，惯性效应不再重要。

4.5.1 动态裂纹定常扩展

考虑一个弹性固体二维平面应变条件下的扩展裂纹，裂纹尖端以常速 v 移动，且物体的形状和外力分布与时间无关，并可以持续很长时间。典型的动态裂纹定常扩展分析条件为物体具有无限边界或具有一个与裂纹平行的直边界。在这些条件下，可以求得一个边界值问题的定常解，定常假设使问题的独立变量从三个(x, y, t)减少到两个(ξ, y)，分析也相对简化。但裂纹扩展过程中，一些有意义的物理现象在这种方法中有所忽略，所以对这些解的评价必须恰当。

一个平面形变固体 Oxy 平面内，裂纹位于 $y=0$ 平面。裂纹尖端以常速 v 沿 x 方向延伸扩展。不失一般性，假设 $t=0$ 时刻，裂纹尖端位于 $x=0$ 处，令 $f(x,y,t)$ 表示任意一个场，若此场属于定常解，则有

$$f(x,y,t)=f(\xi,y) \tag{4.5.3}$$

式中，$\xi=x-vt$，坐标(ξ, y)以速度 v 沿 x 或者 ξ 方向移动。由式(4.5.3)可以得到如下性质：

$$\frac{\partial f(x,y,t)}{\partial x}=\frac{\partial f(\xi,y)}{\partial \xi}, \quad \frac{\partial f(x,y,t)}{\partial t}=-v\frac{\partial f(\xi,y)}{\partial \xi} \tag{4.5.4}$$

基本场量可以用两个位移势函数 $\phi(\xi,y)$ 和 $\psi(\xi,y)$ 来表示。对于准静态情况，有

$$\alpha_{\mathrm{d}}^2\frac{\partial^2\phi}{\partial\xi^2}+\frac{\partial^2\phi}{\partial y^2}=0, \quad \alpha_{\mathrm{s}}^2\frac{\partial^2\psi}{\partial\xi^2}+\frac{\partial^2\psi}{\partial y^2}=0 \tag{4.5.5}$$

在 $O\xi y$ 平面，有

$$\alpha_{\mathrm{d}}=\sqrt{1-\frac{v^2}{c_{\mathrm{d}}^2}}, \quad \alpha_{\mathrm{s}}=\sqrt{1-\frac{v^2}{c_{\mathrm{s}}^2}} \tag{4.5.6}$$

方程(4.5.5)的一般解为

$$\phi(\xi,y)=\mathrm{Re}\left[F(\zeta_{\mathrm{d}})\right], \quad \psi(\xi,y)=\mathrm{Im}\left[G(\zeta_{\mathrm{s}})\right] \tag{4.5.7}$$

式中，函数 F、G 在物体内部区域为解析函数，由边界条件来求解：

$$\zeta_{\mathrm{d}}=\xi+\mathrm{i}\alpha_{\mathrm{d}}y, \quad \zeta_{\mathrm{s}}=\xi+\mathrm{i}\alpha_{\mathrm{s}}y$$

对于Ⅰ型和Ⅱ型形变问题，式(4.5.7)为

$$\begin{cases}\phi(\xi,-y)=\phi(\xi,y), & \psi(\xi,-y)=-\psi(\xi,y), \quad \text{Ⅰ型形变}\\ \phi(\xi,-y)=-\phi(\xi,y), & \psi(\xi,-y)=\psi(\xi,y), \quad \text{Ⅱ型形变}\end{cases} \tag{4.5.8}$$

利用式(4.5.8)的对称性，得

$$F(\bar{\zeta})=\pm\overline{F(\zeta)}, \quad G(\bar{\zeta})=\pm\overline{G(\zeta)} \tag{4.5.9}$$

式中，“+”表示适用于Ⅰ型；“−”表示适用于Ⅱ型；上划线“¯”表示共轭。

利用两个未知函数 F 和 G，位移和应力可以分别表示为

$$u_y(\xi,y)=-\mathrm{Im}[\alpha_{\mathrm{d}}F'(\zeta_{\mathrm{d}})+G'(\zeta_{\mathrm{s}})] \tag{4.5.10}$$

$$\begin{aligned}\sigma_{yy}(\xi,y)&=-\mu\,\mathrm{Re}[(1+\alpha_{\mathrm{s}}^2)F''(\zeta_{\mathrm{d}})+2\alpha_{\mathrm{s}}G''(\zeta_{\mathrm{s}})]\\ \sigma_{xy}(\xi,y)&=-\mu\,\mathrm{Im}[2\alpha_{\mathrm{d}}F''(\zeta_{\mathrm{d}})+(1+\alpha_{\mathrm{s}}^2)G''(\zeta_{\mathrm{s}})]\end{aligned} \tag{4.5.11}$$

利用这些结果，可以得到一些具有代表性的准静态裂纹扩展问题的解。

4.5.2　裂纹面上集中剪切力

考虑一个平面应变情况下沿 $y=0$，$\xi<0$ 半无限裂纹，裂纹前沿在 $\xi=0$，以速度 v 沿 ξ 方向在无界固体内扩展。假设无穷远处无任何外界力，裂纹表面在离裂纹尖端 l 处受一对表面切向剪切力的作用，剪切载荷点随着裂纹表面以同样的速度移动。这个问题具有Ⅱ型形变场的对称性，如图 4.5.1 所示，下面求解准静态解。

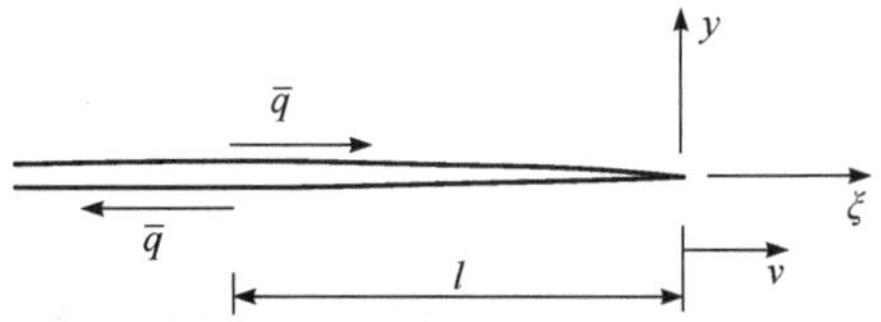

图 4.5.1　定常扩展Ⅱ型裂纹

根据应力分量，边界条件为

$$\sigma_{xy}(\xi,\pm 0)=-\bar{q}\delta(\xi+l),\quad \sigma_{yy}(\xi,\pm 0)=0 \tag{4.5.12}$$

相对离裂纹尖端 l 长度处的点，在无穷远处的应力消失。存在两个解析函数变量式(4.5.7)的一般解，这两个函数同样以 F 或 G 表示。结合边界条件 (4.5.12)，有

$$\begin{aligned}&(1+\alpha_{\mathrm{s}}^2)[F_+''(\xi)-F_-''(\xi)]+2\alpha_{\mathrm{s}}[G_+''(\xi)-G_-''(\xi)]=0\\ &2\alpha_{\mathrm{d}}[F_+''(\xi)+F_-''(\xi)]+(1+\alpha_{\mathrm{s}}^2)[G_+''(\xi)+G_-''(\xi)]=\frac{2\mathrm{i}\bar{q}\delta(\xi+l)}{\mu}\end{aligned} \tag{4.5.13}$$

式(4.5.13)已经利用了Ⅱ型形变的对称性性质式(4.5.9)。方程(4.5.13)的第一个方程在整个物体内有

$$G''(\xi)=-\frac{1+\alpha_{\mathrm{s}}^2}{2\alpha_{\mathrm{s}}}F''(\xi) \tag{4.5.14}$$

利用式(4.5.14)可以消除式(4.5.13)第二式中的函数 G，得到

$$F''_{+}(\xi)+F''_{-}(\xi)=\frac{4\mathrm{i}\alpha_{\mathrm{s}}}{D}\frac{\overline{q}}{\mu}\delta(\xi+l),\quad -\infty<\xi<0 \tag{4.5.15}$$

式(4.5.15)具有物理意义的解为

$$F''(\xi)=-\frac{2\mathrm{i}\alpha_{\mathrm{s}}\sqrt{l}}{\pi D\sqrt{\xi}(\xi+l)}\frac{\overline{q}}{\mu} \tag{4.5.16}$$

随着在体内区域 $F''(\xi)$ 的确定，$G''(\xi)$ 也可以相应的通过式(4.5.14)求得。剪应力分布 $\sigma_{xy}(\xi,0)$ 在裂纹尖端 $\xi>0$ 的延长线上，表达式为

$$\sigma_{xy}(\xi,0)=\frac{\overline{q}\sqrt{l}}{\pi\sqrt{\xi}(\xi+l)} \tag{4.5.17}$$

则Ⅱ型应力强度因子为

$$K_{\mathrm{II}}=\lim_{\xi\to0^{+}}\sqrt{2\pi\xi}\,\sigma_{xy}(\xi,0)=\overline{q}\sqrt{\frac{2}{\pi l}} \tag{4.5.18}$$

同样，应力强度因子与裂纹速度 v 无关。

4.5.3 黏结区模型与 Broberg 问题

1. 黏结区模型

利用弹性动力学模型对尖锐裂纹扩展的研究发现，裂纹尖端处应力奇异。黏结区模型提供了一个简单且有效的方法，可以检测裂纹尖端材料响应偏离线性的范围。

黏结区模型的主要思想是针对平面应变Ⅰ型扩展裂纹。当拉伸裂纹在某载荷下扩展时，建立围绕裂纹前沿的应力强度因子场，这种应力强度因子称为外加应力强度因子 K_{Ia}。为了模拟材料线弹性范围外的反应，在裂纹尖端 $x_1=l(t)$ 后，裂纹张开受到一种分布在 $-\varLambda<\xi<0$ 范围的黏结力阻止，$\xi=x_1-l(t)$，$\sigma(\xi)$ 作用在裂纹两个面上。黏结力在 $\xi=0$ 处产生了一个负的应力强度因子 K_{IC}。对于一个给定的黏结应力，整个应力强度因子为 $K_{\mathrm{Ia}}+K_{\mathrm{IC}}=K_{\mathrm{I}}$。可以通过选择黏结区长度 $\varLambda$ 来满足 $K_{\mathrm{I}}=0$，使整个应力奇异性消失。

由式(4.5.18)所表示的Ⅱ型裂纹的解，可以得到相应Ⅰ型裂纹的解，只需要将集中剪切力换成集中压力 $\overline{p}$ 即可。由式(4.5.17)可以得到

$$\sigma_{yy}(\xi,0)=\frac{\overline{p}\sqrt{l}}{\pi\sqrt{\xi}(\xi+l)} \tag{4.5.19}$$

式(4.5.19)为裂纹线 $\xi>0$ 的正应力分布，其中 $\overline{p}$ 为作用在 $\xi=-l$ 处使裂纹张开的集中力大小。相应的应力强度因子为

$$K_{\mathrm{I}}=\bar{p}\sqrt{\frac{2}{\pi l}} \tag{4.5.20}$$

由于黏结应力的作用，总的应力强度因子可以通过叠加方法求得。首先将式(4.5.19)中的集中力 $\bar{p}$ 换成黏结应力 $-\sigma(l)$，分布在一个无限小区域 $\xi=-l$ 到 $\xi=-(l+\mathrm{d}l)$ 上，然后通过 $0<l<\varLambda$ 积分，得到

$$K_{\mathrm{IC}}=-\sqrt{\frac{2}{\pi}}\int_0^{\varLambda}\frac{\sigma(l)}{\sqrt{l}}\mathrm{d}l \tag{4.5.21}$$

对于给定的 $\sigma(l)$，选择 $\varLambda$ 来满足：

$$K_{\mathrm{Ia}}=\sqrt{\frac{2}{\pi}}\int_0^{\varLambda}\frac{\sigma(l)}{\sqrt{l}}\mathrm{d}l \tag{4.5.22}$$

从而使 $K_{\mathrm{I}}=0$ 且整个应力奇异性消除。

为了进一步阐述黏结区思想，对黏结区应力必须给出特定的形式，用均匀黏结应力来代替理想弹塑性薄板在受拉状态下，裂纹尖端附近塑性区的应力。假设黏结应力为理想塑性材料的拉伸流动应力 σ_0，由式(4.5.22)可知，在 y=0 平面上的力将小于等于 σ_0，$\varLambda$ 为

$$\varLambda=\frac{\pi}{8}\left(\frac{K_{\mathrm{Ia}}}{\sigma_0}\right)^2 \tag{4.5.23}$$

正如量纲分析所预期的那样，裂纹尖端非弹性区尺寸利用长度参数 $(K_{\mathrm{I}}/\sigma_0)^2$ 来度量。当 $\varLambda$ 一定时，裂纹线载荷也完全确定，且可推论出解的其他特性。必须注意的是，物理裂纹尖端位于 $\xi=-\varLambda$ 处，而不是 $\xi=0$ 处，而裂纹尖端位于 $\xi=0$ 只是一种简单的数学方法。

2. Broberg 问题

在均匀拉应力场作用下，裂纹从长度为零开始扩展的问题，属于自相似问题，下面讨论解决自相似问题的方法。对于自相似动态裂纹扩展，微分方程、边界条件及初始条件都是线性的，因此任何应力分量均可以表示为

$$\sigma_{ij}(x,y,t)=\sigma_{\infty}f_{ij}(x,y,t) \tag{4.5.24}$$

式中，f_{ij} 为无量纲化函数。

式(4.5.24)不包含任何特征长度及特征时间，裂纹长度用时间 t 来度量，所以也不是特征长度，f 是依赖于(x,y,t)的无量纲组合，即有

$$f_{ij}(x,y,t)=\bar{f}_{ij}\left(\frac{ct}{x},\frac{ct}{y}\right) \tag{4.5.25}$$

式中，c 为波速；f_{ij} 为一个零自由度的均匀函数。具有这种性质的边值问题解称为均匀解，所描述的场称为自相似场。

假设 $f(x,y,t)$ 是一个均匀函数，且 f 是一个具有特征波速 c 的波函数，则

$$\frac{\partial^2 f}{\partial x^2}+\frac{\partial^2 f}{\partial y^2}-\frac{1}{c^2}\frac{\partial^2 f}{\partial t^2}=0 \tag{4.5.26}$$

选择两个独立简化的变量，即

$$f(x,y,t)=\hat{f}(\xi,\theta) \tag{4.5.27}$$

其中，

$$\xi=\frac{ct}{r},\quad \theta=\arctan\frac{y}{x},\quad r=\sqrt{x^2+y^2} \tag{4.5.28}$$

则有(为了书写简单，以下省略 $\hat{f}$ 上面的 ∧)

$$(\xi^2-1)\frac{\partial^2 f}{\partial \xi^2}+\xi\frac{\partial f}{\partial \xi}+\frac{\partial^2 f}{\partial \theta^2}=0 \tag{4.5.29}$$

式(4.5.29)的解可以写为

$$f=\mathrm{Re}\left[F_2(\zeta)\right],\quad \zeta=\frac{x}{r^2}t+\mathrm{i}\frac{y}{r^2}\sqrt{t^2-\frac{r^2}{c^2}},\quad ct/r>1 \tag{4.5.30}$$

式中，F_2 为在 $y>0$ 及 $y<0$ 时的 ζ 的解析函数。

引入坐标(x,y)到平面应变问题中，裂纹扩展沿 $y=0$ 的平面，在 $t=0$ 时刻，裂纹开始对称地从零初始长度向两侧扩展，每个裂纹尖端则以速度 v (小于瑞利波)移动。以后任一时间，裂纹占据 $-vt<x<vt$ 。两个裂纹面受到均匀压缩正应力 σ_∞ ，裂纹面上的剪应力为零，物体上无其他载荷。在 $t\leqslant 0$ 时，材料静止且应力自由，这样位移势 ϕ 及 ψ 满足波动方程：

$$\frac{\partial^2 \phi}{\partial x^2}+\frac{\partial^2 \phi}{\partial y^2}-\frac{1}{c_{\mathrm{d}}^2}\frac{\partial^2 \phi}{\partial t^2}=0,\quad \frac{\partial^2 \psi}{\partial x^2}+\frac{\partial^2 \psi}{\partial y^2}-\frac{1}{c_{\mathrm{s}}^2}\frac{\partial^2 \psi}{\partial t^2}=0 \tag{4.5.31}$$

并满足边界条件

$$\sigma_{yy}(x,0^{\pm},t)=-\sigma_\infty,\quad \sigma_{xy}(x,0^{\pm},t)=0,\quad |x|<vt \tag{4.5.32}$$

这些解相对 x 轴具有 I 场对称性，即

$$u_x(x,-y,t)=u_x(x,y,t),\quad u_y(x,-y,t)=-u_y(x,y,t) \tag{4.5.33}$$

平面内应力分量可以利用位移势表示为

$$\begin{aligned}
\frac{\sigma_{xx}}{\mu} &= \frac{c_{\mathrm{d}}^2}{c_{\mathrm{s}}^2}\frac{\partial^2\phi}{\partial x^2} + \left(\frac{c_{\mathrm{d}}^2}{c_{\mathrm{s}}^2} - 2\right)\frac{\partial^2\phi}{\partial y^2} + 2\frac{\partial^2\psi}{\partial x\partial y} \\
\frac{\sigma_{yy}}{\mu} &= \left(\frac{c_{\mathrm{d}}^2}{c_{\mathrm{s}}^2} - 2\right)\frac{\partial^2\phi}{\partial x^2} + \frac{c_{\mathrm{d}}^2}{c_{\mathrm{s}}^2}\frac{\partial^2\phi}{\partial y^2} - 2\frac{\partial^2\psi}{\partial x\partial y} \\
\frac{\sigma_{xy}}{\mu} &= 2\frac{\partial^2\phi}{\partial x\partial y} + \frac{\partial^2\psi}{\partial y^2} - \frac{\partial^2\psi}{\partial x^2}
\end{aligned} \tag{4.5.34}$$

式中，μ 为弹性剪切模量，粒子的速度分量为

$$\dot{u}_x = \frac{\partial^2\phi}{\partial x\partial t} + \frac{\partial^2\psi}{\partial y\partial t}, \quad \dot{u}_y = \frac{\partial^2\phi}{\partial y\partial t} - \frac{\partial^2\psi}{\partial x\partial t} \tag{4.5.35}$$

方程(4.5.34)左边为零自由度均匀函数，具有一定的对称性，则波动方程(4.5.31)的解必须保证方程(4.5.34)右边具有左边同样的性质。由上面对均匀函数及自相似的讨论可知，函数 $\partial^2\phi/\partial x^2$ 可用一个解析函数的实部表示，即 $F_{xx}(\zeta_{\mathrm{d}})$，其中，

$$\zeta_{\mathrm{d}} = \frac{x}{r^2}t + \mathrm{i}\frac{y}{r^2}\sqrt{t^2 - \frac{r^2}{c_{\mathrm{d}}^2}}, \quad \frac{c_{\mathrm{d}}t}{r} > 1 \tag{4.5.36}$$

除实轴上某些奇异点，其余点在 ζ_{d} 平面解析。类似的有

$$\begin{aligned}
&\frac{\partial^2\phi}{\partial x^2} = \mathrm{Re}\left[F_{xx}(\zeta_{\mathrm{d}})\right], \quad \frac{\partial^2\phi}{\partial x\partial y} = \mathrm{Im}\left[F_{xy}(\zeta_{\mathrm{d}})\right], \quad \frac{\partial^2\phi}{\partial y^2} = \mathrm{Re}\left[F_{yy}(\zeta_{\mathrm{d}})\right] \\
&\frac{\partial^2\phi}{\partial x\partial y} = \mathrm{Re}\left[F_{xt}(\zeta_{\mathrm{d}})\right], \quad \frac{\partial^2\phi}{\partial y\partial t} = \mathrm{Im}\left[F_{yt}(\zeta_{\mathrm{d}})\right]
\end{aligned} \tag{4.5.37}$$

$$\begin{aligned}
&\frac{\partial^2\psi}{\partial x^2} = \mathrm{Im}\left[G_{xx}(\zeta_{\mathrm{s}})\right], \quad \frac{\partial^2\psi}{\partial x\partial y} = \mathrm{Re}\left[G_{xy}(\zeta_{\mathrm{s}})\right], \quad \frac{\partial^2\psi}{\partial y^2} = \mathrm{Im}\left[G_{yy}(\zeta_{\mathrm{s}})\right] \\
&\frac{\partial^2\psi}{\partial x\partial t} = \mathrm{Im}\left[G_{xt}(\zeta_{\mathrm{s}})\right], \quad \frac{\partial^2\psi}{\partial y\partial t} = \mathrm{Re}\left[G_{yt}(\zeta_{\mathrm{s}})\right]
\end{aligned} \tag{4.5.38}$$

其中，

$$\zeta_{\mathrm{s}} = \frac{x}{r^2}t + \mathrm{i}\frac{y}{r^2}\sqrt{t^2 - \frac{r^2}{c_{\mathrm{s}}^2}}, \quad \frac{c_{\mathrm{s}}t}{r} > 1 \tag{4.5.39}$$

裂纹平面应力场的对称性要求为

$$F_{\alpha\beta}(\bar{\zeta}_{\mathrm{d}}) = \overline{F_{\alpha\beta}(\zeta_{\mathrm{d}})}, \quad G_{\alpha\beta}(\bar{\zeta}_{\mathrm{s}}) = \overline{G_{\alpha\beta}(\zeta_{\mathrm{s}})} \tag{4.5.40}$$

函数 F_{xx}、F_{yy}、F_{xy} 及 F_{yt} 都可以根据式(4.5.37)由相同函数 ϕ 推导求得，因此它们

并非独立。由方程(4.5.37)可知，只要

$$\frac{\partial}{\partial y}\mathrm{Re}\left[F_{xx}(\zeta_{\mathrm{d}})\right]=\frac{\partial}{\partial x}\mathrm{Im}\left[F_{xy}(\zeta_{\mathrm{d}})\right] \tag{4.5.41}$$

函数 F_{xx} 和 F_{xy} 是协调的，记 $a=c_{\mathrm{d}}^{-1}$，则式(4.5.41)应该满足的条件为

$$\begin{gathered}\sqrt{a^2-\zeta^2}F'_{xx}(\zeta)=-\mathrm{i}F'_{xy}(\zeta),\quad \frac{\partial\zeta_{\mathrm{d}}}{\partial x}=-\frac{\zeta_{\mathrm{d}}\sqrt{a^2-\zeta_{\mathrm{d}}^2}}{x\sqrt{a^2-\zeta_{\mathrm{d}}^2}-y\zeta_{\mathrm{d}}}\\ \frac{\partial\zeta_{\mathrm{d}}}{\partial y}=-\frac{a^2-\zeta_{\mathrm{d}}^2}{x\sqrt{a^2-\zeta_{\mathrm{d}}^2}-y\zeta_{\mathrm{d}}}\end{gathered} \tag{4.5.42}$$

记 $b=c_{\mathrm{s}}^{-1}$，同样可以得到

$$\begin{aligned}-\mathrm{i}\sqrt{a^2-\zeta^2}F'_{xy}(\zeta)&=\zeta F'_{yy}(\zeta)=\mathrm{i}\zeta\sqrt{a^2-\zeta^2}F'_{yt}(\zeta)\\ (b^2-\zeta^2)G'_{xx}(\zeta)&=\mathrm{i}\zeta\sqrt{b^2-\zeta^2}G'_{xy}(\zeta)=\zeta^2G'_{yy}(\zeta)\\ &=-\zeta(b^2-\zeta^2)G'_{xt}(\zeta)\end{aligned} \tag{4.5.43}$$

从而得到在 $y=0$ 平面上的法向应力为

$$\sigma_{yy}=\mathrm{Re}\left[\frac{b^2}{a^2}F_{yy}(\xi)+\left(\frac{b^2}{a^2}-2\right)^2F_{xx}(\xi)-2G_{xy}(\xi)\right]_{\xi=t/x} \tag{4.5.44}$$

利用波前 $r=c_{\mathrm{d}}t$ 处应力连续，对于 $x=t/a=c_{\mathrm{d}}t$，有 $\sigma_{yy}(x,0,t)=0$。结合边界条件(4.5.32)的第一式，可以得到

$$\sigma_{yy}=-\alpha\mu\frac{h}{b^2}\mathrm{Im}\left[\int_a^{t/x}\frac{R(\xi)}{(h^2-\xi^2)^{3/2}\sqrt{a^2-\xi^2}}\mathrm{d}\xi\right] \tag{4.5.45}$$

式中，

$$R(\xi)=(b^2-2\xi^2)^2+4\xi^2\sqrt{a^2-\xi^2}\sqrt{b^2-\xi^2},\quad \alpha=\frac{\sigma_\infty}{\mu}I\left(\frac{b}{h}\right) \tag{4.5.46}$$

其中，

$$\begin{gathered}\sigma_\infty=\alpha\frac{h\mu}{b^2}\int_0^\infty\frac{R(\mathrm{i}\eta)}{(h^2+\eta^2)^{3/2}\sqrt{a^2+\eta^2}}\mathrm{d}\eta\\ I\left(\frac{b}{h}\right)=\frac{b^2}{h}\left[\int_0^\infty\frac{R(\mathrm{i}\eta)}{(h^2+\eta^2)^{3/2}\sqrt{a^2+\eta^2}}\mathrm{d}\eta\right]^{-1}=I\left(\frac{v}{c_{\mathrm{s}}}\right)\end{gathered} \tag{4.5.47}$$

$I(b/h)$ 可以由数值积分求得，如图 4.5.2 所示。

当 $v/c_s \to 0$ 时，$I(b/h) \to 1-v$。动态应力强度因子为

$$K_{\mathrm{I}}(t,v) = \lim_{x \to vt^+} \sigma_{yy}(x,0,t)\sqrt{2\pi(x-vt)} = -\frac{I(b/h)R(h)}{b^2 h\sqrt{h^2-a^2}}\sigma_\infty\sqrt{\pi vt} \tag{4.5.48}$$

对于裂纹总长为 l 的 I 型平衡准静态裂纹，将在 $v \to 0$，$t \to \infty$，$vt \to l/2$ 情况下所得到的应力强度因子用 K_{IO} 来表示，则 $K_{\mathrm{IO}} = \sigma_\infty\sqrt{\pi l/2}$，从而得到无量纲化比值为

$$\frac{K_{\mathrm{I}}(t,v)}{K_{\mathrm{IO}}} = -\frac{I(b/h)R(h)}{b^2 h\sqrt{h^2-a^2}} \tag{4.5.49}$$

式(4.5.49)表明，惯性效应在整个过程中具有影响。当 $h/b \to \infty$ 或 $v/c_s \to 0$ 时，由 $I(b/h)$ 的渐近行为可见，当 $v/c_s \to 0$ 时，$K_{\mathrm{I}}(t,v)/K_{\mathrm{IO}} \to 1$，与相应的准静态结果一致，即将 vt 认为是裂纹长 $l/2$，此比值与 v/c_s 函数关系表示在图 4.5.3 中。

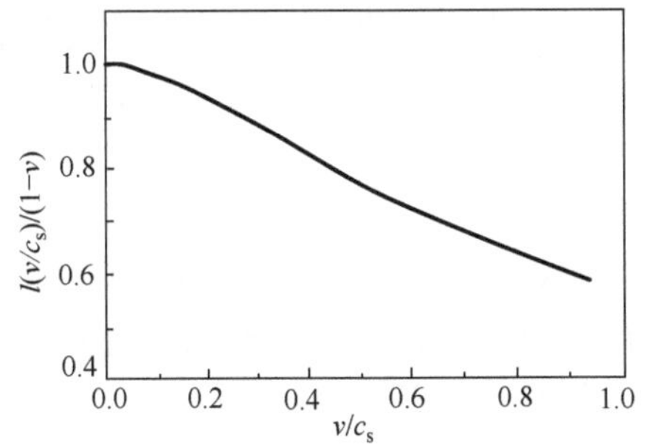

图 4.5.2　函数 $I(v/c_s)$ 曲线

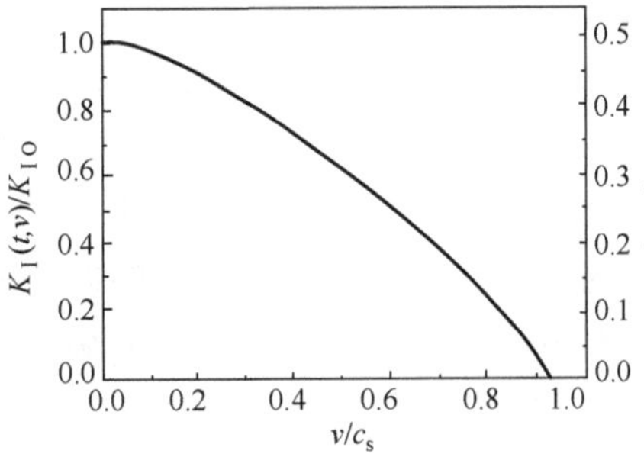

图 4.5.3　归一化的应力强度因子曲线

一旦确定了应力强度因子，就可以通过式(4.5.49)求出裂纹尖端奇异场。另一个在局部展开中对裂纹尖端场有贡献意义的是有界且非零项。当趋近裂纹尖端时，这些项被表示成 $\sigma_{ij}^{(1)}$。对于 Broberg 问题，裂纹表面受 σ_∞ 压力，$\sigma_{yy}^{(1)} = -\sigma_\infty$；表面自由而无穷远处受 σ_∞ 拉伸，$\sigma_{yy}^{(1)} = 0$，由于场的对称性，$\sigma_{yy}^{(1)} = 0$。剩下的一项 $\sigma_{xx}^{(1)}$ 为

$$\sigma_{xx}^{(1)} = -\alpha\mu\frac{h}{b^2}\mathrm{Im}\left[\int_a^{x/t}\frac{2(b^2-a^2)(b^2-2\xi^2)-R(\xi)}{(h^2-\xi^2)^{3/2}\sqrt{a^2-\xi^2}}\mathrm{d}\xi\right] \tag{4.5.50}$$

由式(4.5.50)可见，当 $t/x > h$ 时，积分为零。σ_{xx} 显然在裂纹面上是常数，这个常数即为 $\sigma_{xx}^{(1)}$，即有

$$\frac{\sigma_{xx}^{(1)}}{\mu} = -\alpha \frac{h}{b^2} \int_0^{\infty} \frac{2(b^2 - a^2)(b^2 + 2\eta^2) - R(\mathrm{i}\eta)}{(h^2 + \eta^2)^{3/2} \sqrt{a^2 + \eta^2}} \mathrm{d}\eta \tag{4.5.51}$$

在任一时刻 t，裂纹表面粒子速度为

$$\dot{u}_y(x, 0^{\pm}, t) = \mathrm{Im}\left[\frac{\alpha\zeta}{h\sqrt{h^2 - \zeta^2}}\right]_{\zeta = t/x \pm \mathrm{i}0} = \frac{\pm\alpha v}{\sqrt{1 - [x/(vt)]^2}} \tag{4.5.52}$$

裂纹表面张开位移为

$$u_y(x, 0^{\pm}, t) = \pm\alpha vt\sqrt{1 - [x/(vt)]^2}, \quad x^2 < (vt)^2 \tag{4.5.53}$$

4.5.4 外载荷作用下的裂纹扩展

1. 时间无关载荷作用下的裂纹扩展

假设弹性材料中有裂纹，材料受时间无关的表面力或体力作用，在裂纹扩展之前为一个平衡场。假设载荷增加到足够大，则裂纹开始扩展。断裂力学就是基于连续介质力学，预测裂纹扩展方式及扩展准则。本节以半无限长裂纹 I 型平面应变问题作为研究对象，利用积分变换及 Wiener-Hopf 方法，讨论裂纹突然起始扩展，并以一定速度扩展的情况。

考虑二维平面应变条件下的裂纹扩展，裂纹面位于 $y=0$ 上，裂纹前沿平行于 z 轴并沿 x 方向扩展。裂纹尖端初始位于 $x=0$ 上，在 $t=0$ 时刻以均匀速度 v 扩展。当 $t>0$ 时，裂纹尖端位置在 $x=vt$ 处。裂纹前方有被加载荷引起的应力分布，裂纹扩展过程消除这些应力分布，这样可以通过叠加方法获得一般载荷作用的完全解。

裂纹扩展前位于 $y=0$，在 $x>0$ 上的拉伸应力用 $\sigma_{yy}(x,0)=p(x)$ 表示。由于对称性，剪应力为零。裂纹前沿在 $t>0$ 时扩展 $(x=vt)$，裂纹面在 $0<x<vt$ 上受压应力 $p(x)$ 的作用，将这个结果与初始平衡场叠加，就可得到时间无关载荷作用时裂纹突然扩展问题的完全解。初始平衡解已经给出，这里只需要求出动态扩展场即可。首先对相反方向集中力作用在裂纹面固定点上的情况给出问题的基本解，然后对裂纹面任意应力分布的情况直接通过基本解叠加。

1) 基本解

当时间 $t \leqslant 0$ 时，裂纹尖端位于 $x=0$ 处，材料静止且应力自由。在时间 $t=0$ 时，裂纹尖端沿 x 正方向以速度 v 扩展。当裂纹尖端从坐标原点扩展离开时，在 $x=0$ 处留下试图分开裂纹面的集中力 $\overline{p}$，如图 4.5.4 所示。当裂纹前进时，裂纹面张开，力做功，产生动力学场，这个场为基本解。根据对称性，只需要求出半平面 $-\infty<x<\infty$，$0<y<\infty$ 的解即可。位移势 ϕ 及 ψ 满足波动方程：

$$\frac{\partial^2\phi}{\partial x^2}+\frac{\partial^2\phi}{\partial y^2}-\frac{1}{c_d^2}\frac{\partial^2\phi}{\partial t^2}=0,\quad \frac{\partial^2\psi}{\partial x^2}+\frac{\partial^2\psi}{\partial y^2}-\frac{1}{c_s^2}\frac{\partial^2\psi}{\partial t^2}=0 \tag{4.5.54}$$

边界条件为

$$\begin{cases}\sigma_{yy}(x,0,t)=-\bar{p}\delta(x)H(t), & -\infty<x\leqslant vt\\ \sigma_{xy}(x,0,t)=0, & vt<x<\infty\\ u_y(x,0,t)=0, & -\infty<x<\infty\end{cases} \tag{4.5.55}$$

式中，$\delta(x)$、$H(t)$分别代表δ函数和单位分布函数。由方程(4.5.55)第三式可知：

$$u_x(x,-y,t)=u_x(x,y,t),\quad u_y(x,-y,t)=-u_y(x,y,t) \tag{4.5.56}$$

利用位于裂纹尖端的(ξ,y)坐标变换(图 4.5.4)：

$$\xi=x-vt \tag{4.5.57}$$

位移势函数为裂纹尖端坐标系的函数，波动方程为

$$\left(1-\frac{a^2}{h^2}\right)\frac{\partial^2\phi}{\partial\xi^2}+\frac{\partial^2\phi}{\partial y^2}+\frac{2a^2}{h}\frac{\partial^2\phi}{\partial\xi\partial t}-a^2\frac{\partial^2\phi}{\partial t^2}=0 \tag{4.5.58}$$

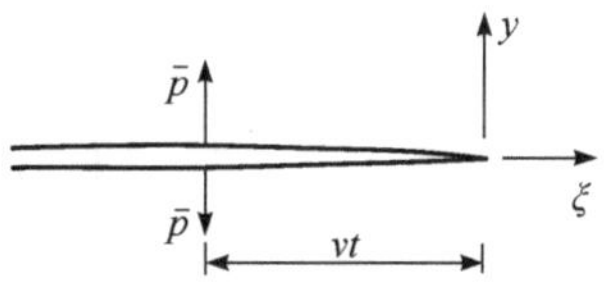

图 4.5.4　基本解描述的边界值问题示意图

式中，$a=1/c_d$，$h=1/v$。对于$\psi(\xi,y,t)$的波动方程，只需要将式(4.5.58)中的a换成$b=1/c_s$即可。

在移动坐标系中，边界条件(4.5.55)在$-\infty<\xi<\infty$区间可写为

$$\begin{gathered}\sigma_{yy}(\xi,0,t)=\sigma_+(\xi,t)-\bar{p}\delta(\xi+vt)H(t)H(-\xi)\\ \sigma_{xy}(\xi,0,t)=0,\quad u_y(\xi,0,t)=u_-(\xi,t)\end{gathered} \tag{4.5.59}$$

式中，σ_+和u_-为未知函数，它们在$-\xi\sim\xi$范围非零。鉴于此边值条件，可以利用 Wiener-Hopf 方法解决此问题，步骤基本与前面一致，仅有一些细节不同，下面只给出主要步骤。

(1) 利用拉普拉斯变换将时间的相关性压缩为

$$\hat{\phi}(\xi,y,s)=\int_0^\infty\phi(\xi,y,t)e^{-st}dt \tag{4.5.60}$$

(2) 利用双边拉普拉斯变换：

$$\Phi(\xi,y,s)=\int_{-\infty}^{\infty}\hat{\phi}(\xi,y,s)e^{-s\zeta\xi}d\xi \tag{4.5.61}$$

基于$\hat{\phi}(\xi,y,s)$远场的渐近性质，方程(4.5.61)的收敛区间为$-a_-<\mathrm{Re}(\zeta)<a_+$，其中$a_\pm=a/(1\pm a/h)$。

(3) 对波动方程(4.5.54)进行拉普拉斯变换，得到两个普通微分方程，其解为

$$\varPhi(\zeta,y,s)=s^{-3}P(\zeta)\mathrm{e}^{-s\alpha(\zeta)y},\quad \varPsi(\zeta,y,s)=s^{-3}Q(\zeta)\mathrm{e}^{-s\beta(\zeta)y} \tag{4.5.62}$$

其中,

$$\alpha(\zeta)=\sqrt{a^2-\zeta^2+a^2\frac{\zeta^2}{h^2}-2a^2\frac{\zeta}{h}},\quad \beta(\zeta)=\sqrt{b^2-\zeta^2+b^2\frac{\zeta^2}{h^2}-2b^2\frac{\zeta}{h}} \tag{4.5.63}$$

(4) 边界条件(4.5.59)变换后为

$$\begin{aligned}&\mu\left[\left(\frac{b^2}{a^2}-2\right)s^2\zeta^2\varPhi+\frac{b^2}{a^2}\frac{\mathrm{d}^2\varPhi}{\mathrm{d}y^2}-2s\zeta\frac{\mathrm{d}\varPsi}{\mathrm{d}y}\right]_{y=0^+}=\frac{\varSigma_+(\zeta)}{s}-\frac{h\overline{p}}{s(h-\zeta)}\\&\mu\left(2s\zeta\frac{\mathrm{d}\varPhi}{\mathrm{d}y}+\frac{\mathrm{d}^2\varPsi}{\mathrm{d}y^2}-s^2\zeta^2\varPsi\right)_{y=0^+}=0,\quad \left(\frac{\mathrm{d}\varPhi}{\mathrm{d}y}-s\zeta\varPsi\right)_{y=0^+}=\frac{U_-(\zeta)}{s^2}\end{aligned} \tag{4.5.64}$$

其中,

$$\varSigma_+(\zeta)=s\int_0^{\infty}\hat{\sigma}_+(\xi,s)\mathrm{e}^{-s\zeta\xi}\mathrm{d}\xi,\quad U_-(\zeta)=s^2\int_{-\infty}^{0}\hat{u}_-(\xi,s)\mathrm{e}^{-s\zeta\xi}\mathrm{d}\xi \tag{4.5.65}$$

式中，场的渐近行为在转换后为：$\varSigma_+$ 在 $\mathrm{Re}(\zeta)>-a_-$ 区间解析，U_- 在 $\mathrm{Re}(\zeta)<a_+$ 区间解析，公共解析区域为 $-a_-<\mathrm{Re}(\zeta)<a_+$ 条带区域。将式(4.5.62)代入式(4.5.64)，并消除 P 和 Q，得到

$$\frac{h\overline{p}}{\zeta-h}+\varSigma_+(\zeta)=-\frac{\mu h^2}{b^2}\frac{R(\zeta)}{\alpha(\zeta)(\zeta-h)^2}U_-(\zeta),\quad -a_-<\mathrm{Re}(\zeta)<a_+ \tag{4.5.66}$$

其中,

$$R(\zeta)=4\zeta^2\alpha(\zeta)\beta(\zeta)+\left(2\zeta^2-b^2-b^2\frac{\zeta^2}{h^2}+2b^2\frac{\zeta}{h}\right)^2 \tag{4.5.67}$$

(5) 利用 Wiener-Hopf 分解，得到

$$\varSigma_+(\zeta)=\frac{h\overline{p}}{\zeta-h}\left[\frac{F_+(h)}{F_+(\zeta)}-1\right],\quad U_-(\zeta)=-\frac{b^2}{\mu\kappa h^2}\frac{h\overline{p}}{\zeta-h}F_-(\zeta)F_+(h) \tag{4.5.68}$$

式中,

$$F_\pm(\zeta)=\frac{\alpha_\pm(\zeta)}{S_\pm(\zeta)(c_\mp\pm\zeta)},\quad \kappa=4\sqrt{\left(1-\frac{a^2}{h^2}\right)\left(1-\frac{b^2}{h^2}\right)}+\left(2-\frac{b^2}{h^2}\right)^2 \tag{4.5.69}$$

其中,

$$\alpha_{\pm}(\zeta)=\sqrt{a\pm\zeta\left(1\mp\frac{a}{h}\right)},\quad c_{\mp}=\frac{h}{hc_{\mathrm{R}}\mp1},\quad S_{\pm}(\zeta)=\exp\left[-\frac{1}{\pi}\int_{a\mp}^{b\mp}\arctan[V(\eta)]\frac{\mathrm{d}\eta}{\eta\pm\zeta}\right] \tag{4.5.70}$$

$$V(\eta)=\frac{4\eta^2\beta(\eta)|\alpha(\eta)|}{(2\eta^2-b^2-b^2\eta^2/h^2\mp2b^2\eta/h)^2} \tag{4.5.71}$$

下面讨论解的一些性质，首先给出应力强度因子。由式(4.5.69)可以看出，当$|\zeta|\to\infty$时，有$F_{\pm}(\zeta)=O(\zeta^{-1/2})$，所以$\Sigma_{+}(\zeta)=O(\zeta^{-1/2})$，这就意味着在裂纹前沿应力为平方根奇异性。

$$\lim_{\zeta\to\infty}\left[\sqrt{s\zeta}\,\frac{1}{s}\Sigma_{+}(\zeta)\right]=\lim_{\xi\to0^{+}}\left[\sqrt{\pi\xi}\,\hat{\sigma}_{+}(\xi,s)\right]=\frac{1}{\sqrt{2}}\hat{K}_{\mathrm{I}}(s,v) \tag{4.5.72}$$

式中，$\hat{K}_{\mathrm{I}}(s,v)$为应力强度因子的时间拉普拉斯变换，

$$\hat{K}_{\mathrm{I}}(s,v)=\bar{p}\sqrt{\frac{2}{vs}}k(h) \tag{4.5.73}$$

其中，

$$k(h)=\frac{1-c/h}{S_{+}(h)\sqrt{1-a/h}} \tag{4.5.74}$$

可以看出，当$v/c_{\mathrm{R}}=0$时，$k=1$；当$v/c_{\mathrm{R}}=1$时，$k=0$。对 I 型应力强度因子进行拉普拉斯反变换，则有

$$K_{\mathrm{I}}(vt,v)=\bar{p}\sqrt{\frac{2}{\pi vt}}k(v) \tag{4.5.75}$$

应力强度因子在惯性效应消失时，具有正确的形式。当vt被当作$\bar{p}$到裂纹尖端的距离l时，在平衡条件下，$v/c_{\mathrm{R}}=0$，则$K_{\mathrm{I}}=\bar{p}\sqrt{2/(\pi l)}$。整个弹性动力学场可以通过变换求得。$\Sigma_{+}(\zeta)$与$U_{-}(\zeta)$通过 Wiener-Hopf 方法求得后，函数$P(\zeta)$和$Q(\zeta)$由式(4.5.62)即可求得。对于此问题，有

$$\begin{aligned}P(\zeta)&=\frac{h\bar{p}(b^2-2\zeta^2+b^2\zeta^2/h^2-2b^2\zeta/h)F_{+}(h)}{\mu(\zeta-h)R(\zeta)F_{+}(\zeta)}\\Q(\zeta)&=\frac{2h\bar{p}\alpha(\zeta)\zeta F_{+}(h)}{\mu(\zeta-h)R(\zeta)F_{+}(\zeta)}\end{aligned} \tag{4.5.76}$$

函数$\phi(\xi,y,t)$也可以通过两次拉普拉斯变换得到

$$\phi(\xi,y,t)=\frac{1}{2\pi\mathrm{i}}\int_{s_0-\mathrm{i}\infty}^{s_0+\mathrm{i}\infty}\frac{1}{s^2}\frac{1}{2\pi\mathrm{i}}\int_{\zeta_0-\mathrm{i}\infty}^{\zeta_0+\mathrm{i}\infty}P(\zeta)\mathrm{e}^{s(t+\zeta\xi-ay)}\mathrm{d}\zeta\,\mathrm{d}s \tag{4.5.77}$$

式中，s_0 和 ζ_0 为 $-a\sim a$ 的正实数。

2) 任意初始平衡场情况

对于某一个外载作用下的 I 型裂纹，若 x 为裂纹扩展方向，则裂纹前方引起了正应力 $p(x)$。裂纹扩展主要是消除此应力分布。$t>0$ 时刻寻找一个弹性动力学解满足零应力初始条件、体内粒子速度及在新形成的裂纹面上具有正压应力 $p(x)(0<x<vt)$，这样的解与初始平衡解叠加就形成了问题的完整解。下面建立任意 $p(x)$ 形成的解。

在 $x=x'>0$ (不是 $x=0$ 处)处作用一对集中力载荷，裂纹尖端以匀速 v 从 $x=0$，$t=0$ 开始扩展，裂纹尖端在 $t=x'/v$ 时通过 x' 点。令 $\overline{p}f(x,y,t)$ 表示在基本解中任意场标量，对应修改后的问题则为 $\overline{p}f(x-x',y,t-x'/v)$。进一步假设出现在裂纹尖端后方的载荷(当裂纹尖端通过 $x=x'$ 时)不是一个集中载荷，而是一个载荷强度 $p(x')$，分布在无限小区段 $[x',x'+\mathrm{d}x']$。针对此问题，具有同样物理意义的解为 $f(x-x',y,t-x'/v)p(x')\mathrm{d}x'$。对于 $0<x<vt$ 的正应力 $p(x)$ 分布的解，可以通过下列积分得到

$$p(x)=\int_0^{vt} f\left(x-x',y,t-\frac{x'}{v}\right)p(x')\mathrm{d}x' \tag{4.5.78}$$

函数 $f(x,y,t)$ 在式(4.5.75)中必须选为 $k(v)\sqrt{2/(\pi vt)}$，对于一般载荷情况，应力强度因子为

$$K_{\mathrm{I}}(vt,v)=k(v)\sqrt{\frac{2}{\pi}}\int_0^{vt}\frac{p(x)}{\sqrt{vt-x}}\mathrm{d}x,\quad t>0 \tag{4.5.79}$$

式(4.5.79)的形式为一个普函数 $k(v)$ 乘以一个以 vt 组合与 x 及 t 相关的函数，即从 $t=0$ 开始的裂纹扩展长度。事实上，在式(4.5.79)中，因子 $k(v)$ 就是裂纹尖端在 $x=l=vt$ 及裂纹表面在 $0<x<l$ 处受压应力 $p(x)$ 情况下的平衡应力强度因子。这样动应力强度因子即为简单的普函数 $k(v)$ 乘以给定载荷和瞬时裂纹扩展量下平衡应力强度因子，即

$$K_{\mathrm{I}}(vt,v)=k(v)K_{\mathrm{I}}(vt,0) \tag{4.5.80}$$

若已知载荷 $p(x)$ 作用下的应力强度因子，则可以通过 Irwin 关系求得能量释放率为

$$G(vt,v)=\frac{1-\nu^2}{E}A_{\mathrm{I}}(v)K_{\mathrm{I}}^2(vt,v)=\frac{1-\nu^2}{E}k^2(v)A_{\mathrm{I}}(v)K_{\mathrm{I}}^2(vt,0) \tag{4.5.81}$$

式(4.5.81)可认为是相应的平衡能量释放率乘以一个普函数(裂纹尖端速度的函数) $g(v)$，即

$$G(vt,t)=g(v)G(vt,0),\quad g(v)=A_{\mathrm{I}}(v)k^2(v) \tag{4.5.82}$$

动态能量释放率也存在这样的形式，即裂纹尖端速度的普函数乘以裂纹面特殊加载且裂纹尖端在相应瞬时动态扩展长度问题的平衡能量释放率。无量纲函数 $g(v)$ 的性质为：当 $v/c_{\mathrm{R}}=0$ 时，$g=1$；当 $v/c_{\mathrm{R}}=1$ 时，$g=0$。在实际应用中，可以近似用 $g(v)=1-v/c_{\mathrm{R}}$ 来表示。

对于一般应力强度因子的结果，考虑一个扩展裂纹释放平衡应力强度因子场。若裂纹从静止开始以速度 v 运动，则有

$$p(x)=\frac{K_0}{\sqrt{2\pi x}},\quad 0<x<vt \tag{4.5.83}$$

式中，K_0 为初始平衡应力强度因子。这种情况下的动应力强度因子为

$$K_{\mathrm{I}}(vt,v)=k(v)\frac{K_0}{\pi}\int_0^{vt}\frac{\mathrm{d}x}{\sqrt{x(vt-x)}}=k(v)K_0 \tag{4.5.84}$$

裂纹以常速 v 开始扩展，当 $v/c_{\mathrm{R}}>0$，$k(v)<1$ 时，应力强度因子发生从初始值 K_0 到动态值 $k(v)K_0$ 的间断变化，应力强度因子间断下降，能量释放率在裂纹开始扩展瞬间也发生间断下降。

对于Ⅱ型情况，有

$$K_{\mathrm{II}}(vt,v)=k_{\mathrm{II}}(v)K_{\mathrm{II}}(vt,0),\quad K_{\mathrm{II}}(vt,0)=\sqrt{\frac{2}{\pi}}\int_0^{vt}\frac{q(x)}{\sqrt{vt-x}}\mathrm{d}x \tag{4.5.85}$$

式中，$k_{\mathrm{II}}(v)$ 为

$$k_{\mathrm{II}}(v)=\frac{1-v/c_{\mathrm{R}}}{S_+(v^{-1})\sqrt{1-v/c_{\mathrm{s}}}} \tag{4.5.86}$$

式中，S_+ 由式(4.5.70)所表示。

对于Ⅲ型情况，有

$$K_{\mathrm{III}}(vt,v)=\sqrt{1-v/c_{\mathrm{s}}}\,K_{\mathrm{III}}(vt,0)=k_{\mathrm{III}}(v)K_{\mathrm{III}}(vt,0) \tag{4.5.87}$$

2. 时间相关载荷作用下的裂纹扩展

前面讨论了半无限裂纹在无限大固体中受时间无关载荷作用的情况。这里将考虑同样的物理系统，但裂纹区域内的材料被假设为初始静止且应力自由。在某一瞬间 $t=0$，裂纹尖端区由于平面应力波或突然施加的均匀裂纹面载荷作用而产生应力，裂纹在一段时间后开始扩展。这样做的目的是检验该裂纹扩展过程相关的力场，这里仅考虑均匀裂纹面压力或法向突加平面应力波。

当 $t<0$ 时，材料静止且应力自由；当 $t=0$ 时，均匀法向压应力 $\bar{\sigma}$ 开始作用

在两个裂纹面上，裂纹位于$x \leqslant 0$，$y=0$平面上，沿x正方向扩展，这样Oxy平面的形变为Ⅰ型变形。裂纹尖端初始在$x=0$处，在裂纹扩展之前的精确解已经求得。裂纹尖端应力强度因子与$\bar{\sigma}$成正比，并随着$\sqrt{c_{\mathrm{d}}t}$的增大而增大。若材料强度有限，则在某时刻$t=\tau$下裂纹开始扩展。这里讨论在$t=0$时，裂纹面受突加载荷，在$t=\tau$时，裂纹以匀速v开始扩展的情况。

在任一时刻$t>\tau$，裂纹尖端位于$x=v(t-\tau)$。突加裂纹面压应力引发裂纹尖端前方瞬时应力分布，裂纹扩展的过程则是消除这些应力分布，可以通过叠加的方法得到完全解。在裂纹扩展之前，$y=0$和$x>0$的拉应力分布为

$$\sigma_{yy}(x,0)=p(x/t)=\sigma_{+}(x,t) \tag{4.5.88}$$

式(4.5.88)中特殊形式$p(x/t)$是为了说明这个函数为x及t零阶的均匀函数。由于对称性，裂纹面的剪应力为零。当$t>\tau$时，裂纹前沿位置在$x=v(t-\tau)$，且裂纹面在$0<x<v(t-\tau)$区间受压应力。假设弹性动力学裂纹扩展的解满足初始应力及形变处处为零，则这个结果与初始瞬时场叠加提供了突加裂纹压应力载荷在$-\infty<x<0$裂纹扩展问题的完全解。

1) 基本解

当突加载荷施加到裂纹面上时，在$x>0$，$y=0$处产生如式(4.5.88)所示的法向应力。裂纹在$t=\tau$时刻开始扩展，以消除此法向应力分布，即任一固定应力水平在散射场中，沿x轴以常速散射，集中应力$p(u)$从裂纹尖端$x=0$，$t>0$时以速度u运动，速度u位于 $0\sim c_{\mathrm{d}}$。集中应力施加点裂纹尖端的x坐标在时间t以速度u及$u+\mathrm{d}u$扩展时为ut及$(u+\mathrm{d}u)t$，其中$\mathrm{d}u$被理解为速度的无限小增量。对于一阶无限小增量$\mathrm{d}u$，整个面力为$p(u)t\mathrm{d}u$，作用在$x=ut$处。

对于基本解的模型，在$t \leqslant 0$时，裂纹尖端位于$x=0$，材料处处静止且应力自由。在$t=0$时刻，裂纹尖端开始沿x正轴以速度v扩展。裂纹尖端离开坐标原点后，留下一对试图分开裂纹面集中力p_0，并以速率p_1增加；在$t>0$时刻，以速度u前进。裂纹面除$x=ut$处，应力自由。裂纹扩展，裂纹面张开，力做功，产生了弹性动力学场，这个场即为基本场。由于场的对称性，只需要求出上半平面的解即可，即$-\infty<x<\infty$，$0<y<\infty$上的解。位移势ϕ及ψ满足波动方程：

$$\frac{\partial^2\phi}{\partial x^2}+\frac{\partial^2\phi}{\partial y^2}-\frac{1}{c_{\mathrm{d}}^2}\frac{\partial^2\phi}{\partial t^2}=0,\quad \frac{\partial^2\psi}{\partial x^2}+\frac{\partial^2\psi}{\partial y^2}-\frac{1}{c_{\mathrm{s}}^2}\frac{\partial^2\psi}{\partial t^2}=0 \tag{4.5.89}$$

边界条件为

$$\begin{cases}\sigma_{yy}(x,0,t)=-(p_0+p_1t)\delta(x-ut)H(t), & -\infty<x\leqslant vt \\ \sigma_{xy}(x,0,t)=0, & vt<x<\infty \\ u_y(x,0,t)=0, & -\infty<x<\infty\end{cases} \tag{4.5.90}$$

利用裂纹尖端坐标(ξ, y)，坐标转换为$\xi = x - vt$。两次拉普拉斯变换得

$$\begin{aligned}\Sigma_{yy} &= p_0 \frac{wF_+(w)}{s(\zeta - w)F_+(\zeta)} - p_1 \frac{w^2}{s^2 F_+(\zeta)}\left[\frac{F_+(w)}{\zeta - w}\right]' \\ U_y &= -p_0 \frac{wb^2 F_-(\zeta)F_+(w)}{s^2 \mu\kappa h^2(\zeta - w)} + p_1 \frac{w^2 b^2 F_-(\zeta)}{s^3 \mu\kappa h^2}\left[\frac{F_+(w)}{\zeta - w}\right]'\end{aligned} \tag{4.5.91}$$

式中，$w = 1/(v-u)$，其他参数与式(4.5.68)～式(4.5.72)一致。

基本解的应力强度因子最有价值，$K_{\mathrm{I}}(s)$的拉普拉斯变换可以由$\Sigma_{yy}(\zeta, 0, s)$，当$\zeta \to \infty$时的渐近行为确定，即有

$$K_{\mathrm{I}}(t) = p_0 \sqrt{\frac{2}{\pi}} \frac{wF_+(w)}{\sqrt{1 - a/h}} t^{-1/2} - 2p_1 \sqrt{\frac{2}{\pi}} \frac{w^2 F_+'(w)}{\sqrt{1 - a/h}} t^{1/2} \tag{4.5.92}$$

若集中载荷的时间相关性表示为更一般的形式，即$p_0 + p_1 t + p_2 t^2 + \cdots$，则应力强度因子可以表示为$t$的更高阶项，系数为$F_+(w)$的更高阶导数。

2) 任一延迟时间情况

令$p_0 f_0(\xi, y, t, u) + p_1 f_1(\xi, y, t, u)$代表基本解的任一情况，如应力分量或位移分量。由问题的线性可以看出解的一部分将一直与p_0成正比，另一部分与p_1成正比。解与加载点速度u的关系为显式关系。考虑与时间无关载荷作用下的裂纹扩展同样的问题，只是裂纹在$t = \tau$时刻开始扩展，而不是$t = 0$时刻。集中载荷仍然是在裂纹开始扩展的一瞬间出现在裂纹面$x = 0$处。修改后问题的解为$p_0 f_0(\xi, y, t-\tau, u) + p_1(t-\tau) f_1(\xi, y, t-\tau, u)$，此时$\xi = x - v(t-\tau)$。进一步假设集中载荷是当裂纹尖端通过点$x = x'$，而不是$x = 0$时出现在裂纹面上，裂纹尖端仍然是在$t = \tau$时刻，从$x = 0$处开始扩展，则解为

$$x(\tau) = p_0 f_0(\xi, y, t - \tau - x'/v, u) + p_1(t - \tau - x'/v) f_1(\xi, y, t - \tau - x'/v, u) \tag{4.5.93}$$

为了建立应力$p(x/t)$在裂纹面情况的解，x'/u选为$t' = v\tau/(v-u) = w\tau/h$，$p_0 = t'p(u)\mathrm{d}u$，$p_1 = p(u)\mathrm{d}u$，则移动裂纹面载荷为

$$p(x/t) = f_0(\xi, y, t-t', u)p(u)\mathrm{d}u + (t-t')f_1(\xi, y, t-t', u)p(u)\mathrm{d}u \tag{4.5.94}$$

完全解可以通过u的适当范围叠加得到。假设u为应力$p(u)$从静止裂纹尖端开始移动的速度，则u的范围为 0～x/t，在$x = 0$，$t = \tau$及$x = v(t-\tau)$，$t = \tau$即$0 \leqslant u \leqslant v(t-\tau)/t$。因此，解为

$$x(t) = \int_0^{v(t-\tau)/t} \left[f_0(\xi, y, t-t', u)p(u) + (t-t')f_1(\xi, y, t-t', u)p(u)\right]\mathrm{d}u \tag{4.5.95}$$

式(4.5.95)可用来求解移动裂纹问题的应力强度因子，即裂纹尖端在$x = v(t-\tau)$

处，压应力 $p(x/t)$ 作用在裂纹表面。假设式(4.5.95)中不同函数通过 $w=1/(v-u)$ 与 u 关联，则可以对 w 进行积分。积分变量从 u 到 w，并利用关系 $\mathrm{d}u=\mathrm{d}w/w^2$ 。w 的范围为 $h<w<\bar{h}$ ，$\bar{h}=ht/\tau$ ，从而得到

$$K_{\mathrm{I}}(t)=-2\sqrt{\frac{2\tau}{\pi(h-a)}}\int_h^{\bar{h}}\left[F_+(w)\sqrt{\bar{h}-w}\right]'p(w)\mathrm{d}w \tag{4.5.96}$$

式中，$p(u)$ 已用 $p(w)$ 代替，对式(4.5.96)积分可以求出。但必须注意 $p(w)$ 的奇异点在 $w=h(u=0)$ 及积分因子在 $w=\bar{h}$ 处奇异。

由前面的解，$p(w)$ 可以表示为

$$p(w)=\frac{\bar{\sigma}}{\pi}\int_a^{wh/(w-h)}\mathrm{Im}\left[\frac{F_+^0(0)}{\eta F_+^0(-\eta)}\right]\mathrm{d}\eta \tag{4.5.97}$$

式中，F_+^0 的上标“0”是为了区别静止裂纹问题及同样字母表示的函数。它们之间的联系可以写为

$$\lim_{v\to 0}F_+(\zeta)=F_+^0(\zeta),\quad \lim_{v\to 0}\alpha_+(\zeta)=\alpha_+^0(\zeta) \tag{4.5.98}$$

$$S_+(w)=\frac{S_-^0(u^{-1})}{S_-^0(v^{-1})},\quad w=\frac{1}{v-u},\quad F_+(w)=\mathrm{i}k(h)\sqrt{\frac{h-a}{w-h}}F_+^0\left(\frac{-wh}{w-h}\right) \tag{4.5.99}$$

式中，$k(h)$ 为裂纹速度的普函数。

通过特定的技巧，得到移动裂纹问题的应力强度因子为

$$K_{\mathrm{I}}(t,v)=2\bar{\sigma}k(v)\sqrt{\frac{2}{\pi}}\left[\frac{\sqrt{c_{\mathrm{d}}t(1-2\upsilon)/2}}{1-\upsilon}-\sqrt{v(t-\tau)}\right],\quad t\geqslant\tau \tag{4.5.100}$$

当 $0<t<\tau$ 时，式(4.5.100)为静止情况的应力强度因子。

4.5.5 对称扩展剪切裂纹与Ⅱ型超剪切波扩展裂纹

1. 对称扩展剪切裂纹

对于一个在平面内剪切自相似扩展有限长裂纹问题，可以利用 Broberg 问题的方法求解。假设 $t\leqslant 0$ 时，材料为静止且应力自由，$t=0$ 时，裂纹从零初始长度开始对称扩展，每个裂纹尖端速度为小于瑞利波速的常值 v 。在以后任一时间，裂纹则位于 $-vt<x<vt$ 上。裂纹面受到一对相反的均匀剪应力 τ_∞ 的作用，裂纹面法向应力为零，且无其他外力作用。满足波动方程的位移势 ϕ 及 ψ 必须满足边界条件：

$$\sigma_{yy}(x,0^{\pm},t)=0,\quad \sigma_{xy}(x,0^{\pm},t)=-\tau_\infty,\quad |x|<vt \tag{4.5.101}$$

位移具有的对称条件为

$$u_x(x,-y,t)=-u_x(x,y,t),\quad u_y(x,-y,t)=u_y(x,y,t) \tag{4.5.102}$$

与 Broberg 问题相似，利用Ⅱ型对称性，位移势的二阶导数可以用解析函数表示为

$$\begin{aligned}&\frac{\partial^2\phi}{\partial x^2}=\mathrm{Im}\left[F_{xx}(\zeta_\mathrm{d})\right],\quad \frac{\partial^2\phi}{\partial x\partial y}=\mathrm{Re}\left[F_{xy}(\zeta_\mathrm{d})\right],\quad \frac{\partial^2\phi}{\partial y^2}=\mathrm{Im}\left[F_{yy}(\zeta_\mathrm{d})\right]\\&\frac{\partial^2\phi}{\partial x\partial t}=\mathrm{Im}\left[F_{xt}(\zeta_\mathrm{d})\right],\quad \frac{\partial^2\phi}{\partial y\partial t}=\mathrm{Re}\left[F_{yt}(\zeta_\mathrm{d})\right]\end{aligned} \tag{4.5.103}$$

$$\begin{aligned}&\frac{\partial^2\psi}{\partial x^2}=\mathrm{Re}\left[G_{xx}(\zeta_\mathrm{s})\right],\quad \frac{\partial^2\psi}{\partial x\partial y}=\mathrm{Im}\left[G_{xy}(\zeta_\mathrm{s})\right],\quad \frac{\partial^2\psi}{\partial y^2}=\mathrm{Re}\left[G_{yy}(\zeta_\mathrm{s})\right]\\&\frac{\partial^2\psi}{\partial x\partial t}=\mathrm{Re}\left[G_{xt}(\zeta_\mathrm{s})\right],\quad \frac{\partial^2\psi}{\partial y\partial t}=\mathrm{Im}\left[G_{yt}(\zeta_\mathrm{s})\right]\end{aligned} \tag{4.5.104}$$

式中，ζ_d、ζ_s 在 Broberg 问题中由式(4.5.36)和式(4.5.39)给出。$F_{\alpha\beta}$ 和 $G_{\alpha\beta}$ 中只有两个独立的函数，有

$$(a^2-\zeta^2)F'_{xx}(\zeta)=\mathrm{i}\zeta\sqrt{a^2-\zeta^2}F'_{xy}(\zeta)=\zeta^2F'_{yy}(\zeta)=-\zeta(a^2-\zeta^2)F'_{xt}(\zeta) \tag{4.5.105}$$

对于 $G_{\alpha\beta}$ 也有相似的协调条件。通过以下两个函数可求得完整解，即

$$G'_{yt}(\zeta)=\frac{\beta(b^2-2\zeta^2)h}{b^2(h^2-\zeta^2)^{3/2}},\quad F'_{xt}(\zeta)=\frac{2\beta\zeta^2h}{b^2(h^2-\zeta^2)^{3/2}} \tag{4.5.106}$$

式中，β 由边界条件(4.5.101)第二式确定。在区间 $a<t/x<h$，任一点的剪应力 $\sigma_{xy}(x,0,t)$ 可表示为

$$\sigma_{xy}=-\beta\mu\frac{h}{b^2}\mathrm{Im}\left[\int_a^{t/x}\frac{R(\xi)}{(h^2-\xi^2)^{3/2}\sqrt{b^2-\xi^2}}\mathrm{d}\xi\right] \tag{4.5.107}$$

式中，β 可以由式(4.5.108)求出：

$$\frac{\tau_\infty}{\mu}=\beta\frac{h}{b^2}\int_0^\infty\frac{R(\mathrm{i}\eta)}{(h^2+\eta^2)^{3/2}\sqrt{b^2+\eta^2}}\mathrm{d}\eta \tag{4.5.108}$$

即

$$\beta=\frac{\tau_\infty}{\mu}I_{\mathrm{II}}(b/h) \tag{4.5.109}$$

式中，I_{II} 可以对式(4.5.108)数值积分得到。应力强度因子为

$$K_{\mathrm{II}}(t,v)=\lim_{x\to vt^{+}}\sigma_{xy}(x,0,t)\sqrt{2\pi(x-vt)}=-\frac{I_{\mathrm{II}}(b/h)R(h)}{b^{2}h\sqrt{h^{2}-b^{2}}}\tau_{\infty}\sqrt{\pi vt} \tag{4.5.110}$$

长度为 l 的Ⅱ型平衡准静态裂纹的应力强度因子可以通过 $v\to 0$，$t\to\infty$，即 $vt\to l/2$ 得到。该应力强度因子 $K_{\mathrm{II\,O}}=\tau_{\infty}\sqrt{\pi l/2}$ 。无量纲化比值为

$$\frac{K_{\mathrm{II}}(t,v)}{K_{\mathrm{IIO}}}=-\frac{I_{\mathrm{II}}(b/h)R(h)}{b^{2}h\sqrt{h^{2}-a^{2}}} \tag{4.5.111}$$

式(4.5.111)反映了整个过程中惯性效应的影响。当 $v/c_{\mathrm{s}}\to 0$，$K_{\mathrm{II}}(t,v)/K_{\mathrm{II\,O}}\to 1$ 时，与相应的准静态结果 $vt=l/2$ 一致。该比值 v/c_{s} 的函数关系如图 4.5.5 所示。

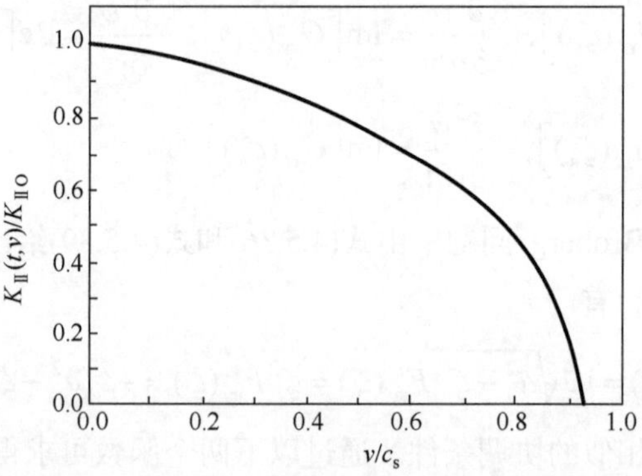

图 4.5.5 对称扩展Ⅱ型裂纹的归一化应力强度因子

当裂纹以瑞利波速扩展时，裂纹尖端剪应力奇异性消失，即当 $v/c_{\mathrm{R}}\to 1$ 时，应力强度因子为零。通过直接计算，可以得到 σ_{xy} 在裂纹前方的分布。在剪切波处，即 $x=c_{\mathrm{s}}t$ 处会出现一个剪切幅值峰值。这一特点也隐含于方程(4.5.107)中。在剪切波前沿处 σ_{xy} 幅值约为 $1.63\,\tau_{\infty}$，意味着如果滑移面的断裂阻抗较小，且裂纹快速加速到瑞利波速，裂纹就极有可能在主裂纹前方引发一个子裂纹，并参与到裂纹扩展中，使裂纹以超瑞利波速扩展。

2. Ⅱ型超剪切波扩展裂纹

根据裂纹尖端应力场的弹性动力学解，以及不同速度范围和加载方式下的能量释放率，脆性裂纹不可能以超瑞利波速扩展。对Ⅰ型裂纹，能量释放率及应力奇异性在裂纹速度大于瑞利波速时消失，这就意味着Ⅰ型裂纹不可能以超瑞利波速扩展。对于Ⅱ型裂纹的行为，与Ⅰ型裂纹在亚声速范围内非常相似，即能量释放率单调减小到瑞利波速处的零，并在瑞利波与剪切波之间也保持为零。应力奇异性在小于瑞利波时为 1/2，在瑞利波与剪切波之间则为零。但当Ⅰ、Ⅱ型裂纹

速度大于剪切波速时，则不同。在Ⅰ型裂纹中，应力奇异性为零，而在Ⅱ型裂纹中，应力奇异性变为正值，表示只有剪切裂纹在跨声速范围内具有强应力集中。对于Ⅰ型跨声速裂纹，能量释放率为零，而对于Ⅱ型跨声速裂纹，能量释放率为正值。特别是在$\sqrt{2}c_s$处，达到最大值。Ⅱ型跨声速裂纹的正能量释放率必须通过断裂黏结区的观点来理解，因为在传统的奇异模型中，超过瑞利波速后，除了Ⅱ型裂纹在$\sqrt{2}c_s$速度外，能量释放率为零。

Ⅰ型裂纹的极限速度为瑞利波速，Ⅱ型裂纹则具有瑞利波速与剪切波速之间的禁区，除了这个禁区，Ⅱ型裂纹可在亚瑞利波速及超剪切波速范围内扩展。当禁区无法超越时，Ⅱ型极限速度为瑞利波速。

判断是否存在一个机制可以控制剪切裂纹从亚瑞利波速跳到超剪切波速，在Ⅱ型裂纹中，裂纹尖端前方的剪切波速处出现一个剪应力的峰值，而在Ⅰ型裂纹中，不会出现这种现象。这个结果暗示着以Ⅱ型瑞利波速扩展的裂纹能够在主裂纹前方发生第二次断裂。这是Ⅱ型裂纹跳跃禁区的可行机制，利用一个弱滑移模型研究剪切裂纹沿一个弱界面扩展，发现剪切裂纹以瑞利波扩展确实引起了一个微裂纹或子裂纹，并以超剪切波速扩展。当载荷为很大的混合型载荷时，未出现子裂纹而以跨声速扩展。

剪切裂纹以超剪切波速扩展的证据，也由灾难性的地震现象得到证实。剪切主导的裂纹以跨声速扩展，直至纵波速，则这个裂纹是否由亚声速裂纹加速或者直接形成跨声速裂纹，这个问题可用分子动力学及连续介质力学理论方法进行研究。

1) 原子模拟结果

跨声速剪切断裂的原子模拟是基于分子动力学方法，通过对每一个原子数值积分牛顿定律$F=ma$，来预测给定原子的运动。在分子动力学模拟中，原子之间的相互作用通过连续势函数来描述。

为了考虑在线弹性各向同性体内沿弱界面扩展裂纹，考虑一个由对势描述的二维原子晶格，在进行分子动力学计算时，长度采用伦纳德-琼斯(Lennard-Jones, LJ)势为零时的原子间距，并进行无量纲化，能量则采用 LJ 势最小的势阱进行无量纲化，而质量采用原子质量。跨越弱界面的原子假设根据 LJ 势相互作用为

$$\phi(r)=4(r^{-12}-r^{-6}) \tag{4.5.112}$$

在相邻晶体内，假设原子由协调势描述，即最近的原子间，有

$$\phi(r)=\frac{1}{2}k(r-d)^2 \tag{4.5.113}$$

式(4.5.113)类似固体的球-弹簧模型。在二维情况下，这个势形成稳定的三角形晶

格，在小变形情况下具有各向同性。为了使材料跨越弱界面时保证弹性均匀，协调势的晶格及弹簧常数可以与 LJ 势相同，表示为

$$d = 2^{1/6}, \quad k = \phi''(d) = \frac{72}{2^{1/3}} \tag{4.5.114}$$

协调晶格由于最近原子线性相互作用，具有无限大断裂强度，能断开的路径只有沿界面。初始温度为零，在恒定能量下进行模拟。为了研究剪切主导裂纹，在二维上下两个平面的原子行上施加的剪切应变率为 2.5×10^{-4}，拉伸应变率为 5×10^{-5}。板的上端向上及向左移动，下端则向下及向右移动，裂纹为混合型裂纹且剪切主导。

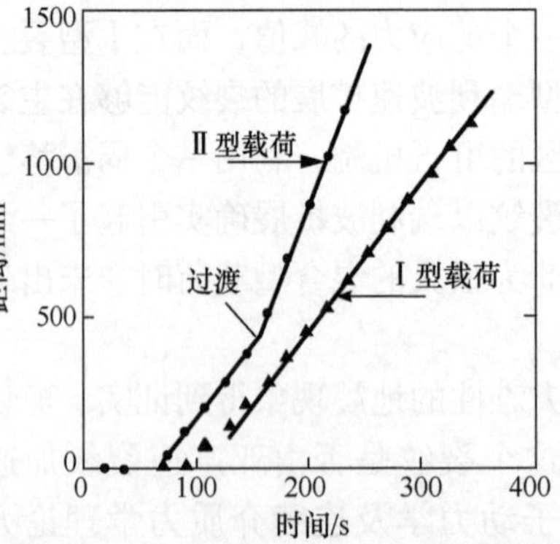

图 4.5.6　Ⅰ型和Ⅱ型载荷下裂纹速度历史

裂纹在Ⅰ型和Ⅱ型载荷作用下的速度如图 4.5.6 所示。由图可以看出，在Ⅰ型载荷作用下，裂纹传播迅速达到匀速，即裂纹尖端的距离与时间形成的函数呈直线，直线斜率为 4.83，为协调晶格的瑞利波速，表示Ⅰ型的极限速度为瑞利波速，与断裂力学经典理论一致。在Ⅱ型占主导的载荷作用下，裂纹尖端的位置，即Ⅱ型裂纹在一个临界时间起始扩展，约 65s，然后迅速达到一个均匀速度，以这种速度扩展一段时间后，裂纹尖端跳跃到一个更高的常速，由两条直线的拐点表示。第一条直线的斜率约为 4.83，为协调固体的瑞利波速，第二条直线的斜率约为 8.97，即纵波速。跳跃时间约为 140s。分支动力学模拟证实了跨声速裂纹扩展及由母裂纹-子裂纹的机制控制。子裂纹的产生并不能用临界能量释放率或临界应力强度因子来刻画，因为这两个量在瑞利波速处都为零。仅有可能的机制是母裂纹前方的有限应力峰值。

利用连续介质力学对断裂进行描述需要得知材料的性质，如弹性模量、泊松比、弹性波速、表面能、黏结强度等，这些材料参数均可以在原子模拟中精确得到。

一个二维三角形晶格与平面应力弹性板行为相似，具有的常数模量为

$$\mu = \frac{\sqrt{3}}{4}k = \frac{18\sqrt{3}}{2^{1/3}}, \quad E = \frac{2}{\sqrt{3}}k = \frac{144}{2^{1/3}\sqrt{3}}, \quad \upsilon = 1/3 \tag{4.5.115}$$

式中，μ 为剪切模量；E 为弹性模量；υ 为泊松比。

原子质量设为单位质量，则三角形晶格密度为

$$\rho = \frac{2}{2^{1/3}\sqrt{3}} \tag{4.5.116}$$

材料的纵波速、剪切波速及瑞利波速分别为

$$c_{\mathrm{d}} = \sqrt{3\frac{\mu}{\rho}} = 9, \quad c_{\mathrm{s}} = \sqrt{\frac{\mu}{\rho}} = 5.20, \quad c_{\mathrm{R}} \approx 0.93 c_{\mathrm{s}} = 4.83 \tag{4.5.117}$$

材料断裂表面能定义为裂纹扩展时断开原子键的能量。由上述分子动力学模拟可以看出，跨越界面的原子根据 LJ 势相互作用，截断距离等于 2.5。考虑所有原子的相互作用，对于每一个原子断裂过程，有 4 个原子键(2 个最近的，2 个次邻的)断开。断裂表面能定义为储存在这些键中的 1/2 能量，并可以表示为

$$\gamma = -\frac{\phi(d) + \phi(\sqrt{3}d)}{d} = 0.956 \tag{4.5.118}$$

在剪切载荷作用下，弱界面处单根原子键黏结强度定义为两个原子之间界面力达到最大值，即 $\phi''(d_{\mathrm{m}}) = 0$ 时，临界键长和单根键的黏结强度分别为

$$d_{\mathrm{m}} = (26/7)^{1/6}, \quad f_{\mathrm{m}} = \phi'(d_{\mathrm{m}}) = 24(-2d_{\mathrm{m}}^{-13} + d_{\mathrm{m}}^{-7}) = 2.396 \tag{4.5.119}$$

图 4.5.7 为当一个键达到黏结强度时的原子键结构图。平行于界面及界面法向的力平衡有

$$\begin{aligned} \tau_0 d &= f_{\mathrm{m}} \cos\theta + f_\alpha \cos\alpha - f_1 \cos\alpha_1 + f_2 \cos\alpha_2 \\ \sigma_0 d &= f_{\mathrm{m}} \sin\theta - f_\alpha \sin\alpha + f_1 \sin\alpha_1 + f_2 \sin\alpha_2 \end{aligned} \tag{4.5.120}$$

式中，τ_0 和 σ_0 分别为界面黏结极限状态下的剪应力和法向应力。不同原子键之间的力和角度如图 4.5.7 所示。

从上述方程中消除 f_α，并根据

$$\frac{d}{\sin(\theta+\alpha)} = \frac{d_{\mathrm{m}}}{\sin\alpha}, \quad \frac{2d}{\sin(\alpha+\alpha_2)} = \frac{d_2}{\sin\alpha}, \quad \frac{d}{\sin(\alpha-\alpha_1)} = \frac{d_1}{\sin\alpha} \tag{4.5.121}$$

得到

$$\tau_0 + \sigma_0 \frac{\cos\alpha}{\sin\alpha} = \frac{f_{\mathrm{m}}}{d_{\mathrm{m}}} + 2\frac{f_2}{d_1} - \frac{f_1}{d_1} \tag{4.5.122}$$

在平衡状态下，有近似关系：

$$\alpha = 60^\circ, \quad d_1 = d_2 = \sqrt{3}d, \quad f_1 = f_2 = \phi'(\sqrt{3}d) \tag{4.5.123}$$

从而得到界面的失效准则为

$$\tau_0 + \frac{\sigma_0}{\sqrt{3}} = \frac{f_{\mathrm{m}}}{d_{\mathrm{m}}} + \frac{\phi'(\sqrt{3}d)}{\sqrt{3}d} = 2.039 \tag{4.5.124}$$

由式(4.5.124)可见，剪切应力与拉伸应力在黏结失效过程中相互耦合。

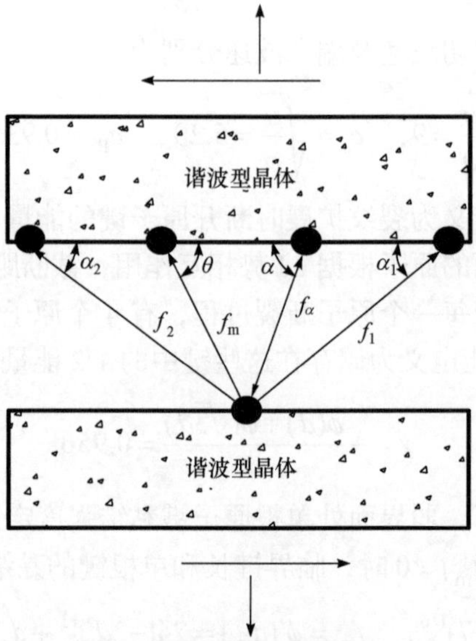

图 4.5.7　跨越界面的原子键示意图

2) 利用连续介质方法分析裂纹的起始与扩展

由分子动力学模拟可知，对于剪切主导的均匀材料中沿一个弱界面起始并扩展的问题，在动载荷作用下，裂纹初始保持静止，然后加速并以瑞利波速扩展。随着载荷的继续增大，在裂纹尖端前方的一定距离处会产生一个子裂纹。下面利用连续介质方法分析裂纹的起始与扩展问题。

平面应力固体内，一个半无限裂纹位于 x_1 负轴上，受到远处常剪切率 $\dot{\tau}_0$ 及拉伸应力率 $\dot{\sigma}_0$ 的作用，在 $t=0$ 时，初始速度为零，固体为线弹性各向同性，剪切模量为 μ，泊松比为 υ，弹性模量为 $E=2\mu(1+\upsilon)$。变形场可以分解为两个子问题的叠加，第一个是没有裂纹存在的均匀变形场，对应于剪应力率 $\dot{\tau}_0$ 及拉伸应力率 $\dot{\sigma}_0$，非零应力为

$$\sigma_{12}=\dot{\tau}_0 t, \quad \sigma_{22}=\dot{\sigma}_0 t \tag{4.5.125}$$

第二个子问题为 $\dot{\tau}_0$ 及 $\dot{\sigma}_0$ 作用在整个裂纹面上，包括裂纹扩展后形成的新裂纹面，从而消除第一个子问题中裂纹面的力，即无初始速度场，裂纹保持静止，直至临界时间 $t=t_0$，此刻满足 Griffith 准则。另外，当裂纹尖端以 c_R 速度扩展时，裂纹尖端应力非奇异，剪应力在裂纹尖端前方出现一个峰值，一旦峰值达到固体的黏结强度，就会产生子裂纹。

(1) Griffith 准则及裂纹起始。

宏观裂纹开始扩展时的临界时间 $t=t_0$，对于一个平面应力静止裂纹，在裂纹面受到远方正应力和剪应力作用的应力强度因子为

$$K_{\rm I}(t)=\frac{4}{3}\dot{\sigma}_0\sqrt{\frac{\sqrt{2-2\upsilon}(1+\upsilon)c_{\rm s}t^3}{\pi}},\quad K_{\rm II}(t)=\frac{4}{3}\dot{\tau}_0\sqrt{\frac{2(1+\upsilon)c_{\rm s}t^3}{\pi}} \tag{4.5.126}$$

相应的平面应力裂纹尖端能量释放率为

$$G=\frac{1}{E}(K_{\rm II}^2+K_{\rm I}^2)=\frac{16c_{\rm s}}{9\pi\mu}\left(\dot{\tau}_0^2+\sqrt{\frac{1-\upsilon}{2}}\dot{\sigma}_0^2\right)t^3 \tag{4.5.127}$$

Griffith 准则预测，当能量释放率达到表面能的 2 倍，即 $G=2\gamma$ 时，裂纹尖端开始扩展，裂纹起裂的临界时间为

$$t_0=\left[\frac{9\pi\mu\gamma}{8c_{\rm s}[\dot{\tau}_0^2+\sqrt{(1-\upsilon)/2}\dot{\sigma}_0^2]}\right]^{1/3} \tag{4.5.128}$$

由式(4.5.128)可见，裂纹起始时间与表面能 $\gamma^{1/3}$ 成正比，与 $\dot{\tau}_0^{2/3}$ 及 $\dot{\sigma}_0^{2/3}$ 成反比。

式(4.5.115)、式(4.5.117)和式(4.5.118)给出了弹性常数、波速及断裂表面能。在原子模拟中，利用的工程剪应变率和法向应变率分别为 $\dot{\gamma}_0=0.00025$、$\dot{\varepsilon}_0=0.00005$。相应的可以求出剪应力率 $\dot{\tau}_0$ 及拉伸应力率 $\dot{\sigma}_0$，则裂纹初始起裂时间为 $t_0=70.3\text{s}$，与分子动力学模拟中 $t_0^{\rm MD}=65\text{s}$ 基本吻合。

(2) II 型裂纹扩展分析。

裂纹在 $t=t_0$ 时刻，以 $c_{\rm R}$ 开始起始扩展，连续介质分析相当复杂。令 (x_1,x_2) 为初始静止裂纹尖端的坐标，(ξ_1,ξ_2) 为与裂纹尖端同时移动的坐标，$\xi_1=x_1-c_{\rm R}t$，$\xi_2=x_2$。由于对称性，只考虑上半平面 $x_2\geqslant 0$，在 II 型问题中边界条件为

$$\begin{cases}\sigma_{22}(x_2=0)=0, & -\infty<x_1<+\infty\\ u_1(x_2=0)=0, & \max[0,c_{\rm R}(t-t_0)]<x_1<+\infty\\ \sigma_{12}(x_2=0)=-\dot{\tau}_0 t, & -\infty<x_1\leqslant\max[0,c_{\rm R}(t-t_0)]\end{cases} \tag{4.5.129}$$

式中，$\max[0,c_{\rm R}(t-t_0)]$ 代表裂纹尖端的位置。利用动态裂纹表面载荷及裂纹扩展的瞬时动态断裂问题的方法进行求解，涉及拉普拉斯变换及 Wiener-Hopf 方法，再利用拉普拉斯反变换及 Cagniard-de Hoop 方法得到解析解。

此处仅给出子裂纹形核的剪应力，整个剪应力为均匀应力场与非均匀剪应力 τ 的叠加，即

$$\sigma_{12}(\xi_1>0,\xi_2=0)=\dot{\tau}_0 t+\tau,\quad t>t_0 \tag{4.5.130}$$

其中，

$$\tau=\frac{\dot{\tau}_0}{\pi c_{\rm s}s_+(0)\kappa_0}H\left(\frac{t-t_0}{\xi_1}-\frac{1}{c_1-c_{\rm R}}\right)\int_{1/(c_1-c_{\rm R})}^{(t-t_0)/\xi_1}\frac{\sqrt{(c_{\rm s}+c_{\rm R})r+1}}{rs_-(-r)}F_1(r)(t-\xi_1 r){\rm d}r$$
$$+\frac{\dot{\tau}_0}{\pi c_{\rm s}\kappa_0}H\left(\frac{t-t_0}{\xi_1}-\frac{1}{c_1-c_{\rm R}}\right)\int_{1/c_{\rm R}}^{+\infty}p(w)Q(w,\xi_1,t)\frac{\sqrt{(c_{\rm s}-c_{\rm R})w+1}}{s_+(w)}{\rm d}w$$
$$+\frac{\dot{\tau}_0}{\pi c_{\rm s}s_{0+}(0)}\frac{c_{\rm R}^2}{2(c_{\rm s}^{-2}-c_1^{-2})}H\left[\frac{t}{\xi_1+c_{\rm R}(t-t_0)}-\frac{1}{c_1}\right]$$
$$\times\int_{\max\{1/c_1,(t-t_0)/[\xi_1+c_{\rm R}(t-t_0)]\}}^{t/[\xi_1+c_{\rm R}(t-t_0)]}\frac{\sqrt{c_{\rm s}r+1}}{r(c_{\rm R}r+1)s_{0-}(-r)}F_2(r)[t-\xi_1 r-c_{\rm R}r(t-t_0)]{\rm d}r \tag{4.5.131}$$

式中，常数 κ_0 为瑞利波速 $c_{\rm R}$、剪切波速 $c_{\rm s}$ 及纵波速 c_1 (前面的 $c_{\rm d}$)的函数，常数 $s_{0+}(0)=s_{0-}(0)$，且有

$$\kappa_0=\frac{2}{c_{\rm R}^2}\sqrt{1-\frac{c_{\rm R}^2}{c_{\rm s}^2}}\sqrt{1-\frac{c_{\rm R}^2}{c_1^2}}\left(\frac{1}{c_{\rm s}^2-c_{\rm R}^2}+\frac{1}{c_1^2-c_{\rm R}^2}\right)-\frac{2}{c_{\rm R}^2c_{\rm s}^2}\left(2-\frac{c_{\rm R}^2}{c_{\rm s}^2}\right)$$

$$s_\pm(\pm r)=\exp\left[-\frac{1}{\pi}\int_{1/(c_1\mp c_{\rm R})}^{1/(c_{\rm s}\mp c_{\rm R})}\arctan\frac{4c_{\rm s}^4\eta^2\beta(\mp\eta)|\alpha(\mp\eta)|}{[2c_{\rm s}^2\eta^2-(c_{\rm R}\eta\pm1)^2]^2}\frac{{\rm d}\eta}{\eta+r}\right]$$
$$s_{0-}(-r)=\exp\left[-\frac{1}{\pi}\int_{1/c_1}^{1/c_{\rm s}}\arctan\frac{4c_{\rm s}^3\eta^2\sqrt{1-c_{\rm s}^2\eta^2}\sqrt{c_1^2\eta^2-1}}{c_1(2c_{\rm s}^2\eta^2-1)^2}\frac{{\rm d}\eta}{\eta+r}\right] \tag{4.5.132}$$

其中，

$$\beta(\mp\eta)=\frac{1}{c_{\rm s}}\sqrt{1\mp(c_{\rm s}-c_{\rm R})\eta}\sqrt{1\pm(c_{\rm s}-c_{\rm R})\eta}$$
$$|\alpha(\mp\eta)|=\frac{1}{c_1}\sqrt{(c_1-c_{\rm R})\eta\mp1}\sqrt{(c_1-c_{\rm R})\eta\pm1} \tag{4.5.133}$$

记

$$F_1(r)=\frac{1}{(c_{\rm R}r+1)^2(2c_{\rm R}r+1)}\left[4r^2|\alpha(-r)|-\frac{\left[2c_{\rm s}^2r^2-(c_{\rm R}r+1)^2\right]^2}{c_{\rm s}^4|\beta(-r)|}H\left(r-\frac{1}{c_{\rm s}-c_{\rm R}}\right)\right]$$
$$F_2(r)=\frac{4}{c_1}r^2\sqrt{c_1^2r^2-1}-\frac{(2c_{\rm s}^2r^2-1)^2}{c_{\rm s}^3\sqrt{c_{\rm s}^2r^2-1}}H\left(r-\frac{1}{c_{\rm s}}\right) \tag{4.5.134}$$

则可得到

$$p(w)=\frac{1}{\pi c_s s_{0+}(0)}\frac{c_R^2}{2(c_s^{-2}-c_1^{-2})}\int_{1/c_1}^{w/(wc_R-1)}\frac{\sqrt{c_s r+1}}{r(c_R r+1)s_{0-}(-r)}F_2(r)\mathrm{d}r \tag{4.5.135}$$

$$\begin{aligned}Q(w,\xi_1,t)=&\int_{\max\{1/(c_1-c_R),(t-c_R w t_0)/(\xi_1+c_R t_0)\}}^{(t-t_0)/\xi_1}\frac{\sqrt{(c_s+c_R)r+1}}{(r+w)^2 s_-(-r)}F_1(r)\left\{\left[\frac{s_+'(w)}{s_+(w)}-\frac{(c_s-c_R)/2}{(c_s-c_R)w+1}\right]\right.\\&\times\frac{r+w}{c_R(r+w)-1}[t-\xi_1 r-c_R t_0(r+w)]\\&\left.+\frac{2c_R-1}{[c_R(r+w)-1]^2}(t-t_0-\xi_1 r)-t_0\right\}\mathrm{d}r\end{aligned} \tag{4.5.136}$$

在 $t=1.5t_0$ 情况下，移动裂纹前方的剪应力分布如图 4.5.8 所示，其中剪应力利用常剪应力率 $\dot{\tau}_0$ 及初始起始时间 t_0 进行了无量纲化，距离 $\xi_1>0$ 也利用剪切波速 c_s 及 t_0 进行了无量纲化。从图中可以清楚地看到剪应力在移动裂纹尖端前方出现了一个尖锐的峰值，且发生在剪切波前沿，即 $(c_s-c_R)(t-t_0)$ 处。事实上，对于任一时间 $t>t_0$，这个峰值总会出现在剪切波前沿。基于这种结论，将 $\xi_1=(c_s-c_R)(t-t_0)$ 代入剪应力表达式中，可以求出最大峰值应力 τ_p 为

$$\begin{aligned}\tau_p=&\dot{\tau}_0 t+\frac{\dot{\tau}_0}{\pi c_s s_+(0)\kappa_0}\int_{1/(c_1-c_R)}^{1/(c_s-c_R)}\sqrt{\frac{(c_s+c_R)r+1}{rs_-(-r)}}F_1(r)[t-(c_s-c_R)r(t-t_0)]\mathrm{d}r\\&+\frac{\dot{\tau}_0}{\pi c_s\kappa_0}\int_{1/c_R}^{+\infty}p(w)Q_p(w,t)\frac{\sqrt{(c_s-c_R)w+1}}{s_+(w)}\mathrm{d}w+\frac{\dot{\tau}_0}{\pi c_s s_{0+}(0)}\frac{c_R^2}{2(c_s^{-2}-c_1^{-2})}\\&\times\int_{1/c_s}^{t/c_s(t-t_0)}\frac{\sqrt{c_s r+1}}{r(c_R r+1)s_{0-}(-r)}F_2(r)[t-c_s r(t-t_0)]\mathrm{d}r\end{aligned} \tag{4.5.137}$$

其中，

$$F_1(r)=\frac{4r^2|\alpha(-r)|}{(c_R r+1)^2(2c_R r+1)},\quad Q_p(w,t)=Q[w,(c_s-c_R)(t-t_0),t] \tag{4.5.138}$$

(3) Ⅰ型扩展裂纹分析。

对于Ⅰ型问题的解，可利用Ⅱ型裂纹扩展分析同样的方法求得。此时，$\xi_1=(c_s-c_R)(t-t_0),\xi_2=0$，在扩展裂纹尖端前方剪切波处的正应力 $\sigma=\sigma_{22}$，即

$$\begin{aligned}\sigma=&\dot{\sigma}_0 t+\frac{\dot{\sigma}_0}{\pi c_1 s_+(0)\kappa_0}\int_{1/(c_1-c_R)}^{1/(c_s-c_R)}\sqrt{\frac{(c_1+c_R)r+1}{rs_-(-r)}}F_1^{(\mathrm{I})}(r)[t-(c_s-c_R)r(t-t_0)]\mathrm{d}r\\&+\frac{\dot{\sigma}_0}{\pi c_1\kappa_0}\int_{1/c_s}^{+\infty}p^{(\mathrm{I})}(w)Q^{(\mathrm{I})}(w,t)\frac{\sqrt{(c_1-c_R)w+1}}{s_+(w)}\mathrm{d}w+\frac{\dot{\sigma}_0}{\pi c_1 s_{0+}(0)\kappa_0}\frac{c_R^2}{2(c_s^{-2}-c_1^{-2})}\end{aligned}$$

$$\times\int_{1/c_{\mathrm{s}}}^{t/c_{\mathrm{s}}(t-t_0)}\frac{\sqrt{c_1 r+1}}{r(c_{\mathrm{R}}r+1)s_{0-}(-r)}F_2^{(\mathrm{I})}(r)[t-c_{\mathrm{s}}r(t-t_0)]\mathrm{d}r \tag{4.5.139}$$

其中，

$$F_1^{(\mathrm{I})}(r)=-\frac{[2c_{\mathrm{s}}^2r^2-(c_{\mathrm{R}}r+1)^2]^2}{c_{\mathrm{s}}^4(c_{\mathrm{R}}r+1)^2(2c_{\mathrm{R}}r+1)\left|\alpha(-r)\right|}$$

$$F_2^{(\mathrm{I})}(r)=\frac{4}{c_{\mathrm{s}}}r^2\sqrt{c_{\mathrm{s}}^2r^2-1}H\left(r-\frac{1}{c_{\mathrm{s}}}\right)-\frac{c_1(2c_{\mathrm{s}}^2r^2-1)^2}{c_{\mathrm{s}}^4\sqrt{c_1^2r^2-1}}$$

$$\begin{aligned}
p^{(\mathrm{I})}(w)&=\frac{1}{\pi c_1 s_{0+}(0)}\frac{c_{\mathrm{R}}^2}{2(c_{\mathrm{s}}^{-2}-c_1^{-2})}\int_{1/c_1}^{w/(wc_{\mathrm{R}}-1)}\frac{\sqrt{c_1r+1}}{r(c_{\mathrm{R}}r+1)s_{0-}(-r)}F_2^{(\mathrm{I})}(r)\mathrm{d}r\\
Q^{(\mathrm{I})}(w,t)&=\int_{\max\left(\frac{1}{c_{\mathrm{s}}-c_{\mathrm{R}}},\frac{t-c_{\mathrm{R}}wt_0}{(c_{\mathrm{s}}-c_{\mathrm{R}})(t-t_0)+c_{\mathrm{R}}t_0}\right)}^{1/(c_{\mathrm{s}}-c_{\mathrm{R}})}\frac{\sqrt{(c_1+c_{\mathrm{R}})r+1}}{(r+w)^2s_-(-r)}F_1^{(\mathrm{I})}(r)\\
&\quad\times\left\{\left[\frac{s_+'(w)}{s_+(w)}(r+w)-\frac{(c_1-c_{\mathrm{R}})(r+w)/2}{(c_1-c_{\mathrm{R}})w+1}+\frac{2c_{\mathrm{R}}(r+w)-1}{c_{\mathrm{R}}(r+w)-1}\right]\right.\\
&\quad\left.\times\left[\frac{1-(c_{\mathrm{s}}-c_{\mathrm{R}})r}{c_{\mathrm{R}}(r+w)-1}(t-t_0)-t_0\right]+\frac{c_{\mathrm{R}}(r+w)}{c_{\mathrm{R}}(r+w)-1}t_0\right\}\mathrm{d}r
\end{aligned} \tag{4.5.140}$$

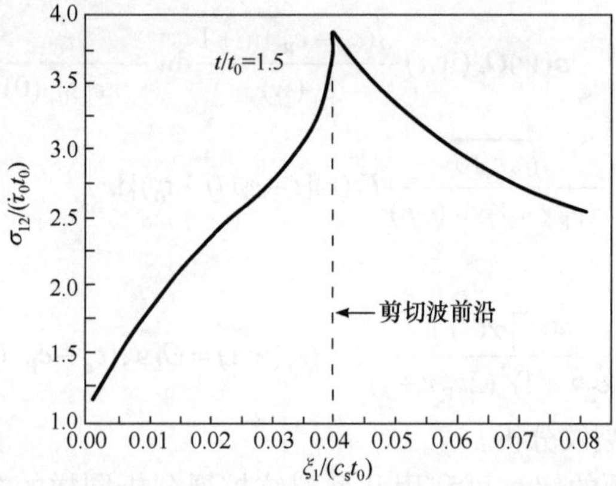

图 4.5.8 母裂纹以瑞利波速扩展时裂纹尖端前方剪应力分布

(4) 黏结强度准则及子裂纹的形核。

利用黏结强度准则式(4.5.124)决定子裂纹的形核，式(4.5.137)和式(4.5.139)中已经给出了剪切波处的最大剪应力及相应的正应力，从量纲角度分析考虑，剪应力和正应力可以写为

$$\tau_{\mathrm{p}}=\dot{\tau}_0t_0f_{\mathrm{II}}(t/t_0)\,,\quad \sigma=\dot{\sigma}_0t_0f_{\mathrm{I}}(t/t_0) \tag{4.5.141}$$

式中，f_{I}、f_{II} 为由式(4.5.137)和式(4.5.139)中求得的无量纲时间 t/t_0 的函数。将式(4.5.141)代入黏结强度准则式(4.5.135)，则可得到确定子裂纹的形核时间 t_{n} 的表达式为

$$\dot{\tau}_0 f_{\mathrm{II}}\left(\frac{t_{\mathrm{n}}}{t_0}\right)+\frac{\dot{\sigma}_0}{\sqrt{3}} f_{\mathrm{II}}\left(\frac{t_{\mathrm{n}}}{t_0}\right)=\frac{2.039}{t_0} \tag{4.5.142}$$

从而得到 $t_{\mathrm{n}}=120\mathrm{s}$，与分子动力学模拟的 $t_{\mathrm{n}}^{\mathrm{MD}}=140\mathrm{s}$ 比较接近。

子裂纹形核位置也可以进一步得到

$$\xi_{\mathrm{n}}=(c_{\mathrm{s}}-c_{\mathrm{R}})(t_{\mathrm{n}}-t_0)=18.2 \tag{4.5.143}$$

分子动力学模拟的结果为 $\xi_{\mathrm{n}}^{\mathrm{MD}}=22$，这就表明式(4.5.124)的黏结强度准则是控制子裂纹形核的依据，导致跨声速裂纹的扩展。

4.5.6 裂纹尖端超弹性区对裂纹扩展速度的影响

固体的弹性会受到变形状态的影响。例如，当达到临界失效形变时，金属呈现出软化而多聚物呈现出硬化的现象。对于弹性模量，只有在无限小变形时才能认为是常数，且线弹性关系成立。在裂纹尖端有很大的变形，大多数断裂力学模型利用线弹性的条件。大尺度的原子模拟显示，在大应变即超弹性情况下，弹性行为对动态断裂起主导作用，线弹性理论则不可能完全刻画断裂现象。裂纹尖端的超弹性效应能够在动态断裂中起主导作用，这有助于帮助理解裂纹分叉、裂纹失稳及试验计算机模拟中裂纹扩展速度的最大值偏低的现象。

在加载体中，大变形区域局限于裂纹尖端处，与试样尺寸相比很小，即使这样，裂纹尖端附近的超弹性也能够通过提高或降低局部能量流动影响裂纹扩展的极限速度。超弹性理论完全改变了经典理论中裂纹最大扩展速度。例如，经典理论认为，I 型裂纹最大极限速度为瑞利波速，II 型裂纹为纵波速(通过子裂纹形核)。在计算机模拟中，I 型超瑞利波速及 II 型超声速裂纹在超弹性状态下可以实现，这也被试验所证实。一个与裂纹尖端处能量流动相关的特征长度尺度，以至于当超弹性尺寸接近这个特征长度时，超弹性主导裂纹的动态扩展。为了模拟超弹性，协调势函数由两个弹簧常数组成，一个与小变形相关，另一个与大变形相关，以研究超弹性在一个类似真实材料中的一般特征。

1. 模型

图 4.5.9 是一个二维模拟几何图，板尺寸为 $l_x \times l_y$，裂纹在 y 方向扩展，扩展长度为 a。裂纹在一个三角六边晶格中扩展，最近的距离为沿晶格方向

$r_1 = 2^{1/6} = 1.12246$。为了避免裂纹分叉，引进一个弱断裂层，假设裂纹预计扩展的原子键在一个临界距离 r_b 处断裂，而其他位置保持不断，则断裂距离可以用来调整断裂表面能 γ。

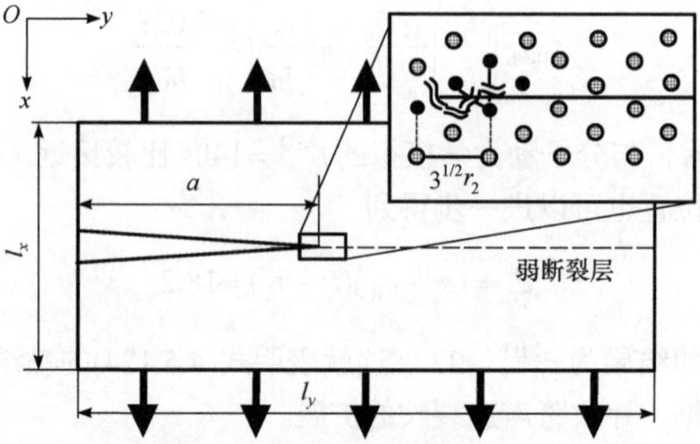

图 4.5.9 分子动力学模拟几何形状

原子键势函数定义为

$$\phi(r) = \begin{cases} k_1(r - r_1)^2 / 2, & r < r_{\text{on}} \\ \alpha_2 + k_2(r - r_2)^2 / 2, & r \geqslant r_{\text{on}} \end{cases} \tag{4.5.144}$$

式中，r_1 为平衡距离；r_{on} 为原子键势控制距离。

由连续的条件可以得到其他参数为

$$\alpha_2 = \frac{1}{2}k_1(r_{\text{on}} - r_1)^2 - \frac{1}{2}k_2(r_{\text{on}} - r_2)^2, \quad r_2 = \frac{1}{2}(r_{\text{on}} + r_1) \tag{4.5.145}$$

弹性模量为

$$E = \frac{2}{\sqrt{3}}k_1, \quad \mu = \frac{\sqrt{3}}{4}k_1 \tag{4.5.146}$$

断裂表面能 γ 定义为裂纹扩展单位长度原子键断裂所需要的能量，在纯协调势和双协调势下分别为

$$\gamma = \begin{cases} \dfrac{E_1(r_b - r_1)^2}{2r_1}, & \text{纯协调势} \\ \dfrac{2\alpha_2 + E_2(r_2 - r_b)^2}{\sqrt{3}r_1}, & \text{双协调势} \end{cases} \tag{4.5.147}$$

式中，E_1 为小变形的弹性模量；E_2 为大变形的弹性模量；r_b 为临界断裂距离。

在模拟中，采用两个弹簧常数(所有的量均为无量纲单位)：

$$k_1 = 36/\sqrt[3]{2} = 28.57, \quad k_2 = 2k_1 \tag{4.5.148}$$

在弹性硬化系统中，弹簧常数 k_1 与平衡距离 r_1 相关，而 k_2 与键拉伸 $r > r_{\text{on}}$ 相关，若 k_1、k_2 颠倒过来，即 $k_1 = 2k_2$，$k_2 = 36/\sqrt[3]{2}$，则为弹性软化系统。对于纯协调系统，只要 r_{on} 比 r_{b} 大得多，就可以实现。

泊松比几乎与密度无关，对所有势函数，取 $\upsilon = 0.33$。在硬化系统中，小变形弹性模量 $E_1 = 33$，剪切模量 $\mu_1 = 12.4$，而大变形的弹性模量 $E_2 = 66$，剪切模量 $\mu_2 = 24.8$。对于软化系统，$E_2 = 33$，$E_1 = 66$。在小变形情况下，二维原子板可以看成各向同性平面应力板。

在弹性固体中，三个物质波的波速分别为：纵波速 $c_{\text{d}} = \sqrt{3\mu/\rho}$，剪切波速 $c_{\text{s}} = \sqrt{\mu/\rho}$，瑞利波速 $c_{\text{R}} = 0.9225c_{\text{s}}$，密度为 $\rho = (2/\sqrt{3})/\sqrt[3]{2} = 0.9165$。假设原子质量为单位 1，根据 $k_2 = 2k_1$，则可推导大变形时的波速为小变形的 $\sqrt{2}$ 倍。

2. 裂纹速度及能量流动

对于协调系统，选取 $r_{\text{b}} = 1.17$，对于双协调系统，选取 $r_{\text{on}} = 1.1275$，在硬化系统中选取 $r_{\text{b}} = 1.1558$，在软化系统中选取 $r_{\text{b}} = 1.1919$。与线弹性理论预测相比，在硬化系统中裂纹扩展速度提高 20%，在软化系统中则下降 30%。整个过程保持小应变弹性常数不变，而改变大应变弹性常数，因此应该为超弹性对动态裂纹产生的影响。

利用一个基于主应变的几何准则来描述裂纹尖端附近的超弹性响应，将具有最大主应变 $\varepsilon_1 > (r_{\text{on}} - r_1)/r_1$ 的区域定义为超弹性面积。图 4.5.10(a)表示硬化材料中的超弹性面积，图 4.5.10(b)表示软化材料的超弹性面积。由图可以看出，超弹性效应高度局限于裂纹尖端周围，但对裂纹速度的影响很大，与板的尺寸无关。

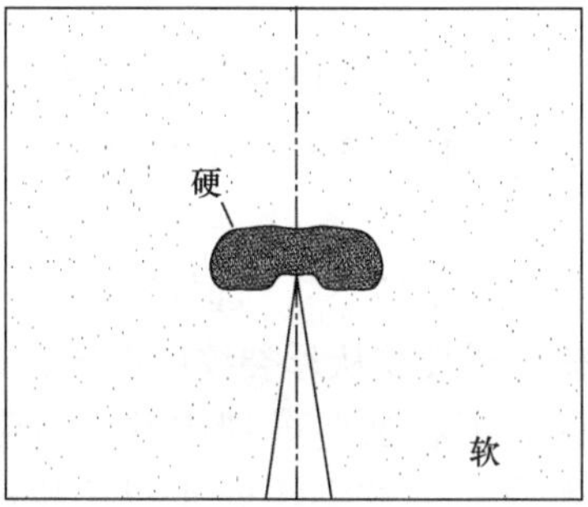

(a) 超弹性硬化

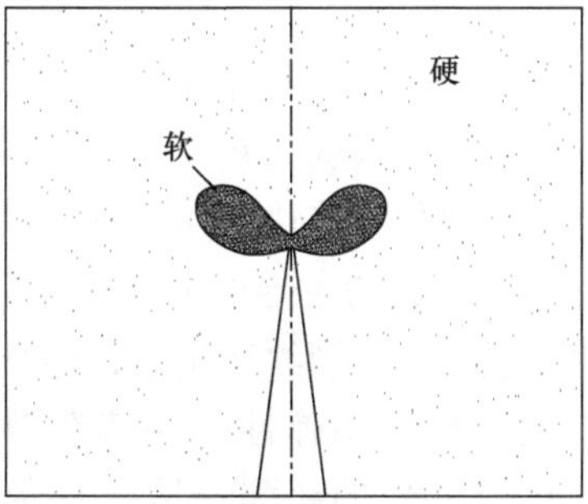

(b) 超弹性软化

图 4.5.10　裂纹尖端的超弹性区面积

材料硬化和软化时，能量流动发生变化，硬化双线性系统中裂纹附近的能量流动增大，软化系统中能量流动减小。在软化情况下，裂纹前方的能量流动几乎不存在。在硬化材料中裂纹速度增大，软化材料中裂纹速度减小，这是由于裂纹尖端附近的能量流动提高或降低。

对于Ⅰ型张开裂纹，利用线性理论预测，当速度接近瑞利波速时，能量释放率消失，暗示着Ⅰ型裂纹不能超过瑞利波速前进，这种现象在协调势系统中得到了证实。当利用双协调势考虑不同强度的超弹性效应时，由参数 r_{on} 控制不同的起始应变，参数 r_{on} 控制的超弹性效应的起始应变为 $\varepsilon_{\mathrm{on}}=(r_{\mathrm{on}}-r_1)/r_1$。模拟显示裂纹以定常态超瑞利波扩展，且在裂纹尖端周围存在一个局部硬化区。图 4.5.11(a)给出了裂纹速度与超弹性起始应变 $\varepsilon_{\mathrm{on}}$ 的函数关系，图中速度是在定常态扩展过程中给出的。由图可见，超弹性效应出现越早，极限速度越大。由主应变准则发现，$\varepsilon_{\mathrm{on}}$ 越小，面积越大。图 4.5.11(b)描述了不同 $\varepsilon_{\mathrm{on}}$ 时的裂纹尖端超弹性区形状，超弹性区形状及大小与板宽 l_x 无关。在所有情况下，超弹性区面积都局限在裂纹尖端周围，而不延伸到模拟试样的边界。

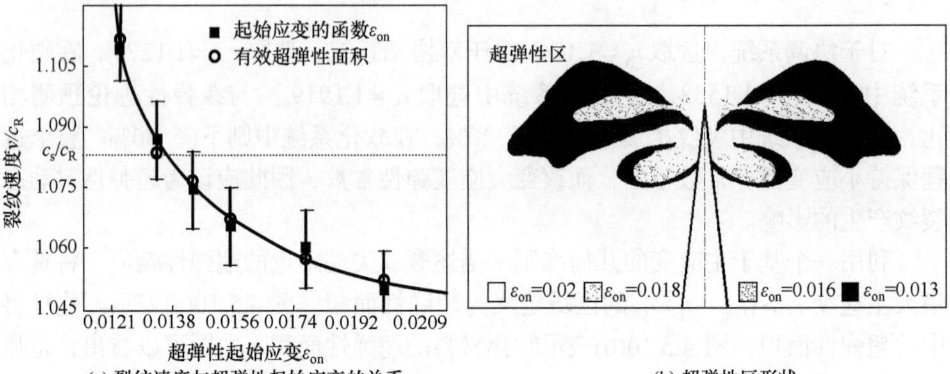

(a) 裂纹速度与超弹性起始应变的关系　　(b) 超弹性区形状

图 4.5.11　裂纹速度随超弹性起始应变 $\varepsilon_{\mathrm{on}}$ 的变化及超弹性区形状

对于Ⅰ型裂纹，若存在一个局部硬化超弹性区，则会以准静态跨声速扩展，当大应变弹簧常数选为 $k_2=4k_1$，$r_0=1.1375$，$r_{\mathrm{b}}=1.1483$ 时，Ⅰ型裂纹将比相对较软材料的瑞利波速快 21%，并为跨声速。

对于一个剪切主导的Ⅱ型裂纹问题，定义 $r_{\mathrm{b}}=1.17$，r_{on} 选择略小于 r_{b}，使超弹性区很小。子裂纹产生后，停止动态载荷。子裂纹从母裂纹中形核，并以超声速扩展，虽然超弹性区保持在裂纹尖端区，但在那些模拟中并没有强调一个定义比较清晰的超弹性区，局部超弹性效应在裂纹尖端处使裂纹超声速扩展成为可能。

3. 特征能量长度尺度

在弹性硬化材料中，Ⅰ型超瑞利波裂纹扩展问题，在某种程度上与包围在软基体的硬条带中Ⅰ型裂纹扩展的 Broberg 问题类似。如图 4.5.12 所示，Broberg 显示这种裂纹扩展相对周围基体超声速扩展，能量释放率可以写为

$$G=\frac{F^2h}{E}f(v,c_1,c_2) \tag{4.5.149}$$

式中，F 为作用力；h 为硬条带的半宽度；裂纹速度为 v 、条带及周围基体材料波速 (c_1,c_2) 的无量纲函数。动态能量释放率 $G=2\gamma$ ，表明裂纹扩展速度为比值 h/χ 的函数，其中 $\chi\sim\gamma E/F^2$ 定义为局部能量流动的特征长度。

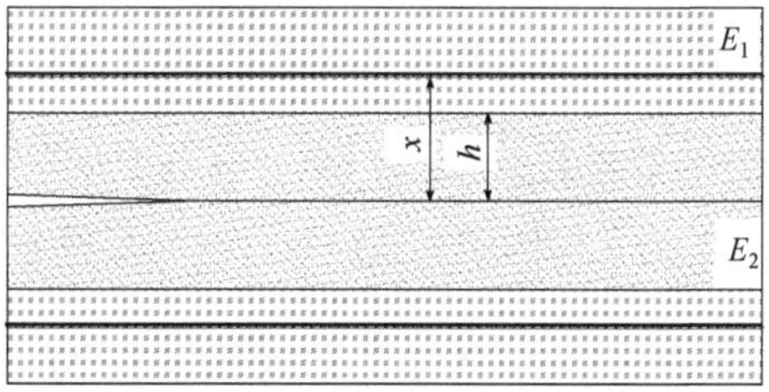

图 4.5.12　Broberg 条带问题

采用线性幂次超硬化本构关系，波速将随着应变的增大而提高，对于Ⅲ型裂纹，在裂纹尖端周围也会出现一个相对于远场材料的超声速Ⅲ型裂纹扩展。对于Ⅰ型裂纹超瑞利波速扩展，非线性材料也会出现这种现象。

4.6　裂纹的快速传播与止裂问题

与裂纹在静态载荷下的起始扩展问题相比，稳定裂纹在动态载荷作用下的扩展问题考虑了加载速率的效应，因此称为裂纹的动态起始扩展问题。稳定裂纹在动态载荷作用下的应力强度因子是研究裂纹起始扩展问题的基础，虽然只是多考虑了一个时间效应，但动态载荷作用下的裂纹扩展问题在分析方法上要复杂得多。仅研究裂纹的起始，实际上只涉及断裂过程中的一个点。本节所要讨论的是裂纹的快速传播与止裂的过程，或者说涉及的是整个断裂过程的一个阶段。

裂纹的快速传播与止裂作为整个断裂过程的一个子过程，或者说作为断裂事件的最后阶段，与裂纹动态起始扩展问题最重要的区别在于裂纹的快速传播与止裂的裂纹尺寸是一个新的未知函数，随时间而变化，并且事先并不知道其变化规律。作为边界的一部分，裂纹在运动时，所需要求解的初值和边值问题同时又是一个运动边界问题。即使其控制方程是线性的，运动边界问题也是非线性的。

鉴于裂纹传播与止裂问题的上述特点，缺乏系统的直接方法对问题做出有意义的定量分析。虽然传播问题也有少量的分析解，但这些解是在许多特殊的假定下才能得出结果，因此与裂纹的传播与止裂的实际情形相差很大。本节将着重讨论裂纹传播与止裂现象的物理性质，如动能的估计、渐近场的特征、裂纹传播速度对动态应力强度因子及能量释放率的影响和对动态断裂韧性的影响。

4.6.1　运动裂纹的动能

运动裂纹(或传播裂纹)与静止裂纹(或稳定裂纹)显著不同，即运动裂纹必须考虑惯性效应。惯性效应的一个表现是裂纹的动能不可以忽略。按照断裂力学理论，在裂纹尖端附近的位移场可以表示为

$$u_x=\frac{K_{\mathrm{I}}}{E}\sqrt{r}f_1(\theta),\quad u_y=\frac{K_{\mathrm{I}}}{E}\sqrt{r}f_2(\theta) \tag{4.6.1}$$

式中，r、θ 为从裂纹尖端量起的坐标；$f_1(\theta)$、$f_2(\theta)$ 为角分布函数。

由于 $K_{\mathrm{I}}=\sqrt{\pi a}\sigma Y$，$Y$ 为几何因子，式(4.6.1)还可以写为

$$u_x=\frac{a}{E}\sqrt{ar}f_1(\theta),\quad u_y=\frac{a}{E}\sqrt{ar}f_2(\theta) \tag{4.6.2}$$

从量纲角度分析，$r\propto a$，所以式(4.6.2)又可以表示为

$$u_x=\frac{c_1a}{E}\sigma,\quad u_y=\frac{c_2a}{E}\sigma \tag{4.6.3}$$

式中，c_1、c_2 为无量纲参数。在式(4.6.3)中，E 是一个常数，假设 c_1、c_2 和 σ 与时间无关，则裂纹运动时，只有裂纹长度 a 是时间的函数。将式(4.6.3)对 t 求导得

$$\dot{u}_x=\frac{c_1\dot{a}}{E}\sigma,\quad \dot{u}_y=\frac{c_2\dot{a}}{E}\sigma \tag{4.6.4}$$

式中，符号“·”表示对时间的偏导数。带裂纹板的动能为

$$E_k=\frac{1}{2}\rho\iint_{\Omega}(\dot{u}_x^2+\dot{u}_y^2)\mathrm{d}x\mathrm{d}y \tag{4.6.5}$$

式中，ρ 为材料密度；Ω 为积分遍及的范围。将式(4.6.4)代入式(4.6.5)，得到

$$E_k=\frac{1}{2}\rho a^2\frac{\sigma^2}{E}\iint_{\Omega}(c_1^2+c_2^2)\mathrm{d}x\mathrm{d}y \tag{4.6.6}$$

为了简化计算，仅研究 Ω 为无限大板的情形。在这种情况下，裂纹尺寸 a 是唯一的与长度有关的参数，从而 Ω 的面积具有与 a^2 相同的量纲。式(4.6.6)右端的积分与 a^2 同量纲，假设比例系数为 k，则可得到

$$E_k = \frac{1}{2}\frac{k\rho}{E^2}a^2\dot{a}^2\sigma^2 \tag{4.6.7}$$

若应变能释放率 G 始终大于裂纹扩展阻力 R，则发生裂纹失稳扩展。剩余量$(G-R)$即转化为动能。G 与 R 代表的是单位裂纹扩展量的能量，当裂纹扩展Δa时，这两个能量值为 $G\Delta a$ 与 $R\Delta a$，从而有

$$\Delta E_k = G\Delta a - R\Delta a \tag{4.6.8}$$

对式(4.6.8)积分，得到

$$E_k = \int_{a_c}^{a}(G-R)\mathrm{d}a \tag{4.6.9}$$

式中，a_c 为裂纹失稳扩展时的临界尺寸。

设 R 为一个常数，假定 σ 为常数，对于平面应力情形的无限大板，G 可以由静力学解得

$$G = \frac{\pi a^2}{E}\sigma^2 \tag{4.6.10}$$

因此式(4.6.9)可化为

$$E_k = -R(a-a_c) + \int_{a_c}^{a}\frac{\pi\sigma^2 a}{E}\mathrm{d}a \tag{4.6.11}$$

在失稳开始时，$R = G_c = \pi\sigma^2 a_c / E$，$G_c$ 为临界应变能释放率。将此式代入式(4.6.11)得到

$$E_k = \frac{\pi\sigma^2}{2E}(a-a_c)^2 \tag{4.6.12}$$

将式(4.6.7)与式(4.6.12)相比较，得到

$$\dot{a} = \sqrt{\frac{\pi E}{k\rho}}\left(1-\frac{a_c}{a}\right) \tag{4.6.13}$$

式中，$\sqrt{E/\rho} \equiv v$ 为材料的声速，由试验测得。当 $a_c/a \to 0$ 时，$\dot{a}/v \to 0.38$，从而得到确定 k 的表达式为

$$\sqrt{2\pi/k} = 0.38 \tag{4.6.14}$$

由上面的分析可知，虽然分析过程并非很严密，但式(4.6.7)提供了一个十分简明的动能估算公式。由式(4.6.7)可见，在裂纹速度 $\dot{a}$ 不是很小时，动能的效应不能忽略。实际裂纹速度比式(4.6.7)计算值小得多，脆性材料为 0.2～0.3N · m(或 $\dot{a}$=1000～1500m/s)。对于韧性较好的材料，实际裂纹速度则更低，如某些中低强度钢 $\dot{a}$ 大约在 400m/s。

4.6.2 裂纹尖端位移场与应力场的渐近展开

从断裂力学的角度出发揭示动态裂纹尖端附近的位移场与应力场，才可以发现裂纹速度的效应。下面的讨论主要针对平面应变情形，对于平面应力情形，只要以 $E'=(1+2\upsilon)/\left[E(1+\upsilon)^2\right]$、$\upsilon'=\upsilon/(1+\upsilon)$、$c_1'=\sqrt{1-2\upsilon c_1}/(1-\upsilon)$ 分别代替 E、υ 和 c_1，即可由平面应变的结果得出相应的平面应力的结果。

下面利用两个坐标系：$O_1\text{-}x_1y_1z_1$ 表示固定坐标系，$O\text{-}xyz$ 代表与裂纹尖端一起运动的随动坐标系，如图 4.6.1 所示。这两个坐标系间坐标量的关系为

$$x=x_1-vt\,,\quad y=y\,,\quad z=z \tag{4.6.15}$$

式中，v 为裂纹的运动速度或扩展速度，这里仅讨论 v 为常数的情形。在固定坐标系中，波动方程组为

$$\nabla^2\varphi=\frac{1}{c_1^2}\frac{\partial^2\varphi}{\partial t^2},\quad \nabla^2\psi=\frac{1}{c_2^2}\frac{\partial^2\psi}{\partial t^2} \tag{4.6.16}$$

式中，∇^2 为拉普拉斯算子，在笛卡儿坐标系中有

$$\nabla^2=\frac{\partial^2}{\partial x_1^2}+\frac{\partial^2}{\partial y^2},\quad \dot{z}=\frac{\partial z}{\partial t}-v\frac{\partial z}{\partial x} \tag{4.6.17}$$

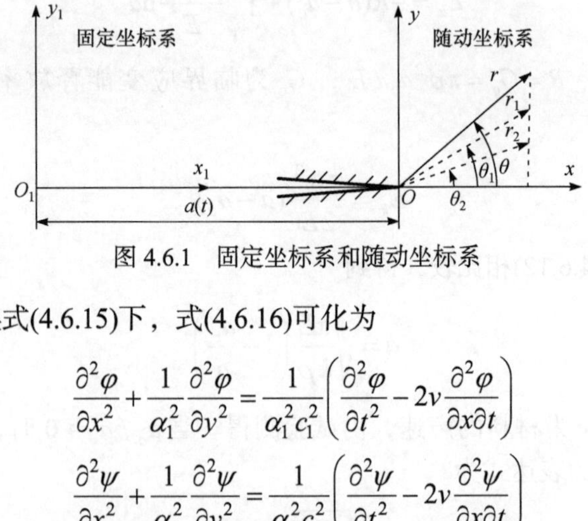

图 4.6.1 固定坐标系和随动坐标系

在坐标变换式(4.6.15)下，式(4.6.16)可化为

$$\begin{aligned}\frac{\partial^2\varphi}{\partial x^2}+\frac{1}{\alpha_1^2}\frac{\partial^2\varphi}{\partial y^2}&=\frac{1}{\alpha_1^2c_1^2}\left(\frac{\partial^2\varphi}{\partial t^2}-2v\frac{\partial^2\varphi}{\partial x\partial t}\right)\\ \frac{\partial^2\psi}{\partial x^2}+\frac{1}{\alpha_2^2}\frac{\partial^2\psi}{\partial y^2}&=\frac{1}{\alpha_2^2c_2^2}\left(\frac{\partial^2\psi}{\partial t^2}-2v\frac{\partial^2\psi}{\partial x\partial t}\right)\end{aligned} \tag{4.6.18}$$

其中，

$$\alpha_1=\sqrt{1-\frac{v^2}{c_1^2}},\quad \alpha_2=\sqrt{1-\frac{v^2}{c_2^2}} \tag{4.6.19}$$

直角坐标$(x\,,y)$与极坐标$(r_1,\ \theta_1)$和$(r_2,\ \theta_2)$之间的关系为

$$
\begin{gathered}
x = r_1\cos\theta_1 = r_2\cos\theta_2, \quad y = \frac{r_1}{\alpha_1}\sin\theta_1 = \frac{r_2}{\alpha_2}\sin\theta_2, \quad r_1 = \sqrt{x^2+\alpha_1^2 y^2} \\
r_2 = \sqrt{x^2+\alpha_2^2 y^2}, \quad \theta_1 = \arctan\left(\alpha_1\frac{y}{x}\right), \quad \theta_2 = \arctan\left(\alpha_2\frac{y}{x}\right)
\end{gathered}
\tag{4.6.20}
$$

在极坐标系中，方程组(4.6.18)化为

$$
\begin{aligned}
&\frac{\partial^2\varphi}{\partial r_1^2}+\frac{1}{r_1}\frac{\partial\varphi}{\partial r_1}+\frac{1}{r_1}\frac{\partial^2\varphi}{\partial\theta_1^2}=\frac{1}{\alpha_1^2c_1^2}\left[\frac{\partial^2\varphi}{\partial t^2}-2v(\cos\theta_1-\sin\theta_1)\frac{\partial^2\varphi}{\partial r_1\partial t}\right] \\
&\frac{\partial^2\psi}{\partial r_2^2}+\frac{1}{r_2}\frac{\partial\psi}{\partial r_2}+\frac{1}{r_2}\frac{\partial^2\psi}{\partial\theta_2^2}=\frac{1}{\alpha_2^2c_2^2}\left[\frac{\partial^2\psi}{\partial t^2}-2v(\cos\theta_2-\sin\theta_2)\frac{\partial^2\psi}{\partial r_2\partial t}\right]
\end{aligned}
\tag{4.6.21}
$$

方程(4.6.21)两式等号右端代表的量较小，可以将右端忽略。这样得到的解，仍然只是一个稳态快速扩展的解。方程组(4.6.21)在略去右端之后，得到

$$
\frac{\partial^2\varphi}{\partial r_1^2}+\frac{1}{r_1}\frac{\partial\varphi}{\partial r_1}+\frac{1}{r_1}\frac{\partial^2\varphi}{\partial\theta_1^2}=0, \quad \frac{\partial^2\psi}{\partial r_2^2}+\frac{1}{r_2}\frac{\partial\psi}{\partial r_2}+\frac{1}{r_2}\frac{\partial^2\psi}{\partial\theta_2^2}=0
\tag{4.6.22}
$$

设方程组(4.6.22)的一个特解为

$$
\varphi_n(r_1,\ \theta_1)=r_1^{\lambda_n}f_n(\theta_1), \quad \psi_n(r_2,\ \theta_2)=r_2^{\lambda_n}g_n(\theta_2)
\tag{4.6.23}
$$

式中，λ_n 为参变量，设 $f_n(\theta)$ 与 $g_n(\theta)$ 由三角函数与实常数 A_n、B_n、C_n、D_n 组成，因此式(4.6.23)还可以表示为

$$
\begin{aligned}
\varphi_n(r_1,\ \theta_1)&=r_1^{\lambda_n}\left(A_n\cos\lambda_n\theta_1+B_n\sin\lambda_n\theta_1\right) \\
\psi_n(r_2,\ \theta_2)&=r_2^{\lambda_n}\left(C_n\cos\lambda_n\theta_2+D_n\sin\lambda_n\theta_2\right)
\end{aligned}
\tag{4.6.24}
$$

裂纹尖端附近的位移可以表示为

$$
u_x=\frac{\partial\varphi}{\partial x}+\frac{\partial\psi}{\partial x}, \quad u_y=\frac{\partial\varphi}{\partial x}-\frac{\partial\psi}{\partial x}
\tag{4.6.25}
$$

由式(4.6.24)和式(4.6.25)，可以得到

$$
\begin{aligned}
u_x^{(n)}&=\lambda_n r_1^{\lambda_n-1}[A_n\cos(\lambda_n-1)\theta_1+B_n\sin(\lambda_n-1)\theta_1] \\
&\quad-\alpha_2\lambda_n r_2^{\lambda_n-1}[C_n\sin(\lambda_n-1)\theta_2-D_n\cos(\lambda_n-1)\theta_2] \\
u_y^{(n)}&=-\alpha_1 r_1^{\lambda_n-1}[A_n\sin(\lambda_n-1)\theta_1-B_n\cos(\lambda_n-1)\theta_1] \\
&\quad-\lambda_n r_2^{\lambda_n-1}[C_n\cos(\lambda_n-1)\theta_2+D_n\sin(\lambda_n-1)\theta_2]
\end{aligned}
\tag{4.6.26}
$$

裂纹尖端附近的应力可以表示为

$$
\sigma_{xx}=\lambda\nabla^2\varphi+2\mu\left(\frac{\partial^2\varphi}{\partial x^2}+\frac{\partial^2\psi}{\partial x\partial y}\right), \quad \sigma_{yy}=\lambda\nabla^2\varphi+2\mu\left(\frac{\partial^2\varphi}{\partial y^2}-\frac{\partial^2\psi}{\partial x\partial y}\right)
$$

$$\sigma_{xy} = \mu\left(2\frac{\partial^2 \varphi}{\partial x \partial y} - \frac{\partial^2 \psi}{\partial x^2} + \frac{\partial^2 \varphi}{\partial y^2}\right) \tag{4.6.27}$$

由式(4.6.24)和式(4.6.27)，可以得到

$$\begin{aligned}
\sigma_{xx}^{(n)} &= \rho c_2^2(\lambda_n^2 - \lambda_n)(1+2\alpha_1^2-\alpha_2^2)r_1^{\lambda_n-2}[A_n\cos(\lambda_n-2)\theta_1 + B_n\sin(\lambda_n-2)\theta_1] \\
&\quad -2\rho c_2^2(\lambda_n^2-\lambda_n)\alpha_2 r_2^{\lambda_n-2}[C_n\sin(\lambda_n-2)\theta_2 - D_n\cos(\lambda_n-2)\theta_2] \\
\sigma_{yy}^{(n)} &= -\rho c_2^2(\lambda_n^2-\lambda_n)(1+\alpha_2^2)r_1^{\lambda_n-2}[A_n\cos(\lambda_n-2)\theta_1 + B_n\sin(\lambda_n-2)\theta_1] \\
&\quad +2\rho c_2^2(\lambda_n^2-\lambda_n)\alpha_2 r_2^{\lambda_n-2}[C_n\sin(\lambda_n-2)\theta_2 - D_n\cos(\lambda_n-2)\theta_2] \\
\sigma_{xy}^{(n)} &= -2\rho c_2^2(\lambda_n^2-\lambda_n)\alpha_1 r_1^{\lambda_n-2}[A_n\sin(\lambda_n-2)\theta_1 + B_n\cos(\lambda_n-2)\theta_1] \\
&\quad -\rho c_2^2(\lambda_n^2-\lambda_n)(1+\alpha_2^2)r_2^{\lambda_n-2}[C_n\cos(\lambda_n-2)\theta_2 - D_n\sin(\lambda_n-2)\theta_2]
\end{aligned} \tag{4.6.28}$$

待定常数 A_n、B_n、C_n、D_n 由边界条件确定。参量 λ_n 也是未知的，也由边界条件确定。由图 4.6.1 可知，在裂纹面上有

$$\sigma_{yy} = \sigma_{xy} = 0, \quad \theta_1 = \theta_2 = \pm\pi \tag{4.6.29}$$

将式(4.6.28)的第二和第三式代入式(4.6.29)中，得到关于 A_n、B_n、C_n、D_n 的线性代数方程组为

$$\begin{aligned}
&-\rho c_2^2(\lambda_n^2-\lambda_n)(1+\alpha_2^2)r_1^{\lambda_n-2}[A_n\cos(\lambda_n-2)\pi + B_n\sin(\lambda_n-2)\pi] \\
&\quad +2\rho c_2^2(\lambda_n^2-\lambda_n)\alpha_2 r_2^{\lambda_n-2}[C_n\sin(\lambda_n-2)\pi - D_n\cos(\lambda_n-2)\pi] = 0 \\
&-\rho c_2^2(\lambda_n^2-\lambda_n)(1+\alpha_2^2)r_1^{\lambda_n-2}[A_n\cos(\lambda_n-2)\pi - B_n\sin(\lambda_n-2)\pi] \\
&\quad +2\rho c_2^2(\lambda_n^2-\lambda_n)\alpha_2 r_2^{\lambda_n-2}[-C_n\sin(\lambda_n-2)\pi - D_n\cos(\lambda_n-2)\pi] = 0 \\
&-2\rho c_2^2(\lambda_n^2-\lambda_n)a_1 r_1^{\lambda_n-2}[A_n\sin(\lambda_n-2)\pi - B_n\cos(\lambda_n-2)\pi] \\
&\quad -\rho c_2^2(\lambda_n^2-\lambda_n)(1-a_2^2)r_2^{\lambda_n-2}[C_n\cos(\lambda_n-2)\pi + D_n\sin(\lambda_n-2)\pi] = 0 \\
&-2\rho c_2^2(\lambda_n^2-\lambda_n)\alpha_1 r_1^{\lambda_n-2}[-A_n\sin(\lambda_n-2)\pi - B_n\cos(\lambda_n-2)\pi] \\
&\quad -\rho c_2^2(\lambda_n^2-\lambda_n)(1+\alpha_2^2)r_2^{\lambda_n-2}[C_n\cos(\lambda_n-2)\pi - D_n\sin(\lambda_n-2)\pi] = 0
\end{aligned} \tag{4.6.30}$$

方程组(4.6.30)存在非零解的充要条件是系数矩阵行列式的值为零。由此得到一个关于 λ_n 的代数方程为

$$\rho c_2^2(\lambda_n^2-\lambda_n)[4\alpha_1\alpha_2 - (1+\alpha_2^2)^2]r^{\lambda_{n-2}}\cos^2[(\lambda_n-2)\pi]\sin^2[(\lambda_n-2)\pi] = 0 \tag{4.6.31}$$

满足方程(4.6.31)的 λ_n 称为特征值，但并非所有的特征值都使得解式(4.6.26)与式(4.6.28)具有物理意义。具有物理意义的解应该使相应的应变能有界。应变能密度和应变能分别为

$$w \propto \sigma_{ij}^2 \propto r^{2(\lambda_n-2)}, \quad W \propto \int_0^R r^{2(\lambda_n-2)} r\mathrm{d}r \tag{4.6.32}$$

式中，R 为平面上任意区域的尺度。保证式(4.6.32)第二式的面积分取有限值的条件是

$$2\lambda_n - 3 > -1, \quad \lambda_n > 1, \quad n = 1, 2, \cdots \tag{4.6.33}$$

由式(4.6.25)可见，当 $\lambda_n = 1$ 时，位移分量对应于刚体位移，并不会导致变形；再由式(4.6.27)可知，此时 $\sigma_{ij}^{(1)}=0$。在这种情形下应变能有界，因此有物理意义的特征值也应该包括 $\lambda_n = 1$，因此有

$$\lambda_n = 1,\ \frac{3}{2},\ 2,\ \frac{5}{2},\ \cdots, \qquad n = 1, 2, \cdots \tag{4.6.34}$$

下面仅考虑 $r_1 / a \ll 1$ 和 $r_2 / a \ll 1$ 的情形。在这种情形下，相应于 $\lambda_n = 3/2 (n=2)$ 的项，由式(4.6.25)与式(4.6.27)可知，位移和应力分别有

$$u_i^{(2)} \propto r_1^{1/2}, r_2^{1/2}, \quad \sigma_{ij}^{(2)} \propto r_1^{-1/2}, r_2^{-1/2} \tag{4.6.35}$$

式(4.6.35)就是渐近展开的主项，或应力与应变的奇异项。

在 I 型裂纹问题中，由于对称性，式(4.6.24)中的 B_n、C_n 必须为零，因此待定常数只剩下 A_n、D_n。对于 $\lambda_n = 3/2 (n=2)$，由条件(4.6.28)可以推得

$$D_2 = -\frac{2\alpha_1}{1+\alpha_2^2} A_2 \tag{4.6.36}$$

又由 I 型应力强度因子的定义

$$K_{\mathrm{I}}(v) = \lim_{\substack{\theta_1=\theta_2=\theta\to 0 \\ r_1=r_2=r\to 0}} (\sqrt{2\pi r}\,\sigma_{yy}) \tag{4.6.37}$$

将式(4.6.28)代入式(4.6.37)，并且考虑到关系式(4.6.33)，得到

$$A_2 = \frac{4(1+\alpha_2^2) K_{\mathrm{I}}(v)}{3\sqrt{2\pi}\rho c_2^2 [4\alpha_1\alpha_2 - (1+\alpha_2^2)^2]} \tag{4.6.38}$$

在以上推导中，A_n、B_n、C_n、D_n 是常数，不随坐标(x, y)(或(r_1, θ_1)、(r_2, θ_2))变化，但也可能是裂纹速度 v 或时间 t 的函数。则位移场与应力场的主项可以写为

$$\begin{aligned} u_x &= \frac{K_{\mathrm{I}}(v)}{\sqrt{2\pi}} \frac{4(1+\upsilon)(1+\alpha_2^2)^2}{E[4\alpha_1\alpha_2 - (1+\alpha_2^2)^2]} \left(\sqrt{r_1}\cos\frac{\theta_1}{2} - \sqrt{r_2}\frac{4\alpha_1\alpha_2}{1+\alpha_2^2}\cos\frac{\theta_2}{2} \right) \\ u_y &= \frac{K_{\mathrm{I}}(v)}{\sqrt{2\pi}} \frac{4(1+\upsilon)(1+\alpha_2^2)^2}{E[4\alpha_1\alpha_2 - (1+\alpha_2^2)^2]} \left(-\alpha_1\sqrt{r_1}\sin\frac{\theta_1}{2} - \sqrt{r_2}\frac{2\alpha_1}{1+\alpha_2^2}\sin\frac{\theta_2}{2} \right) \end{aligned} \tag{4.6.39}$$

$$
\begin{aligned}
\sigma_{xx} &= \frac{K_{\mathrm{I}}(v)}{\sqrt{2\pi}} \frac{1+\alpha_2^2}{4\alpha_1\alpha_2-(1+\alpha_2^2)^2}\left[(1+2\alpha_1^2-\alpha_2^2)\frac{1}{\sqrt{r_1}}\cos\frac{\theta_1}{2}+\frac{4\alpha_1\alpha_2}{1+\alpha_2^2}\frac{1}{\sqrt{r_2}}\cos\frac{\theta_2}{2}\right] \\
\sigma_{yy} &= \frac{K_{\mathrm{I}}(v)}{\sqrt{2\pi}} \frac{1+\alpha_2^2}{4\alpha_1\alpha_2-(1+\alpha_2^2)^2}\left[-(1-\alpha_2^2)\frac{1}{\sqrt{r_1}}\cos\frac{\theta_1}{2}+\frac{4\alpha_1\alpha_2}{1+\alpha_2^2}\frac{1}{\sqrt{r_2}}\cos\frac{\theta_2}{2}\right] \qquad (4.6.40) \\
\sigma_{xy} &= \frac{K_{\mathrm{I}}(v)}{\sqrt{2\pi}} \frac{1+\alpha_2^2}{4\alpha_1\alpha_2-(1+\alpha_2^2)^2}\left[2\alpha_1\left(\frac{1}{\sqrt{r_1}}\sin\frac{\theta_1}{2}-\frac{1}{\sqrt{r_2}}\sin\frac{\theta_2}{2}\right)\right]
\end{aligned}
$$

式(4.6.39)与式(4.6.40)中位移与应力随裂纹运动速度 v/c_{R} 和角度 θ 的变化如图 4.6.2 和图 4.6.3 所示。其中，应力以极坐标中的量σ_{rr}、$\sigma_{r\theta}$和$\sigma_{\theta\theta}$的形式给出，c_{R}为瑞利表面波速。

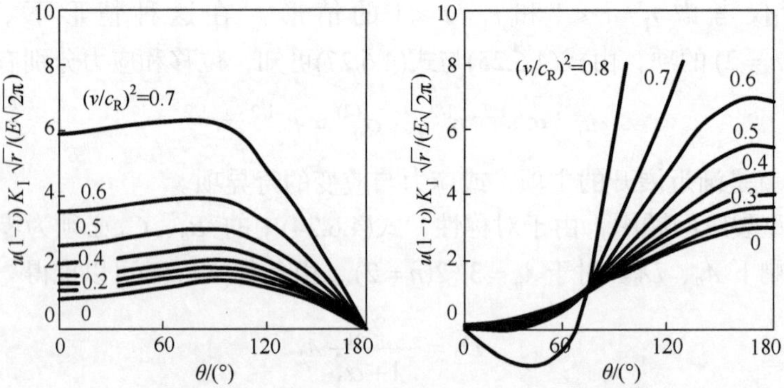

(a) 位移u_x　　(b) 位移u_y

图 4.6.2　位移随裂纹运动速度和角度的变化

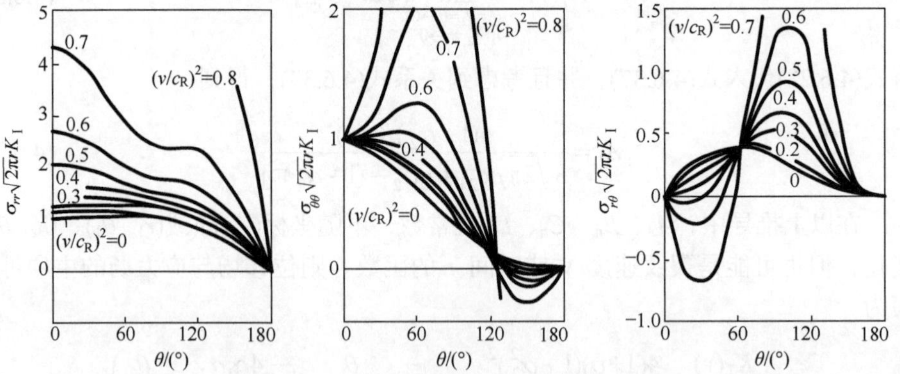

(a) σ_{rr}　　(b) $\sigma_{\theta\theta}$　　(c) $\sigma_{r\theta}$

图 4.6.3　应力随裂纹运动速度和角度的变化

由渐近场式(4.6.40)得到运动裂纹形态的一个重要结果是裂纹尖端应力场的

多轴化随裂纹传播速度的变化而变化。在$\theta=0$处，应力比σ_{yy}/σ_{xy}在物理上作为应力场多轴化程度的量度，具有如下结果：

$$\frac{\sigma_{yy}(\theta=0)}{\sigma_{xy}(\theta=0)}=\frac{4\alpha_1\alpha_2-(1+\alpha_2^2)^2}{(1+2\alpha_1^2-\alpha_2^2)(1+\alpha_2^2)-4\alpha_1\alpha_2} \tag{4.6.41}$$

应力比$\sigma_{yy}(\theta=1)/\sigma_{xy}(\theta=1)$随裂纹速度 v/c_R 的变化曲线如图 4.6.4 所示。描写裂纹尖端物理状态的动态能量释放率$G_I(v)$与动态应力强度因子$K_I(v)$之间存在的关系为

$$G_I(v)=\begin{cases}\dfrac{1-\upsilon^2}{E}A_1(v)K_1^2(v), & 平面应变\\ \dfrac{1}{E}A_1'(v)K_2^2(v), & 平面应力\end{cases} \tag{4.6.42}$$

其中，

$$\begin{cases}A_1(v)=\dfrac{1}{1-\upsilon}\dfrac{\alpha_1(1-\alpha_2^2)}{4\alpha_1\alpha_2-(1+\alpha_2^2)^2}\\ \quad=\dfrac{(v/c_2)^2\sqrt{1-v^2/c_1^2}}{(1-\upsilon)\left[4\sqrt{1-v^2/c_1^2}\sqrt{1-v^2/c_2^2}-(2-v^2/c_2^2)^2\right]}, & 平面应变\\ A_1'(v)=(1+\upsilon)(1-\upsilon)A(v), & 平面应力\end{cases} \tag{4.6.43}$$

为避免重复，这里略去了 $A(v)$、$A'(v)$ 的推导。校正因子 $A(v)$随裂纹的无量纲速度 v/c_R 的变化曲线如图 4.6.5 所示。当$v\to 0$时，$A(v)\to 1$；当$v\to c_R$时，$A(v)\to\infty$。因此，v 必须小于$c_R(<c_2<c_1)$。对于$A'(v)$有类似的曲线。

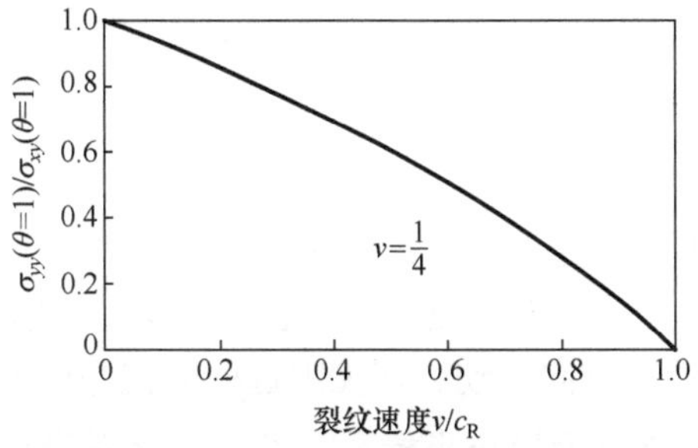

图 4.6.4　应力比随 v/c_R 的变化曲线

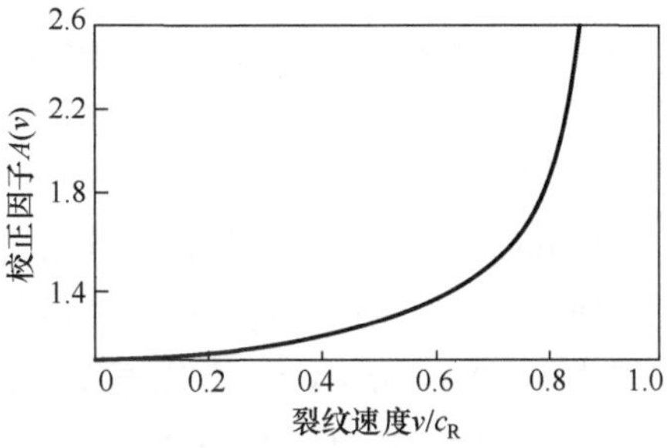

图 4.6.5　校正因子 $A(v)$随 v/c_R 的变化曲线

无限平面中等速运动的半无限裂纹的动态应力强度因子$K_I(v)$，可以表示成相应的静态应力强度因子$K_I'(v)\to 1$与一个速度因子 $k(v)$的乘积，即

$$K_{\mathrm{I}}(v)=k(v)K_{\mathrm{I}}'(v) \tag{4.6.44}$$

对于一般的裂纹体，函数 $k(v)$很难求得。若表达式(4.6.44)成立，则可以由式(4.6.44)和式(4.6.42)推得

$$G_{\mathrm{I}}(v)=\frac{1-\upsilon^2}{E}k^2(v)A(v)(K_{\mathrm{I}}')^2=g(v)G_{\mathrm{I}}' \tag{4.6.45}$$

其中，

$$g(v)=k^2(v)A(v),\quad G_{\mathrm{I}}'=\frac{1-\upsilon^2}{E}[K_1(v)]^2 \tag{4.6.46}$$

式(4.6.44)和式(4.6.45)针对平面应变情形，平面应力情形也有类似的结果。$k(v)$与 $g(v)$曲线如图 4.6.6 所示。

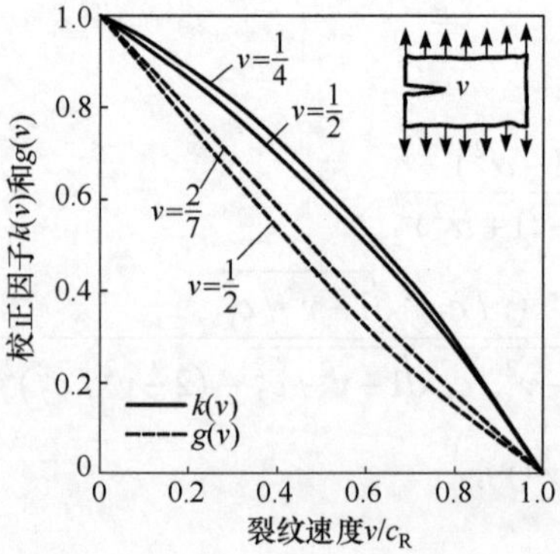

图 4.6.6　$k(v)$与 $g(v)$曲线

由以上对裂纹尖端附近位移场和应力场及其某些控制参量的分析可见，裂纹快速传播时，这些量都与裂纹速度 v 密切相关。

4.6.3　运动裂纹与传播裂纹的分析解

1. Yoffe 裂纹

Yoffe 裂纹是动态裂纹的一个简化模型。假定一个 Griffith 裂纹沿其平面运动，速度为 v，在运动过程中，裂纹的长度保持不变。设裂纹的长度为 $2a$，初始位置为 $y=0$，$-a<x<a$，以速度 v 沿 x 轴正方向运动，在无限远处受拉伸应力 $\sigma_{yy}^{(\infty)}=\sigma_0$ 的作用，如图 4.6.7 所示。假定 Ox_1y 为静止坐标系，Oxy 为运动坐标系，则两坐标之间的关系为

$$x=x_1-vt,\quad y=y \tag{4.6.47}$$

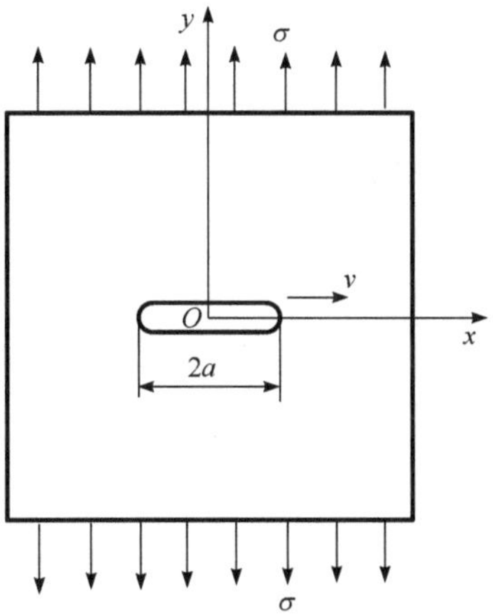

图 4.6.7　Yoffe 裂纹及坐标系

假定 v 为常数，则有

$$\frac{\partial}{\partial t}=-v\frac{\partial}{\partial x} \tag{4.6.48}$$

从而静止坐标系 (x_1,y,t) 中的波动方程组化为运动坐标系 Oxy 中的拉普拉斯方程为

$$\frac{\partial^2\varphi}{\partial x^2}+\frac{\partial^2\varphi}{\partial^2(\alpha_1 y)}=0,\quad \frac{\partial^2\psi}{\partial x^2}+\frac{\partial^2\psi}{\partial^2(\alpha_2 y)}=0 \tag{4.6.49}$$

其中，

$$\alpha_1=\sqrt{1-\frac{v^2}{c_1^2}},\quad \alpha_2=\sqrt{1-\frac{V^2}{c_2^2}} \tag{4.6.50}$$

裂纹形状与外载关于 x 轴对称，所以函数 $\varphi(x,y)$ 是 x 的偶函数，$\psi(x,y)$ 是 x 的奇函数，即

$$\varphi(x,y)=\varphi(-x,y),\quad \psi(x,y)=-\psi(-x,y) \tag{4.6.51}$$

对方程组(4.6.49)的第一式进行傅里叶余弦变换，对第二式进行傅里叶正弦变换，在变换之后，该方程组化为相应的常微分方程组，其解很容易得到。然后对这些解进行傅里叶变换的反演，得到

$$\varphi(x,y)=\frac{2}{\pi}\int_0^\infty A_1(s)\cos(sx)\mathrm{e}^{\mathrm{i}\alpha_1 s}\mathrm{d}s,\quad \psi(x,y)=\frac{2}{\pi}\int_0^\infty A_2(s)\sin(sx)\mathrm{e}^{\mathrm{i}\alpha_2 s}\mathrm{d}s \tag{4.6.52}$$

式中，$A_1(s)$ 与 $A_2(s)$ 为待定函数，需要由边界条件确定。

令远处作用的外加应力为零，而在裂纹面上作用均匀反号应力 $-\sigma_0$，则此问题与原问题在断裂力学的意义上等价。后一问题的边界条件为

$$
\begin{cases}
\sigma_{xy}(x,0)=0, & -\infty<x<\infty \\
\sigma_{yy}(x,0)=-\sigma_0, & |x|<a \\
u_y(x,0)=0, & |x|>a \\
\sigma_{ij}\to 0, & \sqrt{x^2+y^2}\to\infty
\end{cases}
\tag{4.6.53}
$$

由于问题具有对称性，只需要研究 1/4 平面，解答(4.6.52)已经满足了无限远处的条件。由式(4.6.27)的第三式和式(4.6.52)，可以得到

$$
\sigma_{xy}(x,0)=\frac{4\alpha_1}{\pi}\int_0^\infty s^2A_1(s)\sin(sx)\mathrm{d}s+\frac{2(1+\alpha_2^2)}{\pi}\int_0^\infty s^2A_2(s)\sin(sx)\mathrm{d}s \tag{4.6.54}
$$

若取

$$
A_1(s)=\frac{(1+\alpha_2^2)A(s)}{sM_2^2},\quad A_2(s)=-\frac{2\alpha_1A(s)}{sM_2^2} \tag{4.6.55}
$$

式中，$M_2=v/c_2$，则条件式(4.6.53)的第一式自动满足。

由式(4.6.27)的第二式和式(4.6.52)，可以得到

$$
\begin{aligned}
\sigma_{yy}&=\lambda\frac{2}{\pi}(\alpha_1^2-1)\int_0^\infty s^2A_1(s)\cos(sx)\mathrm{e}^{-\alpha_1sy}\,\mathrm{d}s\\
&\quad+2\mu\frac{2\alpha_1^2}{\pi}\int_0^\infty s^2A_1(s)\cos(sx)\mathrm{e}^{-\alpha_1sy}\,\mathrm{d}s\\
&\quad+2\mu\frac{2\alpha_2}{\pi}\int_0^\infty s^2A_2(s)\cos(sx)\mathrm{e}^{-\alpha_2sy}\,\mathrm{d}s
\end{aligned}
\tag{4.6.56}
$$

将式(4.6.55)代入式(4.6.56)，并令 y=0，得到

$$
\sigma_{yy}(x,0)=\frac{2\mu}{\pi}\frac{(1+\alpha_2^2)^2-4\alpha_1\alpha_2}{M_2^2}\int_0^\infty sA(s)\cos(sx)\mathrm{d}s \tag{4.6.57}
$$

用类似的方法可以得到$u_y(x,0)$的表达式。由这些表达式和边界条件(4.6.53)，得到对偶积分方程为

$$
\begin{cases}
\displaystyle\int_0^\infty A(s)\cos(sx)\mathrm{d}s=0, & x>a\\
\displaystyle\int_0^\infty sA(s)\cos(sx)\mathrm{d}s=-\frac{\pi\sigma_0M_2^2}{2\mu[(1+\alpha_2^2)^2-4\alpha_1\alpha_2]}, & 0<x\leqslant a
\end{cases}
\tag{4.6.58}
$$

因为

$$
\cos(sx)=\sqrt{\frac{\pi}{2}sx}J_{-1/2}(sx) \tag{4.6.59}
$$

方程(4.6.58)可以化成 Titchmarsh-Busbridge 对偶积分方程的标准形式，即

$$\begin{cases}\int_0^{\infty} y^{\alpha} f(y) J_{\upsilon}(xy)\mathrm{d}y = g(x), & 0<x<1 \\ \int_0^{\infty} f(y) J_{\upsilon}(xy)\mathrm{d}y = 0, & x\geqslant 1\end{cases} \tag{4.6.60}$$

式中，$J_{\upsilon}(xy)$ 为第一类 υ 阶 Bessel 函数。

当 $\alpha<2$，$-\upsilon-1<\alpha-1/2<\upsilon+1$ 时，式(4.6.60)的解答为

$$f(x)=\frac{(2x)^{1-\alpha/2}}{\Gamma(\alpha/2)}\int_0^1 \eta^{1+\alpha/2} J_{\upsilon+\alpha/2}(\eta x)\mathrm{d}\eta \times \int_0^1 g(\eta\zeta)\zeta^{\upsilon+1}(1-\zeta^2)^{\alpha/2-1}\mathrm{d}\zeta \tag{4.6.61}$$

当 $\alpha>-2$，$-\upsilon-1<\alpha-1/2<\upsilon+1$ 时，式(4.6.60)的解答为

$$\begin{aligned} f(x)=\frac{2^{-\alpha/2}x^{-\alpha}}{\Gamma(1+\alpha/2)}\Bigg[& x^{1+\alpha/2} J_{\upsilon+\alpha/2}(x)\int_0^1 y^{\upsilon+1}(1-y^2)^{\alpha/2} g(y)\mathrm{d}y \\ &+\int_0^1 y^{\upsilon+1}(1-y^2)^{\alpha/2}\mathrm{d}y\int_0^1 (xu)^{2+\alpha/2} g(yu) J_{\upsilon+1+\alpha/2}(xu)\mathrm{d}u\Bigg]\end{aligned} \tag{4.6.62}$$

由式(4.6.61)得到式(4.6.58)，有

$$A(s)=\frac{\pi\sigma_0 a M_2^2}{2\mu s[4\alpha_1\alpha_2-(1+\alpha_2^2)^2]}J_1(as) \tag{4.6.63}$$

将式(4.6.63)代入式(4.6.56)，有

$$\sigma_{yy}(x,0)=-\sigma_0 a\int_0^{\infty} J_1(as)\cos(sx)\mathrm{d}s \tag{4.6.64}$$

这一结果与断裂力学中裂纹面上受均匀压力 σ_0 作用的 Griffith 裂纹的 $\sigma_{yy}(x,0)$ 完全一样，即有

$$\sigma_{yy}(x,0)=\begin{cases}-\sigma_0, & |x|<a \\ \sigma_0\dfrac{x}{\sqrt{x^2-a^2}}-1, & |x|\geqslant a\end{cases} \tag{4.6.65}$$

按定义，应力强度因子为

$$K_{\mathrm{I}}(v)=\lim_{x\to a}\sqrt{2\pi(x-a)}\sigma_{yy}(x,0) \tag{4.6.66}$$

将式(4.6.65)代入式(4.6.66)，得到

$$K_{\mathrm{I}}(v)=\sqrt{\pi a}\sigma_0 \tag{4.6.67}$$

式(4.6.67)表明，在这种情形下，$K_{\mathrm{I}}(v)$ 与 v 无关，这仅仅是一种特殊情况，并不能说明整个动态应力场与 v 无关。由式(4.6.56)可见，除了 $y=0$，在其他任何位

置σ_{yy}均与 v 有关，而所有位置的σ_{xx}都与 v 有关；σ_{xy}除了在$y=0$，$|x|<a$时为零，在其他位置也与 v 有关。所以，渐近应力场与位移场均与 v 有关，如式(4.6.39)和式(4.6.40)所示。同时$G_{\mathrm{I}}(v)$也与 v 有关，在形式上如式(4.6.42)所示。无量纲因子$K_{\mathrm{I}}(v)$与$G_{\mathrm{I}}(v)$如图 4.6.8 所示。

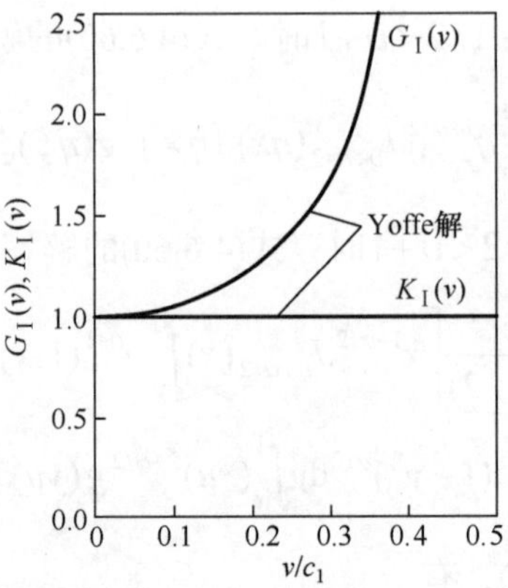

图 4.6.8　无量纲因子

2. 无限长条中的运动裂纹

考虑一在无限长条中做等速运动的平面裂纹，设裂纹的长度为 $2a$，边界$y=\pm h$处被夹紧或自由，如图 4.6.9 所示，这里$L=2a$，$l=a/2$。被夹紧的两条边相互间被拉开一个距离δ_0。这一问题的边界条件为

$$\begin{cases}\sigma_{yy}(x,0)=-\dfrac{E\delta_0}{(1-\upsilon^2)h}, & \sigma_{xy}(x,0)=0, \quad |x|<a \\ u_y(x,0)=0, & \sigma_{xy}(x,0)=0, \quad |x|\geqslant a\end{cases} \tag{4.6.68}$$

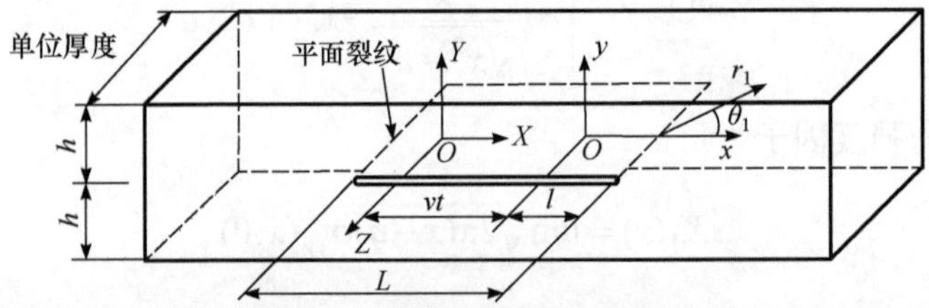

图 4.6.9　无限长条中的运动裂纹

采用与分析 Yoffe 裂纹相类似的步骤，可以把边值问题式(4.6.68)化成求解对偶积分方程为

$$\begin{cases}\displaystyle\int_0^\infty A(s)\cos(sx)\mathrm{d}s=0, & x>a\\ \displaystyle\int_0^\infty sF(s)A(s)\cos(sx)\mathrm{d}s=-\frac{\pi E\delta_0}{4\mu(1-\upsilon^2)h}, & 0<x\leqslant a\end{cases}\tag{4.6.69}$$

式(4.6.69)中，

$$F(s)=\frac{\alpha_2\{(1+\alpha_2^2)[f(s)+1]-(1+\alpha_1\alpha_2)p(s)+(1-\alpha_1\alpha_2)q(s)\}}{2\alpha_1\alpha_2[f(s)-1]-(1+\alpha_1\alpha_2)p(s)+(1-\alpha_1\alpha_2)q(s)}\tag{4.6.70}$$

式(4.6.70)中，

$$f(s)=\frac{4\alpha_1\alpha_2-(1+\alpha_2^2)[(1+\alpha_1\alpha_2)\mathrm{e}^{-(\alpha_1-\alpha_2)sh}+(1-\alpha_1\alpha_2)\mathrm{e}^{-(\alpha_1-\alpha_2)sh}]}{4\alpha_1\alpha_2-(1+\alpha_2^2)[(1+\alpha_1\alpha_2)\mathrm{e}^{(\alpha_1-\alpha_2)sh}-(1-\alpha_1\alpha_2)\mathrm{e}^{(\alpha_1-\alpha_2)sh}]}$$

$$p(s)=f(s)\mathrm{e}^{(\alpha_1-\alpha_2)sh}-\mathrm{e}^{-(\alpha_1-\alpha_2)sh},\quad q(s)=f(s)\mathrm{e}^{(\alpha_1+\alpha_2)sh}-\mathrm{e}^{-(\alpha_1+\alpha_2)sh}\tag{4.6.71}$$

采用变换

$$A(s)=\frac{\pi E\delta_0a^2}{4\mu h(1-\upsilon^2)I}\int_0^1\sqrt{\varepsilon}\varPhi(\varepsilon)J_0(sa\varepsilon)\mathrm{d}\varepsilon\tag{4.6.72}$$

则方程(4.6.60)可以化成单个积分方程：

$$\varPhi(\zeta)-\int_0^1K(\zeta,\eta)\varPhi(\eta)\mathrm{d}\eta=\sqrt{\xi}\tag{4.6.73}$$

其中，

$$K(\zeta,\eta)=\sqrt{\zeta\eta}\int_0^\infty s\left[\frac{F(s/a)}{I}+1\right]J_0(s\zeta)J_0(s\eta)\mathrm{d}s,\quad I=\frac{4\alpha_1\alpha_2-(1+\alpha_2^2)^2}{2\alpha_1(1-\alpha_2^2)}\tag{4.6.74}$$

方程(4.6.74)可用数值方法求解。动态应力强度因子为

$$K_{\mathrm{I}}(v)=\frac{E\delta_0}{(1-\upsilon^2)h}\varPhi(1)\sqrt{\pi a}\tag{4.6.75}$$

$K_{\mathrm{I}}(v)$ 只能得到数值结果，随长条高度 h 和裂纹速度 v 的变化如图 4.6.10 所示。

3. 自相似扩展裂纹

对于自相似扩展裂纹，假定裂纹初始长度为零，在 t=0 时生成，然后以 $a=vt$ 向两端扩展，其中 v 为常数。同时假定物体为无限大，在无限远处作用应力 $\sigma_{yy}^\infty=\sigma$，$\sigma_{xy}^\infty=0$。

针对这一问题，严格数学分析相当困难，Ⅲ型 Broberg 问题比Ⅰ型问题要简单得多。因此，这里主要介绍Ⅲ型自相似扩展裂纹问题的分析，而对Ⅰ型问题只给出结果。

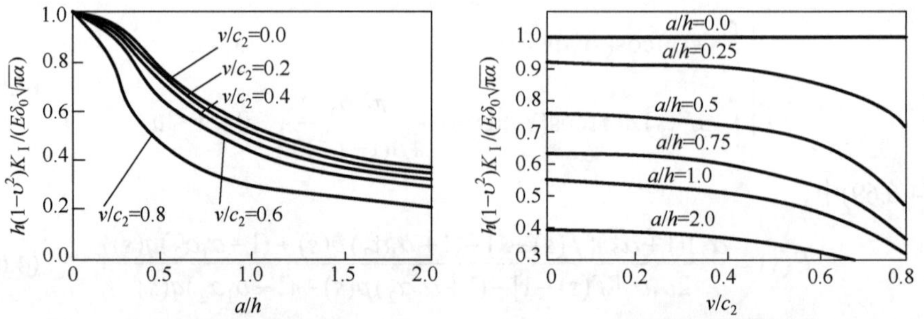

(a) 随长条高度的变化　　(b) 随裂纹速度的变化

图 4.6.10　应力强度因子随长条高度和裂纹速度的变化

1) Ⅲ型问题的圆柱坐标解法

对于Ⅲ型问题，圆柱坐标下的位移为

$$u_r = u_\theta = 0\,,\quad u_z = w(r,\theta,t) \tag{4.6.76}$$

控制方程为

$$\frac{\partial w}{\partial r^2}+\frac{1}{r}\frac{\partial w}{\partial r}+\frac{1}{r^2}\frac{\partial^2 w}{\partial \theta^2}=\frac{1}{c_2^2}\frac{\partial^2 w}{\partial t^2} \tag{4.6.77}$$

动力相似原理，主要针对径向空间坐标 r 与时间 t 可以联系成一个单一变量 $\omega = r/t$ 的动力学问题。Broberg 的自相似扩展裂纹即属于这样一类问题。引进新独立变量 $\omega = r/t$ 后，未知函数 $w(r,\theta,t)$ 可表示为

$$w(r,\theta,t)=w(r/t,\theta)=w(\omega,t) \tag{4.6.78}$$

对式(4.6.78)求导，可以得到

$$\omega^2\left(1-\frac{\omega^2}{c_2^2}\right)\frac{\partial^2 w}{\partial \omega^2}+\omega\left(1-\frac{2\omega^2}{c_2^2}\right)\frac{\partial w}{\partial \omega}+\frac{\partial^2 w}{\partial \theta^2}=0 \tag{4.6.79}$$

方程(4.6.79)为混合型方程，当 $\omega/c_2<1$ 时，为椭圆型方程；当 $\omega/c_2>1$ 时，为双曲型方程。对于断裂动力学，仅需要研究混合型情况，作变换：

$$\omega = c_2\,\mathrm{sech}(-\lambda) \ \text{ 或 } \ \lambda = -\mathrm{sech}^{-1}(\omega/c_2) \tag{4.6.80}$$

则方程(4.6.79)化成拉普拉斯方程：

$$\frac{\partial^2 w}{\partial \lambda^2}+\frac{\partial^2 w}{\partial \theta^2}=0 \tag{4.6.81}$$

引进复变量

$$\zeta = \xi + \mathrm{i}\eta = \mathrm{sech}(\lambda + \mathrm{i}\theta) \tag{4.6.82}$$

则方程(4.6.73)的解 w 可以表示成一个解析函数 $\phi(\zeta)$ 的实部(或虚部)，即

$$w = \mathrm{Re}[\phi(\zeta)] \tag{4.6.83}$$

这一问题的边界条件可以化成如下等价的形式，即

$$\begin{cases} \sigma_{yx} = -\tau_0,\ y = 0, & |x| < \dot{a}t \\ w = 0,\ y = 0, & |x| \geqslant \dot{a}t \end{cases} \tag{4.6.84}$$

在无限远处，初始条件为

$$w = \frac{\partial w}{\partial t} = 0, \quad t = 0 \tag{4.6.85}$$

边界条件(4.6.84)可以用坐标(ω,θ)表示为

$$\begin{cases} \sigma_{yx}(\omega,0) = \sigma_{yx}(\omega,\pi) = -\tau_0, & |\omega| < \dot{a} \\ w(\omega,0) = w(\omega,\pi) = 0, & |\omega| \geqslant \dot{a} \end{cases} \tag{4.6.86}$$

应力分量σ_{rz}和$\sigma_{\theta z}$与位移w的关系表示为

$$\sigma_{rz} = \frac{\mu\omega}{r}\frac{\partial w(\omega,\theta)}{\partial \omega}, \quad \sigma_{\theta z} = \frac{\mu}{r}\frac{\partial w(\omega,\theta)}{\partial \theta} \tag{4.6.87}$$

引进记号

$$W(\sigma) = \begin{cases} \phi'(\zeta), & \eta > 0 \\ -\overline{\phi}'(\zeta), & \eta < 0 \end{cases} \tag{4.6.88}$$

考虑到边界条件(4.6.84)和局部应力具有$r^{-1/2}$阶的奇异性，取$W(\sigma)$的渐近式为

$$W(\sigma) = \frac{2\tau_0 c_2 t}{\mathrm{i}\pi\mu}\sqrt{\frac{v}{2c_2}}\frac{K(v/c_2)}{\sqrt{\zeta - (v/c_2)}} \tag{4.6.89}$$

式(4.6.89)仅在$|\zeta - (v/c_2)|$很小时成立，其中K为以v/c_2为宗量的第一类完全椭圆积分。

由式(4.6.83)和式(4.6.87)～式(4.6.89)，可得Ⅲ型传播裂纹的动态应力强度因子为

$$K_{\mathrm{III}}(t) = \frac{2}{\pi}\tau_0\sqrt{\pi v t}\alpha_2 K(v/c_2) \tag{4.6.90}$$

式(4.6.90)的应力强度因子随裂纹速度v的变化规律如图 4.6.11 所示。

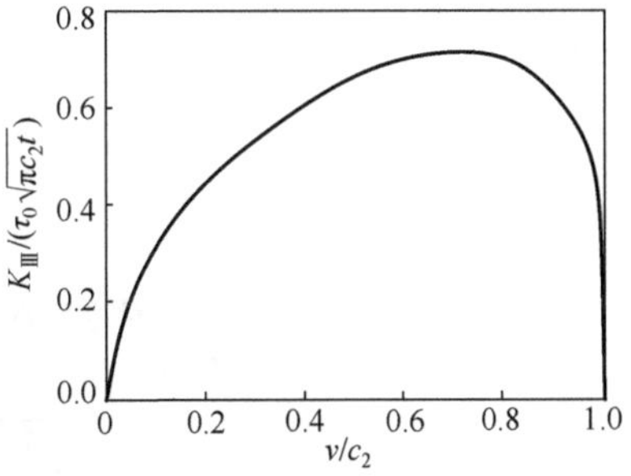

图 4.6.11　Ⅰ型裂纹应力强度因子随裂纹速度v的变化

2) Ⅲ型问题的泛函不变解法

对于Ⅲ型 Broberg 问题，可用泛函不变解法。将控制方程(4.6.77)表示为

$$\frac{\partial^2 w}{\partial x^2}+\frac{\partial^2 w}{\partial y^2}=\frac{\partial^2 w}{\partial \tau^2} \tag{4.6.91}$$

式中，$\tau=c_2 t$。选择复变量ζ，使其与x、y和τ有如下关系：

$$\zeta=\frac{x\tau-\mathrm{i}y[\tau^2-(x^2+y^2)]^{1/2}}{\tau^2-y^2} \tag{4.6.92}$$

则任意解析函数$f(\zeta)$必能满足方程(4.6.91)，可取$w(x,y,l)$为$f(\zeta)$的实部。注意到方程(4.6.91)对x、y和τ是齐次的，变换式(4.6.92)时x、y和τ也是齐次的，因此这一方法可用于求解自相似运动问题。若取

$$w^0=\mathrm{Re}[f(\zeta)] \tag{4.6.93}$$

为问题的解，按照泛函不变解原理，应力是齐次的，则有

$$w^0=\frac{\partial}{\partial t}w,\quad \sigma_{yz}^0=\frac{\partial}{\partial t}\sigma_{yz},\quad \sigma_{zx}^0=\frac{\partial}{\partial t}\sigma_{xz} \tag{4.6.94}$$

在$y=0$，$|x|<vt$时(假定vt很小)，有$w\sim\sqrt{r}=\sqrt{v^2t^2-x^2}$，因此在$y=0$处取

$$w=\mathrm{Re}(A\sqrt{v^2t^2-x^2}) \tag{4.6.95}$$

式中，A为待定常数。

利用关系式(4.6.94)与式(4.6.95)推导w^0。注意到式(4.6.94)中的w实际上是$y=0$的值，但这一关系式在$y\neq 0$时也是成立的，由此得到

$$w^0=\frac{\partial w}{\partial t}=\mathrm{Re}\left(A\frac{c_2\upsilon^2}{\sqrt{\upsilon^2-\zeta^2}}\right) \tag{4.6.96}$$

不妨记

$$F(\zeta)=A\frac{c_2\upsilon^2}{\sqrt{\upsilon^2-\zeta^2}} \tag{4.6.97}$$

其中，$\upsilon=v/c_2$。因为

$$\begin{aligned}\sigma_{xz}^0&=\mu\frac{\partial w^0}{\partial x}=\mu\mathrm{Re}\left[F'(\zeta)\frac{\partial\zeta}{\partial x}\right]\\ \sigma_{yz}^0&=\mu\frac{\partial w^0}{\partial x}=\mu\mathrm{Re}\left[F'(\zeta)\frac{\partial\zeta}{\partial y}\right]\end{aligned} \tag{4.6.98}$$

$$\frac{\partial\zeta}{\partial x}=\frac{\sqrt{\zeta^2-1}}{\tau\sqrt{\zeta^2-1}-y\zeta},\quad \frac{\partial\zeta}{\partial y}=\frac{\zeta^2-1}{\tau\sqrt{\zeta^2-1}-y\zeta} \tag{4.6.99}$$

得到

$$\sigma_{xz}^{0}=\mathrm{Re}\left[\frac{\mu A c_2 \upsilon_2 \zeta}{(\upsilon^2-\zeta^2)^{3/2}}\frac{1}{\tau}\right]$$
$$\sigma_{yz}^{0}=\mathrm{Re}\left[\frac{\mu A c_2 \upsilon^2 \zeta}{(\upsilon^2-\zeta^2)^{3/2}}\frac{\sqrt{\zeta^2-1}}{\tau}\right] \tag{4.6.100}$$

待定常数 A 由边界条件确定。在 $y=0$ 时，有

$$-\tau_0=\sigma_{yz}=\int_0^t \sigma_{yz}^0 \mathrm{d}t=-\int_0^t \mathrm{Re}\left[\frac{\mu A \upsilon^2\sqrt{\zeta^2-1}}{(\upsilon^2-\zeta^2)^{3/2}}\right]\mathrm{d}\zeta=-\mu A E\sqrt{1-\upsilon^2} \tag{4.6.101}$$

由式(4.6.101)即可确定常数 A 为

$$A=\frac{\tau_0}{\mu E\sqrt{1-\upsilon^2}} \tag{4.6.102}$$

式中，记号 $E\sqrt{1-\upsilon^2}$ 代表第二类完全椭圆积分。将式(4.6.102)代入式(4.6.97)，则 $F(\zeta)$ 亦得以确定，问题得解。

3) Ⅰ型问题解

Ⅰ型问题也可以用上面介绍的动力相似原理求解，但计算复杂得多，这里略去计算细节，只介绍计算结果。Ⅰ型裂纹问题的应力强度因子为

$$K_{\mathrm{I}}(t)=F_1(\alpha_1,\alpha_2)\sigma_0\sqrt{\pi v t} \tag{4.6.103}$$

其中，

$$\begin{aligned}&F_1(\alpha_1,\alpha_2)\\&=\alpha_1\left\{[(1+\alpha_2^2)^2-4\alpha_1\alpha_2]K(\alpha_1)-4\alpha_1^2(1-\alpha_2^2)K(\alpha_2)\right.\\&\quad\left.-[4\alpha_1^2+(1+\alpha_2^2)^2]E(\alpha_1)+8\alpha_1^2E(\alpha_2)\right\}^{-1}\end{aligned} \tag{4.6.104}$$

式中，K 与 E 分别为第一类完全椭圆积分与第二类完全椭圆积分。无量纲因子 $K_{\mathrm{I}}(t)$ 及 $G_{\mathrm{I}}(t)$ 随速度的变化曲线如图 4.6.12 所示。

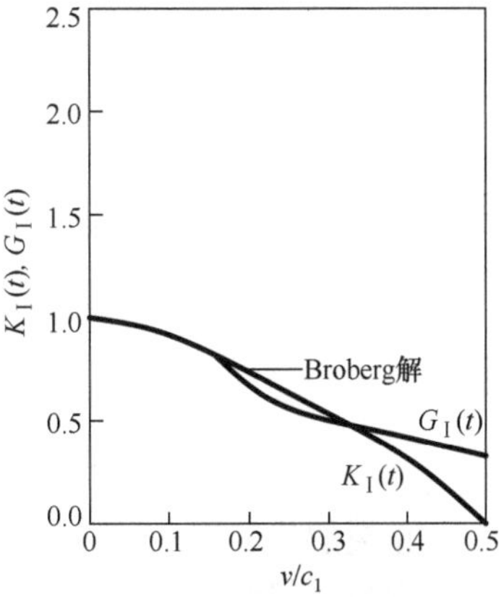

图 4.6.12 无量纲因子随速度的变化曲线

4.6.4 止裂原理与方法

止裂是裂纹运动过程中可能发生的一种现象。研究裂纹的止裂现象，并进行

止裂设计，是实现断裂控制的能动性手段，在工程上具有重要意义。

对于脆性材料，在裂纹起始扩展后，裂纹往往以很高的速度传播而导致断裂。为防止这种现象的发生，可采取某些手段，使裂纹传播中止，这就是止裂。裂纹传播有时也会自行停止，称为自动止裂。脆性材料中，裂纹起始扩展后，往往有一个缓慢扩展的过程，然后发展到快速扩展。在缓慢扩展阶段，自动止裂发生的可能性更大，这就是静态止裂或准静态止裂。发生在裂纹快速扩展阶段的止裂，称为动态止裂。这里主要讨论动态止裂。

1. 静态裂纹的止裂概念

从能量观点来看，静态裂纹是指动能可以忽略的裂纹。由静态断裂力学可知，当裂纹驱动力(K 或 G)大于裂纹阻力(K_{IC}或G_{IC})时将发生起始扩展。为方便计算，取$G=\pi\sigma^2 a/E$。由此，可认为G随裂纹尺寸a成正比例增大。实际情况是G随裂纹尺寸a的扩展先增大然后减小(例如，实际结构或试样端部固定时，σ会减小，便会出现这种情况)。

图 4.6.13 为裂纹驱动力G随a的变化曲线，裂纹开始扩展后，在B点以前G是增加的，随后开始减小。在C点，能量释放率重新等于R。若不计动能，则该时刻可能发生止裂，这就是静态裂纹止裂。C点以后的阶段，属于动态止裂问题。

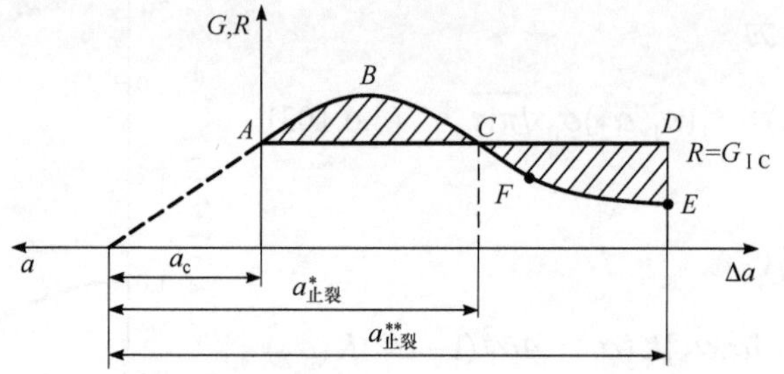

图 4.6.13　裂纹驱动力G随a的变化曲线

止裂的量度有两种：①从结构的角度考虑，在这种情形下，假定材料性能值R为常数，但结构提供的裂纹驱动力K或G会减小，产生止裂，如图 4.6.14(a)所示；②从材料的角度考虑，在这种情形下，材料性能K_{IC}或G_{IC}不是常数，而是随着裂纹尺寸的增大而增大，明显超过K或G而实现止裂，如图 4.6.14(b)所示。

这两种可能的止裂机理在实践中有许多应用。例如，在结构中插入加固元件或韧性好的止裂带，可以降低工作应力强度因子或增大材料的断裂韧性。图 4.6.15 为利用焊接或铆钉止裂的情况，图 4.6.15(a)为焊接止裂，图 4.6.15(b)为

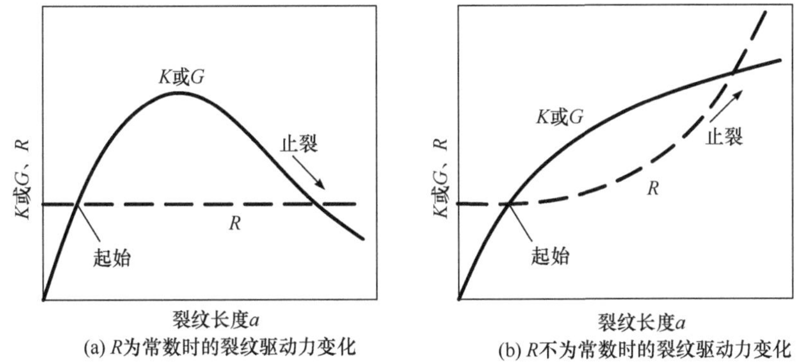

图 4.6.14　止裂的量度方法

铆钉止裂，每种情况上面的图是结构简图及其参数，下面的图为应力强度因子随裂纹长度的变化情况。图中参数为：σ_0=200MPa，l_p=150mm，t_p=13mm。由图可以看出，焊接或铆钉止裂情况下，应力强度因子 K_{IS} 的值均有明显的降低，止裂宽度 b 越大，应力强度因子 K_{IS} 越小。图 4.6.16 为结构中有焊缝止裂时断裂韧性的变化情况。

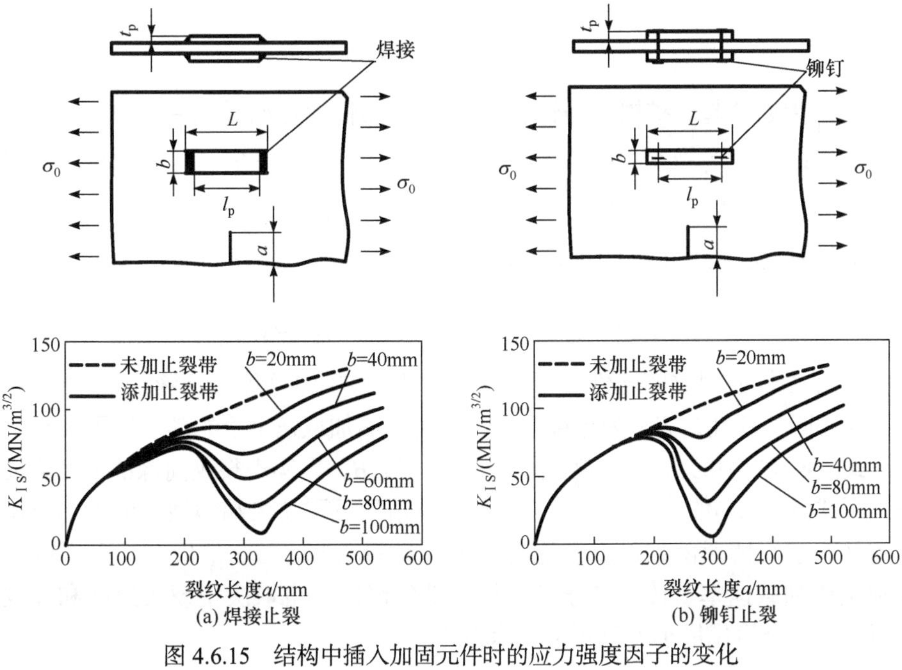

图 4.6.15　结构中插入加固元件时的应力强度因子的变化

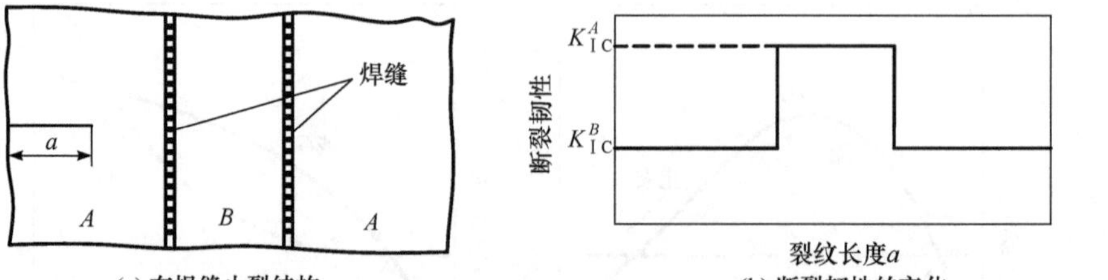

(a) 有焊缝止裂结构　　(b) 断裂韧性的变化

图 4.6.16　结构中有焊缝止裂时断裂韧性的变化

从能量的角度出发，裂纹止裂可以表示为

$$G_{\mathrm{s}} = -\frac{\mathrm{d}U_{\mathrm{s}}}{\mathrm{d}a} + \frac{\mathrm{d}W_{\mathrm{s}}}{\mathrm{d}a} < R = G_{\mathrm{Ia}} \tag{4.6.105}$$

式中，U_{s}为止裂应变能；W_{s}为止裂外力功；G_{Ia}为止裂韧性。

2. 止裂韧性的测量条件

与普通的断裂韧性相似，止裂韧性的存在是有条件的。在裂纹起始扩展问题中，裂纹尖端附近的塑性区尺寸r_{q}为

$$r_{\mathrm{q}} \sim K_{\mathrm{Iq}} / \sigma_{\mathrm{Y}} \tag{4.6.106}$$

式中，r_{q}为裂纹起始扩展时塑性区的半径(将塑性区近似看成一个圆，当然它通常不是圆)；K_{Iq}为裂纹起始扩展时刻的临界应力强度因子；σ_{Y}为材料的准静态条件下的屈服极限。试件的特征尺寸必须大于r_{q}，才能保证试样的线弹性。对于一个传播裂纹及其可能的止裂阶段，塑性区尺寸可表示为

$$r_{\mathrm{D}} \sim (K_{\mathrm{ID}} / \sigma_{\mathrm{YD}})^2 \quad \text{或} \quad r_{\mathrm{a}} \sim (K_{\mathrm{Ia}} / \sigma_{\mathrm{YD}})^2 \tag{4.6.107}$$

式中，r_{D}为传播裂纹的塑性区半径；r_{a}为止裂裂纹的塑性区半径；K_{ID}为传播裂纹动态断裂韧性；K_{Ia}为止裂韧性；σ_{YD}为高加载速率下的动态屈服极限。

式(4.6.107)中的r_{D}和r_{a}必须小于试样厚度B，以实现裂纹前缘的平面应变状态。用式(4.6.107)估算传播裂纹与止裂裂纹情形下裂纹尖端塑性区的大小要比相应的静态裂纹情形困难得多。这是因为材料韧性K_{ID}或K_{Ia}以及动态屈服极限σ取决于加载速率、传播与止裂裂纹尖端的温度，也取决于裂纹速度和裂纹速度历程。一个简化最小关系式可表示为

$$B > a\left(\frac{K_{\mathrm{ID}}}{\sigma_{\mathrm{Y}}}\right)^2 \quad \text{或} \quad B > a\left(\frac{K_{\mathrm{Ia}}}{\sigma_{\mathrm{Y}}}\right)^2 \tag{4.6.108}$$

式中，利用静态屈服极限 σ_{Y} 代替动态屈服极限 σ_{YD}，而屈服极限随加载速率和温度的变化通过因子 a 予以考虑，因子 $a = 0.18 \sim 1.0$。

3. 静态止裂韧性 K_{Ia} 的确定

对于图 4.6.17 所示的双悬臂梁试样，裂纹扩展与止裂的试验结果如图 4.6.18 所示。在裂纹起始扩展前一段时间以及起始扩展时，裂纹长度为 a_0。应力强度因子为 K_{Iq}。由于试样中裂纹尖端是钝的，K_{Iq} 大于裂纹起始扩展的材料阻力 R(此时材料阻力为 K_{IC})。为描述裂纹扩展与止裂原理，假定材料阻力 R 在裂纹扩展和止裂整个过程中为常数，如图 4.6.18 中的 R 线所示(事实上并非如此)。然后裂纹变成不稳定状态 $(a(t) > a_0)$，动态效应影响传播裂纹尖端附近的动态应力强度因子 $K_I(t)$。这些动态效应考虑为叠加在静态应力强度因子 K_I^S 上的一种扰动(如图 4.6.17 中表示 K_I 的两种任意变化)。对于双悬臂试样，当 $a + f < L - 2H$ 时(其中，L 为双悬臂梁的高度的跨距；f 为试验截面宽度)，静态应力强度因子可以由瞬时裂纹长度的变化表示为

$$K_I^S = \begin{cases} 2\sqrt{3}\dfrac{Pa}{13H^{3/2}}\left(1 + 0.64\dfrac{H}{a}\right), & \text{拉力加载} \\ \dfrac{\sqrt{3}}{4}\dfrac{EH^{3/2}2\delta}{a^2}\dfrac{1 + 0.64(H/a)}{1 + 1.92(H/a) + 1.22(H/a)^2 + 0.39(H/a)^3}, & \text{裂纹张开位移加载} \end{cases} \tag{4.6.109}$$

式中，H 为双悬臂梁的高度。

在裂纹扩展的终态，当应力强度因子趋近于材料阻力时，上述扰动变得越来越小，在止裂后短时间内趋近完全消失。止裂后的静态应力强度因子可视为止裂时刻实际的动态应力强度因子的一个近似值。止裂时静态应力强度因子的临界值等于止裂时的材料阻力，并且以 K_{Ia} 表示(为明确，下面仍记为 K_I^S)。因此，裂纹止裂过程可以简单地作为裂纹起裂过程在时间上的逆过程。

若按照式(4.6.109)的第二式计算双悬臂试样的静态应力强度因子，则可测量出裂纹止裂时的临界裂纹张开位移 2δ 和裂纹止裂长度 a_0，止裂韧性 K_{Ia} 可以由式(4.6.110)确定：

$$K_{Ia} = K_I^S(\delta_0, a_a) \tag{4.6.110}$$

止裂韧性 K_{Ia} 也可由 $K_I^S(P_c, a_a)$ 确定，P_c 为临界拉应力。

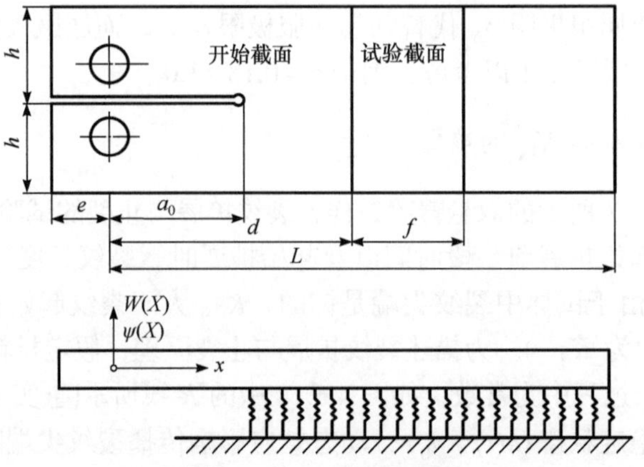

图 4.6.17　双悬臂梁试样

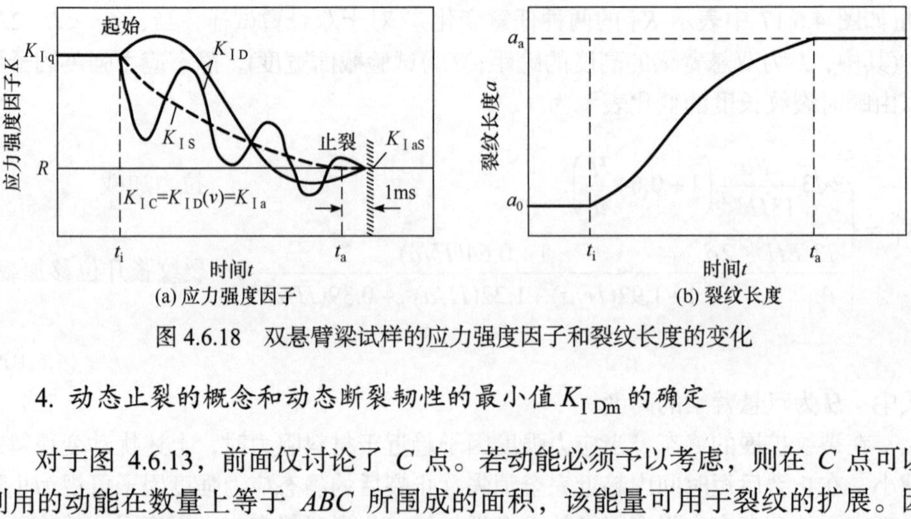

(a) 应力强度因子　　(b) 裂纹长度

图 4.6.18　双悬臂梁试样的应力强度因子和裂纹长度的变化

4. 动态止裂的概念和动态断裂韧性的最小值 $K_{\mathrm{I\,Dm}}$ 的确定

对于图 4.6.13，前面仅讨论了 C 点。若动能必须予以考虑，则在 C 点可以利用的动能在数量上等于 ABC 所围成的面积，该能量可用于裂纹的扩展。因此，此时应变能释放率 $G<R$，裂纹仍然扩展，最后在 E 点止裂，CDE 面积与 ABC 面积相等。在 E 点动能减小为零后，裂纹止裂，实际情况如图 4.6.18 所示，在裂纹速度为零后，裂纹仍然扩展，止裂一般逐渐实现。利用能量观点，裂纹动态扩展与止裂可表示为

$$G_{\mathrm{D}}=-\frac{\mathrm{d}U_{\mathrm{D}}}{\mathrm{d}a}-\frac{\mathrm{d}T_{\mathrm{D}}}{\mathrm{d}a}+\frac{\mathrm{d}W_{\mathrm{D}}}{\mathrm{d}a}\leqslant G_{\mathrm{ID}}(v) \tag{4.6.111}$$

式中，G_{D} 为裂纹动态能量释放率；U_{D}、T_{D} 与 W_{D} 分别为动态应变能、动能与外力功。G_{D} 与 G_{ID} 之间取等号为裂纹传播条件，取不等号为止裂条件。

下面分析双悬臂试样裂纹动态传播与止裂的物理现象。用钢材制造三组试样，试样的几何条件及材料相同，不同之处在于：①材料的断裂韧性(止裂韧性)

$K_{\mathrm{Id}}(v)$ 对裂纹速度的依赖关系不同，试样 1 与试样 2 的动态断裂韧性 $K_{\mathrm{ID}}(v)=K_{\mathrm{IC}}=$ 常数，如图 4.6.19 中的直线 1，试样 3 的动态断裂韧性 $K_{\mathrm{ID}}(v)=f(v)$ 随 v 的变化而发生迅速的变化，如图 4.6.19 中的曲线 2；②试样起始扩展条件不同，对于试样 1 与试样 3，$K_{\mathrm{Iq}}=1.5K_{\mathrm{IC}}$，对于试样 2，$K_{\mathrm{Iq}}=2.0K_{\mathrm{IC}}$。

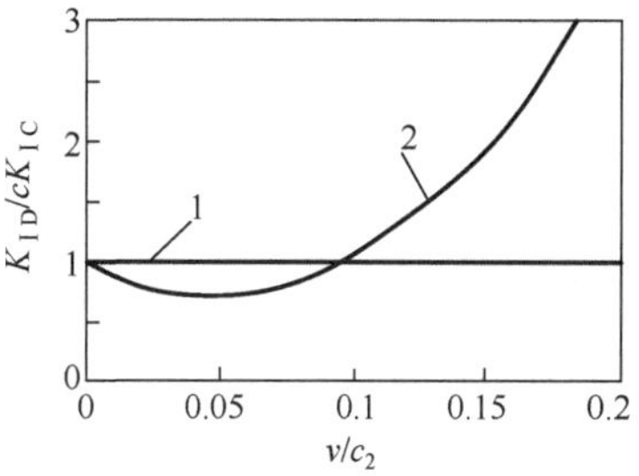

图 4.6.19　双悬臂试样的断裂韧性

动态止裂过程示意图如图 4.6.20 所示，图 4.6.20 可以同静态止裂示意图 4.6.14(a)相比较。图 4.6.14 中的 $K_{\mathrm{I}}(t)$ 与 $a(t)$，在图 4.6.20 中采用能量释放率 G_{I} 及 $a(t)$，G_{I} 作为裂纹长度 a 的函数。为了方便计算，在整个裂纹传播与止裂过程中，把材料阻力 R 当成常数处理。在裂纹扩展的初始(C—B)，动态能量释放率 G_{ID} 小于静态能量释放率 G_{IS}，G_{IS} 通过一个等价的静止裂纹得到。剩余的能量(实际上是指静态下的应变能与动态应变能的差)将转化为动能。假如没有动能，在 B 点，由于 $G_{\mathrm{ID}}=R$，则应该止裂，此时 G_{IS} 对应的裂纹长度化为 a_{aS}。动能的作用使裂纹继续扩展，并且动态能量释放率 G_{ID} 大于静态能量释放率。此时，尽管静态能量释放率小于材料阻力 R，但裂纹仍然扩展。当动能的能源库不再提供裂纹扩展的足够驱动力时，裂纹便在达到动态止裂长度 a_{aD} 时首先处于静止状态，并且在 D 点，G_{ID} 小于材料阻力 R。按照静态概念的裂纹止裂长度算出的断裂韧性 K_{IaS} 或 G_{IaS} 小于实际的材料阻力 R。

动态断裂韧性 K_{ID} 一般随裂纹扩展速度 v 而变化，且往往存在一个最小值，记为 K_{IDm}，如图 4.6.21 所示。为方便计算，假设动态断裂韧性 $K_{\mathrm{ID}}(v)$ 由静态起始扩展时刻的临界应力强度因子与静态裂纹止裂韧性表示，即

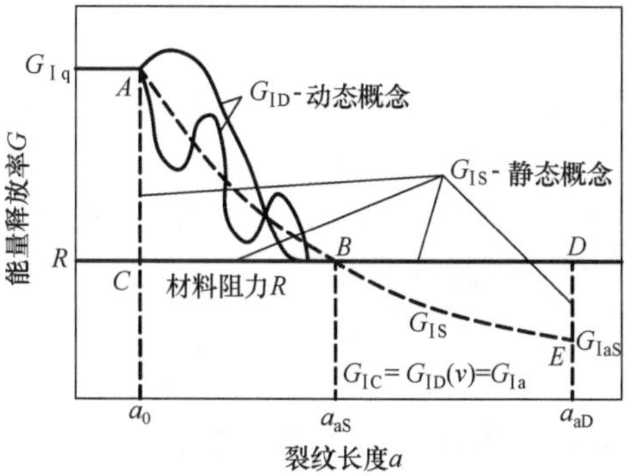

图 4.6.20　动态止裂过程示意图

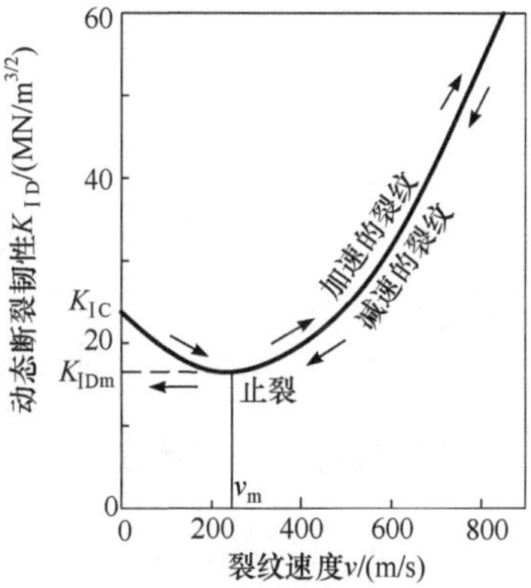

图 4.6.21　动态断裂韧性随裂纹扩展速度的变化

$$K_{\mathrm{ID}}^2(v) = K_{\mathrm{Iq}} K_{\mathrm{IaS}} \tag{4.6.112}$$

K_{IDm} 可以由下述方法确定：首先作 a_{a} / a_0 -$K_{\mathrm{Iq}} / K_{\mathrm{ID}}(v)$ 曲线，然后作 v / c_0-a_{a} / a_0 曲线，其中 a_{a} 为裂纹止裂长度，a_0 为裂纹起始长度，c_0 为弹性波波速(声速)，$c_0 = \sqrt{E/P}$。由以上两条曲线可以得到 $K_{\mathrm{ID}}(v)$-v 曲线，因此 K_{IDm} 可以由曲线的最低点确定，如图 4.6.22 所示，图中 v 表示裂纹以常速度传播。

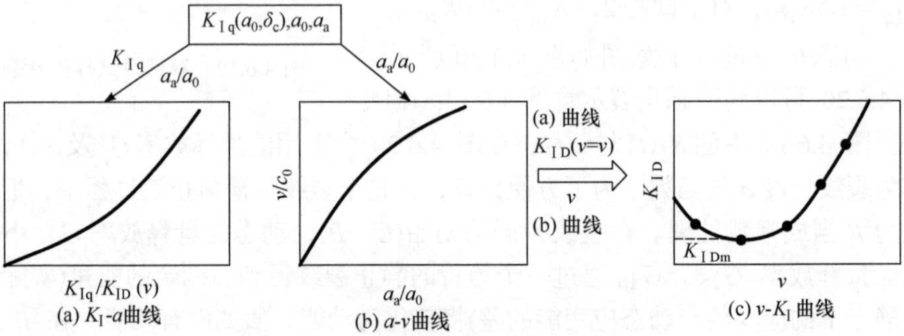

图 4.6.22 动态断裂韧性最小值的确定

4.6.5 动态 *J* 积分

在一般韧性材料中，动载荷下的稳定裂纹或静止载荷下的运动裂纹，其分析解难以得到。为了克服这一困难寻求某些守恒量，促成了非线性断裂理论中 J 积分理论的诞生。J 积分成为单调加载条件下，与时间变化率无关的材料非线性断裂静力学的统一理论基础。

J 积分的路径守恒性是有条件的，即要求材料遵循小应变塑性形变理论(小应变、非线性弹性)。假设材料的应变能密度为 $U(\varepsilon_{ij})$，则应力可表示为

$$\sigma_{ij} = \frac{\partial U}{\partial \varepsilon_{ij}} \tag{4.6.113}$$

对于一般的弹塑性材料，只有在单调加载(或比例加载)时才具有这种关系。然而在动态加载下或裂纹快速扩展时，将出现非比例塑性变形和卸载，因此关系式(4.6.113)并不成立，J 积分赖以成立的基础开始动摇。但是计算表明，J 积分对路径仍然守恒，这表明非比例加载对 J 积分的守恒影响不大。

1. 裂纹动态起始扩展 J 的积分

讨论一带裂纹的二维连续体，如图 4.6.23 所示。假设裂纹没有扩展，仅仅是所受的外载荷随时间迅速变化。在计及惯性效应时，与路径无关的 J 积

分可表示为

$$\hat{J}=\int_{\Gamma+\Gamma_{\mathrm{s}}}(Un_k-t_iu_{i,k})\mathrm{d}\Gamma+\iint_{\Omega}\rho\ddot{u}_iu_{i,k}\mathrm{d}\Omega \tag{4.6.114}$$

式中，$\Gamma+\Gamma_{\mathrm{s}}$ 为任一包围裂纹尖端的闭路；Γ_{s} 为该闭路在裂纹面上的部分；Ω 为 Γ 所包围的面积；U 为应变能密度；t_i 为面力矢量分量，$t_i=\sigma_{ij}n_j$；n_k 为面元的外法线矢量；u_i 与 $\ddot{u}_i$ 分别为位移与加速度矢量分量。

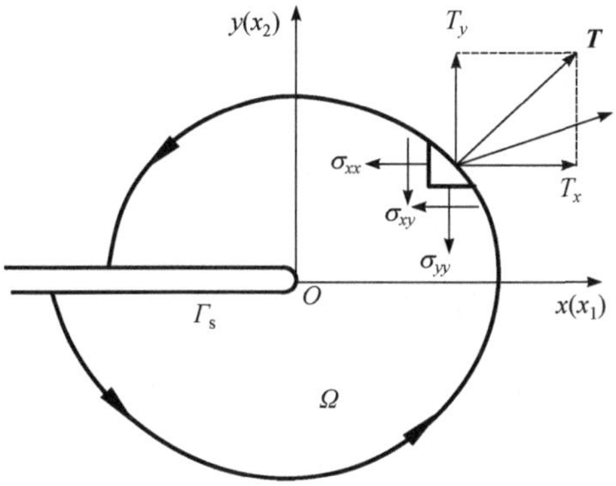

图 4.6.23　带裂纹的二维连续体

下面给出式(4.6.114)与路径无关性的证明。在不计体力的情形下，物体的运动方程为

$$\sigma_{ij,j}=\rho\ddot{u}_i \tag{4.6.115}$$

为了证明 $\hat{J}$ 对路径的守恒性，考察两个任意包围裂纹尖端的路径 $\Gamma_1+\Gamma_{\mathrm{s}_1}$ 与 $\Gamma_2+\Gamma_{\mathrm{s}_2}$，用 $\hat{J}_1$ 与 $\hat{J}_2$ 代表相应的 $\hat{J}$ 积分值，则有

$$\begin{aligned}\hat{J}_1-\hat{J}_2&=\int_{\Gamma_1+\Gamma_{\mathrm{s}_1}}(Un_k-t_iu_{i,k})\mathrm{d}\Gamma+\iint_{\Omega_1}\rho\ddot{u}_iu_{i,k}\mathrm{d}\Omega\\&\quad-\int_{\Gamma_2+\Gamma_{\mathrm{s}_2}}(Un_k-t_iu_{i,k})\mathrm{d}\Gamma-\iint_{\Omega_2}\rho\ddot{u}_iu_{i,k}\mathrm{d}\Omega\\&=\int_{\bar{\Gamma}}(Un_k-t_iu_{i,k})\mathrm{d}\Gamma+\iint_{\bar{\Omega}}\rho\ddot{u}_iu_{i,k}\mathrm{d}\Omega\end{aligned} \tag{4.6.116}$$

式中，$\bar{\Gamma}=\Gamma_1+\Gamma_{\mathrm{s}_1}-\Gamma_2-\Gamma_{\mathrm{s}_2}$，$\bar{\Omega}=\Omega_1-\Omega_2$，$\bar{\Omega}$ 即为 $\bar{\Gamma}$ 所包围的面积。利用 Gauss 定理及运动方程(4.6.115)，并且注意到在线性与非线性弹性情形下，均有关系式(4.6.113)，于是得到

$$\begin{aligned}\int_{\bar{\Gamma}} U n_k \mathrm{d}\Gamma &= \iint_{\bar{\Omega}} \frac{\partial U}{\partial x_k} \mathrm{d}\Omega = \iint_{\bar{\Omega}} \frac{\partial U}{\partial \varepsilon_{ij}} \frac{\partial \varepsilon_{ij}}{\partial x_k} \mathrm{d}\Omega \\ &= \iint_{\bar{\Omega}} \sigma_{ij} \frac{\partial u_{i,j}}{\partial x_k} \mathrm{d}\Omega = \iint_{\bar{\Omega}} \sigma_{ij} \frac{\partial u_{i,k}}{\partial x_j} \mathrm{d}\Omega \\ &= \iint_{\bar{\Omega}} \frac{\partial}{\partial x_j}(\sigma_{ij} u_{i,k}) \mathrm{d}\Omega - \iint_{\bar{\Omega}} \sigma_{ij,j} u_{i,k} \mathrm{d}\Omega \\ &= \iint_{\bar{\Gamma}} \sigma_{ij} n_j u_{i,k} \mathrm{d}\Gamma - \iint_{\bar{\Omega}} \rho \ddot{u}_i u_{i,k} \mathrm{d}\Omega\end{aligned} \tag{4.6.117}$$

将式(4.6.117)代入式(4.6.115)即可得到

$$\hat{J}_1 - \hat{J}_2 = 0 \tag{4.6.118}$$

式(4.6.118)表明 $\hat{J}$ 积分与路径无关。

$\hat{J}$ 积分还可以表示为与路径无关的积分，即

$$\hat{J} = \int_{\Gamma + \Gamma_{\mathrm{s}}} \left[(U+T)n_k - t_i u_{i,k})\right] \mathrm{d}\Gamma + \iint_{\Omega} [\rho \ddot{u}_i u_{i,k} - \rho \dot{u}_i \dot{u}_{i,k}] \mathrm{d}\Omega \tag{4.6.119}$$

式中，T 为介质的动能密度，$T = \rho \dot{u}_i \dot{u}_i / 2$。

动态 J 积分式(4.6.114)与式(4.6.119)既适用于线性弹性材料，又适用于非线性弹性材料。对于遵循增量弹塑性规律的受动态载荷作用的含稳定裂纹的二维物体，这种积分仍然对路径守恒。

2. 运动裂纹的 J 积分

裂纹作常速扩展情形下的路径无关积分，裂纹速度为常数时，有

$$\frac{\partial}{\partial t} = -v \frac{\partial}{\partial x_1} \tag{4.6.120}$$

其中，v 为裂纹扩展速度，为一常数。

若定义 $\hat{J}$ 积分为

$$\hat{J} = \int_{\Gamma} [(U+T)n_1 - \sigma_{ij} n_j u_{i,1}] \mathrm{d}\Gamma \tag{4.6.121}$$

式中，

$$U = \int_0^{\varepsilon_{ij}} \sigma_{ij} \mathrm{d}\varepsilon_{ij}, \quad T = \frac{1}{2} \rho \dot{u}_i \dot{u}_i \tag{4.6.122}$$

式(4.6.122)的第一式中没有限制 σ_{ij} 与 ε_{ij} 之间关系的具体形式，在下面的证明中无须引用关系式(4.6.113)，因此积分式(4.6.121)的适用范围较宽。式(4.6.121)中的 Γ 与图 4.6.23 中的含义相一致。

对路径的守恒性证明如下：利用 Gauss 定理和关系式(4.6.113)，可以得知对于任意封闭路径 $\varGamma_0$，有

$$\begin{aligned}&\int_{\varGamma_0}(U+T)n_i\mathrm{d}\varGamma=\iint_{\varOmega}(U_{,1}+T_{,1})\mathrm{d}\varOmega=-\frac{1}{v}\iint_{\varOmega}(\dot{U}+\dot{T})\mathrm{d}\varOmega\\&=-\frac{1}{v}\iint_{\varOmega}(\sigma_{ij}\dot{\varepsilon}_{ij}+\rho\dot{u}_i\ddot{u}_i)\mathrm{d}\varOmega\\&=\iint_{\varOmega}(\sigma_{ij}u_{i,j1}+\rho\ddot{u}_i\dot{u}_{i,1})\mathrm{d}\varOmega\\&=\iint_{\varOmega}[(\sigma_{ij}u_{i,1})_j-(\sigma_{ij,j}-\rho\ddot{u}_i)u_{i,1}]\mathrm{d}\varOmega\\&=\int_{\varGamma}\sigma_{ij}n_iu_{i,1}\mathrm{d}\varGamma\end{aligned}\tag{4.6.123}$$

将式(4.6.123)代入式(4.6.121)，即可得知 $\hat{J}$ 积分对路径 $\varGamma$ 是守恒的。

以上证明中，没有对材料性质作特殊要求，只要求裂纹的运动是等速的，即满足关系式(4.6.120)。当 T=0 时，$\hat{J}=J$，这里 J 为静态的 J 积分。

4.6.6　基于形变理论的稳态裂纹的动态渐近场

形变理论是指小变形以及应力-应变关系的非线性，形变塑性理论可用于稳定裂纹在动态载荷作用下的裂纹尖端渐近场研究。但这一理论在卸载时不成立，因此所得结果仅适用于应力场与位移场单调增加的初始时刻。非线性的近场解与线性的远场解通过积分相联系，塑性变形必须局限于裂纹尖端很小的区域才有意义。幂硬化不可压缩弹塑性材料，同静力学类似，裂纹尖端场可表示成简单的形式。

1. 裂纹尖端场

考虑平面应变情形，对于小变形，应变与位移之间为线性关系。假定塑性变形为不可压缩，则应力偏量 s_{ij} 与应变偏量 e_{ij} 的关系可表示为

$$s_{ij}=\frac{2\tau}{\gamma}e_{ij}\tag{4.6.124}$$

式中，$\tau=\sqrt{s_{ij}s_{ij}/2}$，$\gamma=\sqrt{2e_{ij}e_{ij}}$。假定硬化律为

$$\tau=\begin{cases}\mu\gamma=(\dfrac{\tau_0}{\gamma_0})\gamma, & \gamma<\gamma_0\\[2ex]\tau_0(\dfrac{\gamma}{\gamma_0})^N, & \gamma\geqslant\gamma_0\end{cases}\tag{4.6.125}$$

式中，N 为硬化指数，$0<N\leqslant1$；τ_0 与 γ_0 分别为剪切屈服应力与屈服应变。控

制方程中的运动方程由式(4.6.115)表示，在裂纹尖端的邻域，有

$$u_i = k_\varepsilon(t)\bar{u}_i(r,\theta) \tag{4.6.126}$$

式中，r 与 θ 为裂纹尖端极坐标，并且

$$\bar{u}_i(r,\theta) \to U_i(\theta) r^q, \quad r \to 0 \tag{4.6.127}$$

其中，$q>0$。式(4.6.127)给出了裂纹尖端渐近场的主项。应变与应力的表达式可由式(4.6.125)得出，即

$$\varepsilon_{ij} = k_\sigma(t)\bar{\varepsilon}_{ij}(r,\theta), \quad \sigma_{ij} = k_\sigma(t)\bar{\sigma}_{ij}(r,\theta) \tag{4.6.128}$$

式中，$k_\sigma(t)$ 为动态应力强度因子；$\bar{\varepsilon}_{ij}(r,\theta)$、$\bar{\sigma}_{ij}(r,\theta)$ 和 $k_\sigma(t)$ 可表示为

$$\begin{aligned} &\bar{\varepsilon}_{ij}(r,\theta) \to E_{ij}(\theta) r^{q-1} \\ &\bar{\sigma}_{ij}(r,\theta) \to \Sigma_{ij}(\theta) r^{(q-1)/N} \\ &k_\sigma(t) = [k_\varepsilon(t)]^N \end{aligned} \tag{4.6.129}$$

将式(4.6.126)～式(4.6.129)代入方程(4.6.115)，可知式(4.6.115)左端的最高阶奇异性为 $r^{(q-1)/N-1}$，而右端的最高阶奇异性为 r^q。这样，当最高阶奇异性被认定时，惯性项将不计入。对于动态问题与静态问题，系数 q、函数 $U_i(\theta)$、$E_{ij}(\theta)$ 及 $\Sigma_{ij}(\theta)$ 均相同。动态场与静态场不同，其仅仅是应力强度因子 $k_\sigma(t)$ 为时间的函数。

2. 路径无关的积分

为解决线弹性动态裂纹问题，定义一个路径无关的积分为

$$\bar{I} = \int_\Gamma \left(\frac{1}{2}\bar{\sigma}_{ij}\bar{\varepsilon}_{ij} n_i + \frac{1}{2}\rho p^2 \bar{u}_i \bar{u}_i n_i - \bar{T}_i \frac{\partial \bar{u}_i}{\partial x_i} \right) \mathrm{d}\Gamma \tag{4.6.130}$$

式中，上划线“–”表示相应物理量的拉普拉斯变换；p 为拉普拉斯变换参量。

对于非线性情形，定义一个类似的积分为

$$\bar{I}_N = \int_\Gamma \left[\bar{k}_\sigma \bar{k}_\varepsilon U(\bar{\varepsilon}_{ij}) n_i + \frac{1}{2}\rho p^2 \bar{u}_i \bar{u}_i n_i - \bar{T}_i \frac{\partial \bar{u}_i}{\partial x_i} \right] \mathrm{d}\Gamma \tag{4.6.131}$$

式中，$U(\bar{\varepsilon}_{ij})$ 的形式由式(4.6.122)表示，只是 σ_{ij} 与 ε_{ij} 被这里的 $\bar{\sigma}_{ij}$ 与 $\bar{\varepsilon}_{ij}$ 所代替，Γ 取在十分接近裂纹尖端的地方。

当 N=1 时，$\bar{I}_N$ 还原为 $\bar{I}$，即式(4.6.130)，且有

$$\bar{I} = \frac{1-\upsilon^2}{E}[\bar{K}_{\mathrm{I}}(p)]^2 \tag{4.6.132}$$

式中，$\bar{K}_{\mathrm{I}}(p)$ 为应力强度因子 $K_{\mathrm{I}}(p)$ 的拉普拉斯变换。

积分式(4.6.131)可以化为

$$\bar{I}_N = \bar{k}_\sigma(p)\bar{k}_\varepsilon(p)\bar{J} + p^2[\bar{k}_\varepsilon(p)]^2\bar{L} \tag{4.6.133}$$

其中，

$$\bar{J} = \int_\Gamma \left[U(\bar{\varepsilon}_{ij})\mathrm{d}x_2 - \bar{T}_i \frac{\partial u_i}{\partial x_i}\mathrm{d}\Gamma \right], \quad \bar{L} = \frac{1}{2}\rho\int_\Gamma \bar{u}_i\bar{u}_i \mathrm{d}\Gamma \tag{4.6.134}$$

3. 强度因子

由式(4.6.132)与式(4.6.133)得到

$$\bar{k}_\sigma(p)\bar{k}_\varepsilon(p)\bar{J} = \frac{1-\upsilon^2}{E}[\bar{K}_{\mathrm{I}}(p)]^2 \tag{4.6.135}$$

在线性情形下，应力强度因子可表示为

$$K_{\mathrm{I}}(t) = f(t)K_{\mathrm{I}} \tag{4.6.136}$$

式中，K_{I} 为相应于准静态情形的应力强度因子。对于非线性情形，有

$$\bar{k}_\sigma(p) = \bar{f}_\sigma(p)K_\sigma, \quad \bar{k}_\varepsilon(p) = \bar{f}_\varepsilon(p)K_\varepsilon \tag{4.6.137}$$

式中，K_σ 与 K_ε 为对应于静态问题的强度因子。将式(4.6.136)与式(4.6.137)代入式(4.6.135)，并且利用准静态结果 $K_\sigma K_\varepsilon \bar{J} = (K_{\mathrm{I}})^2(1-\upsilon^2)/E$，得到

$$\bar{f}_\sigma(p)\bar{f}_\varepsilon(p) = [\bar{f}(p)]^2 \tag{4.6.138}$$

考虑一个例子：$f(t)=t^\alpha$ ($\alpha>0$)，亦即 $\bar{f}(p)=\Gamma(\alpha+1)/p^{\alpha+1}$，相应的 $f_\sigma(t)=ct^\gamma$，由式(4.6.129)的第三式得到 $f_\sigma(t)=c^n t^{\gamma N}$，代入式(4.6.138)得到

$$c^{N+1}\frac{\Gamma(\gamma N+1)\Gamma(\gamma+1)}{p^{\alpha N+1}p^{\gamma+1}} = \left[\frac{\Gamma(\alpha+1)}{p^{\alpha+1}}\right]^2 \tag{4.6.139}$$

由式(4.6.139)可以解出 c 和 γ，得到 $\gamma = 2\alpha/(N+1)$。因为 $0<N<1$，所以 $\gamma>\alpha$，这意味着 $f_\sigma(t)\sim t^\gamma$ 的增长慢于 $f(t)$，但 $f_\sigma(t)\sim t^{\gamma N}$ 的增长快于线性情形。

4.6.7　运动 Dugdale 模型

1. Ⅰ型运动 Dugdale 模型

将非线性断裂理论中的 Dugdald 模型推广到动力学情形中，是断裂动力学研

究的一个方向。

1) 物理模型

设一长为 $2a$ 的 Griffith 裂纹，在远处受单向拉伸，如图 4.6.24 所示，裂纹以速度 v 沿 x_1 方向运动。为方便计算，假定裂纹在运动过程中长度保持不变，这与 Yoffe 问题一致。使用坐标变换：

$$x = x_1 - vt, \quad y=y \tag{4.6.140}$$

在运动坐标系 Oxy 中讨论。在运动坐标系中，运动裂纹相当于一个静止裂纹。设在裂纹两侧，即 $y=0$， $a<|x|<a+R$ 处为非线性变形区，或者内聚力作用区，其中 R 为待定的未知量，与静态 Dugdale 模型一致，假定 $\sigma_{yy}=\sigma_{\mathrm{s}}$，$\sigma_{xy}=0$，对于金属材料，$\sigma_{\mathrm{s}}$ 为屈服极限；对于非金属材料，σ_{s} 为破碎极限。

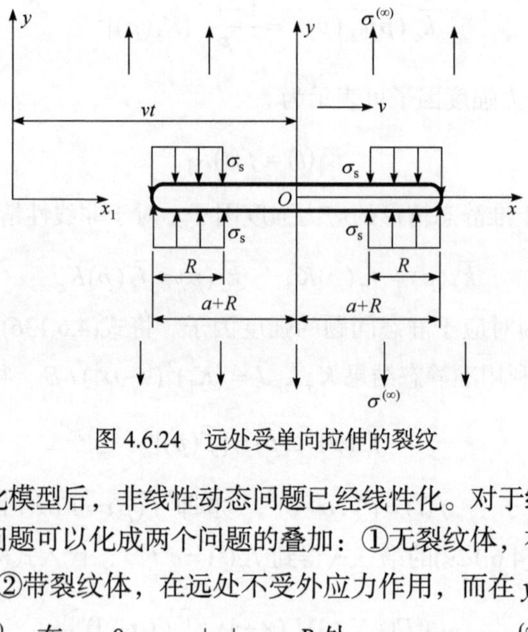

图 4.6.24　远处受单向拉伸的裂纹

采用以上简化模型后，非线性动态问题已经线性化。对于线性问题可以采用叠加原理，上述问题可以化成两个问题的叠加：①无裂纹体，在远处受拉伸应力 $\sigma_{yy}=\sigma^{(\infty)}$ 作用；②带裂纹体，在远处不受外应力作用，而在 $y=0$，$|x|<a$ 处作用应力 $\sigma_{yy}=-\sigma^{(\infty)}$，在 $y=0$， $a<|x|<a+R$ 处，$\sigma_{yy}=\sigma_{\mathrm{s}}-\sigma^{(\infty)}$ 。

上述问题①的解为已知，这个解不产生应力奇异性，y=0 处的所有点的法向位移 $u_y(x,0)=0$，因此对裂纹张开位移无贡献，可不必考虑。

上述问题②，其边界条件可以表示为

$$\begin{cases} \sigma_{yy}=-\sigma^{(\infty)}, \quad \sigma_{xy}=0, & y=0,\ |x|\leqslant a \\ \sigma_{yy}=\sigma_{\mathrm{s}}-\sigma^{(\infty)}, \quad \sigma_{xy}=0, & y=0,\ a<|x|<a+R \\ \sigma_{xx}=\sigma_{yy}=\sigma_{xy}=0, & (x^2+y^2)^{1/2}\to\infty \end{cases} \tag{4.6.141}$$

这是一个稳态动力学问题，因此初始条件可以不必考虑。

2) 基本关系式

对于一个线性化的动力学问题，可以归结为在边界条件(4.6.141)下求解波动方程组：

$$\nabla^2\phi=\frac{1}{c_1^2}\frac{\partial^2\phi}{\partial t^2},\quad \nabla^2\psi=\frac{1}{c_2^2}\frac{\partial^2\psi}{\partial t^2} \tag{4.6.142}$$

式中，c_1 和 c_2 分别为横波波速和纵波波速。

函数 $\phi(x_1,y)$ 、$\psi(x_1,y)$ 与位移 $u_{x_1}(x_1,y)$ 、$u_y(x_1,y)$ 的关系为

$$u_{x_1(x_1,y)}=\frac{\partial\phi(x_1,y)}{\partial x_1}+\frac{\partial\psi(x_1,y)}{\partial y},\quad u_{y(x_1,y)}=\frac{\partial\phi(x_1,y)}{\partial y}-\frac{\partial\psi(x_1,y)}{\partial x_1} \tag{4.6.143}$$

式(4.6.142)中的 ∇^2 为拉普拉斯算子，即

$$\nabla^2=\frac{\partial^2}{\partial x_1^2}+\frac{\partial^2}{\partial y^2} \tag{4.6.144}$$

使用坐标变换式(4.6.140)后，波动方程组(4.6.142)化为

$$\left(\frac{\partial^2}{\partial x^2}+\frac{\partial^2}{\partial y_1^2}\right)\phi(x,y_1)=0,\quad \left(\frac{\partial^2}{\partial x^2}+\frac{\partial^2}{\partial y_2^2}\right)\phi(x,y_2)=0 \tag{4.6.145}$$

其中，

$$y_1=\alpha_1 y,\quad y_2=\alpha_2 y \tag{4.6.146}$$

$$\alpha_1=\sqrt{1-\left(\frac{v}{c_1}\right)^2},\quad \alpha_2=\sqrt{1-\left(\frac{v}{c_2}\right)^2} \tag{4.6.147}$$

对于方程(4.6.145)，可采用复变函数解法，即引进两个复变量：

$$z_1=x+\mathrm{i}y_1,\quad z_2=x+\mathrm{i}y_2 \tag{4.6.148}$$

设 $F_1(z_1)$ 与 $F_2(z_2)$ 分别为 z_1 和 z_2 的解析函数，则有

$$\phi(x,y_1)=F_1(z_1)+\overline{F_1(z_1)},\quad \psi(x,y_2)=\mathrm{i}[F_2(z_2)-\overline{F_2(z_2)}] \tag{4.6.149}$$

式中，$\overline{F_1(z_1)}$ 与 $\overline{F_2(z_2)}$ 分别代表 $F_1(z_1)$ 与 $F_2(z_2)$ 的复数共轭。记

$$\varPhi(z_1)=F_1'(z_1)=\frac{\mathrm{d}F_1}{\mathrm{d}z_1},\quad \varPsi(z_2)=F_2'(z_2)=\frac{\mathrm{d}F_2}{\mathrm{d}z_2} \tag{4.6.150}$$

从而得到位移与应力的分量为

$$\begin{aligned}&u_x+\mathrm{i}u_y=(1-\alpha_1)\varPhi(z_1)+(1+\alpha_1)\overline{\varPhi(z_1)}+(1-\alpha_2)\varPsi(z_2)-(1+\alpha_2)\overline{\varPsi(z_2)}\\&\sigma_{xx}+\sigma_{yy}=2\mu(\alpha_1^2-\alpha_2^2)[\varPhi'(z_1)+\overline{\varPhi'(z_1)}]\end{aligned} \tag{4.6.151}$$

$$\sigma_{xx}-\sigma_{yy}+\mathrm{i}2\sigma_{xy}=2\mu(1-\alpha_1)^2\Phi'(z_1)+(1+\alpha_1)^2\overline{\Phi'(z_1)}+(1-\alpha_2)^2\Psi'(z_2)-(1+\alpha_2)^2\overline{\Psi'(z_2)} \tag{4.6.152}$$

针对上面讨论的裂纹问题(4.6.141)，当 z_1 与 z_2 充分大时，函数 $\Phi(z_1)$ 与 $\Psi(z_2)$ 可表示为

$$\Phi(z_1)=\sum_{n=1}^{\infty}a_n z_1^{-n},\quad \Psi(z_2)=\sum_{n=1}^{\infty}b_n z_1^{-n} \tag{4.6.153}$$

为了方便确定这些函数，利用保角变换：

$$z_1,z_2=\omega(\zeta)=\frac{a+R}{2}(\zeta+\zeta^{-1}) \tag{4.6.154}$$

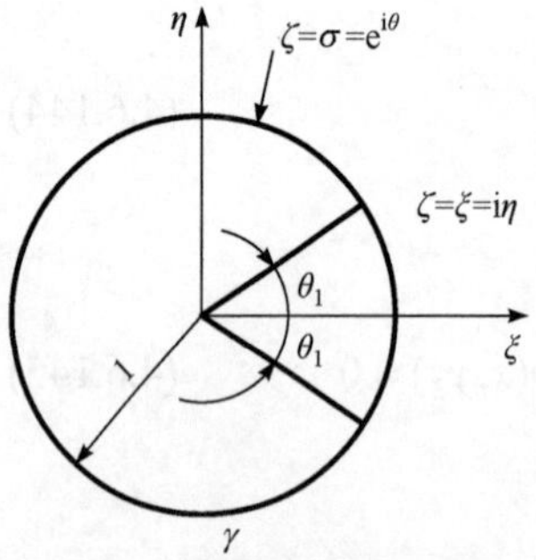

图 4.6.25　坐标变换中的对应关系

将长为 $2(a+R)$ 的裂纹变成 ζ 平面上的单位圆 γ，裂纹的外部变成单位圆 γ 的内部 $|\zeta|<1$，变换中 z 平面上与 ζ 平面上点与点的对应关系，如图 4.6.25 所示。在变换式(4.6.141)下，$\Phi(z_1)$ 与 $\Psi(z_2)$ 变为

$$\begin{aligned}\Phi(z_1)&=\Phi[\omega(\zeta)]=\tilde{\Phi}(\zeta)\\ \Psi(z_2)&=\Psi[\omega(\zeta)]=\tilde{\Psi}(\zeta)\end{aligned} \tag{4.6.155}$$

同时还有关系式：

$$\Phi'(z_1)=\frac{\tilde{\Phi}'(\zeta)}{\omega'(\zeta)},\quad \Psi'(z_2)=\frac{\tilde{\Psi}'(\zeta)}{\omega'(\zeta)} \tag{4.6.156}$$

考虑到式(4.6.152)，式(4.6.154)～式(4.6.156)，将边界条件(4.6.141)转换到 ζ 平面上，可得到

$$\begin{aligned}&G_1(\sigma)+\frac{\omega'(\sigma)}{\overline{\omega'(\sigma)}}\overline{G_1(\sigma)}=\frac{\sigma_{\mathrm{s}}}{2\mu}f(\sigma)\omega'(\sigma),\\ &G_2(\sigma)-\frac{\omega'(\sigma)}{\overline{\omega'(\sigma)}}\overline{G_2(\sigma)}=0\end{aligned} \tag{4.6.157}$$

式中，σ 代表 ζ 在单位圆 γ 上的值(即 $\zeta|_{\gamma}=\sigma=\mathrm{e}^{\mathrm{i}\theta}$)；$f(\sigma)$ 代表边界上给定的应力分布(由边界条件(4.6.141)得到)，即

$$f(\sigma)=\begin{cases}1-\sigma^{(\infty)}/\sigma_{\mathrm{s}}, & 2\pi-\theta_1<\theta<\theta_1,\ \pi-\theta_1<\theta<\pi+\theta_1\\ -\sigma^{(\infty)}/\sigma_{\mathrm{s}}, & \theta_1\leqslant\theta<\pi-\theta_1,\ \pi+\theta_1\leqslant\theta<2\pi-\theta_1\end{cases} \tag{4.6.158}$$

式(4.6.157)中，$G_1(\sigma)$ 与 $G_2(\sigma)$ 为

$$G_1(\sigma)=(1+\alpha_2^2)\tilde{\Phi}'(\sigma)-2\alpha_2\tilde{\Psi}'(\sigma),\quad G_2(\sigma)=2\alpha_1\tilde{\Phi}'(\sigma)-(1+\alpha_2^2)\tilde{\Psi}'(\sigma) \tag{4.6.159}$$

将方程(4.6.157)等号两侧乘以 $\mathrm{d}\sigma/[2\pi\mathrm{i}(\sigma-\zeta)]$，然后沿 γ 积分，得到方程

$$\begin{aligned}&\frac{1}{2\pi i}\int_{\gamma}\frac{G_1(\sigma)}{\sigma-\zeta}d\sigma+\frac{1}{2\pi i}\int_{\gamma}\frac{\omega'(\sigma)}{\overline{\omega'(\sigma)}}\overline{G_1(\sigma)}\frac{d\sigma}{\sigma-\zeta}=\frac{\sigma_s}{2\mu}\frac{1}{2\pi i}\int_{\gamma}f(\sigma)\omega'(\sigma)\frac{d\sigma}{\sigma-\zeta}\\&\frac{1}{2\pi i}\int_{\gamma}\frac{G_2(\sigma)}{\sigma-\zeta}d\sigma-\frac{1}{2\pi i}\int_{\gamma}\frac{\omega'(\sigma)}{\overline{\omega'(\sigma)}}\overline{G_2(\sigma)}\frac{d\sigma}{\sigma-\zeta}=0\end{aligned}\tag{4.6.160}$$

在以上公式中，ζ 在单位圆 γ 内取值。这样，裂纹问题便化成了求解函数方程组(4.6.160)。

3) 函数方程的求解

由 Cauchy 积分理论可知，因为函数 $G_1(\zeta)$ 与 $G_2(\zeta)$ 在单位圆 γ 内解析，所以式(4.6.160)中两个公式左端的第一式积分分别为

$$\frac{1}{2\pi i}\int_{\gamma}\frac{G_1(\sigma)}{\sigma-\zeta}d\sigma=G_1(\zeta),\quad \frac{1}{2\pi i}\int_{\gamma}\frac{G_2(\sigma)}{\sigma-\zeta}d\sigma=G_2(\zeta)\tag{4.6.161}$$

$G_1(\zeta)$ 与 $G_2(\zeta)$ 在单位圆 γ 内解析，可以展开成 Taylor 级数，即对于 $|\zeta|<1$，有

$$G_1(\zeta)=\sum_{n=1}^{\infty}g_n^{(1)}\zeta^n,\quad G_2(\zeta)=\sum_{n=1}^{\infty}g_n^{(2)}\zeta^n\tag{4.6.162}$$

式中，$g_n^{(1)}$ 与 $g_n^{(2)}$ 为任意复常数，而

$$\overline{G_1}(\zeta^{-1})=\sum_{n=1}^{\infty}\overline{g_n^{(1)}}(\zeta^{-1})^n,\quad \overline{G_2}(\zeta^{-1})=\sum_{n=1}^{\infty}\overline{g_n^{(2)}}(\zeta^{-1})^n\tag{4.6.163}$$

为单位圆 γ 外($|\zeta|>1$)的解析函数，所以有

$$\begin{aligned}&\frac{\omega'(\sigma)}{\overline{\omega'(\sigma)}}\overline{G_1(\sigma)}\to\frac{\omega'(\zeta)}{\overline{\omega'(\zeta)}}\overline{G_1}(\zeta^{-1})\\&\frac{\omega'(\sigma)}{\overline{\omega'(\sigma)}}\overline{G_2(\sigma)}\to\frac{\omega'(\zeta)}{\overline{\omega'(\zeta)}}\overline{G_2}(\zeta^{-1})\end{aligned}\tag{4.6.164}$$

式(4.6.164)等号左端是右端的边值(在单位圆 γ 上的值)，而这两个函数在单位圆外是解析的。由 Cauchy 积分理论可知，对于 $|\zeta|<1$，有

$$\frac{1}{2\pi i}\int_{\gamma}\frac{\omega'(\sigma)}{\overline{\omega'(\sigma)}}G_1(\sigma)\frac{d\sigma}{\sigma-\varepsilon}=\frac{1}{2\pi i}\int_{\gamma}\frac{\omega'(\sigma)}{\overline{\omega'(\sigma)}}G_2(\sigma)\frac{d\sigma}{\sigma-\zeta}=0\tag{4.6.165}$$

因此，函数方程(4.6.160)可化为

$$G_1(\zeta)=\frac{\sigma_s}{2\mu}\frac{1}{2\pi i}\int_{\gamma}f(\sigma)\omega'(\sigma)\frac{d\sigma}{\sigma-\zeta},\quad G_2(\zeta)=0\tag{4.6.166}$$

函数 $f(\sigma)$ 和 $\omega'(\sigma)$ 形式均很简单，因此方程(4.6.166)中第一式等号右端的积

分可以计算出来，然后由式(4.6.159)得到问题的解为

$$
\begin{aligned}
\Phi'(z_1)=\frac{\tilde{\Phi}'(\zeta)}{\omega'(\zeta)}&=\frac{1}{\mu}\frac{1+\alpha_2^2}{(1+\alpha_2^2)^2-4\alpha_1\alpha_2}\left(\frac{2\theta_1}{\pi\zeta}\sigma_{\rm s}-\sigma^{(\infty)}\right)\frac{\zeta^2}{\zeta^2-1}\\
&+\frac{1}{2\pi{\rm i}}\frac{\sigma_{\rm s}}{\mu}\frac{1+\alpha_2^2}{(1+\alpha_2^2)^2-4\alpha_1\alpha_2}\ln\frac{{\rm e}^{2{\rm i}\theta_1}-\zeta^2}{{\rm e}^{-2{\rm i}\theta_1}-\zeta^2}\\
\Psi'(z_2)=\frac{\tilde{\Psi}'(\zeta)}{\omega'(\zeta)}&=\frac{1}{\mu}\frac{2\alpha_1}{(1+\alpha_2^2)^2-4\alpha_1\alpha_2}\left(\frac{2\theta_1}{\pi\zeta}\sigma_{\rm s}-\sigma^{(\infty)}\right)\frac{\zeta^2}{\zeta^2-1}\\
&+\frac{1}{2\pi{\rm i}}\frac{\sigma_{\rm s}}{\mu}\frac{2\alpha_1}{(1+\alpha_2^2)^2-4\alpha_1\alpha_2}\ln\frac{{\rm e}^{2{\rm i}\theta_1}-\zeta^2}{{\rm e}^{-2{\rm i}\theta_1}-\zeta^2}
\end{aligned}
\tag{4.6.167}
$$

4) 塑性区尺寸与动态裂纹张开位移

在非线性变形区(塑性区或内聚力作用区)的顶端，即 $y=0$， $x=\pm(a+R)$，或者在 ζ 平面上 $\zeta=\pm1$ 处应力应该有界。由这个条件以及式(4.6.167)和式(4.6.152)可以得到

$$
\frac{2\theta_1}{\pi}\sigma_{\rm s}-\sigma^{(\infty)}=0 \quad 或 \quad \theta_1=\frac{\pi\sigma^{(\infty)}}{2\sigma_{\rm s}}
\tag{4.6.168}
$$

从而确定非线性变形区的尺寸 R 为

$$
R=a\left[\sec\left(\frac{\pi\sigma^{(\infty)}}{2\sigma_{\rm s}}\right)-1\right]
\tag{4.6.169}
$$

式(4.6.169)与静态裂纹问题中的 Dugdale 模型的结果相一致。下面计算运动裂纹尖端的张开位移，由式(4.6.151)可知：

$$
u_y=-2\,{\rm Im}[\alpha_1\Phi(z_1)-\Psi(z_2)]
\tag{4.6.170}
$$

将式(4.6.167)积分之后代入式(4.6.170)，得到

$$
\begin{aligned}
u_y=&\frac{1}{\pi}(a+R)\frac{\sigma_{\rm s}}{\mu}\frac{\alpha_1(\alpha_2^2-1)}{(1+\alpha_2^2)^2-4\alpha_1\alpha_2}\,{\rm Im}\left[\frac{2\theta_1\sigma_{\rm s}}{\pi\zeta}+\sigma^{(\infty)}\zeta\right]\\
&+\frac{1}{\pi}(a+R)\frac{\sigma_{\rm s}}{\mu}\frac{\alpha_1(\alpha_2^2-1)}{(1+\alpha_2^2)^2-4\alpha_1\alpha_2}\\
&\times{\rm Re}\left[({\rm e}^{{\rm i}\theta}+{\rm e}^{-{\rm i}\theta})\ln\frac{\zeta^2-{\rm e}^{2{\rm i}\theta_1}}{\zeta^2-{\rm e}^{-2{\rm i}\theta_1}}-({\rm e}^{{\rm i}\theta_1}+{\rm e}^{-{\rm i}\theta_1})\ln\frac{(\zeta+{\rm e}^{{\rm i}\theta_1})(\zeta-{\rm e}^{-{\rm i}\theta_1})}{(\zeta+{\rm e}^{-{\rm i}\theta_1})(\zeta-{\rm e}^{{\rm i}\theta_1})}\right]
\end{aligned}
\tag{4.6.171}
$$

考虑到式(4.6.168)和式(4.6.171)右端第一项自动化成零，由下面的极限过程可以得到裂纹尖端的动态张开位移为

$$\delta_{\rm ID} = \lim_{\theta\to\theta_1} 2u_y = \frac{4}{\pi} a \frac{\sigma_{\rm s}}{\mu} \frac{\alpha_1(1-\alpha_2^2)}{4\alpha_1\alpha_2-(1+\alpha_2^2)^2} \ln\left[\sec\left(\frac{\pi\sigma^{(\infty)}}{2\sigma_{\rm s}}\right)\right] \tag{4.6.172}$$

对于平面应力情形，也可以得到类似的结果，将两者统一地写为

$$\delta_{\rm ID} = \begin{cases}(1+\upsilon)A(v)\delta_{\rm IS}, & \text{平面应力}\\ A(v)\delta_{\rm IS}/(1-\upsilon), & \text{平面应变}\end{cases} \tag{4.6.173}$$

其中，

$$\begin{aligned} A(v) &= \frac{\alpha_1(1-\alpha_2^2)}{4\alpha_1\alpha_2-(1+\alpha_2^2)^2} \\ &= \frac{(v/c_2^2)^2(1-v^2/c_1^2)^{1/2}}{4(1-v^2/c_1^2)^{1/2}(1-v^2/c_2^2)^{1/2}-(2-v^2/c_2^2)^2} \end{aligned} \tag{4.6.174}$$

$\delta_{\rm IS}$ 代表静态 Dugdale 裂纹尖端张开位移，可表示为

$$\delta_{\rm IS} = \frac{8a\sigma_{\rm s}}{\pi E'} \ln\sec\left(\frac{\pi\sigma^{(\infty)}}{2\sigma_{\rm s}}\right), \quad E' = \begin{cases}E, & \text{平面应力}\\ E/(1-\upsilon^2), & \text{平面应变}\end{cases} \tag{4.6.175}$$

式中，E 和 υ 分别为材料的弹性模量和泊松比。

5) 小范围屈服情形

若外加应力 $\sigma^{(\infty)}$ 比 $\sigma_{\rm s}$ 小得多，将 $\ln\sec\left[\pi\sigma^{(\infty)}/(2\sigma_{\rm s})\right]$ 对 $\pi\sigma^{(\infty)}/(2\sigma_{\rm s})$ 展开成级数，则式(4.6.175)的第一式表示为

$$\delta_{\rm IS} = \frac{8a\sigma_{\rm s}}{\pi E'}\left[\frac{1}{2}\left(\frac{\pi\sigma^{(\infty)}}{2\sigma_{\rm s}}\right)^2 + \frac{1}{12}\left(\frac{\pi\sigma^{(\infty)}}{2\sigma_{\rm s}}\right)^4 + \cdots\right] \tag{4.6.176}$$

若只保留展开式的第一项，则有

$$\delta_{\rm IS} = \frac{\pi(\sigma^{(\infty)})^2 a}{E'\sigma_{\rm s}} = \frac{G_{\rm IS}}{\sigma_{\rm s}} \tag{4.6.177}$$

其中，

$$G_{\rm IS} = \begin{cases}\dfrac{1}{E}\pi a(\sigma^{(\infty)})^2, & \text{平面应力}\\ \dfrac{1-\upsilon^2}{E}\pi a(\sigma^{(\infty)})^2, & \text{平面应变}\end{cases} \tag{4.6.178}$$

为 Griffith 裂纹的静态能量释放率，将式(4.6.177)和式(4.6.178)代入式(4.6.173)，得到一级近似公式：

$$\delta_{\mathrm{ID}}=\begin{cases}(1+\upsilon)A(v)G_{\mathrm{IS}}/\sigma_{\mathrm{s}}, & \text{平面应力}\\ A(v)G_{\mathrm{IS}}/\left[(1-\upsilon)\sigma_{\mathrm{s}}\right], & \text{平面应变}\end{cases}\tag{4.6.179}$$

在 $\sigma^{(\infty)}/\sigma_{\mathrm{s}}$ 较小时，R 也较小，这种情形相当于小范围局限。在这种情形下，动态裂纹张开位移表达式(4.6.179)可以改写为

$$\delta_{\mathrm{ID}}=G_{\mathrm{ID}}/\sigma_{\mathrm{s}}\tag{4.6.180}$$

这里有

$$G_{\mathrm{ID}}=\begin{cases}(1+\upsilon)A(v)G_{\mathrm{IS}}, & \text{平面应力}\\ A(v)G_{\mathrm{IS}}/(1-\upsilon), & \text{平面应变}\end{cases}\tag{4.6.181}$$

一级近似公式(4.6.180)与静态 Dugdale 模型的一级近似公式类似。比较式(4.6.181)与式(4.6.42)可以发现，式(4.6.181)中的 $A(v)/(1-\upsilon)$ 与式(4.6.42)中的 $A_1(v)$、式(4.6.181)中的 $(1+\upsilon)A(v)$ 与式(4.6.42)中的 $A_1'(v)$ 在形式上相同，但在内容上有所不同。这里的 v 表示裂纹整体的平动速度，而式(4.6.42)中的 v 表示裂纹扩展(或长大)速度 $\dot{a}$。

当 $v\to 0$ 时，δ_{ID} 能还原为 δ_{IS}，从侧面证明了以上推导的正确性。

2. Ⅱ型运动 Dugdale 模型

Ⅰ型运动 Dugdale 模型可以推广到Ⅱ型裂纹和Ⅲ型裂纹中，为了方便讨论，有时称为 BCS(Bilby Cottrell Swinden)问题。Ⅱ型 Dugdale 模型与刃型 BCS 位错群在物理上相似，Ⅲ型 Dugdale 模型与螺型 BCS 位错群相似。

如图 4.6.26 所示，一均匀各向同性无限介质，在无限远处受一均匀剪应力 $\tau^{(\infty)}$ 作用，对于刃型位错，作用于 Ox_1y 平面中，对于螺型位错，作用于 Oyz 平面中。介质中含一长直位错线分布，平行于 z 轴而排布在 Ox_1y 平面内，设位错

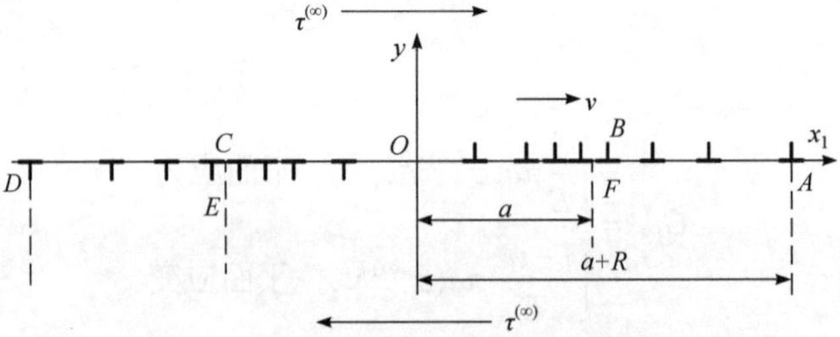

图 4.6.26 受均匀剪应力作用的各向同性无限介质

群以常速度 v 沿 x_1 方向运动。图 4.6.26 仅给出了刃型位错群，(x_1,y,z,t) 为固定坐标系。

引进一个运动坐标系，使其满足

$$x=x_1-vt,\quad y=y,\quad z=z \tag{4.6.182}$$

运动坐标系与位错群一起运动。在运动坐标系中，区域 $y=0$，$|x|<a$ 是裂纹位错群，在该区域无应力作用；区域 $y=0$，$a\leqslant|x|<a+R$ 是滑移位错群，在该区域，对于刃型位错作用有应力 $\sigma_{xy}=\tau_1>\tau^{(\infty)}$；对于螺型位错作用有应力 $\sigma_{yz}=\tau_2>\tau^{(\infty)}$；这里 τ_1 与 τ_2 为材料常数，即相应的剪切屈服极限。

在滑移位错区($y=0$，$a\leqslant|x|<a+R$)，材料发生了塑性流动，问题已经是非线性的。在采用了上述简化物理模型后，问题得以线性化，因此可以化成线性弹性动力学的边值问题来求解。

在这种情况下，问题的控制方程仍为波动方程组(4.6.142)，采用叠加原理求解，略去一个与裂纹问题无关的平凡解，对刃型位错群而言，上述问题可以化成边值问题，边界条件为

$$\begin{cases}\sigma_{xy}=-\tau^{(\infty)},\ \sigma_{yy}=0, & y=0,\ |x|<a\\ \sigma_{xy}=\tau_1-\tau^{(\infty)},\ \sigma_{yy}=0, & y=0,\ a\leqslant|x|<a+R\\ \sigma_{ij}=0, & (x^2+y^2)^{1/2}\to\infty\end{cases} \tag{4.6.183}$$

这个问题的数学求解，有位错密度函数法和复变函数方法两种方法。

1) 位错密度函数法

对于静态 BCS 问题，基于连续统位错理论求解。具体做法为：设 x 轴上有一连续分布位错，其密度为 $f(\xi)$(ξ 为 x 轴上的流动坐标)，则在该轴的微段 $\mathrm{d}\xi$ 上的位错 $f(\xi)\mathrm{d}\xi$ 对(x，0)上的点产生的应力为

$$\mathrm{d}p=A\frac{f(\xi)\mathrm{d}\xi}{\xi-x} \tag{4.6.184}$$

其中，

$$A=\begin{cases}\dfrac{\mu b}{2\pi}, & \text{螺型位错}\\[2ex] \dfrac{Eb}{4\pi(1-\upsilon^2)}, & \text{刃型位错}\end{cases} \tag{4.6.185}$$

式中，b 为 Burgers 矢量的幅值。

对式(4.6.184)等号两侧进行积分，得到

$$\int_l \frac{f(\xi)\mathrm{d}\xi}{\xi - x} = \frac{p(x)}{A} \tag{4.6.186}$$

式中，$p(x)$为已知。

对于螺型位错，有 $p(x)=\sigma_{yz}(x,0)$，即

$$\sigma_{yz}(x,0)=\begin{cases}\tau^{(\infty)}, & |x|<a \\ \tau^{(\infty)}-\tau_2, & a\leqslant |x|<a+R\end{cases} \tag{4.6.187}$$

对于刃型错位，有 $p(x)=\sigma_{xy}(x,0)$，即

$$\sigma_{xy}(x,0)=\begin{cases}\tau^{(\infty)}, & |x|<a \\ \tau^{(\infty)}-\tau_1, & a\leqslant |x|<a+R\end{cases} \tag{4.6.188}$$

方程(4.6.186)为 Cauchy 核奇异积分方程，其解是已知的，这样位错密度$f(\xi)$即可确定，进而得到 R 与δ_{IIS}及δ_{IIIS}。式(4.6.185)由静止位错的 Burgers 解得到。对于动态 BCS 问题，以上原理仍然有效，只是静态的 Burgers 解由运动位错解所代替，即式(4.6.184)变为

$$A=\begin{cases}\dfrac{\mu b\alpha^2}{2\pi}, & \text{螺型位错} \\ \dfrac{Eb^2c_2^2[4\alpha_1\alpha_2-(1+\alpha_2^2)^2]}{4\pi(1+\upsilon)(1-\upsilon^2)\alpha_2 v^2}, & \text{刃型位错}\end{cases} \tag{4.6.189}$$

所得到的奇异积分方程仍为式(4.6.186)，因此解答是已知的。求出位错密度$f(\xi)$后，R、δ_{IID}及δ_{IIID}均可确定。α_1与α_2表达式如式(4.6.147)所示。

2) 复变函数方法

对于边值问题式(4.6.183)，可用复变函数方法求解，进而得到解析函数$\varPhi(z_1)$与$\varPsi(z_2)$为

$$\begin{aligned}\varPhi(z_1)&=\frac{\tilde{\varPhi}'(\zeta)}{\omega'(\zeta)}\\&=\mathrm{i}\frac{1}{\mu}\frac{2\alpha_2}{(1+\alpha_2^2)^2-4\alpha_1\alpha_2}\left(\tau^{(\infty)}-\frac{2\theta_1}{\pi\zeta^2}\tau_1\right)\frac{s^2}{s^2-1}\\&\quad-\frac{1}{2\pi}\frac{\tau_2}{\mu}\frac{2\alpha_2}{(1+\alpha_2^2)^2-4\alpha_1\alpha_2}\ln\frac{\mathrm{e}^{2\mathrm{i}\theta_1}-\zeta^2}{\mathrm{e}^{-2\mathrm{i}\theta_1}-\zeta^2}\end{aligned}$$

$$\Psi(z_2)=\frac{\tilde{\Psi}'(\zeta)}{\omega'(\zeta)}=\mathrm{i}\frac{1}{\mu}\frac{1+\alpha_2^2}{(1+\alpha_2^2)^2-4\alpha_1\alpha_2}\left(\tau^{(\infty)}-\frac{2\theta_1}{\pi\zeta^2}\tau_2\right)\frac{\zeta^2}{\zeta^2-1}$$
$$-\frac{1}{2\pi}\frac{\tau_1}{\mu}\frac{1+\alpha_2^2}{(1+\alpha_2^2)^2-4\alpha_1\alpha_2}\ln\frac{\mathrm{e}^{2\mathrm{i}\theta_1}-\zeta^2}{\mathrm{e}^{-2\mathrm{i}\theta_1}-\zeta^2} \tag{4.6.190}$$

考虑到在位置 $y=0$， $x=\pm(a+R)$ 或 $\zeta=\pm1$ 处应力应该有限这一事实，以及式(4.6.169)和式(4.6.190)，得到塑性区尺寸为

$$R=a\left[\sec\left(\frac{\pi\tau^{(\infty)}}{2\tau_1}\right)-1\right] \tag{4.6.191}$$

由式(4.6.151)，有

$$u_x=2\,\mathrm{Re}[\Phi(z_1)-\alpha_2\Psi(z_2)] \tag{4.6.192}$$

将式(4.6.190)积分后代入式(4.6.192)，有

$$u_x=\frac{a+R}{x}\frac{\tau_1}{\mu}\frac{\alpha_2(\alpha_2^2-1)}{(1+\alpha_2^2)^2-4\alpha_1\alpha_2}\mathrm{Im}\left[\pi\tau^{(\infty)}\zeta+\frac{2\theta_1\tau_1}{\zeta}\right]+\frac{a+R}{\pi}\frac{\tau_1}{\mu}\frac{\alpha_2(\alpha_2^2-1)}{(1+\alpha_2^2)^2-4\alpha_1\alpha_2}$$
$$\times\mathrm{Re}\left[(\mathrm{e}^{\mathrm{i}\theta_1}+\mathrm{e}^{-\mathrm{i}\theta_1})\ln\frac{\zeta^2-\mathrm{e}^{2\mathrm{i}\theta_1}}{\zeta^2-\mathrm{e}^{-2\mathrm{i}\theta_1}}-(\mathrm{e}^{\mathrm{i}\theta_1}-\mathrm{e}^{-\mathrm{i}\theta_1})\ln\frac{(\zeta^2+\mathrm{e}^{\mathrm{i}\theta_1})(\zeta^2-\mathrm{e}^{-\mathrm{i}\theta_1})}{(\zeta^2+\mathrm{e}^{-\mathrm{i}\theta_1})(\zeta^2-\mathrm{e}^{\mathrm{i}\theta_1})}\right]$$
$$\tag{4.6.193}$$

动态裂纹尖端滑开位移由式(4.6.193)和以下定义可以得到

$$\delta_{\mathrm{II\,D}}=\lim_{\theta\to\theta_1}2u_x=\frac{4}{\pi}a\frac{\tau_1}{\mu}\frac{\alpha_2(1-\alpha_2^2)}{4\alpha_1\alpha_2-(1+\alpha_2^2)^2}\ln\sec\left(\frac{\pi\tau^{(\infty)}}{2\tau_\mathrm{s}}\right) \tag{4.6.194}$$

式(4.6.194)可以改写为

$$\delta_{\mathrm{II\,D}}=\begin{cases}(1+\upsilon)B(v)\delta_{\mathrm{II\,S}}, & \text{平面应力}\\ B(v)\delta_{\mathrm{II\,S}}/(1-\upsilon), & \text{平面应变}\end{cases} \tag{4.6.195}$$

其中，

$$B(v)=\frac{\alpha_2(1-\alpha_2^2)}{4\alpha_1\alpha_2-(H\alpha_2^2)^2}=\frac{(v/c_2)^2(1-v^2/c_2^2)^{1/2}}{4(1-v^2/c_1^2)^{1/2}(1-v^2/c_2^2)^{1/2}-(2-v^2/c_2^2)^2}$$

$$\delta_{\mathrm{II\,S}}=\frac{8a\tau_1}{\pi E'}\ln\sec\left(\frac{\pi\tau^{(\infty)}}{2\tau_\mathrm{s}}\right) \tag{4.6.196}$$

式中，E' 由式(4.6.175)的第二式表示。

在 $v\to0$ 时，这个解还原为稳态解。对于Ⅲ型运动 Dugdale 模型问题，其求解步骤与II型问题类似。

4.6.8 弹性-理想塑性材料中扩展裂纹的渐近解

1. 平面应变情形

关于材料非线性的快速扩展裂纹的完全解，在一般情形下难以得到，目前数量较多的是渐近解。下面介绍在平面应变情形下，弹性-理想塑性材料中扩展裂纹的渐近解。

如图 4.6.27 所示，建立固定坐标系 $x_i(i=1,2)$，裂纹以常速度 v 沿 x_1 方向运动。随动坐标系 Oxy 与裂纹尖端一起运动，即

$$x_1 = x + vt, \quad x_2 = y \tag{4.6.197}$$

若 (r,θ) 为裂纹尖端的极坐标，设 $\boldsymbol{e}_r$ 、$\boldsymbol{e}_\theta$ 为极坐标(r, θ)的单位矢量，则有

$$\frac{\partial}{\partial t} = -v\frac{\partial}{\partial x} = v\left(\sin\theta\frac{\partial}{r\partial\theta} - \cos\theta\frac{\partial}{\partial r}\right) \tag{4.6.198}$$

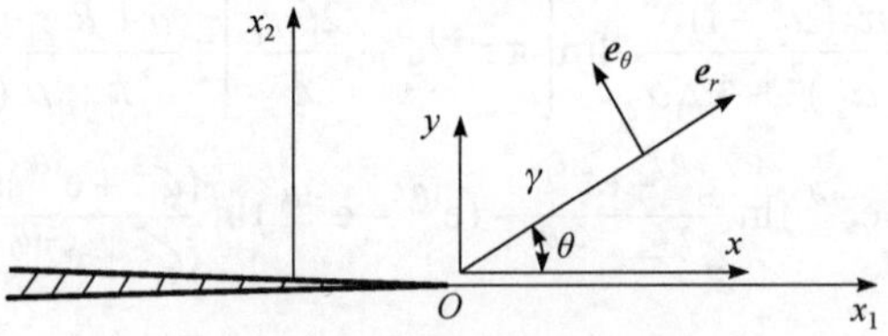

图 4.6.27　裂纹顶端的坐标系

定义算子：

$$D = v\left(\sin\theta\frac{\partial}{r\partial\theta} - \cos\theta\frac{\partial}{\partial r}\right) \tag{4.6.199}$$

单位矢量 $\boldsymbol{e}_r$ 、$\boldsymbol{e}_\theta$ 同裂纹尖端一起运动，有

$$D(\boldsymbol{e}_\alpha) = v\sin\theta\frac{\partial\boldsymbol{e}_\alpha}{r\partial\theta} = v\sin\theta\frac{e_{\alpha\beta}}{r}\boldsymbol{e}_\beta, \quad \alpha,\beta = r,\theta \tag{4.6.200}$$

式中，$e_{\alpha\beta}$ 是二阶置换张量的分量，即

$$e_{\alpha\beta}=\begin{cases} 0, & \alpha=\beta \\ 1, & \alpha=r,\ \beta=\theta \\ -1, & \alpha=\theta,\ \beta=r \end{cases} \tag{4.6.201}$$

速度场 $\boldsymbol{v} = v_\alpha \boldsymbol{e}_\alpha$ 与加速度场 $\boldsymbol{\omega} = \omega_\alpha \boldsymbol{e}_\alpha$ 分别为

$$v_\alpha = v\left[\left(\frac{\partial u_\alpha}{r\partial\theta} + \frac{u_\beta}{r}e_{\alpha\beta}\right)\sin\theta - \frac{\partial u_\alpha}{\partial r}\cos\theta\right]$$

$$\omega_\alpha = v\left[\left(\frac{\partial v_\alpha}{r\partial\theta} + \frac{v_\beta}{r}e_{\beta\alpha}\right)\sin\theta - \frac{\partial v_\alpha}{\partial r}\cos\theta\right] \tag{4.6.202}$$

1) 基本关系式

在极坐标 (r,θ) 中，运动方程为

$$\frac{\partial\sigma_{rr}}{\partial r} + \frac{\partial\sigma_{r\theta}}{r\partial\theta} + \frac{\sigma_{rr} - \sigma_{\theta\theta}}{r} = \rho w_r, \quad \frac{\partial\sigma_{r\theta}}{\partial r} + \frac{\partial\sigma_{\theta\theta}}{r\partial\theta} + \frac{2\sigma_{r\theta}}{r} = \rho w_\theta \tag{4.6.203}$$

式中，ρ 为质量密度。

设应变张量分量为 $\varepsilon_{\alpha\beta}$，则极坐标下的几何关系为

$$\varepsilon_{rr} = \frac{\partial u_r}{\partial r}, \quad \varepsilon_{\theta\theta} = \frac{\partial u_\theta}{r\partial\theta} + \frac{u_r}{r}, \quad \varepsilon_{r\theta} = \frac{1}{2}\left(\frac{\partial u_r}{r\partial\theta} + \frac{\partial u_r}{\partial r} - \frac{u_\theta}{r}\right) \tag{4.6.204}$$

对于 I 型扩展裂纹，设材料为不可压缩弹性-理想塑性体。在这种情形下，von Mises 屈服条件与 Tresca 屈服条件和相应的流动法则具有相同的形式。屈服条件为

$$\frac{1}{2}(\sigma_{rr} - \sigma_{\theta\theta})^2 + \sigma_{r\theta}^2 = \sigma_{rk}^2 \tag{4.6.205}$$

式中，σ_{rk} 为剪切屈服应力。

令 $\dot{\sigma}_{\alpha\beta}$ 与 $\dot{\varepsilon}_{\alpha\beta}$ 分别代表应力率张量与应变率张量的极坐标分量，则有

$$\begin{aligned}\dot{\sigma}_{\alpha\beta} &= D(\sigma_{\alpha\beta}) + v\sin\theta\frac{1}{r}(\sigma_{\alpha\beta}\sigma_{\gamma\alpha} + \sigma_{\alpha\gamma}\sigma_{\gamma\beta}) \\ \dot{\varepsilon}_{\alpha\beta} &= D(\varepsilon_{\alpha\beta}) + v\sin\theta\frac{1}{r}(\varepsilon_{\alpha\beta}\varepsilon_{\gamma\alpha} + \varepsilon_{\alpha\gamma}\varepsilon_{\gamma\beta})\end{aligned} \tag{4.6.206}$$

定义 $M = v / c_2$，假定材料不可压缩，泊松比 $\upsilon=1/2$，则本构方程为

$$\begin{aligned}\dot{\varepsilon}_{rr} = -\dot{\varepsilon}_{\theta\theta} &= \frac{3}{4E}(\dot{\sigma}_{rr} - \dot{\sigma}_{\theta\theta}) + \frac{1}{2}\lambda(\sigma_{rr} - \sigma_{\theta\theta}) \\ \dot{\varepsilon}_{rr} &= \frac{3}{2E}\dot{\sigma}_{r\theta} + \lambda\sigma_{r\theta}\end{aligned} \tag{4.6.207}$$

式中，流动参量 λ 在塑性加载时为正，在弹性加载与卸载时等于零。

2) 渐近解

(1) 运动学量。

对于弹性-理想塑性材料，应力是有界量，由式(4.6.203)可以发现，在裂纹尖端加速度具有如下奇异性：

$$w_\alpha\big|_{r\to0} = O(1/r), \quad \alpha=r,\theta \tag{4.6.208}$$

由此可知，速度具有对数奇异性，即

$$v_\alpha\big|_{r\to 0} = O[\ln(1/r)], \quad \alpha=r,\theta \tag{4.6.209}$$

考虑到关系式(4.6.198)和(4.6.209)，位移的渐近结构为

$$u_\alpha = r[A_\alpha(\theta)\ln(1/r) + B_\alpha(\theta)], \quad \alpha=r,\theta \tag{4.6.210}$$

假设材料为不可压缩，引进位移势函数 U，则极坐标下的位移场可表示为

$$u_r = -\frac{\partial U}{r\partial\theta}, \quad u_\theta = \frac{\partial U}{\partial r} \tag{4.6.211}$$

由式(4.6.211)和式(4.6.210)，可得

$$U = r^2[f(\theta)\ln(R_0/r) + g(\theta)] \tag{4.6.212}$$

式中，R_0 为具有长度量纲的常数，用以度量塑性区尺寸；未知函数 $f(\theta)$ 与 $g(\theta)$ 由场方程与边界条件确定。

将式(4.6.212)代入式(4.6.211)，运用算子(4.6.199)，得到加速度分量为

$$w_\alpha = \frac{v^2}{r}\left[-\sin^2\theta\left(f''' + 4f'\right)\ln\frac{R_0}{r} + O(1)\right] \tag{4.6.213}$$

对于弹性-理想塑性材料，加速度具有 $1/r$ 阶的奇异性，则式(4.6.213)中括号中的量必须等于零，即

$$f''' + 4f' = 0 \tag{4.6.214}$$

常微分方程(4.6.214)很容易求解。由于Ⅰ型裂纹问题的位移 u_r 是 θ 的偶函数，考虑式(4.6.212)与式(4.6.211)，$f(\theta)$ 只能取为

$$f(\theta) = \bar{A}\sin 2\theta \tag{4.6.215}$$

式中，$\bar{A}$ 为待定常数。

未知函数 $g(\theta)$ 必须通过本构方程与运动方程确定。为了确定未知函数 $g(\theta)$，先列出位移场(u)、速度场(v)、加速度场(w)、应变场(ε)与应变率场($\dot{\varepsilon}$)的渐近表达式，分别为

$$\begin{aligned} u_r &= -r[2\bar{A}\ln(R_0/r)\cos 2\theta + g'] \\ u_\theta &= -r[2\bar{A}\ln(R_0/r)\sin 2\theta - \bar{A}\sin 2\theta + 2g] \end{aligned} \tag{4.6.216}$$

$$\begin{aligned} v_r &= v\left[2\bar{A}\ln\frac{R_0}{r}\cos\theta - (g'' + 2g)\sin\theta + g'\cos\theta - \bar{A}(\cos\theta\cos 2\theta + \cos 3\theta)\right] \\ v_\theta &= v\left[-2\bar{A}\ln\frac{R_0}{r}\sin\theta + g'\sin\theta - 2g\cos\theta + \bar{A}(2\sin\theta + \sin 2\theta\cos\theta)\right] \end{aligned} \tag{4.6.217}$$

$$w_r = \frac{v^2}{r}\{2\bar{A}[2\cos(2\theta) - \sin(4\theta)] - (g''' + 4g')\sin^2\theta\}, \quad w_\theta = 0 \tag{4.6.218}$$

$$\begin{aligned}\varepsilon_{rr} &= -\varepsilon_{\theta\theta} = -2\bar{A}\ln\frac{R_0}{r}\cos(2\theta) + 2\bar{A}\cos(2\theta) - g' \\ \varepsilon_{r\theta} &= 2\bar{A}\ln\frac{R_0}{r}\sin(2\theta) - \bar{A}\sin(2\theta) - \frac{1}{2}g''\end{aligned} \tag{4.6.219}$$

$$\dot{\varepsilon}_{rr} = -\dot{\varepsilon}_{\theta\theta} = -2\bar{A}\frac{v}{r}\cos\theta, \quad \dot{\varepsilon}_{r\theta} = \frac{v}{r}\left[2\bar{A}\sin(3\theta) - \frac{1}{2}(g''' + 4g')\sin\theta\right] \tag{4.6.220}$$

(2) 动力学量。

若取

$$\frac{1}{2}(\sigma_{rr} - \sigma_{\theta\theta}) = -\sigma_{rk}\cos\phi, \quad \sigma_{r\theta} = \sigma_{rk}\sin\phi, \quad \phi=\phi(\theta) \tag{4.6.221}$$

则屈服条件(4.6.205)自动满足。利用式(4.6.206)，应力率分量为

$$\begin{aligned}\frac{1}{2}(\sigma_{rr} - \sigma_{\theta\theta}) &= \frac{v\sigma_{rk}}{r}\left(\frac{\mathrm{d}\phi}{\mathrm{d}\theta} - 2\right)\sin\theta\sin\phi \\ \sigma_{r\theta} &= \frac{v\sigma_{rk}}{r}\left(\frac{\mathrm{d}\phi}{\mathrm{d}\theta} - 2\right)\sin\theta\sin\phi\end{aligned} \tag{4.6.222}$$

将应力及应力率分量代入方程(4.6.207)得到

$$\frac{-\sigma_{rk}v}{2\mu r}\left(\frac{\mathrm{d}\phi}{\mathrm{d}\theta} - 2\right)\sin\theta + \sigma_{r\theta}\cos\phi + \frac{1}{2}(\dot{\varepsilon}_{rr} - \dot{\varepsilon}_{\theta\theta})\sin\phi = 0 \tag{4.6.223}$$

$$\lambda = \frac{v}{2\mu r}\left(\frac{\mathrm{d}\phi}{\mathrm{d}\theta} - 2\right)\sin\theta\tan\phi + \frac{2\bar{A}v}{\sigma_{rk}r}\frac{\sin\theta}{\cos\phi} = 0 \tag{4.6.224}$$

(3) 塑性区中的基本场方程。

若将应变率分量(4.6.220)代入方程(4.6.223)，并将应力、应力率和加速度代入运动方程(4.6.203)，即可得到最终的场方程。经过整理，这些结果为

$$\left(\frac{\mathrm{d}\phi}{\mathrm{d}\theta} - 2\right)(\cos^2\phi - M^2\sin^2\theta) - 2AM^2\cos(\phi - 2\theta) = 0 \tag{4.6.225}$$

$$\frac{\mathrm{d}\sigma}{\mathrm{d}\theta}(\cos^2\phi - M^2\sin^2\theta) - 2AM^2\cos(\phi - 2\theta)\sin\phi = 0 \tag{4.6.226}$$

$$\begin{aligned}&\frac{\mu}{k}(g''' + 4g')(\cos^2\phi - M^2\sin^2\theta) \\ &+2A[\cos\theta\sin 2\phi - 2\cos^2\phi(3 - 4\sin^2\theta) - M^2(\cos 4\theta - 2\cos 2\theta)] = 0\end{aligned} \tag{4.6.227}$$

$$r\bar{\lambda} = AM^2 \frac{2\cos\theta\cos\phi + M^2\sin\theta\sin(\phi - 2\theta)}{\cos^2\phi - M^2\sin^2\theta} \tag{4.6.228}$$

式中引进了无量纲参量：

$$\bar{A} = \frac{A\sigma_{rk}}{\mu}, \quad \bar{\lambda} = \nu\rho\lambda, \quad \sigma = \frac{\sigma_{rr} + \sigma_{\theta\theta}}{2\sigma_{rk}} \tag{4.6.229}$$

方程(4.6.225)～(4.6.227)必须在下述条件下求解，即 $\bar{\lambda}$ 在塑性区内保持正值。在这个条件下，方程(4.6.225)与(4.6.226)导出作为 θ 函数的 ϕ 与 σ，再由方程(4.6.221)得到塑性区中的应力场。函数 $g(\theta)$ 由方程(4.6.227)解得，得到这个函数后，即可得到所有其他的场变量。

场方程必须在边界条件下求解，考虑到对称性，边界条件为

$$g(0) = g''(0) = 0, \quad \phi(0)=0 \tag{4.6.230}$$

由裂纹面上无应力的条件和屈服条件得到

$$\phi(\pi) = \pi, \quad \sigma(\pi)=1 \tag{4.6.231}$$

3) 塑性渐近解

下面讨论不可压缩的理想塑性材料中平面应变情形 I 型裂纹问题，为了方便比较，下面介绍静态裂纹和准静态裂纹情形。

(1) 静态裂纹。

在理想刚塑性情形下，这一问题的 Prandtl 滑移线场如图 4.6.28(b)所示。按照应力状态不同，滑移线场分成三个区，即 A 区、B 区和 C 区，各区的应力可表示为

$$\begin{cases} \sigma_{xx} = \pi\sigma_{rk}, \ \sigma_{yy} = (2+\pi)\sigma_{rk}, \ \sigma_{xy} = 0, & A\text{区} \\ \sigma_{rr} = \sigma_{\theta\theta} = (1+3\pi/2)\sigma_{rk} - 2\sigma_{rk}\theta, \ \sigma_{r\theta} = \sigma_{rk}, & B\text{区} \\ \sigma_{xx} = 2\sigma_{rk}, \ \sigma_{yy} = \sigma_{xy} = 0, & C\text{区} \end{cases} \tag{4.6.232}$$

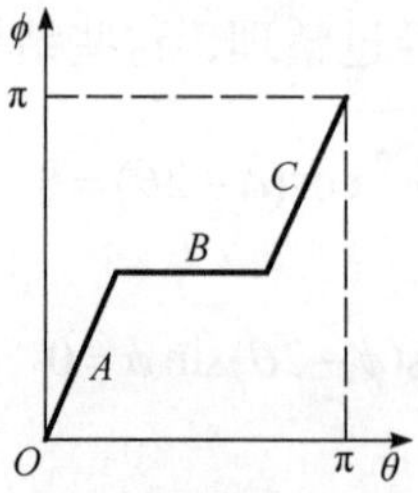

(a) 三个分区中的 ϕ

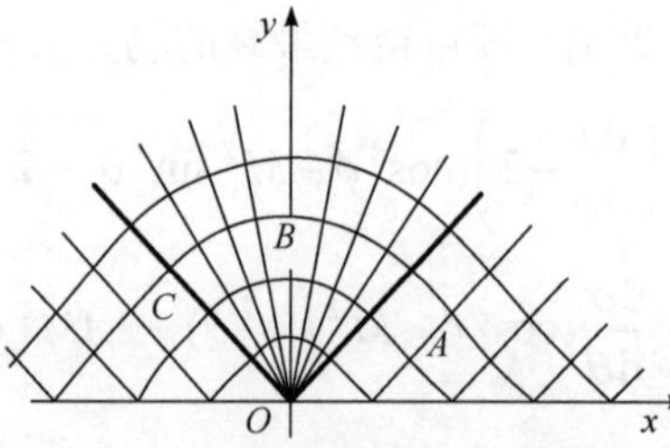

(b) 滑移线场

图 4.6.28　理想刚塑性情形下静态裂纹的滑移线场

由图 4.6.28(b)和式(4.6.232)可以看出，A 区和 C 区是均匀应力区，滑移线为

两组正交直线簇，B 区是一个中心扇形区。按照屈服条件(4.6.205)，函数 $\phi=\phi(0)$ 在 A、B 与 C 三个分区中为三条直线，如 4.6.28(a)所示。在 A 区中，$\phi=2\theta$，$0\leqslant\theta<\pi/4$；在 B 区中，$\phi=\pi/2$，$\pi/4\leqslant\theta\leqslant 3\pi/4$；在 C 区中，$\phi=2(\theta-\pi/2)$，$3\pi/4<\theta\leqslant\pi$。

(2) 准静态裂纹。

对于准静态扩展的裂纹，在中心扇形区和最后一个均匀应力区之间，即位于 $\theta_1\approx 112°$ 到 $\theta_2\approx 162°$ 之间有一个弹性扇形区，如图 4.6.29(b)所示，ϕ 随 θ 的变化如图 4.6.29(a)所示，在 A' 区中，$\phi=2\theta$，$0\leqslant\theta\leqslant\pi/4$；在 B' 区中，$\phi=\pi/2$，$0\leqslant\theta\leqslant\theta_1$；在 C' 区中，$\phi=2-\pi/2$，$\theta_2\leqslant\theta\leqslant\pi$，虚线 PQR 部分代表弹性解。

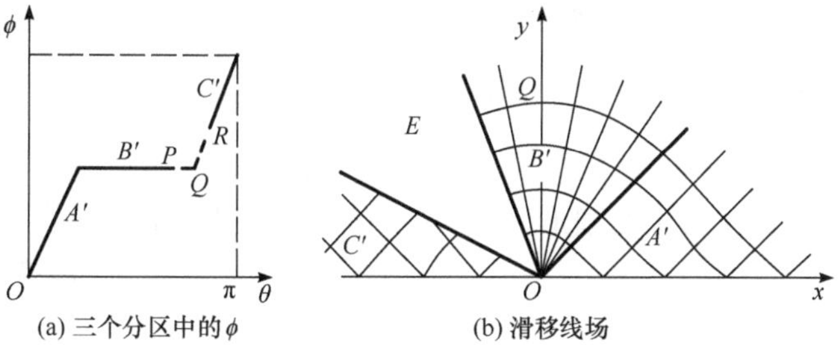

图 4.6.29　理想刚塑性情形下准静态裂纹的滑移线场

(3) 动态解。

为了得到完整的动态渐近解，首先标明 θ-ϕ 平面上的分区，其中塑性流参量 λ 取正值。由式(4.6.228)，这些区域由两组曲线所界，如图 4.6.30(a)所示。Ⅰ和Ⅰ′曲线、Ⅱ和Ⅱ′的曲线方程为

$$\begin{cases}\cos^2\phi-M^2\sin^2\theta=0, & \text{I, I}'\ \text{曲线}\\ 2\cos\theta\cos\phi+M^2\sin\theta\sin(\phi-2\theta)=0, & \text{II, II}'\ \text{曲线}\end{cases}\tag{4.6.233}$$

曲线Ⅰ与Ⅱ相交于点 P，曲线Ⅰ′与Ⅱ′相交于点 Q，如图 4.6.30(a)所示。线段 QP 为直线 L 的一部分，直线 L 的方程为

$$\phi=2\theta-\frac{1}{2}\pi\tag{4.6.234}$$

P 与 Q 的位置取决于 M 的值，但这些交点保持在直线 L 上。根据动态解得到的滑移线场如图 4.6.30(b)所示，其中 Γ_1 是一组滑移线的包络。图 4.6.30(a)还显示了在不同区域中 λ 的符号。

(4) 静态解、准静态解和动态解的比较。

针对Ⅰ型问题，在不可压缩弹性-理想塑性材料中，静态解、准静态解与动态解可总结如下。

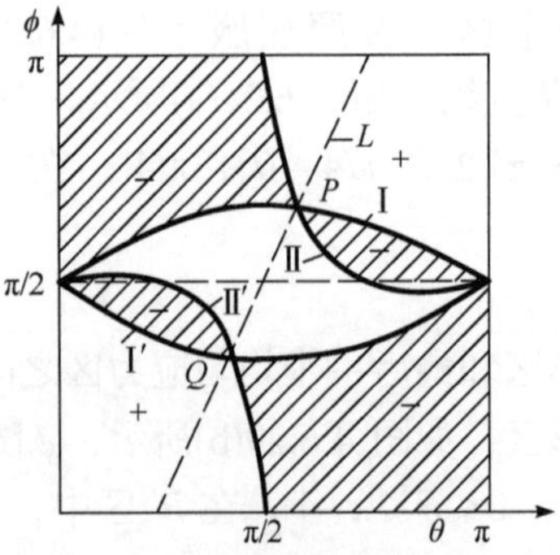

(a) 动态渐近解区域

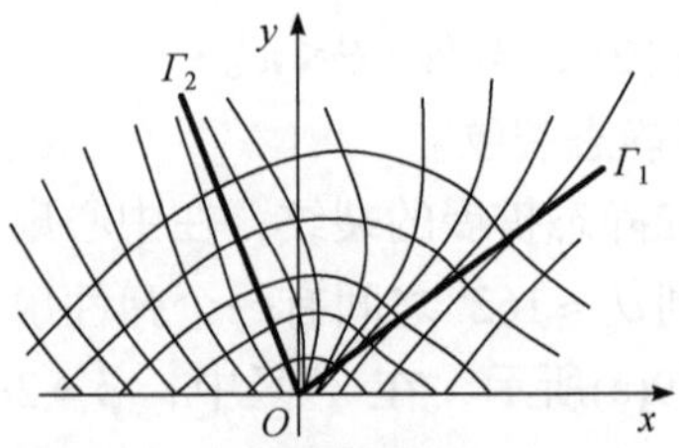

(b) 滑移线场

图 4.6.30　理想刚塑性情形下动态裂纹的分区及滑移线场

λ的奇异性和应变的奇异性可分别表示为

$$\begin{cases}\lambda \sim 1/r(\text{在中心扇形区}), & \text{静态解}\\ \lambda \sim (1/r)\ln(R_0/r)(\text{在中心扇形区}),\ \lambda \sim 1/r(\text{在常应力区}), & \text{准静态解}\\ \lambda \sim 1/r(\text{在任何分区}), & \text{动态解}\end{cases} \tag{4.6.235}$$

$$\begin{cases}\varepsilon_{r\theta} \sim 1/r(\text{在中心扇形区}), & \text{静态解}\\ \varepsilon_{\alpha\beta} \sim (1/r)\ln(R_0/r)(\text{在中心扇形区}), & \text{准静态解}\\ \varepsilon_{\alpha\beta} \sim \ln(R_0/r)(\text{在任何分区}), & \text{动态解}\end{cases} \tag{4.6.236}$$

应力与应变跨过某些线(面)时，会发生间断问题。在θ-ϕ平面上，(θ_a,ϕ_a)代表点 a 的坐标，(θ_b,ϕ_b)代表点 b 的坐标。在物理平面上，在裂纹尖端附近，$\theta=\pm\theta_a$的线是激波的波阵，跨过这些线应力与应变的分量发生间断。以记号$[x]$表示某个量x的间断。对于上面三个不同的解，其间断分别表示为

$$\begin{cases}[\sigma_{\alpha\beta}]=0,\ [\varepsilon_{\alpha\beta}]\sim 1/r, & \text{静态解}\\ [\sigma_{\alpha\beta}]=0,\ [\varepsilon_{\alpha\beta}]\sim \ln(R_0/r), & \text{准静态解}\\ [\sigma_{\alpha\beta}]\sim M,\ [\varepsilon_{\alpha\beta}]\sim 1/M, & \text{动态解}\end{cases} \tag{4.6.237}$$

动态解在$M\to 0$时，应力的间断趋于零，而应变的间断趋于无穷。因为在静态情形下，应力无间断，而应变的间断具有$1/r$阶的奇异性。

2. 平面应力情形

1) 基本方程

对于平面应力情形，运动学关系式与平面应变情形的式(4.6.197)～式(4.6.202)相同，运动方程与方程(4.6.203)相同，几何方程与方程(4.6.204)相

同，但屈服条件和本构方程与平面应变情形有所不同。

对于平面应力问题，$\sigma_{zz}=0$，因此屈服条件为

$$\frac{1}{4}(\sigma_{rr}-\sigma_{\theta\theta})^2+\sigma_{r\theta}^2+\frac{1}{12}(\sigma_{rr}+\sigma_{\theta\theta})^2=\sigma_{rk}{}^2 \tag{4.6.238}$$

式中，σ_{rk} 为剪切屈服应力。

若记

$$\frac{1}{2}(\sigma_{rr}-\sigma_{\theta\theta})=\tilde{\sigma}, \quad \frac{1}{2}(\sigma_{rr}+\sigma_{\theta\theta})=\sigma \tag{4.6.239}$$

则式(4.6.238)可以写为

$$\tilde{\sigma}^2+\sigma_{r\theta}^2+\frac{1}{3}\sigma^2=\sigma_{rk}{}^2 \tag{4.6.240}$$

若引进 φ 与 ϕ，有

$$\sigma=\sqrt{3}\sigma_{rk}\sin\varphi, \quad \tilde{\sigma}=-\sigma_{rk}\cos\varphi\cos\phi, \quad \sigma_{r\theta}=\sigma_{rk}\cos\varphi\sin\phi \tag{4.6.241}$$

则屈服条件式(4.6.238)会自动满足。

令 $\dot{\varepsilon}_{\alpha\beta}$、$\dot{\sigma}_{\alpha\beta}$ ($\alpha,\beta=r,\theta$)和 λ 分别代表应变率、应力率和流动因子，则有

$$\begin{aligned}
\dot{\varepsilon}_{rr}&=\frac{1}{E}\dot{\sigma}_{rr}-\frac{\upsilon}{E}\dot{\sigma}_{\theta\theta}+\frac{1}{3}\lambda(2\sigma_{rr}-\sigma_{\theta\theta})\\
\dot{\varepsilon}_{\theta\theta}&=\frac{1}{E}\dot{\sigma}_{\theta\theta}-\frac{\upsilon}{E}\dot{\sigma}_{rr}+\frac{1}{3}\lambda(2\sigma_{\theta\theta}-\sigma_{rr})\\
\dot{\varepsilon}_{r\theta}&=\frac{1+\upsilon}{E}\dot{\sigma}_{r\theta}+\lambda\sigma_{r\theta}
\end{aligned} \tag{4.6.242}$$

若记

$$\frac{1}{2}(\varepsilon_{rr}+\varepsilon_{\theta\theta})=\varepsilon, \quad \frac{1}{2}(\varepsilon_{rr}-\varepsilon_{\theta\theta})=\tilde{\varepsilon} \tag{4.6.243}$$

则式(4.6.242)可以写为

$$\begin{gathered}
\dot{\tilde{\varepsilon}}=\frac{1+\upsilon}{E}\dot{\tilde{\sigma}}+\lambda\tilde{\sigma}, \quad \dot{\varepsilon}_{r\theta}=\frac{1+\upsilon}{E}\dot{\sigma}_{r\theta}+\lambda\sigma_{r\theta}\\
\dot{\varepsilon}=\frac{1-\upsilon}{E}\dot{\sigma}+\frac{\lambda}{3}\sigma
\end{gathered} \tag{4.6.244}$$

2) 渐近展开

由前面的讨论可知，在裂纹尖端附近，应变 $\varepsilon_{\alpha\beta}\sim\ln(A/r)$，其中 A 为具有长度量纲的一个常数，从而得到渐近位移场为

$$u_r=r[\ln(A/r)f_1(\theta)+g_1(\theta)], \quad u_\theta=r[\ln(A/r)f_2(\theta)+g_2(\theta)] \tag{4.6.245}$$

采用与平面应变情形类似的讨论，可以得到速度场和加速度场的渐近表示，下面仅列出加速度场的渐近表示：

$$
\begin{aligned}
w_r &= v^2\left[\ln\frac{A}{r}\sin^2\theta(f_1''-2f_2')+(g_1''-2g_2')\sin^2\theta+(f_1'-f_2)\sin 2\theta-f_1\right]\\
w_\theta &= v^2\left[\ln\frac{A}{r}\sin^2\theta(f_2''+2f_1')+(g_2''+2g_1')\sin^2\theta+(f_2'+f_1)\sin 2\theta-f_2\right]
\end{aligned}
\tag{4.6.246}
$$

对于这里的渐近解，令 $\varphi=\varphi(0)$，$\phi=\phi(0)$，则运动方程(4.6.203)化为

$$
\begin{aligned}
&\left(\frac{\mathrm{d}\phi}{\mathrm{d}\theta}-2\right)\cos\varphi\cos\phi-\frac{\mathrm{d}\varphi}{\mathrm{d}\theta}\sin\varphi\sin\phi=\frac{r\rho}{\sigma_{rk}}w_r\\
&-\left(\frac{\mathrm{d}\phi}{\mathrm{d}\theta}-2\right)\cos\varphi\sin\phi+\frac{\mathrm{d}\varphi}{\mathrm{d}\theta}(\sqrt{3}\cos\varphi-\sin\varphi\cos\phi)=\frac{r\rho}{\sigma_{rk}}w_\theta
\end{aligned}
\tag{4.6.247}
$$

由于 w_r 和 w_θ 具有 $1/r$ 阶的奇异性，将式(4.6.247)代入式(4.6.246)，不难发现，必须有

$$
f_1''-2f_2'=0,\quad f_2''+2f_1'=0 \tag{4.6.248}
$$

对于Ⅰ型裂纹问题，f_1 是 θ 的偶函数，f_2 是 θ 的奇函数，即有

$$
f_1=C-2D\cos 2\theta,\quad f_2=2D\sin 2\theta \tag{4.6.249}
$$

式中，C 与 D 为待定常数。

由式(4.6.241)和式(4.6.198)，得到

$$
\begin{aligned}
\dot{\sigma}&=\frac{v}{r}\sqrt{3}\sigma_{rk}\sin\theta\cos\varphi\frac{\partial\varphi}{\partial\theta}\\
\dot{\tilde{\sigma}}&=\frac{v}{r}\sigma_{rk}\sin\theta\left[\left(\frac{\mathrm{d}\phi}{\mathrm{d}\theta}-2\right)\cos\varphi\sin\phi+\frac{\mathrm{d}\varphi}{\mathrm{d}\theta}\sin\varphi\cos\phi\right]\\
\dot{\sigma}_{r\theta}&=\frac{v}{r}\sigma_{rk}\sin\theta\left[\left(\frac{\mathrm{d}\phi}{\mathrm{d}\theta}-2\right)\cos\varphi\cos\phi-\frac{\mathrm{d}\varphi}{\mathrm{d}\theta}\sin\varphi\sin\phi\right]
\end{aligned}
\tag{4.6.250}
$$

由渐近位移场式(4.6.245)和式(4.6.243)与式(4.6.248)得到应变率场为

$$
\begin{aligned}
\dot{\tilde{\varepsilon}}&=\frac{v}{r}\left[-\frac{1}{2}\sin\theta(g_2''+2g_1')-D(\cos\theta+\cos 3\theta)\right]\\
\dot{\varepsilon}&=\frac{v}{r}\left[\frac{1}{2}\sin\theta(g_2''+2g_1')-D(\cos 3\theta-\cos\theta)+C\cos\theta\right]
\end{aligned}
\tag{4.6.251}
$$

还可以得到加速度场为

$$
\begin{aligned}
w_r &= \frac{v^2}{r}[\sin^2\theta(g_1'' - 2g_2') + D(1+2\cos 2\theta - \cos 4\theta) - C] \\
w_\theta &= \frac{v}{r}[\sin^2\theta(g_2'' + 2g_1') + D(\sin 4\theta - 2\sin 2\theta) + C\sin 2\theta]
\end{aligned}
\tag{4.6.252}
$$

由式(4.6.244)、式(4.6.247)和式(4.6.250)~式(4.6.252)，得到

$$
\left(\frac{\mathrm{d}\phi}{\mathrm{d}\theta}-2\right)\varDelta - M^2(c-2d)\frac{1}{\cos\varphi}\left\{\sqrt{3}\cot\varphi[\cos 2\theta+\cos\phi\cos(\phi-2\theta)]\right.
$$

$$
\left.-\cos(\phi-2\theta)\left[3\cot\varphi\left(1-\frac{1+\upsilon}{1-\upsilon}M^2\sin^2\theta\right)+1-M^2\sin^2\theta\right]\right\}=0
$$

$$
\frac{\mathrm{d}\varphi}{\mathrm{d}\theta}\varDelta - \frac{M^2(c-2d)}{\sin\varphi}\left[\sqrt{3}\cot\varphi\sin\phi\cos(\phi-2\theta)-(1-M^2\sin^2\theta)\sin(\phi-2\theta)\right]=0
$$

$$
\begin{aligned}
\lambda = \frac{\sqrt{3}M^2}{\rho v r}\ \frac{c-2d}{\varDelta\sin\varphi}&\left[\cos\theta(1-\sqrt{3}\cot\varphi\cos\phi - M^2\sin^2\theta)\right. \\
&\left.-\frac{\sqrt{3}}{2}M^2\cot\varphi\sin\theta\sin(\phi-2\theta)\left(\frac{2}{1+\upsilon}-\frac{1-\upsilon}{1+\upsilon}M^2\sin^2\theta\right)\right]
\end{aligned}
\tag{4.6.253}
$$

其中，

$$
\begin{aligned}
&\varDelta = (1-\sqrt{3}\cot\varphi\cos\phi - M^2\sin^2\theta)^2 - \frac{3M^2}{1+\upsilon}\sin^2\theta[2-(1-\upsilon)M^2\sin^2\theta]\cot^2\varphi \\
&M^2 = \frac{2(1+\upsilon)}{E}\rho v^2,\quad c=\frac{EC}{2(1+\upsilon)\sigma_{rk}},\quad d=\frac{ED}{2(1+\upsilon)\sigma_{rk}}
\end{aligned}
\tag{4.6.254}
$$

3) 卸载与重新加载边界

在卸载弹性区中和卸载边界附近，应该满足的条件为

$$
\frac{\mathrm{d}}{\mathrm{d}t}\left(\tilde{\sigma}^2+\sigma_{r\theta}^2+\frac{1}{3}\sigma^2\right)\Big|_{\theta=\bar{\theta}+0}\leqslant 0 \tag{4.6.255}
$$

对式(4.6.255)求导，并考虑到式(4.6.198)，则式(4.6.255)可以写为

$$
\begin{aligned}
(c-2d)&\left\{\left\{\frac{2\cot\theta}{2-(1-\upsilon)M^2\sin^2\theta}\left[\frac{\sigma}{3}+\left(1-\frac{1-\upsilon}{1+\upsilon}M^2\sin^2\theta\right)\tilde{\sigma}\right]\right.\right. \\
&\left.-\frac{M^2\sin^2\theta}{1-M^2\sin^2\theta}\ \frac{\sigma_{r\theta}}{1+\upsilon}\right\}_{\theta=\bar{\theta}+0}\leqslant 0
\end{aligned}
\tag{4.6.256}
$$

假设应力在 $\bar{\varGamma}$ 上连续，则由式(4.6.241)有

$$
\begin{aligned}
&\sigma|_{\theta=\bar{\theta}+0}=\sqrt{3}\sigma_{rk}\sin\bar{\varphi}\\
&\tilde{\sigma}|_{\theta=\bar{\theta}+0}=-\sigma_{rk}\cos\bar{\varphi}\cos\bar{\phi}\\
&\sigma_{r\theta}|_{\theta=\bar{\theta}+0}=\sigma_{rk}\cos\bar{\varphi}\sin\bar{\phi}
\end{aligned}
\tag{4.6.257}
$$

由式(4.6.256)和式(4.6.257)，得到

$$
\begin{aligned}
&(c-2d)\sin\varphi\bigg[\cos\theta(1-\sqrt{3}\cos\phi\cot\varphi-M^2\sin^2\theta)\\
&\quad-\frac{\sqrt{3}}{2}M^2\cot\varphi\sin\theta\sin(\phi-2\theta)\left(\frac{2}{1+\upsilon}-\frac{1-\upsilon}{1+\upsilon}M^2\sin^2\theta\right)\bigg]_{\theta=\bar{\theta}+0}\leqslant 0
\end{aligned}
\tag{4.6.258}
$$

在塑性区和接近 $\bar{\Gamma}$ 处，有 $\lambda\geqslant 0$，则由式(4.6.253)的第三式得到

$$
\begin{aligned}
&\frac{c-2d}{\Delta\sin\varphi}\bigg[\cos\theta(1-\sqrt{3}\cot\varphi\cos\phi-M^2\sin^2\theta)\\
&\quad-\frac{\sqrt{3}}{2}M^2\cot\varphi\sin\theta\sin(\phi-2\theta)\left(\frac{2}{1+\upsilon}-\frac{1-\upsilon}{1+\upsilon}M^2\sin^2\theta\right)\bigg]_{\theta=\bar{\theta}-0}\geqslant 0
\end{aligned}
\tag{4.6.259}
$$

由不等式(4.6.258)与(4.6.259)得到

$$
\begin{aligned}
&\bigg[\cos\theta(1-\sqrt{3}\cot\varphi\cos\phi-M^2\sin^2\theta)-\frac{\sqrt{3}}{2}M^2\cot\varphi\sin\theta\sin(\phi-2\theta)\\
&\quad\times\left(\frac{2}{1+\upsilon}-\frac{1-\upsilon}{1+\upsilon}M^2\sin^2\theta\right)\bigg]_{\theta=\bar{\theta}}=0
\end{aligned}
\tag{4.6.260}
$$

式(4.6.260)即卸载条件。

假设重新加载边界为 $\hat{\Gamma}$，其对应的角度为 $\hat{\theta}$，则重新加载条件为

$$
\left(\tilde{\sigma}^2+\sigma_{r\theta}^2+\frac{1}{3}\sigma^2\right)_{\theta=\hat{\theta}}=\sigma_{rk}^2
\tag{4.6.261}
$$

4) 动态解

对于Ⅰ型裂纹，由于对称性，要求 $\phi(0)=0$，在 $\theta=\pm\pi$ 处(裂纹为单边裂纹或半无限裂纹)，裂纹面上无应力，应力边界条件为

$$
\sigma_{r\theta}(\pm\pi)=\sigma_{\theta\theta}(\pm\pi)=0
\tag{4.6.262}
$$

假设边界 $\theta=\pm\pi$ 邻近重新加载塑性区，则位移边界条件为

$$
\begin{cases}
\phi(\pm\pi)=0 \quad 或 \quad \phi(\pm\pi)=\pm\pi\\
\varphi(\pm\pi)=-\pi/6 \quad 或 \quad \varphi(\pm\pi)=\pi/6
\end{cases}
\tag{4.6.263}
$$

计算表明，条件(4.6.263)是实际情况，并且 $\varphi(0)>\pi/3$。

对于平面应变情形，裂纹尖端场包含某些间断线，但是在这里应力与应变处

处连续。在卸载与重新加载边界 $\bar{\Gamma}$ 、$\hat{\Gamma}$ 上，连续性条件为

$$\begin{aligned}&[\sigma_{rr}]_{\Gamma}=[\sigma_{\theta\theta}]_{\Gamma}=[\sigma_{r\theta}]_{\Gamma}=0\\&[g_1]_{\Gamma}=[g_1']_{\Gamma}=[g_2]_{\Gamma}=[g_2']_{\Gamma}=0\end{aligned}\tag{4.6.264}$$

C 与 D 之间并不相互独立，经过计算得到常数 C 与 D 之间的关系为

$$D=\frac{\sqrt{3}}{2}\cot\varphi(0)C,\quad d=\frac{\sqrt{3}}{2}\cos\varphi(0)C\tag{4.6.265}$$

在弹性区中，运动方程(4.6.203)可以化为

$$\begin{aligned}&\frac{\mathrm{d}\sigma}{\mathrm{d}\theta}-2(1+\upsilon)\sigma_{rk}(c-d)\frac{\cot\theta}{2-(1-\upsilon)M^2\sin^2\theta}=0\\&\frac{\mathrm{d}\tilde{\sigma}}{\mathrm{d}\theta}-2\sigma_{r\theta}-2\sigma_{rk}(c-2d)\cot\theta\frac{1+\upsilon-(1-\upsilon)M^2\sin^2\theta}{2-(1-\upsilon)M^2\sin^2\theta}=0\\&\frac{\mathrm{d}\sigma_{r\theta}}{\mathrm{d}\theta}+2\tilde{\sigma}+M^2\sigma_{rk}(c-2d)\frac{\cos 2\theta}{1-M^2\sin^2\theta}=0\end{aligned}\tag{4.6.266}$$

方程(4.6.253)、(4.6.254)与(4.6.266)，在边界条件(4.6.262)、(4.6.263)和连续性条件(4.6.244)下用数值方法求解。弹性区与塑性区如图 4.6.31 所示，$\bar{\Gamma}$ 与 $\hat{\Gamma}$ 是卸载与重新加载边界。

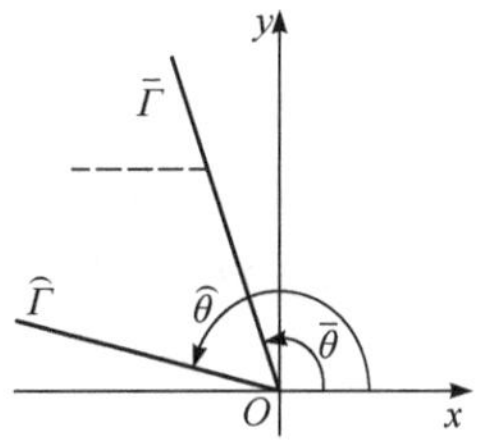

图 4.6.31　弹性区与塑性区

当 M=0.3 时，塑性区中 $\phi(\theta)$ 和 $\varphi(\theta)$ 的数值结果如图 4.6.32(a)所示，应力分布如图 4.6.32(b)所示。当 $M\to 0$ 时，函数 $\phi(\theta)$ 和 $\varphi(\theta)$ 如图 4.6.33(a)所示，σ_{rr}、$\sigma_{r\theta}$ 与 $\sigma_{\theta\theta}$ 如图 4.6.33(b)所示。

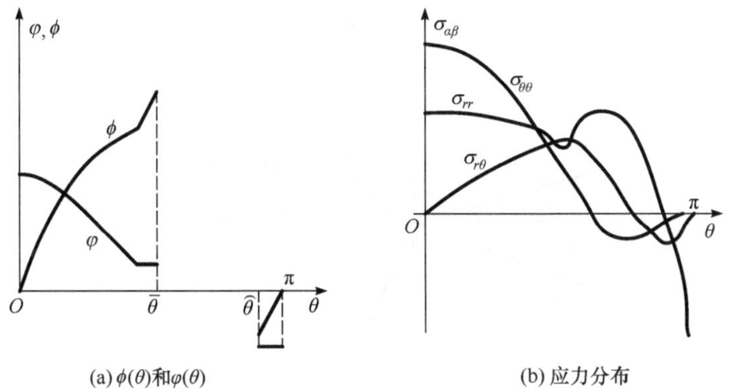

图 4.6.32　M=0.3 时塑性区的数值结果

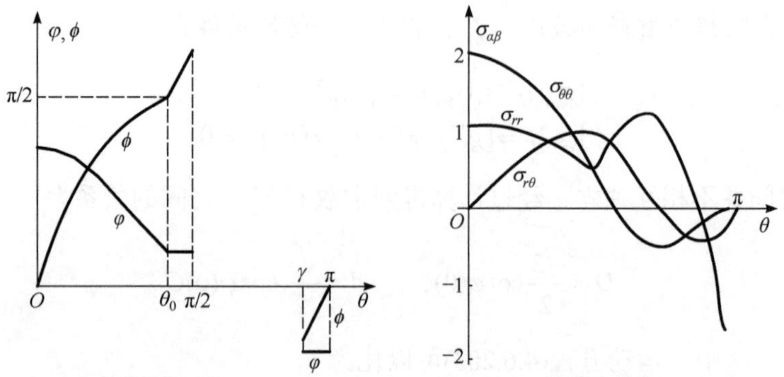

图 4.6.33　$M \to 0$ 时塑性区的极限结果

图 4.6.33 的结果也可由解析形式得到。当 $M \to 0$ 时，存在式(4.6.253)和式(4.6.254)的两个极限结果为

$$\begin{cases} \varDelta = (1-\sqrt{3}\cos\varphi\cot\varphi)^2 = 2, \quad (\phi'-2)/\varphi' = \tan\phi\tan\varphi, & \text{特殊情形} \\ \varDelta \neq 0, \ \phi' = 2, \ \varphi' = 2, & \text{一般情形} \end{cases} \tag{4.6.267}$$

则式(4.6.267)的第一式代表中心扇形区，式(4.6.267)的第二式代表均匀应力区。弹性区的运动方程(4.6.266)在 $M \to 0$ 时也得到大大简化。

5) 在 $M \to 0$ 条件下裂纹尖端场的分区

在 $M \to 0$ 条件下，整个裂纹尖端场可以分成七个区，如图 4.6.34 所示。问题关于 x 轴对称，因此仅讨论半平面即可。由图 4.6.34 可见，上半平面的各区域为：区域①，$0 \leqslant \theta < \theta_0$；区域②，$\theta_0 \leqslant \theta < \pi/2$；区域③，$\pi/2 \leqslant \theta < \gamma$；区域④，$\gamma \leqslant \theta \leqslant \pi$。

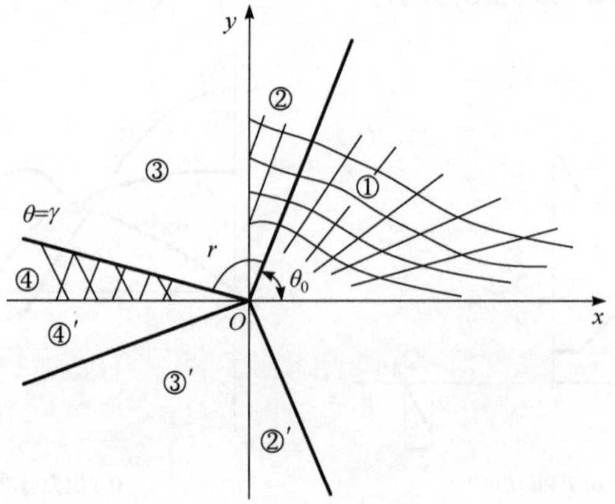

图 4.6.34　裂纹尖端场的分区

对于区域①，由式(4.6.267)的第一式，得到

$$\phi = \arctan(2\tan\theta), \quad \varphi = \arcsin\left(\frac{\sqrt{3}}{2}\cos\theta\right) \tag{4.6.268}$$

从而得到应力为

$$\sigma_{rr} = \sigma_{rk}\cos\theta, \quad \sigma_{\theta\theta} = 2\sigma_{rk}\cos\theta, \quad \sigma_{r\theta} = \sigma_{rk}\sin\theta \tag{4.6.269}$$

对于区域②，由式(4.6.267)的第二式，得到

$$\phi = \phi(\theta_0) + 2(\theta - \theta_0), \quad \varphi = \varphi(\theta_0) \tag{4.6.270}$$

对于区域③，由式(4.6.266)，令 M=0，积分后得到

$$\begin{aligned}
&\sigma = (1+\upsilon)\sigma_{rk}(c-2d)\ln\sin\theta + \sigma_0 \\
&\tilde{\sigma} = (1+\upsilon)\sigma_{rk}(c-2d)(\theta\sin 2\theta + \cos^2\theta + \cos 2\theta\ln\sin\theta) + a_1\sin 2\theta - a_2\cos 2\theta \\
&\sigma_{r\theta} = (1+\upsilon)\sigma_{rk}(c-2d)\left(\cos 2\theta - \frac{1}{2}\sin 2\theta - \sin 2\theta\ln\sin\theta\right) + a_1\cos 2\theta + a_2\sin 2\theta
\end{aligned} \tag{4.6.271}$$

对于区域④，由式(4.6.267)的第二式和边界条件(4.6.263)，得到

$$\phi = 2(\theta - \pi), \quad \varphi = -\frac{\pi}{6} \tag{4.6.272}$$

最后的结果为：$\theta_0 = 75°3'$，$\gamma = 168°33'$。应该指出，当 $M \to 0$ 时，动态解的极限情形不能还原为准静态解，有关的准静态解存在若干矛盾。

由上面的讨论可以概括出下列结论。

(1) 对于平面应力情形，在传播裂纹尖端的附近，应变具有 $\ln(A/r)$ 的奇异性。

(2) 同平面应变问题相比，有以下几点显著的不同：①裂纹尖端的动态塑性场包括弹性区；②在裂纹尖端前方，$\dot{\varepsilon}_{xx}$ 和 $\dot{\varepsilon}_{yy}$ 都是正的，而 $\dot{\varepsilon}_{xy}$ 是负的；③在裂纹尖端后方，在 $\theta = \pm\pi$ 附近，σ_{xx} 是负的；④应力与应变场无间断。

(3) 当 $M \to 0$ 时，动态解的极限情形不能还原为准静态解。

4.6.9　幂硬化弹塑性材料中扩展裂纹的渐近解

1. 基本方程

对于幂硬化弹塑性材料，变形几何方程和运动方程与前述相同，不同之处仅仅是本构关系。幂硬化弹塑性材料的本构关系可以表示为

$$\dot{\varepsilon}_{ij}=\begin{cases}\dfrac{1+\upsilon}{E}\dot{\delta}_{ij}-\dfrac{\upsilon}{E}\dot{\delta}_{kk}\delta_{ij}, & \text{弹性加载与卸载}\\ \dfrac{1+\upsilon}{E}\dot{\delta}_{ij}-\dfrac{\upsilon}{E}\dot{\delta}_{kk}\delta_{ij}+\lambda s_{ij}, & \text{塑性加载}\end{cases} \tag{4.6.273}$$

式中，λ 为塑性流动参量；δ_{ij} 表示单位张量分量；s_{ij} 为应力偏量张量分量，可表示为

$$s_{ij}=\sigma_{ij}-\frac{1}{3}\sigma_{kk}\delta_{ij} \tag{4.6.274}$$

Ramberg-Osgood 幂硬化规律的一维情形为

$$\varepsilon=\begin{cases}\sigma/E, & \text{弹性范围}\\ \sigma/E+c(\sigma-\sigma_{\mathrm{s}})^n, & \text{塑性范围}\end{cases} \tag{4.6.275}$$

式中，σ_{s} 为单向拉伸应力状态的初始屈服极限；c 与 $n(n>1)$为材料常数。

若以式(2.5.17)定义有效应力，则在简单拉伸时，就是单向应力。记有效塑形应变率 $\dot{\bar{\varepsilon}}^{\mathrm{p}}$ 为

$$\dot{\bar{\varepsilon}}^{\mathrm{p}}=\sqrt{\frac{2}{3}\dot{\varepsilon}_{ij}^{\mathrm{p}}\dot{\varepsilon}_{ij}^{\mathrm{p}}}, \quad \dot{\varepsilon}_{ij}^{\mathrm{p}}=\lambda s_{ij} \tag{4.6.276}$$

根据式(2.5.17)，对式(4.6.275)的第二式求导，有

$$\dot{\bar{\varepsilon}}^{\mathrm{p}}=nc\dot{\bar{\sigma}}(\bar{\sigma}-\sigma_{\mathrm{s}})^{n-1}=\frac{2}{3}\lambda\sqrt{\frac{3}{2}s_{ij}s_{ij}} \tag{4.6.277}$$

进而得到

$$\lambda=\frac{3nc(\bar{\sigma}-\sigma_{\mathrm{s}})^{n-1}}{2\bar{\sigma}}\dot{\bar{\sigma}} \tag{4.6.278}$$

在平面应变及不可压缩条件下，极坐标系中的本构关系为

$$\begin{aligned}&\dot{\varepsilon}_{rr}=-\dot{\varepsilon}_{\theta\theta}=\frac{3}{4E}(\dot{\sigma}_{rr}-\dot{\sigma}_{\theta\theta})+\frac{1}{2}\lambda(\sigma_{rr}-\sigma_{\theta\theta})\\&\dot{\varepsilon}_{r\theta}=\frac{3}{2E}\dot{\sigma}_{r\theta}+\lambda\sigma_{r\theta}\end{aligned} \tag{4.6.279}$$

式(4.6.278)中，有效应力的具体形式为

$$\bar{\sigma}=\sqrt{3}\sqrt{(\sigma_{rr}-\sigma_{\theta\theta})^2/4+\sigma_{r\theta}^2} \tag{4.6.280}$$

不可压缩条件与前述相同，即 $\varepsilon_{rr}=\varepsilon_{\theta\theta}=0$。定义 $M=\upsilon/c_2$，其中 $c_2=\sqrt{\mu/\rho}$，$\mu=E/3$，假定材料不可压缩，因此 $\upsilon=1/2$。

2. 动态渐近解

与式(4.6.211)相同，引进位移势 U。受位移势(4.6.212)的启发，这里取

$$U(r,\theta)=r^2\left(\ln\frac{R_0}{r}\right)^{\delta}\left[f(\theta)\ln\frac{R_0}{r}+g(\theta)+\cdots\right] \tag{4.6.281}$$

作为渐近解，由变形几何关系和位移势的定义式(4.6.211)、渐近表达式(4.6.281)、本构关系(4.6.279)可知，当 r 很小时，在裂纹尖端附近有

$$\varepsilon_{\alpha\beta}\sim[\ln(R_0/r)]^{1+\delta},\quad \sigma_{\alpha\beta}\sim[\ln(R_0/r)]^{(1+\delta)/n} \tag{4.6.282}$$

由式(4.6.282)和运动方程(4.6.203)可以发现，加速度 w_a 可表示为

$$w_a\sim\frac{1}{r}\left(\ln\frac{R_0}{r}\right)^{(1+\delta)/n} \tag{4.6.283}$$

由式(4.6.211)和渐近表达式(4.6.281)，并注意微商关系(4.6.198)，直接计算得到

$$w_r=\frac{v^2}{r}\left(\ln\frac{R_0}{r}\right)^{\delta}\left[-\sin^2\theta(f'''+4f')\ln\frac{R_0}{r}+O(1)\right] \tag{4.6.284}$$

由于 $n>1$，为了保证奇异性的协调，要求

$$f'''+4f'=0,\quad \delta=(n-1)^{-1} \tag{4.6.285}$$

求解式(4.6.285)得到

$$f(\theta)=\bar{A}\sin 2\theta+\bar{B}\cos 2\theta+\bar{C} \tag{4.6.286}$$

式(4.6.285)中的第二个公式意味着对于 $n>1$，以上推导才有意义。由渐近表达式(4.6.281)和式(4.6.286)，可以得到位移、速度、加速度、应变和应变率的表达式，这里仅列出加速度、应变和应变率的表达式为

$$\begin{aligned}
\frac{r}{v^2}w_r&=\left(\ln\frac{R_0}{r}\right)^{\delta}\Big\{\,2(1+\delta)[\bar{A}(2\cos 2\theta-\cos 4\theta)-\bar{B}(2\sin 2\theta-\sin 4\theta)\\
&\quad-\bar{C}\sin 2\theta]-(g'''+4g')\sin^2\theta+\cdots\Big\}\\
\frac{r}{v^2}w_\theta&=-2(1+\delta)(\bar{B}+\bar{C})\left(\ln\frac{R_0}{r}\right)^{\delta}+\cdots
\end{aligned} \tag{4.6.287}$$

$$\varepsilon_{rr}=-\varepsilon_{\theta\theta}=\left(\ln\frac{R_0}{r}\right)^{\delta}\left[2(\bar{A}\cos 2\theta+\bar{B}\sin 2\theta)\ln\frac{R_0}{r}-g'-2(1+\delta)(\bar{A}\sin 2\theta-\bar{B})+\cdots\right]$$

$$\varepsilon_{r\theta}=\left(\ln\frac{R_0}{r}\right)^{\delta}\left\{2(\bar{A}\sin 2\theta+\bar{B}\cos 2\theta)\ln\frac{R_0}{r}-\frac{1}{2}g''-(1+\delta)(\bar{A}\sin 2\theta+\bar{B}\cos 2\theta+\bar{C})+\cdots\right\} \tag{4.6.288}$$

$$\dot{\varepsilon}_{rr}=-\dot{\varepsilon}_{\theta\theta}=-\frac{v}{r}\left(\ln\frac{R_0}{r}\right)^{\delta}2(1+\delta)[\bar{A}\cos\theta-(\bar{B}+\bar{C})\sin\theta]+\cdots$$

$$\dot{\varepsilon}_{r\theta}=-\frac{v}{r}\left(\ln\frac{R_0}{r}\right)^{\delta}\left[2(1+\delta)(\bar{A}\sin 3\theta+\bar{B}\cos 3\theta)-\frac{1}{2}(g'''+4g')\sin\theta+\cdots\right] \tag{4.6.289}$$

由式(4.6.287)可以推出应力表达式：

$$\sigma_{\alpha\beta}=\left(\ln\frac{R_0}{r}\right)^{\delta}[\varepsilon_{\alpha\beta}(\theta)+\cdots],\quad \bar{\sigma}=\left(\ln\frac{R_0}{r}\right)^{\delta}\left[\bar{\Sigma}(\theta)+\bar{\Sigma}_1(\theta)\left(\ln\frac{R_0}{r}\right)^{-1}+\cdots\right] \tag{4.6.290}$$

由式(4.6.290)得到应力率的表达式为

$$\dot{\sigma}_{\alpha\beta}=\frac{v}{r}\left(\ln\frac{R_0}{r}\right)^{\delta}\left\{\sin\theta[\Sigma'_{\alpha\beta}(\theta)+\Sigma_{\alpha\gamma}(\theta)e_{\gamma\beta}+\Sigma_{\beta\gamma}(\theta)e_{\gamma\alpha}]+\cdots\right\}$$

$$\dot{\sigma}=\frac{v}{r}\left(\ln\frac{R_0}{r}\right)^{\delta}\left\{\sin\bar{\Sigma}'(\theta)+\cdots\right\} \tag{4.6.291}$$

式中，$e_{\gamma\beta}$和$e_{\gamma\alpha}$为二阶排列张量分量。

由式(4.6.278)、式(4.6.289)和式(4.6.290)，得知$\lambda\sim 1/r$，由式(4.6.290)的第二式、式(4.6.291)的第二式和式(4.6.276)，可得

$$\lambda\sim\frac{1}{r}\left(\ln\frac{R_0}{r}\right)^{(n-1)\delta}\left[\bar{\Sigma}(\theta)+\cdots\right]^{n-2}\left\{\bar{\Sigma}'(\theta)\sin\theta+\left[\bar{\Sigma}'(\theta)\sin\theta+\delta\bar{\Sigma}(\theta)\cos\theta\right]\left(\ln\frac{R_0}{r}\right)^{-1}+\cdots\right\} \tag{4.6.292}$$

假定$n>1$，可以推得

$$\bar{\Sigma}'(\theta)=0\ \text{或}\ \bar{\Sigma}(\theta)=\sqrt{3}\sigma_{rk}=\text{常数} \tag{4.6.293}$$

式中，σ_{rk}为具有应力量纲的常数。

注意到，由$\lambda\sim 1/r$和式(4.6.292)也可导出$\delta=1/(n-1)$，此处与式(4.6.285)相

同，$\bar{\sigma}$ 与 λ 的渐近展开式为

$$\bar{\sigma}=\sqrt{3}\sigma_{rk}\left(\ln\frac{R_0}{r}\right)^{\delta}+\cdots,\quad \lambda=\frac{3ncv}{2r}(\sqrt{3}\sigma_{rk})^{n-2}\left[\Sigma_1'(\theta)\sin\theta+\delta\sqrt{3}\sigma_{rk}\cos\theta\right]\tag{4.6.294}$$

式中，c 为材料常数。

由式(4.6.279)和式(4.6.294)，可以引进应力函数 $\Psi=\Psi(\theta)$ ，进而转化为

$$\frac{1}{2}(\sigma_{rr}-\sigma_{\theta\theta})=-\frac{\bar{\sigma}}{\sqrt{3}}\cos\Psi,\quad \sigma_{r\theta}=\frac{\bar{\sigma}}{\sqrt{3}}\sin\Psi$$

$$\Psi=\phi(\theta)+\phi_1(\theta)\left(\ln\frac{R_0}{r}\right)^{-1}+\cdots\tag{4.6.295}$$

或者

$$\frac{1}{2}(\sigma_{rr}-\sigma_{\theta\theta})=-\sigma_{rk}\left(\ln\frac{R_0}{r}\right)^{\delta}\cos\phi+\cdots,\quad \sigma_{r\theta}=\sigma_{rk}\left(\ln\frac{R_0}{r}\right)^{\delta}\sin\phi+\cdots\tag{4.6.296}$$

对式(4.6.296)求导可以得到应力率的渐近表示。为方便处理，可引进记号

$$\sigma=\frac{1}{2\sigma_{rk}}(\sigma_{rr}+\sigma_{\theta\theta})=\left(\ln\frac{R_0}{r}\right)^{\delta}[\Sigma(\theta)+\cdots]\tag{4.6.297}$$

$$\begin{aligned}\Sigma_{rr}(\theta)&=\sigma_{rk}[\Sigma(\theta)-\cos\phi(\theta)]\\ \Sigma_{\theta\theta}(\theta)&=\sigma_{rk}[\Sigma(\theta)+\cos\phi(\theta)]\\ \Sigma_{r\theta}(\theta)&=\sigma_{rk}\sin\phi(\theta)\end{aligned}\tag{4.6.298}$$

式中，σ 为无量纲的平均应力。

3. 微分方程

引进新的参量：

$$A=\frac{\mu}{\sigma_{rk}}(1+\delta)\bar{A},\quad B=\frac{\mu}{\sigma_{rk}}(1+\delta)\bar{B},\quad C=\frac{\mu}{\sigma_{rk}}(1+\delta)\bar{C}\tag{4.6.299}$$

建立方程：

$$\gamma\rho v\lambda(r,\theta)=A(\theta)+\cdots\tag{4.6.300}$$

可以由前面的基本方程导出 ϕ 、Σ 和 g 满足的非线性常微分方程组，就其形式来看，这些作为角度 θ 的函数所满足的方程组与前面的方程组(4.6.225)～(4.6.227)相似，而 $A(\theta)$ 的表达式也与 $\bar{\lambda}$ 的方程(4.6.228)相似，细小的差别只是这里的未知常数除了 A 之外，比前述方程多了 B 与 C。

4. Ⅰ型裂纹问题的解

对于Ⅰ型问题，由于对称性，式(4.6.286)中的$\bar{B}$与$\bar{C}$必须等于零，式(4.6.299)中的$B=C=0$。这样得到的微分方程组以及$A(\theta)$的表达式与式(4.6.225)～式(4.6.227)完全相同。这表明硬化塑性材料的渐近解除了奇异性与弹性-理想塑性材料的渐近解不同，其角分布函数则完全一样。

为了确定这些角分布函数，还必须给出适宜的边界条件。在裂纹面为自由时，对于单边裂纹或半无限裂纹，有

$$\Sigma_{\theta\theta}(\pm\pi)=\Sigma_{r\theta}(\pm\pi)=0 \tag{4.6.301}$$

由于对称性，有

$$g(0)=g''(0)=0,\quad \phi(0)=0 \tag{4.6.302}$$

联立求解式(4.6.301)与式(4.6.298)，得到

$$\phi(\pi)=\pi,\quad \Sigma(\pi)=1 \tag{4.6.303}$$

比较方程(4.6.294)的第二式与$A(\theta)$的表达式(4.6.228)，在$\theta=0$时得到

$$\bar{A}=\frac{1}{4}c\sigma_{rk}^{n}3^{(n+1)/2} \tag{4.6.304}$$

式中，σ_{rk}^{n}仍然是未知的，必须由另外的边界(如外场)条件才能确定。

4.6.10　黏塑性材料中高应变率裂纹扩展

前面讨论了非线性弹性或弹塑性材料中的裂纹传播问题，本节介绍黏塑性材料中裂纹扩展的问题。

在高应变率下，金属材料对塑性流动的抗力往往戏剧性地增大。在这种材料中，解理的本质是裂纹几乎超越所有塑性变形的能力，这种塑性变形是由发生在快速传播的裂纹尖端附近的高应变率造成的。裂纹高速运动的条件取决于材料的本构关系、成核后的裂纹初始速度以及整个裂纹的驱动力。在分析高速扩展裂纹时，考虑塑性流动的率有关性，以得到上述条件。

运动裂纹尖端的塑性应变率可以粗略估计得到。假设裂纹速度小于$0.4c_{\mathrm{R}}$～$0.5c_{\mathrm{R}}$，这里c_{R}为瑞利波速，则活动塑性区的最大宽度可以用准静态的结果予以估计。考虑平面应变Ⅰ型裂纹在小范围屈服下的传播，从裂纹尖端起的塑性区最大宽度可近似表示为

$$R=0.06\left(\frac{K}{\tau_{\mathrm{y}}}\right)^{2}\approx 0.14\mu\frac{G}{\tau_{\mathrm{y}}^{2}} \tag{4.6.305}$$

式中，K 为应力强度因子；G 为弹性应变能释放率；μ 为弹性剪切模量；τ_y 为准静态剪切屈服应力。对于一个以速度 v 运动的裂纹，受到上述屈服应力作用的任一材料单元，最大时间不会超过 R/v。

在准静态裂纹扩展情形下，裂纹尖端附近的塑性应变是屈服时的弹性应变 $\gamma_y = \tau_y / \mu$ 的数倍。若被运动裂纹的活动塑性区的外部所包围的一个材料单元经历一个塑性应变在数量级上为 γ_y，则平均塑性应变率在数量级上为

$$\dot{\gamma}^p \approx \frac{\gamma_y}{R/v} \approx \frac{7v\tau_y^2}{\mu^2 G} \tag{4.6.306}$$

对于铁单晶体中的解理微观裂纹，G 通常为 $14\text{J}/\text{m}^2$。采用 τ_y 的典型值，取 $v = c_R/10$，不难发现，由式(4.6.306)得到 $\dot{\gamma}^p$ 的估计值在 $10^6 \sim 10^7\text{s}^{-1}$。对于多晶体(如钢)，在低温下，一个宏观解理裂纹的动态传播，G 的值取为 $14\text{J}/\text{m}^2$ 的 100 倍以上。尽管这样，对于一个快速运动，由式(4.6.306)给出的在 $10^4 \sim 10^5\text{s}^{-1}$ 范围的塑性应变率已经很高，在经过裂纹尖端更近的材料单元中得到的塑性应变率估计还要更高。在弹性-黏塑性模型下，得到裂纹尖端应力场具有 $r^{-1/2}$ 阶奇异性。

1. 高应变率塑性本构关系

率有关塑性实际上是一种黏塑性，其特征为塑性应变率是应力与温度的函数。在简单应力状态下，塑性应变率 $\dot{\gamma}^p$ 与应力的关系为

$$\dot{\gamma}^p = \dot{\gamma}_t + \frac{1}{\mu}\dot{\gamma}_0(\tau - \tau_t), \quad \tau \geqslant \tau_t \tag{4.6.307}$$

式中，$\dot{\gamma}_t$ 在 $10^3 \sim 10^4\text{s}^{-1}$；$\tau_t$ 为与 $\dot{\gamma}_t$ 相联系的转变应力；μ 为与温度有关的剪切模量；$\dot{\gamma}_t$ 与 $\dot{\gamma}_0$ 为与温度无关的两个材料常数，$\dot{\gamma}_t = 5\times10^3\text{s}^{-1}$，$\dot{\gamma}_0 = 3\times10^7\text{s}^{-1}$。

在给定温度下，用对数坐标表达的由高应变率到中应变率，再到低应变率的转变曲线如图 4.6.35 所示。

在中等应变率范围内，温度有强烈的效应，这种影响可以表示为

$$\dot{\gamma}^p = c_p\left(\frac{\tau}{\mu}\right)^2 \exp\left\{-\frac{\Delta F_p}{kT}\left[1-\left(\frac{\tau}{\hat{\tau}}\right)^{3/4}\right]^{4/3}\right\}, \quad \tau \leqslant \tau_t \tag{4.6.308}$$

式中，$\hat{\tau}$ 为 0° 时的流动应力；μ 与温度有关；c_p、ΔF_p 和 k 均为材料常数。在不同温度下应力与 $\dot{\gamma}^p$ 的关系曲线如图 4.6.36 所示。

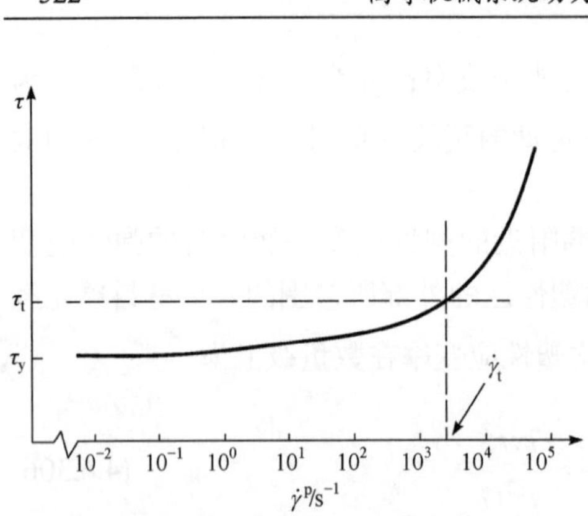

图 4.6.35　应变率的转变曲线

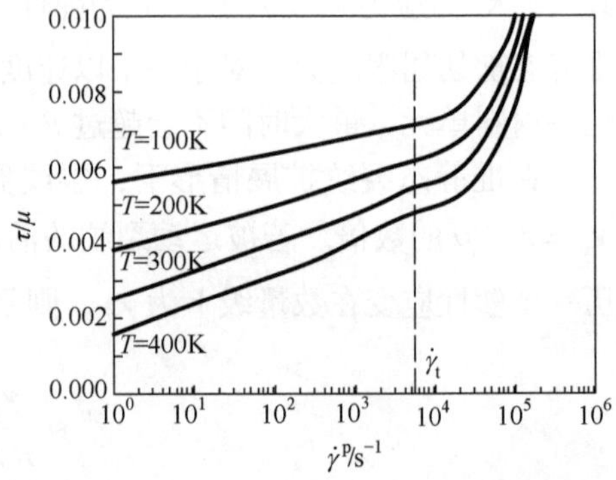

图 4.6.36　不同温度下应力与 $\dot{\gamma}^{\mathrm{p}}$ 的关系曲线

为了将上面的一维关系式推广到多维情形，设 τ 为等效剪应力，则有

$$\tau = \sqrt{\frac{1}{2} s_{ij} s_{ij}} \tag{4.6.309}$$

式中，s_{ij} 为应力偏量张量。

对于纯剪切黏塑性问题 $\dot{\gamma}^{\mathrm{p}} = F(\tau)$，联立求解式(4.6.307)与式(4.6.308)得到

$$\dot{\varepsilon}_{ij}^{\mathrm{p}} = \frac{1}{2} \frac{s_{ij}}{\tau} F(\tau) \tag{4.6.310}$$

弹性本构关系为

$$\dot{\varepsilon}_{ij}^{\mathrm{e}} = \frac{1+\upsilon}{E} \dot{\sigma}_{ij} - \frac{\upsilon}{E} \dot{\sigma}_{kk} \delta_{ij} \tag{4.6.311}$$

总应变率是 $\dot{\varepsilon}_{ij}^{\mathrm{p}}$ 与 $\dot{\varepsilon}_{ij}^{\mathrm{e}}$ 的叠加，即

$$\dot{\varepsilon}_{ij} = \dot{\varepsilon}_{ij}^{\mathrm{p}} + \dot{\varepsilon}_{ij}^{\mathrm{e}} = \frac{1}{2} \frac{s_{ij}}{\tau} F(\tau) + \frac{1+\upsilon}{E} \dot{\sigma}_{ij} - \frac{\upsilon}{E} \dot{\sigma}_{kk} \delta_{ij} \tag{4.6.312}$$

2. 小范围屈服情形下的快速扩展裂纹

这里考虑裂纹以等速扩展，假定活动塑性区尺寸远小于裂纹扩展的长度，即小范围屈服，如图 4.6.37 所示。对于小范围屈服，渐近表示为

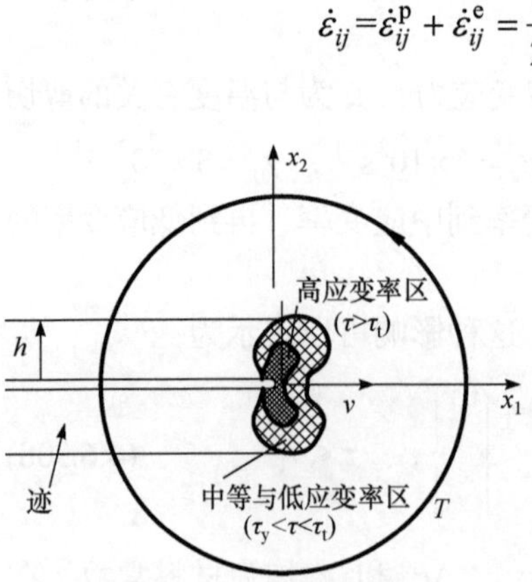

图 4.6.37　小范围屈服

$$\sigma_{ij} \to \begin{cases} \dfrac{K}{\sqrt{2\pi r}} \Sigma_{ij}, & r \to \infty \\ \dfrac{K_{\mathrm{tip}}}{\sqrt{2\pi r}} \Sigma_{ij}, & r \to 0 \end{cases} \tag{4.6.313}$$

式中，K_{tip} 与弹性区 $K(r \to \infty)$ 的意义完全不同。

渐近式(4.6.313)的第二式可进一步写为

$$\sigma_{ij} \to \frac{K_{\text{tip}}}{\sqrt{2\pi r}} \Sigma_{ij}(\theta, m), \quad r \to 0 \tag{4.6.314}$$

式中，$m = v/c_{\text{R}}$，裂纹尖端的能量释放率 G_{tip} 为

$$G_{\text{tip}} = f(m)\frac{1-\upsilon^2}{E}K_{\text{tip}}^2 \tag{4.6.315}$$

式中，$f(m)$ 为式(4.6.43)中的 $A_1(v)$ (对于平面应变情形)。G_{tip} 与 G 的关系需要利用动态 J 积分式(4.2.118)。

可以证明

$$\hat{J} = G - \int_{-h}^{h} \bar{U} \mathrm{d}x_2, \quad \bar{U}(x_2) = \lim_{x_1 \to -\infty} U(x_1, x_2) \tag{4.6.316}$$

式中，h 的意义如图 4.6.37 所示；U 为式(4.6.122)定义的应变能密度。式(4.6.315)还可以表示为

$$G_{\text{tip}} = G - \frac{1}{v}\int_{\Omega} \sigma_{ij}\dot{\varepsilon}_{ij}^{\text{p}} \mathrm{d}\Omega - \int_{-h}^{h} \bar{U}_{\text{e}} \mathrm{d}x_2 \tag{4.6.317}$$

式中，$\bar{U}_{\text{e}}$ 为剩余的弹性应变能密度。

塑性耗散可以由式(4.6.317)计算：

$$\sigma_{ij}\dot{\varepsilon}_{ij}^{\text{p}} = \sigma_{ij}\frac{1}{2}F(\tau)\frac{s_{ij}}{\tau} = \frac{F(\tau)}{2\tau}s_{ij}\left(s_{ij} + \frac{1}{3}\sigma_{kk}\delta_{ij}\right) = \frac{F(\tau)}{2\tau}2\tau^2 = \tau F(\tau) \tag{4.6.318}$$

式中，τ 为等效剪应力，如式(4.6.309)定义。利用裂纹尖端解，可以得到

$$\tau = \frac{K_{\text{tip}}}{\sqrt{2\pi r}} B(\theta, m) \tag{4.6.319}$$

其中，

$$B = \sqrt{\frac{1}{2}\Sigma_{11}^2 + \Sigma_{12}^2 + \frac{1}{2}\Sigma_{22}^2 + \frac{1}{2}\left[\upsilon^2 - \frac{1}{3}(1+\upsilon)^2\right](\Sigma_{11} + \Sigma_{22})^2} \tag{4.6.320}$$

令 $\tau = \tau_{\text{y}}$，得到

$$R = \frac{1}{2\pi}\left(\frac{K_{\text{tip}}}{\tau_{\text{y}}}\right)^2 B^2(\theta, m) \tag{4.6.321}$$

这样，式(4.6.317)的等号右侧第二项(塑性耗散项)可以写为

$$\frac{1}{v}\int_{\Omega}\sigma_{ij}\dot{\varepsilon}_{ij}^{\mathrm{p}}\mathrm{d}\Omega=\frac{1}{v}\int_{-\pi}^{\pi}\int_{0}^{R(\theta)}\tau F(\tau)r\mathrm{d}r\mathrm{d}\theta \tag{4.6.322}$$

利用式(4.6.319)，将对 r 的积分改为对 τ 的积分，有

$$\frac{1}{v}\int_{\Omega}\sigma_{ij}\dot{\varepsilon}_{ij}^{\mathrm{p}}\mathrm{d}\Omega=\frac{1}{2\pi^2 v}K_{\mathrm{tip}}^2\Lambda(m)\int_{\tau_2}^{\infty}\tau^{-4}F(\tau)\mathrm{d}\tau \tag{4.6.323}$$

其中，

$$\Lambda(m)=\int_{-\pi}^{\pi}B^4(\theta,m)\mathrm{d}\theta \tag{4.6.324}$$

式(4.6.323)等号右端的积分为

$$\int_{\tau_2}^{\infty}\tau^{-4}F(\tau)\mathrm{d}\tau=\int_{\tau_{\mathrm{t}}}^{\infty}\tau^{-4}F(\tau)\mathrm{d}\tau+\int_{\tau_{\mathrm{y}}}^{\tau_{\mathrm{t}}}\tau^{-4}F(\tau)\mathrm{d}\tau=I_1+I_2 \tag{4.6.325}$$

对于 $\tau\geqslant\tau_1$，$F(\tau)=\dot{\gamma}_{\mathrm{t}}+\dot{\gamma}_0(\tau-\tau_{\mathrm{t}})/\mu$，则有

$$I_1=\int_{\tau_{\mathrm{t}}}^{\infty}\tau^{-4}F(\tau)\mathrm{d}\tau=\frac{1}{3}\frac{\dot{\gamma}_{\mathrm{t}}}{\tau_{\mathrm{t}}^2}+\frac{1}{6}\frac{\dot{\gamma}_0}{\mu\tau_{\mathrm{t}}^2} \tag{4.6.326}$$

I_2 的贡献不超过 I_1 的 1/10，因此可略去 I_2。这样式(4.6.317)可近似表示为

$$G_{\mathrm{tip}}=G-D(m)\left(\frac{1}{3}-\frac{\dot{\gamma}_0\sqrt{\mu\rho}}{\tau_{\mathrm{t}}^2}\right)\left(1+\frac{2\dot{\gamma}_1\mu}{\dot{\gamma}_0\tau_{\mathrm{t}}}\right)G_{\mathrm{tip}}^2 \tag{4.6.327}$$

其中，

$$D(m)=\frac{1}{\pi^2}\frac{\Lambda(m)(c_2/c_{\mathrm{R}})}{m[(1-\upsilon)f(m)]^2} \tag{4.6.328}$$

由此可以得到一个关于传播裂纹的判据为

$$G_{\mathrm{tip}}=G_{\mathrm{tip}}^{\mathrm{c}} \tag{4.6.329}$$

式中，$G_{\mathrm{tip}}^{\mathrm{c}}$ 是一个材料常数，一般情形下与裂纹速度 v 有关。

为了简化计算，假设 $G_{\mathrm{tip}}^{\mathrm{c}}$ 与 v 有关，由式(4.6.327)与式(4.6.329)可以解出对给定 m 的裂纹传播所需要的 G，亦即

$$\frac{G}{G_{\mathrm{tip}}^{\mathrm{c}}}=1+D(m)P_{\mathrm{c}} \tag{4.6.330}$$

其中，

$$P_c = \frac{1}{3}\frac{\dot{\gamma}_0\sqrt{\mu\rho}G_{tip}^c}{\tau_t^2}\left(1+\frac{2\dot{\gamma}_t\mu}{\dot{\gamma}_0\tau_t}\right) \tag{4.6.331}$$

P_c 为一参量，G/G_{tip}^c 作为 m 的函数，如图 4.6.38(a)所示。在 P_c 的一个给定值下，驱动裂纹所需要的 G 的最小值发生在 m=0.55(此时 $D(m)$ 具有最小值)处，并且

$$\frac{G}{G_{tip}^c} = 1 + 0.109P_c \tag{4.6.332}$$

对于图 4.6.38 中的每一条具体的曲线(如 $P_c = 1$ 的曲线)，当 G/G_{tip}^c 与 m 坐标都在曲线之下时，对应于 $G_{tip} < G_{tip}^c$ ，而在曲线之上时，对应于 $G_{tip} \geqslant G_{tip}^c$ 。假定上面得到的等速传播裂纹的解近似地用于变速传播的裂纹，若点 (G,m) 在曲线下，当点从右面接近曲线时，意味着裂纹减速，直到以某一常速运动，当点从曲线左下方接近纵坐标轴时，意味着裂纹减速，直至止裂。相反，若点 (G,m) 在曲线之上，当点向右方接近曲线时，意味着裂纹加速运动，直到以某一常速运动。

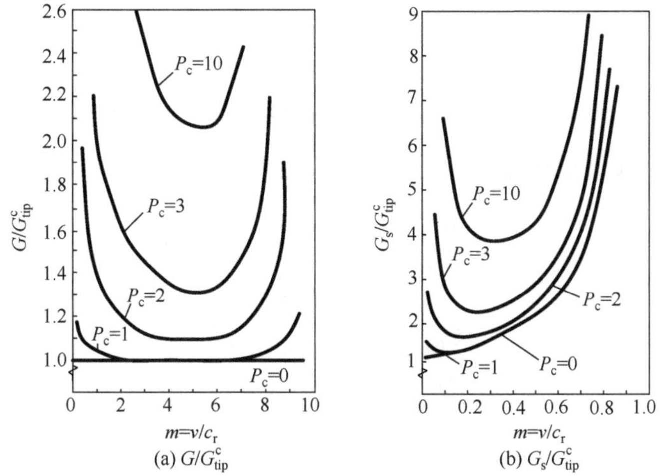

图 4.6.38　裂纹传播能量释放率随 m 的变化

若引进静态能量释放率 G_s ，则动态能量释放率 G 可以表示为

$$G = f(m)k^2(m)G_s \approx (1-m)G_s \tag{4.6.333}$$

因此，方程(4.6.330)可以化为

$$\frac{G}{G_{tip}^c} = \frac{1}{1-m}[1 + D(m)P_c] \tag{4.6.334}$$

G_s / G_{tip}^c 作为 m 的函数，如图 4.6.38(b)所示。

驱动裂纹所需要的 G_s 的最小值 G_{sm} 以及与之相联系的无量纲速度 $\bar{m}$ 强烈地与 P_c 有关，这些曲线如图 4.6.39 所示。当 P_c 充分小时($\upsilon = 0.29$)，有

$$G_{sm} / \bar{G}_{tip} \approx 1 + 0.419\sqrt{P_c}, \quad \bar{m} \approx 0.209\sqrt{P_c} \tag{4.6.335}$$

当 P_c 较大时，有

$$G_{sm} / \bar{G}_{tip} = 1.67 + 0.187P_c, \quad \bar{m} \to 0.40 \tag{4.6.336}$$

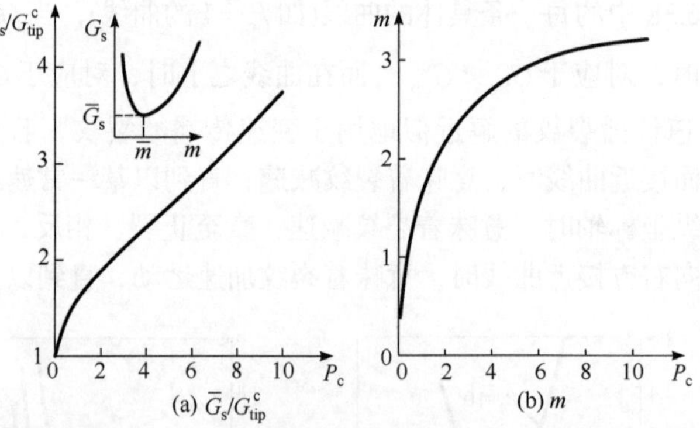

图 4.6.39　裂纹传播最小能量释放率随 P_c 的变化

3. 裂纹等速传播问题

为了进一步考察上面得到的近似解，将 G_{tip} 与 G 的关系以不同的方式表达。当 $G \neq 0$ 时，式(4.6.327)可改写为

$$\frac{G_{tip}}{G} = 1 - D(m)P\left(\frac{G_{tip}}{G}\right)^2 \tag{4.6.337}$$

式中，P 用 G(而不是 G_{tip})定义为

$$P = \frac{1}{3}\frac{\dot{\gamma}_s\sqrt{\mu\rho}G}{\tau_t^2}\left(1 + \frac{2\dot{\gamma}_t\mu}{\dot{\gamma}_0\tau_t}\right) \tag{4.6.338}$$

由方程(4.6.337)解出 G_{tip} / G，有

$$\frac{G_{tip}}{G} = \frac{(1+4DP)^{1/2} - 1}{2DP} \tag{4.6.339}$$

G_{tip} / G 作为 P 的函数(对不同的 m 值)由图 4.6.40 给出。

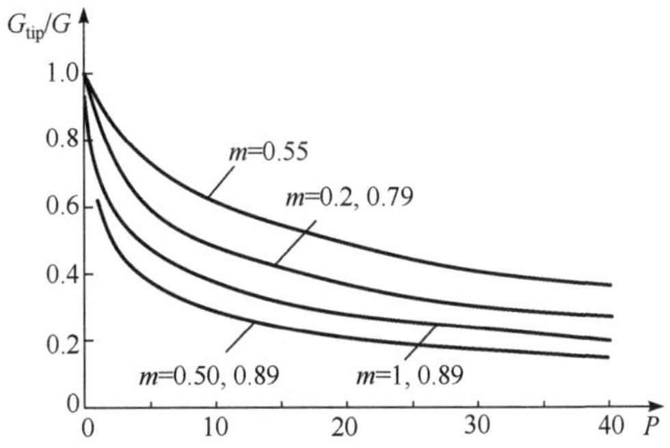

图 4.6.40　G_{tip}/G 随 P 的变化

这里需要作以下几点讨论。

(1) 在式(4.6.338)中可以引进一个无量纲常数：

$$\alpha = \frac{\dot{\gamma}_t \mu^2 G}{v\tau_y^3} \tag{4.6.340}$$

无量纲数 α 可以作为判断裂纹快速生长是否为高应变率生长的一个度量。对于充分小的 α，塑性应变的累积在本质上总发生在高应变率情形下。当 α 充分大时，塑性区主要由中、低应变率过程所控制。在 α 增大时，奇异场(4.6.314)所控制的塑性区缩小。对于充分大的 α，G_{tip} 作为裂纹尖端附近的控制参量将失去意义，裂纹生长将不再是高应变率生长。

(2) 在式(4.6.338)中还可以引进另一个无量纲常数：

$$\beta = \frac{\dot{\gamma}_0 \mu G}{v\tau_t^2} \tag{4.6.341}$$

无量纲常数 β 提供了近似解(4.6.339)或(4.6.327)的有效范围的一个度量。对于充分小的 β(或对于充分小的 P/m)，方程(4.6.339)所给出的 G_{tip}/G 与 P 的关系的初始斜度和图 4.6.40 在本质上是精确的。

第 5 章　特殊问题断裂理论

固体的破坏是一个持续多年的科学难题。固体材料在外力作用下的破坏一般有两种形式，一是韧性断裂，即材料发生明显的塑性变形后不能继续承载而断裂；二是脆性断裂，即材料在不发生明显的塑性变形情况下突然断裂。固体材料的破坏问题受多种因素的影响，不同的环境、载荷、尺度、材料种类都会使破坏的形式和机制不同。周期性载荷引起的疲劳破坏、长期载荷引起的蠕变破坏、接触引起的磨损、环境引起的腐蚀、材料和结构稳定性的丧失，都是不同形式的破坏。材料损伤、疲劳和断裂是固体材料的本质特性，第 2 章、第 3 章和第 4 章分别讨论了单一金属材料的损伤、疲劳和断裂问题。实际上，还存在 V 形切口问题、界面裂纹问题、各向异性材料的断裂问题等特殊的断裂问题，本章讨论几种特殊问题的断裂理论。

5.1　V 形切口问题

5.1.1　V 形切口问题的特征方程

在平面问题中，引入应力函数U，使其满足双调和方程：

$$\nabla^2\nabla^2 U=\left(\frac{\partial^2}{\partial x^2}+\frac{\partial^2}{\partial y^2}\right)^2 U=0 \tag{5.1.1}$$

则应力分量可表示为

$$\sigma_x=\frac{\partial^2 U}{\partial y^2},\quad \sigma_y=\frac{\partial^2 U}{\partial x^2},\quad \tau_{xy}=-\frac{\partial^2 U}{\partial x\partial y} \tag{5.1.2}$$

若引入共轭复变量：

$$z=x+\mathrm{i}y,\quad \overline{z}=x-\mathrm{i}y \tag{5.1.3}$$

则得到双调和方程的复变函数形式为

$$\frac{\partial^4 U}{\partial z^2\partial \overline{z}^2}=0 \tag{5.1.4}$$

将式(5.1.4)对 z 和 $\overline{z}$ 各积分两次得应力函数的复变函数表达式为

$$U = f_1(z) + \bar{z}f_2(z) + f_3(\bar{z}) + zf_4(\bar{z}) \tag{5.1.5}$$

双调和函数为实函数，有

$$f_3(\bar{z}) = \overline{f_1(z)}, \quad f_4(\bar{z}) = \overline{f_2(z)} \tag{5.1.6}$$

若记

$$\varphi(z) = 2f_2(z), \quad \theta(z) = 2f_1(z) \tag{5.1.7}$$

则得到双调和函数的应力函数U为

$$U = \frac{1}{2}\left[\bar{z}\varphi(z) + z\overline{\varphi(z)} + \theta(z) + \overline{\theta(z)}\right] \tag{5.1.8}$$

将式(5.1.8)代入式(5.1.2)得应力分量的表达式为

$$\begin{aligned} \sigma_x &= \mathrm{Re}\left[2\varphi'(z) - \bar{z}\varphi''(z) - \theta''(z)\right] \\ \sigma_y &= \mathrm{Re}\left[2\varphi'(z) + \bar{z}\varphi''(z) + \theta''(z)\right] \\ \tau_{xy} &= -\mathrm{i}\,\mathrm{Im}\left[\bar{z}\varphi''(z) + \theta''(z)\right] \end{aligned} \tag{5.1.9}$$

考虑到位移-应变关系和应力-应变关系，并利用解析函数理论，可由式(5.1.2)经积分运算后得到位移分量的表达式为

$$u_x = \frac{1}{2\mu}\mathrm{Re}\left[\kappa\varphi(z) - z\overline{\varphi'(z)} - \overline{\psi(z)}\right], \quad u_y = -\frac{\mathrm{i}}{2\mu}\mathrm{Im}\left[\kappa\varphi(z) - z\overline{\varphi'(z)} - \overline{\psi(z)}\right] \tag{5.1.10}$$

式中，μ为剪切模量；

$$\kappa = \begin{cases} \dfrac{3-\upsilon}{1-\upsilon}, & \text{平面应力问题} \\ 3-4\upsilon, & \text{平面应变问题} \end{cases} \tag{5.1.11}$$

式中，υ为泊松比。

对于 V 形切口问题，利用边界条件时，用极坐标讨论较为方便。极坐标下的双调和方程和应力分量为

$$\nabla^2\nabla^2 U = \left(\frac{\partial^2}{\partial r^2} + \frac{1}{r}\frac{\partial}{\partial r} + \frac{1}{r^2}\frac{\partial^2}{\partial\theta^2}\right)^2 U = 0 \tag{5.1.12}$$

$$\sigma_r = \frac{1}{r^2}\frac{\partial^2 U}{\partial\theta^2} + \frac{1}{r}\frac{\partial U}{\partial r}, \quad \sigma_\theta = \frac{\partial^2 U}{\partial r^2}, \quad \tau_{r\theta} = -\frac{\partial}{\partial r}\left(\frac{1}{r}\frac{\partial U}{\partial\theta}\right) \tag{5.1.13}$$

式中，应力函数U可取为

$$U = \sum_n r^{\lambda_n+1}F_n(\theta) \tag{5.1.14}$$

式中，$F_n(\theta)$ 为 θ 的待定函数。

将式(5.1.14)代入式(5.1.13)得到极坐标下的应力分量为

$$\begin{aligned}\sigma_r &= \sum_n r^{\lambda_n-1}[F''(\theta)+(\lambda_n+1)F_n(\theta)] \\ \sigma_\theta &= \sum_n r^{\lambda_n-1}[\lambda_n(\lambda_n+1)F_n(\theta)] \\ \tau_{r\theta} &= -\sum_n r^{\lambda_n-1}[\lambda_n F_n'(\theta)]\end{aligned} \tag{5.1.15}$$

将式(5.1.14)代入式(5.1.12)，可得 $F_n(\theta)$ 的微分方程为

$$\left[\frac{\mathrm{d}^2}{\mathrm{d}\theta^2}+(\lambda_n-1)^2\right]\left[\frac{\mathrm{d}^2}{\mathrm{d}\theta^2}+(\lambda_n+1)^2\right]F_n(\theta)=0 \tag{5.1.16}$$

求解方程(5.1.16)得到 $F_n(\theta)$ 的表达式为

$$\begin{aligned}F_n(\theta) &= A_n\cos[(\lambda_n+1)\theta]+C_n\cos[(\lambda_n-1)\theta] \\ &\quad +B_n\sin[(\lambda_n+1)\theta]+D_n\sin[(\lambda_n-1)\theta]\end{aligned} \tag{5.1.17}$$

将式(5.1.17)代入式(5.1.14)，考虑到应力函数的表达式(5.1.8)，得到

$$\begin{aligned}\varphi(z) &= \sum_{n=1}^{\infty}(C_n-\mathrm{i}D_n)z^{\lambda_n} \\ \theta(z) &= \sum_{n=1}^{\infty}(\lambda_n+1)(A_n-\mathrm{i}B_n)z^{\lambda_n}\end{aligned} \tag{5.1.18}$$

将式(5.1.14)代入式(5.1.9)，并考虑到式(5.1.17)，得到直角坐标系下的应力分量为

$$\begin{aligned}\sigma_x &= \sum_n \lambda_n r^{\lambda_n-1}\left\{2\left(C_n-\frac{\lambda_n+1}{2}A_n\right)\cos[(\lambda_n-1)\theta]-(\lambda_n-1)C_n\cos[(\lambda_n-3)\theta]\right\} \\ &\quad +\sum_n \lambda_n r^{\lambda_n-1}\left\{2\left(D_n-\frac{\lambda_n+1}{2}B_n\right)\sin[(\lambda_n-1)\theta]-(\lambda_n-1)D_n\sin[(\lambda_n-3)\theta]\right\} \\ \sigma_y &= \sum_n \lambda_n r^{\lambda_n-1}\left\{2\left(C_n+\frac{\lambda_n+1}{2}A_n\right)\cos[(\lambda_n-1)\theta]+(\lambda_n-1)C_n\cos[(\lambda_n-3)\theta]\right\} \\ &\quad +\sum_n \lambda_n r^{\lambda_n-1}\left\{2\left(D_n+\frac{\lambda_n+1}{2}B_n\right)\sin[(\lambda_n-1)\theta]+(\lambda_n-1)D_n\sin[(\lambda_n-3)\theta]\right\} \\ \tau_{xy} &= \sum_n \lambda_n r^{\lambda_n-1}\{(\lambda_n+1)A_n\sin[(\lambda_n-1)\theta]+(\lambda_n-1)C_n\sin[(\lambda_n-3)\theta]\} \\ &\quad -\sum_n \lambda_n r^{\lambda_n-1}\{(\lambda_n+1)\cos[(\lambda_n-1)\theta]+(\lambda_n-1)D_n\cos[(\lambda_n-3)\theta]\}\end{aligned} \tag{5.1.19}$$

将式(5.1.14)代入式(5.1.10)，得到直角坐标系下的位移分量为

$$
\begin{aligned}
2\mu u_x &= \sum_n r^{\lambda_n}\left\{[\kappa C_n-(\lambda_n+1)A_n]\cos(\lambda_n\theta)-\lambda_n C_n\cos[(\lambda_n-2)\theta]\right\}\\
&\quad+\sum_n r^{\lambda_n}\left\{[\kappa D_n-(\lambda_n+1)B_n]\sin(\lambda_n\theta)-\lambda_n D_n\sin[(\lambda_n-2)\theta]\right\}\\
2\mu u_y &= \sum_n r^{\lambda_n}\left\{[\kappa C_n+(\lambda_n+1)A_n]\sin(\lambda_n\theta)+\lambda_n C_n\sin[(\lambda_n-2)\theta]\right\}\\
&\quad-\sum_n r^{\lambda_n}\left\{[\kappa D_n+(\lambda_n+1)B_n]\sin(\lambda_n\theta)+\lambda_n D_n\sin[(\lambda_n-2)\theta]\right\}
\end{aligned}
\tag{5.1.20}
$$

如图 5.1.1 所示，对于 V 形切口表面($\theta=\pm\alpha$)，满足如下边界条件：

$$\sigma_\theta=\tau_{r\theta}=0 \tag{5.1.21}$$

由式(5.1.5)和式(5.1.21)得到

$$F_n(\pm\alpha)=0,\quad F_n'(\pm\alpha)=0 \tag{5.1.22}$$

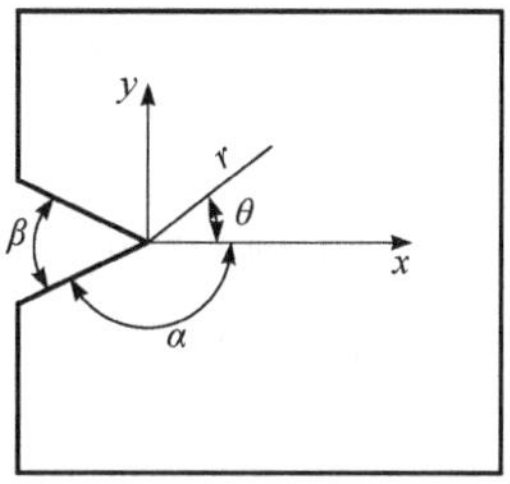

图 5.1.1　V 形切口及边界条件

对于 I 型问题，载荷对称，$F_n(\theta)$ 中的非对称分量为零，则有

$$
\begin{aligned}
F_n^{\mathrm{I}}(\theta)&=A_n\cos[(\lambda_n+1)\theta]+C_n\cos[(\lambda_n-1)\theta]\\
F_n^{\mathrm{I}'}(\theta)&=-(\lambda_n+1)A_n\sin[(\lambda_n+1)\theta]-(\lambda_n-1)C_n\sin[(\lambda_n-1)\theta]
\end{aligned}
\tag{5.1.23}
$$

由式(5.1.22)和式(5.1.23)得到

$$
\begin{aligned}
&A_n\cos[(\lambda_n+1)\alpha]+C_n\cos[(\lambda_n-1)\alpha]=0\\
&(\lambda_n+1)A_n\sin[(\lambda_n+1)\alpha]+(\lambda_n-1)C_n\sin[(\lambda_n-1)\alpha]=0
\end{aligned}
\tag{5.1.24}
$$

式(5.1.24)是关于 A_n、C_n 的线性方程组，A_n、C_n 有非零解的条件为

$$
\begin{vmatrix}
\cos[(\lambda_n+1)\alpha] & \cos[(\lambda_n-1)\alpha]\\
(\lambda_n+1)\sin[(\lambda_n+1)\alpha] & (\lambda_n-1)\sin[(\lambda_n-1)\alpha]
\end{vmatrix}=0
\tag{5.1.25}
$$

从而得到对称载荷部分，即 I 型问题的特征方程为

$$\sin(2\lambda_n\alpha)+\lambda_n\sin(2\alpha)=0 \tag{5.1.26}$$

对于Ⅱ型问题，载荷反对称，$F_n(\theta)$ 中的对称分量为零，则有

$$
\begin{aligned}
F_n^{\mathrm{II}}(\theta)&=B_n\sin[(\lambda_n+1)\theta]+D_n\sin[(\lambda_n-1)\theta]\\
F_n^{\mathrm{II}'}(\theta)&=(\lambda_n+1)B_n\cos[(\lambda_n+1)\theta]+(\lambda_n-1)D_n\cos[(\lambda_n-1)\theta]
\end{aligned}
\tag{5.1.27}
$$

由式(5.1.22)和式(5.1.27)得到

$$
\begin{aligned}
&B_n\sin[(\lambda_n+1)\alpha]+D_n\sin[(\lambda_n-1)\alpha]=0\\
&(\lambda_n+1)B_n\cos[(\lambda_n+1)\alpha]+(\lambda_n-1)D_n\cos[(\lambda_n-1)\theta]=0
\end{aligned}
\tag{5.1.28}
$$

式(5.1.28)是关于 B_n、D_n 的线性方程组，B_n、D_n 有非零解的条件为

$$\begin{vmatrix} \sin\left[(\lambda_n+1)\alpha\right] & \sin\left[(\lambda_n-1)\alpha\right] \\ (\lambda_n+1)\cos\left[(\lambda_n+1)\alpha\right] & (\lambda_n-1)\cos\left[(\lambda_n-1)\alpha\right] \end{vmatrix}=0 \tag{5.1.29}$$

从而得到反对称载荷部分，即Ⅱ型问题的特征方程为

$$\sin(2\lambda_n\alpha)-\lambda_n\sin(2\alpha)=0 \tag{5.1.30}$$

5.1.2　V 形切口问题的应力函数

由特征方程可知，当切口角度 $\beta\neq 0°$ 时，Ⅰ、Ⅱ型问题的特征值是不同的，不妨记Ⅰ型问题的特征值为 λ_n^{I}，Ⅱ型问题的特征值为 λ_n^{II}，则对于Ⅰ型问题，即对称载荷部分，由式(5.1.24)得到

$$A_n=\begin{cases} -\dfrac{\cos\left[(\lambda_n^{\mathrm{I}}-1)\alpha\right]}{\cos\left[(\lambda_n^{\mathrm{I}}+1)\alpha\right]}C_n, & \cos\left[(\lambda_n^{\mathrm{I}}+1)\alpha\right]\neq 0 \\ -\dfrac{\lambda_n^{\mathrm{I}}-1}{\lambda_n^{\mathrm{I}}+1}\dfrac{\sin\left[(\lambda_n^{\mathrm{I}}-1)\alpha\right]}{\sin\left[(\lambda_n^{\mathrm{I}}+1)\alpha\right]}C_n, & \sin\left[(\lambda_n^{\mathrm{I}}+1)\alpha\right]\neq 0 \end{cases} \tag{5.1.31}$$

考虑到特征方程(5.1.26)，式(5.1.31)的两式可统一写为

$$A_n=-\frac{\lambda_n^{\mathrm{I}}\cos(2\alpha)+\cos(2\lambda_n^{\mathrm{I}}\alpha)}{\lambda_n^{\mathrm{I}}+1}C_n \tag{5.1.32}$$

对于Ⅱ型问题，即反对称载荷部分，由式(5.1.28)得到

$$B_n=\begin{cases} -\dfrac{\sin\left[(\lambda_n^{\mathrm{II}}-1)\alpha\right]}{\sin\left[(\lambda_n^{\mathrm{II}}+1)\alpha\right]}C_n, & \sin\left[(\lambda_n^{\mathrm{II}}+1)\alpha\right]\neq 0 \\ -\dfrac{\lambda_n^{\mathrm{II}}-1}{\lambda_n^{\mathrm{II}}+1}\dfrac{\cos\left[(\lambda_n^{\mathrm{I}}-1)\alpha\right]}{\cos\left[(\lambda_n^{\mathrm{I}}+1)\alpha\right]}C_n, & \cos\left[(\lambda_n^{\mathrm{II}}+1)\alpha\right]\neq 0 \end{cases} \tag{5.1.33}$$

考虑到特征方程(5.1.30)，式(5.1.33)的两式可统一写为

$$B_n=-\frac{\lambda_n^{\mathrm{II}}\cos(2\alpha)-\cos(2\lambda_n^{\mathrm{II}}\alpha)}{\lambda_n^{\mathrm{II}}+1}D_n \tag{5.1.34}$$

将式(5.1.32)和式(5.1.34)代入式(5.1.17)，再代入式(5.1.14)得到平面 V 形切口问题的应力函数为

$$U=\sum_n r^{\lambda_n^{\mathrm{I}}-1}C_n\left\{-\frac{\lambda_n^{\mathrm{I}}\cos(2\alpha)+\cos(2\lambda_n^{\mathrm{I}}\alpha)}{\lambda_n^{\mathrm{I}}+1}\cos\left[(\lambda_n^{\mathrm{I}}+1)\theta\right]+\cos\left[(\lambda_n^{\mathrm{I}}-1)\theta\right]\right\}$$
$$+\sum_n r^{\lambda_n^{\mathrm{II}}-1}D_n\left\{-\frac{\lambda_n^{\mathrm{II}}\cos(2\alpha)-\cos(2\lambda_n^{\mathrm{II}}\alpha)}{\lambda_n^{\mathrm{II}}+1}\sin\left[(\lambda_n^{\mathrm{II}}+1)\theta\right]+\sin\left[(\lambda_n^{\mathrm{II}}-1)\theta\right]\right\} \tag{5.1.35}$$

考虑到式(5.1.32)和式(5.1.34)，式(5.1.18)变为

$$\varphi(z)=\sum_{n=1}^{\infty}(C_n z^{\lambda_n^{\mathrm{I}}}-\mathrm{i}D_n z^{\lambda_n^{\mathrm{II}}})$$
$$\theta(z)=-\sum_{n=1}^{\infty}\left[(\lambda_n^{\mathrm{I}}\cos(2\alpha)+\cos(2\lambda_n^{\mathrm{I}}\alpha))C_n z^{\lambda_n^{\mathrm{I}}}-(\lambda_n^{\mathrm{II}}\cos(2\alpha)-\cos(2\lambda_n^{\mathrm{II}}\alpha))D_n z^{\lambda_n^{\mathrm{II}}}\right] \tag{5.1.36}$$

当 $\alpha=\pi$ 时为平面裂纹，有

$$\lambda_n^{\mathrm{I}}=\lambda_n^{\mathrm{II}}=\frac{n}{2},\quad \cos(2\alpha)=1,\quad \cos(2\lambda_n^{\mathrm{I}}\alpha)=\cos(2\lambda_n^{\mathrm{II}}\alpha)=(-1)^n \tag{5.1.37}$$

对于裂纹问题，应力函数 Φ 中的解析函数 $\varphi(z)$ 和 $\theta(z)$ 可表示为

$$\varphi(z)=\sum_{n=1}^{\infty}(C_n-\mathrm{i}D_n)z^{\lambda_n},\quad \theta(z)=-\sum_{n=1}^{\infty}\left[\frac{n}{2}(C_n-\mathrm{i}D_n)+(-1)^n(C_n+\mathrm{i}D_n)\right]z^{\lambda_n} \tag{5.1.38}$$

5.1.3　V 形切口问题的应力场和位移场

将式(5.1.32)和式(5.1.34)代入式(5.1.19)，得到 V 形平面切口问题的应力表达式为

$$\sigma_x=\sum_{n=1}^{\infty}\left[\lambda_n^{\mathrm{I}}r^{\lambda_n^{\mathrm{I}}-1}C_n f_{nx}^{\mathrm{R}}(\theta)+\lambda_n^{\mathrm{II}}r^{\lambda_n^{\mathrm{II}}-1}D_n f_{nx}^{\mathrm{I}}(\theta)\right]$$
$$\sigma_y=\sum_{n=1}^{\infty}\left[\lambda_n^{\mathrm{I}}r^{\lambda_n^{\mathrm{I}}-1}C_n f_{ny}^{\mathrm{R}}(\theta)+\lambda_n^{\mathrm{II}}r^{\lambda_n^{\mathrm{II}}-1}D_n f_{ny}^{\mathrm{I}}(\theta)\right] \tag{5.1.39}$$
$$\tau_{xy}=\sum_{n=1}^{\infty}\left[\lambda_n^{\mathrm{I}}r^{\lambda_n^{\mathrm{I}}-1}C_n f_{nxy}^{\mathrm{R}}(\theta)+\lambda_n^{\mathrm{II}}r^{\lambda_n^{\mathrm{II}}-1}D_n f_{nxy}^{\mathrm{I}}(\theta)\right]$$

其中，

$$f_{nx}^{\mathrm{R}}(\theta)=\left[2+\lambda_n^{\mathrm{I}}\cos(2\alpha)+\cos(2\lambda_n^{\mathrm{I}}\alpha)\right]\cos\left[(\lambda_n^{\mathrm{I}}-1)\theta\right]-(\lambda_n^{\mathrm{I}}-1)\cos\left[(\lambda_n^{\mathrm{I}}-3)\theta\right]$$
$$f_{nx}^{\mathrm{I}}(\theta)=\left[2+\lambda_n^{\mathrm{II}}\cos(2\alpha)-\cos(2\lambda_n^{\mathrm{II}}\alpha)\right]\sin\left[(\lambda_n^{\mathrm{II}}-1)\theta\right]-(\lambda_n^{\mathrm{II}}-1)\sin\left[(\lambda_n^{\mathrm{II}}-3)\theta\right]$$
$$f_{ny}^{\mathrm{R}}(\theta)=\left[2-\lambda_n^{\mathrm{I}}\cos(2\alpha)-\cos(2\lambda_n^{\mathrm{I}}\alpha)\right]\cos\left[(\lambda_n^{\mathrm{I}}-1)\theta\right]+(\lambda_n^{\mathrm{I}}-1)\cos\left[(\lambda_n^{\mathrm{I}}-3)\theta\right]$$
$$f_{ny}^{\mathrm{I}}(\theta)=\left[2-\lambda_n^{\mathrm{II}}\cos(2\alpha)+\cos(2\lambda_n^{\mathrm{II}}\alpha)\right]\sin\left[(\lambda_n^{\mathrm{II}}-1)\theta\right]+(\lambda_n^{\mathrm{II}}-1)\sin\left[(\lambda_n^{\mathrm{II}}-3)\theta\right] \tag{5.1.40}$$
$$f_{nxy}^{\mathrm{R}}(\theta)=-\left[\lambda_n^{\mathrm{I}}\cos(2\alpha)+\cos(2\lambda_n^{\mathrm{I}}\alpha)\right]\sin\left[(\lambda_n^{\mathrm{I}}-1)\theta\right]+(\lambda_n^{\mathrm{I}}-1)\sin\left[(\lambda_n^{\mathrm{I}}-3)\theta\right]$$
$$f_{nxy}^{\mathrm{I}}(\theta)=\left[\lambda_n^{\mathrm{II}}\cos(2\alpha)-\cos(2\lambda_n^{\mathrm{II}}\alpha)\right]\cos\left[(\lambda_n^{\mathrm{II}}-1)\theta\right]-(\lambda_n^{\mathrm{II}}-1)\cos\left[(\lambda_n^{\mathrm{II}}-3)\theta\right]$$

将式(5.1.32)和式(5.1.34)代入式(5.1.20)，得到平面 V 形切口问题的位移场为

$$
\begin{aligned}
2\mu u_x &= \sum_{n=1}^{\infty}\left[r^{\lambda_n^{\mathrm{I}}} C_n g_{nx}^{\mathrm{R}}(\theta) + r^{\lambda_n^{\mathrm{II}}} D_n g_{nx}^{\mathrm{I}}(\theta) \right], \\
2\mu u_y &= \sum_{n=1}^{\infty}\left[r^{\lambda_n^{\mathrm{I}}} C_n g_{ny}^{\mathrm{R}}(\theta) + r^{\lambda_n^{\mathrm{II}}} D_n g_{ny}^{\mathrm{I}}(\theta) \right]
\end{aligned} \tag{5.1.41}
$$

其中，

$$
\begin{aligned}
g_{nx}^{\mathrm{R}}(\theta) &= \left[\kappa + \lambda_n^{\mathrm{I}} \cos(2\alpha) + \cos(2\lambda_n^{\mathrm{I}}\alpha) \right] \cos(\lambda_n^{\mathrm{I}}\theta) + \lambda_n^{\mathrm{I}} \cos\left[(\lambda_n^{\mathrm{I}} - 2)\theta \right] \\
g_{nx}^{\mathrm{I}}(\theta) &= \left[\kappa + \lambda_n^{\mathrm{II}} \cos(2\alpha) - \cos(2\lambda_n^{\mathrm{II}}\alpha) \right] \sin(\lambda_n^{\mathrm{II}}\theta) - \lambda_n^{\mathrm{II}} \sin\left[(\lambda_n^{\mathrm{II}} - 2)\theta \right] \\
g_{ny}^{\mathrm{R}}(\theta) &= \left[\kappa - \lambda_n^{\mathrm{I}} \cos(2\alpha) - \cos(2\lambda_n^{\mathrm{I}}\alpha) \right] \sin(\lambda_n^{\mathrm{I}}\theta) + \lambda_n^{\mathrm{I}} \sin\left[(\lambda_n^{\mathrm{I}} - 2)\theta \right] \\
g_{ny}^{\mathrm{I}}(\theta) &= -\left[\kappa - \lambda_n^{\mathrm{II}} \cos(2\alpha) + \cos(2\lambda_n^{\mathrm{II}}\alpha) \right] \cos(\lambda_n^{\mathrm{II}}\theta) - \lambda_n^{\mathrm{II}} \cos\left[(\lambda_n^{\mathrm{II}} - 2)\theta \right]
\end{aligned} \tag{5.1.42}
$$

将式(5.1.37)代入式(5.1.40)和式(5.1.42)，即可得到 V 形切口问题的角分布函数。

5.1.4 V 形切口问题的应力强度因子

根据应力强度因子的定义，记

$$
\begin{aligned}
K_{\mathrm{I}}^{\mathrm{V}} &= \lim_{r\to 0} \sqrt{2\pi} r^{1-\lambda_1^{\mathrm{I}}} \sigma_y \Big|_{\theta=0} \\
K_{\mathrm{II}}^{\mathrm{V}} &= \lim_{r\to 0} \sqrt{2\pi} r^{1-\lambda_1^{\mathrm{II}}} \tau_{xy} \Big|_{\theta=0}
\end{aligned} \tag{5.1.43}
$$

由式(5.1.39)的第二式和第三式得到平面 V 形切口的应力强度因子为

$$
\begin{aligned}
K_{\mathrm{I}}^{\mathrm{V}} &= \sqrt{2\pi} \lambda_1^{\mathrm{I}} \left[\lambda_1^{\mathrm{I}} + 1 - \lambda_1^{\mathrm{I}} \cos(2\alpha) - \cos(2\lambda_1^{\mathrm{I}}\alpha) \right] C_1 \\
K_{\mathrm{II}}^{\mathrm{V}} &= \sqrt{2\pi} \lambda_1^{\mathrm{II}} \left[\lambda_1^{\mathrm{II}} - 1 - \lambda_1^{\mathrm{II}} \cos(2\alpha) + \cos(2\lambda_1^{\mathrm{II}}\alpha) \right] D_1
\end{aligned} \tag{5.1.44}
$$

式(5.1.44)写成复数形式为

$$
K_{\mathrm{I}}^{\mathrm{V}} - \mathrm{i} K_{\mathrm{II}}^{\mathrm{V}} = \sqrt{2\pi} (A_{\mathrm{I}} C_1 - \mathrm{i} A_{\mathrm{II}} D_1) \tag{5.1.45}
$$

其中，

$$
\begin{aligned}
A_{\mathrm{I}} &= \lambda_1^{\mathrm{I}} \left[\lambda_1^{\mathrm{I}} + 1 - \lambda_1^{\mathrm{I}} \cos(2\alpha) - \cos(2\lambda_1^{\mathrm{I}}\alpha) \right] = 2\lambda_1^{\mathrm{I}} \left[\lambda_1^{\mathrm{I}} \sin^2\alpha + \sin^2(\lambda_1^{\mathrm{I}}\alpha) \right] \\
A_{\mathrm{II}} &= \lambda_1^{\mathrm{II}} \left[\lambda_1^{\mathrm{II}} - 1 - \lambda_1^{\mathrm{II}} \cos(2\alpha) + \cos(2\lambda_1^{\mathrm{II}}\alpha) \right] = -2\lambda_1^{\mathrm{II}} \left[\lambda_1^{\mathrm{II}} \sin^2\alpha - \sin^2(\lambda_1^{\mathrm{II}}\alpha) \right]
\end{aligned} \tag{5.1.46}
$$

对于平面裂纹情况，由于 $\alpha = \pi$，$\lambda_1^{\mathrm{I}} = \lambda_1^{\mathrm{II}} = 1/2$，有 $A_{\mathrm{I}} = A_{\mathrm{II}} = 1$，式(5.1.45)变为

$$
K_{\mathrm{I}} - \mathrm{i} K_{\mathrm{II}} = \sqrt{2\pi} (C_1 - \mathrm{i} D_1) \tag{5.1.47}
$$

可见，平面 V 形切口的应力强度因子由解析函数 $\varphi(z)$ 的第一项决定，且与 V 形

切口的角度有关。

5.1.5　V 形切口问题的特征值

平面 V 形切口问题的应力场和位移场分别由式(5.1.39)和式(5.1.41)表示，要求得应力强度因子，需要先求得 C_1 和 D_1，用相似单元法求解 V 形切口的应力强度因子，必须先求得 V 形切口问题的特征值 λ_n^{I} 和 λ_n^{II}，下面首先求解 V 形切口的特征值，再讨论 V 形切口的尖端奇性。

Ⅰ型和Ⅱ型平面 V 形切口问题的特征方程是方程(5.1.26)和(5.1.30)的超越方程，由于 V 形切口的特征方程具有周期性，求解每一个周期内的所有特征值都是有可能的。根据 V 形切口问题的特征方程，记

$$F(\lambda)=\sin(2\lambda\alpha)\pm 2\lambda\sin(2\alpha) \tag{5.1.48}$$

对式(5.1.48)求导，有

$$F'(\lambda)=2\alpha\cos(2\lambda\alpha)\pm 2\sin(2\alpha) \tag{5.1.49}$$

令 $F'(\lambda)=0$，则得到

$$\lambda=\frac{1}{2\alpha}\arccos(\mp\alpha^{-1}\sin(2\alpha)) \tag{5.1.50}$$

由式(5.1.50)可知，λ 具有周期性，考虑到

$$\arccos\theta=\arctan(\theta^{-1}\sqrt{1-\theta}) \tag{5.1.51}$$

则有

$$\lambda=\frac{1}{2\alpha}\arctan\frac{\sqrt{1-\left[\alpha^{-1}\sin(2\alpha)\right]^2}}{\mp\alpha^{-1}\sin(2\alpha)} \tag{5.1.52}$$

由于切口角度 $\beta\leqslant 180°$，$2\alpha\geqslant 180°$，$\sin 2\alpha\leqslant 0$，从而对于Ⅰ型问题，有

$$\frac{\sqrt{1-\left[\alpha^{-1}\sin(2\alpha)\right]^2}}{-\alpha^{-1}\sin(2\alpha)}>0 \tag{5.1.53}$$

则当 $\lambda^{\mathrm{I}}=\lambda$ 时，$F''(\lambda)<0$，函数取极大值；而当 $\lambda^{\mathrm{I}}=\lambda+\pi$ 时，$F''(\lambda)>0$，函数取极小值，考虑到函数的周期性，得到

$$\bar{\lambda}_n^{\mathrm{I}}=\frac{1}{2\alpha+2(n-1)\pi}\arctan\frac{\sqrt{1-\left[\alpha^{-1}\sin(2\alpha)\right]^2}}{-\alpha^{-1}\sin(2\alpha)} \tag{5.1.54}$$

此时函数取极大值，而当

$$\tilde{\lambda}_n^{\mathrm{I}}=-\frac{1}{2\alpha+2n\pi}\arctan\frac{\sqrt{1-\left[\alpha^{-1}\sin(2\alpha)\right]^2}}{-\alpha^{-1}\sin(2\alpha)} \tag{5.1.55}$$

时，函数取极小值。对于Ⅱ型问题，有

$$\frac{\sqrt{1-\left[\alpha^{-1}\sin(2\alpha)\right]^2}}{\alpha^{-1}\sin(2\alpha)}<0 \tag{5.1.56}$$

则当$\lambda^{\mathrm{II}}=\lambda+\pi$时，$F''(\lambda)<0$，函数取极大值；而当$\lambda^{\mathrm{II}}=-\lambda+\pi$时，$F''(\lambda)>0$，函数取极小值，考虑到函数的周期性，得到

$$\bar{\lambda}_n^{\mathrm{II}}=\frac{1}{2\alpha+(2n-1)\pi}\arctan\frac{\sqrt{1-\left[\alpha^{-1}\sin(2\alpha)\right]^2}}{\alpha^{-1}\sin(2\alpha)} \tag{5.1.57}$$

此时函数取极大值，而当

$$\tilde{\lambda}_n^{\mathrm{II}}=-\frac{1}{2\alpha+(2n-1)\pi}\arctan\frac{\sqrt{1-\left[\alpha^{-1}\sin(2\alpha)\right]^2}}{\alpha^{-1}\sin(2\alpha)} \tag{5.1.58}$$

时，函数取极小值。

函数在相邻两个极值之间是单调的，若相邻的极大值和极小值异号，则在该区间内存在唯一实数解，利用牛顿法或对分法，均可求得该解。若相邻的极大值和极小值同号，则在该区间内不存在实数解，此时可利用求解函数在某区间内复根的蒙特卡罗法求得复数解，由于在每个周期内只需要两个特征解，而在每个单调区间内只需要一个特征解，其中虚部绝对值的最小值是满足条件的特征解，从而可求得所要求的所有特征解。

5.1.6 V形切口尖端的奇异性

V形切口尖端的奇异性由小于1的特征值决定，求解结果表明，各种角度下的第一个特征值均为实数，且只有第一个特征值才可能小于1。表5.1.1为不同切口角度β下体现V形切口尖端奇异性的特征值λ_n^{I}和λ_n^{II}，该结果直观地反映在图5.1.2中。可见，当$0°\leqslant\beta\leqslant180°$时，无论是Ⅰ型还是Ⅱ型问题，裂纹($\beta=0°$)的奇性最大，$\lambda_1^{\mathrm{I}}=\lambda_1^{\mathrm{II}}=0.5$。

对于Ⅰ型问题，当$0°\leqslant\beta<180°$时，应力奇异性均存在，当$\beta=180°$时，奇异性消失。而对于Ⅱ型问题，当$\beta\geqslant102.5466°$时，应力奇异性就已经消失。只要$\beta\neq0°$，在任何角度下，Ⅰ型问题的奇异性均比Ⅱ型问题大。

表 5.1.1　不同切口角度 β 下的第一个特征值

β/(°)	λ_n^{I}	λ_n^{II}
0	0.50000000	0.50000000
5	0.50000661	0.51427882
10	0.50005299	0.52935471
15	0.50017927	0.54525443
20	0.50042637	0.56200652
25	0.50083641	0.57964142
30	0.50145301	0.59819181
35	0.50232175	0.61799285
40	0.50349048	0.63818243
45	0.50500970	0.65970160
50	0.50693284	0.68229479
55	0.50931663	0.70601031
60	0.51222136	0.73090070
65	0.51571116	0.75702325
70	0.51985430	0.78444051
75	0.52472339	0.81322093
80	0.53039571	0.84343952
85	0.53695338	0.87517869
90	0.54448372	0.90852914
95	0.55307953	0.94359095
100	0.56283947	0.98047487
105	0.57386857	1.00000000
110	0.58627885	1.00000000
115	0.60019011	1.00000000
120	0.61573104	1.00000000
125	0.63304052	1.00000000
130	0.65226953	1.00000000
135	0.67358340	1.00000000
140	0.69716494	1.00000000
145	0.72321836	1.00000000
150	0.75197451	1.00000000
155	0.78369785	1.00000000
160	0.81869581	1.00000000
165	0.85733180	1.00000000
170	0.90004376	1.00000000
175	0.94737162	1.00000000
180	1.00000000	1.00000000

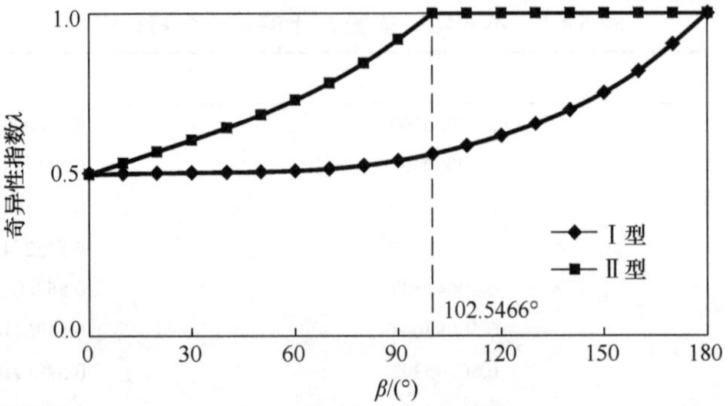

图 5.1.2　V 形切口尖端的奇异性

5.2　界面裂纹及动态扩展

5.2.1　弹性界面力学

纤维或颗粒增强复合材料、结构陶瓷、层状材料、多晶合金等多种先进材料已广泛应用于燃烧引擎的部件、航空轴承、切割工具、能量产生系统、印刷工业部件等。这些材料的断裂、疲劳、腐蚀及耐磨性能可以通过表面覆盖层得到提高。金属、陶瓷、多聚物等类型的薄膜材料覆盖于工具、机械或电子设备上，能赋予结构新的热、力、化学及耐磨性能。

界面的存在是这些材料固有的共性。这些材料或系统的整体力学行为强烈依赖于界面特性，如弹性或热性能的失配、界面处的残余应力、沿界面的黏着应力等。界面失效往往是这些材料-薄膜体系破坏的基本形式，因此在设计这类部件时要求搞清楚失效机理，其中一个重要的任务是详细研究沿界面或者垂直界面缺陷的断裂行为。

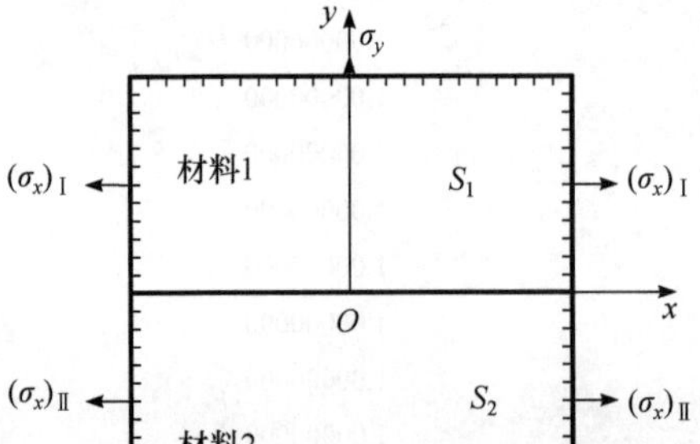

图 5.2.1　双材料界面

1. 界面处的应力跳跃

双材料界面如图 5.2.1 所示，两个半无限大弹性体沿 x 轴黏结，笛卡儿坐标系位于界面处。x 轴沿着界面方向，y 轴垂直于界面。两种材料均为均匀各向同性材料，材料 1 位于上半空间 S_1，材料 2 位于下半空间 S_2。沿界面处的位移 u_x、u_y 必须连续，因此应变 ε_x 在上下界面处必须连续，即 $(\varepsilon_x)_{\mathrm{I}}=(\varepsilon_x)_{\mathrm{II}}$，考虑平面应变问题，可以得到界面上应力应满足的方程为

$$(\sigma_x)_{\mathrm{I}}=\frac{\mu_1(1-\upsilon_2)}{\mu_2(1-\upsilon_1)}(\sigma_x)_{\mathrm{II}}+\frac{\sigma_y}{1-\upsilon_1}\left(\upsilon_1-\frac{\mu_1}{\mu_2}\upsilon_2\right) \tag{5.2.1}$$

式(5.2.1)可改写为

$$(\sigma_x)_{\mathrm{I}}=\frac{1+\alpha}{1-\alpha}(\sigma_x)_{\mathrm{II}}+\frac{2\sigma_y}{1-\alpha}(2\beta-\alpha) \tag{5.2.2}$$

式中，α、β 为 Dundurs 参数，分别为

$$\alpha=\frac{(\kappa_2+1)/\mu_2-(\kappa_1+1)/\mu_1}{(\kappa_2+1)/\mu_2+(\kappa_1+1)/\mu_1},\quad \beta=\frac{(\kappa_2-1)/\mu_2-(\kappa_1-1)/\mu_1}{(\kappa_1+1)/\mu_2+(\kappa_1+1)/\mu_1} \tag{5.2.3}$$

μ_i (i=1,2) 表示两种材料的剪切模量；κ_i (i=1,2) 为

$$\kappa_i=\begin{cases}3-4\upsilon_i, & \text{平面应变情况}\\ (3-\upsilon_i)/(1+\upsilon_i), & \text{平面应力情况}\end{cases} \tag{5.2.4}$$

υ_i (i=1,2) 表示两种材料的泊松比。

在平面应变条件下，α、β 的物理许可范围位于 $\alpha=\pm1$ 及 $\alpha-4\beta=\pm1$ 在 (α,β) 平面内所围成的二维区域中，如图 5.2.2 所示，其中假设材料 1 为相对较硬的材料，α 恒为正值。在无穷远处(x 趋于无穷)，界面处的应力跳跃关系为

$$(\sigma_x^{\infty})_{\mathrm{I}}=\frac{1+\alpha}{1-\alpha}(\sigma_x^{\infty})_{\mathrm{II}}+\frac{2\sigma_y^{\infty}}{1-\alpha}(2\beta-\alpha) \tag{5.2.5}$$

如图 5.2.1 所示的双材料系统，受到满足方程(5.2.5)的远场均匀应力作用，则可以得到在材料 1 及 2 中的应力场分别为

$$\begin{cases}\sigma_x=(\sigma_x^{\infty})_{\mathrm{I}}, & \sigma_y=\sigma_y^{\infty}, & \tau_{xy}=\tau_{xy}^{\infty}, & \text{在材料1中}\\ \sigma_x=(\sigma_x^{\infty})_{\mathrm{II}}, & \sigma_y=\sigma_y^{\infty}, & \tau_{xy}=\tau_{xy}^{\infty}, & \text{在材料2中}\end{cases} \tag{5.2.6}$$

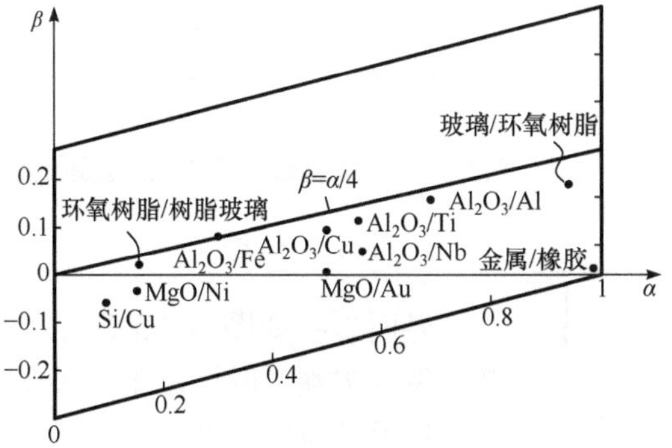

图 5.2.2　平面应变情况下材料组合的参数取值

2. 复势函数

对于弹性体，应力和位移可以用 Muskhelishvili 复势函数表示为

$$\sigma_z+\sigma_y=4\mathrm{Re}\left[\varPhi(z)\right],\quad \sigma_y-\mathrm{i}\tau_{xy}=\varPhi(z)+\varOmega(\overline{z})+(z-\overline{z})\overline{\varOmega'(z)}$$

$$2\mu(u_x+\mathrm{i}u_y)=\kappa\phi(z)-\omega(\overline{z})-(z-\overline{z})\overline{\varPhi(z)} \tag{5.2.7}$$

式中，$\varPhi(z)=\phi'(z)$，$\varOmega(z)=\omega'(z)$。

对于一个位于无限大弹性体 $z=s$ 处的刃型位错，复势函数可以表示为

$$\varPhi_0(z)=\frac{B}{z-s},\quad \varOmega_0(z)=\frac{B}{z-\overline{s}}+\overline{B}\frac{s-\overline{s}}{(z-\overline{s})^2} \tag{5.2.8}$$

式中，$B=\dfrac{\mu}{\pi\mathrm{i}(k+1)}(b_x+\mathrm{i}b_y)$，$b_x$ 和 b_y 分别为 Burgers 矢量在 x 和 y 方向的分量。

对于一个位于无限大弹性体 $z=s$ 处的集中载荷，复势函数可以表示为

$$\varPhi_0(z)=-\frac{P}{z-s},\quad \varOmega_0(z)=\kappa\frac{P}{z-\overline{s}}-\overline{P}\frac{s-\overline{s}}{(z-\overline{s})^2},\quad P=\frac{1}{2\pi(\kappa+1)}(P_x+\mathrm{i}P_y) \tag{5.2.9}$$

式中，P_x 和 P_y 分别为集中力在 x 和 y 方向的分量。

关于刃型位错与双材料界面的相互作用问题，假设刃型位错位于材料 2 中，则复势函数可以表示为

$$\varPhi(z)=\begin{cases}(1+A_1)\varPhi_0(z), & z\in S_1\\ \varPhi_0(z)+A_2\varOmega_0(z), & z\in S_2\end{cases}$$

$$\varOmega(z)=\begin{cases}\varOmega_0(z)+A_1\varPhi_0(z), & z\in S_1\\ (1+A_2)\varOmega_0(z), & z\in S_2\end{cases} \tag{5.2.10}$$

式中，$\varPhi_0(z)$、$\varOmega_0(z)$ 由方程(5.2.8)给出，A_1、A_2 分别为

$$A_1=\frac{\alpha+\beta}{1-\beta},\quad A_2=\frac{\alpha-\beta}{1+\beta} \tag{5.2.11}$$

5.2.2 界面裂纹的弹性断裂理论

1. 裂纹尖端场

界面裂纹如图 5.2.3 所示，将坐标原点固定于界面裂纹尖端，裂纹位于两种不同材料黏结的界面处。对于平面应力及平面应变问题，奇异裂纹尖端场可以表示为

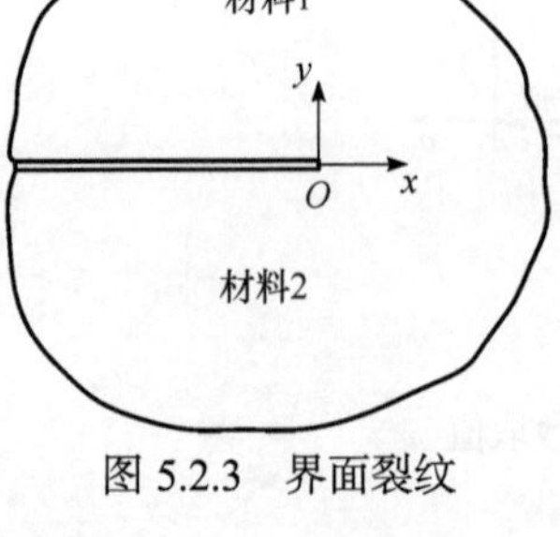

图 5.2.3 界面裂纹

$$\sigma_{\alpha\beta}=\frac{1}{\sqrt{2\pi r}}\left[\mathrm{Re}(Kr^{\mathrm{i}\varepsilon})\sigma_{\alpha\beta}^{\mathrm{I}}(\theta)+\mathrm{Im}(Kr^{\mathrm{i}\varepsilon})\sigma_{\alpha\beta}^{\mathrm{II}}(\theta)\right] \tag{5.2.12}$$

式中，r 和 θ 为极坐标。界面复应力强度因子 $K=K_{\mathrm{I}}+\mathrm{i}K_{\mathrm{II}}$，$K_{\mathrm{I}}$ 为实部，K_{II} 为虚部。

裂纹尖端前方的应力场可以表示为

$$\sigma_{22}+\mathrm{i}\sigma_{12}=\frac{K}{\sqrt{2\pi r}}r^{\mathrm{i}\varepsilon} \tag{5.2.13}$$

式中，$r^{\mathrm{i}\varepsilon}$ 表示应力场的振荡奇异性，$r^{\mathrm{i}\varepsilon}=\cos(\varepsilon\ln r)+\mathrm{i}\sin(\varepsilon\ln r)$。当 r 趋于零时，应力场将经历拉应力与压应力的无数次交替。

振荡因子可表示为

$$\varepsilon=\frac{1}{2\pi}\ln\frac{1-\beta}{1+\beta} \tag{5.2.14}$$

裂尖后方 r 处的裂纹表面相对张开位移可以表示为

$$\delta_2+\mathrm{i}\delta_1=\frac{8K}{(1+2\mathrm{i}\varepsilon)\cosh(\pi\varepsilon)\bar{E}}\sqrt{\frac{r}{2\pi}}r^{\mathrm{i}\varepsilon},\quad \bar{E}=\frac{2\bar{E}_1\bar{E}_2}{\bar{E}_1+\bar{E}_2} \tag{5.2.15}$$

式中，对于平面应变，有 $\bar{E}=E/(1-\upsilon^2)$；对于平面应力，有 $\bar{E}=E$。

由上述方程可以预见，裂纹表面会出现褶皱及上下嵌入现象，这种结果与裂纹表面应力自由的假设相矛盾。但在远处拉伸载荷作用下，裂纹接触区很小，可以认为由振荡性引起的复杂性对裂纹过程并不是很重要。能量释放率 G 可以表示为

$$G=\frac{1-\beta^2}{\bar{E}}(K_1^2+K_2^2) \tag{5.2.16}$$

含中心裂纹的平面板受远处载荷作用时的复应力强度因子为

$$K=(\sigma_y^{\infty}+\mathrm{i}\,\tau_{xy}^{\infty})(1+2\mathrm{i}\varepsilon)\sqrt{\pi a}\,(2a)^{-\mathrm{i}\varepsilon} \tag{5.2.17}$$

弹性失配仅通过振荡因子 ε 影响应力强度因子 K_1 和 K_2，而 K_1 和 K_2 与 α 无关，即裂纹尖端前方的应力场仅与 Dundurs 参数 β 相关。

2. $\beta=0$ 的界面韧性

当 $\beta=0$ 时，振荡因子 ε 消失，裂纹前方的应力场奇异性为 $r^{-1/2}$。方程(5.2.13)可写为

$$\sigma_{22}=\frac{K_1}{\sqrt{2\pi r}},\quad \sigma_{12}=\frac{K_2}{\sqrt{2\pi r}} \tag{5.2.18}$$

应力强度因子 K_1 和 K_2 与相应的均匀材料断裂力学中的 K_1 及 K_2 作用相同：K_1 刻画了法向应力的奇异性幅值，而 K_2 刻画了剪应力的奇异性幅值。弹性失配对裂纹前方应力场无直接影响。双材料系统可以看成具有等效弹性模量 $\bar{E}$ 的均匀材料，引入混合度 ψ：

$$\psi = \arctan\left(\frac{K_2}{K_1}\right) \tag{5.2.19}$$

对于一个含中心裂纹的平面板，有

$$\psi = \arctan\left(\frac{\tau_{xy}^{\infty}}{\sigma_y^{\infty}}\right) \tag{5.2.20}$$

界面通常是一个典型的低断裂韧性平面，裂纹受远方载荷作用时，趋向于沿双材料界面扩展，界面韧性强烈依赖于混合度。对于环氧树脂/玻璃系统，或环氧树脂覆盖在金属及树脂玻璃基底的系统，开展对称及非对称的双悬臂梁试验发现，剪切程度越大，界面的断裂韧性越大。对于铝/铌系统，利用四点剪切试样，研究混合加载界面的断裂韧性，发现铝的断裂韧性对载荷的混合度并不敏感，而铝/铌的界面断裂韧性则强烈依赖于载荷的混合度。

当界面裂纹受面内混合载荷作用时，裂纹起始扩展的准则为

$$G = \Gamma(\psi) \tag{5.2.21}$$

式中，界面断裂韧性 $\Gamma(\psi)$ 必须通过特定设计的双材料试样测量得到。能量释放率 G 可以认为是界面裂纹扩展的驱动力，而 $\Gamma(\psi)$ 是裂纹扩展的阻力。图 5.2.4 给出了利用树脂玻璃/环氧树脂 Brazil-nut 试样得到的界面断裂韧性数据。对于树脂玻璃/环氧树脂试样，$\alpha = -0.15$，$\beta = -0.029$，$\varepsilon = 0.009$。由于 ε 很小，可以假设此界面系统 $\varepsilon = 0$，由此导致 G 的误差近似小于 0.1%。

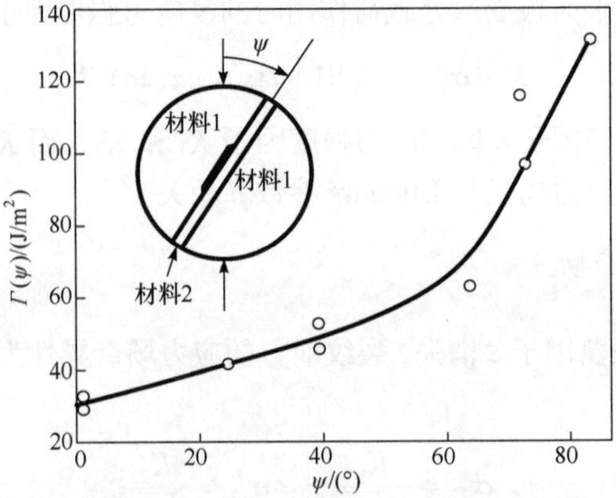

图 5.2.4　树脂玻璃与环氧树脂夹层试样的界面断裂韧性

3. $\beta\neq 0$ 的界面韧性

当 $\beta\neq 0$ 时，裂纹前方界面处的应力由方程(5.2.13)给出，在此情况下必须考虑接触区的存在。当接触区尺寸很小时，复应力强度因子 K 可以刻画裂纹尖端场。振荡性使问题变得复杂，剪应力与法向应力的比值随 r 趋于零而发生变化。Ⅱ型应力强度因子与Ⅰ型应力强度因子的比例关系不能确定，必须对混合度进行更一般的阐明。通过引进一个参考长度 l 来定义相位角，即

$$\tan\widehat{\psi}=\frac{\mathrm{Im}(Kl^{\mathrm{i}\varepsilon})}{\mathrm{Re}(Kl^{\mathrm{i}\varepsilon})} \tag{5.2.22}$$

由方程(5.2.13)得到 $\tan\widehat{\psi}=(\tau_{zy}/\sigma_y)_{r=l}$，某种程度上，参考长度 l 的选择是任意的。一般来说，可以有两种选择：①基于试样尺寸 L，如裂纹长度等；②基于材料内禀尺度，如断裂过程区尺寸和塑性区尺寸等。对于一个界面裂纹，复应力强度因子为 $K=FTL^{1/2}L^{-\mathrm{i}\varepsilon}\mathrm{e}^{\mathrm{i}\psi}$，其中，$T$ 为载荷的代表性幅值，F 及 ψ 是依赖于试样几何及外载的无量纲参数，ψ 是与 $L^{\mathrm{i}\varepsilon}$ 对应的相位角。

断裂韧性数据可以认为是基于 l 的 $\widehat{\psi}$ 函数。利用一个简单的相位转换，可以将相位角 $\widehat{\psi}$ 表示成 $\psi=\widehat{\psi}+\varepsilon\ln(l/L)$。裂纹沿界面初始扩展的准则可以写为

$$G=\Gamma(\widehat{\psi},l) \tag{5.2.23}$$

假设 l 可代表相关微尺度长度，$\Gamma(\widehat{\psi})$ 对于一个给定的材料组合，可以解释为内禀材料断裂韧性。相位角 $\widehat{\psi}$ 提供了内禀混合度的测量数据，且界面韧性数据对不同形状裂纹可以归一到单一的韧性与混合度的曲线上。

图 5.2.5 给出了环氧树脂/玻璃界面断裂韧性的测量数据，界面参数取为：

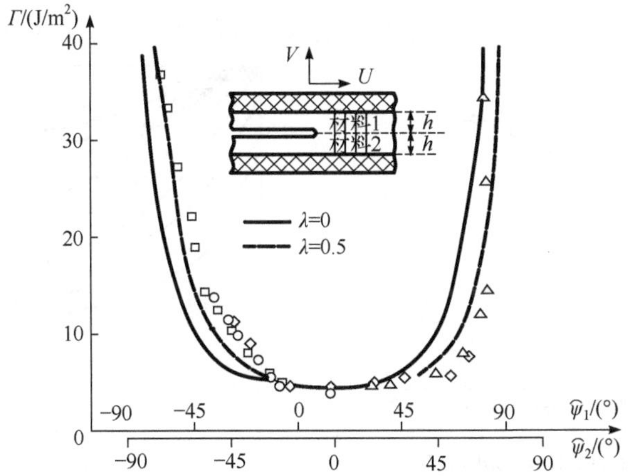

图 5.2.5　环氧树脂/玻璃的界面断裂韧性

$E_1 = 2.07\text{GPa}$，$E_2 = 68.9\text{GPa}$，$\upsilon_1 = 0.37$，$\upsilon_2 = 0.2$，$\alpha = -0.935$，$\beta = -0.188$ 及 $\varepsilon = 0.06$，其中，$l = 12.7\text{mm}$。在环氧树脂中，当 $\hat{\psi} = 0°$ 时，塑性区近似为 $1\mu\text{m}$；当 $\hat{\psi} = 90°$ 时，塑性区为 $140\mu\text{m}$。若用 $l = 127\mu\text{m}$ 代替 $l = 12.7\text{mm}$，$\hat{\psi}$ 的原点移动 $-15.8°$，则 $\hat{\psi}$ 原点近似位于最小 $\Gamma(\hat{\psi}, l)$ 处，且基本位于数据中心。

4. 界面处裂纹转折

考虑均匀固体中一个长为 a 的分叉裂纹段，与主裂纹成 Ω 角。在转折前，即 $a = 0$，主裂纹被施加载荷，产生复应力强度因子 $K = K_1 + \mathrm{i}K_2$ 及 T 应力。

裂纹转折时的应力强度因子 K_1^{k} 与 K_2^{k} 可表示为

$$K_1^{\mathrm{k}} = c_{11}K_1 + c_{12}K_2 + b_1 T a^{1/2}, \quad K_2^{\mathrm{k}} = c_{21}K_1 + c_{22}K_2 + b_2 T a^{1/2} \tag{5.2.24}$$

式中，c_{ij} 和 b_i 为系数。

在分叉裂纹尖端，能量释放率为

$$G^{\mathrm{k}} = \frac{1}{E}\left[(K_1^{\mathrm{k}})^2 + (K_2^{\mathrm{k}})^2\right] \tag{5.2.25}$$

主裂纹的能量释放率，在其沿直线扩展时为

$$G = \frac{1}{E}(K_1^2 + K_2^2) \tag{5.2.26}$$

对于给定的混合度 ψ，可以找到与 Ω 相关的最大值 $G_{\max}^{\mathrm{k}}$，对应 G^{k} 达到最大值时的 $\hat{\Omega}$ 为 ψ 的函数，如图 5.2.6(a)所示。图 5.2.6(b)给出了裂纹直线扩展所需要的能量释放率与分叉裂纹最大能量释放率的比值 $G / G_{\max}^{\mathrm{k}}$ 与 ψ 的函数曲线。G^{k} 达到最大值时的转角与 $K_2^{\mathrm{k}} = 0$ 的转角几乎一致。计算最大能量释放率 $G_{\max}^{\mathrm{k}}$ 比计算应力强度因子 K_1^{k} 与 K_2^{k} 更复杂，可以利用基于 $K_2^{\mathrm{k}} = 0$ 扩展方向的准则。如图 5.2.7

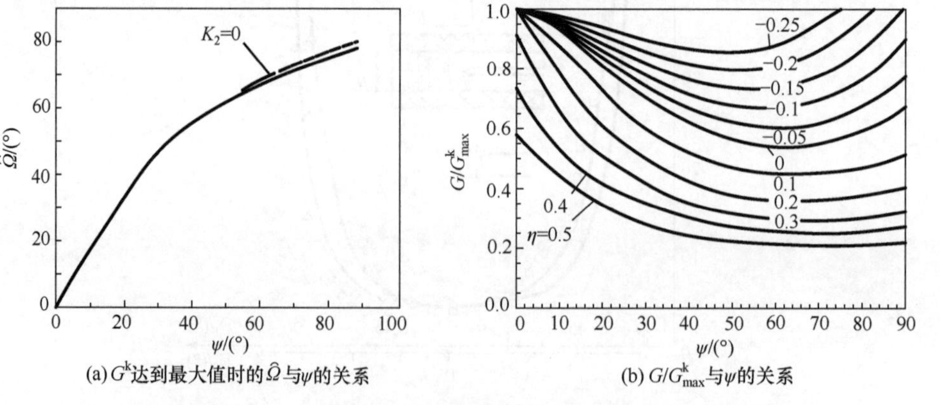

(a) G^{k}达到最大值时的$\hat{\Omega}$与ψ的关系　　(b) $G/G_{\max}^{\mathrm{k}}$与ψ的关系

图 5.2.6　均匀材料中折线裂纹的相关参数与 ψ 的关系

所示的分叉界面裂纹，应力强度因子 K_1^k 与 K_2^k 在分叉裂纹尖端有

$$K_1^k + iK_2^k = cKa^{i\varepsilon} + d\bar{K}a^{-i\varepsilon} + bTa^{1/2} \quad (5.2.27)$$

式中，系数 c、d 及 b 是 Ω、α 及 β 的函数，最大能量释放率 $G_{\max}^k$ 也是 Ω、α 及 β 的函数。对于 $\beta=0$，$\eta=0$ 的情况，比值 $G/G_{\max}^k$ 与 ψ 的关系如图 5.2.8 所示。$\Gamma(\psi)$ 表示界面断裂韧性，Γ_c 表示混合载荷作用下材料Ⅱ型断裂韧性，假设 $G/G_{\max}^k < \Gamma(\psi)/\Gamma_c$，则裂纹易发生转折。

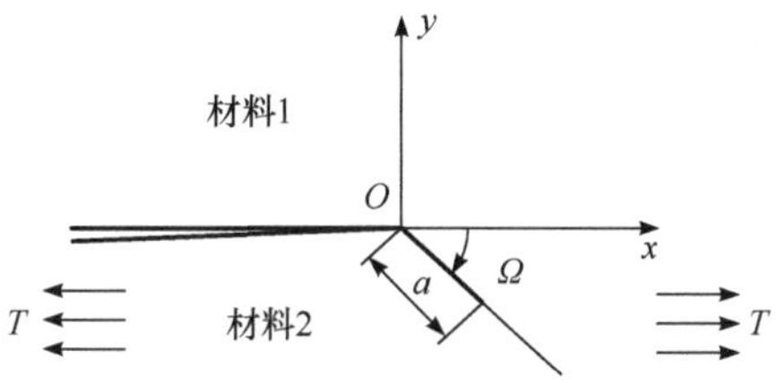

图 5.2.7　分叉界面裂纹

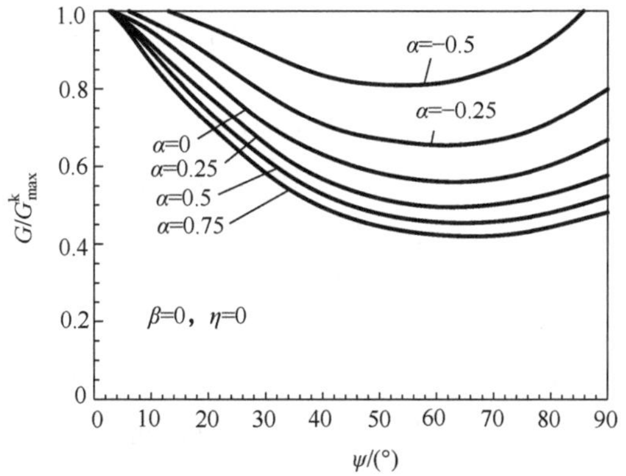

图 5.2.8　裂纹直线扩展所需要的 $G/G^k_{\max}$ 与 ψ 的曲线

5. 界面裂纹的力学模型

根据方程(5.2.15)，在足够小的 r 处，两裂纹面互相嵌入。法向张开位移为

$$\delta_y = \delta\cos\left[\psi - \arctan(2\varepsilon) - \varepsilon\ln\left(\frac{L}{r}\right)\right] \quad (5.2.28)$$

式中，L 为裂纹长度。当 $\varepsilon > 0$ 时，张开位移 δ_y 变为负值的 r 的最大值为

$$r_c = L\mathrm{e}^{-\pi/2+\psi-\arctan(2\varepsilon)} \quad (5.2.29)$$

若 $|\psi| < \pi/4$，且 $|\varepsilon| < 0.03$，则 $r_c/L < 10^{-8}$，接触区尺寸比所有物理相对长度尺度小得多。当 $|\psi| \approx \pi/2$ 时，接触区尺寸与裂纹长度可比，因此不能忽略接触区对应力及位移场的影响。如图 5.2.9 所示，在裂纹面上，存在一个接触区，其间隙消失，而且法向应力 δ_y 为负值，振荡奇异性及裂纹面的重叠现象在其解中消失。可见，采用接触区模型可以消除振荡奇异性。

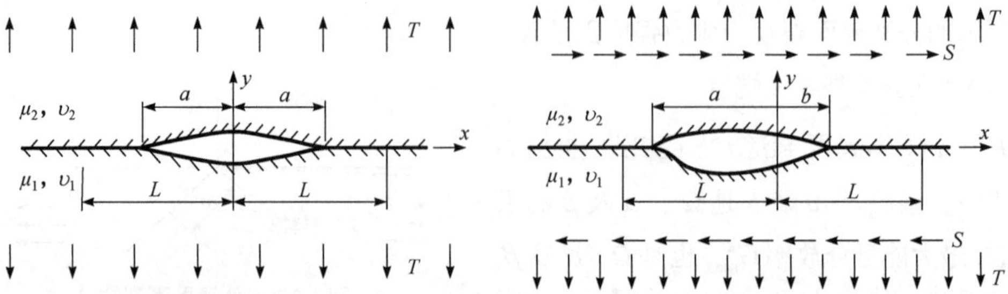

(a) 纯拉伸载荷　　(b) 拉伸剪切混合载荷

图 5.2.9　裂纹表面接触模型

在裂尖前方，法向应力为有限值，而剪应力具有 $r^{-1/2}$ 奇异性。在裂纹面上，法向应力 δ_y 有 $r^{-1/2}$ 奇异性。在远场 I 型载荷的作用下，接触区尺寸远小于裂纹长度尺度。

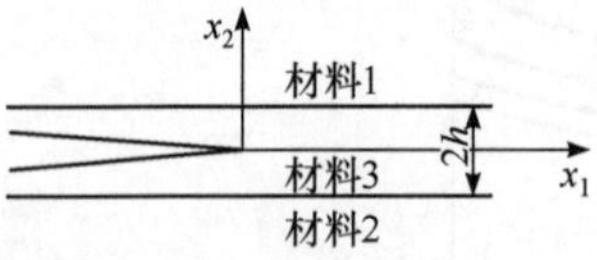

图 5.2.10　界面裂纹的界面层模型

图 5.2.10 为 Atkinson 界面层模型，裂纹可以位于中间夹层中，也可以位于材料 1 或材料 2 与中间夹层的界面处。在第二种情况下，必须选择界面层的材料，使界面裂纹尖端处 Dundurs 参数满足 $\beta=0$。若将界面作为一个非均匀介质，则在界面层中，弹性模量 E 及泊松比 υ 必须从上界面到下界面连续变化，可以消除界面裂纹两侧的弹性间断。

5.2.3　典型的界面断裂问题

1. 薄膜脱黏

图 5.2.11 表示一个双材料无限长条含半无限界面裂纹的截面。两种材料均为各向同性弹性材料，没有裂纹的界面假设为完美的黏结，位移和应力连续。双层材料系统受侧向力与力矩的作用，裂纹远前方被认为是一个复合梁，中心轴位于距离梁底 Δh 处，从而得到裂纹沿界面扩展能量释放率的封闭解。复应力强度因子 $K=h^{-\mathrm{i}\varepsilon}F\mathrm{e}^{\mathrm{i}\omega}$，其中，$F$ 是 P_i 及 M_i 的函数($i=1,2,3$)，角度 ω 是 Dundurs 参数 α、β 及相对高度 $\eta=h/H$ 的函数，$\omega(\alpha,\beta,\eta)$ 的变化曲线如图 5.2.12 所示。

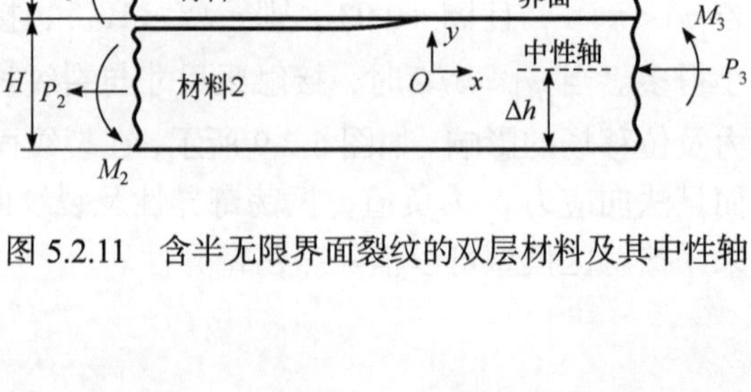

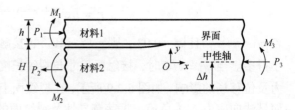

图 5.2.11　含半无限界面裂纹的双层材料及其中性轴

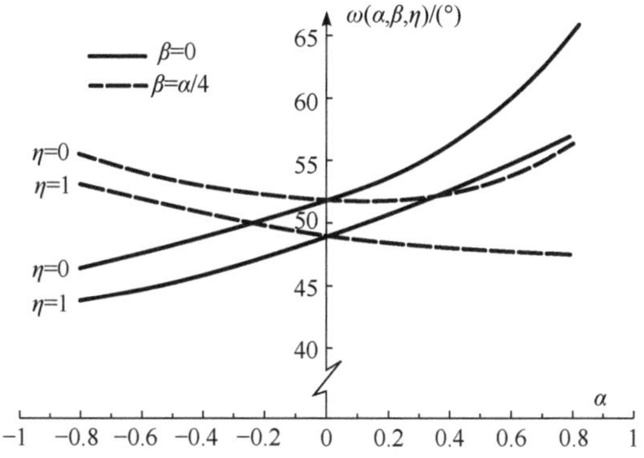

图 5.2.12　函数 $\omega(\alpha,\beta,\eta)$ 变化曲线

1) 薄膜边界脱黏或薄膜通道形成

对于图 5.2.11 所示的双层材料预拉薄膜边界脱黏模型，若边界载荷等效为 $P_1 = P_3 = \sigma h$，$M_3 = (1/2+1/\eta - \Delta)\sigma h^2$，$P_2 = M_1 = M_2 = 0$，相位角 ψ 定义为 $K = |K|h^{-\mathrm{i}\varepsilon}\mathrm{e}^{\mathrm{i}\psi}$，则脱黏裂纹混合度如图 5.2.13(a)所示，图 5.2.13(b)给出了相应的能量释放率。由于薄膜厚度 h 远小于基底厚度，脱黏过程本质上是一个混合型过程，滑动型将比张开型更强烈。

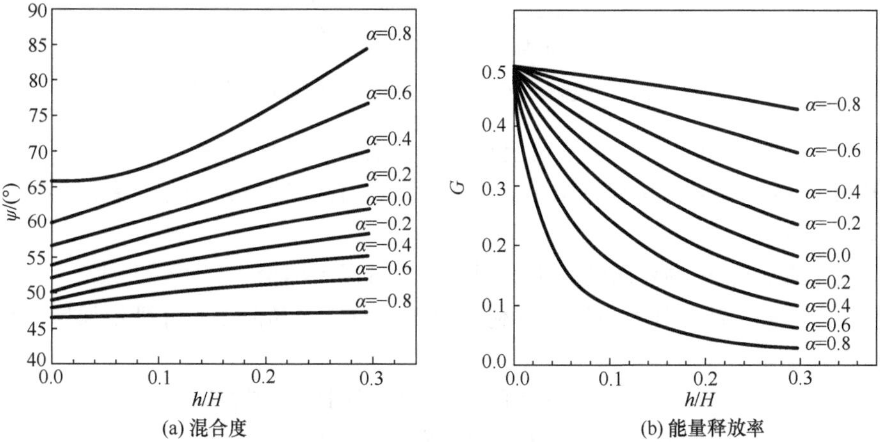

图 5.2.13　脱黏裂纹的混合度和能量释放率

2) 孔洞处脱黏

图 5.2.14 为在预拉薄膜中孔洞边界处引发的一个脱黏裂纹，能量释放率为 $G = h\sigma^2 / (2\overline{E}_\mathrm{f} k^2)$，当 $(b-b_0)/h$ 足够大时，混合度与 b_0/b 无关。利用这样的薄膜脱黏模式测量界面韧性，很容易得到脱黏半径 b。

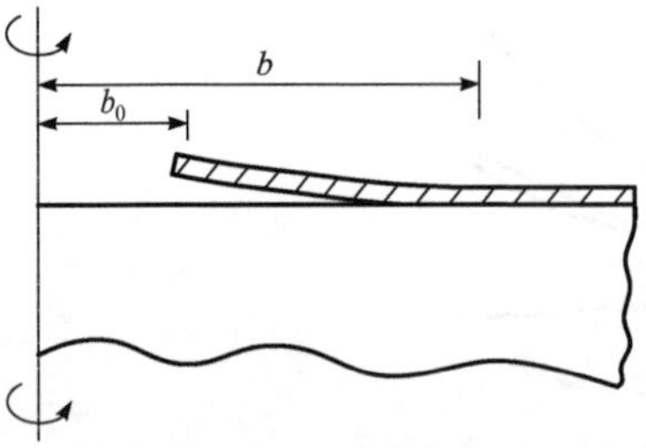

图 5.2.14　起源于圆切口边界处的脱黏裂纹轴对称模型

3) 塑性及碎片效应

在薄膜与厚基底界面处，脱黏受到塑性及碎片的严重影响，两种测量对薄膜脱黏很重要：①单位面积耗散能量与均匀材料断裂韧性有相同的作用；②界面分离的临界应力。

图 5.2.15 阐明了薄膜脱黏的三个基本机制：在机制Ⅰ(图 5.2.15(a))中，裂纹保持尖锐性；机制Ⅱ(图 5.2.15(b))和机制Ⅲ(图 5.2.15(c))伴随裂纹的钝化。机制Ⅱ引起界面处一个断裂过程区，由脱黏、孔洞及形核产生。机制Ⅰ和机制Ⅱ显示了阻力曲线行为伴随准静态韧性的趋势；机制Ⅲ牵涉静止裂纹前方，裂纹在界面相对比较弱的地方产生。界面一般由扩散黏结或焊接等产生，通常存在残余应力，且在决定能量释放率 G 和混合度中起重要作用。

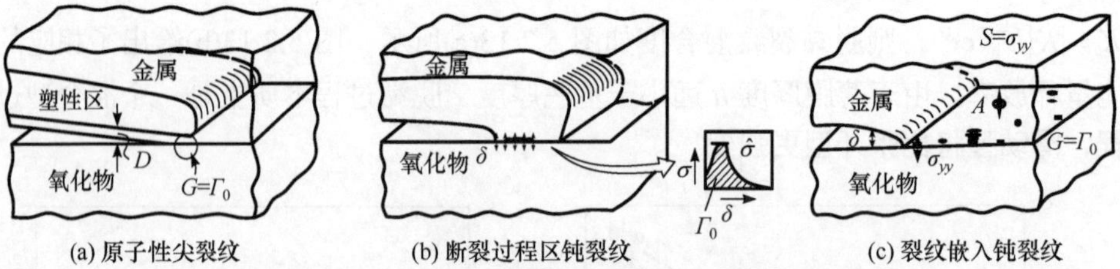

(a) 原子性尖裂纹　　(b) 断裂过程区钝裂纹　　(c) 裂纹嵌入钝裂纹

图 5.2.15　控制界面裂纹扩展的三个基本机制示意图

对于含有洁净界面的金属/蓝宝石系统，临界能量释放率 G_c 可以达到 200～400J/m^2，尽管氧化物具有一个小得多的值 $\Gamma_0 = 10$～20J/m^2，但解释了金属/氧化物界面的固有强度。

关于金属/氧化物界面的脱黏机制，主要有以下结论：

(1) 洁净的界面对界面韧性有利，即使金属是多晶体或非外延生长层，也可以获得强黏附。

(2) 洁净界面污染的存在在界面韧性中可以明显得到表现。

(3) 洁净界面的断裂韧性远大于氧化物界面的值。

2. 薄膜脱黏的弹塑性机制

研究薄膜脱黏的弹塑性机制，有三种模型可以描述塑性对界面韧性的影响，即内嵌断裂过程区模型(EPZ 模型)、塑性流动模型(SSV 模型)和统一模型。

1) 内嵌断裂过程区模型

内嵌断裂过程区模型(EPZ 模型)中，利用一个刻画界面断裂过程的应力-位移定律来刻画界面断裂，作为界面的边界条件。断裂过程区位于金属薄膜塑性区及界面的另一侧弹性基底之间。应力-位移定律中的参数一旦选定，就可以利用 EPZ 模型获得断裂阻力曲线。引进材料长度参数 $R_0 = E\Gamma_0 \big/ \left[3\pi(1-\upsilon^2)\right] \big/ \sigma_Y^2$ ，其中，E、σ_Y 分别为薄膜的弹性模量和屈服应力，Γ_0 为界面上单位面积的分离功，由裂尖过程区消耗。

假设薄膜在高温下黏结或沉积于弹性基底，然后冷却，薄膜受到一个等双轴拉伸应力 σ_0 ，临界能量释放率 $G_c = F\Gamma_0$ ，F 是应力硬化指数 N、相位角及界面在严格纯 I 型张开的最大分离应力 $\hat{\sigma}$ 的函数。参数 Γ_0 和 $\hat{\sigma}$ 刻画了界面的分离定律。基于这个模型，裂纹生长阻力 $\Gamma_R(\Delta a)$ 可由 Γ_0 、$\hat{\sigma}$ 及金属薄膜、基底的力学特性求得。尤其是可以获得准静态韧性 Γ_s / Γ_0 。

在 EPZ 模型中，准静态过程的临界能量释放率 G_c/Γ_0 与 $\hat{\sigma} / \sigma_Y$ 的函数关系如图 5.2.16(a)所示。可以发现，随着 $\hat{\sigma} / \sigma_Y$ 的增大，临界能量释放率 G_c 增加很快，同时应变硬化对 G_c 也产生了重要的影响，σ_Y / E 的影响比 $\hat{\sigma} / \sigma_Y$ 的影响小得多。

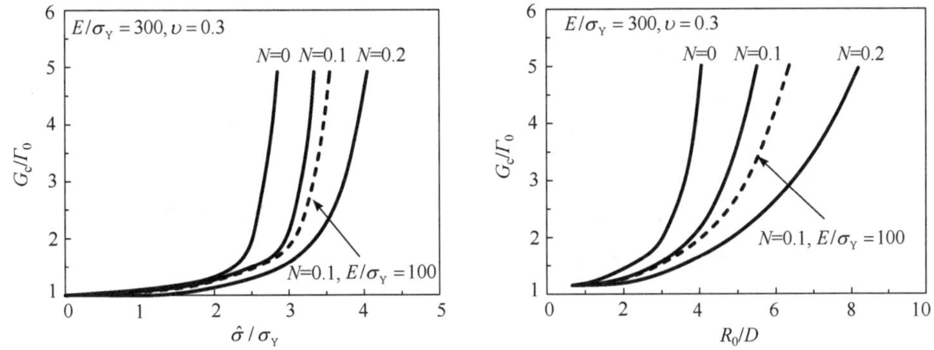

(a) EPZ模型　(b) SSV模型

图 5.2.16　薄膜塑性屈服 G 的临界值

2) 塑性流动模型

塑性流动模型(SSV 模型)假设位错在裂纹尖端不发射，并在金属薄膜中加入一个离界面高为 D 的弹性区，塑性变形发生在该弹性区外。裂尖被弹性区包围，裂尖仍然保持原子尖锐性，且应力为 $r^{-1/2}$ 奇异性，因此裂纹扩展阻力主要是界面分离功。在裂尖处，临界能量释放率 G_c 应与黏结能相等，这个准则完全刻画了此模型。参数 D 是一个拟合参数。准静态状态下，临界能量释放率 $G_c = F\Gamma_0$ ，F 是应力硬化指数 N 及无量纲参数 D / R_0 的函数。G_c / Γ_0 与 R_0 / D 的函数关系如图 5.2.16(b)所示。参数 R_0 / D 与 EPZ 模型中的 $\hat{\sigma} / \sigma_0$ 作用相似。当这个参数大于某一个值时，依赖于 N 的 G_c / Γ_0 将迅速增大。I 型载荷作用下的准静态韧性 Γ_s / Γ_0 与 $\hat{\sigma} / \sigma_0$ 的关系如图 5.2.17 所示，$\hat{\sigma} = \sqrt{E\Gamma_0 / D}$ 。由于 SSV 模型不再成立，假设塑性区延伸到裂尖处，裂尖能量释放率为零。因此，当 D 趋于零时，Γ_s / Γ_0 的比值无界。

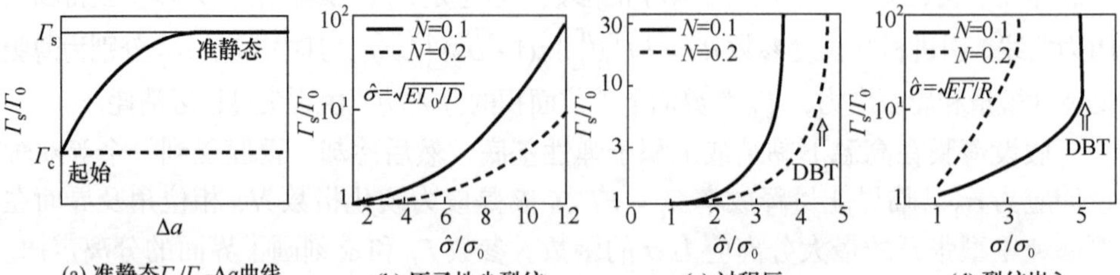

(a) 准静态Γ_s/Γ_0-Δa曲线　(b) 原子性尖裂纹　(c) 过程区　(d) 裂纹嵌入

图 5.2.17　准静态韧性特征

3) 统一模型

当应力峰值 $\hat{\sigma}$ 比较大时，EPZ 模型的预测精度不高，当应力峰值大于某一个比较大的值时($\hat{\sigma}/\sigma_Y \approx 5$，$N=0.2$)，EPZ 模型所预测的韧性无穷大。在 SSV 模型中，趋于裂尖时，界面上应力趋于无穷。统一模型是将金属薄膜厚度为 D 的弹性区与裂尖应力-位移定律统一，假设分离长度相比于 D 足够小，且分离区的应力不能超过应力峰值 $\hat{\sigma}$。界面由黏结能 Γ_0、应力峰值 $\hat{\sigma}$ 及无位错区宽度 D 所控制。在统一模型及Ⅰ型载荷下，静态韧性 Γ_s / Γ_0 与 $\hat{\sigma}/\sigma_Y$ 的关系如图 5.2.18 所示。选用的参数为：$\psi=0$，$\upsilon=0.3$，$\lambda_1=0.15$，$\lambda_2=0.5$。虚线表示 EPZ 模型的结果，SSV 模型对应于统一模型的极限值。统一模型在 $\hat{\sigma}/\sigma_Y$ 比较大时趋于 SSV 模型，同时当 $D \to 0$ 时，统一模型趋于 EPZ 模型。

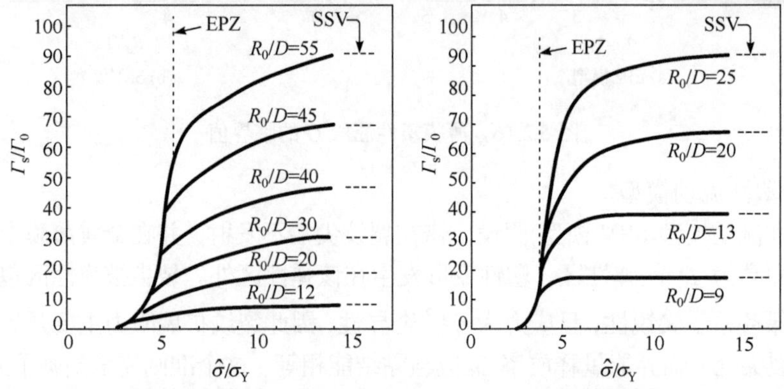

(a) N=0.2　(b) N=0.1

图 5.2.18　在统一模型及Ⅰ型载荷下 Γ_s / Γ_0 与 $\hat{\sigma}/\sigma_Y$ 的关系

3. 薄膜中裂纹

1) 薄膜中裂纹类型

首先讨论由热失配引起的残余应力，薄膜-基底在高温 T_0 下应力自由(在高温下制备)，当系统冷却到室温 T_r 时，薄膜与基底中收缩应变相差 $(\alpha_f-\alpha_s)(T_0-T_r)$，$\alpha_f$ 和 α_s 分别为薄膜和基底的热膨胀系数。双轴残余应力定义为 $\sigma=(\alpha_f-\alpha_s)\cdot(T_0-T_r)E_f(1-\upsilon_f)$，当 $\alpha_f>\alpha_s$ 时，有 $\sigma>0$。

这类残余应力很大，如 $T_0-T_r=500\text{K}$，绝大多数材料有 $\sigma\approx500\text{MPa}$，这就意味着若施加同等大小的应力于薄膜边界处，再与基底黏结，薄膜与基底之间的失配应变才会消失，薄膜处于均匀双轴应力 σ 作用下，基底则应力自由。若施加一个相反方向的双轴应力 $-\sigma$ 于薄膜边界处，则可以释放薄膜边界处的应力。薄膜相对于基底厚度很小，可以想象由反加在膜边界处的双轴应力产生的扰动应力对膜中心的影响很小，几乎可以忽略，只有在膜边界处与 σ 相当。

双轴残余应力会导致薄膜产生裂纹，这种裂纹在薄膜中生长，并在界面处停止或穿透到基底中。在薄膜中产生的不同类型裂纹如图 5.2.19 所示。裂纹可以在薄膜、基底或者沿界面扩展，薄膜、基底及界面的断裂阻力分别用 Γ_f、Γ_s 及 Γ_i 表示。能量释放率 $G=Z\sigma^2h(1-\upsilon_f)/E_f$，参数 Z 是一个无量纲驱动力，依赖于裂纹类型及 Dundurs 参数。对于 $\alpha=\beta=0$ 的情况(薄膜及基底为均匀弹性材料)，图 5.2.19 还给出了参数 Z 的值。

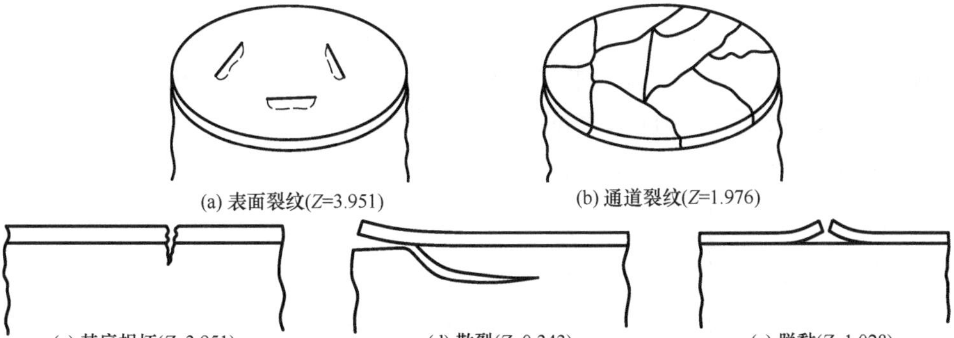
(a) 表面裂纹(Z=3.951)　(b) 通道裂纹(Z=1.976)

(c) 基底损坏(Z=3.951)　(d) 散裂(Z=0.343)　(e) 脱黏(Z=1.028)

图 5.2.19　在薄膜中产生的不同类型裂纹及无量纲能量释放率

裂纹有时起始于薄膜表面缺陷，若裂纹尺寸小于薄膜厚度，则裂纹前沿同时向界面和膜侧向扩展。驱动力参数 Z 对于表面裂纹比较高(Z=3.951)，但薄膜的断裂阻力 Γ_f 通常比 Γ_s 和 Γ_i 高得多，因此表面裂纹可以孤立、稳定而不相互贯通。通道裂纹在某些情况下形成，一旦形成，通道裂纹往往处于活动状态。它可导致失稳扩展，并在另一个通道裂纹处停止或穿透至薄膜边界，这样可能产生相互贯通的裂纹。对于工程实际，这种贯通裂纹不能接受。但如果薄膜比较脆，此通道裂纹通常会产生。表面裂纹也可穿越界面而到达基底中，由于残余应力主要位于薄膜内部，穿透裂纹往往会在基底内一定深度停止。但是，裂纹也可以平行于界面扩展，导致基底形成碎片。

2) 表面裂纹

对于图 5.2.20(a)所示的一种平面应变裂纹情况，无量纲应力强度因子$K/(\sigma\sqrt{h})$仅依赖于相对裂纹深度a/h及 Dundurs 参数α、β。若a/h足够小，则应力强度因子趋近于半无限大体边裂纹的情况，即$K \to 1.12\sigma\sqrt{\pi a}$。当$a/h=1$时，是一种极限情况，裂纹垂直并终止于界面处，裂纹尖端附近的应力场表现为$\sigma_{ij} \approx \bar{K} r^{-s} \bar{\sigma}_{ij}(\theta)$，$\bar{\sigma}_{ij}(\theta)$是角分布函数，$\bar{K}$是广义应力强度因子，量纲为[应力][长度]^s，应力奇异性指数s是特征方程

$$\cos(s\pi) - 2\frac{\alpha-\beta}{1-\beta}(1-s)^2 + \frac{\alpha-\beta^2}{1-\beta^2} = 0 \tag{5.2.30}$$

的最小实根，其数值结果$(0<s<1)$如图 5.2.20(b)所示。当$a/h \to 1$，裂尖仍然位于薄膜内部时，应力强度因子表示为

$$K = \sigma\sqrt{h}\left[1.12\sqrt{\pi}\sqrt{a-h}\left(1-\frac{a}{h}\right)^{1/2-s}\left(1+\lambda\frac{a}{h}\right)\right] \tag{5.2.31}$$

式中，参数λ仅依赖于 Dundurs 参数，如图 5.2.21(a)所示。图 5.2.21(b)给出了能量释放率G/G_0，$G_0 = \sigma^2 h(1-\upsilon_{\mathrm{f}}^2)/E_{\mathrm{f}}$。裂纹起始的临界条件可表示为$G \geqslant \Gamma_{\mathrm{f}}$。在$\alpha \geqslant 0$的情况下，裂纹将失稳扩展；在$\alpha < 0$的情况下，裂纹将被界面屏蔽。可见，若基底比薄膜硬，则界面会成为阻止裂纹扩展的障碍。

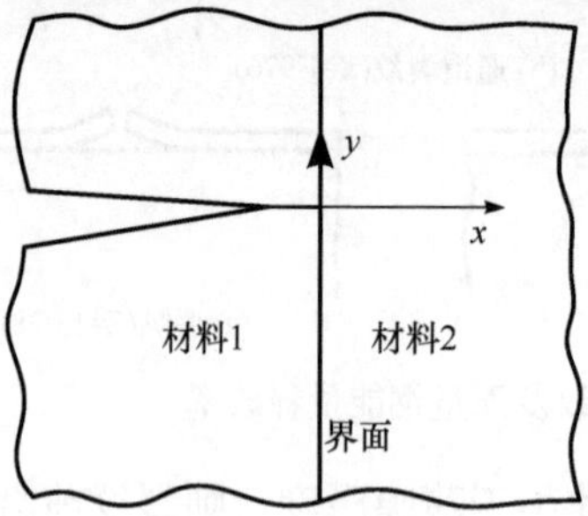

(a) 平面应变裂纹

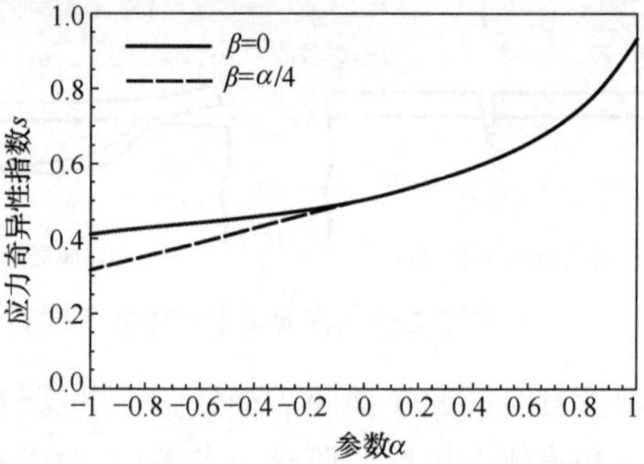

(b) 应力奇异性指数s

图 5.2.20　平面应变裂纹及应力奇异性指数

3) 裂纹通道

若薄膜为脆性材料，则裂纹将会在薄膜中形成通道，如图 5.2.22(a)所示。当裂纹通道长度超过薄膜厚度数倍时，通道趋于准静态扩展，且其横截面具有平面应变特征。在准静态情况下，通道裂纹前方的能量释放率可通过裂尖前方的应变能减去裂尖远后方的应变能得到。在计算中并不需要知道裂尖确切的形状，只需要

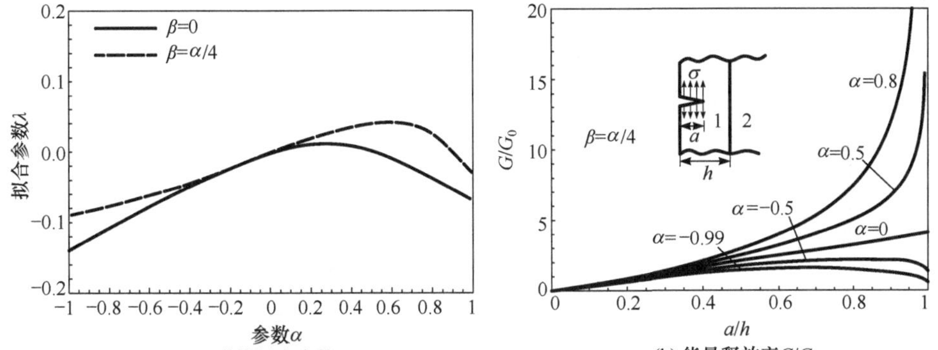

(a) 曲线拟合参数　　(b) 能量释放率G/G_0

图 5.2.21　曲线拟合参数及能量释放率 G/G_0

按照平面应变裂纹的位移轮廓面或平面应变的能量释放率计算即可，即有

$$G_s=\begin{cases}\dfrac{\sigma}{2h}\displaystyle\int_0^h \delta(z)\mathrm{d}z, & \text{按位移轮廓面计算}\\ \dfrac{1}{h}\displaystyle\int_0^h G\mathrm{d}a, & \text{按能量释放率计算}\end{cases}\tag{5.2.32}$$

式中，$\delta(z)$为平面应变裂纹的位移轮廓面；G 是深度为 a 的平面应变的能量释放率，如图 5.2.21(b)所示。这就意味着能量释放率 G_s 是平面应变裂纹在不同深度时能量释放率的平均。图 5.2.22(b)给出了 $\beta=\alpha/4$ 时，具有不同弹性模量的能量释放率 G/G_0 的结果。假设 $G_s \gg \Gamma_f$，则会形成通道网络。$\alpha=\beta=0$ (薄膜与基底为均匀弹性介质)及无量纲化驱动力 Z=1.976 的情况如图 5.2.19(b)所示。

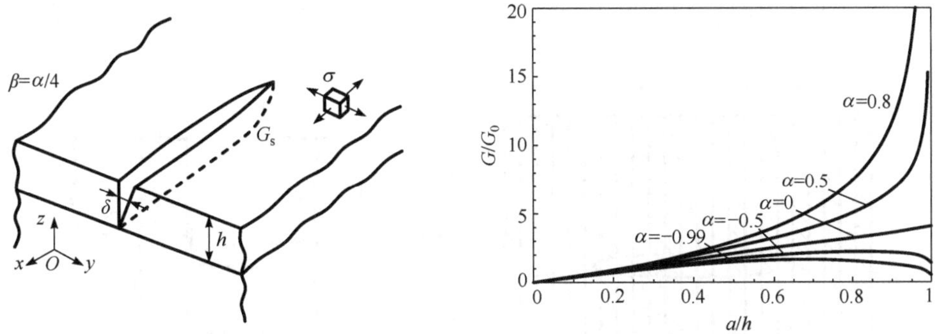

(a) 沿薄膜的通道裂纹　　(b) 准静态扩展的能量释放率G/G_0

图 5.2.22　沿薄膜的通道裂纹及通道前沿准静态扩展的能量释放率

4) 基底裂纹

对于图 5.2.23(a)所示的穿透到基底的平面应变裂纹，裂纹尖端位于基底中的能量释放率如图 5.2.23(b)所示。可见，当 $\alpha>-0.5$ 时，随着裂纹深度的增大，驱

动力减小，这就意味着裂纹在某一深度将停止扩展。

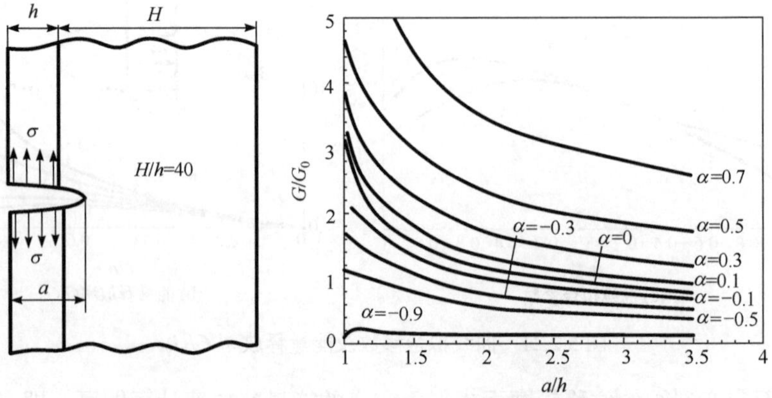

(a) 基底裂纹　　(b) 能量释放率G/G_0

图 5.2.23　平面应变情况下的基底裂纹及能量释放率

4. 脆性基体复合材料的脱黏与滑移

连续纤维增强陶瓷基复合材料比陶瓷基体本身具有更高的强度及韧性。纤维-基体的性质起非常重要的作用。一个相对较弱的界面，它的脱黏和滑移能阻止基体裂纹扩展路径上的纤维断裂。这些纤维桥联裂纹并阻止基体裂纹进一步扩展。

对于图 5.2.24(a)所示的长纤维单向增强复合材料，其包含桥联裂纹且受到平行于纤维轴向的远方拉伸载荷，其基体特征由图 5.2.24(b)描述。纤维-基体界面脱黏及滑移的发生通常导致纤维桥联裂纹，裂纹尖端界面的脱黏导致界面滑移。当出现这种情况时，脱黏界面的滑移阻力τ对控制从纤维向基体的载荷转移速

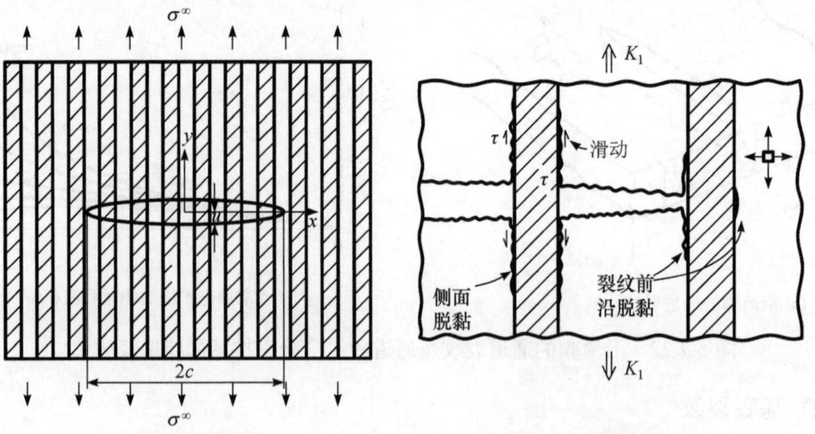

(a) 纤维桥联裂纹　　(b) 基体特征

图 5.2.24　受远方载荷作用的纤维桥联裂纹及其基体特征

率起着重要的作用。脱黏界面的滑移阻力并不大，但可以提高整体韧性。若界面内的残余应力为压应力，则界面的脱黏长度较小；相反，若界面内的残余应力为拉应力，则促进脱黏过程，裂纹尾部的脱黏也将进一步发展，且同样受残余应力的控制。

纤维脱黏在界面断裂阻力 Γ_i 远小于纤维断裂阻力 Γ_f (如 $\Gamma_i \leqslant 0.25\Gamma_f$)时更易发生。界面的力学性质、纤维强度、复合材料中的残余应力是复合材料轴向拉伸的三个主要因素。弱界面、高强纤维及垂直于纤维/基体界面的残余拉应力有利于提高韧性，否则会发生灾难性破坏。图 5.2.25 描述了复合材料轴向拉伸的不同类型反应。

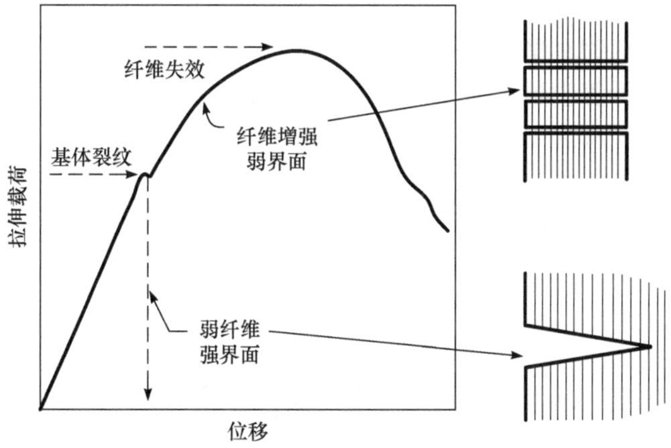

图 5.2.25　复合材料轴向拉伸的不同类型反应

对于韧性陶瓷复合材料，基体中第一个裂纹源于预先存在的缺陷形核，只有小部分纤维断裂。由于界面的脱黏、纤维与基体间的摩擦作用，载荷的进一步增加增大了复合材料应力-应变曲线的非线性行为，这种现象称为纤维桥联。应力-应变曲线的尾部对应断裂纤维的拔出。复合材料最终强度很大程度上由纤维束的强度决定，这种韧性反应是大多数复合材料的共性。

两裂纹面间桥联纤维的拉伸通过桥联应力 p 与裂纹张开位移 u 的关系来描述，如图 5.2.26 所示。图中，桥联应力和裂纹张开位移进行了归一化处理。该关系强烈依赖于桥联机制及力学特性，

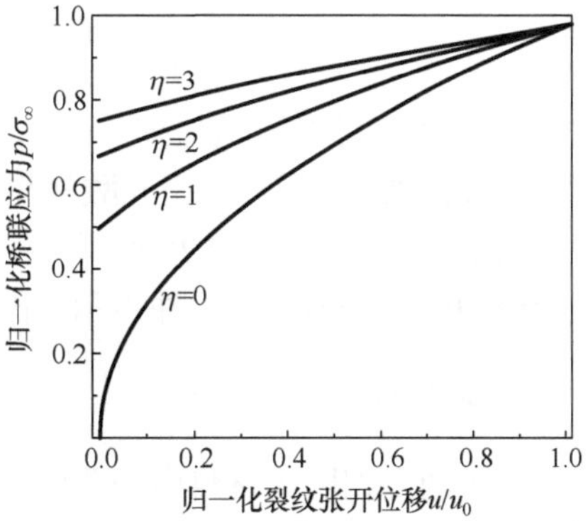

图 5.2.26　桥联应力与裂纹张开位移的关系

如界面脱黏、摩擦滑移、纤维的弹性性质。假如纤维与基体界面完好，当基体裂纹终止于界面处，且无脱黏发生时，$p(u)$曲线呈线性关系直至失效。在特殊情况下，纤维从基体中完全脱黏，但摩擦力阻止拔出，桥联应力单调增大直至纤维断裂，接着桥联应力降低，断开纤维被拉出基体。在裂纹尾部，纤维桥联应力被认为对裂纹起闭合作用，降低了裂尖的应力强度因子，利用格林函数可以计算出屏蔽应力强度因子，利用 J 积分来估计桥联作用对能量释放率的影响。在扩展裂纹端部后方的桥联区发展，导致应力强度因子增大，裂纹扩展可用一个阻力曲线来描述。准静态增量韧性可以表示为

$$\Delta G = 2\int_0^{u_0} p(u)\mathrm{d}u \tag{5.2.33}$$

式中，u_0 为桥联区裂纹尾部张开位移。

临界应力的计算主要包括三个部分：①建立一个联系桥联纤维施加的闭合力与局部裂纹张开位移之间的关系式；②发展一个积分方程来决定由整个裂纹面载荷引起的裂纹张开位移，利用自恰方法求解此方程，保证桥联应力与裂纹张开位移关系得到满足；③利用自洽纤维载荷计算等效应力强度因子及临界应力。

图 5.2.26 给出了无量纲化的桥联应力与无量纲化的裂纹张开位移的函数关系，有关参数为

$$\eta = \frac{E_\mathrm{f}V_\mathrm{f}}{E_\mathrm{m}V_\mathrm{m}}, \quad u_0 = \frac{\sigma_\infty^2 R}{4(1+\eta)E_\mathrm{f}V_\mathrm{f}^2\tau} \tag{5.2.34}$$

式中，E_f、E_m 分别为纤维和基体的弹性模量；V_f、V_m 分别为纤维和基体的体积分数；R 为纤维的半径；τ 为脱黏区滑动摩擦应力，一般假设为常数。

在准静态状态下，裂纹表面力及张开位移的关系如图 5.2.27 所示，其中参数 c_0 为

$$c_0 = \pi\left(\frac{K_\mathrm{Cm}}{\alpha}\right)^{2/3} V_\mathrm{m}^2(1+\eta) \tag{5.2.35}$$

式中，K_Cm 为基体的断裂韧性。

硅/碳化物/锂形成的铝硅酸盐复合材料中，基体裂纹扩张的临界应力与裂纹长度的函数关系如图 5.2.28 所示。E_c 是复合材料的弹性模量。试验结果和由 ACK 理论得到的预测结果也一并表示在图 5.2.28 中。

5. 多层材料中的裂纹

位于两个相同体材料中的薄脆性黏结夹层裂纹模型如图 5.2.29(a)所示，黏结层厚度远小于系统平面内的尺寸。裂纹的具体类型如图 5.2.29(b)～(e)所示，其中图 5.2.29(b)为层内直线裂纹，图 5.2.29(c)为界面裂纹，图 5.2.29(d)为交替裂纹，

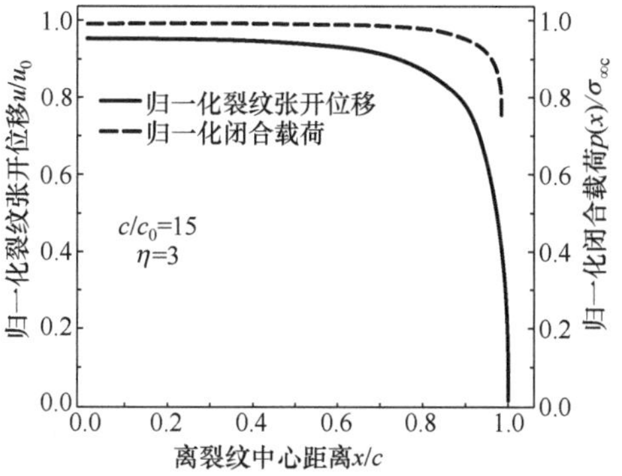

图 5.2.27　裂纹表面力与张开位移的关系

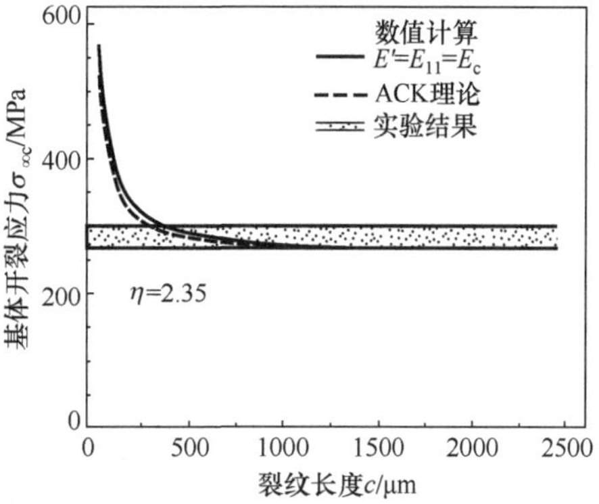

图 5.2.28　硅/碳化物/锂复合材料的基体开裂应力

图 5.2.29(e)为隧道裂纹。施加载荷由应力强度因子 K_{I}^{∞} 及 K_{II}^{∞} 刻画，该应力强度因子由宏观分析且不考虑薄层存在而得到。宏观能量释放率为

$$G^{\infty}=\frac{1-\upsilon^{2}}{E}[(K_{\mathrm{I}}^{\infty})^{2}+(K_{\mathrm{II}}^{\infty})^{2}] \tag{5.2.36}$$

式中，E、υ 分别为两个体材料的弹性模量和泊松比。系统的宏观韧性 $\bar{\Gamma}(\psi^{\infty})$（$\psi^{\infty}=\arctan(K_{\mathrm{II}}^{\infty}/K_{\mathrm{I}}^{\infty})$）可以通过试验测量得到。在工程应用中，可以考虑局部裂纹形貌，若 G_{c}^{∞} 为临界宏观能量释放率，则界面裂纹扩展的临界条件可表示为 $G_{\mathrm{c}}^{\infty}=\bar{\Gamma}(\psi^{\infty})$ 。

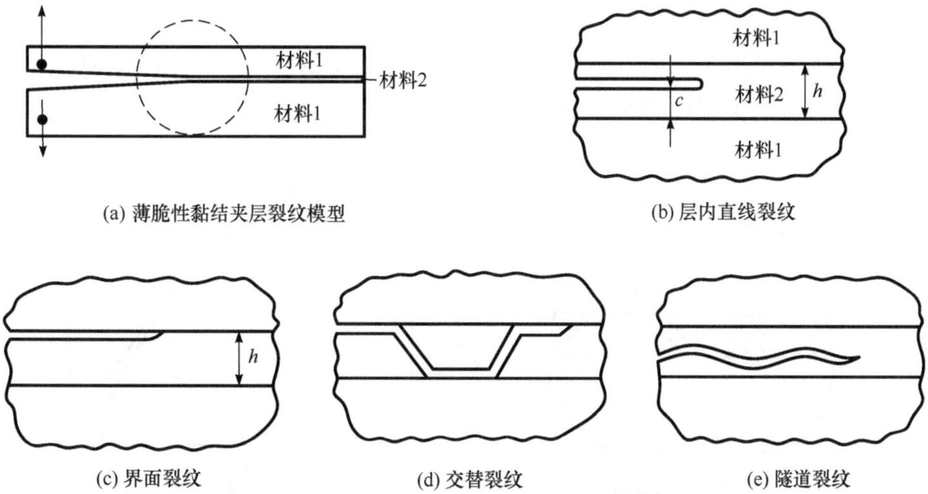

图 5.2.29　薄脆性黏结夹层中裂纹的类型

1) 层内直线裂纹

根据 J 积分原理，局部能量释放率 G 与整体能量释放率 G^{∞} 相等，局部能量释放率 G 与局部应力强度因子的关系可以表示为

$$G=\frac{1-\upsilon_2^2}{E_2}(K_{\mathrm{I}}^2+K_{\mathrm{II}}^2) \tag{5.2.37}$$

式中，E_2、υ_2 分别为夹层的弹性模量和泊松比；局部应力强度因子与外加应力强度因子的关系可表示为

$$K=\sqrt{\frac{1-\alpha}{1+\alpha}}(K_{\mathrm{I}}^{\infty}+\mathrm{i}K_{\mathrm{II}}^{\infty})\mathrm{e}^{\mathrm{i}\phi} \tag{5.2.38}$$

式中，ϕ 为局部应力强度因子与外加应力强度因子之间的相位角转移量，可通过数值方法得到。假设外加应力强度因子为纯 I 型，且裂纹沿夹层的中心线扩展，则局部应力强度因子可表示为

$$K_{\mathrm{I}}=\sqrt{\frac{1-\alpha}{1+\alpha}}K_{\mathrm{I}}^{\infty} \tag{5.2.39}$$

式(5.2.39)意味着柔性夹层中 ($\alpha<1$) 的裂纹将被屏蔽，此屏蔽对两个硬材料包裹的软夹层来说可达到很大，如两个陶瓷体材料包裹一个多聚物材料。

2) 界面裂纹

多层材料界面裂纹模型如图 5.2.30(a)所示，在这种情况下，局部能量释放率 G 仍然等于整体能量释放率 G^{∞}。局部应力强度因子与整体应力强度因子的关系可表示为

$$K=h^{-\mathrm{i}\varepsilon}\sqrt{\frac{1-\alpha}{1+\alpha}}(K_{\mathrm{I}}^{\infty}+\mathrm{i}K_{\mathrm{II}}^{\infty})\mathrm{e}^{\mathrm{i}\omega} \tag{5.2.40}$$

式中，ε 为振荡因子，相位转移角 ω 为 5°～15°，$\omega=\psi-\psi^{\infty}$，相位转移角 ω 与弹性失配参数的关系如图 5.2.30(b)所示。

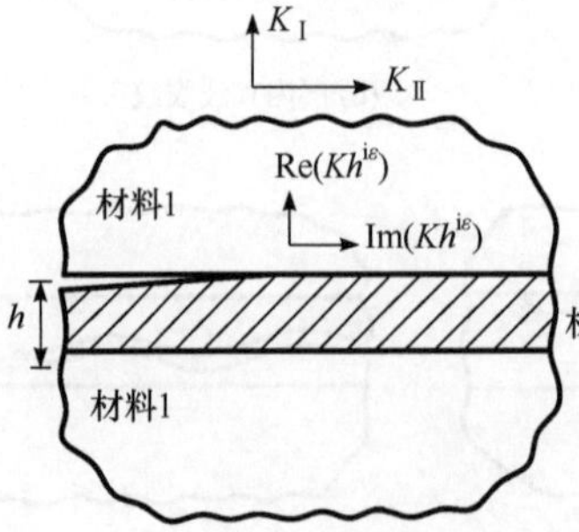

(a) 多层材料界面裂纹模型

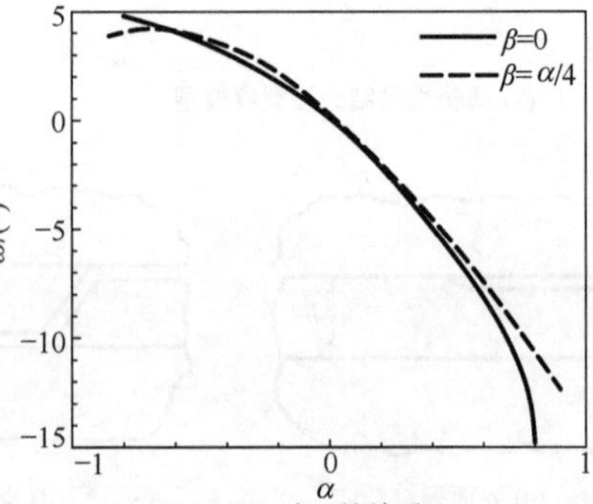

(b) ω 与 α 的关系

图 5.2.30　多层材料界面裂纹模型及相位转移角 ω 与弹性失配参数的关系

3) 交替裂纹

裂纹路径在上下两个界面之间往复交替，且横向间距规则，此裂纹称为交替裂纹，如图 5.2.31(a)所示。对于铝/环氧树脂/铝多层试样，由热硬化环氧树脂引起的相对较高的层内残余拉应力 σ_R 为 60MPa，该系统具有很大的正应力。关于交替裂纹定量分析，主要特征是混合度的变化，其变化趋势如图 5.2.31(b)所示，其中，ψ 被定义为

$$\psi = \arctan\left[\frac{\mathrm{Im}(Kh^{\mathrm{i}\varepsilon})}{\mathrm{Re}(Kh^{\mathrm{i}\varepsilon})}\right] \tag{5.2.41}$$

当 $\sigma_R\sqrt{h}/K_I^\infty$ 趋于单位量级时，随着裂纹长度的增大，界面起始于一个相对角较大的负 ψ 值，然后降低到 $\psi=\omega$。由于在夹层中存在相对较高的拉伸残余应力，裂纹不能穿透铝材料，相对较大的负 K_{II} 将促使裂纹沿界面扩展。在铝/环氧树脂多层系统中，当 ψ 足够小时，裂纹可能会转折到夹层中。当 $c/h\to 2$ 时，满足转折条件。

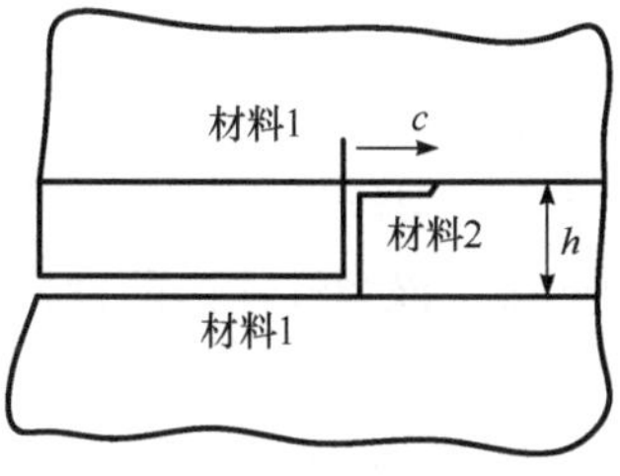

(a) 交替裂纹模型

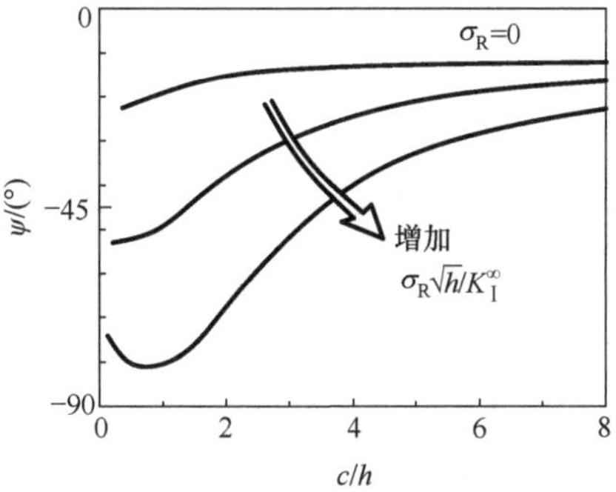

(b) 界面裂纹尖端载荷相位角变化

图 5.2.31　交替裂纹模型及残余拉应力作用下界面裂纹尖端载荷相位角变化

4) 隧道裂纹

在黏结过程中，可能会在中间夹层中产生双轴残余应力。例如，陶瓷与玻璃在超过玻璃熔点的高温下黏结，然后冷却到室温，由于热胀失配，产生残余应力。玻璃的热胀系数大于陶瓷的热胀系数，因此该残余应力在玻璃层中呈拉伸状态。拉伸残余应力使裂纹穿透整个黏结玻璃层厚度，形成隧道裂纹。

图 5.2.32(a)为一个由缺陷形核隧道裂纹，穿透整个黏结层。隧道裂纹属于一个复杂的三维问题，当裂纹长度远大于黏结层厚度时，达到准静态状态，隧道裂纹前方保持其形状，单位长扩展所需要的能量释放率可以通过二维弹性解求得。隧道裂纹的单位长能量释放率 hG_s 与横越夹层的平面应变裂纹扩展的能量释放率相等。无量纲化的 G_s 是弹性失配参数 α、β 及相对厚度 h/w 的函数，不同的

$\alpha(\beta=\alpha/4)$ 及不同的 h/w 的结果如图 5.2.32(b)所示。无量纲化的能量释放率对失配参数 α 非常敏感，而当 $\alpha>0.5$ 时，对相对厚度 h/w 似乎不太敏感。

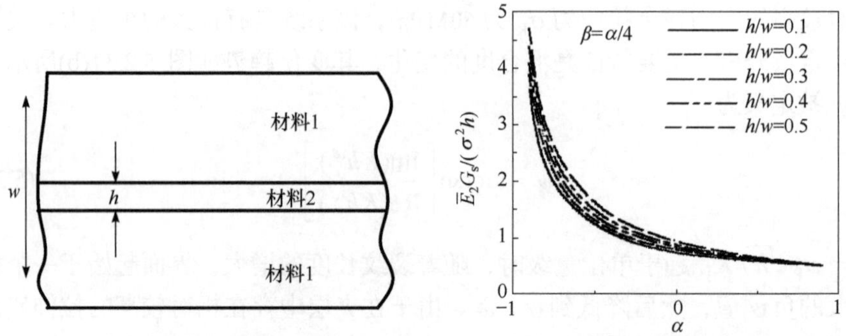

(a) 隧道裂纹　　(b) 准静态能量释放率

图 5.2.32　隧道裂纹及准静态能量释放率

6. 裂纹垂直于双材料界面

当裂纹垂直并终止于界面处时，应力奇异性为 r^{-s}，s 是最小的实特征根，依赖于双材料的弹性模量。

1) 裂纹垂直于双材料界面且裂尖未与界面交接

考虑如图 5.2.33 所示的平面弹性问题，一个有限裂纹垂直于双材料界面，且未与界面交接。该弹性体由两种材料黏结，在表面 S_σ 上受 p_i 作用及表面 S_u 上位移 u_i 的作用，裂纹表面假设为应力自由。两种材料均为均匀各向同性材料。材料 1 位于界面上方 S_1 空间，而材料 2 位于界面下方 S_2 空间。笛卡儿坐标系固定于界面，x 轴沿界面方向，y 轴垂直于界面，且与裂纹延长方向一致。裂纹位于材料 2 中，应力和位移可用方程(5.2.7)表示。无限大均匀弹性体 $z=s$ 处一个刃型位错的复势函数由方程(5.2.8)表示。

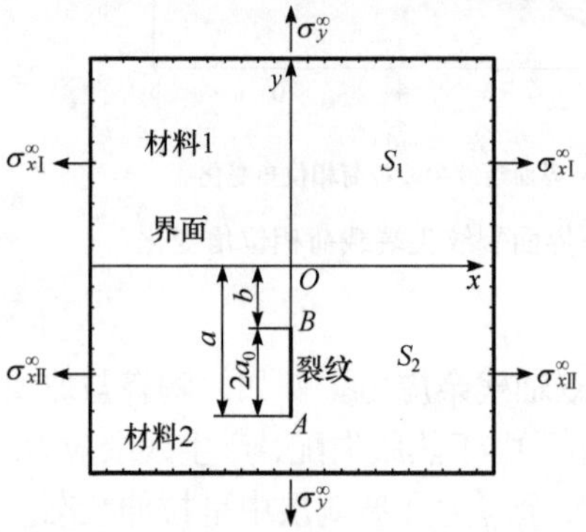

图 5.2.33　垂直于双材料界面的有限裂纹

裂纹可以认为是连续位错分布，位错密度可以表示成第一类切比雪夫多项式。复势函数与应力场可展开成一个关于 z 的新的变量函数的幂级数。利用裂纹面应力自由条件，建立未知位错密度函数 b_x 及 b_y 的控制方程。基于边界配置法，求解控制方程得到未知系数，进而得到问题的完整解，获得包括裂纹前方的应力及应力强度因子等应力场特征。不失一般性，研究 $\sigma_y^\infty=0$ 及 $\tau_{xy}^\infty=0$ 的问题，非零远场应力

$(\sigma_x^\infty)_{\mathrm{II}}$、$(\sigma_x^\infty)_{\mathrm{I}}$满足方程(5.2.5)。

对于铝/环氧树脂材料，裂尖 B 应力强度因子与几何参数 $\rho = b/a_0$ 的关系如图 5.2.34(a)所示。无量纲化的应力强度因子为 $\bar{K}_{\mathrm{I}}(B) = K_{\mathrm{I}}(B)/(\sigma\sqrt{\pi a_0})$。当裂纹位于环氧树脂软材料内，并接近界面时，在裂尖 B 处，应力强度因子由于铝材料的阻止而趋于零。在裂纹尖端 B 处的无量纲化应力强度因子 $\bar{K}_{\mathrm{I}}(B)$ 近似呈幂硬化关系变化，$\bar{K}_{\mathrm{I}}(B)$ 的简单拟合关系可表示为

$$\bar{K}_{\mathrm{I}}(B) = q\rho^{\gamma} \tag{5.2.42}$$

式中，q、γ 为系数。方程(5.2.42)拟合的曲线如图 5.2.34(a)所示，可以很清楚地看到，当 $\rho < 0.1$ 时，方程(5.2.42)能够很好地对结果进行预测。

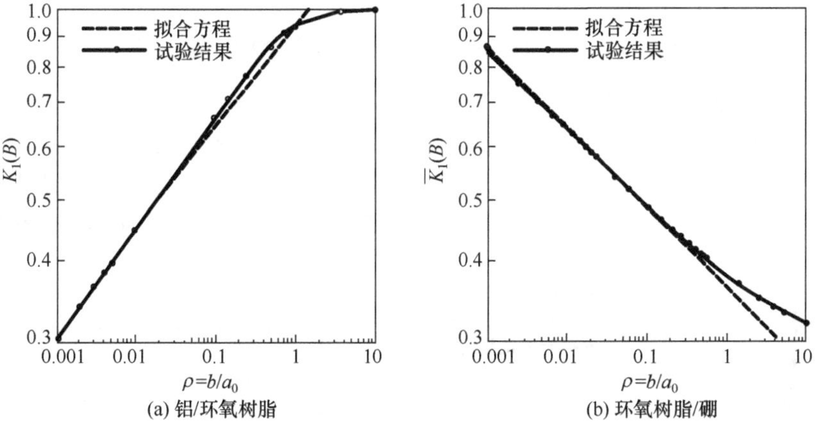

图 5.2.34　双材料中无量纲化应力强度因子 $\bar{K}_{\mathrm{I}}(B)$ 随几何参数 ρ 的变化

环氧树脂/硼双材料中裂尖 B 处应力强度因子与几何参数 $\rho = b/a_0$ 的关系如图 5.2.34(b)所示，弹性常数为 $\mu_1/\mu_2 = 0.007223$，$\upsilon_1 = 0.35$，$\upsilon_2 = 0.3$。此时裂纹位于硬材料硼中，裂尖 B 处的应力强度因子将随 ρ 趋于零而迅速增大。当 $\rho < 0.1$ 时，方程(5.2.42)给出了很好的预测。

图 5.2.35 给出了铝/环氧树脂材料，裂纹位于软材料中，$b/a_0 = 0.01$ 时的裂尖 B 点前方的应力分布。图中，纵坐标为无量纲化应力 $\bar{\sigma}_x = \sigma_x/\sigma$，$\bar{\sigma}_y = \sigma_y/\sigma$。由图可见，正应力 σ_x 在 $0 < r/b < 0.5$ 区间由 K 场控制，而 σ_y 应力场在 $0 < r/b < 0.4$ 区间由 K 场及 T 应力场同时控制。

环氧树脂/硼双材料中裂纹尖端 B 点前方 $\bar{\sigma}_y$ 应力分布如图 5.2.36 所示，此时裂纹位于硬材料中。K 场与精确解 σ_y 差异很大，σ_y 场在 $0 < r/b < 0.4$ 区间，主要由 K 场与 T 应力场同时控制。可见，T 应力效应在某些情况下非常重要。

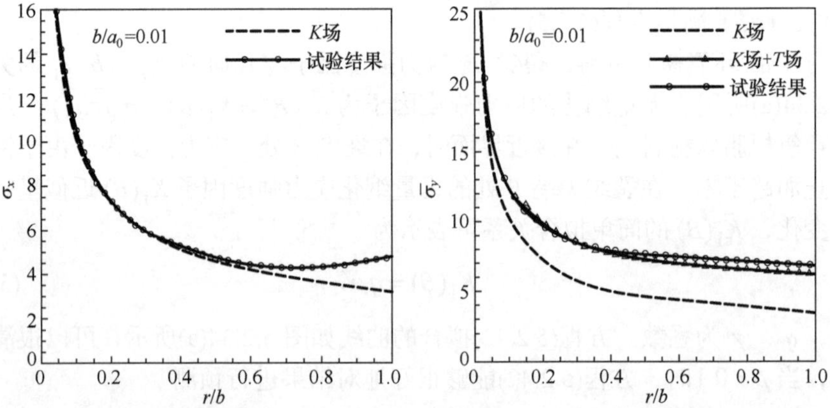

(a) $\bar{\sigma}_x=\sigma_x/\sigma$ (b) $\bar{\sigma}_y=\sigma_y/\sigma$

图 5.2.35 铝/环氧树脂双材料中裂尖 B 点前方的正应力分布

2) 裂纹垂直并终止于界面

图 5.2.37 表示一个有限长裂纹垂直并终止于双材料界面的平面弹性问题。该问题的位错密度由第一类切比雪夫多项式加上一个描述裂尖应力奇异性的特殊项组成。利用边界配置法求解控制方程，可得到未知系数及该问题的完整解。

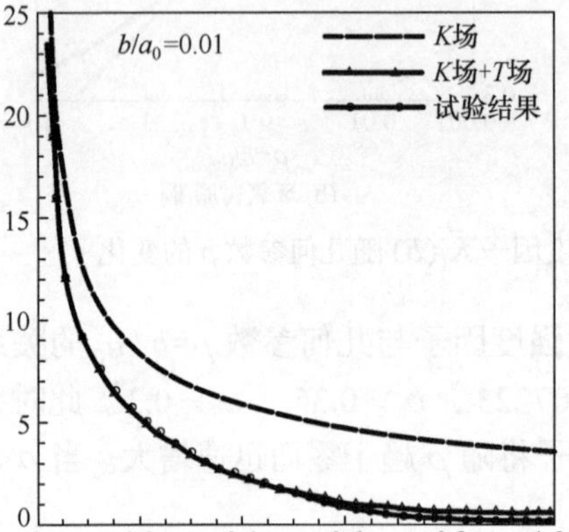

图 5.2.36 环氧树脂/硼双材料中裂尖 B 点前方正应力分布

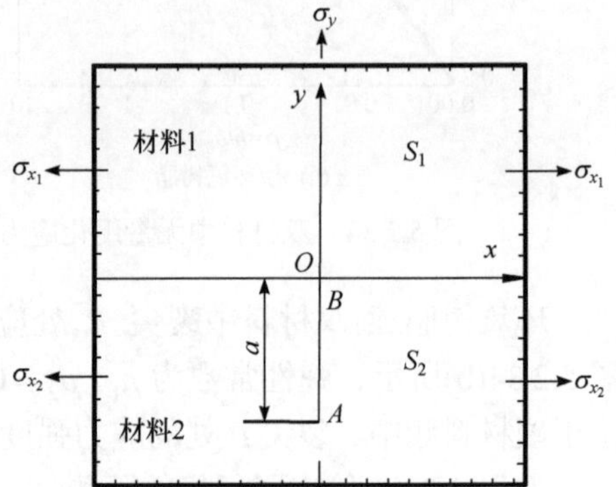

图 5.2.37 垂直并终止于双材料界面的有限裂纹

对多组不同的双材料进行计算，发现第一类切比雪夫无限级数能够很快收敛，可以利用有限截断项精确的近似，m 的取值表示级数项，m 的最大取值定义为 M。对于铝/环氧树脂平面应变问题，发现当 M 取 150、180、210 时，给出裂尖 A 及 B 处的应力强度因子具有 4 位有效数字的精确度，且切比雪夫多项式系数 α_m 随着 m 的增大而迅速趋于零，如 $\alpha_1=0.2487$，$\alpha_{10}=-0.1421\times10^{-3}$，$\alpha_{100}=0.14015\times10^{-6}$，

$\alpha_{180} = -0.2342 \times 10^{-8}$。

裂纹尖端 B 点前方的应力分布可以表示为

$$\sigma_{ij} = \frac{Q_{\mathrm{I}}}{(2\pi r)^{\lambda_0}} f_{ij}(\theta) + T_{ij} \tag{5.2.43}$$

式中，Q_{I} 为裂纹尖端 B 点处广义 I 型应力强度因子；T_{ij} 为 T 应力，由特征函数的第二项表征，在分析断裂过程中起重要作用，方程(5.2.43)右端第一项即为 Q 场。

图 5.2.38 给出了平面应力情况下，环氧树脂/硼双材料中裂纹尖端 B 点前方的正应力分布，材料常数为 $\mu_1/\mu_2 = 0.007223$，$\upsilon_1 = 0.35$，$\upsilon_2 = 0.3$。从图中可以很清楚地看到，在 $0 < r/a_0 < 1$ 区间，σ_x 由 Q 场控制，在 $0 < r/a_0 < 0.05$ 区间，σ_y 由 Q 场控制。

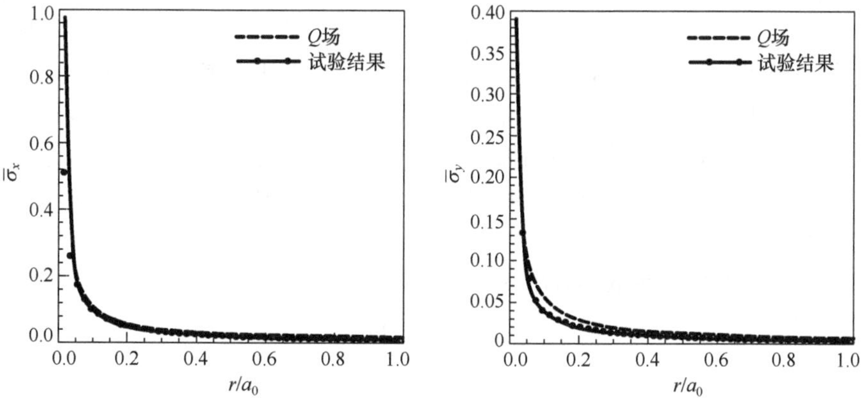

(a) $\bar{\sigma}_x$的分布　(b) $\bar{\sigma}_y$的分布

图 5.2.38　环氧树脂/硼双材料中裂纹尖端 B 点前方的正应力分布

当裂纹位于软材料中时，呈现不同的趋势，图 5.2.39 给出了硼/环氧树脂双材料中对 σ_x、Q 场及 Q 场+T_x 应力场的比较。材料常数为 $\mu_1/\mu_2 = 138.46$，$\upsilon_1 = 0.3$，$\upsilon_2 = 0.35$。Q 场+T_x 应力场在 $0 < r/a_0 < 1$ 区间与 σ_x 场吻合很好，但单独的 Q 场与 σ_x 场差别很大，可见 T_x 应力场对正应力提供了很大的贡献。Q 场+T_y 应力场在 $0 < r/a_0 < 4$ 区间与 σ_y 应力场吻合。

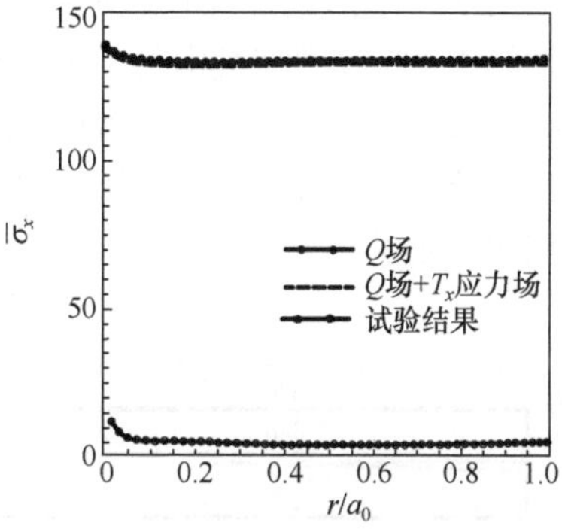

图 5.2.39　硼/环氧树脂双材料中裂纹尖端 B 点前方正应力分布

对于轻度弹性失配的双材料情况也有类似的结果。正应力场由 Q 场与 T_x 应力场共同描述，但控制区间相对变小。

5.2.4 界面断裂试验

试验表明，界面断裂韧性强烈依赖于混合度，当相位角增大时，界面断裂韧性迅速增大。对层状复合材料的撕开阻力可通过不同的桥联机制获得提高，由于撕开阻力不唯一，必须通过实际范围的相位角进行测量。下面介绍界面断裂韧性测试方法。

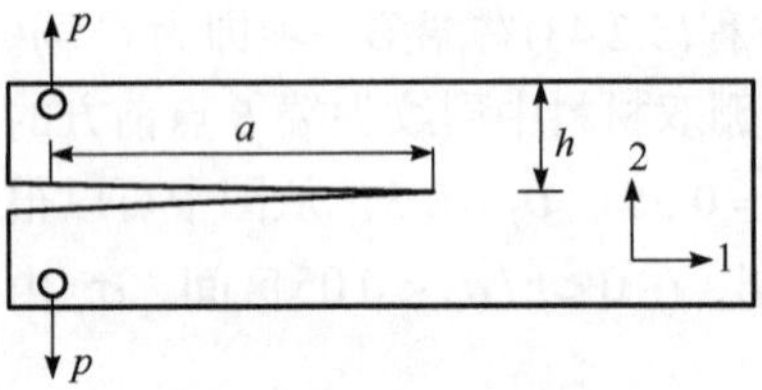

图 5.2.40 双悬臂梁模型

1. 分层试样及 R 曲线

对于单向复合材料及其他多层材料的研究，常应用梁型断裂试样。图 5.2.40 为一个单向复合材料制成的双悬臂梁，纤维方向沿梁的轴向，复合材料被当成一个均匀正交各向异性材料，其细观特征，如界面、纤维/基体的非均匀性并未加以考虑。该双材料界面断裂试样可提供所有混合度范围内的界面断裂韧性。该试样由含边裂纹的玻璃/环氧树脂双材料条带组成。初始裂纹通过在界面处插入垫片形成，然后拉伸到长度为 $a \approx 6h$，试样通过一个特殊的双轴载荷装置加载。在固定边界 $x_1 = \pm h$ 处，施加一定的平面内位移。平面内长度远大于每一层的厚度 h。

试样为纯 Ⅰ 型，能量释放率为

$$G = f\left(\frac{a}{h}\right)\frac{(Pa)^2}{\bar{E}_{\mathrm{L}}h^3} \tag{5.2.44}$$

式中，P 为单位宽的力；h 为梁厚度的 1/2；a 为裂纹长度；$\bar{E}_{\mathrm{L}}$ 为纤维方向的等效弹性模量；函数 $f(a/h)$ 与正交各向异性参数有关。

图 5.2.41 描述了几种边加载的试样，裂纹扩展具有固定的混合度。在单轴复合材料中，撕开型裂纹沿纤维的法向扩展。图 5.2.41(a)为纯 Ⅰ 型试样，图 5.2.41(b)为纯 Ⅱ 型试样，图 5.2.41(c)和(d)是混合型试样。当裂纹长度超过试样厚度 $2h$ 的 2 倍时，能量释放率及混合度与裂纹长度基本无关。不同类型的能量释放率标定也在相应图中给出。

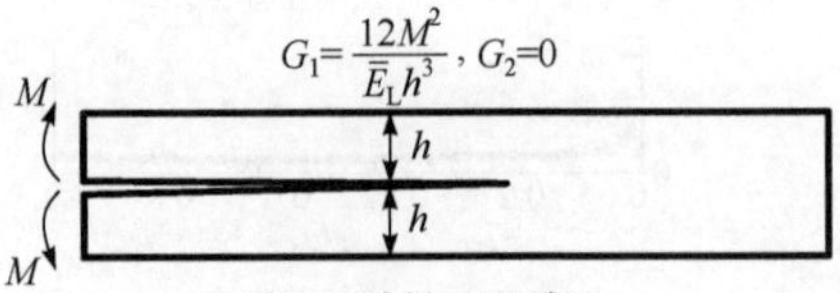

(a) 纯 Ⅰ 型试样(双悬臂梁)

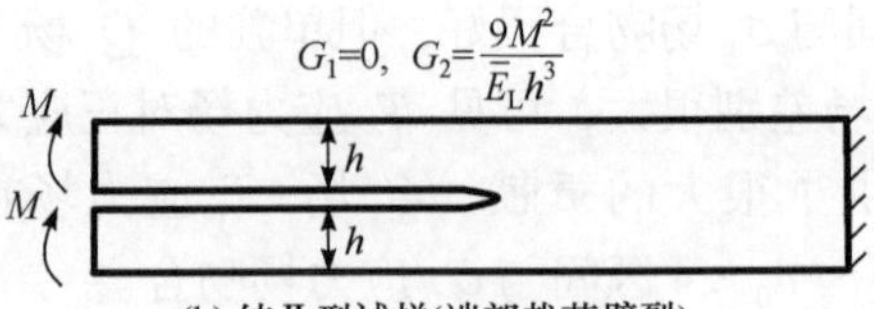

(b) 纯 Ⅱ 型试样(端部载荷劈裂)

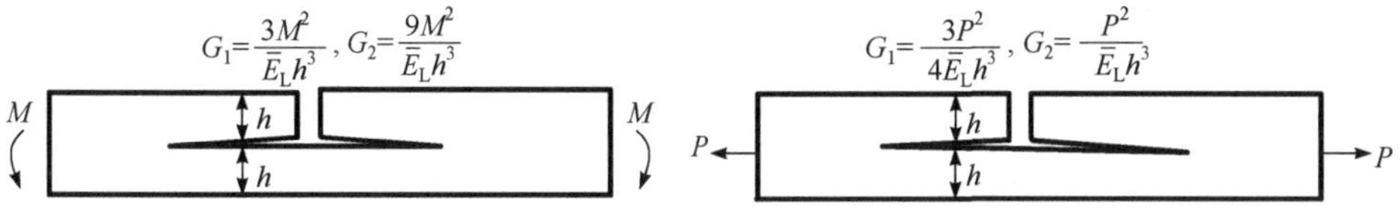

(c) 混合型试样(四点弯曲)　(d) 混合型试样(裂纹重叠剪切)

图 5.2.41　几种边加载试样及其精确解

2. 界面断裂试样

测量均匀金属材料混合型断裂韧性，可采用非对称三点弯曲试样及非对称四点弯曲试样，非对称四点弯曲试样及载荷分布如图 5.2.42 所示。

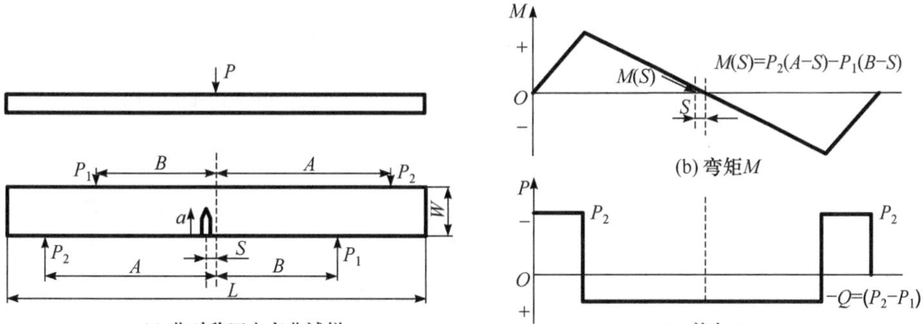

(a) 非对称四点弯曲试样　(c) 剪力Q

图 5.2.42　非对称四点弯曲试样及载荷分布

测量铝/铌系统整个混合度范围内的界面断裂切性，可采用非对称及对称的四点弯曲试样，如图 5.2.43 所示，图中对试样进行了标定。应力强度因子定义为

$$K = YT\sqrt{a}a^{-\mathrm{i}\varepsilon}\mathrm{e}^{\mathrm{i}\psi}, \quad \psi=\arctan\left[\frac{\mathrm{Im}(Kl^{\mathrm{i}\varepsilon})}{\mathrm{Re}(Kl^{\mathrm{i}\varepsilon})}\right] \tag{5.2.45}$$

式中，$l=a$，对于非对称四点弯曲试样，$T=(A-B)P/[(A+B)W]$。无量纲化 Y 及 ψ 函数关系如图 5.2.44 所示。

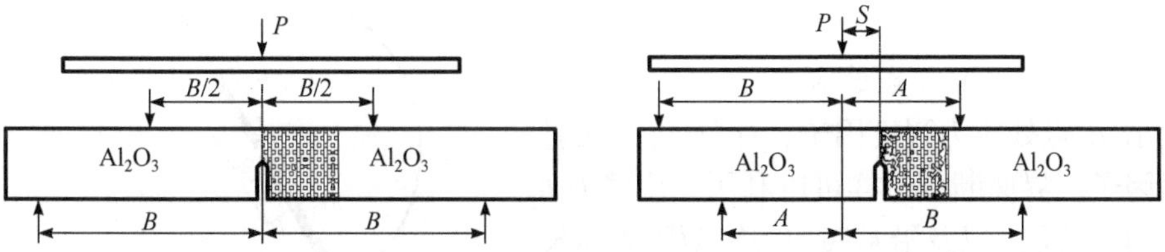

(a) 对称四点弯曲试样　(b) 非对称四点弯曲试样

图 5.2.43　四点弯曲试样示意图

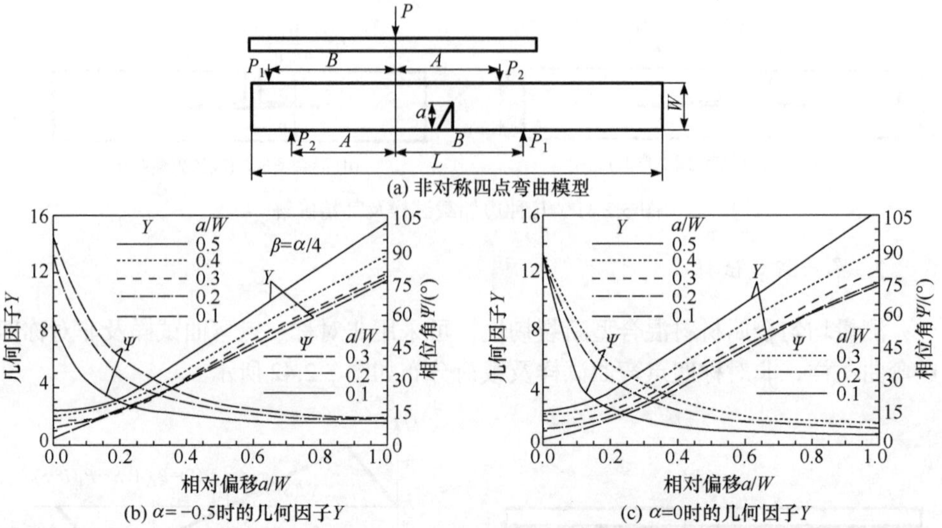

(a) 非对称四点弯曲模型

(b) $\alpha=-0.5$时的几何因子Y　　(c) $\alpha=0$时的几何因子Y

图 5.2.44　边缺口梁四点剪切 Y 及 ψ 标定

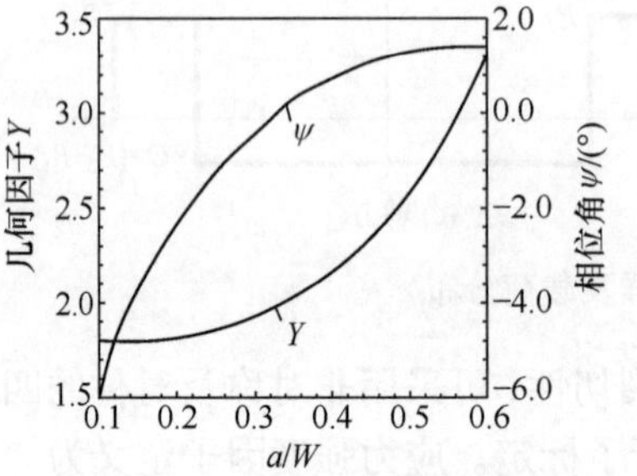

图 5.2.45　对称四点弯曲试样中函数 Y 及 ψ 的标定

对于对称四点弯曲试样，$T=P(3B/2W^2)$。无量纲化 Y 及 ψ 函数关系如图 5.2.45 所示。对于铝/铌双材料，铝为材料 1 的平面应变情况下，Dundurs 参数为 $\alpha=0.527$，$\beta=0.063$，振荡因子为 $\varepsilon=-0.02$。

3. Brazil-nut 试样

均匀Brazil-nut试样是一个半径为 a 含中心裂纹 $2l$ 的圆盘，采用此试样进行脆性材料混合型断裂试验。混合度由压缩角 θ 控制。当 $\theta=0°$ 时，为纯Ⅰ型；当 $\theta\approx25°$ 时，为纯Ⅱ型。应力强度因子为

$$K_{\mathrm{I}}=f_{\mathrm{I}}Pa^{-1/2},\quad K_{\mathrm{II}}=\pm f_{\mathrm{II}}Pa^{-1/2} \tag{5.2.46}$$

式中，“+”表示 A 点处应力强度因子，“−”表示 B 点处应力强度因子；f_{I} 及 f_{II} 为无量纲因子。界面断裂试样可以利用一个厚为 h 的内嵌薄层，以及沿基底与内嵌薄层界面长为 $2l$ 的中心裂纹制得，如图 5.2.46 所示。

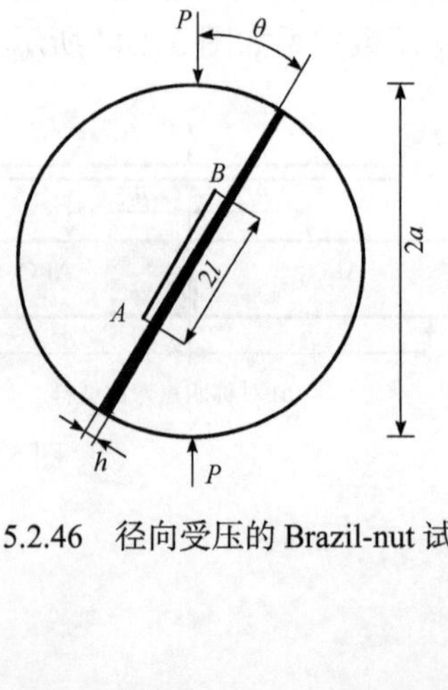

图 5.2.46　径向受压的 Brazil-nut 试样

当内嵌层厚度 h 远小于半径 a 及裂纹长度 $2l$ 时，能量释放率可由 Irwin 关系依照 J

积分原理计算得到。由于内嵌层很薄，远场的扰动可以忽略，局部应力强度因子仍可以由无量纲化因子 f_{I} 和 f_{II} 求得。界面相位角 $\hat{\psi}$ 相对于均匀试样有所移动，$\psi = \arctan(K_{\mathrm{II}} / K_{\mathrm{I}}) + \omega + \varepsilon \ln(\bar{l} / h)$，$\omega$ 是由基底与内嵌层弹性失配引起的偏移，最后一项是由振荡因子 ε 引起的偏移。

4. 断裂能数据

对于环氧树脂/玻璃界面一组断裂能数据如图 5.2.47 所示。这些数据表明，混合度严重影响了 Γ_{i}，即在环氧树脂中额外的塑性耗散。

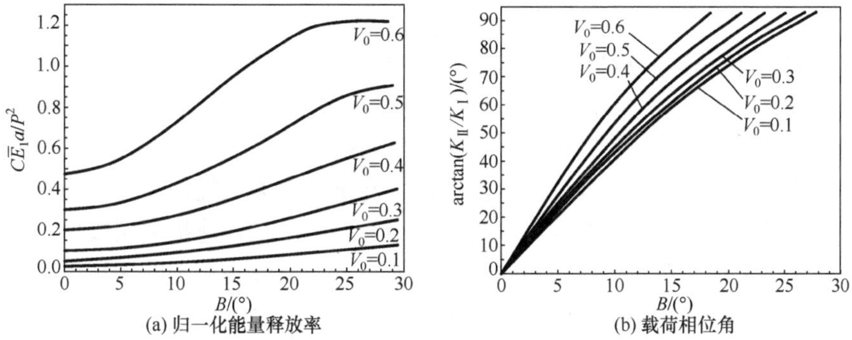

图 5.2.47　均匀 Brazil-nut 标定

铝/铌系统 $\bar{l} = 100\mu\mathrm{m}$ 的界面断裂韧性数据如图 5.2.48 所示，其中，$K_{\mathrm{C}}(\hat{\psi})$ 为临界局部应力强度因子的幅值。实线表示公式 $K_{\mathrm{C}}(\hat{\psi}) = K_{\mathrm{IC}} / \cos\hat{\psi}$ 预测的韧性曲线。

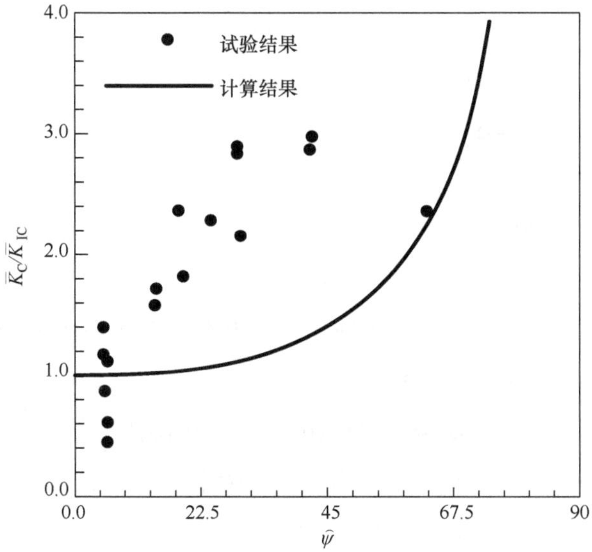

图 5.2.48　铝/铌系统的界面断裂韧性

5.3 双材料界面动态裂纹扩展

许多新发展的多相材料的力学行为及其整个服役过程在很大程度上受界面的影响，因此处理脱黏的界面断裂力学方法对设计及生产多相材料具有重要意义。这些方法可以用来指导材料的选择，估计脱黏韧性的影响。

在许多材料系统中，由断裂造成的低韧性或脆性，在混合载荷作用下开始于界面，以至于将界面脱黏抗力看成混合度的函数。当一个多聚物复合多层材料受到冲击时，基体劈裂，脱黏进一步发展。脱黏的形式和程度，以及冲击损伤忍耐性都强烈受到载荷、混合度及材料应变率的影响。观察多层材料的反应经常基于静态断裂力学。惯性效应可以产生于快速加载及快速裂纹扩展，并对结构中混合型载荷转移特征有很重要的影响。事实上，加载率及混合度强烈影响敏感材料中的断裂过程。

一般情况下，应力奇异性具有振荡性，与准静态裂纹类似。当界面裂纹以软材料的瑞利波速扩展时，振荡因子趋于无穷大，暗示在快速扩展裂纹后方存在比较大的接触区。与均匀材料中裂纹情况相比，界面裂纹在较小的瑞利波速时，具有一个有限的能量因子。在时间非相关载荷情况下，动态应力强度因子可以分解为一个裂纹速度的谱函数与平衡状态的应力强度因子乘积。

5.3.1 双材料裂纹的应力场和位移场

由不同金属材料形成的基体裂纹如图 5.3.1 所示。在断裂设计中，材料 2 是预断材料，弹性模量和泊松比为 E_2 和 υ_2，材料 1 是形成人为裂纹的附加材料，弹性模量和泊松比为 E_1 和 υ_1。以 r 和 θ 代表极坐标，极坐标下的双调和方程为

$$\nabla^2\nabla^2\Phi=\left(\frac{\partial^2}{\partial r^2}+\frac{1}{r}\frac{\partial}{\partial r}+\frac{1}{r^2}\frac{\partial^2}{\partial\theta^2}\right)\Phi=0 \tag{5.3.1}$$

式中，Φ 为应力函数，其形式为

$$\Phi(r,\theta)=r^{\lambda+1}F(\theta) \tag{5.3.2}$$

$$F(\theta)=a\sin\left[(\lambda+1)\theta\right]+b\cos\left[(\lambda+1)\theta\right]+c\sin\left[(\lambda-1)\theta\right]+d\cos\left[(\lambda-1)\theta\right] \tag{5.3.3}$$

极坐标下的应力和位移分量可表示为

$$\begin{aligned}\sigma_r&=r^{\lambda-1}[F''(\theta)+(\lambda+1)F(\theta)]\\\sigma_\theta&=r^{\lambda-1}[\lambda(\lambda+1)F(\theta)]\\\tau_{r\theta}&=-\lambda r^{\lambda-1}F'(\theta)\end{aligned} \tag{5.3.4}$$

$$u_r = \frac{1}{2\mu} r^\lambda \{-(\lambda+1)F(\theta) + (\lambda\eta)^{-1}[F''(\theta) + (\lambda+1)^2 F(\theta)]\}$$
$$u_\theta = -\frac{1}{2\mu} r^\lambda \{F'(\theta) + [\lambda\eta(\lambda-1)]^{-1}[F'''(\theta) + (\lambda+1)^2 F'(\theta)]\} \tag{5.3.5}$$

式中，μ 为剪切模量；η 可表示为

$$\eta = \begin{cases} \upsilon/(1,+\upsilon), & \text{平面应力} \\ \upsilon, & \text{平面应变} \end{cases} \tag{5.3.6}$$

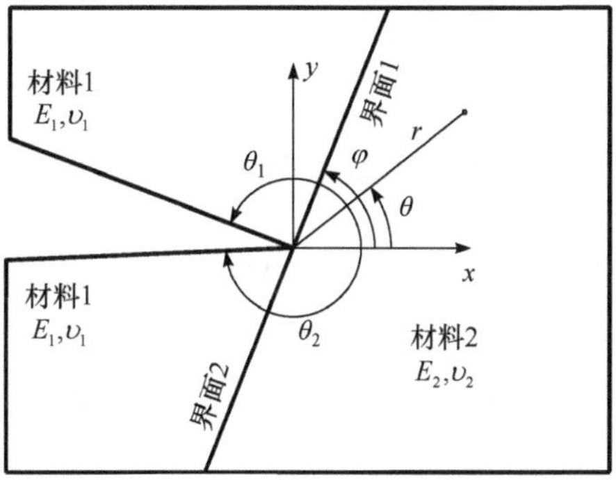

图 5.3.1　双材料基体裂纹结构及坐标

在分析中，材料 1 和材料 2 中的应力函数均具有方程(5.3.2)的形式，但方程(5.3.3)中的系数 a、b、c 和 d 不同。材料 1 和材料 2 的特征值必须相等，以确保沿界面位移的连续性。双材料板的应力边界条件和位移边界条件为

$$\begin{cases} \sigma_{\theta_1} = \tau_{r\theta_1} = 0, & \theta = \theta_1 \\ \sigma_{\theta_2} = \tau_{r\theta_2} = 0, & \theta = \theta_2 \\ \sigma_{\theta_1} = \sigma_{\theta_2},\quad \tau_{r\theta_1} = \tau_{r\theta_2}, & \theta = \varphi \text{ 或 } \theta = \varphi - \pi \end{cases} \tag{5.3.7}$$

$$u_{r_1} = u_{r_2},\quad u_{\theta_1} = u_{\theta_2},\quad \theta = \varphi \text{ 或 } \theta = \varphi - \pi \tag{5.3.8}$$

将边界条件式(5.3.7)和式(5.3.8)与方程(5.3.4)和式(5.3.5)结合起来考虑，将得到一系列方程。为了使齐次方程组能求解未知的 a、b、c 和 d，未知系数的行列式应为零，从而得到特征方程为

$$2\alpha\cos\pi\lambda - \beta\lambda^2 - \gamma = 0 \tag{5.3.9}$$

其中，

$$\alpha = (m+\kappa_2)(1+m\kappa_1),\qquad \beta = 4(m+\kappa_2)(m-1)$$
$$\gamma = (1-m)(m+\kappa_2) + \alpha - m(1+\kappa_1)(1+m\kappa_2),\qquad m = \mu_2/\mu_1 \tag{5.3.10}$$

$$\kappa_{1,2}=\begin{cases}(3-\upsilon_{1,2})/(1+\upsilon_{1,2}), & \text{平面应力}\\ 3-4\upsilon_{1,2}, & \text{平面应变}\end{cases} \tag{5.3.11}$$

对于奇异部分和主要的非奇异部分，近场解可以表示为

$$\begin{aligned}\sigma_{ir}&=Q_1r^{\lambda_1-1}f_{1r}(\lambda_1,\theta)+Q_2r^{\lambda_2-1}f_{2r}(\lambda_2,\theta)+Q_3f_{3r}(1,\theta)\\ \sigma_{i\theta}&=Q_1r^{\lambda_1-1}f_{1\theta}(\lambda_1,\theta)+Q_2r^{\lambda_2-1}f_{2\theta}(\lambda_2,\theta)+Q_3f_{3\theta}(1,\theta)\\ \tau_{ir\theta}&=Q_1r^{\lambda_1-1}f_{1r\theta}(\lambda_1,\theta)+Q_2r^{\lambda_2-1}f_{2r\theta}(\lambda_2,\theta)+Q_3f_{3r\theta}(1,\theta)\end{aligned} \tag{5.3.12}$$

$$\begin{aligned}u_{ir}&=\frac{1}{2\mu_i}Q_1r^{\lambda_1}g_{1r}(\lambda_1,\theta)+Q_2r^{\lambda_2}g_{2r}(\lambda_2,\theta)\\ u_{i\theta}&=\frac{1}{2\mu_i}Q_1r^{\lambda_1}g_{1\theta}(\lambda_1,\theta)+Q_2r^{\lambda_2}g_{2\theta}(\lambda_2,\theta)\end{aligned} \tag{5.3.13}$$

在式(5.3.12)和式(5.3.13)中，i=1,2，对应于图 5.3.1 中所示的材料 1 和材料 2，其他参数为

$$\begin{aligned}f_{jr}=&-\lambda_j\Big\{a_{ij}(\lambda_j+1)\sin\big[(\lambda_j+1)\theta\big]+b_{ij}(\lambda_j+1)\cos\big[(\lambda_j+1)\theta\big]\\ &+c_{ij}(\lambda_j-3)\sin\big[(\lambda_j-1)\theta\big]+d_{ij}(\lambda_j-3)\cos\big[(\lambda_j-1)\theta\big]\Big\}\\ f_{j\theta}=&\lambda_j(\lambda_j+1)\Big\{a_{ij}\sin\big[(\lambda_j+1)\theta\big]+b_{ij}\cos\big[(\lambda_j+1)\theta\big]+b_{ij}\cos\big[(\lambda_j+1)\theta\big]\\ &+c_{ij}\sin\big[(\lambda_j-1)\theta\big]+d_{ij}\cos\big[(\lambda_j-1)\theta\big]\Big\}\\ f_{jr\theta}=&-\lambda_j\Big\{a_{ij}(\lambda_j+1)\cos\big[(\lambda_j+1)\theta\big]-b_{ij}(\lambda_j+1)\sin\big[(\lambda_j+1)\theta\big]\\ &+c_{ij}(\lambda_j-1)\cos\big[(\lambda_j-1)\theta\big]-d_{ij}(\lambda_j-1)\sin\big[(\lambda_j-1)\theta\big]\Big\}\\ f_{3r}=&-2[A_i\sin(2\theta)+B_i\cos(2\theta-D_i)]\\ f_{3\theta}=&2[A_i\sin(2\theta)+B_i\cos(2\theta+D_i)]\\ g_{jr}=&-\Big\{(\lambda_j+1)F_{ij}(\theta)+4(1-\eta_j)\Big\{c_{ij}\sin\big[(\lambda_j-1)\theta\big]+d_{ij}\cos\big[(\lambda_j-1)\theta\big]\Big\}\Big\}\Big/(2\mu_j)\\ g_{j\theta}=&-\Big\{F'_{ij}(\theta)+4(1-\eta_j)\Big\{c_{ij}\cos\big[(\lambda_j-1)\theta\big]+d_{ij}\cos\big[(\lambda_j-1)\theta\big]\Big\}\Big\}\Big/(2\mu_j)\end{aligned} \tag{5.3.14}$$

式中，i=1,2,3；j=1,2；a_{ij}、b_{ij}、c_{ij} 、d_{ij} 为 $\lambda=1$ 时对应于 A_i、B_i、C_i 和 D_i 的特征向量的分量，且有

$$\eta_i=\begin{cases}\upsilon_i/(1+\upsilon_i), & \text{平面应力}\\ \upsilon_i, & \text{平面应变}\end{cases} \tag{5.3.15}$$

5.3.2 准静态/动态裂纹扩展

试验结果表明，界面裂纹的扩展速度大于软材料的剪切波速，而小于硬材料

的剪切波速，控制方程对于硬材料为椭圆形，而对于软材料为双曲线形，封闭的解析解描述从椭圆区域向双曲线区域力学场的过渡，裂纹尖端的应力奇异性依赖于裂纹扩展速度。对于半无限脱黏裂纹，受准静态裂纹面载荷，当裂纹速度为较小剪切波速时无奇异性，当接近较大剪切波速时为 1/2 奇异性。衡量奇异强度的应力强度系数，对于跨声速脱黏情况，整个能量释放率消失，而能量从硬材料一侧沿着一个特征线流向软材料一侧，在裂尖处无残留，只要流过界面能量是有限的，脱黏速度就不可能超过较大剪切波速。

如图 5.3.2 所示，材料 1 和材料 2 分别位于上下半空间。ρ_1、ρ_2、μ_1、μ_2 分别表示两种材料的密度及剪切模量。剪切波速为

$$c_{1s}=\sqrt{\mu_1/\rho_1}\,,\quad c_{2s}=\sqrt{\mu_2/\rho_2} \tag{5.3.16}$$

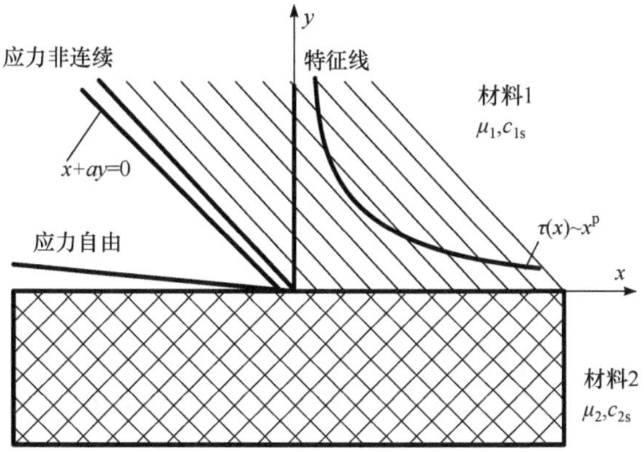

图 5.3.2　跨声速界面裂纹扩展示意图

假设 $c_{2s}>c_{1s}$，x、y 坐标位于裂纹尖端与裂尖以同样的速度 v 前进，$c_{1s}<v<c_{2s}$。反平面位移 w 在材料 1 和材料 2 中满足的关系为

$$\begin{cases}\alpha^2 w_{xx}-w_{yy}=0, & y>0,\text{在材料1中}\\ \beta^2 w_{xx}+w_{yy}=0, & y<0,\text{在材料2中}\end{cases} \tag{5.3.17}$$

式中，α、β 分别定义为

$$\alpha=\sqrt{(v/c_{1s})^2-1}\,,\quad \beta=\sqrt{1-(v/c_{2s})^2} \tag{5.3.18}$$

α 在靠近低剪切波速时消失，而 β 在靠近高剪切波速时消失。软材料控制方程为双曲线形，而硬材料控制方程为椭圆形。

裂纹面自由边界条件为

$$\sigma_{zy}(x,0^+)=\sigma_{zy}(x,0^-)=0\,,\quad x<0 \tag{5.3.19}$$

式中，σ_{zy} 为反平面剪应力。界面处应力和位移的连续条件为

$$\sigma_{zy}(x,0^+)=\sigma_{zy}(x,0^-),\quad w(x,0^+)=w(x,0^-),\quad x\geqslant 0 \tag{5.3.20}$$

方程(5.3.17)的一般解在双曲线区域有两个特征线，与航空中的超声速流动相似：

$$w(x,y)=W(x+\alpha y) \tag{5.3.21}$$

将式(5.3.21)代入式(5.3.19)中第一个边界条件，在界面上方楔状翼内，即 $\{x,y|y>0,x+\alpha y<0\}$ 中应力自由，所具有的均匀的反平面位移为

$$w(x,y)=w(0,0),\quad \sigma_{zx}=\sigma_{zy}=0 \tag{5.3.22}$$

不失一般性，$w(0,0)$ 可以取 0，界面剪应力在软材料一侧有

$$\sigma_{zy}(x,0^+)=\alpha\mu_1\frac{\partial w(x,0^+)}{\partial x}=\alpha\mu_1\frac{\mathrm{d}}{\mathrm{d}x}W(x) \tag{5.3.23}$$

利用下列变量转换：

$$\xi=x,\quad \eta=\beta y \tag{5.3.24}$$

式(5.3.17)被转换成一个用 ξ、η 表示 w 的标准拉普拉斯方程，得到关于界面应力的积分方程为

$$\frac{\lambda}{\pi}\int_0^\infty\frac{\tau(\xi)}{\xi-x}\mathrm{d}\xi=\tau(x),\quad x>0,\lambda=\frac{\mu_1\alpha}{\mu_2\beta} \tag{5.3.25}$$

利用对 τ 的 Hilbert 变换：

$$G[\tau]=\frac{1}{\pi}\int_{-\infty}^{+\infty}\frac{\tau(\xi)}{x-\xi}\mathrm{d}\xi \tag{5.3.26}$$

将未知函数 τ 映射到正负两个函数空间为

$$\tau(\xi)=\tau_+(\xi)+\tau_-(\xi),\quad \tau_\pm=\frac{1}{2}\{\tau(\xi)\pm\mathrm{i}G[\tau]\} \tag{5.3.27}$$

$\tau_\pm$ 的 Fourier 变换为

$$F[\tau_\pm]=\frac{1}{\sqrt{2\pi}}\int_{-\infty}^{+\infty}\tau_\pm(\xi)\mathrm{e}^{\mathrm{i}s\xi}\,\mathrm{d}\xi \tag{5.3.28}$$

其所具有的性质为

$$F[\tau_+]=\begin{cases}0, & s\geqslant 0\\ F[\tau], & s<0\end{cases}$$
$$F[\tau_-]=\begin{cases}F[\tau], & s>0\\ 0, & s\leqslant 0\end{cases} \tag{5.3.29}$$

最终得到 Wiener-Hopf 方程为

$$\tau_+ = Q(\xi)\tau_- \tag{5.3.30}$$

其中，

$$Q(\xi) = -\frac{q^-(\xi)}{q^+(\xi)} = \begin{cases} (\lambda - \mathrm{i})/(\lambda+\mathrm{i}), & \xi<0 \\ -1, & \xi \geqslant 0 \end{cases} \tag{5.3.31}$$

$$q^{\pm}(\xi) = \lim_{\eta\to 0^{\pm}} q(\zeta), \quad q(\zeta) = (\mathrm{e}^{-\pi\mathrm{i}}\zeta)^p \tag{5.3.32}$$

式中，$q(\zeta)$ 除了沿 ξ 正轴割线，处处解析。奇异性指数 p 为

$$p = \frac{1}{\pi}\arctan\lambda \tag{5.3.33}$$

对于任意 λ ，p 的范围为 $0 \sim 0.5$ 。这样 Wiener-Hopf 方程(5.3.30)可写为

$$q^+\tau_+ = -q^-\tau_- \tag{5.3.34}$$

为了消除 q 在无穷远处的奇异性，式(5.3.34)可写为

$$\frac{q^+}{\xi - \mathrm{i}}\tau_+ + \frac{K_0}{\xi - \mathrm{i}} = \frac{q^-}{\xi - \mathrm{i}}\tau_- + \frac{K_0}{\xi - \mathrm{i}} \tag{5.3.35}$$

经过代数处理，得到

$$\tau(\xi) = \frac{K}{\sqrt{2\pi}}\xi^{-p}, \quad K = -2\sqrt{2\pi\mathrm{i}}K_0\sin(\pi p) \tag{5.3.36}$$

由式(5.3.36)可以看出，跨声速脱黏的应力奇异性依赖于裂纹速度。当 v 超过较低的剪切波速时，p 接近于零，界面应力几乎无奇异性。应力奇异性随着裂纹扩展速度的增大而增大，当 v 趋近于较高剪切波速时，界面应力趋于 1/2 奇异性。应力强度系数 K 表示裂尖应力场的强度，奇异性指数在不同情况下会发生变化，K 与脱黏速度、试样几何尺寸及远处载荷相关。

由界面应力表达式可以求出软材料中的位移场和应力场为

$$w(x,y) = \frac{K}{\sqrt{2\pi}\mu_1\alpha(1-\rho)}(x+\alpha y)^{1-p}H(x+\alpha y) \tag{5.3.37}$$

$$\alpha\sigma_{zx}(x,y) = \sigma_{zy}(x,y) = \frac{K}{\sqrt{2\pi}}(x+\alpha y)^{-p}H(x+\alpha y) \tag{5.3.38}$$

对于硬材料，位移梯度可以写为

$$\begin{aligned}\frac{\partial w(\xi,\eta)}{\partial \xi}&=\frac{1}{\pi\beta\mu_2}\int_0^{\infty}\frac{x-\xi}{(x-\xi)^2+\eta^2}\tau(x)\mathrm{d}x\\ \frac{\partial w(\xi,\eta)}{\partial \eta}&=-\frac{1}{\pi\beta\mu_2}\int_0^{\infty}\frac{\eta}{(x-\xi)^2+\eta^2}\tau(x)\mathrm{d}x\end{aligned} \tag{5.3.39}$$

进而可以求得硬材料中的应力场和位移场为

$$\begin{bmatrix}\sigma_{zx}\\ \sigma_{zy}\end{bmatrix}=\frac{K}{\sqrt{2\pi}\sin(p\pi)}\tau_{\mathrm{s}}^{-p}\begin{bmatrix}\beta^{-1}\cos[p(\pi+\theta_{\mathrm{s}})]\\ \sin[p(\pi+\theta_{\mathrm{s}})]\end{bmatrix} \tag{5.3.40}$$

$$w(r_{\mathrm{s}},\theta_{\mathrm{s}})=\frac{K}{\sqrt{2\pi}\mu_1\alpha}\frac{\sqrt{\lambda^2+1}}{1-p}r_{\mathrm{s}}^{1-p}\cos[\theta_{\mathrm{s}}-p(\pi+\theta_{\mathrm{s}})] \tag{5.3.41}$$

式中，r_{s}、θ_{s} 为硬材料中的极坐标。

为了进一步理解跨声速脱黏应力场，考虑一种反平面裂纹面载荷 $\tau(x)$ 随裂尖运动的解，控制方程为

$$\frac{\lambda}{\pi}\int_0^{\infty}\frac{\tau(\xi)}{\xi-x}\mathrm{d}\xi+f(x)=\tau(x),\quad x>0 \tag{5.3.42}$$

其中，

$$f(x)=\frac{\lambda}{\pi}\int_{-\infty}^{0}\frac{t(\xi)}{\xi-x}\mathrm{d}\xi,\qquad x>0 \tag{5.3.43}$$

对式(5.3.42)积分，得到

$$\tau(x)=\frac{f(x)}{1+\lambda^2}+\frac{\lambda}{1+\lambda^2}\frac{x^{-p}}{\pi}\int_0^{\infty}\frac{f(\xi)\xi^p}{\xi-x}\mathrm{d}\xi \tag{5.3.44}$$

从这个解中可以根据定义求得应力强度系数为

$$K=\sqrt{2\pi}\lim_{x\to 0}x^p\tau(x)=\sqrt{\frac{2}{\pi}}\sin(p\pi)\int_{-\infty}^{0}t(\xi)(-\xi)^p\,\mathrm{d}\xi \tag{5.3.45}$$

考虑一个基本问题，即在界面裂纹表面施加反平面集中力 S，与裂尖距离为 b，且随裂尖前进，则有

$$t(x)=S\delta(x+b) \tag{5.3.46}$$

将式(5.3.46)代入式(5.3.45)，即可求得应力强度系数为

$$K=\sqrt{\frac{2}{\pi}}\sin(p\pi)\frac{S}{b^{1-p}} \tag{5.3.47}$$

当脱黏速度刚好超过较低剪切波速时，p 趋于零，K 消失。由式(5.3.41)和式(5.3.40)可见，w 和 σ_{zx} 为有限值，而 σ_{zy} 在靠近较低剪切波速时消失。σ_{zx} 的非

连续性暗示了非协调界面剪切应变有助于裂纹超越较低剪切波速。在较高剪切波速附近，K 趋于有限值 $\sqrt{2/(\pi b)}S$，应力和位移在软材料中具有有限幅值，σ_{zy} 在硬材料中也是如此，但 σ_{zx} 及位移在硬材料中趋于无穷，暗示超过较高剪切波速是非常困难的。

下面讨论脱黏过程中的能量流动。在准静态情况下，流动能量积分对一个 x 方向均匀的材料是路径无关的，对于Ⅲ型反平面剪切问题，能量积分为

$$F = v\int_{\Gamma}\left[(U+T)n_x - (\sigma_{zx}n_x + \sigma_{zy}n_y)\frac{\partial \omega}{\partial x}\right]\mathrm{d}\Gamma \tag{5.3.48}$$

式中，Γ 表示从一个裂纹面开始，终止于另一个裂纹面的围线，具有单位外法向矢量 (n_x,n_y)。U、T 分别表示应变能和动能，可以表达为

$$U = \frac{\sigma_{zx}^2 + \sigma_{zy}^2}{2G}, \quad T = \left(\frac{v}{c_{\mathrm{s}}}\right)^2 \frac{\sigma_{zz}^2}{2\mu} \tag{5.3.49}$$

能量积分式(5.3.48)对于准静态跨声速脱黏问题，只要满足连续条件式(5.3.20)，则路径无关。将式(5.3.49)代入式(5.3.48)，有

$$F = \frac{v}{2\mu}\int_{\Gamma}\left\{\left[\sigma_{zy}^2 - \left(1 - \frac{v^2}{c_{\mathrm{s}}^2}\right)\sigma_{zx}^2\right]\mathrm{d}y + 2\sigma_{zx}\sigma_{zy}\mathrm{d}x\right\} \tag{5.3.50}$$

Γ 选择为起始于裂纹下表面，然后逆时针转向并终止于裂纹上表面。F 的路径无关性允许将 Γ 收缩到裂纹尖端，而奇异性阶数 p 小于 $1/2$。对于一个围绕裂尖的无限小环，积分式(5.3.50)消失，所以在任一 Γ 上都为零，整个能量流动到任一包围裂尖的环线都为零。

对于下半圆弧 $\Gamma_P^{(2)}$，即起始于裂纹面下表面任一点，逆时针到界面上一个特定点 P。如图 5.3.3 所示，选择一个封闭的环线，由 $\Gamma_P^{(2)}$、P 点沿界面到裂纹附近一点，一个排除裂尖的半圆及部分裂纹面的几段组成。守恒积分 Γ 沿这个闭合环线为零，沿裂纹面的积分也因为 $\mathrm{d}y=0$，$\sigma_{zy}=0$ 而为零。当圆收缩到裂尖时，半环积分为零(应力奇异性小于 1/2)，所以半环积分 $F(\Gamma_P^{(2)})$ 可以写为

$$F(\Gamma_P^{(2)}) = \frac{v}{\mu_2}\int_0^{x_P}\sigma_{zx}(x,0^-)\sigma_{zy}(x,0^-)\mathrm{d}x = \frac{vK^2}{\sqrt{2\pi}(1-2p)\mu_1\alpha}x_P^{1-2p} \equiv F_P \tag{5.3.51}$$

式中，x_P 表示从 P 点到裂尖的距离。式(5.3.51)表示流过下半圆弧 $\Gamma_P^{(2)}$ 的能量等于流过从裂尖到 P 点界面段的能量。

对于上半圆弧 $\Gamma_P^{(1)}$，起始于 P 点，逆时针到裂纹上表面的任一点，如图 5.3.3 所示。

$$F(\Gamma_P^{(1)}) = v\frac{K^2}{\sqrt{2\pi}\mu_1\alpha}\int_C (x+\alpha y)^{-2p} H(x+\alpha y)\mathrm{d}(x+\alpha y) \tag{5.3.52}$$

式中，C 为任意一个在双曲线域内的弧。该能量并不流过特征线。

脱黏速度刚好超过低剪切波速时，流过界面的能量为

$$F_P = x_P \frac{c_{1\mathrm{s}}}{\sqrt{2\pi}\mu_1}\lim_{v\to c_{1\mathrm{s}}}\frac{K^2}{\alpha} \tag{5.3.53}$$

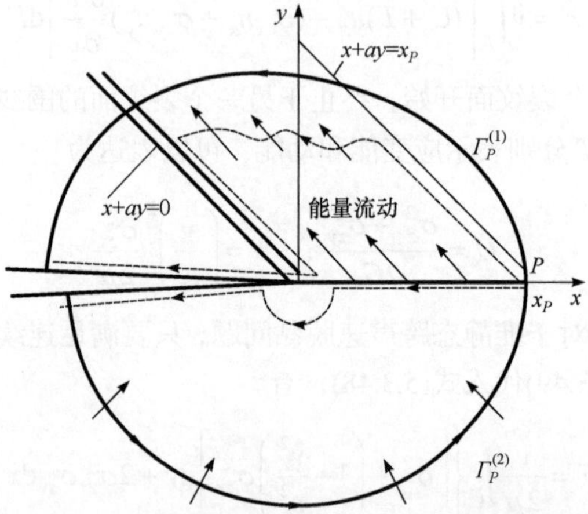

图 5.3.3　反平面剪切跨声速扩展的准静态能量流动

由 K 的表达式(5.3.47)可以发现，当接近低剪切波速时，应力分量 σ_{zx} 在界面上下边界处非零，流过界面的能量消失。脱黏速度略小于高剪切波速时，流过界面的能量与 P 点无关，积分值为

$$F = \frac{c_{2\mathrm{s}}}{4\mu_2}\lim_{v\to c_{2\mathrm{s}}}\frac{K^2}{\beta} \tag{5.3.54}$$

由 K 的表达式(5.3.47)还可以发现，应力强度系数 K 在高剪切波速处为有限值。这样 F 在高剪切波速处，由于 $\beta\to 0$ 而无限大，即当反平面剪切速度接近硬材料剪切波速时，流过界面的能量趋于无穷大。从物理意义上来看，反平面剪切脱黏速度不可能超过硬材料剪切波速。

5.3.3　双材料界面裂纹含接触区的跨声速扩展

界面裂纹的渐近弹性场具有振荡奇异性。裂尖处的裂纹面褶皱并相互嵌入，这在物理本质上是不可接受的，而裂纹面重叠的接触区能够接受。在拉伸主导的情况下，接触区一般很小，当载荷为剪切主导时，接触区尺寸则相对很大。这种情况对于双材料界面准静态扩展裂纹同样存在。

界面裂纹在非相似的双材料中同样存在与静止界面裂纹相同的振荡奇异性，且接触区尺寸同样受到施加载荷类型的强烈影响，即当拉伸主导时，接触区尺寸较小，而剪切主导时，接触区尺寸较大。对于亚瑞利波范围动态界面断裂，界面裂纹尖端的速度小于双材料系统中两个材料的较小瑞利波速。在 PMMA/钢双材料界面动态断裂中，界面裂纹尖端速度很快趋近并超过瑞利波速，甚至超过 PMMA 的剪切波速。

试验结果表明，在Ⅲ型反平面剪切情况下，裂纹扩展速度介于两个剪切波速之间。对于两材料趋于相同或其中一个材料为刚性体的特例情况，跨声速Ⅲ型界面裂纹是不可能的。对于跨声速界面扩展裂纹，裂纹面应力自由的裂尖场，应力不仅在裂尖处奇异，而且在随裂尖扩展的整个射线上奇异。这个射线类似于空气动力学中的冲击波，代表强非连续的特征线。

试验结果还表明，在裂纹后面存在一个相对比较大的接触区，接触区长度为 1.5～2mm。基于能量分析，对于 PMMA/钢双材料，裂纹面在界面裂尖速度位于 c_{ps} 及 $\sqrt{2}c_{ps}$ 之间时发生接触，其中 c_{ps} 为 PMMA 的剪切波速。扩展裂尖后方的有限接触，可能导致移动裂尖及接触区末端的两个激波。当裂纹介于 c_s 和 $\sqrt{2}c_s$ 之间的速度向前扩展时存在这两个激波，其中 c_s 为较软材料的剪切波速。两个激波以同样的角度倾斜于界面，且速度相同。钢的弹性模量比 PMMA 高两个数量级，应力-应变场与弹性/刚性材料情况非常类似，说明弹性/刚性双材料系统能捕捉一般弹性/弹性双材料的所有本征特点。

1. 基本公式

如图 5.3.4 所示，弹性固体与刚性基底之间的界面位于 x_1 轴，裂纹尖端在 x_1 轴正方向以速度 v 向前扩展，扩展速度 v 满足：

$$c_s < v < c_l \tag{5.3.55}$$

式中，c_s、c_l 分别为弹性固体的剪切波速和纵波速，$c_s=\sqrt{\mu/\rho}$，$c_l=\sqrt{(k+1)/(k-1)}c_s$，$\mu$ 为弹性剪切模量，ρ 为质量密度。对于平面应变，有 $k=3-4\upsilon$，对于平面应力，有 $k=(3-\upsilon)/(1+\upsilon)$，$\upsilon$ 为泊松比。u_1 和 u_2 为弹性固体的位移，分别用两个位移势 ϕ 和 ψ 表示为

$$\begin{aligned} u_1(x_1,x_2,t) &= \frac{\partial}{\partial x_1}\phi(x_1,x_2,t)+\frac{\partial}{\partial x_2}\psi(x_1,x_2,t) \\ u_2(x_1,x_2,t) &= \frac{\partial}{\partial x_2}\phi(x_1,x_2,t)+\frac{\partial}{\partial x_1}\psi(x_1,x_2,t) \end{aligned} \tag{5.3.56}$$

通过引进移动坐标 $(\eta_1,\eta_2)=(x_1-vt,x_2)$，并假设裂纹扩展为定常态，运动方

程可得到一个关于ϕ的拉普拉斯方程及ψ的波动方程，一般解为

$$\phi(\eta_1,\eta_2)=\mathrm{Re}\left[F(z_1)\right],\quad \psi(\eta_1,\eta_2)=g(\eta_1+\bar{\alpha}_{\mathrm{s}}\eta_2),\eta_2>0 \tag{5.3.57}$$

式中，$z_1=\eta_1+\mathrm{i}\alpha_1\eta_2$；$F(z_1)$为上平面$\eta_2\geqslant 0$的$z$的解析函数；$g(\eta_1+\bar{\alpha}_{\mathrm{s}}\eta_2)$是一个实函数，且有

$$\alpha_1=\sqrt{1-v^2/c_1^2},\quad \bar{\alpha}_{\mathrm{s}}=\sqrt{v^2/c_{\mathrm{s}}^2-1} \tag{5.3.58}$$

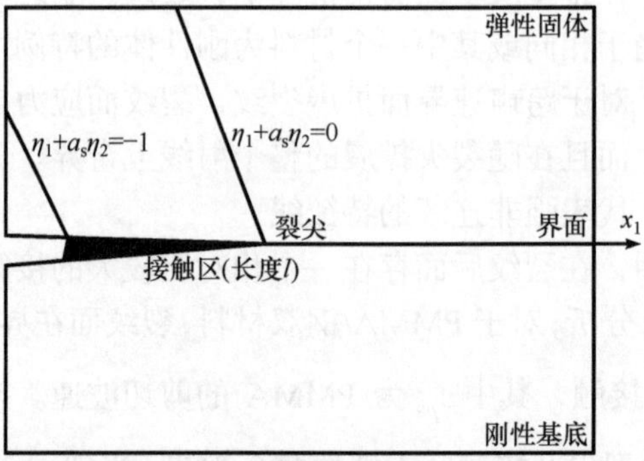

图 5.3.4　弹性固体与刚性基底之间的跨声速扩展界面裂纹

界面上方($\eta_2>0$)弹性固体中的位移和应力表示为

$$u_1=\mathrm{Re}\left[F'(z_1)\right]+\bar{\alpha}_{\mathrm{s}}g'(\eta_1+\bar{\alpha}_{\mathrm{s}}\eta_2),\quad u_2=-\alpha_1\,\mathrm{Im}[F'(z_1)]-g'(\eta_1+\bar{\alpha}_{\mathrm{s}}\eta_2) \tag{5.3.59}$$

$$\begin{aligned}\sigma_{11}&=\mu\left\{(1+2\alpha_1^2+\bar{\alpha}_{\mathrm{s}}^2)\,\mathrm{Re}\left[F''(z_1)\right]+2\bar{\alpha}_{\mathrm{s}}\,g''(\eta_1+\bar{\alpha}_{\mathrm{s}}\eta_2)\right\}\\ \sigma_{22}&=-\mu\left\{(1-\bar{\alpha}_{\mathrm{s}}^2)\,\mathrm{Re}\left[F''(z_1)\right]+2\bar{\alpha}_{\mathrm{s}}\,g''(\eta_1+\bar{\alpha}_{\mathrm{s}}\eta_2)\right\}\\ \sigma_{12}&=-\mu\left\{2\alpha_1\,\mathrm{Im}\left[F''(z_1)\right]+(1-\bar{\alpha}_{\mathrm{s}}^2)g''(\eta_1+\bar{\alpha}_{\mathrm{s}}\eta_2)\right\}\end{aligned} \tag{5.3.60}$$

在界面处($\eta_2=0^+$，$\eta_1>0$)，与刚性基底相连，所以位移在此处为零，即

$$F'^{+}(\eta_1)+\bar{F}'^{-}(\eta_1)+2\bar{\alpha}_{\mathrm{s}}g'(\eta_1)=0,\quad \alpha_1[F'^{+}(\eta_1)-\bar{F}'^{-}(\eta_1)]+2\mathrm{i}g'(\eta_1)=0 \tag{5.3.61}$$

式中，$\bar{F}(\eta_1)$是z_1下半空间的解析函数；上标“+”和“−”分别表示$\eta_2\to 0^+$和$\eta_2\to 0^-$的极限，消除$g(\eta_1)$可以得到

$$(\alpha_1\bar{\alpha}_{\mathrm{s}}-\mathrm{i})F'^{+}(\eta_1)-(\alpha_1\bar{\alpha}_{\mathrm{s}}+\mathrm{i})F'^{-}(\eta_1)=0,\quad \eta_1>0 \tag{5.3.62}$$

基于解析连续，引进一个新的解析函数$\theta(z)$：

$$\theta(z)=\begin{cases}(\alpha_1\bar{\alpha}_{\mathrm{s}}-\mathrm{i})F'(z), & \mathrm{Im}(z)\geqslant 0\\(\alpha_1\bar{\alpha}_{\mathrm{s}}+\mathrm{i})F'(z), & \mathrm{Im}(z)<0\end{cases} \tag{5.3.63}$$

除了裂纹面($\eta_2=0$，$\eta_1<0$)，$\theta(z)$处处解析。对于$\eta_1>0$，函数$g'(\eta_1)$可以表示为

$$g'(\eta_1)=\frac{\alpha_1}{1+\alpha_1^2\bar{\alpha}_s^2}\theta(\eta_1),\quad \eta_1>0 \tag{5.3.64}$$

以上分析对于平面内形变条件下，沿弹性/刚性界面扩展的跨声速裂纹问题都成立，与裂纹表面的边界条件无关。裂纹表面应力自由情况成立，对无限和有限接触区的解也成立。$\theta(z)$ 为根据裂纹面的边界条件需要确定的唯一函数。采用线性接触模型，剪应力与法向应力在接触区内的关系为

$$\sigma_{12}=\lambda\sigma_{22},\quad \eta_2=0^+ \tag{5.3.65}$$

式中，λ 依赖于双材料及连续性质。在这里，λ 可以简单地认为是一个常数。

双材料中有一相为刚性材料，所以在接触区内法向位移 u_2 为

$$u_2=0,\quad \eta_2=0^+ \tag{5.3.66}$$

接触区内剪应力阻止裂纹面的相互滑移，即

$$-\sigma_{12}v_1<0,\quad \eta_2=0^+ \tag{5.3.67}$$

式中，$-\sigma_{12}$ 为剪应力；$v_1=\mathrm{d}u_1/\mathrm{d}t$。

2. 半无限大接触区情况的渐近场

考虑一个跨声速界面裂纹问题的解，且半无限长裂纹面都接触。在渐近分析中，裂纹面接触条件式(5.3.65)及式(5.3.66)对整个裂纹面都成立。将式(5.3.60)、式(5.3.59)分别代入式(5.3.65)和式(5.3.66)，可得到在 $\eta_1<0$ 区间有

$$2\alpha_1[F''^+(\eta_1)-\bar{F}''^-(\eta_1)]+2\mathrm{i}(1-\bar{\alpha}_s^2)g''(\eta_1)=\lambda\{\mathrm{i}(1-\bar{\alpha}_s^2)[F''^+(\eta_1)-\bar{F}''^-(\eta_1)]\}+4\bar{\alpha}_s\mathrm{i}g''(\eta_1)$$

$$\alpha_1[F'^+(\eta_1)-F'^-(\eta_1)]+2\mathrm{i}g'(\eta_1)=0,\quad \eta_1>0 \tag{5.3.68}$$

从式(5.3.68)中消去 $g(\eta_1)$，可得到 $\eta_1<0$ 区间 $F''^+(\eta_1)$ 与 $F''^-(\eta_1)$ 的关系。利用式(5.3.63)中的 $\theta(z)$，该关系可表示为

$$\theta'^+(\eta_1)-\frac{(\alpha_1\bar{\alpha}_s-\mathrm{i})\{\alpha_1(1+\bar{\alpha}_s^2)+\lambda[2\alpha_1\bar{\alpha}_s+\mathrm{i}(1-\bar{\alpha}_s^2)]\}}{(\alpha_1\bar{\alpha}_s-\mathrm{i})\{\alpha_1(1+\bar{\alpha}_s^2)+\lambda[2\alpha_1\bar{\alpha}_s-\mathrm{i}(1-\bar{\alpha}_s^2)]\}}\theta'^-(\eta_1)=0 \tag{5.3.69}$$

这就变成了一个 Riemann-Hilbert 问题。位移在裂尖处有界要求：当 $|z|\to 0$，$\alpha>-1$ 时，$\theta'(z)=O(|z|^\alpha)$。$\theta'(z)$ 的一般解为

$$\theta'(z)=\frac{1}{z^q}A(z) \tag{5.3.70}$$

式中，$A(z)$ 为一个全函数，在整个平面，包括裂纹面解析，应力奇异性指数 q 为

$$q=\frac{1}{\pi}\arctan\left[\frac{\alpha_1(1+\bar{\alpha}_s^2)(1+\lambda\bar{\alpha}_s)}{\alpha_1^2\bar{\alpha}_s(1+\bar{\alpha}_s^2)+\lambda(1-\bar{\alpha}_s^2+2\alpha_1^2\bar{\alpha}_s^2)}\right] \tag{5.3.71}$$

式中，q 依赖于裂尖速度 v 、泊松比和线接触系数 λ 。q 为实数，因此裂尖附近应力场对于含接触区的沿弹性/刚性界面跨声速扩展界面裂纹无振荡性。当$|\lambda|>10$ 时，q 对 λ 不敏感，式(5.3.71)简化为

$$q=\frac{1}{\pi}\arctan\left[\frac{\alpha_1\bar{\alpha}_s(1+\bar{\alpha}_s^2)}{1-\bar{\alpha}_s^2+2\alpha_1^2\bar{\alpha}_s^2}\right] \tag{5.3.72}$$

将方程(5.3.70)代入式(5.3.63)，可以得到

$$\bar{F}''(z)=\begin{cases}\dfrac{1}{\alpha_1\bar{\alpha}_s-\mathrm{i}}\dfrac{A(z)}{z^q}, & \mathrm{Im}(z)\geqslant 0\\[2ex] \dfrac{1}{\alpha_1\bar{\alpha}_s+\mathrm{i}}\dfrac{A(z)}{z^q}, & \mathrm{Im}(z)<0\end{cases} \tag{5.3.73}$$

因此 $\bar{A}(z)=A(z)$ 。假设全纯解析函数 $A(z)$ 可以展开为Taylor级数，$A(z)=\sum\limits_{n=0}^{\infty}A_n z^n$ ，所有系数 $A_n\,(n=0,1,2,\cdots)$ 为实数。

在渐近分析中，应力主导场对应首项 A_0 与断裂力学的应力强度因子相似，实参数 A_0 代表裂尖附近渐近场的幅值，依赖于双材料几何、时间变化的外部载荷及裂尖速度。这说明跨声速界面裂尖附近的渐近应力场由单个实参数控制，而在考虑裂纹接触的静止或亚瑞利波速界面裂纹尖端时，由一个复应力强度因子控制。在 $\eta_1<0$ 时，实函数 $g(\eta_1)$ 可以由式(5.3.68)与式(5.3.64)一起给出，即有

$$g''(\eta_1)=\begin{cases}-\dfrac{\alpha_1}{1+\alpha_1^2\bar{\alpha}_s^2}\dfrac{A_0}{\eta_1^q}, & \eta_1>0\\[2ex] -\alpha_1\dfrac{A_0}{(-\eta_1)^q}\dfrac{\cos q\pi-\alpha_1\bar{\alpha}_s\sin q\pi}{1+\alpha_1^2\bar{\alpha}_s^2}, & \eta_1<0\end{cases} \tag{5.3.74}$$

从而可以求得裂纹尖端渐近位移及应力场为

$$\begin{aligned}\begin{Bmatrix}u_1\\u_2\end{Bmatrix}=\frac{A_0}{1+\alpha_1^2\bar{\alpha}_s^2}\frac{1}{1-q}r_1^{1-q}&\left\{\left[\cos[(1-q)\theta_1]\begin{Bmatrix}\alpha_1\bar{\alpha}_s\\-\alpha_1\end{Bmatrix}-\sin[(1-q)\theta_1]\begin{Bmatrix}1\\\alpha_1^2\bar{\alpha}_s\end{Bmatrix}\right]\right.\\&-\alpha_1|\eta_1+\bar{\alpha}_s\eta_2|^{1-q}\begin{Bmatrix}\bar{\alpha}_s\\-1\end{Bmatrix}[H(\eta_1+\bar{\alpha}_s\eta_2)\\&\left.-[\cos(q\pi)-\alpha_1\bar{\alpha}_s\sin(q\pi)]H(-\eta_1-\bar{\alpha}_s\eta_2)]\right\}\end{aligned} \tag{5.3.75}$$

$$
\begin{bmatrix}\sigma_{11}\\ \sigma_{22}\\ \sigma_{12}\end{bmatrix}=\frac{\mu A_0}{1+\alpha_1^2\bar{\alpha}_s^2}\left\{\frac{1}{r_1^q}\begin{bmatrix}(1+2\alpha_1^2+\bar{\alpha}_s^2)\left[\alpha_1\bar{\alpha}_s\cos(q\theta_1)+\sin(q\theta_1)\right]\\ (-1+\bar{\alpha}_s^2)\left[\alpha_1\bar{\alpha}_s\cos(q\theta_1)+\sin(q\theta_1)\right]\\ -2\alpha_1\left[\cos(q\theta_1)-\alpha_1\bar{\alpha}_s\sin(q\theta_1)\right]\end{bmatrix}+\frac{\alpha_1}{\left|\eta_1+\bar{\alpha}_s\eta_2\right|^q}\right.
$$

$$
\left.\times\left[H(\eta_1+\bar{\alpha}_s\eta_2)+(\cos(q\pi)-\alpha_1\bar{\alpha}_s\sin(q\pi)H(-\eta_1-\bar{\alpha}_s\eta_2)\right]\begin{Bmatrix}-2\bar{\alpha}_s\\ 2\bar{\alpha}_s\\ 1-\bar{\alpha}_s\end{Bmatrix}\right\} \tag{5.3.76}
$$

其中，

$$
r_1=\sqrt{\eta_1^2+\alpha_1^2\eta_2^2}\,,\quad \theta_1=\arctan(\alpha_1\eta_2/\eta_1) \tag{5.3.77}
$$

由式(5.3.76)可以观察到，应力不仅在裂尖处奇异，而且在整个射线$\eta_1+\bar{\alpha}_s\eta_2=0$上也奇异。这种随着裂尖扩展奇异射线在试验中也得到证实。

基于裂纹定常扩展假设，粒子速度场也可由位移场得到。在接触面上，粒子速度为

$$
v_1(\eta_1<0,\ \ \eta_2=0)=-vA_0\sin\left(q\pi\left|\eta_1\right|^{-q}\right) \tag{5.3.78}
$$

式(5.3.67)所描述的在接触面上剪应力阻止裂纹面滑移可表示为

$$
\frac{\alpha_1^2(1+\bar{\alpha}_s^2)^2\lambda(1-\bar{\alpha}_s^2)(1+\lambda\bar{\alpha}_s)}{[\alpha_1^2\bar{\alpha}_s(1+\bar{\alpha}_s^2)+\lambda(1-\bar{\alpha}_s^2+2\alpha_1^2\bar{\alpha}_s^2)]^2+[\alpha_1(1+\bar{\alpha}_s^2)(1+\lambda\bar{\alpha}_s)]^2}\frac{\mu vA_0^2}{\left|\eta_1\right|^{2q}}>0 \tag{5.3.79}
$$

式(5.3.79)给出了线接触系数λ的可取范围为

$$
\begin{cases}c_s<v<\sqrt{2}c_s, & \lambda\geqslant 0\\ c_s<v<\sqrt{2}c_s, & \lambda<-(v^2/c_s^2-1)^{-1/2}\\ \sqrt{2}c_s<v<c_1, & -(v^2/c_s^2-1)^{-1/2}\leqslant\lambda<0\end{cases} \tag{5.3.80}
$$

可见，线接触系数λ与摩擦系数相似，但对于跨声速裂纹的扩展，不能排除λ可以取负值。λ的物理约束使接触面上的剪应力阻止裂纹表面的相对滑移。

图 5.3.5 给出了应力奇异性指数 q 与无量纲裂尖速度v/c_s的关系，在$c_s<v<\sqrt{2}c_s$时，裂纹面接触，其中 PMMA 的泊松比υ为0.35，几个正的线接触系数λ也有标注。应力奇异性指数在整个裂尖速度范围内均小于 0.5，使流入裂尖的能量为零。这种现象在跨声速剪切主导的均匀或界面断裂中都有发现。接触区耗散了从远场输入的整个能量。应力奇异性随λ的增加而减弱，所有的曲线在裂尖速度达到$\sqrt{2}c_s$时交接。相应的裂尖奇异性指数为

$$q = \arctan\left(\frac{1}{\pi}\sqrt{\frac{3-k}{1+k}}\right) \tag{5.3.81}$$

q 不仅依赖于 λ，而且与未考虑接触的解一致。

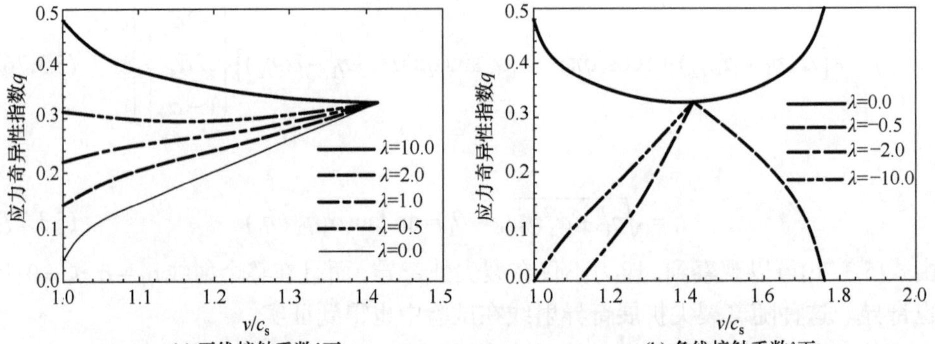

(a) 正线接触系数λ下 (b) 负线接触系数λ下

图 5.3.5 平面应力 PMMA/刚性体界面处裂尖应力奇异性指数 q 与裂尖速度 v/c_s 之间的关系

对于临界速度，在小于 $\sqrt{2}c_s$ 时预测的法向位移相互嵌入，而在 $\sqrt{2}c_s$ 处有 $u_2=0$。裂尖在 $c_s<v<\sqrt{2}c_s$ 时，裂纹面接触，一旦 v 达到 $\sqrt{2}c_s$，裂纹面就会张开，接触消失。但并不是 $v>\sqrt{2}c_s$ 时，裂纹面不接触。幅值 A_0 的符号决定了当 $v>\sqrt{2}c_s$ 时，裂纹面是否接触。

3. 界面处有限接触模型

前面的渐近分析只适用于裂纹尖端附近，对于跨声速扩展裂纹后面有限接触区情况，如图 5.3.4 所示，接触区的长度为 l。在弹性/刚性界面上，接触条件式(5.3.65)、式(5.3.66)在接触区内同样成立。而在非接触区，裂纹面应力自由条件为

$$\begin{cases}\sigma_{12}=\lambda\sigma_{22}, & u_2=0, \quad -l<\eta_1<0\\ \sigma_{12}=0, & \sigma_{22}=0, \quad \eta_1\leqslant -l\end{cases} \tag{5.3.82}$$

式(5.3.68)中的函数 F 和 g 表示在 $-l<\eta_1<0$ 边界条件下同样成立，式(5.3.69)也在 $-l<\eta_1<0$ 边界条件下成立。将式(5.3.60)代入式(5.3.82)，在 $\eta_1\leqslant -l$ 时，有

$$(1-\bar{\alpha}_s^2)[F''^{+}(\eta_1)+F''^{-}(\eta_1)]+4\bar{\alpha}_s g''(\eta_1)=0$$

$$\alpha_1[F''^{+}(\eta_1)-F''^{-}(\eta_1)]+\mathrm{i}(1-\alpha_s^2)g''(\eta_1)=0, \quad \eta_1\leqslant -l \tag{5.3.83}$$

从式(5.3.83)中消去 $g(\eta_1)$，得到接触区外 F^+ 与 F^- 之间的关系，利用式(5.3.63)可得

$$\theta'^{+}(\eta_1)-\frac{(\alpha_1\bar{\alpha}_s-\mathrm{i})[4\alpha_1\bar{\alpha}_s+\mathrm{i}(1-\bar{\alpha}_s^2)^2]}{(\alpha_1\bar{\alpha}_s+\mathrm{i})[4\alpha_1\bar{\alpha}_s-\mathrm{i}(1-\bar{\alpha}_s^2)^2]}\theta'^{-}(\eta_1)=0, \quad \eta_1\leqslant -l \tag{5.3.84}$$

式(5.3.69) ($-l<\eta_1<0$) 和式(5.3.84)组成了 Riemann-Hilbert 问题。裂纹面非连续条件对于接触区由式(5.3.69)给出。而非接触区由式(5.3.74)给出。可以发现，应力场有两个奇异性，一个是在裂尖处，由式(5.3.69)给出，一个在接触区末端($\eta_1=-l,\eta_2=0$)，由式(5.3.84)决定。裂纹尖端的应力奇异性必须与前面渐近解相同，$\theta'(z)$的一般解可表示为

$$\theta'(z)=\frac{B(z)}{z^q(z+l)^p} \tag{5.3.85}$$

式中，$B(z)$为一个全纯函数；q为裂尖处奇异性指数；p为接触区末端应力奇异性指数。与式(5.3.77)相似，$B(z)$满足$\bar{B}(z)=B(z)$。将式(5.3.85)代入接触($-l<\eta_1<0$)的非连续条件式(5.3.69)中，$(z+l)^{-p}$在接触区内是连续的，产生了与式(5.3.71)一样的q解，代入应力自由条件式(5.3.84)中，z^{-q}及$(z+l)^{-p}$在接触区外都是非连续的，则可以给出$q+p$的解为

$$q+p=\frac{1}{\pi}\arctan\left\{\frac{\alpha_1\bar{\alpha}_s[4-(1-\bar{\alpha}_s^2)^2]}{4\alpha_1^2\bar{\alpha}_s^2+(1-\bar{\alpha}_s^2)^2}\right\} \tag{5.3.86}$$

式(5.3.86)与线接触系数λ无关，且与无接触的跨声速界面裂纹应力奇异性一致，即没有裂纹面接触的应力奇异性指数可以分解为两个部分，一部分是裂尖处应力奇异性指数，另一部分是接触区末端的应力奇异性指数。

接触区末端的应力奇异性指数可以用式(5.3.86)减去式(5.3.71)得到

$$p=\frac{1}{\pi}\arctan\frac{\alpha_1(1-\bar{\alpha}_s^4)[2\lambda\bar{\alpha}_s-(1-\bar{\alpha}_s^2)]}{4\alpha_1^2\bar{\alpha}_s(1+\bar{\alpha}_s^2)+\lambda[8\alpha_1^2\bar{\alpha}_s^2+(1-\bar{\alpha}_s^2)^3]} \tag{5.3.87}$$

p与裂尖速度v、泊松比υ、线接触系数λ相关。p为实数，接触区末端的应力可能为非振荡的奇异性(若$p>0$)。实函数$g(\eta_1)$可根据式(5.3.68)中对应$-l<\eta_1<0$及$\eta_1=-l$的函数$\theta(\eta_1)$获得。结合方程(5.3.64)及接触区末端的位移连续条件有

$$g'(\eta_1)=\begin{cases}-\dfrac{\alpha_1}{1+\alpha_1^2\bar{\alpha}_s^2}\theta(\eta_1), & \eta_1>0\\[2ex] \dfrac{\mathrm{i}\alpha_1}{2}\left[\dfrac{\theta^+(\eta_1)}{\alpha_1\bar{\alpha}_s-\mathrm{i}}-\dfrac{\theta^-(\eta_1)}{\alpha_1\bar{\alpha}_s+\mathrm{i}}\right], & -l<\eta_1\leqslant 0\\[2ex] \dfrac{\bar{\alpha}_s^2-1}{4\bar{\alpha}_s}\left[\dfrac{\theta^+(\eta_1)}{\alpha_1\bar{\alpha}_s-i}+\dfrac{\theta^-(\eta_1)}{\alpha_1\bar{\alpha}_s+\mathrm{i}}+\left(\dfrac{1-\bar{\alpha}_s^2}{4\bar{\alpha}_s}+\dfrac{\mathrm{i}\alpha_1}{2}\right)\dfrac{\theta^+(-l)}{\alpha_1\bar{\alpha}_s-\mathrm{i}}+\left(\dfrac{1-\bar{\alpha}_s^2}{4\bar{\alpha}_s}-\dfrac{\mathrm{i}\alpha_1}{2}\right)\dfrac{\theta^-(-l)}{\alpha_1\bar{\alpha}_s+\mathrm{i}}\right], & \eta_1\leqslant -l\end{cases} \tag{5.3.88}$$

式中，$\theta(\eta_1)$在上下裂纹面非连续($\eta_1<0$)。

函数$B(z)$在式(5.3.85)中可以展开为 Taylor 级数，即有

$$B(z)=\sum_{n=0}^{\infty}B_n z^n \tag{5.3.89}$$

式中，系数 $B_n(n=1,2,\cdots)$ 为实数，其首项 B_0 对应的应力场为

$$\sigma_{ij}=\mu B_0\delta_{ij}(\eta_1,\eta_2,q,p) \tag{5.3.90}$$

式中，δ_{ij} 为 η_1、η_2、q、p 的函数，可表示为

$$\begin{aligned}\begin{Bmatrix}s_{11}(\eta_1,\eta_2,q,p)\\ s_{22}(\eta_1,\eta_2,q,p)\\ s_{12}(\eta_1,\eta_2,q,p)\end{Bmatrix}=&\frac{1}{1+\alpha_1^2\overline{\alpha}_s^2}\left(\frac{1}{r_1^q r_2^p}\begin{Bmatrix}(1+2\alpha_1^2+\overline{\alpha}_s^2)[\alpha_1\overline{\alpha}_s\cos(q\theta_1+p\theta_2)+\sin(q\theta_1+p\theta_2)]\\ -(1-\overline{\alpha}_s^2)[\alpha_1\overline{\alpha}_s\cos(q\theta_1+p\theta_2)+\sin(q\theta_1+p\theta_2)]\\ -2\alpha_1[\cos(q\theta_1+p\theta_2)-\alpha_1\overline{\alpha}_s\sin(q\theta_1+p\theta_2)]\end{Bmatrix}\right.\\ &-\frac{1}{|\eta_1+\overline{\alpha}_s\eta_2|^q|\eta_1+\overline{\alpha}_s\eta_2+l|^p}\{\alpha_1 H(\eta_1+\overline{\alpha}_s\eta_2)\\ &+\alpha_1[\cos(\pi q)-\alpha_1\overline{\alpha}_s\sin(\pi q)][H(\eta_1+\overline{\alpha}_s\eta_2+l)\\ &-H(\eta_1+\overline{\alpha}_s\eta_2)]+\frac{1-\overline{\alpha}_s^2}{2\overline{\alpha}_s}\{\alpha_1\overline{\alpha}_s\cos(\pi(q+p))+\sin(\pi(q+p))\}\\ &\left.\times H(-\eta_1-\overline{\alpha}_s\eta_2-l)\}\begin{Bmatrix}2\overline{\alpha}_s\\ -2\overline{\alpha}_s\\ -1+\overline{\alpha}_s^2\end{Bmatrix}\right)\end{aligned} \tag{5.3.91}$$

可以发现，应力在两条平行的射线 $\eta_1+\alpha_s\eta_2=0$ 及 $\eta_1+\alpha_s\eta_2=-l$ 上奇异，这两条射线分别起始于裂纹尖端及接触区末端。高阶项 $B(z)$ 中 $B_1z,B_2z^2,B_3z^3,\cdots$ 对裂尖处的应力场并不重要，但在接触区末端的应力场中比较重要，因为这些项与首项 B_0 在 $z=-l$ 处阶次相同。与实系数 B_n 相关的应力场，可以简单地通过将 δ_{ij} 中的 q 换成 $q-n$ 得到，并给出 $s_{ij}(\eta_1,\eta_2,q,-n,p)$ 的形式。对于一般的 $B(z)$，应力场成为一个无穷级数，即

$$\sigma_{ij}=\mu\sum_{n=0}^{\infty}B_n\delta_{ij}(\eta_1,\eta_2,q,-n,p) \tag{5.3.92}$$

位移场也可解析得到

$$\begin{aligned}u_1&=\mathrm{Re}\left[\frac{\theta(\eta_1+\mathrm{i}\alpha_1\eta_2)}{\alpha_1\overline{\alpha}_s-i}\right]+\overline{\alpha}_s g'(\eta_1+\overline{\alpha}_s\eta_2)\\ u_2&=-\alpha_1\,\mathrm{Im}\left[\frac{\theta(\eta_1+\mathrm{i}\alpha_1\eta_2)}{\alpha_1\overline{\alpha}_s-i}\right]-g'(\eta_1+\overline{\alpha}_s\eta_2)\end{aligned} \tag{5.3.93}$$

$\theta(z)$ 可表示为

$$\theta(z)=\sum_{n=0}^{\infty}B_n\int_0^z \xi^{n-p}(\xi+l)^{-p}\,\mathrm{d}\xi \tag{5.3.94}$$

式中，g' 由方程(5.3.88)给出。利用准静态条件可得到速度场，可以证明，由裂纹接触面剪应力阻止裂纹面滑移的要求式(5.3.67)，同样可以得到方程(5.3.80)中线接触系数 λ 的允许范围。这就表明，在接触区中，线接触系数 λ 对于双材料系统及裂尖速度是本征的。

对于 $\upsilon=0.35$ 及几个正的线接触系数 λ，在接触区末端的应力奇异性指数 p 与无量纲化裂尖速度 v/c_s 的关系如图 5.3.6 所示，p 很小，典型的 p 小于 0.1，比裂尖处的奇异性弱得多。对于相对较大的线接触系数 λ，存在一个最大值 p；对于相于较小的线接触系数 λ，p 可以为负值，导致应力奇异性及接触区末端第二个激波消失。

4. 能量耗散率及潜在的断裂准则

对于均匀材料或双材料中的跨声速剪切主导的裂纹，在大多数速度范围内，裂尖奇异性指数小于 0.5。在均匀系统中，当 $v=\sqrt{2}c_\mathrm{s}$ 时，奇异性为 0.5。对于应力自由的双材料界面裂纹，应力奇异性指数在整个速度范围内保持在 0.4 以下，裂尖能量释放率为零。

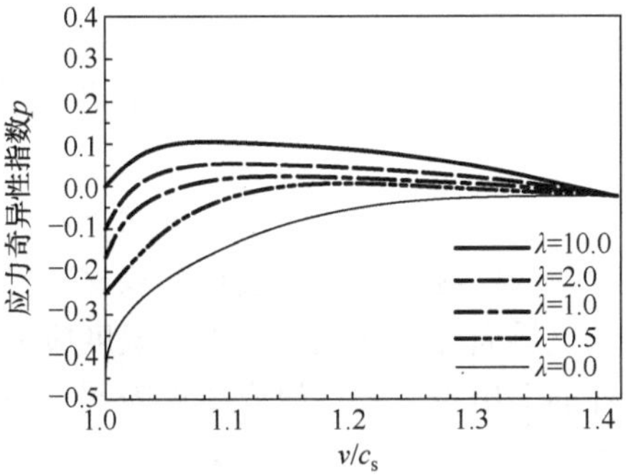

图 5.3.6　接触区末端应力奇异性指数与裂尖速度的关系

对于均匀材料中剪切主导跨声速裂纹扩展，引进一个 Dugdale-Barenblatt 过程区模型来补救当 $v\neq\sqrt{2}c_\mathrm{s}$ 时的裂尖零能量释放率，这就提供了一个裂纹尖端处能量吸收机制。直接应用动态 J 积分及能量流动概念，结合裂尖零能量释放率，总的流入裂尖/接触区的能量为

$$J=D+G \tag{5.3.95}$$

式中，G 为接触区能量释放率；D 为接触区上单位长裂纹的能量耗散，可表示为

$$D=\int_{-l}^{0}(-\sigma_{12})\frac{\partial u}{\partial\eta_1}\mathrm{d}\eta_1,\quad \eta_2=0^+ \tag{5.3.96}$$

将应力及位移场表达式(5.3.76)和式(5.3.75)代入式(5.3.96)，得

$$D=\frac{\mu\alpha_1^2(1+\overline{\alpha}_s^2)^2\lambda(1-\overline{\alpha}_s^2)\left(1+\lambda\overline{\alpha}_s\right)}{\left[\alpha_1^2\overline{\alpha}_s(1+\overline{\alpha}_s^2)+\lambda(1-\overline{\alpha}_s^2+2\alpha_1^2\overline{\alpha}_s^2)\right]^2+\left[\alpha_1(1+\overline{\alpha}_s^2)(1+\lambda\overline{\alpha}_s)\right]^2}\int_0^l\frac{\left[\sum\limits_{n=0}^{\infty}(-1)^n B_n\eta^n\right]^2\mathrm{d}\eta}{\eta^{2q}(l-\eta)^{2q}} \tag{5.3.97}$$

由式(5.3.97)可见，要求能量耗散非零，即要求剪应力抵制裂纹面滑移，也就是方程(5.3.76)主导首项为

$$D=\frac{B_0^2}{l^{2(q+p)-1}}\frac{\mu\alpha_1^2(1+\overline{\alpha}_s^2)^2\lambda(1-\overline{\alpha}_s^2)(1+\lambda\overline{\alpha}_s)\beta(1-2q,1-2p)}{\left[\alpha_1^2\overline{\alpha}_s(1+\overline{\alpha}_s^2)+\lambda(1-\overline{\alpha}_s^2+2\alpha_1^2\overline{\alpha}_s^2)\right]^2+\left[\alpha_1(1+\overline{\alpha}_s^2)(1+\lambda\overline{\alpha}_s)\right]^2} \tag{5.3.98}$$

其中，

$$\beta(a,b)=\int_0^1 x^{a-1}(1-x)^{b-1}\mathrm{d}x \tag{5.3.99}$$

5.4　异弹界面裂纹的断裂分析

在实际工程中，由于天然条件和使用环境不同，经常会遇到两种材料交界面分析的问题，如界面裂纹和双材料界面断裂问题、电子工程中电子元件涂层之间的交界面分析问题等。由于温度应力、焊缝质量、涂层的黏结效果等，经常在交界面上出现裂纹。研究结果表明，由于裂边两侧材料弹性模量的差异，在交界面上会产生应力集中的现象。在裂边附近，由于几何不连续，材料不连续，其位移和应力呈现出极其复杂的状态，对应力强度因子和断裂特性有本质的影响。通常情况下，当裂边两侧材料不存在差异时，缝端应力具有 1/2 阶奇异性，而当裂边两侧材料不同时，这种奇异性与材料的性质有关。这不仅给寻求其解析解带来极大的困难，还给数值求解带来诸多不便。

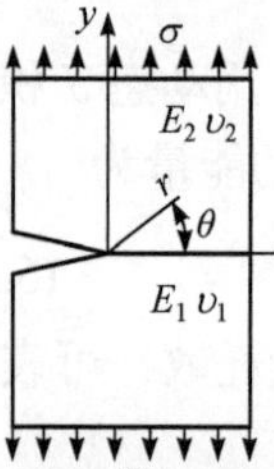

图 5.4.1　异弹界面裂纹

5.4.1　异弹界面裂纹的缝端应力场

对于图 5.4.1 所示的异弹界面裂纹，选取裂纹尖端为直角坐标系和极坐标系的原点，x 轴下端为第一种介质材料，x 轴上端为第二种介质材料。为了便于推导，在裂纹尖端附近的小范围内忽略体力的作用。在线弹性问题中，应力和位移的复数形式表达式为

$$\begin{aligned}\sigma_x^\alpha&=\sigma_{xx}^\alpha+\mathrm{i}\sigma_{xy}^\alpha=\varphi_\alpha'(z)+\overline{\varphi}_\alpha'(z)-z\overline{\varphi}_\alpha''(z)-\overline{\psi}_\alpha'(z)\\ \sigma_y^\alpha&=\sigma_{yy}^\alpha-\mathrm{i}\sigma_{xy}^\alpha=\varphi_\alpha'(z)+\overline{\varphi}_\alpha'(z)+z\overline{\varphi}_\alpha''(z)+\overline{\psi}_\alpha'(z)\end{aligned} \tag{5.4.1}$$

$$u_\alpha = u_x^\alpha + \mathrm{i}u_y^\alpha = \frac{1}{2G_\alpha}[\kappa_\alpha\varphi_\alpha(z) - z\overline{\varphi}'_\alpha(z) + -\overline{\psi}_\alpha(z)] \tag{5.4.2}$$

式中，$\varphi_\alpha(z)$、$\psi_\alpha(z)$为复变函数；G_α为材料α的剪切模量；$z = r\mathrm{e}^{\mathrm{i}\theta}$；$\kappa_\alpha$和$\alpha$为

$$\kappa_\alpha = u\begin{cases} 3-4\upsilon_\alpha, & \text{平面应变问题} \\ \dfrac{3-\upsilon_\alpha}{1+\upsilon_\alpha}, & \text{平面应力问题} \end{cases}, \quad \alpha = \begin{cases} 1, & -\pi \leqslant \theta \leqslant 0 \\ 2, & 0 < \theta \leqslant \pi \end{cases} \tag{5.4.3}$$

假设裂纹面上无面力作用，在θ=0 的界面上满足应力平衡、位移连续条件，则边界条件为

$$\sigma_y^1\Big|_{\theta=-\pi} = 0,\quad \sigma_y^2\Big|_{\theta=\pi} = 0,\quad \sigma_y^1\Big|_{\theta=0} = \sigma_y^2\Big|_{\theta=0},\quad u_y^1\Big|_{\theta=0} = u_y^2\Big|_{\theta=0} \tag{5.4.4}$$

设复变函数$\varphi_\alpha(z)$、$\psi_\alpha(z)$取为下列形式：

$$\varphi_\alpha(z)=A_\alpha z^\lambda,\quad \psi_\alpha(z)=B_\alpha z^\lambda \tag{5.4.5}$$

式中，A_α、B_α为待定的复系数；λ为满足边界条件的特征值。

将式(5.4.1)、式(5.4.2)和式(5.4.5)代入边界条件式(5.4.4)，得到

$$\begin{aligned} &A_1\mathrm{e}^{-\mathrm{i}\lambda\pi} + (\overline{A}_1\lambda + \overline{B}_1)\mathrm{e}^{\mathrm{i}\lambda\pi} = 0 \\ &A_2\mathrm{e}^{\mathrm{i}\lambda\pi} + (\overline{A}_2\lambda + \overline{B}_2)\mathrm{e}^{-\mathrm{i}\lambda\pi} = 0 \\ &A_1 + \overline{A}_1\lambda + \overline{B}_1 - A_2 - (\overline{A}_2\lambda + \overline{B}_2) = 0 \\ &G_2(\kappa_1A_1 - \overline{A}_1\lambda - \overline{B}_1) - G_1(\kappa_2A_2 - \overline{A}_2\lambda - \overline{B}_2) = 0 \end{aligned} \tag{5.4.6}$$

化简式(5.4.6)得到

$$(1-\mathrm{e}^{-\mathrm{i}2\lambda\pi})A_1 - (1-\mathrm{e}^{-\mathrm{i}2\lambda\pi})A_2 = 0,\quad G_2(\kappa_1+\mathrm{e}^{-\mathrm{i}2\lambda\pi})A_1 - G_1(\kappa_2 + \mathrm{e}^{\mathrm{i}2\lambda\pi})A_2 = 0 \tag{5.4.7}$$

为使A_1和A_2有非零解，系数行列式应为零，即有

$$\begin{vmatrix} 1-\mathrm{e}^{-\mathrm{i}2\lambda\pi} & -(1-\mathrm{e}^{-\mathrm{i}2\lambda\pi}) \\ G_2(\kappa_1+\mathrm{e}^{-\mathrm{i}2\lambda\pi}) & -G_1(\kappa_2+\mathrm{e}^{\mathrm{i}2\lambda\pi}) \end{vmatrix} = 0 \tag{5.4.8}$$

将式(5.4.8)展开，化简后得到

$$(1-\mathrm{e}^{-\mathrm{i}2\lambda\pi})[(G_1\kappa_2 + G_2)+(G_2\kappa_1 + G_1)\mathrm{e}^{\mathrm{i}2\lambda\pi}] = 0 \tag{5.4.9}$$

式(5.4.9)即为满足边界条件的特征方程。根据式(5.4.9)可求得特征根为

$$\lambda_n=n+\frac{1}{2}+\mathrm{i}\frac{1}{2\pi}\ln R,\quad n=0,1,2,\cdots \tag{5.4.10}$$

其中，

$$R=\frac{G_1+G_2\kappa_1}{G_2+G_1\kappa_2}=\frac{G_1/G_2+\kappa_2}{1+\kappa_2 G_1/G_2} \tag{5.4.11}$$

显然，$\bar{\lambda}_n$ 也是特征根。由式(5.4.1)和式(5.4.5)可以看出，裂纹尖端附近的应力、位移与极径 r 之间具有的关系为

$$|\sigma|=O(r^{\mathrm{Re}(\lambda)-1}), \quad |u|=O(r^{\mathrm{Re}(\lambda)-1}) \tag{5.4.12}$$

为了保证裂纹尖端附近应力的奇异性，特征根的实部必须位于 0～1，因此活动奇异性应力状态的特征根为

$$\lambda=\frac{1}{2}+\mathrm{i}\frac{1}{2\pi}\ln R, \quad \lambda=\frac{1}{2}-\mathrm{i}\frac{1}{2\pi}\ln R \tag{5.4.13}$$

当特征根仅取式(5.4.13)的形式时，忽略了产生非奇异应力的特征根，由此得出的裂纹尖端应力场表达式适用于裂纹尖端奇异应力区，即近场公式。根据式(5.4.13)，可以假设能够使裂纹尖端产生奇异性应力状态的复势函数为

$$\varphi_\alpha(z)=A_\alpha z^\lambda+a_\alpha z^{\bar{\lambda}}, \quad \psi_\alpha(z)=B_\alpha z^\lambda+b_\alpha z^{\bar{\lambda}} \tag{5.4.14}$$

式中，λ 取式(5.4.13)的形式。将式(5.4.14)和式(5.4.1)代入式(5.4.4)，可得到满足边界条件的系数为

$$A_\alpha=Am_\alpha, \quad a_\alpha=0, \quad B_\alpha=-A\lambda m_\alpha, \quad b_\alpha=\bar{A}n_\alpha \tag{5.4.15}$$

式中，A 为任意的复常数；

$$m_\alpha=\begin{cases}1, & \alpha=1\\ R, & \alpha=2\end{cases}, \quad n_\alpha=\begin{cases}R, & \alpha=1\\ 1, & \alpha=2\end{cases} \tag{5.4.16}$$

将式(5.4.14)代入式(5.4.1)和式(5.4.2)，可得到仅含一个复常数的裂纹尖端应力场和位移场为

$$\begin{aligned}\sigma_x^\alpha &= A\lambda r^{\lambda-1}[m_\alpha \mathrm{e}^{\mathrm{i}(\lambda-1)\theta}-n_\alpha \mathrm{e}^{-\mathrm{i}(\lambda-1)\theta}]\\ &\quad+m_\alpha\bar{A}\bar{\lambda}r^{\bar{\lambda}-1}[(\bar{\lambda}+1)\mathrm{e}^{-\mathrm{i}(\bar{\lambda}-1)\theta}-(\bar{\lambda}-1)\mathrm{e}^{-\mathrm{i}(\bar{\lambda}-3)\theta}]\\ \sigma_y^\alpha &= A\lambda r^{\lambda-1}[m_\alpha \mathrm{e}^{\mathrm{i}(\lambda-1)\theta}+n_\alpha \mathrm{e}^{-\mathrm{i}(\lambda-1)\theta}]+m_\alpha\bar{A}\bar{\lambda}(1-\bar{\lambda})[\mathrm{e}^{-\mathrm{i}(\bar{\lambda}-1)\theta}-\mathrm{e}^{-\mathrm{i}(\bar{\lambda}-3)\theta}]\end{aligned} \tag{5.4.17}$$

$$2G_\alpha u_\alpha=2G_\alpha(u_x^\alpha+\mathrm{i}u_y^\alpha)=Ar^\lambda(\kappa_\alpha m_\alpha \mathrm{e}^{\mathrm{i}\lambda\theta}-n_\alpha \mathrm{e}^{-\mathrm{i}\lambda\theta})+m_\alpha\bar{A}\bar{\lambda}r^{\bar{\lambda}}(1-\mathrm{e}^{\mathrm{i}2\theta})\mathrm{e}^{-\mathrm{i}\bar{\lambda}\theta} \tag{5.4.18}$$

对于均质材料中的混合型(Ⅰ型+Ⅱ型)裂纹，定义

$$\sigma_{yy}-\mathrm{i}\sigma_{xy}\big|_{\theta=0}=\frac{K_{\mathrm{I}}}{\sqrt{2\pi r}}-\mathrm{i}\frac{K_{\mathrm{II}}}{\sqrt{2\pi r}}=\frac{\bar{K}}{\sqrt{2\pi}}r^{-1/2} \tag{5.4.19}$$

式中，$\bar{K}=K_{\mathrm{I}}+\mathrm{i}K_{\mathrm{II}}$。

类似地，对于异弹模界面裂纹，定义

$$\sigma_{yy}^{\alpha}-\mathrm{i}\sigma_{xy}^{\alpha}\Big|_{\theta=0}=\frac{\bar{K}}{\sqrt{2\pi}}r^{\lambda-1} \tag{5.4.20}$$

由式(5.4.17)和式(5.4.18)得到

$$\sigma_{yy}^{\alpha}-\mathrm{i}\sigma_{xy}^{\alpha}\Big|_{\theta=0}=A\lambda r^{\lambda-1}(m_{\alpha}+n_{\alpha})=A\lambda r^{\lambda-1}(1+R) \tag{5.4.21}$$

将式(5.4.21)代入式(5.4.20)，得到

$$A=\frac{\bar{K}}{\sqrt{2\pi}(1+R)\lambda}=\frac{LK_0}{\lambda_0}\mathrm{e}^{-\mathrm{i}(\phi+\delta)} \tag{5.4.22}$$

其中，

$$\begin{gathered}K_0=\sqrt{K_{\mathrm{I}}^2+K_{\mathrm{II}}^2},\quad \phi=\arctan\frac{K_{\mathrm{II}}}{K_{\mathrm{I}}},\quad \lambda_0=\sqrt{\left(\frac{1}{2}\right)^2+\left(\frac{\ln R}{2\pi}\right)^2}\\ \delta=\arctan\left(\frac{\ln R}{\pi}\right),\quad L=\frac{1}{\sqrt{2\pi}(1+R)}\end{gathered} \tag{5.4.23}$$

由式(5.4.13)、式(5.4.17)、式(5.4.18)和式(5.4.22)可得到异弹模界面裂纹尖端附近的应力场和位移场的表达式。应力分量的表达式为

$$\begin{aligned}\sigma_{xx}^{\alpha}&=Lr^{-1/2}\mathrm{e}^{-\mathrm{i}\varepsilon\theta}[f_{xx}^{\alpha}(r,\theta)K_{\mathrm{I}}+g_{xx}^{\alpha}(r,\theta)K_{\mathrm{II}}]\\ \sigma_{yy}^{\alpha}&=Lr^{-1/2}\mathrm{e}^{-\mathrm{i}\varepsilon\theta}[f_{yy}^{\alpha}(r,\theta)K_{\mathrm{I}}+g_{yy}^{\alpha}(r,\theta)K_{\mathrm{II}}]\\ \sigma_{xy}^{\alpha}&=Lr^{-1/2}\mathrm{e}^{-\mathrm{i}\varepsilon\theta}[f_{xy}^{\alpha}(r,\theta)K_{\mathrm{I}}+g_{xy}^{\alpha}(r,\theta)K_{\mathrm{II}}]\end{aligned} \tag{5.4.24}$$

式中，$\varepsilon=\ln R/(2\pi)$，其他参数为

$$\begin{aligned}f_{xx}^{\alpha}(r,\theta)&=m_{\alpha}\left\{3\cos\left(t-\frac{\theta}{2}\right)+\sin\theta\left[\sin\left(t-\frac{3\theta}{2}\right)-2\varepsilon\cos\left(t-\frac{3\theta}{2}\right)\right]\right\}-n_{\alpha}\mathrm{e}^{2\varepsilon\theta}\cos\left(t+\frac{\theta}{2}\right)\\ g_{xx}^{\alpha}(r,\theta)&=m_{\alpha}\left\{3\sin\left(t-\frac{\theta}{2}\right)-\sin\theta\left[\cos\left(t-\frac{3\theta}{2}\right)-2\varepsilon\sin\left(t-\frac{3\theta}{2}\right)\right]\right\}-n_{\alpha}\mathrm{e}^{2\varepsilon\theta}\sin\left(t+\frac{\theta}{2}\right)\\ f_{yy}^{\alpha}(r,\theta)&=m_{\alpha}\left\{\cos\left(t-\frac{\theta}{2}\right)-\sin\theta\left[\sin\left(t-\frac{3\theta}{2}\right)-2\varepsilon\cos\left(t-\frac{3\theta}{2}\right)\right]\right\}+n_{\alpha}\mathrm{e}^{2\varepsilon\theta}\sin\left(t+\frac{\theta}{2}\right)\\ g_{yy}^{\alpha}(r,\theta)&=m_{\alpha}\left\{\sin\left(t-\frac{\theta}{2}\right)+\sin\theta\left[\cos\left(t-\frac{3\theta}{2}\right)+2\varepsilon\sin\left(t-\frac{3\theta}{2}\right)\right]\right\}+n_{\alpha}\mathrm{e}^{2\varepsilon\theta}\sin\left(t+\frac{\theta}{2}\right)\\ f_{xy}^{\alpha}(r,\theta)&=m_{\alpha}\left\{-\sin\left(t-\frac{\theta}{2}\right)+\sin\theta\left[\cos\left(t-\frac{3\theta}{2}\right)+2\varepsilon\sin\left(t-\frac{3\theta}{2}\right)\right]\right\}-n_{\alpha}\mathrm{e}^{2\varepsilon\theta}\sin\left(t+\frac{\theta}{2}\right)\\ g_{xy}^{\alpha}(r,\theta)&=m_{\alpha}\left\{\cos\left(t-\frac{\theta}{2}\right)+\sin\theta\left[\sin\left(t-\frac{3\theta}{2}\right)-2\varepsilon\cos\left(t-\frac{3\theta}{2}\right)\right]\right\}+n_{\alpha}\mathrm{e}^{2\varepsilon\theta}\cos\left(t+\frac{\theta}{2}\right)\end{aligned} \tag{5.4.25}$$

式中，$t=\varepsilon\ln r$。

可见，对于异弹模界面裂纹的 $f_{ij}(r,\theta)$ 和 $g_{ij}(r,\theta)$，不仅与两种截止到材料的特性有关，而且与 r 有关，这正是异弹模界面裂纹的特性。

5.4.2 界面裂纹的动态模拟

裂纹结构在动态载荷作用下，由于裂纹面的张合、摩擦和碰撞，本质上变为非线性问题，这种非线性与一般的材料非线性和几何非线性都不一样，这种非线性是由于裂纹的存在而使裂纹界面在振动过程中张合、碰撞，进而引起非周期运动，给问题的求解造成极大的困难。

裂纹间碰撞模拟的方法，主要有冲量模型和动接触模型两类。冲量模型是把裂纹间的碰撞化为等效的脉冲载荷，并以冲量的形式体现，然后与理想结构(不考虑碰撞的理想模型)叠加，求解动力响应。这种方法适用于有限元求解，动接触模型是用裂纹面节点碰撞后的速度改变来模拟碰撞，对单质点情形比较合理。

两点间的碰撞可以用碰撞后质点速度的改变量来等效，而速度的改变必然造成时间推移后位移的改变，位移的改变又隐含着速度的改变。因此，考虑了位移改变，意味着考虑了速度的改变，因此产生了初位移模型。初位移模型首先假定裂纹面之间没有摩擦作用，为了说明这种模型的含义，首先推导位移增量与速度的关系。

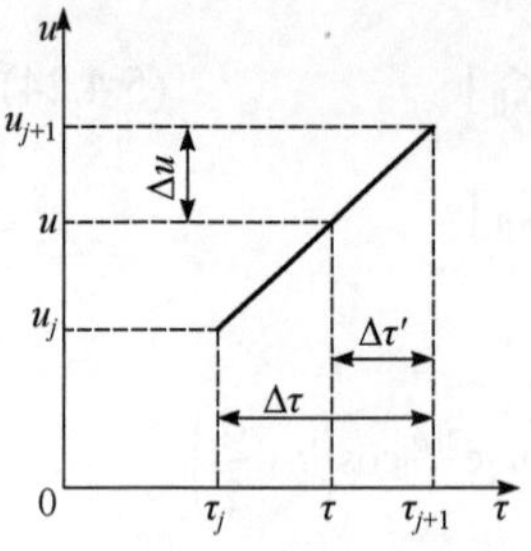

图 5.4.2 位移插值示意图

如图 5.4.2 所示，设在 τ_j 时刻的位移为 u_j、速度为 $\dot{u}_j$，τ_{j+1} 时刻的位移为 u_{j+1}、速度为 $\dot{u}_{j+1}$。现要求中间某时刻 $\tau\sim\tau_{j+1}$ 时间段 $\Delta\tau'$ 内位移的改变量为 Δu。根据线性加速度法，时刻的加速度、速度可以表示为

$$\begin{aligned}\ddot{u}(\tau)&=\ddot{u}(\tau_{j+1})-\frac{\ddot{u}(\tau_{j+1})-\ddot{u}(\tau_j)}{\Delta\tau}\Delta\tau'\\ \dot{u}(\tau)&=\dot{u}(\tau_{j+1})-\frac{\dot{u}(\tau_{j+1})-\dot{u}(\tau_j)}{\Delta\tau}\Delta\tau'\end{aligned}\tag{5.4.26}$$

对于所讨论的问题，具有关系式：

$$u(\tau_{j+1})=u(\tau)+\Delta\tau'\dot{u}(\tau)+\frac{(\Delta\tau')^2}{3}\ddot{u}(\tau)+\frac{(\Delta\tau')^2}{6}\ddot{u}(\tau_{j+1}),\quad \Delta u=u(\tau_{j+1})-u(\tau)\tag{5.4.27}$$

利用式(5.4.26)和式(5.4.27)，推导整理可以得到

$$\Delta u=\frac{(\Delta\tau)^3}{6\Delta\tau}[\ddot{u}(\tau_{j+1})-\ddot{u}(\tau)]-\frac{(\Delta\tau)^2}{2\Delta\tau}\ddot{u}(\tau_j)+\Delta\tau u(\tau_{j+1})\tag{5.4.28}$$

在振动计算中，$\Delta\tau$ 往往取值较小，而 $\Delta\tau'<\Delta\tau$ 恒成立，则 $\Delta\tau'$ 更小，因此

在方程(5.4.28)中，可以略去$\Delta\tau'$的高阶项的影响。由此可得位移增量与速度的关系为

$$\Delta u=\Delta\tau'\dot{u}(\tau_{j+1}) \tag{5.4.29}$$

式(5.4.29)表明，某一时间段内位移的增量与该时间段末的速度成正比。实际上，为了综合考虑时间$\Delta\tau$高阶项和其他因素的共同影响，可以引进综合修正系数K，即有

$$\Delta u=K\Delta\tau'\dot{u}(\tau_{j+1}) \tag{5.4.30}$$

式中，综合影响系数K可由试验确定。

若在τ_j时刻裂纹没有发生碰撞现象，则在不考虑碰撞的情况下，可以计算出该时间段末τ_{j+1}时刻的速度$\dot{u}(\tau_{j+1})$和位移$u(\tau_{j+1})$。如图 5.4.3 所示，上下裂纹面上的一对对应点 1 和 2 位移满足的关系为

$$d=u_1(\tau_{j+1})-u_2(\tau_{j+1})<0 \tag{5.4.31}$$

可见，1、2 两点发生交叉现象，交叉的距离为$|d|$，则在$\tau_j\sim\tau_{j+1}$的某个时刻τ，这两点即发生碰撞，碰撞的时刻即是$d=0$的瞬间，可以根据位移增量与速度的关系来确定。根据式(5.4.30)，对于 1、2 两点分别有

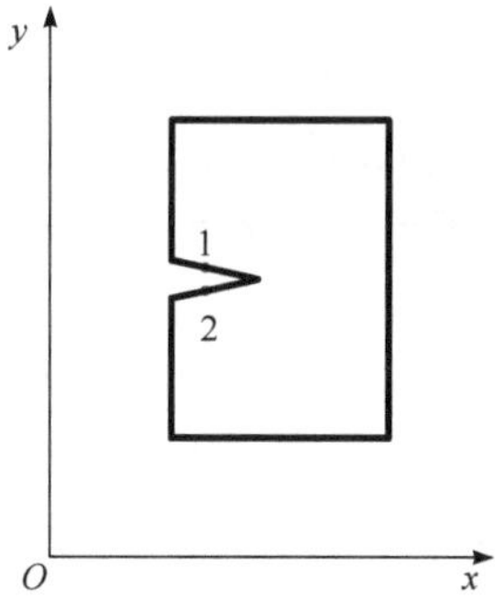

图 5.4.3　裂纹面碰撞示意图

$$\Delta u_1=\Delta\tau'\dot{u}_1(\tau_{j+1}),\quad \Delta u_2=\Delta\tau'\dot{u}_2(\tau_{j+1}) \tag{5.4.32}$$

$\Delta u_1-\Delta u_2=d$，则有

$$\Delta\tau'=\frac{d}{\dot{u}_1(\tau_{j+1})-\dot{u}_2(\tau_{j+1})} \tag{5.4.33}$$

即在时刻

$$\tau=\tau_{j+1}-\Delta\tau' \tag{5.4.34}$$

处，1、2 两点发生碰撞。再将求得的$\Delta\tau'$反代入式(5.4.32)，可以求出 1、2 两点的位移增量Δu_1和Δu_2。

如果在碰撞时刻τ处，给 1、2 两点反方向施加一个初始位移Δu_1和Δu_2，而物体的时程反应也在原有τ_{j+1}时刻反应的基础上叠加一个由该初始位移引起的反应(包括位移反应、速度反应和加速度反应)，就可以保证在τ_{j+1}时刻 1、2 两点不发生交叉现象。实际上，裂纹面上的碰撞点往往不只是 1、2 两点，因此需要对每

一对碰撞点进行相同的处理。注意到在对其他点做上述修正后，可能造成原来已修改的 1、2 两点的交叉，即 1、2 两点又会发生碰撞现象，因此又要对 1、2 两点进行相同步骤的修正。同样，对 1、2 两点的再修正，又会影响到其他点，因此又需要对其他点进行修正。这是一个反复迭代修正的过程，直至所有的点都不发生交叉现象。而实际上不可能对其进行无数次修改，可以限制最大修正次数。

具体的迭代步骤为：①对迭代变数循环；②对可能碰撞点循环；③判断是否交叉，若无交叉现象，则转至步骤⑦，否则，执行步骤④；④计算交叉距离 d，确定碰撞时刻，计算出待叠加的初位移 Δu_1 、Δu_2；⑤计算在时刻 $\Delta\tau'$ 时间段内由初位移 Δu_1 、Δu_2 引起的反应；⑥将步骤⑤的反应值与物体在 τ_{j+1} 时刻的相应反应叠加，得到修正后 τ_{j+1} 时刻的相应反应值；⑦判断本次迭代中所有可能碰撞点是否已全部修正，若已全部修正，则顺序执行步骤⑧，否则返回步骤②；⑧判断时段是否还有交叉现象，若有交叉现象，则执行步骤⑨，否则迭代结束；⑨判断是否满足最大迭代次数，则不满足，返回步骤①继续执行，若满足，则修正完成。

这种方法把碰撞问题转化为等价的初始位移向量来考虑。由上述推导过程可以看出，在利用这种模型时，$\Delta\tau$ 不能取值过大，否则会造成较大的误差。在求出裂纹结构的反应后，可以求出裂纹的动态应力强度因子，即有

$$
\begin{aligned}
K_{\mathrm{I}}(\tau)&=\frac{\sum\limits_{j=1}^{5}f_{\mathrm{I}}^{j}(\tau)\sum\limits_{j=1}^{5}r_j^2-\sum\limits_{j=1}^{5}r_j f_{\mathrm{I}}^{j}(\tau)\sum\limits_{j=1}^{5}r_j}{5\sum\limits_{j=1}^{5}r_j^2-\sum\limits_{j=1}^{5}r_j\sum\limits_{j=1}^{5}r_j}\\
K_{\mathrm{II}}\tau(\tau)&=\frac{\sum\limits_{j=1}^{5}f_{\mathrm{II}}^{j}\sum\limits_{j=1}^{5}r_j^2-\sum\limits_{j=1}^{5}r_j f_{\mathrm{II}}^{j}(\tau)\sum\limits_{j=1}^{5}r_j}{5\sum\limits_{j=1}^{5}r_j^2-\sum\limits_{j=1}^{5}r_j\sum\limits_{j=1}^{5}r_j}
\end{aligned}
\tag{5.4.35}
$$

式中，

$$
\begin{aligned}
f_{\mathrm{I}}^{j}(\tau)&=\sqrt{2\pi r_j}\,[\sigma_{yy}(\tau)\cos q-\sigma_{xy}(\tau)\sin q]\\
f_{\mathrm{II}}^{j}(\tau)&=\sqrt{2\pi r_j}\,[\sigma_{yy}(\tau)\sin q+\sigma_{xy}\cos q]
\end{aligned}
\tag{5.4.36}
$$

其中，

$$
q=\varepsilon\ln r_j,\quad \varepsilon=\frac{\ln R}{2\pi},\quad R=\frac{G_1+G_2\kappa_1}{G_2+G_1\kappa_2}
\tag{5.4.37}
$$

式(5.4.37)中，

$$\kappa_i=\begin{cases}3-4\upsilon_i, & \text{平面应变问题}\\ \dfrac{3-\upsilon_i}{1+\upsilon_i}, & \text{平面应力问题}\end{cases},\quad i=1,2 \tag{5.4.38}$$

在实际中，应力强度因子为

$$K_0(\tau)=\sqrt{K_{\mathrm{I}}^2(\tau)+K_{\mathrm{II}}^2(\tau)} \tag{5.4.39}$$

5.4.3　中心裂纹板分析

单一材料裂纹问题和异弹模界面裂纹问题的应力强度因子和断裂特性有所不同。对于如图 5.4.4(a)所示的中心裂纹板，裂纹两侧材料相同，承受 5.4.4(b)所示的 Heaviside 载荷作用时，应力强度因子的时程反应曲线如图 5.4.4(c)所示。由图可以看出，用边界元方法和应力外推法计算的应力强度因子相近。

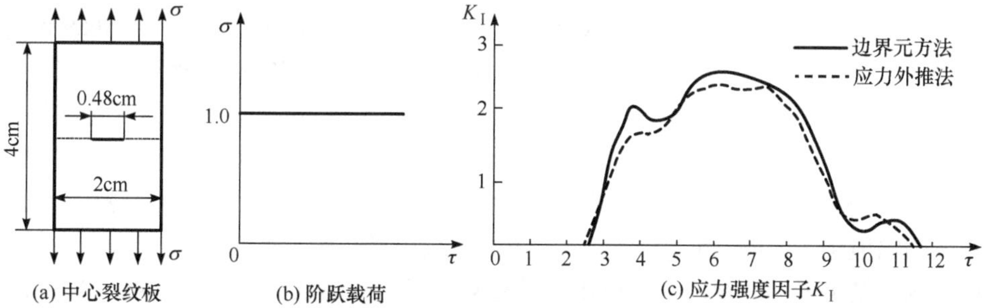

图 5.4.4　中心裂纹板及其应力强度因子

对于如图 5.4.5(a)所示的中心裂纹板，裂纹两侧的材料不同，承受图 5.4.5(b)所示的正弦波载荷，载荷 $\sigma=\sin\tau$，体积力为 $f_1=f_2=10\text{kN/m}^3$，$E_2=10^4\text{MPa}$，E_1 由 $E_1/E_2=1.0$、±1.2、±2.0、5.0、10.0、100.0 和 1000.0 反推得到。计算得到的应力强度因子如图 5.4.5(c)所示，图中给出了 $E_1/E_2=1.0$ 时 K_{I} 随时间的变化曲线，还给出了 $E_1/E_2=1.0$ 和 $E_1/E_2=1000.0$ 时 K_0 随时间的变化曲线。结果表明：①在正弦载荷 $\sigma=\sin\tau$ 作用下，复应力强度因子 K_0 随时间呈 $|\sin\tau|$ 变化，而 K_{I} 随时间呈 $\sin\tau$ 变化；②在正弦载荷作用下的最大复应力强度因子随弹模比 E_1/E_2 的增加而变化，其变化规律在 $E_1/E_2=1.0$～2.0 有一个先缓慢上升然后下降的过程，这个变化规律与静态情形类似。

中心裂纹板在考虑碰撞和不考虑碰撞的情况下结构几乎没有差别，其原因在于该裂纹关于 y 轴对称，两侧裂纹尖端的限制作用使裂纹面节点几乎无交叉现象。

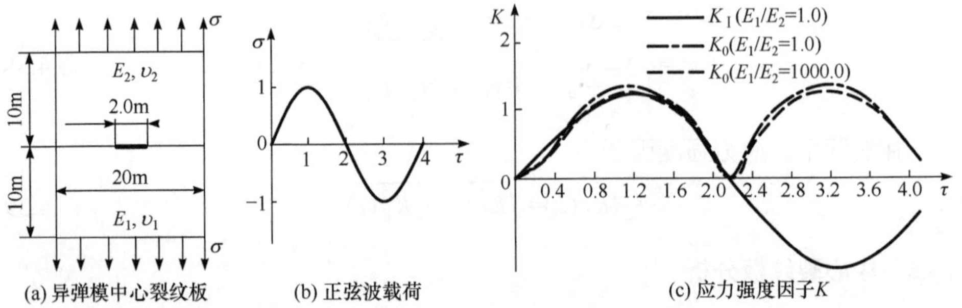

图 5.4.5 异弹中心界面裂纹板及其应力强度因子

5.4.4 单边裂纹板分析

对于图 5.4.6(a)所示的单边裂纹板，裂纹两侧材料不同，在悬臂状态下受正弦载荷 $\sigma=\sin\tau$ 作用时，动态应力强度因子按照考虑碰撞和不考虑碰撞两种情况分别进行计算，计算中取 $E_1=2\times10^4\,\text{MPa}$，$\upsilon_1=\upsilon_2=0.2$，体积力为 $f_1=f_2=10\text{kN/m}^3$，E_2 由 $E_1/E_2=1.0$、1.2、1.5、2.0、5.0、10.0、100.0 和 1000.0 反推得到。当不考虑裂纹边界的碰撞，$E_1/E_2=1.0$ 时，应力强度因子 K_I 随裂纹长度的变化曲线如图 5.4.6(b)所示。由图可见，在不考虑裂纹边界碰撞的情况下，应力强度因子的结果呈标准正弦形式，对于不同的裂纹长度，正弦曲线的幅值不同，裂纹越长，正弦曲线的幅值越大。图 5.4.7(a)给出了不考虑裂纹边界碰撞，不同裂纹长度时 K_0 的变化曲线，结果表明，复应力强度因子的绝对值呈正弦曲线形式。图 5.4.7(b)给出了考虑裂纹边界碰撞，不同裂纹长度时，对应于 $E_1/E_2=1.0$ 和 $E_1/E_2=1000.0$ 时 K_0 的变化曲线。结果表明，裂纹边界的碰撞情况影响了复应力强度因子的正弦形状，使其不表现为标准正弦曲线形式。

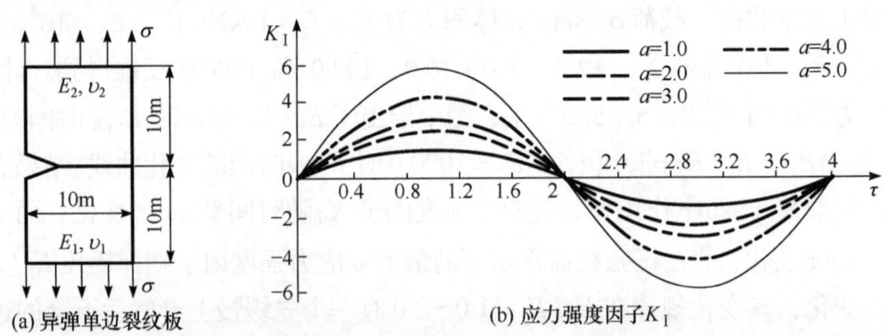

图 5.4.6 异弹单边界面裂纹板及其应力强度因子 K_I

由计算结果可以看出，在正弦载荷 $\sigma=\sin\tau$ 作用下，复应力强度因子 K_0 随裂纹长度的增大而增大，特别是当 $E_1/E_2=1.0$ 时，K_I 呈 $\sin\tau$ 变化，K_II 呈 $|\sin\tau|$ 变化；在同一裂纹长度下，K_II 随弹模比的增大基本上呈现增大的趋势。出现跳跃

的原因可能是裂纹面碰撞的结果。弹模比越大，碰撞越剧烈。因此，在裂纹长度较大，弹模比也较大的情况下，裂纹面的碰撞就显得特别重要。

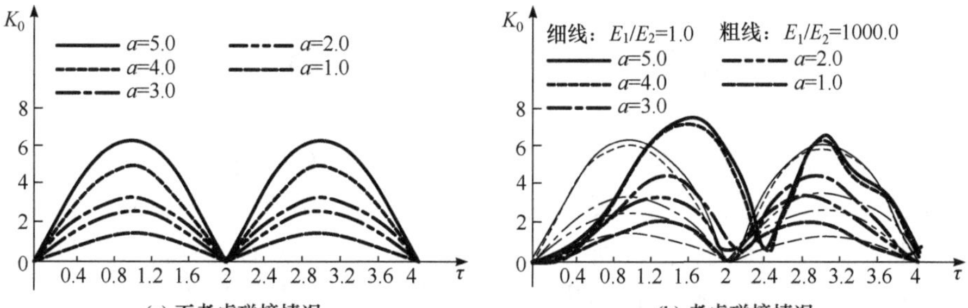

(a) 不考虑碰撞情况　　(b) 考虑碰撞情况

图 5.4.7　不同参数下异弹单边界面裂纹板的复应力强度因子 K_0

第 6 章　动态问题的数值方法

解析法用于分析断裂动力学问题，可以得到解的分析表达式，用十分简洁的形式给出有关物理量之间的关系。在采用解析法时，必须对材料响应、裂纹几何及运动状态做许多限制，因此所得到的解具有较大的局限性。在许多问题中，即使对材料响应、裂纹几何及运动状态做了许多限制，仍然无法得到分析解，只是把分析进行到某种程度，后续依赖于数值方法计算，也就是采用半解析、半数值方法进行求解，半解析、半数值方法也具有一定的局限性。采用数值计算方法，可以减少所研究问题在材料响应、裂纹几何及运动状态方面的限制，解决分析解法所不能解决的许多问题。

6.1　有 限 元 法

对于断裂动力学，有限元法是主要的数值分析方法，有限元法的理论与应用已经很成熟，本节只侧重介绍有限元法在断裂动力学中的应用。

6.1.1　有限元法原理

1. 离散化与运动方程

将所研究的物体用有限个单元离散之后，基于变分原理，可以将离散化的运动方程用矩阵形式表示为

$$\boldsymbol{M}\ddot{\boldsymbol{u}}+\boldsymbol{C}\dot{\boldsymbol{u}}+\boldsymbol{K}\boldsymbol{u}=\boldsymbol{F} \tag{6.1.1}$$

式中，$\boldsymbol{M}$、$\boldsymbol{C}$、$\boldsymbol{K}$ 分别为质量矩阵、阻尼矩阵和总体刚度矩阵；$\boldsymbol{u}$ 、$\dot{\boldsymbol{u}}$ 、$\ddot{\boldsymbol{u}}$ 、$\boldsymbol{F}$ 分别为位移列阵、速度列阵、加速度列阵和等效节点力列阵。

刚度矩阵 $\boldsymbol{K}$ 与材料的本构关系有关。对于弹塑性材料，$\boldsymbol{K}$ 中所包含的弹性矩阵 $\boldsymbol{D}$ 应该扩充为弹塑性矩阵 $\boldsymbol{D}_{\mathrm{ep}}$，即有

$$\boldsymbol{D}_{\mathrm{ep}}=\boldsymbol{D}-\frac{\boldsymbol{D}\boldsymbol{\varphi}\boldsymbol{\varphi}^{\mathrm{T}}\boldsymbol{D}}{H+\boldsymbol{\varphi}^{\mathrm{T}}\boldsymbol{D}\boldsymbol{\varphi}} \tag{6.1.2}$$

其中，

$$H = \frac{\mathrm{d}\bar{\sigma}}{\mathrm{d}\bar{\varepsilon}_{\mathrm{p}}}, \quad \boldsymbol{\varphi}^{\mathrm{T}} = \frac{\sqrt{3}(s_{xx}, s_{yy}, 2s_{xy})}{2\sqrt{(s_{xx}^2 + s_{yy}^2 + s_{zz}^2)/2 + s_{xy}^2}} \tag{6.1.3}$$

式中，$\bar{\sigma}$ 为等效应力；$\bar{\varepsilon}_{\mathrm{p}}$ 为等效塑性应变；$s_{ij}\,(i,j=x,y,z)$为应力偏量张量，

$$s_{ij} = \sigma_{ij} - \frac{1}{3}\sigma_{kk}\delta_{ij}, \quad i,j = x,y,z \tag{6.1.4}$$

δ_{ij} 为克罗内克符号。

2. 单元形式与插值函数

断裂动力学问题常采用 8 节点等参数四边形单元进行分析。对于线弹性问题，这种构造在裂纹尖端自动生成 $r^{-1/2}$ 阶的应力奇异性。对于非线性材料，计算包围最接近裂纹尖端的节点的动态 J 积分，以此作为分析带裂纹结构的动力学参量；对于线性材料，可以通过计算 J 积分而得到动态应力强度因子。

在采用 8 节点等参数四边形单元进行动态载荷下裂纹的弹塑性分析时，对于任意时刻 t，坐标和单元的插值函数取为

$$x_j = \sum_{k=1}^{8} N_k x_j^k, \quad u_j = \sum_{k=1}^{8} N_k u_j^k \tag{6.1.5}$$

式中，x_j^k、u_j^k 分别表示在任意时刻 t，第 k 个节点在 j 方向的坐标和位移；N_k 为形函数。

单元内的速度与加速度采用与位移相同的插值函数，即有

$$\dot{u}_j = \sum_{k=1}^{8} N_k \dot{u}_j^k, \quad \ddot{u}_j = \sum_{k=1}^{8} N_k \ddot{u}_j^k \tag{6.1.6}$$

式中，$\dot{u}_j^k$、$\ddot{u}_j^k$ 表示在任意时刻 t，第 k 个节点在 j 方向的速度和加速度。

3. 逐步积分法

Newmark 逐步积分法是求解运动方程的主要方法。该方法的基本思想是将本来要求任何时刻 t 都满足的运动方程(6.1.1)的位移矢量 $\boldsymbol{u}$，代之以只要求在时间离散点 t，$t+\Delta t$，$t+2\Delta t$，… 上满足运动方程，而在一个时间间隔内，对位移、速度与加速度采取某种假设。

根据运动方程(6.1.1)，在 $t+\Delta t$ 时刻，有

$$\boldsymbol{M}\ddot{\boldsymbol{u}}_{t+\Delta t} + \boldsymbol{C}\dot{\boldsymbol{u}}_{t+\Delta t} + \boldsymbol{K}\boldsymbol{u}_{t+\Delta t} = \boldsymbol{F}_{t+\Delta t} \tag{6.1.7}$$

在 Newmark 算法中，位移与速度可表示为

$$\boldsymbol{u}_{t+\Delta t} = \boldsymbol{u}_t + \Delta t \dot{\boldsymbol{u}}_t + \frac{\Delta t^2}{2}(1-2\beta)\ddot{\boldsymbol{u}}_t + \Delta t^2 \beta \ddot{\boldsymbol{u}}_{t+\Delta t}, \quad 0 \leqslant 2\beta \leqslant 1 \tag{6.1.8}$$

$$\dot{\boldsymbol{u}}_{t+\Delta t} = \dot{\boldsymbol{u}}_t + \Delta t(1-\alpha)\ddot{\boldsymbol{u}}_t + \Delta t \alpha \ddot{\boldsymbol{u}}_{t+\Delta t}, \quad 0 \leqslant \alpha \leqslant 1 \tag{6.1.9}$$

式中，α 与 β 为控制算法精度和稳定性的两个自由参数，当 $\alpha \geqslant 0.5$，$\beta \geqslant 0.25(0.5+\alpha)^2$ 时，此算法是无条件稳定的。

若 $t=0$ 时刻的初始位移与初始速度分别为 $\boldsymbol{u}_0$ 与 $\dot{\boldsymbol{u}}_0$，则可以由运动方程(6.1.1)求得初始加速度为

$$\boldsymbol{M}\ddot{\boldsymbol{u}}_0 = \boldsymbol{F}_0 - \boldsymbol{C}\dot{\boldsymbol{u}}_0 - \boldsymbol{K}\boldsymbol{u}_0 \tag{6.1.10}$$

从初始值 $\boldsymbol{u}_0$、$\dot{\boldsymbol{u}}_0$ 与 $\ddot{\boldsymbol{u}}_0$ 出发，根据 Newmark 算法的基本公式(6.1.7)～式(6.1.9)，求出下一时刻 Δt 的位移 $\boldsymbol{u}_{\Delta t}$、速度 $\dot{\boldsymbol{u}}_{\Delta t}$ 与加速度 $\ddot{\boldsymbol{u}}_{\Delta t}$，由此逐步进行求解，即可得到所有时间离散点上的位移、速度与加速度，进而可以求得各个时刻的应力、应变、应力强度因子或动态 J 积分值。

4. 动态 J 积分的有限元法

动态 J 积分是描述运动裂纹的基本参数，动态 J 积分具有对积分路径的守恒性。在裂纹面上无载荷的情形下，J 积分可以表示为

$$\begin{aligned} J &= \int_\Gamma (wn_1 - \sigma_{ij} n_j u_{i,1}) \mathrm{d}\Gamma + \iint_\Omega \rho \ddot{u}_i u_{i,1} \mathrm{d}\Omega \\ &= \int_\Gamma \left(w - \sigma_{11}\frac{\partial u_1}{\partial x_1} - \sigma_{21}\frac{\partial u_2}{\partial x_1} \right) \mathrm{d}x_2 \\ &\quad + \int_\Gamma \left(-\sigma_{12}\frac{\partial u_1}{\partial x_1} - \sigma_{22}\frac{\partial u_2}{\partial x_1} \right) \mathrm{d}x_1 + \iint_\Omega \rho \ddot{u}_i u_{i,1} \mathrm{d}\Omega \end{aligned} \tag{6.1.11}$$

式(6.1.11)包含线积分和面积分两种积分，线积分可采用梯形求积分公式、Simpson 求积分公式和 Gauss 求积分公式计算，而面积分一般采用二重 Gauss 求积分公式计算。

应变能密度 W 可以由应力与应变直接表示为

$$W = \begin{cases} \dfrac{1}{2}\sigma_{ij}\varepsilon_{ij}, & \text{线性弹性情形} \\ \displaystyle\int_0^{\varepsilon_{ij}} \sigma_{ij} \mathrm{d}\varepsilon_{ij}, & \text{非线性弹性情形} \end{cases} \tag{6.1.12}$$

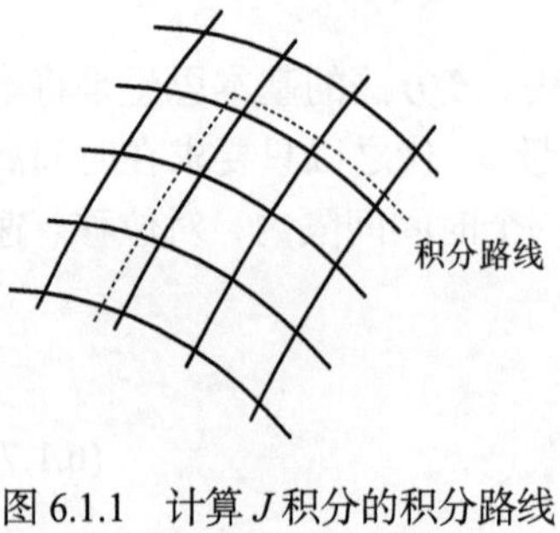

图 6.1.1　计算 J 积分的积分路线

采用 8 节点等参数四边形单元计算时，在 Gauss 点上的应力、应变具有较高的计算精度，因此在计算 J 积分时采用的回路取在 Gauss 点上，如图 6.1.1 所示。在进行积分时，先由单元的节点位移与加速度按式(6.1.5)和式(6.1.6)插值，得到相应 Gauss 点上的位移与加

速度，然后进行 Gauss 积分。

用梯形求积分公式计算线积分，用 Gauss 求积分公式计算面积分时，J 积分可以表示为

$$
\begin{aligned}
J=\sum_{k=1}^{N}\Bigg\{&\left[\left(W-\sigma_{11}\frac{\partial u_1}{\partial x_1}-\sigma_{21}\frac{\partial u_2}{\partial x_1}\right)_k+\left(W-\sigma_{11}\frac{\partial u_1}{\partial x_1}-\sigma_{21}\frac{\partial u_2}{\partial x_1}\right)_{k+1}\right]\frac{\mathrm{d}(x_2)_{k+1}-\mathrm{d}(x_2)_k}{2}\\
&-\left[\left(\sigma_{12}\frac{\partial u_1}{\partial x_1}+\sigma_{22}\frac{\partial u_2}{\partial x_1}\right)_k+\left(\sigma_{12}\frac{\partial u_1}{\partial x_1}+\sigma_{22}\frac{\partial u_2}{\partial x_1}\right)_{k+1}\right]\frac{\mathrm{d}(x_1)_{k+1}-\mathrm{d}(x_1)_k}{2}\Bigg\}+\sum_{1}^{N_{\mathrm{E}}}\sum_{k=1}^{M}W_k(\rho\ddot{u}_i u_{i,1}D)_k
\end{aligned}
\tag{6.1.13}
$$

式中，M 为积分回路所包含的 Gauss 点数；W_k 为权重；N_{E} 为积分回路所包围的单元数；D 为雅可比矩阵的行列式。

随着计算时间的增加，计算结果会随着误差的累积而偏离问题的真解，为了使这个误差不致太大，可以在每一步时间积分，进行几次迭代，以保证计算精度。

5. 计算的主要步骤

利用有限元法进行计算的主要步骤如下。

(1) 初始数据输入。

(2) 形成刚度矩阵。

(3) 形成质量矩阵。

(4) 计算初始载荷。

(5) 开始进行时间积分，$t=0$ 时由初始条件 $\boldsymbol{u}_t=\boldsymbol{u}_0$，按照式(6.1.10)计算初始加速度 $\ddot{\boldsymbol{u}}_0$。

(6) 迭代开始，$i=0$，取

$$
\boldsymbol{u}_{t+\Delta t}^{(i)}=\boldsymbol{u}_t+\Delta t\dot{\boldsymbol{u}}_t+\frac{1}{2}\Delta t^2(1-2\beta)\ddot{\boldsymbol{u}}_t,\quad \dot{\boldsymbol{u}}_{t+\Delta t}^{(i)}=\dot{\boldsymbol{u}}_t+\Delta t(1-\alpha)\ddot{\boldsymbol{u}}_t,\quad \ddot{\boldsymbol{u}}_{t+\Delta t}^{(i)}=0 \tag{6.1.14}
$$

(7) 计算残余节点力：

$$
\boldsymbol{F}^{(i)}=\boldsymbol{F}_{t+\Delta t}-\boldsymbol{M}\ddot{\boldsymbol{u}}_{t+\Delta t}^{(i)}-\boldsymbol{C}\dot{\boldsymbol{u}}_{t+\Delta t}^{(i)}-\boldsymbol{u}_{t+\Delta t}^{(i)} \tag{6.1.15}
$$

(8) 判断是否需要重新形成刚度矩阵，若不需要，则执行下一步，若需要，则计算刚度矩阵：

$$
\bar{\boldsymbol{K}}=\frac{\boldsymbol{M}}{\beta(\Delta t)^2}+\frac{\boldsymbol{C}}{\beta\Delta t}+\boldsymbol{K} \tag{6.1.16}
$$

(9) 若 $\bar{\boldsymbol{K}}$ 是重新形成的，则进行刚度矩阵分解：

$$\bar{\boldsymbol{K}}=\boldsymbol{LDL}^{\mathrm{T}} \tag{6.1.17}$$

(10) 解方程组：

$$\bar{\boldsymbol{K}}\Delta\boldsymbol{u}^{(i)}=\boldsymbol{F}^{(i)} \tag{6.1.18}$$

(11) 计算位移、速度和加速度：

$$\boldsymbol{u}_{t+\Delta t}^{(i+1)}=\boldsymbol{u}_{t+\Delta t}^{(i)}+\Delta\boldsymbol{u}^{(i)},\quad \dot{\boldsymbol{u}}_{t+\Delta t}^{(i+1)}=\dot{\boldsymbol{u}}_{t+\Delta t}^{(i)}+\Delta t\alpha\ddot{\boldsymbol{u}}_{t+\Delta t}^{(i+1)},\quad \ddot{\boldsymbol{u}}_{t+\Delta t}^{(i+1)}=\frac{\boldsymbol{u}_{t+\Delta t}^{(i+1)}-\boldsymbol{u}_{t+\Delta t}^{(i)}}{\beta\Delta t^2} \tag{6.1.19}$$

(12) 判断是否收敛，收敛判据为

$$\frac{\sum[\Delta\boldsymbol{u}^{(i)}]^2}{\sum[\Delta\boldsymbol{u}_{t+\Delta t}^{(i+1)}]^2}\leqslant\varepsilon \tag{6.1.20}$$

若收敛，则执行下一步；若不收敛，则检查一下是否为最后一次迭代，若是，则执行下一步，若不是，则返回到第(7)步，$i=i+1$。

(13) 取

$$\boldsymbol{u}_{t+\Delta t}=\boldsymbol{u}_{t+\Delta t}^{(i+1)},\quad \dot{\boldsymbol{u}}_{t+\Delta t}=\dot{\boldsymbol{u}}_{t+\Delta t}^{(i+1)},\quad \ddot{\boldsymbol{u}}_{t+\Delta t}=\ddot{\boldsymbol{u}}_{t+\Delta t}^{(i+1)} \tag{6.1.21}$$

(14) 按照式(6.1.13)计算 J 积分。

(15) 判断是否为最后一次时间积分，若是，则停止计算；若不是，则返回到第(6)步，$t=t+\Delta t$，进行下一个时间积分。

6.1.2 传播裂纹的有限元分析

上面介绍的基本方程及逐步积分法经过适当的修改补充后，可用于计算快速传播与止裂裂纹问题。

快速传播裂纹与稳定裂纹的不同之处是，裂纹运动使得边界的一部分在运动，这便是运动边界问题。此时，即使控制方程是线性的，这种边界问题也是非线性的。

1. 传播裂纹有限元法原理

假设 $t=t_0$、$t=t_0+\Delta t$ 与 $t=t_0-\Delta t$ 时刻的加速度分别为 $\ddot{\boldsymbol{u}}_0$、$\ddot{\boldsymbol{u}}_+$、$\ddot{\boldsymbol{u}}_-$，其中 Δt 为时间步长。采用一个二阶拉格朗日多项式：

$$\ddot{\boldsymbol{u}}(\tau)=-\frac{1}{2}(1-\tau)\tau\ddot{\boldsymbol{u}}_-+(1-\tau)(1+\tau)\ddot{\boldsymbol{u}}_0+\frac{1}{2}(1+\tau)\tau\ddot{\boldsymbol{u}}_+ \tag{6.1.22}$$

其中，

$$\tau=\frac{t-t_0}{\Delta t} \tag{6.1.23}$$

对式(6.1.23)求导两次，在 $t=t_0(\tau=0)$ 时刻得到

$$\dddot{\boldsymbol{u}}_0=\frac{\ddot{\boldsymbol{u}}_+-\ddot{\boldsymbol{u}}_-}{2\Delta t},\quad \ddddot{\boldsymbol{u}}_0=\frac{\ddot{\boldsymbol{u}}_+-2\ddot{\boldsymbol{u}}_0+\ddot{\boldsymbol{u}}_-}{\Delta t^2} \tag{6.1.24}$$

将式(6.1.22)～式(6.1.24)代入 $t=t_0$ 时刻的位移与速度的 Taylor 展开式，可以得到 $t=t_0+\Delta t$ 时刻的位移与速度为

$$\begin{Bmatrix}\boldsymbol{u}_+\\ \dot{\boldsymbol{u}}_+\end{Bmatrix}=\begin{bmatrix}\boldsymbol{I} & \Delta t\boldsymbol{I}\\ \boldsymbol{0} & \boldsymbol{I}\end{bmatrix}\begin{Bmatrix}\boldsymbol{u}_0\\ \dot{\boldsymbol{u}}_0\end{Bmatrix}+\begin{bmatrix}-\dfrac{\Delta t^2}{24}\boldsymbol{I} & \dfrac{5\Delta t^2}{12}\boldsymbol{I} & \dfrac{\Delta t^2}{8}\boldsymbol{I}\\ -\dfrac{\Delta t^2}{12}\boldsymbol{I} & \dfrac{2\Delta t^2}{3}\boldsymbol{I} & \dfrac{5\Delta t^2}{12}\boldsymbol{I}\end{bmatrix}\begin{Bmatrix}\ddot{\boldsymbol{u}}_-\\ \ddot{\boldsymbol{u}}_0\\ \ddot{\boldsymbol{u}}_+\end{Bmatrix} \tag{6.1.25}$$

式(6.1.25)等号的右端，$\ddot{\boldsymbol{u}}_+$ 是未知的。在开始时，取 $\ddot{\boldsymbol{u}}_+=\ddot{\boldsymbol{u}}_0$。利用方程(6.1.25)，可以计算得到 $\boldsymbol{u}_+$ 和 $\dot{\boldsymbol{u}}_+$。$\ddot{\boldsymbol{u}}_+$ 更精确的计算可由运动方程(6.1.22)的重新安排得到。这一过程一直重复到 $\ddot{\boldsymbol{u}}_+$ 收敛。对于第一个时间步长，当 $\ddot{\boldsymbol{u}}_-$ 没有定义时，采用一阶拉格朗日多项式。

这种方法也是一种逐步积分法，其主要优点是边界运动引起的非线性可通过改变 $\boldsymbol{M}$、$\boldsymbol{C}$、$\boldsymbol{K}$ 而得到调节。

2. 时间步长的选择

时间步长的大小控制着这一解法的稳定性。编写计算机程序的目的是减少在每一步所消耗的时间，以及减少时间步骤总的次数，因此确定时间步长的上界值关系重大。时间步长应该小于系统的最高自然频率相对应的周期，此周期由系统的最小特征值求得，即

$$\left|\boldsymbol{K}^{-1}\boldsymbol{M}-\omega^{-2}\right|=0 \tag{6.1.26}$$

式中，ω 为频率。

矩阵 $\boldsymbol{M}$ 与 $\boldsymbol{K}$ 为对称正定矩阵，特征值是正实值，实际上可取

$$\Delta t\leqslant\frac{1}{4}\frac{1}{\omega_{\max}} \tag{6.1.27}$$

其中，$\omega_{\max}$ 为结构的最小有限元的最高自然频率。时间步长也可以取为

$$\frac{1}{10}\frac{L}{c_1}\leqslant\Delta t\leqslant\frac{1}{2}\frac{L}{c_1} \tag{6.1.28}$$

式中，c_1 为纵波速度；L 为结构的最小有限元的某个特征长度。在实际中，若取

$$\Delta t=\frac{1}{8}\frac{L}{c_1} \tag{6.1.29}$$

则计算总是稳定的。

3. 断裂判据与节点松弛

考虑Ⅰ型传播裂纹问题，如双悬臂梁试样，此时裂纹位于对称面上，因此研究 1/2 试样即可。

针对对称面上的节点，在裂纹顶端通过这些节点以前，都是被约束的，在裂纹顶端通过这些节点之后，它们被松弛。受约束节点上的力要予以检验。对于给定的网络，裂纹顶端节点上的力正比于应力强度因子 K_{I}，因此可以引进动态断裂判据。在程序的执行中，当裂纹顶端上被约束的节点力达到 F_{c} 时，这个节点被松弛。这里的 F_{c} 是已知的，与网络尺寸得以确定，由此可以得到裂纹扩展速度。若裂纹顶端的节点力小于 F_{c}，则裂纹止裂。

为了进行上面的计算，给出 $K_{\mathrm{ID}}=K_{\mathrm{ID}}(\dot{a})$ 关系是必要的，这个关系通常由试验得到。一个可应用的关系为

$$K_{\mathrm{ID}}=\begin{cases}K_{\mathrm{IC}}(1-5\times10^{-4}v), & 0\leqslant v<100\\ K_{\mathrm{IC}}\left[1.5-\sqrt{0.3025-7.5625\times10^{-6}(v-100)^2}\right], & 100\leqslant v\leqslant300\end{cases}\tag{6.1.30}$$

式中，v 为裂纹速度 $v=\dot{a}$ 。

6.2　V 形切口问题的有限元法

解析法和数值法是解决断裂问题的主要方法。解析法的优点是计算工作量小，但所能解决的问题非常有限；数值法计算工作量大，但可以解决很多问题。解析法和数值法相结合产生的半解析数值方法在自然科学发展中得到了广泛应用，断裂理论也不例外。

半解析数值方法主要是以半解析有限元和半解析无界元为代表的分向半解析法，以边界元法为代表的分域半解析法和以权函数法为代表的分部半解析法。无界元法、样条半解析法、摄动半解析法、模态综合法、无限元法、有限元线法等也在断裂理论研究中得到应用。这些半解析数值方法具有各自的优点，但有限元法由于适应性好、可应用的现有软件多等特点得到广泛应用。

采用常规单元研究裂纹等具有奇异性的问题，为反映裂纹尖端的奇性，裂纹近旁的网格要密一些，要得到较高的模拟精度，需要大量的自由度，对于动态裂纹问题，计算量十分庞大。围绕裂纹尖端奇异性的模拟，产生了各种奇性模拟方法，构造了不同类型的奇异单元。本节主要讨论在 V 形切口、裂纹等动力学问题中具有独特优势的无限相似单元法和无限相似单元转换法。

6.2.1　V 形切口问题的无限相似单元法

在含有 V 形切口的平面物体上，围绕 V 形切口作多边形区域 Ω，其边界为多边形 L_1。如图 6.2.1 所示，以 V 形切口尖端为相似中心，常数 $c(0<c<1)$为比例系数，作多边形 L_1 的相似多边形 L_2，同样，以 $c^2, c^3, \cdots, c^{k-1}, \cdots$为比例系数，作相似多边形 $L_3, L_4, \cdots, L_k, \cdots$。将两个多边形之间称为一层，在每层中以相同方法划分单元网格。若每个相似多边形上的节点数为 m，则在以切口尖端为坐标原点的局部坐标系中，第 n 层相似多边形的坐标可以用第一层多边形表示为

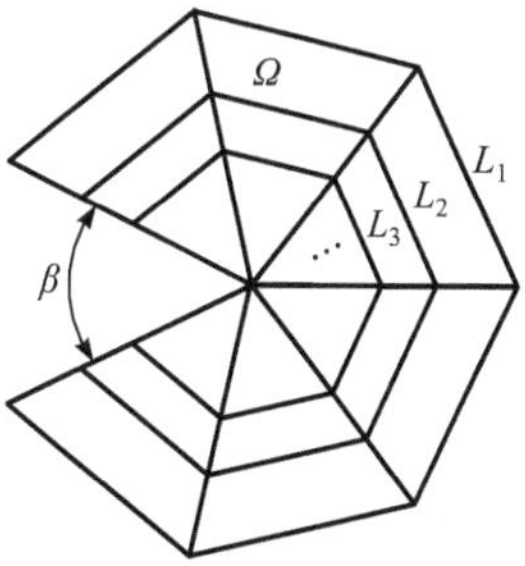

图 6.2.1　V 形切口尖端的相似形状单元

$$x_i^n = c^{n-1}x_i^1, \quad y_i^n = c^{n-1}y_i^1, \quad i=1,2,\cdots,m \tag{6.2.1}$$

从而得到

$$r_i^n = c^{n-1}r_i^1 \tag{6.2.2}$$

单元的刚度矩阵取决于单元形状，而与单元尺寸和位置无关，则各层的刚度矩阵相同，将各层的刚度矩阵按内、外边界表示为

$$\tilde{\boldsymbol{K}} = \begin{bmatrix} \tilde{\boldsymbol{K}}_{11} & \tilde{\boldsymbol{K}}_{12} \\ \tilde{\boldsymbol{K}}_{12}^{\mathrm{T}} & \tilde{\boldsymbol{K}}_{22} \end{bmatrix} \tag{6.2.3}$$

将 Ω 区域内各层的刚度矩阵按节点叠加，得到一个无穷阶的总刚度矩阵，若考虑方程与边界条件，则得到如下无穷阶方程组：

$$\begin{bmatrix} \tilde{\boldsymbol{K}}_{11} & \tilde{\boldsymbol{K}}_{12} & \boldsymbol{0} & \cdots \\ \tilde{\boldsymbol{K}}_{12}^{\mathrm{T}} & \tilde{\boldsymbol{K}}_{33} & \tilde{\boldsymbol{K}}_{12} & \cdots \\ \boldsymbol{0} & \tilde{\boldsymbol{K}}_{12}^{\mathrm{T}} & \tilde{\boldsymbol{K}}_{33} & \cdots \\ \vdots & \vdots & \vdots & \end{bmatrix} \begin{Bmatrix} \boldsymbol{d}_1 \\ \boldsymbol{d}_2 \\ \boldsymbol{d}_3 \\ \vdots \end{Bmatrix} = \begin{Bmatrix} \boldsymbol{f}_1 \\ \boldsymbol{0} \\ \boldsymbol{0} \\ \vdots \end{Bmatrix} \tag{6.2.4}$$

即

$$\tilde{\boldsymbol{K}}_{11}\boldsymbol{d}_1 + \tilde{\boldsymbol{K}}_{12}\boldsymbol{d}_2 = \boldsymbol{f}_1, \quad \tilde{\boldsymbol{K}}_{12}^{\mathrm{T}}\boldsymbol{d}_1 + \tilde{\boldsymbol{K}}_{33}\boldsymbol{d}_2 + \tilde{\boldsymbol{K}}_{12}\boldsymbol{d}_3 = \boldsymbol{0}, \quad \cdots$$

$$\tilde{\boldsymbol{K}}_{12}^{\mathrm{T}}\boldsymbol{d}_{n-1} + \tilde{\boldsymbol{K}}_{33}\boldsymbol{d}_n + \tilde{\boldsymbol{K}}_{12}\boldsymbol{d}_{n+1} = \boldsymbol{0}, \quad \cdots \tag{6.2.5}$$

L_n 和 L_{n+1} 多边形上各节点的位移列阵为

$$\boldsymbol{d}_n = \boldsymbol{T}^n\boldsymbol{C}, \quad \boldsymbol{d}_{n+1} = \boldsymbol{T}^{n+1}\boldsymbol{C} \tag{6.2.6}$$

其中，

$$\boldsymbol{C}=\{C_1,D_1,C_2,D_2,\cdots\}^{\mathrm{T}} \tag{6.2.7}$$

若选取广义坐标列阵 $\boldsymbol{C}$ 的行数与 $\boldsymbol{d}$ 相同，则 $\boldsymbol{T}^n$ 为方阵，由式(6.2.6)得

$$\boldsymbol{d}_{n+1}=\boldsymbol{X}_n\boldsymbol{d}_n,\quad \boldsymbol{X}_n=\boldsymbol{T}^{n+1}(\boldsymbol{T}^n)^{-1},\quad n=1,2,\cdots \tag{6.2.8}$$

考虑到式(5.1.42)，方阵 $\boldsymbol{T}^n$ 的各元素为

$$\left.\begin{aligned}
&\boldsymbol{T}^n(2i-1,2j-1)=\frac{(c^{n-1}r_i)^{\lambda_j^{\mathrm{I}}}}{2\mu}g_{jx}^{\mathrm{R}}(\theta_i)\\
&\boldsymbol{T}^n(2i,2j-1)=\frac{(c^{n-1}r_i)^{\lambda_j^{\mathrm{I}}}}{2\mu}g_{jy}^{\mathrm{R}}(\theta_i)\\
&\boldsymbol{T}^n(2i-1,2j)=\frac{(c^{n-1}r_i)^{\lambda_j^{\mathrm{II}}}}{2\mu}g_{jx}^{\mathrm{I}}(\theta_i)\\
&\boldsymbol{T}^n(2i,2j)=\frac{(c^{n-1}r_i)^{\lambda_j^{\mathrm{II}}}}{2\mu}g_{jy}^{\mathrm{I}}(\theta_i)
\end{aligned}\right\},\quad i=1,2,\cdots,2m;\ j=1,2,\cdots,n \tag{6.2.9}$$

当问题为Ⅰ型时，列阵 $\boldsymbol{C}$ 中的反对称部分为零，转换矩阵 $\boldsymbol{T}^n$ 的诸元素中，只需要计算式(6.2.9)中的一、二两式；而当问题为Ⅱ型时，列阵 $\boldsymbol{C}$ 中的对称部分为零，转换矩阵 $\boldsymbol{T}^n$ 的诸元素中，只需要计算式(6.2.9)中的三、四两式。由式(6.2.9)可得

$$\boldsymbol{T}_{ij}^{n+1}=c^{k_j}\boldsymbol{T}_{ij}^n \tag{6.2.10}$$

其中，

$$k_j=\begin{cases}\lambda_{(j+1)/2}^{\mathrm{I}}, & j\text{为奇数}\\ \lambda_{j/2}^{\mathrm{II}}, & j\text{为偶数}\end{cases} \tag{6.2.11}$$

由式(6.2.8)和式(6.2.10)得到

$$\boldsymbol{X}_n=(\boldsymbol{T}^n)^{\mathrm{T}}\begin{bmatrix}c^{\lambda_1^{\mathrm{I}}} & & & & \\ & c^{\lambda_1^{\mathrm{II}}} & & & \\ & & \ddots & & \\ & & & c^{\lambda_m^{\mathrm{I}}} & \\ & & & & c^{\lambda_m^{\mathrm{II}}}\end{bmatrix}(\boldsymbol{T}^n)^{-1} \tag{6.2.12}$$

考虑到式(6.2.10)，转换矩阵 $\boldsymbol{X}_n$ 与层数无关，因此有

$$\boldsymbol{X}_1=\boldsymbol{X}_2=\cdots=\boldsymbol{X} \tag{6.2.13}$$

将式(6.2.8)代入式(6.2.4)得到

$$\boldsymbol{K}_z\boldsymbol{d}_1 = \boldsymbol{f}_1 \tag{6.2.14}$$

其中，

$$\boldsymbol{K}_z = \tilde{\boldsymbol{K}}_{11} + \tilde{\boldsymbol{K}}_{12}(\boldsymbol{T}^n)^{\mathrm{T}}\begin{bmatrix} c^{\lambda_1^{\mathrm{I}}} & & & & \\ & c^{\lambda_1^{\mathrm{II}}} & & & \\ & & \ddots & & \\ & & & c^{\lambda_m^{\mathrm{I}}} & \\ & & & & c^{\lambda_m^{\mathrm{II}}} \end{bmatrix}(\boldsymbol{T}^n)^{-1} \tag{6.2.15}$$

为 Ω 区域内无限相似单元的组合刚度矩阵，将组合刚度矩阵同其他形式单元的刚度矩阵按节点叠加，即可得到结构的总刚度矩阵。对于 I 型问题，式(6.2.10)可简化为

$$\boldsymbol{T}_{ij}^{n+1} = c^{\lambda_1^{\mathrm{I}}}\boldsymbol{T}_{ij}^n \tag{6.2.16}$$

转换矩阵和组合矩阵相应变为

$$\boldsymbol{X}_n = (\boldsymbol{T}^n)^{\mathrm{T}}\begin{bmatrix} c^{\lambda_1^{\mathrm{I}}} & & & & \\ & c^{\lambda_2^{\mathrm{I}}} & & & \\ & & \ddots & & \\ & & & c^{\lambda_{m-1}^{\mathrm{I}}} & \\ & & & & c^{\lambda_m^{\mathrm{I}}} \end{bmatrix}(\boldsymbol{T}^n)^{-1} \tag{6.2.17}$$

$$\boldsymbol{K}_z = \tilde{\boldsymbol{K}}_{11} + \tilde{\boldsymbol{K}}_{12}(\boldsymbol{T}^n)^{\mathrm{T}}\begin{bmatrix} c^{\lambda_1^{\mathrm{I}}} & & & & \\ & c^{\lambda_2^{\mathrm{I}}} & & & \\ & & \ddots & & \\ & & & c^{\lambda_{m-1}^{\mathrm{I}}} & \\ & & & & c^{\lambda_m^{\mathrm{I}}} \end{bmatrix}(\boldsymbol{T}^n)^{-1} \tag{6.2.18}$$

对 II 型问题，则有

$$\boldsymbol{T}_{ij}^{n+1} = c^{\lambda_1^{\mathrm{II}}}\boldsymbol{T}_{ij}^n \tag{6.2.19}$$

转换矩阵和组合矩阵相应变为

$$X_n = (T^n)^{\mathrm{T}} \begin{bmatrix} c^{\lambda_1^{\mathrm{II}}} & & & & \\ & c^{\lambda_2^{\mathrm{II}}} & & & \\ & & \ddots & & \\ & & & c^{\lambda_{m-1}^{\mathrm{II}}} & \\ & & & & c^{\lambda_m^{\mathrm{II}}} \end{bmatrix} (T^n)^{-1} \tag{6.2.20}$$

$$K_z = \tilde{K}_{11} + \tilde{K}_{12}(T^n)^{\mathrm{T}} \begin{bmatrix} c^{\lambda_1^{\mathrm{II}}} & & & & \\ & c^{\lambda_2^{\mathrm{II}}} & & & \\ & & \ddots & & \\ & & & c^{\lambda_{m-1}^{\mathrm{II}}} & \\ & & & & c^{\lambda_m^{\mathrm{II}}} \end{bmatrix} (T^n)^{-1} \tag{6.2.21}$$

6.2.2 V 形切口问题的无限相似单元转换法

与平面裂纹问题相似，V 形切口问题可利用无限相似单元转换法求解其应力强度因子，不同之处只是转换矩阵，本节讨论 V 形切口问题应力强度因子的相似单元转换方法。由于

$$d = TC \tag{6.2.22}$$

由应变能守恒，有

$$\frac{1}{2} d^{\mathrm{T}} K d = \frac{1}{2} C^{\mathrm{T}} K' C \tag{6.2.23}$$

其中，

$$K' = T^{\mathrm{T}} K T \tag{6.2.24}$$

从而有

$$T^{\mathrm{T}} K T d = T^{\mathrm{T}} f \tag{6.2.25}$$

1. 第一层单元节点自由度的转换

对于区域 Ω 内的相似单元，记外层边界多边形 L_1 上的节点为主节点，其位移列阵为 d_{m}，区域内的其他节点均为辅助节点，其位移列阵记为 d_{s}，为了同区域外的其他形式单元联合求解，在进行节点自由度的转换时，只需要转换辅助节点。为此，将第一层的有限元方程按主节点和辅助节点写成如下分块形式：

$$\tilde{K} d = \begin{bmatrix} \tilde{K}_{\mathrm{mm}} & \tilde{K}_{\mathrm{ms}} \\ \tilde{K}_{\mathrm{sm}} & \tilde{K}_{\mathrm{ss}} \end{bmatrix} \begin{Bmatrix} d_{\mathrm{m}} \\ d_{\mathrm{s}} \end{Bmatrix} = \begin{Bmatrix} f_1 \\ \mathbf{0} \end{Bmatrix} \tag{6.2.26}$$

对辅助节点位移列阵 $\boldsymbol{d}_{\mathrm{s}}$ 利用式(6.2.22)进行转换，则有

$$\begin{Bmatrix}\boldsymbol{d}_{\mathrm{m}}\\ \boldsymbol{d}_{\mathrm{s}}\end{Bmatrix}\begin{bmatrix}\boldsymbol{I} & \boldsymbol{0}\\ \boldsymbol{0} & \boldsymbol{T}^{\mathrm{s}}\end{bmatrix}=\begin{Bmatrix}\boldsymbol{d}_{\mathrm{m}}\\ \boldsymbol{C}\end{Bmatrix} \tag{6.2.27}$$

式中，$\boldsymbol{T}^{\mathrm{s}}$ 表示第一层相似单元中内部边界多边形 L_2 上节点自由度的转换矩阵。考虑到式(6.2.10)，并记

$$\boldsymbol{C}'=\begin{bmatrix}c^{\lambda_1^{\mathrm{I}}} & & & & \\ & c^{\lambda_1^{\mathrm{II}}} & & & \\ & & \ddots & & \\ & & & c^{\lambda_m^{\mathrm{I}}} & \\ & & & & c^{\lambda_m^{\mathrm{II}}}\end{bmatrix} \tag{6.2.28}$$

则有

$$\boldsymbol{T}^n=\boldsymbol{T}^1\boldsymbol{C}'^{n-1} \tag{6.2.29}$$

从而得到第一层转换后的方程为

$$\begin{bmatrix}\tilde{\boldsymbol{K}}_{\mathrm{mm}} & \tilde{\boldsymbol{K}}_{\mathrm{ms}}\boldsymbol{T}^1\boldsymbol{C}'\\ \boldsymbol{C}'^{\mathrm{T}}(\boldsymbol{T}^1)^{\mathrm{T}}\tilde{\boldsymbol{K}}_{\mathrm{sm}} & \boldsymbol{C}'^{\mathrm{T}}(\boldsymbol{T}^1)^{\mathrm{T}}\tilde{\boldsymbol{K}}_{\mathrm{ss}}\boldsymbol{T}^1\boldsymbol{C}'\end{bmatrix}\begin{Bmatrix}\boldsymbol{d}_{\mathrm{m}}\\ \boldsymbol{C}\end{Bmatrix}=\begin{Bmatrix}\boldsymbol{f}_1\\ \boldsymbol{0}\end{Bmatrix} \tag{6.2.30}$$

第一层相似单元转换后的刚度矩阵为

$$\boldsymbol{K}^1=\begin{bmatrix}\tilde{\boldsymbol{K}}_{\mathrm{mm}} & \tilde{\boldsymbol{K}}_{\mathrm{ms}}\boldsymbol{T}^1\boldsymbol{C}'\\ \boldsymbol{C}'^{\mathrm{T}}(\boldsymbol{T}^1)^{\mathrm{T}}\tilde{\boldsymbol{K}}_{\mathrm{sm}} & \boldsymbol{C}'^{\mathrm{T}}(\boldsymbol{T}^1)^{\mathrm{T}}\tilde{\boldsymbol{K}}_{\mathrm{ss}}\boldsymbol{T}^1\boldsymbol{C}'\end{bmatrix} \tag{6.2.31}$$

其中，转换矩阵 $\boldsymbol{T}^1$ 的各元素为

$$\left.\begin{aligned}\boldsymbol{T}^1(2i-1,2j-1)&=\frac{(r_i)^{\lambda_j^{\mathrm{I}}}}{2\mu}g_{jx}^{\mathrm{R}}(\theta_i)\\ \boldsymbol{T}^1(2i,2j-1)&=\frac{(r_i)^{\lambda_j^{\mathrm{I}}}}{2\mu}g_{jy}^{\mathrm{R}}(\theta_i)\\ \boldsymbol{T}^1(2i-1,2j)&=\frac{(r_i)^{\lambda_j^{\mathrm{II}}}}{2\mu}g_{jx}^{\mathrm{I}}(\theta_i)\\ \boldsymbol{T}^1(2i,2j)&=\frac{(r_i)^{\lambda_y^{\mathrm{II}}}}{2\mu}g_{jy}^{\mathrm{I}}(\theta_i)\end{aligned}\right\},\quad i=1,2,\cdots,2m;\quad j=1,2,\cdots,n \tag{6.2.32}$$

式中，r_i、θ_i 分别为最外层边界 L_1 多边形上各节点的极径和极角。

2. 内部各层单元节点自由度的转换

对于内部各层单元，所有节点自由度均需转换。对于第 n 层单元，转换后的刚度矩阵为

$$\boldsymbol{K}^n = (\tilde{\boldsymbol{T}}^n)^{\mathrm{T}} \tilde{\boldsymbol{K}} \tilde{\boldsymbol{T}}^n \tag{6.2.33}$$

式中，$\tilde{\boldsymbol{T}}^n$ 为第 n 层单元的转换矩阵。转换后的刚度矩阵 $\boldsymbol{K}^n$ 的各元素为

$$K_{ij}^n = (\tilde{\boldsymbol{T}}_i^n)^{\mathrm{T}} \tilde{\boldsymbol{K}} \tilde{\boldsymbol{T}}_j^n \tag{6.2.34}$$

式中，$(\tilde{\boldsymbol{T}}_i^n)^{\mathrm{T}}$ 和 $\tilde{\boldsymbol{T}}_j^n$ 分别表示 $(\tilde{\boldsymbol{T}}^n)^{\mathrm{T}}$ 的第 i 行和 $\tilde{\boldsymbol{T}}^n$ 的第 j 列，将第 n 层单元的转换矩阵 $\tilde{\boldsymbol{T}}^n$ 按内外层边界节点写成分块矩阵为

$$\tilde{\boldsymbol{T}}^n = [\boldsymbol{T}^n \quad \boldsymbol{T}^{n+1}]^{\mathrm{T}} \tag{6.2.35}$$

式中，$\boldsymbol{T}^n$ 和 $\boldsymbol{T}^{n+1}$ 分别为第 n 层单元外层多边形 L_n 和内层多边形 L_{n+1} 节点自由度的转换矩阵。将式(6.2.35)代入式(6.2.34)有

$$K_{ij}^n = \left[(\boldsymbol{T}_i^n)^{\mathrm{T}} \quad (\boldsymbol{T}_i^{n+1})^{\mathrm{T}} \right] \begin{bmatrix} \tilde{K}_{11} & \tilde{K}_{12} \\ \tilde{K}_{21} & \tilde{K}_{22} \end{bmatrix} \begin{Bmatrix} \boldsymbol{T}_j^n \\ \boldsymbol{T}_j^{n+1} \end{Bmatrix} \tag{6.2.36}$$

式中，$\boldsymbol{T}^n$ 的各元素由式(6.2.9)表示。由式(6.2.9)和式(6.2.32)可得

$$T_{kj}^n = c^{k_j(n-1)} T_{ij}^1 \tag{6.2.37}$$

式中，k_j 由式(6.2.11)表示。将式(6.2.37)代入式(6.2.36)得

$$K_{ij}^n = c^{(k_i+k_j)(n-1)} \left[(\boldsymbol{T}_i^1)^{\mathrm{T}} \quad c^{k_i} (\boldsymbol{T}_i^1)^{\mathrm{T}} \right] \begin{bmatrix} \tilde{K}_{11} & \tilde{K}_{12} \\ \tilde{K}_{21} & \tilde{K}_{22} \end{bmatrix} \begin{Bmatrix} \boldsymbol{T}_j^1 \\ c^{k_j} \boldsymbol{T}_j^1 \end{Bmatrix} \tag{6.2.38}$$

由式(6.2.38)可见，内部各层单元转换后的刚度矩阵中各元素 K_{ij} 是几何级数，将各层转换后的刚度矩阵叠加，得到

$$\sum_{n=2}^{\infty} K_{ij}^n = \frac{R_{ij}}{1-R_{ij}} \left[(\boldsymbol{T}_i^1)^{\mathrm{T}} \quad c^{k_i} (\boldsymbol{T}_j^1)^{\mathrm{T}} \right] \begin{bmatrix} \tilde{K}_{11} & \tilde{K}_{12} \\ \tilde{K}_{21} & \tilde{K}_{22} \end{bmatrix} \begin{Bmatrix} \boldsymbol{T}_j^1 \\ c^{k_j} \boldsymbol{T}_j^1 \end{Bmatrix} \tag{6.2.39}$$

其中，

$$R_{ij} = c^{k_i+k_j} < 1, \quad i, j \geqslant 1 \tag{6.2.40}$$

将第一层的转换矩阵和其他各层的转换矩阵按节点同其他形式单元的刚度矩阵叠加，可得到结构的总刚度矩阵，求解方程后，可直接得到列阵$\{C\}$和应力强度因子。

3. V 形切口问题体积力的转换

当物体具有体积力时，第一层转换后的方程为

$$\begin{bmatrix} \tilde{K}_{\mathrm{mm}} & \tilde{K}_{\mathrm{ms}} T^1 C' \\ C'^{\mathrm{T}} (T^1)^{\mathrm{T}} \tilde{K}_{\mathrm{sm}} & C'^{\mathrm{T}} (T^1)^{\mathrm{T}} \tilde{K}_{\mathrm{ss}} T^1 C' \end{bmatrix} \begin{Bmatrix} d_{\mathrm{m}} \\ C \end{Bmatrix} = \begin{Bmatrix} f_1 + P_{\mathrm{b}}^1 \\ C'^{\mathrm{T}} (T^1)^{\mathrm{T}} P_{\mathrm{i}}^1 \end{Bmatrix} \tag{6.2.41}$$

因此第一层单元转换后的载荷列阵为

$$\boldsymbol{f}^1 = \begin{Bmatrix} \boldsymbol{f}_1 + \boldsymbol{P}_{\mathrm{b}}^1 \\ \boldsymbol{T}^1 \boldsymbol{P}_{\mathrm{i}}^1 \end{Bmatrix} \tag{6.2.42}$$

式中，$\boldsymbol{P}_{\mathrm{b}}^1$ 和 $\boldsymbol{P}_{\mathrm{i}}^1$ 分别为第一层外边界 L_1 和内边界 L_2 上各节点的等效节点力载荷列阵。内部第 n 层单元转换后的载荷列阵为

$$\{\boldsymbol{f}^n\} = [\tilde{\boldsymbol{T}}^n]^{\mathrm{T}} \{\boldsymbol{P}^n\} = \left[(\boldsymbol{T}^n)^{\mathrm{T}} \quad (\boldsymbol{T}^{n+1})^{\mathrm{T}} \right] \begin{Bmatrix} \boldsymbol{P}_{\mathrm{b}}^n \\ \boldsymbol{P}_{\mathrm{i}}^n \end{Bmatrix} \tag{6.2.43}$$

对于等厚度物体，体积力与单元面积成正比。考虑到式(6.2.1)，式(6.2.43)可变为

$$\boldsymbol{f}^n = c^{2(n-1)} \left[(\boldsymbol{T}^n)^{\mathrm{T}} \quad (\boldsymbol{T}^{n+1})^{\mathrm{T}} \right] \begin{Bmatrix} \boldsymbol{P}_{\mathrm{b}}^1 \\ \boldsymbol{P}_{\mathrm{i}}^1 \end{Bmatrix} \tag{6.2.44}$$

式中，$\boldsymbol{f}^n$ 的各元素为

$$f_i^n = c^{2(n-1)} \left[(\boldsymbol{T}_i^n)^{\mathrm{T}} \quad (\boldsymbol{T}_i^{n+1})^{\mathrm{T}} \right] \begin{Bmatrix} \boldsymbol{P}_{\mathrm{b}}^1 \\ \boldsymbol{P}_{\mathrm{i}}^1 \end{Bmatrix} \tag{6.2.45}$$

考虑到式(6.2.37)有

$$f_i^n = c^{(k_i+2)(n-1)} \left[(\boldsymbol{T}_i^1)^{\mathrm{T}} \quad c^{k_i} (\boldsymbol{T}_i^1)^{\mathrm{T}} \right] \begin{Bmatrix} \boldsymbol{P}_{\mathrm{b}}^1 \\ \boldsymbol{P}_{\mathrm{i}}^1 \end{Bmatrix} \tag{6.2.46}$$

由于内部各层转换后的节点载荷列阵是几何级数，将各层转换后的载荷列阵叠加得

$$\sum_{n=2}^{\infty} f_i^n = \frac{S_j}{1 - S_j} \left[(\boldsymbol{T}_i^1)^{\mathrm{T}} \quad c^{k_i} (\boldsymbol{T}_i^1)^{\mathrm{T}} \right] \begin{Bmatrix} \boldsymbol{P}_{\mathrm{b}}^1 \\ \boldsymbol{P}_{\mathrm{i}}^1 \end{Bmatrix} \tag{6.2.47}$$

其中，

$$S_j = c^{(k_j+4)/2} < 1 \tag{6.2.48}$$

将式(6.2.42)和式(6.2.48)叠加到结构的载荷列阵中，则可得到具有体积力问题

的载荷列阵。

6.3 断裂动力学问题的无限相似单元法

裂纹动态起始问题的数学处理就是求解方程的初值-边值混合问题，与静态问题相比，计算要复杂得多。本节利用动态问题的应力、位移场的表达式，讨论动态问题的相似单元解法。

6.3.1 动态平面断裂问题及其有限元法的基本方程

1. 动态问题的基本方程

已知平面物体 Ω，其边界由两部分 S_t 和 S_u 组成，满足关系 $S_t \cup S_u = S$，$S_t \cap S_u = 0$，在线弹性范围内，速度-位移、加速度-位移关系分别为

$$v_i = \frac{\partial u_i}{\partial t}, \quad a_i = \frac{\partial^2 u_i}{\partial t^2} \tag{6.3.1}$$

应变-位移和应力-应变关系分别为

$$\varepsilon_{ij} = \frac{1}{2}(u_{i,j} + u_{j,i}), \quad \sigma_{ij} = E\varepsilon_{ij} \tag{6.3.2}$$

动能密度和应变能密度分别为

$$K(v_i) = \frac{1}{2}\rho v_i v_i, \quad U(\varepsilon_{ij}) = \frac{1}{2}E\varepsilon_{ij}\varepsilon_{ij} \tag{6.3.3}$$

运动方程可表示为

$$\sigma_{ij,j} + f_i = \rho\frac{\partial^2 u_i}{\partial t^2} \tag{6.3.4}$$

式(6.3.4)满足的边界条件为

$$\begin{cases} P_i = \sigma_i n_j = \overline{P}_i, & \text{应力边界条件，在} S_t \times [0,t) \text{上} \\ u_i = \overline{u}_i, & \text{位移边界条件，在} S_u \times [0,t) \text{上} \end{cases} \tag{6.3.5}$$

式中，n_j 为边界的单位外法线矢量幅值；$\overline{P}_i$ 为 S_t 上的已知应力；$\overline{u}_i$ 为 S_u 边界上的已知位移。

初始条件为

$$u_i(k,0) = \tilde{u}_{0i}(k), \quad v_i(k,0) = \tilde{v}_{0i}(k), \quad k = (x_1, x_2) \tag{6.3.6}$$

式中，$\tilde{u}_{0i}(k)$ 为已知初始位移；$\tilde{v}_{0i}(k)$ 为已知初始速度。

2. 动态问题有限元法的基本方程

对于动态载荷问题，由于在物体上施加了与时间相关的瞬态载荷，物体运动状态发生变化，出现了惯性加速度以及由于外界环境对运动的物体作用，与运动速度相关的阻尼力。若将任一时刻的动态平衡问题看成一个在该时刻的稳态问题，则在该时刻物体的泛函总位能为

$$\Pi_{\mathrm{p}}=\int_{\Omega}\frac{1}{2}\boldsymbol{\varepsilon}^{\mathrm{T}}\boldsymbol{D}\boldsymbol{\varepsilon}t_{\mathrm{h}}\mathrm{d}\Omega-\int_{\Omega}\boldsymbol{u}^{\mathrm{T}}(\bar{\boldsymbol{f}}-\rho\boldsymbol{a}-c\boldsymbol{v})t_{\mathrm{h}}\mathrm{d}\Omega-\int_{S_{\mathrm{t}}}\boldsymbol{u}^{\mathrm{T}}\bar{\boldsymbol{T}}\mathrm{d}S \tag{6.3.7}$$

将物体离散，并考虑到式(6.3.1)，则离散模型的总位能为

$$\Pi_{\mathrm{p}}=\sum_{e}\left[\delta_e^{\mathrm{T}}\int_{\Omega_e}\frac{1}{2}\boldsymbol{B}^{\mathrm{T}}\boldsymbol{D}\boldsymbol{B}t\mathrm{d}\Omega\delta_e-\delta_e^{\mathrm{T}}\int_{\Omega_e}\boldsymbol{N}^{\mathrm{T}}(\bar{\boldsymbol{f}}-\rho\boldsymbol{N}\ddot{\delta}_e-c\boldsymbol{N}\dot{\delta}_e)t\mathrm{d}\Omega\delta_e\right]-\delta_e^{\mathrm{T}}\int_{S_{\mathrm{t}}^e}\boldsymbol{N}^{\mathrm{T}}\bar{\boldsymbol{T}}\mathrm{d}S \tag{6.3.8}$$

式中，$\boldsymbol{N}$、$\boldsymbol{B}$、$\boldsymbol{D}$ 分别为形函数矩阵、应变矩阵和弹性矩阵，其形式与静态问题相同。

由最小势能原理得到有限元法求解瞬态问题的方程为

$$\boldsymbol{M}\ddot{\boldsymbol{U}}+\boldsymbol{C}\dot{\boldsymbol{U}}+\boldsymbol{K}\boldsymbol{U}=\boldsymbol{F} \tag{6.3.9}$$

其中，

$$\boldsymbol{M}=\sum_{e}\boldsymbol{M}_e,\quad \boldsymbol{C}=\sum_{e}\boldsymbol{C}_e,\quad \boldsymbol{K}=\sum_{e}\boldsymbol{K}_e,\quad \boldsymbol{F}=\sum_{e}\boldsymbol{F}_e \tag{6.3.10}$$

分别为总体质量矩阵、总体阻尼矩阵、总体刚度矩阵和总体载荷列阵，其中

$$\boldsymbol{M}_e=\int_{\Omega_e}\rho\boldsymbol{N}^{\mathrm{T}}\boldsymbol{N}\mathrm{d}\Omega,\quad \boldsymbol{C}_e=\int_{\Omega_e}c\boldsymbol{N}^{\mathrm{T}}\boldsymbol{N}\mathrm{d}\Omega,\quad \boldsymbol{K}_e=\int_{\Omega_e}\boldsymbol{B}^{\mathrm{T}}\boldsymbol{D}\boldsymbol{B}t_{\mathrm{h}}\mathrm{d}\Omega$$

$$\boldsymbol{F}_e=\int_{\Omega_e}\boldsymbol{N}^{\mathrm{T}}\boldsymbol{f}t_{\mathrm{h}}\mathrm{d}\Omega+\int_{S_{\mathrm{t}}^e}\boldsymbol{N}^{\mathrm{T}}\bar{\boldsymbol{T}}t_{\mathrm{h}}\mathrm{d}S \tag{6.3.11}$$

对于实际的动态有限元分析，阻尼特征是随频率变化的，确定阻尼参数相当困难，因此一般不采用由阻尼参数组装总体刚度矩阵的方法，而是由总体质量矩阵和刚度矩阵组合而成，即

$$\boldsymbol{C}=\alpha\boldsymbol{M}+\beta\boldsymbol{K} \tag{6.3.12}$$

式中，α、β 为常数。当无阻尼时，式(6.3.9)变为

$$\boldsymbol{M}\ddot{\boldsymbol{U}}+\boldsymbol{K}\boldsymbol{U}=\boldsymbol{F} \tag{6.3.13}$$

对于时间变量，采用差分方法，假定在时间增量区间内加速度呈线性变化，用 Newmark 方法求解动态有限元方程时，在 $t\sim t+\Delta t$ 时间段，位移和速度为

$$\begin{aligned}\boldsymbol{U}_{t+\Delta t}&=\boldsymbol{U}_t+\dot{\boldsymbol{U}}_t\Delta t+[(1/2-\sigma)\ddot{\boldsymbol{U}}_t+\alpha\ddot{\boldsymbol{U}}_{t+\Delta t}]\Delta t^2\\ \dot{\boldsymbol{U}}_{t+\Delta t}&=\dot{\boldsymbol{U}}_t+[(1-\sigma)\ddot{\boldsymbol{U}}_t+\alpha\ddot{\boldsymbol{U}}_{t+\Delta t}]\Delta t\end{aligned} \tag{6.3.14}$$

式中，σ、α 为算法参数，由式(6.3.14)得到

$$\begin{aligned}\dot{\boldsymbol{U}}_{t+\Delta t} &= \boldsymbol{U}_t + (1-\sigma) + \sigma\Delta t\left[\frac{1}{\alpha\Delta t^2}(\boldsymbol{U}_{t+\Delta t}-\boldsymbol{U}_t) - \frac{1}{\alpha\Delta t}\dot{\boldsymbol{U}}_t - \left(\frac{1}{2\alpha}-1\right)\ddot{\boldsymbol{U}}_t\right] \\ \ddot{\boldsymbol{U}}_{t+\Delta t} &= \frac{1}{\alpha\Delta t^2}(\boldsymbol{U}_{t+\Delta t}-\boldsymbol{U}_t) - \frac{1}{\alpha\Delta t}\dot{\boldsymbol{U}}_t - \left(\frac{1}{2\alpha}-1\right)\ddot{\boldsymbol{U}}_t\end{aligned} \tag{6.3.15}$$

将式(6.3.14)和式(6.3.15)代入方程(6.3.9)，可得求解 $\boldsymbol{U}_{t+\Delta t}$ 的有效刚度方程为

$$\bar{\boldsymbol{K}}\boldsymbol{U}_{t+\Delta t} = \bar{\boldsymbol{F}}_{t+\Delta t} \tag{6.3.16}$$

式中，

$$\begin{aligned}\bar{\boldsymbol{K}} &= \boldsymbol{K} + a_0\boldsymbol{M} + a_1\boldsymbol{C} \\ \bar{\boldsymbol{F}}_{t+\Delta t} &= \boldsymbol{R}(t+\Delta t) + \boldsymbol{M}(a_0\boldsymbol{U}_t + a_2\dot{\boldsymbol{U}}_t + a_3\ddot{\boldsymbol{U}}_t) + \boldsymbol{C}(a_1\boldsymbol{U}_t + a_4\dot{\boldsymbol{U}}_t + a_5\ddot{\boldsymbol{U}}_t)\end{aligned} \tag{6.3.17}$$

其中，

$$\begin{gathered}a_0 = \frac{1}{\alpha\Delta t^2}, \quad a_1 = \frac{\sigma}{\alpha\Delta t}, \quad a_2 = \frac{1}{\alpha\Delta t} \\ a_3 = \frac{1}{2\alpha}-1, \quad a_4 = \frac{\sigma}{\alpha}-1, \quad a_5 = \frac{\Delta t}{2}\left(\frac{\sigma}{\alpha}-2\right)\end{gathered} \tag{6.3.18}$$

求解方程(6.3.16)后，根据式(6.3.14)和式(6.3.15)得到

$$\dot{\boldsymbol{U}}_{t+\Delta t} = \dot{\boldsymbol{U}}_t + a_6\ddot{\boldsymbol{U}}_t + a_7\ddot{\boldsymbol{U}}_{t+\Delta t}, \quad \ddot{\boldsymbol{U}}_{t+\Delta t} = a_0(\boldsymbol{U}_{t+\Delta t}-\boldsymbol{U}_t) - a_2\dot{\boldsymbol{U}}_t - a_3\ddot{\boldsymbol{U}}_t \tag{6.3.19}$$

其中，

$$a_6 = \Delta t(1-\sigma), \quad a_7 = \sigma\Delta t \tag{6.3.20}$$

将 $\boldsymbol{U}_{t+\Delta t}$ 代入式(6.3.19)可得到 $t+\Delta t$ 时刻的速度 $\dot{\boldsymbol{U}}_{t+\Delta t}$ 和加速度 $\ddot{\boldsymbol{U}}_{t+\Delta t}$。

6.3.2 动态平面断裂问题的应力场、位移场和应力强度因子

1. 动态平面断裂问题的应力场和位移场

动态平面断裂问题的应力场和位移场结构与静态问题一致，不同之处仅为广义坐标列阵为时间的函数，因此动态载荷下 V 形切口问题的应力场可表示为

$$\begin{aligned}\sigma_x &= \sum_{n=1}^{\infty}\left[\lambda_n^{\mathrm{I}} r^{\lambda_n^{\mathrm{I}}-1} C_n^{\mathrm{R}}(t) f_{nx}^{\mathrm{R}}(\theta) + \lambda_n^{\mathrm{II}} r^{\lambda_n^{\mathrm{II}}-1} C_n^{\mathrm{I}}(t) f_{nx}^{\mathrm{I}}(\theta)\right] \\ \sigma_y &= \sum_{n=1}^{\infty}\left[\lambda_n^{\mathrm{I}} r^{\lambda_n^{\mathrm{I}}-1} C_n^{\mathrm{R}}(t) f_{ny}^{\mathrm{R}}(\theta) + \lambda_n^{\mathrm{II}} r^{\lambda_n^{\mathrm{II}}-1} C_n^{\mathrm{I}}(t) f_{ny}^{\mathrm{I}}(\theta)\right] \\ \tau_{xy} &= \sum_{n=1}^{\infty}\left[\lambda_n^{\mathrm{I}} r^{\lambda_n^{\mathrm{I}}-1} C_n^{\mathrm{R}}(t) f_{nxy}^{\mathrm{R}}(\theta) + \lambda_n^{\mathrm{II}} r^{\lambda_n^{\mathrm{II}}-1} C_n^{\mathrm{I}}(t) f_{nxy}^{\mathrm{I}}(\theta)\right]\end{aligned} \tag{6.3.21}$$

其中，

$$
\begin{aligned}
f_{nx}^{\mathrm{R}}(\theta)&=\left[2+\lambda_n^{\mathrm{I}}\cos(2\alpha)+\cos(2\lambda_n^{\mathrm{I}}\alpha)\right]\cos\left[(\lambda_n^{\mathrm{I}}-1)\theta\right]-(\lambda_n^{\mathrm{I}}-1)\cos\left[(\lambda_n^{\mathrm{I}}-3)\theta\right]\\
f_{nx}^{\mathrm{I}}(\theta)&=\left[2+\lambda_n^{\mathrm{II}}\cos(2\alpha)-\cos(2\lambda_n^{\mathrm{II}}\alpha)\right]\sin\left[(\lambda_n^{\mathrm{II}}-1)\theta\right]-(\lambda_n^{\mathrm{II}}-1)\sin\left[(\lambda_n^{\mathrm{II}}-3)\theta\right]\\
f_{ny}^{\mathrm{R}}(\theta)&=\left[2-\lambda_n^{\mathrm{I}}\cos(2\alpha)-\cos(2\lambda_n^{\mathrm{I}}\alpha)\right]\cos\left[(\lambda_n^{\mathrm{I}}-1)\theta\right]+(\lambda_n^{\mathrm{I}}-1)\cos\left[(\lambda_n^{\mathrm{I}}-3)\theta\right]\\
f_{ny}^{\mathrm{I}}(\theta)&=\left[2-\lambda_n^{\mathrm{II}}\cos(2\alpha)+\cos(2\lambda_n^{\mathrm{II}}\alpha)\right]\sin\left[(\lambda_n^{\mathrm{II}}-1)\theta\right]+(\lambda_n^{\mathrm{II}}-1)\sin\left[(\lambda_n^{\mathrm{II}}-3)\theta\right]\\
f_{nxy}^{\mathrm{R}}(\theta)&=-\left[\lambda_n^{\mathrm{I}}\cos(2\alpha)+\cos(2\lambda_n^{\mathrm{I}}\alpha)\right]\sin\left[(\lambda_n^{\mathrm{I}}-1)\theta\right]+(\lambda_n^{\mathrm{I}}-1)\sin\left[(\lambda_n^{\mathrm{I}}-3)\theta\right]\\
f_{nxy}^{\mathrm{I}}(\theta)&=\left[\lambda_n^{\mathrm{II}}\cos(2\alpha)-\cos(2\lambda_n^{\mathrm{II}}\alpha)\right]\cos\left[(\lambda_n^{\mathrm{II}}-1)\theta\right]-(\lambda_n^{\mathrm{II}}-1)\cos\left[(\lambda_n^{\mathrm{II}}-3)\theta\right]
\end{aligned}
\tag{6.3.22}
$$

动态平面 V 形切口问题的位移场可表示为

$$
\begin{aligned}
2\mu u_x&=\sum_{n=1}^{\infty}\left[r^{\lambda_n^{\mathrm{I}}}C_n^{\mathrm{R}}(t)g_{nx}^{\mathrm{R}}(\theta)+r^{\lambda_n^{\mathrm{II}}}C_n^{\mathrm{I}}(t)g_{nx}^{\mathrm{I}}(\theta)\right]\\
2\mu u_y&=\sum_{n=1}^{\infty}\left[r^{\lambda_n^{\mathrm{I}}}C_n^{\mathrm{R}}(t)g_{ny}^{\mathrm{R}}(\theta)+r^{\lambda_n^{\mathrm{II}}}C_n^{\mathrm{I}}(t)g_{ny}^{\mathrm{I}}(\theta)\right]
\end{aligned}
\tag{6.3.23}
$$

其中，

$$
\begin{aligned}
g_{nx}^{\mathrm{R}}(\theta)&=\left[\kappa+\lambda_n^{\mathrm{I}}\cos(2\alpha)+\cos(2\lambda_n^{\mathrm{I}}\alpha)\right]\cos(\lambda_n^{\mathrm{I}}\theta)-\lambda_n^{\mathrm{I}}\cos\left[(\lambda_n^{\mathrm{I}}-2)\theta\right]\\
g_{nx}^{\mathrm{I}}(\theta)&=\left[\kappa+\lambda_n^{\mathrm{II}}\cos(2\alpha)-\cos(2\lambda_n^{\mathrm{II}}\alpha)\right]\sin(\lambda_n^{\mathrm{II}}\theta)-\lambda_n^{\mathrm{II}}\sin\left[(\lambda_n^{\mathrm{II}}-2)\theta\right]\\
g_{ny}^{\mathrm{R}}(\theta)&=\left[\kappa-\lambda_n^{\mathrm{I}}\cos(2\alpha)-\cos(2\lambda_n^{\mathrm{I}}\alpha)\right]\sin(\lambda_n^{\mathrm{I}}\theta)+\lambda_n^{\mathrm{I}}\sin\left[(\lambda_n^{\mathrm{I}}-2)\theta\right]\\
g_{ny}^{\mathrm{I}}(\theta)&=-\left[\kappa-\lambda_n^{\mathrm{II}}\cos(2\alpha)+\cos(2\lambda_n^{\mathrm{II}}\alpha)\right]\cos(\lambda_n^{\mathrm{II}}\theta)-\lambda_n^{\mathrm{II}}\cos\left[(\lambda_n^{\mathrm{II}}-2)\theta\right]
\end{aligned}
\tag{6.3.24}
$$

当平面物体有刚体位移时，位移场相应变为

$$
\begin{aligned}
2\mu u_x&=\sum_{n=0}^{\infty}\left[r^{\lambda_n^{\mathrm{I}}}C_n^{\mathrm{R}}(t)g_{nx}^{\mathrm{R}}(\theta)+r^{\lambda_n^{\mathrm{II}}}C_n^{\mathrm{I}}(t)g_{nx}^{\mathrm{I}}(\theta)\right]\\
2\mu u_y&=\sum_{n=0}^{\infty}\left[r^{\lambda_n^{\mathrm{I}}}C_n^{\mathrm{R}}(t)g_{ny}^{\mathrm{R}}(\theta)+r^{\lambda_n^{\mathrm{II}}}C_n^{\mathrm{I}}(t)g_{ny}^{\mathrm{I}}(\theta)\right]
\end{aligned}
\tag{6.3.25}
$$

式中，n=0 的项对应刚体位移。

当切口张角 β 为零时，Ⅰ型和Ⅱ型问题的特征解相同，则动态平面裂纹问题应力场为

$$
\begin{aligned}
\sigma_x&=\sum_{j=1}^{\infty}\frac{j}{2}r^{\frac{j}{2}-1}\left[C_j^{\mathrm{R}}(t)f_{jx}^{\mathrm{R}}(\theta)+C_j^{\mathrm{I}}(t)f_{jx}^{\mathrm{I}}(\theta)\right]\\
\sigma_y&=\sum_{j=1}^{\infty}\frac{j}{2}r^{\frac{j}{2}-1}\left[C_j^{\mathrm{R}}(t)f_{jy}^{\mathrm{R}}(\theta)+C_j^{\mathrm{I}}(t)f_{jy}^{\mathrm{I}}(\theta)\right]\\
\tau_{xy}&=\sum_{j=1}^{\infty}\frac{j}{2}r^{\frac{j}{2}-1}\left[C_j^{\mathrm{R}}(t)f_{jxy}^{\mathrm{R}}(\theta)+C_j^{\mathrm{I}}(t)f_{jxy}^{\mathrm{I}}(\theta)\right]
\end{aligned}
\tag{6.3.26}
$$

其中，

$$
\begin{aligned}
f_{jx}^{\mathrm{R}}(\theta) &= [2+j/2+(-1)^j]\cos[(j/2-1)\theta]-(j/2-1)\cos[(j/2-3)\theta] \\
f_{jx}^{\mathrm{I}}(\theta) &= [2+j/2-(-1)^j]\sin[(j/2-1)\theta]-(j/2-1)\sin[(j/2-3)\theta] \\
f_{jy}^{\mathrm{R}}(\theta) &= [2-j/2-(-1)^j]\cos[(j/2-1)\theta]+(j/2-1)\cos[(j/2-3)\theta] \\
f_{jy}^{\mathrm{I}}(\theta) &= [2-j/2+(-1)^j]\sin[(j/2-1)\theta]+(j/2-1)\sin[(j/2-3)\theta] \\
f_{jxy}^{\mathrm{R}}(\theta) &= -[j/2+(-1)^j]\sin[(j/2-1)\theta]+(j/2-1)\sin[(j/2-3)\theta] \\
f_{jxy}^{\mathrm{I}}(\theta) &= [j/2-(-1)^j]\cos[(j/2-1)\theta]-(j/2-1)\cos[(j/2-3)\theta]
\end{aligned}
\tag{6.3.27}
$$

动态平面裂纹问题的位移场为

$$
\begin{aligned}
u_x &= \sum_{j=1}^{\infty}\frac{r^{j/2}}{2\mu}\left[C_j^{\mathrm{R}}(t)g_{jx}^{\mathrm{R}}(\theta)+C_j^{\mathrm{I}}(t)g_{jx}^{\mathrm{I}}(\theta)\right] \\
u_y &= \sum_{j=1}^{\infty}\frac{r^{j/2}}{2\mu}\left[C_j^{\mathrm{R}}(t)g_{jy}^{\mathrm{R}}(\theta)+C_j^{\mathrm{I}}(t)g_{jy}^{\mathrm{I}}(\theta)\right]
\end{aligned}
\tag{6.3.28}
$$

其中，

$$
\begin{aligned}
g_{jx}^{\mathrm{R}}(\theta) &= [\kappa+j/2+(-1)^j]\cos(j\theta/2)-(j/2)\cos[(j/2-2)\theta] \\
g_{jx}^{\mathrm{I}}(\theta) &= [\kappa+j/2-(-1)^j]\sin(j\theta/2)-(j/2)\sin[(j/2-2)\theta] \\
g_{jy}^{\mathrm{R}}(\theta) &= [\kappa-j/2-(-1)^j]\sin(j\theta/2)+(j/2)\sin[(j/2-2)\theta] \\
g_{jy}^{\mathrm{I}}(\theta) &= -[\kappa-j/2+(-1)^j]\cos(j\theta/2)-(j/2)\cos[(j/2-2)\theta]
\end{aligned}
\tag{6.3.29}
$$

对于Ⅰ型问题，载荷对称，因此有

$$
f_{jx}^{\mathrm{I}}(\theta)=f_{jy}^{\mathrm{I}}(\theta)=f_{jxy}^{\mathrm{I}}(\theta)=g_{jx}^{\mathrm{I}}(\theta)=g_{jy}^{\mathrm{I}}(\theta)=0 \tag{6.3.30}
$$

对于Ⅱ型问题，载荷反对称，因此有

$$
f_{jx}^{\mathrm{R}}(\theta)=f_{jy}^{\mathrm{R}}(\theta)=f_{jxy}^{\mathrm{R}}(\theta)=g_{jx}^{\mathrm{R}}(\theta)=g_{jy}^{\mathrm{R}}(\theta)=0 \tag{6.3.31}
$$

2. *动态平面断裂问题的应力强度因子*

根据应力强度因子的定义，平面V形切口的应力强度因子可记为

$$
K_{\mathrm{I}}^{\mathrm{V}}(t)=\lim_{r\to 0}\sqrt{2\pi}r^{1-\lambda_1^{\mathrm{I}}}\,\sigma_y\Big|_{\theta=0},\quad K_{\mathrm{II}}^{\mathrm{V}}(t)=\lim_{r\to 0}\sqrt{2\pi}r^{1-\lambda_1^{\mathrm{II}}}\,\tau_{xy}\Big|_{\theta=0} \tag{6.3.32}
$$

由式(6.3.21)的第二式和第三式得到动态平面V形切口的应力强度因子为

$$
\begin{aligned}
K_{\mathrm{I}}^{\mathrm{V}}(t) &= \sqrt{2\pi}\lambda_1^{\mathrm{I}}\left[\lambda_1^{\mathrm{I}}+1-\lambda_1^{\mathrm{I}}\cos(2\alpha)-\cos(2\lambda_1^{\mathrm{I}}\alpha)\right]C_1^{\mathrm{R}}(t) \\
K_{\mathrm{II}}^{\mathrm{V}}(t) &= \sqrt{2\pi}\lambda_1^{\mathrm{II}}\left[\lambda_1^{\mathrm{II}}-1-\lambda_1^{\mathrm{II}}\cos(2\alpha)+\cos(2\lambda_1^{\mathrm{II}}\alpha)\right]C_1^{\mathrm{I}}(t)
\end{aligned}
\tag{6.3.33}
$$

式(6.3.33)写成复数形式为

$$K_{\mathrm{I}}^{\mathrm{V}}(t)-\mathrm{i}K_{\mathrm{II}}^{\mathrm{V}}(t)=\sqrt{2\pi}[A_{\mathrm{I}}C_1^{\mathrm{R}}(t)-\mathrm{i}A_{\mathrm{II}}C_1^{\mathrm{I}}(t)] \tag{6.3.34}$$

其中，

$$\begin{aligned} A_{\mathrm{I}}&=\lambda_1^{\mathrm{I}}\left[\lambda_1^{\mathrm{I}}+1-\lambda_1^{\mathrm{I}}\cos(2\alpha)-\cos(2\lambda_1^{\mathrm{I}}\alpha)\right]=2\lambda_1^{\mathrm{I}}\left[\lambda_1^{\mathrm{I}}\sin^2\alpha+\sin^2(\lambda_1^{\mathrm{I}}\alpha)\right] \\ A_{\mathrm{II}}&=\lambda_1^{\mathrm{II}}\left[\lambda_1^{\mathrm{II}}-1-\lambda_1^{\mathrm{II}}\cos(2\alpha)+\cos(2\lambda_1^{\mathrm{II}}\alpha)\right]=-2\lambda_1^{\mathrm{II}}\left[\lambda_1^{\mathrm{II}}\sin^2\alpha-\sin^2(\lambda_1^{\mathrm{II}}\alpha)\right] \end{aligned} \tag{6.3.35}$$

可见，动态平面 V 形切口的应力强度因子与 V 形切口的角度有关。对于平面裂纹情况，由于 $\alpha=\pi$ ，$\lambda_1^{\mathrm{I}}=\lambda_1^{\mathrm{II}}=1/2$ ，则有 $A_{\mathrm{I}}=A_{\mathrm{II}}=1$ ，式(6.3.33)变为

$$K_{\mathrm{I}}(t)-\mathrm{i}K_{\mathrm{II}}(t)=\sqrt{2\pi}[C_1^{\mathrm{R}}(t)-\mathrm{i}C_1^{\mathrm{I}}(t)] \tag{6.3.36}$$

6.3.3　动态平面断裂问题的有限相似单元法

1. 动态平面问题的刚度矩阵和质量矩阵

如图 6.3.1 所示，在裂纹尖端附近区域 Ω 内，用相似形状单元。对于第 j 层和第 j+1 层相似形状单元，相应节点的坐标关系为

$$x_i^{j+1}=cx_i^j+a\,,\quad y_i^{j+1}=cy_i^j+b \tag{6.3.37}$$

式中，(x_i^j,y_i^j) 为第 j 层单元各节点的坐标；a、b 为常数，由于

$$\boldsymbol{N}_j=\boldsymbol{N}_{j+1} \tag{6.3.38}$$

有

$$\boldsymbol{B}_{j+1}=\frac{\boldsymbol{B}_j}{c} \tag{6.3.39}$$

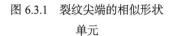

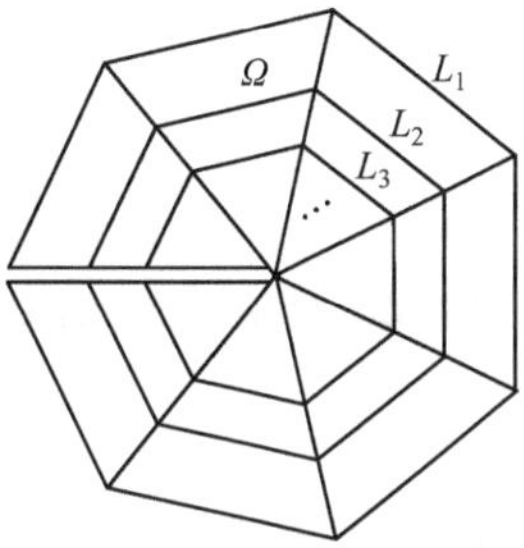

图 6.3.1　裂纹尖端的相似形状单元

由式(6.3.37)可得第 j 层和第 j+1 层相应平面相似单元的面积关系为

$$A_{j+1}=c^2A_j \tag{6.3.40}$$

将式(6.3.39)和式(6.3.40)代入式(6.3.11)可得

$$\boldsymbol{K}_{j+1}^e=\boldsymbol{K}_j^e\,,\quad \boldsymbol{M}_{j+1}^e=c^2\boldsymbol{M}_j^e \tag{6.3.41}$$

式(6.3.41)的第一式说明单元刚度矩阵仅取决于单元形状，而与单元尺寸和位置无关，即相同形状的平面单元具有相同的刚度矩阵。式(6.3.41)的第二式说明相似单元的质量矩阵仅与尺寸系数有关，而与单元位置无关。

2. 相似形状平面单元内部节点自由度的聚缩

相似形状单元的刚度矩阵相同，而其质量矩阵仅取决于单元尺寸，若记第 i 层的刚度矩阵和质量矩阵分别为 $\tilde{\boldsymbol{K}}_i$ 和 $\tilde{\boldsymbol{M}}_i (i=1,2,\cdots)$，则由式(6.3.41)的第一式和第二式得到

$$\tilde{\boldsymbol{K}}_1=\tilde{\boldsymbol{K}}_2=\cdots=\tilde{\boldsymbol{K}}_n=\cdots,\quad \tilde{\boldsymbol{M}}_1=c^{-2}\tilde{\boldsymbol{M}}_2=\cdots=c^{-2(n-1)}\tilde{\boldsymbol{M}}_n=\cdots \tag{6.3.42}$$

将层刚度矩阵和质量矩阵按内外边界节点写为分块形式：

$$\tilde{\boldsymbol{K}}_i=\begin{bmatrix}\tilde{\boldsymbol{K}}_{11} & \tilde{\boldsymbol{K}}_{12}\\ \tilde{\boldsymbol{K}}_{12}^{\mathrm{T}} & \tilde{\boldsymbol{K}}_{22}\end{bmatrix},\quad \tilde{\boldsymbol{M}}_i=\begin{bmatrix}\tilde{\boldsymbol{M}}_{11} & \tilde{\boldsymbol{M}}_{12}\\ \tilde{\boldsymbol{M}}_{12}^{\mathrm{T}} & \tilde{\boldsymbol{M}}_{22}\end{bmatrix} \tag{6.3.43}$$

式中，$\tilde{\boldsymbol{K}}_{ij}$、$\tilde{\boldsymbol{M}}_{ij}$ 为 $2m\times 2m$ 阶分块方阵。

动态问题的刚度矩阵聚缩过程及结果与静态问题相同。经过 n+1 次聚缩后的刚度矩阵为

$$\boldsymbol{S}_{n+1}=\boldsymbol{K}_{\mathrm{bb}}^n-\boldsymbol{K}_{\mathrm{bi}}^n(\boldsymbol{K}_{\mathrm{ii}}^n)^{-1}\boldsymbol{K}_{\mathrm{ib}}^n \tag{6.3.44}$$

其中，

$$\boldsymbol{K}_{\mathrm{bb}}^n=\begin{bmatrix}\boldsymbol{S}_{11}^n & \boldsymbol{0}\\ \boldsymbol{0} & \tilde{\boldsymbol{K}}_{22}\end{bmatrix},\quad (\boldsymbol{K}_{\mathrm{ib}}^n)^{\mathrm{T}}=\boldsymbol{K}_{\mathrm{bi}}^n=\begin{bmatrix}\boldsymbol{S}_{12}^n\\ \tilde{\boldsymbol{K}}_{22}^{\mathrm{T}}\end{bmatrix},\quad \boldsymbol{K}_{\mathrm{ii}}^n=\boldsymbol{S}_{22}^n \tag{6.3.45}$$

式中，$\boldsymbol{S}_n$ 为经过 n 次聚缩后的刚度矩阵，可表示为

$$\boldsymbol{S}_n=\begin{bmatrix}\boldsymbol{S}_{11}^n & \boldsymbol{S}_{12}^n\\ (\boldsymbol{S}_{12}^n)^{\mathrm{T}} & \boldsymbol{S}_{22}^n\end{bmatrix} \tag{6.3.46}$$

下面讨论质量矩阵的聚缩。记经过 n 次聚缩后的质量矩阵写成分块矩阵形式为

$$\boldsymbol{Z}_n=\begin{bmatrix}\boldsymbol{Z}_{11}^n & \boldsymbol{Z}_{12}^n\\ (\boldsymbol{Z}_{12}^n)^{\mathrm{T}} & \boldsymbol{Z}_{22}^n\end{bmatrix} \tag{6.3.47}$$

经过 n 次聚缩后的外层超级单元与第 n+2 层单元组成的子结构有下列关系：

$$\begin{bmatrix}\boldsymbol{Z}_{11}^n & \boldsymbol{Z}_{12}^n & \boldsymbol{0}\\ (\boldsymbol{Z}_{12}^n)^{\mathrm{T}} & \boldsymbol{Z}_{33}^n & c^{2(n+1)}\tilde{\boldsymbol{M}}_{12}\\ \boldsymbol{0} & c^{2(n+1)}\tilde{\boldsymbol{M}}_{12}^{\mathrm{T}} & c^{2(n+1)}\tilde{\boldsymbol{M}}_{22}\end{bmatrix}\begin{Bmatrix}\ddot{\boldsymbol{d}}_1\\ \ddot{\boldsymbol{d}}_{n+2}\\ \ddot{\boldsymbol{d}}_{n+3}\end{Bmatrix}=\begin{Bmatrix}\boldsymbol{F}_1'\\ \boldsymbol{0}\\ \boldsymbol{0}\end{Bmatrix} \tag{6.3.48}$$

其中，

$$\boldsymbol{Z}_{33}^n=\boldsymbol{Z}_{22}^n+\tilde{\boldsymbol{M}}_{11} \tag{6.3.49}$$

式(6.3.48)可改写为

$$\begin{bmatrix} \boldsymbol{Z}_{11}^{n} & \boldsymbol{0} & \boldsymbol{Z}_{12}^{n} \\ \boldsymbol{0} & c^{2(n+1)}\tilde{\boldsymbol{M}}_{22} & c^{2(n+1)}\tilde{\boldsymbol{M}}_{12}^{\mathrm{T}} \\ (\boldsymbol{Z}_{12}^{n})^{\mathrm{T}} & c^{2(n+1)}\tilde{\boldsymbol{M}}_{12} & \boldsymbol{Z}_{33}^{n} \end{bmatrix} \begin{Bmatrix} \ddot{\boldsymbol{d}}_1 \\ \ddot{\boldsymbol{d}}_{n+2} \\ \ddot{\boldsymbol{d}}_{n+3} \end{Bmatrix} = \begin{Bmatrix} \boldsymbol{F}_1' \\ \boldsymbol{0} \\ \boldsymbol{0} \end{Bmatrix} \tag{6.3.50}$$

将式(6.3.50)写成分块矩阵为

$$\begin{bmatrix} \boldsymbol{M}_{\mathrm{bb}}^{n} & \boldsymbol{M}_{\mathrm{bi}}^{n} \\ \boldsymbol{M}_{\mathrm{ib}}^{n} & \boldsymbol{M}_{\mathrm{ii}}^{n} \end{bmatrix} \begin{Bmatrix} \ddot{\boldsymbol{D}}_{\mathrm{b}}^{n} \\ \ddot{\boldsymbol{D}}_{\mathrm{i}}^{n} \end{Bmatrix} = \begin{Bmatrix} \boldsymbol{F}_{\mathrm{b}}'^{n} \\ \boldsymbol{0} \end{Bmatrix} \tag{6.3.51}$$

其中，

$$\boldsymbol{M}_{\mathrm{bb}}^{n} = \begin{bmatrix} \boldsymbol{Z}_{11}^{n} & \boldsymbol{0} \\ \boldsymbol{0} & \tilde{\boldsymbol{M}}_{22} \end{bmatrix}, \quad \boldsymbol{M}_{\mathrm{ib}}^{n} = (\boldsymbol{M}_{\mathrm{bi}}^{n})^{\mathrm{T}} = \begin{bmatrix} \boldsymbol{Z}_{12}^{n} \\ \tilde{\boldsymbol{M}}_{22}^{\mathrm{T}} \end{bmatrix}, \quad \boldsymbol{M}_{\mathrm{ii}}^{n} = \boldsymbol{Z}_{33}^{n}$$

$$\ddot{\boldsymbol{D}}_{\mathrm{b}}^{n} = \begin{Bmatrix} \ddot{\boldsymbol{d}}_1 \\ \ddot{\boldsymbol{d}}_{n+3} \end{Bmatrix}, \quad \ddot{\boldsymbol{D}}_{\mathrm{i}}^{n} = \ddot{\boldsymbol{d}}_{n+2}, \quad \boldsymbol{F}_{\mathrm{b}}'^{n} = \begin{Bmatrix} \boldsymbol{F}_1' \\ \boldsymbol{0} \end{Bmatrix} \tag{6.3.52}$$

式中，上标“n”表示第 n 次聚缩。由式(6.3.52)的第五式得

$$\ddot{\boldsymbol{D}}_{\mathrm{i}}^{n} = -(\boldsymbol{M}_{\mathrm{ii}}^{n})^{-1}\boldsymbol{M}_{\mathrm{ib}}^{n}\ddot{\boldsymbol{D}}_{\mathrm{b}}^{n} \tag{6.3.53}$$

将式(6.3.53)代入式(6.3.52)的第四式得

$$\boldsymbol{Z}_{n+1}\ddot{\boldsymbol{D}}_{\mathrm{b}}^{n} = \boldsymbol{F}_{\mathrm{b}}'^{n} \tag{6.3.54}$$

其中，

$$\boldsymbol{Z}_{n+1} = \boldsymbol{M}_{\mathrm{bb}}^{n} - \boldsymbol{M}_{\mathrm{bi}}^{n}(\boldsymbol{M}_{\mathrm{ii}}^{n})^{-1}\boldsymbol{M}_{\mathrm{ib}}^{n} \tag{6.3.55}$$

为经过 n+1 次聚缩后的质量矩阵。

3. 应力强度因子的计算

将经过聚缩后的刚度矩阵和质量矩阵与其他形式单元的刚度矩阵和质量矩阵按节点叠加，得到结构的总刚度矩阵和总质量矩阵，求解动态有限元方程(6.3.9)，可求得节点位移、速度和加速度。若在动态平面问题的位移表达式中取 n 项，则式(6.3.23)可写成如下矩阵形式：

$$\boldsymbol{d} = \boldsymbol{T}\boldsymbol{C} \tag{6.3.56}$$

其中，

$$\boldsymbol{C} = \{C_1^{\mathrm{R}}, C_1^{\mathrm{I}}, C_2^{\mathrm{R}}, C_2^{\mathrm{I}}, \cdots, C_n^{\mathrm{R}}, C_n^{\mathrm{I}}\}^{\mathrm{T}}, \quad \boldsymbol{d} = \{u_1, v_1, u_2, v_2, \cdots, u_{2m}, v_{2m}\}^{\mathrm{T}} \tag{6.3.57}$$

$\boldsymbol{T}$ 为 $4m \times 2n$ 阶转换矩阵，其各元素为

$$
\left.\begin{aligned}
T^n(2i-1,2j-1)&=\frac{(c^{n-1}r_i)^{\lambda_j^{\mathrm{I}}}}{2\mu}g_{jx}^{\mathrm{R}}(\theta_i)\\
T^n(2i,2j-1)&=\frac{(c^{n-1}r_i)^{\lambda_j^{\mathrm{I}}}}{2\mu}g_{jy}^{\mathrm{R}}(\theta_i)\\
T^n(2i-1,2j)&=\frac{(c^{n-1}r_i)^{\lambda_j^{\mathrm{II}}}}{2\mu}g_{jx}^{\mathrm{I}}(\theta_i)\\
T^n(2i,2j)&=\frac{(c^{n-1}r_i)^{\lambda_j^{\mathrm{II}}}}{2\mu}g_{jy}^{\mathrm{I}}(\theta_i)
\end{aligned}\right\}\quad i=1,2,\cdots,2m;\ j=1,2,\cdots,n \tag{6.3.58}
$$

由式(6.3.56)得到

$$
\boldsymbol{C}=\boldsymbol{T}^{-1}\boldsymbol{d} \tag{6.3.59}
$$

求解方程(6.3.59)，即可得到列阵 $\boldsymbol{C}$，再利用式(6.3.36)求得应力强度因子。

6.3.4　动态平面断裂问题的无限相似单元法

与静态问题相比，有限相似单元法计算量大的矛盾更加突出，本节讨论动态平面断裂问题的无限相似单元法。

1. 无限相似单元的组合刚度矩阵

将动态平面问题奇点附近区域 Ω 内各层的刚度矩阵和质量矩阵按节点叠加，得到一个无穷阶的总刚度矩阵和总质量矩阵，若考虑边界条件，则得到如下无穷阶方程组：

$$
\begin{bmatrix}
\tilde{\boldsymbol{K}}_{11} & \tilde{\boldsymbol{K}}_{12} & \boldsymbol{0} & \cdots\\
\tilde{\boldsymbol{K}}_{12}^{\mathrm{T}} & \tilde{\boldsymbol{K}}_{33} & \tilde{\boldsymbol{K}}_{12} & \cdots\\
\boldsymbol{0} & \tilde{\boldsymbol{K}}_{12}^{\mathrm{T}} & \tilde{\boldsymbol{K}}_{33} & \cdots\\
\vdots & \vdots & \vdots &
\end{bmatrix}
\begin{Bmatrix}\boldsymbol{d}_1\\ \boldsymbol{d}_2\\ \boldsymbol{d}_3\\ \vdots\end{Bmatrix}
+
\begin{bmatrix}
\tilde{\boldsymbol{M}}_{11} & \tilde{\boldsymbol{M}}_{12} & \boldsymbol{0} & \cdots\\
\tilde{\boldsymbol{M}}_{12}^{\mathrm{T}} & \tilde{\boldsymbol{M}}_{33} & c^2\tilde{\boldsymbol{M}}_{12} & \cdots\\
\boldsymbol{0} & c^2\tilde{\boldsymbol{M}}_{12}^{\mathrm{T}} & c^2\tilde{\boldsymbol{M}}_{33} & \cdots\\
\vdots & \vdots & \vdots &
\end{bmatrix}
\begin{Bmatrix}\ddot{\boldsymbol{d}}_1\\ \ddot{\boldsymbol{d}}_2\\ \ddot{\boldsymbol{d}}_3\\ \vdots\end{Bmatrix}
=
\begin{Bmatrix}\boldsymbol{f}_1\\ \boldsymbol{P}_2\\ \boldsymbol{P}_3\\ \vdots\end{Bmatrix} \tag{6.3.60}
$$

即

$$
\begin{aligned}
&\tilde{\boldsymbol{K}}_{11}\boldsymbol{d}_1+\tilde{\boldsymbol{K}}_{12}\boldsymbol{d}_2+\tilde{\boldsymbol{M}}_{11}\ddot{\boldsymbol{d}}_1+\tilde{\boldsymbol{M}}_{12}\ddot{\boldsymbol{d}}_2=\boldsymbol{f}_1\\
&\tilde{\boldsymbol{K}}_{12}^{\mathrm{T}}\boldsymbol{d}_1+\tilde{\boldsymbol{K}}_{33}\boldsymbol{d}_2+\tilde{\boldsymbol{K}}_{12}\boldsymbol{d}_3+\tilde{\boldsymbol{M}}_{12}^{\mathrm{T}}\ddot{\boldsymbol{d}}_1+\tilde{\boldsymbol{M}}_{33}\ddot{\boldsymbol{d}}_2+c^2\tilde{\boldsymbol{M}}_{12}\ddot{\boldsymbol{d}}_3=\boldsymbol{P}_2\\
&\qquad\cdots\\
&\tilde{\boldsymbol{K}}_{12}^{\mathrm{T}}\boldsymbol{d}_{n-1}+\tilde{\boldsymbol{K}}_{33}\boldsymbol{d}_n+\tilde{\boldsymbol{K}}_{12}\boldsymbol{d}_{n+1}+c^{2(n-1)}\tilde{\boldsymbol{M}}_{12}^{\mathrm{T}}\ddot{\boldsymbol{d}}_{n-1}+c^{2(n-1)}\tilde{\boldsymbol{M}}_{33}\ddot{\boldsymbol{d}}_n+c^{2(n-1)}\tilde{\boldsymbol{M}}_{12}\ddot{\boldsymbol{d}}_{n+1}=\boldsymbol{P}_n\\
&\qquad\cdots
\end{aligned} \tag{6.3.61}
$$

由式(6.3.23)可得 L_n 多边形上各节点的位移列阵和加速度列阵分别为

$$\boldsymbol{d}_n = \boldsymbol{T}^n \boldsymbol{C}, \quad \ddot{\boldsymbol{d}}_n = \boldsymbol{T}^n \ddot{\boldsymbol{C}} \tag{6.3.62}$$

若选取列阵 $\boldsymbol{C}$ 的行数与 $\boldsymbol{d}$ 相同，则 $\boldsymbol{T}^n$ 为方阵，由式(6.3.62)得

$$\boldsymbol{d}_{n+1} = \boldsymbol{X}_n \boldsymbol{d}_n, \quad \ddot{\boldsymbol{d}}_{n+1} = \boldsymbol{X}_n \ddot{\boldsymbol{d}}_n, \quad n = 1, 2, \cdots \tag{6.3.63}$$

其中，

$$\boldsymbol{X}_n = \boldsymbol{T}^{n+1} (\boldsymbol{T}^n)^{-1} \tag{6.3.64}$$

将式(6.3.64)代入式(6.3.61)的第 n 式得到

$$[\tilde{\boldsymbol{K}}_{12}^{\mathrm{T}} + \tilde{\boldsymbol{K}}_{33} \boldsymbol{X}_n + \tilde{\boldsymbol{K}}_{12} (\boldsymbol{X}_n)^2] \boldsymbol{d}_n + c^{2(n-1)} [\tilde{\boldsymbol{K}}_{12}^{\mathrm{T}} + \tilde{\boldsymbol{M}}_{33} \boldsymbol{X}_n + \tilde{\boldsymbol{M}}_{12} (\boldsymbol{X}_n)^2] \ddot{\boldsymbol{d}} = \boldsymbol{P}_n \tag{6.3.65}$$

式中，$\boldsymbol{d}_n$ 可以是任意向量，因此 $\boldsymbol{X}$ 应该满足的方程为

$$\tilde{\boldsymbol{K}}_{11} (\boldsymbol{X}_n)^2 + \tilde{\boldsymbol{K}}_{33} \boldsymbol{X}_n + \tilde{\boldsymbol{K}}_{12}^{\mathrm{T}} = \boldsymbol{P}_n^1, \quad \tilde{\boldsymbol{M}}_{11} (\boldsymbol{X}_n)^2 + \tilde{\boldsymbol{M}}_{33} \boldsymbol{X}_n + \tilde{\boldsymbol{M}} = \boldsymbol{P}_n^2 \tag{6.3.66}$$

由式(6.3.66)求矩阵 $\boldsymbol{X}_n$ 是困难的。考虑到式(6.3.23)，则有

$$\boldsymbol{X}_1 = \boldsymbol{X}_2 = \cdots = \boldsymbol{X}_n = \boldsymbol{X} \tag{6.3.67}$$

从而得到

$$\boldsymbol{X} = \boldsymbol{T} \begin{bmatrix} c^{\lambda_1^{\mathrm{I}}} & & & & \\ & c^{\lambda_1^{\mathrm{II}}} & & & \\ & & \ddots & & \\ & & & c^{\lambda_m^{\mathrm{I}}} & \\ & & & & c^{\lambda_m^{\mathrm{II}}} \end{bmatrix} \boldsymbol{T}^{-1} \tag{6.3.68}$$

由式(6.3.61)的第一式得到

$$\boldsymbol{K}_{\mathrm{z}} \boldsymbol{d}_1 + \boldsymbol{M}_{\mathrm{z}} \ddot{\boldsymbol{d}}_1 = \boldsymbol{f}_1 \tag{6.3.69}$$

式中，$\boldsymbol{K}_{\mathrm{z}}$ 和 $\boldsymbol{M}_{\mathrm{z}}$ 分别为 Ω 区域内相似单元的组合刚度矩阵和组合质量矩阵，

$$\boldsymbol{K}_{\mathrm{z}} = \tilde{\boldsymbol{K}}_{11} + \tilde{\boldsymbol{K}}_{12} \boldsymbol{X}, \quad \boldsymbol{M}_{\mathrm{z}} = \tilde{\boldsymbol{M}}_{11} + \tilde{\boldsymbol{M}}_{12} \boldsymbol{X} \tag{6.3.70}$$

由式(6.3.69)可见，方程中仅剩下最外层多边形 L_1 上的位移列阵 $\boldsymbol{d}_1$，而不存在内部节点的位移，将组合刚度矩阵和组合质量矩阵与其他形式单元的刚度矩阵和质量矩阵按节点叠加，即可得到结构的总刚度矩阵和总质量矩阵。求解方程得到节点位移后，利用式(6.3.59)求得列阵 $\boldsymbol{C}$，再利用式(6.3.36)求出应力强度因子。

2. 内层边界具有支承条件的处理

若在无限相似单元中有支承条件，支承条件在内层位移列阵的第 i 个元素上，

则层刚度矩阵和质量矩阵的各元素可表示为

$$\begin{aligned}&\tilde{K}_{12}(k,i)=\tilde{K}_{12}^{\mathrm{T}}(i,k)=0,\quad k=1,2,\cdots,2m\\&K_{22}(i,i)=1,\quad \tilde{K}_{22}(i,k)=\tilde{K}_{22}(k,i)=0,\quad k=1,2,\cdots,2m;k\neq i\end{aligned}\tag{6.3.71}$$

$$\begin{aligned}&\tilde{M}_{12}(k,i)=\tilde{M}_{12}^{\mathrm{T}}(i,k)=0,\quad k=1,2,\cdots,2m\\&\tilde{M}_{22}(i,i)=1,\quad \tilde{M}_{22}(i,k)=\tilde{M}_{22}(k,i)=0,\quad k=1,2,\cdots,2m;k\neq i\end{aligned}\tag{6.3.72}$$

6.3.5 动态平面断裂问题的无限相似单元转换法

与静态问题相似，用相似单元转换法求解动态平面问题更加有效，由于

$$\boldsymbol{d}=\boldsymbol{T}\boldsymbol{C},\quad \dot{\boldsymbol{d}}=\boldsymbol{T}\dot{\boldsymbol{C}},\quad \ddot{\boldsymbol{d}}=\boldsymbol{T}\ddot{\boldsymbol{C}}\tag{6.3.73}$$

由应变能守恒，有

$$\frac{1}{2}\boldsymbol{d}^{\mathrm{T}}\boldsymbol{K}\boldsymbol{d}+\frac{1}{2}\dot{\boldsymbol{d}}^{\mathrm{T}}\boldsymbol{C}\dot{\boldsymbol{d}}+\frac{1}{2}\ddot{\boldsymbol{d}}^{\mathrm{T}}\boldsymbol{M}\ddot{\boldsymbol{d}}=\frac{1}{2}\boldsymbol{C}^{\mathrm{T}}\boldsymbol{K}'\boldsymbol{C}+\frac{1}{2}\dot{\boldsymbol{C}}^{\mathrm{T}}\boldsymbol{C}'\dot{\boldsymbol{C}}+\frac{1}{2}\ddot{\boldsymbol{C}}^{\mathrm{T}}\boldsymbol{M}'\ddot{\boldsymbol{C}}\tag{6.3.74}$$

其中，

$$\boldsymbol{K}'=\boldsymbol{T}^{\mathrm{T}}\boldsymbol{K}\boldsymbol{T},\quad \boldsymbol{C}'=\boldsymbol{T}^{\mathrm{T}}\boldsymbol{C}\boldsymbol{T},\quad \boldsymbol{M}'=\boldsymbol{T}^{\mathrm{T}}\boldsymbol{M}\boldsymbol{T}\tag{6.3.75}$$

从而有

$$\boldsymbol{T}^{\mathrm{T}}\boldsymbol{K}\boldsymbol{T}\boldsymbol{C}+\boldsymbol{T}^{\mathrm{T}}\bar{\boldsymbol{C}}\boldsymbol{T}\dot{\boldsymbol{C}}+\boldsymbol{T}^{\mathrm{T}}\boldsymbol{M}\boldsymbol{T}\ddot{\boldsymbol{C}}=\boldsymbol{T}^{\mathrm{T}}\boldsymbol{R}\tag{6.3.76}$$

1. 第一层单元节点自由度的转换

对于区域 Ω 内的相似单元，记外层边界多边形 L_1 上的节点为主节点，其位移列阵为 $\boldsymbol{d}_{\mathrm{m}}$，区域内的其他节点为辅助节点，其位移列阵记为 $\boldsymbol{d}_{\mathrm{s}}$。为了同区域外的其他形式单元联合求解，在进行节点自由度的转换时，只需要转换辅助节点即可。为此，将第一层的动态有限元方程按主节点和辅助节点写成如下分块形式：

$$\begin{bmatrix}\tilde{\boldsymbol{M}}_{\mathrm{mm}}&\tilde{\boldsymbol{M}}_{\mathrm{ms}}\\\tilde{\boldsymbol{M}}_{\mathrm{sm}}&\tilde{\boldsymbol{M}}_{\mathrm{ss}}\end{bmatrix}\begin{Bmatrix}\ddot{\boldsymbol{d}}_{\mathrm{m}}\\\ddot{\boldsymbol{d}}_{\mathrm{s}}\end{Bmatrix}+\begin{bmatrix}\tilde{\boldsymbol{C}}_{\mathrm{mm}}&\tilde{\boldsymbol{C}}_{\mathrm{ms}}\\\tilde{\boldsymbol{C}}_{\mathrm{sm}}&\tilde{\boldsymbol{C}}_{\mathrm{ss}}\end{bmatrix}\begin{Bmatrix}\dot{\boldsymbol{d}}_{\mathrm{m}}\\\dot{\boldsymbol{d}}_{\mathrm{s}}\end{Bmatrix}+\begin{bmatrix}\tilde{\boldsymbol{K}}_{\mathrm{mm}}&\tilde{\boldsymbol{K}}_{\mathrm{ms}}\\\tilde{\boldsymbol{K}}_{\mathrm{sm}}&\tilde{\boldsymbol{K}}_{\mathrm{ss}}\end{bmatrix}\begin{Bmatrix}\boldsymbol{d}_{\mathrm{m}}\\\boldsymbol{d}_{\mathrm{s}}\end{Bmatrix}=\begin{Bmatrix}\boldsymbol{R}\\\boldsymbol{0}\end{Bmatrix}\tag{6.3.77}$$

对辅助节点的位移列阵 $\boldsymbol{d}_{\mathrm{s}}$、速度列阵 $\dot{\boldsymbol{d}}_{\mathrm{s}}$ 和加速度列阵 $\ddot{\boldsymbol{d}}_{\mathrm{s}}$ 利用式(6.3.73)进行转换，则有

$$\begin{aligned}&\begin{Bmatrix}\boldsymbol{d}_{\mathrm{m}}\\\boldsymbol{d}_{\mathrm{s}}\end{Bmatrix}\begin{bmatrix}\boldsymbol{I}&\boldsymbol{0}\\\boldsymbol{0}&\boldsymbol{T}^{\mathrm{s}}\end{bmatrix}=\begin{Bmatrix}\boldsymbol{d}_{\mathrm{m}}\\\boldsymbol{C}\end{Bmatrix},\quad \begin{Bmatrix}\dot{\boldsymbol{d}}_{\mathrm{m}}\\\dot{\boldsymbol{d}}_{\mathrm{s}}\end{Bmatrix}\begin{bmatrix}\boldsymbol{I}&\boldsymbol{0}\\\boldsymbol{0}&\boldsymbol{T}^{\mathrm{s}}\end{bmatrix}=\begin{Bmatrix}\dot{\boldsymbol{d}}_{\mathrm{m}}\\\dot{\boldsymbol{C}}\end{Bmatrix},\\&\begin{Bmatrix}\ddot{\boldsymbol{d}}_{\mathrm{m}}\\\ddot{\boldsymbol{d}}_{\mathrm{s}}\end{Bmatrix}\begin{bmatrix}\boldsymbol{I}&\boldsymbol{0}\\\boldsymbol{0}&\boldsymbol{T}^{\mathrm{s}}\end{bmatrix}=\begin{Bmatrix}\ddot{\boldsymbol{d}}_{\mathrm{m}}\\\ddot{\boldsymbol{C}}\end{Bmatrix}\end{aligned}\tag{6.3.78}$$

式中，$\boldsymbol{T}^{\mathrm{s}}$ 为多边形 L_2 上各节点的转换矩阵，考虑到式(6.2.29)，对于第一层相似

单元，转换后的刚度矩阵、阻尼矩阵和质量矩阵分别为

$$
\begin{aligned}
&\boldsymbol{K}^1=\begin{bmatrix}\tilde{\boldsymbol{M}}_{\mathrm{mm}} & \tilde{\boldsymbol{M}}_{\mathrm{ms}}\boldsymbol{T}^1\boldsymbol{C}' \\ \boldsymbol{C}'^{\mathrm{T}}(\boldsymbol{T}^1)^{\mathrm{T}}\tilde{\boldsymbol{M}}_{\mathrm{sm}} & \boldsymbol{C}'^{\mathrm{T}}(\boldsymbol{T}^1)^{\mathrm{T}}\tilde{\boldsymbol{M}}_{\mathrm{ss}}\boldsymbol{T}^1\boldsymbol{C}'\end{bmatrix}\\
&\bar{\boldsymbol{C}}^1=\begin{bmatrix}\tilde{\boldsymbol{C}}_{\mathrm{mm}} & \tilde{\boldsymbol{C}}_{\mathrm{ms}}\boldsymbol{T}^1\boldsymbol{C}' \\ \boldsymbol{C}'^{\mathrm{T}}(\boldsymbol{T}^1)^{\mathrm{T}}\tilde{\boldsymbol{C}}_{\mathrm{sm}} & \boldsymbol{C}'^{\mathrm{T}}(\boldsymbol{T}^1)^{\mathrm{T}}\tilde{\boldsymbol{C}}_{\mathrm{ss}}\boldsymbol{T}^1\boldsymbol{C}'\end{bmatrix}\\
&\boldsymbol{M}^1=\begin{bmatrix}\tilde{\boldsymbol{M}}_{\mathrm{mm}} & \tilde{\boldsymbol{M}}_{\mathrm{ms}}\boldsymbol{T}^1\boldsymbol{C}' \\ \boldsymbol{C}'^{\mathrm{T}}(\boldsymbol{T}^1)^{\mathrm{T}}\tilde{\boldsymbol{M}}_{\mathrm{sm}} & \boldsymbol{C}'^{\mathrm{T}}(\boldsymbol{T}^1)^{\mathrm{T}}\tilde{\boldsymbol{M}}_{\mathrm{ss}}\boldsymbol{T}^1\boldsymbol{C}'\end{bmatrix}
\end{aligned}
\tag{6.3.79}
$$

2. 内部各层单元节点自由度的转换

对于内部各层单元，所有节点自由度均需转换。对于第 n 层单元，转换后的刚度矩阵、阻尼矩阵和质量矩阵分别为

$$
\boldsymbol{K}^n=(\tilde{\boldsymbol{T}}^n)^{\mathrm{T}}\tilde{\boldsymbol{K}}\tilde{\boldsymbol{T}}^n,\quad \boldsymbol{C}^n=(\tilde{\boldsymbol{T}}^n)^{\mathrm{T}}\tilde{\boldsymbol{C}}\tilde{\boldsymbol{T}}^n,\quad \boldsymbol{M}^n=(\tilde{\boldsymbol{T}}^n)^{\mathrm{T}}\tilde{\boldsymbol{M}}\tilde{\boldsymbol{T}}^n \tag{6.3.80}
$$

式中，$\tilde{\boldsymbol{T}}^n$ 为第 n 层单元的转换矩阵。转换后的刚度矩阵、阻尼矩阵和质量矩阵的元素为

$$
K_{ij}^n=(\tilde{\boldsymbol{T}}_i^n)^{\mathrm{T}}\tilde{\boldsymbol{K}}\tilde{\boldsymbol{T}}_j^n,\quad C_{ij}^n=(\tilde{\boldsymbol{T}}_i^n)^{\mathrm{T}}\tilde{\boldsymbol{C}}\tilde{\boldsymbol{T}}_j^n,\quad M_{ij}^n=(\tilde{\boldsymbol{T}}_i^n)^{\mathrm{T}}\tilde{\boldsymbol{M}}\tilde{\boldsymbol{T}}_j^n \tag{6.3.81}
$$

式中，$(\tilde{\boldsymbol{T}}_i^n)^{\mathrm{T}}$ 和 $\tilde{\boldsymbol{T}}_j^n$ 分别表示 $(\tilde{\boldsymbol{T}}^n)^{\mathrm{T}}$ 的第 i 行和 $\tilde{\boldsymbol{T}}^n$ 的第 j 列。为了与第一层的转换矩阵统一，将第 n 层单元的转换矩阵 $\tilde{\boldsymbol{T}}^n$ 按内外层边界节点写成分块矩阵为

$$
\tilde{\boldsymbol{T}}^n=\begin{Bmatrix}\boldsymbol{T}^n \\ \boldsymbol{T}^{n+1}\end{Bmatrix} \tag{6.3.82}
$$

式中，$\boldsymbol{T}^n$ 和 $\boldsymbol{T}^{n+1}$ 分别为第 n 层单元外层多边形 L_n 和内层多边形 L_{n+1} 节点自由度的转换矩阵。将式(6.3.82)代入式(6.3.81)有

$$
\begin{aligned}
&K_{ij}^n=\{(\boldsymbol{T}_i^n)^{\mathrm{T}}\quad(\boldsymbol{T}_i^{n+1})^{\mathrm{T}}\}\begin{bmatrix}\tilde{\boldsymbol{K}}_{11} & \tilde{\boldsymbol{K}}_{12}\\ \tilde{\boldsymbol{K}}_{21} & \tilde{\boldsymbol{K}}_{22}\end{bmatrix}\begin{Bmatrix}\boldsymbol{T}_j^n\\ \boldsymbol{T}_j^{n+1}\end{Bmatrix}\\
&C_{ij}^n=\{(\boldsymbol{T}_i^n)^{\mathrm{T}}\quad(\boldsymbol{T}_i^{n+1})^{\mathrm{T}}\}\begin{bmatrix}\tilde{\boldsymbol{C}}_{11} & \tilde{\boldsymbol{C}}_{12}\\ \tilde{\boldsymbol{C}}_{21} & \tilde{\boldsymbol{C}}_{22}\end{bmatrix}\begin{Bmatrix}\boldsymbol{T}_j^n\\ \boldsymbol{T}_j^{n+1}\end{Bmatrix}\\
&M_{ij}^n=\{(\boldsymbol{T}_i^n)^{\mathrm{T}}\quad(\boldsymbol{T}_i^{n+1})^{\mathrm{T}}\}\begin{bmatrix}\tilde{\boldsymbol{M}}_{11} & \tilde{\boldsymbol{M}}_{12}\\ \tilde{\boldsymbol{M}}_{21} & \tilde{\boldsymbol{M}}_{22}\end{bmatrix}\begin{Bmatrix}\boldsymbol{T}_j^n\\ \boldsymbol{T}_j^{n+1}\end{Bmatrix}
\end{aligned}
\tag{6.3.83}
$$

式中，$\boldsymbol{T}^n$ 的各元素由式(6.3.58)描述，可表示为

$$T_{ij}^{n}=c^{k_j(n-1)}T_{ij}^{1} \tag{6.3.84}$$

其中，

$$k_j=\begin{cases}\lambda_{(j+1)/2}^{\mathrm{I}}, & j\text{为奇数}\\ \lambda_{j/2}^{\mathrm{II}}, & j\text{为偶数}\end{cases} \tag{6.3.85}$$

将式(6.3.84)代入式(6.3.83)得

$$\begin{aligned}
K_{ij}^{n}&=c^{(k_i+k_j)(n-1)}\{(\boldsymbol{T}_i^1)^{\mathrm{T}}\quad c^{k_i}(\boldsymbol{T}_i^1)^{\mathrm{T}}\}\begin{bmatrix}\tilde{\boldsymbol{K}}_{11} & \tilde{\boldsymbol{K}}_{12}\\ \tilde{\boldsymbol{K}}_{21} & \tilde{\boldsymbol{K}}_{22}\end{bmatrix}\begin{Bmatrix}\boldsymbol{T}_j^1\\ c^{k_j}\boldsymbol{T}_j^1\end{Bmatrix}\\
C_{ij}^{n}&=c^{(k_i+k_j)(n-1)}\{(\boldsymbol{T}_i^1)^{\mathrm{T}}\quad c^{k_i}(\boldsymbol{T}_i^1)^{\mathrm{T}}\}\begin{bmatrix}\tilde{\boldsymbol{C}}_{11} & \tilde{\boldsymbol{C}}_{12}\\ \tilde{\boldsymbol{C}}_{21} & \tilde{\boldsymbol{C}}_{22}\end{bmatrix}\begin{Bmatrix}\boldsymbol{T}_j^1\\ c^{k_j}\boldsymbol{T}_j^1\end{Bmatrix}\\
M_{ij}^{n}&=c^{(k_j+k_j)(n-1)}\{(\boldsymbol{T}_i^1)^{\mathrm{T}}\quad c^{k_i}(\boldsymbol{T}_i^1)^{\mathrm{T}}\}\begin{bmatrix}\tilde{\boldsymbol{M}}_{11} & \tilde{\boldsymbol{M}}_{12}\\ \tilde{\boldsymbol{M}}_{21} & \tilde{\boldsymbol{M}}_{22}\end{bmatrix}\begin{Bmatrix}\boldsymbol{T}_j^1\\ c^{k_j}\boldsymbol{T}_j^1\end{Bmatrix}
\end{aligned} \tag{6.3.86}$$

由式(6.3.86)可见，内部各层单元转换后的刚度矩阵、阻尼矩阵和质量矩阵中各元素 K_{ij} 、C_{ij} 和 M_{ij} 均为几何级数，因此有

$$\begin{aligned}
\sum_{n=2}^{\infty}K_{ij}^{n}&=\frac{R_{ij}}{1-R_{ij}}\{(\boldsymbol{T}_i^1)^{\mathrm{T}}\quad c^{k_i}(\boldsymbol{T}_i^1)^{\mathrm{T}}\}\begin{bmatrix}\tilde{\boldsymbol{K}}_{11} & \tilde{\boldsymbol{K}}_{12}\\ \tilde{\boldsymbol{K}}_{21} & \tilde{\boldsymbol{K}}_{22}\end{bmatrix}\begin{Bmatrix}\boldsymbol{T}_j^1\\ c^{k_j}\boldsymbol{T}_j^1\end{Bmatrix}\\
\sum_{n=2}^{\infty}C_{ij}^{n}&=\frac{R_{ij}}{1-R_{ij}}\{(\boldsymbol{T}_i^1)^{\mathrm{T}}\quad c^{k_i}(\boldsymbol{T}_i^1)^{\mathrm{T}}\}\begin{bmatrix}\tilde{\boldsymbol{C}}_{11} & \tilde{\boldsymbol{C}}_{12}\\ \tilde{\boldsymbol{C}}_{21} & \tilde{\boldsymbol{C}}_{22}\end{bmatrix}\begin{Bmatrix}\boldsymbol{T}_j^1\\ c^{k_j}\boldsymbol{T}_j^1\end{Bmatrix}\\
\sum_{n=2}^{\infty}M_{ij}^{n}&=\frac{R_{ij}}{1-R_{ij}}\{(\boldsymbol{T}_i^1)^{\mathrm{T}}\quad c^{k_i}(\boldsymbol{T}_i^1)^{\mathrm{T}}\}\begin{bmatrix}\tilde{\boldsymbol{M}}_{11} & \tilde{\boldsymbol{M}}_{12}\\ \tilde{\boldsymbol{M}}_{21} & \tilde{\boldsymbol{M}}_{22}\end{bmatrix}\begin{Bmatrix}\boldsymbol{T}_j^1\\ c^{k_j}\boldsymbol{T}_j^1\end{Bmatrix}
\end{aligned} \tag{6.3.87}$$

其中，

$$R_{ij}=c^{(k_i+k_j)}<1,\quad i,j\geqslant 1 \tag{6.3.88}$$

将第一层转换后的矩阵和其他各层转换后的矩阵按节点同其他形式单元的刚度矩阵、阻尼矩阵和质量矩阵叠加，可得到结构的总刚度矩阵、总阻尼矩阵和总质量矩阵，求解方程后，直接得到列阵 $\boldsymbol{C}$ 和动态应力强度因子。

6.4　动力学问题的边界元法

由于工程问题的复杂性，往往将其抽象为满足某种微分方程和边界条件的数

学问题来处理。直接寻求这类问题的解析解常常非常困难，因此一般采用数值方法获得近似解。有限元法是常用的数值求解方法，但有限元法处理问题的自由度数庞大，计算速度受到限制，对于动力学问题尤其如此。

边界元法只在边界上剖分单元，通过基本解把域内未知量化为边界未知量来求解，这就使得自由度数大大减少，而且基本解本身具有奇异性特点，使边界元法在解决奇异问题时精度较高。边界元法具有的独特优点为：①基本解可以根据实际问题的特点适当选择，可以避免直接处理无限边界问题；②边界元法具有降维作用，可大大简化问题，特别是对于三维的动力学问题更加有效；③输入数据少，计算精度高，特别适用于大区域问题和奇异问题。边界元法分为直接列式法和间接列式法两种方法。直接列式法是直接求出边界上的未知物理量，而间接列式法是把所求区域视为无限域的一部分，通过满足域内条件的边界虚载荷求出边界上的未知物理量。

在利用边界元法求解动力学问题时，可采用频域法和时域法。频域法是经过积分变换，在频域内利用相应静力学问题的基本解求出频域值，再通过积分反变换求出时域的响应值。由于两次积分变换的工作量大，当遇到积分变换不存在或不能进行变换时，该方法失效。时域法是直接在时域内求解响应，因此可以处理各类问题。时域法有显式时间法和隐式时间法两类。显式时间法是利用时域内的基本解，直接进行时间步长积分，求得每一时刻的响应值。每个阶段都需要积分，且时域内的基本解形式复杂，因此计算工作量大。隐式时间法采用一定的方法将惯性力项化为边界积分来处理，因此计算效率大大提高。边界元法采用基本解本身的奇异性，因此在处理断裂问题时具有较高的精度。

6.4.1　位势问题的边界元法

边界元法是一种直接求解边界积分方程的数值方法。工程中常见的位势问题和弹性力学问题，都可以借助加权余量格式或 Betti 互换功原理，利用相应的基本解来建立边界积分方程，求解这个积分方程即可得到待求的未知物理量。

基本解是边界元法中不可缺少的基础，数学上，将满足方程

$$\ell(u_{jk}) = \Delta_l^i \tag{6.4.1}$$

的函数 u_{jk} 定义为方程

$$\ell(u_{jk}) = 0 \tag{6.4.2}$$

的基本解。这里 ℓ 是线性微分算子，可依据问题特点表现出不同的形式。Δ_l^i 为 Dirac δ 函数，且满足

$$\int_{\Omega} \Delta_l^i u_k \mathrm{d}\Omega = C_{ki} u_k^l \tag{6.4.3}$$

式中，u_k^l 表示 k 点在 l 方向的相应物理量；C_{ki} 为与积分域 Ω 边界几何性质有关的常数。

1. 基本方程

若某工程问题可以用拉普拉斯方程或泊松方程来描述，则称为位势问题。位势问题可以归结为

$$\nabla^2 u = b \tag{6.4.4}$$

式中，b 为某个已知函数，其边界条件为

$$\begin{cases} u = \overline{u}, & X \in \Gamma_1 \\ q = \dfrac{\partial u}{\partial n} = \overline{q}, & X \in \Gamma_2 \end{cases} \tag{6.4.5}$$

式中，X 为边界的描述参量；n 为边界的法线方向；有 $\Gamma_1 + \Gamma_2 = \Gamma$，如图 6.4.1 所示。

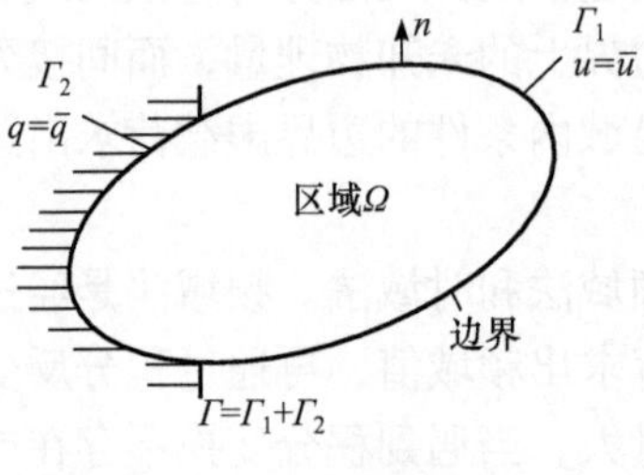

图 6.4.1 位势问题的边界及符号

2. 边界积分方程

位势问题可以写成加权余量形式：

$$-\int_\Omega bw\mathrm{d}\Omega + \int_\Omega (\nabla^2 u)w\mathrm{d}\Omega = \int_{\Gamma_1}(q-\overline{q})w\mathrm{d}\Gamma - \int_{\Gamma_2}(u-\overline{u})\frac{\partial w}{\partial n}\mathrm{d}\Gamma \tag{6.4.6}$$

式中，w 为某种权函数。将式(6.4.6)分部积分两次，得到

$$-\int_\Omega bw\mathrm{d}\Omega + \int_\Omega (\nabla^2 u)w\mathrm{d}\Omega = -\int_{\Gamma_1}\overline{q}w\mathrm{d}\Gamma + \int_{\Gamma_1} qw\mathrm{d}\Gamma - \int_{\Gamma_2} u\frac{\partial w}{\partial n}\mathrm{d}\Gamma + \int_{\Gamma_2}\overline{u}\frac{\partial w}{\partial n}\mathrm{d}\Gamma \tag{6.4.7}$$

为了将式(6.4.7)转化为边界积分，取加权函数 w 为拉普拉斯方程的基本解 $\tilde{u}$，即有

$$\nabla^2 \tilde{u} = \Delta_i \tag{6.4.8}$$

对于各向同性介质，基本解为

$$\tilde{u} = \begin{cases} \dfrac{1}{2\pi}\ln r^{-1}, & \text{二维} \\ \dfrac{1}{4\pi r}, & \text{三维} \end{cases} \tag{6.4.9}$$

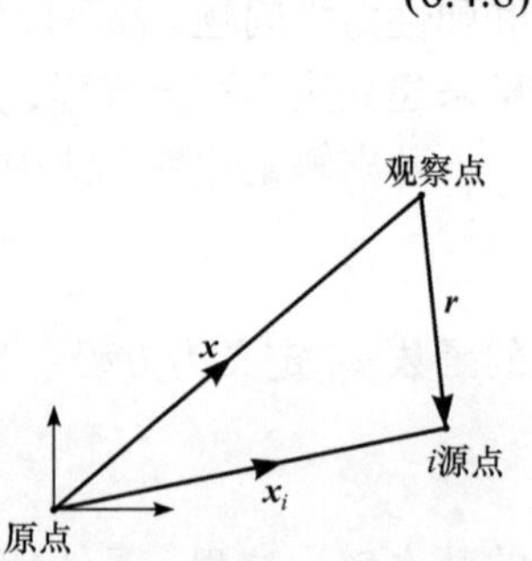

图 6.4.2 基本解的定义符号

式中，r 为源点到观察点间的距离，如图 6.4.2 所示，

$$r = |\boldsymbol{r}| = |\boldsymbol{x} - \boldsymbol{x}_i| \tag{6.4.10}$$

将式(6.4.8)～式(6.4.10)代入式(6.4.7)，得到

$$-\int_\Omega b\tilde{u}\mathrm{d}\Omega + \int_\Omega (\nabla^2\tilde{u})u\mathrm{d}\Omega + \int_{\Gamma_1}\overline{q}\,\tilde{u}\mathrm{d}\Gamma - \int_{\Gamma_1} q\,\tilde{u}\mathrm{d}\Gamma = \int_{\Gamma_2}\overline{u}\,\tilde{q}\mathrm{d}\Gamma - \int_{\Gamma_2} u\tilde{q}\mathrm{d}\Gamma \tag{6.4.11}$$

式中，$\tilde{q}=\partial\tilde{u}/\partial n$。

根据基本解的性质，可将式(6.4.11)改写为

$$C_i u_i+\int_{\Omega} b\tilde{u}\mathrm{d}\Omega+\int_{\Gamma_2} u\tilde{q}\mathrm{d}\Gamma+\int_{\Gamma_1}\overline{u}\tilde{q}\,\mathrm{d}\Gamma=\int_{\Gamma_2}\overline{q}\tilde{u}\,\mathrm{d}\Gamma+\int_{\Gamma_1} q\tilde{u}\,\mathrm{d}\Gamma \tag{6.4.12}$$

式中，C_i 为与边界形状有关的常数，且有

$$C_i=\begin{cases}1, & x\in\Omega\\ 0.5, & x\in\Gamma\text{且为光滑点}\\ \beta/(2\pi), & x\in\Gamma\text{且为角点，}\beta\text{为该点的内角}\\ 0, & x\in\Omega+\Gamma\end{cases} \tag{6.4.13}$$

式(6.4.12)可写成更简洁的形式：

$$C_i u_i+\int_{\Omega} b\tilde{u}\mathrm{d}\Omega+\int_{\Gamma} u\tilde{q}\mathrm{d}\Gamma=\int_{\Gamma} q\tilde{u}\mathrm{d}\Gamma \tag{6.4.14}$$

式(6.4.14)即为位势问题对应的边界积分方程。

3. 数值离散技术

为了简化计算，以二维情形给出离散技术，并令$b=0$。如图 6.4.3 所示，假设区域边界为光滑边界。根据需要可选择常数单元、线性单元、二次单元以及更高次的单元，边界经剖分离散后由N个单元组成。

对边界离散后，方程(6.4.14)可写成离散形式：

$$C_i u_i+\sum_{j=1}^{N}\int_{\Gamma_j} u\tilde{q}\mathrm{d}\Gamma=\sum_{j=1}^{N}\int_{\Gamma_j} q\tilde{u}\mathrm{d}\Gamma \tag{6.4.15}$$

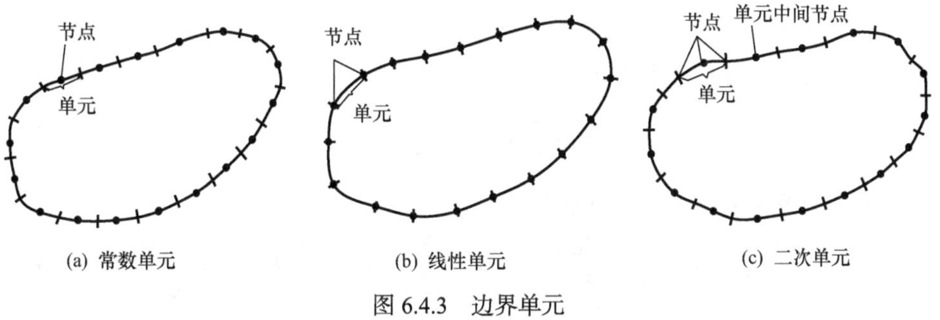

(a) 常数单元　　(b) 线性单元　　(c) 二次单元

图 6.4.3　边界单元

对于常数单元，在每一个单元上，u_j 和 q_j 为常数，因此可以提到积分号外部，从而得到

$$C_i u_i+\sum_{j=1}^{N}\left(\int_{\Gamma_j}\tilde{q}\mathrm{d}\Gamma\right)u_j=\sum_{j=1}^{N}\left(\int_{\Gamma_j}\tilde{u}\mathrm{d}\Gamma\right)q_j \tag{6.4.16}$$

若记

$$\hat{H}_{ij}=\int_{\Gamma_j}\tilde{q}\mathrm{d}\Gamma,\quad G_{ij}=\int_{\Gamma_j}\tilde{u}\mathrm{d}\Gamma \tag{6.4.17}$$

则式(6.4.16)变为

$$C_i u_i+\sum_{j=1}^{N}\hat{H}_{ij}u_j=\sum_{j=1}^{N}G_{ij}q_j \tag{6.4.18}$$

对于常数单元，式(6.4.17)的积分可容易地计算出来，对于高次单元，积分的解析解很难得到，因此常用数值法计算。令

$$H_{ij}=\begin{cases}\hat{H}_{ij}, & i\neq j\\ \hat{H}_{ij}+C_i, & i=j\end{cases} \tag{6.4.19}$$

则式(6.4.18)可写为

$$\sum_{j=1}^{N}H_{ij}u_j=\sum_{j=1}^{N}G_{ij}q_j \tag{6.4.20}$$

式(6.4.20)写成矩阵形式为

$$\boldsymbol{Hu}=\boldsymbol{Gq} \tag{6.4.21}$$

在每个节点 i 上，对应的物理量 u_i 和 q_i 中有一个是已知的，而另一个是未知的。方程组(6.4.21)按照边界条件进行移项整理，并置全部未知量于左端，得到

$$\boldsymbol{Ax}=\boldsymbol{F} \tag{6.4.22}$$

式中，$\boldsymbol{x}$ 为由 $\boldsymbol{u}$ 和 $\boldsymbol{q}$ 组成的向量。解方程可以得到边界上的所有边界量。一旦做到这一点，即可利用式(6.4.14)计算任意内部点上的 $\boldsymbol{u}$ 和 $\boldsymbol{q}$ 值，即有

$$u_i=\int_{\Gamma}q\tilde{u}\mathrm{d}\Gamma-\int_{\Gamma}u\tilde{q}\mathrm{d}\Gamma \tag{6.4.23}$$

离散式(6.4.23)，可直接求得 u_i 为

$$u_i=\sum_{j=1}^{N}G_{ij}q_j-\sum_{j=1}^{N}\hat{H}_{ij}u_j \tag{6.4.24}$$

对式(6.4.23)等号两侧微分，可求得

$$q_x=\frac{\partial u}{\partial x}=\int_{\Gamma}q\frac{\partial\tilde{u}}{\partial x}\mathrm{d}\Gamma-\int_{\Gamma}u\frac{\partial\tilde{q}}{\partial x}\mathrm{d}\Gamma,\quad q_y=\frac{\partial u}{\partial y}=\int_{\Gamma}q\frac{\partial\tilde{u}}{\partial y}\mathrm{d}\Gamma-\int_{\Gamma}u\frac{\partial\tilde{q}}{\partial y}\mathrm{d}\Gamma \tag{6.4.25}$$

4. 泊松方程

前面讨论了 $b=0$ 的情况，在许多实际问题中，需要引入 $b\neq0$ 的非零项，该项作用在物体的体积或面积上，但不会在表达式中加入任何内部未知数。

当 $b\neq0$ 时，对应的边界积分方程由式(6.4.14)给出。可见，与前面不同之处仅

在于含有 b 项的域内积分，为了求得该项积分，需将区域 Ω 离散成一系列的网格或内部单元，如图 6.4.4 所示。与有限元法的网格不同，边界元法的单元划分不需要求解任何内部未知数，仅仅是为了计算该项积分。

考察 M 个内部单元，可写出

$$B_i = \int_{\Omega} b\tilde{u}\mathrm{d}\Omega = \sum_{k=1}^{M}\int_{\Omega_k}\tilde{b}\mathrm{d}\Omega \tag{6.4.26}$$

对每一单元应用数值积分，得到

$$\int_{\Omega} b\tilde{u}\mathrm{d}\Omega = \sum_{k=1}^{M}\left[\sum_{r=1}^{S}W_r(b\tilde{u})_r\right]A_k \tag{6.4.27}$$

式中，r 为积分点；W_r 为权系数；S 为每个单元上积分点的总数；A_k 为单元的面积或体积。

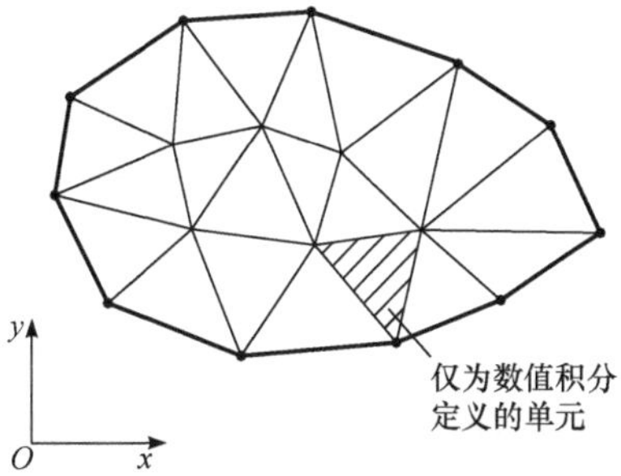

图 6.4.4　边界单元及内部单元

式(6.4.14)的离散形式为

$$B_i + \sum_{j=1}^{N}H_{ij}u_j = \sum_{j=1}^{N}G_{ij}q_j \tag{6.4.28}$$

式(6.4.28)写成矩阵形式为

$$\boldsymbol{B} + \boldsymbol{Hu} = \boldsymbol{Gq} \tag{6.4.29}$$

按照边界条件将未知量和已知量分别移至等号两边，整理后可求解方程组(6.4.22)，其中 $\boldsymbol{F}$ 已包含 $\boldsymbol{B}$ 的各项。求解方程组(6.4.22)后，整个边界上的 u 和 q 为已知。因此，在计入 b 项的贡献后，就能在任意内点计算出它们的数值，例如，在任一点之上，其 u 为

$$u_i = \sum_{j=1}^{N}G_{ij}q_j - \sum_{j=1}^{N}\hat{H}_{ij}u_j - B_i \tag{6.4.30}$$

5. 高次单元

为了准确表示物体的几何形状，常采用高次单元。图 6.4.5 为二次单元，将单元内的坐标 x、u 和 q 表示为

$$x = \sum_{j=1}^{3}\phi_j x_j, \quad u = \sum_{j=1}^{3}\phi_j u_j, \quad q = \sum_{j=1}^{3}\phi_j q_j \tag{6.4.31}$$

式中，x_j、u_j 和 q_j 为节点上的对应值；ϕ_j (j=1, 2, 3)为

$$\phi_1 = \frac{1}{2}\xi(\xi-1), \quad \phi_2 = (1-\xi)(1+\xi), \quad \phi_3 = \frac{1}{2}\xi(\xi+1) \tag{6.4.32}$$

式中，ξ 为局部坐标。

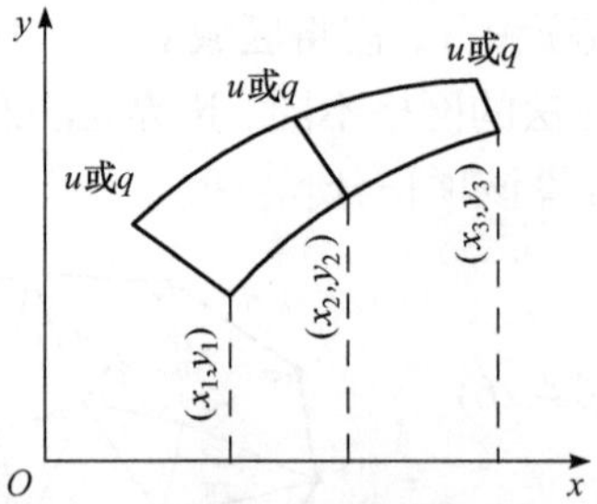

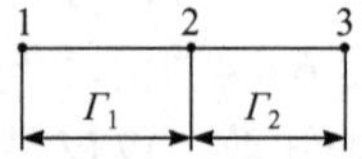

节点	ξ	ϕ_1	ϕ_2	ϕ_3
1	1	1	0	0
2	0	0	1	0
3	1	0	0	1

图 6.4.5　二次单元

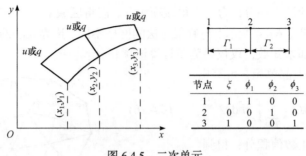

这些函数在指定节点给出相应值，而在节点之间呈二次变化。将式(6.4.31)代入式(6.4.15)，对于每个单元可得

$$\int_{\Gamma_j} u\tilde{q}\mathrm{d}\Gamma = \int_{\Gamma_j} \{\phi_1 \quad \phi_2 \quad \phi_3\}\tilde{q}\mathrm{d}\Gamma \begin{Bmatrix} u_1 \\ u_2 \\ u_3 \end{Bmatrix} = \{h_{ij}^1 \quad h_{ij}^2 \quad h_{ij}^3\} \begin{Bmatrix} u_1 \\ u_2 \\ u_3 \end{Bmatrix} \tag{6.4.33}$$

其中，

$$h_{ij}^1 = \int_{\Gamma_j} \phi_1 \tilde{q}\mathrm{d}\Gamma, \quad h_{ij}^2 = \int_{\Gamma_j} \phi_2 \tilde{q}\mathrm{d}\Gamma, \quad h_{ij}^3 = \int_{\Gamma_j} \phi_3 \tilde{q}\mathrm{d}\Gamma \tag{6.4.34}$$

同理可得

$$\int_{\Gamma_j} q\tilde{u}\mathrm{d}\Gamma = \int_{\Gamma_j} \{\phi_1 \quad \phi_2 \quad \phi_3\}\tilde{u}\mathrm{d}\Gamma \begin{Bmatrix} q_1 \\ q_2 \\ q_3 \end{Bmatrix} = \{g_{ij}^1 \quad g_{ij}^2 \quad g_{ij}^3\} \begin{Bmatrix} q_1 \\ q_2 \\ q_3 \end{Bmatrix} \tag{6.4.35}$$

其中，

$$g_{ij}^1 = \int_{\Gamma_j} \phi_1 \tilde{u}\mathrm{d}\Gamma, \quad g_{ij}^2 = \int_{\Gamma_j} \phi_2 \tilde{u}\mathrm{d}\Gamma, \quad g_{ij}^3 = \int_{\Gamma_j} \phi_3 \tilde{u}\mathrm{d}\Gamma \tag{6.4.36}$$

式(6.4.34)和式(6.4.36)中，h_{ij}^k 和 g_{ij}^k $(k=1, 2, 3)$为根据观察点 i 与单元 j 上特定节点 k 之间的相互作用来定义的影响系数。

利用数值积分方法计算上述积分，并将两邻接单元 $j-1$ 和 j 的贡献相叠加，使其成为一项，用于确定其节点的总影响系数，得到方程：

$$C_i u_i + \{\hat{H}_{i1} \quad \hat{H}_{i2} \quad \hat{H}_{i3}\} \begin{Bmatrix} u_1 \\ u_2 \\ \vdots \\ u_N \end{Bmatrix} = \{G_{i1} \quad G_{i2} \quad G_{i3}\} \begin{Bmatrix} q_1 \\ q_2 \\ \vdots \\ q_N \end{Bmatrix} \tag{6.4.37}$$

式(6.4.37)可写为

$$C_i u_i + \sum_{j=1}^{N} \hat{H}_{ij} u_j = \sum_{j=1}^{N} G_{ij} q_j \tag{6.4.38}$$

式(6.4.38)写成矩阵形式为

$$\boldsymbol{Hu}=\boldsymbol{Gq} \tag{6.4.39}$$

后续的处理方法与前面相同。

6.4.2　弹性力学问题的边界元法

弹性力学问题是力学分析中最基本的问题之一，作为边界元法处理断裂动力学问题的基础，本节讨论弹性力学问题的边界元法原理。

1. 基本方程

弹性力学问题的平衡方程、本构方程、几何方程可用指标记法分别表示为

$$\sigma_{ij,j} + b_i = 0 \tag{6.4.40}$$

$$\sigma_{ij} = E_{ijkl}\varepsilon_{kl} \tag{6.4.41}$$

$$\varepsilon_{kl}=\frac{1}{2}(u_{i,j}+u_{j,i}) \tag{6.4.42}$$

式中，b_i 为体积力；σ_{ij} 为应力张量；ε_{kl} 为应变张量；E_{ijkl} 为弹性张量。

弹性力学问题的边界条件为

$$\begin{cases} u_i = \overline{u}_i, & X \in \varGamma_1 \\ t_i = \overline{t}_i, & X \in \varGamma_2 \end{cases} \tag{6.4.43}$$

式中，u_i 和 t_i 分别为边界节点的位移和面力分量；$\overline{u}_i$ 和 $\overline{t}_i$ 分别为 u_i 和 t_i 的已知值，且有 $\varGamma_1+\varGamma_2=\varGamma$ 。对于三维问题，$i,j=1,2,3$；对于二维问题，$i,j=1,2$ 。

2. 边界积分方程

根据加权余量法原理，可以写出对应上述弹性力学问题的权余式为

$$\int_{\varOmega}(\sigma_{kj,j}+b_k)\tilde{u}_{ki}\mathrm{d}\varOmega = \int_{\varGamma_2}(t_k-\overline{t}_k)\tilde{U}_{ki}\mathrm{d}\varGamma + \int_{\varGamma_1}(\overline{u}_k-u_k)\tilde{P}_{ki}\mathrm{d}\varGamma \tag{6.4.44}$$

式中，$\tilde{U}_{ki}$ 为权函数，表示域内位移场；$\tilde{P}_{ki}$ 为与位移场 $\tilde{U}_{ki}$ 相对应的边界面力场，且满足：

$$\tilde{P}_{ki} = \tilde{\sigma}_{ki} n_j \tag{6.4.45}$$

式中，$\tilde{\sigma}_{ki}$ 为与 $\tilde{U}_{ki}$ 相对应的应力场；n_j 为边界的外法线方向。对式(6.4.44)中的域内积分进行一次分部积分，同时考虑本构方程(6.4.41)和几何方程(6.4.42)，得到

$$-\int_{\Omega}\sigma_{kj}\tilde{\varepsilon}_{ki}\mathrm{d}\Omega+\int_{\Omega}b_k\tilde{U}_{ki}\mathrm{d}\Omega=-\int_{\Gamma_2}\overline{t}_k\tilde{U}_{ki}\mathrm{d}\Gamma-\int_{\Gamma_1}t_k\tilde{U}_{ki}\mathrm{d}\Gamma+\int_{\Gamma_1}(\overline{u}_k-u_k)\tilde{P}_{ki}\mathrm{d}\Gamma \quad (6.4.46)$$

式中，$\tilde{\varepsilon}_{ki}$ 为与 $\tilde{U}_{ki}$ 相对应的应变场。对式(6.4.46)的第一个域内积分再进行一次分部积分，可得

$$\int_{\Omega}\tilde{\sigma}_{kj,j}u_k\mathrm{d}\Omega+\int_{\Omega}b_k\tilde{U}_{ki}\mathrm{d}\Omega=-\int_{\Gamma_2}\overline{t}_k\tilde{U}_{ki}\mathrm{d}\Gamma-\int_{\Gamma_1}t_k\tilde{U}_{ki}\mathrm{d}\Gamma+\int_{\Gamma_1}\overline{u}_k\tilde{P}_{ki}\mathrm{d}\Gamma+\int_{\Gamma_2}u_k\tilde{P}_{ki}\mathrm{d}\Gamma$$

(6.4.47)

式(6.4.47)可写为

$$\int_{\Omega}\tilde{\sigma}_{kj,j}u_k\mathrm{d}\Omega+\int_{\Omega}b_k\tilde{U}_{ki}\mathrm{d}\Omega=-\int_{\Gamma}t_k\tilde{U}_{ki}\mathrm{d}\Gamma+\int_{\Gamma}u_k\tilde{P}_{ki}\mathrm{d}\Gamma \quad (6.4.48)$$

在常规边界元法中，体力是直接进行域内剖分通过计算数值积分得到的。其方法类似于对泊松方程的处理，尽管计算过程比较烦琐，但计算原理相当简单，也不会增加新的未知量。为了将方程(6.4.48)化为边界积分方程，需要引入基本解，通常引入 Kelvin 基本解，即

$$\tilde{\sigma}_{kj,j}=-\Delta_l^i \quad (6.4.49)$$

对于各向同性介质，基本解为

$$\tilde{U}_{lk}=\begin{cases}\dfrac{1}{8\pi G(1-\upsilon)}[(3-4\upsilon)\ln(r^{-1})\delta_{lk}+r_{,l}r_{,k}], & \text{二维问题}\\ \dfrac{1}{16\pi G(1-\upsilon)r}[(3-4\upsilon)\delta_{lk}+r_{,l}r_{,k}], & \text{三维问题}\end{cases}$$
$$\tilde{P}_{lk}=\begin{cases}-\dfrac{1}{4\pi(1-\upsilon)r}\left\{\dfrac{\partial r}{\partial n}[(1-2\upsilon)\delta_{lk}+2r_{,l}r_{,k}]-(1-2\upsilon)(r_{,l}n_k-r_{,k}n_l)\right\}, & \text{二维问题}\\ -\dfrac{1}{8\pi(1-\upsilon)r^2}\left\{\dfrac{\partial r}{\partial n}[(1-2\upsilon)\delta_{lk}+3r_{,l}r_{,k}]-(1-2\upsilon)(r_{,l}n_k-r_{,k}n_l)\right\}, & \text{三维问题}\end{cases} \quad (6.4.50)$$

式中，G 为剪切模量；υ 为泊松比；δ_{lk} 为克罗内克符号。对于二维问题，$l,k=1,2$；对于三维问题，$l,k=1,2,3$，且有

$$r_{,k}=\frac{Y_k}{r}=\frac{X_k-\xi_k}{r},\quad r_{,l}=\frac{Y_l}{r}=\frac{X_l-\xi_l}{r} \quad (6.4.51)$$

根据积分解的性质，将式(6.4.49)代入式(6.4.48)，得到边界积分方程为

$$C_{kl}u_i+\int_{\Gamma}u_k\tilde{P}_{lk}\mathrm{d}\Gamma=\int_{\Gamma}t_k\tilde{U}_{lk}\mathrm{d}\Gamma \quad (6.4.52)$$

式中，C_{kl} 为与边界几何形状有关的常数矩阵，对于光滑边界，有

$$C_{kl}=\begin{bmatrix}1/2 & 0\\ 0 & 1/2\end{bmatrix} \quad (6.4.53)$$

3. 数值技术

方程(6.4.52)中的积分函数比较复杂，直接求解其解析解异常困难，需要借助数值积分进行求解。为此，将积分边界作如图 6.4.3(c)所示的剖分，并通过式(6.4.32)所示的二次插值函数将单元的量用节点值表示，即

$$\boldsymbol{u}=\boldsymbol{\phi}\boldsymbol{u}_i,\quad \boldsymbol{t}=\boldsymbol{\phi}\boldsymbol{t}_i \tag{6.4.54}$$

其中，

$$\boldsymbol{u}=\{u_1\quad u_2\}^{\mathrm{T}},\quad \boldsymbol{t}=\{t_1\quad t_2\}^{\mathrm{T}},\quad \boldsymbol{u}_i=\{u_1^1\quad u_2^1\quad u_1^2\quad u_2^2\quad u_1^3\quad u_2^3\}^{\mathrm{T}}$$

$$\boldsymbol{t}_i=\{t_1^1\quad t_2^1\quad t_1^2\quad t_2^2\quad t_1^3\quad t_2^3\}^{\mathrm{T}},\quad \boldsymbol{\phi}=\begin{bmatrix}\phi_1 & 0 & \phi_2 & 0 & \phi_3 & 0\\ 0 & \phi_1 & 0 & \phi_2 & 0 & \phi_2\end{bmatrix}^{\mathrm{T}} \tag{6.4.55}$$

式中，u_i^j、t_i^j $(i=1,2;j=1,2,3)$表示 j 节点的 i 向节点值；ϕ_1、ϕ_2、ϕ_3 为式(6.4.32)所示二次插值函数的表达式。

方程(6.4.52)的离散形式为

$$C_{ki}u_k+\sum_{j=1}^{N}\int_{\Gamma_j}\tilde{P}_{lk}\boldsymbol{\phi}\boldsymbol{u}_i\mathrm{d}\Gamma=\sum_{j=1}^{N}\int_{\Gamma_j}\tilde{U}_{lk}\boldsymbol{\phi}\boldsymbol{t}_i\mathrm{d}\Gamma \tag{6.4.56}$$

式中，N 为边界单元总数。

若记

$$h_{lk}^i=\int_{\Gamma_j}\tilde{U}_{lk}\boldsymbol{\phi}\mathrm{d}\Gamma,\quad g_{lk}^i=\int_{\Gamma_j}\tilde{P}_{lk}\boldsymbol{\phi}\mathrm{d}\Gamma \tag{6.4.57}$$

并将两相邻单元 $j-1$ 和 j 的贡献相叠加，使其成为一项，用于确定其节点的影响系数，得到

$$\boldsymbol{C}\boldsymbol{u}+\hat{\boldsymbol{H}}\boldsymbol{u}=\boldsymbol{G}\boldsymbol{t} \tag{6.4.58}$$

式中，$\boldsymbol{C}$ 为由元素 C_{ki} 组成的矩阵，在实际计算中，可以借助刚体平移原理得到。矩阵 $\hat{\boldsymbol{H}}$ 和 $\boldsymbol{G}$ 的元素可表示为

$$\hat{H}_{lk}^i=\sum_{j=1}^{N}\int_{\Gamma_j}\tilde{U}_{lk}\boldsymbol{\phi}\mathrm{d}\Gamma,\quad g_{lk}^i=\sum_{j=1}^{N}\int_{\Gamma_j}\tilde{P}_{lk}\boldsymbol{\phi}\mathrm{d}\Gamma \tag{6.4.59}$$

再引入实际问题的边界条件，并按照已知量和未知量分别移至等号两端，即可得到

$$\boldsymbol{A}\boldsymbol{x}=\boldsymbol{F} \tag{6.4.60}$$

式(6.4.58)是标准线性方程组，解此方程组可以求出边界上所有节点的位移和面力

值。利用式(6.4.52)还可以求出域内点的位移，即

$$u_l=\int_{\Gamma}t_k\tilde{U}_{lk}\mathrm{d}\Gamma-\int_{\Gamma}u_k\tilde{P}_{lk}\mathrm{d}\Gamma \tag{6.4.61}$$

进一步利用几何方程和物理方程，借助式(6.4.61)，可以得到域内点的应力为

$$\sigma_{ij}=\int_{\Gamma}D_{kij}t_k\mathrm{d}\Gamma-\int_{\Gamma}S_{kij}u_k\mathrm{d}\Gamma \tag{6.4.62}$$

其中，

$$D_{kij}=\frac{1}{r^{\alpha}}\frac{(1-2\upsilon)(\delta_{kj}r_{,i}+\delta_{ki}r_{,j}-\delta_{ij}r_{,k}+\beta r_{,i}r_{,j}r_{,k})}{4\pi\alpha(1-\upsilon)}$$

$$\left.\begin{aligned}S_{kij}=\frac{2G}{r^{\beta}}\frac{1}{4\pi\alpha(1-\upsilon)}\Big\{&\beta\frac{\partial r}{\partial n}(1-2\upsilon)[\delta_{ij}r_{,k}+\upsilon(\delta_{ik}r_{,j}+\delta_{jk}r_{,i})-\theta r_{,i}r_{,j}r_{,k}]\\&+\beta\upsilon(n_ir_{,j}r_{,k}+n_jr_{,i}r_{,k})+(1-2\upsilon)(\beta n_kr_{,i}r_{,j}+n_j\delta_{ik}+n_i\delta_{jk})-(1-4\upsilon)n_k\delta_{ij}\Big\}\end{aligned}\right\} \tag{6.4.63}$$

式中，对于二维问题，$\alpha=1$，$\beta=2$，$\theta=4$；对于三维问题，$\alpha=2$，$\beta=3$，$\theta=5$。

当源点与观察点不重合时，可以利用一般的 Gauss 积分得出其积分值；当源点与观察点重合时，$r\to0$，$\ln r^{-1}$ 具有奇异性，若直接利用 Gauss 积分计算，势必造成较大的积分误差。为保证积分的精度，必须采取特殊的处理方法，这里仅以奇异点为 1 时的情形进行说明(如图 6.4.3 所示)，其他情形可以此类推得到。

对式(6.4.32)的插值函数进行坐标变换：

$$\xi=1-2\eta \tag{6.4.64}$$

则由 ξ 的变化区间 $(-1,1)$ 可推得 η 的变化区间为 $(0,1)$。由变换

$$\ln r^{-1}=\ln(\eta r^{-1})+\ln\eta^{-1} \tag{6.4.65}$$

可以看出，原来的奇异积分可以划分为两项积分来计算，即

$$\int_{-1}^{1}\ln r^{-1}\mathrm{d}\Gamma=\int_{0}^{1}\ln\eta^{-1}\mathrm{d}\eta+\int_{0}^{1}\ln(\eta r^{-1})\mathrm{d}\eta \tag{6.4.66}$$

式(6.4.66)中的第一个积分可以直接进行 Gauss 积分，而第二个积分，当 $\eta\to0$ 时，又消除了同阶的奇异性，因此大大提高了积分的精度。

6.4.3 弹性动力学问题的边界元法

1. 基本方程

设均匀各向同性弹性体的体积为 Ω，边界为 Γ，在小变形和材料符合胡克定律的条件下，以位移 $u_i(x,\tau)$ 表示的弹性动力学方程为

$$(C_1^2 - C_2^2)u_{i,ij} + C_2^2 u_{j,ii} + \frac{b_j}{\rho} = \ddot{u}_j \tag{6.4.67}$$

式中，ρ 为弹性体的质量密度；C_1 和 C_2 分别为膨胀波和畸变波的传播速度，可表示为

$$C_1 = \sqrt{\frac{\lambda + 2G}{\rho}}, \quad C_2 = \sqrt{\frac{G}{\rho}} \tag{6.4.68}$$

式中，λ 和 G 为拉梅常数。

弹性动力学问题的边界条件和初始条件分别为

$$\begin{cases} u_i = u_i(x,\tau), & x \in \Gamma_1, \quad \tau > 0 \\ t_i = t_i(x,\tau), & x \in \Gamma_2, \quad \tau > 0 \end{cases} \tag{6.4.69}$$

$$u_i(x,0^+) = u_{i0}(x), \quad \dot{u}_i(x,0^+) = v_{i0}(x) \tag{6.4.70}$$

由胡克定律得应力为

$$\sigma_{ij} = \rho[(C_1^2 - C_2^2)u_{k,k}\delta_{ij} + C_2^2(u_{i,j} + u_{j,i})] \tag{6.4.71}$$

2. 拉普拉斯积分变换法

对于弹性动力学的瞬态问题，可以用拉普拉斯积分变换将弹性动力学基本方程变换到复频域。设函数 $f(\tau)$ 符合拉普拉斯变换的存在条件，$f(\tau)$ 的拉普拉斯变换定义为

$$F(s) = \int_0^\infty \mathrm{e}^{-s\tau} f(\tau)\mathrm{d}\tau \tag{6.4.72}$$

式中，s 为复数。

对方程(6.4.67)进行拉普拉斯变换，并考虑到初始条件式(6.4.70)，得到

$$(C_1^2 - C_2^2)U_{i,ij} + C_2^2 U_{j,ii} - s^2 U_j = -(B_j + v_{j0} + s u_{j0}) \tag{6.4.73}$$

式中，U_j 和 B_j 分别为 u_j 和 b_j 的拉普拉斯变换。

对边界条件式(6.4.69)进行拉普拉斯变换，得到

$$\begin{cases} U_i(x,s) = \bar{U}_i(x,s), & x \in \Gamma_1 \\ T_i(x,s) = \bar{T}_i(x,s), & x \in \Gamma_2 \end{cases} \tag{6.4.74}$$

方程(6.4.73)和初始条件(6.4.74)是在拉普拉斯空间的定解方程，可据此建立拉普拉斯变换格式的边界积分方程。拉普拉斯变换空间弹性动力学方程(6.4.73)的基本解为

$$\tilde{U}_{ij}=\frac{1}{2\pi\rho C_2^2}(\psi\delta_{ij}-\chi r_{,i}r_{,j}) \tag{6.4.75}$$

式中，ψ 和 χ 为函数，对于各向同性介质，可表示为

$$\psi=\begin{cases}K_0\left(\dfrac{sr}{C_2}\right)+\dfrac{C_2}{sr}\left[K_1\left(\dfrac{sr}{C_2}\right)-\dfrac{C_2}{C_1}K_1\left(\dfrac{sr}{C_1}\right)\right], & \text{二维问题}\\ \dfrac{\mathrm{e}^{-sr/C_2}}{r}+\left(\dfrac{C_2}{sr}+\dfrac{C_2^2}{s^2r^2}\right)\dfrac{\mathrm{e}^{-sr/C_2}}{r}-\dfrac{C_2^2}{C_1^2}\left(\dfrac{C_1}{sr}+\dfrac{C_1^2}{s^2r^2}\right)\dfrac{\mathrm{e}^{-sr/C_1}}{r}, & \text{三维问题}\end{cases}$$
$$\chi=\begin{cases}K_2\left(\dfrac{sr}{C_2}\right)-\dfrac{C_2^2}{C_1^2}K_2\left(\dfrac{sr}{C_1}\right), & \text{二维问题}\\ \left(1+\dfrac{3C_2}{sr}+\dfrac{3C_2^2}{s^2r^2}\right)\dfrac{\mathrm{e}^{-sr/C_2}}{r}-\dfrac{C_2^2}{C_1^2}\left(1+\dfrac{3C_1}{sr}+\dfrac{3C_2^2}{s^2r^2}\right)\dfrac{\mathrm{e}^{-sr/C_1}}{r}, & \text{三维问题}\end{cases} \tag{6.4.76}$$

式中，K_0、K_1、K_2 分别为零阶、一阶和二阶修正的贝塞尔(Bessel)函数。

在得到了拉普拉斯变换空间基本方程的基本解后，就可以按照加权余量格式建立弹性动力学问题拉普拉斯积分变换格式的边界积分方程，即有

$$\begin{aligned}&\int_{\Omega}\left[(C_1^2-C_2^2)U_{i,ij}+C_2^2U_{j,ii}-s^2U_j-(B_j+v_{j0}+su_{j0})\right]\tilde{U}_{ij}\mathrm{d}\Omega\\&=-\int_{\Gamma_2}(\bar{T}_j-T_j)\tilde{U}_{ij}\mathrm{d}\Gamma-\int_{\Gamma_1}(\bar{U}_j-U_j)\tilde{P}_{ij}\mathrm{d}\Gamma\end{aligned} \tag{6.4.77}$$

经过两次分部积分后，可得到变换后的边界积分方程为

$$C_{ij}U_j+\int_{\Gamma}U_i\tilde{P}_{ij}\mathrm{d}\Gamma=\int_{\Gamma}T_i\tilde{U}_{ij}\mathrm{d}\Gamma-\int_{\Omega}(B_j+v_{j0}+su_{j0})\tilde{U}_{ji}\mathrm{d}\Omega \tag{6.4.78}$$

式中，C_{ij} 为与边界几何形状有关的常数。

对方程(6.4.78)进行离散处理，可建立弹性动力学问题拉普拉斯积分变换格式的边界元离散方程。上述求得的解是拉普拉斯变换空间的解，为了求得原来时域空间的解，必须通过数值拉普拉斯反变换。

3. 傅里叶积分变换法

对于弹性动力学的稳态问题，可以用傅里叶积分变换法。函数 $f(\tau)$ 的傅里叶积分变换定义为

$$F(\omega)=\frac{1}{T}\int_{-\infty}^{\infty}f(\tau)\mathrm{e}^{\mathrm{i}\omega\tau}\mathrm{d}\tau \tag{6.4.79}$$

对方程(6.4.67)和边界条件(6.4.69)进行傅里叶积分变换，可得到

$$(C_1^2-C_2^2)U_{i,ij}+C_2^2U_{j,ii}+B_j+\omega^2U_j=0 \tag{6.4.80}$$

式中，U_i 和 B_i 分别为 u_i 和 b_i 的傅里叶变换。

$$\begin{cases} U_i(x,\omega)=\bar{U}_i(x,\omega), & x\in\Gamma_1 \\ T_i(x,\omega)=\bar{T}_i(x,\omega), & x\in\Gamma_2 \end{cases} \tag{6.4.81}$$

将 $s=-\mathrm{i}\omega$ 代入式(6.4.76)，并利用

$$K_n(-\mathrm{i}\omega)=-\frac{1}{2}\mathrm{i}\pi(\mathrm{i})^n H_n^{(2)}(\omega) \tag{6.4.82}$$

可以得到傅里叶变换空间内方程(6.4.79)的基本解，其中，$H_n^{(2)}$ 为第二类汉克尔(Hankel)函数。

得到基本解后，运用与前面相同的方法，可以建立傅里叶积分变换空间内弹性动力学稳态问题的边界积分方程为

$$C_{ij}U_i+\int_\Gamma U_i\tilde{P}_{ij}\mathrm{d}\Gamma=\int_\Gamma T_i\tilde{U}_{ij}\mathrm{d}\Gamma-\int_{\Gamma_1} B_j\tilde{U}_{ij}\mathrm{d}\Omega \tag{6.4.83}$$

经过离散处理，并引入边界条件，可得线性方程组，解方程组可以得到傅里叶积分变换空间内的解。同样，为了得到原空间的解，仍需进行傅里叶积分反变换。

4. 时域基本解法

建立弹性动力学问题的边界积分方程的另一途径是采用与时域相关的基本解，直接根据动力学互等功定理来建立。在弹性动力学方程(6.4.67)中，当体积力为

$$b_j=\delta_{ij}\Delta(\tau)\Delta(Q,P) \tag{6.4.84}$$

时的解就是与时间有关的基本解。其中，$\Delta(\tau)$ 为 Dirac δ 函数。对于三维弹性动力学问题，其时域基本解为

$$\begin{aligned}\tilde{U}_{ij}(Q,\tau_1,P,0)=\frac{1}{4\pi\rho}\Bigg\{&\frac{\tau}{r^2}\left(\frac{3r_{,i}r_{,j}}{r^2}-\frac{\delta_{ij}}{r}\right)\left[H\left(\tau-\frac{r}{C_1}\right)-H\left(\tau-\frac{r}{C_2}\right)\right]\\ &+\frac{r_{,i}r_{,j}}{r}\left[\frac{1}{C_1}\Delta\left(\tau-\frac{r}{C_1}\right)-\frac{1}{C_2}\Delta\left(\tau-\frac{r}{C_2}\right)\right]+\frac{\delta_{ij}}{C_2}\Delta\left(\tau-\frac{r}{C_2}\right)\Bigg\}\end{aligned} \tag{6.4.85}$$

式中，H 表示单位阶跃函数，定义为

$$\int_{C_1^{-1}}^{C_2^{-1}}\lambda\Delta(\tau-\lambda r)\mathrm{d}\lambda=\frac{\tau}{r^2}\left[H\left(\tau-\frac{r}{C_1}\right)-H\left(\tau-\frac{r}{C_2}\right)\right] \tag{6.4.86}$$

采用时域基本解建立边界积分方程的基础理论是动力学互等功定理。设有定义于同一规则域 Ω 中的两个不同的弹性动力学状态 g 和 g'，满足

$$g=[u,\tau]\in E(b,\rho,C_1,C_2,\Omega\times T^+),\quad g'=[u',\tau]\in E(b',\rho,C_1,C_2,\Omega\times T^+) \tag{6.4.87}$$

式中，以 $T=(-\infty,+\infty)$ 表示时间域，$T^{+}=(0,+\infty)$，g 和 g' 两状态的表面力分别记为 t 和 t'。

对应的初始条件为

$$u(x,0)=u_0(x),\quad \dot{u}(x,0)=v_0(x),\quad u'(x,0)=u_0'(x),\quad \dot{u}'(x,0)=v_0'(x) \tag{6.4.88}$$

则有关系式

$$\int_{\Gamma} t*u'\mathrm{d}\Gamma+\int_{\Omega}\rho(b*u'+v_0u'+u_0u')\mathrm{d}\Omega=\int_{\Gamma} t'*u\mathrm{d}\Gamma+\int_{\Omega}\rho(b'*u+v_0'u+u_0'u)\mathrm{d}\Omega \tag{6.4.89}$$

式(6.4.89)就是动力学互易定理。其中，符号“*”表示卷积，定义为

$$[\phi*\psi](x,\tau)=\begin{cases}\int_0^{\tau}\phi(x,\tau-t)\psi(x,t)\mathrm{d}t, & \tau>0\\ 0, & \tau\leqslant 0\end{cases} \tag{6.4.90}$$

由动力学互易定理和时域基本解建立的边界积分方程为

$$C_{ij}u_j=\int_{\Gamma}(\tilde{U}_{ij}*t_i-\tilde{P}_{ij}*u_i)\mathrm{d}\Gamma+\rho\int_{\Omega}\tilde{U}_{ij}*b_i\mathrm{d}\Omega+\int_{\Omega}(v_{0i}\tilde{U}_{ij}+u_{0i}\dot{\tilde{U}}_{ij})\mathrm{d}\Omega \tag{6.4.91}$$

对方程(6.4.91)进行边界元离散积分，可以得到含有时间变量的边界元方程，利用时间步长差分求得每个时间段末的动力响应值。

6.4.4 断裂力学问题的边界元法

边界元法的一些特点，使其在解决断裂力学问题时十分有利。目前，边界元法主要有位移边界积分方程法、面力积分方程法和分域法等。分域法应用较多，且使用方便。

1. 裂纹尖端的应力场和位移场

含裂纹结构的强度分析是以裂纹尖端的应力强度因子作为参量，应力强度因子表征裂纹尖端附近的奇异性应力场和位移场的强弱程度。对于 I 型裂纹，其裂纹尖端附近的应力场和位移场分别为

$$\begin{aligned}\sigma_{11}&=\frac{K_{\mathrm{I}}}{\sqrt{2\pi r}}\cos\left(\frac{\theta}{2}\right)\left[1-\sin\left(\frac{\theta}{2}\right)\sin\left(\frac{3}{2}\theta\right)\right]\\ \sigma_{22}&=\frac{K_{\mathrm{I}}}{\sqrt{2\pi r}}\cos\left(\frac{\theta}{2}\right)\left[1+\sin\left(\frac{\theta}{2}\right)\sin\left(\frac{3}{2}\theta\right)\right]\\ \sigma_{12}&=\frac{K_{\mathrm{I}}}{\sqrt{2\pi r}}\sin\left(\frac{\theta}{2}\right)\cos\left(\frac{\theta}{2}\right)\cos\left(\frac{3}{2}\theta\right)\end{aligned} \tag{6.4.92}$$

$$
\begin{aligned}
u_1 &= \frac{K_{\mathrm{I}}}{4G}\sqrt{\frac{r}{2\pi}}\left[(2\kappa-1)\cos\left(\frac{\theta}{2}\right)-\cos\left(\frac{3}{2}\theta\right)\right] \\
u_2 &= \frac{K_{\mathrm{I}}}{4G}\sqrt{\frac{r}{2\pi}}\left[(2\kappa-1)\sin\left(\frac{\theta}{2}\right)-\sin\left(\frac{3}{2}\theta\right)\right]
\end{aligned}
\tag{6.4.93}
$$

对于Ⅱ型裂纹，其裂纹尖端附近的应力场和位移场分别为

$$
\begin{aligned}
\sigma_{11} &= -\frac{K_{\mathrm{II}}}{\sqrt{2\pi r}}\sin\left(\frac{\theta}{2}\right)\left[2+\cos\left(\frac{\theta}{2}\right)\cos\left(\frac{3}{2}\theta\right)\right] \\
\sigma_{22} &= \frac{K_{\mathrm{II}}}{\sqrt{2\pi r}}\sin\left(\frac{\theta}{2}\right)\cos\left(\frac{\theta}{2}\right)\cos\left(\frac{3}{2}\theta\right) \\
\sigma_{12} &= \frac{K_{\mathrm{II}}}{\sqrt{2\pi r}}\cos\left(\frac{\theta}{2}\right)\left[1-\sin\left(\frac{\theta}{2}\right)\sin\left(\frac{3}{2}\theta\right)\right]
\end{aligned}
\tag{6.4.94}
$$

$$
\begin{aligned}
u_1 &= \frac{K_{\mathrm{II}}}{4G}\sqrt{\frac{r}{2\pi}}\left[(2\kappa+3)\sin\left(\frac{\theta}{2}\right)+\sin\left(\frac{3}{2}\theta\right)\right] \\
u_2 &= \frac{K_{\mathrm{II}}}{4G}\sqrt{\frac{r}{2\pi}}\left[(2\kappa-3)\cos\left(\frac{\theta}{2}\right)+\cos\left(\frac{3}{2}\theta\right)\right]
\end{aligned}
\tag{6.4.95}
$$

式中，r、θ 分别为裂纹尖端的极坐标，且有

$$
\kappa=\begin{cases} 3-4\upsilon, & \text{平面应变问题} \\ \dfrac{3-\upsilon}{1+\upsilon}, & \text{平面应力问题} \end{cases}
\tag{6.4.96}
$$

由式(6.4.92)～式(6.4.95)可以看出，裂纹尖端的应力场具有 $r^{-1/2}$ 阶奇异性，位移随 $r^{1/2}$ 而变化。应力强度因子与物体和裂纹的几何尺寸以及外加载荷有关，需对具体的裂纹问题用线弹性理论求解得到。直接求解裂纹问题十分困难，一般需要借助于数值方法，边界元分域法在求解裂纹问题时十分有效。

2. 分域法分析裂纹问题

分域法是直接利用一般边界元分析方法，对裂纹体分域求解而得到裂纹尖端附近的应力场或位移场，进而求解应力强度因子。

如图 6.4.6(a)所示的中心裂纹板，由于其具有对称性，可只取其 1/4，沿边界 *ABCD* 离散，作边界元分析，在 *BF* 段按自由边界处理，在 *AB* 及 *FC* 段按对称性条件处理，因此一般边界元程序就可以用来分析裂纹问题。而对于图 6.4.6(b)所示的斜裂纹问题，对称条件不存在，此时，分域法仍可用。通常沿裂纹 *EF* 方向将裂纹分成两个区域，即 AE^+F^+GD 和 BE^-F^-GC，分别作边界元离散，其中 E^+F^+ 和 E^-F^- 段均作自由边界处理，对 *GF* 段则要利用两个区域交界面上的位移连续条件

和面力平衡条件。由于裂纹尖端的应力奇异性，在利用边界元法分析时，需对裂纹尖端作一些特殊处理，如采用小单元或奇异单元等方法，以便真实模拟这种奇异性。

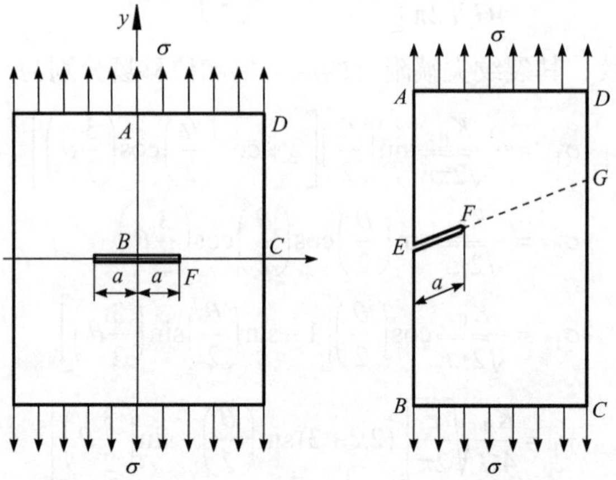

(a) 中心裂纹板　　(b) 斜裂纹板

图 6.4.6　裂纹模型

3. 应力强度因子的求解

推求应力强度因子的方法很多，常用的有应力外推法、位移外推法和奇异单元法。

1) 应力外推法

由式(6.4.92)可知，Ⅰ型裂纹的应力强度因子为

$$K_{\mathrm{I}} = \lim_{r\to 0}\sqrt{2\pi r}\,\sigma_{22}\big|_{\theta=0^\circ} \tag{6.4.97}$$

设

$$f(r) = \sqrt{2\pi r}\,\sigma_{22}\big|_{\theta=0^\circ} \tag{6.4.98}$$

则在裂纹尖端θ=0 线上，给出若干点的 $f(r) \sim r$ 的关系，对其进行拟合，若拟合成直线：

$$f(r) = a_1 r + b_1 \tag{6.4.99}$$

则可得到应力强度因子为

$$K_{\mathrm{I}} = \lim_{r\to 0} f(r) = b_1 \tag{6.4.100}$$

2) 位移外推法

由式(6.4.93)可知，Ⅰ型裂纹的应力强度因子为

$$K_{\mathrm{I}}=\frac{G}{2(1-\upsilon)}\lim_{r\to 0}\sqrt{\frac{2\pi}{r}}u_2\big|_{\theta=180^\circ}\tag{6.4.101}$$

设

$$f(r)=\sqrt{\frac{2\pi}{r}}u_2\big|_{\theta=180^\circ}\tag{6.4.102}$$

则在裂纹尖端θ=180°线上，给出若干点的$f(r)\sim r$的关系，对其进行拟合，若拟合成直线：

$$f(r)=a_2r+b_2\tag{6.4.103}$$

则可得到应力强度因子为

$$K_{\mathrm{I}}=\frac{G}{2(1-\upsilon)}=b_2\tag{6.4.104}$$

3) 奇异单元法

如图 6.4.7(a)所示，奇异单元是把一般等参单元的中间节点移到近裂纹端点的 1/4 单元长的地方，其转换关系如图 6.4.7(b)所示。所用形函数与一般等参单元的形函数相同，即式(6.4.32)。因此，坐标 r 为

$$r=\sum_{i=1}^{3}\phi_i r_i=\frac{1}{4}(1+\xi)^2\tag{6.4.105}$$

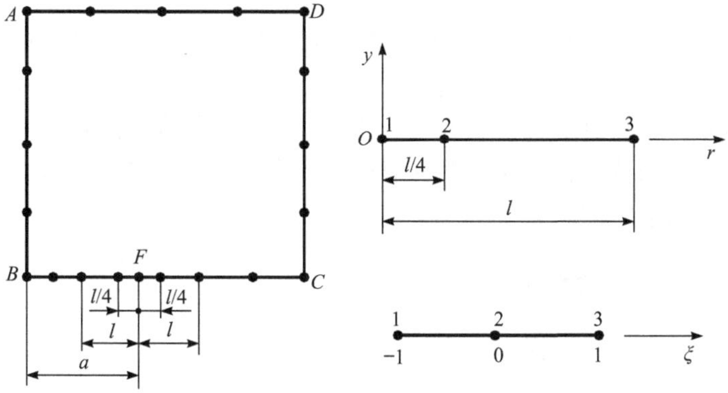

(a) 奇异单元位置　(b) 奇异单元

图 6.4.7　奇异单元及其位置

假定节点 1 的 y 方向位移为零(该假定不影响计算结果)，则位移的插值为

$$u_2=\sum_{i=1}^{3}\phi_i u_2^{(i)}=\left[(1-\xi)u_2^{(2)}+\frac{1}{2}\xi u_2^{(3)}\right](1+\xi)\tag{6.4.106}$$

式中，$u_2^{(i)}$ 表示节点 i 的 y 方向位移。

可以证明奇异单元具有应力 $r^{-1/2}$ 的阶奇异性。若令

$$\tau = 1 + \xi \tag{6.4.107}$$

则将式(6.4.107)代入式(6.4.105)，可得到

$$\tau = 2\sqrt{r/l} \tag{6.4.108}$$

当 $\xi \to -1$ 时，由式(6.4.106)，并略去 τ 的二阶微量，可得

$$\tau = (4u_2^{(2)} - u_2^{(3)})\sqrt{r/l} \tag{6.4.109}$$

由式(6.4.93)可推得

$$u_2\big|_{\theta=180^\circ} = \frac{1-\upsilon}{G}\sqrt{\frac{2r}{\pi}}K_{\mathrm{I}} + o(r) \tag{6.4.110}$$

由式(6.4.109)和式(6.4.110)略去高阶项后相当，可推导应力强度因子为

$$K_{\mathrm{I}} = \frac{G\sqrt{\pi}}{(1-\upsilon)\sqrt{2l}}(4u_2^{(2)} - u_2^{(3)}) \tag{6.4.111}$$

对于Ⅱ型和Ⅲ型裂纹的应力强度因子，可用类似方法获得。

6.4.5 弹性力学问题的特解边界元法

许多工程实际问题，如稳定扩散、流通运动、柱体扭转、电磁场及腐蚀场等问题，都可以归结为位势问题。若该问题满足拉普拉斯方程，则可利用常规边界元法求解。实际上许多问题并非这样简单，而是符合泊松方程、Helmholtz 方程等。若按照常规边界元法求解此类问题，则需要在域内进行单元剖分或使用的基本解涉及特殊函数，给数值求解带来不便。特解边界元法是在一般边界元方程的基础上补充相应问题的特解，从而借助一般边界元求解这些非齐次方程。下面介绍特解边界元法的基本原理。

1. 特解边界元法的数学基础

假设某问题满足的方程为

$$\ell(u_i) + h_i = 0 \tag{6.4.112}$$

则对应的齐次方程为

$$\ell(u_i) = 0 \tag{6.4.113}$$

式中，ℓ 为线性微分算子，对于不同的问题具有不同的形式；u_i 为微分方程的特征参量，可以是位移、应力、位势等；h_i 为非齐次项，可以是常数项或函数表达式。

假设已求得满足方程(6.4.113)的解，即有

$$\ell(u_i^{\mathrm{c}})=0 \tag{6.4.114}$$

还求得满足方程(6.4.112)的一个特解 u_i^{p}，即有

$$\ell(u_i^{\mathrm{p}})+h_i=0 \tag{6.4.115}$$

当 h_i 是特征参量 u_i 无关的情形时，根据线性微分方程理论，方程(6.4.112)的解 u_i 可以表示为

$$u_i=u_i^{\mathrm{c}}+u_i^{\mathrm{p}} \tag{6.4.116}$$

由式(6.4.116)可得

$$\delta u_i=\delta u_i^{\mathrm{c}}+\delta u_i^{\mathrm{p}} \tag{6.4.117}$$

式中，δ 为与 u_i 微分项有关的量，如当表示 u_i 位移时，δu_i 为面力。

根据边界元法原理，可以得到式(6.4.113)的边界元方程为

$$\boldsymbol{H}\boldsymbol{u}^{\mathrm{c}}=\boldsymbol{G}\delta\boldsymbol{u}^{\mathrm{c}} \tag{6.4.118}$$

式中，$\boldsymbol{H}$、$\boldsymbol{G}$ 是由齐次方程(6.4.113)基本解计算出来的边界节点的影响系数矩阵；$\boldsymbol{u}^{\mathrm{c}}$、$\delta\boldsymbol{u}^{\mathrm{c}}$ 是由 u_i^{c}、δu_i^{c} 组成的向量。

由式(6.4.116)和式(6.4.117)，可以得到

$$\boldsymbol{u}^{\mathrm{c}}=\boldsymbol{u}-\boldsymbol{u}^{\mathrm{p}},\quad \delta\boldsymbol{u}^{\mathrm{c}}=\delta\boldsymbol{u}-\delta\boldsymbol{u}^{\mathrm{p}} \tag{6.4.119}$$

将式(6.4.119)代入方程(6.4.118)，得

$$\boldsymbol{H}\boldsymbol{u}-\boldsymbol{G}\delta\boldsymbol{u}=\boldsymbol{f}^{\mathrm{p}} \tag{6.4.120}$$

其中，

$$\boldsymbol{f}^{\mathrm{p}}=\boldsymbol{H}\boldsymbol{u}^{\mathrm{p}}-\boldsymbol{G}\delta\boldsymbol{u}^{\mathrm{p}} \tag{6.4.121}$$

已经求出特解 u_i^{p}，依次可求出 $\boldsymbol{u}^{\mathrm{p}}$ 和 $\delta\boldsymbol{u}^{\mathrm{p}}$，因此 $\boldsymbol{f}^{\mathrm{p}}$ 是已知的。若再引入问题的边界条件，则方程(6.4.120)可解。解此方程可得到相应非齐次方程的解。

利用已知的齐次方程的基本解，可求出对应非齐次方程的边界元解。这为求解某些难以求得的非齐次方程的基本解或解决所求得的基本解的形式繁杂的问题开辟了一条可行的途径。

当 h_i 是特征参量的某种函数时，即有方程：

$$\ell(u_i)+f(u_i)=0 \tag{6.4.122}$$

为了应用式(6.4.113)的基本解求解方程(6.4.122)，需要特殊处理非齐次项。为了求出满足方程

$$\ell(u_i^{\mathrm{p}})+f(u_i)=0 \tag{6.4.123}$$

的特解，对非齐次方程作近似处理，即令特征参量为

$$u_i(x)=\sum_{m=1}^{\infty}C_{ik}(x,\xi^m)\phi_k(\xi^m) \tag{6.4.124}$$

式中，ϕ_k 为待定参数；C_{ik} 为某种已知函数。式(6.4.124)写成矩阵形式为

$$\boldsymbol{u}=\boldsymbol{P\phi} \tag{6.4.125}$$

式中，$\boldsymbol{P}$ 为由 C_{ik} 计算得到的矩阵。

将式(6.4.124)代入方程(6.4.123)，即可求出特解 u_i^{p} 为

$$u_i^{\mathrm{p}}=\sum_{m=1}^{\infty}D_{ik}(x,\xi^m)\phi_k(\xi^m) \tag{6.4.126}$$

式中，D_{ik} 为依赖于 C_{ik} 的某种函数。式(6.4.126)写成矩阵形式为

$$\boldsymbol{u}^{\mathrm{p}}=\boldsymbol{D\phi} \tag{6.4.127}$$

进而可求得 δu_i^{p} 为

$$\delta u_i^{\mathrm{p}}=\sum_{m=1}^{\infty}T_{ik}(x,\xi^m)\phi_k(\xi^m) \tag{6.4.128}$$

式(6.4.128)写成矩阵形式为

$$\delta\boldsymbol{u}^{\mathrm{p}}=\boldsymbol{T\phi} \tag{6.4.129}$$

将式(6.4.127)、式(6.4.129)代入方程(6.4.120)，得到

$$\boldsymbol{Hu}-\boldsymbol{G}\delta\boldsymbol{u}=(\boldsymbol{HD}-\boldsymbol{GT})\boldsymbol{\phi} \tag{6.4.130}$$

再由式(6.4.125)，引入式(6.4.130)后得到

$$(\boldsymbol{H}-\boldsymbol{N})\boldsymbol{u}=\boldsymbol{G}\delta\boldsymbol{u} \tag{6.4.131}$$

其中，

$$\boldsymbol{N}=\boldsymbol{HD}-\boldsymbol{GDP}^{-1} \tag{6.4.132}$$

将问题的边界条件引入方程(6.4.131)中，解此方程可得到问题的真实解。至于域内点的真实解，可以利用式(6.4.116)和式(6.4.117)，先计算出 u_i^{c}，再求出真实解 u_i。

2. 定常位势问题的特解边界元法

定常位势问题即含有非齐次项 h_i 的拉普拉斯方程，只是这里的 h_i 仅是空间坐标的函数，不随时间变化，即有

$$\nabla^2 u_i+h_i=0 \tag{6.4.133}$$

式中，u_i 为位势，h_i 仅是空间坐标的函数。不妨假设 h_i 为

$$h_i = a + bx + cy \tag{6.4.134}$$

将式(6.4.134)代入式(6.4.133)，并令特解形式为

$$u_i^{\mathrm{p}} = Ax^3 + Bx^2 + Cy^3 + Dy^2 \tag{6.4.135}$$

通过比较两边的系数，可以求得

$$A = \frac{b}{6}, \quad B = \frac{a}{4}, \quad C = \frac{c}{6}, \quad D = \frac{a}{4} \tag{6.4.136}$$

将式(6.4.136)代入式(6.4.135)得到

$$u_i^{\mathrm{p}} = \frac{1}{6}(bx^3 + cy^3) + \frac{a}{4}(x^2 + y^2) \tag{6.4.137}$$

由式(6.4.137)可求得

$$q_i^{\mathrm{p}} = \frac{\partial u_i^{\mathrm{p}}}{\partial n} = \frac{\partial u_i^{\mathrm{p}}}{\partial x} n_x + \frac{\partial u_i^{\mathrm{p}}}{\partial y} n_y \tag{6.4.138}$$

其中，

$$\frac{\partial u_i^{\mathrm{p}}}{\partial x} = \frac{1}{2}(bx^2 + ax), \quad \frac{\partial u_i^{\mathrm{p}}}{\partial y} = \frac{1}{2}(cy^2 + ay) \tag{6.4.139}$$

根据特解边界元法的基本原理，可以建立方程(6.4.133)的边界元方程为

$$\boldsymbol{Hu} - \boldsymbol{Gq} = \boldsymbol{f}^{\mathrm{p}} \tag{6.4.140}$$

其中，

$$\boldsymbol{f}^{\mathrm{p}} = \boldsymbol{Hu}^{\mathrm{p}} - \boldsymbol{Gq}^{\mathrm{p}} \tag{6.4.141}$$

方程(6.4.140)的影响系数矩阵是用拉普拉斯方程的基本解计算得到的，这样就避开了域内积分的烦琐计算。求解方程(6.4.140)，即可得到方程(6.4.133)的解。

3. 含体力弹性力学问题的特解边界元法

对于各向同性的均匀弹性体，当含有体力时，其控制方程为

$$\sigma_{ij,j} + B_i = 0 \tag{6.4.142}$$

式中，B_i 为体力项，可以是某种函数式。

均匀弹性体的应力应满足的相容方程为

$$\sigma_{ii,jj} + \frac{1}{1-\upsilon} B_{i,i} = 0 \tag{6.4.143}$$

方程(6.4.142)对应的齐次方程为

$$\sigma_{ij,j}=0 \tag{6.4.144}$$

若已经求得 σ_{ij}^{c} 和 σ_{ij}^{p}，分别满足

$$\sigma_{ij,j}^{\mathrm{c}}=0, \quad \sigma_{ij,j}^{\mathrm{p}}+B_i=0 \tag{6.4.145}$$

则方程(6.4.142)的真实解可表示为

$$\sigma_{ij}=\sigma_{ij}^{\mathrm{c}}+\sigma_{ij}^{\mathrm{p}} \tag{6.4.146}$$

进而有

$$t_i=t_i^{\mathrm{c}}+t_i^{\mathrm{p}} \tag{6.4.147}$$

由物理方程和几何方程可知：

$$u_i=u_i^{\mathrm{c}}+u_i^{\mathrm{p}} \tag{6.4.148}$$

利用满足方程

$$\sigma_{ij,j}+\varDelta_i=0 \tag{6.4.149}$$

的基本解 $\tilde{\sigma}_{ij}$ (Kelvin 解)建立方程的边界元方程为

$$\boldsymbol{Hu}^{\mathrm{c}}=\boldsymbol{Gt}^{\mathrm{c}} \tag{6.4.150}$$

将式(6.4.147)和式(6.4.148)代入方程(6.4.150)，可得

$$\boldsymbol{Hu}-\boldsymbol{Gt}=\boldsymbol{f}^{\mathrm{p}} \tag{6.4.151}$$

其中，

$$\boldsymbol{f}^{\mathrm{p}}=\boldsymbol{Hu}^{\mathrm{p}}-\boldsymbol{Gt}^{\mathrm{c}} \tag{6.4.152}$$

再引入具体问题的边界条件，可以得到线性方程组：

$$\boldsymbol{Ax}=\boldsymbol{F} \tag{6.4.153}$$

解方程(6.4.153)即可得到物体边界上所有节点的真实位移和真实面力，进而可以求出域内真实位移和真实应力为

$$u_i=u_i^{\mathrm{p}}+\int_{\varGamma}(t_k-t_k^{\mathrm{p}})\tilde{U}_{lk}\mathrm{d}\varGamma-\int_{\varGamma}(u_k-u_k^{\mathrm{p}})\tilde{P}_{lk}\mathrm{d}\varGamma \tag{6.4.154}$$

$$\sigma_{ij}=\sigma_{ij}^{\mathrm{p}}+\int_{\varGamma}D_{kij}(t_k-t_k^{\mathrm{p}})\mathrm{d}\varGamma-\int_{\varGamma}S_{kij}(u_k-u_k^{\mathrm{p}})\mathrm{d}\varGamma \tag{6.4.155}$$

式中，$\tilde{U}_{lk}$ 和 $\tilde{P}_{lk}$ 分别为满足方程(6.4.149)基本解的相应的位移和面力基本解，由式(6.4.50)表示；D_{kij} 和 S_{kij} 分布由式(6.4.63)表示。

要解决这个问题，关键是如何求出满足方程(6.4.145)第二式的特解。为了得到特解，不妨假设体力 B_i 为坐标的线性函数，即

$$B_1 = a_0 + a_1 x + a_2 y, \quad B_2 = b_0 + b_1 x + b_2 y \tag{6.4.156}$$

式中，a_i、$b_i(i=0,1,2)$为常数。

将式(6.4.156)代入方程(6.4.145)的第二式，根据微分方程的阶次，可以假设特解具有下列形式：

$$\sigma_{11}^{\mathrm{p}} = A_1 x^2 + F_1 x + C_1 y^2 + D_1 y, \quad \sigma_{22}^{\mathrm{p}} = A_2 x^2 + F_2 x + C_2 y^2 + D_2 y$$
$$\sigma_{12}^{\mathrm{p}} = A_3 x^2 + F_3 x + C_3 y^2 + D_3 y \tag{6.4.157}$$

式中，A_i、F_i、C_i、D_i $(i=1, 2, 3)$为待定常数。

将方程(6.4.145)的第二式按分量展开，并引入式(6.4.156)和式(6.4.157)，通过比较系数，可以得到

$$A_1 = -\frac{a_1}{2}, \quad A_3 = -\frac{b_1}{2}, \quad F_1 = -a_0, \quad F_3 = 0$$
$$C_2 = -\frac{b_2}{2}, \quad C_3 = -\frac{a_2}{2}, \quad D_2 = -b_0, \quad D_3 = 0 \tag{6.4.158}$$

将式(6.4.156)和式(6.4.157)引入相容方程(6.4.143)，通过比较系数，得到

$$A_2 = -\frac{\upsilon}{1-\upsilon}\frac{a_1}{2}, \quad C_1 = -\frac{\upsilon}{1-\upsilon}\frac{b_2}{2} \tag{6.4.159}$$

再根据无限体中 B_1 和 B_2 作用的互换性，可以得到

$$F_2 = -\frac{\upsilon}{1-\upsilon}a_0, \quad D_1 = -\frac{\upsilon}{1-\upsilon}b_0 \tag{6.4.160}$$

从而求得

$$\sigma_{11}^{\mathrm{p}} = \phi_1 + \frac{\upsilon}{1-\upsilon}\phi_2, \quad \sigma_{22}^{\mathrm{p}} = \frac{\upsilon}{1-\upsilon}\phi_1 + \phi_2, \quad \sigma_{12}^{\mathrm{p}} = \phi_3 + \phi_4 \tag{6.4.161}$$

其中，

$$\phi_1 = -\left(a_0 x + \frac{1}{2}a_1 x^2\right), \quad \phi_2 = -\left(b_0 y + \frac{1}{2}b_1 y^2\right)$$
$$\phi_3 = -\frac{1}{2}a_2 y^2, \quad \phi_4 = -\frac{1}{2}b_1 x^2 \tag{6.4.162}$$

从而通过关系式

$$t_i^{\mathrm{p}} = \sigma_{ij}^{\mathrm{p}} n_j \tag{6.4.163}$$

求出对应的面力 t_i^{p}。

通过物理方程和几何方程，并取对位移的积分常数为零，可以求得位移 u_i^{p} 为

$$u_i^{\mathrm{p}} = \frac{1-2\upsilon}{2G(1-\upsilon)} f_i + \frac{1}{G} P_i \tag{6.4.164}$$

其中,

$$f_1 = -\frac{1}{2}x^2\left(a_0 - \frac{1}{3}a_1 x\right), \quad f_2 = -\frac{1}{2}y^2\left(b_0 - \frac{1}{3}b_2 x\right)$$

$$P_1 = -\frac{1}{6}a_2 y^2, \quad P_2 = -\frac{1}{6}b_1 x^3 \tag{6.4.165}$$

对于 B_i 为高次分布的情形及三维情形，都可以采取类似的方法得以解决。

对于三维情形，假定体力为

$$B_1 = a_0 + a_1 x + a_2 y + a_3 z, \quad B_2 = b_0 + b_1 x + b_2 y + b_3 z, \quad B_3 = c_0 + c_1 x + c_2 y + c_3 z \tag{6.4.166}$$

求得特解为

$$\begin{aligned}
\sigma_{11}^{\mathrm{p}} &= -a_0 x - \frac{a_1}{2}x^2 - \frac{\upsilon}{2(1-\upsilon)}\left(\frac{b_2}{2}y^2 + \frac{c_2}{2}z^2\right) \\
\sigma_{22}^{\mathrm{p}} &= -b_0 y - \frac{b_2}{2}y^2 - \frac{\upsilon}{2(1-\upsilon)}\left(\frac{c_3}{2}z^2 + \frac{a_1}{2}x^2\right) \\
\sigma_{33}^{\mathrm{p}} &= -c_0 z - \frac{c_3}{2}z^2 - \frac{\upsilon}{2(1-\upsilon)}\left(\frac{a_1}{2}x^2 + \frac{b_2}{2}y^2\right) \\
\sigma_{12}^{\mathrm{p}} &= -\frac{b_1}{2}x^2 - \frac{a_2}{2}y^2 \\
\sigma_{23}^{\mathrm{p}} &= -\frac{c_2}{2}y^2 - \frac{b_3}{2}z^2, \quad \sigma_{13}^{\mathrm{p}} = -\frac{a_3}{2}z^2 - \frac{c_1}{2}x^2
\end{aligned} \tag{6.4.167}$$

$$\begin{aligned}
u_1^{\mathrm{p}} &= -\frac{a_0}{2(\lambda+2G)}x^2 - \frac{a_1}{6(\lambda+2G)}x^3 - \frac{a_2}{6G}y^3 - \frac{a_3}{6G}z^3 \\
u_2^{\mathrm{p}} &= -\frac{b_0}{2(\lambda+2G)}y^2 - \frac{b_2}{6(\lambda+2G)}y^3 - \frac{b_1}{6G}z^3 - \frac{a_3}{6G}x^3 \\
u_3^{\mathrm{p}} &= -\frac{c_0}{2(\lambda+2G)}z^2 - \frac{c_3}{6(\lambda+2G)}z^3 - \frac{c_1}{6G}x^3 - \frac{c_2}{6G}y^3
\end{aligned} \tag{6.4.168}$$

4. 热弹性问题的特解边界元法

当弹性体的温度有所改变时，一般弹性体的每一部分都会由于温度的升高或降低而趋于膨胀或收缩。弹性体承受外在约束，各个部分之间相互约束，这种膨胀或者收缩并不能自由地发生，因此产生了应力，即温度应力。温度应力的产生是温度改变的结果，因此须进行两方面的计算。一方面，按照热传导理论计算弹性体内的瞬态温度场，从而求出弹性体的变温；另一方面，按照热弹性力学，由变温计算出弹性体内的温度应力。下面讨论温度应力的特解边界元法。

令弹性体内各点的变温为 T，即后一瞬时的温度减去前一瞬时的温度，温升为正，温降为负。由于变温 T，如果弹性体内各点的微小长度不受约束，就会发生正应变 αT，其中 α 为弹性体的热膨胀系数，并假定 α 不随温度的改变而改变。在各向同性体中，系数 α 不随方向改变，因此这种正应变在所有方向都相同，不伴随任何剪应变。由于弹性体内承受外在约束及体内各部分之间的相互约束，上述变形并不能自由地发生，于是就产生了应力，即温度应力。这个温度应力又将因物体的弹性而引起附加的形变。因此，热应力问题的应变由两部分组成，一部分是由温度变化引起的，另一部分是由应力引起的。因此，应力-应变关系为

$$\varepsilon_{ij} = E_{ijkl}^{-1}\sigma_{kl} + \delta_{ij}\alpha T \tag{6.4.169}$$

式中，E_{ijkl}^{-1} 为弹性张量 E_{ijkl} 的逆张量。

由式(6.4.169)可以得到应力张量为

$$\sigma_{ij} = E_{ijkl}\varepsilon_{kl} - \frac{\alpha ET}{1-2\upsilon} \tag{6.4.170}$$

将式(6.4.170)代入平衡方程，当不计弹性体的真实体力时，可得出用位移表示的热弹性问题的平衡方程为

$$(\lambda + G)u_{jj,i} + Gu_{i,jj} - \frac{\alpha E}{1-2\upsilon}T_{,i} = 0 \tag{6.4.171}$$

将式(6.4.170)代入边界条件，并设外载面力为零，则得

$$\lambda\sigma_{jj}n_i + G(u_{i,j}n_j + u_{j,i}n_j) = \frac{\alpha ET}{1-2\upsilon}n_i \tag{6.4.172}$$

由式(6.4.172)可知，无外力作用的热弹性问题，相当于在体力和法向面力作用下的一般弹性力学问题。体力和法向面力可表示为

$$B_i = -\frac{\alpha E}{1-2\upsilon}T_{,i}, \quad \sigma_{\mathrm{n}} = \frac{\alpha ET}{1-2\upsilon} \tag{6.4.173}$$

对于法向面力 σ_{n} 引起的应力，可以按照一般边界元法原理求出。对于等价体力 B_i 引起的应力，则可按照特解边界元法求解。不妨假定温度的改变满足某种函数关系，对于二维情形：

$$T = ax + by + cx^2 + dy^2 + exy + f \tag{6.4.174}$$

对于平面应变问题，对应的等价体力为

$$B_1 = (a + 2cx + ey)\mu, \quad B_2 = (b + 2dy + ex)\mu \tag{6.4.175}$$

利用上面的结果可以求得式(6.4.172)的特解为

$$\sigma_{11}^{\mathrm{p}}=\left(\phi_1+\frac{\upsilon}{1-\upsilon}\phi_2\right)\mu,\quad \sigma_{22}^{\mathrm{p}}=\left(\frac{\upsilon}{1-\upsilon}\phi_1+\phi_2\right)\mu,\quad \sigma_{12}^{\mathrm{p}}=(\phi_3+\phi_4)\mu \tag{6.4.176}$$

$$u_1^{\mathrm{p}}=\left[\frac{1-2\upsilon}{2G(1-\upsilon)}f_1+\frac{1}{G}P_1\right]\mu,\quad u_2^{\mathrm{p}}=\left[\frac{1-2\upsilon}{2G(1-\upsilon)}f_2+\frac{1}{G}P_2\right]\mu \tag{6.4.177}$$

其中，

$$\begin{gathered}\mu=-\frac{E\alpha}{(1-2\upsilon)(1+\upsilon)},\quad \phi_1=-ax-cx^2,\quad \phi_2=-by-dy^2\\ \phi_3=-\frac{1}{2}ey^2,\quad \phi_4=-\frac{1}{2}ex^2,\quad f_1=-\frac{a}{2}x^2-\frac{c}{3}x^3\\ f_2=-\frac{b}{2}y^2-\frac{d}{3}y^3,\quad P_1=-\frac{1}{6}ey^3,\quad P_2=-\frac{1}{6}ex^3\end{gathered} \tag{6.4.178}$$

对于三维情形，假定

$$T=ax+by+cz+dx^2+ey^2+fz^2+gxy+hyz+lxz+r \tag{6.4.179}$$

从而得到等价体力为

$$B_1=(a+2dx+gy+lz)\mu,\quad B_2=(b+2ey+gx+hz)\mu,\quad B_3=(c+2fz+hy+lx)\mu \tag{6.4.180}$$

于是求得特解为

$$\begin{gathered}\sigma_{11}^{\mathrm{p}}=\left[-ax-dx^2-\frac{\upsilon}{2(1-\upsilon)}(ey^2+fz^2)\right]\mu\\ \sigma_{22}^{\mathrm{p}}=\left[-by-ey^2-\frac{\upsilon}{2(1-\upsilon)}(fz^2+dx^2)\right]\mu\\ \sigma_{33}^{\mathrm{p}}=\left[-cz-fz^2-\frac{\upsilon}{2(1-\upsilon)}(dx^2+ey^2)\right]\mu\\ \sigma_{12}^{\mathrm{p}}=-\frac{g}{2}(x^2+y^2)\mu\\ \sigma_{23}^{\mathrm{p}}=-\frac{h}{2}(y^2+z^2)\mu,\quad \sigma_{13}^{\mathrm{p}}=-\frac{l}{2}(z^2+x^2)\mu\end{gathered} \tag{6.4.181}$$

$$\begin{gathered}u_1^{\mathrm{p}}=\left[-\frac{a}{2(\lambda+2G)}x^2-\frac{d}{3(\lambda+2G)}x^3-\frac{g}{6G}y^3-\frac{l}{6G}z^3\right]\mu\\ u_2^{\mathrm{p}}=\left[-\frac{b}{2(\lambda+2G)}y^2-\frac{e}{3(\lambda+2G)}y^3-\frac{h}{6G}z^3-\frac{l}{6G}x^3\right]\mu\\ u_3^{\mathrm{p}}=\left[-\frac{c}{2(\lambda+2G)}z^2-\frac{f}{3(\lambda+2G)}z^3-\frac{l}{6G}x^3-\frac{h}{6G}y^3\right]\mu\end{gathered} \tag{6.4.182}$$

式中，λ 和 G 为拉梅常数。在得到特解之后，即可利用特解边界元法求出温度应力。

6.4.6　动力学问题的特解边界元法

1. 自振问题的特解边界元法

对于均匀的各向同性线弹性体，在简谐振动情形下，其控制微分方程为

$$\ell(u_i)+\rho\omega^2 u_i=0 \tag{6.4.183}$$

式中，ρ 为质量密度；ω 为弹性体的自振频率；$\ell(u_i)$ 为

$$\ell(u_i)=(\lambda+G)u_{j,ij}+Gu_{i,jj} \tag{6.4.184}$$

式中，λ 和 G 为拉梅常数。

自振问题对应的边界条件为

$$\begin{cases} t_i=0, & x\in\Gamma_1 \\ u_i=0, & x\in\Gamma_2 \end{cases} \tag{6.4.185}$$

式中，$\Gamma_1+\Gamma_2=\Gamma$，如果已求得 u_i^{c} 和 u_i^{p}，分别满足

$$\ell(u_i^{\mathrm{c}})=0,\quad \ell(u_i^{\mathrm{p}})+\rho\omega^2 u_i=0 \tag{6.4.186}$$

则方程(6.4.183)的真实解可以表示为

$$u_i=u_i^{\mathrm{c}}+u_i^{\mathrm{p}} \tag{6.4.187}$$

进而有

$$t_i=t_i^{\mathrm{c}}+t_i^{\mathrm{p}} \tag{6.4.188}$$

建立所需要的边界元方程，关键在于如何求出满足方程(6.4.186)第二式的特解。由于方程(6.4.186)第二式中的位移向量 u_i 无法预先得知，为了使求解成为可能，将其表示为

$$u_i(x)=\sum_{m=1}^{\infty}P_{ik}(x,\xi^m)\phi_k(\xi^m) \tag{6.4.189}$$

式中，ϕ_k 为待定参数；$P_{ik}(x,\xi^m)$ 可表示为

$$P_{ik}(x,\xi^m)=(R-r)\delta_{ik} \tag{6.4.190}$$

式中，R 为所有边界节点中两点之间的最大距离，即 $R=r_{\max}$；r 为源点到考察点之间的距离，可表示为

$$r=\sqrt{(x_1-\xi_1^m)^2+(x_2-\xi_2^m)^2+(x_3-\xi_3^m)^2} \tag{6.4.191}$$

实际计算中，式(6.4.188)只可能取为总的边界节点的个数，可见，要保证这

种近似表示的精度，就要保证边界节点的个数不能少于一定数目。此时，可将式(6.4.189)写成矩阵形式为

$$\boldsymbol{u}=\boldsymbol{P}\boldsymbol{\phi} \tag{6.4.192}$$

式中，$\boldsymbol{P}$ 为转换矩阵，可由式(6.4.190)计算得到。当 $\boldsymbol{P}$ 为可逆时，由式(6.4.192)可得

$$\boldsymbol{\phi}=\boldsymbol{K}\boldsymbol{u} \tag{6.4.193}$$

式中，$\boldsymbol{K}=\boldsymbol{P}^{-1}$。由式(6.4.190)计算得到的矩阵 $\boldsymbol{P}$ 是一个主对角线占优的方阵，因此是可逆的。

将式(6.4.189)代入方程式(6.4.186)的第二式，选择任意一个特解，这里取特解为

$$u_i^{\mathrm{p}}(x)=\rho\omega^2\sum_{m=1}^{\infty}D_{ik}(x,\xi^m)\phi_k(\xi^m) \tag{6.4.194}$$

其中，

$$D_{ik}(x,\xi^m)=\frac{1}{G}[(C_1r-C_2R)r^2\delta_{ik}-C_3Y_iY_kr] \tag{6.4.195}$$

$$\begin{gathered}C_1=\frac{2(d+3)(1-\upsilon)-1}{18(3d-1)(1-\upsilon)},\quad C_2=\frac{1-2\upsilon}{2(1+d-2\upsilon d)},\\ C_3=\frac{1}{2(d^2+4d+3)(1-\upsilon)}\quad Y_i=x_i-\xi_i^m\end{gathered} \tag{6.4.196}$$

式中，d 为问题的维数，对于二维问题，d=2，对于三维问题，d=3。

式(6.4.194)写成矩阵形式为

$$\boldsymbol{u}^{\mathrm{p}}=\rho\omega^2\boldsymbol{D}\boldsymbol{\phi} \tag{6.4.197}$$

式中，矩阵 $\boldsymbol{D}$ 由式(6.4.195)计算得到。

利用物理方程和几何方程以及边界上面力与应力的关系，可以求得面力 t_i^{p} 为

$$t_i^{\mathrm{p}}(x)=\rho\omega^2\sum_{m=1}^{\infty}T_{ik}(x,\xi^m)\phi_k(\xi^m) \tag{6.4.198}$$

其中，

$$\begin{aligned}T_{ik}(x,\xi^m)=&(C_4r-C_5R)Y_in_k+(C_6r-2C_2R)Y_kn_i\\&+[(C_6r-2C_2R)\delta_{ik}-2C_3Y_iY_k/r]Y_jn_j\end{aligned} \tag{6.4.199}$$

$$C_4=\frac{(d+3)\upsilon-1}{3(3d-1)(1-\upsilon)},\quad C_5=\frac{2\upsilon}{1+d-2\upsilon d},\quad C_6=\frac{d+2-(d+3)\upsilon}{3(3d-1)(1-\upsilon)} \tag{6.4.200}$$

式(6.4.198)写成矩阵形式为

$$\boldsymbol{t}^{\mathrm{p}} = \rho\omega^2\boldsymbol{T}\boldsymbol{\phi} \tag{6.4.201}$$

式中，矩阵 $\boldsymbol{T}$ 由式(6.4.199)计算得到。

方程(6.4.186)第二式对应的边界元方程为

$$\boldsymbol{H}\boldsymbol{u}^{\mathrm{c}} = \boldsymbol{G}\boldsymbol{t}^{\mathrm{c}} \tag{6.4.202}$$

将式(6.4.187)和式(6.4.188)代入式(6.4.202)，得到

$$\boldsymbol{H}\boldsymbol{u} - \boldsymbol{G}\boldsymbol{t} = \boldsymbol{H}\boldsymbol{u}^{\mathrm{p}} - \boldsymbol{G}\boldsymbol{t}^{\mathrm{p}} \tag{6.4.203}$$

再将式(6.4.197)和式(6.4.201)代入式(6.4.203)，得到

$$\boldsymbol{H}\boldsymbol{u} - \boldsymbol{G}\boldsymbol{t} = (\boldsymbol{H}\boldsymbol{D} - \boldsymbol{G}\boldsymbol{T})\boldsymbol{\phi} \tag{6.4.204}$$

将式(6.4.193)代入式(6.4.204)，得到动力平衡方程的边界元格式为

$$\boldsymbol{H}\boldsymbol{u} - \boldsymbol{G}\boldsymbol{t} = \omega^2\boldsymbol{M}\boldsymbol{u} \tag{6.4.205}$$

其中，

$$\boldsymbol{M} = \rho(\boldsymbol{H}\boldsymbol{D} - \boldsymbol{G}\boldsymbol{T})\boldsymbol{K} \tag{6.4.206}$$

为了使方程(6.4.205)能够求解，还需要引入边界条件。为此，将式(6.4.205)按照边界 Γ_1 和 Γ_2 写成分块矩阵的形式为

$$\omega^2\begin{bmatrix}\boldsymbol{M}_{11} & \boldsymbol{M}_{12}\\ \boldsymbol{M}_{21} & \boldsymbol{M}_{22}\end{bmatrix}\begin{Bmatrix}\boldsymbol{u}_1\\ \boldsymbol{u}_2\end{Bmatrix} - \begin{bmatrix}\boldsymbol{H}_{11} & \boldsymbol{H}_{12}\\ \boldsymbol{H}_{21} & \boldsymbol{H}_{22}\end{bmatrix}\begin{Bmatrix}\boldsymbol{u}_1\\ \boldsymbol{u}_2\end{Bmatrix} = -\begin{bmatrix}\boldsymbol{G}_{11} & \boldsymbol{G}_{12}\\ \boldsymbol{G}_{21} & \boldsymbol{G}_{22}\end{bmatrix}\begin{Bmatrix}\boldsymbol{t}_1\\ \boldsymbol{t}_2\end{Bmatrix} \tag{6.4.207}$$

边界条件式(6.4.185)写成向量形式为

$$\boldsymbol{t}_1 = \boldsymbol{0}, \quad \boldsymbol{u}_2 = \boldsymbol{0} \tag{6.4.208}$$

将式(6.4.208)代入式(6.4.207)，并按照已知值和未知值移项整理，得到

$$\omega^2\begin{bmatrix}\boldsymbol{M}_{11} & \boldsymbol{M}_{12}\\ \boldsymbol{M}_{21} & \boldsymbol{M}_{22}\end{bmatrix}\begin{Bmatrix}\boldsymbol{u}_1\\ \boldsymbol{0}\end{Bmatrix} - \begin{bmatrix}\boldsymbol{H}_{11} & \boldsymbol{H}_{12}\\ \boldsymbol{H}_{21} & \boldsymbol{H}_{22}\end{bmatrix}\begin{Bmatrix}\boldsymbol{u}_1\\ \boldsymbol{t}_2\end{Bmatrix} = \begin{Bmatrix}\boldsymbol{0}\\ \boldsymbol{0}\end{Bmatrix} \tag{6.4.209}$$

方程(6.4.209)中有两个不相等的特征向量，这样，方程就无法求解。为了避免此类问题，将其按照相等的原则写为

$$\omega^2\begin{bmatrix}\boldsymbol{M}_{11} & \boldsymbol{0}\\ \boldsymbol{M}_{21} & \boldsymbol{0}\end{bmatrix}\begin{Bmatrix}\boldsymbol{u}_1\\ \boldsymbol{t}_2\end{Bmatrix} = \begin{bmatrix}\boldsymbol{H}_{11} & -\boldsymbol{G}_{12}\\ \boldsymbol{H}_{21} & -\boldsymbol{G}_{22}\end{bmatrix}\begin{Bmatrix}\boldsymbol{u}_1\\ \boldsymbol{t}_2\end{Bmatrix} \tag{6.4.210}$$

这样就将自由振动问题转化为求解方程(6.4.211)特征方程的特征根问题：

$$\boldsymbol{A}\boldsymbol{X} = \omega^2\bar{\boldsymbol{M}}\boldsymbol{X} \tag{6.4.211}$$

其中，

$$\boldsymbol{A} = \begin{bmatrix}\boldsymbol{H}_{11} & -\boldsymbol{G}_{12}\\ \boldsymbol{H}_{21} & -\boldsymbol{G}_{22}\end{bmatrix}, \quad \bar{\boldsymbol{M}} = \begin{bmatrix}\boldsymbol{M}_{11} & \boldsymbol{0}\\ \boldsymbol{M}_{21} & \boldsymbol{0}\end{bmatrix}, \quad \boldsymbol{X} = \begin{Bmatrix}\boldsymbol{u}_1\\ \boldsymbol{t}_2\end{Bmatrix} \tag{6.4.212}$$

利用一般求解特征值的方法求解方程(6.4.211)，就可以得到弹性体自由振动时的各阶频率和相应的振型。方程(6.4.211)中的矩阵 $\boldsymbol{A}$ 和 $\bar{\boldsymbol{M}}$ 都是非对称的，因此在选择特征值计算时应该注意到这一点。求解方程(6.4.211)，可以采用幂法和穷举法相结合的方法。首先将方程(6.4.211)化为标准形式：

$$\bar{\boldsymbol{A}}\boldsymbol{X} = \lambda \boldsymbol{X} \tag{6.4.213}$$

其中，

$$\bar{\boldsymbol{A}} = \boldsymbol{A}^{-1}\boldsymbol{M}, \quad \lambda = \omega^{-2} \tag{6.4.214}$$

然后按照下列步骤计算特征值。

(1) 选择初始向量 $\boldsymbol{X}$，并作归一化处理，即有

$$\tilde{\boldsymbol{X}} = \frac{\boldsymbol{X}}{\sqrt{\boldsymbol{X}^{\mathrm{T}}\boldsymbol{X}}} \tag{6.4.215}$$

(2) 作乘法运算，求新的迭代向量 $\boldsymbol{Y}$，即

$$\boldsymbol{Y} = \bar{\boldsymbol{A}}\tilde{\boldsymbol{X}} \tag{6.4.216}$$

(3) 收敛判别。设 $\boldsymbol{X}=(x_1, x_2,\cdots, x_n)$；$\boldsymbol{Y}=(y_1, y_2,\cdots, y_n)$，作两向量之比：

$$r_i = \frac{y_i}{x_i}, \quad i = 1,2,\cdots,n \tag{6.4.217}$$

若式(6.4.217)中的最大值 $r_{\max}$ 和最小值 $r_{\min}$ 的差很小，则可将瑞利商作为特征值 λ 的最优近似值，即

$$r = \frac{\boldsymbol{X}^{\mathrm{T}}\boldsymbol{Y}}{\boldsymbol{X}^{\mathrm{T}}\boldsymbol{X}} \tag{6.4.218}$$

若满足收敛条件，则运算结束。

(4) 迭代的控制。若不满足步骤(3)中的收敛条件，则将 $\boldsymbol{Y}$ 赋予 $\boldsymbol{X}$ 作为新的迭代向量，重新执行步骤(1)。

(5) 利用穷举法求解下一个特征值。求得一个特征值后，为了求解下一个特征值，将矩阵 $\bar{\boldsymbol{A}}$ 变换为只包括余下特征值的矩阵，然后应用前述方法求解。这种变换为

$$\bar{\boldsymbol{A}}'=\bar{\boldsymbol{A}} - \lambda \boldsymbol{u}\boldsymbol{v}^{\mathrm{T}} \tag{6.4.219}$$

式中，λ 为上一阶特征值；$\boldsymbol{u}$ 为对应于 λ 的 $\bar{\boldsymbol{A}}$ 的特征向量；$\boldsymbol{v}$ 为对应于 λ 的 $\bar{\boldsymbol{A}}^{\mathrm{T}}$ 的特征向量，并且已正规化，$|\boldsymbol{u}|=|\boldsymbol{v}|=1$。

按照上述步骤执行，直至计算出所需要的各阶特征值。

2. 瞬态动力学反问题的特解边界元法

对于各向同性的均质弹性体，其动力控制方程为

$$\ell(u_i)+\rho\ddot{u}_i=0 \tag{6.4.220}$$

式中，ρ 为质量密度，且有

$$\ell(u_i)=(\lambda+G)u_{j,ij}+Gu_{i,jj} \tag{6.4.221}$$

式中，λ 和 G 为拉梅常数。

若已经求得 u_i^{c} 和 u_i^{p}，分别满足自振问题对应的边界条件为

$$\ell(u_i^{\mathrm{c}})_i=0，\quad \ell(u_i^{\mathrm{p}})+\rho\ddot{u}_i=0 \tag{6.4.222}$$

则方程(6.4.220)的真实阶可以表示为

$$u_i=u_i^{\mathrm{c}}+u_i^{\mathrm{p}}，\quad t_i=t_i^{\mathrm{c}}+t_i^{\mathrm{p}} \tag{6.4.223}$$

对式(6.4.223)的第一式求导，得到

$$\dot{u}_i=\dot{u}_i^{\mathrm{c}}+\dot{u}_i^{\mathrm{p}}，\quad \ddot{u}_i=\ddot{u}_i^{\mathrm{c}}+\ddot{u}_i^{\mathrm{p}} \tag{6.4.224}$$

求解瞬态动力学反问题的关键是如何求出 u_i^{p}。仿照上面的处理，可将加速度近似为

$$\ddot{u}_i(x)=\sum_{m=1}^{\infty}P_{ik}(x,\xi^m)\phi_k(\xi^m) \tag{6.4.225}$$

式中，ϕ_k 为待定参数；$P_{ik}(x,\xi^m)$ 可表示为

$$P_{ik}(x,\xi^m)=(R-r)\delta_{ik} \tag{6.4.226}$$

将式(6.4.225)写成矩阵形式为

$$\ddot{\boldsymbol{u}}=\boldsymbol{P\phi} \tag{6.4.227}$$

或写为逆形式为

$$\boldsymbol{\phi}=\boldsymbol{K}\ddot{\boldsymbol{u}} \tag{6.4.228}$$

式中，$\boldsymbol{K}=\boldsymbol{P}^{-1}$，$\boldsymbol{P}$ 由式(6.4.226)计算得到。

将式(6.4.225)代入方程(6.4.222)的第二式，可求得一个特解为

$$u_i^{\mathrm{p}}(x)=\sum_{m=1}^{\infty}D_{ik}(x,\xi^m)\phi_k(\xi^m) \tag{6.4.229}$$

其中，

$$D_{ik}(x,\xi^m)=-\frac{\rho}{G}[(C_1r-C_2R)r^2\delta_{ik}-C_3Y_iY_kr] \tag{6.4.230}$$

式(6.4.230)写成矩阵形式为

$$\boldsymbol{u}^{\mathrm{p}} = \boldsymbol{D\phi} \tag{6.4.231}$$

式中，$\boldsymbol{D}$ 由式(6.4.230)计算得到。进而可求得面力为

$$t_i^{\mathrm{p}}(x) = \sum_{m=1}^{\infty} T_{ik}(x, \xi^m)\phi_k(\xi^m) \tag{6.4.232}$$

其中，

$$\begin{aligned} T_{ik}(x,\xi^m) = &-\rho(C_4 r - C_5 R)Y_i n_k + (C_6 r - 2C_2 R)Y_k n_i \\ &+ [(C_6 r - 2C_2 R)\delta_{ik} - 2C_3 Y_i Y_k / r]Y_j n_j \end{aligned} \tag{6.4.233}$$

式(6.4.233)写成矩阵形式为

$$\boldsymbol{t}^{\mathrm{p}} = \boldsymbol{T\phi} \tag{6.4.234}$$

式中，矩阵 $\boldsymbol{T}$ 由式(6.4.233)计算得到。

将式(6.4.231)和式(6.4.234)代入式(6.4.222)的第一式对应的边界元方程(6.4.202)，得到

$$\boldsymbol{Hu} - \boldsymbol{Gt} = (\boldsymbol{HD} - \boldsymbol{GT})\boldsymbol{\phi} \tag{6.4.235}$$

将式(6.4.228)代入式(6.4.235)，可得特解边界元动力平衡方程为

$$\boldsymbol{M\ddot{u}} + \boldsymbol{Hu} = \boldsymbol{Gt} \tag{6.4.236}$$

其中，

$$\boldsymbol{M} = (\boldsymbol{HD} - \boldsymbol{GT})\boldsymbol{K} \tag{6.4.237}$$

为了使方程(6.4.236)能够求解，还需要引入边界条件。若问题的边界条件为

$$\begin{cases} t_i = \bar{t}_i, & x \in \varGamma_1 \\ u_i = \bar{u}_i, & x \in \varGamma_2 \end{cases} \tag{6.4.238}$$

则可将式(6.4.236)按照边界 $\varGamma_1$ 和 $\varGamma_2$ 写成分块矩阵的形式：

$$\begin{bmatrix} \boldsymbol{M}_{11} & \boldsymbol{M}_{12} \\ \boldsymbol{M}_{21} & \boldsymbol{M}_{22} \end{bmatrix} \begin{Bmatrix} \ddot{\boldsymbol{u}}_1 \\ \ddot{\boldsymbol{u}}_2 \end{Bmatrix} - \begin{bmatrix} \boldsymbol{H}_{11} & \boldsymbol{H}_{12} \\ \boldsymbol{H}_{21} & \boldsymbol{H}_{22} \end{bmatrix} \begin{Bmatrix} \boldsymbol{u}_1 \\ \boldsymbol{u}_2 \end{Bmatrix} = \begin{bmatrix} \boldsymbol{G}_{11} & \boldsymbol{G}_{12} \\ \boldsymbol{G}_{21} & \boldsymbol{G}_{22} \end{bmatrix} \begin{Bmatrix} \boldsymbol{t}_1 \\ \boldsymbol{t}_2 \end{Bmatrix} \tag{6.4.239}$$

将式(6.4.238)代入式(6.4.239)，并按照列向量相同的原则，得到

$$\bar{\boldsymbol{M}}\ddot{\boldsymbol{X}} + \bar{\boldsymbol{H}}\boldsymbol{X} = \boldsymbol{F} \tag{6.4.240}$$

其中，

$$\bar{\boldsymbol{M}} = \begin{bmatrix} \boldsymbol{M}_{11} & \boldsymbol{0} \\ \boldsymbol{M}_{21} & \boldsymbol{0} \end{bmatrix}, \quad \bar{\boldsymbol{H}} = \begin{bmatrix} \boldsymbol{H}_{11} & -\boldsymbol{G}_{12} \\ \boldsymbol{H}_{21} & -\boldsymbol{G}_{22} \end{bmatrix}$$

$$\boldsymbol{X}=\begin{Bmatrix}\boldsymbol{u}_1\\ \boldsymbol{t}_2\end{Bmatrix},\quad \boldsymbol{F}=\begin{bmatrix}\boldsymbol{G}_{11} & -\boldsymbol{H}_{12}\\ \boldsymbol{G}_{21} & -\boldsymbol{H}_{22}\end{bmatrix}\begin{Bmatrix}\bar{\boldsymbol{t}}_1\\ \bar{\boldsymbol{u}}_2\end{Bmatrix} \tag{6.4.241}$$

在建立方程(6.4.240)时，已经假定 Γ_2 上的位移向量 $\bar{\boldsymbol{u}}_2$ 不随时间变化，当其变化时，可将其贡献移到右端项中考虑。利用振动仿真方法求解方程(6.4.240)，可得物体在瞬态荷载作用下的时程反应，通常采用 Wilson-θ 法或 Houblt 法计算。

1) Wilson-θ 法

Wilson-θ 法表达式为

$$\boldsymbol{u}(\tau+\theta\Delta\tau)=\left[\bar{\boldsymbol{H}}+\frac{6}{(\theta\Delta\tau)^2}\bar{\boldsymbol{M}}\right]^{-1}\left[2\bar{\boldsymbol{M}}\ddot{\boldsymbol{u}}(\tau)+\frac{6}{\theta\Delta\tau}\dot{\boldsymbol{u}}(\tau)\right]+\frac{6}{(\theta\Delta\tau)^2}\dot{\boldsymbol{u}}(\tau)+\boldsymbol{F}(\tau+\theta\Delta\tau)$$

$$\dot{\boldsymbol{u}}(\tau+\theta\Delta\tau)=\frac{6}{(\theta\Delta\tau)^2}\left[\boldsymbol{u}(\tau+\theta\Delta\tau)-\boldsymbol{u}(\tau)\right]-\frac{6}{\theta\Delta\tau}[\dot{\boldsymbol{u}}(\tau)-2\ddot{\boldsymbol{u}}(\tau)]$$

$$\ddot{\boldsymbol{u}}(\tau+\Delta\tau)=\left(1-\frac{1}{\theta}\right)\ddot{\boldsymbol{u}}(\tau)+\left(1-\frac{1}{\theta}\right)\ddot{\boldsymbol{u}}(\tau+\theta\Delta\tau)$$

$$\dot{\boldsymbol{u}}(\tau+\Delta\tau)=\dot{\boldsymbol{u}}(\tau)+\frac{\Delta\tau}{2}\left[\dot{\boldsymbol{u}}(\tau)+\dot{\boldsymbol{u}}(\tau+\theta\Delta\tau)\right]$$

$$\boldsymbol{u}(\tau+\Delta\tau)=\boldsymbol{u}(\tau)+\Delta\tau\dot{\boldsymbol{u}}(\tau)+\frac{(\Delta\tau)^2}{6}\left[2\ddot{\boldsymbol{u}}(\tau)+\ddot{\boldsymbol{u}}(\tau+\theta\Delta\tau)\right] \tag{6.4.242}$$

式中，θ 为插值函数，只有当 $\theta\geqslant 1.37$ 时才有意义，通常取 $\theta\geqslant 1.40$。

2) Houblt 法

Houblt 法不需要计算每一时段的速度和加速度，而是直接给出每个时段的位移，因此该方法是一种无条件稳定格式。假定 $\boldsymbol{u}(\tau-2\Delta\tau)$、$\boldsymbol{u}(\tau-\Delta\tau)$、$\boldsymbol{u}(\tau)$、$\boldsymbol{u}(\tau+\Delta\tau)$ 可用三次式近似，在具体计算中，前两个时段的值需要假定，因此在开始几个阶段内可能存在误差。表达式为

$$\begin{aligned}\boldsymbol{u}(\tau+\Delta\tau)=&\left[\bar{\boldsymbol{M}}+\frac{1}{2}(\Delta\tau)^2\bar{\boldsymbol{H}}\right]^{-1}\left[\frac{1}{2}(\Delta\tau)^2\boldsymbol{F}(\tau+\Delta\tau)+\frac{5}{2}\bar{\boldsymbol{M}}\boldsymbol{u}(\tau)\right.\\&\left.-2\bar{\boldsymbol{M}}\boldsymbol{u}(\tau-\Delta\tau)+\frac{1}{2}\bar{\boldsymbol{M}}\boldsymbol{u}(\tau-2\Delta\tau)\right]\end{aligned} \tag{6.4.243}$$

对于域内的值，求出边界值后，在每个时段内采用式(6.4.154)和式(6.4.155)即可求得。

6.4.7　动态裂纹问题的耦合方法

耦合问题包括两方面的内容。一方面，结构与周围介质的耦合，包括结构与流体耦合，结构与地基耦合，结构、流体与地基三者的耦合等三种情况；另一方面，

各种数值方法的相互耦合，以发挥各种数值方法的优越性，更加有效地解决问题。

关于各种数值方法的耦合，典型的有边界元法与有限元法的耦合、边界元法与样条有限点法的耦合、特解边界元法与广义边界元法的耦合等。

1. 边界元法与有限元法的耦合

如图 6.4.8 所示，Ω_1 部分应用有限元法分析，而 Ω_2 部分应用边界元法分析，并设公共边界为 Γ_i。在 Ω_1 中可得标准有限元矩阵方程为

$$\boldsymbol{KU} = \boldsymbol{F} + \boldsymbol{D} \tag{6.4.244}$$

式中，$\boldsymbol{K}$ 为整体刚度矩阵；$\boldsymbol{U}$ 为节点位移向量；$\boldsymbol{F}$ 为等效节点力向量；$\boldsymbol{D}$ 为与体积力有关的向量。

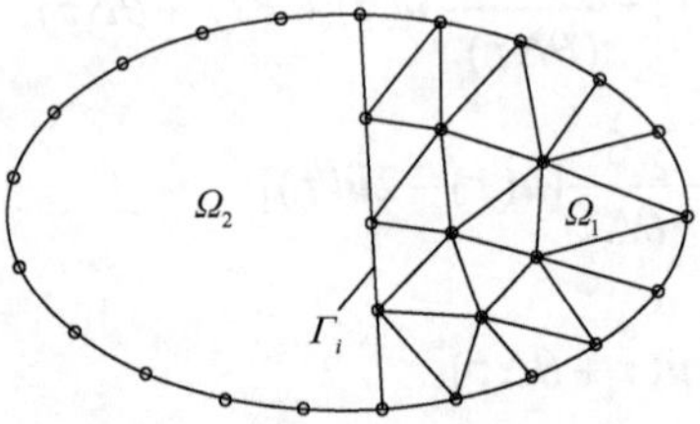

图 6.4.8 边界元与有限元网格

根据有限元法中均布力化为节点力的方法，可以建立 $\boldsymbol{F}$ 与节点面力向量 $\boldsymbol{T}$ 之间的关系为

$$\boldsymbol{F} = \boldsymbol{MT} \tag{6.4.245}$$

式中，$\boldsymbol{M}$ 为以形函数加权边界面力而产生的矩阵。

将式(6.4.245)代入式(6.4.244)，得到

$$\boldsymbol{KU} = \boldsymbol{MT} + \boldsymbol{D} \tag{6.4.246}$$

在 Ω_2 中，边界元总体方程为

$$\boldsymbol{HU} = \boldsymbol{GT} + \boldsymbol{B} \tag{6.4.247}$$

在式(6.4.247)的两边左乘 $\boldsymbol{G}^{-1}$，再左乘 $\boldsymbol{M}$ 后，可得

$$\boldsymbol{K}'\boldsymbol{U} = \boldsymbol{F}' + \boldsymbol{D}' \tag{6.4.248}$$

其中，

$$\boldsymbol{K}' = \boldsymbol{MG}^{-1}\boldsymbol{H}, \quad \boldsymbol{D}' = \boldsymbol{MG}^{-1}\boldsymbol{B}, \quad \boldsymbol{F}' = \boldsymbol{MT} \tag{6.4.249}$$

在边界 Γ_i 上两部分存在位移连续和力的平衡条件为

$$\boldsymbol{U}_1 = \boldsymbol{U}_2, \quad \boldsymbol{T}_1 + \boldsymbol{T}_2 = \boldsymbol{0} \tag{6.4.250}$$

利用式(6.4.249)的条件，可以将方程(6.4.245)和方程(6.4.247)联系起来，解此集合起来的总体方程，可得各部分的相应值。关于边界元法与有限元法的耦合，存在两种途径，一种是将边界元方程向有限元方程集结；另一种是将有限元方程向边界元方程集结。

2. 边界元法与样条有限点法的耦合

边界元法适用于求解非规则区域或大区域(无限域等)，而样条有限点法比较适用于求解规则区域，且所需要的自由度较少，将两者结合起来求解问题，具有

较为广阔的应用前景。下面讨论用耦合法求解流体与固体的耦振问题，其中流体采用边界元法，固体采用样条有限点法。

如图 6.4.9 所示，流体和固体共同作用将对固体的自振特性产生影响。为了分析这种影响，利用边界元法计算流体内的动水压力。在忽略流体的黏性和可压缩性及表面重力波的影响时，流体内的动水压力 $\boldsymbol{p}$ 满足拉普拉斯方程，即

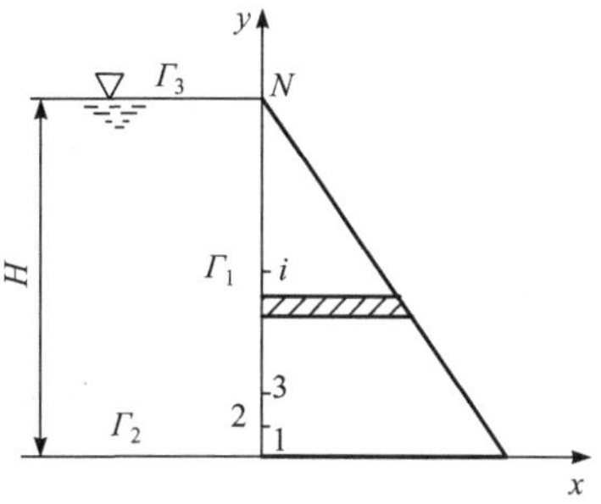

图 6.4.9　流体与固体耦合图

$$\nabla_{\boldsymbol{p}}^2 = 0 \tag{6.4.251}$$

设边界条件为

$$\begin{cases} \boldsymbol{q}_1 = -\rho_w \ddot{\boldsymbol{u}}_1, & x \in \Gamma_1 \\ \boldsymbol{q}_2 = \boldsymbol{0}, & x \in \Gamma_2 \\ \boldsymbol{q}_3 = \boldsymbol{0}, & x \in \Gamma_3 \end{cases} \tag{6.4.252}$$

式中，$\ddot{\boldsymbol{u}}_1$ 为固体与流体交界面上的节点加速度；ρ_w 为流体的质量密度。根据边界元理论，可得方程(6.4.251)的边界元方程为

$$\boldsymbol{H}\boldsymbol{p} = \boldsymbol{G}\boldsymbol{q} \tag{6.4.253}$$

按照边界条件式(6.4.252)，将方程(6.4.253)写成分块形式为

$$\begin{bmatrix} \boldsymbol{H}_{11} & \boldsymbol{H}_{12} & \boldsymbol{H}_{13} \\ \boldsymbol{H}_{21} & \boldsymbol{H}_{22} & \boldsymbol{H}_{23} \\ \boldsymbol{H}_{31} & \boldsymbol{H}_{32} & \boldsymbol{H}_{33} \end{bmatrix} \begin{Bmatrix} \boldsymbol{p}_1 \\ \boldsymbol{p}_2 \\ \boldsymbol{p}_3 \end{Bmatrix} = \begin{bmatrix} \boldsymbol{G}_{11} & \boldsymbol{G}_{12} & \boldsymbol{G}_{13} \\ \boldsymbol{G}_{21} & \boldsymbol{G}_{22} & \boldsymbol{G}_{23} \\ \boldsymbol{G}_{31} & \boldsymbol{G}_{32} & \boldsymbol{G}_{33} \end{bmatrix} \begin{Bmatrix} \boldsymbol{q}_1 \\ \boldsymbol{q}_2 \\ \boldsymbol{q}_3 \end{Bmatrix} \tag{6.4.254}$$

引入边界条件式(6.4.252)的后两式，整理得到

$$\begin{bmatrix} \hat{\boldsymbol{H}}_{11} & \hat{\boldsymbol{H}}_{12} \\ \hat{\boldsymbol{H}}_{21} & \hat{\boldsymbol{H}}_{22} \end{bmatrix} \begin{Bmatrix} \boldsymbol{p}_1 \\ \hat{\boldsymbol{p}}_2 \end{Bmatrix} = \begin{bmatrix} \hat{\boldsymbol{G}}_{11} & \hat{\boldsymbol{G}}_{12} \\ \hat{\boldsymbol{G}}_{21} & \hat{\boldsymbol{G}}_{22} \end{bmatrix} \begin{Bmatrix} \boldsymbol{q}_2 \\ \boldsymbol{0} \end{Bmatrix} \tag{6.4.255}$$

其中，

$$\hat{\boldsymbol{H}}_{11}=\boldsymbol{H}_{11}, \quad \hat{\boldsymbol{G}}_{11}=\boldsymbol{G}_{11}, \quad \hat{\boldsymbol{H}}_{12}=[\boldsymbol{H}_{11} \quad -\boldsymbol{G}_{13}], \quad \hat{\boldsymbol{G}}_{12}=[\boldsymbol{G}_{12} \quad -\boldsymbol{H}_{13}]$$

$$\hat{\boldsymbol{H}}_{21} = \begin{bmatrix} \boldsymbol{H}_{21} \\ \boldsymbol{H}_{31} \end{bmatrix}, \quad \hat{\boldsymbol{G}}_{21} = \begin{bmatrix} \boldsymbol{G}_{21} \\ \boldsymbol{G}_{31} \end{bmatrix}, \quad \hat{\boldsymbol{H}}_{22} = \begin{bmatrix} \boldsymbol{H}_{22} & -\boldsymbol{G}_{22} \\ \boldsymbol{H}_{32} & -\boldsymbol{G}_{32} \end{bmatrix}$$

$$\hat{\boldsymbol{G}}_{22} = \begin{bmatrix} \boldsymbol{G}_{22} & -\boldsymbol{H}_{23} \\ \boldsymbol{G}_{32} & -\boldsymbol{H}_{33} \end{bmatrix}, \quad \hat{\boldsymbol{p}}_2 = \begin{Bmatrix} \boldsymbol{p}_2 \\ \boldsymbol{q}_3 \end{Bmatrix} \tag{6.4.256}$$

将式(6.4.255)展开，得到两个方程为

$$\hat{\boldsymbol{H}}_{11}\boldsymbol{p}_1+\hat{\boldsymbol{H}}_{12}\hat{\boldsymbol{p}}_2=\hat{\boldsymbol{G}}_{11}\boldsymbol{q}_1,\quad \hat{\boldsymbol{H}}_{21}\boldsymbol{p}_1+\hat{\boldsymbol{H}}_{22}\hat{\boldsymbol{p}}_2=\hat{\boldsymbol{G}}_{21}\boldsymbol{q}_1 \tag{6.4.257}$$

从式(6.4.257)中消去 $\hat{\boldsymbol{p}}_2$，得到

$$\boldsymbol{p}_1=\boldsymbol{Q}\boldsymbol{q}_1 \tag{6.4.258}$$

其中，

$$\boldsymbol{Q}=\hat{\boldsymbol{H}}_{11}^{-1}\hat{\boldsymbol{G}},\quad \hat{\boldsymbol{H}}=\hat{\boldsymbol{H}}_{11}-\hat{\boldsymbol{H}}_{12}\hat{\boldsymbol{H}}_{22}^{-1}\hat{\boldsymbol{H}}_{21},\quad \hat{\boldsymbol{G}}=\hat{\boldsymbol{G}}_{11}-\hat{\boldsymbol{G}}_{12}\hat{\boldsymbol{H}}_{22}^{-1}\hat{\boldsymbol{G}}_{21} \tag{6.4.259}$$

将边界条件式(6.4.252)中的第一式引入方程(6.4.258)，求得交界面上的动水压力为

$$\boldsymbol{p}_1=-\rho_w\boldsymbol{Q}\ddot{\boldsymbol{u}}_1 \tag{6.4.260}$$

当固体部分按照二维问题分析时，为了实现流体与固体的耦合，需要对式(6.4.260)进行扩阶处理。对于图 6.4.9 所示的固体部分，按照一维梁分析，u_1 即是梁的挠度。将固体部分看成变截面梁处理。下面讨论样条有限点法的分析原理。

将变截面梁在[0, H]区间分成 N 等份，在 N+1 个节点上设定待求的位移函数，并用样条函数表示为

$$W_0=W(y)\sin(\omega\tau+\alpha) \tag{6.4.261}$$

其中，

$$W(y)=\sum_{i=-1}^{N+1}C_i\phi_i=\boldsymbol{\phi}\boldsymbol{C} \tag{6.4.262}$$

式中，$\boldsymbol{\phi}$ 为利用样条函数计算出来的与坐标有关的系数矩阵；$\boldsymbol{C}$ 为待定系数矩阵，

$$\boldsymbol{\phi}=[\phi_{-1}\ \ \phi_0\ \ \phi_1\ \ \cdots\ \ \phi_N\ \ \phi_{N+1}]^{\mathrm{T}},\quad \boldsymbol{C}=[C_{-1}\ \ C_0\ \ C_1\ \ \cdots\ \ C_N\ \ C_{N+1}]^{\mathrm{T}} \tag{6.4.263}$$

式中，ϕ_i 为一组由三次 B 样条函数组合构成的基函数，可表示为

$$\begin{aligned}
&\phi_{-1}(y)=\varphi_3\left(\frac{y}{h}+1\right),\quad \phi_0(y)=\varphi_3\left(\frac{y}{h}\right)-4\varphi_3\left(\frac{y}{h}+1\right)\\
&\phi_1(y)=\varphi_3\left(\frac{y}{h}+1\right)-\frac{1}{2}\varphi_3\left(\frac{y}{h}\right)+\varphi_3\left(\frac{y}{h}-1\right)\\
&\phi_i(y)=\varphi_3\left(\frac{y}{h}-i\right),\quad i=2,3,\cdots,N-2\\
&\phi_{N-1}(y)=\varphi_3\left(\frac{y}{h}-N+1\right)-\frac{1}{2}\varphi_3\left(\frac{y}{h}-N\right)+\varphi_3\left(\frac{y}{h}-N-1\right)\\
&\phi_N(y)=\varphi_3\left(\frac{y}{h}-N\right)-4\varphi_3\left(\frac{y}{h}-N-1\right),\quad \phi_{N+1}(y)=\varphi_3\left(\frac{y}{h}-N-1\right)
\end{aligned} \tag{6.4.264}$$

式中，$h=H/N$；$\varphi_3(y)$ 为三次 B 样条函数，可表示为

$$\varphi_3(y)=\begin{cases}\dfrac{1}{6}(y+2)^3, & y\in(-2,1]\\ \dfrac{1}{6}\left[(y+2)^3-4(y+1)^3\right], & y\in(-1,0]\\ \dfrac{1}{6}\left[(2-y)^3-4(1-y)^3\right], & y\in(0,1]\\ \dfrac{1}{6}(2-y)^3, & y\in(1,2)\\ 0, & |y|\geqslant 2\end{cases}\tag{6.4.265}$$

$\varphi_i(y)$ 具有的特点为

$$\begin{cases}\phi_i(o)=0, & i\neq -1\\ \phi_i'(o)=0, & i\neq -1,0\\ \phi_i(y_N)=0, & i\neq N+1\\ \phi_i'(y_N)=0, & i\neq N+1,N\end{cases}\tag{6.4.266}$$

根据 $\varphi_i(y)$ 的上述特点，可以引入变截面梁的固端条件，引入后位移函数为

$$W(y)=\sum_{i=1}^{N+1}C_i\phi_i=\boldsymbol{C\phi}\tag{6.4.267}$$

其中，

$$\boldsymbol{C}=[C_1\quad C_2\quad C_3\quad\cdots\quad C_N\quad C_{N+1}]^{\mathrm{T}},\quad \boldsymbol{\phi}=[\phi_1\quad \phi_2\quad \phi_3\quad\cdots\quad \phi_N\quad \phi_{N+1}]^{\mathrm{T}}\tag{6.4.268}$$

在得到位移函数后，即可将梁在振动过程中的能量泛函表达为

$$\Pi=\Pi_1+\Pi_2\tag{6.4.269}$$

其中，

$$\begin{aligned}&\Pi_1=\frac{1}{2}\int_0^H\left\{\left[EI(y)\frac{\mathrm{d}^2W}{\mathrm{d}y^2}\right]-\rho W^2\omega^2\right\}\mathrm{d}y,\\ &\Pi_2=-\int_0^H q\sin(\omega\tau+\alpha)\omega\mathrm{d}y\end{aligned}\tag{6.4.270}$$

式中，$I(y)$为变截面的转动惯量；ρ 为梁的线密度；ω 为梁的振动频率；q 为作用在梁上的分布载荷。

将式(6.4.267)代入式(6.4.270)的第一式，得到

$$\Pi_1=\frac{1}{2}\int_0^H EI(y)\boldsymbol{C}^{\mathrm{T}}\boldsymbol{\phi}''^{\mathrm{T}}\boldsymbol{\phi}''\boldsymbol{C}\mathrm{d}y-\frac{1}{2}\int_0^H\rho\omega^2\boldsymbol{C}^{\mathrm{T}}\boldsymbol{\phi}^{\mathrm{T}}\boldsymbol{\phi}\boldsymbol{C}\mathrm{d}y\tag{6.4.271}$$

式中，$\boldsymbol{\phi}''$ 为 $\boldsymbol{\phi}$ 对坐标 y 的二阶导数。变截面梁的 $EI(y)$和 ρ 沿梁是变化的，因此需要对式(6.4.271)进行分段计算，得

$$\begin{aligned}\Pi_1 &= \frac{1}{2}\sum_{k=1}^{N}\int_{(k-1)h}^{kh} EI(y)\boldsymbol{C}^{\mathrm{T}}\boldsymbol{\phi}''^{\mathrm{T}}\boldsymbol{\phi}''\boldsymbol{C}\mathrm{d}y - \frac{1}{2}\omega^2\sum_{k=1}^{N}\int_{(k-1)h}^{kh}\rho\boldsymbol{C}^{\mathrm{T}}\boldsymbol{\phi}^{\mathrm{T}}\boldsymbol{\phi}\boldsymbol{C}\mathrm{d}y \\ &= \frac{1}{2}\boldsymbol{C}^{\mathrm{T}}\boldsymbol{F}\boldsymbol{C} - \omega^2\boldsymbol{C}^{\mathrm{T}}\boldsymbol{A}\boldsymbol{C}\end{aligned} \tag{6.4.272}$$

其中，

$$\begin{aligned}\boldsymbol{F} &= \sum_{k=1}^{N}\int_{(k-1)h}^{kh} EI(y)\boldsymbol{\phi}''^{\mathrm{T}}\boldsymbol{\phi}''\mathrm{d}y, \\ \boldsymbol{A} &= \sum_{k=1}^{N}\int_{(k-1)h}^{kh}\rho\boldsymbol{\phi}^{\mathrm{T}}\boldsymbol{\phi}\mathrm{d}y\end{aligned} \tag{6.4.273}$$

类似地，利用式(6.4.270)的第二式可得

$$\Pi_2 = \int_0^H q\varpi\mathrm{d}y = -\frac{1}{2}\int_0^H \rho_w\boldsymbol{C}^{\mathrm{T}}\boldsymbol{\phi}^{\mathrm{T}}\boldsymbol{Q}_m^{\mathrm{T}}\boldsymbol{\phi}\boldsymbol{C}\mathrm{d}y = -\frac{\omega^2}{2}\boldsymbol{C}^{\mathrm{T}}\boldsymbol{E}\boldsymbol{C} \tag{6.4.274}$$

其中，

$$\boldsymbol{E} = 2\rho_w\sum_{k=1}^{N}\int_0^H \boldsymbol{\phi}^{\mathrm{T}}\boldsymbol{Q}_m^{\mathrm{T}}\boldsymbol{\phi}\mathrm{d}y \tag{6.4.275}$$

式中，q 已经用 $q=-p_1$ 和 $u_1 = w$ 引入了固体和流体的连续条件，其中 $\boldsymbol{Q}_m$ 表示矩阵 $\boldsymbol{Q}$ 的第 m 行元素所组成的矩阵。

根据最小势能原理 $\delta\Pi=0$ 得

$$\boldsymbol{F}\boldsymbol{C} - \omega^2\boldsymbol{A}\boldsymbol{C} - \omega^2\boldsymbol{E}\boldsymbol{C} = \boldsymbol{F}\boldsymbol{C} - \omega^2\boldsymbol{M}\boldsymbol{C} = 0 \tag{6.4.276}$$

式中，$\boldsymbol{M} = \boldsymbol{A} - \boldsymbol{E}$，$\boldsymbol{E}$ 为由流体作用引起的附加质量矩阵。方程(6.4.276)就是固体和流体的耦振特征方程，解此方程可得梁的振型和频率。

3. 特解边界元法与广义边界元法的耦合

广义边界元是在边界元积分方程的基础上通过坐标转换，给出以广义坐标为变量的边界积分方程，这种广义坐标的数目比一般边界元的自由度数目少得多，从而可以节约大量的计算工作量，特别适用于已知区域基本解的大区域问题。特解边界元法在求解动力问题时有其独特的优点，将两种方法耦合起来求解某些特殊的问题，将具有特殊的效果。下面介绍用特解边界元法与广义边界元法耦合求解流-固耦振问题，其中流体动水压力采用广义边界元法计算，固体的动力方程采用特解边界元法求解。

对于理想流体，如图 6.4.10 所示，其动水压力满足拉普拉斯方程(6.4.251)，对应的边界条件为

$$\begin{cases} \boldsymbol{p}_1 = -\overline{\boldsymbol{p}}, & x \in \Gamma_1 \\ \dfrac{\partial \boldsymbol{p}_2}{\partial n} = \overline{\boldsymbol{q}}, & x \in \Gamma_2 \\ \boldsymbol{p} = \boldsymbol{0}, & x \in \Omega_e \end{cases} \tag{6.4.277}$$

式中，$\overline{\boldsymbol{p}}$ 和 $\overline{\boldsymbol{q}}$ 为边界的已知函数；$\Omega \in \mathbf{R}^n$ 且具有 Lipschitz 连续边界 $\partial\Omega = \Gamma_1 + \Gamma_2$。

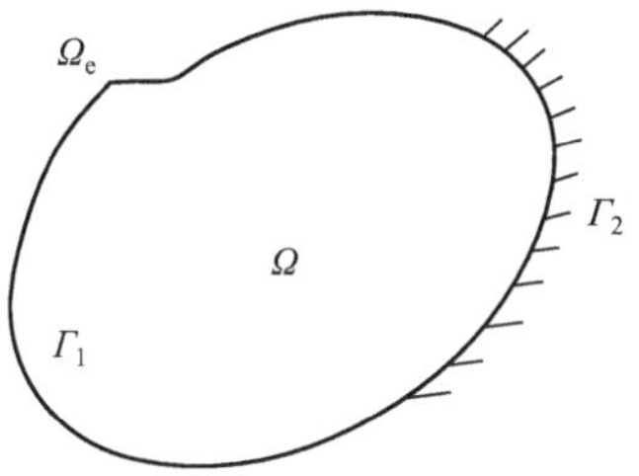

图 6.4.10　流体边界图

设 $\boldsymbol{p}'$ 是方程的基本解，由 Green 公式可得与以上问题等价的形式，为求解 $\boldsymbol{p} \in H^s(\Omega)$ ($H^s(\Omega)$ 为一般的 Sobolev 空间)，使得

$$\alpha \boldsymbol{p}(\eta) + \int_{\partial\Omega} \left[\boldsymbol{p}(\xi) \frac{\partial \boldsymbol{p}'(\xi,\eta)}{\partial n} - \boldsymbol{p}'(\xi,\eta) \frac{\partial \boldsymbol{p}'}{\partial n} \right] \mathrm{d}\xi = 0 \tag{6.4.278}$$

其中，

$$\alpha = \begin{cases} 1, & x \in \Omega \\ \dfrac{\gamma}{2\pi}, & x \in \partial\Omega \\ 0, & x \in \Omega_e \end{cases} \tag{6.4.279}$$

式中，γ 为边界角点的内角；ξ 、η 为点坐标。

引入一组辅助函数 $V_i(\eta)$ ($i = 1,2,\cdots$)，由 $V_i(\eta)$ 乘式(6.4.278)，并沿某一边界 C 积分后，得到式(6.4.278)的弱型式，为求解 $p \in H^s(\Omega)$，令

$$\int_C \alpha V_i(\eta) p(\eta) \mathrm{d}\eta + \int_{\partial\Omega} \left[\frac{\partial \phi_i(\xi)}{\partial n} p(\xi) - \phi_i(\xi) \frac{\partial p(\xi)}{\partial n} \right] \mathrm{d}\xi = 0 \tag{6.4.280}$$

其中，

$$\alpha = \begin{cases} 1, & C \subset \Omega \\ \dfrac{\upsilon}{2\pi}, & C \subset \partial\Omega \\ 0, & C \subset \Omega_e \end{cases} \tag{6.4.281}$$

$$\phi_i(\xi) = \int_C \alpha V_i(\eta) p'(\eta) \mathrm{d}\eta, \quad \frac{\partial p(\xi)}{\partial n} = \int_C V_i(\eta) \frac{\partial p'(\xi,\eta)}{\partial n} \mathrm{d}\eta \tag{6.4.282}$$

可以证明，式(6.4.280)与一般的边界元法在理论上是等价的。由式(6.4.279)取 $C \subset \Omega_e$，且将相应的边界条件代入，得到

$$\int_{\Gamma_1} \frac{\partial \phi_i(\xi)}{\partial n} p(\xi) \mathrm{d}\xi + \int_{\Gamma_2} \frac{\partial \phi_i(\xi)}{\partial n} p(\xi) \mathrm{d}\xi - \int_{\Gamma_1} \frac{\partial p(\xi)}{\partial n} \phi_i(\xi) \mathrm{d}\xi - \int_{\Gamma_2} \overline{q}(\xi) \phi_i(\xi) \mathrm{d}\xi = 0, \quad i = 1,2,\cdots \tag{6.4.283}$$

进行坐标变换，令

$$p=\sum_{j=1}^{N}a_j\phi_j \tag{6.4.284}$$

将式(6.4.284)代入式(6.4.283)，整理得到

$$\boldsymbol{GA}=\boldsymbol{F} \tag{6.4.285}$$

其中，

$$\begin{aligned}
&\boldsymbol{A}=[a_1\quad a_2\quad \cdots\quad a_N]^{\mathrm{T}}\\
&F_i=\int_{\varGamma_2}\overline{q}(\xi)\phi_i(\xi)\mathrm{d}\xi-\int_{\varGamma_1}\frac{\partial\phi_i(\xi)}{\partial n}p(\xi)\mathrm{d}\xi\\
&G_{ij}=\frac{1}{2}\int_{\varGamma_2}\left[\phi_i(\xi)\frac{\partial\phi_j(\xi)}{\partial n}+\phi_j(\xi)\frac{\partial\phi_i(\xi)}{\partial n}\right]\mathrm{d}\xi\\
&\qquad-\frac{1}{2}\int_{\varGamma_1}\left[\phi_i(\xi)\frac{\partial\phi_j(\xi)}{\partial n}+\phi_j(\xi)\frac{\partial\phi_i(\xi)}{\partial n}\right]\mathrm{d}\xi
\end{aligned} \tag{6.4.286}$$

利用式(6.4.285)进行计算可以避免奇异积分的计算，且方程组的阶数较低，计算更加方便。当利用上述方法计算图 6.4.9 所示的流体动水压力时，可将动水压力表示为

$$\boldsymbol{p}=\boldsymbol{\varPhi A} \tag{6.4.287}$$

其中，

$$\varPhi_m=\mathrm{e}^{\lambda_m x}\cos(\lambda_m y),\quad \lambda_m=\frac{(2m-1)\pi}{2H},m=1,2,\cdots,M \tag{6.4.288}$$

广义坐标 $\boldsymbol{A}$ 可由式(6.4.289)求出：

$$\boldsymbol{GA}=\boldsymbol{f} \tag{6.4.289}$$

其中，

$$\begin{aligned}
&G_{ij}=\frac{1}{2}\int_{\varGamma_1}\frac{\partial\phi_i(\xi)}{\partial n}\phi_j(\xi)\mathrm{d}\xi-\frac{1}{2}\int_{\varGamma_1}\phi_i(\xi)\frac{\partial\phi_j(\xi)}{\partial n}\mathrm{d}\xi\\
&f_i=-\rho_w\int_{\varGamma_1}\ddot{u}_1(\xi)\phi_i(\xi)\mathrm{d}\xi
\end{aligned} \tag{6.4.290}$$

基函数 $\varPhi$ 已满足部分边界条件，因此在利用式(6.4.289)计算时，只需要对交界面 $\varGamma_1$ 进行离散积分。对于不同的节点 j，分别利用式(6.4.289)计算，即可求得广义坐标为

$$\boldsymbol{GQ}=\boldsymbol{E} \tag{6.4.291}$$

其中，

$$E_{ij}=-\rho_w\int_{\Gamma_1}\ddot{u}_{1j}(\xi)\phi_i(\xi)\mathrm{d}\xi \tag{6.4.292}$$

从而得到动水压力影响矩阵为

$$\boldsymbol{D}=\boldsymbol{\Phi Q} \tag{6.4.293}$$

即交界面上的面力与加速度满足的关系为

$$\boldsymbol{t}_f=-\boldsymbol{D}\ddot{\boldsymbol{u}}_f \tag{6.4.294}$$

利用特解边界元法建立的固体动力边界元法方程为

$$\boldsymbol{M}\ddot{\boldsymbol{u}}+\boldsymbol{K}\boldsymbol{u}=\boldsymbol{G}\boldsymbol{t} \tag{6.4.295}$$

将式(6.4.295)按照交界面 f 和非交界面 s 写成分块形式为

$$[\boldsymbol{M}_s\quad \boldsymbol{M}_f]\begin{Bmatrix}\ddot{\boldsymbol{u}}_s\\ \ddot{\boldsymbol{u}}_f\end{Bmatrix}+[\boldsymbol{K}_s\quad \boldsymbol{K}_f]\begin{Bmatrix}\boldsymbol{u}_s\\ \boldsymbol{u}_f\end{Bmatrix}=[\boldsymbol{G}_s\quad \boldsymbol{G}_f]\begin{Bmatrix}\boldsymbol{t}_s\\ \boldsymbol{t}_f\end{Bmatrix} \tag{6.4.296}$$

将式(6.4.294)代入式(6.4.295)，整理后得到

$$\omega^2[\boldsymbol{M}_s\quad \bar{\boldsymbol{M}}_f]\begin{Bmatrix}\ddot{\boldsymbol{u}}_s\\ \ddot{\boldsymbol{u}}_f\end{Bmatrix}+[\boldsymbol{K}_s\quad \boldsymbol{K}_f]\begin{Bmatrix}\boldsymbol{u}_s\\ \boldsymbol{u}_f\end{Bmatrix}=\boldsymbol{0} \tag{6.4.297}$$

其中，

$$\bar{\boldsymbol{M}}_f=\bar{\boldsymbol{M}}_f+\boldsymbol{G}_f\boldsymbol{D} \tag{6.4.298}$$

式(6.4.297)即为流体与固体的耦振特征方程,解此方程可得到耦振频率和振型。

6.4.8　动态裂纹问题的边界元多域分析方法

边界元法利用基本解本身的奇异性，使其适用于求解断裂问题。异弹模界面裂纹尖端应力场的奇异性与材料的性质有关，使奇性元中间节点的相对位置随问题的变化而变化，这给使用奇性元带来了不便。采用边界元分域方法分析其应力，用尖端的小单元模拟尖端奇异性，利用应力外推法求出应力强度因子。

1. 边界元多域分析

边界元法所使用的基本解都是在均质弹性材料的假定下求出的，因此只适用于均质弹性体的求解问题。对于多种材料组成的物体，需要采用边界元法的多区域耦合技术进行分析，即在每个区域上分别建立边界元方程，然后通过耦合边界上的连续条件，将多个区域耦合在一起。对于异弹模界面裂纹，裂边两侧的材料不相同，因此只能采用两个区域耦合法进行分析。

如图 6.4.11 所示，物体被剖分为两个区域，在两个区域分别建立边界元方程，得到边界元方程为

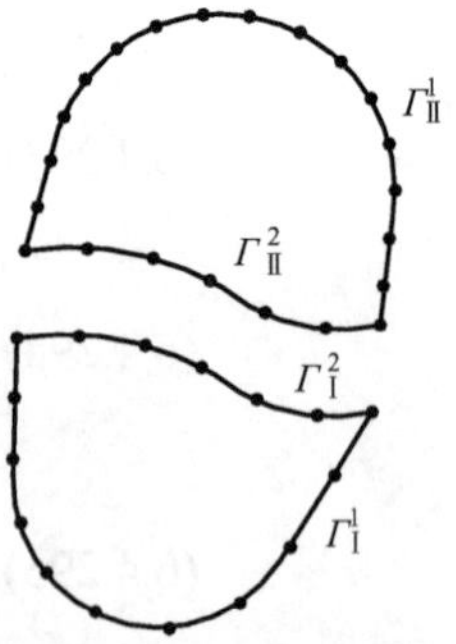

图 6.4.11　物体的两个区域

$$\begin{cases} [\boldsymbol{H}_{\mathrm{I}} \quad \tilde{\boldsymbol{H}}_{\mathrm{I}}]\begin{Bmatrix} \boldsymbol{u}_{\mathrm{I}} \\ \tilde{\boldsymbol{u}}_{\mathrm{I}} \end{Bmatrix} = [\boldsymbol{G}_{\mathrm{I}} \quad \tilde{\boldsymbol{G}}_{\mathrm{I}}]\begin{Bmatrix} \boldsymbol{t}_{\mathrm{I}} \\ \tilde{\boldsymbol{t}}_{\mathrm{I}} \end{Bmatrix}, & \text{区域 I} \\ [\boldsymbol{H}_{\mathrm{II}} \quad \tilde{\boldsymbol{H}}_{\mathrm{II}}]\begin{Bmatrix} \boldsymbol{u}_{\mathrm{II}} \\ \tilde{\boldsymbol{u}}_{\mathrm{II}} \end{Bmatrix} = [\boldsymbol{G}_{\mathrm{II}} \quad \tilde{\boldsymbol{G}}_{\mathrm{II}}]\begin{Bmatrix} \boldsymbol{t}_{\mathrm{II}} \\ \tilde{\boldsymbol{t}}_{\mathrm{II}} \end{Bmatrix}, & \text{区域 II} \end{cases} \tag{6.4.299}$$

式中，符号“～”表示的量为耦合边上的相应量。

两种材料在耦合边上的连续条件为

$$\tilde{\boldsymbol{u}}_{\mathrm{I}} = \tilde{\boldsymbol{u}}_{\mathrm{II}} = \boldsymbol{u}, \quad \tilde{\boldsymbol{t}}_{\mathrm{I}} = -\tilde{\boldsymbol{t}}_{\mathrm{II}} = \boldsymbol{t} \tag{6.4.300}$$

利用耦合边上的连续性条件式(6.4.300)，将式(6.4.299)改写为

$$\begin{cases} [\boldsymbol{H}_{\mathrm{I}} \quad \tilde{\boldsymbol{H}}_{\mathrm{I}} \quad -\tilde{\boldsymbol{G}}_{\mathrm{I}}]\begin{Bmatrix} \boldsymbol{u}_{\mathrm{I}} \\ \boldsymbol{u} \\ \boldsymbol{t} \end{Bmatrix} = \boldsymbol{G}_{\mathrm{I}}\boldsymbol{t}_{\mathrm{I}}, & \text{区域 I} \\ [\tilde{\boldsymbol{H}}_{\mathrm{II}} \quad \tilde{\boldsymbol{G}}_{\mathrm{II}} \quad \boldsymbol{H}_{\mathrm{II}}]\begin{Bmatrix} \boldsymbol{u} \\ \boldsymbol{t} \\ \boldsymbol{u}_{\mathrm{II}} \end{Bmatrix} = \boldsymbol{G}_{\mathrm{II}}\boldsymbol{t}_{\mathrm{II}}, & \text{区域 II} \end{cases} \tag{6.4.301}$$

将式(6.4.301)的两式耦合在一起，得到

$$\begin{bmatrix} \boldsymbol{H}_{\mathrm{I}} & \tilde{\boldsymbol{H}}_{\mathrm{I}} & -\tilde{\boldsymbol{G}}_{\mathrm{I}} & \boldsymbol{0} \\ \boldsymbol{0} & \tilde{\boldsymbol{H}}_{\mathrm{II}} & \tilde{\boldsymbol{G}}_{\mathrm{II}} & \boldsymbol{H}_{\mathrm{II}} \end{bmatrix}\begin{Bmatrix} \boldsymbol{u}_{\mathrm{I}} \\ \boldsymbol{u} \\ \boldsymbol{t} \\ \boldsymbol{u}_{\mathrm{II}} \end{Bmatrix} = \begin{bmatrix} \boldsymbol{G}_{\mathrm{I}} & \boldsymbol{0} \\ \boldsymbol{0} & \boldsymbol{G}_{\mathrm{II}} \end{bmatrix}\begin{Bmatrix} \boldsymbol{t}_{\mathrm{I}} \\ \boldsymbol{t}_{\mathrm{II}} \end{Bmatrix} \tag{6.4.302}$$

对方程(6.4.302)引入问题的边界条件，并将已知量和未知量分别移至等号两边，可以得到系统的方程为

$$\boldsymbol{AX} = \boldsymbol{F} \tag{6.4.303}$$

式(6.4.303)是线性方程组，解此方程可以得到所有边界(包括耦合边界)上节点的位移和面力。在得到边界上的位移和面力后，可以根据需要在每个区域上利用前述公式计算域内的位移和面力。

2. 计算应力强度因子的格式

异弹模界面裂纹尖端奇异性比较复杂，因此如何根据这些特点建立合适的边界元格式是利用边界元分域法分析的关键。可以采用应力外推法求解异弹模

界面裂纹的应力强度因子。由式(5.4.24)，可以推得当 $\theta=0$ 时裂尖的应力表达式为

$$\sigma_{11}^{\alpha}=\frac{1}{\sqrt{2\pi r}}\frac{3m_{\alpha}-n_{\alpha}}{1+R}(K_{\mathrm{I}}\cos t+K_{\mathrm{II}}\sin t),\quad \sigma_{22}^{\alpha}=\frac{1}{\sqrt{2\pi r}}(K_{\mathrm{I}}\cos t+K_{\mathrm{II}}\sin t)$$

$$\sigma_{12}^{\alpha}=\frac{1}{\sqrt{2\pi r}}(K_{\mathrm{II}}\cos t-K_{\mathrm{II}}\sin t) \tag{6.4.304}$$

如图 5.4.1 所示，假定以第二种介质为对象来计算应力强度因子，在平面应变情形下，可得

$$\sigma_{11}=\frac{1}{\sqrt{2\pi r}}\frac{3R-1}{1+R}(K_{\mathrm{I}}\cos t+K_{\mathrm{II}}\sin t),\quad \sigma_{22}=\frac{1}{\sqrt{2\pi r}}(K_{\mathrm{I}}\cos t+K_{\mathrm{II}}\sin t)$$

$$\sigma_{12}=\frac{1}{\sqrt{2\pi r}}(K_{\mathrm{II}}\cos t-K_{\mathrm{II}}\sin t) \tag{6.4.305}$$

假定裂纹的方向与 x 轴重合，则在该方向上 σ_{11} 并不出现，可以利用式(6.4.304)的第二个和第三个表达式推出应力强度因子与裂纹应力的关系为

$$K_{\mathrm{I}}=\sqrt{2\pi r}(\sigma_{22}\cos t-\sigma_{12}\sin t),\quad K_{\mathrm{II}}=\sqrt{2\pi r}(\sigma_{22}\sin t+\sigma_{12}\cos t) \tag{6.4.306}$$

式(6.4.304)是在忽略产生非奇异应力特征根的情况下得到的，因此式(6.4.306)也只适用于尖端奇异应力区。于是，尖端的应力强度因子可用极限形式表示为

$$K_{\mathrm{I}}=\lim_{r\to 0}f_{\mathrm{I}}(r),\quad K_{\mathrm{II}}=\lim_{r\to 0}f_{\mathrm{II}}(r) \tag{6.4.307}$$

其中，

$$f_{\mathrm{I}}(r)=\sqrt{2\pi r}(\sigma_{22}\cos t-\sigma_{12}\sin t),\quad f_{\mathrm{II}}(r)=\sqrt{2\pi r}(\sigma_{22}\sin t+\sigma_{12}\cos t) \tag{6.4.308}$$

式(6.4.307)即为异弹模界面裂纹的尖端应力强度因子与裂纹应力的关系式，其中 $f_{\mathrm{I}}(r)$ 和 $f_{\mathrm{II}}(r)$ 称为应力因子函数。

根据前面介绍的边界元多域分析方法，可以得到第一个单元上对应的 5 个局部坐标点的应力，将得到的应力代入方程(6.4.306)，可以得到 5 个局部坐标点上的应力因子函数值。根据最小二乘法原理，将应力因子拟合成坐标 r 的线性函数，然后外推，由 $r=0$ 得到应力强度因子，其表达式为

$$K_{\mathrm{I}}=\frac{\sum_{j=1}^{5}f_{\mathrm{I}}^{j}\sum_{j=1}^{5}r_j^2-\sum_{j=1}^{5}r_j f_{\mathrm{I}}^{j}\sum_{j=1}^{5}r_j}{5\sum_{j=1}^{5}r_j^2-\sum_{j=1}^{5}r_j\sum_{j=1}^{5}r_j},\quad K_{\mathrm{II}}=\frac{\sum_{j=1}^{5}f_{\mathrm{II}}^{j}\sum_{j=1}^{5}r_j^2-\sum_{j=1}^{5}r_j f_{\mathrm{II}}^{j}\sum_{j=1}^{5}r_j}{5\sum_{j=1}^{5}r_j^2-\sum_{j=1}^{5}r_j\sum_{j=1}^{5}r_j} \tag{6.4.309}$$

至此，得到异弹模界面裂纹端应力强度因子的数值解。

3. 含体力问题的多域法分析

由于边界元本身仅限于求解均质问题，在多种介质情形下，须借助边界元法的多域耦合技术予以解决。因此，对于含有体力的问题，将体力化为等价的边界项来处理，可以节省许多工作量。

对于含体力的弹性力学问题，可以建立相应的边界元方程为

$$\boldsymbol{Hu}=\boldsymbol{Gt}+\boldsymbol{f} \tag{6.4.310}$$

其中，

$$\boldsymbol{f}=\boldsymbol{Hu}^{\mathrm{p}}-\boldsymbol{Gt}^{\mathrm{p}} \tag{6.4.311}$$

式中，$\boldsymbol{u}^{\mathrm{p}}$ 、$\boldsymbol{t}^{\mathrm{p}}$ 为相应于体力的特征向量。

每个区域都可以建立式(6.4.310)所示的边界元方程，并将其按照耦合边界与非耦合边界写成分块矩阵形式：

$$\begin{cases}[\boldsymbol{H}_{\mathrm{I}} \quad \tilde{\boldsymbol{H}}_{\mathrm{I}}]\begin{Bmatrix}\boldsymbol{u}_{\mathrm{I}}\\ \tilde{\boldsymbol{u}}_{\mathrm{I}}\end{Bmatrix}=[\boldsymbol{G}_{\mathrm{I}} \quad \tilde{\boldsymbol{G}}_{\mathrm{I}}]\begin{Bmatrix}\boldsymbol{t}_{\mathrm{I}}\\ \tilde{\boldsymbol{t}}_{\mathrm{I}}\end{Bmatrix}+\begin{Bmatrix}\boldsymbol{f}_{\mathrm{I}}\\ \tilde{\boldsymbol{f}}_{\mathrm{I}}\end{Bmatrix}, & \text{区域 I}\\ [\boldsymbol{H}_{\mathrm{II}} \quad \tilde{\boldsymbol{H}}_{\mathrm{II}}]\begin{Bmatrix}\boldsymbol{u}_{\mathrm{II}}\\ \tilde{\boldsymbol{u}}_{\mathrm{II}}\end{Bmatrix}=[\boldsymbol{G}_{\mathrm{II}} \quad \tilde{\boldsymbol{G}}_{\mathrm{II}}]\begin{Bmatrix}\boldsymbol{t}_{\mathrm{II}}\\ \tilde{\boldsymbol{t}}_{\mathrm{II}}\end{Bmatrix}+\begin{Bmatrix}\boldsymbol{f}_{\mathrm{II}}\\ \tilde{\boldsymbol{f}}_{\mathrm{II}}\end{Bmatrix}, & \text{区域 II}\end{cases} \tag{6.4.312}$$

再将其引入耦合边的连续条件式(6.4.300)，并按照已知项和未知项移到等号两端，即

$$\begin{cases}[\boldsymbol{H}_{\mathrm{I}} \quad \tilde{\boldsymbol{H}}_{\mathrm{I}} \quad -\tilde{\boldsymbol{G}}_{\mathrm{I}}]\begin{Bmatrix}\boldsymbol{u}_{\mathrm{I}}\\ \boldsymbol{u}\\ \boldsymbol{t}\end{Bmatrix}=\boldsymbol{G}_{\mathrm{I}}\boldsymbol{t}_{\mathrm{I}}+\begin{Bmatrix}\boldsymbol{f}_{\mathrm{I}}\\ \tilde{\boldsymbol{f}}_{\mathrm{I}}\end{Bmatrix}, & \text{区域 I}\\ [\tilde{\boldsymbol{H}}_{\mathrm{II}} \quad \tilde{\boldsymbol{G}}_{\mathrm{II}} \quad \boldsymbol{H}_{\mathrm{II}}]\begin{Bmatrix}\boldsymbol{u}\\ \boldsymbol{t}\\ \boldsymbol{u}_{\mathrm{II}}\end{Bmatrix}=\boldsymbol{G}_{\mathrm{II}}\boldsymbol{t}_{\mathrm{II}}+\begin{Bmatrix}\boldsymbol{f}_{\mathrm{II}}\\ \tilde{\boldsymbol{f}}_{\mathrm{II}}\end{Bmatrix}, & \text{区域 II}\end{cases} \tag{6.4.313}$$

将式(6.4.313)的两式耦合在一起，可得到

$$\begin{bmatrix}\boldsymbol{H}_{\mathrm{I}} & \tilde{\boldsymbol{H}}_{\mathrm{I}} & -\tilde{\boldsymbol{G}}_{\mathrm{I}} & \boldsymbol{0}\\ \boldsymbol{0} & \tilde{\boldsymbol{H}}_{\mathrm{II}} & \tilde{\boldsymbol{G}}_{\mathrm{II}} & \boldsymbol{H}_{\mathrm{II}}\end{bmatrix}\begin{Bmatrix}\boldsymbol{u}_{\mathrm{I}}\\ \boldsymbol{u}\\ \boldsymbol{t}\\ \boldsymbol{u}_{\mathrm{II}}\end{Bmatrix}=\begin{bmatrix}\boldsymbol{G}_{\mathrm{I}} & \boldsymbol{0}\\ \boldsymbol{0} & \boldsymbol{G}_{\mathrm{II}}\end{bmatrix}\begin{Bmatrix}\boldsymbol{t}_{\mathrm{I}}\\ \boldsymbol{t}_{\mathrm{II}}\end{Bmatrix}+\begin{Bmatrix}\boldsymbol{f}_{\mathrm{I}}\\ \tilde{\boldsymbol{f}}_{\mathrm{I}}\\ \boldsymbol{f}_{\mathrm{II}}\\ \tilde{\boldsymbol{f}}_{\mathrm{II}}\end{Bmatrix} \tag{6.4.314}$$

方程(6.4.314)即为含体力问题的耦合方程。将实际问题的边界条件引入方程(6.4.314)，可得到式(6.4.303)的标准线性方程组。解方程(6.4.303)可以得到所有边界点(包括耦合边)的位移和面力。在得到边界点的位移和面力后，就可以根据 6.4.2

节的相关公式，在每个区域中分别计算出所需域内点的位移和应力，还可以计算出边界点的应力。

4. 动力问题的多域法分析

对于异弹模界面裂纹问题，由于界面裂纹两边的材料各不相同，当对其进行动力反应分析时，用多域分析方法具有独特优点。对于这种多区域问题，可以分别在每个区域上建立各自的边界元方程，然后根据耦合边上的连续条件，将这些区域装配在一起。

对于动力反应问题，在每个区域上建立式(6.4.236)所示的边界元方程，并将其按照耦合边界和非耦合边界写成分块矩阵形式：

$$\begin{cases}[\boldsymbol{M}_{\text{I}} \quad \tilde{\boldsymbol{M}}_{\text{I}}]\begin{Bmatrix}\ddot{\boldsymbol{u}}_{\text{I}} \\ \ddot{\tilde{\boldsymbol{u}}}_{\text{I}}\end{Bmatrix}=[\boldsymbol{H}_{\text{I}} \quad \tilde{\boldsymbol{H}}_{\text{I}}]\begin{Bmatrix}\boldsymbol{u}_{\text{I}} \\ \tilde{\boldsymbol{u}}_{\text{I}}\end{Bmatrix}+[\boldsymbol{G}_{\text{I}} \quad \tilde{\boldsymbol{G}}_{\text{I}}]\begin{Bmatrix}\boldsymbol{t}_{\text{I}} \\ \tilde{\boldsymbol{t}}_{\text{I}}\end{Bmatrix}, & \text{区域 I} \\ [\boldsymbol{M}_{\text{II}} \quad \tilde{\boldsymbol{M}}_{\text{II}}]\begin{Bmatrix}\ddot{\boldsymbol{u}}_{\text{II}} \\ \ddot{\tilde{\boldsymbol{u}}}_{\text{II}}\end{Bmatrix}=[\boldsymbol{H}_{\text{II}} \quad \tilde{\boldsymbol{H}}_{\text{II}}]\begin{Bmatrix}\boldsymbol{u}_{\text{II}} \\ \tilde{\boldsymbol{u}}_{\text{II}}\end{Bmatrix}+[\boldsymbol{G}_{\text{II}} \quad \tilde{\boldsymbol{G}}_{\text{II}}]\begin{Bmatrix}\boldsymbol{t}_{\text{II}} \\ \tilde{\boldsymbol{t}}_{\text{II}}\end{Bmatrix}, & \text{区域 II}\end{cases} \tag{6.4.315}$$

耦合节点在动力学问题中的连续条件为

$$\tilde{\boldsymbol{u}}_{\text{I}}=\tilde{\boldsymbol{u}}_{\text{II}}=\boldsymbol{u}, \quad \ddot{\tilde{\boldsymbol{u}}}_{\text{I}}=\ddot{\tilde{\boldsymbol{u}}}_{\text{II}}=\ddot{\boldsymbol{u}}, \quad \tilde{\boldsymbol{t}}_{\text{I}}=-\tilde{\boldsymbol{t}}_{\text{II}}=\boldsymbol{t}, \quad \ddot{\tilde{\boldsymbol{t}}}_{\text{I}}=-\ddot{\tilde{\boldsymbol{t}}}_{\text{II}}=\ddot{\boldsymbol{t}} \tag{6.4.316}$$

根据式(6.4.316)的连续条件，式(6.4.315)可改写为

$$\begin{cases}[\boldsymbol{M}_{\text{I}} \quad \tilde{\boldsymbol{M}}_{\text{I}}]\begin{Bmatrix}\ddot{\boldsymbol{u}}_{\text{I}} \\ \ddot{\boldsymbol{u}}\end{Bmatrix}=[\boldsymbol{H}_{\text{I}} \quad \tilde{\boldsymbol{H}}_{\text{I}} \quad -\tilde{\boldsymbol{G}}_{\text{I}}]\begin{Bmatrix}\boldsymbol{u}_{\text{I}} \\ \boldsymbol{u} \\ \boldsymbol{t}\end{Bmatrix}=\boldsymbol{G}_{\text{I}}\boldsymbol{t}_{\text{I}}, & \text{区域 I} \\ [\boldsymbol{M}_{\text{II}} \quad \tilde{\boldsymbol{M}}_{\text{II}}]\begin{Bmatrix}\ddot{\boldsymbol{u}}_{\text{II}} \\ \ddot{\boldsymbol{u}}\end{Bmatrix}=[\boldsymbol{H}_{\text{II}} \quad \tilde{\boldsymbol{H}}_{\text{II}} \quad -\tilde{\boldsymbol{G}}_{\text{II}}]\begin{Bmatrix}\boldsymbol{u}_{\text{II}} \\ \boldsymbol{u} \\ \boldsymbol{t}\end{Bmatrix}=\boldsymbol{G}_{\text{II}}\boldsymbol{t}_{\text{II}}, & \text{区域 II}\end{cases} \tag{6.4.317}$$

按照矩阵运算法则，可以将方程(6.4.317)装配在一起，并将特征向量统一后，得到

$$\begin{bmatrix}\boldsymbol{M}_{\text{I}} & \tilde{\boldsymbol{M}}_{\text{I}} & \boldsymbol{0} & \boldsymbol{0} \\ \boldsymbol{0} & \tilde{\boldsymbol{M}}_{\text{II}} & \boldsymbol{0} & \boldsymbol{M}_{\text{II}}\end{bmatrix}\begin{Bmatrix}\ddot{\boldsymbol{u}}_{\text{I}} \\ \ddot{\boldsymbol{u}} \\ \ddot{\boldsymbol{t}} \\ \ddot{\boldsymbol{u}}_{\text{II}}\end{Bmatrix}+\begin{bmatrix}\boldsymbol{H}_{\text{I}} & \tilde{\boldsymbol{H}}_{\text{I}} & -\tilde{\boldsymbol{G}}_{\text{I}} & \boldsymbol{0} \\ \boldsymbol{0} & \tilde{\boldsymbol{H}}_{\text{II}} & \tilde{\boldsymbol{G}}_{\text{II}} & \boldsymbol{H}_{\text{II}}\end{bmatrix}\begin{Bmatrix}\boldsymbol{u}_{\text{I}} \\ \boldsymbol{u} \\ \boldsymbol{t} \\ \boldsymbol{u}_{\text{II}}\end{Bmatrix}=\begin{bmatrix}\boldsymbol{G}_{\text{I}} & \boldsymbol{0} \\ \boldsymbol{0} & \boldsymbol{G}_{\text{II}}\end{bmatrix}\begin{Bmatrix}\boldsymbol{t}_{\text{I}} \\ \boldsymbol{t}_{\text{II}}\end{Bmatrix} \tag{6.4.318}$$

对于实际问题，与单域情形相同，引入边界条件，就可以得到标准的振动方程。具体形式为

$$\bar{\boldsymbol{M}}\ddot{\boldsymbol{X}}+\bar{\boldsymbol{K}}\boldsymbol{X}=\boldsymbol{G}\boldsymbol{F} \tag{6.4.319}$$

式中，矩阵 $\bar{\boldsymbol{M}}$ 、$\bar{\boldsymbol{K}}$ 、$\boldsymbol{G}$ 是由方程(6.4.318)中相应矩阵引入边界条件后得到的；$\boldsymbol{X}$ 为未知向量；$\boldsymbol{F}$ 为已知向量。这些已知向量或未知向量，由一部分位移和一部分面力组成。

求解方程(6.4.319)，得到边界上(包括耦合边界上)所有节点的位移和面力，进而可以在每个区域上利用单域上的计算公式，求出域内的位移和应力时程反应曲线。同时，也可以在每一个时段上，利用边界上求解应力的方法求出边界上的应力。

对于自由振动问题，方程(6.4.319)中的已知向量为零向量，可以推出其特征方程为

$$(-\omega^2\bar{\boldsymbol{M}}+\bar{\boldsymbol{K}})\boldsymbol{X}=\boldsymbol{0} \tag{6.4.320}$$

其中，

$$\bar{\boldsymbol{M}}=\begin{bmatrix}\boldsymbol{M}_{\mathrm{I}} & \tilde{\boldsymbol{M}}_{\mathrm{I}} & \boldsymbol{0} & \boldsymbol{0}\\ \boldsymbol{0} & \boldsymbol{M}_{\mathrm{II}} & \boldsymbol{0} & \boldsymbol{M}_{\mathrm{II}}\end{bmatrix},\quad \bar{\boldsymbol{K}}=\begin{bmatrix}\boldsymbol{H}_{\mathrm{I}} & \tilde{\boldsymbol{H}}_{\mathrm{I}} & -\tilde{\boldsymbol{G}}_{\mathrm{I}} & \boldsymbol{0}\\ \boldsymbol{0} & \tilde{\boldsymbol{H}}_{\mathrm{II}} & \tilde{\boldsymbol{G}}_{\mathrm{II}} & \boldsymbol{H}_{\mathrm{II}}\end{bmatrix},\quad \boldsymbol{X}=\{\boldsymbol{u}_{\mathrm{I}}\ \ \boldsymbol{u}\ \ \boldsymbol{t}\ \ \boldsymbol{u}_{\mathrm{II}}\}^{\mathrm{T}} \tag{6.4.321}$$

再引入问题的边界条件，方程(6.4.318)就成为非奇异特征方程，求此方程可得到问题的自振频率和相应点振型。

参 考 文 献

阿肖克·萨克塞纳. 2021. 高等断裂力学与结构完整性[M]. 李少林, 齐红宇, 杨晓光, 译. 北京: 航空工业出版社.

蔡登安. 2017. 纤维增强复合材料的力学行为与多轴疲劳性能研究[D]. 南京: 南京航空航天大学.

陈吉平, 丁智平, 曾军, 等. 2014. 基于灰色理论镍基单晶合金多轴非比例加载低周疲劳研究[J]. 机械工程学报, 50(24): 66-72.

陈子光. 2019. 腐蚀损伤模型研究进展[J]. 固体力学学报, 40(2): 99-116.

程靳, 赵树山. 2006. 断裂力学[M]. 北京: 科学出版社.

范天佑. 1990. 断裂动力学引论[M]. 北京: 北京理工大学出版社.

方岱宁, 刘金喜. 2012. 压电与铁电体的断裂力学[M]. 北京: 清华大学出版社.

关迪, 孙秦, 杨锋平. 2013. 一个修正的金属材料低周疲劳损伤模型[J]. 固体力学学报, 34(6): 571-578.

郭俊宏, 于静. 2015. 多场耦合材料断裂力学[M]. 北京: 科学出版社.

郭万林, 许磊, 周正. 2016. 三维计算断裂力学[J]. 计算力学学报, 33(4): 431-440.

侯赤, 周银华, 全泓玮, 等. 2018. 混合结构中金属疲劳对层合板损伤的影响[J]. 西北工业大学学报, 36(1): 74-82.

胡小飞, 张鹏, 姚伟岸. 2022. 断裂相场法[M]. 北京: 科学出版社.

黄克智, 肖纪美. 1999. 材料的损伤断裂机理和宏微观力学理论[M]. 北京: 清华大学出版社.

贾良玖, 葛汉彬. 2019. 强震下金属结构的超低周疲劳破坏[M]. 上海: 同济大学出版社.

蒋东, 李永池, 杨建民, 等. 2018. 微孔洞有核长大损伤演化模型研究[J]. 应用力学学报, 35(2): 228-233.

克里斯蒂安·拉兰内. 2021. 疲劳损伤[M]. 张慰, 译. 北京: 国防工业出版社.

李庆斌, 周鸿钧, 林皋, 等. 1992. 特解边界元法及其工程应用[M]. 北京: 科学技术文献出版社.

李庆芬. 2007. 断裂力学及其工程应用[M]. 哈尔滨: 哈尔滨工程大学出版社.

李舜酩. 2006. 机械疲劳与可靠性设计[M]. 北京: 科学出版社.

李有堂. 2010. 机械系统动力学[M]. 北京: 国防工业出版社.

李有堂. 2019. 高等机械系统动力学——原理与方法[M]. 北京: 科学出版社.

李有堂. 2020. 机械振动理论与应用[M]. 2 版. 北京: 科学出版社.

李有堂. 2022. 高等机械系统动力学——结构与系统[M]. 北京: 科学出版社.

李有堂. 2023. 高等机械系统动力学——检测与分析[M]. 北京: 科学出版社.

李有堂, 马平, 杨萍, 等. 2000. 计算切口应力集中系数的无限相似单元法[J]. 机械工程学报, 36(12): 101-104.

楼志文. 1991. 损伤力学基础[M]. 西安: 西安交通大学出版社.

卿光辉. 2015. 飞机结构疲劳与断裂[M]. 北京: 中国民航出版社.

尚德广, 王德俊. 2007. 多轴疲劳强度[M]. 北京: 科学出版社.
石车嗣. 2020. 基于表面显微形貌的金属疲劳损伤表征及寿命预测方法[D]. 南宁: 广西大学.
佟安时, 谢里阳, 白恩军, 等. 2017. 纤维金属层板的静力学性能测试与预测模型[J]. 航空学报, 38(11): 197-205.
涂善东, 轩福贞, 王卫泽. 2009. 高温蠕变与断裂评价的若干关键问题[J]. 金属学报, 45(7): 781-787.
王自强, 陈少华. 2009. 高等断裂力学[M]. 北京: 科学出版社.
吴学仁, 童第华, 徐武, 等. 2020. 断裂力学的权函数理论与应用[M]. 北京: 航空工业出版社.
伍颖. 2009. 断裂与疲劳[M]. 武汉: 中国地质大学出版社.
项宏福, 冯迪. 2018. 钛铝金属间化合物的高温特性及疲劳行为研究[M]. 镇江: 江苏大学出版社.
肖俊华, 韩彬, 徐耀玲, 等. 2017. 考虑表面弹性效应时正三角形孔边裂纹反平面剪切问题的断裂力学分析[J]. 固体力学学报, 38(6): 530-536.
解德, 钱勤, 李长安. 2009. 断裂力学中的数值计算方法及工程应用[M]. 北京: 科学出版社.
熊志鑫. 2011. 基于强度稳定综合理论的金属疲劳寿命研究[D]. 哈尔滨: 哈尔滨工程大学.
杨新华, 陈传尧. 2018. 疲劳与断裂[M]. 2 版. 武汉: 华中科技大学出版社.
姚卫星. 2019. 结构疲劳寿命分析[M]. 北京: 科学出版社.
于培师, 赵军华, 郭万林. 2021. 三维损伤容限设计: 离面约束理论与疲劳断裂准则[J]. 机械工程学报, 57(16): 87-105.
余寿文, 冯西桥. 1997. 损伤力学[M]. 北京: 清华大学出版社.
藏启山, 姚戈. 2014. 工程断裂力学简明教程[M]. 合肥: 中国科学技术大学出版社.
张福泽. 2017. 金属任意腐蚀损伤量的日历寿命计算模型和曲线[J]. 航空学报, 38(9): 254-263.
张慧梅. 2018. 断裂力学[M]. 徐州: 中国矿业大学出版社.
张莉, 唐立强, 付德龙. 2009. 基于损伤累积理论的多轴疲劳寿命预测方法[J]. 哈尔滨工业大学学报, 41(4): 123-125.
张行. 2009. 断裂与损伤力学[M]. 2 版. 北京: 北京航空航天大学出版社.
兆文忠, 李向伟, 董平沙, 等. 2021. 焊接结构抗疲劳设计: 理论与方法[M]. 2 版. 北京: 机械工业出版社.
赵建生. 2003 .断裂力学及断裂物理[M]. 武汉: 华中科技大学出版社.
赵少汴. 2015. 抗疲劳设计手册[M]. 2 版. 北京: 机械工业出版社.
赵震, 谢晓龙, 李明辉. 2007. 空穴长大延性损伤新模型[J]. 金属学报, 43(10): 1037-1042.
郑修麟. 1994. 金属疲劳的定量理论[M]. 西安: 西北工业大学出版社.
郑修麟. 2005. 切口件的断裂力学[M]. 西安: 西北工业大学出版社.
庄茁, 蒋持平. 2004. 工程断裂与损伤[M]. 北京: 机械工业出版社.
Alhassan M, Betoush N, Al-Huthaifi N, et al. 2022. Estimation of the fracture parameters of macro fiber-reinforced concrete based on nonlinear elastic fracture mechanics simulations[J]. Results in Engineering, 15: 100539.
Boksh K, Srinivasan A, Perianayagam G, et al. 2022. Morphological characteristics and management of greater tuberosity fractures associated with anterior glenohumeral joint dislocation: A single centre 10-year retrospective review[J]. Journal of Orthopaedics, 34: 1-7.

Chen B, Li Y T. 2012. Dimensionless stress intensity factors of an annular notched shaft[J]. Key Engineering Materials, 488/489: 174-177.

Han M J, Li Y T, Qiu P, et al. 2011. Non-linear dynamic stability of shallow reticulated spherical shells[J]. Applied Mechanics and Materials, 142: 107-110.

Hasaninia M, Torabi A R. 2022. A two-level strategy for simplification of fracture prediction in notched orthotropic samples with nonlinear behavior[J]. Theoretical and Applied Fracture Mechanics, 120: 103388.

Hatami F, Ayatollahi M R, Torabi A R. 2021. Limit curves for brittle fracture in key-hole notches under mixed mode I/III loading based on stress-based criteria[J]. European Journal of Mechanics-A/Solids, 85: 104089.

Ince R. 2004. Prediction of fracture parameters of concrete by artificial neural networks[J]. Engineering Fracture Mechanics, 71: 2143-2159.

Lawn B. 2010. 脆性固体断裂力学[M]. 2 版. 龚江宏, 译. 北京: 高等教育出版社.

Li Y T, Chen B, Wang R F. 2010a. Effect of friction on the stress field strength of gear cracks[J]. Key Engineering Materials, 452/453: 493-496.

Li Y T, Chen B, Yan C F. 2010b. Effect of parameters of notch on fatigue life of shaft based on product lifecycle management[J]. Materials Science Forum, 638-642: 3864-3869.

Li Y T, Duan H Y, Wang R F. 2011. Effect of notched parameters on low cycle fatigue life of shaft with annular notch under cantilever bending[J]. Key Engineering Materials, 462/463: 136-141.

Li Y T, Li H. 2012. Analysis of stress singularity near the tip of artificial crack[J]. Key Engineering Materials, 525/526: 445-448.

Li Y T, Liu L. 2016. Effect of the crack surface friction on the field strength of Bi-material-interfacial crack[J]. Key Engineering Materials, 713: 301-304.

Li Y T, Ma P. 2007. Finite geometrically similar element method for dynamic fracture problem[J]. Key Engineering Materials, 345/346: 441-444.

Li Y T, Ma P, Wei Y B. 2005. Applied research of fracture for brass in extra-low cycle rotating bending fatigue[J]. Key Engineering Materials, 297-300: 1139-1145.

Li Y T, Ma P, Wei Y B. 2008. Finite geometrically similar element method for dynamic problem of a cracked specimen[J]. Advanced Materials Research, 33-37: 375-380.

Li Y T, Ma P, Yan C F, et al. 2004. The application of fracture for middle carbon steel in extra-low cycle rotating bending fatigue loading[J]. Key Engineering Materials, 261-263: 1153-1158.

Li Y T, Ma P, Yan C F. 2006a. Anti-fatigued criterion of annularly breached spindle on mechanical design[J]. Key Engineering Materials, 321-323: 755-758.

Li Y T, Ma P, Yan C F. 2006b. Investigation of fracture design for Bi-steel materials[J]. Key Engineering Materials, 324/325: 503-506.

Li Y T, Ma P, Yan C F. 2006c. Anti-fatigued criterion of annularly breached spindle on mechanical design[J]. Key Engineering Materials, 321-323: 755-758.

Li Y T, Ma P, Yan C F. 2006d. Investigation of Fracture Design for Bi-steel materials[J]. Key Engineering Materials, 324-325: 503-506.

Li Y T, Ma P, Yan C F. 2011. Effect of notched parameters on stress field of shaft under torsional loading[J]. Key Engineering Materials, 462/463: 166-171.

Li Y T, Ma P, Zhao J T. 2007. The influencing factors and assessment rule of fatigue life of shaft based on product lifecycle management[J]. Materials Science Forum, 561-565: 2253-2256.

Li Y T, Rui Z Y. 2006. Applied investigation of fracture for low carbon steel in extra-low cycle inverse rotating bending fatigue[J]. Key Engineering Materials, 324-325: 507-510.

Li Y T, Rui Z Y, Song M. 2008. Peculiarity of accelerated propagation of fatigue crack for medium carbon steel under variable amplitude loading[J]. Advanced Materials Research, 33-37: 181-186.

Li Y T, Rui Z Y, Yan C F. 2004. The applied research of fracture for low carbon steel in extra-low cycle rotating bending fatigue[J]. Key Engineering Materials, 274-276: 211-216.

Li Y T, Rui Z Y, Yan C F. 2006. Uniform model and fracture criteria of annularly breached bars under bending[J]. Key Engineering Materials, 321-323: 751-754.

Li Y T, Rui Z Y, Yan C F. 2007. Transition method of geometrically similar element to calculate the stress concentration factor of notch[J]. Materials Science Forum, 561-565: 2205-2208.

Li Y T, Rui Z Y, Yan C F. 2008. A new method to calculate dynamic stress intensity factor for V-notch in a Bi-material plate[J]. Key Engineering Materials, 385-387: 217-220.

Li Y T, Rui Z Y, Yan C F. 2009. Effect of wear on the fatigue life of annular notched shaft based on product lifecycle management[J]. Key Engineering Materials, 417/418: 469-472.

Li Y T, Song M. 2008. Method to calculate stress intensity factor of V-notch in bi-materials[J]. Acta Mechanica Solida Sinica, 21(4): 337-346.

Li Y T, Wang R F. 2011. Investigation of eigen-values for matrix cracks of two materials[J]. Key Engineering Materials, 488/489: 170-173.

Li Y T, Wang Y D, Yang L. 2018. Effect of stress ratio on stress intensity factor of type I crack in A7N01 aluminum alloy[J]. Key Engineering Materials, 774: 259-264.

Li Y T, Wei Y B, Hou Y F. 2000. The fracture problem of framed plate under explosion loading[J]. Key Engineering Materials, 183-187: 319-324.

Li Y T, Yan C F. 2006. Fracture design of metallic matrix crack for Bi-materials[J]. Key Engineering Materials, 306-308: 7-12.

Li Y T, Yan C F, Feng R C. 2009. Dynamic stress intensity factor of fixed beam with several notches by infinitely similar element method[J]. Key Engineering Materials, 417/418: 473-476.

Li Y T, Yan C F, Huang H A. 2003. The fracture problem of matrix crack for metallic materials[J]. Materials Science Forum, 437/438: 309-312.

Li Y T, Yan C F, Jin W Y. 2007. The method of torsional cylindrical shaft with annular notch in quadric coordinate[J]. Materials Science Forum, 561-565: 2225-2228.

Li Y T, Yan C F, Jin W Y. 2010. Predication of fatigue life of notched torus under random scan vibration[J]. Materials Science Forum, 638-642: 3870-3875.

Li Y T, Yan C F, Kang Y P. 2006. Transition method of geometrically similar element for dynamic V-notch problem[J]. Key Engineering Materials, 306-308: 61-66.

Li Y T, Yan C F, Ma P. 2005. Applied research of fracture for brass in extra-low cycle inverse rotating bending fatigue[J]. Key Engineering Materials, 297-300: 1077-1082.

Li Y T, Yan C F, Wei Y B. 2004. The application of fracture for middle carbon steel in extralow cycle inverse rotating bending fatigue loading[J]. Key Engineering Materials, 261-263: 1147-1152.

Ma P, Li Y T. 2011. Effect of notched parameters on low cycle fatigue life of shaft under bending-torsional loading[J]. Key Engineering Materials, 488/489: 166-169.

Mirsayar M M. 2022. Maximum principal strain criterion for fracture in orthotropic composites under combined tensile/shear loading[J]. Theoretical and Applied Fracture Mechanics, 118: 103291.

Moazzami M, Ayatollahi M R, Akhavan-Safar A, et al. 2022. Effect of cyclic aging on mode I fracture energy of dissimilar metal/composite DCB adhesive joints[J]. Engineering Fracture Mechanics, 271: 108675.

Mousavi S M, Ranjbar M M. 2021. Experimental study of the effect of silica fume and coarse aggregate type on the fracture characteristics of high-strength concrete[J]. Engineering Fracture Mechanics, 258: 108094.

Pirmohammad S, Abdi M, Ayatollahi M R. 2021. Effect of support type on the fracture toughness and energy of asphalt concrete at different temperature conditions[J]. Engineering Fracture Mechanics, 254: 107921.

Saboori B, Ayatollahi M R, Torabi A R, et al. 2016. Mixed mode I/III brittle fracture in round-tip V-notches[J]. Theoretical and Applied Fracture Mechanics, 83: 135-151.

Torabi A R, Hamidi K, Shahbazian B. 2021. Compressive fracture analysis of U-notched specimens made of porous graphite reinforced by aluminum particles[J]. Diamond and Related Materials, 120: 108613.

Torabi A R, Saboori B, Ghelich A. 2020. Fracture of U- and V-notched Al6061-T6 plates: The first examination of the fictitious material concept under mixed mode I/III loading[J]. Theoretical and Applied Fracture Mechanics, 109: 102766.

Torabi A R, Sahel S, Cicero S, et al. 2022. Fracture testing and estimation of critical loads in a PMMA-based dental material with nonlinear behavior in the presence of notches[J]. Theoretical and Applied Fracture Mechanics, 118: 103282.

Tserpes K I, Peikert G, Floros I S. 2016. Crack stopping in composite adhesively bonded joints through corrugation[J]. Theoretical and Applied Fracture Mechanics, 83: 152-157.

Wang R F, Li Y T, An H P. 2012. Low cycle fatigue behaviors of TI-6AL-4V alloy controlled by strain and stress[J]. Key Engineering Materials, 525/526: 441-444.

Xu S L, Wang Q M , Lyu Y, et al. 2021. Prediction of fracture parameters of concrete using an artificial neural network approach[J]. Engineering Fracture Mechanics, 258: 108090.

Yang Z R, Zhu Z M, Xia Y, et al. 2021. Modified cohesive zone model for soft adhesive layer considering rate dependence of intrinsic fracture energy[J]. Engineering Fracture Mechanics, 258: 108089.

Yoshihara H, Maruta M. 2021. Mode II critical stress intensity factor of solid wood obtained from the asymmetric four-point bend fracture test using groove-free and side-grooved samples[J]. Engineering Fracture Mechanics, 258: 108043.